Johannes Ranke

Der Mensch

Zweiter Band: Die heutigen und die vorgeschichtlichen Menschenrassen

Salzwasser

Johannes Ranke

Der Mensch
Zweiter Band: Die heutigen und die vorgeschichtlichen Menschenrassen

1. Auflage | ISBN: 978-3-84607-493-0

Erscheinungsort: Paderborn, Deutschland

Erscheinungsjahr: 2015

Salzwasser Verlag GmbH, Paderborn.

Nachdruck des Originals von 1923.

Johannes Ranke

Der Mensch
Zweiter Band: Die heutigen und die
vorgeschichtlichen Menschenrassen

Salzwasser

Der Mensch

Zweiter Band

Der Mensch

Von

Professor Dr. Johannes Ranke

Dritte, gänzlich neubearbeitete Auflage

Zweiter Band:

Die heutigen und die vorgeschichtlichen Menschenrassen

Mit 372 Abbildungen im Text
(877 Einzeldarstellungen), 31
Tafeln in Farbendruck, Holz-
schnitt und Kupferätzung und
7 Karten

Inhalts-Verzeichnis.

Die heutigen und die vorgeschichtlichen Menschenrassen.

Verzeichnis der Abbildungen.

Die heutigen
und die vorgeschichtlichen
Menschenrassen

I. Die körperlichen Verschiedenheiten des Menschengeschlechts.

1. Die äußere Gestalt des Menschen und der menschenähnlichen Affen.

Inhalt: Die Hauptgliederung des Menschen- und Affenkörpers. — Die äußere Körpergestalt der menschenähnlichen Affen. — Der Gang der menschenähnlichen Affen. — Die äußere Körpergestalt des Menschen.

Die Hauptgliederung des Menschen- und Affenkörpers.

In dem ersten Teil unserer Untersuchungen haben wir einen Einblick in den Bau und die Lebensverrichtungen des menschlichen Körpers zu gewinnen gesucht. Wir haben die Geschichte des Werdens und der allmählichen Ausgestaltung der menschlichen Körperform als Ausgangspunkt unserer eingehenderen Betrachtungen gewählt, um die Gültigkeit des allgemeinen Formbildungsgesetzes der animalen Natur speziell für den Menschen nachzuweisen, wobei wir, um die wissenschaftlichen Grundlagen der Vergleichung möglichst breit und umfassend zu legen, den Umblick nicht nur auf das gesamte Tierreich, sondern für einige besonders wichtige Punkte auch auf die Pflanzenwelt erstreckten. Durch die Geschichte seiner individuellen Körperentwickelung war schon die Stellung des Menschen an der Spitze des animalen Reiches begründet, und die Betrachtung des Baues und der Lebenstätigkeiten der Organe des erwachsenen Menschenleibes bestätigte diese Erfahrung in jeder Beziehung. Zum vollen Verständnis der uns entgegentretenden Verhältnisse konnten wir auch im Verlaufe dieser Studien der Vergleichung des Menschen mit den niederen animalen Organismen nicht entraten, es genügten uns aber zur Darlegung der Unterschiede und Ähnlichkeiten gleichsam als Repräsentanten der gesamten Tierwelt im wesentlichen die dem Menschen in körperlicher Beziehung am nächsten stehenden Tiere, die menschenähnlichen Affen.

Indem wir nun den Abschnitt unserer Untersuchungen beginnen, der sich mit der äußeren Gestalt des Menschen und den in dieser sich zeigenden Verschiedenheiten zwischen den Bewohnern verschiedener Weltgegenden und Zeiten zu beschäftigen hat, werden wir auch hierbei die Vergleichung zwischen Mensch und menschenähnlichen Affen nicht entbehren können, ja wir haben in manchen Beziehungen die vergleichende Betrachtung bis in feinere Einzelheiten auszuführen. Es gilt hier namentlich, jener schon im früheren Altertum aufgeworfenen Frage näherzutreten, ob es in entfernten Teilen der Erde Menschenformen gibt, die den Affen näher stehen als wir Europäer. Dazu

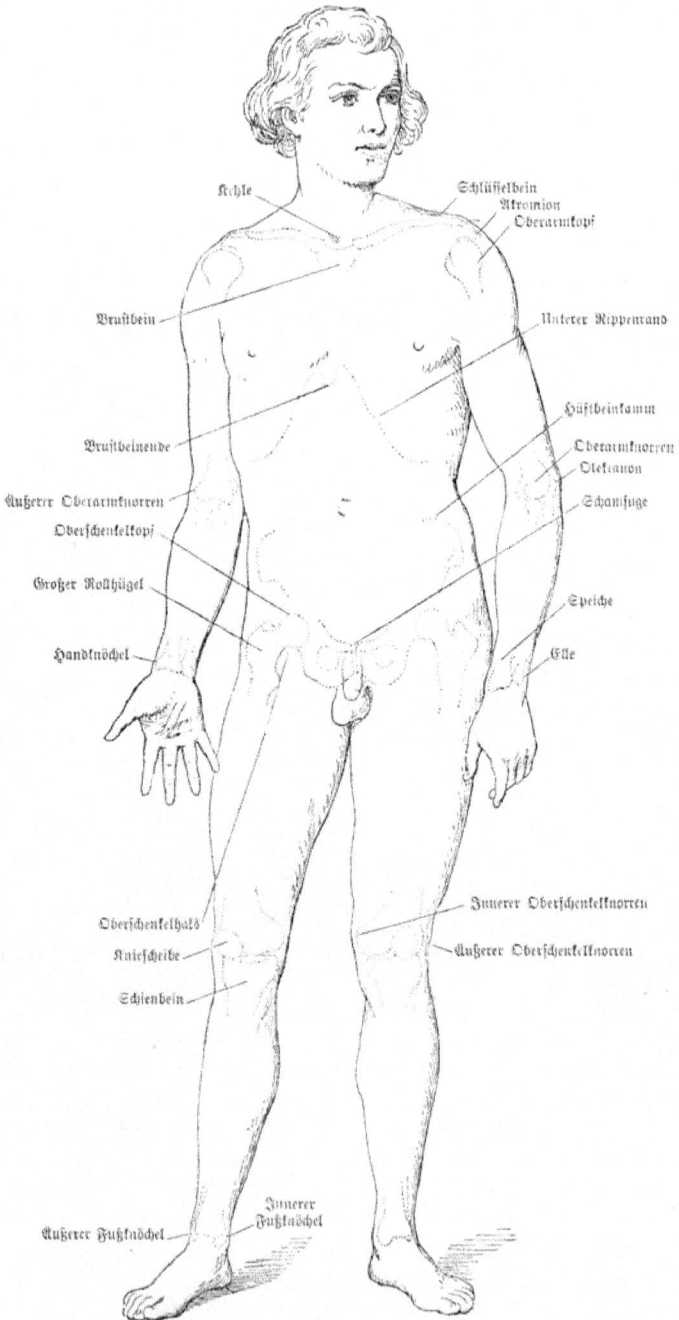

Kehle

Schlüsselbein
Akromion
Oberarmkopf

Brustbein

Unterer Rippenrand

Hüftbeinkamm

Brustbeinende

Oberarmknorren
Olekranon

Äußerer Oberarmknorren
Oberschenkelkopf

Schamfuge

Großer Rollhügel

Speiche

Handknöchel

Elle

Oberschenkelhals

Innerer Oberschenkelknorren

Kniescheibe

Äußerer Oberschenkelknorren

Schienbein

Innerer
Fußknöchel
Äußerer Fußknöchel

Umrißzeichnung des Menschen mit den eingezeichneten anthropologischen Meßpunkten am Skelett. Vgl. Text S. 6.

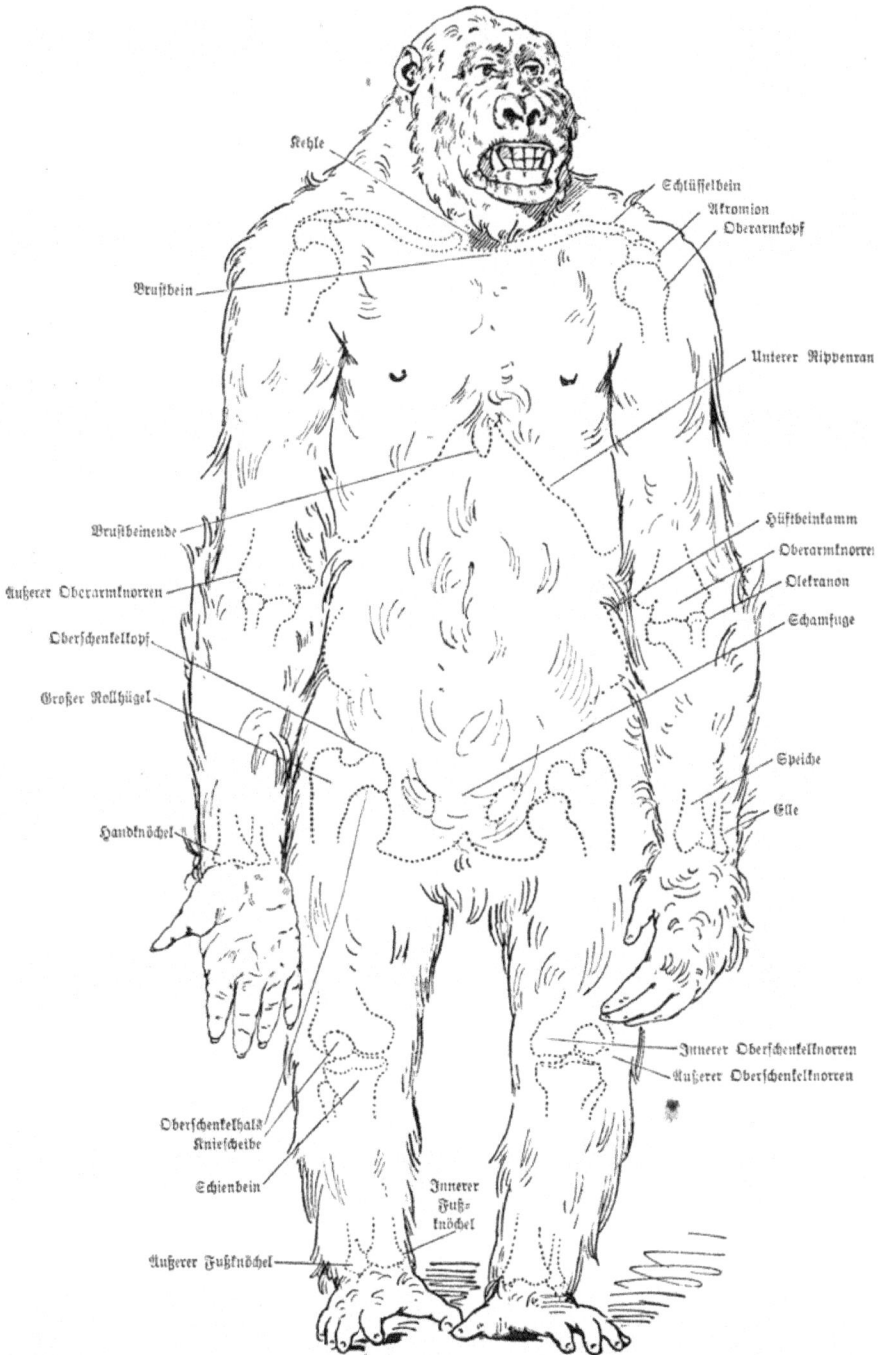

Kehle

Schlüsselbein
Akromion
Oberarmkopf

Brustbein

Unterer Rippenrand

Brustbeinende

Hüftbeinkamm
Oberarmknorren
Olekranon
Schamfuge

Äußerer Oberarmknorren

Oberschenkelkopf

Großer Rollhügel

Speiche
Elle

Handknöchel

Innerer Oberschenkelknorren
Äußerer Oberschenkelknorren

Oberschenkelhals
Kniescheibe

Schienbein

Innerer
Fuß=
knöchel

Äußerer Fußknöchel

Umrißzeichnung des Gorillas, in unnatürlich gestreckter Stellung, mit den eingezeichneten anthropologischen Meßpunkten am Skelett. Vgl. Text S. 6.

bedarf es einer möglichst genauen Auffassung der Unterschiede und Ähnlichkeiten zwischen Mensch und Tier.

Aber auch abgesehen von jener eben erwähnten populären Frage bieten diese Vergleiche für eine vertiefte Auffassung der Stellung des Menschen in der Natur ein hohes Interesse. Wenn wir mit Charles Darwin (in seinem Werke „Die Abstammung des Menschen") „die große Unterbrechung in der organischen Stufenreihe zwischen dem Menschen und seinen nächsten Verwandten, den menschenähnlichen Affen, die von keiner ausgestorbenen oder lebenden Spezies überbrückt werden kann", auch heute noch voll anerkennen, so sehen wir doch durch diese „Unterbrechung der Stufenreihe" die Hauptzüge des allgemeinen Formbildungsgesetzes, das die gesamten Reiche des Lebens zu einer idealen Einheit verknüpft, keineswegs verwischt. Vergleicht man einen Bären oder einen Gorilla mit dem Menschen, so kann niemand verkennen, daß Tier und Mensch mit höchst ähnlichen Organen leben und sich bewegen, und daß ein neues, im Tierreich unerhörtes Organ als Unterscheidungsmerkmal bei dem Menschen nicht auftritt. Wir haben im ersten Bande schon erwähnt, daß die ältere Naturphilosophie das Tierreich in diesem Sinne den zergliederten Menschen genannt hat; mit dem gleichen und vielleicht mit noch besserem Rechte konnten wir den Menschen das Paradigma oder den Repräsentanten des gesamten animalen Reiches nennen, da alle wesentlichen im Tierreich verteilten Organe und Einrichtungen in dem Mikrokosmos des Menschenkörpers vereinigt erscheinen.

Die Umrißzeichnungen eines Mannes und eines Gorillas (s. die Abbildungen S. 4 und 5), beide in annähernd gleicher Stellung, wozu freilich der Körper des Gorillas unnatürlich gestreckt werden mußte, zeigen dem ersten vergleichenden Blicke die Hauptunterschiede in der Körperbildung zwischen dem Menschen und dem höchsten menschenähnlichen Affen. Die etwa gleiche Körpergröße von Mann und Gorilla wird durch eine auffallend verschiedene Beteiligung des Rumpfes und der Gliedmaßen erreicht. Es spricht sich das sofort in der weitaus mächtigeren und überwiegenderen Größe des Affenrumpfes aus, in den Kopf und Beine gleichsam hineingezogen erscheinen. Dem Gorilla fehlt ein entwickelter Hals, der große, in den Mundpartien schnauzenförmig vorstehende Kopf, dessen Gesichtsteil den Gehirnschädelteil an Größe weit überwiegt, ist in die Schultern vollkommen hineingebaut, so daß bei der Vorderansicht ein Hals nicht bemerkbar ist. Bei dem Menschen balanciert der beinahe kugelige Kopf, unter dessen mächtig entwickeltem Gehirnschädelteil der verhältnismäßig kleine Gesichtsteil gleichsam eingezogen erscheint, auf der von dem Rumpf vollkommen abgegliederten Säule des Halses, der sich frei über dem Rumpfe erhebt. Die Beine, von deren Endgliedern wir zunächst absehen, sind bei dem Gorilla auch in dem unnatürlich gestreckten Zustande, in dem sie uns die Abbildung vorstellt, doch außerordentlich viel kürzer als bei dem Menschen. Umgekehrt verhalten sich die Arme; ihre übermächtige Entwickelung bei dem kletternden Affen sowohl an Länge als auch an Stärke charakterisiert sie sofort als Hauptbewegungsglieder für den Gesamtkörper, eine Aufgabe, die bei dem Menschen den Beinen zufällt und bei ihm die relativ viel stärkere Ausbildung der letzteren bedingt.

Mit den Worten des berühmten englischen Anatomen Huxley können wir diese Unterschiede in den Verhältnissen der Glieder zu dem Gesamtkörper, wie sie sich dem ersten Blick bei einer Vergleichung zwischen Mensch und menschenähnlichen Affen offenbaren, zusammenfassen: „Bei allen menschenähnlichen Affen ist die Schädelkapsel kleiner, der Rumpf größer, sind die Beine kürzer, die Arme länger als bei dem Menschen."

Man kann die Messungen zum exakten Nachweis dieser charakteristischen Unterschiede sowohl an Lebenden als auch an Skeletten vornehmen. In der folgenden Übersichtstabelle der Hauptproportionen der Menschen und der großen Menschenaffen, Gorilla, Schimpanse und Orang-Utan, ist die gerade Länge des Rumpfes mit dem Rekrutenmaß vom Dornfortsatz des siebenten Halswirbels bis zur Sitzhöckerlinie, d. h. die Sitzhöhe des Rumpfes, gemessen worden, die Armlänge von dem äußeren Rande der auch durch die Haut sicher hindurch zu fühlenden knöchernen Schulterhöhe bis zur Spitze des längsten Fingers; als Beinlänge des Lebenden, Länge des „freien Beines", wurde (nach Gould) die gerade Höhe von der Standfläche der Fußsohle bis an den „Spalt", d. h. bis zu jener Stelle gemessen, wo sich beim Lebenden die Beine in der Vorderansicht vom unteren Rumpfende abgliedern. Am Skelett entspricht der „freien Beinlänge" des Lebenden die gerade Entfernung von der Standfläche der Fußsohle bis zu einer Linie, welche die beiden Sitzhöcker miteinander verbindet. Das Herbeiziehen von Skelettmessungen für unsere Frage ist darum nötig, weil zwar sehr zahlreiche derartige Messungen an lebenden Menschen zur Verfügung stehen, aber bisher nur sehr wenige an erwachsenen lebenden Anthropoiden. Die Verhältniszahlen sind folgende:

Hauptproportionen des lebenden Menschen- und Menschenaffenkörpers[1].

Körperteil	Ein männlicher Gorilla	Ein Schimpanse	Zwei Orang-Utans	2020 Vollblutneger (Gould)	Süddeutsche Skelette*
Körpergröße	100,00	100,00	100,00	100,00	100,00
Gerade Länge vom Rumpf	50,4	44,89	44,50	36,98	36,27
„ „ von Arm und Hand .	64,9	67,76	80,72	45,16	45,43
„ „ vom freien Beine . .	34,9	35,20	34,72	48,47	48,83
Verhältnis von Rumpf zu Bein . .	69,2	78,5	78,0	131,0	134,6 ·
„ „ Arm zu Bein . . .	63,8	52,0	43,2	107,8	107,4
Kopfumfang, absolutes Maß in Millim.	340	—	320	510	550

* Münchener, zwei männlich, zwei weiblich.

Diese Tabelle lehrt, daß die Proportionsunterschiede zwischen Mensch und Menschenaffen, beide im erwachsenen Alter, nicht nur relativ, sondern in gewissem Sinne absolut sind:

> Der Rumpf ist bei dem Menschen kürzer als das Bein.
> Der Rumpf ist bei dem Menschenaffen länger als das Bein.

Dieses auf den ersten Blick auffallende Verhältnis ist es, was die Proportionen der großen Menschenaffen so weit von denen des Menschen entfernt. Kaum weniger gilt das aber für das zweite Verhältnis:

> Der Arm mit der Hand ist bei dem Menschen stets kürzer als das freie Bein.
> Der Arm mit der Hand ist bei dem Menschenaffen stets länger als das freie Bein.

Wir finden zwischen den lebenden Menschen und den großen Menschenaffen sonach absolute Proportionsunterschiede. Ähnliche absolute Unterschiede zeigen sich aber auch, wenn wir bei Mensch und Menschenaffe die Messungen am Skelett vornehmen. Hier können wir leicht die Länge der Knochen von Arm ohne Hand und von Bein ohne Fuß und die der

---

[1] Nach Ehlers beträgt die gerade Länge von Arm und Hand für den Gorilla (G) 68,2, für den Schimpansen (S) 69,3, nach Fick für den Orang-Utan (O) 73,6; vom freien Bein G 35,6, S 34,2, O 37,9; Verhältnis von Arm zu Bein G 52,5, S 49,3, O 51,4.

einzelnen Hauptabschnitte von Arm und Bein, Oberarm und Oberschenkel, Unterarm und Unterschenkel, ebenso die Länge von Hand und Fuß miteinander vergleichen. Die Hauptresultate dieser Vergleichungen sind folgende:

Der Arm ohne Hand ist bei dem Menschen stets kürzer als das Bein ohne Fuß.

Der Arm ohne Hand ist bei dem Menschenaffen stets länger als das Bein ohne Fuß.

Und weiter:

Der Oberarmknochen ist bei dem Menschen stets kürzer als der Oberschenkelknochen.

Der Oberarmknochen ist bei dem Menschenaffen stets länger als der Oberschenkelknochen.

Das gleiche gilt für die beiden unteren Abschnitte der Extremitäten:

Der knöcherne Unterarm ist bei dem Menschen stets kürzer als der Unterschenkel (Schienbein).

Der knöcherne Unterarm ist bei dem Menschenaffen stets länger als der Unterschenkel (Schienbein).

Die folgende Tabelle gibt für die besprochenen Proportionsunterschiede einige Zahlenwerte:

Skelettproportionen des Menschen und der Menschenaffen.

Verhältnis von	7 erwachsene Gorillas	4 erwachsene Schimpansen	7 erwachsene Orang-Utans	56 erwachsene Menschen verschiedener Rasse
Arm ohne Hand (= 100) zu Bein ohne Fuß .	86,0	94,0	72,4	146,0
Oberarmbein (= 100) zu Oberschenkelbein	86,5	97,2	77,3	141,0
Unterarm (Speiche) (= 100) zu Unterschenkel (Schienbein)	85,3	91,1	68,1	154,5

Die eben angeführten absoluten Proportionsunterschiede treten mit ausnahmsloser Entschiedenheit auf. Dagegen sind die Unterschiede in der Länge der Endglieder von Arm und Bein zwischen Affe und Mensch nur quantitativ. Sowohl die Hand als der Fuß des Menschen sind im Verhältnis zur Gesamtkörpergröße wesentlich kleiner als Hand und „Fuß" der menschenähnlichen Affen. Bei dem Menschen ist der Fuß beträchtlich länger als die Hand. Nach Humphrys Messungen gilt das gleiche auch für die Menschenaffen; ich kann das für Gorilla und Orang-Utan bestätigen, dagegen habe ich bei drei erwachsenen Schimpansen (Skeletten) den Fuß kürzer als die Hand gefunden. Die Zahlenwerte sind folgende:

Hand und Fuß im Verhältnis zur Körpergröße.

Skelette	Länge der Hand	Länge des Fußes	Körpergröße
79 Menschenskelette verschiedener Rassen und beider Geschlechter	11,8	14,5	100,0
3 erwachsene Gorillas	17,4	20,4	100,0
3 „ Schimpansen	23,0	20,5	100,0
5 „ Orang-Utans	22,8	25,5	100,0

Schon aus dem Ende des 18. Jahrhunderts besitzen wir Angaben über das relative Längenverhältnis zwischen Oberarm und Unterarm (ohne Hand) bei Mensch und Menschenaffen. Daran reihten sich Untersuchungen über das Längenverhältnis zwischen Oberschenkel und Unterschenkel (ohne Fuß). Die Unterschiede zwischen Mensch und Menschenaffen sind in diesen Beziehungen aber wie bei Hand und Fuß im wesentlichen nur quantitativ: die Hauptgliederung der Arme und Beine zeigt zwischen Mensch und Gorilla sogar keine oder nur sehr unwesentliche Unterschiede: der Unterarm ist kürzer als der Oberarm, der

Unterschenkel kürzer als der Oberschenkel. Hinsichtlich der Beingliederung gilt das auch für den Schimpansen und den Orang=Utan, während bei dem Schimpansen und noch mehr bei dem Orang=Utan Ober= und Unterarm nahezu oder wirklich gleichlang sind, mehrfach der Unterarm sogar noch länger wird als der Oberarm. Der Unterarm wird um so länger, je stärker der Arm zu physiologischen Kraftleistungen benutzt wird. Dieses physiologische Wachstumsgesetz ergibt sich schon bei Vergleichung der Armbenutzung der Menschenaffen, unter denen nach Owens Angabe der Gorilla am meisten seine Beine als Körperbewegungsorgane gebraucht, während der Orang=Utan sich wesentlich auf seine übermächtigen Arme verläßt. Auch bei dem Menschen werden wir bei Personen, die stark mechanisch mit den Armen arbeiten, z. B. bei städtischen und ländlichen Arbeitern, Matrosen usw., die Vorderarme verhältnismäßig länger finden als bei den nicht mechanisch arbeitenden Klassen, z. B. Studenten usw. Zur Unterscheidung von Mensch und Anthropoiden ist daher, wie das schon vor längerer Zeit Broca erkannt hat, diese so vielbesprochene Gliederung von Arm und Bein von geringem oder keinem Werte.

Um ein selbständiges Urteil über diese viel und in verschiedenem Sinne beantwortete Frage zu ermöglichen, folgen hier die von anderen Beobachtern und von mir gefundenen Zahlenverhältnisse selbst, die, ebenso wie die der vorausgehenden Tabellen, durch die neuen Untersuchungen von Ehlers und R. Fick ihre Bestätigung gefunden haben. Die in Klammern eingeschlossenen Zahlen geben in der folgenden kleinen Tabelle die Anzahl der von jedem Autor gemessenen Individuen an.

Ober= und Unterarmverhältnis des Menschen und der Menschenaffen.

Skelette	Humphry Mittelwert	Broca= Topinard Mittelwert	J. Ranke	
			Mittelwert	Schwankungsbreite
Mensch, erwachsen	75,1 (50)	76,1 (30)	75,3 (110)	67,9 — 85,4
Gorilla "	77,1 (4)	79,8 (8)	82,0 (7)	78,2 — 85,0
Schimpanse "	90,1 (2)	90,3 (9)	92,4 (4)	86,4 — 99,1
Orang=Utan "	100,0 (2)	85,7 (1)	99,0 (7)	92,3 — 104,1

Die von mir gefundenen Werte für die Hauptgliederung der Beine der drei großen menschenähnlichsten Affenarten bzw. Gattungen sind folgende:

Ober= und Unterschenkelverhältnis des Menschen und der Menschenaffen.

Skelette	J. Ranke		Humphry= Broca Mittelwert
	Mittelwert	Schwankungs= breite	
Mensch (110 Skelette Erwachsener verschiedener Rassen und beider Geschlechter)	82,2	74,6 — 92,0	81,6
Gorilla (7 erwachsene)	82,9	76,0 — 93,9	81,4
Schimpanse (4 erwachsene)	82,9	82,0 — 84,7	81,6
Orang=Utan (7 erwachsene)	85,6	85,0 — 89,1	86,2

Folgende Unterschiede zwischen Mensch und Menschenaffe, Gorilla, springen am meisten in die Augen. Bei dem Gorilla der an der Wirbelsäule vorn herabhängende Kopf, dessen mit mächtigen Zähnen ausgerüstete, kinnlose Schnauze bei aufrechter Stellung des Körpers das Brustbein berührt; bei dem Menschen der runde Kopf, fast frei auf der

Wirbelsäule balancierend, darunter der freie Hals; — bei dem Gorilla der taillenlose, sich faßförmig nach unten vorwölbende Bauch, dessen Eingeweide beim Aufrechtstehen von dem Becken nicht vollkommen unterstützt werden, der wie bei dem Menschen schwanzlose Rücken, der aber in einer fast geraden Linie ohne eigentliche Nacken- und Halsabgliederung in das Hinterhaupt und ohne stärkere Hervorwölbung der Sitzgegend in die flachen Schenkel verläuft; bei dem Menschen die wenn auch nur leicht angedeutete Sanduhrform des Rumpfes, indem Brust und Unterleib mit ihren engsten Partien in der Taille zusammenstoßen, die von dem Becken wie von einer Schüssel getragenen Unterleibseingeweide, die elegante doppelt S-förmige Linie, die in nach hinten abwechselnd konvexer und konkaver Krümmung vom Scheitel zum Halse und Nacken, zu Rücken-, Kreuz- und Sitzgegend verläuft; — bei dem Gorilla in normaler Haltung (S. 16) der bärenartig plumpe Rumpf, vorwärts gebeugt und auf die Knöchel der eingeschlagenen Finger der wie Krücken vorgestellten Arme gestützt, die Kniee der kurzen Beine gebogen, die dadurch noch kürzer erscheinen, als sie unsere unnatürlich gestreckte Abbildung (S. 5) zeigt; bei dem Menschen die vollkommen gestreckte Haltung des Gesamtkörpers auf den wie Säulen untergestellten Beinen, die für alle Benutzungen frei an der Rumpfseite herabhängenden Arme; — beim Gorilla die dichte Pelzbekleidung, die nur das Gesicht und die Innenflächen von Hand und Fuß vollkommen freiläßt; bei dem Menschen (dem Manne) der im allgemeinen, abgesehen von den feinen Wollhärchen, nackte Körper, aber die starke Entwickelung der Kopf- und Barthaare, die sich von den Gesichtsseiten als ein Haarring um die Mundpartie herumziehen, während letztere bei dem Gorilla wie bei allen Menschenaffen im wesentlichen nackt bleibt. Dies sind Unterschiede zwischen Mensch und Menschenaffen, die der erste Blick uns lehren kann. Für unsere Aufgabe bedürfen wir aber einer möglichst eingehenden Vergleichung.

Die äußere Körpergestalt der menschenähnlichen Affen.

Die im strengeren Sinne menschenähnlichen, großen anthropoiden oder anthropomorphen Affen: Gorilla, Schimpanse, Orang-Utan, wie der Mensch eines Schwanzes und der Gesäßschwielen entbehrend, nähern sich trotz ihrer dichten Pelzbehaarung und der sie wie die anderen Affen zoologisch charakterisierenden spezifischen Entwickelung des Endgliedes des Beines zu einem Greiffuß schon durch ihre Größe und die gelegentlich angenommene mehr oder weniger aufrechte Stellung auf den hinteren Extremitäten auch für die laienhafte Betrachtung und Vergleichung entschieden am meisten unter allen Tieren dem Menschen.

In seiner äußeren Körperform steht, wie allgemein anerkannt wird, unter allen lebenden Menschenaffen der Gorilla (s. die beigeheftete Tafel), auf dessen nähere Beschreibung wir uns deshalb hier vorwiegend beschränken, dem Menschen am nächsten. Es gilt das auch von seiner Körpergröße, welche die eines mittelgroßen Mannes erreicht oder übertrifft. Das große, vollkommen erwachsene Gorillamännchen, welches Du Chaillu nach London gebracht hat, mißt nach Owen 1676 mm, ebensoviel mißt das bekannte Pariser Gorillaskelett, eine Größe, die der Mittelgröße der Italiener nach Baxter entspricht und die der Südamerikaner, Spanier und Portugiesen übertrifft.

Owen, dem ein besonders reiches Untersuchungsmaterial über den Gorilla zu Gebote stand, hat eine eingehende Beschreibung der äußeren Charaktere des Gorillas unter dem lebhaften Eindruck der eben erst erfolgten Entdeckung dieses Tieres durch Savage (1847)

Gorilla.

Nach einer Zeichnung von F. Specht.

gegeben. Die Länge und Stärke der oberen Extremitäten, sagt dieser berühmte Zoolog, die relativ bedeutende Größe des Kopfes, der Hände und Füße im Verhältnis zum Rumpf mit der Kürze und Dicke des Nackens ziehen zuerst die Aufmerksamkeit auf sich. Infolge der nach hinten gerückten Gelenkverbindung des Schädels mit der Wirbelsäule und infolge der großen Länge der Dornfortsätze der Halswirbel verläuft die Kontur vom Hinterkopf zum Nacken und Rücken nahezu als eine gerade Linie. Der Hals ist so kurz, daß er nur bei der Betrachtung von vorn deutlicher hervortritt. Nach H. Lenz fällt der Kopf beim Gorilla hinten senkrecht ab und geht in den kaum vom Körper abgetrennten dicken Hals über; mit Recht könnte man mit Lenz auch sagen: ein äußerlicher Hals ist bei dem Gorilla gar nicht vorhanden. Die Schnauze ragt so bedeutend hervor, daß das Kinn, obwohl es zurücktritt, doch bei der gewöhnlichen Haltung des Kopfes bis vor und unter den Handgriff des Brustbeines heruntersinkt; die großen Schulterblätter steigen mit dem Schultergelenk über den Unterkieferwinkel in die Höhe, der Kopf steckt also ganz in den Schultern.

Jedem Betrachter des Gorillas, sagt Lenz, wird zunächst der wilde Gesichtsausdruck auffallen, der seine Ursache vornehmlich in den mächtigen Augenbrauenwülsten, dem aufgerichteten Haare des Scheitelkammes, dem weit aufgerissenen, mit gewaltigen Zähnen besetzten Maule haben dürfte. Von der stark vorspringenden Erhebung der Augenbrauenwülste sinkt nach Owen rückwärts der Schädel, bei dem jüngeren Männchen und dem Weibchen, zunächst leicht konkav ein, dann geht er mit einer geringen Wölbung in den Scheitel über. Bei dem älteren Männchen wird, indem sich der Scheitelkamm, die Sagittal-Crista des Schädels, stärker erhebt, um den wachsenden Kaumuskeln den für sie erforderlichen Ansatz zu gewähren, die Konturlinie von den Augenbrauenwülsten bis zum höchsten Punkte des Hinterkopfes nahezu eine gerade Linie. Der Knochenwulst über den Augenhöhlen ist ein besonders ausgesprochener Zug des knöchernen Gorillaschädels, bei dem lebenden Tiere noch gesteigert durch eine über ihm gelagerte dicke Hervorwulstung der Weichteile, wodurch, in Verbindung mit dem sich bis hierher erstreckenden Haar, ein finsteres, überhängendes Dach über die nach Owen kleinen, tiefliegenden Augen gebildet wird. Dagegen nennt Lenz die Augen groß und menschenähnlich, ohne eigentliche Augenbrauen, indem die Behaarung der oberen Augenhöhlenränder diese vertritt; die Lider sind mit deutlichen dunkeln Augenwimpern besetzt. Bezüglich der Augenbrauen sagte R. Hartmann: „Darwin führt mit Recht an, daß man irrtümlicherweise den Affen Augenbrauen abgesprochen habe." R. Hartmann selbst fand Augenbrauen bei allen Affenarten, zwar nicht in der Form eines zusammenhängenden Haarsaumes, wie bei dem Menschen, sondern viel mehr nur in Gestalt von Büscheln, die, aus borstenförmigen Haaren verschiedener Länge bestehend, hauptsächlich den mittleren Abschnitt des Augenhöhlenbogens (Arcus supraorbitalis) einnehmen. Ähnliche rudimentäre Augenbrauen haben auch andere Säugetiere, z. B. Raubtiere und Wiederkäuer. Speziell bei dem erwachsenen männlichen Gorilla findet sich an den Augenhöhlenbogen ein breiter Busch nicht dichtstehender, ungleich langer, bis 40 mm Länge erreichender, tiefschwarzer Augenbrauenhaare. Seine Augen haben nach Hartmann einen nicht sehr großen Lidschlitz mit längsgefalteten Lidern. Der innere Augenwinkel mit ausgebildeter Tränenwarze schneidet etwas schräg abwärts und einwärts in den Nasenrücken hinein. Der Augapfel hat eine dunkelbraune Bindehaut, deren Kolorit noch gesättigter umbrafarben ist als die hellere gelbbräunliche Regenbogenhaut seines Auges. Die Entfernung der inneren Augenwinkel fand Lenz zu 40 mm.

Nach Owen ist der Nasenrücken des Gorillas gleichsam nur angedeutet durch eine leichte, zwischen den Augen beginnende, in der Mittellinie des Gesichts herablaufende Hervorwölbung, die gegen die breiten, knorpeligen Nasenflügel zu sattelförmig einsinkt; erst die Nasenflügel erheben sich markierter. Die Länge des Nasenrückens beträgt nach Hartmann 70—80 mm. Die Nasenspitze mit den Flügeln ragt als flacher, breiter Zapfen oder wie eine gesonderte Klappe am Antlitz hervor. Die Nasenspitze ist etwa gleichseitig dreieckig gestaltet. Eine seichte mittlere Längsfurche trennt die Nasenspitze und ihren ganzen Flügelteil in zwei Hälften, von denen jede sich über ihr Nasenloch gewissermaßen selbständig wölbt, wovon sich bekanntlich auch bei dem Menschen hier und da eine Andeutung findet. Die Öffnung der Nasenlöcher ist vorwärts und ein wenig auswärts gewendet. Die knorpelige Nasenscheidewand erstreckt sich bis zu der, wie gesagt, zwischen den Nasenflügeln etwas rinnenförmig eingesunkenen Nasenspitze, die nur wenig über den vorderen Teil der Nasenscheidewand vorragt. Die flache, breite Nasenpartie samt den Flügeln zeigt ungefähr dieselbe Breite wie der zwischen den Eckzähnen gelegene mittlere Abschnitt der Oberlippe. Die furchtbaren Eckzähne springen pfeilerartig nach unten und zugleich etwas nach außen vor. Nach Owen tritt die Nase beim Gorilla stärker hervor als beim Schimpansen und Orang-Utan und nähert sich etwas mehr der Nasenform mancher westafrikanischer Neger oder, fügen wir hinzu, der Australier.

Das Maul ist von großer Weite; die Lippen, von denen die obere mit einem beinahe geraden Rande endigt, sind breit, von gleichmäßiger Dicke. Die Oberlippe des Gorillas ist aber verhältnismäßig kürzer als die des Schimpansen und nähert sich dadurch mehr der Form der Menschenlippe. Doch sind die Lippen des Gorillas nach Owen mit derselben dunkelschwarzen, etwas glänzenden Haut bekleidet wie das ganze Gesicht, und an der Oberlippe ist bei natürlich geschlossenen Lippen nichts von der Auskleidung der inneren Mundhöhle sichtbar, die, mehr oder weniger nach außen umgeschlagen, bei den Menschen das bildet, was wir speziell unter dem Worte Lippe verstehen; an dem Rande der Unterlippe mag auch bei geschlossenem Maule vielleicht ein wenig davon sichtbar werden, aber verdunkelt durch den schwärzlichen Farbstoff, der sich auch an der Lippenschleimhaut der meisten Neger findet. Die mehr oder weniger gewulsteten, von zarter Haut bekleideten Lippen sind eine besondere Eigentümlichkeit der Menschen, und die „aufgeworfenen Lippen" der typischen Negerphysiognomie sind sonach in dem unten noch näher zu erläuternden Sinn als ein Exzeß spezifisch menschlicher Bildung und nicht etwa als eine Affenähnlichkeit zu betrachten. R. Hartmann nennt den Lippenrand des Gorillas dickfaltig und schmutzig bräunlichrot gefärbt. Die an Warzen und Quaddeln reiche Haut der Oberlippe ist von nach ein- und abwärts gerichteten Falten durchzogen.

Von vorn gesehen, präsentiert sich der Umriß des Gesichtes als ein Oval, dessen breites Ende nach abwärts gewendet ist. Bei dem alten Gorillamännchen ist der obere Abschnitt des Gesichtsovales sehr schmal im Verhältnis zur Entwickelung der aufgewulsteten Seitenpartien. Der über den Augenhöhlen gelegene Teil des Schädels beträgt nur ein Fünftel des ganzen, namentlich bei dem erwachsenen Männchen bei geöffnetem Maul und entblößten, mächtig vorstehenden Fangzähnen bestialisch erscheinenden Gesichtes. Die Wangen sind nach Hartmann oben unter den Augen breit und voll, nach unten fallen sie hinter der Nase und Oberlippe ein.

Die Ohren (s. die Abbildung S. 13) stehen bei einer direkten Ansicht des Gesichtes von vorn eher über als unter dem Niveau der Augen; ſie liegen ziemlich viel höher als beim Menſchen und ſind auch verhältnismäßig kleiner als die menſchlichen Ohren im Verhältnis zum Kopfe, während ſie bei dem Schimpanſen größer ſind als bei dem Menſchen. Im Bau entſprechen aber die Ohren des Gorillas dem äußeren Ohre des Menſchen in höherem Grade als das Ohr irgendeines anderen Affen. Die Ohrecke (Tragus) und die Gegenecke (Antitragus), die Ohrleiſte (Helix) und die Gegenleiſte (Antihelix), die Ohrmuſchel (Concha) und die Grube der Gegenleiſte ſowie das Ohrläppchen, Ohrteile, die wir alle bei der Beſchreibung der Menſchengeſtalt näher kennen zu lernen haben (vgl. S. 33), ſind deutlich ausgeprägt. Der Hauptunterſchied iſt der auffallend große Umfang der Ohrmuſchel im Vergleich mit der Grube der Gegenleiſte und dem Ohrläppchen. Aber obwohl es klein iſt, iſt das Ohrläppchen doch deutlich markiert und hängt ſogar manchmal, wie meiſt beim Menſchen, frei herab, während es beim Schimpanſen und Orang-Utan ſitzend, d. h. mit breiter Baſis angewachſen, erſcheint. Nach Hartmann ſind die Ohren des Gorillas durchſchnittlich 60 mm hoch und in

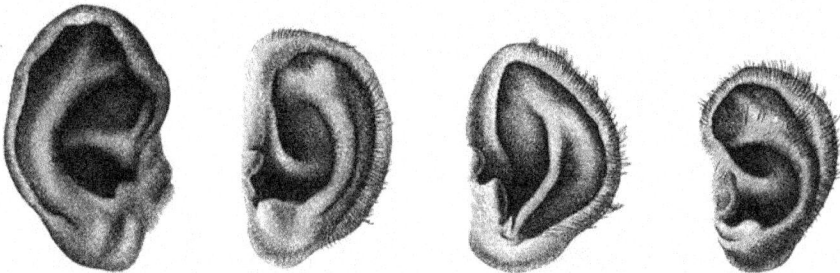

Ohren des Gorillas. Nach R. Hartmann, „Die menſchenähnlichen Affen" (Leipzig 1883).

der Mitte 36—40 mm breit; ſie ſtehen ziemlich weit nach hinten und oben. Der obere Rand der Ohrleiſte oder Krempe nimmt annähernd dieſelbe Höhe wie die Mitte der Stirn ein, während der untere Rand des Ohres etwa bis zur gleichen Höhe mit dem Oberrande der Jochgegend am Jochbein ſelbſt ſich erſtreckt. Dieſe höhere Stellung des Ohres bei dem Gorilla wird uns unten auch für die vergleichende Anthropologie der Raſſen von Wichtigkeit werden.

Der behaarte Teil der Kopfhaut geht bis zur Hervorragung der Augenbrauenwülſte, indem die Haare bis dahin nach und nach kürzer werden; von da umgreift der behaarte Teil der Kopfhaut die gleichſam eingeſunkenen Wangen. Das Haar iſt hier ziemlich lang und erreicht den Rand der Unterlippe, aber es fehlt auch bei dem alten männlichen Gorilla jene exzeſſive menſchliche Haarentwickelung als Schnurrbart, während ſich eine Art Kinnbart und Backenbart wie bei den anderen Anthropoiden zur Zeit der Geſchlechtsreife ausbildet. Die haarloſen, nackten Teile der Geſichtshaut ſind ſtark und tief gerunzelt, letzteres namentlich dort, wo es der Tätigkeit der vergleichsweiſe ſtarken Muskeln entſpricht, die das Runzeln der Augenbrauen, die Bewegung der Augenlider und Naſenflügel beſorgen.

Der Bruſtkaſten iſt verhältnismäßig ſehr weit, die Schulterbreite entſprechend beträchtlicher als die des Menſchen. Die hintere Profillinie des Rumpfes erſcheint leicht konvex vom Genick an, das über den Hinterkopf hervorragt, bis zum Kreuzbein; eine Einbiegung der Wirbelſäule in der Lendengegend, wie ſie für den Menſchen charakteriſtiſch iſt, ſcheint ganz oder nahezu zu fehlen. Der ganze Unterleib baucht sich tonnenförmig sowohl nach vorwärts als seitlich aus. Die beiden Brustwarzen stehen an derselben Stelle wie bei dem Schimpansen und dem Menschen. Sie sind etwa bis 10 mm lang und breit ohne deutlichen Hof. Die Schulter- und Brustmuskeln treten grell und breit in die Erscheinung. Den Vorder- hals charakterisieren zwei seitliche Wülste, gebildet durch die als zwei sehr breite und dicke Stränge gegen den Brustbeinhandgriff zusammenlaufenden Kopfnickermuskeln.

Auffallende Unterschiede des Gorillakörpers von dem Bau des Menschen zeigen sich in den Armen und Beinen; beide sind von bedeutender Entwickelung, die Arme aber so wunder- bar stark, daß im Vergleich mit ihnen die Beine, da ihnen auch menschlich modellierte Waden fehlen, schwach erscheinen. Ein Hauptcharakteristikum ist die beinahe gleiche Dicke eines jeden Hauptabschnittes der Extremitäten. Der Oberarm hat den gleichen Umfang unter der geringen Hervorragung, die der Schultermuskel (Musculus deltoïdeus) bildet, bis zu den Ellbogenknorren; weder die Beuge- noch die Streckmuskeln (der zwei- und dreiköpfige Armmuskel), die am Menschenarm so deutlich hervortreten, markieren sich als irgend deut- liche Schwellungen. Ebenso zeigt der Vorderarm eine nahezu einheitliche Dicke vom Ellbogenende bis zum Handgelenk. Die Achselhöhle zieht sich tief zwischen dem äußeren Rande des großen Brustmuskels und der Mitte der Innenfläche des Oberarmes hinein, die Ellbogenbeuge ist fast ausgefüllt von den mächtigen, einen in der Mittellinie verlaufenden Längswulst bildenden Sehnen der Beugemuskeln für den Vorderarm (zweiköpfiger und innerer Armmuskel). Der Unterschenkel nimmt bei dem Owenschen Exemplar sogar an Dicke vom Knie bis zu den Knöcheln etwas zu, dagegen wird der Umfang des kurzen Oberschenkels in der Richtung von oben nach unten etwas geringer. Überall fehlen auch hier jene Hervorwölbungen der Muskeln, die den Bewegungsgliedern des Menschen die anmutig wechselnden Kurven ihrer Konturlinien verleihen. Die anatomische Untersuchung ergibt aber, daß dieser Unterschied bei dem Gorilla eher von einem Übermaß als von einem Mangel der Entwickelung der fleischigen Abschnitte der Extremitätenmuskeln im Verhältnis zu den sehnigen Abschnitten derselben herrührt; die Muskeln verlaufen fleischig und mit beinahe gleichbleibendem Umfang von ihrem Ursprung bis zu ihrem Ansatz, woraus ein entsprechender Gewinn an Stärke für das Tier sich ergeben muß.

Vergleichen wir die Länge der Arme mit der Länge des Rumpfes, so ist der Unter- schied zwischen Gorilla und Mensch verhältnismäßig klein; er erscheint aber größer durch die relative Hemmung in der Entwickelung der Beine. Charakteristisch für den Armbau des Gorillas ist die bedeutendere Länge des Oberarmes (Humerus) relativ zum Vorderarm im Vergleich mit den Verhältnissen dieser Teile bei dem Schimpansen und Orang-Utan. Das Haar des Gorilla-Oberarmes neigt sich nach abwärts, das des Vorderarmes aufwärts.

Der Daumen der Hand reicht mit seiner Spitze ein wenig über die Basis des dem Handteller, der Mittelhand, zunächst gelegenen, also ersten Zeigefingergliedes. Bei keinem anderen Affen, auch nicht beim Schimpansen, erreicht er das Ende des Mittelhandknochens dieses Fingers, bei dem Siamang (Hylobates syndactylus) ist der Daumen noch kürzer im Verhältnis zur Länge der Finger, während sich bei dem Menschen der Daumen bis zur oder über die Mitte des ersten Zeigefingergliedes erstreckt.

Der Vorderarm des Gorillas verläuft mit einer nur geringen Umfangsverminderung am Handgelenk in die Hand, der Übergang ist daher wenig markiert. Der Umfang des Hand- gelenkes betrug bei dem noch jugendlichen Gorillamännchen Owens, ohne daß die Haare mitgemessen wurden, 355,6 mm; bei einem starken Manne beträgt er durchschnittlich 200 mm. Die Gorillahand fällt auf durch ihre Breite und Dicke und die Länge des Handtellers. Es ist das bedingt teils durch die Länge und Breite des Knochengerüstes der Mittelhand, teils auch dadurch, daß zwischen den Fingern die Haut auf eine größere Strecke ungeteilt ist als bei dem Menschen. Die Finger werden erst frei etwa in der Mitte des ersten Fingergliedes, und zwischen dem dritten und vierten Finger reicht die Hautverbindung, die an eine Schwimm= haut erinnert und auch so bezeichnet wird (s. die untenstehende Abbildung, Fig. 1), bis gegen das zweite Fingerglied hin. Daher erscheinen die Finger kurz und wie geschwollen. Dieser Eindruck wird noch erhöht durch die schwieligen Hautstellen auf dem Rücken des mittleren und dritten, äußersten Fingergliedes. Die Finger verlaufen gegen das Nagelende zu etwas konisch sich zuspitzend. Die Fingernägel sind nicht breiter oder länger als die des Menschen, also im Verhältnis zu der mächtigen Gorillahand ver= hältnismäßig kleiner. Der Umfang des Mittelfingers am ersten Gelenk beträgt bei dem Gorilla 140 mm, bei dem Manne, an derselben Stelle gemessen, 70mm. In= folge der dicken und schwieli= gen Haut am Fingerrücken erscheint das zweite Finger= gelenk nur wenig deutlich. Diese Schwielen am Rücken der Finger rühren davon her, daß das Tier bei gelegent= lichem aufrechten oder halb= aufrechten Gehen (s. die Ab=

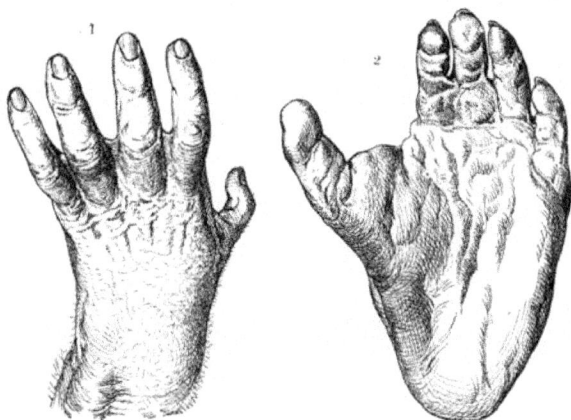

Hand (1) und Fuß (2) des erwachsenen Gorillas. Nach Brehms „Tierleben". 3. Aufl., Bd. 1 (Leipzig und Wien 1890).

bildung S. 16) diese Teile auf den Boden stützt, wobei es die Finger gegen den Handteller einschlägt. Der Handrücken ist haarig bis zur Abspaltung der Finger, die Handfläche dagegen nackt und schwielig. Von der Hand des Menschen unterscheidet sich die Hand des Gorillas auch dadurch, daß der Daumen nicht nur, wie gesagt, kürzer, sondern auch kaum halb so dick ist wie der Zeigefinger. Am Daumen erreicht der Nagel die Fingerspitze nicht, während die übrigen Nägel die Fingerspitzen mit einem schwach konvexen Rande etwas überragen. Der kurze, schmächtige Daumen macht gegenüber den besonders entwickelten übrigen Fingern einen fast rudimentären, stummelartigen Eindruck, sein Endglied endet nicht breit und flach, wie bei dem Menschen, sondern wie von der äußeren und inneren Seite her zusammengedrückt, spitz kegelförmig. Die Rückenfläche aller Finger ist konvex hakenartig nach oben gewölbt. Der Zeigefinger ist kürzer als der Mittelfinger, und zwar um zwei Drittel der Länge des Endgliedes des letzteren. Der vierte Finger hat bald die Länge des Zeigefingers, bald ist er um wenige Bruchteile eines Zentimeters kürzer als jener. Der kleine Finger ist um etwas mehr als die Länge des Endgliedes des vierten Fingers kürzer als dieser. Die ganze Hohl= handfläche ist mit einer dicken Faltenreihe und schwieligen Haut belegt, an denen die Reihen der Tastwärzchen oder Papillen in groben Zügen tief eingeschnitten erscheinen. Diese Züge ·

erzeugen an jeder Fingerbasis gegen das Handgelenk zu ein langgestrecktes Oval mit mäandrischen Schlingen und Straßen (O. Schlaginhaufen). Die die Einzelbewegung der Finger beschränkenden Bindehäute zwischen den Fingern des Gorillas variieren nach Hartmann bei verschiedenen Individuen in ihrer Ausdehnung; gewöhnlich sah er sie zwischen dem zweiten bis fünften Finger bis nahe an das Gelenk zwischen dem ersten und zweiten Fingerglied reichen.

Entsprechend der steilen Stellung der verhältnismäßig nur wenig schaufelförmig verbreiterten, sich nach außen wendenden Beckenknochen und deren Zusammenneigung am Beckenausgang gewinnt nach Hartmann die untere Rumpfabteilung, wie dies auch bei den anderen Anthropoïden der Fall ist, fast die Form einer vierseitigen Pyramide mit abwärts gekehrter Spitze. Die hintere Seite, die Gesäßgegend, wird durch das Ende der Wirbelsäule in zwei sich nach außen und etwas nach vorn herabbiegende Abteilungen abgegrenzt. Diese sind zwar mit Gesäßmuskeln bedeckt, letztere bilden aber keine fleischigen

Stellung des Gorillas beim Gehen auf ebener Erde.
Nach einer Zeichnung von G. Mützel. Vgl. Text S. 15.

Polster. Übrigens sind nach Owen die Gesäßmuskeln des Gorillas immerhin besser entwickelt und geben mehr den Anblick von „Hinterbacken" als die irgendeines anderen anthropoïden Affen, aber sie wölben sich doch nicht so weit heraus, daß sie sich über dem After begegnen oder ihn verbergen (s. die Abbildung S. 56). Owen kam wegen dieser etwas bedeutenderen Stärke der Gesäßmuskeln in Verbindung mit der ebenfalls dem Gorilla in höherem Maße als anderen Affen zukommenden Verbreiterung der Beckenknochen (Darmbeine) zu dem Schlusse, daß der Gorilla natürlicher und leichter als irgendein anderer Affe seine Zuflucht zum Stehen und Gehen auf den hinteren Extremitäten nehmen könne.

Während bei dem Menschen der Umfang des Oberschenkels gegen das Kniegelenk zu mehr und mehr abnimmt, erscheint der Oberschenkel des Gorillas in seiner ganzen Erstreckung nahezu von gleichmäßigem Umfang, da er auch am Kniegelenk noch sehr dick ist. Es ist die gleiche Erscheinung, die wir vorhin bei der Beschreibung der Arme erwähnten, und hat hier wie dort den gleichen Grund, nämlich die Fortsetzung der Fleischbündel der Muskeln bis gegen das untere Ende jedes Muskels auf Kosten der Entwickelung der Muskelsehnen, die bei dem Menschen relativ viel länger sind. Durch seine verhältnismäßige Kürze erscheint der Oberschenkel des Gorillas noch dicker, als er wirklich ist. Im absoluten Maß ist der Oberschenkel des Gorillas im mittleren Umfang nicht dicker als der des Menschen. Die relative Kürze des Gorilla-Oberschenkels spricht sich, sagt Owen, darin aus, daß der Oberschenkelknochen sich zum Oberarmbein bei dem Gorilla verhält wie 8:9, während bei dem Menschen umgekehrt der Oberschenkelknochen länger ist als das Oberarmbein, so daß sich das letztere zu ihm verhält wie 5:6. Hartmann beschreibt die Oberschenkel als sehr muskulös; sie erscheinen nicht rundlich säulenförmig, sondern von außen nach innen komprimiert: es sind mehr „Schlegel" als „Schenkel".

Abgesehen von seiner verhältnismäßigen Kürze unterscheidet sich der Unterschenkel des Gorillas von dem des Menschen vor allem durch den Mangel einer modellierten Wade. Bei dem Menschen ist an den Wadenmuskeln nur die obere Hälfte fleischig. Infolge davon springt dieser Abschnitt in der für den Menschen typischen Weise als Wade vor. Bei dem Gorilla erstrecken sich die Fleischfasern an der Achillessehne bis zur Ferse herab, und auch die sehnigen Teile der Fußmuskeln enthalten im unteren Drittel des Unterschenkels noch Fleisch- fasern, worauf die obenerwähnte größere Dicke dieser Abschnitte beruht. Die Proportionen des Unterschenkels sind daher gewissermaßen das Widerspiel von denen des Menschen: der Unterschenkel des Gorillas gewinnt meist von oben nach unten an Dicke, während sich bei dem Menschen der Umfang nach unten beträchtlich verringert.

Der Unterschenkel des Gorillas verbreitert sich mit einemmal zum Fuß, Greiffuß (s. die Abbildung S. 15, Fig. 2). Die charakteristische Form desselben wird bedingt durch eine Vereinigung gewisser Eigenschaften, von denen die einen auf einen gelegentlichen aufrechten Gang mit fast alleiniger Benutzung der hinteren Extremitäten berechnet erscheinen, während die anderen den Fuß zu einem dem „Vierhändertypus" entsprechenden Greiforgan ge- stalten. Bekanntlich nannte die ältere Zoologie das Endglied des Affenbeines „Hand", während Huxley, Hartmann und andere das Endglied des Gorillabeines trotz der Gegenüber- stellbarkeit seines Daumens und anderer physiologischer Ähnlichkeiten mit dem Endglied des Menschenarmes, der Menschenhand, als „Greiffuß" bezeichnen. Wir haben das Nähere darüber schon im ersten Band (S. 510/11) mitgeteilt.

Nach Owen bildet die Ferse bei dem Gorilla eine entschiedenere Hervorragung nach hinten als bei dem Schimpansen. Das Fersenbein ist verhältnismäßig breiter, an seinem hinteren Ende in der Vertikalrichtung mehr ausgedehnt. Das Fersenbein ist für den Grad der Menschenähnlichkeit besonders charakteristisch. Beim Gorilla ist seine Bildung menschen- ähnlicher als bei irgendeinem anderen Affen. Die Fußknöchel treten nicht so entschieden hervor wie beim Menschen, sie sind durch die Dicke der fleischigen und sehnigen Partien der Muskeln maskiert, die in ihrer Nachbarschaft auf dem Wege zum Fuß vorbeilaufen. Da der Fuß an den Unterschenkel nur mit einer leichten Einwärtswendung der Sohle eingelenkt ist, so wendet er seine Unterfläche in stärkerem Grade annähernd nach unten als beim Schim- pansen und weit mehr als bei dem Orang-Utan, d. h. der Gorilla kann mehr als die eben- genannten Affen beim Gehen die flache Sohle auf den Boden aufsetzen. Die Haut des Fußrückens ist bis zu den Zehenspalten behaart, ebenso der Rücken des ersten Gliedes der großen Zehe; die ganze Sohle ist nackt.

Die große Zehe oder der Daumen des Gorillafußes ist im Verhältnis nicht länger, aber stärker als bei dem Schimpansen. Die Knochen sind im Verhältnis zu ihrer Länge dicker, vor allem der des letzten Großzehengliedes, der in Gestalt und Breite mehr denen des mensch- lichen Fußes entspricht. Die große Zehe weicht bei ihrer natürlichen Stellung zu den anderen Zehen mit einem Winkel von 60 Grad von der Längenachse des Fußes ab. Ihre Basis ist breit und schwillt unten zu einer Art von Ballen an, auf dich die dicke, schwielige Oberhaut der Sohle fortsetzt; die queren Furchen und Runzeln sprechen für die Häufigkeit und Frei- heit der Beugebewegung der beiden Gelenke der großen Zehe, entsprechend den Verhältnissen am Daumen der Hand. Die Fußsohle verbreitert sich allmählich von der Ferse nach vorwärts bis zum Abgang der großen Zehe, des Fußdaumens. Hier erscheint die Fußsohle annähernd in zwei Hälften oder Lappen gespalten, von denen die eine der Basis der großen Zehe, die andere der gemeinschaftlichen Basis der übrigen vier Zehen entspricht. Diese erscheinen klein,

verhältnismäßig schlank und sind bis zur Basis des zweiten Zehengliedes in eine gemeinschaftliche Hautscheide, Schwimmhaut, gehüllt. Dadurch wird also äußerlich der Gorilla-
fuß mit seinen scheinbar kurzen Zehen menschenähnlicher als in seinem Skelett. Mitten durch
die Sohle verläuft der Länge nach eine Furche; sie spaltet sich nach vorn in zwei Seitenfurchen,
von denen die eine, an der Innenseite des Großzehenballens hinauslaufend, die Anfangs-
richtung beibehält, während die andere schief nach außen zur Spalte zwischen der zweiten
und dritten Zehe zieht. Diese Hauptfurche beweist die Gegenüberstellung des ganzen Fußdaumens, der eher einem inneren Lappen der Sohle ähnlich sieht, gegen den äußeren, den
vier kürzeren Zehen entsprechenden Lappen der Sohle. Die Stelle, die man bei dem Menschen als Spann oder Rist bezeichnet, ist bei dem Gorilla hoch. Es wird das aber nicht wie
bei einem schönen menschlichen Fuß durch die charakteristische Erhebung des Fußgewölbes
bedingt, sondern durch die Dicke der fleischig-sehnigen Teile der Muskeln, die über diese
Region vom Unterschenkel zum Fuß verlaufen. Die mittlere Zehe ist ein wenig länger
als die zweite und vierte; die fünfte Zehe ist wie beim Menschen entsprechend kürzer als die
vierte und von dieser durch einen etwas tieferen Spalt getrennt. Die ganze Sohle ist
absolut breiter, im Verhältnis zu ihrer Länge sogar viel breiter als beim Menschen; dadurch
wird der Greiffuß, nach Owen, ebensogut wie durch die Gegenüberstellbarkeit seines Daumens und das bestimmte Hervortreten eines basalen Daumenballens physiologisch betrachtet
zu einer Hand, und zwar zu einer Hand von erstaunlichen Dimensionen und wunderbarer
Kraft des Greifens. R. Hartmann hebt noch eine größere Anzahl wesentlich quer verlaufender Furchen der Gorillafußsohle hervor, wodurch diese der Handfläche sich annähert.
Dem menschlichen Fuß fehlen diese Furchen, von denen namentlich die Mittelfurche der
Gorillasohle sehr charakteristisch ist.

Die Papillenzüge der Fußsohle beschreiben nach R. Hartmann an der Ferse sehr
häufig eine mittlere größere und eine äußere kleinere Gruppe von umeinander hergehenden
Schleifen, in deren Mitte ein elliptischer Zug für sich inselartig abgeschlossen bleibt. An den
Zehen verhalten sich die Papillen in ganz ähnlicher Weise wie an den Fingern. Übrigens
kommen nach O. Schlaginhaufen in dem Verhalten dieser Papillenzüge mancherlei individuelle Variationen vor.

Das erwachsene Gorillaweibchen ist kleiner und schlanker als das Männchen; die
Formen sind im allgemeinen mehr den jugendlichen entsprechend, die Muskelentwickelung
ist nicht so herkulisch. Das erwachsene Gorillamännchen des Museums in Lübeck mißt nach
H. Lenz 1650 mm, während das große Männchen im Britischen Museum, von dem wir
oben (S. 10) nach Owen berichteten, 1676 mm mißt. Das ausgewachsene Gorillaweibchen
in Lübeck hat eine Gesamtkörpergröße von 1400 mm. Die meisten Längen- und Umfangsmaße der Körperabschnitte sind dementsprechend bei dem Lübecker Weibchen kleiner als bei
dem Männchen, auch alle am Becken genommenen Maße. Auch im Verhältnis zur verschiedenen Körpergröße heben sich die Beckenmaße des Weibchens nur in sehr geringfügigem
Grade über die des Männchens. Die Länge des Beckens vom oberen Rande des Darm-
beines bis zum unteren Rande des Sitzbeines beträgt beim Männchen absolut 36, beim
Weibchen 32 cm. Auf gleiche Körperhöhe = 100 gerechnet, ergibt sich also ein Verhältnis
von 22,4:22,8. Die Breite des Beckens beträgt bei Männchen und Weibchen absolut 40
und 35 cm, das relative Verhältnis ist also 24,2:25,0. Die weiblichen Geschlechtsdifferenzen
des allgemeinen Körperbaues treten am deutlichsten am Kopfe zutage. Der Kopf ist kleiner,

und da an dem weiblichen Schädel wie an dem Schädel junger Männchen der sagittale
Knochenkamm fehlt und der quere Hinterhauptskamm verhältnismäßig schwach entwickelt ist,
erscheint der Kopf, im Profil betrachtet, eher viereckig als pyramidal, während letztere Form
ein ausgezeichnetes Merkmal für das alte Gorillamännchen darstellt. Die Augenbrauenwülste sind beim Weibchen weit schwächer entwickelt, das tierische Vorstrecken der Maulgegend
ist geringer. Der Raum zwischen Augen und Nase ist bei dem Weibchen kürzer, die Wangen
sind breiter und nicht von so dicken Wülsten eingerahmt wie bei dem Männchen. Die weibliche
Nase ist weniger breit und weniger aufgewulstet. Die Oberlippe ist höher und breiter. Der
Nacken zeigt auch bei dem alten Weibchen eine durch Länge der Dornfortsätze der Halswirbel
und durch starke Ausbildung der Nackenmuskeln verursachte Hervorwölbung nach hinten.
Nur bei sehr jungen, etwa ein Jahr alten Exemplaren beider Geschlechter erscheint der Kopf
gegen den Nacken deutlicher abgesetzt. Das gleiche gilt für alle Anthropoïden. Die Brüste
stehen bei dem säugenden Weibchen halbkugelig vor, später hängen sie schlaff herab. Der
Bauchteil des Rumpfes ist noch gleichmäßiger länglich-tonnenförmig als beim alten Männchen.

Der Schimpanse, dessen geographisches Verbreitungsgebiet von der Sierra Leone
bis zum Kongo reicht, bleibt in beiden Geschlechtern hinter dem Gorilla an Größe und
massiger Körperentwickelung zurück. Die von Savage, dem Entdecker des Gorillas, gemessenen männlichen Schimpansen überstiegen niemals 5 Fuß, etwa 1500 (1524) mm, in der
Höhe, und die Weibchen waren fast genau so hoch. H. Lenz gibt die Größe des Lübecker ausgewachsenen, sehr alten Schimpansenmännchens nur zu 1360 mm an. Das ausgewachsene
Schimpansenmännchen ist nach der Beschreibung R. Hartmanns weit schlanker als der erwachsene männliche Gorilla; nicht dieser gewaltige Kopf, sagt H. Lenz, die weit vortretende Brust, der umfangreiche Bauch, nicht die muskulösen Arme und dicken Beine mit
den plumpen Händen daran. Selbst der kräftigste Schimpanse behauptet nach R. Hartmann
weit mehr den äußeren Habitus des spezifischen Affen als der alte männliche, fast bärenartig werdende Gorilla. Am knöchernen Schädel des alten Schimpansenmännchens entwickeln sich nur ein niedriger knöcherner Mittellängskamm und ein ebenfalls verhältnismäßig schwacher querer Hinterhauptskamm; auch die Dornfortsätze der Halswirbel bleiben
von mäßiger Länge. Daher erscheint der Kopf des Schimpansen nicht so pyramidal und
sein Nacken nicht so stark gewölbt wie beim Gorilla, bei dem von der Mitte des Mittel-
längskammes am Schädel an ein mächtiges, von Muskeln, Sehnen und Haut erzeugtes
Polster bis in den breiten Rücken hinein verläuft. Der Kopf mit kurzem Hals ist zwar auch
beim alten Schimpansen in die Schultern hineingebaut, erscheint aber hinten gegen den
Hals doch mehr abgesetzt als beim Gorilla. Der Scheitel ist gewölbt. Die Augenbrauenbogen
sind groß und stark, sie treten konvex aus dem Antlitz heraus und sind teils mit Büscheln von
steifen, borstigen, teils mit ebensolchen vereinzelt wachsenden Haaren als Augenbrauen
besetzt; die über ihnen liegende Haut ist runzelig. Die Augenlider tragen schwarze, dicht-
stehende Wimpern. Der innere Augenwinkel ist deutlich ausgeprägt. Der Nasenrücken ist
kielförmig-konvex, quer-gerunzelt und kurz (22—25 mm). Gering erscheint auch der Zwischenraum zwischen dem inneren Augenwinkel und der obersten äußeren Ecke des Nasenknorpels
(10—13—16 mm lang). Die Nasenflügel können seitwärts von der Nasenscheidewand
35—45 mm hoch und 50—70 mm breit werden. In ihrer Mitte läuft aber eine kurze, bald
seichtere, bald tiefere, etwa 10—12 mm lange Längsfurche herab bis nahe zur mittleren

Spitze des dachartig die Nasenlöcher überdeckenden Flügelabschnittes, des Nasenknorpels. Diese Nasenspitzenfurche teilt sich oben in zwei sich beiderseits nach außen wendende Schenkel, welche die Nasenknorpel umgreifen, seichter werdend nach abwärts gegen die Mundwinkel zu ziehen und sich mit einer die ganze Nasenregion von der Lippe abgrenzenden Querfurche verbinden. Die Nasenlöcher sind, von oben und außen weiter werdend, nach unten und einwärts gerichtet. Die Nasenscheidewand ist schmal, unter den Nasenlöchern der Quere nach vertieft. Die Länge der Oberlippe beträgt in der Mitte etwa 30, an den Mundwinkeln bis 35 mm. Das wie bei allen Affen zurücktretende Kinn ist gleichschenkelig dreieckig, die Spitze des Dreiecks nach unten gewendet. Gewöhnlich steht die an ihrem Mundrand bald heller, bald dunkler schmutzig fleischfarbene Unterlippe etwas über die Oberlippe vor. Nach H. Lenz ist für den Schimpansen die bedeutend kürzere, platter gedrückte Nase und daneben der größere Zwischenraum zwischen Nase und Unterrand der Oberlippe charakteristisch. Mißt

Ohren des Schimpansen. Nach R. Hartmann, „Die menschenähnlichen Affen" (Leipzig 1883).

man von der Nasenwurzel bis zur Nasenspitze und von demselben Anfangspunkt bis zum Rande der Oberlippe, so bekommt man (nach fünf Messungen) am Gorilla (Männchen, Weibchen, Junges) das Verhältnis 1:1,46 (genau 1,38—1,50), am Schimpansen (Männchen, Junges) dagegen den weit höheren Wert 1:1,84 (1,79—1,90).

Die Gesamtfärbung des Pelzes des Schimpansen nennt H. Lenz rabenschwarz, bei älteren Tieren braun verbleichend. Die oberen Partien der nackten Gesichtshaut zwischen und über den Augen sowie der hintere Teil der Wangen sind dunkel. Ein breiter dunkler Streifen zieht sich über die Nase, auch die Ränder der Nasenlöcher sind dunkel, während ein darüberliegender schmaler heller Streifen sich seitwärts etwas hinter die Mundwinkel herabzieht und mit der Färbung der Oberlippe zusammenfließt, so daß die ganze vordere Partie des Gesichts, unterhalb der Nase, hell erscheint. Das Kinn ist ebenfalls heller, nur der obere Teil der Oberlippe ist dunkler. An den Seiten des kahlen Gesichts zieht sich ein Backenbart von den Ohren bis zum Niveau der Mundwinkel herab. Die Oberlippe ist kahl, bei dem alten Lübecker Männchen auch das Kinn, das sich aber bei anderen Exemplaren schwach behaart zeigt.

Die Ohren (s. die obenstehende Abbildung) stehen flügelartig ab und sind auffallend groß, bedeutend größer und, wie es scheint, in ihrer Faltung normalerweise weit einfacher als beim Gorilla. Lenz findet bei dem alten Männchen den Außenrand des Ohres flach ausgebreitet, so daß Leiste und Gegenleiste nicht zu unterscheiden sind; das Ohrläppchen fehlt ganz, der Einschnitt zwischen Ecke und Gegenecke ist flach und breit, während er beim Gorilla-Ohr schmal und tief wie beim Menschen ist. Doch variiert, wie uns R. Hartmann belehrt, beim Schimpansen kein Körperteil so sehr wie das Ohr, es scheint das aber auch für die übrigen Anthropomorphen zu gelten. Die Länge des Ohres schwankt bei dem Schimpansen zwischen 59 und 77 mm, die Breite zwischen 42 und 80 mm. Es gibt Schimpansenohren mit und ohne Ohrläppchen, bei manchen ist die Leiste und Gegenleiste, bei anderen nur die Leiste unvollständig entwickelt. Ungemein verschieden ist ferner das Verhalten von Ecke, Gegenecke und Einschnitt zwischen beiden. Manchmal zeigen beide Ohren ein und desselben Schimpansen eine recht verschiedene Ausbildung ihrer Teile. Beim Schimpansen steht das Ohr, wie bei dem Gorilla, höher als beim Menschen.

Die Arme des alten Schimpansenmännchens reichen bis zu den Knien. Die Hand ist lang, verschmälert, der Daumen ist etwas länger als der des Gorillas und erreicht meistens das Gelenk zwischen Mittelhandknochen und erstem Fingerglied des Zeigefingers. Der Mittelfinger ist der längste, der zweite und vierte sind etwa um die Länge des Nagelgliedes kürzer. Der vierte Finger ist um einige Millimeter länger als der zweite. Der kleine Finger ist etwa um die Länge des Nagelgliedes des vierten Fingers kürzer als letzterer. Die vier Finger, außer dem Daumen, sind, wie bei dem Gorilla, durch eine Schwimmhaut miteinander verbunden, die bald bis zur Mitte jedes ersten Fingergliedes, manchmal so-

Schimpansenweibchen. Nach R. Hartmann, „Die menschenähnlichen Affen" (Leipzig 1883). Vgl. Text S. 22.

gar zu den Gelenken zwischen den ersten und zweiten Fingergliedern reicht. Die Rückenseite der ersten Fingerglieder zeigt starke, oft borkige Gangschwielen, da das Tier, wie der Gorilla, beim Gehen die gegen die Hohlhand eingeschlagenen Finger auf den Boden zu stützen pflegt. Die Fingernägel sind kurz und der Quere nach stark gewölbt. An einem alten Männchen war der Nagel des Mittelfingers 14 mm lang und 15 mm breit. Die Finger sind oben nur wenig gewölbt, von den beiden Seiten her abgeplattet. Die zahlreichen Falten der Hohlhand wie die übrigen Eigentümlichkeiten der letzteren verhalten sich ähnlich wie bei dem Gorilla. An den unteren Gliedmaßen sind die seitlich komprimierten, schlegelartigen Oberschenkel muskulös, die Gesäßgegend ist noch ärmlicher als beim Gorilla entwickelt. Die Unterschenkel sind schon beim erwachsenen Männchen dünn und schwach bewadet, bei dem erwachsenen Weibchen noch schwächer.

Das erwachsene Schimpansenweibchen hat einen kleineren, im Hirnschädelteil gewölbteren Kopf, weniger scharf ausgeprägte, weniger plastisch hervorragende Ober-Augenhöhlenbogen, Augenbrauenwülste, und Nasenteile. Ihm fehlt in der auch nicht so stark prognathen Kiefergegend das mächtige Gebiß des Männchens, namentlich sind die weiblichen Eckzähne viel kürzer und schmäler. Der ganze Rumpf ist in der Schultergegend schmächtiger, der Bauch dicker, die Beckengegend verhältnismäßig weiter (s. die Abbildung S. 21). Die Gliedmaßen, abgesehen von den Händen, erscheinen beim Weibchen im Durchschnitt untersetzter gebildet als beim Männchen, an dem sie mehr langgestreckt und sehniger erscheinen. Wie bei dem Menschen und dem Gorilla, so nähern sich auch bei dem Schimpansen die weiblichen Formen in mancher Hinsicht den kindlichen Formen, welch letztere bei allen anthropoiden Affen, namentlich im Schädelbau und Gesicht, wegen der mangelnden Ausbildung der Kauwerkzeuge eine größere Menschenähnlichkeit zeigen;

Orang-Utan. Nach R. Fick, „Vergleichend anatomische Studien an einem erwachsenen Orang-Utan" („Archiv für Anatomie und Physiologie" 1895).

so übertreibt ja auch gleichsam die kindliche Form bei dem Menschen noch den menschlichen Formtypus und entfernt sich dadurch noch weiter als die der Erwachsenen von den Affenformen.

Während das Vorkommen von Gorilla und Schimpanse auf einen tropischen Teil von Afrika beschränkt erscheint, lebt der Orang-Utang (s. die beigeheftete farbige Tafel und die obenstehende Abbildung) auf Borneo und Sumatra; sein Vorkommen auf Malakka ist behauptet, aber nicht bewiesen worden.

Nach Wallace beträgt die durchschnittliche Gesamtkörperhöhe des männlichen

Orang-Utan.
Nach einem Aquarell von G. Mützel.

erwachsenen Orang-Utans 4 Fuß 2 Zoll = 1270 mm; er bleibt also in der Größe gegen den Schimpansen zurück, der seinerseits kleiner ist als der Gorilla. Das Orang-Utanweibchen ist wieder kleiner als das Männchen. R. Ficks „Riesen-Orang-Utan" maß gestreckt als Leiche vom Scheitel bis zur Ferse 1400 mm, lebend im Stehen 1250 mm. Der Rumpf des Orang-Utans ist sehr dick, er mißt mehr als zwei Drittel der Körperhöhe im Umfang, nach R. Fick 82,1 Proz. Auffallend ist am Orang-Utan schon auf den ersten Blick, sagt R. Hartmann, der hohe, kurze, in seiner Hirnschädelregion von vorn nach hinten gleichsam zusammengedrückte Kopf, der sich so ungemein verschieden von der langgestreckten Form des Gorilla- und namentlich des Schimpansenkopfes darstellt. Die Stirn des Tieres erscheint hoch, steigt steil empor und ist mit nach oben konvexen, aber nur wenig vorspringenden Ober-Augenhöhlenbogen, Augenbrauenwülsten, versehen. Gegen den Scheitel hin spitzt sich die Stirn von vorn und von den Seiten her hinter- und mittelwärts oft recht auffällig zu. Nicht selten tritt, dem knöchernen Mittellängskamm am Schädel entsprechend, ein vorderer, in der Mittellinie verlaufender Längswulst an der gewölbten Stirn mit starkem Vorsprung nach vorn hervor. An diese hochgetürmte Stirn schließt sich die im allgemeinen lange und schmale, aber zwischen Augenwinkeln und Nase kurze Antlitzregion, von vorn gesehen von länglich-birnförmigem Umriß, zu einem ungemein bizarren Gesamtbild. Zwischen den mit kleinen, von runzeligen Hautwülsten umgebenen braunen Augen senkt sich der schmale Nasenrücken etwas ein. Die Nase tritt mit Ausnahme der Nasenspitze nicht hervor. Die Nasenflügel sind schmal, hoch, nach oben konvex und ähnlich wie bei den bisher beschriebenen Anthropoiden durch eine vorn über die Mitte der Nasenspitze herablaufende Längsrinne voneinander getrennt. Die Nasenlöcher sind ziemlich klein und eng, die Scheidewand niedrig. Eine tiefe Einsenkung zieht jederseits etwa von der Mitte des Nasenrückens nach außen und abwärts bis hinter den Mundwinkel herab und grenzt den Kieferteil in noch auffälligerer Weise ab, als das beim Gorilla und dem Schimpansen der Fall ist. Bei wohlgenährten alten Männchen zeigen sich häufig, vielleicht als rassenhafte Verschiedenheit, die äußeren Wangenabschnitte durch dicke, von den Schläfen zur Mundspalte herabziehende, hauptsächlich aus Fettablagerung gebildete Wülste, Wangenwülste, die das Gesicht wallartig begrenzen, in sehr entstellender Weise umrahmt. Unterhalb der Nasen- und Wangengegend zieht sich eine mächtig hohe, breite, nach vorn gewölbte Oberlippe schildförmig nach unten herab. Ihre Haut ist wenig gefaltet, schwach gerunzelt und spärlich behaart. Der Mund ist breit, dünnlippig, die niedrige Unterlippe ist, wie beim Gorilla, etwas dicker, zeigt einen schmalen Rand der inneren Mundschleimhaut und bekommt dadurch eine gewisse Ähnlichkeit mit einer Menschenlippe. Das Kinn ist, wie bei dem Gorilla und dem Schimpansen, niedrig und zurückweichend. Das Ohr ist klein, etwa 35 mm hoch und 12 mm breit, von fast menschenähnlicher Form, zuweilen selbst mit wohlausgeprägtem Ohrläppchen und öfters mit dem „Darwinschen Knötchen" versehen, das wir beim Menschenohr näher zu würdigen haben werden (S. 34).

Der Hals ist so ungemein kurz, daß es scheint, als wäre der schmale, hohe Kopf vorn an das obere mittlere Rumpfende angeklebt; der Kopf hängt auch im Stehen, Gehen und Klettern vornüber, wodurch das Tier ein gedrücktes, plumpes und unbehilfliches Aussehen bekommt. Um den erstaunlich dicken Hals, um das Kinn und die Schultern legt sich die äußere Haut, auch wenn eigentliche Wangenwülste nicht ausgebildet sind, in unregelmäßige, manchmal sehr fettreiche Falten, namentlich vor dem Kehlsack, der sich öfters mit seiner fettbeladenen

Umgebung ebenfalls stark vorwölbt. Dem Bau des Rumpfes und der Extremitäten fehlt jenes Gepräge strotzender Kraft und wilder Energie des alten männlichen Gorillas; es fehlt auch der Ausdruck von Elastizität und übermütiger Lebendigkeit bei einem gewissen Eben= maß des Baues, wie wir sie am Schimpansen wahrnehmen.

Brust= und Bauchgegend des Orang=Utans sind tonnenförmig, der Rücken leicht konvex. Die langen, mäßig vollen Arme reichen bei unnatürlich gestreckter aufrechter Haltung des Tieres bis zu den Knöcheln der Füße. Die Hand ist lang und schmal, namentlich gegen die Handwurzel zu, im allgemeinen schlanker als die Hand des Gorillas und Schimpansen. Der Daumen, dessen Ballen schwach entwickelt ist, ist schmächtig; er macht den Eindruck des Kurzen, Dünnen, Stummelhaften und reicht nur bis an das Gelenk zwischen Mittelhand und erstem Glied des Zeigefingers. Die Fingerglieder sind lang, die seitlich gleichsam zu= sammengedrückten Finger spitzen sich bis zum Ende des Nagelgliedes zu; bis zum ersten Drittel, seltener bis zur Mitte der ersten Fingerglieder sind sie mit „Schwimmhaut" unter= einander verbunden. Die Polster ihrer Unterflächen sind schwach. Der Mittelfinger ist nur um ein Geringes länger als der Zeigefinger und der vierte Finger, der selbst nur um einige Millimeter länger als der Zeigefinger ist. Dieser übertrifft den verhältnismäßig langen kleinen Finger ebenfalls nur sehr wenig. Die Fingerglieder sind gegen die Rückseite auffallend konvex gekrümmt. Die Nägel sind stark in der Längs= und Querrichtung gewölbt. Über die Mitte der Hohlhand laufen nur einige seichte Querfurchen; eine mäßig tiefe Furche sondert den Daumenballen gegen die übrige Hand ab. An den Füßen steht die Ferse wenig vor und ist schmal. Die Fußwurzel ist schmal und lang; sie verbreitert sich gegen die Basis der großen Zehe und verschmälert sich wieder etwas gegen die Basis der übrigen Zehen hin. Die große Zehe, der Fußdaumen, ist kurz; sie wird an dem Grunde des zweiten Gliedes breiter und endet mit einer auf der Unterfläche dick gepolsterten, beinahe knopfförmigen Wulstung. Er hat etwas Stummelhaftes, bei alten Männchen fehlt meist sogar der Großzehennagel, der bei jungen Individuen als niedriges, konisches Nagelrudiment mit abgestutzter Endfläche er= scheint; häufig fehlt bei älteren Tieren sogar das ganze Nagelglied. Die vier übrigen Zehen sind schmal und lang; die dritte Zehe ist die längste, die zweite wenig kürzer als die vierte; die fünfte, die kleine Zehe, ist um die Länge des Endgliedes der vierten kürzer als diese. Die Nägel der vier Zehen sind ähnlich wie die der Finger gewölbt. Der Ballen des Fußdaumens ist nicht besonders entwickelt, dagegen haben die vier übrigen Zehen starke Sohlenpolster. An den Rückseiten der Finger der Hand zeigen sich Gangschwielen, wenn auch selten so dick wie bei dem alten Gorilla oder Schimpansen. Der Orang=Utan stützt beim Gehen auf allen vieren die Rückseite der ersten Fingergelenke und das erste Fingerglied selbst auf den Boden, wogegen er bei den Füßen kaum jemals die Sohle, sondern gewöhnlich nur den äußeren Fuß= rand oder sogar, analog wie bei der Hand, die Rückenfläche der eingeschlagenen Zehen aufsetzt.

Dem Kopfe des erwachsenen Orang=Utanweibchens fehlt, wie dem jungen Männchen, der knöcherne Mittellängskamm des Schädels; dieser erscheint daher noch runder, kugeliger gewölbt. Kopf, Nacken und Schultern sind etwas mehr voneinander abgesetzt. Der Rumpf besitzt eine breitere Beckengegend, auch der Bauch ist breiter, gewölbter, die Brüste des säugenden Weibchens springen prall und halbkugelig vor, später hängen sie schlaff herab; die Brustwarzen erscheinen dünn und gleichsam hornig.

Die mehr zottige Behaarung des Orang=Utans bildet am Kopfe häufig einen wie gescheitelt aussehenden, perückenartig vornüberragenden, gerade und keck gewachsenen Schopf oder fällt nach R. Hartmanns Ausdruck seitlich wie an einem „langmähnigen und liederlich gehaltenen Künstlerkopfe" herab, gewöhnlich aber starrt sie unbeschreiblich wüst um die Hinterhauptsteile nach allen Seiten hin empor. Um Wangen und Kinn entwickelt sich bei alten männlichen Tieren öfters ein langer, abstehender, an den Bart eines indischen Fakirs erinnernder Spitzbart; Schnurrbart fehlt. Die Hautfarbe ist im Gesicht bei alten Tieren tiefschwarz, auch an den behaarten Stellen schwärzlich, in Graublau oder Braun ziehend, öfters geradezu bleifarben, so namentlich an Kopf, Schultern, Brust und Bauch. Um die Augen herum finden sich beim Weibchen öfters hellere, schmutzig bräunlichgelbe Ringe, manchmal ebenso auch am Nasenrücken und an den Nasenflügeln, zuweilen selbst an der Oberlippe und am Kinn. Bei jungen Orangs sind die Augen und der Mund ganz hell fleischfarben umrändert. Die Nägel sind schwarz.

Während R. Hartmann und Selenka den Orang-Utan ziemlich harmlos schildern, beobachtete O. Hermes an einem erwachsenen männlichen Exemplar des Berliner Aquariums zwar, wenn er gesättigt war, ein phlegmatisches Temperament, sonst aber eine unheimliche, aggressive Wildheit, gepaart mit furchtbarer Kraft: die rote, lange und zottige Behaarung, die tückisch lauernden, eng aneinandergerückten, kleinen Augen, der perückenartig mit rotbraunen Haaren bedeckte Kopf, das platte, schwarze Gesicht mit den kleinen, menschenähnlichen Ohren und den heller gefärbten Augenlidern, das Fletschen der Zähne, wobei er ein wahrhaft furchtbares Gebiß zeigt, die mit langen Nägeln bewehrten Finger, kurz, alles an ihm zusammengenommen gibt ihm etwas so Diabolisches, daß die Phantasie Mühe hätte, sich ein größeres Scheusal vorzustellen.

Während bis jetzt vom Gorilla noch keine Spielarten näher bekannt sind, deuten eine Reihe älterer und neuerer Angaben darauf hin, daß der Schimpanse nicht nur individuelle, sondern rassenhafte Unterschiede erkennen läßt, so daß z. B. du Chaillu sogar zwei verschiedene Schimpansenarten glaubte annehmen zu müssen. Neuere Forscher konnten letzteres nicht bestätigen, und R. Hartmann, einer der besten Kenner der großen Menschenaffen, kann nach seinen eingehenden Studien nur eine Spezies Schimpanse anerkennen. Bei noch reicherem Material und bei entsprechend eingehendem Studium in der Heimat des Schimpansen werden sich aber wohl gewiß auch für ihn Lokalvarietäten feststellen lassen, wie wir solche für den Orang-Utan durch Selenka kennen gelernt haben. In Borneo setzen breite Wasserstraßen, die auch im Sommer niemals austrocknen, und Gebirgszüge der Verbreitung des Orang-Utans lokale Schranken, die offenbar nur gelegentlich und nur von einzelnen überschritten werden, da der Orang-Utan nicht schwimmen kann und die Höhenluft meidet. „Die auffallend konstanten Unterschiede in der Gesichtsbildung der männlichen Orang-Utans südlich und nördlich des Klinkang-Gebirges, ebenso in der Genepai-Gegend", sagt Selenka, „weisen darauf hin, daß die Wanderlust dieser Tiere vor den Bergzügen ihr Ende findet, wenn auch freilich die Möglichkeit einer Überschreitung solcher Gebirgsbarrieren zugestanden werden muß und auch nahe den Quellgebieten der großen Ströme ein Hinüberwandern von einem Stromgebiet in das andere möglich wäre." Selenka unterscheidet zwei Haupttypen sowohl für Borneo wie für Sumatra: bei dem einen Typus entwickeln die Männchen die erwähnten Wangenpolster, bei dem zweiten nicht. Innerhalb dieser beiden Haupttypen unterscheidet Selenka großhirnige und kleinhirnige Formen, die weiter nach der Farbe der Behaarung und der Gesichtsfärbung in neun Lokalrassen unterschieden und nach ihren Wohnorten benannt werden. Zu den Formen mit Wangenpolstern gehören in Borneo als großhirnige Lokalrassen: 1) Die Dadap=Rasse, Fell dunkel rotbraun, Gesicht schwarz. Zu dieser Rasse wird wohl der Riesen=Orang=Utan von R. Fick zu rechnen sein. 2) Die Batangtu=Rasse, Fell dunkel rotbraun, Gesicht ebenfalls schwarz. Dann als kleinhirnige Lokalrassen: 3) die Landak=Rasse, Fell dunkelbraun bis rostrot, und 4) die Sawawak=Rasse oder Wallac=Rasse, ebenso gefärbt. Im nordwestlichen Sumatra findet sich 5) die Deli=Rasse, kleinhirnig mit Wangenpolstern. Zu den Formen ohne Wangenpolster gehören in Borneo ebenfalls zwei großhirnige Rassen: 6) die Skalau=Rasse, Fell dunkelbraun bis hellbraun, Gesicht schwarz, und 7) die Tuak=Rasse, Fell rostgelb bis roströtlich, Gesicht rötlich bis bräunlich. Dann die kleinhirnige Genepai=Rasse, die der Skalau=Rasse ähnlich ist, und in Sumatra die kleinhirnige Abong=Rasse, die ebenfalls der Skalau=Rasse entspricht. Während das Gesicht und zum Teil auch die Körperhaut bei der Mehrzahl der Orang=Utan=Rassen negerhaft schwarz ist, sind bei der Tuak=Rasse Körperhaut und Gesicht bräunlich bis rötlich, also gewissermaßen mongoloid oder der Indianerfarbe ähnlich.

Deutsche Forscher, voran C. Claus, pflegen nur die bisher genannten Affengattungen zu den menschenähnlichen Affen, Menschenaffen, Anthropomorphen, oder im alten, fälschlichen Wortgebrauch: Orangs, zu zählen. Claus ordnet sie nach ihrer Menschenähnlichkeit in die zum Menschen aufsteigende Reihe: Orang=Utan (Satyrus Orang *L.*), Gorilla (Gorilla Gina *Geoffr.*) und Schimpanse (Troglodytes *Geoffr.*, T. niger *L.*). Diese drei Gattungen bilden bei Claus die fünfte und oberste Familie der dritten Unterordnung der Affen, nämlich der Catarrhini, Schmalnasen, Affen der Alten Welt, die samt und sonders mehr oder weniger eine gewisse Menschenähnlichkeit zeigen. Von den Anthropomorphen trennt Claus als eigene (vierte) Familie die Langarmaffen oder Gibbons (Hylobatidae), obwohl sie von anderen, z. B. von Huxley, den Anthropomorphen oder Menschenaffen angenähert wurden; doch verkannte Huxley selbst die relativ nahe Verwandtschaft der Gibbons mit den niederen, von ihm Hundeaffen oder Kynomorphen genannten Affen keineswegs.

Die Gibbons, die sich in einem halben Dutzend Arten über die asiatischen Inseln Java, Sumatra, Borneo sowie über Malakka, Siam, Arrakan und einen Teil von Hindostan auf dem asiatischen Festland zerstreut finden, besitzen, wie die nächst niederen Affen, Gesäß=schwielen, die allen wahren Anthropomorphen fehlen, und nur an dem Daumen und der großen Zehe breite und platte Nägel, während bei den Anthropomorphen alle Nägel, wie beim Menschen, Plattnägel sind. Die Gibbons erreichen jetzt in der Höhe kaum 900—1000 mm; ihr Kopf ist klein, ihr Rumpf, im Verhältnis zu den Beinen, kurz und wie die Gliedmaßen auffallend schlank. Alle lebenden wahren Anthropomorphen sind schwerer gebaut und haben größere Köpfe und kürzere Gliedmaßen als die Gibbonarten. Bei diesen sind die Beine verhältnismäßig lang, länger als der Rumpf, aber die Arme sind relativ noch viel länger, so daß die Fingerspitzen leicht den Boden berühren, wenn das Tier aufrecht steht. Diese im wesentlichen auf Bäumen lebenden Tiere springen mit bewunderungswerter Kraft und Präzision von Ast zu Ast, laufen aber auch mit großer Geschwindigkeit, wobei sie, wie viele niedere Affen, auch die Bären und andere, die Fußsohle platt auf den Boden setzen und sich mit ihren langen Armen im Gleichgewicht halten. Die Hand ist nach Huxley länger, nach Virchow kürzer als der Fuß, der Unterarm länger als der Oberarm, der Oberschenkel länger als der Unterschenkel. R. Virchow führt in Millimetern folgende Messungsergebnisse an, die er bei einem lebenden Gibbon (Hylobates albimanus) gewonnen hatte: Gesamtkörperlänge

540 mm, Länge der Wirbelsäule 260, Länge des linken Oberarmes bis zum Ellbogen 180, des Unterarmes 183, der Hand 130, Breite der Hand 29, Länge des linken Oberschenkels 150, des Unterschenkels 120, des Fußes 115, des linken Beines bis zur Sohle 290, bis zur dritten Zehe 375. Die Länge des Fußes beträgt also ungefähr $1/5$, genauer $10/47$ der Körperlänge. An der Hand ist der dritte Finger, am Fuße die vierte Zehe die längste. Die große Zehe ist wenig kürzer als die kleine, dagegen der Daumen weit kürzer als der kleine Finger. Das Verhältnis der Länge zur Breite des Hirnschädels, der Längen=Breitenindex, beträgt 83,6, der Schädel ist also brachykephal, d. h. im Verhältnis zu seiner Breite kurz. Virchow fügt bei: „Die Tatsache, daß auch der Gibbon wie der Orang=Utan brachykephal ist, hat ein großes geographisches Interesse." Über die von E. Dubois auf Java gefundenen Reste eines riesenhaften vorweltlichen Gibbons, Pithecanthropus erectus, wird unten berichtet werden.

Der Gang der menschenähnlichen Affen.

Über den Gang eines Gibbons (Hylobates Lar oder albimanus; s. die unten= stehende Abbildung), eines jungen männlichen Exemplars von 600 mm Höhe im Berliner

Aufrechter Gang des Gibbons. Nach O. Hermes, „Die anthropoiden Affen des Berliner Aquariums": „Verhandlungen der Berliner anthropologischen Gesellschaft; Zeitschrift für Ethnologie" (Berlin 1876).

Aquarium, sagt O. Hermes: „Was nun diesen Affen vornehmlich auszeichnete und am meisten überraschte, war sein aufrechter Gang. Niemals habe ich bemerkt, daß er seine Hände beim Gehen auf ebener Erde zu Hilfe genommen hätte. Seine abenteuerlich langen, bis auf den Erdboden reichenden Arme erhob er vielmehr, streckte sie seitwärts aus und wanderte so mit herabhängenden Händen und gekrümmten Beinen durch das Zimmer. Die Haltung erinnerte an einen Seiltänzer, der mit halbausgestreckten Armen die Balance zu halten sucht." Herr Martin, der ebenfalls aus unmittelbarer Erfahrung spricht, sagt: „Sie gehen aufrecht mit einem wackeligen oder unsicheren Gange, aber mit schnellem Schritt. Müssen sie das Gleichgewicht des Körpers herstellen, so berühren sie den Boden erst mit den Fingerknöcheln der einen, dann mit denen der anderen Seite, oder sie heben die Arme zum Balancieren. Wie beim Schimpansen (vgl. S. 29) wird die ganze schmale, lange Sohle des Fußes auf einmal auf den Boden gesetzt und auf einmal abgehoben, ohne irgendwelche Elastizität des Schrittes." Dagegen gibt S. Müller, dem wir mit Schlegel namentlich sehr vortreffliche Berichte über die Naturgeschichte des Orang-Utans verdanken, an, daß die Gibbons sich auf der Erde in kurzen

Reihen wackelnder Sprünge fortbewegen, die nur von den Hinterbeinen ausgeführt werden, und wobei der Körper vollständig aufrecht erhalten wird. Virchow sagte über den von Hermes beschriebenen Gibbon: „Die Sicherheit des aufrechten Ganges, wobei allerdings die Arme fast flügelförmig getragen werden, ist höchst auffällig. Der Gibbon steht in dieser Beziehung fast über allen Anthropoïden." Wenn er sich auf die Füße stellt, streckt nach meinen Beobachtungen der Gibbon den Rücken auffallend gerade, menschenähnlicher als irgendein anderer Affe.

Am geringsten unter allen Menschenaffen ist die Fähigkeit zum aufrechten Gang bei dem Orang=Utan ausgebildet (s. die untenstehende Abbildung). Dafür spricht schon seine gewöhnliche Kopfhaltung. Wenn das Tier sitzt, beugt es den Rücken und senkt meist den Kopf so, daß es auf den Boden sieht; das Kinn berührt dabei die Brust. Auf ebenem Boden geht der Orang=Utan, sagt Huxley, übereinstimmend mit S. Müller, Schlegel und anderen, immer mühsam und wackelnd auf allen vieren. Beim Anlauf rennt er geschwinder als ein

Aufrechter Gang des Orang=Utans. Nach O. Hermes, „Die anthropoïden Affen des Berliner Aquariums": „Verhandlungen der Berliner anthropologischen Gesellschaft; Zeitschrift für Ethnologie" (Berlin 1876).

Mensch, wird aber bald überholt. Die sehr langen Arme, die beim Rennen gebogen sind, heben den Körper des Orang=Utans merkwürdig, so daß er stehend und gehend fast die Haltung eines ganz alten Mannes, der von der Last der Jahre gebeugt ist und sich mit Hilfe eines Stockes forthilft, annimmt. Beim Gehen ist der vorgebogene Körper gewöhnlich gerade nach vorwärts gerichtet, ungleich den anderen Affen, die, abgesehen von den Gibbons, mehr oder weniger schräg laufen. Der Orang=Utan kann seine Füße nicht platt auf den Boden setzen, sondern stützt sich auf deren äußere Kante, wobei die Ferse mehr auf dem Boden ruht, während die gekrümmten Zehen zum Teil mit der oberen Seite ihrer ersten Gelenkknöchel den Boden berühren und die zwei äußersten Zehen jedes Fußes dies gänzlich mit ihrer oberen Fläche tun. Die Hände werden in der entgegengesetzten Weise gehalten, so daß ihre inneren Ränder als Hauptstützpunkte dienen. Die Finger sind dabei so gebogen, daß ihre obersten Gelenke, besonders die der beiden innersten Finger, mit ihrer oberen Seite auf dem Boden ruhen, während die Spitze des freien und geraden Daumens als weiterer Stützpunkt dient. Der Orang=Utan steht niemals frei auf seinen Hinterbeinen, und alle Abbildungen, die ihn so darstellen, sind falsch; er vermag nicht zu laufen wie die Gibbons, sondern schwingt sich, mit seinen langen Armen den Boden berührend, wie auf Krücken.

Nach der Beschreibung Savages und anderer Kenner der natürlichen Lebensgewohnheiten des Schimpansen ist dieses Tier sehr viel geeigneter als der Orang=Utan, gelegentlich den aufrechten Gang anzunehmen. Der Schimpanse steht oder läuft leicht aufrecht. In der Ruhe nehmen die Schimpansen, sagt Huxley, gewöhnlich eine sitzende Haltung an. Man sieht sie aber auch häufig stehen und gehen; werden sie jedoch dabei gestört, so benutzen sie unmittelbar alle viere und fliehen aus der Gegenwart der Beobachter. Ihr Körperbau ist derart, daß sie ohne weiteres nicht ganz aufrecht stehen können, sondern nach vorn neigen. Wenn sie stehen, sieht man sie daher ihre Hände über dem Hinterkopf oder über der Lendengegend zusammenschlagen, was notwendig zu sein scheint, um die Haltung zu balancieren oder zu erleichtern. Die Sohle wird mit Leichtigkeit platt auf den Boden gebracht, doch sind die Zehen beim Erwachsenen stark gebogen und nach innen gewendet und können nicht vollkommen ausgestreckt werden. Beim Versuch hierzu erhebt sich die Haut des Rückens in dicke Falten, woraus hervorgeht, daß die völlige Streckung des Fußes, wie sie beim Gehen des Menschen nötig wird, unnatürlich ist. Nach R. Fick tritt der Schimpanse, ähnlich wie der Orang-Utan, mit dem äußeren Fußrand auf; das Strecken des Fußes erfolgt zum Teil in den Gelenken nach vorn vom Calcaneus. Die natürliche Stellung ist die auf allen vieren, wobei der Körper vorn auf den Gelenkenden der eingeschlagenen Finger ruht.

Über den aufrechten Gang des Gorillas brauchen wir nach dem oben (S. 14 ff.) Gesagten nur wenig zuzusetzen. Die Bewegung seines Körpers, der niemals aufrecht steht wie beim Menschen, sagt Huxley, sondern nach vorn gebeugt ist, ist gewissermaßen rollend von einer Seite zur anderen. Da die Arme länger sind als beim Schimpansen, so staucht das Tier beim Gehen nicht so sehr; wie jener wirft es aber beim Gehen die Arme nach vorn, setzt die Hände auf den Boden und gibt dann dem Körper eine halb springende, halb schwingende Bewegung zwischen ihnen. Wenn es die Stellung zum aufrechten Gang annimmt, soll der Körper sehr nach vorn geneigt sein; es balanciert dann den Körper dadurch, daß es die Arme nach oben einbiegt.

Bei den menschenähnlichen Affen wird, abgesehen von der natürlichen Vorwärtsneigung des schweren Oberkörpers, der zur Erhaltung der aufrechten Stellung Balancierbewegungen mit den Armen notwendig macht, der aufrechte Gang noch dadurch beeinträchtigt, daß bei allen eine mehr oder weniger stark ausgesprochene Tendenz der Sohlenfläche zur Drehung nach innen vorhanden ist. Diese Tendenz ist nach Huxley das Ergebnis der freien Gelenkung zwischen den Fußwurzelknochen: dem Kahnbein (Os naviculare oder scaphoideum) und dem Würfelbein (Os cuboïdeum) einerseits, dem Fersenbein (Calcaneus) und dem Sprungbein (Astragalus) anderseits. Es folgt aus ihr, daß der vordere Abschnitt des Fußes mittels der erstgenannten Knochen, indem er vom vorderen Schienbeinmuskel (Musculus tibialis anticus, der auch beim Menschen den Fuß nicht nur in die Höhe hebt, sondern ihn zugleich ein wenig so um seine Längsachse dreht, daß der innere Fußrand nach oben sieht) bewegt wird, an der vom Sprungbein und Fersenbein gebildeten Gelenkfläche leicht auf seiner eigenen Achse rotiert. Diese leichte Einwärtswendung der Sohle wird ebensosehr das Klettern erleichtern, wie sie die Festigkeit des Fußes beim Gehen beeinträchtigt.

In bezug auf den aufrechten Gang werden aber nach dem Beigebrachten, wie mir scheint, alle Anthropoiden, auch die Gibbons mit ihren dabei flügelförmig ausgestreckten Armen, von dem Tanzbären bei weitem übertroffen. Die flachen Sohlen, die Festigkeit seiner Fußgelenke, die Möglichkeit, den Rücken sehr vollkommen zu strecken, so daß keine weiteren Balanciervorkehrungen, etwa mit den Vorderfüßen, erforderlich sind, das Ausschreiten Schritt für Schritt machen den braunen Bären im aufrechten Gange, den er ja wie menschenähnliche

Affen auch gelegentlich aus freien Stücken ohne Dressur annimmt, zu einer wenn auch komischen, doch gewiß in manchem Sinne menschenähnlichen Erscheinung. Der menschenähnliche Affe hat in bezug auf die Möglichkeit des aufrechten Ganges nichts vor dem Tanzbären voraus und steht in dieser Beziehung dem Menschen sicher nicht näher als dieser. Brehm sagt mit vollem Recht: „Die Säugetiere gehen auf zwei oder auf vier Beinen. Einen aufrechten Gang hat nur der Mensch, kein zweites Tier außer ihm. Kein Affe geht aufrecht."

Wenden wir uns nun zur vergleichenden Beschreibung der äußeren Menschengestalt.

Die äußere Körpergestalt des Menschen.

Platon nannte das Haupt des Menschen seiner Gestalt nach ein Abbild des Weltalls; dem griechischen Philosophen erschien also das Haupt des Menschen im wesentlichen von kugeliger Gestalt. Das hat für den Einzelfall, sobald wir anfangen zu messen, kaum jemals nur annähernd volle Geltung. Aber das ist gewiß, daß diese anscheinend kugelige Rundung, wodurch sich das menschliche Haupt von dem Kopfe der Tiere unterscheidet, vorwiegend durch den Mangel einer vorspringenden Schnauze bedingt ist; denn diese ist es vor allem, welche den Kopf bei den Tieren, auch bei den menschenähnlichsten, nach vorn in die Länge gestreckt erscheinen läßt.

Man unterscheidet an dem Haupte des Menschen den Gehirnteil oder Hirnschädel und das Gesicht, eine Einteilung, die wesentlich auf die knöcherne, die Gestalt vorwiegend bedingende Grundlage des Hauptes basiert ist. Bei der folgenden Beschreibung der äußeren Gestalt und Erscheinung des Menschen legen wir namentlich die klassischen Darstellungen, die der berühmte Wiener Anatom Hyrtl von diesen Verhältnissen gegeben hat, zugrunde. Über die Form des knöchernen Schädelgerüstes können wir hier nach dem in Band I (S. 385 ff.) darüber Beigebrachten füglich hinweggehen.

Die namentlich im Scheitel und Hinterhaupt sehr dicke Schädelhaut des Menschen ist bis zur Stirn behaart und, soweit die Haare (f. unten, Kap. 5) reichen, mit sehr zahlreichen Schweiß= und Talgdrüsen ausgestattet, deren wässerige und fettige Absonderungsflüssigkeiten den Haaren Glanz und Biegsamkeit geben. Am Scheitel durchbohren die Haare die Haut in senkrechter Richtung nach oben in der Form eines „Wirbels", weshalb sie sich hier bei Personen von straffem und sprödem Haar dem Kamme nicht immer fügen wollen und eine senkrechte Richtung beibehalten. Je weiter vom „Wirbel" entfernt, desto schiefer wird ihre Richtung; übrigens existieren manchmal, entsprechend den beiden Scheitelbeinhöckern, zwei Haarwirbel am Kopfe.

Die Wirkung der Stirnmuskeln legt die viel zartere Haut der Stirn, die namentlich bei dem weiblichen Geschlecht die darunterliegenden Blutadern blau durchscheinen läßt, in quere Falten, die sich im Alter zu bleibenden Runzeln gestalten. Die als Augenbrauenrunzler bekannten Muskeln schieben die Haut von den Seiten der Stirn gegen die Mittellinie zusammen, wodurch jene für düstere Gemütsstimmungen so charakteristischen, über die Nasenwurzel aufsteigenden Hautfurchen entstehen. Die Schläfengegend erscheint bei jugendlichen Individuen sanft konvex gewölbt. Bei starker und allgemeiner Abmagerung flacht sie sich durch Schwund des unter der Haut gelagerten Fettes ab, und im höchsten Alter, wenn mit dem Verlust der Zähne die Kaumuskeln ihre Kraft verlieren, sinkt sie zu einer flachen Grube ein, die nach unten durch den Jochbogen, nach vorn durch dessen Ansatz am Stirnbein scharf begrenzt wird. Über die Schläfenhaut setzt sich beim Mann die Behaarung in den Backenbart fort. Das Gesicht ist für den Anatomen nur der unter der Stirn liegende Teil des Kopfes.

Im jugendlichen Alter ist die Haut in der Augenhöhlengegend glatt, geschmeidig, in hohem Grade beweglich und fein, später bildet auch sie Falten und Runzeln infolge der Zusammenziehung des die Augengegend umkreisenden Schließmuskels der Augenlidspalte. Von dem äußeren Augenwinkel von Greisen mit besonders heiterem, aber auch grämlichem Ausdruck zieht oft ein sternförmiger Büschel von Hautfalten, der „Gänsefuß", schief nach außen und unten gegen die Schläfengegend. Zuweilen reicht der Bartwuchs bis zum unteren Augenhöhlenrand.

Die obere Augenhöhlengegend trägt den mehr oder weniger buschigen Haarbogen der Augenbrauen in zahllosen individuellen und nationalen Verschiedenheiten. In ihrer Lage entsprechen die Brauen nicht dem Oberaugenhöhlenbogen des Stirnbeines, sondern dem oberen Rande der Augenhöhle.

Die Augenlider erscheinen als bewegliche, der Augenoberfläche entsprechend gewölbte Deckel oder Vorhänge, welche die Augenspalte schließen oder durch ihr Zurückweichen öffnen; sie bestehen aus Falten der äußeren Haut, die durch Einlagerung einer Knorpelschicht eine gewisse Steifigkeit erhalten. Der innere Winkel der Augenlidspalte ist zum Tränensee ausgebuchtet, der äußere läuft spitz zu. Die äußere Haut der Augenlider ist zart und im späteren Alter bei offener Lidspalte mehr oder weniger stark quer gefaltet. An der Außenfläche der Augenlider entspricht die Bedeckung der allgemeinen Körperhaut; an der Haut der Innenfläche, die als Bindehaut auf den Augapfel sich hinüberschlägt, erkennen wir alle Eigentümlichkeiten einer Schleimhaut. Am inneren Augenwinkel bildet die Bindehaut eine kleine, senkrecht gestellte rötliche Falte, die halbmondförmige Falte (Plica semilunaris); sie entspricht, in freilich außerordentlich reduziertem Maßstabe, dem bei vielen Tieren vorhandenen dritten Augenlid, der Nickhaut oder Blinzhaut, und darf nicht mit der „Mongolenfalte", der vom oberen Augenlid über den inneren Augenwinkel hinziehenden, diesen mehr oder weniger deckenden Hautfalte, verwechselt werden. Auf ihrer vorderen Fläche sitzt als eine kleine, pyramidale Erhebung das Tränenwärzchen (Caruncula lacrimalis), ein Häufchen von Talgdrüschen, aus deren feinen Mündungen kurze, helle Härchen austreten. Der von dem Tränenwärzchen nicht eingenommene Raum des inneren Augenwinkels ist der Tränensee, so genannt, weil hier wie in ein Bassin vom äußeren Augenwinkel her die Tränen, welche die Augenoberfläche glänzend und rein zu erhalten haben, zusammenströmen (s. auch die Abbildungen Bd. I, S. 629 ff.).

Je länger und weiter die Augenlidspalte ist, desto mehr läßt sie vom Augapfel sehen. Die Augen erscheinen dann größer, während in Wahrheit die Durchmesser des Augapfels bei verschiedenen Personen und bei beiden Geschlechtern nur sehr geringen Schwankungen unterliegen; sie sollen schon bei dem zweijährigen Kinde dieselbe Größe wie bei dem Erwachsenen erreicht haben. An der äußeren Kante des Vorderrandes beider Augenlider steht ein Saum von Haaren, die Augenwimpern, 4—8 mm lange, steife, am oberen Augenlid nach oben, am unteren nach unten gekrümmte Härchen.

Schiefe Augen mit enger Lidspalte und Mongolenfalte, Schlitzaugen, gelten als ein Hauptrassenmerkmal der Ostasiaten, z. B. der Chinesen und Japaner.

Die Lage des Augapfels in der Augenhöhle ist, auch bei Europäern, manchmal tiefer; manchmal, bei den „Glotzaugen", wölben sich die Augäpfel gleichsam aus den Lidern vor. Diese Unterschiede beruhen meist auf angeborenen Verhältnissen, zum Teil auf der bei Kurzsichtigen größeren Länge des Augapfels, zum Teil auf der größeren oder geringeren Tiefe der Augenhöhlen; bei feinprofilierten Schädeln sind diese häufig seichter, das Auge erscheint größer, mehr freiliegend, als bei groben, flachen Schädeln. Der Augapfel ist in der Augenhöhle auf und in ein Fettpolster gebettet; wird dieses durch Hunger, zehrende Krankheiten oder Ernährungsstörung durch Kummer und anderes stärker vermindert, so entsteht rings um den Augenhöhlenrand eine namentlich am oberen Augenlid auffallende Einsenkung: das hohle oder tiefe Auge des Abgehärmten und Leidenden. Anderseits erscheinen die Augen aber auch tieferliegend bei gesteigerter Fettmasse in der Wangen= und Unteraugenlidgegend. Das kleine, sogenannte Schweinsauge bei Stumpfnase und feistem Gesicht entsteht infolge der Einengung der Lidspalte durch die äußerlich in der Augengegend angehäuften Fettmassen. Unter wallartig vorspringenden Knochenwülsten der Oberaugenbrauengegend, wie sie z. B. den Australiern eigentümlich sind, unter anderen Rassen aber individuell vorkommen, erscheint das Auge ebenfalls tiefliegend, versteckt, lauernd, leicht mit bösartigem Ausdruck. Das Gegenstück ist das „offene Auge".

Die Ohrmuschel stellt mit dem äußeren Gehörgang einen kurzen, weiten Trichter am Kopfe dar. Die akustisch beste Richtung der Ohrmuschel soll die sein, wenn sie in einem Winkel von 45° vom Kopfe absteht; dagegen sind flach am Schädel anliegende und rechtwinklig von ihm abstehende Ohrmuscheln für die Schärfe des Gehörs wohl in gleichem Grade nachteilig. Ein großes Ohr ist nach Aristoteles ein Zeichen von starkem Gedächtnis. Nach Blumenbach finden sich große Ohren übrigens als nationale Bildung bei den Bewohnern Biskayas und den alten Batavern und gelten nach Buffon im ganzen Orient, nach E. Bälz speziell bei den Ostasiaten, für schön; ein langes Ohrläppchen halten letztere für ein Zeichen von Weisheit. Die Beweglichkeit des Ohres, die bei dem Menschen gemeiniglich nur sehr gering ist, besteht in der Möglichkeit, teils das Ohr als Ganzes zu bewegen, teils in Änderungen seines Durchmessers und seiner Gestalt, ohne es zu verrücken. Für die Bewegung des Ohres als eines Ganzen dienen einige kleine Muskeln, die am knöchernen Schädel entspringen und sich am Ohrknorpel ansetzen, für die Gestaltsveränderung des Ohres dienen andere zarteste Muskeln, die von einer Stelle des Ohrknorpels zur anderen gehen. „Man gibt mit Unrecht", sagt Hyrtl, „unserer Erziehung die Schuld, daß wir so wenig Macht über die Bewegungen unserer Ohren auszuüben imstande sind. Die fest anschließenden Kinderhäubchen sind gewiß nicht schuld daran, da auch die ‚Wilden' und, fügen wir hinzu, unter menschenähnlichen Affen die Gorillas ihre Ohren nicht wie scheue Pferde bewegen können. Übung und Geduld verschafft uns selbst über diese Filigranmuskeln einige Gewalt, wie der berühmte Leidener Anatom Bernhard Siegfried Albin mit abgenommener Perücke seinen Zuhörern zu zeigen pflegte", eins der Vermögen, in welchem der verdiente Tübinger Anatom Luschka mit seinem großen Vorbild wetteiferte. Die Fähigkeit der Ohrenbewegung ist übrigens doch nicht so ganz selten. Von 15 geschickten Turnern, die ich darauf untersuchte, konnten fünf, also ein Drittel, ihre Ohren stark bewegen. Abgesehen von den Affen, haben nur wenig Tiere, wie z. B. nach Blumenbach das gemeine Stachelschwein, menschenähnliche Ohren.

Die Ohrmuschel des Menschen besteht aus einer biegsamen und federnden, mit verschiedenen Erhabenheiten und Vertiefungen versehenen, straff mit Haut überzogenen

Knorpelplatte; nur dem Ohrläppchen fehlt der Knorpel. Die Erhabenheiten der Ohrmuschel formen zwei nicht vollkommen geschlossene Ringe, von denen der äußere größere als Leiste (Helix), mit der Ohrecke, Ecke, Bock (Tragus), der innere kleinere als Gegenleiste (Antihelix), mit der Gegenecke, Gegenbock (Antitragus), bezeichnet wird. Die Gestaltung des Ohres läßt sich im wesentlichen auf die Bildung zweier den Gehörgang annähernd halbkreisförmig umgebender Falten zurückführen. Die äußere dieser beiden Falten, die sogenannte Leiste, stellt sich als eine nach innen gerichtete Umkrempung des freien Randes dar, die innere aber, die sogenannte Gegenleiste, als ein breiter, nach innen austretender Wall; die innerhalb dieses von der Gegenleiste gebildeten Walles befindliche Grube, die Muschelgrube (Concha), ist der eigentliche trichterförmige Zugang zum Gehörgang. Stets beginnt die Leiste innerhalb der Muschelgrube über der Ohröffnung und endigt, in gezogener, C-förmiger Biegung fortlaufend, erst oberhalb des Ohrläppchens. Eine Furche scheidet sie von der Gegenleiste; diese teilt sich oben gabelig in zwei kurze Schenkel, die gabelnden Schenkel, und endigt unten, nachdem sie die Muschelgrube und den darin befindlichen Beginn der Leiste umgriffen hat, mit einem Höckerchen, der Gegenecke. Diese liegt unterhalb und etwas hinter der Ohröffnung. Die letztere wird vorn von einem fast klappenartig nach hinten austretenden dreieckigen Vorsprung, der Ecke, zum größten Teil verdeckt. Zwischen Ecke und Gegenecke bleibt ein über dem Läppchen gelegener Ausschnitt, der Zwischenecken-Einschnitt, gegen den die Höhlung der Muschelgrube rinnenartig ausläuft. Meist ist im ganzen die Gestalt des Ohres mehr oder weniger oblong, bald breiter, bald schmäler, begrenzt von einer im Zuge nach unten stetig sich streckenden Bogenlinie. Diese Bogenlinie erhält nur beim Übergang in das Ohrläppchen eine seichte, das Läppchen von dem übrigen Ohr abgrenzende Einziehung.

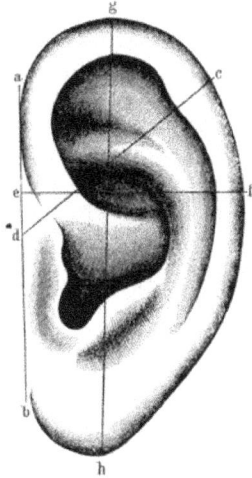

Menschliches Ohr mit dem Meßschema. Nach G. Schwalbe, „Beiträge zur Anthropologie des Ohres", in der „Festschrift für R. Virchow" (Berlin 1891).

ab Ohrbasis, c Darwinsches Knötchen, cd wahre Länge, ef Ohrbreite, gh Ohrhöhe, $\frac{ef.100}{gh}$ Längen-Breiten-Index des Ohres.

An der menschlichen Ohrmuschel lassen sich nach Umriß und Modellierung mannigfache Verschiedenheiten nachweisen, aus denen im Zusammenhalt mit der gleichfalls wechselnden Größe eine reiche Formenreihe hervorgeht. Man berechnet für die Ohrform einen Index, den physiognomischen Ohrindex, das Verhältnis zwischen größter Länge oder Scheitellänge (Höhe) des Ohres zur größten Querbreite $= \frac{Querbreite \cdot 100}{Scheitellänge}$. G. Schwalbe stellte dafür den morphologischen Ohrindex auf $= \frac{Basis \cdot 100}{wahre\ Länge}$ (s. die obenstehende Abbildung). Jener beträgt im Mittel etwa 50—60, dieser über 100, etwa 130—180.

Oft werden Größe und Umriß des Ohres von dem zahlreiche Gestaltsverschiedenheiten darbietenden Ohrläppchen beeinflußt, das häufig von der Wange getrennt und daher frei ist; häufig ist es aber auch, als Überbleibsel eines früh-fötalen Entwickelungsstadiums, mit der Wange verwachsen, sitzend und dann auch nicht deutlich von der Leiste abgeschieden. Als wahre Mißbildung ist es hier und da senkrecht von oben nach unten gespalten. Bei dem Neugeborenen erscheint das Ohrläppchen durch eine Furche in einen vorderen größeren und einen hinteren kleineren Abschnitt eingeteilt. Diese Furchen sind es, die sich gelegentlich als „Mißbildungen" extrem ausprägen oder sogar zu Spalten werden können (E. Schmidt und Bernstein).

Ungefähr in der Höhe der Teilung der Gegenleiste in ihre zwei gabelnden Schenkel findet sich nach G. Schwalbe bei etwa der Hälfte der Ohren Erwachsener am freien Rande der Leiste jenes Knötchen, das man seit Darwin als ein Analogon der Spitze der bei Tieren aufgerichteten und zugespitzten Ohren betrachtet (s. die Abbildung S. 33); es scheint bei kräftiger entwickelten Ohren (bei Männern) noch etwas häufiger als bei feineren (bei Frauen). Besonders auffallend tritt das Knötchen hervor, wenn die Leiste nicht, wie normal, umgeschlagen, sondern nach hinten aufgerollt ist; dann kann es, ganz ähnlich den Ohren niederer Affen, als eine nach hinten gewendete Ohrspitze erscheinen. Die vielfachen Variationen in der Modellierung der Leiste erklären sich, wie alle anderen in typischer Weise auftretenden Formverschiedenheiten des äußeren Ohres, aus dessen Entwickelungsgeschichte. Am Schluß des ersten Monats des Embryonallebens ist die erste Schlundspalte (vgl. Bd. I, S. 143), aus der sich das äußere Ohr entwickelt, von sechs rundlichen, mehr oder weniger stark vorspringenden Höckerchen umsäumt, die nach W. His mit den Zahlen 1—6 (s. die nebenstehende Abbildung A) in der Richtung von vorn nach hinten bezeichnet werden. Aus Höckerchen 1 entsteht später der Tragus, 2 und 3 helfen die Helix

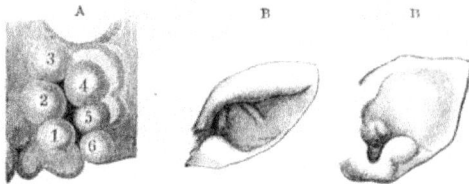

A Erste Anlage des äußeren Ohres beim Menschen: 1—6 Höckerchen (vgl. Text). — B Tütenform des menschlichen fötalen Ohres. Nach G. Schwalbe, „Beiträge zur Anthropologie des Ohres", in der „Festschrift für R. Virchow" (Berlin 1891).

mit bilden, 4 wird zum Antihelix, 5 zum Antitragus, und 6 wächst später zum Ohrläppchen aus. Zuerst gestalten sich nun Antihelix, Tragus und Antitragus aus, erst später formiert sich, durch Umkrempung des anfänglich im ganzen blattartig scharfen Randes des Ohres, die Leiste (Helix). Ehe diese Umkrempung beginnt, am Ende des zweiten und am deutlichsten am Anfang des dritten Monats der Entwickelung, erscheint die Form der Ohrmuschel als die eines tütenartigen Trichters ohne Ohrläppchen; die Scheitelpartie ist oft über die Ohröffnung geklappt, das Ganze, das Spitzohr der Satyrn, entspricht den bleibenden Ohrformen vieler niedriger Säugetiere (s. die obenstehende Abbildung, Fig. B, B).

Die bei Erwachsenen in typischer Weise sich wiederholenden individuellen Ohrformen (s. die Abbildung S. 35) erscheinen sonach als Überbleibsel aus der fötalen Entwickelungsperiode: bis zum Ende des zweiten Drittels des dritten Monats haben nach O. Schäffer alle Menschenohren die Darwinsche Spitze, im vierten Monat nur noch 81 Prozent, im achten Monat bis zur Geburt nur noch 30—40 Prozent in deutlicherem Grade. Im dritten Monat sind noch 83 Prozent aller Ohrläppchen angewachsen, nicht frei, im vierten Monat nur noch 45 Prozent, im fünften 29 Prozent, im sechsten 17 Prozent und bei Neugeborenen und Erwachsenen etwa 12 Prozent aller Fälle. Als solche fötale Überbleibsel in gewissen Entwickelungsstadien normaler Bildungen schließen sich diese individuellen Ohrformen ganz den gewöhnlichen „Mißbildungen" an und sind daher auch, wie namentlich O. Schäffer nachgewiesen hat, entschieden „erblich". Damit hängt auch ihr lokal häufigeres Vorkommen innerhalb einer geschlossenen Bevölkerung zusammen, das ihnen eine scheinbar ethnologische Bedeutung verleiht. Die Ohren der menschenähnlichen Affen sind in keiner Weise als Vorstufen der menschlichen Ohrform zu betrachten, wie alle Autoren übereinstimmend hervorheben; bei ihnen fehlt die Darwinsche Spitze wohl kaum weniger häufig als beim Menschenohr. Bei den aus dem klassischen Altertum stammenden Bild= werken, die den Herkules oder Faustkämpfer darstellen, hat Winckelmann eine eigentümliche Gestaltung des linken Ohres, das „Pankratiastenohr“, beschrieben. Die Gegenleiste mit ihren Schenkeln ist bis zum Unkenntlichwerden ihrer Form gequollen, und die Muschelgrube ist bis auf einen schmalen Zugang zum Gehörgang verengert. Zweifellos stellt diese Schwellung eine Folge von Schlägen dar, wie sie beim Faustkampf mit der durch den Faustriemen bewehrten Hand gegen das Ohr ausgeführt wurden. Ähnliche Ursachen be= dingen auch heute noch eine ähnliche, manchmal bleibende Ohrschwellung.

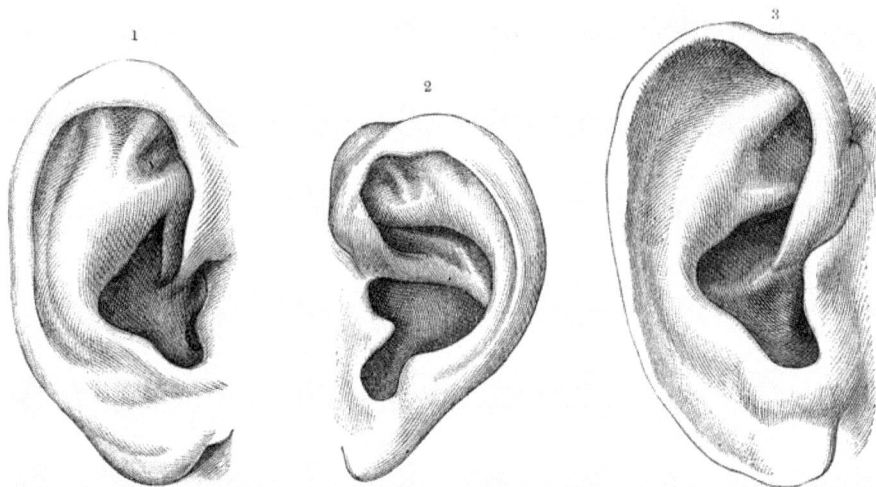

Verschiedene Formen des Menschenohres: 1 und 3 von Europäern, 2 von einem Buschmann. Nach K. Langer, „Über Form und Lageverhältnisse des Ohres“: „Mitteilungen der Wiener anthropologischen Gesellschaft“, Bd. 12, S. 115 (Wien 1882).

Die geschilderten Formverschiedenheiten der Ohrmuschel des Menschen, in der mannig= faltigsten Weise kombiniert und modifiziert, ergeben eine große, schwer zu überblickende Reihe von Abweichungen von dem häufigsten Typus; sie können sich bis zu „individuellen Kennzeichen“ steigern (H. Meyer, Carus), auf welche die Polizeibeamten bei Konstatierung der Identität von Persönlichkeiten schon zu achten pflegen. Das im allgemeinen kleinere und feiner modellierte weibliche Ohr zeigt, wie es scheint, abgesehen von dem häufigeren Mangel eines freien Ohrläppchens, weit weniger als das männliche Abweichungen von dem allgemeinen Formtypus.

Ob wir die Ohrform als entscheidendes Rassenmerkmal betrachten dürfen, ist noch nicht festgestellt, die eigentümliche, oben, Figur 2, wiedergegebene Ohrform des Busch= mannes ist wohl kaum mehr als eine individuelle Bildung. Langer hebt ausdrücklich hervor, daß sich das Ohr des Negers nicht typisch von dem des Europäers unterscheide, O. Schäffer meint sogar, daß es, wie das Ohr der niedrigeren Völker überhaupt, seltener die Darwinsche

Spitze zeige als das Europäerohr. Künstliche Verlängerungen des Ohrläppchens durch schwere und große Ohrgehänge sind als ethnische Sitte bekannt.

Man hat viel davon gesprochen, daß das Ohr bei gewissen Völkern eine höhere Stellung am Kopfe habe als bei anderen, worin man mit Recht eine gewisse Affenähnlichkeit erblicken müßte. So haben nach Hyrtl die Statuen aus der ersten Periode der bildenden Kunst in Ägypten (auch manche altgriechische Werke), ebenso die ältesten ägyptischen Mumien besonders hoch gestellte Ohren. An manchen Zigeunerschädeln solle die gleiche Bildung auffallen, dagegen weist Hyrtl die Meinung von Dureau de la Malle und anderen, daß die Stellung der Ohren bei den Juden eine höhere sei, als nur auf gelegentlichen individuellen Verhältnissen beruhend zurück. Dureau de la Malle wollte an ägyptischen Mumien und einem in Paris lebenden Kopten die Hochstellung der Ohren gefunden haben, Ebers meinte, daß unter den heutigen Ägyptern und Kopten, wenn auch nicht durchgängig,

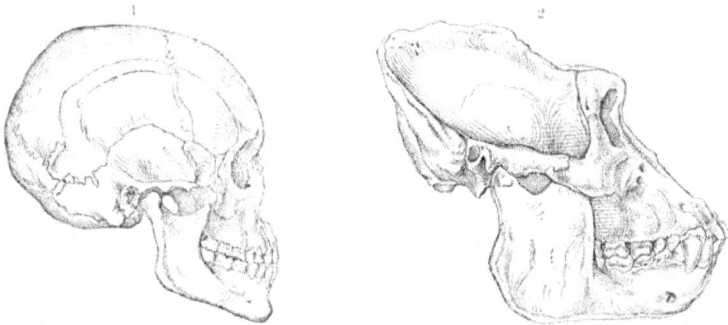

Richtung des Jochbogens und Lage der Ohröffnung am Schädel einer Australierin (1) und eines Gorillas (2). Nach R. Virchow, „Affe und Mensch": „Korrespondenzblatt der deutschen anthropologischen Gesellschaft' (Kongreß in Kiel; München 1878).

so doch häufig, ein höher als gewöhnlich sitzendes Ohr vorkomme. Dagegen trat Langer, wie vor ihm schon Czermak und Morton, dieser Meinung mit voller Bestimmtheit nach seinen Beobachtungen an Mumien und Lebenden entgegen und verneinte mit aller Entschiedenheit, daß eine Höherlage des Ohres ein Rassenmerkmal der alten oder modernen Ägypter sei, was meine Untersuchungen nach beiden Richtungen vollkommen bestätigen; das Verhältnis ist statistisch genau das gleiche wie bei Europäerschädeln. Zu hoch sitzende Ohren sind nach Langer in der altägyptischen Kunst nur bei monumentalen Werken im streng konventionellen Stile, aber nicht bei eigentlichen Porträtdarstellungen angebracht worden.

Es ist nun sehr zu beachten, daß bei den menschenähnlichen Affen, namentlich ausgeprägt beim Gorilla, das Ohr wirklich viel höher am Kopfe sitzt als bei dem Menschen. Hier ist der Hinterkopf, seiner Stellung an der Wirbelsäule und über den mächtigen Unterkieferästen entsprechend, gleichsam in die Höhe gedreht. Dieses Verhältnis tritt deutlich hervor, wenn wir den Schädel des Affen und des Menschen, wie wir das bei allen exakten Messungen tun, nach der sogenannten deutschen Horizontale orientieren, die, wie wir sehen werden, in der seitlichen Projektion durch eine Linie, von dem oberen Rande der Ohröffnung bis zur tiefsten Stelle des Unterrandes der Augenhöhle gezogen, bestimmt wird. Der obere Rand des Jochbogens ist bei dem Menschen dieser deutschen Horizontallinie des Kopfes entweder annähernd parallel oder wendet sich gegen die Augenhöhle zu etwas nach aufwärts, während er bei dem Gorilla und den anderen Menschenaffen sich in dieser Richtung namentlich vorn tief nach abwärts senkt. Diese Stellung des Jochbogens (s. die Abbildung S. 36), die schon bei jungen menschenähnlichen Affen ausgeprägt erscheint, ist für den Unterschied des Affen- und Menschenschädels in hohem Maße wertvoll und damit zusammenhängend also auch die Stellung des Ohres am Schädel. Der Orang-Utan ist, wie ich finde, in dieser Beziehung etwas menschenähnlicher als Schimpanse und Gorilla und die Gibbon-Arten. Nach diesen Erfahrungen wird die Ohrstellung von hoher anthropologischer Bedeutung. Bei Menschenschädeln sogenannter „niedriger Rassen" fand ich das Ohr häufiger etwas tiefer, d. h. also weniger „tierisch", gestellt als bei Europäerschädeln.

O. Schäffer hat den Schiefstand der Ohrmuschel einer näheren Untersuchung unterworfen. Normal steht bei Erwachsenen die Längsachse des Ohres, vom Scheitel bis zum tiefsten Punkte des Ohrläppchens, annähernd rechtwinkelig zur Horizontale, doch finden sich auch auffallend schief gestellte Ohren, die mit der Horizontale einen Winkel von 120° und darüber bilden. Das ist der eigentliche „Schiefstand"; er findet sich bei (oberbayerischen) Männern etwa bei 6 Prozent und bei 8 Prozent Frauen, bei totgeborenen oder bald nach der Geburt gestorbenen Neugeborenen derselben Bevölkerung bei 10 Prozent; bei letzteren ist er oft mit ausgesprochener Schläfenenge und sonach mit mangelhafter Gehirnentwickelung in der Schläfengegend gepaart. Auch bei Erwachsenen ist der Schiefstand daher unter Umständen ein auf mangelhafte Gehirnbildung in der

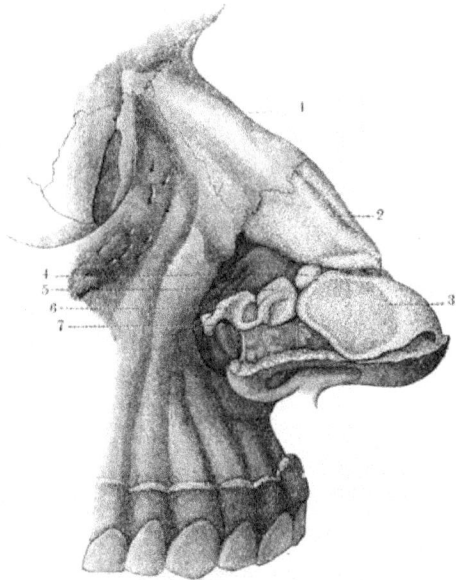

Knöchernes und knorpeliges Gerüst der Nase. Nach P. Topinard, „Éléments d'Anthropologie générale" (Paris 1885).
1 Nasenbein, 2 Nasenseitenwandknorpel, 3 Nasenflügelknorpel, 4—7 Sesamknorpel der Nase. Vgl. Text S. 38.

Schläfengegend deutendes Überbleibsel aus der fötalen Entwickelung. O. Schäffer bestimmte die Ohrneigung gegen die senkrecht gestellte größte (Hilfs-) Höhe des Schädels; der Schiefstand beträgt danach im zweiten fötalen Monat im Durchschnitt 39°, im dritten 17°, im vierten bis achten etwa 13°, im neunten und zehnten 11,5°. Bei Erwachsenen ist der Schiefstand des Ohres meist mit angewachsenem Ohrläppchen — wie wir oben sahen, auch ein Überbleibsel aus der Fötalzeit — gepaart. Ein Schiefstand kann übrigens durch eine stärkere Wachstumsentwickelung des Oberohres im Verhältnis zu der unteren Ohrpartie auch vorgetäuscht werden.

Weit mehr als das Ohr hatte bisher die Nase, nasus, griechisch rhis (ῥίς), die in Größe und Form in so weiten Grenzen, vom Stumpfnäschen bis zur Pfundnase, variiert, die Aufmerksamkeit der Forscher auf sich gezogen. Die äußere Nase ist das Vorhaus der Nasenhöhle, sagt Hyrtl. Sie besteht aus einem knöchernen Fundament, das einen aus Knorpeln zusammengesetzten beweglichen Aufsatz trägt. Über beide erstreckt sich die allgemeine

Körperhaut, die an den Knorpeln fester als an den Knochen angeheftet ist. Man unterscheidet an der Nase eine fixe obere Partie, deren Gerüst von den Nasenbeinen und den Stirnfortsätzen des Oberkiefers hergestellt wird, und eine bewegliche untere Abteilung, die der Hauptsache nach von einem unpaaren, wenig beweglichen und von zwei paarigen, beweglicheren Knorpeln gestützt ist (s. die Abbildung S. 37). Der unpaare Nasenscheidewandknorpel (Septum cartilagineum) bildet den vorderen Teil der Nasenscheidewand, der hintere, durch das Pflugscharbein und die senkrechte Siebbeinplatte hergestellte Abschnitt ist knöchern. Der unpaare Knorpel hat eine ungleich vierseitige Gestalt, sein vorderer oberer Rand liegt in der Verlängerung des knöchernen Nasenrückens, sein vorderer unterer Rand ist frei, geht aber nicht bis zum unteren Rande der die beiden Nasenlöcher trennenden Nasenscheidewand (Septum membranaceum) herab, die nur aus der Nasenhaut besteht.

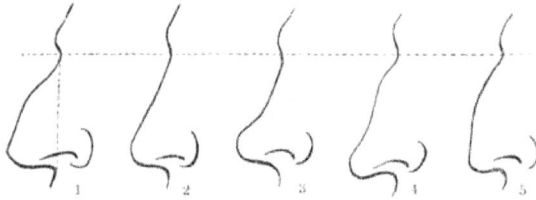

Europäische Nasenformen. Nach P. Topinard, „Éléments d'Anthropologie générale" (Paris 1885).

1 Adlernase, 2 gerade Nase, 3 Stumpfnase, 4 Habichtsnase, 5 Semitennase.

Die paarigen Nasenflügelknorpel (Cartilagines alares) liegen in der Substanz der Nasenflügel, auf deren Form sie von Einfluß sind. Sie erreichen aber nicht den freien seitlichen Rand der Nasenlöcher, der nur aus Haut besteht. Sie formen den äußeren und vorderen Teil der inneren Umrandung der Nasenlöcher, die sie offen erhalten; sie erstrecken sich zur Nasenspitze, biegen sich hier nach einwärts um, werden schmäler und endigen im häutigen untersten Teil der Nasenscheidewand meist mit einer geringen Verdickung. Unmittelbar an die beiden Nasenbeine schließen sich die paarigen

Nasenformen farbiger Rassen im Profil. Nach P. Topinard, „Éléments d'Anthropologie générale" (Paris 1885).

1 Mongoloide, 2 negroide, 3 australoide Nase.

Seitenwandknorpel der Nase (Cartilagines laterales oder triangulares), die am Nasenrücken mit der Nasenscheidewand verschmelzen. Von dem hinteren Rande der Nasenflügelknorpel erstreckt sich bis zum knöchernen Rande der Nasenöffnung, der birnförmigen Öffnung (Apertura piriformis), eine Bandmasse, in der häufig mehrere rundliche oder eckige Knorpelchen, Sesamknorpel (Cartilagines sesamoïdeae), eingesprengt sind. Die Nase als Ganzes beginnt am unteren mittleren Umfang der Stirn, etwas unterhalb einer die Oberaugenhöhlenränder verbindenden Linie, mit der schmaleren Nasenwurzel (Radix nasi), erhebt sich mit dem Nasenrücken (Dorsum nasi) nach unten und vorn und läuft in die Nasenspitze (Apex nasi) aus, die den Gipfelpunkt des dreieckigen, mit ihrer Grundlinie gegen die Oberlippe gewendeten Nasengrundes (Basis nasi) darstellt. Die Seitenteile der Nase gehen nach unten in die gegen die Nasenspitze konvergierenden Nasenflügel (Alae nasi) über, die mit ihren unteren Rändern die Seitenwände der Nasenlöcher (Nares externae) bilden, welche durch die von der Nasenspitze bis zur hinteren Grenzlinie des Nasengrundes sich erstreckende bewegliche Nasenscheidewand voneinander getrennt werden. Zur Bewegung der Nase dient ein System kleiner Muskeln, die nicht nur für die Atmung und das Riechen bedeutsam sind, sondern auch die verschiedensten Gemütsbewegungen auszudrücken vermögen, wie Schrecken, Zorn, Traurigkeit, Abscheu, Enttäuschung, für welche in jeder Sprache charakteristische, auf die Nase bezügliche Ausdrücke existieren, wie „eine spitze Nase bekommen", „mit langer Nase abziehen müssen" und viele andere.

Die individuellen und Rassenverschiedenheiten der Nasenformen sind zahllos. Das gilt schon für die Größe der Nase im Verhältnis zum übrigen Gesicht; man unterscheidet danach große und kleine und im ganzen schlecht ausgebildete Nasen; dazwischen stehen mittlere Formen. Die Nasenwurzel ist bald breit, bald schmal, bald hoch, bald so niedrig, daß man sie als eingedrückt bezeichnen kann. Noch auffallender sind die Verschiedenheiten des Nasenrückens, von der griechischen Nase, deren Rücken ohne Ein- oder Ausbug in einer Flucht mit der Stirnebene hinläuft, bis zur sogenannten Plattnase, die so wenig vorragt, daß sie auf die bloßen Nasenlöcher reduziert erscheint. Dazwischen liegen die Adlernase mit gekrümmtem Rücken und gerader Spitze, die Habichtsnase der sogenannten Bocksgesichter mit krummem Rücken und herabgekrümmter überhängender Spitze, die wenig vorstehende Stumpfnase mit kurzem, eingebogenem Rücken und vorwärts gekehrten Nasenlöchern. Die Form der Nasenspitze schwankt zwischen schmal oder breit und flach. Topinard gibt über die europäischen Hauptnasenformen die bildlichen Zusammenstellungen auf S. 38, oben. Die Nase ist wohl niemals vollkommen symmetrisch, beide Nasenöffnungen sind nicht gleich weit, und die Spitze weicht meist etwas nach rechts oder links ab, wie H. Welcker meinte, durch den Kissendruck beim Schlafen auf der Seite. Als Hemmungsbildung und

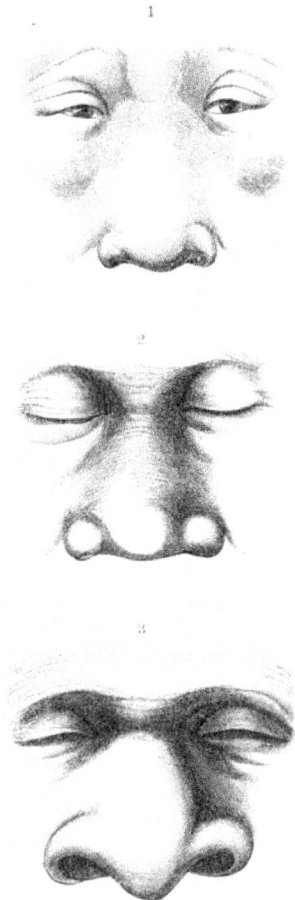

Nasenformen farbiger Rassen von vorn. Nach P. Topinard, „Eléments d'Anthropologie générale" (Paris 1885).
1 Mongoloide, 2 negroide, 3 australoide Nase.

wahre Mißbildung tritt angeborener Mangel der Nase, freilich äußerst selten, auf; es finden sich dann statt der äußeren Nase nur zwei Nasenlöcher. Gewöhnlich sind aber die so auffallenden Nasendefekte erst im späteren Leben durch Krankheit erworben.

Die Nasen der Neger, Australier, Papuas u. a. (s. die Abbildung S. 38, unten, und die obenstehende) zeichnen sich aus durch eine größere Breite und geringere Erhebung des Nasenrückens und der Nasenspitze sowie durch eine größere Breite der Basis der Nase, infolge weiten Ausladens der Nasenflügel. Während die Basis der Nase bei Europäern spitz-dreieckig mit verhältnismäßig kurzer Grundlinie an der Oberlippe erscheint, bildet sie bei den genannten Völkern ein breitauslegendes Dreieck mit langer Grundlinie und geringer Höhe. Damit hängt das stärkere oder schwächere Vorspringen der Nasenspitze im Gesichtsprofil zusammen, was für die typischen Rassengesichter so außerordentlich charakteristisch ist. Als Elevation oder Erhebung der Nasenspitze messen wir nach R. Virchow den senkrechten Abstand der Nasenspitze von der Oberlippe bzw. der Grundlinie der Nasenbasis und berechnen aus der größten Breite der Nasenbasis, an der stärksten Ausladung der Nasenflügel gemessen, und aus der Elevation der Nasenspitze bzw. der Höhe des Nasenbasis-Dreiecks einen Elevations-Index der Nase. Danach nennen wir die Elevation der Nase groß oder gering, mit den entsprechenden mittleren und extremen Formen.

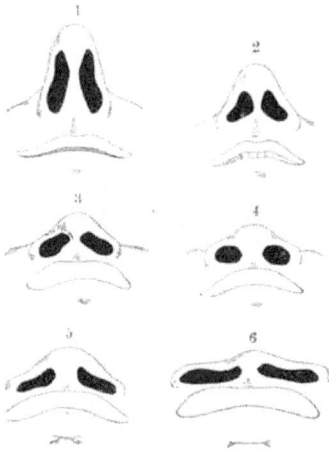

Öffnung der Nasenlöcher. Nach P. Topinard, „Eléments d'Anthropologie générale" (Paris 1885).

1 und 2 europäischer, 3 und 4 mongoloider, 5 und 6 negroider Typus.

Mit diesen Formverschiedenheiten der Nase hängt auch eine verschiedene Form und Stellung der Nasenlöcher zusammen. Hohe Nasen haben meist angelegte Nasenflügel und langgezogene, spaltförmige, auf dem Oberlippenrand annähernd senkrecht stehende Nasenlöcher; das ist der Typus bei den europäischen Nasen. Niedrige, dicke Nasen haben ausgewölbte Nasenflügel und mehr rundliche, rundlich-ovale Nasenlöcher, bei den breiten Nasen der Neger, Australier, Papuas steht der längste Durchmesser der Nasenlöcher geradezu oder wenigstens fast parallel mit der Oberlippe (s. die nebenstehende Abbildung). Ich habe mit H. Blind statistisch nachgewiesen, daß die Platschnase dieser Völker ein Überbleibsel aus der individuellen Entwickelung ist: sie ist die Nase der menschlichen Föten, und auch unsere Neugeborenen besitzen sie meist noch. Die äußeren Nasenlöcher liegen etwas tiefer als der Boden der Nasenhöhle und sind normalerweise, wie bei den menschenähnlichen und allen „katarrhinen" Affen, nach abwärts gerichtet. Trotzdem sind die Nasenlöcher bei schlechtentwickelten Nasen häufig von vorn sichtbar.

Die Talgdrüsen nehmen an den Flügeln der Nase an Zahl und Größe beträchtlich zu und sind besonders in den Furchen zwischen Nasenflügel und Wange stark entwickelt. An den Rändern der Nasenlöcher geht nach innen die äußere Haut in die Schleimhaut über; an der inneren Fläche der Nasenflügelknorpel stehen beim männlichen Geschlecht kurze und steife Haare (Vibrissae), die im späteren Alter an Länge zunehmen und aus der Nasenöffnung hervorwachsen. Stärkeres Vorspringen des unteren, nur häutigen Teiles der Nasenscheidewand sah Blumenbach als eine charakteristische Eigentümlichkeit der Judennase an.

Die Nasenform hängt auf das innigste von der gesamten Bildung des Gesichtsskelettes ab. C. v. Merejkowsky studierte die relative Erhebung oder Flachheit des Nasenrückens bzw. der Nasenbeine an Schädeln von Vertretern verschiedener Rassen. Bei „rohen" Rassen fand er die Nase flacher als bei kultivierten Völkern. Er berechnet zur Bestimmung der relativen Flachheit des Nasenrückens ein Verhältnis (Index) aus der Höhe des Nasenrückens zur oberen Breite des Nasenrückens, d. h. einer Linie, welche die äußeren Ränder der Nasenbeine an ihrer schmälsten Stelle verbindet. Seine Hauptergebnisse über die mittlere relative Erhebung des Nasenrückens zeigt die folgende Tabelle:

88	Schädel der	„weißen Rasse"	54,5	16	Schädel der Mongolen . .	40,5
22	* *	Polynesier . .	49,5	20	* * Malaien . . .	31,3
19	* *	Amerikaner . .	48,0	31	* * Neger	25,6
37	* *	Melanesier . .	41,9			

Ich zählte unter 100 altbayerischen jungen Männern 7 echte und 24 weniger stark gekrümmte Adlernasen, 37 gerade und 25 Stumpfnasen. (Näheres siehe unten bei den Rassenbildern.) Desor glaubte, daß die feine hocherhobene Nase geradezu ein Ergebnis des Kulturlebens sei; als ihr Extrem erscheint die Nase mit fast papierdünnem Rücken, die Messerrückennase, die zu einem extrem schmalen „Kulturgesicht" gehört.

Wie das Ohr, so ist auch im allgemeinen die Nase bei dem weiblichen Geschlecht kleiner und oft zarter gebildet.

Als Nasenindex am Lebenden wird das Verhältnis der größten Breite der Nasenbasis an der Außenfläche der Flügel zur Nasenhöhe von der Wurzel (entsprechend der Stirn-Nasen-Naht) bis zum unteren hinteren Ansatz der Scheidewand berechnet. Die Mehrzahl der Europäer ist nach Topinard verhältnismäßig schmalnasig (leptorrhin), ihr mittlerer Nasenindex schwankt zwischen 63 und 69. Die „gelbe", d. h. mongoloide Rasse einschließlich der amerikanischen Indianer stellt Topinard zu den Mittelbreit-Nasen (mesorrhinen) mit einem Nasenindex von 69 bis 81. Die Polynesier, Neger, Australier, Papuas sind nach demselben Autor breitnasig (platyrrhin), ihr Nasenindex schwankt zwischen 88—109; die breitnasigsten sind die Australier mit 107,6 und die Tasmanier mit 108,9 Nasenindex. Der Nasenindex der neugeborenen europäischen Kinder ist oft noch weit beträchtlicher, er schwankt nach meinen und H. Blinds Messungen zwischen 82 und 143, als Mittelwert fand sich 107. Mesorrhin waren 3 Prozent, platyrrhin 30 Prozent, hyperplatyrrhin 67 Prozent. Von den Müttern der Gemessenen dagegen, deren Nasenindex von 57 bis 97 schwankte, waren leptorrhin 43 Prozent, mesorrhin 53 Prozent, platyrrhin 4 Prozent. Dem entspricht die geringe Erhebung der Nasenspitze auf der breiten Basis. Dieser Elevationsindex der Nasenspitze, der Nasenspitzenindex, schwankte bei den Neugeborenen zwischen 30 und 86 und betrug im Mittel 53; bei den Müttern derselben Kinder war die Schwankung 56—117, das Mittel 87. Die Nasenlöcherformen reihen sich ebenfalls im gleichen Sinne an; wir unterschieden:

	Mütter		Kinder	
fast senkrecht zur Oberlippe (spaltenförmig) .	81 Prozent		13 Prozent	
schief-oval	14	"	39	"
dreieckig	1	"	22	"
horizontal-oval	4	"	26	"

Nach unseren Beobachtungen sind die Nasen der europäischen (altbayerischen) Neugeborenen im Verhältnis zur Gesichtshöhe kürzer als die ihrer Mütter, dagegen ist das Verhältnis der Gesichtsbreite zur größten Nasenbreite bei Müttern und Kindern gleich. Die Nasenhöhe wächst mit der Gesichtshöhe, mit der Zunahme der Leptoprosopie (Dolichoprosopie) nimmt auch die Leptorrhinie zu. Die Nasenform und Gesichtsform zeigen trotz der Altersdifferenzen deutlich erbliche Verhältnisse: breitgesichtige Mütter haben besonders breitgesichtige Kinder, schmalgesichtige Mütter verhältnismäßig schmalgesichtige Kinder, breitnasige Mütter haben besonders breitnasige Kinder, schmalnasige Mütter verhältnismäßig schmalnasige Kinder. Die europäischen Kindernasen zeigen sonach eine provisorische Bildung, die den bleibenden Nasenformen gewisser niederer Rassen, namentlich der Australier, entspricht, die Nasenformen dieser niederen Rassen dürfen sonach als relative Hemmungsbildungen angesprochen werden. Unsere Messungen lehren weiter, daß auch die knöcherne Nase der Neugeborenen diesem niederen (platyrrhinen) Typus der Australier usw. ähnelt.

Für das menschliche Antlitz ist bei der Vergleichung mit den Menschenaffen das Verhältnis der Nase zum Munde von besonderer Wichtigkeit. Wir geben hier eine schematische Darstellung des menschlichen Antlitzes, um diese Bildungen der Außenfläche anschaulich zu machen (s. die untenstehende Abbildung). Die Mundspalte wird begrenzt von den Lippen, die wölbig vorspringen, und deren freie Ränder mit einer feinen, bei Europäern wie bei allen hellfarbigen Völkern rötlichen, den Übergang zwischen äußerer Körperhaut und Schleimhaut bildenden Hautdecke versehen sind. Der Oberlippenrand springt in der Mitte nach unten etwas vor; zwischen diesem Lippenvorsprung und dem Grunde der Nasenscheidewand verläuft als eine senkrechte Furche die Nasenrinne. Dem mittleren Vorsprung der Oberlippe entspricht eine kleine Vertiefung in der Mitte des Randes der Unterlippe. Zwischen Nasenflügel und Mundwinkel führt jederseits eine Furche herab, die Nasen-Lippen-Rinne. Quer zwischen Unterlippe und Kinn läuft die halbmondförmige Kinnrinne. Die beiden Lippen gehen in den Mundwinkeln ineinander über. Nach dem Ausdruck Hyrtls stellen die Lippen eine Art von beweglichen Deckeln dar, durch welche die Mundöffnung wie die Augenöffnungen verschließbar sind. Die Lippen sind durch Hautfalten gebildet, in die eine Muskelschicht eingelagert ist. Dieser

Gesichtsfurchen. Nach R. Hartmann, „Handbuch der Anatomie des Menschen" (Straßburg 1881).
1 Nasenscheidewand, 2 Furche an den Nasenflügeln, Nasen-Lippen-Rinne, 3 Nasen-Mund-Rinne, Philtrum, 4 Mundwinkel, 5 Kinnrinne, 6 Kinn.

Schließmuskel des Mundes verdickt sich bei dem Menschen gegen den freien Rand der Lippen, so daß dieser gewulstet, wie aufgeworfen erscheint. Stark wulstig vortretende Ober- und Unterlippen finden sich in der Negerrasse, bei den Ureinwohnern Chiles eine aufgeworfene Unterlippe. Die vorstehenden Lippen der Neger sind zum Teil durch eine stärkere Entwickelung der Weichteile, namentlich des Schließmuskels des Mundes, bedingt, zum geringeren Teil sind sie eine natürliche Folge der bei den Negern oft stärker vorspringenden Kiefer und Zähne. Die Grenzlinie, die bei Weißen die äußere Haut von der in die Schleimhaut übergehenden roten Lippenhaut scheidet, ist an der Oberlippe schärfer als an der Unterlippe ausgeprägt. Sie bildet bei seinen Oberlippen einen graziös geschwungenen, in der Mitte eingetieften, an den Enden etwas aufwärts gewendeten Bogen von der Form des griechischen Erosbogens. An der Unterlippe verläuft der untere Rand meist nur annähernd nach unten konvex. In der Regel steht die Oberlippe etwas über die Unterlippe vor. Bei vorstehendem Kinn, aber auch manchmal ohne das, kann die Unterlippe auch über die Oberlippe vorstehen. Die Oberlippe ist bei Männern stärker behaart als die Unterlippe. Bei schmerzhaften und auszehrenden Krankheiten ist die Nasen-Lippen-Rinne, die von den Nasenflügeln zum Mundwinkel herabläuft, stärker ausgeprägt und gibt dem Gesicht den melancholischen Ausdruck des Leidens, aber auch bei hämischem und unzufriedenem Gesichtsausdruck furcht sich die Nasen-Lippen-Rinne tiefer ein. Große Lippen und weite Mundöffnungen sind gewöhnlich mit weiter Mundhöhle und guten Zähnen verbunden, die Lippen des Mannes sind meist größer und fleischiger als die der Frauen und Kinder. Je relativ höher der Alveolarfortsatz des Oberkiefers, d. h. je größer die senkrechte Entfernung zwischen der Nasenscheidewand und der Mundspalte, je länger also die gesamte Lippe ist, desto schmäler wird bei Europäern das Lippenrot, während „kurze" Lippen mehr Rotes zu zeigen pflegen. Die untenstehenden, dem in neuerer Zeit von G. Fritsch neugestalteten Lehrbuch der plastischen Anatomie für Künstler von E. Harleß („Die Gestalt des Menschen") entnommenen Abbildungen zeigen schmale und fleischige Lippen von Europäern.

Die Formen des Kinnes sind auch bei Lebenden sehr verschieden; noch deutlicher treten, wie wir zum Teil schon sahen, die individuellen und ethnischen Unterschiede aus knöchernen Kinnen hervor. Zwischen der starken Rundung des „römischen" Kinnes und dem eckig-breiten Kinne liegt eine große Reihe von Zwischenformen, namentlich steht das Kinn mehr oder weniger vor, es ist spitz, rund, aufgebogen oder eingezogen, glatt oder mit einer senkrechten Spalte geteilt, die bei einem schönen und vollen jugendlichen Kinn als Grübchen im Kinn erscheint. Ethnisch sind die Kinn-

Schmale und fleischige Lippen von Europäern. Nach E. Harleß und G. Fritsch, „Die Gestalt des Menschen" (Stuttgart 1899).

formen bisher nur ganz oberflächlich verwertet worden, trotz ihrer hervorragenden Wichtigkeit für die anthropologische Diagnose. Fehlt doch den anthropoiden Affen das Kinn. Ein wahres Kinn fehlt auch den berühmten prähistorischen menschlichen Unterkiefern von La Naulette und der Schipkahöhle sowie allen „neandertaloiden" Schädeln (s. unten), ebenso manchen modernen Australier- und Negerschädeln (H. Klaatsch); individuell zeigt sich nach Fritsch ein ähnlicher Kinnmangel auch bei anderen Rassen, selbst bei Europäern (vgl. Bd. I, S. 439). Bei starker Fettentwickelung in der Unterkinngegend stellt sich das Doppelkinn ein, eine Bildung, die runden Kindergesichtern niemals fehlt. Bei Männern ist das Kinn meist stark behaart, die Kinnhaut ist straff und fest mit der Unterlage verwachsen.

Dagegen ist die Haut der Wangengegend dünn, verschiebbar, gefäßreich, bei bärtigen Männern bis zum Augenhöhlenrande behaart. Über der Jochbrücke mäßig gewölbt, fallen die Wangen in der Gegend unter den Augenhöhlen etwas ein. Bei abgehärmten und ausgezehrten Gesichtern bildet sich hier eine tiefe Grube, die für die Leichenphysiognomie, das „Hippokratische Gesicht", charakteristisch ist. Die äußere Wangengegend, bei Frauen normal von einem kaum bemerkbaren Flaum bedeckt, ist beim Mann durch besonders reichlichen Bartwuchs ausgezeichnet, der mit dem Barte am Kinn und an den Lippen zusammenschließt. Rassenhaft und individuell sind die Wangen entweder rund oder flach, ja sogar hohl; sie machen das Gesicht schmal oder breit, oval oder rund, flach oder profiliert. Daran ist freilich auch das Knochengerüst sehr wesentlich beteiligt, je nachdem es hoch oder niedrig ist oder die Wangenbeine vortretend oder angelegt sind.

Die Bildung des Halses ist eine besondere Eigentümlichkeit des Menschen. Man unterscheidet Langhalsige und Kurzhalsige. Auch bei dem Kurzhalsigsten erscheint der Hals als ein Zwischenstück zwischen Rumpf und Kopf: der Kopf wird von dem Halse frei getragen, während er bei dem Gorilla und den anderen großen Menschenaffen gleichsam nach vorn herabhängt, so daß in der Ruhe das Kinn an der Brust anliegt. In der Nähe des Kopfes ist die Halsform annähernd zylindrisch, gegen den Brustkorb verbreitert sich der Hals, dessen seitliche Partien in die obere Schultergegend sich fortsetzen, etwas und gewinnt dadurch eine annähernd kegelförmige Gestalt. Nach Alter und Individualität sind Länge und Dicke des Halses sehr verschieden. Beim Neugeborenen erscheint der Hals noch kurz; erst vom zweiten Lebensjahr an bis zur Geschlechtsreife erlangt er durch Wachstum der Halswirbel sowie durch stärkere Entwickelung der Muskulatur und des Kehlkopfes seine charakteristischen Formen. An der Vorderseite ist der Übergang zwischen Kopf und Hals bei Erwachsenen tief eingebogen, auch auf der Rückseite zeigt sich ein Einbug zwischen Kopf und Hals, der nur bei herkulischer Entwickelung der Nackenmuskulatur verschwindet, so daß dann das Hinterhaupt und der Nacken in einer Ebene liegen. Bei kleinen Kindern ist der Einbug zwischen Kopf und Hals vorn seichter, hinten tiefer als bei Erwachsenen. Je mächtiger der Kopf entwickelt ist, desto dicker und kürzer erscheint gewöhnlich auch der Hals; doch finden sich nicht nur grazile, sondern auch sehr große Köpfe hier und da auf langem, dünnem Halse. Der weibliche Hals erscheint auch bei Erwachsenen stets mehr zylindrisch als der männliche, dessen Form durch die rasch zunehmende Größenentwickelung des Kehlkopfes während der Geschlechtsentwickelung stärker beeinflußt wird. Bei Doppelkinn erscheint der Hals kürzer, ebenso bei Buckligen, bei denen durch die Verkrümmung der Wirbelsäule der Kopf gleichsam in die Schultern hineingezogen wird. Umgekehrt wie bei dem Menschen ist der Hals der neugeborenen und jungen Menschenaffen zylindrischer und vom Rumpfe und Kopfe etwas besser abgesondert als bei erwachsenen.

Die Rückseite des Halses wird als Nacken bezeichnet; dessen untere Grenze bildet der bei vorwärts geneigtem Kopfe vorspringende Dornfortsatz des siebenten Halswirbels, des vorspringenden Wirbels (vertebra prominens).

Die Brust des Menschen hat eine annähernd zylindrische oder, indem sich der Umfang gegen den Bauch zu in der Taille gewöhnlich etwas verringert, eine schwach kegelförmige Gestalt mit nach oben gewendeter Basis. Von vorn nach hinten ist die Brust leicht abgeflacht, und die hintere Wand ist flacher und länger als die vordere. Die rechte Brusthälfte ist gewöhnlich etwas weiter als die linke. Der Brustkasten soll bei dem Weibe verhältnismäßig etwas kürzer, der Bauch dagegen länger sein als bei dem Manne. Als Ausdruck körperlicher Kraft erscheint eine gewölbt vorspringende, weite und breite Brust; schmal, flach, eingesunken und lang erscheint sie oft bei Leidenden.

Bei dem Weibe wird die äußere Form der Vorderfläche der Brust wesentlich durch die Entwickelung der Brustdrüsen bedingt. Die Größe der Brüste zeigt zahllose individuelle und, wie es scheint, auch Rassenunterschiede. Vor dem Eintritt der Geschlechtsreife sind sie klein, prall und halbkugelig, bei Schwangeren und Säugenden werden sie strotzend und im späteren Alter hängend. Nach Hyrtl sollen unter den Europäerinnen die Portugiesinnen die größten, die Kastilianerinnen die kleinsten Brüste haben. Durch ihr eigenes Gewicht und absichtliches Ziehen an ihnen können sie, unterstützt durch individuelle Anlage, so lang werden, daß einzelne Weiber der Indianer, Neger und Hottentoten sie über oder unter der Schulter ihren auf dem Rücken getragenen Säuglingen reichen können, was auch von nordirländischen Bäuerinnen und von den Morlakinnen in Dalmatien erzählt wird. Als Hauptformen der Brüste pflegt man: halbkugelig, mehr oder weniger hängend und birnförmig anzuführen, wozu noch die konisch gegen die Brustwarzen sich zuspitzende, zitzenähnliche Form zu rechnen ist, die man namentlich den Weibern gewisser dunkelfarbiger Völker zuschreibt, die aber individuell in allen ihren Modifikationen (Zitzenform, Birnform u. a.), nach Pflügers Statistik auch bei europäischen Frauen vorkommt.

Pflüger fand den Warzenhof meist breit-oval, seltener elliptisch oder längsoval, niemals ganz kreisrund. Der Durchmesser des Warzenhofes schwankte zwischen 4 und 12 cm. Die Warzenform zeigte am häufigsten Halbkugel, Kreisel, Zylinder, Hohlnabelwarze nur in 1,05 Prozent, Flachwarze in 0,05 Prozent Fällen, einmal Sanduhrform. Ein ausgesprocheneres Überragen des Warzenhofes über das Brustniveau ist ziemlich, ein geringeres sogar sehr häufig bei der germanischen Rasse, es findet sich wohl bei mehr als 50 Prozent aller Frauen; aber auch die von G. Fritsch und anderen beobachtete eigentümliche Komplikation bei Kaffern-Weibern, die ich auch bei den beiden Akka-Weibern Stuhlmanns gesehen habe, das prominierende Freistehen des ganzen Warzenhofes mit geringer Hervorragung oder geradezu mit Einziehung der Brustwarze wurde unter 400 deutschen Frauen bei dreien beobachtet; das Kind erfaßt beim Saugen dabei die ganze Erhöhung wie einen Schwamm. Es ergibt sich sonach aus dieser Statistik, daß alle Brustformen, die man für „wilde", die Brust nackt tragende Völker als charakteristisch gefunden haben wollte, auch bei den Europäerinnen vorkommen, und zwar zweifellos in lokal verschiedener, durch die exquisite Erblichkeit solcher Formen bedingter Häufigkeit der einzelnen Typen. Die bei jungen Negerinnen auffallende Kegelform der Brust ist keineswegs eine „niedrige" Form, sie wurde sogar als eine ganz besondere Schönheit des jugendlichen, jungfräulichen, europäischen Körpers von den besten Künstlern der Antike und der Renaissance abgebildet. Die Stellung der Brustwarze, die bei besonders schönen Brüsten von den Künstlern beiderseits nach auswärts sehend, die rechte nach rechts, die linke nach links gewendet, abgebildet zu werden pflegt, wird durch das Säugen des Kindes wesentlich beeinflußt, die Warze sinkt dann mit der Unterseite der Brust herab, so daß sie unterhalb des Zentrums eingesetzt erscheint. Bei 12 Prozent aller Untersuchten war die weibliche Brust, und zwar am Rande des Warzenhofes, mit einzelnen oder mehreren Haaren, 1 bis 30, besetzt, deren Länge zwischen 2 und 5 cm schwankte, und deren Farbe oft nicht der des Haupthaares entsprach.

Die Stellung der Brustwarze am Brustkasten wechselt individuell; meist findet sie sich zwischen der vierten und fünften Rippe, manchmal steht sie über der vierten oder fünften Rippe selbst, und nur selten rückt sie in den Zwischenraum zwischen fünfter und sechster Rippe. Die Entfernung der beiden Brustwarzen voneinander beträgt etwa 22 cm. Meist soll die rechte Brustdrüse und Brustwarze etwas größer sein. Die Brustwarze des Menschen ist von dem oben schon mehrfach erwähnten mehr oder weniger dunkel gefärbten, runden Hof, Warzenhof, umgeben und steht etwas einwärts von der Brustmitte. Der Warzenhof, bei Jungfrauen blonder wie brünetter Komplexion rosenrot, wird bei Frauen vor der Geburt eines Kindes dunkler, brünett gefärbt und vergrößert sich. Den menschenähnlichen Affen fehlt ein eigentlicher Warzenhof.

Es werden einige Fälle berichtet, in denen bei Männern die Brustdrüsen so weit zur Entwickelung kamen, daß sie reichlich Milch absonderten. Am berühmtesten wurde der von A. v. Humboldt und Bonpland zu Arenas in Südamerika gesehene Arbeiter Francisco Lozano, 32 Jahre alt, der sein Kind mit eigener Brust nährte, nachdem dessen Mutter kurz nach der Geburt durch den Tod hinweggerafft worden war. Schmelzer in Heilbronn beobachtete

einen jungen, 22jährigen Mann, der täglich zwei Unzen wahre Milch absonderte. Mit scheinbarem Hermaphroditismus geht beim Manne häufig auch eine stärkere Entwickelung
namentlich der Fettpolster der Brustgegend Hand in Hand, die, ebenso wie in anderen Fällen,
wahre Brüste vortäuschen kann. Bei kräftigen europäischen Männern findet sich auf der
Brust zwischen den Brustwarzen eine breite haarige Fläche.

Der Bauch liegt zwischen Brust und Becken und bildet den größten Abschnitt des
Rumpfes. Er zeigt in seiner Form beachtenswerte Verschiedenheiten nach Lebensalter und
Geschlecht. Im allgemeinen ist seine Form fast zylindrisch oder schwach stumpf-konisch,
nach unten sich etwas erweiternd und von vorn nach hinten etwas zusammengedrückt. Bei
Kindern, bei denen das Becken seine vollkommene Entwickelung noch nicht erreicht hat,
ist die Gestalt des Bauches eine mehr oder weniger faßförmige, indem er sich nach oben,
gegen die Brust, und nach unten, am Becken, etwas verengert, dagegen in der Mitte entsprechend hervorwölbt. Beim erwachsenen Weibe bildet der Bauch, der, wie gesagt, etwas
höher sein soll als der männliche, durch das stärkere Beckenwachstum eine schwach zylindrisch-
konische Figur mit der Basis nach unten, so daß Brust und Bauch zusammen eine Art Sanduhrform darstellen, mit der Einschnürung am unteren Brustkastenende. Die Seitengegenden
des Bauches werden als Weichen bezeichnet. Vor seiner Geburt hat das Kind, weil seine
Leber verhältnismäßig größer ist als die des Erwachsenen, einen umfangreicheren Bauch.
Bei Kindern und jugendlichen Personen in besonders armseligen Gegenden Europas,
namentlich da, wo die Kartoffel als Hauptnahrung, wenn nicht als alleiniges Nahrungsmittel benutzt wird, findet sich häufig, ohne daß der Körper fettreich erschiene, der Bauch
stark trommelförmig vorgewölbt. Wir bezeichnen diese Erscheinung als „Kartoffelbauch",
die Holländer nennen sie „Armoed=Penz". Man hat diese Erscheinung auch bei besonders
armseligen Naturvölkern, z. B. Australiern, aber namentlich bei den Buschmännern, Hottentotten, ebenso bei manchen Negerstämmen, beobachtet, bei denen die Hervorwölbung des
Bauches durch die den Naturvölkern eigene stärkere Lendenkrümmung und größere, zum
Teil geradezu kautschukmannartige Beweglichkeit der Lendenwirbelsäule noch auffälliger wird. Individuen und Völker, die vorwiegend von pflanzlicher Nahrung leben, neigen
zur Fettentwickelung am Bauche mehr als vorwiegend fleischessende. Am stärksten ist die
Fettanhäufung in der unteren Bauchgegend, am geringsten am Nabel, der bei fettleibigen
Personen daher trichterförmig einfällt. Bei fettlosen, hungernden Individuen sinkt die Vorder-
wand des Bauches unter der sich hervorwölbenden Brust ein, ja kann sogar konkav eingezogen
werden. Die Muskulatur des Bauches gibt sich bei fettarmen und muskelstarken Personen
durch die Bauchhaut hindurch zu erkennen. Vom Ende des Brustbeines zum Nabel läuft eine
flache, der weißen Bauchlinie entsprechende, rinnenartige Vertiefung herab; nach außen
parallel mit dieser zeigt sich je eine etwas weniger deutliche Furche, dem äußeren Rande des
geraden Bauchmuskels entsprechend, dessen quere Unterbrechungen durch schmale Sehnen-
einlagerungen ebenfalls sichtbar werden. Am auffallendsten tritt bei kraftvollen Stellungen
an den Seiten der Brust die schief und bogenförmig nach hinten und unten verlaufende
schöne Zackenlinie hervor, gebildet durch die ineinandergreifenden Fleischzacken des äußeren
schrägen Bauchmuskels und des großen vorderen Sägemuskels (s. die Tafel „Die Muskeln des
Menschen", Bd. I, S. 509). Die breiten Querfalten bei Fettbäuchen und schlaffen Hänge-
bäuchen haben, ebenso wie die bei Fettleibigkeit auftretenden dicken Querfalten auf der Brust,
mit der Muskulatur nichts zu tun, dagegen springt der Teil des unteren sehnigen Randes, des

äußeren schiefen Bauchmuskels, der jederseits zwischen dem vorderen oberen Darmbeinstachel und dem Knochenrande der Knorpelfuge des Beckens ausgespannt ist, das Poupartsche Band, bei Mageren wie eine scharfe Leiste gegen die Haut der Schenkelbeuge vor.

Von der Herzgrube bis zum Nabel herab ist die Haut bei kräftigen Männern mehr oder weniger behaart; ein Haarsaum setzt sich bis zu der größeren, ein gleichseitiges oder gleichschenkeliges Dreieck mit nach oben gerichteter Basis bildenden Haaransammlung fort, die den unteren Abschnitt der Beckengegend bei beiden Geschlechtern in individuell sehr verschiedener Ausdehnung bedeckt und bei noch nicht voll entwickelten Männern und bei weiblichen Individuen normal mit einem ziemlich scharfen geraden Rande nach oben abschneidet. Die Stellung des Nabels ist bei Erwachsenen immer über, bei neugeborenen Kindern unter dem Mittelpunkte der ganzen Körperhöhe; der Mittelpunkt trifft nach Hyrtls Beobachtungen bei 16 Prozent der von ihm gemessenen Erwachsenen (44) auf die Schambeinfuge, bei 32 Prozent unter und bei 52 Prozent über dieselbe. Bei Neugeborenen und Kindern steht zu einer gewissen Zeit der Nabel wirklich im Mittel der ganzen Körperhöhe.

Der Rücken, die gesamte hintere Wand des Rumpfes, ist für die menschliche Gestalt ganz besonders charakteristisch. Kein Tier hat einen verhältnismäßig so breiten und flachen Rücken wie der Mensch, auch bei dem Gorilla und Orang-Utan erscheint der Rücken mehr von den Seiten her gewölbt, also weniger flach. Die hinteren Rippenenden gehen nämlich am Skelett des Gorillas und Orang-Utans, wie Rüdinger bemerkte, bevor sie nach vorn abbiegen, nicht so weit nach hinten und außen, wie dies bei dem menschlichen Skelett der Fall ist. Mit der Breite des Rückens hängt es zusammen, daß so häufig die Rückenlage beim Ruhen und Schlafen, wenn der Wille ausgeschlossen ist, angenommen wird. Die Rückenfläche des Menschen erscheint ausgesprochen wellenförmig, doppelt S-förmig gekrümmt, entsprechend der gleichen Krümmung der menschlichen Wirbelsäule. Am Brust- und Beckenabschnitt ist die normale Rückenkrümmung nach hinten konvex, am Halse und in der Lendengegend, Lendenkrümmung, nach hinten konkav. In der Mittellinie des Rückens läuft eine an dessen verschiedenen Abschnitten verschieden tiefe, rinnenförmige Furche, die Mittelfurche des Rückens, herab; sie endet in der Gesäßspalte. In der Mittellinie der Mittelfurche fühlt und sieht man bei mageren Personen die Spitzen der Dornfortsätze der Wirbel. Deutlich prägt sich der Umriß des Schulterblattes in seinen je nach der Armhaltung verschiedenen Stellungen aus. Die charakteristischen Konturen der Kappenmuskeln und der breitesten Rückenmuskeln werden nur an fettarmen, muskelkräftigen Personen schärfer sichtbar. Seitlich vom Kreuzbein erheben sich die hinteren Abschnitte der Darmbeinkämme als Höcker.

Die Arme, die oberen Extremitäten, verbinden sich durch die Schulter mit dem Rumpf. Unter Schulter verstehen wir jederseits das Schlüsselbein mit dem Schulterblatt und alle diese Knochen deckenden Weichteile, von denen die durch den Schulter- oder Deltamuskel gebildete, der oberen Brusthälfte ihre Breite gebende, elegant hervorspringende Wölbung in der gebräuchlichen Anschauungsweise allein als Schulter bezeichnet zu werden pflegt.

Über den Schlüsselbeinen vertieft sich der obere Teil des Rumpfes äußerlich jederseits zu der Oberschlüsselbeingrube; eine Unterschlüsselbeingrube ist nur bei großer Magerkeit deutlicher ausgeprägt. Unter der Schulter, zwischen äußerer Brustwand und Innenfläche des Oberarmes, bilden die vorspringenden Ränder der oberflächlichen großen Brust- und Rückenmuskeln die Achselgrube, deren bei Brünetten dunkler pigmentierte Haut bei beiden Geschlechtern im erwachsenen Alter, bei dem männlichen meist stärker, behaart ist. Die Gestalt des menschlichen Oberarmes unter der Schulterwölbung ist im allgemeinen zylindrisch; er erhält aber durch das Vortreten der Muskelbäuche jene bewegte Konturlinie, die ihn von dem überall mehr gleichmäßig gerundeten Oberarme des Gorillas und der anderen Anthropoïden unterscheidet.

　　Der Vorderarm erscheint als ein langgestreckter, abgestumpfter Kegel, dessen Basis dem Oberarm zugewendet ist. Die Außenseite des Vorderarmes ist im ganzen stärker konvex gewölbt als die Innenseite und erstere stärker behaart. Die Richtung des Wuchses der Woll-

haare geht nach hinten und oben gegen den Ellbogen zu. Ebenso ist es bei den menschenähnlichen Affen und nach Schwalbe bei fast allen übrigen Säugetieren.

　　Die Hand (vgl. Bd. I, S. 454 ff.) teilen die Anatomen in Handwurzel, Mittelhand und Finger ein. Namentlich im gebeugten Zustande der Hand, aber auch bei stärkster Streckung nicht ganz verschwindend, zeigt sich auf der Beugeseite zwischen Handwurzel und Vorderarm als deutliche Grenze eine scharfe Querfurche, die bei fetten Kinderarmen die Hand von dem Vorderarm gleichsam abschnürt und in der Chiromantie Rasceta benannt wurde; auf der Rückseite des Armes läuft diese Trennungslinie oft kaum weniger deutlich an dem unteren Rande der Handknöchel vorüber.

　　Die Mittelhand ist der ungeteilte, im allgemeinen flache Abschnitt der Hand, von dem sich die Finger abgliedern. Auf der etwas konkaven Beugeseite ist sie

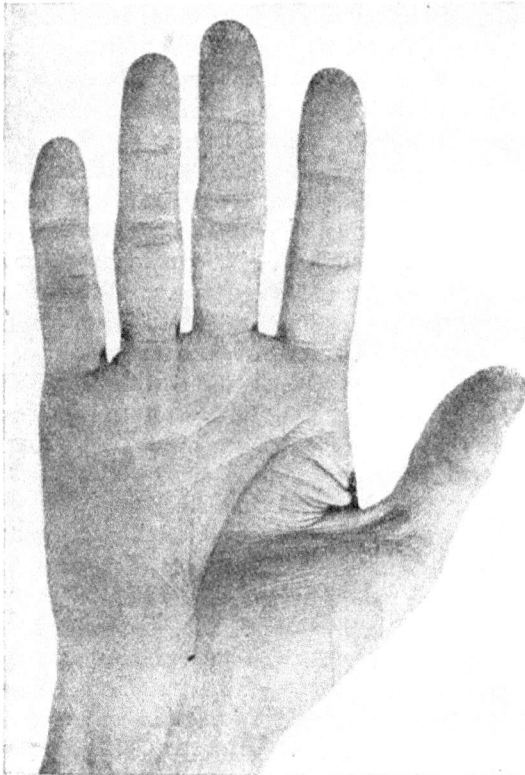

Der Handteller des Menschen. Nach A. Primrose in den „Transactions of the Canadian Institute", Bd. 6 (Toronto 1899).

fleischig, auf der schwach konvexen Rückseite knochig. Die Beugeseite der Mittelhand wird, ihrer konkaven Wölbung entsprechend, die durch Anziehen des Daumens und Kleinfingers und Beugen der Finger so gesteigert werden kann, daß sie als Schöpfgefäß zu dienen vermag, Hohlhand genannt. Seitlich wird sie von zwei Muskelhervorwölbungen eingefaßt: von dem wulstigen Ballen des Daumens und dem schwächeren Ballen des kleinen Fingers. Die unbehaarte und sehr empfindliche Haut der Hohlhand, die bei stärkster Abziehung des Daumens sich zu dem flachen Handteller (s. die obenstehende Abbildung) verbreitert, wird von einer Anzahl schon in frühen Perioden des Fruchtlebens auftretender Linien oder Furchen, die sich zum Teil bei der Beugung der vier Finger gegen die Hand in tiefe, kluftartige Spalten verwandeln, durchzogen, die, in ihrem Verlauf im großen und ganzen annähernd konstant, im einzelnen doch so viele individuelle Abweichungen zeigen, daß schon das griechische Altertum, und zwar zuerst Artemidoros von Ephesos, durch Chiromantie aus diesen Zeichen das Schicksal des Menschen bestimmen wollte (s. die Abbildung S. 52).

Die Tischlinie (linea mensalis, nach G. Schwalbe Plica flexoria distalis) beginnt an dem Kleinfingerrand des Handtellers und verläuft, gegen die Finger hin konkav, zu dem Spalt zwischen Zeige- und Mittelfinger. Sie verwandelt sich bei gleichzeitiger Beugung des 3. bis 5. Fingers gegen die Hohlhand in eine tiefe Furche, setzt also eine freie Tätig- keit des Zeigefingers voraus. Da letztere allen Affen fehlt, so fehlt nach Schwalbe der Affen- hand auch eine eigentliche Tischlinie; nur bei dem Schimpansen finde sich eine Andeutung davon. Häufig geht eine Fortsetzung der Tisch- linie annähernd parallel mit der im folgenden zu besprechenden Linie zur Basis des 2. Fingers, gewissermaßen als ein nach der Daumenseite ab- gezweigter Ast der Tischlinie, der mit dem quer verlaufenden Teil derselben bei Abbiegen aller vier Finger eine einheitliche Spalte darstellt. Ohne Abzweigung als einheitliche Linie geht etwa 1 cm von der Tischlinie entfernt und ihr annähernd parallel, aber der Handwurzel näher, eine zweite Linie, die Hauptlinie (linea cepha- lica, Plica flexoria proximalis), durch die Hohl- hand. Ihr Anfang ist in der Mitte des Daumen- randes der Hohlhand zwischen Daumen und Zeigefinger; sie erreicht den Kleinfingerrand der Hohlhand nicht. Bei der gemeinschaftlichen Beu- gung der vier Finger verwandelt auch sie sich in eine kluftartige Spalte, wobei die zwischen den beiden parallelen Furchen, der linea mensalis und der linea cephalica, befindliche Haut zu einem schmalen Wulst zusammengepreßt wird. Die beiden Linien verlaufen bei der Menschen-

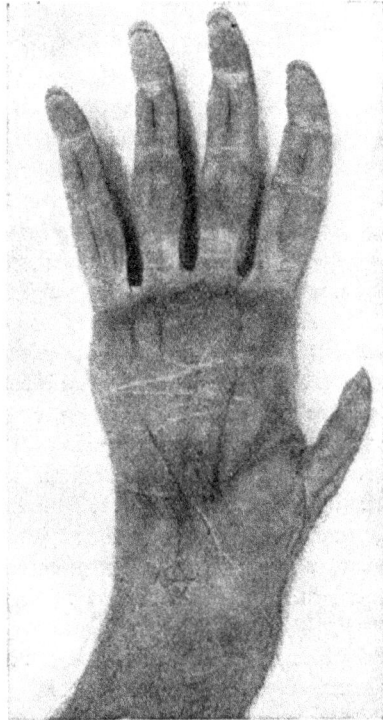

Der Handteller des Orang-Utans. Nach A. Prim- rose in den „Transactions of the Canadian Institute", Bd. 6 (Toronto 1899).

hand stark schief über die Handfläche von der Kleinfingerseite zur Daumenseite aufsteigend, entsprechend der Lage der Mittelhandgelenke. Die vier Finger der Menschenhand werden sonach in schiefer Richtung dem Daumen zu gebeugt. Die Querfurchen der Affenhand, speziell der des Orang-Utans (s. die obenstehende Abbildung), verlaufen dagegen nicht schief, sondern senkrecht auf die Längsrichtung der Hand über den Handteller. Die Finger der Affenhand werden sonach nicht gegen den Daumen, sondern direkt in die Hohlhand gebeugt. Dadurch wird die Affenhand befähigter, einen zylindrischen Gegenstand, etwa einen Baumast, zu umgreifen, während die Menschenhand besser einen kugeligen Gegen- stand umfaßt. In der Richtung von der Handwurzel gegen die Finger laufen zwei oder drei Linien, die alle bei der rinnenförmigen Zusammenkrümmung des Handtellers deutlicher werden. Die Lebenslinie (linea vitalis) umgreift den Daumenballen und verbindet sich entweder früher oder später mit dem Anfang der Hauptlinie oder endet gesondert mehr in der Nähe des Daumens. Sie verwandelt sich in einen tiefen Spalt, wenn der Daumen, dem Handteller oder den übrigen Fingern gegenübergestellt, opponiert wird, steht sonach in Beziehung zur Oppositionsbewegung des Daumens. Auch diese Linie findet sich in der Affen-, speziell der Orang-Utanhand, d. h. auch deren Daumen kann trotz seiner Kleinheit und der Schwäche seiner Muskeln bis zu einem gewissen Grad opponiert werden. Häufig kommt beim Menschen noch eine vierte Linie hinzu, die etwa in der Mitte der Handfläche herabläuft und sich mit den zwei erstgenannten so schneidet, daß alle vier Linien zusammen die Gestalt eines lateinischen M bilden. In der Affenhand erscheint diese Linie oft doppelt. Bei der Menschenhand zeigt sich gewöhnlich mehr oder weniger ausgeprägt noch eine den Kleinfingerballen begrenzende Linie.

Eine lange und schmale Hand, wie sie z. B. G. Fritsch namentlich von den südafrikanischen Eingeborenen rühmt, gilt für besonders schön. Man hat viel davon gefabelt, daß der Bau der Hand mit der psychisch-moralischen Entwickelung des Individuums in einer gewissen Beziehung stehe. Carus hat, mehr in physiologischem Gedankengang, vier Grundformen der Bildung der Hand aufgestellt: die elementare, die sensible, die motorische, die seelische Hand. Das ist gewiß, daß je nach dem Grad und der Art und Weise des Gebrauches die Hand des Menschen verschiedene Modifikationen des Baues erkennen läßt, so daß ein recht greller Unterschied zwischen der zarten, fast weibischen Hand des nordamerikanischen Chippeway-Häuptlings oder des italienischen Banditen, die beide harte mechanische Arbeit für Schande halten, und der schwieligen motorischen Hand des deutschen Grobschmiedes oder Holzarbeiters besteht. Wie die Hände der Menschenaffen auf ihrer Rückseite infolge der Benutzung der Hand als Stützorgan beim Gehen Schwielen zeigen, so treten auch bei der Menschenhand, je nach der verschiedenen mechanischen Benutzung derselben, an verschiedenen Stellen, meistens an der Vorderseite, Schwielen auf. Im allgemeinen wird bei allen schwer mit der Hand arbeitenden Personen die Hand schwielig, breiter, steifer, die Finger weniger beweglich. Bei Holzhauern und Zimmerleuten bleiben die Finger endlich dauernd gebeugt; bei Tischlern bedingt der Gebrauch des Hobels eine Schwiele über dem ersten Gelenk des Zeigefingers; der Korbmacher zeigt eine Schwiele an der Kleinfingerseite des ersten Gliedes des dritten Fingers an der linken Hand; bei dem Goldarbeiter bringt der Polierstahl eine Schwiele an der Rückseite des zweiten Gliedes des dritten, vierten und fünften Fingers der rechten Hand hervor; eine Schwiele an der Rückseite des zweiten Gliedes des dritten und vierten Fingers erzeugt der Gebrauch der Lederschere bei den Kürschnern.

Die Hand wird erst zu dem „Werkzeug aller Werkzeuge" durch die Finger, deren ungleiche Länge in Verbindung mit der ungleichen Länge des Mittelhandknochens zum Umgreifen namentlich kugeliger Gegenstände von hoher Bedeutung ist. Der dickste und stärkste aller Finger ist der Daumen, der den Daumen der Affenhand an Länge und Stärke sehr auffällig übertrifft. Er gestaltet die Hand zur Zange, deren eines Blatt von ihm selbst, das andere von den übrigen Fingern gebildet wird. Der Daumen des Menschen ragt mit seiner Spitze bis zum zweiten Gelenk des Zeigefingers. Der Zeigefinger ist in der Umrißzeichnung der Hand etwa um die halbe Nagellänge kürzer als der Mittelfinger, der als der

längste Finger erscheint, und der Ringfinger ist meist noch kürzer als der Zeigefinger; die
Spitze des kleinen Fingers reicht bis oder etwas über das zweite Gelenk des Ringfingers. Mehrfach findet man aber den Zeige- und Ringfinger im Handumriß gleich groß, manchmal sogar
den letzteren länger. Nach A. Ecker ist die im Verhältnis zum Ringfinger größere Länge des
Zeigefingers das Attribut einer höher stehenden Form der Hand, die in Europa bei dem weiblichen Geschlecht häufiger als bei dem männlichen zu sein scheint. Bei den Affen fand Ecker
den Zeigefinger stets kürzer als den Ringfinger, und das ist, wenn die ganzen Fingerlängen
verglichen werden, auch meist beim Menschen der Fall. Über die Fingerlängen außer-

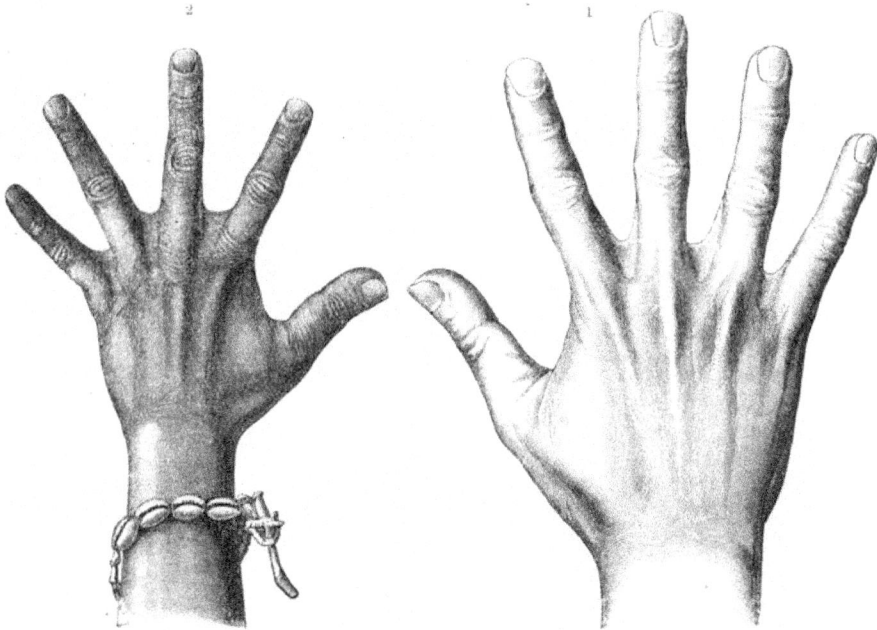

Schwimmhäute an der Menschenhand.

1 Hand eines Europäers. Nach F. Birkner, „Beiträge zur Anthropologie der Hand", in J. Ranke, „Beiträge zur Anthropologie
und Urgeschichte Bayerns", Bd. 11 (München 1895). 2 Hand einer Negerin. Nach H. Schaaffhausen im „Korrespondenzblatt des
naturwissenschaftlichen Vereins der preußischen Rheinlande" (Bonn 1890). Vgl. Text S. 53.

europäischer Völker fehlen noch ausreichende statistische Angaben, für Europäer liegen dagegen Anfänge einer Statistik vor: F. Grüning maß Hände und Füße, Finger- und Zehen-
längen bei je 50 lettischen und litauischen Männern und ebenso vielen Frauen, Brennsohn
bei 60 litauischen Männern und 40 Frauen, F. Birkner Hände und Finger bei 200 Altbayern.
Es ergab sich, was Pfitzner auch für das Skelett bei Elsässern bestätigte, daß im allgemeinen
der vierte Finger länger ist als der zweite.

Die gegliederten, rundlichen Säulen der Finger sind von der Rücken- und Beugefläche
her etwas abgeplattet, ihre Dicke nimmt gegen die Spitze zu etwas ab, an der Beugeseite
der Spitze selbst schwellen sie zu den Tastballen an und tragen auf der Rückseite des oberen Fingergliedendes die Nägel. An der Rückseite erscheinen die Finger länger als an der
Beugeseite; hier erstreckt sich ihr freier Abschnitt nur bis zu jener Furche, die den Finger vom

4*

Handteller trennt und ungefähr dem ersten Drittteil der Länge des ersten Fingergliedes entspricht; als angeborene Mißbildung erhebt sich diese Hautfalte zwischen den Fingern, die „Schwimmhaut", noch mehr und verkürzt dadurch die Finger scheinbar; der höchste Grad dieser anormalen Verwachsung der Finger wird als Syndaktylie bezeichnet. Um die ethnographische Bedeutung der Schwimmhäute näher festzustellen, hat F. Birkner stati-

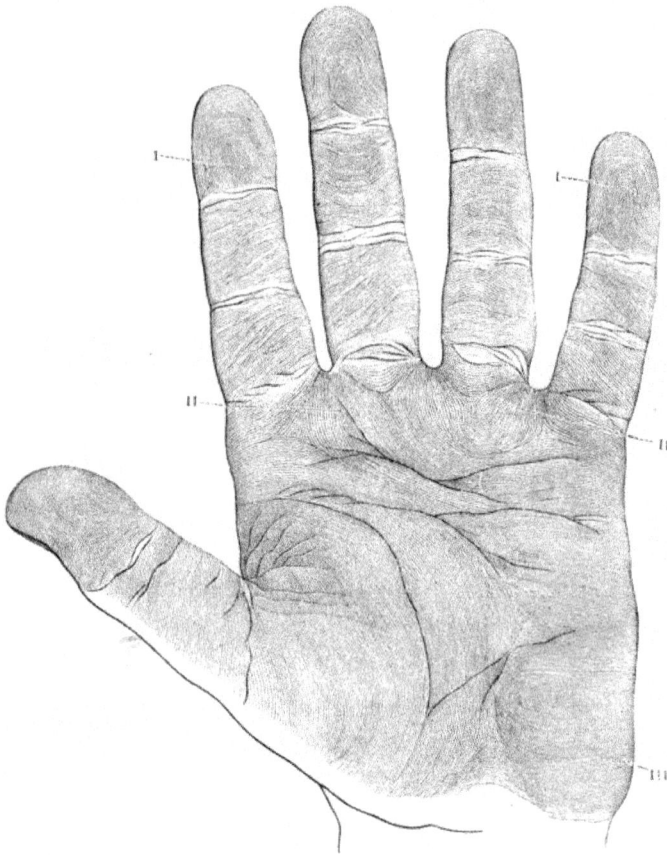

stische Aufnahmen unter der bayerischen Bevölkerung von verschiedenem Alter und Geschlecht sowie an Embryonen vom Ende des dritten Entwickelungsmonats an bis zur Geburt angestellt. Bei den menschlichen Embryonen besteht zunächst (vgl. Bd. I, S. 145) eine *maximale physiologische Syndaktylie*, d. h. eine vollkommene Verbindung der Finger durch eine schwimmhautähnliche Bildung, aus der sie sich erst nach und nach, und zwar niemals vollkommen, abgliedern, so daß stets ein geringer oder höherer Grad *physiologischer Syndaktylie*

Papillen der menschlichen Hand. Nach A. Kollmann, „Der Tastapparat der Hand des Menschen und der menschenähnlichen Affen" (Hamburg 1883).
I Tastballen erster, II zweiter, III dritter Ordnung.

auch während des erwachsenen Lebens bestehen bleibt. Der Grad ist individuell, aber auch nach Alter, Geschlecht und Beschäftigung verschieden; stärker ausgebildete Schwimmhäute sind im allgemeinen als Überbleibsel aus frühkindlicher bzw. embryonaler Entwickelung aufzufassen, doch scheint auch gesteigerte mechanische Benutzung der Hand noch im späteren Leben die Schwimmhäute zu vergrößern. Bei feinen, mageren Händen fallen sie weit stärker auf und scheinen bei gleicher Entwickelung viel beträchtlicher als bei fetten Händen. Das erklärt wohl zum Teil das Auffallende der Schwimmhautbildung an vielen Negerhänden (van der Hoeven), deren physiologische Syndaktylie nach Birkners Messungen im allgemeinen weder stärker noch häufiger erscheint als bei den speziell darauf untersuchten Europäern (Bayern); bei beiden steckt das erste Fingerglied des Mittelfingers im Minimum bis zu einem Drittel, im Maximum bis fast zu drei Vierteln seiner Länge in der „Schwimmhaut" (s. die Abbildung S. 51).

An der Haut der Hand und namentlich an der der Fingerspitzen fallen jene zahlreichen kleinen, zum Teil in regelmäßige Züge geordneten Hautwärzchen auf, welche, die End-organe der Tastnerven bergend, als Tastwärzchen oder Tastpapillen bezeichnet werden. Neben diesen Tastwärzchen finden sich andere Wärzchen, die keine Tastnervenendigungen enthalten und, als Gefäßwärzchen bezeichnet, überall auf der äußeren Körperhaut, aber in sehr verschiedener Anzahl vorkommen. Diese Wärzchen bilden am Handteller und an der Fußsohle, an den Beugeseiten der Finger und Zehen, nament-lich aber an den Spitzen der beiden letzteren, also an den Stellen des feinsten Tastgefühls, vielfache umeinanderlaufende Bogen, die man Tastrosetten oder Muster nennt. An den Tastballen an der Spitze der Finger, den Fingerbeeren, oder Tastballen erster Ordnung, zeigen sie Schlingen und Bogen oder wahre Wirbel (s. die Abbildung S. 52) und kon-zentrische, kreisförmige oder elliptische Linien, deren lange Achse bald nach auswärts gegen die Kleinfingerseite, Ulnar-seite, bald nach der Daumenseite, Radialseite, gewendet ist. Die drei (nach G. Retzius vier) Tastballen zweiter Ord-nung liegen in dem Übergangsgebiet zwischen Mittelhand und ersten Fingergliedern, an den Zwischenfingerspalten; als Tastballen dritter Ordnung werden der Daumen- und der Kleinfingerballen bezeichnet; sie liegen auf dem Mittel-handknochen. Nach A. Kollmann sind auf den Tastballen zwei-ter und dritter Ordnung die Tastwärzchen im wesentlichen

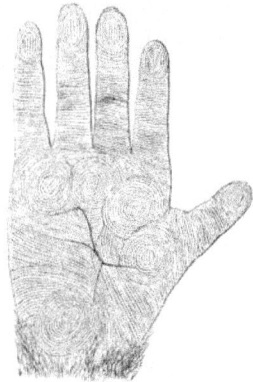

Papillen der Affenhand. Nach A. Kollmann, „Der Tastapparat der Hand des Menschen und der menschen-ähnlichen Affen" (Hamburg 1883).

bogenförmig, im bogenförmigen Typus, angeordnet. Es gilt das aber nur für den Menschen; an der Affenhand (s. die obenstehende Abbildung) sind nach A. Kollmann die Tastballen zweiter und dritter Ordnung nach dem wirbelförmigen Typus gebaut, wäh-rend an den Tastballen erster Ordnung für die Affen ein Längsreihentypus der Tast-papillen oder Tastleisten charakteristisch ist. Übrigens fand A. Kollmann diesen Simiaden-typus auch gelegentlich annähernd beim Menschen, z. B. bei einem Halbblutindianer, einem Chinesen, einem Mann von den Kapverdischen Inseln, was für eine ethnologische Statistik wichtig ist; andere Chinesen, Inder, Japaner, Neger, Australier und andere zeigten die euro-päischen Formen. Die wirbelartige Anordnung der Hautleistchen, d. h. die verschiedenen Muster der Tastrosetten, wurden von Purkinje und Huschke beschrieben und benannt (s. die Abbildung S. 54). Die Benennungen sind: a Querbogen, b Zentrallängsleisten, c Quer-leisten, d Schiefe Bucht, Wirbel, e Mandelkern, f Spirale, g Ellipse, h Kreis, i Doppel-wirbel, k und l Affentypus (Simiadentypus): k beim Menschen, einem Westindier, l beim männlichen Gorilla; m Hautleistchen von einem menschlichen Tastballen dritter Ordnung. In neuester Zeit hat namentlich durch die minutiösen Untersuchungen Francis Galtons die Frage sehr lebhaftes Interesse gefunden. Die „Muster" der Tastrosetten der Fingerspitzen erhalten sich, wie H. Welcker, W. Herschel und andere festgestellt haben, während der Lebens-dauer unverändert im wesentlichen schon von der Geburt an. Darauf fußend, hat man die

Charakteristische Formen der Papillenanordnung der Tastballen erster Ordnung. Nach A. Kollmann, „Der Tastapparat der Hand des Menschen und der menschenähnlichen Affen" (Hamburg 1883).
a—i Menschentypus, k und l Affentypus, m Tastballen dritter Ordnung vom Menschen. Vgl. Text S. 53.

Fingerabdrücke zur Identifizierung von Persönlichkeiten für gerichtliche Zwecke zu benutzen begonnen und durch zahlreiche Untersuchungen konstatiert, daß es keine zwei Menschen gibt, die sich in den Kombinationen und in den feineren Verhältnissen dieser Muster vollkommen gleichen. Galton hat die Unterscheidung der Muster in feinster Weise durchgeführt, so daß sich darauf die neue Identifizierungsmethode der Daktyloskopie aufbauen konnte, an deren Ausbildung sich in England E. R. Henry, Chef der Londoner Sicherheitsbehörde, in Deutschland Kamillo Windt und Siegmund Kodiček besonders beteiligten. Aus den Untersuchungen von Féré und Schlaginhausen ergibt sich, daß die Feinheit der räumlichen Unterscheidung zweier gleichzeitig nach dem Weberschen Grundversuch (vgl. Bd. I, S. 502) gereizten benachbarten Hautpunkte am größten ist, wenn die Verbindungslinie der zwei zu unterscheidenden Punkte senkrecht auf die Richtung der Hauptleisten fällt.

Auf der Beugeseite der Finger zeigen sich, den Gelenken entsprechend, drei vertiefte Querkerben, von denen die dem Gelenke zwischen erstem und zweitem Fingerglied entsprechende, manchmal auch die oberste, doppelt ist. Die Haut der Rückseite der Finger, feiner und verschiebbarer als die der Beugeseite, ist am letzten Fingerglied mit einem tiefen Falz, Nagelfalz, zur Aufnahme der hornigen Platte des Nagels versehen. Es gibt zwei Hauptnagelformen des Menschen: die eine ist schmal, lang, von vorn nach hinten gerade, aber der Quere nach stark zylindrisch gebogen, die andere, die „gemeine" Form der Nägel, ist kurz, breit und flach und mehr der Länge als der Quere nach gebogen. Die zylindrische Biegung der ersten, der „feinen" Nagelform nimmt vom Zeigefinger gegen den kleinen Finger zu, der Nagel des Daumens ist am plattesten. Die Nägel wachsen ziemlich rasch, nach Alibert in einem merkwürdigen Fall am Zeigefinger in einem Jahre um 541 mm. Vornehme Chinesen tragen oft 5 cm lange Nägel, und bei den orientalischen Fakiren sollen die Nägel, wenn ihnen ihr Gelübde das Beschneiden derselben verbietet, eine halbe Spanne lang werden (s. die Abbildung Bd. I, S. 189). Unbeschnitten wächst der Nagel ohne Ende fort, wird meist ungestalt, verdickt sich durch Übereinanderlagerung seiner Geschiebe und entartet durch Einrollung seiner Ränder zu einer Art horniger Klaue, ähnlich wie bei krankhafter Massenzunahme der Nägel, der Onychogryphosis der Ärzte.

Die Spitzen der Mittelfinger des Menschen reichen bei ruhiger aufrechter Stellung, parallel an den Seiten herabhängend, etwa auf die Halbierungslinie des Oberschenkels. Bei militärischer Stellung wird aber die Schulter und damit der ganze Arm beträchtlich gehoben, umgekehrt bei nachlässiger Ruhehaltung beträchtlich gesenkt, so daß die Stellung der Fingerspitzen am Schenkel ziemlich variabel wird, auch bei absolut gleichen Körperproportionen. Immerhin besteht ein besonders wesentlicher Unterschied zwischen Mensch und Menschenaffen in dem viel beträchtlicheren Herabreichen der weit längeren Affenarme gegen die Standebene. Nur selten sind übrigens beide Arme gleich lang; gewöhnlich ist der rechte Arm länger, und zwar um etwa 4—6 mm. Es entspricht das der im allgemeinen bedeutenderen Größenentwickelung der oberen rechten Körperhälfte des Menschen namentlich an Muskeln und Knochen. Bei Linkshändern ist das umgekehrt. Nach Malgaignes Beobachtungen waren unter 182 Personen fünf linkshändige und zwei, welche die linke und rechte Hand gleich leicht gebrauchten. Die Affen, speziell der Orang-Utan, sind, wie Fick bemerkt, meist Rechtshänder wie der Mensch. Wenn auch die Arme des Menschen von der Aufgabe, zur Ortsbewegung des Körpers mitzuwirken, im allgemeinen befreit sind, so dürfen wir nicht verkennen, daß sie auch dazu gelegentlich: beim Klettern, Kriechen, Schwimmen, Rudern, wesentliche Dienste zu leisten haben. Beim Gange, aber namentlich beim Laufe, spielen die Arme außerdem eine Rolle als Regulatoren bei Schwankungen des Schwerpunktes des Gesamtkörpers. Die Bewegungen, die ein ungeübter Seiltänzer auf dem Seile mit den Armen macht, um das Gleichgewicht zu erhalten, stellen uns diese wichtige Aufgabe unmittelbar vor Augen. Die Wurfbewegung des Armes nach vorwärts wirkt unterstützend bei Lauf und Sprung.

Die untere Extremität, das Bein, teilen wir ein in Hüfte, Oberschenkel, Unterschenkel und Fuß. Im ganzen erscheint jede untere Extremität als eine gegliederte Säule, die nach oben dicker, nach unten, gegen den Fuß zu, dünner wird. Als ein sehr beachtenswerter Unterschied zwischen Menschenbein und Menschenaffenbein erscheint es, daß der Querschnitt der Säule, die das menschliche Bein darstellt, fast in jeder Höhe desselben kreisförmig ist, da die langen Beinknochen überall ziemlich gleichmäßig vom Muskelfleisch umlagert werden. Auch bei dem höchsten anthropomorphen Affen ist dagegen, wie wir hörten, das Hinter-

Rückenansicht eines jungen Gorillas. Nach R. Nißle, „Beiträge zur Kenntnis der sogenannten anthropomorphen Affen": „Zeitschrift für Ethnologie", Bd. 8, S. 46 (Berlin 1876).

bein, besonders aber in seinen oberen Abschnitten, im Querschnitt von vorn nach hinten mehr dick als breit, d. h. der Oberschenkel erscheint von den Seiten her abgeflacht, „schlegelförmig", wie eine „Tierkeule". Die Beine bzw. die Oberschenkel des Mannes laufen von der Hüfte bis zum Kniegelenk etwas konvergierend gegeneinander, von hier aber ist die Richtung der unteren Abschnitte des Beines bis zur Standfläche des Fußes eine fast senkrechte. Beim Weibe ist das anders; da sein Becken verhältnismäßig breiter ist, lassen sich die inneren Oberschenkelflächen nicht so fest aneinanderschließen wie beim Manne, die Beine konvergieren daher im ganzen auch in geringerem Grade, und zwar von den Hüften aus nicht bloß bis zum Knie, sondern bis zur Fußsohle. Während der rechte Arm nicht nur stärker, sondern auch länger ist als der linke, sind die beiden Beine, wenn auch etwas verschieden stark, doch normalerweise gleich lang oder, nach H. Matiegka, das linke Bein länger als das rechte.

Die mit der Wirbelsäule fest vereinigte und mit ihrem Ende (Kreuzbein) das Becken bildende Hüfte erscheint als ein zum Rumpf gehöriger Abschnitt. Das Bein beginnt daher bei dem äußeren Anblick der Lebenden von vorn erst an dem Spalt, wo sich die Beine von dem Unterrumpf, dem Becken, frei abgliedern. Die Hinterfläche der Hüften wölbt sich als Gesäß in den beiden Hinterbacken vor. Bei kräftigen und fettreichen Personen ist die Gesäßgegend schön gerundet, derb und prall, wird dagegen bei schlechtgenährten, ausgemergelten schlaff hängend und schlotternd; ihre seitliche Wölbung kann zur Grube einsinken. Die Wölbung des Gesäßes wird zum großen Teil durch die mächtige Muskulatur der Gesäßmuskeln hervorgerufen, die, vom Hüftbein zum oberen Ende des Oberschenkelknochens verlaufend, wesentlich die Aufgabe haben, den Rumpf beim aufrechten Gang auf den Köpfen der Oberschenkelknochen balancierend zu halten. Sie ermöglichen sonach vor allem den aufrechten Gang, die aufrechte Stellung des Menschen, und daher kommt es, daß gerundete, voll entwickelte, über der hinteren Öffnung der Verdauungsröhre zusammenschließende und letztere verbergende Hinterbacken nur dem Menschengeschlecht eigen sind; sie fehlen selbst den Menschenaffen und sind auch beim Gorilla, wie wir oben gesehen haben, so gering ausgebildet, daß die hintere Öffnung des Verdauungsrohres durch sie nicht verdeckt wird, sondern vollkommen frei liegt (s. die obenstehende Abbildung). Außer der Muskulatur beteiligt sich aber an der Hervorbringung der Gesäßwölbung ein starkentwickeltes, vom Rücken herabziehendes Fettpolster unter der Haut, das auch als kissenartige Unterlage, gleichsam als natürliches Sitzkissen, die Unterflächen und Ränder der Sitzknorren überkleidet. Ähnliche Fettanhäufungen finden sich unter der Haut der Fußsohle, so daß wir nach Hyrtls Ausdruck wie auf einer elastischen Matratze stehen, und entsprechend an der Beugeseite der Hand, so daß wir alles wie mit gepolsterten Handschuhen ergreifen. Die vordere Hüftfläche wird durch das auf S. 47 beschriebene Poupartsche Band bezeichnet, das äußerlich den Unterleib von dem Schenkel abzugrenzen scheint. Was unter diesem Bande liegt, ist die Schenkelbeuge, der oberste Abschnitt der Vorderseite des Schenkels.

Die Fettentwickelung in der Gesäßgegend kann, namentlich bei dem weiblichen Geschlecht, einen auffallend hohen Grad erreichen. Eine oft geradezu kolossale Fettentwickelung an der hinteren Hüftregion, die als Fettsteiß oder Steatopygie bezeichnet wird, hat namentlich bei den Weibern südafrikanischer Stämme, über die wir von G. Fritsch eine ausgezeichnete Monographie besitzen, schon lange die Aufmerksamkeit erregt. Auch bei Knaben und jugendlichen Männern derselben Stämme findet sich diese Neigung zur lokalisierten Fettentwickelung an derselben Stelle. Es ist das auch einer jener unten noch näher zu würdigenden Exzesse typisch-menschlicher Bildung bei Naturvölkern, die, wie die übermäßig schwellenden, aufgeworfenen Lippen der Negervölker oder die „Hottentottenschürze" und andere mehr, diese weiter als die europäischen Völker von den Menschenaffen entfernen. Raphael Blanchard hat darüber eine auf historischen und Naturstudien begründete interessante Abhandlung veröffentlicht; die ersten näheren Nachrichten bekam die Wissenschaft über beide Eigentümlichkeiten durch die Untersuchung Cuviers über die im Jahre 1815 in Paris gezeigte „Hottentotten-

Das sogenannte Buschweib Afandi.
Nach G. Fritsch, „Die Eingeborenen Südafrikas"
(Breslau 1872).

venus". Bei den Weibern der Buschmänner soll diese Fettanhäufung fast allgemein sein (s. die obenstehende Abbildung), etwas weniger allgemein bei den Weibern der Hottentotten, der Namaqua, der Kaffern, der Nigritier des Nils, der Borgos und Berber und nach Livingstone selbst der Buren. Auch bei den Somalifrauen ist die Steatopygie verbreitet, und Hamy machte es wahrscheinlich, daß jene berühmte altägyptische Abbildung der „Königin von Punt" aus der Zeit Thutmes' III. diese Bildungseigentümlichkeit der Somalifrauen schon in jene entlegene Epoche zurückversetzt. Die Neigung zu Fettsteiß findet sich individuell auch in Europa. Die Fabel, daß, der hinteren Hervorwölbung entsprechend, das Kreuzbein der Weiber der Hottentotten und Buschmänner besonders stark, schwanzartig, nach außen gebogen sei, haben schon Cuvier und Somerville als vollkommen grundlos widerlegt. Es handelt sich lediglich um eine Fettansammlung, die durch gute Ernährung rapid gesteigert, durch Nahrungsmangel, Hitze und Strapazen rasch wieder verringert wird. Zum Teil beruht die fast senkrechte Hervorwölbung der Gesäßgegend aber auf einer mit der obenerwähnten stärkeren Beweglichkeit der Lendenwirbelsäule Hand in Hand gehenden stärkeren Lendenkrümmung, auch einem jener mehrfach erwähnten „Exzesse" der typisch menschlichen Bildung bei Naturvölkern.

Der Oberschenkel hat, wie schon angegeben, im ganzen eine kegelförmige Gestalt, oben breit, nach dem Knie zu sich stark verschmälernd. Man rechnet beim Lebenden seine Länge gewöhnlich von dem großen Rollhügel des Oberschenkelbeines an, der durch die Haut gut gefühlt werden kann (vgl. S. 4). An der Vorderseite des Kniees springt bei gestrecktem Beine die Kniescheibe in ihrer herzförmigen Gestalt vor, oben und unten von dicken Sehnen gehalten; über der Kniescheibe zeigt sich eine leichte Eintiefung, da, wo der fleischige Teil der Streckmuskeln in ihren sehnigen Abschnitt übergeht. Die Hinterfläche des Kniees bildet die Kniekehle, eine bei gestrecktem Beine seichte Grube von dreieckiger Gestalt, mit der Spitze nach oben gerichtet. Der Unterschenkel hat, wie der Oberschenkel, eine kegelförmige Gestalt, oben dicker, nach dem Fußgelenk zu sich stark verjüngend. Namentlich an der Rückseite, wo sich die Hauptmuskelansammlungen, die Wadenmuskeln, finden, ist diese typisch-menschliche Form deutlichst ausgesprochen. An der vorderen Seite sieht man besonders in der oberen Hälfte des Unterschenkels den scharfen Kamm des Schienbeines herablaufen. Am bedeutendsten ist die Entwickelung der Waden und damit die kegelförmige Gestalt des Unterschenkels bei muskulösen Personen, namentlich aber bei Gebirgsbewohnern, die ihre unteren Extremitäten beim Steigen stark anstrengen müssen; bei Bewohnern der Ebene sind im allgemeinen die Waden schwächer. Bei dem weiblichen Geschlecht beteiligt sich an der Wölbung der Wade außer den Muskeln auch das Fettpolster, es verwischt sich dadurch die bei muskulösen Waden scharfe Trennungslinie an der Stelle, an der das Muskelfleisch der Wade in die zum Fersenbein herablaufende Achillessehne übergeht. Die Wadenmuskeln haben beim aufrechten Gehen und Steigen die ganze Last des Körpers zu halten, und damit korrespondiert ihr nur dem Menschen zukommender ansehnlicher Umfang.

Den Negern pflegte man früher eine besonders schwache Entwickelung der Waden zuzuschreiben. Umfangreichere statistische Messungen existieren darüber bis jetzt nicht; wahrscheinlich handelt es sich dabei, abgesehen von dem grazileren Körperbau und den verhältnismäßig langen Beinen, um einen im allgemeinen mangelhaften Ernährungszustand mancher Küsten- und Wüstenbewohner, von dem z. B. Fritsch bei den Südafrikanern berichtet. Von Bergbewohnern wird auch in Afrika meist eine bessere Allgemeinentwickelung der Muskulatur erwähnt, und bei guter Ernährung fand ich in Europa den Wadenumfang bei männlichen und weiblichen Negern der afrikanischen Westküste, Joruba und Dahome, nach europäischen Begriffen geradezu extrem groß.

Der Fuß besteht aus dem Fußgewölbe und den Zehen. Nach den Untersuchungen Grünings an Litauern und Letten ist die Handbreite im allgemeinen kleiner als die Fußbreite. Abgesehen von dem Mangel der Fähigkeit, den Fußdaumen, die große Zehe, den übrigen Zehen und der äußeren Hälfte der Sohlenfläche gegenüberzustellen, eine Fähigkeit, durch die physiologisch das Endglied des Affenbeines zu einem Greiffuße oder, im physiologischen Sinne, zu einer „Hand" umgebildet ist, erscheint der Fuß als eine zum fast alleinigen Gebrauch als Körperstütze modifizierte Hand. Die Hand ist vermöge ihrer gelenkigen Geschmeidigkeit mehr zum Greifen als zum Stützen und Stemmen geeignet, die bedeutendere Größe, die höhere Festigkeit im Knochen- und Gelenkbau, die gewölbartige Anordnung der

Fußwurzel= und Mittelfußknochen, die kurzen, aber festen, die Standfläche verlängernden und verbreiternden Zehen machen dagegen den Fuß geschickt, als Piedestal des Körpers zu dienen. Der Fußrücken ist sowohl von außen nach innen als von oben nach unten konvex gewölbt. Von den Zehen an, wo der Fuß im ganzen am flachsten ist, erhebt er sich gewölbartig bis gegen den Ansatz des Unterschenkels; seine größte Erhebung, der Reihen, liegt etwas vor dem Einbuge zwischen Unterschenkel und Fußrücken, die Ansteigung von dem Zehenansatz zum Reihen beträgt bei hohem Fußrücken etwa 45°, gewöhnlich ist aber die Erhebung geringer.

Der konvexen Wölbung des Fußrückens entspricht eine von vorn nach hinten konkave Wölbung der Fußsohle, die, dieser Wölbung entsprechend, nur mit dem vorderen und hinteren Ende ihres Bogens, mit den Köpfchen der Mittelfußknochen, der Fersenunterfläche und dem äußeren Fußrand beim Stehen den Boden berührt. Das Fehlen dieser Konkavität charakterisiert den Plattfuß, dessen geringere Grade außerordentlich häufig sind. Die Wölbung des Fußes wird nach W. Henke im wesentlichen durch Muskeln aufrecht erhalten; erschlaffen diese, sind sie der Anstrengung und dem übermäßigen Drucke bei vielem Stehen oder Gehen, namentlich mit belastetem Körper in der Jugend, nicht gewachsen, so verflacht sich die Wölbung des Fußes, und es entsteht der erworbene Plattfuß. Die weißen Amerikaner der Sklavenstaaten pflegten die Negersklaven wegen der bei diesen häufigen Plattfüße zu verspotten. Es unterliegt keinem Zweifel, daß diese Besonderheit, wo sie sich findet, eine Folge jener depravierenden, rücksichtslosen und übermäßigen körperlichen Anstrengungen ist, welche die Negersklaven von Jugend auf in den ehemaligen Sklavenstaaten zu erdulden hatten. Genaue Untersuchung der Füße afrikanischer Neger durch R. Hartmann, Pechuel, Falkenstein und andere in ihrem Heimatlande, da, wo sie solch verschlechternden körperlichen Einflüssen nicht unterlagen, im Ostsudan und an der Loangoküste, haben ergeben, daß die Füße der Schwarzen sogar besonders wohlgebildet sind. Bei allen barfuß gehenden Personen und Völkern verdickt sich aber das obenerwähnte Fettpolster der Sohle stärker, und dadurch nimmt die Höhlung der Fußsohle entsprechend ab, was für Unkundige einen „Plattfuß" vortäuschen kann. Wohl die ersten annähernd wirklich normal gebildeten menschlichen Füße, unbelästigt durch jegliches Schuhwerk und übergroße Anstrengung, haben wir an jener von Karl Hagenbeck in Europa gezeigten Feuerländerhorde (s. unten) gesehen. Die obere Fußwölbung war vollendet schön, wie noch jetzt die Gipsabgüsse erkennen lassen, aber trotzdem erschien durch das dicke Sohlenpolster die Sohle ziemlich flach. Der Fuß war namentlich vorn breit und ziemlich kurz, die Zehen unverdrückt, gut beweglich; nur das Fersenbein zeigte bei einigen durch den dauernden Druck des niedrigen Sitzens mit gebogenen Beinen eine leichte Richtungsverschiebung nach innen. Charakteristisch für den Menschen ist die stark vorspringende Ferse, und diese besonders in die Augen fallende Eigentümlichkeit mancher Negerfüße ist sonach ebenfalls ein Exzeß typisch-menschlicher Körperbildung.

Die Zehen sind verkürzte Finger, ihre Rückenfläche ist platt, ihre Unterfläche quergewölbt, mit den Gelenken entsprechenden Quereinschnitten. Das letzte Glied der Zehen erscheint durch den starken Tastballen etwas keulenartig angeschwollen. Da, wo die Zehen von der Sohle sich scheiden, wölbt sich die Fußfläche durch den sehr entwickelten Großzehenballen, dem auch Ballen für alle anderen Zehen entsprechen, wie ein queres Polster vor, gerade unter der vorderen Hauptdrucklinie des Fußgewölbes, wo die Mittelfußköpfchen die

Standfläche berühren. Dadurch wird die Skelettgrundlage des Vorderfußes nicht unbeträchtlich gehoben, so daß die Zehen, um mit ihren Tastballen an den Zehenspitzen den Boden
zu erreichen, schief von oben nach abwärts sich krümmen müssen. Zwischen jenem Polster
unter den Mittelfußköpfchen und den Zehenspitzen bleibt daher, wenn der Fuß nur leicht auf
den Boden gesetzt wird, eine quer verlaufende Rinne, deren Unterfläche die Standfläche
nicht berührt. Auch die Zehen erscheinen, von dem Fußrücken aus betrachtet, länger als
von der Sohle aus, weil hier, abgesehen von der
wie zwischen den Fingern der Hand sich findenden
„Schwimmhautbildung" (vgl. S. 52), das
Querpolster der Zehenballen das erste Zehenglied
etwa zu drei Vierteln seiner Länge verdeckt.

Die antiken Kunstwerke der griechisch-klassi-
schen Periode stellten die große Zehe kürzer als die
zweite dar. Hyrtl fand aber bei der Wiener Bevölkerung, sowohl bei Erwachsenen als auch bei Neugeborenen, die große Zehe im allgemeinen länger
als die zweite, und so bilden auch die berühmten
Tafeln von Albin den Fuß ab. Öfters sind aber,
wie vielfach konstatiert worden ist, große und zweite
Zehe gleich lang (Brennsohn) und, in vollkommener Streckung gemessen (Grüning), die zweite
wirklich länger als die große, die oft nur länger
erscheint, da sie weniger als jene oder gar nicht
gekrümmt ist. Beim ruhigen Stehen verbreitern
und verlängern die Zehen die Standfläche und
greifen dabei gleichsam in die letztere ein; erheben
wir uns auf das Polster der Zehenballen oder, nach
dem gewöhnlichen Ausdruck, auf die Zehen, wobei
sich der Vorderteil des Fußes nicht unbeträchtlich
verbreitert, so drücken sich, wie Hyrtl sagt, die Zehen
wie elastische, gekrümmte Haltfedern, indem sie die
Fixierung des Fußes übernehmen, an den Boden
an und vermehren dadurch die Festigkeit des
Stehens. Mit dem Mangel der Zehen geht auch
die Elastizität des Schrittes verloren; solche Ver-
stümmelte gehen wie auf Stelzen.

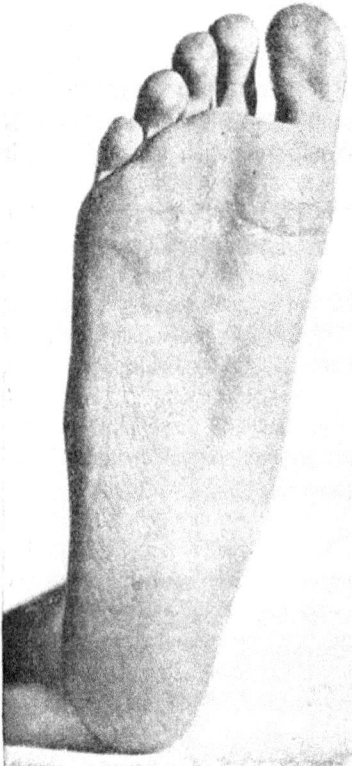

Die Fußsohle des Menschen. Nach A. Primrose
in den „Transactions of the Canadian Institute",
Bd. 6 (Toronto 1899).

Die Fußsohle des Menschen (s. die obenstehende Abbildung) zeigt wie sein Handteller konstante Hautfurchen. Bei Embryonen und jungen Kindern sind diese vollkommen
deutlich, während sie, wohl zum Teil infolge des Druckes auf die Sohle beim Gehen, an
den Füßen Erwachsener mehr oder weniger verwischt sind. Wie die Finger, so haben die
Zehen an der Unterfläche der Nagelglieder wohlentwickelte Tastballen erster Ordnung.
Wie G. Retzius gezeigt hat, liegen bei Embryonen sehr deutlich den Zehen-Mittelfuß-
gelenken entlang auf der Sohle an der Basis der Zehen vier Tastballen zweiter Ordnung,
wozu hinter dem betreffenden Ballen der kleinen Zehe noch ein Tastballen dritter

Ordnung kommt. Große und kleine Zehe haben je einen eigenen Tastballen zweiter Ordnung, zweite, dritte und vierte Zehe haben gemeinschaftlich nur zwei solche Tastballen. Um die Basis dieser Tastballen laufen die Hautfurchen, gemeinschaftlich eine mehr oder weniger unterbrochene Linie bildend; sie entspricht als „Beugefurche" den beiden schiefen Linien des Handtellers, der Tischlinie und Hauptlinie, aber verschmolzen mit der an der Hand weit von ihnen getrennten Beugefurche des Daumens im Daumen-Mittelhandgelenk. Da dem Menschenfuß die Gegenüberstellbarkeit der großen Zehe mangelt, so fehlt ihm auch ein

eigentlicher mit der Bewegung im Mittelfuß-, Fußwurzelgelenk in Beziehung stehender, dem Daumenballen, Thenar, entsprechender Groß-zehenballen und damit zugleich jene charakteristische, namentlich auf die Opposition sich beziehende Linie, die Lebenslinie, die bei Affe und Mensch den Daumenballen umgreift. Die große Zehe des Menschenfußes ist mit der zweiten Zehe wie diese mit den übrigen durch ein starkes queres Mittelfuß-band fest verbunden (Langer, Turner), wodurch ihre Unfähigkeit, sich den übrigen Zehen gegen-überzustellen, bedingt ist.

Die Sohle des Affenfußes, speziell die des Orang-Utans (s. die nebenstehende Abbildung), zeigt die von dem Handteller her bekannten Linien und Furchen. Für die große Zehe, den „Fuß-daumen", besitzt sie zum Zweck der Gegenüber-stellung gegen die übrigen Zehen eine wohlmar-kierte Muskelmasse, einen wahren Großzehen-ballen, dem Daumenballen, Thenar, der Menschen-und Affenhand entsprechend. Er steht in Beziehung mit der Bewegung der großen Zehe im Mittelfuß-wurzelgelenk, eine Bewegung, die der großen Zehe des Menschen vollkommen mangelt. Dieser „wahre" Großzehenballen der Affensohle wird von einer nach der Kleinzehenseite konvexen Hautfurche umgriffen, die sich bei Oppositionsbewegungen der Großzehe entsprechend vertieft und sonach vollkommen der Lebenslinie im Handteller der Menschen und Affen entspricht, die der Menschensohle fehlt.

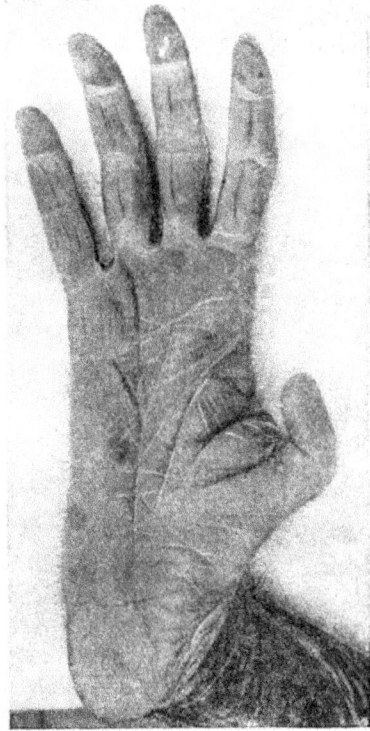

Die Fußsohle des Orang-Utans. Nach A. Prim-rose in den „Transactions of the Canadian Institute" Bd. 6 (Toronto 1899).

Die Hautleisten der Zehen und der Sohle des Menschenfußes (s. die Ab-bildung S. 62) verteilen sich wie an der Hand in drei Gruppen. An den Tastballen erster Ordnung, an der Unterfläche der Nagelglieder der Zehen, finden sich alle für die Finger-tastballen angegebenen Leistenmuster, diese nehmen aber einen auffallend viel kleineren Raum ein als bei den Fingern, so daß sie bei Abdrücken der Zehen oft gar nicht zur Wahrnehmung kommen. Dagegen besitzen die vier Tastballen zweiter Ordnung zum Teil sehr ausgespro-chene Schleifen- und Wirbelmuster, namentlich der Großzehenballen ist durch Spiral- und

Kreismuster ausgezeichnet. Auf dem Tastballen dritter Ordnung, auf dem Kleinzehenrand der Sohle sowie auf der Fersenmitte finden sich meist ziemlich einfache Schleifenmuster. Auf der übrigen Sohle zeigt sich ein im wesentlichen einheitliches System querer, zur Längenachse der Sohle senkrecht gestellter Leisten, der Einheitlichkeit der gebräuchlichen Fußbenutzung entsprechend. Die Tastfiguren an der Sohle selbst entsprechen den Hauptdruckstellen des Fußes beim Stehen und Gehen der Menschen. Viel komplizierter sind die Verhältnisse der Hautleisten der Affensohle. Die Tastballen erster Ordnung an den Endgliedern aller Zehen entsprechen in ihren Mustern sehr nahe den Tastballen erster Ordnung der Finger. Die Tastballen zweiter Ordnung der vier äußeren Zehen zeigen zwei Wirbelmuster, das eine an der Basis des zweiten, das andere an der Basis der kleinen Zehe. Auf dem Großzehenballen erscheint ein entsprechend kompliziertes Muster als Tastballen dritter Ordnung. Ein Muster der Fersensohle fehlt. Die Ähnlichkeit der Verhältnisse mit denen der

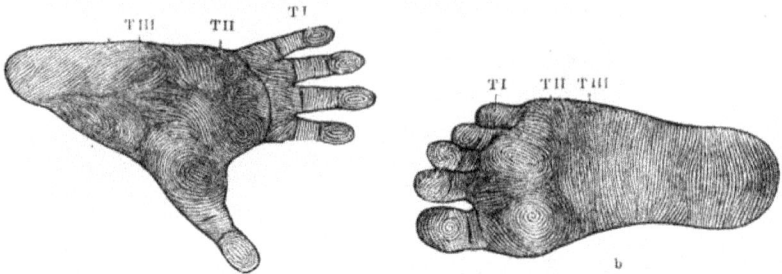

Der Tastapparat des Fußes beim Affen (a) und beim Menschen (b). Nach A. Kollmann im „Archiv für Anatomie und Physiologie" (1885).
T I Tastballen erster Ordnung, T II zweiter, T III dritter Ordnung. Vgl. Text S. 61.

Handfläche ist unverkennbar (vgl. S. 53). Das gilt auch von dem komplizierten Verhalten der sonstigen Hautleisten der Fußsohle.

Die Behauptung, daß gewisse niedrigstehende Menschenrassen, Hottentotten usw., die Fähigkeit der Gegenüberstellbarkeit des Fußdaumens wie die Affen besäßen, und daß sich dieselbe Fähigkeit auch bei vielen kletternden Europäern, z. B. bei den Harzsammlern im südlichen Frankreich, entwickele, wie das Bory de Saint-Vincent angegeben hatte, ist eine Fabel, beruhend auf der Gewöhnung, den Fußdaumen weiter von den übrigen Zehen abzuspreizen und dabei den Fuß stärker konkav zu wölben. Bei Neugeborenen und bei Personen aller Rassen, die gewohnheitsgemäß mit nacktem Fuße gehen, ist die Beweglichkeit der Zehen stets viel größer als bei uns, denen von Jugend auf der Fuß durch Druck des steifen Schuhwerks und enger Strümpfe mehr oder weniger verstümmelt ist. Zweifellos kann der normale, natürliche, nackte Fuß seine Zehen bis zu einem gewissen Grade zum Greifen und Festhalten eines Gegenstandes benutzen, aber damit wird der Fuß der Hand keineswegs ähnlicher. Solche Geschicklichkeit wird von den Negern, Hottentotten, Neuholländern berichtet, welch letztere z. B. ihre Speere gelegentlich zwischen den Zehen fortschleppen sollen, um sie zu verbergen. Die Indianer am Orinoko, in Yukatan, in Paraguay, die Markesas-Insulaner, die Eingeborenen von Luzon, manche Bewohner von Sumatra und andere sollen ihre Füße, und zwar namentlich die erste und zweite Zehe, zum Aufheben und Festhalten nicht allzu schwerer Gegenstände gebrauchen können, Montezumas Jongleure konnten nicht nur

Geldstücke mit den Füßen aufheben, Steine umfassen und werfen, sondern überhaupt Kunststücke mit den Füßen ausführen, wie dies anderwärts mit den Händen geschieht. Aber jeder normale Europäerfuß kann dieselben Eigenschaften mit Leichtigkeit erlangen, so daß diese keine größere Annäherung der genannten Stämme an den Affen beweisen, als sie auch dem Europäer zukommt. E. Bälz beschreibt den Fuß des Japaners, der nie den einschränkenden Einfluß des Stiefels erfahren, als sehr normal gebildet. Die zweite Zehe ist länger als die erste, und zwar auffallender als beim Europäer. In hohem Grade bemerkenswert ist der daumenähnliche Gebrauch, den die Japaner von ihrer großen Zehe machen; sie können diese, sagt Bälz, selbständig bewegen und so stark gegen die zweite anpressen, daß sie selbst feine

Gegenstände festzuhalten vermögen. Die nähende Frau hält oft das Zeug mit den Zehen und spannt es nach Belieben. Auch sagt man, daß Japanerinnen sehr empfindlich mit den Zehen kneifen. Überhaupt hat der Fuß der Japaner viel von seiner natürlichen Beweglichkeit behalten, sie sind imstande, sich mit der Fußsohle sozusagen am Boden anzuklammern, weshalb sie beim Fechten, beim Ringen, wenn es gilt festzustehen, stets barfuß sind. Aus dieser Beschreibung geht hervor, daß auch die Japaner ihre bewegliche große Zehe den übrigen Zehen nicht gegenüberzustellen vermögen. Das gleiche beobachteten Hans Virchow und ich bei mehreren ohne Hände geborenen Fußkünstlern, auch bei Unthan (s. die nebenstehende Abbildung), obwohl dieser sonst in hohem Maße imstande war, mit seinen Füßen die Verrichtungen der Hände nachzuahmen. Jeder von uns ist

Der Fußkünstler Unthan. Nach Photographie.

ohne weitere Übung befähigt, lediglich durch Einkrampfen seiner Zehen gegen das Polster der Zehenballen, ohne jegliche Gegenüberstellung der großen Zehe, mit seinen Zehen einen kleinen Stein zu heben und mit Kraft und Sicherheit etwa 10 m weit zu schleudern.

Wir schließen diese Betrachtung mit einer nochmaligen Bemerkung über das vielbesprochene Problem, ob das Endglied der hinteren Extremität der Menschenaffen als Hand oder als Fuß zu bezeichnen sei. Es unterliegt gar keinem Zweifel, erstens daß die Hand und der Fuß wie beim Menschen, so beim Affen in den wesentlichsten gröberen Bauverhältnissen übereinstimmen, und daß anderseits der Affenfuß in anatomischer Beziehung dem Menschenfuß entspricht und nicht der Hand. Aber damit ist die Frage keineswegs erledigt, da die Definition des Begriffes Hand, wie ihn die ältere Zoologie vom Menschen und Affen abgeleitet hat, rein physiologisch ist: ein Greiforgan mit gegenüberstellbarem Daumen als Endglied der Extremität, gleichgültig ob Arm oder Bein. In diesem Sinne wäre, wie mir scheint, die physiologische Bezeichnung des Endgliedes des Affenbeines als „Hand" und damit des Affen als Vierhänder, des Menschen als Zweihänder wissenschaftlich ebenso unverfänglich wie der

ebenfalls lediglich aus der physiologischen Benutzung der oberen Extremität und ihres Endgliedes als Flügel abgeleitete Name der Flattertiere. Die durch Huxley gebräuchlich gewor-
dene Bezeichnung „Greiffuß" für den Fuß des Affen drückt das charakteristische Verhältnis
der Gegenüberstellbarkeit des Daumens nicht aus, sagt also zu wenig, da ein Greiffuß auch
eines Daumens ganz entbehren kann. Der ausgezeichnete Anthropolog, Anatom und Phy-
siolog A. Ecker schlägt, wie wir schon anführten, den Namen „Fußhand" dafür vor oder wohl
besser „Hinterhand".

2. Die Körperproportionen des Menschen.

Inhalt: Die Körperproportionen der weißen Kulturrasse. — Die Körperproportionen der Naturvölker. —
Die Kümmerformen, Zwergstämme und Riesenstämme.

Die Körperproportionen der weißen Kulturrasse.

An die „Grenzen der Welt" setzte die alte Geographie Völker tierähnlicher Bildung.
Herodot und andere berichten viele derartige Mythen, aber vor allem während des Mittelalters, als die Alexandersage in zahlreichen Bearbeitungen in fast allen europäischen
Sprachen eine Lieblingslektüre der Gebildeten war, schwelgte der deutsche Pfahlbürger,
dessen Welt der antiken gegenüber so eng geworden, in den Schrecknissen, die der Pfaffe
Lamprecht lebhaft und anschaulich von den Kämpfen seines Helden mit mehr oder weniger
tierähnlichen Wilden zu berichten wußte. Es ist zweifellos, daß sich diese Erzählungen teilweise auf die uralte, noch heute über die ganze Welt verbreitete Sitte der Barbaren, sich mit
möglichst furchterregenden, häufig Tierköpfe darstellenden Kriegsmasken zu schmücken, beziehen; zum Teil leben darin aber auch die aus dem griechischen Altertum herübergenommenen
Zwittergestalten der Mythe fort, und teilweise sehen wir jene Grauenbilder ethnographisch
verwertet, die eine abergläubisch erhitzte Phantasie in den „tierähnlichen Mißbildungen"
sah, wie sie als schreckliche Vorzeichen auch hier und da unter der Christenheit vorkommen.
Es würde nicht ohne wissenschaftliches Interesse sein, diese Sagen von tierähnlichen Wilden
zusammenzustellen und zunächst einmal auf ihren literarischen Ursprung zurückzuführen. Je
enger die Welt nach dem Sturze des alten Römerreiches wurde, das mit Völkern aller Hautfarbe gekämpft und friedlich gehandelt und sie dabei als „Menschen" kennen gelernt hatte,
desto näher rückten die tierähnlichen Wilden an die Grenzen der allein noch bekannten engen
Heimat heran; und noch in einer politischen Zeitschrift aus dem Anfang des 18. Jahrhunderts
finde ich in diesem Zusammenhang die Frage ernsthaft und eingehend erörtert, ob die Russen
wirklich als Menschenfresser bezeichnet werden müßten.

Entsprechende Ideen über die untergeordnete Stellung fremder Völker, die noch heute
in Europa unter den minder Gebildeten im Umlauf sind, finden wir überall auf der Erde
verbreitet. Auf einsamen, fernen Inseln, vielleicht sogar tief in den unzugänglichen Gebirgen
des Heimatslandes selbst oder im unbekannten Inneren der großen Kontinente sollen die
Tiermenschen leben. Jeder weiß von ihnen zu erzählen, keiner hat sie selbst gesehen. Zwei
tierische Eigenschaften sind es vor allem, von denen immer wieder und überall berichtet
wird. Es soll Völker geben, bei denen allgemein ein Tierschwanz die Rückseite des Körpers
verunziert. Wir haben diese Angelegenheit ausführlich besprochen unter den Formen der

„tierähnlichen Mißbildungen" (Bd. I, S. 173 ff.). Es ist richtig, daß überall in der ganzen Welt, wie aus den Zusammenstellungen von Bartels hervorgeht, einzelne Personen unter vielen Millionen eine krankhafte schwanzähnliche Bildung am Ende des Rückens zeigen, die, wie so viele andere krankhafte Mißbildungen, auf Störungen in der embryonalen Entwickelung beruht. Aber nirgends war ein Volk aufzufinden, bei dem diese Anomalie als etwas Normales aufträte oder auch nur häufiger vorkäme. Ja, es stellt sich die zunächst frappierende Tatsache zweifellos heraus, daß diese „Menschenschwänze" am häufigsten unter den europäischen Völkern, die sich so gern als die „höheren" Menschen den „tierähnlichen Wilden" gegenüber fühlen, beobachtet worden sind und beobachtet werden. Personen mit auffallenderen Mißbildungen sind überhaupt unter den Kulturvölkern häufiger, bei denen solchen armen Geschöpfen eine sorgfältige Pflege im Kindesalter zugute kommt, ohne die sie, auch wenn sie nicht absichtlich beseitigt werden, gewöhnlich nicht aufwachsen können. Ähnlich ist das Verhältnis bei der zweiten der am meisten tierisch aussehenden Mißbildungen, der übermäßigen Behaarung des Gesamtkörpers. Die Australier wurden uns wenig verschieden geschildert von behaarten Tieren; den Chinesen und Japanern galten die Aino auf Jeso als fellartig oder tierartig behaarte Wesen. Aber da besucht uns in Deutschland eine Gesellschaft von „australischen Wilden", und wir finden sie nicht stärker behaart als die Mehrzahl der Europäer; und als es möglich wurde, die Aino in ihrer Heimat kennen zu lernen, fanden unsere Forscher Menschen, die nur dem verhältnismäßig spärlich behaarten Süd- und Ostasiaten durch ihren größeren Haarreichtum auffallen konnten, während die deutschen Matrosen mit ihrer zottig behaarten Brust und ihrem starkentwickelten Haupt- und Barthaar sehr gut mit diesem „haarigsten aller Völker der Erde" wetteifern können. Die vollkommen fellartige Behaarung größerer oder kleinerer Körperstellen lernten wir (Bd. I, S. 162 ff.) als eine nachweisbar krankhaft gesteigerte Entwickelung des dem Menschen in allen seinen Altersperioden zukommenden seinen Wollhaarkleides kennen; die wahre Überbehaarung reiht sich an die anormalen Mißbildungen an, die an entwickelungsgeschichtliche Verhältnisse anknüpfen. Und wieder finden wir diese Mißbildung häufiger in dem hochgebildeten Europa als in den anderen, weniger zivilisierten Kontinenten oder Inseln. Namentlich der schwarze Kontinent, wo man doch sonst gewöhnlich die tierähnlichsten Wilden zu suchen pflegte, erscheint von dieser Mißbildung frei.

Wenn wir an das Aufsuchen tierähnlicher Formen unter dem Menschengeschlecht herantreten mit dem Gedanken, daß sich solche unter den in der Kultur tief stehenden „Wilden", die man wohl als Zwischenstufen zwischen Mensch und Tier bezeichnet hat, allein oder wenigstens häufiger finden müßten als unter den Kulturvölkern, so bestätigt sich dieser Gedanke wenigstens für die eben besprochenen auffallenden Erscheinungen nicht. Und das tritt uns sofort entgegen, daß wir, ehe wir die „tierischen" Bildungen fremder Völker in ihrem Werte beurteilen können, zuerst unter den Kulturvölkern, speziell unter unserem Volke, selbst Umschau gehalten haben müssen über die Schwankungsbreite der spezifisch menschlichen Körperbildung.

Die Frage, die von alter Zeit her und überall, soweit es Menschen gibt, besprochen wurde, ob Menschen niedrigerer, tierähnlicherer, speziell affenähnlicherer, und höherer, spezifisch menschlicher Bildung unterschieden werden müssen, wurde, seit der Mitte des 19. Jahrhunderts auf einen ganz speziellen Fall angewendet, mit größter wissenschaftlicher Entschiedenheit aufgeworfen. Es galt der Frage nach der moralischen Berechtigung des Sklavenhaltens und der Beraubung, Verdrängung und Vernichtung der Urbevölkerungen, in deren Wohngebieten europäische Kolonisation sich ausdehnte. Niemand hat schärfer als K. E. v. Baer darauf hingewiesen, welch schlechte Leidenschaften gelegentlich mitgesprochen haben bei der „wissenschaftlichen" Entscheidung darüber, ob es niedere und höhere Menschenformen gebe, die eine zur Herrschaft, die andere zur Knechtschaft und zur Ausrottung bestimmt. Und es ist gewiß charakteristisch, daß namentlich in den sklavenhaltenden Staaten die Meinung ihre zahlreichsten Anhänger fand, daß der farbige Mann und vor allem der afrikanische Neger einer anderen, dem Tiere näher stehenden Art angehöre als der europäische Mensch. Die Farbigen sollten keine vollen Menschen sein. Wir wissen, wie blutig die Entscheidung zugunsten der Farbigen in dem großen Kriege der Süd- und Nordstaaten Amerikas gefällt worden ist.

In Europa wurde gleichzeitig die Untersuchung nicht auf so praktischem, sondern auf rein wissenschaftlichem Boden ausgekämpft. Die Entdeckung des Gorillas, der dem Menschen an Größe und Körperbildung näher steht als irgendein anderer lebender Affe, erweckte und belebte die alte Hoffnung, daß man doch noch irgendwo ein wahres Zwischenglied zwischen Mensch und Affe auffinden könnte. Und dazu kamen die zahllosen und kaum weniger unerwarteten Entdeckungen über die Urgeschichte der Menschheit auf europäischem Boden, welche die Anwesenheit der Menschen in eine Zeit zurückverlegten, seit welcher gewaltige geologische und faunistische Umwandlungen in Europa stattgefunden haben. Sollte der Mensch in dem Wechsel der Umgebung unverändert geblieben sein? Mußte man nicht vermuten, in den uralten körperlichen Resten vom Menschen Spuren eines fortschreitenden Überganges von mehr tierischer zur wahrhaft menschlichen Körperbildung auffinden zu können? Diese Gesichtspunkte waren es zum Teil, welche die Forschungen in der Urgeschichte der europäischen Menschheit wie die in der Anthropologie der Naturvölker so rasch und allgemein populär gemacht haben. Man sucht nach dem „Zwischengliede zwischen Mensch und Tier", nach dem tierischen Vorläufer des Menschen. Damit öffnet sich uns ein weites Gebiet ernstester Forschung.

Die erste Frage, die uns entgegentritt, ist die: sind die „wilden Menschen" — und unter diesen hat man seit alter Zeit bis heute namentlich die dunkel gefärbten Völker, vor allem die Afrikas, aber auch Australiens usw. verstanden — tierähnlicher als die Völker Europas, speziell: stehen die „Wilden" dem Affen näher als die europäischen Kulturvölker? Das ist das alte Streitgebiet, das ist der springende Punkt der ganzen Frage. Wir treten an dieses Problem nur als Naturforscher heran und folgen den Lösungsversuchen auf den vor uns betretenen Bahnen der körperlichen Vergleichung. Zwei Gesichtspunkte sind es, die hier im Vordergrunde der Diskussion stehen: nähert sich in den Körperproportionen der „Wilde" mehr als der Mensch europäischen Stammes und europäischer Kultur dem Tiere, speziell dem menschenähnlichen Affen an? und sind wir imstande, an einzelnen Körperteilen, namentlich am Kopf und Schädel, bei den „Wilden" eine tierähnlichere, speziell affenähnlichere Bildung nachzuweisen? Wir betrachten zuerst die Körperproportionen.

Die Vergleichung der unter der Menschheit auftretenden körperlichen Verschiedenheiten mit der Körperbildung der menschenähnlichen Affen hat bis jetzt in dem oben angeführten Sinne nicht zu verwertbaren Resultaten geführt. Es war nicht möglich, jene erwartete Stufenreihe aufzustellen vom menschenähnlichen Affen zum „wilden Menschen" und endlich zum Kulturmenschen Europas. Die Hoffnung, eine Stufenfolge der körperlichen Formbildung von den „affenähnlichen Wilden" zu den „affenfernsten" Europäern nachweisen zu können, ist bisher in keiner Weise in Erfüllung gegangen. Höchst charakteristisch ist in dieser Hinsicht der Ausspruch eines der vorzüglichsten Kenner dieser Frage, A. Weisbachs, dessen

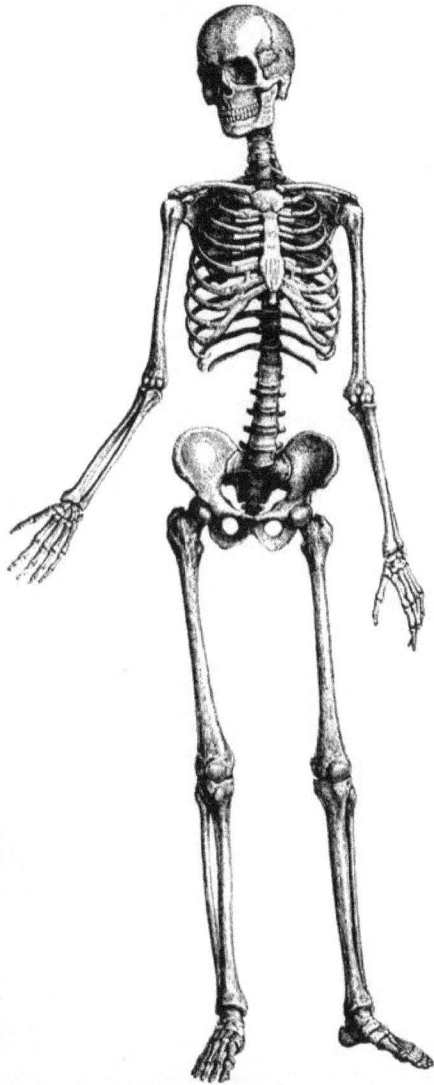

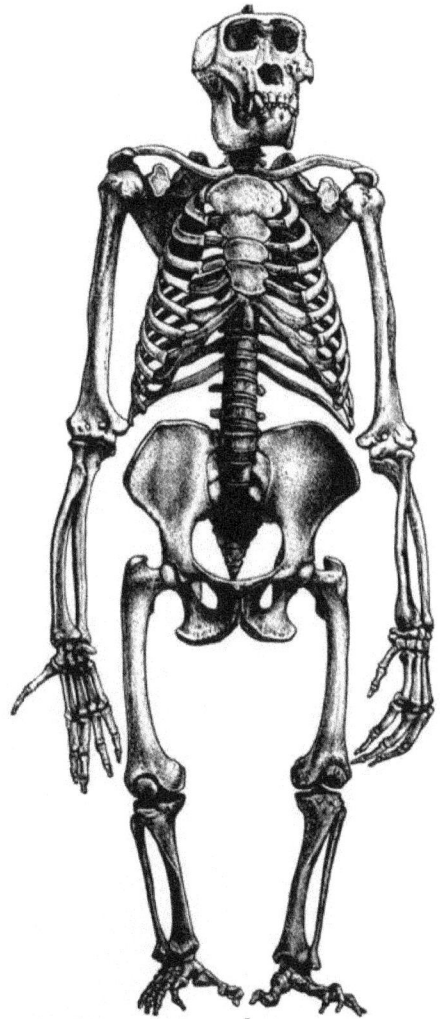

Skelett des Menschen (1) und des Gorillas, unnatürlich gestreckt (2), von vorn.

wissenschaftliche Hauptspezialität die vergleichende Körpermessung ist. „Es wäre nun", sagt A. Weisbach am Schlusse seiner Untersuchungen über die von den Naturforschern des Schiffes „Novara" auf dessen Weltreise angestellten Körpermessungen von Vertretern verschiedener Völker der Erde, „die Frage zu erörtern, welches von den angeführten Völkern auf der untersten, und ob alle diese Völker überhaupt auf einer tieferen Stufe der menschlichen Gestalt als die Europäer stehen. Nachdem die größte Annäherung an die Körperbildung der menschenähnlichen Affen offenbar die niederste Stufe der Menschengestalt darstellt, so werden wir jenes Volk, das an der Mehrzahl der Körperteile affenähnliche Verhältnisse darbietet, auch als das körperlich niedrigste erklären müssen. (S. die beigeheftete Tafel „Skelett des Menschen und des Gorillas".) Diese Aufgabe wird aber dadurch erschwert, daß schon bei den wenigen Körperteilen, wo wir die Vergleichung zwischen Orang=Utan und Menschen durchführen konnten, die Affenähnlichkeit sich keineswegs bei einem oder dem anderen Volke konzentriert, sondern sich derart auf die einzelnen Abschnitte bei den verschiedenen Völkern verteilt, daß jedes mit irgendeinem Erbstück dieser Verwandtschaft, freilich das eine mehr, das andere weniger, bedacht ist und selbst wir Europäer durchaus nicht beanspruchen dürfen, dieser Verwandtschaft vollständig fremd zu sein." Da man namentlich in dem „Neger" Afrikas den pithekoïden, affenähnlichen, Typus der Menschen am ausgesprochensten hat finden wollen, so ist es interessant, daß Weisbach zu dem vollkommen entgegengesetzten Resultat kommt. „Die Neger", sagt Weisbach, „deren Arme und Beine von größerer Länge sind, entfernen sich, nur gerade in der entgegengesetzten Richtung, ebensoweit vom Gliederbau des Orang-Utan wie die mit kurzen Armen und Beinen versehenen Chinesen."

Während Weisbach die Vergleichungen namentlich zwischen Mensch und Orang=Utan ausgeführt hat, habe ich auch Schimpanse und Gorilla in Betracht gezogen; aber trotz des reichlichen in den von Schaaffhausen veröffentlichten Katalogen der deutschen anthropologischen Sammlungen jetzt zu Gebote stehenden, durch meine zahlreichen eigenen Messungen noch erweiterten Vergleichsmaterials an Skeletten verschiedener Menschenrassen und verschiedener anthropoïder Affen gelangte ich keineswegs zu einem günstigeren Resultat als Weisbach. Auch die ausgezeichneten französischen Anthropologen Broca und Topinard und andere kamen zu dem Schlußergebnis, daß eine aufsteigende Reihe der Körperformen vom „niedrigsten Wilden" zum Kulturmenschen sich nicht aufstellen lasse. Mit wenigen Worten kann das Ergebnis meiner eigenen vergleichenden Messungen und Berechnungen der Skelettmaße aus deutschen Sammlungen, ergänzt durch Weisbachs und andere Mitteilungen, angegeben werden: alle drei Arten menschenähnlicher Affen, Gorilla, Schimpanse und Orang-Utan, unterscheiden sich von dem Menschen in Hinsicht auf ihre Körperproportionen im Verhältnis zur Gesamtkörpergröße durch einen geringeren Horizontalumfang des Gehirnschädels, durch längeren Rumpf und im Verhältnis zur Armlänge kürzere Beine. Den verhältnismäßig größten Horizontal=Kopfumfang, an Lebenden gemessen, haben nach Weisbach die Hottentotten und die Akka= und Kongo-Negerweiber, während die europäischen Völker ziemlich tief in der Reihe zu stehen kommen. Den verhältnismäßig kürzesten Rumpf haben im allgemeinen die Neger und Australier, und beide haben im Verhältnis zur Armlänge längere Beine als viele Europäer. Danach stellen also gerade diese „niedrigsten Wilden" bezüglich der Hauptproportionen das von den Affen am weitesten abliegende Extrem der menschlichen Körperbildung dar.

Außer den allgemeinen Proportionen des Körpers hat man als besonders „affenähnlich"

5*

namentlich bei den Negern noch den, wie man behauptete, häufig bei ihnen auftretenden
Plattfuß und den Mangel der Waden bezeichnet. Es wird sich indes in der Folge
noch weiter als schon aus dem vorausgehend Beigebrachten ergeben, wie ganz anders diese
gestörten und mangelhaften Formentwickelungen erklärt werden müssen. Andere früher vielbesprochene und mit weitgehenden Hoffnungen begonnene Untersuchungsreihen zum Vergleich der Menschen mit den menschenähnlichen Affen brauchen wir nur kurz anzuführen: die
Messungen der Klafterweite, der Entfernung der Spitze des Mittelfingers von dem oberen
Rande der Kniescheibe, das Längenverhältnis von Unterarm zu Oberarm. Es ist richtig,
daß die Klafterweite der menschenähnlichen Affen von derjenigen der Menschen außerordentlich differiert: als mittlere Maße gibt Huxley für Gorilla und Schimpanse die Klafterweite zu etwa 150 Proz. der Körpergröße an, bei dem Orang-Utan zu nahezu 200 Proz. Aber
die Klafterweite, bezogen auf die Körpergröße, ist ein viel zu kompliziertes Maß, da sich bei
ihr die Armlänge mit der Brustbreite und der verschiedenen Rumpf- und Beinlänge zu einer
viel zu wenig kontrollierbaren Summe kombiniert, als daß sie eine exakte Verwertung zu-
ließe. Bei den Anthropoiden sind darum die Unterschiede in der Klafterweite bei verschiedenen
Individuen derselben Spezies ganz enorm, beim Gorilla z. B. differieren die Bestimmungen
von J. G. Saint-Hilaire, Huxley und mir um 37 Proz., und beim Orang-Utan sind die Unterschiede etwa ebenso groß. Gegen solche Differenzen verschwinden die Differenzen in der
Klafterlänge von erwachsenen Vertretern verschiedener Völker. Nach Goulds ausgedehnten
Messungen beträgt die Differenz zwischen der Klafterlänge der Weißen in Amerika, und zwar
der nicht mechanisch arbeitenden Stände, die nach seinen Untersuchungen die geringste Klafterweite haben, und jener der Irokesen-Indianer, an denen er die beträchtlichste Klafterweite fand,
um 6,3 Proz., dagegen zwischen ersteren und den Vollblutnegern nur um 5,6 Proz.; lettische
Bauern unterscheiden sich von den Negern Goulds nach Wäber in der Klafterweite nur um
1,43 Proz. Entsprechenden Differenzen begegnen wir aber auch unter verschiedenen Ständen
derselben „weißen Bevölkerung" in Europa. Nach einem 25jährigen Durchschnitt beim Re-
krutierungsgeschäft blieb nach Mair in Fürth die Klafterweite der nicht mechanisch arbeitenden
(jüdischen) Bevölkerung Fürths im Mittel um 4,3 cm unter der Körpergröße zurück, während
sie bei den übrigen, vorwiegend dem Arbeiterstande angehörenden Männern die letztere um
5,7 cm überragte. Dasselbe ergaben die Untersuchungen von G. Schultz für die Petersburger
jüdische und nichtjüdische Bevölkerung. So viel ist gewiß, daß innerhalb des Menschengeschlechts die Unterschiede in der Klafterweite viel geringer sind als bei Angehörigen derselben Spezies bei den menschenähnlichen Affen.

Noch weniger exakt ist die Messung der Entfernung der Spitze des Mittelfingers
von der Standfläche bzw. beim Menschen von dem oberen Rande der Kniescheibe.
Auch hier sind ja die Differenzen zwischen Mensch und menschenähnlichen Affen recht beträchtlich, am geringsten zwischen Gorilla und Mensch. Beim erwachsenen und unnatürlich
gestreckten Körper des Gorillas reichen die Fingerspitzen bis etwas unter das Kniegelenk
(s. die Abbildungen S. 4 und 5 sowie die Tafel bei S. 67), beim Schimpansen bis etwa zur
Hälfte des Unterschenkels, beim Orang-Utan bis zum Fußknöchel. Auch hier sind aber die
Unterschiede innerhalb derselben Anthropoidenspezies sehr groß und überragen weit die bei
dem Menschen verschiedener Rassen gefundenen Differenzen. Anderseits kombiniert sich auch
hier das Resultat aus sehr verschiedenen und im einzelnen individuell schwankenden Größen.
Es setzt sich zusammen aus der Länge der Arme, der Länge des Rumpfes und der Länge der

Beine, vor allem der Oberschenkel; ein Mensch, der sich in der Tat durch einen besonders kurzen Rumpf in seinen Proportionen weiter als andere vom Affen entfernt, reicht dementsprechend mit seinen Fingerspitzen etwas weiter am Schenkel nach abwärts, wodurch er sich scheinbar dem Affentypus mehr annähert. Das schon macht diese Untersuchungen wertlos; dieses negative Resultat wird aber noch dadurch gesteigert, daß die Fingerspitzen je nach der größeren oder geringeren militärischen Hebung der Schultern mehr oder weniger weit nach abwärts reichen; die mögliche Differenz beträgt, sogar ohne daß die militärische Haltung aufgegeben wird, etwa 9 cm. Innerhalb dieser Fehlergrenze bewegen sich aber die an Vertretern verschiedener Rassen gefundenen Unterschiede.

Mit Aufwand von viel Mühe wurde die Bestimmung der verschiedenen Längenverhältnisse von Vorderarm zu Oberarm ausgeführt; ein im Verhältnis zum Oberarm etwas längerer Unterarm sollte eine Annäherung des Menschen an den Menschenaffen bedeuten. Das Ergebnis dieser Untersuchungen war das, daß sich der Mensch überhaupt in bezug auf die Gliederung des Ober- und Unterarmes nicht vom Gorilla und vielen anderen Säugetieren unterscheidet; der Gorilla steht, wie ich finde, in bezug auf die Armgliederung gleich dem Wildschwein und zahmen Schwein, dem Elefanten, Iltis, Walroß, dem braunen Bären und vielen anderen mitten in der Reihe der Menschen. Wo aber kein Unterschied ist, da kann auch keine Annäherung erfolgen.

Die in Wahrheit vorhandenen und zum Teil sehr auffälligen Verschiedenheiten in den Proportionen des Körpers bei verschiedenen Individuen derselben Bevölkerung und, in den mittleren Verhältnissen, bei Vertretern verschiedener Menschenrassen lassen sich sonach nicht als eine größere oder geringere Annäherung an die Körperproportionen des menschenähnlichen Affen begreifen. Wir haben daher nach einem anderen leitenden Gesichtspunkt zu suchen, und wir finden ihn in der individuellen Entwickelungsgeschichte des menschlichen Körpers.

Man hat bisher von niedrigen und höheren Formen der menschlichen Körperbildung gesprochen in dem Sinne, daß die ersteren sich dem Typus der Anthropoiden mehr nähern, also mehr pithekoïd sein sollten als die letzteren. Man kann aber auch noch in einem anderen Sinne von höherer und niedrigerer Form sprechen. Die individuelle Körperentwickelung durchläuft von der ersten Bildungsepoche bis zum erwachsenen Alter eine Reihe von Stufen, bei denen als die individuell niedrigste Form der Anfang der Körpergliederung, als die individuell höchste das vollendete Wachstum des gesamten Körpers und aller seiner Glieder erscheint. Während des Fruchtlebens und während der Jugendzeit steht in diesem Sinne das Individuum auf einer niedrigeren Stufe der Körperausbildung, und wenn im erwachsenen Alter Verhältnisse der Körperbildung dauernd erscheinen, die dem Jugendalter angehören, so sind wir berechtigt, von einem individuell niedrigeren Stande der speziellen Körperform zu sprechen.

Unter den schon oben angeführten Skelettmessungen in den Katalogen der deutschen anthropologischen Sammlungen finden sich neben Skeletten von Erwachsenen beider Geschlechter und sehr verschiedener Völker der Erde auch eine gewisse Anzahl solcher von Kindern und neugeborenen Früchten. Durch meine eigenen Messungen ergänzt, bot sich hier ein beträchtliches Material zur Vergleichung dar; das wichtigste Studienmaterial liegt aber in den wirklich großartige Reihen umfassenden anthropologischen Körpermessungen vor, die während des großen Rebellionskrieges der Südstaaten der amerikanischen Union an den weißen und farbigen Rekruten der Nordstaaten angestellt, von B. A. Gould bearbeitet und

1869 veröffentlicht wurden. Dazu kommen noch die schon erwähnten, von den Ärzten der „Novara" bei ihrer Weltumsegelung ausgeführten und von Weisbach ausgearbeiteten und ergänzten Messungen sowie die zahlreichen Messungen von E. Bälz an Japanern. Diese Messungen und die von G. Fritsch, R. Virchow, Boas, Sarassin, R. Martin, Livi, Retzius und anderen, auf die wir namentlich bei den Einzelbeschreibungen der Völker eingehen werden, bilden heute in ihrer Gesamtheit unser wissenschaftliches Hauptvergleichungsmaterial. Hier müssen wir uns darauf beschränken, nur die wichtigsten Resultate unserer Untersuchung ohne ausführlichen Zahlenbeleg mitzuteilen.

Erinnern wir uns zunächst daran, wie sich uns die Proportionen des menschlichen Körpers vor Augen stellen in jener frühen Entwickelungsperiode der Furcht, in der durch das Auftreten der ersten Urwirbelpaare zuerst die Grundlinien der späteren Körpergliederung deutlicher hervortreten. Die Hauptmasse des Fruchtkörpers bildet da zuerst der Kopf mit dem Halse, an den sich der übrige Rumpf, noch ohne Gliedmaßen, als ein kurzer und wenig voluminöser unterer Anhang anschließt (vgl. Band I, S. 126). Nun wächst zunächst der Rumpf im Verhältnis zum Kopfe, dann treten, zuerst als winzige seitliche Anhänge, am Rumpfe die ersten Anlagen der Gliedmaßen auf. Im Verhältnis zur Rumpflänge sind also anfänglich die Gliedmaßen verschwindend klein, Kopf und Hals betragen der Masse nach noch wenigstens die Hälfte des ganzen Körpers. Eine verhältnismäßig bedeutende Größe des Kopf-Rumpf-Abschnittes des Körpers ist auch noch eine charakteristische Eigenschaft des Neugeborenen und der Kinder. Da sich der obere Körperabschnitt im allgemeinen früher entwickelt als der untere, gehen auch die Arme mit den Händen den Beinen mit den Füßen anfänglich in der Ausbildung der definitiven Längenverhältnisse voraus. In der achten Entwickelungswoche etwa sind bei der Menschenfrucht die Arme mit den Händen ziemlich genau halb so lang wie der Rumpf ohne Hals und Kopf, während die Beine mit den Füßen kaum mehr als ein Drittel der Rumpflänge erreichen (s. die Abbildungen Bd. I, S. 136, Fig. 1, und S. 143, unten). Auch noch bei dem Neugeborenen (s. die Abbildung Bd. I, S. 14) spricht sich dieses Übergewicht der oberen gegenüber den unteren Extremitäten sehr deutlich aus, um so mehr, als bei ihm die Arme ihre definitive Länge im Verhältnis zur Gesamtkörpergröße schon fast vollkommen erreicht haben.

Bei den großen Messungsreihen Goulds finden sich als Hauptkörperabschnitte, mit dem steifen Maßstabe, also in Projektion, gemessen und auf die Gesamtkörpergröße (diese = 100) reduziert: die Länge vom Scheitel bis zum Dornfortsatz des siebenten Halswirbels als Länge von Kopf und Hals; dann die Rumpflänge vom Dornfortsatz des siebenten Halswirbels bis zum Spalt (Perinaeum); das Maß vom Spalt bis zur Standfläche ist die Länge des „freien Beines"; als Armlänge die gerade Länge von dem Rande der Schulterhöhe bis zur Spitze des Mittelfingers am gerade herabhängenden Arme. Indem ich dieselben Maße an Skeletten verschiedener Lebensalter, vom vierten Fruchtmonat an, nahm, wurde ein Einblick in die Veränderungen dieser Hauptkörpergliederung während der verschiedenen Lebensperioden gewonnen, die dann in exakte Vergleichung mit den Gouldschen Zahlen gesetzt werden konnten. Otto Ranke hat nach der gleichen Methode lebende Kinder vom 1. bis 15. Lebensjahre untersucht und erhielt die gleichen Resultate wie ich.

Als ein erstes Resultat meiner Messungen an Skeletten verschiedener Lebensalter des Menschen springt zunächst ins Auge, daß die Entwickelung der Hauptlängenproportionen des Körpers vom früheren embryonalen Alter bis zum Alter des Erwachsenen keine einfach) aufsteigende Reihe bildet; es beginnt nämlich mit der Geburt ein neuer Entwickelungsabschnitt, der zunächst zum Teil wieder frühere embryonale Proportionen wiederholt. Nur der Anteil, der dem Kopfe mit dem Halse an der Gesamtkörpergröße zukommt, nimmt von den ersten Stadien des Fruchtlebens bis zum nahezu erwachsenen Alter stetig ab. Da aber der Hals des Kindes verhältnismäßig etwas kürzer ist als der des Erwachsenen, so ergibt sich bei dem letzteren wieder eine geringe vergleichsweise Verlängerung dieses Körperabschnittes, des Halses, für sich. Für das Wachstum des Rumpfes und der Glieder müssen wir aber die beiden Lebensperioden, vor und nach der Geburt, streng auseinanderhalten. Der Anteil, den der Rumpf an der Körperlänge besitzt, nimmt von den frühesten Stadien des Fruchtlebens bis zur Geburt ab, die Rumpflänge erreicht ihr erstes relatives Minimum, d. h. der Rumpf ist in der Periode des Fruchtlebens am kürzesten, zur Zeit der Geburt. Nach der Geburt sehen wir den Rumpf zuerst im Verhältnis zur Gesamtkörpergröße wieder beträchtlich wachsen, so daß er darin Verhältnisse wiederholt, die für die ersten Monate des Fruchtlebens charakteristisch sind. Die relativ größte Länge erreicht der Rumpf in der Periode nach der Geburt im ersten bis dritten Lebensjahre, von hier an nimmt er wieder an relativer Länge ab, so daß er bei dem Erwachsenen wieder verhältnismäßig am kürzesten ist. Dieses zweite relative Minimum der Rumpflänge ist von dem ersten Minimum am Ende des Fruchtlebens nur wenig oder nicht verschieden (I. 36,5 Proz., II. 36,3 Proz.). Trotzdem ist die Gesamtgliederung des Körpers sehr wesentlich anders geworden, da an der Gesamtkörpergröße des Erwachsenen Kopf mit Hals einen viel geringeren, dagegen die Beine einen viel bedeutenderen Anteil haben als bei der reifen Menschenfrucht. O. Ranke fand den weiblichen Rumpf vom 6. bis 15. Lebensjahre um etwa 0,7 Proz. größer als den gleichalteriger männlicher Kinder.

In dem Wachstum des Rumpfes nach der Geburt tritt uns ein allgemeingültiges Wachstumsgesetz entgegen, das auch für das Wachstum der Glieder sich ausnahmslos wiederholt. Solange die Frucht Atmungs- und Ernährungsmaterial unmittelbar ohne eigene Tätigkeit von der Mutter geliefert erhält, sind die Atmungs- und Verdauungsorgane im vergleichsweise ruhenden Zustand. Nach der Geburt muß aber das Kind sofort für seine Atmung selbst sorgen, seine Lungen und Brustwandungen beginnen zu arbeiten, sie dehnen sich aus, und der Brustraum wächst; nun muß es Nahrung zu sich nehmen, und die Verdauungsorgane kommen dadurch in gesteigerte Lebenstätigkeit. Alle Organe wachsen aber nur stärker, wenn sie tätig sind, und wir konnten schon oben das allgemeinste Wachstumsgesetz so formulieren: Alle Organe, die innerhalb der Grenzen ihrer physiologischen Leistungsfähigkeit stärker arbeiten, werden auch stärker ernährt und wachsen stärker. Indem nun in den ersten Lebensjahren von allen anderen Teilen des Körpers die Rumpforgane die stärkste mechanische Leistung entfalten, wachsen sie auch am stärksten. Auf diese Weise gewinnt der Rumpf in den ersten Lebensjahren einen auffallenden Vorsprung des Wachstums vor den Gliedern, den Armen und Beinen, so daß diese im Verhältnis zur Gesamtkörpergröße wieder kürzer erscheinen als vor der Geburt, obwohl sie, für sich betrachtet, stetig an Länge zunehmen, aber nach der Geburt zuerst in geringerem Grade als der vergleichsweise stärker tätige Rumpf. (S. die Abbildung S. 72.)

Vergleichen wir das Wachstum der Arme und Beine innerhalb der ersten Lebensperiode, während des Fruchtlebens, so haben am Ende des letzteren sowohl Arme als Beine im Verhältnis zur Gesamtkörpergröße ein erstes relatives Maximum ihrer Länge erreicht, von dem sie durch das vergleichsweise stärkere Wachstum des Rumpfes nach der Geburt zunächst wieder ziemlich tief herabgedrückt werden. Nach der Geburt erscheinen in den ersten Lebensjahren sowohl Arme als Beine, wie angegeben, wieder verhältnismäßig kürzer als bei der reifen Frucht (s. unten den zweijährigen Knaben, Fig. 1), dann nehmen sie aber, während der Rumpf stetig an Länge verhältnismäßig abnimmt (s. unten den vierjährigen Knaben, Fig. 2), bis zum erwachsenen Alter an Länge fortschreitend zu, um ein zweites relatives Maximum ihrer Länge zu erreichen. Dieses zweite Maximum ist, wie schon gesagt, für die Länge des Armes mit der Hand wieder annähernd dem ersten Maximum am Ende des Fruchtlebens gleich (I. 45,0 Proz., II. 45,4 Proz.). Dagegen ist das zweite Maximum der Beinlänge im erwachsenen Alter sehr beträchtlich viel höher als das erste Maximum am Ende des Fruchtlebens (I. 36,5 Proz., II. 48,8 Proz.).

So ergibt sich als erstes Hauptresultat dieser Betrachtung: Die volle typische Entwickelung der erwachsenen Menschengestalt ist ausgezeichnet durch verhältnismäßig kurzen Rumpf, lange Arme und lange Beine. Dagegen charakterisieren ein verhältnismäßig längerer Rumpf, kürzere Arme und kürzere Beine das jugendliche und kindliche Alter; treffen wir diese Verhältnisse zusammen oder einzeln noch im erwachsenen Alter an, so deuten sie auf ein Stehenbleiben auf einer individuell niedrigeren Entwickelungsstufe.

Dasselbe gilt, wenn wir die Länge des Armes mit der Hand und des „freien Beines" mit der Rumpflänge vergleichen. Nach der Geburt sind beide Glieder kürzer als der Rumpf, sie wachsen aber mit zunehmenden Jahren im Verhältnis zum Rumpfe mehr und mehr. Zuerst erreicht der Arm mit der Hand zwischen dem dritten und sechsten Lebensjahre die Rumpflänge, dann das freie Bein zwischen dem sechsten und zehnten Lebensjahre; indem nun das Bein stärker als der Arm wächst, übertrifft es den Rumpf (diesen = 100 gesetzt) am Ende des Wachstums im erwachsenen Alter um etwa 34 Proz. seiner Länge, während das Längenmaximum von Arm mit Hand die Rumpflänge nur um 25 Proz. übersteigt. Der Vergleich zwischen der Länge des Armes und der Hand (zusammen = 100) mit der Länge des anfänglich kürzeren „freien Beines" ergibt, daß die Länge beider Glieder zwischen dem sechsten und zehnten Lebensjahre gleich wird; dann wächst das Bein stärker als die obere Extremität, so daß der Längenunterschied zugunsten des Beines im erwachsenen Alter am größten ist.

Wir können danach zu unserem obigen ersten Hauptresultat noch hinzufügen: Der vollen typischen Entwickelung der Körpergestalt des Erwachsenen entsprechen eine im Verhältnis

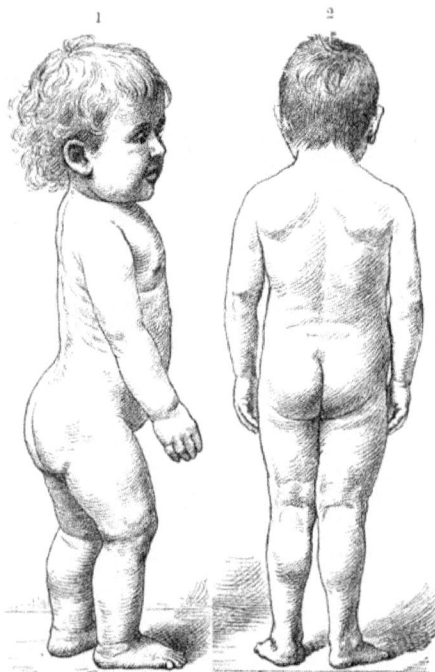

Körperproportionen verschiedenalteriger Knaben.
1 Zweijähriger, 2 vierjähriger Knabe. In gleicher Größe wie Abbildung S. 75 nach Photographien von J. Ranke dargestellt.
Vgl. Text S. 71.

zur Rumpflänge größere Länge beider Extremitäten und ein im Verhältnis zur Länge der oberen Extremität längeres Bein. Dagegen bedeuten ein relatives Stehenbleiben auf einer individuell niedrigeren Entwickelungsstufe der menschlichen Proportionen eine im Verhältnis zur Rumpflänge geringere Länge beider Extremitäten und ein im Verhältnis zur Länge der oberen Extremität kürzeres Bein. (S. die Abbildung S. 72.)

Ganz ähnliche Verhältnisse ergeben sich nun auch für die Gliederung der oberen und unteren Extremität. Soviel ich sehe, ist das Wachstum der einzelnen Abschnitte der Arme und Beine ebensowenig gleichmäßig wie das Wachstum der Extremitäten im ganzen. Im Fruchtleben ist der untere Abschnitt beider Extremitäten, Unterarm mit Hand, Unterschenkel mit Fuß, dem oberen Abschnitt, Oberarm und Oberschenkel, zuerst voraus. Im Laufe des zweiten Entwickelungsmonates erreicht aber der obere Abschnitt der Arme und Beine nicht nur die Länge des unteren Abschnitts, sondern übertrifft sie schon etwas. Setzen wir die Oberarmlänge gleich 100, so bleibt schon am Ende des zweiten Fruchtmonates die Länge des Unterarmes um 17 Proz. dagegen zurück. Dieses Verhältnis zwischen Oberarm und Unterarm hält sich trotz bedeutender individueller Schwankungen durch das ganze Fruchtleben konstant, ja es verändert sich auch im wesentlichen nicht bis zum Ende des ersten halben Lebensjahres. Indem bis zum Ende des vierten Lebensjahres der Oberarm stärker als der Unterarm wächst, erreicht etwa am Ende dieses Jahres die Länge des Unterarmes im Verhältnis zum Oberarm ihr Minimum; der Unterschied steigt auf 33 Proz. Von hier an folgt ein verhältnismäßig gesteigertes Wachstum des Unterarmes, der stetig bis zum vollkommen erwachsenen Lebensalter an relativer Länge zum Oberarm zunimmt. Ein im Verhältnis zum Oberarm etwas längerer Unterarm ist daher ein Zubehör voller typischmenschlicher Körperausbildung, ein relativ kürzerer Unterarm spricht für eine individuell niedrigere, unfertige Entwickelung. Ein sehr ähnlicher Wachstumsgang wiederholt sich auch für die untere Extremität, nur im Lebensalter ziemlich verzögert. Bis zum zweiten Lebensjahr behalten Ober- und Unterschenkel annähernd das Verhältnis, das sie am Ende des zweiten Monates des Fruchtlebens erreicht haben (100:88). Mit dem dritten Lebensjahr beginnt zunächst ein relativ gesteigertes Wachstum des Oberschenkels, so daß etwa im neunten Lebensjahr die Unterschenkellänge ihr Minimum im Verhältnis zur Oberschenkellänge erreicht (100:78,9). Von dieser Zeit an hebt sich aber auch relativ das Wachstum des Unterschenkels, dieser wird im Vergleich zum Oberschenkel länger und länger, bis er im erwachsenen Alter das Maximum seiner relativen Länge erlangt hat. Ein im Verhältnis zum Oberschenkel etwas längerer Unterschenkel ist daher Beweis einer vollen körperlichen Ausbildung des Menschen, während ein verhältnismäßig kürzerer Unterschenkel eine individuell mangelhaftere, niedrigere Entwickelung andeutet.

Der Gang des Längenwachstumes der Hand im Verhältnis zur Gesamtkörpergröße entspricht in hohem Maße dem des Längenwachstumes der gesamten oberen Extremität. Während des Fruchtlebens bis zur Geburt nimmt die Hand im Verhältnis zur Gesamtkörpergröße an relativer Länge zu. Nun folgt durch das nach der Geburt zunächst vorwiegend gesteigerte Rumpfwachstum eine verhältnismäßige Verkürzung der Hand, so daß sie im zweiten Lebensjahr relativ am kürzesten ist; dann steigt sie in ihrer Länge wieder an, um im erwachsenen Alter ihr definitives Längenwachstum zu erreichen. Beim Fuß erscheint nach meinen bisherigen Berechnungen das Wachstum als ein nahezu stetiges, doch spricht sich die verhältnismäßige Verkürzung der Gliedmaßen nach der Geburt auch am Fuße wenigstens als ein Stehenbleiben auf dem spätembryonalen Verhältnis der Fußlänge zur Körpergröße während des ersten Lebensjahres aus; von da an wächst der Fuß sehr gleichmäßig, um im erwachsenen Alter seine relativ bedeutendste Länge zu erhalten. Der vollen typischen Körperentwickelung des Menschen entspricht sonach eine im Verhältnis zur Körpergröße oder Rumpflänge beträchtlichere Länge von Hand und Fuß; kürzere Hand und kürzerer Fuß gehören zur jugendlichen, unentwickelten Form.

Wie bei dem Rumpfe, so erklärt sich innerhalb gleicher Rasse auch bei den Gliedern das verzögerte oder beschleunigte Wachstum aus der geringeren oder gesteigerten physiologischen, mechanischen Benutzung. Solange das neugeborene Kind der Hauptsache nach nur schreit und verdaut, wächst vorwiegend der diesen wichtigen Funktionen des Lebens vorstehende Rumpf; das Schreien, wodurch die Atemorgane regelrecht ausgebildet und die Blutzirkulation angeregt wird, ist für das Leben des jungen Erdenbürgers nicht weniger wichtig als das Essen, wie der Kinderstubenreim sagt: Schreikinder — Gedeihkinder. Mit der stärkeren Bewegung der Arme und Beine beginnt für diese Glieder die Periode des gesteigerten Wachstums, während der Rumpf vergleichsweise im Wachstum zurückbleibt; bei den Beinen, deren mechanische Leistungen durch das Gehenlernen jene der Arme weit übertreffen, ist namentlich von diesem Zeitpunkt an, entsprechend dem oben formulierten allgemeinen Wachstumsgesetz der Organe, das Wachstum ein viel stärkeres als bei den Armen. Solange die kindlichen Bewegungen anfänglich die Glieder mehr als Ganzes benutzen, was jedermann namentlich an den Armen der Kleinen sofort beobachten kann, wächst vorerst vorzüglich der stärker bewegte obere Abschnitt. Mit der gesteigerten mechanischen Benutzung der Hand von den späteren Jugendjahren an wächst nun aber nicht nur diese, sondern auch der Vorderarm, der ihren Bewegungen größtenteils vorsteht, relativ stärker. Ähnlich verhält es sich mit dem Fuße und Unterschenkel; mit dem gesteigerten Längenwachstum des Gesamtkörpers wird die Last, die der Fuß und namentlich der Unterschenkel beim Stehen zu halten und beim Gehen, Laufen und Springen zu bewegen hat, relativ immer größer, was sich dann in einem verhältnismäßig gesteigerten Wachstum des Unterschenkels mit dem Fuße ausspricht.

Das führt uns zu der für unsere weiteren Betrachtungen ausschlaggebenden Bemerkung, daß die volle typische Entwickelung der Körperproportionen des Menschen bedingt ist durch die volle physiologische bzw. mechanische Benutzung seiner Gliedmaßen. Es ergibt sich das schon aus der Betrachtung des Wachstumsverlaufes im normalen Leben, und wir brauchen auf die längst bekannten Störungen des Wachstums der Glieder, die sich aus krankhafter Behinderung ihrer Tätigkeit oft in so greller Weise zeigen, gar nicht zurückzugreifen, um den Beweis für das von uns aufgestellte Gesetz der Ausbildung der normalen Körperproportionen zu erbringen. Immerhin ist die allseitige Bestätigung des physiologischen Gesetzes durch seine Störungen infolge krankhafter Verhältnisse von hohem Werte.

Wiederholen wir noch einmal den Schlüssel, den wir in der Entwickelungsgeschichte des Individuums gefunden haben für die Sprache, in der die Natur aus den verschiedenen Körperproportionen der Menschen zu uns spricht. Innerhalb der Grenzen der für den Menschen typischen Formgestaltung sprechen ein im Verhältnis zur Gesamtkörpergröße kürzerer Rumpf, im Verhältnis zur Körpergröße und Rumpflänge längere Arme und längere Beine, längere Hände und längere Füße, im Verhältnis zur Länge der oberen Extremität längere Beine und im Verhältnis zum Oberarm bzw. Oberschenkel längerer Unterarm und Unterschenkel für die vollendetere typisch-menschliche Proportionsgliederung. Das gegenteilige

Verhalten charakteriſiert ſich als ein Zurückbleiben auf individuell weniger fortgeſchrittenem und in dieſem Sinne niedrigerem Entwickelungsſtandpunkt. Dem letzteren entſpricht auch ein im Verhältnis zur Körper= oder Rumpfgröße etwas größerer Gehirnteil des Kopfes. Mit dieſem Schlüſſel öffnet ſich uns das Verſtändnis der Proportionsdifferenzen zunächſt bei Erwachſenen der „weißen Kulturraſſe‟ in außerordentlich einfacher Weiſe.

Deutlich ausgeſprochene Unterſchiede in den Längenproportionen des Körpers zeigen die beiden Geſchlechter (ſ. die untenſtehende Abbildung). Immerhin ſind die

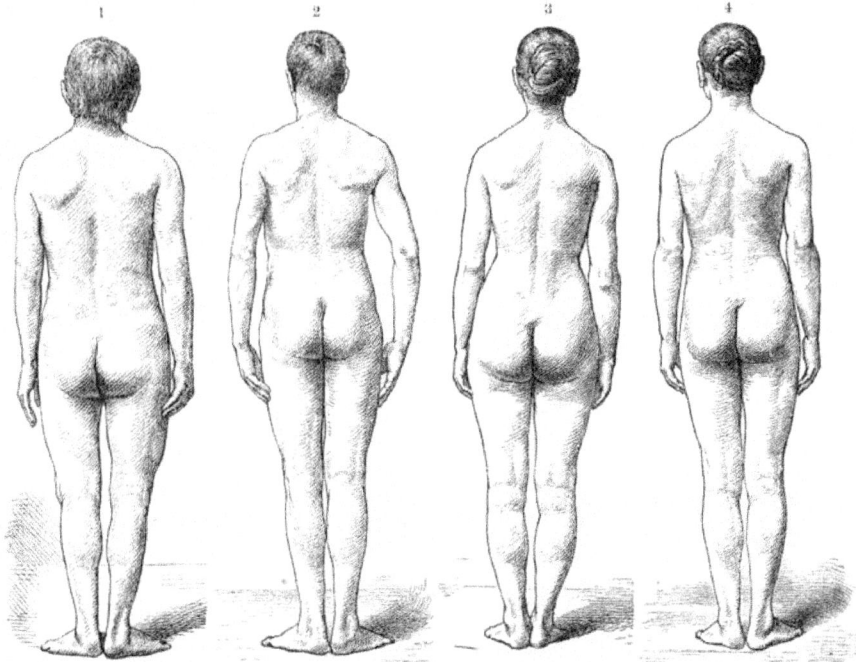

Unterſchiede der Körperproportionen beider Geſchlechter.
1 kurzbeiniger und 2 langbeiniger Mann, 3 kurzbeiniges und 4 langbeiniges Weib. In gleicher Größe nach Photographien von J. Ranke dargeſtellt.

Unterſchiede, prozentiſch auf gleiche Körpergröße berechnet, klein und halten ſich in den Grenzen weniger Prozente oder erreichen überhaupt den Wert von 1 Prozent der Körpergröße nicht. Da es hier nicht auf exakte Zahlenwerte ankommen kann, ſo begnügen wir uns mit der Angabe der Hauptreſultate unſerer Vergleichung zwiſchen dem ſchönen und dem ſtarken Geſchlecht. Der erwachſene Mann unterſcheidet ſich vom erwachſenen Weibe durch einen im Verhältnis zur Körpergröße etwas kürzeren Rumpf und im Verhältnis zur Körpergröße und Rumpflänge etwas längere Arme und Beine, längere Hände und Füße; im Verhältnis zur ganzen oberen Extremität ſind ſeine „freien Beine‟ etwas länger, und im Verhältnis zum Oberarm bzw. Oberſchenkel beſitzt er etwas längere Unterarme und Unterſchenkel; ſein hori= zontaler Kopfumfang iſt im Verhältnis zur Körpergröße etwas geringer. Mit einem Worte, die männlichen Körperproportionen nähern ſich im allgemeinen der vollen typiſch=menſchlichen

Körperentwickelung mehr an als die weiblichen Proportionen, das Weib steht dagegen, und zwar bei allen Nationen und Rassen der Welt, auch bei den unzivilisiertesten, im allgemeinen der kindlichen Körpergliederung näher. Wir verkennen dabei nicht, daß sich das Weib körperlich auch noch nach anderen Richtungen als nach der ewigen Jugend von dem Manne unterscheidet; immerhin lehren aber unsere Ergebnisse, daß der im allgemeinen mechanisch weitaus tätigere Mann der weißen Kulturrasse, seiner gesteigerten mechanischen Leistung entsprechend, auch einen mechanisch meist mehr durchgearbeiteten, mechanisch vollendeteren Körper besitzt als das Weib. Daß das auch für Mann und Weib der mit Landwirtschaft beschäftigten Landbevölkerung der weißen Rasse Geltung besitzt, lehren die Untersuchungsreihen, die von zwei Schülern Stiedas an lettischen und litauischen Männern und Weibern angestellt wurden. Immerhin erscheinen hier aber, wie wir erwarten konnten, die Unterschiede zwischen den beiden Geschlechtern etwas geringer. Zweifellos kann sich auch bei dem Weibe innerhalb der von dem Geschlecht gezogenen Grenzen durch eine infolge dauernder Lebensgewohnheiten gesteigerte mechanische Arbeitsleistung der Glieder ein mehr männlicher Habitus des Gliederbaues ausbilden. Und umgekehrt dürfen wir erwarten, daß der während seines Lebens im gebräuchlichen Sinne des Wortes nicht mechanisch arbeitende Mann im allgemeinen einen mechanisch weniger durchgebildeten Körper besitzen wird als der, welcher infolge seines Lebensberufes von Jugend auf alle Glieder seines Körpers in stärkerem Maße mechanisch anzustrengen hat.

Wir besitzen für die exakte Entscheidung dieser hochwichtigen Frage ein kostbares Untersuchungsmaterial. Bei den amerikanischen Körpermessungen hat Gould die Resultate auch nach dem Beschäftigungskreis der gemessenen Weißen ausgeschieden. Gould stellt drei Kategorien auf: Angehörige der nicht mechanisch arbeitenden Bevölkerungskreise, Studierte, dann Matrosen und ländliche und städtische Arbeiter (Landsoldaten). Diese drei Stände unterscheiden sich aber wesentlich durch die gewohnheitsgemäße mechanische Arbeitsleistung ihres Körpers. Die ländlichen und städtischen Arbeiter arbeiten weit überwiegend mit ihren Armen und Händen, sie üben und strengen vorzüglich die oberen Extremitäten an. Bei den nicht mechanisch arbeitenden Ständen sind es so gut wie allein die unteren Extremitäten, die durch das Tragen der Körperlast beim Gehen eine gesteigerte Übung und mechanische Anstrengung erfahren. Bei dem Matrosen werden sowohl die Arme als namentlich die Beine, z. B. bei dem Klettern im Takelwerk, in einer bei den beiden vorausgehenden Kategorien vollkommen unbekannten Energie von Jugend auf durch fortgesetzte Übung und Anstrengung gestärkt. Nach dem oben ausgesprochenen allgemeinen Wachstumsgesetz der Körperorgane haben wir also zu erwarten, daß bei den ländlichen und städtischen Arbeitern vorwiegend die Arme eine stärkere Entwickelung zeigen. Bei den nicht mechanisch arbeitenden Ständen werden dagegen gerade die Arme in der Ausbildung zurückbleiben, während die so gut wie allein mechanisch stärker angestrengten Beine, denen von Jugend auf auch die für die Gesundheit nötige Muskelbewegung zufiel, eine verhältnismäßig bessere, die der Arbeiter sogar relativ übertreffende Entwickelung darbieten werden. Der Matrose strengt aber sowohl Arme als Beine in gleicher Weise stark an, bei ihm werden sowohl Beine als Arme ein gesteigertes Wachstum erkennen lassen. Die Hauptdifferenzen der allgemeinen Körpergliederung werden wir daher zwischen den Matrosen mit ihrem mechanisch allgemein durchgearbeiteten Körper und den Studierten zu vermuten haben, bei denen der mechanische Teil der Körpertätigkeit ungebührlich vernachlässigt wird.

Die Gouldschen Zahlen entsprechen in vollkommenster Weise diesen unseren aus den bisherigen Resultaten der auf Entwickelungsgeschichte begründeten Betrachtung abgeleiteten Vermutungen, und auch meine neuen Messungen liefern den Beweis, daß wir damit im allgemeinen auf dem richtigen Wege sind. Die Matrosen zeichnen sich durch einen im Verhältnis zur Körpergröße auffallend kurzen Rumpf und durch eine im Verhältnis zum Rumpf bedeutende Länge der Arme und Beine aus. Dagegen zeigen die Angehörigen der nicht mechanisch arbeitenden Stände einen wesentlich längeren Rumpf und verhältnismäßig kürzere Arme und Beine, sie stehen sonach im Verhältnis zu der mechanisch hoch durchgearbeiteten Körperform des Matrosen auf einem den jugendlichen und weiblichen Verhältnissen näheren, d. h. individuell entwickelungsgeschichtlich niedrigeren Standpunkt der Ausbildung der typisch-menschlichen Körperproportionen. Eine eigentümliche Mittelstellung nimmt der ländliche und städtische Arbeiter ein. Bei ihm stellt sich eine Art von Mißverhältnis zwischen oberer und unterer Körperhälfte ein; die erstere ist nahezu extrem, die letztere dagegen relativ mangelhaft entwickelt. Im Vergleich mit dem Studierten erhebt sich der Arbeiter über diesen durch die im Verhältnis weit längeren Arme und durch einen im Vergleich zu den Armen kürzeren Rumpf, dagegen bleibt die Beinlänge wesentlich zurück, und im Verhältnis zur Gesamtkörpergröße erscheint sogar der Rumpf des Arbeiters etwas länger. Im Vergleich mit der Körpergröße sind auch die Arme des Arbeiters länger, entwickelter als die des Matrosen. Den Typus dieser Körperform des Arbeiters erkennen wir in jenen mächtigen, breitschulterigen, untersetzten Gestalten mit langen Armen, den Zyklopen an der Schmiedeesse. Bei den höheren, nicht mechanisch arbeitenden Ständen finden wir dagegen eine im allgemeinen mehr jugendliche, in gewissem Sinne den weiblichen Formen sich mehr annähernde Körpergestalt. Der „schwache Charakter" eines weitaus zu kurzen Armes mit dem relativ etwas längeren, absolut aber immer noch ziemlich kurzen Beine läßt bei den Männern der nicht mechanisch arbeitenden Stände das typisch-menschliche Verhältnis, nach welchem das „freie Bein" an Länge den Arm mit der Hand in höherem Maße überwiegt, in extremem Maße hervortreten. Dadurch bekommt trotz der etwas zu bedeutenden Rumpflänge die Gestalt der Vertreter höherer Stände ein Moment höherer typisch-menschlicher Schönheit. Wie das Weib, so hat auch der nicht mechanisch arbeitende Mann kleinere Hände und Füße, kürzere Unterarme und Unterschenkel.

Wir haben uns bisher nur auf die Längenproportionen des Körpers beschränkt; die Breiten- und Umfangsdimensionen verhalten sich recht ähnlich. Es würde hier aber zu weit führen, auch diese Verhältnisse an der Hand der Entwickelungsgeschichte zu genauer Darstellung zu bringen. Auch bei den Breiten- und Umfangsdimensionen wiederholt sich zum Teil der Verlauf, daß nach dem frühen Kindesalter zunächst eine relative Abnahme erfolgt, die erst mit der Annäherung an das voll erwachsene Alter wieder in eine Zunahme übergeht; das gilt z. B. für die Breite der Brust, des Beckens, der Hände, der Füße.

Hier ist der Ort, um die wichtigen Resultate zu erwähnen, die Alphonse Bertillon, der berühmte Erfinder der sogenannten anthropometrischen Signalements der Verbrecher, bei seinen Studien über die individuellen Variationen der Körperproportionen erhalten hat. Er glaubt das allgemeine Gesetz aufstellen zu können: „Wenn man in derselben ethnischen Gruppe die Maße der verschiedenen Körperteile vergleicht, bemerkt man, daß, wenn einer derselben wächst, auch die mittleren Werte aller anderen in den absoluten Werten wachsen; sie nehmen aber ab in den relativen Werten, im Verhältnis zu dem ersteren

als Einheit genommen." Dieses Bertillonsche Gesetz wurde von dem Autor selbst gewonnen in der Vergleichung der Fußlänge mit der absoluten Körpergröße. Sören Hansen
hat die Richtigkeit durch Messungen an nahezu 3000 (2883) dänischen Militärpflichtigen mit
Erfolg nachgeprüft. Die größeren Leute haben, indem die absolute Fußlänge mit der Körpergröße zunimmt, längere Füße als die kleinen, aber der Fuß ist bei größeren relativ zu der
Körpergröße kürzer als bei kleinen. Ferd. Birkner hat gezeigt, daß das Bertillonsche Gesetz
auch für die Handlänge von Individuen gleicher ethnischer Gruppen und gleicher Beschäf-
tigungsweise gilt.

Nach dem vorher Gesagten können wir innerhalb der Kulturrasse der Völker europäischer
Abkunft bei den Erwachsenen drei scharf charakterisierte Typen unterscheiden: einer-
seits das Weib, anderseits den mit der Gesamtheit seiner Arbeitsorgane in gesteigertem Maße
arbeitenden Mann; zwischen beiden stehen die Männer der nicht mechanisch arbeitenden
Stände. Nur der, der von Jugend auf alle ihm von der Natur verliehenen mechanischen
Arbeitseinrichtungen seines Körpers in relativ starkem, jedoch ihre Leistungsfähigkeit nicht
überschreitendem Maße benutzt, gelangt zur vollen typischen Ausbildung der menschlichen
Proportionen: sein Rumpf ist relativ kurz, die Brust und das Becken sind breit, Arme und
Beine im ganzen und in allen ihren einzelnen Abschnitten lang, das Fußgewölbe hoch, Unterarmmuskulatur und Waden dick, dagegen Sitzgegend und Oberschenkel schlanker; damit entfernt sich der Mann möglichst weit von den kindlichen Körperverhältnissen. Als Repräsentanten betrachten wir die Matrosen Goulds. Im vollen Gegensatz zu dieser typisch-männlichen Körperentwickelung steht die des europäischen Weibes, namentlich der nicht mechanisch
arbeitenden Stände: ihr Rumpf ist relativ lang, die Brust, meist auch das Becken, in abso-
lutem Maße, schmal, Arme und Beine im ganzen und in allen ihren einzelnen Abschnitten
kurz, das Fußgewölbe niedriger, Unterarmmuskulatur und Waden schlank, die Sitzgegend
und die Oberschenkel dicker. In allen diesen Beziehungen nähert sich das Weib mehr den
kindlichen Körperverhältnissen. Zwischen beide, dem weiblichen Typus und damit den kindlichen Verhältnissen mehr angenähert, stellt sich der Mann der nicht mechanisch arbeitenden
Stände. Im Vergleich zur typisch-männlichen Körperentwickelung ist sein Rumpf länger,
Brust und Becken sind breiter, Arme und Beine, vor allem die ersteren, im ganzen und in
allen ihren einzelnen Abschnitten kürzer, Unterarmmuskulatur und Waden schlank, dagegen
Sitzgegend und Oberschenkel dicker. In allen diesen Verhältnissen konserviert der nicht mechanisch arbeitende Mann, wie das Weib, dem Jugendzustand näherstehende Proportionen
und repräsentiert entwickelungsgeschichtlich niedrigere Körperzustände der individuellen Ausbildung (s. die Abbildungen S. 72 und 75).

Wir wollen hier nicht unerwähnt lassen, wie außerordentlich wichtig nach den oben
dargelegten Erfahrungen für die Jugend beider Geschlechter, aber namentlich für die studierende männliche Jugend, zu der ja auch die künftigen Führer unserer Vaterlandsverteidi-
diger gehören, an deren körperlicher Tüchtigkeit das Vaterland so hohes Interesse hat, eine
gesteigerte mechanische Durcharbeitung der körperlichen Arbeitsorgane ist. Turnen, Turn-
spiele aller Art und Sport, der in zweckmäßigen Körperbewegungen gipfelt, haben der Jugend
die für ihre normale Körperentfaltung erforderlichen mechanischen Tätigkeiten zu ersetzen bis
zur Einreihung in den Wehrdienst, der für Körper und Geist die gemeinsame hohe Schule
der Nation ist. Der Dienst im Heere hat noch manches in dem früheren Leben für die
körperliche Ausbildung Versäumte an den noch jugendlich bildsamen Körpern der Rekruten

nachzuholen, und zwar für den Studierten ebenso wie für den Arbeiter und Bauer. Der militärische Drill will eine harmonische mechanische Durcharbeitung und dadurch gesteigerte Ausbildung des Gesamtkörpers, aller seiner mechanischen Arbeitsapparate erreichen.

Ein wichtiger Einfluß des Kulturlebens auf den Menschen besteht darin, daß es ganze Stände und Klassen von der mechanischen Arbeit um das tägliche Brot befreit. Als extreme Kulturform des Menschenkörpers haben wir also die der nicht mechanisch arbeitenden Stände anzusprechen mit langem Rumpfe, kurzen Extremitäten und großem Kopfumfang, eine Körpergliederung, die wir als eine entwickelungsgeschichtlich niedrigere, dem Jugendzustand nähere bezeichneten (s. die Abbildung S. 75, Fig. 1). Die Kultur an sich hat sonach in dieser einen Beziehung eine im allgemeinen hemmende Einwirkung auf die Körperentwickelung des Menschen. Die im Kulturleben bis zum Extrem ausgebildete Arbeitsteilung auch innerhalb der mechanisch arbeitenden Stände bedingt aber anderseits bei der überwiegenden Mehrzahl ihrer Angehörigen eine einseitige und nur teilweise Ausnutzung und Verwertung der mechanischen Arbeitsapparate des Menschenkörpers auch bei dem Arbeiter; die Folge des Kulturlebens ist sonach auch für ihn, wie wir gesehen haben, eine teilweise Hemmung in der Ausgestaltung seiner Körperproportionen. In dieser speziellen Beziehung wirkt sonach das Kulturleben als eine Schädlichkeit in Hinsicht der vollen Ausbildung der typisch-menschlichen Entwickelung des Gesamtkörpers. Diese neugewonnene Erfahrung öffnet uns eine weite Perspektive für die Beurteilung der Körperformen der gesamten Menschheit.

Auf der anderen Seite ist das Kulturleben aber auch mit einer Reihe von Einflüssen verknüpft, die verbessernd auf die Entwickelung des Körpers einwirken. Von Jugend auf nimmt jeder Angehörige eines Kulturvolkes, wenn auch in verschiedenem Grade, Anteil an den von der Kultur gebotenen Erleichterungen des Lebens, in bezug auf Nahrung, Kleidung, Wohnung findet er sich von der Zivilisation getragen und geschützt. Genügende, oft überreichliche Nahrung, sobald er der Mutterbrust entwöhnt ist, gestattet dem Kulturmenschen, die in seiner Organanlage gegebene Wachstumsmöglichkeit in gesteigertem Maße zu entfalten als der „Wilde", bei dem sich, nicht viel anders als bei den Tieren des Waldes, mit dem Wechsel der Jahreszeiten Perioden des Nahrungsmangels in regelmäßiger Folge zu wiederholen pflegen. Kleidung und Wohnung schützen den Kulturmenschen vor Kälte und Hitze, die gleichmäßig den Stoffverbrauch des Organismus steigern und in diesem Sinne auf den Wilden einen dem Nahrungsmangel ähnlichen Einfluß ausüben. In massiger Ausbildung der Körperorgane, vor allem von Muskeln und Fett, von denen die ersteren fast die Hälfte der gesamten Körpermasse ausmachen, wird daher der Kulturmensch den Wilden überragen können. Aber auch in dieser Beziehung bestehen bei den Kulturvölkern nach den Ständen, die sich in dieser Hinsicht zum Teil nach Armut und Reichtum gliedern, sehr wesentliche Differenzen. Der wohlgenährte Arbeiter bildet unter dem Einfluß gesteigerter Muskelleistung und dieser entsprechender Nahrungszufuhr die von ihm vorzugsweise geübten Muskelgruppen und Skelettpartien zu herkulischer Fülle aus; die Wadenmuskulatur unserer wohlhabenden Gebirgsbauern entspricht bei beiden Geschlechtern ihrer beim Bergsteigen von Jugend auf gepflegten hohen Übung; unter den Soldaten von Fach aus den höheren Ständen finden wir hervorragend schöne Beispiele harmonischer und zugleich athletischer Muskel- und Knochenentwickelung. In diesem Sinne geben wir G. Fritsch recht, wenn er sagt, „daß die vollkommene Entwickelung des Menschen gemäß der in seinem Organismus vorhandenen Anlage nur unter dem Einfluß der Kultur erreichbar ist"; das bezieht sich aber, wie wir nachgewiesen haben, nicht auf die volle Ausbildung der typisch=menschlichen Körperproportionen. Und wenn Fritsch speziell die schlankere Taille und den graziösen Schwung des oberen Randes der Oberlippe als eine unterscheidende Eigenschaft des Kulturmenschen vom „Wilden" anführt, so erkennen wir gerade darin Attribute der weiblichen Schönheit.

Treten wir nun mit unseren neugewonnenen Gesichtspunkten an die Frage nach den ethnischen Unterschieden in bezug auf die Proportionsgliederung des Men= schen heran. Als auf eine Grundlage für einen weiter ausschauenden Umblick über die ver= schiedenen Formgestaltungen innerhalb des gesamten Menschengeschlechts haben wir da zu= nächst unser Augenmerk zu richten auf die Verschiedenheiten innerhalb der europäischen Völker. Lassen sich Unterschiede auffinden in den Körperproportionen der Germanen, Romanen, Slawo=Letten, Finno=Ugrier, Semiten, Stämme, die gemeinsam die „weiße Kul= turrasse" Europas und der ganzen Erde bilden?

Ein verhältnismäßig reiches Beobachtungsmaterial bietet uns auch für die Entscheidung dieser Frage Gould in seinen bewunderungswürdig vielseitigen Tabellen dar. Auch nach dem Lande der Geburt und Erziehung finden wir dort die Messungsresultate einzeln auf= gezählt. In dem Heere der Nordstaaten der amerikanischen Union dienten in jenem großen Kriege Angehörige fast aller europäischen Nationen, die in der gleichen Weise gemessen wurden wie die vielen Tausende eingeborener weißer Amerikaner. Zweifellos gehört die Mehrzahl dieser Europäer dem Arbeiterstande an, abgesehen von wenig Abenteurern der nicht mecha= nisch arbeitenden Stände. Es finden sich von Spaniern, Engländern, Schotten, Franzosen, Irländern, Deutschen, Skandinaviern in Goulds Tabellen größere Messungsreihen, also von Völkern arischer Abstammung; unter ihnen vermissen wir leider die Italiener, deren Untersuchung durch R. Livi später Darstellung finden wird. Auch hier unterlassen wir es wieder, die absoluten Zahlenergebnisse anzuführen, und beschränken uns auf die Wiedergabe unserer Hauptresultate. Was bei der Vergleichung der Messungs= ergebnisse an den Angehörigen der genannten europäisch=arischen Völker am meisten und frappierendsten auffällt, ist der sehr geringe relative Unterschied in den Mittelwerten für die Proportionen trotz sehr bedeutender Differenzen in der Körpergröße. Die Unterschiede halten sich in den gleichen Grenzen wie die zwischen den Vertretern der oben besprochenen drei verschiedenen Stände der weißen amerikanischen Bevölkerung und sind sogar für Rumpf= und Beinlängen noch beträchtlich kleiner.

Unterschied zwischen Minimum und Maximum der Mittelwerte in Prozenten der Körpergröße

bei amerikanischen Ständen:		bei europäischen Völkern:	
Rumpflänge	1,71	Rumpflänge	1,10
Beinlänge	1,24	Beinlänge	0,90
Armlänge	0,80	Armlänge	0,86

Der Unterschied in der Hauptproportionsgliederung des Körpers ist also im Mittelwert bei verschiedenen Völkern der arischen Rasse in Europa kleiner als bei den Vertretern der ver= schiedenen Stände eines Volkes der gleichen Rasse. Aber die Vergleichung lehrt uns noch mehr. Spanier zeigen, wie alle Romanen, einen relativ längeren Rumpf und kürzere Arme und Beine, Deutsche und Skandinavier den kürzesten Rumpf, die längsten Arme und Beine. Dabei ergibt sich, daß ein auffallend gleichbleibendes Verhältnis zwischen den drei Haupt= längenproportionen existiert. Der kürzere Arm bedingt gleichsam einen längeren Rumpf und kürzere Beine und umgekehrt der längere Arm einen kürzeren Rumpf und längeres Bein. Es besteht also eine gewisse konstante Beziehung, eine Korrelation, bezüglich der einzelnen Elemente der Hauptlängengliederung des erwachsenen menschlichen Körpers. Wir erkennen diese Korrelation auch bei den einzelnen Längenabschnitten von Arm und Bein: das kürzeste Bein hat den relativ kürzesten Unterschenkel, das längste Bein den längsten Unterschenkel: der kürzeste Arm hat den relativ kürzesten Unterarm (mit Hand), der längste Arm den längsten Unterarm. In bezug auf die Umfangs- und Breitenmaße zeigt sich eine neue, aber von der absoluten Körpergröße abhängige Korrelation: kleine, untersetzte Individuen der arischen Rasse haben im allgemeinen die relativ breitesten Schultern und Becken und den größten Brust- und Taillenumfang, bei extrem großen und kleinen dagegen sind im allgemeinen die angezogenen Breiten- und Umfangsmaße geringer. In bezug auf das Verhältnis der Körpergröße zum Brustumfang erscheint dieses Resultat schon längst festgestellt. Dasselbe stehende Verhältnis gilt auch für die Fußlänge. Die Franzosen der Gouldschen Tabellen stellten sich mit ihrer Körpergröße etwa in die Mitte zwischen den Vertretern der übrigen europäischen Völker; alle genannten Maße sind bei ihnen am größten.

Der nordamerikanische Arbeiter erscheint als ein Mittelwesen zwischen den drei britischen Nationen und der deutschen: hoher Wuchs, verhältnismäßig kurze Arme und Unterarme nähern den Amerikaner der britischen Gestalt, etwas kürzerer Rumpf und längere Beine der deutschen. Die Franzosen der Gouldschen Reihen stehen den Irländern am nächsten, die Proportionsdifferenzen sind in jeder Richtung minimal, auch in der Körpergröße.

Die Körpermessungen Weisbachs belehren uns über die Proportionen von Angehörigen verschiedener unter dem Zepter des habsburgischen Kaiserhauses vereinigter Völker: österreichische Deutsche, österreichische Nordslawen, Rumänen, Zigeuner vertreten die arischen Völker, Juden die semitischen und Magyaren die finno-ugrischen. Es ist nun außerordentlich interessant, daß die eigentlichen Träger der Kultur in Österreich-Ungarn: Magyaren, Slawen und Germanen, obwohl verschiedenen Stammes, doch in bezug auf ihre proportionale Körpergliederung identisch sind; sehen wir von den Dezimalstellen der Mittelwerte der Messungen ab, so stimmen letztere absolut überein. Die Völker, die schon so lange den gleichen Boden unter ganz ähnlichen Lebensbedingungen bewohnen, zeigen hier in ihren Körperproportionen keine Unterschiede, mögen sie verschiedenen arischen Stämmen oder der finno-ugrischen Völkergruppe zugehören. Dagegen nähern sich die Weisbachschen Rumänen in den Hauptproportionen durch längeren Rumpf, kurze Arme und Beine am meisten den Spaniern der Gouldschen Reihe. Die vollkommene Übereinstimmung in den Körperproportionen der in gleicher Gegend und Beschäftigung lebenden finno-ugrischen und arischen, speziell slawo-lettischen Stämme haben auch die Untersuchungen einiger Schüler Stiedas über Litauer und Letten (Arier) und Liven und Esten (Finnen) bewiesen. Von den Vertretern der beiden Stämmegruppen, der arischen und finnischen, sind je die einen (Litauer und Esten) im Mittel klein, die anderen (Liven und Letten) im Mittel groß; vereinigt weicht weder die arische noch die finnische Gruppe von dem von Weisbach und Gould übereinstimmend angegebenen Mittelmaß der Körpergröße 1,68 m ab.

Hierbei ist es nun in hohem Maße interessant, daß auch die neben den genannten Stämmen in den russischen Ostseeprovinzen lebenden Juden, die ebenfalls durch einen Schüler Stiedas untersucht wurden, in ihren Körperproportionen vollkommen mit den Ariern und Finnen übereinstimmen. Die Judenfrage ist namentlich bezüglich der Kriegsdiensttauglichkeit schon lange Gegenstand der Untersuchung. Mair hatte gefunden, daß die ausschließlich handel-treibenden Juden in Fürth eine kürzere Klafterweite als die dortige germanische Bevölkerung besitzen; Weisbach hatte bei den unter Slawen, Magyaren, Deutschen, namentlich aber Ru-mänen im Südosten des österreichischen Kaiserstaates lebenden Juden gefunden, daß sie relativ weit kürzere Arme und Beine als die Vertreter der genannten Völker besitzen; nur die Ru-mänen haben noch kürzere Beine. Untersuchen wir die Zahlenangaben selbst näher, so ergibt sich, daß diese Differenzen zwischen Semiten, Ariern und Finno-Ugriern vollkommen in die Grenzen der Unterschiede zwischen den verschiedenen „Ständen" der gleichen Bevölkerung fallen. Die Körperbildung, die Weisbach für die Juden in Österreich-Ungarn angibt, entspricht sehr nahe jener der nicht mechanisch arbeitenden „Stände", der Studierten Goulds in Ame-rika; sie ist nach Weisbachs Messungen absolut identisch mit der, welche die in denselben Gegenden vagabundierenden Zigeuner zeigen. Diese Differenzen verschwinden bei den Juden der russischen Ostseeprovinzen, die bekanntlich zum Teil Handwerker und Landbauern sind und sich im allgemeinen von der übrigen Bevölkerung weniger als in Österreich durch den Mangel körperlicher Beschäftigung unterscheiden, fast ganz. Wo die Juden im gewöhn-lichen mechanischen Sinne nicht arbeiten und, indem sie ihre Geschäfte im Umherziehen be-sorgen, wesentlich nur von ihren unteren Extremitäten, wie die höheren Stände, stärkere mechanische Leistungen verlangen, sind, wie bei den letzteren, ihre Arme relativ kurz und unentwickelt, die Beine dagegen verhältnismäßig länger; das gleiche gilt von den Zigeunern. Wo die Juden, wie in den großen Städten, von Kind auf in Bureaus arbeiten, bleiben auch ihre Beine kurz und ihr Rumpf lang. Wo sich aber die Juden in ihrer Lebens- und Beschäf-tigungsweise mehr der übrigen Bevölkerung anschließen, werden die Proportionsdifferenzen mehr und mehr unkenntlich, und nach J. Tschernys Untersuchungen über die kaukasischen Bergvölker ähneln im allgemeinen die kaukasischen Juden der dortigen eingeborenen Be-völkerung, mit der sie Beschäftigung und viele Sitten und Gebräuche gemein haben. Bei Juden und Zigeunern wandelt sich uns sonach das primär ethnische Problem zu einem im wesentlichen sozialen um.

Noch verdient die Halslänge einige Worte. Unter den Gouldschen Ständen hat der Matrose im Verhältnis zur Körperhöhe den längsten Hals, der Arbeiter den kürzesten. Unter den von Gould aufgezählten Nationen haben die Deutschen den kürzesten Hals, die britischen Völker und die Skandinavier einen viel längeren. Der lange Hals bei den Engländern, Schotten und Nordamerikanern, verbunden mit der im ganzen langen und schmalen Gestalt, trägt gewiß wesentlich dazu bei, die Körpergestalt der Anglo-Amerikaner von der des etwas kleineren, breitschulterigen und öfter kurzhalsigen kontinentalen Germanen so auffallend zu unterscheiden, wie sie uns karikierte Abbildungen, wenn auch übertrieben, doch für jeder-mann verständlich, darzustellen pflegen. Aber auch in bezug auf die Halslänge sind die Schwankungen, die wir zwischen den Vertretern verschiedener europäischer Völker finden, kleiner als die zwischen den verschiedenen Ständen desselben Volkes.

Ganz ähnliche Verhältnisse zeigen sich bei den Kulturvölkern Ostasiens. Aus den von Weisbach veröffentlichten Messungen der Gelehrten der „Novara" ergab sich, daß Chi-nesen und Siamesen sich durch relativ kurze Arme und Beine und den bedeutenden Kopf-umfang rassenhaft von den typischen Körperproportionen der europäischen Hauptvölker unter-scheiden. Nun haben wir durch Erwin Bälz in Tokio eine im Lande selbst bearbeitete vor-treffliche Monographie über die körperlichen Eigenschaften der Japaner erhalten, die dieses

Resultat bestätigt und uns erlaubt, die Körperproportionen dieses in der Kultur fortgeschrittensten ostasiatischen Volkes sowie der von Bälz ebenfalls studierten Chinesen und Koreaner mit denen der Europäer exakt zu vergleichen. Aus den Forschungen von Bälz ergibt sich, daß die Körpergliederung bei den Ostasiaten als ein Rassenmerkmal erscheint, das sie sowohl von der Mehrzahl der Europäer als auch von den „Naturvölkern" in auffallendem Grade unterscheidet. Am nächsten stehen die Japaner den brünetten romanischen Nationen Europas, deren relativ langen Rumpf und kurze Gliedmaßen bei geringer Körpergröße wir hervorgehoben haben; auch die Hautfarbe ist ähnlich, namentlich beim feineren Typus. Bälz sagt: „Der Japaner nähert sich durch seinen langen Rumpf und seine kurzen Beine den Proportionen des europäischen Weibes." Übrigens fand Bälz bei den Japanern ganz entsprechende Proportionsunterschiede für die verschiedenen Stände, wie wir sie oben nach Gould dargestellt haben. (Näheres über die Japaner s. unten.)

Die Körperproportionen der Naturvölker.

Zwei Gesichtspunkte sind es, die aus den bisherigen Betrachtungen der Körperproportionen als vor allem wichtig hervorgehen:

1) Die Körperproportionen der Vertreter europäischer Völker sind außerordentlich ähnlich, man darf sagen identisch, mögen die letzteren linguistisch zu den Romanen oder Germanen und Slawen, zu den Indogermanen, Finno-Ugriern oder Semiten gezählt werden. Die gleiche Proportionsgliederung wie die Europäer zeigen auch die weißen Amerikaner. In bezug auf die Proportionsverhältnisse hat sonach Amerika aus der eingewanderten weißen europäischen keine neue weiße amerikanische Rasse gebildet.

2) Die Proportionsverschiedenheiten zwischen Vertretern der mechanisch arbeitenden Stände und der nicht mechanisch arbeitenden Stände der weißen Kulturrasse sind im allgemeinen größer als die Differenzen zwischen Vertretern verschiedener europäischer Völker und Stämme oder der amerikanischen Weißen. Für die verschiedenen Stände in Japan gelten ganz ähnliche Proportionsgesetze, wie wir sie für die Weißen konstatiert haben.

Einige scheinbar bedeutendere Unterschiede in den Proportionen, wie wir sie z. B. bei den südosteuropäischen Juden und Zigeunern finden, im Verhältnis zu den Volksstämmen, unter denen sie wohnen, und die zunächst als ethnische Differenzen imponieren, gaben sich nach unseren Erfahrungen über den Einfluß der mechanischen Beschäftigung der Glieder als durch Verschiedenheiten in der letzteren hervorgerufen zu erkennen, da sie die Grenzen der für die verschiedenen Stände typischen Gliederungsdifferenzen nicht überschreiten.

Wenn unter den Weißen Amerikas und Europas die Proportionsverhältnisse des Körpers des Erwachsenen der Hauptsache nach bedingt werden durch die größeren oder geringeren im normalen Verlauf des Lebens regelmäßig und dauernd von den Gliedern geforderten mechanischen Leistungen, so werden wir, da es sich hierbei um die Wirkung eines oben, S. 71, formulierten allgemeingültigen physiologischen Gesetzes handelt, bei einem Vergleich der europäischen mit den außereuropäischen Völkern, ganz abgesehen von den rassenhaften Differenzen, sehr beträchtliche Unterschiede, wie sie schon aus den so mächtig verschiedenen Lebensbeschäftigungen hervorgehen, erwarten müssen. Der im Kampf um die Erhaltung seines Lebens „hart geschlagene Wilde", der dauernder, mechanischer Anstrengung aller seiner Glieder und Organe bedarf, wird sich von dem überall durch die Kultur getragenen und

6*

verweichlichten Europäer, als dessen extremster Typus uns der nicht mechanisch arbeitende Mann sitzender Lebensart entgegengetreten ist, in augenfälliger Weise unterscheiden. Wir haben aus dem Vorausgehenden schon eine Vorstellung von der Richtung, nach der die zu erwartenden Differenzen der Körpergliederung zwischen „Kulturmensch" und „Wilden" liegen werden. In den amerikanischen Seeleuten trat uns ein Beispiel entgegen, wie sich durch allseitig gesteigerte Tätigkeit der mechanischen Apparate des menschlichen Körpers die Proportionen verändern: der Rumpf wird kürzer, dagegen werden Arme und Beine länger; ähnlich werden wir die extreme Naturform des „wilden Menschen" vermuten dürfen. Je nach dem leichteren oder schwereren Grade des Kampfes um die Existenz werden wir dann auch bei den „Naturvölkern" innerhalb der von der Rassenzugehörigkeit gezogenen Grenzen Verschiedenheiten in der Körpergliederung erwarten müssen. Es würde nach den vorausgehenden Erfahrungen nichts Erstaunliches mehr haben, wenn in dem Reiche des Brotfruchtbaumes, in jenen paradiesischen Gegenden der Erde, in denen der Mensch erntet, ohne zu säen, ißt, ohne zu arbeiten, lebt, ohne sich zu mühen, die Körperproportionen der Eingeborenen sich im allgemeinen einem entwickelungsgeschichtlich niedrigeren Typus annähern würden, oder wenn dort, wo, wie im Feuerlande, der Wilde Tag für Tag in seinem Kanu kauernd seinen kümmerlichen Lebensunterhalt mit der mechanischen Arbeit seiner Arme und Hände zu erringen hat, sich Körperproportionen entwickeln würden, denen bis zu einem gewissen Grade ähnlich, wie wir sie bei jenen Arbeitern unter den Kulturvölkern antreffen, bei denen nur der Oberkörper eine höhere mechanische Durchbildung erkennen läßt, während der Unterrumpf mit den Beinen in der Entwickelung verhältnismäßig zurückbleibt. So mag vielleicht der nordamerikanische Indianer der Reservationen in manchen Zügen der weißen Kulturrasse näher stehen als der Neger. Unter den uralten Kulturvölkern Ostasiens haben wir eine ähnliche Körpergliederung wie bei den Kulturvölkern Europas angetroffen.

Aber es ist nicht der verschiedene Grad der mechanischen Arbeit der Glieder allein, was ihre Ausbildung bedingt. Zwischen dem Kulturmenschen und dem Naturmenschen besteht auch sonst eine weite Kluft. Niemand hat das schärfer und bewußter ausgesprochen als G. Fritsch, der ausgezeichnete deutsche Anatom und Anthropolog, der viele Jahre unter den Eingeborenen Südafrikas geforscht hat. Ihm öffnete sich das Verständnis für die Unterschiede der Kultur- und Naturvölker zunächst bei der Vergleichung der Skelette der Europäer mit denen der Kaffern. „Nicht nur der Schädel", sagt Fritsch in seinem bewunderungswürdigen Werke über die Eingeborenen Südafrikas, „sondern auch das Skelett, als Ganzes betrachtet, unterscheidet sich sehr auffallend von dem der europäischen Rassen. Zunächst in die Augen fallend erscheint die höchst interessante Tatsache, daß der Knochenbau der Kaffern sich ebenso zu dem der Europäer verhält wie der eines wilden Tieres zu dem eines gezähmten derselben Gattung. Das Skelett zeigt deutlich den Charakter der Unkultur durch die schlankeren, grazileren Knochen, welche weniger Volumen enthalten, aber dabei fest, elastisch und von glatterer Oberfläche sind. Die Vorsprünge und Leisten sind scharf markiert und deutlich abgesetzt, aber nicht so massig, wie es bei unseren Stammesgenossen häufig vorkommt. Besonders die Gelenkenden erscheinen schwächer gebildet; es finden sich durchgängig höhere Werte auf seiten der deutschen Skeletteile, obgleich die Kaffern, von denen die Knochen stammten, unter ihresgleichen als kräftige Männer betrachtet worden wären ... Ebenso sind die Knochen des Rumpfes, Wirbel, Rippen usw., weniger massig als die entsprechenden eines Germanen. Der Schädel allein verhält sich in dieser Beziehung umgekehrt, d. h. er zeichnet sich durch kompakte, aber auch massige Entwickelung der Knochen aus, was zunächst bei dem Gesichtsteil desselben am meisten in die Augen springt." Die für den Menschen charakteristische Lenden-Kreuzbeinkurve ist bei den Kaffern übermäßig stark.

Was für das Skelett gilt, das gilt auch für den übrigen Körper. Auch die Weichteile sind, abgesehen von dem stärker entwickelten Kauapparat, weniger massig als bei dem Kulturmenschen, namentlich ergibt sich das deutlich für die Muskulatur des Rumpfes und der Glieder (s. die untenstehende Abbildung). Ebenso, teilweise noch energischer, hebt Fritsch diese Unterschiede im Skelett- und Knochenbau auch für die anderen südafrikanischen Völker sowohl schwarzer als hellerer Hautfarbe hervor. Bei den Buschmännern erscheinen namentlich im Verhältnis zur geringen Körpergröße die Knochen meist weniger grazil, doch auch hier sind „die Knochen, besonders beim männlichen Ge-
schlecht, schwer und kompakt
mit kräftigen Muskelansätzen".
Die zum Teil außerordentliche
Magerkeit, welche die eingeborenen Südafrikaner nichteuro-
päischer Abkunft meist im Naturleben zeigen, hängt lediglich von
der geringen und unzweckmäßi-
gen Ernährung ab. Es gilt das
für alle verschiedenen Stämme;
speziell von den Hottentotten
sagt Fritsch: „Wechsel im Er-
nährungszustande äußert bei
den Koin-Koin merkwürdig
schnell seinen Einfluß auf die
Umrisse der Gestalt. Unter günstigen Verhältnissen aufgewachsene Kinder sind meist über-

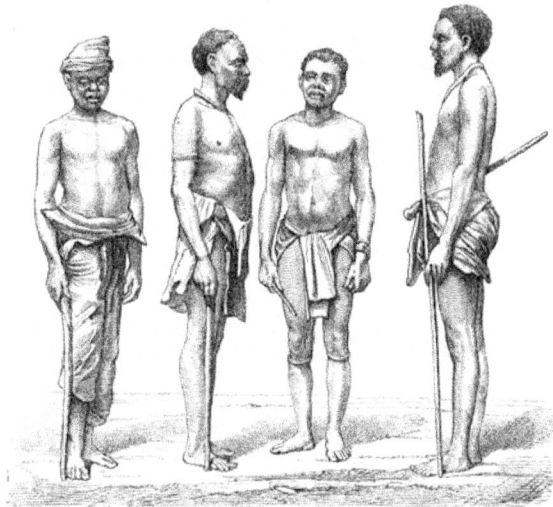

Körperbildung der Berg-Damara. Nach G. Fritsch, „Die Eingeborenen Südafrikas" (Breslau 1872).

mäßig fett: beim Übergang in das Jünglingsalter verliert sich dies, kann aber bei reichlicher Kost in der Folge lokal, besonders auf den Hinterbacken und Oberschenkeln, wieder auftreten in einer Form, die bei den Frauen als Steatopygie bekannt ist" (vgl. S. 57).

Was Fritsch über Knochenbau und Muskelentwickelung, überhaupt über die Körperausbildung der südafrikanischen Stämme gefunden hat, gilt auch für die Gesamtheit der Stämme der eigentlichen Nigritier, der Neger-Afrikas, von denen Fritsch die Bantuvölker Südafrikas somatisch nicht trennen möchte. Seine Zeichen der Unkultur erkennen wir aber auch an vielen außerafrikanischen Stämmen und namentlich an den Australiern wieder. Daraus erwächst für uns die wissenschaftliche Berechtigung, in der gesamten Menschheit zunächst zwei typische Formen der allgemeinen Körperbildung zu unterscheiden: die Kulturform und die Naturform. Aber wie in der ersteren durch eine verschieden starke und ungleichmäßige mechanische Benutzung der Arbeitsapparate des Körpers wieder wohlcharakterisierte Unterformen entstehen: die „extreme Kulturform" und die ganz oder einseitig „mechanisch ausgearbeitete Kulturform", die sich der Naturform mehr oder weniger annähert, ohne doch den allgemeinen Charakter der

Kulturform zu verlieren, so treten uns auch innerhalb der Naturformgruppe Unterformen entgegen, die sich mehr oder weniger dem Kulturformenkreise annähern, jedoch ohne dadurch dem Grundcharakter der Naturform wirklich untreu zu werden. Dazu kommt noch, daß sich sowohl aus dem Bildungskreise der Naturformen als aus dem der Kulturformen Individuen und größere Gemeinschaften herausheben, die wir einerseits als Zwerg= und Kümmerformen, anderseits als Riesenformen zu betrachten und unten näher zu besprechen haben.

Ein allgemeines Bild von der körperlichen Erscheinungsweise eines zur „mechanisch ausgearbeiteten Naturform" der Menschheit gehörenden Volkes entwirft uns G. Fritsch in seiner Beschreibung der Kaffern. Nach Fritsch beträgt die mittlere Größe aus 55 Messungen bei A=Bantu=Männern, Kaffern, 1718 mm. Sie sind also größer als die Deutschen im all=

Körperbildung eines Natal=
Zulus. Nach G. Fritsch, „Die
Eingeborenen Südafrikas" (Bres=
lau 1872).

gemeinen, für die Gould und Weisbach im Mittel nur 1681 mm angeben, aber ungefähr gleich groß wie die mit ihnen dieselben Gegenden bewohnenden, ursprünglich der Hauptsache nach niederländischen Buren. „Dabei ist der Körper meist kräftig entwickelt (s. die nebenstehende Abbildung). Zunächst erscheinen die Figuren nicht nur schlank, sondern in der Tat zu schlank, was hauptsächlich seinen Grund hat in dem steilen, fast senkrechten Abfall der Brustkorbwände und dem geringen Hervortreten der Hüften; die Schultern sind ziemlich breit, aber unschön abstehend. Die (bei kräftigen Europäern sich zeigende) allmähliche Verbreiterung des Rumpfes nach den Schultern hängt naturgemäß ab von dem Durchmesser des Brustkorbes, aber außerdem von der Entwickelung der Brustkorbmuskeln, zumal des großen Brustmuskels und des breitesten Rückenmuskels, von denen der erstere wenigstens durchschnittlich nicht so stark zu sein scheint wie bei den Anglo=Germanen. Dadurch geschieht es, daß der Arm etwa 4 bis 5 cm unterhalb der Schulterhöhe sich auffallend verjüngt und der zweiköpfige Oberarmmuskel scharf und mäßig vom Schulter= oder Deltamuskel abgesetzt erscheint, ohne übermäßig stark zu sein." Wir erkennen nach dem oben Gesagten in diesem deutlichen Vorspringen der Armmuskeln bei den Kaffern eine extreme Abweichung von der Bildung des Armes der menschenähnlichen Affen. Während der Oberarm bei einer größeren Zahl von Individuen doch noch ziemlich stark entwickelt genannt werden kann, sind die Unterarme ebenso wie die Waden bei den unvermischten, in ihrer Ursprünglichkeit bewahrten Eingeborenen als Regel im Verhältnis zu der übrigen Muskulatur zu schwach, welche Eigentümlichkeit bekanntlich auch an anderen wilden Stämmen beobachtet wird. Die Oberschenkel sind, wie die Oberarme, kräftiger, bei den meisten Individuen dieser Rasse stehen aber die unteren Extremitäten etwas nach hinten gerückt, und das Becken erscheint stärker geneigt; auch bei den Hottentotten und Buschmännern sowie, wie es scheint, bei allen wahren Nigritiern. Die notwendige Folge einer solchen Bildung ist die eigentümliche Wölbung des Unterleibes, der durch eine scharfe Krümmung in die Leisten übergeht (s. die Abbildung S. 87), und das starke Hervortreten der Gesäßgegend, die ebenso wieder durch eine tiefe Lenden=Kreuzbeinbeuge mit dem Rücken vereinigt ist. Die Wirbelsäule ist also, im Gegensatz zu den menschenähnlichen Affen, in der Lendengegend noch stärker einwärts gekrümmt als bei dem Europäer. Wenn

Kaffern unter einigermaßen zivilisierten Verhältnissen großgezogen werden, pflegen sich die mehr äußeren Charaktere der Rasse, auch ohne daß Vermischung vorliegt, schon in einer Generation in wichtigen Punkten zu ändern. Es betrifft dies besonders die Muskulatur und allgemeine Körperfülle, die sich durch regelmäßige Arbeit bei einer ausreichenden, rationelleren Nahrung schnell verbessert: „die Unterarme und Waden bilden sich stärker aus und können bei bedeutender Übung die herkulischen Formen in der Tat erreichen, die den ganz wilden Stämmen von einzelnen Autoren angedichtet werden. Solche Übung ist z. B. das Lasttragen durch die Brandung, wie es in Port Elizabeth vorkommt; hier sind denn auch unter den am Orte aufgewachsenen Fingu athletische Formen nicht selten."

Was die Proportionen der Gliedmaßen untereinander und zur Ge= samtlänge des Körpers anlangt, so kann hier nur so viel gesagt werden, daß überall da, wo besonders hoher, schlanker Wuchs vorliegt, die Beine verhältnismäßig oder sogar auffallend lang erscheinen.

Bei dem weiblichen Geschlecht (s. die Abbildung S. 88) treten individuelle Unterschiede in den Vordergrund und verdecken oder ver= wischen die Stammeseigentümlichkeiten. Außerdem pflegen die weib= lichen Individuen bei den A=Bantu in der Entwickelung den männlichen nachzustehen, was wohl in der unterdrückten Stellung der Frauen seinen Grund hat. In einigermaßen zivilisierten Verhältnissen unter Weißen aufgewachsene Individuen pflegen günstigere Formen des Körpers zu zeigen; unter ihren Stammesangehörigen entwickeln sie sich früh, ver= blühen aber auch sehr schnell, wozu die andauernde harte Arbeit viel beiträgt. Im besten Alter sind die Formen zuweilen nicht unschön, sie erscheinen voll und gerundet. (Über die Brüste vergleiche oben, S. 44.)

Über die körperlichen Leistungen der Kaffern sagt Fritsch: „Es verhält sich damit, wie wohl überall unter ähnlichen Bedingungen; der unter mannigfachen schädlichen Einflüssen erwachsene Körper zeichnet sich infolge der erzielten Abhärtung mehr durch Zähigkeit und Wider= standsfähigkeit gegen solche Einflüsse als durch bedeutende positive Leistungen aus. Was den A=Bantu wie wohl allen Nigritiern haupt= sächlich fehlt, ist die Leichtigkeit einer plötzlichen, energischen Kraft=

Körperbildung eines jungen Kaffern. Nach G. Fritsch, „Die Ein= geborenen Südafrikas" (Breslau 1872).

leistung, und dies spricht sich deutlich darin aus, daß ihnen das Springen etwas ganz Un= gewöhntes ist (vgl. dagegen S. 88). Ein Mann der A=Bantu wird den Weißen durchschnitt= lich niemals übertreffen, sei es in Kraft des Hiebes, Weite des Sprunges oder Schnelligkeit des Laufes für kurze Entfernungen. Nicht das Schnellaufen, sondern das andauernde Lau= fen ist es, wodurch sich die in Rede stehenden Eingeborenen auszeichnen, und wobei ihnen die oben betonte Zähigkeit und Ausdauer trefflich zustatten kommt. Ein Kaffernbote läuft vor einem leichten und mit munter trabenden Pferden bespannten Wagen weg und kommt nach mehreren Stunden wieder vor demselben in der nächsten Station an, ohne zu glauben, irgend etwas Außerordentliches getan zu haben. Die Zähigkeit des Körpers markiert sich auch in dem bedeutenden Widerstande, welchen sie den schädlichen Einflüssen der Witterung, wie Hitze und Kälte, heftige Insolation, ferner dem Mangel an Wasser oder Speise entgegen= setzen, womit indes keineswegs gesagt ist, daß sie dies ungestraft täten. Im Alter sinkt die Energie des Körpers natürlich noch mehr, und es tritt eine frühzeitige Dekrepidität ein."

Dessenungeachtet ist die normale durchschnittliche Lebensdauer der Kaffern keine geringe, da sich öfters ein Alter von 90 Jahren und darüber feststellen läßt. Wie die Muskulatur der A-Bantu keineswegs Erstaunliches leistet, so übertreffen auch die Sinnesorgane solche europäischer Rassen nicht in auffallender Weise. Am bemerkenswertesten ist noch die Schärfe des Gesichts, hierbei ist aber die Eigentümlichkeit des Landes und die Gewöhnung sehr wesentlich im Spiele. Besonders scharf sind die Augen der Buschmänner.

Wir dürfen die Kaffern somatisch als Vertreter der afrikanischen Nigritier betrachten. Häufig hat man zwar zwischen Kaffern und Negern in bezug auf die Körperbildung scharf unterscheiden wollen, aber nach dem Stande unseres jetzigen Wissens müssen wir beipflichten,

Körperbildung eines Kaffern- und eines Fingu-Mädchens. Nach G. Fritsch, „Die Eingeborenen Südafrikas" (Breslau 1872). Vgl. Text S. 87.

wenn G. Fritsch sagt: „Ich betrachte es in der Tat als ein Hauptverdienst unserer neueren Forschungen, daß diese Trennung unhaltbar wird." Man trennt die Kaffern nur darum von den „Negervölkern", weil „man den typischen Bau des Negers, wie er scholastisch festgestellt wurde, bei ihnen sucht und natürlich nicht findet", da er überhaupt als Volkstypus nicht zu existieren scheint. Die Untersuchungen unserer deutschen, anatomisch vortrefflich geschulten Afrikaforscher G. Fritsch, R. Hartmann, Nachtigal, Bastian, Falkenstein und anderer haben den „Negertypus" nicht oder nur vereinzelt auffinden können, und über die allgemeine körperliche Ähnlichkeit der „Nigritier" herrscht unter ihnen nur eine Stimme. Das ist freilich gewiß, daß trotz dieser allgemeinen somatischen Übereinstimmungen auch recht beträchtliche Differenzen in der äußeren Erscheinung und den körperlichen Leistungen zwischen den Küstenstämmen und den Wüsten- bzw. Bergstämmen, zwischen den Viehzüchtern und Ackerbauern und den herumschweifenden Räuberstämmen existieren; speziell gewandtere Springer als die von Herzog Adolf Friedrich zu Mecklenburg studierten riesigen schwarzen Watussi in Deutsch-Ruanda (s. die Abbildung S. 89), die freilich nicht als echte Nigritier angesprochen werden dürfen, hat Europa nicht aufzuweisen.

In dem Werke Goulds steht uns ein reiches Material zur Vergleichung der Körperproportionen männlicher erwachsener „Nigritier" zu Gebote. Es wurden unter den Rekruten der Armee der Nordstaaten auch die Körpermaße von 2020 Vollblutnegern bestimmt, ehemaligen Sklaven, freilich sehr verschiedenen afrikanischen Stämmen zugehörig und wohl zum Teil auch in Amerika geboren. Der Einfluß des Kulturlebens wird sich bei ihnen, den Angaben von Fritsch entsprechend, bis zu einem gewissen Grade bemerklich machen; immerhin werden aber dadurch die allgemeinen Körperverhältnisse keineswegs so weit verwischt, daß nicht die allgemeinen Schilderungen von Fritsch sich durch die Messungen bewahrheiteten. Neben den „Negern" gibt Gould auch die Maße von 863 Mulatten und als höchst wertvolles Vergleichsmaterial die von 517 nordamerikanischen Indianern; diese gehörten zu den Überbleibseln der einst so mächtigen Irokesen oder der „sechs Nationen" und waren alles erwachsene Männer reiner Rasse aus den Irokesen-Reservationen im Westen von Neuyork. An Stelle anderen Vergleichsmaterials dürfen wir den Europäern und weißen Amerikanern gegenüber die „Vollblutneger" und Irokesen als Vertreter von Naturvölkern betrachten. Der „Vollblutneger" gibt uns den Typus der „mechanisch durchgearbeiteten Naturform", die Indianer dagegen zeigen uns die Naturform einer anderen Rasse durch vergleichsweise körperliche Untätigkeit modifiziert, wie sie das Leben in den beengenden Reservationen mit sich bringt.

Watuffi in Deutsch-Ruanda beim Springen (2,5 m hoch). Nach Photographie von der ersten Expedition des Herzogs Adolf Friedrich zu Mecklenburg.

Auch hier sehen wir von der Wiedergabe der einzelnen Zahlenresultate ab und beschränken uns auf die Darstellung der Hauptergebnisse und Mittelwerte. Wie bei der Vergleichung der Körperproportionen von Vertretern verschiedener Völker der weißen Kulturrasse Europas und Nordamerikas, so fällt auch bei der Gegenüberstellung der Proportionen der Weißen und Farbigen zunächst die ganz außerordentliche Geringfügigkeit der Proportionsdifferenzen auf. Die Unterschiede zwischen den Weißen und den beiden farbigen Rassen halten sich ganz in den gleichen engen Grenzen wie jene der verschiedenen weißen Völker selbst und ihrer verschiedenen „Stände". Vergleichen wir die Minima und Maxima für Rumpf-, Arm- und Beinlänge der Weißen mit den entsprechenden Werten für die Proportionen der Neger, so ergibt sich, daß die Neger sich von den Weißen nicht in höherem Grade unterscheiden als die verschiedenen Stände der letzteren untereinander.

Unterschiede der Proportionen der Hauptkörperabschnitte

	bei amerikanischen Ständen:	bei europäischen Völkern:	bei Vollblutnegern und Weißen:
Rumpflänge . .	1,71 Prozent	1,10 Prozent	0,84 Prozent — beim Neger,
Beinlänge . . .	1,24　"	0,94　"	0,97　"　+　"
Armlänge . . .	0,80　"	0,86　"	1,05　"　+　"

Aber die Unterschiede, die wir zwischen den Proportionen des Vollblutnegers, den wir hier mit den oben gegebenen Einschränkungen als den Vertreter der „mechanisch durchgearbeiteten Naturform des Menschen" ansprechen, und des Weißen gefunden haben, reden trotz ihrer absoluten Geringfügigkeit doch eine sehr deutliche Sprache: die „Naturform" entfernt sich in den Körperproportionen von der „Kulturform" ganz in dem gleichen Sinne, in dem sich innerhalb des Kulturformenkreises der mechanisch durchgearbeitete Körper des Matrosen von dem Körper der nicht mechanisch arbeitenden Stände entfernt. Die „Naturform des Menschen" unterscheidet sich von der „Kulturform" durch kürzeren Rumpf, längere Arme und längere Beine; daran reihen sich verhältnismäßig längere Unterarme mit Hand und längere Unterschenkel mit Fuß. So steht in dem Vollblutneger Goulds vollkommen das sprechende Bild vor uns, das uns Fritsch von den schwarzen Südafrikanern in so bestimmten Zügen entworfen hat: die überschlanke Gestalt, die in der Gesamtgröße etwa dem Deutschen entspricht, mit dem kurzen Rumpfe, den übermäßig breit abstehenden Schultern, dem relativ geringen Brustumfang, dem schmäleren Becken, den verhältnismäßig sehr langen Beinen und dem langen Fuße. Nur die Arme erscheinen durch die übergroßen Anstrengungen des Sklavenlebens noch etwas mehr verlängert als bei den freien Schwarzen in Südafrika, deren Proportionen wir nach Fritsch mit den Deutschen nach Weisbach unmittelbar vergleichen können. Auch der freie Schwarze in seinen heimischen Lebensverhältnissen hat längere Arme als der Europäer, aber die Unterschiede sind bemerkbar kleiner als bei den durch das harte Arbeitsleben in der Sklaverei noch weit stärker mechanisch durchgearbeiteten amerikanischen Vollblutnegern Goulds. Dagegen ist der Rumpf der „wilden Kaffern" noch weit kürzer als der der Sklaven.

Ehe wir unsere Blicke auf die übrigen Völker der Erde richten, wollen wir uns noch die Frage vorlegen, wie sich die Kultur- und Naturform des Menschen bezüglich der Proportionen zur Kultur- und Naturform bei Haustieren verhält. Zu diesem Vergleich bietet sich uns vor allem das Schwein dar, dessen Naturform wir kennen und verhältnismäßig leicht beobachten können. Auch die Angabe von G. Fritsch, daß sich der „wilde" Kaffer von dem Kulturmenschen Europas im allgemeinen, namentlich aber in bezug auf seinen Skelett- und Knochenbau, unterscheide wie ein wildes Tier von einem gezähmten Haustier, bezieht sich zunächst auf die berühmten Untersuchungen Rütimeyers über die Fauna der Pfahlbauten, und zwar namentlich auf die Unterscheidung der zahmen und wilden Schweine. Das Schwein bietet überhaupt, seitdem wir durch die klassischen Untersuchungen von Hermann v. Nathusius in die Geschichte und die morphologischen und physiologischen Bedingungen seiner Zucht eingeführt wurden, für die Rassenlehre der Tiere und der Menschen ein besonders wichtiges Vergleichsobjekt, um so mehr, als bei ihm, wie bei dem Menschen, der Zustand der höchsten „Kultur" mit einem Minimum mechanischer Körperleistungen verbunden erscheint, während im wilden Zustand das Schwein sehr kräftige und rasche Bewegungen auszuführen hat. Die Erfolge der „Kultur" für die Knochen- und Skelettgestaltung, für die Ausbildung von Fleisch und Fett, aber ebenso auch bezüglich der Körperproportionen

entsprechen sich bei Mensch und Schwein. In den Körperproportionen bleibt auch die als
Produkt der neueren, namentlich der englischen Tierzucht erzielte „extreme Kulturform" des
Schweines auf einer dem Jugendzustand näheren Stufe stehen. „Erfahrungsgemäß tritt
mit der künstlich gesteigerten Entwickelung in der Jugend stärkere Ausbildung des Rumpfes
und geringere der Gliedmaßen ein, es werden auf diese Art die Tiere mit mächtigem, tiefem
Leibe und mit kurzen Füßen erzeugt." Nach Nathusius' Experimenten hängen diese Veränderungen in den Körperproportionen wesentlich von der Art der Ernährung, namentlich
im ersten Kindesalter, ab, von der Rasse nur insofern, als diese eine gesteigerte oder geringere
Anlage bedingt. Die niederen Kulturformen zeichnen sich durch schmäleren Leib und längere
Beine aus und nähern sich dadurch dem Wildschwein an. Daß auch die F o r m d e s K o p f e s
beim Schwein unter den Kultureinflüssen sich in charakteristischer Weise ändert, wird uns
später noch von Wichtigkeit werden. Bei der Beurteilung der Kultureinflüsse dürfen wir aber
nicht vergessen, worauf wir schon oben für den Menschen aufmerksam gemacht haben, daß
besonders günstige Lebensbedingungen auch bei Tieren im wilden Zustand den Körper im
Sinne des Kulturlebens beeinflussen. „Reichlichere und mühelosere Ernährung und damit
verbundene Verminderung der Muskeltätigkeit ist nämlich nicht immer durch den Hausstand
bedingt; wir kennen Wildschweine, die ein leichteres Leben führen als andere im Hausstande."

Für eine eingehendere V e r g l e i c h u n g d e r K ö r p e r p r o p o r t i o n e n a n d e r e r V ö l k e r
mit den bisher besprochenen gibt uns Gould, wie gesagt, eine größere Messungsreihe von
517 I n d i a n e r n (vgl. S. 88), „zahmen Irokesen", deren Ergebnisse unmittelbar mit den
bisher besprochenen verglichen werden können. Gegenüber der durch das Sklavenleben zum
Teil übermäßig ausgebildeten Naturform der Vollblutneger erkennen wir in den Proportionen des „zahmen" nordamerikanischen Indianers nicht nur eine durch die Rasse bedingte
Verschiedenheit der Proportionen, sondern auch, dadurch nicht verhüllt, die Wirkung der
schon seit Generationen in den Reservationen übermäßig durchgeführten Beschränkung der
zum Naturleben gehörigen Körperbewegung und der für den Naturmenschen unnatürlichen
Leichtigkeit des Nahrungserwerbes. Von dem Typus der Naturform sind den „zahmen Indianern" vor allem die charakteristisch langen Arme und Armglieder geblieben, dagegen ist auch
ihr Rumpf, wie bei den Mongoloiden Asiens, verhältnismäßig lang; er steht in seiner Länge
zwischen dem der Spanier und Engländer. Die Beine sind zwar auch relativ lang, ziemlich
viel länger als die des amerikanischen Arbeiters und der von Gould gemessenen Vertreter
europäischer Völker, sie bleiben aber hinter der Beinlänge der „Studierten" und namentlich
der Matrosen zurück; auch die zierlichen Füße und Hände sowie die geringe Schulterbreite
schließen den Indianer an die nicht mechanisch arbeitenden Stände der Weißen an. Mit seiner
überstarken Rumpfausbildung korrespondieren das überbreite Becken und der beträchtliche
Taillen- und Brustumfang, beide, wie die Körpergewichte ergeben, durch Fettablagerung vergrößert. Die neuerdings von Boas untersuchten Indianerstämme scheinen zum Teil dem
Naturzustande noch näher zu stehen und darum auch der Naturform noch mehr zu entsprechen.

Nach einer Messungsreihe, in der G. d'Harcourt Neger und A r a b e r in Algerien
miteinander verglich, besitzt der Araber im Verhältnis zum Neger kürzere Arme und
Vorderarme und kürzere Beine.

Nach Weisbach sind Hottentotten, Patagonier, Fidschi-Insulaner, Sundanesen, Maoris,
Australier (s. die Abbildung S. 92), Nikobaresen, Polynesier, Javanen, Kanaken, Bugis

von Celebes, Amboinesen, Kaffern, Kongoneger in der angegebenen Reihenfolge absteigend langarmig. Die kürzesten Arme haben die Juden und Zigeuner, den kürzesten Rumpf unter den Naturvölkern die „wilden Kaffern" mit 34,8 Proz., den längsten die Kanaken mit 40,3 Proz.

Ganz unbrauchbare Werte zur Vergleichung haben bisher die Messungen der Beinlängen mit dem Meßband geliefert. Sichere Werte können selbstverständlich auch durch Messungen an Photographien niemals gewonnen werden. Weisbach kam durch Vergleichung der ihm vorliegenden Messungen zu der Meinung, daß es Völkerschaften gebe, bei denen Arme und Beine nicht nur gleich lang, sondern bei denen die Arme sogar länger seien als die Beine. Ich habe, um in dieser vor allem wichtigen Frage klar zu sehen, nicht nur selbst zahlreiche Skelette gemessen, sondern auch alle mir zugänglichen Skelettmessungen von europäischen und fremden Skeletten, im ganzen über 200, verglichen und ausnahmslos das Bein des Menschen aller Rassen weit länger gefunden als den Arm, und zwar gilt das nicht nur für das Bein und den Arm im ganzen, sondern auch für ihre entsprechenden Abschnitte: das Oberarmbein ist ausnahmslos weit kürzer als das Oberschenkelbein, ebenso der knöcherne Unterarm (Speichenbein) weit kürzer als der knöcherne Unterschenkel (Schienbein).

Im Verhältnis der Länge von Arm zu Bein (d. h. von Oberarm und Unterarm zu Oberschenkel und Unterschenkel) stehen nach den Skelettmessungen die deutschen Männer den Negern, Australiern und Buschmännern fast absolut gleich. Dieses Verhältnis ist von besonderer Wichtigkeit, da Burmeister die Meinung verbreitet hatte, der Neger nähere sich dem Affen in seinen Körperproportionen dadurch mehr als der Europäer, daß das Bein im Verhältnis zum Arme beim Neger kürzer sei als bei dem Europäer. Burmeister war es dabei nicht entgangen, daß der Neger längere Beine habe als der Weiße; seine Arme sollten aber im Verhältnis noch länger sein, und gerade in diesem relativen Übergewicht der Arme sollte, was gelegentlich noch immer für andere Völker wiederholt wird, die größere Affenähnlichkeit des Negers bestehen. Durch die Vergleichung der Maße von 66 Europäerskeletten mit 53 Negerskeletten habe ich festgestellt, daß diese Behauptung vollkommen irrig ist. Wie die vorausgehenden, so zeigen uns auch die Untersuchungen dieses speziellen Proportionsverhältnisses, daß zwischen Minimum und Maximum der ethnischen Mittelwerte nur eine außerordentlich geringfügige Differenz besteht; die Schwankungsbreite beträgt zwischen den Mittelwerten von Vertretern der verschiedenen Völker und Rassen nur 8,9 Proz. Dagegen ist die Schwankungsbreite des gleichen Verhältnisses bei Vertretern des gleichen Volkes, speziell unter deutschen Männern, weit größer: sie beträgt 13,8 Proz. Wenn wir diese Unterschiede im Sinne Burmeisters betrachten

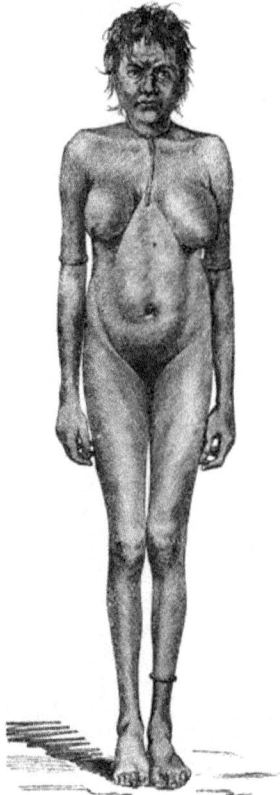

Körperproportionen einer Australierin. Nach N. v. Miklucho-Maclay in der „Zeitschrift für Ethnologie" (Verhandlungen der Berliner anthropologischen Gesellschaft), Bd. 12, S. 85 (Berlin 1880). Vgl. Text S. 91

wollten, so müßten wir statuieren, daß in bezug auf das Arm-Bein-Längenverhältnis die verschiedenen Individuen der europäischen Völker von der äußersten Grenze der bisher beobachteten Tierähnlichkeit bis zur äußersten Tierferne schwanken, ja wir könnten sogar aus den
bisher gewonnenen Mittelwerten eine größere oder geringere Affenähnlichkeit verschiedener
europäischer Völker herausrechnen. Die französischen und deutschen Männer würden dann,
zoologisch betrachtet, tiefer stehen, affenähnlicher sein als die Neger, Buschmänner, Australier
und Tasmanier; die Engländer und Französinnen würden den Negern nach meinen Messungen gleichstehen, und nur die Chinesen, Baschkiren, deutschen Frauen und Alfuren würden
die Vertreter der genannten Rassen und „wilden Völker" übertreffen. Dieser Unsinn zeigt
wieder, wie vollkommen verfehlt es ist, eine Klassifikation der Menschheit nach größerer oder
geringerer Affenähnlichkeit aufstellen zu wollen. Sehr beachtenswert ist es, daß auch die
Frauen, denen man bisher im Vergleich zu den Beinen längere Arme als den Männern an-
dichtete, nach den Vergleichungen der Skelette im Verhältnis zu den Beinen sogar im Mittel
kürzere Arme haben als die Männer. Doch fanden wir unter den deutschen Männern überhaupt sowohl das Minimum als das Maximum der bis jetzt beobachteten Beinlänge zur Armlänge: das Verhältnis schwankt bei ihnen zwischen 74,0 und 61,2 Prozent. Genau ebenso
verhält es sich mit der relativen Länge des Oberarmbeines zu der des Oberschenkelbeines und
des knöchernen Unterarmes zum Unterschenkel: die bei deutschen Männern (Skeletten) beobachtete Schwankungsbreite umfaßt alle bis jetzt beobachteten ethnischen und geschlechtlichen Differenzen.

So kommen wir zu dem Schlusse: 1) Die individuellen Schwankungen innerhalb der
Körperproportionen der europäischen Rassen umfassen das ganze bei außereuropäischen
Rassen bis jetzt festgestellte Schwankungsgebiet. 2) Nichts wäre daher unwissenschaftlicher,
als allein auf die Körperproportionen hin eine Einteilung der Menschenrassen versuchen
oder gar danach die Menschheit in verschiedene, etwa den Arten der Menschenaffen entsprechende Arten gliedern zu wollen. 3) Die innerhalb der verschiedenen Rassen der Menschheit bis jetzt beobachteten Verschiedenheiten in den Körperproportionen entsprechen individuellen, entwickelungsgeschichtlich sich erklärenden Schwankungen der Körperentwickelung
und sind keineswegs geeignet, die Menschenrassen nach ihnen in affenähnlichere und weniger
affenähnliche zu klassifizieren.

Was die niedrigsten „Wilden": Neger, Kaffern, Hottentotten, Buschmänner, Australier,
Papua, von den Vertretern der weißen und gelben Kulturrassen: Europäern, Amerikanern,
Chinesen, Japanern, in bezug auf die Körperproportionen auffallender unterscheidet, haben
wir zumeist als Exzesse typisch-menschlicher Bildungen kennen gelernt. Daneben
und Hand in Hand mit diesen Exzessen geben sich uns andere für fremde Rassen typische
Körperbildungen als Resultate eines Stehenbleibens auf entwickelungsgeschichtlich
niedrigerer Stufe zu erkennen, und es ist sehr beachtenswert, daß gerade jene durch das
Naturleben hart geschlagenen „Wilden", neben den Übertreibungen in der Körpergliederung,
namentlich in der Gesichtsbildung oft frühkindliche, ja embryonale Formen bewahren. Es
gilt das, wie wir sehen, vor allem für die Gesichtsform im ganzen, speziell für Nasen und
Augen, zum Teil auch für Ohren, Kinn u. s. f. Das gleiche Stehenbleiben auf entwickelungsgeschichtlich niedrigerer Stufe erklärt es, daß wir innerhalb unserer Kulturrasse, als individuelle Bildungen des Gesichtes in den mannigfachsten Kombinationen, alle für fremde
Rassen typischen Gliederungen und Formen haben nachweisen können. Diese unentwickelten

Gesichtsbildungen bedingen die von Bernhard Hagen so energisch hervorgehobene Ähnlichkeit der Gesichter verschiedener unentwickelter Rassentypen, wofür wir auch aus unserer Rasse die besten Beispiele als Beweise beibringen können.

Nachdem wir in eine der Hauptursachen der ethnischen Verschiedenheiten der allgemeinen Körperbildung einen Einblick erhalten haben, steigert sich wieder der anthropologische Wert der Körpermessungen, der nach den bisherigen vergeblichen Bemühungen, den leitenden Faden zu finden, nahezu auf Null herabgesunken zu sein schien. Für weitere Untersuchungen in dieser Richtung müssen wir, ohne die Wirkung der Rasse auch in dieser Hinsicht zu verkennen, doch stets des Satzes, den v. Nathusius für Haustiere gefunden hat, eingedenk sein: Die Form selbst wird nicht auf die Kinder übertragen, wohl aber die Anlage zu dieser Form.

Die Kümmerformen, Zwergstämme und Riesenstämme.

Mit besonderer Entschiedenheit wurde von R. Virchow in seinem Werke „Über einige Merkmale niederer Menschenrassen am Schädel" der Satz vertreten, daß gewisse allgemeine Körperformen, die unter Stämmen, sogar ganzen Völkern und Menschenrassen häufig, ja durchschnittlich auftreten, als Resultat einer krankhaften Verkümmerung in der Entwickelung aufzufassen seien. Indem er an eine Besprechung der Schwankungen der individuellen Entwickelung innerhalb desselben Volkes anknüpfte, sagte er: „Im allgemeinen hat die Kenntnis der individuellen Schwankungen für die Rasse- und Volksbestimmung nur dann einen Wert, wenn diese Schwankungen physiologische, d. h. innerhalb des einheitlichen Typus gelegene sind. Gehen sie darüber hinaus, sind sie praeter naturam, wider die Natur, so verlieren sie in der Regel ihre Bedeutung für die Erklärung des natürlichen Vorganges. Nun ist es aber keineswegs leicht, Grenzen zwischen Pathologie und Physiologie zu ziehen, und es wiederholt sich daher sowohl auf dem Gebiete der prähistorischen als der ethnischen Anthropologie fortwährend der Streit, daß der eine für pathologisch erklärt, was der andere für typisch hält, und umgekehrt. In der Tat gibt es hier gewisse Kondominatsgebiete. Wird eine pathologische Eigenschaft erblich, entwickelt sich aus der Nachkommenschaft eines abnormen Individuums eine Familie, eine Varietät oder eine Rasse mit dauerhaften Eigenschaften, so kann auch eine pathologische Rasse oder Varietät entstehen. Es ist nur notwendig, daß die pathologische Eigenschaft die Fortpflanzungsfähigkeit nicht aufhebt. Unter unseren Haustierrassen gibt es nicht wenige pathologische. So haben Blumenbach und Otto eine Spielart des Haushuhnes, das sogenannte Hollenhuhn (gallus cristatus, coq huppe), beschrieben, bei dem regelmäßig auf dem Kopfe ein Gehirnbruch (Enkephalocele) vorkommt, und Hagenbach hat nachgewiesen, daß diese Mißbildung schon in der frühesten Zeit des Embryonallebens angelegt wird. Dasselbe gilt von den Möpsen, deren rachitische Eigentümlichkeiten Schütz nachgewiesen hat. Die Erfahrungen der Domestikation liefern zahlreiche andere Beispiele für diese Auffassung, man muß nur ein Auge für die pathologischen Vorgänge haben. In gleicher Weise scheint es mir, daß man wohlberechtigt ist, in den Lappen und Buschmännern pathologische Stämme zu sehen, deren Natur ganz im biblischen Sinne entartet ist. Aber eine solche Auffassung widerstreitet der herrschenden Neigung vollständig." Diesen Gedanken einer erblichen Degeneration, als einer Art des Transformierens der menschlichen Typen, berührte R. Virchow auch in seinem Werke über amerikanische Schädel: „Bis jetzt", sagt er, „war man immer sehr geneigt, die sogenannten niederen Rassen als stehen gebliebene, zu weiterer Entwickelung nicht gelangte Menschen anzusehen. Aber an sich haben sie gewöhnlich nichts, wodurch sie dem Fötalzustand näher ständen. Wie die anthropoiden Affen werden sie immer unähnlicher ihren Nachbarn, je mehr die einzelnen Personen heranwachsen. Sie haben mehr Seniles als Fötales an sich. Die Pah Ute z. B., die allerverkommensten unter allen amerikanischen Stämmen, sind sie nicht degenerierte Menschen, wie es die Lappen sind? Bancroft zitierte über sie einen Satz von Domenech: ‚Die Indianer von Utah sind die miserabelsten oder wohl besser die am meisten degradierten Geschöpfe in der ganzen weiten amerikanischen Wildnis.‘ So aber sind sie sicherlich nicht entstanden. In den scheußlichen Landstrichen, in denen sie seit vielen Generationen leben, sind sie immer mehr herabgekommen, bis ihr ursprüngliches Wesen fast unkenntlich geworden ist. Sie haben sich erniedrigt, aber sie sind nicht niedrig von Anfang an gewesen. Das ist eine praktisch humane Auffassung, denn sie gewährt die Hoffnung, daß auch diesem elendesten und vertierten Stamme die Stunde der Wiederaufrichtung schlagen könnte.“

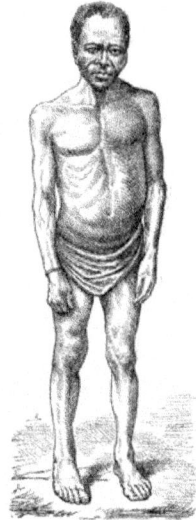

Körperbildung eines Buschmannes. Nach G. Fritsch, „Die Eingeborenen Südafrikas“ (Breslau 1872).

Die Bemerkungen Virchows bezogen sich zuerst auf die Untersuchung einer Anzahl von Lappen, die 1875 und 1891 in Berlin möglich war. Der kleinste der erwachsenen Männer maß nur 1,260 m: v. Düben gibt im Mittel als die Körpergröße der Lappen 1,5 m an; sie sinkt also im Mittel unter das Größenverhältnis aller übrigen europäischen Rassen. Der Eindruck der Kleinheit ist daher bei den Lappen besonders auffallend. „Zugleich zeigt sich“, sagte Virchow, „daß der Ernährungszustand, obwohl die Leute hier besser gehalten werden, doch ein überaus kümmerlicher ist. Sie sind alle mager, und namentlich die Runzelbildung im Gesicht ist eine so starke, daß selbst die jüngeren den Eindruck eines höheren Alters machen. Die Haut hat wegen des geringen Fettpolsters eine Feinheit, wie wir sie bei den übrigen europäischen Gesichtern sehr selten sehen. So ist namentlich um den Mund, wo selbst bei Männern sonst ein stärkeres Fettpolster liegt, die Haut so fein eingefaltet wie Postpapier; zumal wenn sie ihr Lachen zu unterdrücken versuchten, kamen so feine Faltenbildungen zustande, daß man kaum den Rücken der Falte als solchen unterscheiden konnte. Es erinnert das in gewissem Maße an die Beschreibungen, die wir von den Buschmännern (s. die nebenstehenden Abbildungen) haben. Auch läßt sich nicht verkennen, daß die Ernährungsverhältnisse der Lappen in manchen Beziehungen sich denen der Buschmänner anschließen. Ich wenigstens muß sagen, was freilich mit der Ansicht des Herrn Fritsch nicht übereinstimmt, daß ich bei der Betrachtung der Buschmännerabbildungen stets den Eindruck

Körperbildung eines Buschmannkindes. Nach G. Fritsch, „Die Eingeborenen Südafrikas“ (Breslau 1872).

habe, daß ihr Aussehen wesentlich durch die anhaltende Penuries (Nahrungsmangel) bedingt wird, was ja auch Herr Bleek bezeugt. So scheint es mir, daß auch bei den Lappen im Laufe der Jahrhunderte die einseitige und mangelhafte Ernährung auf die ganze Konstitution einen solchen Einfluß ausgeübt hat, daß man sie in gewissem Sinne als pathologische Rasse bezeichnen könnte." Dieser Ansicht entspricht es, daß nach Europaeus, einem ausgezeichneten Kenner der Lappen, diese unter verbesserten Lebensbedingungen schon im Laufe von einer oder zwei Generationen, „nachdem das Volk ansässig und ackerbautreibend geworden und also mit kräftigerer Kost versehen ist", nicht nur zur gewöhnlichen Manneshöhe heranwachsen, sondern auch ihre übermäßige Magerkeit verlieren.

R. Virchows Darlegungen haben im allgemeinen nicht die Anerkennung gefunden, die sie gewiß beanspruchen können. Es erklärt sich das zum Teil daraus, daß hier zwei Verhältnisse zusammengefaßt sind, die von verschiedenen Gesichtspunkten aus beurteilt werden wollen: einerseits Verkümmerung lediglich durch schlechte „Haltung", vor allem durch Nahrungsmangel, und anderseits die rassenhafte Kleinheit ganzer Völker, die man als

Wahuma-Männer vom Grenzgebiet zwischen Mpororó und Ruanda. Nach Photographie von M. Weiß.

Zwergstämme zu bezeichnen pflegt. Die physiologischen Ursachen dieses ethnischen Zwergenwuchses sind uns ebenso unbekannt wie die des Riesenwuchses ganzer Stämme, die mit mittelgroßen und zwerghaften Stämmen nachbarlich zusammenwohnen. Herzog Adolf Friedrich zu Mecklenburg hat uns dafür ein klassisches Beispiel gegeben in den drei Ruanda, wohl das interessanteste Land des deutsch-ostafrikanischen Schutzgebietes, gemeinschaftlich bewohnenden Stämmen: der riesenhaften herrschenden Kaste der den „Hamiten" nahestehenden Watussi (s. die obenstehende Abbildung und die auf S. 97), unter denen Längen von 1,8 m, ja von 2,0 und 2,2 m keine Seltenheiten sind, dann der beherrschten Bevölkerung der mittelgroßen, zu den eigentlichen Nigritiern, den Bantuvölkern gehörenden Wahutu und endlich den pygmäenhaften Wutua (s. die Tafel „Eingeborene aus den deutschen Schutzgebieten" bei S. 307).

Es kann ja gar keinem Zweifel unterliegen, daß Nahrungsmangel und schlechte „Haltung", wie die gesamte Körperentwickelung, so auch die Körpergröße bei Mensch und Tier beeinträchtigen, umgekehrt wie reichliche Nahrung, verbunden mit guter „Haltung", im allgemeinen verbessernd und auf die Körpergröße steigernd wirkt. Wir haben dafür Beispiele

genug für den Menschen und die Tiere. „Es ist allgemein bekannt", sagt v. Nathusius, „welchen Schwankungen die Größe der Haustiere unterliegt, und daß dieselbe innerhalb gewisser
Grenzen allein bedingt ist durch das, was die Landwirte unter ‚Haltung‘ verstehen, also
durch Nahrung und deren Verhältnis zur Bewegung und zur Temperatur. Wenn wir große
und kleine Individuen, sogenannte Hauptschweine und Kümmerer, neben den Differenzen,

die durch das Zeitalter und die Lokalität bedingt sind, in Betracht ziehen, dann treten
Verschiedenheiten auf, die bis zu 50 Prozent
und darüber steigen. Danach ist es klar, daß
verschiedene Größe der Rassen und Formen
wesentlichere Verschiedenheiten nicht begründet und deshalb für die hier vorkommenden Vergleiche außer Betracht bleiben müssen.
Bei dem Hausschwein kommen bekanntlich
jetzt Größen vor, welche die Dimensionen
aller Zeiten und Länder übertreffen." „Wir
dürfen nicht in Abrede stellen", sagte R. Hartmann, „daß innerhalb gewisser Nationalitäten
einzelne Glieder derselben besonders ver-
wildern, ausarten, physisch verkommen können. Das nehmen wir z. B. bei den finnischen
Stämmen in den Lappen, unter den Slowenen in den Cicen und Kroaten des Karstes,
unter den Kig oder Kit des Weißen Nils in
den hungernden Fischern, unter den Betu-
suana in den Bakalahari oder Balati, unter
den südamerikanischen Indianern in den
Feuerländern, unter den nordamerikanischen
Indianern in den Wurzelgräbern wahr."

Auf solche durch Nahrungsmangel und
im engeren Sinne krankhafte Ursachen bedingte Verschlechterung der menschlichen
Körperbildung möchte ich den von mir in
die Anthropologie eingeführten Begriff der
menschlichen Kümmerformen beschränken, entsprechend der Bezeichnung, wie sie

Sultan Msinga von Ruanda. Nach Photographie von
der ersten Expedition des Herzogs Adolf Friedrich zu Mecklenburg.

bei Jägern und Tierzüchtern für körperlich abnorm zurückgebliebene Individuen gang und
gäbe ist. Der ethnische Zwergenwuchs hat aber nichts im engeren Sinne Krankhaftes an sich, wie etwa Rachitis, die wir unter unserer Rasse so häufig pathologischen
Zwergenwuchs verursachen sehen. Die Zwergstämme sind ethnische Lokalformen, die in
Afrika wohl primär dem Urwaldgebiete angehören, wo noch heute neben den Pygmäen
auch Zwergelefanten und Zwergbüffel, also Zwergmenschen neben Zwergtieren, hausen.
Auch die kleinen Inselrassen der Pferde, wie die vollkommen wohlproportionierten und
leistungsfähigen Sardenpferde, die in besonders kleinen Exemplaren wenig größer sind als

große Hunde, sind ihnen zu vergleichen. Daß es fette, wohlgenährte Pygmäen in ihrer Urheimat gibt, lehrt uns das Bild, das Herzog Adolf Friedrich von einem Pygmäen des Kongo-Urwaldes gibt (s. die untenstehende Abbildung). Bei den Lappen verbindet sich ethnischer Kleinwuchs, bei den Buschmännern ethnischer Zwergenwuchs mit halbpathologischer Verkümmerung zu einem Gesamtbilde.

In Afrika sind den Buschmännern ähnliche Zwergvölker weit verbreitet. Schweinfurth, Fritsch, Lenz, Bastian, R. Hartmann und andere sind der Ansicht, daß einst in Afrika ein weitverbreitetes Volk gelebt habe, das bei kleiner, zum wenigsten nicht hoher und kräftiger Statur, zwar ausgerüstet mit Intelligenz, stetigem Leben jedoch abhold, von zum Teil geistig und zum Teil auch körperlich überlegenen Völkern auseinandergesprengt und vielfach in Abhängigkeit gebracht wurde. Als Reste dieses alten Volkes würden nun die mehr und mehr herabgekommenen Buschmänner, San, Obongo, Bojaeli, Batua, Akka, Atschua, Doko, Waberikimo und noch ähnliche in Afrika zerstreute Völkerstämme, z. B. die Zwerge Stanleys, Stuhlmanns und des Herzogs Adolf Friedrich zu Mecklenburg im waldigen Hinterland des Kongostaates, die Eweh und Watwa, die Pygmäen des Kongowaldes, zu betrachten sein. Ich möchte, wie gesagt, eher glauben, daß wir es mit uralten Lokalrassen zu tun haben. Schon vor 5000 Jahren, während des alten Reiches, war es das Bestreben der ägyptischen Pharaonen, durch ihre Negerkriege nicht nur Arbeitssklaven, sondern auch „Zwerge“ aus dem Inneren Afrikas für den speziellen Hofdienst zu erhalten,

Pygmäe des Kongo-Urwaldes. Nach Photographie von der ersten Expedition des Herzogs Adolf Friedrich zu Mecklenburg.

die dann mit den Lieblingshunden neben dem Herrscher und seinen Hofbeamten ihre Grabstätte erhielten. Aristoteles und Herodot erwähnen Pygmäen in den Quellgegenden des Nils.

Über die afrikanischen und indischen Zwergrassen „schwarzer Haut“ sowie über die „kleinwüchsigen Völker“, namentlich die Wedda von Ceylon, soll an einer späteren Stelle berichtet werden. Das dort mitgeteilte Bild (S. 229) zeigt, wie vollkommen die Körperproportionen der Wedda dem Typus der langgliederigen Naturvölker entsprechen, während bei den Buschmännern und den Kongo-Urwald-Pygmäen (vgl. S. 95 und oben) der Kopf etwas zu groß erscheint.

Unter unserem Volke treffen wir wie unter allen Kulturvölkern, namentlich unter dem weiblichen Geschlecht von sitzender Lebensweise, zum Teil als Resultat von mangelhafter Ernährung und „Haltung“ von Kindheit auf wahre „individuelle Kümmerformen“, die nicht selten neben mangelnder Entwickelung der Körpergröße die hemmenden Einflüsse des Kulturlebens auf die Ausbildung des gesamten Körpers in erschreckender Weise zur Schau tragen. Hier gesellen sich aber meist zur penuries Virchows noch wirklich krankhafte, pathologische Einflüsse, wie gesagt, namentlich Rachitis. Schon von den Anfängen einer wissenschaftlichen Behandlung der Ethnologie an weiß man, daß ungünstige Lebenseinflüsse verschlechternd auf Angehörige der weißen Kulturrasse einwirken. Seit Prichard in seiner Naturgeschichte des Menschengeschlechts darauf aufmerksam gemacht hat, wird in fast allen einschlägigen Publikationen in diesem Sinne auf Irland hingewiesen, vor allem auf die zuerst im „Magazine" der Dubliner Universität von einem Anonymus gelieferte Beschreibung der Bevölkerung der ehemaligen Hungerdistrikte Irlands: „Sie zeichnen sich aus durch offene, vorgestreckte Mäuler mit vorragenden Zähnen und fletschendem Zahnfleisch, durch vorragende Backenknochen und eingedrückte Nasen. Im Mittel etwa 5 Fuß 2 Zoll hoch, dickbäuchig, krummbeinig, Mißgeburten ähnlich, ihre Kleider ein Bündel Lumpen, so gehen die Gespenster eines Volkes, das einst wohlgewachsen, körperlich geschickt und anmutig war, im Tageslicht der Zivilisation umher." Es sind hier, wenn auch mit entschiedener Übertreibung, Kümmerformen der weißen Kulturrasse beschrieben, eine Beschreibung, die, wie Karl Vogt mit Recht bemerkte, nur auf einzelne höchst zerlumpte und herabgekommene Bettler, wie wir sie überall unter uns finden können, paßt: „Diese vorgetriebenen Zähne, dieser Hängebauch mit krummen Beinen, diese dicken Nasen mit wulstigen Lippen sind überall die Begleiter und Anzeichen der Skrofeln, jener so überaus verbreiteten Krankheit, die durch dumpfe Wohnung, schlechte Nahrung, Mangel an Pflege und ähnliche Ursachen erzeugt wird. Daß ein Rückschritt in diesen armen Geschöpfen stattgefunden hat, ist nicht zu leugnen." Um ein so abschreckendes Bild der Verkümmerung hervorzubringen, vereinigen sich mit den schlechten Lebensverhältnissen zweifellos echt pathologische Ursachen. Aber es genügen, um individuelle Kümmerformen zu erzeugen, auch Hunger und übermäßige Arbeit, gepaart mit allgemeiner Vernachlässigung. So sagte der Fabrikinspektor A. Redgrave: „Harte Arbeit bei ungenügender Nahrung und Kälte wird von dem menschlichen Organismus nicht ertragen, es treten dann die körperlichen Erscheinungen und Dispositionen zu Erkrankungen in gesteigertem Maße auf, die den Hunger für sich allein schon charakterisieren. Namentlich in den ersten Jahrzehnten des 19. Jahrhunderts hatte man unter dem Einfluß der rücksichtslos ausgebeuteten Arbeitskraft der Arbeiter in den Fabriken, vorzüglich in England, nur zu oft Gelegenheit, diesen verderblichen Einfluß der über die Grenze der physiologischen Leistungsfähigkeit getriebenen Arbeit auf die Arbeiterbevölkerungen zu konstatieren. In dieser Periode geschah es, daß der Fabrikarbeiter in den schwächlichen, blutarmen, häufig dekrepiten, in den ausgezehrten und niedergetretenen Tagelöhner verwandelt wurde. Es prägte sich die Wirkung der Überarbeitung und des ungesunden Lebens sofort in der äußeren Erscheinung der Fabrikarbeiter aus: sie wurden zu einer besonderen niederen Rasse, die man auf den ersten Blick erkennen konnte." Das hat sich jetzt geändert. Auch hier handelt es sich nicht um ethnische, sondern um individuelle Kümmerformen, aus denen wir die abschreckende Lehre ziehen müssen, wie weit allgemeine Vernachlässigung auch innerhalb der Kulturvölker den Menschen zu erniedrigen vermag.

3. Die Körpergröße und das Körpergewicht.

Inhalt: Beziehungen zwischen dem gesellschaftlichen Organismus und der mittleren Körpergröße. — Einflüsse äußerer Lebensumstände auf die Körpergröße. — Einflüsse der Erblichkeit und Rasse auf die Körpergröße. — Bodenständigkeit der Menschenformen. — Die Körpergröße der verschiedenen Menschenrassen. — Riesen und Zwerge. — Das Körpergewicht.

Beziehungen zwischen dem gesellschaftlichen Organismus und der mittleren Körpergröße.

Ziemlich überall in der Welt begegnen wir der Sage, daß Riesen oder Zwerge oder beide zusammen die ältesten Bewohner der Länder gewesen seien. Die Vorfahren des Geschlechtes denkt man sich größer und kräftiger als die spätgeborenen Enkel. Namentlich Könige und Heilige der Vorzeit dachte sich das Volk oft als Riesen. Zum Teil beruhten derartige Sagen nachweislich auf Verwechselung von Knochen gigantischer diluvialer Tiere mit Menschenknochen. So berichtet v. Zittel: „In Valencia wurde der Backenzahn eines Mammuts als Reliquie des heiligen Christoph verehrt, und noch im Jahre 1789 trugen die Chorherren des heiligen Vinzenz den Schenkelknochen eines solchen Tieres bei Prozessionen herum, um durch diesen vermeintlichen Arm des Heiligen dem ausgedörrten Lande Regen zu erflehen." Kaum weniger verbreitet sind die Zwergensagen, die in verschiedenem Gewande auftreten. Die Zwerge der deutschen Mythe finden wir zum Teil von mächtiger Stärke und Weisheit in verborgenen Dingen, von hoher Kunstfertigkeit, namentlich in der Metallarbeit, und reich an Waffen, Gold und edlem Gestein, im Kampfe mit den germanischen Helden. Noch mehr als bei den Riesen tritt uns bei den Zwergen unserer Sagen die Vorstellung entgegen, daß sie als ein Volk mit eigenen Königen und Gesetzen, weise, kunstfertig und doch kriegerisch gedacht werden, als ein Volk, das von den Germanen besiegt und zur Dienstpflicht gezwungen wird. In späteren Erzählungen führen die Zwerge ein geheimnisvolles, vom Verkehr abgeschiedenes Wesen, ihre Sprache ist oft unverständlich, und die Art und Weise, wie sie ungesehen stummen Tauschhandel treiben, erinnert lebhaft an die Berichte über den Verkehr der wilden Wedda auf Ceylon mit ihren kultivierteren Nachbarn. Man hat daher wohl nicht ganz mit Unrecht diese Zwergensagen zum Teil auf den Kampf und Verkehr der ihre Heimsitze erobernden Germanen mit verschiedensprachigen, von Gestalt kleineren Urbewohnern beziehen wollen. So stehen noch heutigestages die kleinen Lappen den Hünengestalten der Schweden und Norweger gegenüber. Ähnlich liegen die Verhältnisse bei den Kämpfen der gigantischen Nordgermanen mit den römischen Legionen, die sich selbst ihrer geringen Körpergröße bewußt waren, so daß die Überbleibsel der Romanen auf jetzt germanischem Boden den blonden Siegern klein, aber weise, reich und kunstfertig vorkommen konnten. Auch in Südasien erscheinen die Reste der Urbevölkerungen „schwarzer Haut" den arischen und mongolischen Herren gegenüber zum Teil zwerghaft. Für Afrika vertritt G. Fritsch mit vielen anderen, wie wir gesehen haben, die Meinung, daß die zwerghaften gelbhäutigen Buschmänner und diesen mehr oder weniger ähnliche „Zwergvölker" Innerafrikas als die Urbevölkerung des schwarzen Kontinentes aufgefaßt werden müssen. Den Zwergensagen dürfte sonach eine ethnographische Grundlage kaum abzusprechen sein, um so weniger, als jetzt J. Nüesch und J. Kollmann für die prähistorische Bevölkerung der Schweiz neben hochgewachsenen auch zwerghafte Formen nachgewiesen haben.

Aus dieser Betrachtung geht hervor, daß der Körpergröße eine nicht zu verkennende anthropologisch-ethnographische Bedeutung zukommt. Leider sind unsere Kenntnisse in dieser Beziehung noch ziemlich fragmentarisch, trotz der beinahe zahllosen Einzelmessungen, die wenigstens in Europa und Nordamerika bisher angestellt worden sind. Eigentlich wissenschaftliche Untersuchungen besitzen wir erst seit der Mitte des dritten Jahrzehntes des 19. Jahrhunderts. Damals trat der berühmte belgische Mathematiker und Statistiker A. Quételet mit seiner Untersuchung „Über den Menschen" hervor. Dieses Werk hat grundlegend und bahnbrechend gewirkt. Quételet hat zuerst das Problem des mittleren Menschen aufgestellt und in wesentlichen Teilen gelöst; 35 Jahre später, im Jahre 1870, gab er in seiner „Anthropometrie" eine vervollständigte Zusammenfassung der bis dahin gewonnenen Resultate.

Quételets Grundgedanke ist der, daß eine größere Volksgemeinschaft keine zufällig zusammengewürfelte Menge von Einzelindividuen, sondern ein durch, eines exakten mathematischen Ausdruckes fähige, Naturgesetze beherrschter, in sich geschlossener gesellschaftlicher Organismus sei. Die physischen und zum Teil auch psychischen Erscheinungen, die sich in diesem gesellschaftlichen Organismus zeigen, sind keineswegs vollkommen unberechenbar und regellos. Die Statistik lehrt, daß in einem solchen gesellschaftlichen Organismus in auffallend gleich-

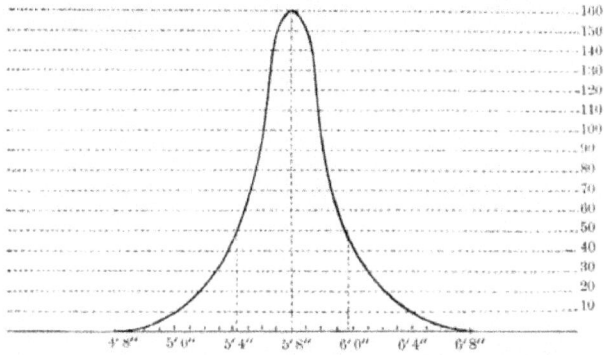

Binomiale Linie. Nach A. Quételet, „Sur l'homme et le développement de ses facultés" (Paris 1835). Vgl. Text S. 102.

bleibender Weise sich nicht nur Ehen, Geburten, Tod, sondern auch Verbrechen und anderes in einer gegebenen Zeit wiederholen, und noch strenger regelmäßig nach mathematischen Gesetzen ordnen sich die auffallenden, scheinbar vollkommen individuellen Körpereigenschaften der einen solchen „Organismus" zusammensetzenden Menschen: ihre Körpergröße, ihre Muskelkraft, ihr Brustumfang, ihr Schädelinhalt usw., zu einer in sich geschlossenen Einheit. Wenn wir bei einer entsprechend großen Anzahl von Individuen des gleichen Geschlechts und Alters aus einer gleichartigen ethnischen Gruppe die Körpergröße bestimmen, so ergibt sich also nicht eine regellose Verteilung, sondern um ein am häufigsten auftretendes mittleres Maß der Körpergröße ordnen sich alle gefundenen Werte staunenswert regelmäßig in der Weise, daß die größeren Abweichungen von diesen mittleren Körpergrößen viel seltener sind als die geringeren, sowohl nach aufwärts als nach abwärts. In regelmäßiger Folge, von vereinzelten zwerghaften Individuen anfangend, nimmt die Zahl der dem Mittelmaß sich annähernden Körpergrößen mehr und mehr zu, bis zum Mittelmaß, das selbst am häufigsten vorkommt; von hier nimmt die Anzahl der Individuen, die größer sind als das Mittelmaß, wieder ebenso regelmäßig ab, so daß am Ende der Reihe wieder nur ganz vereinzelt riesenmäßige Gestalten auftreten.

Mit Hilfe der Wahrscheinlichkeitsrechnung berechnete Quételet nicht nur wie viele

Zwerge und Riesen, sondern auch wie viele Individuen von jeder vorkommenden Körpergröße sich unter einer gegebenen großen Anzahl desselben Volkes, Alters und Geschlechtes finden. Und diese berechneten Werte stimmen auffallend mit den beobachteten überein. Das „mittlere Individuum" wird dadurch, z. B. hinsichtlich der Körpergröße, zu einem wenigstens annähernd exakten mathematischen Ausdruck der gesamten mit ihm vergleichbaren Individuengemeinschaft; aus dem „mittleren Individuum" läßt sich die ganze auf- und absteigende Stufenreihe der individuellen Körpergrößen nach dem Gesetz der binomialen Linie (s. die Abbildung S. 101 und die untenstehende) innerhalb der durch die Variationsbreite des betreffenden statistischen Materials gezogenen Grenzen berechnen. Quételet versteht darunter eine mathematisch streng definierte Gesetzmäßigkeit, nach der die einzelnen die Häufigkeit einer gewissen Körpergröße und anderes repräsentierenden Zahlen sich nach beiden Seiten symmetrisch um eine Mittelzahl gruppieren, welche die am häufigsten vorkommende Größe ausdrückt. Werden die Maße als Abszissen und die Häufigkeit als Ordinaten graphisch aufgezeichnet, so entsteht eine zweischenkelige Kurve, eben die binomiale Linie. Selbstverständlich ist es, daß diese mathematische Geschlossenheit einer Reihe im Grunde nur dann vorhanden sein kann, wenn eine volle Gleichartigkeit der die Reihe bildenden Individuen nach

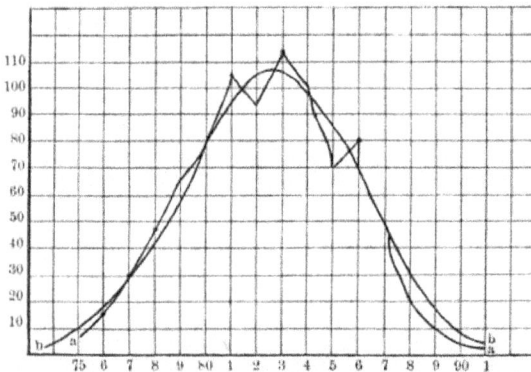

Kurve des Schädelinhalts der altbayerischen Landbevölkerung: a beobachtete, b berechnete Werte.

Rassenzugehörigkeit, Alter, Geschlecht und Lebensverhältnissen besteht. Quételets Untersuchungen stützen sich auf Messungen innerhalb der Bevölkerung Belgiens. J. H. Baxter hat gezeigt, daß das gleiche Gesetz im großen und ganzen auch für die Körpergröße der weißen nordamerikanischen Bevölkerung (gemessen 315 620 Individuen) und ebenso für die Farbigen (Neger und Mulatten) Nordamerikas (gemessen 25 828 Individuen) Geltung besitzt. Von anderen europäischen und außereuropäischen Bevölkerungen haben das Quételet und andere bestätigt. So gruppieren sich z. B. auch die 1727 Körpermessungen, die E. Bälz bei Japanern angestellt hat, sehr annähernd in der geforderten Weise. Bei dieser Regelmäßigkeit genügt es sonach, um das „mittlere Individuum" einer in sich geschlossenen, genügend großen Untersuchungsreihe zu finden, alle gemessenen Einzelgrößen der Individuen zu addieren und diese Summe durch die Anzahl der gemessenen Individuen zu dividieren; der Quotient gibt uns dann die mittlere Körpergröße, d. h. das arithmetische Mittel der betreffenden Messungsreihe an. Entsprechend verfährt man, um andere Mittelzahlen aus Versuchsreihen zu erhalten.

In einem ähnlichen Gedankengang liegt der Grund, warum in den messenden Wissenschaften überhaupt ein so hoher Wert auf die Gewinnung von Mittelzahlen oder Mittelwerten gelegt wird. Man kann darin aber auch zu weit gehen, da, wie gesagt, diese Mittelwerte doch nur unter der Voraussetzung der vollen Gleichartigkeit der gemessenen Individuen und Objekte eine mehr als nur scheinbar exakte Bedeutung haben. Speziell in den Untersuchungen über den Menschen sind aber größere, innerlich gleichartige Reihen, wenn überhaupt vorhanden, jedenfalls sehr selten. Ich erinnere nur an die verschiedenen Gesundheits- und Lebensverhältnisse der Einzelnen, um ohne weiteres die Tragweite dieses Einwurfes verständlich zu machen; größere oder geringere Abweichungen von der mathematischen Gesetzmäßigkeit der Reihen müssen daher stets vorhanden sein. Quételets großes Verdienst bleibt es, innerhalb all dieser notwendigen Schwankungen das eiserne Naturgesetz erkannt und im allgemeinen festgestellt zu haben. L. Stieda hat auf bequeme Formeln hingewiesen, um die Genauigkeit des arithmetischen Mittelwertes eines homogenen, dem Gesetz der binomialen Linie gehorchenden Materials durch eine Berechnung seines wahrscheinlichen Fehlers $= R$ zu prüfen. Ein Beispiel wird diese wichtige Methode am anschaulichsten lehren. Sören Hansen fand z. B. als arithmetisches Mittel aus 28 803 Einzelbeobachtungen für die Fußlänge der dänischen Soldaten 26,43 cm; die Abweichungsbreite für die Einzelbeobachtung $r = 0{,}85 \cdot \dfrac{\Sigma \delta}{n} = 0{,}8855$ cm, und für das Endresultat $R = \dfrac{r}{\sqrt{n}} = 0{,}0165$ cm; es ist δ die Differenz der Einzelbeobachtung vom arithmetischen Mittel, $\Sigma \delta$ die Summe dieser Differenzen und n die Anzahl der Beobachtungen. Der Fehler ist sonach in dem gewählten Beispiel sehr gering (vgl. S. 78).

Quételet hat nicht nur für ein, sondern für alle Lebensalter der Belgier beiderlei Geschlechts durch Messungen größerer Reihen von Individuen die Mittelgrößen festzustellen versucht und gelangte dadurch auch zu einem mathematischen Gesetz des Wachstums, das seine Einzelbeobachtungen gut bestätigte. Seine Hauptresultate, zunächst für Brüssel und Brabant, sind nach der von ihm im Jahre 1870 veröffentlichten berichtigten Wachstumstabelle für beide Geschlechter folgende:

Längenwachstum des Mannes und des Weibes in Belgien.

Alter	Körpergröße in Metern		Alter	Körpergröße in Metern		Alter	Körpergröße in Metern	
	Mann	Weib		Mann	Weib		Mann	Weib
Neugeboren	0,500	0,494	10 Jahre	1,273	1,249	20 Jahre	1,670	1,574
1 Jahr	0,698	0,690	11 „	1,325	1,301	25 „	1,682	1,578
2 Jahre	0,791	0,781	12 „	1,375	1,352	30 „	1,686	1,580
3 „	0,864	0,854	13 „	1,423	1,400	40 „	1,686	1,580
4 „	0,927	0,915	14 „	1,469	1,446	50 „	1,686	1,580
5 „	0,987	0,974	15 „	1,513	1,488	60 „	1,676	1,571
6 „	1,046	1,031	16 „	1,554	1,521	70 „	1,660	1,556
7 „	1,104	1,085	17 „	1,594	1,546	80 „	1,636	1,534
8 „	1,162	1,142	18 „	1,630	1,563	90 „	1,610	1,510
9 „	1,218	1,196	19 „	1,655	1,570			

Betrachten wir zunächst das jährliche Wachstum nach dieser Tabelle im Verhältnis zu dem bereits erlangten Wuchs, so zeigt sich, daß das Kind im ersten Lebensjahr um $\frac{2}{3}$ seiner Größe wächst, während des zweiten um $\frac{1}{7}$, während des dritten um $\frac{1}{11}$, während des vierten um $\frac{1}{11}$, während des fünften um $\frac{1}{15}$, während des sechsten um $\frac{1}{18}$ usw., so daß die relative Zunahme von der Geburt an immer geringer wird.

Quételet hat für die Bevölkerung von Brüssel eine Formel zur Berechnung der mittleren Körpergröße für ein bestimmtes Lebensalter angegeben. Nach seinen Beobachtungen stimmt das Resultat der Rechnung gut mit den Mittelzahlen der Messungen überein. Die Formel ist so wichtig, daß wir sie hier mitteilen wollen. „Drückt man durch die Koordinaten x und y das Alter und die entsprechende Größe des Menschen aus, so erhält man folgende Gleichung: $y + \dfrac{y}{1000\,(W - y)} = a\,x + \dfrac{w + x}{1 + \frac{4}{3}\,x}$. w und W sind zwei Konstante, die den Wuchs des Kindes bei der Geburt und den des vollkommen ausgewachsenen Individuums ausdrücken; ihre Werte betragen für das männliche Geschlecht in Brüssel 0,500 und 1,686 m. Der Koeffizient a des ersten Gliedes auf der zweiten Seite der Gleichung ist der durchschnittliche jährliche Zuwachs, der vom Alter von 4—5 Jahren bis zu dem von 15—16 Jahren statthat und nach dem Geschlecht verschieden ist; für Brüssel wurde für das männliche Geschlecht der Wert zu 0,0545 m angenommen. Setzen wir diese Werte in die Gleichung ein, so wird sie: $y + \dfrac{y}{1000\,(1,686 - y)} = 0,0545\,x + \dfrac{0,50 + x}{1 + \frac{4}{3}\,x}$. y bekommt fortschreitend die Werte von 1—90 für die Berechnung der Körpergröße der verschiedenen Lebensalter." Quételet macht speziell darauf aufmerksam, daß alle die obigen in die Formel eingesetzten Zahlen, also namentlich auch die für a, was wir hier nochmals speziell hervorheben wollen, genau nur für die Stadt Brüssel gelten. Schon auf dem Lande liegen in Belgien die Verhältnisse etwas anders; sie müssen für jede Untersuchungsprovinz usw. zuerst bestimmt werden. Aus den Quételetschen Zahlen ergibt sich, wie wir sahen, daß unmittelbar nach der Geburt das Wachstum des mittleren Individuums am raschesten ist; der Neugeborene wächst im Verlauf des ersten Jahres ungefähr um 2 dm. Mit dem fortschreitenden Alter nimmt das jährliche Wachstum stetig ab bis zum vierten oder fünften Jahre: so beträgt das Wachstum des zweiten Lebensjahres nur noch die Hälfte von dem des ersten Jahres, das des dritten nur noch den dritten Teil. Vom Alter von 4—5 Jahren an wird das körperliche Wachstum beinahe regelmäßig, stetig, bis zum Alter von 16 Jahren, d. h. bis nach der Geschlechtsreife; die jährliche Zunahme beträgt für männliche Belgier etwa 56 mm. Nach der Geschlechtsreife wächst der Mann noch fortwährend, aber langsamer: von 16—17 Jahren um 4 cm, in den zwei folgenden Jahren nur noch um 2½ cm. Das Wachstum des Mannes in Belgien erscheint im 25. Lebensjahr noch nicht vollkommen abgeschlossen; in späteren Publikationen nimmt Quételet als Altersgrenze des zunehmenden Wachstums das 30. Lebensjahr an.

Diese Angaben gelten für das mittlere Individuum des männlichen Geschlechts in Belgien. Das mittlere Individuum des weiblichen Geschlechts sollte nach Quételet in jeder Periode des Lebens kleiner sein als das männliche. Die Grenzen des Wachstums bei beiden Geschlechtern seien ungleich, teils darum, weil die Individuen weiblichen Geschlechts schon bei der Geburt kleiner seien als die des männlichen Geschlechts, und weil bei den ersteren das Wachstum, wie es scheint, früher sein Ende erreicht, aber schließlich auch, weil die jährliche Zunahme der Körpergröße bei dem weiblichen Geschlecht immer geringer sein sollte als bei dem männlichen. Vom 50. Lebensjahr an werden Mann und Frau wieder kleiner; diese Verminderung der Körpergröße wird immer merklicher und kann bis zum 80. Lebensjahr 6—7 cm betragen.

Durch die anthropometrischen Untersuchungen, die namentlich Roberts in England, Bowditch, Gould, in neuerer Zeit mit besonderem Erfolge Boas und andere in Amerika unternommen haben, wurde, was Quételet, wie wir sahen, vorausgesetzt hatte, festgestellt, daß das Maß des Wachstums in den einzelnen Lebensjahren bei verschiedenen Nationen, Ständen, unter verschiedenen Ernährungsweisen usw. nicht unerheblich differiert.

F. W. Beneke gab für das Längenwachstum der mitteldeutschen Jugend bis zum 20. Jahr folgende Tabelle:

Alter	Körperlänge in Zentimetern		Alter	Körperlänge in Zentimetern		Alter	Körperlänge in Zentimetern	
	männlich	weiblich		männlich	weiblich		männlich	weiblich
Geburt	50,0	49,0	7 Jahre	110,5	109,0	14 Jahre	147,0	146,0
1 Jahr	71,0	69,5	8 „	116,0	114,5	15 „	152,0	149,0
2 Jahre	80,0	79,0	9 „	122,0	120,0	16 „	156,0	152,5
3 „	87,0	86,0	10 „	128,0	125,0	17 „	162,0	154,4
4 „	93,0	91,5	11 „	133,5	130,5	18 „	166,0	157,0
5 „	99,0	97,5	12 „	137,5	136,5	19 „	167,0	158,0
6 „	105,0	104,0	13 „	142,0	142,5	20 „	168,0	158,0

Franz Daffners Angaben für bayerische Kinder sind in jedem Altersstadium nicht unbeträchtlich höher. Aus den Untersuchungen von A. Engelsperger und O. Ziegler ergibt sich als Mittelgröße der Stadtkinder in München bei Beginn der Schulpflicht im sechsten Lebensjahre für (182) Knaben 111,66 und für (194) Mädchen 110,77 cm und als mittleres Körpergewicht für Knaben 18,39 kg, für Mädchen 18,22. Die Unterschiede nach dem Geschlecht sind danach auffallend gering.

Die neueste Zeit hat eine große Anzahl von Untersuchungen über das Wachstum der Kinder im schulpflichtigen Alter gebracht; wir entnehmen den Mitteilungen von E. Schmidt über 9506 Kinder des Meininger Kreises Saalfeld die folgenden Zahlenangaben und ergänzen sie durch Mitteilungen verschiedener Autoren:

Mittlere Körpergröße von Schulkindern in Zentimetern.

	Alter am letzten Geburtstage	Saalfelder Kinder (E. Schmidt)	Freiberger Bürgerschüler (Geißler)	Freiberger Bergmannskinder	Gohliser Kinder (E. Haßse)	Kinder aus Boston, Maß. (Bowditch)	Dänische Kinder (Axel Hertel)	Schwedische Kinder (höhere Schulen) (Axel Hertel)	Turiner Kinder aus wohlhabenden Kreisen (Luigi Pagliani)	Turiner Kinder aus ärmeren Kreisen	Kinder aus Kiel und Lübeck (Otto Rante)
Knaben	6	109,3	110,4	108,1	110,2	111,1	112	(116)	—	—	105,9
	7	114,3	113,8	111,4	114,4	116,2	115	(121)	—	—	111,7
	8	119,8	119,7	117,4	119,4	121,3	120	126	122,0	115,0	116,9
	9	124,9	125,0	119,9	123,9	126,2	125	131	125,4	120,0	121,5
	10	128,2	128,3	125,6	129,1	131,3	130	133	128,5	125,6	127,2
	11	132,9	132,3	130,0	132,4	135,4	135	136	133,6	128,5	130,8
	12	137,8	137,6	134,8	138,2	140,0	138	140	137,0	132,0	135,4
	13	142,2	143,0	138,3	140,7	145,3	143	144	142,5	138,6	139,7
Mädchen	6	108,5	111,2	107,3	109,3	110,1	112	(113)	—	—	107,3
	7	114,1	115,2	111,6	113,7	115,6	115	(116)	—	—	113,6
	8	118,5	119,1	116,3	117,7	120,9	120	(123)	120,2	111,8	116,5
	9	123,9	124,2	120,4	124,0	125,4	125	127	124,8	118,0	122,3
	10	129,2	129,7	125,2	128,6	130,4	130	132	130,6	124,2	127,3
	11	133,6	134,2	130,3	133,9	135,7	133	137	133,5	130,0	131,8
	12	138,7	138,3	135,7	139,5	141,9	138	143	139,4	135,2	136,9
	13	144,2	145,8	140,7	145,1	147,7	146	148	146,4	138,5	141,1

Übereinstimmend ergibt sich nach E. Schmidt, daß die Knaben regelmäßiger wachsen und bis zu einer gewissen Zeit, wie es Quételet gelehrt, größer und schwerer sind als die Mädchen, daß sich aber dann das Verhältnis für einige Zeit umkehrt; nach E. Schmidt geschieht das bei den Saalfelder Kindern zwischen dem zehnten und elften Jahre. Wie für mitteldeutsche, so gilt das auch für norddeutsche Kinder; so ergaben z. B. die Schulknabenmessungen in Breslau durch Carstädt ein mit dem in Saalfeld gewonnenen übereinstimmendes Resultat, und das gleiche fand S. Weißenberg für die südrussischen Juden. Bei den Schulknaben tritt nach dem zehnten Jahre als ganz allgemeine Wachstumserscheinung eine Wachstumsverzögerung ein, die sich meist in den drei folgenden Jahren bemerklich macht, während in den drei vorausgehenden Schuljahren das Längenwachstum verhältnismäßig stärker war. Bei den Schulmädchen tritt ebenfalls mit ziemlich großer Regelmäßigkeit eine kurze Wachstumszögerung ein, aber zwei Jahre früher als bei den Knaben. Das Überwiegen der Größe der Mädchen über die der Knaben vom zehnten oder elften Jahre an erscheint zum Teil bedingt durch die starke Wachstumszögerung der Knaben in dieser Lebensperiode. Die Saalfelder Messungen haben ergeben, daß in der Stadt die Durchschnittskörpergröße während der Schuljahre eine geringere, das Wachstum ein langsameres ist als auf dem Lande, und namentlich gilt das für die Knaben. Die Einwirkung der allgemeinen Lebensbedingungen, unter denen die Kinder aufwachsen, macht sich auch sonst sehr deutlich geltend. Nach E. Schmidt haben die Kinder der Fabrikstadt Pößneck (Kreis Saalfeld) die niedrigsten Größen- und Gewichtszahlen, und zwar sowohl schon beim Eintritt in die Schule als auch während der Schulzeit; umgekehrt erfreuen sich die Kinder des wohlhabenden, größtenteils vom Landbau lebenden Städtchens Kamburg (Kreis Saalfeld) der günstigsten Zahlen der Körperlänge und des Gewichtes. Die Tabelle S. 105 zeigt ein analoges Verhalten in der geringeren Größe der Freiberger Bergmannskinder sowie der Turiner ärmeren Kinder im Vergleich mit den Kindern wohlhabenderer Kreise in Freiberg und Turin sowie in Amerika (Boston) und Hamburg, nach A. Engelsperger und O. Ziegler ebenso in München. Das Wachstum des Körpergewichts zeigt im ganzen dieselben rhythmischen Erscheinungen wie das Längenwachstum; das Gewicht nimmt annähernd im quadratischen Verhältnis der Länge zu. Das Körpergewicht der Landmädchen wächst in der späteren Schulzeit, also kurz vor der Entwickelung der Geschlechtsreife, in stärkerem Grade und regelmäßiger als das der Stadtmädchen. Nach den Angaben, die Pagliani über das Körperwachstum in Italien gibt, ist dort das Weib vom 10. bis zum 18. Jahre, also auch noch nach der Schulzeit, in jeder einzelnen Altersstufe größer und schwerer als der Mann.

Nach den Untersuchungen von S. Weißenberg an südrussischen Juden erreichen die Mädchen, die vorher und nachher gegen die Knaben in der Körpergröße zurückbleiben, letztere im zehnten Lebensjahre und bleiben bis zum 15. Lebensjahre größer. Es beruht das darauf, daß die Mädchen schon mit neun, die Knaben erst mit zwölf Jahren intensiver zu wachsen beginnen. Bei den Mädchen schließt diese Periode des gesteigerten Wachstums etwa im 14., beim Jüngling erst im 17. Lebensjahre. Von da schreitet bei beiden Geschlechtern die Größenentwickelung nur noch sehr langsam vor; beide nehmen bis zur vollen Reife nur etwa um 4 cm zu. Die Differenz von etwa 10 cm zwischen beiden Geschlechtern im erwachsenen Alter ist eine Folge des früheren Stillstandes der intensiven Wachstumsperiode bei den Mädchen. Hoher Wuchs ist mit früherem Anfang und längerer Dauer des intensiven Wachstums im Jünglingsalter sowie mit späterem Abschluß des Wachstums verbunden; insofern die Körpergröße ein Raffenmerkmal ist, haben wir in diesen Eigentümlichkeiten einen Einfluß der Raffe zu erkennen. Das gesteigerte Wachstum ist eine unmittelbare Folge des Reifeprozesses, der bei dem Weibe einige Jahre früher einsetzt als beim Manne. Die Periode des gesteigerten Wachstums fällt zusammen mit der Pubertätsperiode.

Die Untersuchungen von Emil v. Lange laffen nun den gesamten Wachstumsverlauf übersichtlich erkennen. Schon im letzten fötalen Lebensmonat hat das Körperwachstum einen erneuten energischen Antrieb erhalten, der seine Wirkung auch nach der Geburt zunächst noch fortsetzt. Aber in rascher Folge verringert sich die Wachstumsenergie, im dritten Lebensjahr ist ein ruhiges Wachstum mit stetig sich verringernder Längenzunahme eingetreten. Nach der oben geschilderten Wachstumszögerung beginnt mit der Pubertätsperiode wieder eine impulsive Steigerung der Längenzunahme. Diese wird mit dem Abschluß der Geschlechtsreife wieder geringer, um mit der nun bald erreichten vollen Körpergröße nahezu zu erlöschen. Nach E. v. Lange zeigen beide Geschlechter bis zum zweiten Lebensjahre keine deutliche Verschiedenheit in der Körpergröße. Während der bei ihm früher eintretenden Pubertätsperiode ist das Weib im Wachstum dem Manne voraus, der Knabe ist

Normales Längenwachstum beider Geschlechter von der Geburt bis zum Wachstumsabschluß. Nach E. v. Lange, „Die Geschmäßigkeit im Längenwachstum des Menschen": „Jahrbuch für Kinderheilkunde", Neue Folge, Bd. 57, Heft 3 (Berlin 1902).

dann kleiner als die gleichalterigen Mädchen, deren Wachstum aber mit erreichter Geschlechtsentwickelung in einem Alter beendigt ist, in dem bei dem Manne die Pubertätssteigerung des Wachstums noch energisch wirkt, so daß der Mann, dessen Wachstum um mehrere Jahre später abschließt, eine entsprechend bedeutendere Körpergröße, in Mitteleuropa um etwa 10 (7—13) cm, erreicht. Oben geben wir die instruktive schematische Darstellung E. v. Langes, die den Gang des Wachstums für beide Geschlechter übersichtlich darstellt: der Gang ist für alle normalen Körpergrößen, Mindermäßige und Übermäßige eingeschlossen, im wesentlichen gleich.

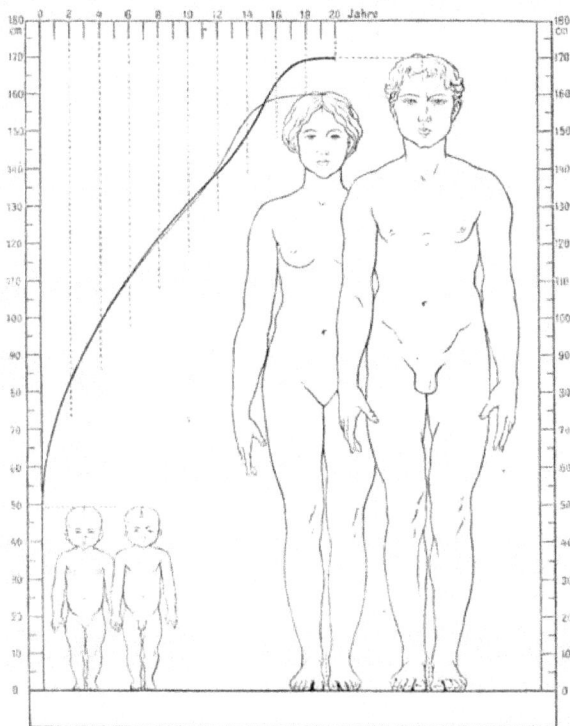

Vollkommen abgeschlossen ist übrigens das Körperwachstum mit erreichter Geschlechtsreife noch nicht. Nach Goulds Gesamtstatistik, die sich auf über eine Million gemessener

Individuen bezieht, erfährt die Wachstumsstärke bei amerikanischen Männern etwa um das 20. Lebensjahr wieder eine plötzliche Verminderung. Trotzdem setzt sich die Größenzunahme ununterbrochen bis in das 23. Lebensjahr fort; für ein oder zwei Jahre nachher bleibt die mittlere Körpergröße nahezu stationär; darauf zeigt sich wieder ein schwaches Wachstum, das sich fortsetzt, bis, meist erst nach dem 30. Lebensjahre, die volle Körpergröße erreicht ist. Dagegen scheint nach Goulds Zahlen das Wachstum bei deutschen Männern schon mit dem 23. Lebensjahre abgeschlossen zu sein.

Über die Wachstumsverhältnisse bei außereuropäischen Völkern verweise ich auf das oben schon Mitgeteilte. Betreffs der Japaner sagt Bälz: „In Japan hält die Entwickelung der beiden Geschlechter mit der entsprechenden in Europa bis zum 15. oder 16. Jahre nahezu gleichen Schritt, dann bleibt sie aber plötzlich weit zurück, ein Zeichen, daß die Vollendung des Wachstums in Japan in eine sehr frühe Lebenszeit fällt. Im 12. und 13. Jahre erreicht das Mädchen die Größe des Knaben, übertrifft sie wohl sogar noch ein wenig, um aber alsbald dem umgekehrten Verhalten Platz zu machen. Der Japaner wächst vom 14. Lebensjahre an nur noch etwa 8 Prozent, der Europäer nach den meisten Statistiken 13 Prozent." Übrigens trifft nach der auf 1100 Messungen beruhenden Statistik von Bälz die größte mittlere Körperlänge bei Japanern auf die Lebensjahre zwischen 35 und 45, was mit den Erfahrungen in Amerika annähernd übereinstimmt.

Bei jedem Einzelindividuum können wir drei große Wachstumsperioden unterscheiden. Die Wachstumsvorgänge haben in der ersten und zweiten dieser Perioden, in der Periode des Fruchtlebens und in der Periode nach der Geburt, einen sehr ähnlichen Verlauf. Beide Perioden beginnen mit einem Stadium lebhaften Wachstums, dann wird letzteres langsamer und langsamer und erreicht nach einer vorübergehenden Steigerung zuletzt ganz allmählich die obere Wachstumsgrenze der Periode. Auch die dritte Lebensperiode, die Periode des höheren Alters, in der ein allmählicher Rückgang des Wachstums erfolgt, zeigt einen entsprechenden Verlauf, nur mit negativen Vorzeichen der Zahlenwerte; zuerst ist die Abnahme der Körpergröße ganz gering, kaum merklich, dann wird sie stärker und stärker und erreicht an der letzten Grenze des Alters ihre höchsten Werte. Relativ ist das Wachstum während des Fruchtlebens weitaus bedeutender als nach der Geburt. Nehmen wir als Ausgangspunkt der Größe den Durchmesser des Dotters der befruchteten Eier an, so wächst die Frucht bis zur Geburt von 0,02—0,018 cm bis zu einer Größe von 48—50 cm, d. h. etwa um das 2500fache; dagegen erreicht die Längenzunahme von der Geburt bis zum vollerwachsenen Alter nur noch das 3,37fache, der Mensch wird nach der Geburt also nur noch etwa 3¹/₃mal größer. Der relative Monatszuwachs der menschlichen Frucht im letzten Stadium des Fruchtlebens, vom siebenten Monat an, beträgt etwa ebensoviel wie der Jahreszuwachs der Kinder zwischen dem 5. und 16. Lebensjahre.

Kleinere Wachstumsschwankungen ergeben sich für jedes wachsende Individuum in den Hauptjahreszeiten Sommer und Winter: das Wachstum ist, wie Fr. Daffner konstatiert hat, in den Sommermonaten April bis Juli und August ein stärkeres als in den Wintermonaten.

Einflüsse äußerer Lebensumstände auf die Körpergröße.

Quételets Untersuchungen machten nicht nur durch ihre exakte, auf Mathematik begründete Methode einen gewaltigen Eindruck, sondern vor allem auch dadurch, daß aus seinen

Tabellen wichtige sozialphysiologische Ergebnisse hervorzuleuchten schienen. „Die Individuen", sagte er, „die in Wohlstand leben, haben im allgemeinen einen Wuchs, der sich über den mittleren erhebt; dagegen scheinen Armut und Anstrengungen das Wachstum zu behindern." Dieses vorläufige Ergebnis von Quételets Studien brachte den größten Antrieb, in der von ihm gebahnten Richtung weiterzuarbeiten. Es war das in jener Zeit, in der man namentlich in England so viel Geist und Mühe darauf verwendete, durch eine Fabrikgesetzgebung die bis dahin mechanisch häufig übermäßig ausgebeutete Fabrikbevölkerung zu schützen und physisch wie moralisch zu heben (vgl. S. 99). So konnte es nicht fehlen, daß der von Quételet selbst nur vorläufig aufgestellte Satz als ein Dogma der Wissenschaft aufgenommen und als solches vielseitig verwertet wurde. Die Frage nach der Körpergröße erschien in der Hauptsache als ein Problem der Volksphysiologie oder mehr noch der Volkspathologie. Eine große Zahl von Untersuchungen war die Folge, aber doch, ohne daß dadurch das Problem im wesentlichen weitergefördert worden wäre. Das ist ja auch nach den Ergebnissen der neuesten Messungen unzweifelhaft, daß wir Armut oft mit mangelhafter körperlicher Entwicklung in der Jugend verknüpft sehen; aber noch sprechen die gewonnenen Mittelzahlen nicht deutlich genug, um den Quételetschen Satz als im allgemeinen bewiesen gelten lassen zu können.

Was E. Bälz in den achtziger Jahren des 19. Jahrhunderts über die verschiedenen Stände in Japan sagte, gilt auch gewiß zum Teil für Europa. „Die höheren Stände sind, seitdem sie vom Fechtsaal und vom Turn- und Ringplatz auf Schulbank und Bureau übergegangen sind, freilich auch zum Teil schon durch erbliche Schwäche, sehr herabgekommen. Die Studenten namentlich, von unbegrenztem Lerneifer und in ihren neuen Anschauungen törichterweise jede körperliche Übung neben starker geistiger Arbeit in ungewohnter Stellung verschmähend, sind großenteils so betrübend schwächlich, daß die Regierung sich endlich selbst veranlaßt sieht, den oft wiederholten Mahnungen der fremden Lehrer zu folgen und regelmäßige Gymnastik an den Schulen einzuführen. Ungefähr das gleiche gilt von den Beamten, dasselbe in potenziertem Maße von den hohen alten Adelsfamilien. Sie sind die Opfer eines grausamen Systems. Durch viele Geschlechter wirksam, hat es schließlich zum jetzigen Zustand geführt. In Verweichlichung und Nichtstun verfloß ihnen die Zeit, und wenn schon die Männer ein schlaffes, untätiges Leben führten, wie viel mehr galt das von den Frauen. Sie wurden meist aufgebracht und verzärtelt wie die Puppen, und wenn solche schwächliche Mütter nun auch noch ihre von schwächlichen Vätern gezeugten Kinder selbst säugten, so mußte sich ja die Schwächlichkeit in verstärktem Maße weitererben. So kommt es, daß unter dem hohen Adel, den Kwazoku, wie sie jetzt heißen, die in schwachen Familien erblichen Übel, wie Wasserkopf, Gehirnentzündung der Kinder, Idiotismus, Skrofulose und Tuberkulose, in ihren verschiedenen Formen und mit ihren Folgen in anderwärts unerhörter Häufigkeit vorkommen und die Reihen der alten Geschlechter dezimieren. Aber das wird anders werden. Mit höchst anerkennenswertem Eifer und vollem Verständnis für das, was auf dem Spiele steht, hat der Kwazoku-Klub eine gute Schule errichtet, in der körperliche Übungen eifrig betrieben werden, und Reiten, Fechten, Jagen und anderer Sport werden unter den Erwachsenen dieser Klasse mehr und mehr Mode. Ich habe", so schließt Bälz diese auch für Europa sehr beherzigenswerte Betrachtung, „die Überzeugung, daß eine richtige Erziehung in einer einzigen Generation ein Geschlecht liefern kann, das bedeutenden Anforderungen genügt." Heute, nach dem russisch-japanischen Kriege, in dem sich Japan die Bewunderung der zivilisierten Welt erkämpft hat, klingen diese Worte wie eine glückliche Prophezeiung.

Quételet hatte gefunden, daß in Belgien der Städter im 19. Jahre um 2—3 cm größer sei als der Bewohner des platten Landes, und es wurden verschiedene das Leben verbessernde Einflüsse aufgezählt, die diese bedeutendere Körpergröße der Städter bewirken sollten. Das Wachstum sollte in sehr heißen und sehr kalten Ländern sein Ziel schneller als in gemäßigten Ländern erreichen, schneller in niedrigen Ebenen als auf hohen Gebirgen, wo das Klima rauh ist; für die letztere Annahme waren Männer wie J. G. Saint-Hilaire und d'Orbigny eingetreten. „Auch die Art der Nahrung und des Getränkes", sagt Quételet, „ist von Einfluß auf das Wachstum; man hat Menschen sehr beträchtlich in die Länge wachsen sehen, als sie ihre Lebensart änderten und von saftiger Nahrung Gebrauch machten. Ebenso können Krankheiten, besonders fieberhafte, ein ungewöhnlich schnelles Wachstum veranlassen. Man erzählt einen Fall von einem jungen Mädchen, das in einem Fieber die Periode verlor und einen Riesenwuchs erreichte. Endlich hat man auch bemerkt, daß das Liegen im Bette schon an sich dem Wachstum günstig sei, und daß der Mensch morgens etwas größer sei als abends; den Tag über sinkt er etwas zusammen." Zu diesen Quételetschen physiologischen Gesichtspunkten wurde noch eine Reihe anderer hinzugefügt, von denen besonders die Aufstellung hervorzuheben ist, daß das Größenwachstum auf Kalkboden, der den Knochen reichlicheres Bildungsmaterial zuführe, ein stärkeres sei als in verhältnismäßig kalkarmen, namentlich den Urgebirgsarten zugehörenden Gegenden.

An allen diesen Angaben mag vielleicht etwas Wahres sein, mit wissenschaftlicher Exaktheit bewiesen sind sie aber nicht. Baxter sagt über viele dieser Untersuchungen ganz richtig: „Der Hauptgrund für ihren Mißerfolg beruht in der konfusen Manier, in welcher die Messungen vorbereitet wurden. Die Größen von jung und alt, von Männern von weit verschiedener Heimatsabstammung, von ausgelesenen Männern, wie z. B. Soldaten und Milizen, von Männern und Frauen, von Studenten unter dem Alter des vollen Wachstums, von Gefangenen, einer Menschenklasse, die gewöhnlich (?) kleiner ist als die Mittelgröße ihrer Landsleute, von Männern in Schuhen und Männern ohne Schuhe — hat man miteinander in Tabellen verglichen, mit der Prätension, wissenschaftliche Schlußfolgerungen darzubieten."

Der Rückschlag konnte nicht ausbleiben: Broca und andere gewichtige Stimmen haben sich in der neuesten Zeit dafür entschieden, daß nicht die Lebensumstände, sondern die Rasse die Körpergröße der Erwachsenen bedinge. Bekannt ist das Wort Boudins: „Die Körpergröße ist niemals der Ausdruck des Wohllebens oder der Misere, aber vor allem ein solcher der Rasse, mit anderen Worten: die Größe ist eine Sache der Erblichkeit." Das heißt nun das Kind mit dem Bade ausschütten; kennt man bis jetzt doch noch ebensowenig oder vielleicht noch weniger den Einfluß der Rasse als den der physiologischen Momente auf die Körpergröße; man setzt damit nur ein neues Dogma an Stelle der freien wissenschaftlichen Diskussion. Ein großer Teil der von Quételet angeführten Einflüsse auf die Körpergröße existiert zweifellos, wenn sie sich auch für das „mittlere Individuum" durch + und — Fälle mehr oder weniger oder ganz kompensieren können. Zweifellos übt z. B. der Unterschied des Stadt- und Landlebens Einfluß auf die Körpergröße der Individuen aus, obwohl die Ergebnisse der Engländer denen Quételets geradezu widersprechen. Meine Beobachtungen in Bayern beweisen, daß die Wachstumsverhältnisse in den Städten, den sie umgebenden Landbezirken gegenüber, der überwiegenden Mehrzahl der Beobachtungszentren nach schlechter sind. Nur da, wo in den Landbezirken sehr mächtige Ursachen zur Verschlechterung der Körperentwickelung sich geltend machen, etwa große Armut und Fabriktätigkeit, zeigen hier und da, wie

z. B. im bayerischen Vogtland, die Städter ein günstigeres Verhältnis. Daß unter Umständen das Leben im Gebirge hemmend auf die Entwickelung der Körpergröße einwirkt, hat R. Virchow hervorgehoben. Die Ursachen, die im Hochgebirge an vielen Orten zur Ausbildung des Kretinismus führen, machen sich auch bei Nichtkretinen derselben Gegenden häufig, und zwar zum Teil als Wachstumsbehinderung, geltend. Dasselbe finden wir in Kretinengegenden außerhalb des Gebirges, und es gilt von Rachitis und Skrofulose und den Störungen der Körperentwicke-

lung in der ersten Jugend überhaupt: in Bayern sind nach
meiner Statistik die Leute im
Durchschnitt am kleinsten in den
Gegenden mit größter Kinder-
sterblichkeit. Vollkommen
sicher ist es auch, daß der Mensch
in horizontaler Körperlage größer ist als im Stehen, und daß
das Liegen im Bette die Größe
steigert. Jeder Arzt weiß, daß
nach längeren, mit Liegen verbundenen Krankheiten der Körper verlängert erscheint. Nach
den Messungen Roberts' z. B.
waren die Leute im Liegen um
1,3 cm im Mittel größer als im
Stehen. Durch langes, etwa
24 Stunden dauerndes Stehen
kann dagegen die Körperlänge
um mehrere Zentimeter, bis zu
6 cm, abnehmen. Diese Ab-
nahme beruht auf einfach physikalischen Veränderungen, nämlich auf Zusammendrückung der
Knorpelscheiben der Wirbelsäule
und auf Abflachung des Fußgewölbes. Die Mittelzahlen und

Einfluß verschiedener Ernährung auf zwei gleichalterige, von derselben Mutter stammende Hunde von ursprünglich gleichem Körpergewicht. Nach O. Bollinger, „Über Zwerg- und Riesenwuchs", in Birchows und Holtzendorffs „Sammlung wissenschaftlicher Vorträge", Serie 19, Nr. 455 (Berlin 1885).
1 Schlecht ernährt, 2 gut ernährt. Vgl. Text S. 112.

namentlich die nur annähernd richtigen, durch Wahrscheinlichkeitsrechnung gefundenen Zahlen verdecken, wie gesagt, derartige Unterschiede, wie sie auch die sehr merkwürdige und allgemein bekannte Tatsache verdecken, daß das Wachstum, das bei dem mittleren Individuum scheinbar so regelmäßig ansteigt, dies bei dem Einzelindividuum meist keineswegs tut; hier erfolgt das Wachstum mit zeitlichen Verzögerungen und Beschleunigungen, die jungen Leute beginnen „in die Höhe zu schießen", und diese „Schüsse" erfolgen bei verschiedenen Individuen keineswegs zu der gleichen Zeit, sondern in Wahrheit zu so unregelmäßigen Zeiten, daß das „mittlere Wachstum" davon nur wenig erkennen läßt.

Otto Bollinger fügte noch hinzu: „Jede physische Degeneration in der Wachstumsperiode,

mag sie nun durch mangelhafte Ernährung, durch übermäßige körperliche oder geistige
Arbeit, durch ungenügende Muskeltätigkeit, durch einseitige Pflege der psychischen Sphäre,
durch Mißbrauch von Genußmitteln und endlich durch erbliche oder erworbene Krankheiten
bedingt sein, führt auch zur Verminderung der Körpergröße, namentlich wenn ganze Reihen
von Generationen betroffen werden.

„Der wichtige Einfluß der Ernährung auf das körperliche Wachstum tritt uns in
armen Gegenden und Ländern so überzeugend entgegen, daß eine weitere Erörterung überflüssig erscheint. Die Resultate der Tierzucht und das Tierexperiment sind imstande, die Bedeutung der Ernährung für das Höhenwachstum klar vor Augen zu führen. Ich erinnere
hier zunächst an die in München von J. Lehmann angestellten Versuche, welchem es gelang,
im Verlauf weniger Monate ein junges Schwein durch reichliche und entsprechend zusammengesetzte Nahrung auf das Doppelte des ursprünglichen Gewichtes und eine entsprechende Körpergröße zu bringen, während ein zweites, ursprünglich gleichgroßes, mit einer
mangelhaft zusammengesetzten, eiweißarmen Nahrung gefüttertes Schwein in derselben Zeit
nur wenig an Gewicht und Größe zunahm und bei der Schlachtung ein krankhaftes, rachi-
tisches Knochengerüst darbot. Während das trockene Skelett des gutgenährten Tieres nach
viermonatiger Versuchsdauer 3360 g Gewicht hatte, wog dasjenige des mangelhaft ernährten
Tieres nur 1600 g. Ähnliche Resultate erzielte H. v. Höslin, als er im pathologischen Institut
zu München zwei gleichalterige Hunde, die von derselben Mutter stammten und zu Beginn
des Versuches fast gleiches Körpergewicht, nämlich 3,1 und 3,2 kg, zeigten, nahezu ein Jahr
lang mit einer Nahrung fütterte, die sich quantitativ wie 3:1 verhielt (f. die Abbildung
S. 111). Der mit der reichlichen Nahrung gefütterte Hund hatte am Ende des Versuchs
ein Körpergewicht von 29,5 kg, der zweite Hund, der nur ein Drittel der Nahrungsmenge
erhalten hatte, wog 9,1 kg, und dementsprechend verhielt sich annähernd die Körperhöhe.
Die Körperlänge verhielt sich wie 100:83; demnach war das kleinere Tier etwas länger,
als seinem Gewicht entsprach.“ Nach den interessanten Ergebnissen von Arbo findet seit
der Mitte des 19. Jahrhunderts ein Steigen der Körpergröße der schwedischen und norwegischen 21jährigen Militärpflichtigen statt, was Arbo aus der steigenden allgemeinen Verbesserung der Lebensverhältnisse erklärt.

Einflüsse der Erblichkeit und Rasse auf die Körpergröße.

Den hervorgehobenen, nicht wegzuleugnenden Einwirkungen äußerer Momente auf die
Entwickelung der Körpergröße des Individuums stehen die sicher wenigstens nicht in ge-
ringerem Maße wichtigen Einflüsse der Erblichkeit gegenüber. Jeder, der mit offenen
Augen die Dinge um sich her zu beobachten vermag, hat dafür gewiß selbst schon reichhaltiges
Beobachtungsmaterial gesammelt. In den Familien sehen wir hohen oder niedrigen Wuchs
erblich. Und was in dieser Hinsicht für den Menschen gilt, sehen wir in der frappantesten
Weise bei der Rassenzucht unserer Haustiere, namentlich der Pferde und Hunde, aber auch
der Rinder, Schafe, Schweine, uns entgegentreten, bei der die Vererbung der Körpergröße
und, worauf wir noch einmal speziell aufmerksam machen müssen, auch der Körperproportionen die allerwesentlichste Rolle spielt.

Ein auffallendes Beispiel aus dem letzteren Beobachtungskreise führt O. Bollinger an.
„Den höchst wichtigen Einfluß der Erblichkeit auf die Körpergröße vermag ich nicht besser

zu illustrieren als durch den Hinweis auf die in Eldena angestellten Versuche von Plönnies, der von einem weiblichen Seidenhündchen (s. die untenstehende Abbildung, Fig. 1) von 4,5 kg Gewicht und einem männlichen Neufundländer von 43,4 kg Gewicht zwei Junge erzielte, von denen das weibliche Tier (s. die Abbildung, Fig. 2) sich vollständig nach dem Vatertier entwickelte und mit vier Monaten schon doppelt so schwer als seine Mutter war, während das männliche Junge (s. die Abbildung, Fig. 3) durchaus der Mutter nachartete, alle Eigenschaften eines Seidenhündchens zeigte und in der Entwickelung weit hinter dem weiblichen Jungen zurückblieb. Wir sehen in diesem Falle, wie echte Geschwister sich in jeder Richtung, namentlich in bezug auf Körpergröße, verschieden verhalten können: die Tochter schlägt hier vollkommen dem Vater, der Sohn der Mutter nach."

Wenn wir uns nun aber nach den exakten Beweisen des Einflusses der „Rasse" auf die Körpergröße des Menschen umsehen, so sind solche Beweise bis jetzt noch auffallend spärlich, und oft halten auch Angaben, die man bisher als Beweise beigebracht und aufgefaßt hat, keineswegs vor einer strengeren Kritik stand. Unter die vermeintlichen Beweise nach dieser Richtung müssen wir leider vor allem die Mehrzahl der bis jetzt für die verschiedenen Körper-

Einfluß der Erblichkeit auf Hunde. Nach O. Vollinger, „Über Zwerg- und Riesenwuchs" in Virchows und Holtzendorffs „Sammlung wissenschaftlicher Vorträge", Serie 19, Nr. 455 (Berlin 1885).
1 Mutter, 2 weibliches, 3 männliches Junges des gleichen Wurfes.

größen der alten und modernen europäischen Rassen beigebrachten Angaben rechnen. Da stehen unter den französischen Beobachtungen die Untersuchungen von Lagneau und Broca voran. Diese Forscher fanden, daß bei den Rekruten in Frankreich die Körpergröße nach den Gegenden verschieden erscheint, und daß sich in dieser Verschiedenheit eine gewisse Regelmäßigkeit der Verteilung im Lande zeigt. Man hat das nun ohne weiteres ethnographisch verwertet. Im Norden Frankreichs, wo germanische Stämme den Hauptstock der Bevölkerung darstellen, sind die Rekruten verhältnismäßig groß, kaum weniger in den südlichen, mehr gebirgigen Gegenden: hier führt man aber die bedeutendere Größe auf die Aquitanier und Ligurer zurück: am kleinsten erscheinen die Rekruten in den mittleren Teilen Frankreichs, wo die Kelten in größter Reinheit sitzen sollen. Aber wir brauchen nur unsere Blicke über die Grenzen Frankreichs hinauszuwenden, so finden wir diese ethnologischen Größenbestimmungen keineswegs wieder. Im britischen Reiche sind in Schottland, Irland und Wales, wo die keltische Bevölkerung am dichtesten sich erhalten hat, die Leute größer als im eigentlichen England, dessen Einwohner mit den notorisch körperlich größten germanischen Stämmen am stärksten gemischt sind. Wir besitzen eine vortreffliche Untersuchung der mittleren

Körpergröße der Italiener von 20 Jahren von Ridolfo Livi, dessen Karte über die Verteilung der Körpergröße in den verschiedenen Gegenden des Landes wir wiedergeben (s. die beigeheftete „Karte der mittleren Körpergröße der 20jährigen Italiener"). Hier scheint es, wie in Frankreich, der Einfluß des germanischen Blutes zu sein, der die Bevölkerung im Norden verhältnismäßig groß gemacht hat. Nur zwei eigentliche Hochgebirgsdistrikte, der um den Monte Rosa und den Sondrio, haben in Norditalien eine relativ kleinere Bevölkerung, die man wohl auf Rechnung einer in den unwirtlichen Gebirgstälern in stärkerem Maße sitzengebliebenen nichtgermanischen Urbevölkerung, vielleicht aber mit noch besserem Rechte auf Rechnung des in den Gebirgsgegenden besonders häufigen Kretinismus setzen könnte. Während Livis Karte uns wesentlich eine mittelgroße Bevölkerung vorführt, zeigt uns die Karte über die durchschnittliche Größe der 21jährigen militärdiensttauglichen Schweden aus dem schönen Werke von Gustav Retzius und Carl M. Fürst: „Anthropologia Succica", ein Volk maximaler Körpergröße. Nur in Lappland bleibt die Mittelgröße mit 169,9 etwas unter 170 cm und steigt in den Zentralprovinzen bis 172 und darüber, in Gotland auf 172,74 cm. Der Einfluß der lappischen Bevölkerung macht sich für die Körpergröße nur sehr wenig, der der Finnen in Västenhotten (170,28) noch weniger geltend. Die stammfremden Rassen haben sich sonach der germanischen sehr vollkommen angeglichen. Ähnlich zeigen sich die Verhältnisse auch bezüglich der Komplexion (s. unten). Nach Hultkranz, der für die Jahre 1887—94 von allen 232367 schwedischen 21jährigen Wehrpflichtigen, mit Einschluß der wegen Körperkleinheit (von 149 cm und darunter) Untauglichen, nach den Vorstellungslisten die Körpergrößen mitgeteilt hat, beträgt die mittlere Körpergröße in diesem Alter für Schweden 169,51 cm. Die Mindermäßigen machten nur 0,47 Prozent, die Übermäßigen von 190 cm und mehr immer noch 0,1 Prozent aus. In G. Retzius' und Fürsts Statistik, die sich nur auf die in die Regimenter eingestellten Jungmannschaften bezieht, steigt die Zahl für die mittlere Körpergröße der etwa 45000 gemessenen 21jährigen Schweden auf 170,88 cm.

Für die ungarische Bevölkerung gibt S. H. Scheiber folgende „mittlere Höhen" an: Magyaren 161,9 cm, Juden 163,3, Deutsche und Slawen je 164,6 cm. Für Deutschland fehlt uns noch eine ausreichende Gesamtstatistik. Soweit Untersuchungen vorliegen, scheint aber die Verteilung der Körpergröße ganz ähnlich zu sein wie in Frankreich, jedoch auf wesentlich verschiedener ethnologischer Basis. Nordgermanen und Norddeutsche sind groß, ebenso und zum Teil sogar nach meinen Beobachtungen noch mehr die süddeutsche, speziell bayerische Gebirgsbevölkerung, während die Bevölkerung der mitteldeutschen Bezirke relativ kleiner ist. In Deutschland sitzen aber die Reste der Kelto-Romanen wesentlich im Hochgebirge, und doch sind dort die Leute groß: dagegen ist die germanische Zumischung reicher im flacheren Vorlande, wo doch die Leute kleiner sind. Aus diesen Betrachtungen geht sonach ein ausschließlich bestimmender Einfluß der Rasse für die heutigen Bewohner Europas keineswegs hervor. Und noch mißlicher liegen die Verhältnisse, wenn wir außereuropäische Rassen betrachten. Der Hauptmangel, an dem alle diese Betrachtungen für Europäer bisher leiden, ist der, daß ihnen meist nicht etwa die Körpergröße des vollkommen erwachsenen Menschen, sondern die Körpergröße der Rekruten, d. h. noch nicht vollkommen ausgewachsener, meist im 19.—21. Lebensjahre stehender Individuen zugrunde gelegt wird.

Die Statistik des großen amerikanischen Krieges, die uns in den vorausgehenden Untersuchungen so gute Dienste geleistet hat, bietet uns auch für diese Frage reiches Material dar. Goulds Körpermessungen umfassen eine Anzahl von 1104841 Individuen im Alter von

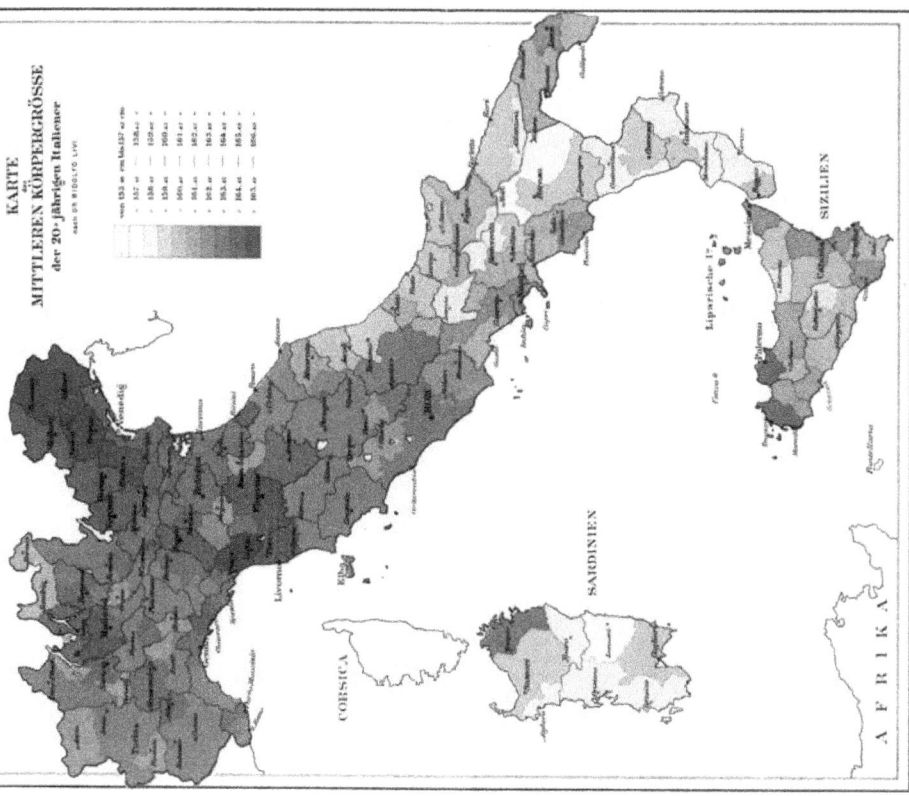

Bibliographisches Institut in Leipzig

16 bis 35 Jahren und darüber. Sie geben uns zunächst Aufschlüsse über die Zeit des vollendeten Größenwachstums des Mannes. Da zeigt sich nun, daß, wie schon oben erwähnt, das letztere weit von dem Zeitpunkte der erlangten Geschlechtsreife abliegt.

Nachstehend gebe ich, von mir umgerechnet, Goulds Tabelle über das Alter und die darauf treffende mittlere Größe von 1 104 841 in Amerika gemessenen Männern im Alter von 16 bis 35 Jahren, darunter 89 021 Deutschen.

| Alter | Von 1 104 841 Männern in Amerika: | | Von 89 021 Deutschen: | | Alter | Von 1 104 841 Männern in Amerika: | | Von 89 021 Deutschen: | |
	Größe in Millimetern	Anzahl	Größe in Millimetern	Anzahl		Größe in Millimetern	Anzahl	Größe in Millimetern	Anzahl
16	1630,3	4 970	1575,6	182	25	1727,0	47 663	1697,3	4 344
17	1673,9	10 799	1608,1	358	26	1727,5	41 902	1697,0	4 094
18	1690,8	168 102	1667,6	5498	27	1727,7	37 293	1697,7	3 553
19	1709,3	91 247	1682,7	4266	28	1727,4	37 900	1695,7	3 990
20	1719,4	76 057	1687,0	4197	29	1728,2	27 329	1695,5	3 106
21	1721,4	97 333	1694,7	5563	30	1726,5	30 247	1696,1	3 581
22	1724,8	73 751	1698,6	4900	31—34	1729,0	83 069	1696,3	10 488
23	1727,1	63 091	1699,2	4446	35 u. m.	1726,1	159 892	1694,6	22 071
24	1727,1	54 196	1698,8	4384		1718,0	1 104 841	1693,3	89 021

In der Gesamtzahl dieser über eine Million betragenden Messungen fällt die Zeit der größten Körperlänge des „mittleren Individuums" auf das 31.—34. Lebensjahr, also noch später, als Quételet für Belgier annimmt. Diese lange Erstreckung des zunehmenden Größenwachstums gilt aber doch wesentlich nur für die eingeborenen Nordamerikaner. In den Staaten Ohio und Indiana, von wo über 200 000 Individuen gemessen wurden, fiel sogar das Größenmaximum des mittleren Individuums auf die Altersperiode vom 35. Jahre und darüber. Bei etwa 600 000 Nordamerikanern war die Wachstumsgrenze die oben angegebene des Gesamtmittels; in Britisch-Amerika traf sie bei 6320 Gemessenen auf das 30. und in drei südlichen Staaten der Union, mit 100 000 Gemessenen, auf das 29. Lebensjahr. Nun ist es höchst beachtenswert, daß für Europa das Alter des vollendeten Wachstums zwar verschieden, aber im allgemeinen ein früheres zu sein scheint als in Nordamerika. Nur bei den 83 128 gemessenen Irländern trifft die Wachstumsgrenze auf die Lebensjahre vom 31. bis 34., bei 3037 gemessenen Engländern auf das 29., bei 7313 gemessenen Schotten auf das 28., bei 6809 gemessenen Franzosen, einschließlich einiger Belgier und Schweizer, auf das 27., bei 6782 Skandinaviern auf das 25. und bei 89 021 gemessenen Deutschen schon auf das 23. Lebensjahr. Die Messungsreihen sind zu verschieden groß, als daß wir das durch sie gewonnene Ergebnis als schon vollkommen festgestellt betrachten könnten, immerhin aber sind die angeführten Beobachtungen wohlbegründet genug, um unsere volle Aufmerksamkeit zu beanspruchen.

Es ist gewiß sehr auffallend, daß die Amerikaner nach den angegebenen Resultaten längere Zeit wachsen als die Vertreter jener Völker, aus denen sie sich durch Auswanderung gebildet haben. Gould glaubt allen Grund zu der Annahme zu haben, daß die Auswanderer im allgemeinen und im Durchschnitt größer sind als das Volk in ihrer Heimat, und zwar gilt das seiner Ansicht nach auch dann, wenn die Auswanderer geborene Nordamerikaner sind, die aus einem Staate der Union in den anderen ziehen. Sicherlich gehört ein gewisses höheres Maß körperlicher und geistiger Energie dazu, den Entschluß der Auswanderung freiwillig zu fassen und auszuführen: es sind daher die Auswanderer meist „ausgelesene Leute", denen die körperlichen und geistigen Schwächlinge großenteils fehlen. Dieser Einfluß muß sich aber auf die Einwanderer aus allen Staaten Europas ziemlich gleichmäßig geltend machen, so daß wir in ihnen allen den kräftigen mittleren Mann am häufigsten antreffen werden; der Vergleich zwischen den Vertretern verschiedener europäischer Völker kann also wohl dadurch nicht wesentlich gestört werden. Das ist gewiß, daß wir bis jetzt kein anderes brauchbares Zahlenmaterial besitzen, um die Körpergröße vollerwachsener Indi viduen der Völker der weißen europäisch-nordamerikanischen Rasse miteinander zu ver gleichen, als das der amerikanischen Statistik. Gould vereinigte in der folgenden, von mir in Zentimeter umgerechneten Tabelle alle Individuen über 31 Jahre; nur für einige weni ger zahlreich vertretene europäische Staaten wurde, um wenigstens die Zahl von 3000 Ge messenen zu erreichen, zum Teil auf frühere Jahrgänge zurückgegriffen, aber niemals unter den Jahrgang mit dem Maximum der Körpergröße.

Die Mittelgrößen vollkommen Erwachsener.

Heimatland	Zahl der Gemes- senen	Körper- größe in Zenti- metern	Heimatland	Zahl der Gemes- senen	Körper- größe in Zenti- metern
I. Amerika.			**II. Europa.**		
Kentucky und Tennessee . . .	12 862	176,07	Schottland	3 476	171,65
Ohio und Indiana	34 206	175,19	Skandinavien	3 790	171,35
Michigan, Wisconsin u. Illinois	4 570	174,91	Irland	24 149	170,53
Sklaven-Staaten (ohne Kentucky			England	8 899	170,16
und Tennessee)	13 409	174,86	Deutschland	32 559	169,51
Neuengland	33 783	173,55	Frankreich (mit Belgien und		
New York, New Jersey und			der Schweiz)	3 759	169,41
Pennsylvanien	61 351	173,00	Italien, respektive Bologna		
Britisch-Amerika	6 667	171,58	(nach Taruffi)	60	169,7

Die Bevölkerung der nordamerikanischen Unionsstaaten ist somit nach Beendigung des Wachstums im Mittel beträchtlich größer als die der europäischen Staaten. Auch die Be wohner von Britisch-Amerika haben die gleiche Körpergröße wie die Schotten, die an der Spitze der Europäer stehen. Von den letzteren sind die Nordländer, Schotten und Skandinavier die größten, dann folgen Irländer und Engländer, zuletzt Deutsche und Franzosen. Das sprich wörtlich arme Irland übertrifft in bezug auf Körpergröße sogar noch etwas das reiche England.

Beddoe hat in England zahlreiche Messungen an 23jährigen und älteren Individuen veranlaßt. Er hat also in seinen Tabellen noch zahlreiche Individuen, die ihre volle Körper größe nicht erreicht haben. Seine Zahlen sind daher entsprechend geringer als die Goulds: für (559) Schotten 170,8, für (1755) Iren 169,0, für (2431) Engländer 169,0 cm. Für Frank reich gibt Topinard — da die Messungen sich auf Rekruten beziehen, offenbar weitaus zu niedrig — die Körpergröße im Mittel nur mit 165,0 cm an, für Deutsche, ebenfalls zu niedrig, mit 167,7 cm. Nach den in Deutschland ausgeführten Messungen beträgt schon das Mittelmaß der schleswigschen Rekruten im 20. Lebensjahre nach Meisner 169,2 cm, und für altbayerische Gebirgsbevölkerung (Rosenheim) fand ich für das Mittelmaß der Rekruten sogar 170,7 cm;

die Leute sind sonach ebenso groß wie die Schweden. Majer stellte für Mittelfranken (Bayern) 165,1 cm, A. Kirchhoff für das zentrale Thüringen 165,9 (167,0—164,8) fest. Die in Europa gewonnenen größeren Messungsreihen beziehen sich, fast mit alleiniger Ausnahme jener durch Beddoe veranlaßten, auf Rekruten, also unausgewachsene Leute, die, wie gesagt, einen Schluß auf die volle mittlere Körpergröße nicht gestatten. Die volle Körpergröße der erwachsenen Russen kennen wir nicht, nach den Rekrutenmessungen von Snigirew ergibt sich nur, daß die gleichalterigen Rekruten deutscher, litauischer und russischer Abstammung in Russisch-Polen gleich groß, die Polen selbst und namentlich die Juden dagegen kleiner sind. Topinard gibt die Größe der Russen zu 166,0 cm, nach den neuen Angaben von Anutschin zu klein, an. Die Finnen haben nach Topinard nur eine Körpergröße von 161,7 cm; das ist viel zu niedrig. Nach den neueren, leider noch in geringer Anzahl vorliegenden Messungen an Erwachsenen gibt es kleine und große finnische Stämme. Nach G. Retzius haben die Karelier eine Körpergröße von 172,0 cm, die Tawasten eine solche von 167,3; Grube fand die Größe von 100 fast ausnahmslos vollkommen erwachsenen Esten zu 164,3 cm, Waldhauer dagegen die von (100) Liven zu 173,6 cm. Es sind das alles finnische Stämme. Nach den von Brennsohn und Wäber an je 60 fast ausnahmslos erwachsenen Letten und Litauern angestellten Messungen, beide zu dem slawo-lettischen Stamme gerechnet, sind ebenfalls die Litauer klein, 166,2 cm, die Letten groß, 170,4 cm. Wo bleibt da der Einfluß der Rasse?

Aus den Größenverhältnissen noch nicht ausgewachsener Individuen, z. B. der Rekruten, darf man nur mit größter Vorsicht Schlüsse auf die dereinstige volle Körpergröße zu ziehen versuchen. Es kommt sehr oft vor, und namentlich gilt das auch für die Hochgebirgsbevölkerung, z. B. in Altbayern, Tirol und anderen Ländern, daß bei beginnendem militärpflichtigen Alter viele Individuen oder ganze Stände und Bevölkerungsgruppen noch körperlich auffallend unentwickelt sind, sich aber in der Folge weit besser ausbilden. Dieses Verhältnis zeigt sich z. B. häufig bei den Juden: durch eine Anzahl von Untersuchungen ist konstatiert worden, daß die stellungspflichtigen Juden körperlich im allgemeinen weniger ausgebildet sind als die nichtjüdischen (germanischen, slawischen, finnischen) Bevölkerungen, unter denen sie wohnen; das Verhältnis bessert sich aber in der Folge. Die Bemerkung, die Kopernicki und Majer bei der Rekrutierung in Österreichisch-Polen machten, daß die Juden im 20. Lebensjahr kleiner sind als die Ruthenen und Polen, unter denen sie dort leben, im 25. Lebensjahr aber die Polen an Größe erreicht haben (die Ruthenen sind noch etwas größer), ist ein sehr wichtiger Fingerzeig dafür, daß das Wachstum zeitlich verzögert werden, aber in späteren Jahren das in früheren Versäumte nachholen könne. Ähnlich wie mit der Körpergröße ist es mit dem notorisch geringeren Brustumfang der jüdischen Rekruten; auch hier ergaben sich in späteren Lebensjahren viel günstigere Dimensionen. Talko Grinzewitsch fand im südwestlichen Rußland die Körpergröße der Juden zwischen 162 und 168 cm, sie entspricht derjenigen der christlichen Bevölkerung, unter welcher die Juden leben; unter einer Bevölkerung von großem Wuchs sind dort auch die Juden groß.

Man hat häufig die Ansicht vertreten, daß die blonden Völker eine bedeutendere mittlere Körpergröße besäßen als die brünetten. Für Europa mag dieser Satz vielleicht im allgemeinen gelten, für außereuropäische Länder aber gilt er sicher nicht, auch nicht für Amerika. Aus den amerikanischen Messungen stellte Baxter die folgende Reihe nach dem mittleren Maße aller Gemessenen zusammen, so daß also, da zum Teil auch jüngere Leute mitgerechnet wurden, die Mittelzahlen nicht der „vollen Körpergröße" entsprechen; da aber alle seine Mittelmaße etwas zu klein sind, so dürfen wir annehmen, daß die Fehler sich vielleicht gegenseitig ziemlich kompensieren; die Reihenfolge wird sich daher wohl wenig von der Wahrheit entfernen. Wir beginnen mit den größten und schreiten zu den kleinsten fort: Norweger, Schotten, Schweden, Irländer, Dänen, Holländer, Engländer, Deutsche, Eingeborene von Wales, Russen, Schweizer, Franzosen, Polen, Italiener, Spanier, Portugiesen. Der Unterschied zwischen der Mittelgröße der blonden Norweger und der brünetten Portugiesen beträgt nach Baxters Reihe 5,17 cm. Wenn wir aber innerhalb des gleichen Volkes Brünette und Blonde miteinander vergleichen, so zeigt sich, wie ich das zuerst für Bayern nachgewiesen habe, ein solcher Größenunterschied nicht: blonde und brünette Altbayern sind im Mittel gleich groß. Nach Meisner haben die vorwiegend blonden Schleswiger Rekruten eine mittlere Größe von 169,2 cm, für die am häufigsten brünetten Altbayern (Rosenheim) fand ich die Mittelgröße zu 170,7 cm. Ähnliche Bemerkungen hat auch Ecker für die Bewohner Badens gemacht. Auch Baxter gibt eine höchst instruktive, auf großartiges Messungsmaterial gestützte, von mir umgerechnete Tabelle, die dasselbe beweist.

Größenvergleichung der Blonden und Brünetten (nach Baxter).

Heimatland	Zahl aller Gemessenen	Darunter		Größe in Zentimetern		Brustumfang in Zentimetern	
		Blonde Prozent	Brünette Prozent	Blonde	Brünette	Blonde	Brünette
Britisch-Amerika	14 365	66,2	33,8	170,61	170,37	85,11	85,68
Vereinigte Staaten	190 621	66,4	33,6	171,84	172,15	85,11	85,77
England	9 649	70,5	29,5	169,12	169,22	84,87	85,40
Irland	28 995	70,3	29,7	169,56	169,56	85,80	86,46
Deutschland	29 060	69,5	30,5	168,99	169,56	86,25	86,66

Wir waren bisher wohl alle der Meinung, daß die Blonden sich nicht nur durch bedeutendere Körpergröße, sondern besonders auch durch eine breitere Brust von den Brünetten unterscheiden. Das eine gilt nach Baxters obenstehender Tabelle ebensowenig wie das andere: seine Brünetten haben auch einen größeren Brustumfang als seine Blonden. Mit derselben Frage beschäftigte sich A. Weisbach bei seiner Untersuchung über die Serbo-Kroaten der adriatischen Küstenländer. Er sagt: „Da wir in den nördlichen Abteilungen unseres Untersuchungsgebietes einen kleineren Wuchs bei stärkerer Vertretung der blonden Haare und umgekehrt in den südlichen Teilen eine höhere Statur bei vorherrschend dunkeln Haaren gefunden haben, so lag die weitere Aufgabe vor, zu untersuchen, ob bei den Serbo-Kroaten Haarfarbe und Körperlänge in irgendwelchem Zusammenhang stünden oder nicht. Daraufhin wurden alle Individuen unter 20 Jahren ausgeschieden, und so blieben 1257 Männer von 20 Jahren an aufwärts zur Beantwortung dieser Frage. Es ergab sich, daß unter den Serbo-Kroaten in den Küstenländern der Adria die blondhaarigen durchschnittlich die kleinsten (167,5 cm), jene mit hellbraunen, braunen und dunkelbraunen Haaren wohl alle unter sich gleicher Statur (168,9 cm), aber größer als die ersteren und endlich die schwarzhaarigen die größten (171,7 cm) von allen sind, demgemäß auch, alle die letzteren zusammengenommen, die dunkelhaarigen im allgemeinen durch einen höheren Wuchs (169,2 cm) vor den lichthaarigen sich auszeichnen. Für Deutschland vertritt man die Ansicht, die dunkelhaarige, vorzüglich vom Süden her sich ausbreitende Rasse sei kleineren Schlages als die blonde; für die slawischen Küstenländer des Adriatischen Meeres haben wir somit das Gegenteil bewiesen: für diese ist

der dunkelhaarige Menschenschlag der höher gewachsene und der aus den nördlichen Nachbargebieten eingedrungene blonde der kleinere."

In Italien, wo es im Norden im allgemeinen mehr Blonde gibt als im Süden,
fand dagegen, wie wir oben erwähnten, Ridolfo Livi die mittlere Größe der Militärpflichtigen im 20. Lebensjahr im Norden viel beträchtlicher als im Süden. Die Verhältnisse sind
sonach in verschiedenen Gegenden Europas auch in dieser Hinsicht recht verschieden und
wechselnd, ein allgemeines Gesetz gibt sich bis jetzt noch nicht zu erkennen.

Bodenständigkeit der Menschenformen.

In Nordamerika leben vier sehr verschiedene Menschenrassen nebeneinander, von
denen in der Kriegsstatistik wenigstens drei: Weiße, Indianer, Vollblutneger (einschließlich der Negermischlinge), Untersuchung im vollerwachsenen Alter von 30 bis
35 Jahren fanden. Hier könnten sich sonach in der Rasse begründete Unterschiede gewiß
deutlich zeigen. Wir entnehmen wieder Gould und Baxter folgende lehrreiche, von mir
umgerechnete Vergleichung:

Weiße Nordamerikaner	. . . .	173,28 cm mittlere Körpergröße (nach Baxter),
Irokesen (Indianer)	. . . .	173,20 " " " (nach Gould),
Schwarze (Neger und Negermischlinge)	. . .	170,74 " " " (nach Baxter).

Die Ureinwohner Nordamerikas sind danach genau ebenso groß wie die eingewanderte
weiße Bevölkerung, und auch die Schwarzen nähern sich dieser allgemeinen nordamerikanischen Größe an; zwischen Negern und Mulatten besteht in der Körpergröße kein durchgreifender Unterschied. In bezug auf die Körpergröße ist also das wirklich erfolgt, was man
für andere Verhältnisse behauptete, daß Nordamerika aus den eingewanderten Europäern
eine neue, den Ureinwohnern bzw. den nordamerikanischen Indianern ähnliche Rasse gebildet hat. Die Einwanderer werden in den folgenden Generationen in Nordamerika größer
als in ihrem alten Heimatlande, und die Zeit des Wachstums verlängert sich. Das spricht
doch deutlich dafür, daß von seiten des Wohnorts ein Einfluß auf die Größenentwickelung des Körpers ausgeübt wird, daß in dieser Beziehung eine, wie ich das
nennen möchte, Bodenständigkeit besteht. Gould bringt dafür noch einen höchst auffallenden Beitrag. Nach seinen Tabellen zeigt es sich, daß die Irländer, deren zeitliche
Wachstumsgrenze, wie er fand, so spät wie bei der Mehrzahl der Nordamerikaner fällt, die
also, wenn sie in jüngeren männlichen Jahren einwandern, noch einen Einfluß von seiten
des Wohnorts auf ihre Körpergröße erfahren können, zwar in allen Staaten der Union
kleiner sind als die Eingeborenen, aber doch in den Staaten am größten, deren weiße Eingeborene am größten, und in den Staaten entsprechend kleiner, in denen auch die Eingeborenen kleiner sind. Goulds Angaben für in Amerika geborene Weiße und eingewanderte Irländer ordnen sich nach der Größe (in englischen Zoll) absteigend in folgende Reihe:

Staat:	Weiße:	Irländer:	Staat:	Weiße:	Irländer:
Missouri	69,085	67,584	New York	67,930	67,068
Indiana	68,979	67,268	Pennsylvanien	67,883	67,060
Maine	68,781	67,262	Massachusetts	67,705	66,834
Vermont	68,172	67,078			

Nur New Hampshire unterbricht die sonst ganz gleichlaufenden Reihen mit 68,418
und 66,610 Zoll. Bei den Deutschen, deren Wachstum schon mit 23 Jahren das Maximum

erreicht hat, zeigt sich dieser „Einfluß des Lokales" in Amerika nicht. Mir scheint, daß kaum ein besserer Beweis für einen solchen, für die Bodenständigkeit der Rasse, erbracht werden könnte als der in den mitgeteilten Reihen enthaltene.

Worin dieser lokale Einfluß besteht, das wissen wir zurzeit freilich noch nicht. Für Bayern habe ich statistisch festgestellt, daß sich im Gebirge häufiger große Leute finden als in den dem Gebirge vorgelagerten flachen Gegenden. Das Gebirge verlangt von seinen Bewohnern schon durch die allgemeine Körperbewegung eine bedeutendere mechanische Tagesarbeit als das flachere Vorland, und dadurch wachsen, nach dem oft angeführten Gesetz, namentlich die Beine stärker, worauf zum Teil die bedeutendere Körpergröße der Gebirgs-bewohner beruht. Ähnlich mag es sich mit der seemännischen Bevölkerung der Meeresküsten verhalten. Aber das ist offenbar nur eine Seite der Frage. Unsere bayerische Statistik lehrt uns auch, daß es dort am meisten kleine Leute gibt, wo eine übergroße Kindersterblich-keit beweist, daß tiefe pathologische und halbpathologische Störungen auf den jungen Erden-bürger bei seinem Eintritt in die Welt in gesteigertem Maße als anderswo eindringen.

Das sind also bis jetzt nur Fragen an die Natur, die aber eine exakte Beobachtung einst zu lösen imstande sein wird. Interessant erscheint es weiter, daß in Europa die reinsten Stämme germanischen und keltischen Blutes, einerseits die Schweden und Norweger, ander-seits die Schotten, größer sind als die mehr gemischten Völker der Engländer, Franzosen und Deutschen. Ob hier aber nicht auch ein verborgener Einfluß des Lokales, der Gebirge und der Meeresküste, wenigstens mitwirkt, bleibe zunächst dahingestellt. Das ist gewiß, daß die Nord-germanen und Schotten uns noch heutigestags dem Bilde sehr ähnlich erscheinen, das uns von ihren Stammesvorelteru zur Zeit ihres ersten Eintritts in die Geschichte aufbehalten ist. Für die Bevölkerung Frankreichs im allgemeinen macht Broca die gleiche Bemerkung, indem er mit aller Bestimmtheit hinweist auf die merkwürdige Übereinstimmung der gegenwärtigen Rassen mit den Beschreibungen des Tacitus und anderer von den Stämmen, die zu ihrer Zeit dieselben Gegenden des Landes bewohnten. Diese Gleichheit der modernen Bewohner mit den alten nach allen stattgehabten Kreuzungen mit Angehörigen anderer Stämme scheint doch auch ein starkes Gewicht für einen lokalen Einfluß auf die Bevölkerung in die Wagschale zu werfen. Das gleiche scheint auch für andere Länder und Völker, wenn ich nicht irre, insbesondere für gewisse Gegenden Italiens, zu gelten. Ich habe für mein spezielles Forschungsgebiet Bayern mit Sprater festgestellt, daß in den nordwestlichen Gegenden, in denen heute noch die Langköpfigkeit eine hervorragende Rolle spielt, diese Kopfform schon in der jüngeren Steinzeit herrschend war; die heute in unserem Gebirge und Gebirgsvorland allein dominierende Kurzköpfigkeit zeigt sich schon in der jüngeren Steinzeit, ist in den folgenden prähistorischen Perioden die typische Schädelform und war imstande, die in der Völkerwanderungszeit zahlreich eingedrungenen langköpfigen nord-germanischen Stämme so vollständig zu assimilieren, daß heute Dolichokephalie zu den allergrößten Ausnahmen gehört. Dasselbe gilt nach C. Toldt für die Slawen. Ähnliche Erfahrungen häufen sich aus allen Gegenden der Erde. Am längsten bekannt und berühmt ist das Gleichbleiben des somatischen Typus seit den ältesten Zeiten bis heute in Ägypten. Nach den auf das großartigste Vergleichsmaterial gegründeten Untersuchungen von Elliot Smith haben die Kopten und die Bauern des Niltales, die man heutzutage mit dem Namen Fellah bezeichnet, den scharfgezeichneten Schädeltypus bewahrt, den die Ägypter seit der prähistorischen Periode durch alle Jahrtausende der Pharaonenherrschaft zeigten, was um so merkwürdiger ist, als sie sich seit der Eroberung durch die Perser, Römer und Araber vielfach mit den Stämmen der Eroberer gekreuzt haben. Der Einfluß des Wohnorts auf die Kopfform, woraus sich deren Bodenständigkeit entwickelt, ist von Franz Boas neuerdings in überzeugender Weise für Amerika nachgewiesen worden. Er hat festgestellt, daß von zwei „Rassen", die sich in Europa in bezug auf die Kopfform sehr verschieden verhalten, die in Amerika geborenen Nachkommen in hohem Maße gleich sind, und zwar wächst der Einfluß Amerikas auf die Nachkommen der Eingewanderten mit der Zeit, die seit der Einwanderung der Eltern von der Geburt der Kinder verstrichen ist. Der Beweis gründet sich auf die Untersuchung eingewanderter Juden und ihrer Kinder. Die in Sizilien geborenen Juden sind ausgesprochen langköpfig (Index 78), die aus dem mittleren Europa stammenden kurzköpfig (Index 84), die Kinder beider Gruppen, die in Amerika geboren sind, haben einen fast gleichen Index von etwa 81.

Die Körpergröße der verschiedenen Menschenrassen.

Unter allen Völkern sollen nach einer aus dem 18. Jahrhundert stammenden und seit dem immer wiederholten Ansicht zahlreicher Autoritäten die Patagonier die größten sein. Dagegen sagte Alcide d'Orbigny (1839), der acht Monate unter diesem Stamme wohnte und ihn genau studierte, daß er niemals einem Manne mit mehr als 192 cm Größe begegnet sei, und daß die mittlere Größe vollkommen erwachsener Patagonier zu 173 cm gefunden wurde. Sicherlich sind sonach die Patagonier groß, aber im Mittel nicht größer als die Buren in Südafrika, die weißen Nordamerikaner und die Irokesen und kleiner als die Watussi in Ruanda (vgl. S. 96). D'Orbigny sagt, daß die Breite der Schultern, das entblößte Haupt und die Art und Weise, wie die Patagonier sich von Kopf bis zu Fuß mit den Häuten wilder Tiere drapieren, eine solche Illusion hervorrufen, daß er selbst ihnen eine exzessive Größe beigemessen habe, ehe eine tatsächliche Vergleichung und Messung möglich war.

J. Deniker zählt in seiner Zusammenstellung von 288 Messungsserien von Völkern aller Weltteile in der Gruppe der Großen von 1,70 m und darüber eine beträchtliche Anzahl von farbigen Amerikanern (1,700—1,745), speziell von Indianern Nordamerikas, einschließlich Kaliforniens und Mexikos: Odschibwä, Delaware und Schwarzfußindianer, Sioux, Irokesen u. a.; Numa, Mohave; Pima. Die Cheyennes sind darunter die größten, nach 50 Messungen im Mittel 1,745 m. Unter den Afrikanern gehören in die Gruppe der Großen (1,700—1,741): die Nubier (Bedscha), die (35) Fulbe im französischen Sudan (die größten mit 1,741 m); von Negervölkern die Maudingo, Kaffern (Ama Xosa und Ama-Zulu), ein Teil der Sandhe (Njam-Njam), Serer, die For in Darfur. Von Asiaten werden unter die Großen gerechnet (1,706—1,719) einige Stämme des Pendschab: die Awan und Sikh, außerdem die Zeiganen des russischen Turkestan (Luli u. a.). Von weißen Amerikanern und Europäern stehen in dieser Gruppe der Großen (1,700—1,792) die Kanadier französischer Abstammung, die im Lande geborenen Einwohner der Vereinigten Staaten, dann die Holländer der Provinz Oberijssel, die Kuban-Kosaken, Letten, Liven, Schweden, Serben, Bosnier und Herzegowiner, Engländer, Finnen, Dalmatier, Norweger; die größten sind die (346) Irländer mit 1,725 und die (1304) Schotten mit 1,746, die im Norden (124) eine Mittelgröße von 1,782 erreichen, die (75) Landleute von Galloway sogar 1,792 m.

Unter die Völker und Stämme von kleinster Statur, unter 150 cm Mittelgröße, setzte Topinard: die Lappen; die Kurumba der Nilgiriberge und die Wedda von Ceylon; die Papua und Negritos; die Buschmänner, Akka und Obongo. Deniker fügt dazu die Andamanen und Sakaï.

In allen Weltteilen treten uns große und kleine Stämme entgegen, oft nachbarlich nebeneinander wohnend; so in Europa die Norweger neben den Lappen; in Afrika die Kaffern neben den Buschmännern, die Akka u. a. neben den Bantustämmen; in Indien die Domba und Badaga neben den Stämmen schwarzer Haut, z. B. den Kurumba und Wedda; in Ozeanien die Polynesier neben den Papua und Negritos. Geringere, aber immerhin noch sehr bemerkenswerte Unterschiede zeigen sich zwischen den Bewohnern Grönlands, von denen

Afrikanische Urwaldpygmäen (Wambutti) und Europäer. Nach Photographie von der ersten Expedition des Herzogs Adolf Friedrich zu Mecklenburg.

uns die westlichen groß, die zentralen und nördlichen klein geschildert werden; zwischen den Stämmen Südamerikas mit den großen Patagoniern und den viel kleineren Feuerländern; zwischen der Mehrzahl der Australier und den Australiern am Port Jackson; die Malaien erscheinen benachbarten mongolischen und arischen Stämmen gegenüber klein. Auch von nächst stammverwandten Stämmen sahen wir z. B. bei den Finnen die eine Abteilung groß, die andere klein, ebenso bei den Slawo-Letten. Es wäre unter den gegebenen Umständen mehr als unwissenschaftlich, wenn wir eine genauere Übersicht über die Verteilung der Körpergröße auf den Kontinenten, gestützt auf das bisherige mangelhafte Material, geben wollten. Nur das ist gewiß, daß die Menschheit in ihrer Gesamtheit sich ähnlich verhält wie die Individuen, die zu einem „sozialen Organismus" im Sinne Quételets, also zu einem von einer stammverwandten Bevölkerung gebildeten größeren Staatswesen gehören. O. Bollinger sagt: „Ein Buschmann reicht einem Patagonier nur bis an die Brust, der kleinste Menschenschlag hat drei Viertel der Leibeshöhe des größten, ein Unterschied, der geringfügig erscheint im Vergleich mit dem Größenunterschied zwischen verwandten Rassen gewisser Tiere, wobei hier nur an Pferde, Hunde und Hühner erinnert werden soll." Die Abbildung S. 122 zeigt eine Gruppe von afrikanischen Urwaldpygmäen neben einem normalgroßen Europäer, die untenstehende das charakteristische Gesicht eines Pygmäenhäuptlings.

Wir ziehen zum Schluß aus diesen Betrachtungen das Wahrscheinlichkeitsergebnis: die Körpergröße wird bestimmt einerseits durch Einflüsse, die mit dem Wohnort in irgendwelcher Verbindung stehen, anderseits durch erbliche, von der Familie und dem Stamme ausgehende Einflüsse.

Riesen und Zwerge.

Quételet hat gezeigt, daß in einem „sozialen Organismus" bei Betrachtung großer Messungsreihen, etwa von einer Million Menschen einer Altersklasse, ganz regelmäßig mit gewissermaßen mathematischer Bestimmtheit eine gewisse kleine Anzahl von Zwergen und Riesen vorkommt, als äußerste Ausläufer der ganz regelmäßig von dem niedrigsten Maße bis zum Mittelmaß an Individuenzahl zunehmenden und vom Mittelmaß bis zu den höchsten Körpergrößen wieder ebenso regelmäßig an Individuenzahl abnehmenden Gesamtreihe. Würden wir die Körpergrößen einer Altersklasse der ganzen Menschheit zu einer Gesamtreihe vereinigen können, so würde diese zweifellos recht ähnlich sein den Reihen, die wir in Europa zusammenstellen können. Wie es große und kleine Individuen gibt, so gibt es auch große und kleine Familien und Stämme. Sicherlich kann aber die Körpergröße, so gute Dienste sie bei der Unterscheidung somatisch einander ferner stehender, oft aber auch nahe verwandter Stämme zu leisten vermag, ebensowenig wie die Körperproportionen benutzt werden zur Trennung der Menschheit etwa in Rassen oder in andere umfassende Unterabteilungen. Quételet hat, gestützt auf französische Konskriptions-

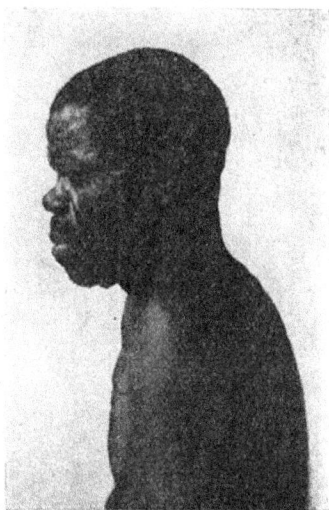

Der Batwa-Häuptling Sebulese. Nach Photographie von der ersten Expedition des Herzogs Adolf Friedrich zu Mecklenburg.

listen, festgestellt, daß unter einer Million junger, etwa 20jähriger Männer in Frankreich sich finden: 1186 von und über einer Statur von 191,5 und ebensoviel unter einer solchen von 131,5 cm; 26 von und über einer Statur von 201,5 und von einer solchen unter 121,5 cm; je einer von und über einer Statur von 211,5 und unter 111,5 cm.

Unter den 45 421 im Jahre 1875 bei den Oberersatzkommissionen vorgestellten Militärpflichtigen aus allen Teilen des Königreichs Bayern befanden sich nach meiner Statistik 43 zwerghafte Gestalten von einer Körpergröße unter 140 cm. Die geringste gemessene Körpergröße betrug 115, dann folgten je einmal 124, 125, 126 und 128 cm, drei hatten 130, zwei 131 cm. Dagegen fanden sich unter der angegebenen Gesamtzahl nur vier Männer von auffallenderer Körpergröße, nämlich drei mit 190 und einer mit 192 cm. Unter einer Million wären danach 947 unter 140 cm und 220 unter 131,5, sonach beträchtlich weniger, als Quételet angab; noch größer ist die Differenz bei den Riesen über 191,5 cm, die ich in Bayern nur zu 22 unter einer Million berechne. In anderen Jahrgängen war das Verhältnis ein nur wenig anderes. Im Jahre 1897 stellte Generalarzt Dr. Karl Seggel der Münchener Anthropologischen Gesellschaft den damals größten und kleinsten Soldaten der Münchener Garnison mit 2,09 bzw. 1,535 m vor, beides gute, allen Strapazen des Militärdienstes gewachsene Soldaten (s. die untenstehende Abbildung).

Unter einer Million amerikanischer Truppen war die relative Anzahl riesenmäßiger Gestalten, entsprechend der im allgemeinen bedeutenderen Körpergröße der Nordamerikaner, größer als bei den französischen Truppen: 26 mit einer Größe über 201 (genau 201,5) cm bei den Rekruten in Frankreich, 58 bei den Truppen aller militärischen Altersklassen in Amerika. Der größte Mann in der amerikanischen Armee, dessen Größe vollkommen feststeht, war Leutnant van Buskirk, ohne Schuhe gemessen: 209,5 cm hoch. Van Buskirk war nach dem Zeugnis seines Generals ein tapferer Mann, der die Strapazen des Marsches so gut wie die meisten Männer gewöhnlicher Größe ertrug. Die vier anderen in der Armee dienenden „Riesen", einer von 205,7, zwei von 204,5 und einer von 203,2 cm, hatten ein geringeres Lob. Ihr Verhalten sprach für eine geringere Leistungsfähigkeit als bei mittlerer Körpergröße, namentlich waren sie weniger ausdauernd im Marschieren und häufiger auf der Krankenliste. Die Sterblichkeit scheint unter den großen Männern bedeutender zu sein als unter den kleineren, da die Berechnung Goulds unter der Altersklasse zwischen 20 und 21 Jahren verhältnismäßig weit mehr Individuen

Der größte und der kleinste Soldat der Münchener Garnison im Jahre 1897. Nach K. Seggel im „Archiv für Anthropologie", Bd. 25 (Braunschweig 1897).

über 200 cm ergab als bei der Vereinigung aller militärdienstfähigen Altersklassen. Auch mehrere Leute von zwerghafter Größe dienten in der amerikanischen Armee. Der kleinste Mann, dessen geringe Größe vollkommen sicher konstatiert werden konnte, war bei einem Alter von 24 Jahren 40 Zoll = 101,6 cm hoch. Sein Oberst versicherte von ihm, daß in seinem Kommando kein Soldat war, der die Strapazen besser ausgehalten hätte. Von einem 44 Jahre alten Soldaten von 49 Zoll = 124,5 cm Höhe erklärte sein General, daß er ein guter Soldat war und so gut wie ein Mann von mittlerer Statur befähigt, die Beschwerden eines Feldzuges zu ertragen.

Wir verstehen unter eigentlichen Zwergen erwachsene Menschen, die eine Körperhöhe von 1 m nur sehr wenig überschreiten. Der ebenerwähnte amerikanische kleine Soldat
wäre sonach, wenn seine Körpergröße richtig angegeben ist, ein wirklicher Zwerg gewesen.
Von dem neuerdings in Europa gezeigten amerikanischen Zwergenpaar (s. die untenstehende
Abbildung) hatte der „General Mite" bei einem Alter von 16 Jahren und 6,57 kg Körpergewicht 82,4 cm Körpergröße, während seine zwölfjährige Braut „Miß Millie" in Kleidern
6,6 kg wog und 72 cm hoch war.

Die Zwergin „Prinzessin Pauline",
aus Holland stammend, war im
Jahre 1882 neun Jahre alt, 4 kg
schwer und nur 53,8 cm hoch, also
wenig schwerer als ein neugeborenes Mädchen.

Über die Ursachen des
Zwergwuchses wissen wir außerordentlich wenig: meist werden die
Zwerge sehr klein geboren, stammen aber von normalen Eltern.
„General Mite" wog nach den Angaben seines Vaters bei der Geburt
2 Pfund, „Miß Millie" angeblich
nur 1½ Pfund englisches Gewicht.
Beider Eltern sind vollkommen normal, und der Vater des Generals
hat eine Körpergröße von 170 cm.
„In seltenen Fällen", sagt Bollinger, „sind mehrere Geschwister, die
von normalen Eltern abstammen,
gleichzeitig Zwerge, so daß für derartige Fälle, ähnlich wie bei einzelnen Fällen von Mikrokephalie und
angeborenem Blödsinn, eine sogenannte kollaterale Vererbung angenommen werden muß." Wie die
Eltern, so sind auch die Geschwister

Die amerikanischen Zwerge „Miß Millie" (1) und „General
Mite" (2) mit des letzteren Vater (3). Nach Photographie.

der Zwerge meist von normaler Körpergröße. In anderen Fällen waren die Zwerge bei
der Geburt von normaler Größe, und es entwickelte sich erst im Verlauf der Kinderjahre
eine Wachstumshemmung. Eigentliche Zwergfamilien gibt es nicht, da bei ausgesprochenen,
wahren, annähernd wohlproportionierten Zwergen die Fortpflanzungsfähigkeit entweder
vollständig fehlt oder wenigstens sehr beschränkt ist (vgl. S. 126). Mehrfach wird berichtet,
daß männliche und weibliche wahre Zwerge miteinander verheiratet wurden; aber Kinder
sind aus solchen Ehen nicht bekannt. „Im Mittelalter waren deshalb die Zwerge aus wohl-
erwogenen Gründen weder erb- noch lehnsfähig." Es gibt einige pathologische Zustände,
die Zwergwuchs hervorbringen. In Kretinengegenden findet sich neben Idiotie und Kropf

häufig auch kretinistischer Zwergwuchs. Von letzterem unterschied R. Virchow den kretinösen oder kretinoiden Zwergwuchs, dem wir überall in einzelnen Fällen begegnen. Bei Idioten ist gewöhnlich das Körperwachstum wesentlich abgeschwächt; dasselbe gilt von Mikrokephalie.

Wir besitzen eine Reihe recht interessanter Untersuchungen über die Körperproportionen von Riesen und Zwergen. Unter den deutschen Anthropologen haben, soviel ich sehe, A. Ecker und Langer zuerst darauf hingewiesen, daß meist weder der Zwerg noch der Riese die Proportionen eines normalen Erwachsenen haben. Ecker verglich einen Zwerg von 105 cm, 19 Jahre alt, mit einem Riesen von 201 cm, 28 Jahre alt. Beim Zwerge fand er Größe, Körpergewicht und Proportionen kindlich, etwa denen eines fünfjährigen Knaben entsprechend. „Die relative Größe des Kopfes, die im Verhältnis zu den Armen und Beinen beträchtliche Länge des Rumpfes, die tiefe Stellung des Nabels, alles dies sind Verhältnisse, wie sie im frühen Kindesalter normal sind." Bei dem Riesen Eckers fiel der Wachstumsexzeß namentlich auf die

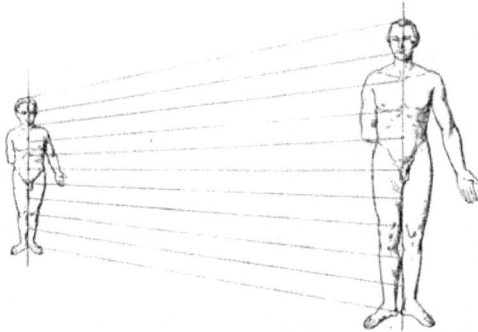

Vergleich der Körperproportionen von Zwerg und Riese.
Nach A. Ecker.

übergroße Beinlänge; die Verschieden-heit in den Proportionen ergibt die nebenstehende Abbildung von Ecker. Solche „kindliche Körperproportionen" finden sich übrigens keineswegs bei allen näher darauf untersuchten Zwer-gen: „General Mite" hat nach den Messungen von Heinrich v. Ranke fast vollkommen die normalen Körper-proportionen des Erwachsenen, nur Kopf und Fuß sind etwas zu groß und die Arme etwas zu kurz; auffallend ist der bedeutende Brustumfang. Dem Ansehen nach gilt das auch für „Miß Millie", und nach R. Virchow zeigte die „Prinzessin Pauline" einen typischen und guten Körperbau. Auch die obenerwähnten beiden Sol-daten Seggels, der größte wie der kleinste, waren vollkommen normal proportioniert und hatten guten Brustumfang.

In der Mehrzahl der Fälle ist aber der Kopf der Zwerge zu groß, ebenso der Rumpf; dagegen sind die Arme, namentlich aber die Beine verkürzt. Diese kindlichen Körperverhält-nisse beweisen, daß, wie Bollinger sagt, bei solchen Individuen der Zwergwuchs als das Resultat eines plötzlich eingetretenen Wachstumsstillstandes aufzufassen ist.

Sehen wir von den ausgesprochen krankhaften Verbildungen ab, so können wir zwei Haupttypen der Zwerge unterscheiden: die wohlproportionierten, außer ihrer Klein-heit im wesentlichen normalen, und gnomenhafte, schlechtproportionierte Formen, bei denen die Kleinheit hauptsächlich auf einer Verkürzung der Extremitäten beruht, während Kopf und Rumpf nahezu oder ganz normal entwickelt sind; hier sind sonach nur die Extremitäten zwerghaft (Mikromelie). Nur die ersteren sind wahre Zwerge, immerhin aber gibt es zahlreiche Übergänge, die beide Haupttypen verbinden. Dem gnomenhaften Zwergentypus, „gnomen-haften Niederwuchs" nach Szombathy, fehlt die Fortpflanzungsfähigkeit keineswegs immer.

Die meist auffallend starke Ausbildung der Brust- und Unterleibs- bzw. Verdauungs-organe hängt bei den Zwergen, wie die Untersuchungen von H. v. Ranke und C. v. Voit

an „General Mite" ergeben haben, mit dem verhältnismäßig viel größeren Nahrungs-
bedürfnis der Zwerge im Vergleich mit Erwachsenen zusammen. C. v Voit weist dar
auf hin, daß Zwerge wegen ihrer zu ihrem Körpervolumen verhältnismäßig viel größeren Körperoberfläche, die einen entsprechend größeren Wärmeabfluß bedingt, wie das auch von kleinen
Tieren bekannt ist, im Verhältnis mehr zersetzen und verzehren als Menschen von normaler
Körpergröße. Das Gehirn der Zwerge ist offenbar meist nicht schlecht entwickelt: bei
einem 61jährigen Zwerge von 94 cm Körpergröße fand Schaafhausen das Gehirngewicht
zu 1183 g, eine Größe, die der vieler normal gewachsener Menschen gleichkommt. Dieser
Beobachtung am Gehirn entspricht es, daß bei Zwergen meist ein im allgemeinen normales
geistiges Verhalten, namentlich rasche Auffassungsgabe und Mutterwitz, gefunden wird.

„Gewisse Formen des angeborenen Zwergwuchses beruhen", sagt Vollinger, „auf näher
gekannten Störungen der Skelettbildung, auf der sogenannten fötalen Rachitis, der
englischen Krankheit, die das Individuum schon während des Fruchtlebens befallen kann,
wobei beschleunigte Verknöcherung mit geringer Knorpelwucherung und abnormer Ver
dichtung des Knochengewebes eine Hauptrolle spielen." Abgesehen von eigentlich krankhaften
Fällen, zu denen auch die Störungen des Knochen- und Körperwachstums bei Kretinen im
Zusammenhang mit Störungen in der Funktionierung der Thyreoïdea, der Kropfdrüse, zu
rechnen sind, haben wir also den Zwergwuchs als eine totale Entwickelungsstörung, eine
Hemmungsbildung, wie wir solche namentlich auf einzelne Organe beschränkt im I. Bande,
S. 156 ff., näher dargestellt haben, zu bezeichnen. Bei künstlich bebrüteten Hühnereiern hat
man durch abnorm hohe Bruttemperatur und durch Verminderung der Sauerstoffzufuhr
Zwergbildung experimentell hervorgebracht. „Auf alle Fälle", sagt O. Vollinger, „sind die
Zwerge in der Mehrzahl der Fälle als krankhafte Bildungen aufzufassen, als alte Kinder mit
nur geringen Lebenschancen, während ein geringer Bruchteil sich mehr normalen Verhältnissen nähert; die letzteren können als verkleinerte Modelle normal gewachsener Leute
gelten und sind ziemlich widerstandsfähig."

Das gegenteilige Extrem der Körpergrößenentwickelung ist der Riesenwuchs. Als
Riesen bezeichnen wir solche Menschen, deren Körperhöhe das mittlere Maß um eine sehr
beträchtliche Größe übersteigt. Als „übergroße", aber immerhin noch nicht riesenmäßige
Menschen bezeichne ich in Europa Leute von 190 cm und mehr Körpergröße. Für eigentliche Riesen erkläre ich erst Individuen über 2 m Größe. Exakt wissenschaftlich beschrieben
sind bis jetzt etwa 50—70 wahre Riesen. Seggels größter Soldat maß 2,09 m. Vollinger
führt folgende, zum Teil auch von mir selbst beobachtete neuere Fälle von wahrem Riesenwuchs an: Thomas Haßler aus Gmund am Tegernsee, nach v. Buhl 235 cm hoch und
155 kg schwer (s. die Abbildung S. 128); Marianne Wehde aus Benkendorf bei Halle, bei
ihrem Aufenthalt in München, wonach auch das Alter der anderen Riesen angegeben ist,
16½ Jahre alt (s. die Abbildung S. 129), angeblich 255 cm groß und 160 kg schwer; der Riese
Drasal, 37 Jahre alt, aus der Gegend von Olmütz, nach Vollingers Schätzung 230 cm hoch;
der chinesische Riese Chang-Pu-Sing, über 30 Jahre alt, 236 cm groß und 368 englische Pfund
schwer. Nach Langer wäre die größte bis jetzt sicher beobachtete riesenmäßige Körperhöhe
253 cm, häufig suchen aber „Riesen" das Auffallende ihrer Höhe durch dicke Sohlen und Ein-
lagen in die Fußbekleidung noch zu steigern.

Langer und Vollinger urteilten über die körperlichen und geistigen Verhältnisse der Riesen sehr ungünstig. Diese düstere Auffassung entspricht indessen nicht immer den beobachteten Verhältnissen. Der „schwedische" Riese von 252 cm Körpergröße war kräftig und gewandt genug, um in der Garde Friedrichs II. von Preußen zu dienen; der römische Kaiser Maximin, ein Thraker, soll annähernd ebenso hoch gewesen sein. Seggels „größter Soldat" war wohlproportioniert und kräftig. Auch die geistigen Fähigkeiten zeigten sich bei mehreren Riesen, z. B. bei dem Chinesen Chang-Yu-Sing und bei Marianne Wehde, die als ein typisches Bild sanfter und bescheidener Weiblichkeit erschien, gut entwickelt. Das ist aber gewiß, daß in der Mehrzahl der Fälle der Riesen- wuchs wie der Zwergwuchs als ein krankhafter Entwicke- lungszustand angesehen werden muß. Meist zeigen die Riesen ein wirklich pathologisches, krankhaftes Verhalten und gehen früh zugrunde. In einigen Fällen hat man ein auffallendes Mißverhältnis zwischen dem verhältnis- mäßig gering ausgebildeten zentralen Nervensystem und der übergroßen Körpermasse festgestellt, und sehr gewöhn- lich zeigen die übermäßig entwickelten Knochen krankhafte Brüchigkeit, regelwidrige teilweise Verdickungen, Ver- biegungen oder geradezu Mißgestaltungen. Mehrfach gibt sich namentlich der erst im späteren Leben auftretende Riesenwuchs, wie bei Thomas Hasler, als eine wirkliche Krankheit zu erkennen.

Der allgemeine Riesenwuchs wird namentlich in seinen krankhaften Beziehungen in charakteristischer Weise beleuchtet durch die Fälle von nur teilweisem, partiellem Riesenwuchs, Akromegalie, bei dem nur einzelne Körperteile, namentlich die Extremitäten, sich beteiligt zeigen, aber übermäßige, ja riesenhafte Dimensionen er- reichen können. In seltenen Fällen hatte der Riesenwuchs die ganze eine Körperhälfte ergriffen, in anderen nur eine Extremität oder nur die Hand oder nur den Fuß, ja nur einen Finger oder eine Zehe. Durch diese Mittelglieder des partiellen Riesenwuchses, dem auf der anderen Seite ein partieller Zwergwuchs entspricht, schließen sich zum Teil diese extremen Körpergrößenentwickelungen voll- kommen und ungezwungen den im I. Bande, S. 156 ff., geschilderten Mißbildungen an, die auf Störungen der Entwickelung während des Fruchtlebens zurückgeführt wer- den müssen; zum Teil beruhen aber auch die partiellen

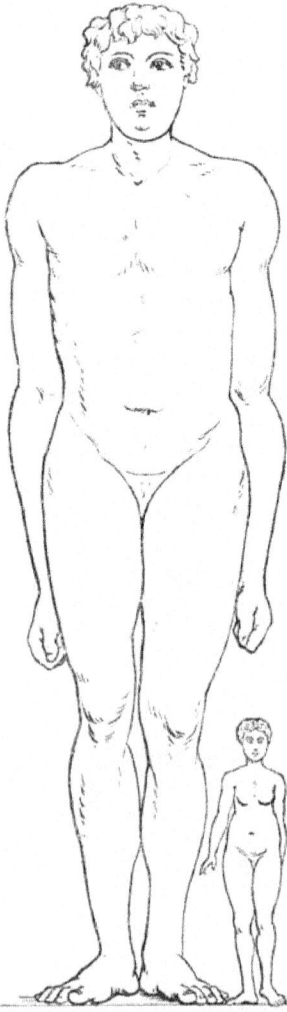

Schematische Größenvergleichung zwischen dem Riesen Thomas Hasler und der Zwergin Miß Millie. Nach O. Bollinger, „Über Zwerg- und Riesenwuchs" in Virchows und Holtzendorffs „Sammlung wissenschaftlicher Vorträge", Serie 19, Nr. 455 (Berlin 1885). Vgl. Text S. 127.

riesenmäßigen Vergrößerungen des Körpers, wie wir das eben von den allgemeinen gesehen haben, auf krankhaften, erst während des späteren Lebens sich entwickelnden Bedingungen. Ein interessanter Fall der Art wurde von Fritsch und E. Klebs beschrieben. Der Patient

Peter Rhyner aus Elm, Kanton Glarus, war bis zum Alter von 36 Jahren ein gesunder, kräftiger, gutgewachsener Senne von beinahe 190 cm Größe. Dann aber, 8 Jahre vor seinem Tode, entwickelte sich unter spannenden, zerrenden Schmerzen in den ganzen Händen eine mit Rötung und geringer Schwellung verbundene Schwächung. Die Schmerzen zeigten sich allmäh= lich aufsteigend auch in den Armen, zu= letzt in den Bei= nen, namentlich in den Knieen, beglei= tet von häufigem Hinterkopfschmerz. Zugleich mit diesen Schmerzempfin= dungen bemerkte der Patient und dessen Umgebung an ihm eine ganz allmäh= liche Vergrößerung, ein Wachstum der Hände und Füße, namentlich der Fin= ger und ihrer End= glieder, der Ohren, der Lippen, der Nase, ja des ganzen Kopfes, des Halses, der Kniee. Die Ver= dickung der Finger machte den An= fang, die Kniee kamen zuletzt; Arme und Beine wurden nicht länger, ja der Mann wurde im ganzen, da sich eine Rückgratsverkrüm= mung ausbildete,

Die Riesin Marianne Wehde neben einem mittelgroßen Manne. Nach Photographie.
Vgl. Text S. 127.

zusehends kleiner und im Brustumfang weiter und war zuletzt im Stehen nur noch eine Spur über 5 Fuß groß, 160 cm. Der Patient war sehr blutleer, hatte einen sehr kleinen, langsamen Puls, Neigung zu Schweiß, Appetitmangel, große Schwäche, aber kein Fieber. Er bekam wiederholt Ohnmachten, aus deren einer er nicht wieder erwachte. Nicht nur die Knochen und Weichteile der unmittelbar von der Vergrößerung betroffenen Körperstellen hatten an Masse zugenommen, sondern auch das gesamte Gehirn mit dem verlängerten Mark hatte eine ziemlich gleichmäßige Vergrößerung erlitten, ganz besonders war aber der Gehirnanhang, die Hypophysis cerebri, vergrößert, und zwar bis zum Umfang einer Walnuß. Die Schlagadern der vergrößerten Körperteile, namentlich auch die des Gehirns, zeigten eine auffallende Erweiterung, was auf eine krankhaft gesteigerte Blut- und Säftezirkulation und auf einen infolge davon übermäßigen Ernährungsvorgang in den riesenhaft wachsenden Teilen hinweist. Über den Einfluß der Schilddrüse und des Gehirnanhangs auf das Körperwachstum und die allgemeinen Lebensverhältnisse wurde schon Bd. 1, S. 311 ff. Näheres mitgeteilt; die erstere läßt eine mehr allgemeine, der letztere eine vor allem auf die Endabschnitte der Extremitäten beschränkte Wirkung erkennen.

Der krankhafte Charakter des eigentlichen Riesenwuchses spricht sich auch darin aus, daß die Fortpflanzungsfähigkeit den Riesen gewöhnlich mangelt oder bei ihnen wenigstens beschränkt erscheint. „Die Fortpflanzungsfähigkeit der Riesen", sagt Bollinger, „ist meist fehlend; ähnlich wie bei den Zwergen liegt in dem Fehlen der Riesenfamilien ein Moment, welches deutlicher als alles den krankhaften Charakter dieser extremen Bildungen kennzeichnet."

An den Riesenwuchs schließen sich auch die Fälle von Körperentwickelung an, die man als frühzeitige Reife bezeichnet. Zum Teil beziehen sie sich freilich nur auf vorzeitige Tätigkeit der Generationsorgane, öfters ohne daß der übrige Körper in auffallendem Grade eine allgemeine schnellere Entwickelung erkennen ließe. Aber auch das letztere kommt, meist mit ersterem gepaart, vor. „Von frühzeitiger Reife spricht man", sagt Bollinger, „wenn Kinder schon bei der Geburt eine übermäßige Körperentwickelung zeigen. Solche Kinder wurden z. B. angeblich mit 7—10 kg Körpergewicht geboren; nach der Geburt verlangsamt sich die Entwickelung allmählich wieder. Oder die Kinder entwickeln sich nach der Geburt so rapid, daß sie, wie in einzelnen Fällen beobachtet wird, mit 7—8 Monaten schon allein auf der Straße umherlaufen. In einem derartigen Falle war ein Knabe von 4 Jahren 117 cm hoch, sehr gefräßig und von solcher Körperkraft, daß er einen halben Sack Roggen tragen und einen Mann von 65 kg Körpergewicht auf dem Schubkarren fahren konnte.

„Eine übermäßige Körperentwickelung findet man ferner manchmal bei angeborener Fettsucht. So produzierte sich in München vor einigen Jahren ein 15jähriger Knabe aus der Oberpfalz, der, mit diesem Übel behaftet, enorme Fettmassen an sich trug und ein Körpergewicht von 112,5 kg hatte." A. Nauck zeigte neben kolossaler allgemeiner Fettentwickelung, bei einer das Mittelmaß kaum übersteigenden Körpergröße, riesenmäßige Dickenausbildung der Knochen und Gelenke und eine entsprechende Muskulatur, die er zu athletenhaften Leistungen ausbildete. Sein Körpergewicht betrug 216,5 kg, seine Größe war 1,70 m, sein Brustumfang 152, der Umfang um die Hüften 183, der Wadenumfang 59 cm. Nauck war ein gebildeter, liebenswürdiger Mann, er lebte in glücklicher, kinderreicher Ehe.

Das Körpergewicht.

Majer hat Untersuchungen angestellt über die einzelnen Stände und Beschäftigungen in bezug auf ihre mittlere Körperentwickelung: Größe und Durchschnittsgewicht. Obwohl sich sein statistisches Material auf die Rekruten der bayerischen Provinz Mittelfranken, Hauptstadt Ansbach, beschränkte, eröffnet es uns doch einen zweifellos ziemlich richtigen Einblick in die hier obwaltenden Verhältnisse. Die folgende Reihe ist absteigend geordnet.

Reihenfolge der zwölf „Stände" nach der Durchschnittsgröße und dem Durchschnittsgewicht (nach Majer).

Am größten und schwersten sind:
1) Bierbrauer und Büttner,
2) Zimmerleute,
3) Metzger,
4) Bäcker und Müller,
5) Studierende,
6) Maurer und Tüncher,

7) Schlosser und Schmiede,
8) Weber und Strumpfwirker,
9) Schuhmacher,
10) Handlungsdiener und Kellner,
11) Schreiner und Drechsler.
Am kleinsten und leichtesten sind:
12) Schneider.

Bierbrauer und Schneider stehen sonach am weitesten voneinander ab: erstere sind am größten und schwersten, letztere unter allen am kleinsten und leichtesten. Die Größe der Handlungsdiener wird, wie aus Majers Darlegungen zu schließen ist, namentlich durch die im Rekrutenalter noch weniger entwickelten Juden gedrückt.

Für die Entwickelung des Körpergewichts bei deutschen Kindern gab F. W. Beneke nach seinen und fremden Beobachtungen zunächst für das praktische Bedürfnis der Kinderärzte folgende, wie er selbst sagt, nur vorläufige Tabelle:

Körpergewicht deutscher Kinder (in Kilogrammen).

Alter	männlich	weiblich	Alter	männlich	weiblich	Alter	männlich	weiblich
Geburt	3,2	3,1	7 Jahre	19,7	17,8	14 Jahre	37,5	37,0
1 Jahr	9,0	8,6	8 „	21,7	19,5	15 „	42,0	41,0
2 Jahre	11,5	11,0	9 „	23,5	21,0	16 „	47,0	45,0
3 „	12,7	12,4	10 „	25,5	23,2	17 „	52,0	48,0
4 „	14,2	14,0	11 „	27,5	25,5	18 „	55,0	50,0
5 „	16,0	15,7	12 „	30,0	30,0	19 „	58,0	52,5
6 „	17,8	16,8	13 „	33,0	33,0	20 „	60,0	54,0

Für Kinder im schulpflichtigen Alter besitzen wir ein nicht unbedeutendes Material von Körperwägungen. Emil Schmidt gibt darüber in seiner oben, S. 105, besprochenen Untersuchung über Körpergröße und Gewicht der Schulkinder folgende Tabelle; die Autoren sind die in der Tabelle auf S. 105 angegebenen, nämlich: E. Schmidt, Geißler und E. Hasse für die deutschen Kinder, Bowditch für die amerikanischen, Axel Hertel für die schwedischen und dänischen, Luigi Pagliani für die italienischen.

Vergleichende Übersicht des mittleren Gewichtes von Schulkindern.

Lebensjahr	Knaben									Mädchen						
	Saalfeld	Gohlis	Hamburg	Boston	Turin, Wohlhabende	Turin, Arme	Dänemark	Schweden	Englische Handwerkerkinder	Saalfeld	Gohlis	Boston	Turin, Wohlhabende	Turin, Arme	Dänemark	Schweden
7	19,0	(21,3)	—	20,5	—	—	21,0	(20,5)	24,6	18,2	(20,4)	19,6	—	—	20,0	20,7
8	21,2	22,9	—	22,3	—	—	22,5	(22,8)	25,9	20,3	22,3	21,1	—	—	21,5	21,6
9	23,2	24,6	—	24,5	22,7	20,5	24,0	(26,2)	26,8	22,0	24,0	23,4	22,8	18,5	23,5	25,0
10	25,3	26,7	26,9	26,9	25,7	21,8	26,0	(29,3)	28,4	24,4	26,2	25,9	25,1	20,9	25,5	26,9
11	26,6	28,7	28,3	29,6	27,5	24,4	28,5	30,3	30,1	26,6	28,5	28,3	27,3	23,4	28,0	29,4
12	29,8	30,9	30,7	31,8	30,7	26,0	31,0	32,2	31,5	29,5	31,6	31,2	28,5	26,0	30,5	31,9
13	32,2	34,5	33,9	34,9	33,0	28,0	33,5	34,5	33,4	32,7	35,2	35,5	31,8	28,5	34,0	35,9
14	35,0	35,9	35,8	38,5	35,5	31,5	36,5	37,6	35,6	36,6	38,6	40,2	37,8	31,4	38,0	39,6

9*

Es wurde schon oben erwähnt, daß das Körpergewicht etwa im quadratischen Verhältnis der Länge der Schulkinder wächst, und daß seine Zunahme im ganzen dieselben rhythmischen Erscheinungen wie das Längenwachstum erkennen läßt sowie die entsprechenden Einflüsse des Land- und Stadtlebens. Bis zu der dort (S. 106) geschilderten „Wachstumsverzögerung" vom 10. Lebensjahre an nimmt das Gewicht sehr annähernd im quadratischen Verhältnis der Länge zu, nach jener Periode aber in etwas stärkerem Grade.

Quételets oben S. 101 erwähnte Untersuchungen ergaben speziell für Belgier: „Es besteht schon bei der Geburt zwischen den Kindern beiderlei Geschlechts eine Ungleichheit hinsichtlich des Gewichtes und des Wuchses; das Gewicht der Knaben beträgt im Mittel 3,20 kg, das der Mädchen 2,91, die Größe der ersteren 0,496 und die der letzteren 0,483 m. Das Gewicht der Neugeborenen nimmt einige Tage nach der Geburt etwas ab und steigt erst nach Verfluß der ersten Woche wieder merklich. Bei gleichem Alter wiegt der Mann im allgemeinen mehr als die Frau, nur um das 12. Lebensjahr wiegen die Individuen beiderlei Geschlechts gleich viel (bzw. die Frau ist dann zeitweilig größer und schwerer; vgl. S. 106). Zwischen 1 und 11 Jahren beträgt der Unterschied des Gewichtes 1—1½ kg, zwischen 16 und 20 Jahren etwa 6 und nach dieser Zeit etwa 8—9 kg. Wenn der Mann und die Frau vollkommen ausgewachsen sind, so wiegen sie fast genau zwanzigmal soviel als bei der Geburt, dagegen steigt ihre Größe nur um das 3¼fache. Im Greisenalter nimmt das Gewicht bei Mann und Frau um etwa 6—7 kg ab und der Wuchs um 7 cm.

„Der Mann erreicht im Mittel sein größtes Gewicht um das 40. Lebensjahr und fängt mit 60 Jahren wieder an, leichter zu werden. Die mittlere Frau erreicht ihre größte Schwere erst im Matronenalter, um das 50. Lebensjahr. Zwischen dem 18. und 40. Jahre steigt ihr Gewicht nur unmerklich. In den Gewichten der vollkommen ausgewachsenen und regelmäßig gebauten Individuen betrug der Unterschied zwischen den leichtesten und schwersten, an denen die Messungen angestellt wurden, so viel, daß sie sich etwa wie 1:2 zueinander verhielten; hinsichtlich des Wuchses verhielten sich die Extreme nur wie 1:1⅓.

„Bei gleichem Wuchse wiegt das Weib etwas mehr als der Mann, es gilt das jedoch nur für die Größe, die etwa dem Alter der Geschlechtsreife entspricht; bei den weiteren Stufen des Wuchses wiegt es etwas weniger." Quételets Angaben über die regelmäßige Beziehung zwischen Geschlecht, Alter, Wuchs und Körpergewicht des „mittleren Menschen" entsprechen selbstverständlich nur annähernd den bei Einzelindividuen zu beobachtenden Verhältnissen. Bei dem Gewicht treten viel deutlicher als bei der Körpergröße die Einflüsse des Wohllebens und des Mangels, der Ernährungsweise im allgemeinen, der mechanischen Arbeitsleistung der verschiedenen Stände (vgl. S. 108) und noch manches andere neben der erblichen Anlage hervor.

Je nach der Körperfülle des Individuums wird das Verhältnis der Körpergröße zum Körpergewicht, das Größengewichtsverhältnis, ein verschiedenes. Dieses Verhältnis erhält dadurch auch eine gewisse ethnologisch-anthropologische Bedeutung. Nach den amerikanischen Resultaten (Gould) schwankt das Größengewichtsverhältnis für Erwachsene von europäischer Abkunft in engen Grenzen. Berechnet man als Größengewichtsverhältnis, wieviel Gramm Körpergewicht im Mittel auf je 1 cm Körperhöhe treffen, so schwankt die für dieses Verhältnis gewonnene Größe bei Europäern zwischen 366 bei den Engländern und 382 bei den Skandinaviern; die letzteren haben sonach bei gleicher Körpergröße mehr Masse, d. h. sie sind dicker. Es stimmt das mit dem allgemeinen Eindruck überein.

Die Deutschen stehen mit 376 g Körpergewicht auf 1 cm Körpergröße etwa in der Mitte zwischen den Extremen. An die Deutschen schließen sich die weißen Nordamerikaner zunächst an, an die Engländer die Franzosen, Irländer und Schotten. Die Spanier mit Portugiesen und spanischen Südamerikanern stehen mit 364 noch unter den Engländern; leider ist die Zahl der von ihnen Gewogenen nur 24, also für entscheidende Schlüsse zu gering. Dagegen erscheint es sehr auffallend, daß die amerikanischen Indianer, die Irokesen, alle anderen beobachteten Individuen weitaus in diesen Größengewichtsverhältnissen übertreffen: sie haben 422; in geringerem Grade tun das übrigens auch die amerikanischen Vollblutneger und Mulatten, die beide 387 aufweisen.

Angesichts der überraschenden Höhe des Größengewichtsverhältnisses bei den Indianern und Negern dürfen wir, bei den ersteren wenigstens, uns an das erinnern, was sich schon aus der Betrachtung ihrer Körperproportionen ergab, daß nämlich im Verhältnis zur Körpergröße ihr Rumpf zu lang und dick ist. Wir bezogen das dort mit gutem Grunde, neben dem Einfluß der Rasse, auf das untätige Leben der zahmen Indianer in den Reservationen, wo sie ohne Arbeit von der amerikanischen Regierung gefüttert werden. Bei wilden Indianerstämmen würde sich das Verhältnis zweifellos anders gestalten. Die freien Neger und Mulatten Nordamerikas neigen nach Goulds Zahlen ebenfalls zu gesteigerter Körperfülle. Wir dürfen hier aber auch eine Beobachtung G. Jägers nicht vergessen, daß durch gesteigerte allgemeine mechanische Leistung des menschlichen Organismus das spezifische Gewicht des Körpers zunimmt; der Mensch wird bei gleichem Volumen dadurch schwerer. Bei vielen im Naturzustand lebenden Stämmen, wie z. B. den Australiern, Kaffern usw., dürfen wir sonach ein höheres spezifisches Gewicht des Körpers erwarten als bei Kulturvölkern. Das spezifische Gewicht eines jugendlichen wohlgenährten Deutschen von 25 Jahren bestimmte ich zu 1,0591, das spezifische Gewicht des Wassers = 1,000 gesetzt.

Die prozentische Zusammensetzung des Körpers in Rücksicht auf das Gewicht seiner Organe ist in den verschiedenen Lebensaltern sehr verschieden, so daß das größere oder geringere Gesamtkörpergewicht sich aus vergleichsweise recht wechselnden Summanden aufbaut. Die Beurteilung der Körpergewichtszunahme mit wachsendem Alter ist also keineswegs ganz einfach, um so weniger, als auch das Geschlecht bedeutende Abweichungen in der Entwickelung der einzelnen Organe und Organgruppen bedingt. Nach den Ergebnissen der Wägungen von Ernst Bischoff und Bollinger wächst im allgemeinen von der Geburt bis zum 16. Lebensjahre mit dem zunehmenden Körpergewicht, ganz regelmäßig ansteigend, die Gesamtmuskulatur an relativer Masse, so daß im 16. Lebensjahr der Körper prozentisch relativ sehr viel mehr Muskelmasse enthält als der des Neugeborenen. Ganz entsprechend verhält sich auch das Skelett: es wächst mit dem zunehmenden Alter ebenfalls an relativer Masse, wenn auch vergleichsweise etwas weniger. Dagegen nehmen die Gesamteingeweide, fast genau in demselben Verhältnis, in welchem die Muskeln an relativer Masse zunehmen, an relativer Masse ab, so daß der 16jährige Körper vergleichsweise viel eingeweideärmer, aber muskel- und knochenreicher ist als der Körper des Neugeborenen. Wie die Gesamteingeweide verhält sich das Gehirn, dessen Beteiligung an dem Gesamtkörpergewicht bis zum 15. oder 16. Lebensjahr immer kleiner wird, von hier an aber gleich bleibt. Dagegen sinkt das relative Lebergewicht nur bis zum 5. Lebensjahr mit dem steigenden Körpergewicht, um sich von hier an durch alle Lebensalter annähernd den gleichen relativen Anteil am Gesamtkörpergewicht zu bewahren; bei dem

Herzen ist das Verhalten etwa das gleiche, aber das Sinken von der Geburt bis zum 5. Lebensjahr ist nur minimal. Nach Beneke hält das Wachstum des Herzens mit dem Längenwachstum des Körpers nicht gleichen Schritt: das Herz ist in der Zeit des gesteigerten Längenwachstums mit Beginn der Pubertätsperiode relativ zu klein. Vom 16. Lebensjahr an ändert sich nun wieder die Zusammensetzung des Körpers in bezug auf seine relativen Organgewichte höchst auffallend. Durch die steigende Entwickelung des Körperfettes und des Unterhautfettgewebes erhält das Fett, namentlich auf Kosten der Masse der Muskeln und Knochen, verhältnismäßig immer mehr Anteil an dem Gesamtkörpergewicht; vom 16.—24. Lebensjahr sinkt daher mit dem steigenden Körpergewicht nun die relative Masse an Muskeln und Skelett. Bei den Muskeln ist dieses Herabsinken, der Steigerung von der Geburt bis zum 16. Jahre gegenüber, prozentisch ein nur geringeres, und der Anteil der Muskeln am Gesamtkörpergewicht hebt sich vom 22. Jahre an wieder, so daß er im 33. Jahre annähernd so viel beträgt wie im sechzehnten. Dagegen ist das Sinken des relativen Skelettgewichtes viel bedeutender: im 21. Lebensjahr beträgt der relative Anteil des Skeletts am Gesamtkörpergewicht wieder so viel oder so wenig wie bei dem Neugeborenen, sinkt bis zum 22. Jahre noch wesentlich unter diese Grenze und bleibt so für das übrige Leben.

Das Gehirngewicht steigt nach den Wägungen K. Oppenheimers u. a. von der Geburt bis zum 5. Lebensjahr vergleichsweise rasch an, dann weiter aber außerordentlich langsam und verhältnismäßig gering bis zum 10. Lebensjahr, um von da an um den gleichen Betrag der Steigerung, die vom 5. bis 10. Jahre stattfand, bis zum 15. Lebensjahr wieder zu sinken; vom 15. bis zum 25. Jahre verharrt es auf dem gleichen relativen Gewichtsverhältnis. Das Gehirngewicht des Neugeborenen (= 1) hat sich nach K. Oppenheimers Berechnung im ersten Lebensjahr schon mehr als verdoppelt (2,36); von der Geburt, vom ersten bis fünften Lebensjahr (in der weiblichen Reihe) wie 1:2,38:2,53:2,57:2,89:3,12; im 10. Lebensjahr: 3,33, im 15. Lebensjahr: 3,11, im 24./25. Lebensjahr: 3,10.

Aus Ernst Bischoffs Untersuchungen berechnen sich folgende Reihen, zu denen wir noch bemerken, daß es sich bei allen seinen Beobachtungsindividuen um plötzlichen Tod bei vollkommener Gesundheit handelt.

	Mann 33 Jahre	Weib 22 Jahre	Jüngling 16 Jahre	Neugeborenes
Körpergewicht in Grammen	69 668	55 400	35 547	2969
Das Skelett in Prozenten des Körpergewichts . .	15,9	15,1	15,6	15,7
Die Muskeln = = = = = . .	41,8	35,8	44,2	23,9
Das Fett = = = = = = = . .	18,2	28,2	13,9	13,5
Das Gehirn = = = = = . .	1,9	2,1	3,9	12,2

Bei dieser verschiedenen quantitativen Zusammensetzung des menschlichen Körpers nach Alter und Geschlecht spielt auch der verschiedene Wassergehalt des Gesamtkörpers und seiner Organe eine sehr wichtige Rolle. Der Körper des Erwachsenen besteht zu 58,5 Prozent aus Wasser und zu 41,5 Prozent aus festen Stoffen; der Körper des Neugeborenen dagegen zu 66,4 Prozent aus Wasser und nur zu 33,6 Prozent, d. h. also nur zu etwa ⅓, aus festen Stoffen. Da das Fett nur 30 Prozent Wasser enthält, während die Muskeln 76,7 Prozent besitzen, ist der fettreichere Körper des Weibes auch entsprechend wasserärmer als der männliche und kindliche.

Leider fehlen uns noch alle derartigen vergleichenden Körperuntersuchungen bei den verschiedenen Menschenrassen. Ein nahezu fettloser Wüstenaraber, wie sie Nachtigal beschrieben hat, muß sich in der quantitativen Zusammensetzung des Körpers, aber namentlich auch im Wassergehalt, sehr wesentlich z. B. von dem Europäer unterscheiden. Die Physiologie der Menschenrassen, ein Zukunftsproblem der Anthropologie, wird mit diesen Verhältnissen sehr ernsthaft zu rechnen haben.

4. Die Farbe der Haut und der Augen.

Inhalt: Die normale Färbung des Menschen. — Albinismus, Melanismus und krankhafte Hautverfärbung. — Die dunkeln Rassen. — Die Färbung der Haustiere. — Die Farbe der Regenbogenhaut.

Die normale Färbung des Menschen.

Man hat, soweit es uns gestattet ist, in die Geschichte der Menschheit zurückzublicken, auf die Unterschiede der Menschen und Völker in bezug auf die Farbe der Haut hohen Wert gelegt. Schauen doch von den Wänden der ägyptischen Denkmäler noch heute farbige Abbildungen herab, die den roten Ägypter, den gelbweißen Libyer oder Berber und den schwarzen afrikanischen Neger nicht ohne eine gewisse Porträtähnlichkeit der Köpfe darstellen. Auch bei der berühmten Einteilung des Menschengeschlechts in vier Varietäten nach Linné spielte die Hautfarbe mit der Farbe der Augen und Haare eine wichtige Rolle, obwohl dieser Altmeister der Naturbetrachtung auch die verschiedenen Haarformen berücksichtigte und den Hauptnachdruck für die Unterscheidung auf den Wohnort legte, indem er eine amerikanische rote Varietät mit schwarzen, geraden und dicken Haaren, eine europäische weiße mit gelblichem, gelocktem Haar und blauen Augen, eine asiatische braune mit schwärzlichem Haar und braunen Augen und eine afrikanische schwarze mit krausem, schwarzem Haar und dunkelbraunen Augen unterscheidet. Der Begründer der exakten Anthropologie, Blumenbach, fügte für den fünften Weltteil noch eine fünfte, die malaiische, gelbe Varietät hinzu.

Namentlich für den Laien erscheint die Unterscheidung der verschiedenen Typen des Menschengeschlechts nach der Farbe der Haut noch heutigestags als ganz ausschlaggebend. Der weiße Kolonist europäischer Abstammung hält in allen außereuropäischen Ländern jeden Farbigen von vornherein für ein in seiner natürlichen Bildung unter ihm stehendes Wesen. So konnte sich jene lächerliche Meinung in Europa festsetzen, die auch in den gelben ostasiatischen Kulturvölkern Menschen niederer Rasse erkennen wollte, denen man höchstens eine Halbkultur zuzusprechen beliebte. Und doch sind die Kulturfortschritte, auf die sich Europa vor Entdeckung der Dampfkraft und des Telegraphen am meisten zugute zu tun pflegte: Buchdruck, Kompaß, Schießpulver und andere, aus dem Südosten Asiens, und zwar speziell von den braun- oder gelbhäutigen Chinesen, nach dem Westen gewandert. Auch die Ägypter, die teils direkt, teils unter Mitwirkung der Phönizier die uralte Kultur des Orients in vorhistorischen Zeiten den Ländern der Barbaren der Mittelmeerküsten, auch Griechenland und Italien, vermittelten, gehören nicht zu Linnés und anderer Autoren weißer Varietät mit gelben Lockenhaaren und blauen Augen. Die Kultur ist bei schwarzhaarigen Völkern brünetter und bräunlicher Haut in Afrika und Asien zu ihrer frühesten Blüte gekommen und erst zuletzt den blauäugigen, blondlockigen europäischen Nordvölkern weißer Haut von außen

her als ein im wesentlichen schon fertiges Geschenk zugetragen worden. Die Hautfarbe ist
es sonach gewiß nicht, was die Kulturfähigkeit bedingt.

Wir haben im I. Bande (S. 268) die Anatomie der menschlichen Haut kennen gelernt.
Wir erinnern uns hier daran, daß man die dicke, blutreiche Lederhaut von der oberen, nur
aus Zellen bestehenden dünnen, blutlosen Schicht der Oberhaut unterscheidet. Die äußerste
Fläche der Oberhaut, die Hornschicht, besteht aus trockenen, flachen Zellenplättchen, sie
bildet als eine mehrfache Schicht gleichmäßig, nur hier und da durch die Lücken der Ausführungsgänge der Schweißdrüsen durchbrochen, die eigentliche Körperoberfläche. Unter
der Hornschicht, unmittelbar auf der Lederhaut selbst, liegen dagegen Schichten meist rundlicher, kernhaltiger Zellen, die mit ihren zahlreichen „Riffelfortsätzen" ineinandergreifen
und von Nahrungsflüssigkeit aus den Gefäßen der Lederhaut feucht erhalten werden. Diese
feuchte untere Zellenschicht der Lederhaut führt den alten Namen der Schleimschicht
oder Rete Malpighii; indem ihre oberen, der Luft näheren Zellschichten zu glatten Zellen-
schüppchen verschrumpfen und chemisch einen Verhornungsprozeß durchmachen, bilden sie
die Hornschicht der Oberhaut.

Die normale Färbung der Menschenhaut beruht auf einer Anhäufung von braunen
Farbstoffkörnchen, Pigment, in den Zellen der Schleimschicht. Die Lederhaut ist bei dem
erwachsenen Weißen, ebenso aber auch bei dem Neger und allen Farbigen, abgesehen von
einigen unwesentlichen, zum Teil sogar schon krankhaften Befunden, wie bei Sommersprossen, pigmentierten Muttermälern und Warzen, im wesentlichen ungefärbt. Auch in
den Oberhautschüppchen fehlt eine eigentliche tiefere Färbung, Pigmentierung, doch stammt,
wie neuere Untersucher angeben, das Pigment, der Farbstoff, sowohl der Oberhaut wie
der Haare aus der Lederhaut ab. Nach A. von Kölliker „entsteht in den Haaren und in
der Epidermis, Oberhaut, das Pigment dadurch, daß pigmentierte Bindegewebszellen
hier aus der Haarpapille und dem Haarbalg, dort aus der Lederhaut zwischen die weichsten,
tiefsten Epidermiselemente einwachsen. Hier verästeln sich dieselben mit feinen, teilweise
sehr langen Ausläufern in den Spalträumen zwischen den Zellen und dringen zuletzt auch in
das Innere dieser Elemente ein, welche dadurch zu Pigmentzellen werden. Die pigmentierten Bindegewebszellen liegen stets nur in den tiefsten Lagen der Keimschicht." Karg
heilte weiße Oberhaut eines Europäers auf ein Unterschenkelgeschwür bei einem Neger auf.
Die transplantierte weiße Oberhaut wurde im Laufe von 12—14 Wochen vollkommen
schwarz, indem pigmentierte Bindegewebszellen zwischen die Oberhautzellen, wie es Kölliker
beschrieben hat, eindrangen und ihren Farbstoff an diese abgaben. Nach den Beobachtungen von Schellong an Papuas erzeugen geringere Grade von Verschwärung oder andere
entzündliche Prozesse Pigmentflecke sowohl bei Papuas als bei den in jenen Gegenden
lebenden Europäern, dagegen sind pigmentfreie weiße Narben bei Papuas die
Zeichen einer tiefgreifenden Verschwärung, durch welche die Malpighische Schleimschicht der
Oberhaut und damit die Möglichkeit der Erneuerung des Pigments verloren gegangen ist.
Dagegen tritt nun aber G. Schwalbe wieder für die ältere Anschauung ein, das Pigment
sei lediglich epithelial, d. h. unmittelbar in den Zellen der Oberhaut, der Epidermis, entstanden, und zwar in körniger Form; es trete anfänglich in den epithelialen Haarkeimen auf
und in den zwischen Leisten und Papillen der Lederhaut vorspringenden Epidermiszapfen.

„Die Farbe der Oberhaut anlangend, so ist", sagte A. v. Kölliker, „beim Weißen die
Hornschicht durchscheinend und farblos oder leicht ins Gelbliche spielend, die Schleimschicht

gelblichweiß oder verschiedentlich bräunlich gefärbt. Am tiefsten, bis zum Schwarzbraunen gehend, ist die Färbung im Warzenhof und an der Brustwarze, vor allem beim Weibe zur Zeit der Schwangerschaft und bei Frauen, die schon geboren haben, bereits weniger an den Labia majora, dem Skrotum und Penis, wo dieselbe übrigens sehr wechselt, bald fast ganz fehlt, bald sehr deutlich ist, am unbedeutendsten in der Achselhöhle und um den Anus herum. Außer an diesen Stellen, die bei den meisten Menschen mehr oder weniger, bei dunkler Hautfarbe mehr als bei heller, gefärbt sind, lagert sich dann an verschiedenen anderen Orten, bei Schwangeren in der Mittellinie des Bauches, der Linea alba, und im Gesicht (rhabarberfarbene Flecke), bei Individuen, die den Sonnenstrahlen ausgesetzt sind, an den unbedeckten Hautstellen, endlich bei solchen mit dunkler Hautfärbung fast über den ganzen Körper ein

stärkerer oder schwächerer, oft sehr dunkler Farbstoff ab, der ebenfalls in der Schleimschicht wurzelt. Der Sitz dieser Färbung sind nicht besondere Pigmentzellen, sondern die gewöhnlichen Zellen der Schleimschicht, um deren Kerne ein feinkörniger oder mehr gleichartiger Farbstoff oder wirkliche Pigmentkörnchen abgelagert sind. Bei leichten Färbungen der Haut sind meist nur die Kerngegenden, und zwar nur die der alleruntersten Zellenschicht, beteiligt; dunklere Färbungen werden teils dadurch hervorgebracht, daß die Färbung auf 2, 3, 4 und mehr Zellenschichten und auf den ganzen Zelleninhalt sich erstreckt, teils beruhen sie auf dunkleren Ablagerungen in der tiefsten Zellenschicht, welche beiden Verhältnisse gewöhnlich miteinander vereint sind. Auch die Hornschicht der gefärbten Hautstellen ist in den Wandungen der Zellen leicht gefärbt." Alles das gilt für den Weißen, wie das in neuester Zeit Breul und Abachi wieder konstatiert haben.

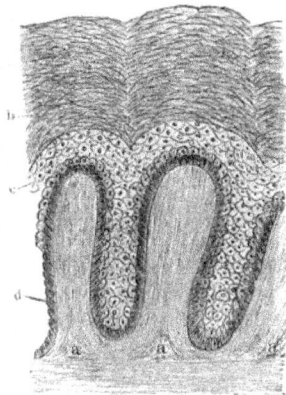

Durchschnitt durch die Negerhaut. Nach A. v. Kölliker, „Handbuch der Gewebelehre des Menschen" (Leipzig 1863).

a Lederhaut, b, c, d Oberhaut, d Hornschicht derselben, c, b Schleimschicht, c obere, b unterste, gefärbte Schicht der letzteren.

Über die Hautfärbung der farbigen Menschen sagt Kölliker: „Beim Neger und den übrigen farbigen Menschenstämmen ist es ebenfalls nur die Oberhaut, respektive die Schleimschicht derselben, welche gefärbt ist, während die Lederhaut sich wie beim Europäer verhält; doch ist der Farbstoff viel dunkler und ausgebreiteter. Beim Neger, bei dem sich die Oberhaut in bezug auf Anordnung und Größe ihrer Zellen ganz wie beim Europäer verhält, sind die senkrechtstehenden Zellen der tiefsten Teile der Schleimschicht am dunkelsten, dunkelbraun oder schwarzbraun, und bilden einen scharf gegen die helle Lederhaut abstechenden Saum (s. die obenstehende Abbildung). Dann kommen hellere, jedoch immer noch braune Zellen, die besonders in den Vertiefungen zwischen den Papillen stärker angehäuft sind, jedoch auch an den Spitzen und Seitenteilen derselben in mehreren Lagen sich finden; endlich folgen an der Grenze gegen die Hornschicht braungelbe oder gelbe, oft ziemlich blasse, mehr durchscheinende Lagen. Alle diese Zellen sind mit Ausnahme der Hüllen durch und durch gefärbt, und zwar vor allem die um die Kerne gelegenen Teile, welche in den inneren Zellenschichten weitaus die dunkelsten Gegenden der Zellen sind. Auch die Hornschicht des Negers hat einen Stich ins Gelbe oder Bräunliche. In der gelblich gefärbten Haut eines Malaien finde ich dasselbe, was ein dunkelgefärbtes Skrotum eines Europäers darbietet. Demzufolge unterscheidet sich die Oberhaut der gefärbten Rassen in nichts Wesentlichem von derjenigen der gefärbten Stellen der Weißen und stimmt selbst mit der Haut einzelner Gegenden (namentlich des Warzenhofes) fast ganz überein."

Nach Rudolf Virchow ist „die Farbe eines Menschen, das heißt die Farbe seiner Haut, seiner Haare und der Regenbogenhaut seines Auges (denn um letztere allein handelt es sich, wenn man von der Farbe des Auges spricht), abhängig von der Anwesenheit von wirklichen Farbstoffen, Pigment, in den genannten Teilen. So verschieden das Kolorit dieser Teile bei verschiedenen Individuen und noch mehr bei verschiedenen Stämmen und Rassen ist, so liegt ihm doch vielleicht mit einziger Ausnahme der noch zu erwähnenden Uvea, der hintersten Zellschicht der Regenbogenhaut des Auges, wahrscheinlich überall derselbe Farbstoff zugrunde, der nur in verschiedenen Modifikationen, namentlich als diffuser (flüssiger) und als körniger, erscheint. Seine verschiedenartige Erscheinung ist abhängig von seiner Dichtigkeit, seiner Menge und seiner Lage. Bei der mikroskopischen Untersuchung verschwindet ein großer Teil der Verschiedenheit, wir sehen dann überall gefärbte Zellen, sogenannte Pigmentzellen, deren Farbe von Gelb zu Rotbraun und Schwarzbraun wechselt. Nur die Uvea=Zellen an der hinteren Fläche der Regenbogenhaut sehen auch mikroskopisch ganz schwarz aus, wenngleich beim Zerdrücken derselben auch bräunliche Töne bemerkbar werden. Sonst findet sich wirkliches Schwarz ebensowenig wie wirkliches Blau. Ersteres tritt anscheinend da auf, wo schwarzbraune oder dunkelbraune Teilchen sehr gedrängt liegen. Letzteres wird an der Regenbogenhaut für die grobe Betrachtung dadurch herbeigeführt, daß Pigmentzellen durch ungefärbte Gewebe hindurchscheinen. Innerhalb der Zellen selbst erblickt man entweder eine gleichförmige und dann in der Regel gelbe Färbung oder gefärbte Körner von sehr geringer, jedoch wechselnder Größe, deren Farbe hauptsächlich zwischen einem bräunlichen Gelb und den verschiedensten Tönen von Braun schwankt.

„Überall hat man ursprünglich lösliche und daher diffuse Zustände, aus denen mehr und mehr körnige Abscheidungen von schwer löslicher oder ganz unlöslicher Beschaffenheit hervorgehen. Sorby hat durch die Einwirkung von Schwefelsäure aus menschlichen Haaren verschiedene Farbstoffe, lösliche und unlösliche, gewonnen. Er unterscheidet vier Hauptformen: einen blaßroten, einen braunroten, einen gelben und einen schwarzen Farbstoff. Aber die Entwickelungsgeschichte der Haare, wie wir sie bisweilen an einzelnen Stellen desselben Haares nebeneinander übersehen können, lehrt, daß diese verschiedenen Farbstoffe auseinander hervorgehen, daß sie fortschreitende Umwandlungen desselben Farbstoffes darstellen. Selbst die wilden Stämme wissen, daß die dunkleren Modifikationen der Farben am Haare durch Einwirkung alkalischer Substanzen, z. B. Kalk, in hellere umgewandelt werden können. Was noch heutigestags in Melanesien geschieht, das übten die Gallier und selbst die Römer in der Kaiserzeit. Bekannt ist die Erzählung Suetons, daß Caligula, um bei seinem Triumphzug in Rom rote Germanen zu zeigen, Gallier mit verfärbtem Haar aufführte. Für die äußere Erscheinung wird aber die wirkliche Farbe der Teile ganz wesentlich beeinflußt durch die mehr oder weniger der Oberfläche angenäherte oder von ihr entfernte Lage der Pigmentzellen. Am meisten oberflächlich liegen dieselben in den Haaren, und daher drückt die Haarfarbe im allgemeinen die Art der Pigmentierung am schärfsten aus. An der Haut liegt die Schicht der gefärbten Zellen am Grunde der Schleimschicht der Oberhaut, bedeckt von der ungefärbten Oberhaut und von einer wenig oder gar nicht gefärbten Hautschicht; hier wirkt die Farbe um so weniger, je dicker die bedeckenden Lagen sind, natürlich am wenigsten an den Nägeln, wo freilich auch wenig Farbstoff vorhanden ist. Am meisten verwickelt sind die Verhältnisse an der Regenbogenhaut des Auges, wo zwei verschiedene Gewebe in Betracht kommen: die sogenannte Uvea, eine epitheliale Lage schwarzgefärbter Zellen an der hinteren Fläche, und das eigentliche Regenbogenhautgewebe, in welchem sich brauner Farbstoff innerhalb der Bindegewebszellen (wie hier und da auch in denen der Augenliderhaut) entwickelt. Die Uvea ist, von einzelnen Krankheitsfällen abgesehen, immer schwarz, dagegen fehlt der Farbstoff in dem eigentlichen Regenbogenhautgewebe häufig. In diesem Falle sieht man von außen nur das tiefe, durchschimmernde Schwarz der Uvea, welche bei dünner Regenbogenhaut hellblau, bei dicker mehr grünlich, graublau oder grau erscheint. Je mehr Farbstoff aber sich in der Regenbogenhaut selbst entwickelt, und je näher er der äußeren Oberfläche derselben liegt, um so mehr bräunt sich das Auge, in den geringsten Graden in fleckiger oder gesprenkelter Weise, in den höheren mehr und mehr gleichmäßig. Der blondeste Typus zeigt daher an allen Teilen einen gewissen Mangel an Farbstoff: gelbe, diffuse Färbung der Haare, schwach gelbliche Färbung der Schleimschicht der Oberhaut und gänzlichen oder nahezu vollständigen Mangel an Färbung des eigentlichen Regenbogenhautgewebes. Beim brünetten Typus ist das Umgekehrte der Fall.

„Es gibt aber keine menschliche Rasse, keinen Volksstamm, dessen Haut, Haare oder Regenbogenhaut ganz pigmentlos wären: wirklicher Albinismus (über den wir unten ausführlicher handeln werden) ist überall ein pathologischer Zustand, Leukopathie. Auch die weiße Rasse ist gefärbt, aber freilich schwach gefärbt; das Kolorit der Haut mag sich bei ihr dem Milchigen nähern, aber immer steckt noch ein Rest von Gelb darin. So erklärt es sich, daß die Farbe, so stark sie sich bei der Betrachtung der Rassen in den Vordergrund drängt, doch für Grenzbestimmungen für die Individuen verschiedener Rassen häufig unbrauchbar ist. Alle Reisenden, welche in vielbesuchten Emporien des Verkehrs Angehörige verschiedener Rassen in großer Zahl nebeneinander sahen, stimmen darin überein, daß es nicht selten Individuen gibt, welche nach ihrer Farbe überhaupt nicht klassifiziert werden können oder tatsächlich falsch klassifiziert werden. Noch viel weniger gibt es bestimmte Grenzen in der Färbung der einzelnen Stämme derselben Rasse oder der einzelnen Stammesgenossen, also z. B. zwischen den Blonden und den Brünetten innerhalb der weißen Rasse. Jedes einzelne Individuum besitzt die Anlage zu starker Färbung, und nicht selten verändert sich die Färbung der einzelnen Teile bei demselben Individuum mit den Jahren; die Regel ist, daß sie von geringeren Graden zu stärkeren ansteigt.

„Bei denjenigen Individuen einer Rasse, welche uns als typisch erscheinen, besteht ein bestimmtes, mehr oder weniger konstantes Verhältnis zwischen den Farben der Haut, der Haare und der Augen. Häufig sind alle drei Teile dunkel, häufig alle drei hell. Man ist daher darauf angewiesen, bei einer physischen Untersuchung der Rassen in bezug auf Farben diese drei Teile zusammenzunehmen. So ergeben sich für die weiße Rasse zwei größere Unterabteilungen, von denen die eine, die der Blonden, ihren Namen freilich nur von der Farbe des Haares führt, obwohl derselbe in Wirklichkeit wie bei der anderen, der der Brünetten, sich auch auf die Farbe der Haut und der Augen bezieht."

Diese Übereinstimmung im ganzen Bau der Haut wie in der nur quantitativ verschiedenen Färbung der Schleimschicht der Oberhaut bei allen Menschenvarietäten ist von größter anthropologischer Bedeutung, ebenso die Beobachtung, daß die Dunkelfärbung der Haut des Weißen durch die Einwirkung der Sonne und der Atmosphäre ebenso auf stärkerer Färbung der Schleimschichten beruht wie die dunklere Pigmentierung der Haut der Farbigen und Neger. Auch bei farbigen Rassen beobachtet man einen dunkelnden Einfluß durch die Einwirkung grellen Sonnenlichts. Eine allgemeinere Dunkelfärbung bei viel im Freien sich aufhaltenden Japanern beobachtete Bälz; dem entspricht es, daß die Frauen, die mehr im Hause leben, bei den meisten Völkern heller gefärbt sind als die Männer; bei Papuas bemerkte Schellong, daß die Pigmentierung des „Weißen im Auge", d. h. der Bindehaut, vorzugsweise im Bereich der Lidspalte als horizontaler Pigmentstreif auf-tritt, also da, wo das Sonnenlicht unmittelbar trifft. Auch bei den Weddas beschreiben die Vettern Sarasin, bei brasilischen Indianern Ehrenreich ein solches Dunkeln der Haut an der Sonne, bei ostafrikanischen Negern Wiedemann. Es ist das eine der wenigen unbestrittenen Tatsachen, die einen Einfluß des Klimas auf den Menschen beweisen können; aber wie weit sind wir noch von einer vollen Erkenntnis entfernt!

„So verschieden die menschlichen Rassen nach ihrer äußeren Färbung sind, vor den Mitteln des Mikroskopikers", sagte R. Virchow, „hört das alles auf: da ist kein Blond, kein Blau, kein Schwarz, alles ist braun. Die blaue Regenbogenhaut des Auges, die wir unter das Mikroskop bringen, erweist sich als versehen mit braunem Pigment. Der Neger, dessen Haut wir untersuchen, zeigt uns braunes Pigment; selbst die Haut der zartesten Europäerin, die ganz weiß erscheint, läßt unter dem Mikroskop ein gewisses Quantum von Braun erscheinen. Auch das europäische Kolorit ist nicht bloß aus Blut und Milch oder irgendeiner anderen farblosen Substanz, etwa aus Ichor, wie das Blut der Götter einst genannt ward, gemischt, sondern es ist immer ein ‚bissele' Braun dabei. Alle Farbendifferenzen des Menschen sind also bloß Quantitätsdifferenzen; bald ist das Pigment ein wenig oberflächlicher, bald ein wenig tiefer gelegen, bald sieht man es direkt, bald durch etwas anderes hindurch, es ist aber im Grunde immer dasselbe. Was ist also natürlicher, als zu sagen: diese quantitativen Differenzen hängen rein von äußeren Verhältnissen ab; setzen wir einen Menschen in ein gewisses Medium hinein, so wird aus einem Blonden ein Brauner werden. Dieser Gedanke ist nicht etwa eine Erfindung von Darwin; seit Jahrhunderten hat man behauptet, die Menschen seien vom Klima abhängig. Schon bei den alten griechischen Schriftstellern finden wir die bestimmtesten Aussagen darüber. Aber wenn man fragt, wie bringt das Klima das zustande, so kommt man auf solche Schwierigkeiten, daß sie in diesem Augenblick noch nicht übersteiglich sind.

„Wir Germanen waren lange Zeit sehr stolz darauf, daß wir in unseren Landsleuten die eigentlich Blonden repräsentiert sahen. Wir wissen jetzt, daß es ebenso blonde Slawen gibt, ja daß eine große Abteilung der Finnen, also ein vollständig allophyler Stamm, wo-möglich noch blonder ist. In Petersburg gilt ja der Satz ‚so blond wie eine Finne' als Spezialbezeichnung für den höchsten Grad der Flachsköpfigkeit. Wenn man sich das so an-sieht, so liegt die Erklärung scheinbar sehr nahe: die Norddeutschen, die Finnen, die Nord-slawen sind blond, ergo ist es das Klima, welches das gemacht hat. Nun fragt man aber billig, warum hat es denn in Amerika keinen Stamm blond gemacht? Man hat hier und da in den Felsengebirgen versprengte Reste von Blonden aufzufinden geglaubt; trotzdem kann man sagen, es gibt in der Neuen Welt keine analogen Erscheinungen, wie wir sie in der Alten Welt haben in bezug auf die blonde Rasse oder genauer die blonde Zone. Aber sonderbarer-weise wiederholt sich diese Verteilung bei den Schwarzen. Während die Schwarzen eine große Zone bewohnen, welche, von Samoa und den Philippinen anfangend, sich herüber erstreckt bis zur Westküste Afrikas, eine Zone, die, wenn man sie auf der Karte anstreicht, ein sehr zusammenhängendes Gebiet darstellt, so fehlt uns jede Parallele dafür in Amerika, und doch hat Amerika auch einen Äquator, die Sonne scheint dort auch sehr heiß, es gibt viele Feuchtigkeit an einzelnen Orten und sehr große Trockenheit an anderen. Was ist nun der Grund, warum wir in Amerika weder Schwarze noch Blonde haben? Ich glaube nicht, daß jemand sagen könnte, welche Medien es sind, die das eine Mal es hervorbringen und das andere Mal nicht; ich wenigstens weiß es nicht. So nahe es also liegt, zu sagen: gewisse äußere Umstände müssen doch die Bildung des Pigments hindern oder bestimmen, so entsteht doch nicht in jedem Süden ein Schwarzer oder in jedem Norden ein Blonder. Ja, es ist eine noch größere Sonderbarkeit, daß noch nördlicher hinter den blonden Finnen die brünetten Lappen sitzen. Umgekehrt wieder sehen wir, daß an gewissen Stellen, selbst in ziemlich gemäßigten Regionen, z. B. in Australien, das nur zum Teil zu den heißen Ländern gehört, namentlich im südlichen Teil, eine schwarze Rasse sitzt, wie wir sie sonst unter dem Äquator suchen. Sicherlich wird niemand von uns leugnen, daß die Medien, die Verhältnisse des Ortes, die Lebensweise, die sozialen Verhältnisse usw. Einfluß ausüben auf die Entwickelung. Aber gegenüber solchen groben Tatsachen, die unsere Schwäche in ihrer ganzen Ausdehnung zeigen, müssen wir doch sehr bescheiden sein mit unseren Theorien. Wir können ja im stillen immer die Frage offen halten: ist es nicht klimatischer Einfluß, der solche ethnologische Zonen macht? Aber einfach zu sagen, weil es Zonen sind, so können wir jetzt schon erkennen, welche besonderen physikalischen Einwirkungen es waren, die dies machten, das muß ich als unberechtigt hinstellen. Nichtsdestoweniger werden wir uns der Untersuchung nicht entziehen, festzustellen, was die besonderen Verhältnisse des Lebens, unter denen eine gewisse Bevölkerung sich befindet, dazu beitragen, ihr einen ganz besonderen Typus des Sonderlebens zu verleihen, nicht bloß in der Ausbildung der individuellen Gestalt, sondern auch in der Entwickelung des individuellen Geisteslebens.

„Zweifellos ist eine der wichtigsten Bedingungen der verschiedenen Hautfarbe des Menschen die erbliche Übertragung. In Amerika bleiben die Hautfarben der vier dort zum Teil nun schon seit Jahrhunderten nebeneinanderwohnenden verschiedenfarbigen Rassen, der Indianer, der Chinesen, der Neger und der Weißen, im allgemeinen unverändert Entgegen der Angabe Khanikoffs, die auch Darwin in seiner „Abstammung des Menschen" wiederholt, daß die württembergischen Kolonisten im Kaukasus fast sämtlich nach wenigen Generationen dunkle Haare bekommen haben sollen, berichtet Radde, daß diese Kolonisten noch heute meist blond sind, und daß dunkelbraune und schwarze Haare bei ihnen nicht häufiger sind als in Württemberg selbst. Eine auffallendere Veränderung wird nur durch Rassenkreuzung hervorgebracht. Und doch liegen neben den zahllosen Beispielen, die den C. E. v. Baerschen Satz beweisen, daß starke Sonnenhitze die Haut bräunt, anderseits auch von vollkommen vorurteilslosen Naturforschern beobachtete Fälle vor, daß Vertreter dunkel gefärbter Rassen in Europa bleichen. So bemerkt R. Hartmann, daß er ein allmählicheres Lichterwerden der Haut bei mehreren in Europa aufgezogenen Schwarzen beobachtet habe, so bei Henry Noël aus Baghirmi, bei dem Jmomátta-Galla Djilo-Wäve Taifomáka, bei dem Fanti Bamba-Djalo-Dgondan-Wäre des Herzogs Max in Bayern sowie bei den Abessiniern Gébra-Marjam und Meelrakal. Ein solches Bleichen war auch in sehr auffallender Weise bei dem von dem Missionar Hasselt als Kinderwärterin nach Berlin gebrachten Papua-Mädchen Kandaze von Neuguinea vorhanden. Es war aber höchst charakteristisch, daß die Erblassung wesentlich an den Teilen stattgefunden hatte, die der Luft ausgesetzt waren, während die bedeckten Teile dunkel blieben. Die unbedeckten Teile erschienen mehr hell graubraun, während die bedeckten Teile die dunkel graubraune oder schwärzliche Negerfarbe zeigten." Schellong machte darauf aufmerksam, daß bei den Papuas auch in ihrer Heimat und bei ganz normalen Lebensverhältnissen die Innenfläche der Arme, die Hautstellen unter den Brüsten der Frauen heller sind. Das gleiche fand ich vielfach auch bei Negern und Negerinnen.

Es tritt uns aus Virchows Beobachtungen das unerwartete Phänomen entgegen, daß, während wir gewohnt sind, bei den weißen Rassen die entblößten Teile sich bräunen zu sehen, hier gerade das umgekehrte Ergebnis sich herausstellt, daß die unserer kühlen Atmosphäre ausgesetzten Teile in höherem Maße bleich geworden sind. Es harmoniert das aber mit der anderen, ebenfalls von Virchow festgestellten Beobachtung, daß die bedeckten Körperteile, Rücken, Bauch usw., bei Leuten dunkler Hautfarbe, wie z. B. bei jenen fast negerschwarzen „Nubiern", dunkler gefärbt sind als die dem Licht exponierten, namentlich das Gesicht. Hand- und Fußfläche sind bei den schwärzesten Negern hellfarbig, fast weiß. G. Schwalbe gibt nach Wiedemanns Untersuchungen an ostafrikanischen Negern sowie nach eigenen Beobachtungen folgende Reihe der Pigmentierung der Haut des gleichen Individuums, von den dunkelsten Stellen zu den hellsten fortschreitend: Geschlechtsteile, Nacken, Rücken (Schultern, Lenden), Seitenteile des Bauches, Streckseiten der Arme und Beine (besonders Ellbogen, Kniee), Lippen, äußere Augenhöhlenwand, seitliche Stirngegend, Bauchmitte, Brustmitte (etwas dunkler Brustwarze und Warzenhof), Kniekehle, Schenkelbeuge, Achselhöhle, Oberschlüsselbeingrube, Kehlkopfgegend, konkave Seite der Ohrmuschel, Gesicht, Kopfhaut, Handteller, Fußsohle; im allgemeinen gelte: für den Rumpf dorsal (= Rückenseite) dunkel, ventral (= Bauchseite) hell; für die Extremitäten Streckseite dunkel, Beugeseite hell. Die Angaben Köllikers lehrten uns, daß auch bei den Weißen die normale dunklere Färbung an Teilen des Rumpfes, nicht am Gesicht, auftritt, nämlich an den äußeren Generationsorganen, die bei farbigen Rassen, wie z. B. bei Feuerländern speziell beobachtet, bei beiden Geschlechtern tief dunkel gefärbt sind. Übrigens zeigte, wie schon erwähnt, E. Bälz, daß bei den Japanern, die man zu den gefärbten Menschenrassen zu zählen pflegt, die Einwirkung der Luft und der Sonne die diesen Einflüssen ausgesetzte Haut ebenso stärker bräunt wie bei den Weißen. Auch bei dunkler gefärbten Völkern, sogar bei Negern, ist das, wie wir oben sahen, der Fall. Ehrenreich erzählt von den Karaya am Amazonenstrom, daß der Aufenthalt auf den sonnendurchglühten Praias das helle Gelbbraun ihres Teints, das man nur noch unter ihren großen Baumwollmanschetten und Kniebinden konstatieren kann, in ein dunkles Kupferbraun verwandelt. Bei dem Hellerwerden der Neger in Europa dürfen wir nicht vergessen, daß auch in Afrika die Negerhaut, je nach ihrer größeren oder geringeren Blutfülle, dunkler oder heller aussieht. Dem Erblassen der hellfarbigen Rassen aus Schreck oder Krankheit entspricht bei den schwarzen Rassen eine weniger tief gefärbte Hautfarbe; das Ausbleichen der Neger in Europa hängt daher gewiß teilweise mit dem meist mit geringerer Blutfülle der Haut verbundenen mangelhaften Gesundheitszustand zusammen, der die Schwarzen in Europa oft so rasch (meist an Tuberkulose) erliegen läßt. Die Grundfarbe der Haut der Weißen ist selbst bei den blondesten Individuen eine hell wachsgelbe, wie man das namentlich an Sterbenden und Leichen stets konstatieren kann; auch bleichsüchtige und blutleere Individuen zeigen diese gelbliche Färbung, die hier und da durch Atembehinderung, Zyanose, einen bläulichen Ton erhält. Der rosige Glanz, der die gesunde Haut des Weißen überkleidet, rührt von dem durch die Oberhaut durchschimmernden Blute der feinen Lederhautgefäße her,

Die Haupttypen der Menschheit.

deren stärkere Füllung die Farbe der Haut, z. B. bei der Schamröte oder bei starker Erhitzung, zu wahrem Rot steigern kann. Die durchschimmernde Blutfarbe beteiligt sich also wesentlich an der Hautfarbe, beim Weißen wie bei dem Farbigen. Doch beruht die rote Färbung der Haut möglicherweise nicht immer und überall auf dem durchschimmernden Blutfarbstoff.

Wenigstens bei den Haaren kommt neben dem braunen Pigment, das in verschiedenen Schattierungen die Haare gelblichweiß, flachsgelb bis braun, schwarzbraun und wirklich geradezu schwarz färbt, auch noch ein roter Farbstoff vor, der als eine Modifikation des braunen Pigments erscheint. Diese rote Modifikation des Haarfarbstoffes findet sich in allen Graden der Haarpigmentierung, so daß man bei den Rothaarigen eine ganz ähnliche Skala zwischen hellroten und tief dunkelroten Haaren erkennt wie bei der normalen Pigmentierung der Haare zwischen Hellblond und Dunkelbraun oder Schwarz. Die Rothaarigen scheinen also nicht, wie man oft angenommen hat, in die gleiche Reihe mit den Blonden zu gehören, sondern bilden eine besondere Serie der Haarfarben für sich. In der Pigmentierung der Regenbogenhaut hat man, wie es scheint, diese rote Modifikation des Farbstoffes bis jetzt nicht beobachtet. Bei dem Hautpigment, das mit dem Haarpigment im wesentlichen identisch ist, scheint dagegen manchmal neben dem Braun auch das Rot aufzutreten, und zwar namentlich bei tiefgefärbten Stämmen. So erklären sich vielleicht zum Teil die roten und rotbraunen Hautfarben, die in Afrika neben dem Gelb, Gelbbraun, Braun, Schwarzbraun und Schwarz an einzelnen Individuen oder ganzen Stämmen zur Beobachtung kommen.

Die weitaus überwiegende Mehrzahl der Menschen auf der ganzen Erde gehört der brünetten oder bräunlichen Hautfarbe mit dunklem bis schwarzem Haar und dunkeln bis fast schwarzen Augen an. (S. die beigeheftete farbige Tafel „Die Haupttypen der Menschheit".) Die Unterschiede in der Färbung zwischen dem stark brünetten Europäer und dem Nordafrikaner sind oft verschwindend. Setzen sich solche brünette Individuen häufig nackt der Einwirkung der Atmosphäre und Beleuchtung aus, so wird die Hautfarbe durch das durchschimmernde Blut der Hautgefäße bronzerot, mit einem oberflächlichen noch dunkleren Schimmer, wie man das z. B. an den süditalienischen Fischern und Hafenarbeitern zu sehen bekommt, die bei der Arbeit nur mit einer die Lenden schützenden Hülle bedeckt und sonst nackt sind. Diese Bronzefarbe erinnert dann an die Hautfarbe vieler mittel- und südamerikanischer Indianerstämme, bei denen aber der schwärzliche Schimmer auf der Oberfläche der Haut meist noch markierter erscheint. Die gelbe und gelbbraune Farbe der Nordasiaten, nordamerikanischen Indianer, Eskimos und Lappen ist von der eines stark brünetten Nordeuropäers wenig verschieden; der Hauptunterschied von der oben beschriebenen Färbung scheint wesentlich nur in dem meist geringeren Durchschimmern des Blutes der Hautgefäße, wodurch die Farbe etwas Fahles und Glanzloses erhält, zu liegen. Das gleiche scheint auch für viele Mittel- und Südasiaten zu gelten und zum Teil wohl auch für Buschmänner und Hottentotten. Doch sieht man bei heller gefärbten Japanern und Hottentotten ein deutliches Rot der Wangen. Die eigentlich Weißen oder Blonden sitzen ursprünglich in kompakter Masse nur in der nördlichen Zone Europas. Mehr vereinzelt finden wir sie in ganz Europa, Nordafrika und bei gewissen mittelasiatischen Stämmen. Von Europa haben sich die Blonden nach Nordamerika und als Ansiedler oder zu vorübergehendem Wohnen über die ganze Erde verbreitet. Obwohl der Bevölkerung Griechenlands und Italiens in der vorklassischen und klassischen Periode Blonde nicht fehlten und Blondheit dort in alter Zeit als eine besondere Schönheit galt, dürfen wir doch annehmen, daß die heutige Verbreitung der Blonden in

West- und Südeuropa zum beträchtlichen Teil auf die Zumischung germanischer Stämme während der Völkerwanderung zurückzuführen ist. Freilich waren und sind auch die nördlichen keltischen Stämme oft blond wie die Nordgermanen und ebenso manche nordslawische und namentlich manche finnische Stämme.

Bei Negern und anderen Schwarzen zeigt sich bekanntlich die Bindehaut des Auges, die Sclerotica, oder, wie man gewöhnlich sagt, „das Weiße im Auge", im ganzen gelblich gefärbt, vielfach mit größeren und kleineren dunkelbraunen Flecken besetzt. Auch die Lippenhaut ist dunkel pigmentiert. Dasselbe gilt zum Teil für gewisse innere Organe: Nierenkapsel, Bauchfell, Hirnhäute zeigen oft dunkle Pigmentflecke, auch für Leber, Milz und die graue Substanz des Gehirns wird das gleiche angegeben. Eugen Fischer konstatierte, daß die Pigmentierung der Bindehaut, ganz entsprechend derjenigen der Körperhaut, an die tieferen Epidermisschichten gebunden ist, wo sich Epithelzellen mit Pigmentkörperchen um den Kern herum angeordnet finden. Namentlich erscheint die nächste Umgebung der Hornhaut pigmentreich; den Europäern scheint das Bindehautpigment ganz zu fehlen, bei den farbigen Völkern ist es um so reichlicher, je dunkler die Hautpigmentierung ist; auch bei Affen findet sich die Pigmentierung der Bindehaut (Orang-Utan u. a.).

Die Haut der brünetten und der blonden Europäer soll sich, wie besonders Topinard hervorgehoben hat, gegen Einwirkung des Sonnenlichtes und der Sonnenhitze eines heißen Klimas verschieden verhalten. Während die schon von vornherein stärker pigmentierte Haut des Brünetten leicht und manchmal in auffallend hohem Grade unter der gesteigerten Einwirkung von Hitze, Luft und Licht sich gleichmäßig bräunt und dabei vollkommen gesund bleibt, indem sie sich den Temperatur- und Lichtverhältnissen eines heißen Klimas anzupassen vermag, bringen die gleichen Einwirkungen auf die extrem weiße Haut des Blonden einen nachteiligen Einfluß hervor. Die kombinierte Einwirkung von Licht, Hitze und Luft erzeugt bei ihm eine Art Sonnenstich, eine anormale Rötung auf der Haut, die Insolation, den Sonnenbrand, das Erythema solare, das bekanntlich auch bei Gletscherwanderungen als Gletscherbrand entstehen kann und zwar im wesentlichen nicht durch die Hitze, sondern durch die Wirkung der ultravioletten Lichtstrahlen; auch elektrisches Licht ruft nach Hammer Insolation hervor; die Oberhaut springt dabei auf und schürft sich ab, sie wird mehr ziegelrot als braun und bekommt häufig Sommersprossen. Damit hängt wohl zum Teil die leichter vonstatten gehende und vollkommenere Akklimatisation der vorwiegend brünetten Völker Europas: Spanier, Portugiesen, Franzosen, Italiener, in allen Erdklimaten zusammen, während sich blonde Völker, z. B. die Engländer und Deutschen, in manchen heißen Erdgegenden, z. B. in Indien, nicht so vollkommen zu akklimatisieren vermögen, daß sie in der neuen Heimat ein lebenskräftiges Geschlecht reiner Rasse erzeugen könnten. Das Pigment ist, wie z. B. auch G. Schwalbe es ausdrückt, ein Schutz der Haut gegen Sonnenbrand. Für die Frage nach der Bildung einer stärkeren Hautfärbung ist es gewiß sehr beachtenswert, daß sich die Haut der eingeborenen hellhäutigen südafrikanischen Stämme, der Buschmänner und Hottentotten, wie wir unten noch näher besprechen werden, in der eben angezogenen Beziehung der Haut der Weißen ähnlicher verhält als der der Schwarzen. Sie zeigt, wie G. Fritsch hervorhebt, keineswegs jene strotzende „Duftigkeit", durch die sich die letztere auszeichnet.

Albinismus, Melanismus und krankhafte Hautverfärbung.

Unter allen Menschenrassen von dunkler oder heller Hautfarbe kommt individuell als ein abnormer angeborener Zustand allgemeiner Farbstoffmangel vor. Man bezeichnet derartige Individuen als Albinos. Auch unter den Säugetieren und Vögeln ist dieser Zustand keineswegs ganz selten. Bei der weißen Rasse erscheinen die immerhin recht seltenen Albinos übermäßig weißhäutig, ihr Haar von Geburt an fast weiß, meist gelblich weiß, die Pupille der Augen glänzend rot. Diese rote Färbung rührt her von der durch die allseitige Lichtzerstreuung im Inneren des Auges (infolge des Farbstoffmangels der Augenhäute, namentlich der Hinterfläche der Regenbogenhaut) erkennbar werdenden Farbe der zahllosen Blutgefäße der inneren Augenhäute. Auch die Regenbogenhaut erscheint bei europäischen Albinos im ganzen rot, aber je nach der Dicke ihrer Schichten an verschiedenen Stellen stärker oder schwächer rot oder mehr weißlich. Es hat das seinen Grund darin, daß das im Augeninneren zerstreute Licht zum Teil auch durch die pigmentlose Regenbogenhaut zurückstrahlt. Die Lichtzerstreuung im Inneren des Auges und die Möglichkeit, daß Licht in das Auge nicht nur durch die Pupille, das Sehloch, einfällt, sondern auch seitlich, soweit das Auge dem Lichte offensteht, stört bei diesen Albinos das Sehvermögen, namentlich bei heller Beleuchtung, sehr: sie sind „tagblind" und sehen nur bei schwächerem Lichte in der Dämmerung deutlich, wenn das seitlich in das Auge einfallende Licht nicht mehr stark genug ist, das regelmäßig durch das Sehloch einstrahlende in seiner Einwirkung auf die Nervenhaut des Auges zu stören. Das ist der höchste Grad des Albinismus, und man bezeichnet nur Menschen und Tiere mit roter Pupille als eigentliche Albinos. Im Volksmunde spielt bekanntlich der weiße Rabe, auch ein Albino, eine gewisse Rolle. Namentlich albinotische weiße Kaninchen und Mäuse sind bekannt und werden, da der Zustand bei diesen Tieren in hohem Grade erblich erscheint, gezüchtet. Auch bei den Menschen sind Fälle von Vererbung sicher beobachtet worden, ohne daß man sagen könnte, der Zustand müßte sich immer vererben.

Unter allen Menschenrassen kommen solche wahre Albinos mit allgemeinem Pigmentmangel, der sich auch auf das Augenpigment erstreckt, vor: weiße Neger, Kakerlaken. Daneben findet sich nun aber auch Pigmentmangel geringeren Grades; bei den Weißen bleiben bei solchen Individuen, deren Regenbogenhaut meist wasserblau ist, die Augen schwach, wenn auch die Pupille nicht mehr im gewöhnlichen Tageslicht rot leuchtet. Die Haare sind etwas stärker gelblich gefärbt. Bei dunkeln Rassen sind die niedrigeren Grade des Albinismus deswegen sehr interessant, weil sie dem Individuum ein mehr oder weniger europäischweißes Aussehen verleihen; die Haut, die Haare und die Regenbogenhaut werden heller, obwohl die Pigmentverminderung im Auge nicht hinreicht, das Sehvermögen zu stören. Solche Personen, die den Eindruck machen können, als wären sie Mischlinge von Europäern und dunkelgefärbten Eingeborenen, finden sich nach zahlreichen exakten Berichten überall, z. B. nicht ganz selten unter allen Negervölkern; von der Westküste Mittelafrikas wurden sie von Holub näher beschrieben. Auch unter den Südsee-Insulanern hat sie Finsch beobachtet. „Ich untersuchte", sagt Finsch, „einen Albino-Papua: ganz wie ein Europäer, ebenso weiß wie ich, blondes Haar, hellbraune Augen! eigentlich kein Albino, denn er kann am Tage sehen." Individuen mit auffallend viel hellerer Farbe der Haut, d. h. mit Pigmentmangel geringeren Grades, finden sich nach demselben Autor unter den dunkeln Südseevölkern gar nicht selten. Dasselbe gilt, wie gesagt, auch von den Afrikanern und von den braunen oder gelben Asiaten, ebenso von den amerikanischen Indianern; bei den Indianern Zentralbrasiliens hat K. E. Ranke einen lehrreichen Fall der Art beobachtet. Erinnern wir uns noch daran, daß in gemäßigten Klimaten viele Tiere im Winter, also unter ungenügender Ernährung, weiß werden, und an das Weißwerden der Haare im Alter bei Mensch und Tier, bei ersterem auch nach Krankheiten, z. B. Influenza, was sich doch wahrscheinlich ebenfalls als Folge einer Ernährungsstörung des Haares kennzeichnet, so ergibt sich, daß, abgesehen von der ausgesprochenen Erblichkeit des Pigmentierungsgrades, nicht sowohl das Klima als solches, sondern gewisse bis jetzt uns nur zum Teil bekannte physiologische Verhältnisse der Haut oder des ganzen Körpers als die Bedingung für eine stärkere oder schwächere Erzeugung von Farbstoff in der Haut, den Haaren und dem Auge angesprochen werden dürfen.

Bei Albinos will man eine gewisse Schwäche in der Haarbildung beobachtet haben; ihre Haare sollten feiner, ihr Bart und ihre übrige Körperbehaarung schwächer sein. Im allgemeinen ist es zweifellos, daß eine normale physiologische Hauttätigkeit die Ablagerung des Farbstoffes begünstigt, eine mehr oder weniger geschwächte sie vermindert. So beschreibt uns Nachtigal, daß bei gewissen Krankheiten der Schwarzen in Bornu die Haut sich entfärbt und fleckig weiß wird, während wir anderseits an pigmentierten Muttermälern oder Warzen bei Weißen durch krankhafte Steigerung der Hauttätigkeit eine braune, ja schwärzliche Pigmentierung finden und der normale Reiz der Luft, der Wärme und des Lichtes die weiße Haut bräunt. Die farbige Haut ist, wie wir sehen werden, überhaupt viel energischer physiologisch tätig als die übermäßig weiße.

Solche krankhafte Verfärbung dunkler Haut (Vitiligo, Psoriasis und universelles Schuppen-Ekzem, Herpes tonsurans, Lepra) wurde zweifellos manchmal von der Medizin unkundigen Reisenden für partieller Albinismus gehalten. Schon das Altertum wußte von gefleckten Negern zu erzählen. Jedenfalls ist der Zustand gefleckter Haut als eine angeborene Anomalie bei dem Menschen höchst selten; immerhin dürfen wir aber, auf Grund einiger exakter Beobachtungen und nach den entsprechenden Erfahrungen bei Tieren, nicht an seiner Existenz zweifeln. Bei den gefleckten Negern wird die Haut als ganz unregelmäßig schwarz und weiß gefleckt beschrieben; manchmal seien die weißen Flecke so klein, daß die Haut wie mit Kalk angespritzt erscheine. Bei albinotischen Tieren, z. B. Ratten, tritt dieser partielle Albinismus oft infolge von Kreuzung normal gefärbter mit albinotischen Individuen in der Nachkommenschaft auf. Bei dem Menschen beschreibt man als geringsten Grad des Albinismus das Vorhandensein weißer Strähnen in sonst dunkelgefärbtem Kopf- oder Barthaar bei jugendlichen Individuen oder Kindern. Sehr interessant wäre eine Statistik über das Vorkommen der Albinos, eine Bestimmung der Anzahl, in der sie unter verschiedenen Völkern und Rassen auftreten. Blonde Juden sind zum Teil Halbalbinos. Man hat behauptet, daß die Albinos gewöhnlich von niederem Wuchs seien, schwach von Konstitution und Verstand; auch ihre Fruchtbarkeit soll geringer sein. Das letztere scheint aber wenigstens für Tiere nicht zu gelten. Partiellen Albinismus, je eine weiße Stelle im Kopfhaar, einer Augenbraue und im Schnurrbart, beobachtete ich bei einem athletisch entwickelten, hochgewachsenen Turner von rotbrauner Haarfarbe.

Neben dem Albinismus existiert als sein Widerspiel auch ein Melanismus, eine individuell stärkere Pigmentierung der Haut, als sie der Rasse entspricht. Dieser Zustand ist bei den Menschen bisher weniger aufgefallen, obwohl namentlich bei den sogenannten schwarzen Rassen solche Differenzen in der Pigmentierung gelegentlich stark

hervortreten. Bei Tieren iſt dieſe individuell ſtärkere Pigmentierung längſt bekannt, ich erinnere z. B. an die Sperlinge, die neben ihrer allgemein braunen Färbung auch die aus-
geſprochenſten Albinos und rabenſchwarze Exemplare aufweiſen; nach Blumenbach ſollen
Finken und Lerchen nach und nach ſchwarz werden, wenn ſie bloß Hanfſamen freſſen. Bei
den Europäern gehören in dieſe Erſcheinungsgruppe, abgeſehen von übermäßig brünetter
Geſamtfärbung, die geſteigerte Pigmentierung der Schwangeren und partiell die Sommer-
ſproſſen und Leberflecke ſowie manche Narben. Bei den Feuerländern ließen die Maſern
dunkle Flecke auf der Haut zurück. Auch eigentlich krankhaft kommt eine geſteigerte Hautpigmentierung vor, die der Färbung dunkler Raſſen entſpricht, nämlich bei der Addiſonſchen
Krankheit, dem Morbus Addiſonii, einer zur Kachexie, d. h. zur Erſchöpfung, führenden
Allgemeinerkrankung, bei der krankhafte Veränderungen in den Nebennieren gefunden
werden. Hierbei tritt eine ausgeſprochene Steigerung der Hautfärbung bis zu wahrer
Bronzefarbe durch Vermehrung des normalen Pigments auf. Das Pigment liegt dabei in
den Zellen der Malpighiſchen Schleimſchicht der Oberhaut, alſo ganz an der ſonſt normalen
Stelle, und gelangt nach den neueſten Forſchungen auch durch pigmentierte Wanderzellen
aus der Lederhaut in die Oberhaut.

Die dunkeln Raſſen.

Wie wenig unmittelbar die Hautfarbe von dem Klima des augenblicklichen Wohnortes
abhängt, ſehen wir bei Vergleichung der verſchiedenartigen Hautfarben in ganz Afrika.
So beſchreibt Nachtigal den Markt von Murſuk: „Alle Hautfarben, von dem ſtädte-
bewohnenden Türken aus Europa in ſeiner nordiſchen Weiße bis zur Ebenholzſchwärze, wie
ſie individuell bei Nigritiern gefunden wird, waren vertreten. Die rötlichen Araber oder
Berber der Nordküſte, die Wüſtenberber in ihrer Bronzefarbe, die Tubu als weiterer Übergang zu den eigentlichen Negern und dieſe ſelbſt in aller Mannigfaltigkeit und Verſchiedenheit
bildeten eine endloſe Stufenfolge. Wenn Geſtalten, Köpfe und Züge der echten Araber, für
mich familiäre Erſcheinungen, und die nordiſchen Berber, unter gleichen Bedingungen
lebend und vielfach mit jenen vermiſcht, kaum von denſelben zu trennen waren, wenn die
Bewohner der zentralen Wüſte mit ihren regelmäßigen Zügen, ihren meiſt wohlgeformten
Naſen, ihren mäßigen Lippen, ihrem geringen Prognathismus ſich deutlich von den Sudan-
völkern ſchieden, ſo gelang es mir vorläufig nicht, die letzteren auseinanderzuhalten und in
zuſammengehörige Gruppen zu zerlegen. Ich konnte keinen charakteriſtiſchen Unterſchied
zwiſchen den Leuten von Bornu, Baghirmi, Mandara, den Hauſſaſtaaten entdecken, und nur
die vereinzelten Repräſentanten jener merkwürdigen innerafrikaniſchen Völkerſchaft, die
ſchon manchen Ethnologen verwirrte, der Fellâta, mit ihren ſemitiſchen Zügen, wollten nicht
in dieſe Allgemeinheit paſſen.“

Eine beſondere Schwierigkeit bietet eine genaue Farbenbenennung. Von der Farbe
der ſüdafrikaniſchen Völker ſagt G. Fritſch: „Die gewöhnlichſte Farbe der Kaffern iſt eine
dunkelbraune oder ſchwarzbraune, eine Anzahl der Individuen zeigen hellere Farbentöne
der Haut. Davon ſteht die häufigere Farbe dem Schwarzbraun noch ſehr nahe, ein ſeltenes
Vorkommen iſt ein Hereinſpielen von roten Tönen in das Braun. Seltener als die helleren
ſind die ganz dunkeln Varietäten der Hautfarbe, die intenſivſten Färbungen, die man
beobachtet, kommen dem Schwarz ſehr nahe.“ Wirklich blauſchwarze Färbung, wie ſie

individuell unter gewissen nordafrikanischen Stämmen beobachtet wird, wurde von Fritsch
bei den Kaffern nicht bemerkt. Eine kräftige, tiefe Hautfarbe ist das Zeichen einer normalen,
gesunden Konstitution, „schwarz" wird von den Kaffern als Epitheton ornans gebraucht,
eine recht dunkle, stark pigmentierte Hautfarbe gilt bei ihnen für die schönste von allen. An
der Südspitze Afrikas treten dann in den Hottentotten oder Koïn=Koïn und den Buschmännern Stämme mit gelblicher Hautpigmentierung auf, die sich hierin von den neben ihnen
wohnenden negerartig gefärbten Kaffern auffallend unterscheiden. Die Hautfarbe der
Hottentotten ist fahl braungelb, Barrow vergleicht sie mit der eines verwelkten Blattes,
Daper mit der der gelblichen Javanen. Fritsch nennt die Hautfarbe gelbbraun, in geringen
Schwankungen heller oder dunkler, oder sie wird lebhafter durch Beimischung von Rot. Diese
Hautfärbung tritt der mongolischen oder selbst der europäischen Hautfärbung näher, und bei
Vermischung mit Europäern verschwinden die Hautfarbenunterschiede rasch. Bei schwach-
gefärbten Individuen erscheinen die Wangen leicht gerötet, und auch die Lippen nehmen
einen deutlichen Anflug von Rot an, während sie sonst nur eine grauliche, livide, der der
Negerlippen ähnliche Färbung zeigen. Wie in der Farbe, so ist, wie gesagt, auch sonst die Haut
der Hottentotten der der Europäer ähnlicher. Es fehlt ihr jener charakteristische Blutreichtum
der Negerhaut, wodurch diese gewissermaßen strotzend erscheint; die Haut der Hottentotten
ist trocken und wird leicht welk und schlaff, mit feinen Fältchen bedeckt. Noch stärker ist das
der Fall bei den Buschmännern, deren Haut Fritsch mit gegerbtem Saffianleder vergleicht.

Um die Unsicherheit der Farbenbezeichnung zu vermeiden, hat G. Fritsch für die
südafrikanischen Stämme seinem Werke eine Farbentafel beigefügt, auf der die Skala der
Hautfarben nach der Natur möglichst getreu wiedergegeben ist. Die Vettern Sarasin lieferten
eine solche Farbentafel für die Bevölkerung von Ceylon, K. E. Ranke für die brasilianischen
Indianer. Neuerdings hat Felix v. Luschan eine Skala aus kleinen Glaswürfeln, Mosaik-
steinen, zusammengestellt, deren Glanz und Durchsichtigkeit die Hautfarbe weit treuer wiedergibt als farbiges Papier, wie eine solche Farbentafel Broca schon den „Instruktionen" zu
anthropologischen Beobachtungen auf Reisen für die verschiedenen Hautfarben aller
Nationen und Stämme der Erde beigegeben hat. Nach dieser letzteren, noch immer berühmten Farbentafel, die eine internationale Bedeutung behauptet, und den Tafeln von Radde
werden die Hautfarben bei wissenschaftlichen Untersuchungen meist bestimmt. Immerhin ist
auch nach diesen Tabellen eine genaue Farbenbezeichnung nicht ganz leicht, da, wie R. Virchow
bemerkte, die Hautfärbung der dunkel pigmentierten Stämme gleichsam zwei übereinander
liegende Farbenschichten zeigt, eine etwas hellere Grundfarbe und darüber eine dunklere
Lasur. Virchow sprach darüber bei der Untersuchung der aus 32 Individuen bestehenden,
schon oben (S. 142) erwähnten sogenannten „Nubier=Karawane". Es handelte sich um
Vertreter jener zahlreichen, von R. Hartmann und anderen als Bedja zusammengefaßten
Stämme, die in der Gesichts= und sonstigen Körperbildung sich dem europäischen Typus,
in bezug auf die Hautfarbe aber den Negervölkern annähern. Ihre Wohnsitze sind jenes große
Gebiet, das sich von den Grenzen des eigentlichen Ägypten bis an die Grenzen von Abessinien
und vom Roten Meere bis an den Nil, und zwar im Süden bis an den Blauen Nil, erstreckt.
Am zahlreichsten waren die Stämme der Halenga und Marea vertreten, aber auch Djalin,
Hadendoa und Beni Amr und andere. „Das, was für uns", sagte Virchow, „in so hohem
Maße überraschend wirkt, und was uns allerdings den Gedanken, daß wir es hier mit einer
uns näherstehenden Völkerfamilie zu tun haben, ungemein erschwert, ist die in der Tat

sehr tiefe Dunkelheit des Kolorits der Leute. Wir sind bei den Bestimmungen mit Hilfe der französischen Farbenskala vielfach bis an die äußerste Farbengrenze dieser Tafel gekommen, ja sie genügte zuweilen nicht ganz, und es stellte sich heraus, daß bei einzelnen der Leute noch dunklere Hautfarben vorkommen, als in der Skala überhaupt angenommen werden. Leider ergab sich auch, daß diese Farbentafel absolut ungenügend ist, um die verschiedenen feineren Nuancen des Kolorits zu bestimmen, die sich uns darstellen; man bemerkt, daß fast überall an der Haut eine Mischung von zwei Farben hervortritt. Man sieht nämlich zunächst eine gleichmäßige Unterfarbe, welche an einzelnen Teilen mehr, an anderen weniger bemerkbar wird, und welche bald mehr in Gelb, bald mehr in Rot neigt. Daneben breitet sich dann — an einzelnen Teilen so stark, daß man kaum etwas anderes sieht — ein Schwarz, welches an einigen Teilen mehr rein schwarz, an anderen mehr grauschwarz erscheint, aber an keiner dieser Personen vollkommen blauschwarz ist, wie es individuell bei ausgemachten Neger-typen der Fall ist. Durch das Gemisch dieser zwei Farben, ich möchte sagen der Grund-farbe und der Deckfarbe, entsteht eine sehr große Mannigfaltigkeit von Farbentönen, welche im einzelnen schwer zu bestimmen und noch schwerer zu benennen sind. Am meisten dürften die verschiedenen Farben von gebranntem Kaffee oder, wie Karl Hagenbeck sehr richtig be-merkte, die verschiedenen Farben von Zigarren geeignete Vergleichsobjekte darbieten. Wie es mir scheint, haften beide Farben an der Schleimschicht der Oberhaut, dem Rete Malpighii. Indes dürfte der Unterschied sein, daß die lichtere Grundfarbe gleichmäßig durch die Zellen der Schleimhaut verteilt ist, die dunklere Deckfarbe dagegen durch stellenweise Vermehrung des Farbstoffes bedingt wird. Wenigstens erscheint die dunklere Farbe zuerst in fleckiger, gesprenkelter Form, jedoch mit ganz verwaschenen Grenzen, weiterhin nimmt die Zahl der Flecke zu, um zuletzt zusammenzufließen. Am besten sieht man diese Übergänge an den Schleimhäuten des Auges und des Mundes. Namentlich die bei Europäern weiße Binde-haut des Auges sieht bei den Nubiern zuweilen über der Sklerotika gleichmäßig lichtgelb aus, manchmal zeigen sich kleine braune Flecke und Herde. An den Lippen und der Gau-menschleimhaut kommen größere blauschwarze Flecke und Marmorierungen vor, während die Grundfarbe schmutzig bläulich oder bräunlich schimmert. Die Mehrzahl der Individuen behält jedoch irgendeinen Hauptton bei, sei es, daß derselbe mehr ins Gelbe oder Rote bzw. ins Braune zieht, sei es, daß er mehr schwarz wird. Dies ist so auffällig, daß die geläufigen Stammesnamen diese beiden Haupttöne unterscheiden als schwarze und rote Marea. Da die schwarzen Marea den südlicheren, die roten den nördlicheren Teil des Landes einnehmen, so wäre es denkbar, daß verschiedene Mischungen mit Nachbarstämmen Einfluß geübt haben. Nach Munzinger werden auch im Lande der Habab und im Samhar die Menschen in rote, dunkelrote und schwarze unterschieden, und zu den roten rechnet man auch die Türken und Europäer. Da, wo nach der Physiognomie, der Bildung der Nase, der Konfiguration des Gesichts Negerbeimischung wahrscheinlich ist, pflegt auch die Haut eine viel dunklere Färbung zu besitzen. Haare und Iris sind ausnahmslos ganz dunkel, erstere schwarz, letztere tiefbraun. Bei allen nordöstlichen Stämmen Afrikas wächst das Haar lang genug, und bei einiger Sorgfalt läßt es sich so weit ausglätten, daß es unschwer in Formen der Frisuren gebracht werden kann, für welche der eigentliche Negerkopf gänzlich unbrauchbar ist. Hierin liegt unzweifelhaft ein diagnostischer Rassencharakter.

„In bezug auf die Bezeichnung der Hautfarbe bemerke ich, daß sie dunkel genug ist, um es zu rechtfertigen, daß die ganze Zahl unserer Gäste als Schwarze bezeichnet wird.

Die vielfachen Nuancierungen ändern daran nichts. Wir finden dieselben Nuancierungen überall, und niemand nimmt deswegen Bedenken, solche Leute Schwarze zu nennen. Die Detailnachrichten über die Australier ergeben eine ähnliche Breite der Färbungen, sowohl der Individuen als der einzelnen Körperteile. Man könnte nun von vornherein die Meinung vertreten, es sei in allen dunkeln Stämmen die Farbe, da sie von der Sonne nicht herrühren kann, auf den Einfluß von Negerblut zu beziehen. Demgegenüber möchte ich besonders betonen, daß, wie schon seit langen Zeiten von den verschiedensten Seiten nachgewiesen ist, unzweifelhaft ganz analoge Farben sich weit über Afrika hinaus, namentlich auf das südliche Arabien und von da bis nach Indien zu den alten drawidischen Stämmen, verfolgen lassen, mit mehr oder weniger viel Nuancierungen. Hildebrandt, in dieser Beziehung gewiß ein sehr kompetenter Zeuge, versichert, daß er in Südarabien eine große Anzahl von Individuen gesehen habe, welche, sowohl was Farbe, als was sonstiges Aussehen betrifft, die größte Ähnlichkeit mit unseren Leuten darboten. Ich darf besonders hervorheben, daß derjenige Gelehrte, der unter unseren modernen Klassifikatoren einen besonders hohen Rang einnimmt, Huxley, sogar so weit geht, daß er auf seiner ethnographischen Karte die Bevölkerung aller der Länder, von denen ich hier hauptsächlich handle, als australoid mit derselben Farbe bezeichnet, mit der er den Kontinent von Australien und einen Teil des Dekhan in Vorderindien deckt. Ich will auf die Frage nicht weiter eingehen, ob wohl wirklich von den Nubiern bis zu den Australiern sich Verwandtschaften ergeben. Indes das möchte ich doch erwähnen, daß sonderbarerweise eine jener volkstümlichen Übungen, welche bei den Australiern am frühesten die Aufmerksamkeit auf sich gezogen haben, das Werfen mit dem Bumerang, sich allerdings an den drei bezeichneten Punkten vorfindet: der Bumerang war sowohl in Vorderindien als auch im alten Ägypten im Gebrauch. Da aber in ihm eine sehr sonderbare und vom Standpunkt der Technik aus bekanntlich höchst schwierige Aufgabe gelöst ist und es noch wunderbarer sein würde, wenn dies unabhängig an drei verschiedenen Punkten geschehen wäre, so liegt es allerdings nahe, die Frage aufzuwerfen, ob nicht eine wirkliche Tradition zwischen den drei Ländern stattgefunden hat. Trotzdem scheint es mir, daß man allen Grund hat, vorläufig in bezug auf die Völkerverwandtschaft nicht so weit zu gehen. Ungleich mehr berechtigt ist die Frage, ob nicht weniger gefärbte semitische Stämme, die aus Asien eingewandert sind, in Afrika negrisiert worden sind."

Im Anschluß an G. Fritsch haben wir oben erwähnt, wie rasch durch Kreuzung von Europäern mit braungelben Südafrikanern die Hautfarbe verändert wird. Zwischen Negern und Europäern ist das nicht in derselben Weise rasch der Fall, hier macht sich noch in späten Generationen das Negerblut geltend. Man bezeichnet bekanntlich die Nachkommen von Europäern und farbigen Eingeborenen in den außereuropäischen Kolonien als Kreolen; Mestizen sind die Kinder von Europäern und Amerikanern, Mulatten die Kinder von Europäern oder Kreolen und Negerinnen, Zambo oder Sambo die Kinder von Amerikanern und Negerinnen. Bei der Kreuzung zwischen Mulatten und Weißen wird das Negerblut in den folgenden Generationen in Bruchteilen bezeichnet: Terzeron ist das Kind vom Europäer und einer Mulattin, Quarteron vom Europäer und Terzeron, dann folgt Quinteron bis Oktavon. Der Quinteron ist vom Weißen kaum mehr verschieden, er galt schon vor der Sklavenemanzipation in den Vereinigten Staaten gesetzlich als Weißer. Während der Mulatte noch stark negerähnlich ist, bleiben bei den weniger Negerblut enthaltenden Individuen noch die veilchenblaue Farbe und ein dunkler Halbmond um die Basis der Nägel als charakteristische Kennzeichen, die am spätesten verschwinden. Verbinden sich umgekehrt Mulatten mit Negern, so ist in der vierten bis fünften Generation das weiße Blut wieder vollkommen verschwunden. Der Erfolg der Kreuzung ist übrigens keineswegs ein ganz regelmäßiger und etwa nach Mendels Gesetz einfach berechenbarer. Wie bei uns aus der Verbindung eines blonden mit einem brünetten Individuum nicht sowohl immer Zwischenstufen zwischen den beiden Typen entstehen, sondern häufig teils blonde, teils brünette Kinder, so kann auch das Kind aus der Ehe zwischen Negerin und Weißem und umgekehrt bald mehr dem Typus des Weißen, bald mehr dem der Schwarzen nachschlagen. Ja, auch in späteren Generationen kommen öfters „Rückschläge" auf eins der Urelttern vor. Bezüglich der Rassenmischung von Kaffern und Weißen in Südafrika sagt G. Fritsch: „Das Verhalten der Hautfarbe bei Mischungen ist sehr sonderbar, und obgleich diese Klasse von Individuen in Südafrika stark vertreten ist, hält es doch schwer, irgendwelche Gesetze darin aufzufinden. Sicher ist einmal, daß solche Personen öfters eine auffallend dunkle Hautfarbe haben, welche an Kraft derjenigen der reinen Rasse nichts nachgibt, und ferner, daß die späteren Generationen eine Neigung zeigen, zurückzuschlagen, daß also Atavismus stattthat, indem die Enkel wieder den Großeltern ähnlicher werden oder die Großenkel."

Über die amerikanischen Indianer sagte Alexander v. Humboldt: „Unter den Ureinwohnern des neuen Kontinents gibt es Stämme von sehr wenig dunkler Farbe, deren Kolorit sich dem der Araber oder Mauren nähert", oder mit „weniger brauner Haut als unsere Landsleute", neben anderen viel dunkler gefärbten Stämmen scheinbar unter den gleichen klimatischen Bedingungen lebend. Namentlich die Mexikaner erscheinen dunkel gefärbt. „Überhaupt sieht man überall, daß die Farbe des Amerikaners nur sehr wenig von dem Lokalverhältnis abhängt, worin wir ihn gegenwärtig wissen. Die Tatsachen beweisen, daß die Natur bei aller Verschiedenheit der Klimate und Höhen, welche die mannigfaltigen Menschenrassen bewohnen, von dem Typus, dem sie sich seit vielen tausend Jahren unterworfen hat, nicht abweicht." Die Skala der Hautfarben, die K. E. Ranke von den Indianern Zentralbrasiliens gegeben hat, reicht von europäischem Weiß, d. h. von einem sehr lichten Gelbrosa, bis zu dunklem Braun, beinahe Schwarzbraun. Bemerkenswert ist dabei seine Beobachtung, daß bei den Indianern nicht nur Handfläche und Fußsohle, sondern auch die von dem Kopfhaar gedeckte Kopfhaut europäisch lichte Farbe aufweisen. Dadurch geben sich diese Indianer als schwachpigmentierte Rasse, entsprechend den Mongolen und anderen, zu erkennen; bei den schwarzen Rassen, speziell den Negern, ist die Kopfhaut auch unter dem Haar bekanntlich dunkel gefärbt, wie die Haut schwarzer Schafe oder schwarzer Schweine, wenn auch nach Wiedemann (vgl. S. 142) weniger tief als an anderen Körperstellen.

Weitere Bemerkungen über die Hautfarbe verschieben wir bis zur Besprechung der anthropologischen Menschenrassen. Nur das sei hier noch bemerkt, daß die Hautfarbe des Neugeborenen von der des Erwachsenen bei allen Völkern abweicht. Bei den Europäern sind die neugeborenen Kinder rot infolge eines stärkeren Blutreichtums der Haut. Das letztere gilt bei allen Rassen, bei denen je nach der stärkeren oder geringeren Hautpigmentierung der Erwachsenen dem Rot der Haut des Neugeborenen noch mehr oder weniger Braun zugemischt ist, am meisten bei den Schwarzen. Die Neugeborenen schwächer pigmentierter Stämme — es wurde das speziell von den nordamerikanischen Indianern und durch Sören Hansen von den Eskimos berichtet, von denen es zuerst ihr Missionar Hans Egede angegeben hatte —

sind wenig pigmentiert und ähneln den Neugeborenen der Weißen; doch kündigt sich schon die künftige allgemein dunklere Hautfarbe durch einen bald symmetrisch, bald unsymmetrisch auf beiden Seiten liegenden dunkelblauen, meist unregelmäßig gestalteten, manchmal rhombischen Pigmentfleck in der Kreuzbeingegend am Unterrücken an. Man hat diese Flecke wohl als Mongolenflecke bezeichnet. Vor allem wichtig waren für diese Frage die Untersuchungen von Bälz über diese dunkeln Hautflecke bei Kindern der Japaner und Mongoloiden im allgemeinen; dann fanden Lehmann-Nitsche und Ten Kate die gleichen Flecke bei südamerikanischen Indianern und Mulatten. Bei den letzteren sind sie besonders häufig; dieser Fleck ist nach Olintho de Oliveira um so deutlicher, je jünger das Kind ist, und er verschwindet später besonders deswegen, weil die starke typische Körperpigmentierung, die mit zunehmendem Alter des Kindes immer tiefer wird, alles nivelliert. Atachi hat eine Andeutung dieser Färbung auch bei einem europäischen Neugeborenen, Ferdinand Birkner stärkere Flecke bei chinesischen Neugeborenen konstatiert. Das Pigment befindet sich, wie schon Bälz angegeben hat, in der Lederhaut, und zwar in der Nähe der Blutgefäße; die blaue Farbe der Flecke rührt von dem Durchscheinen des Pigments durch die verhältnismäßig dicke Hautschicht her, ähnlich wie bei der blauen Farbe der Regenbogenhaut und der mit schwarzem Farbstoff hergestellten Tätowierungen der Haut. Es mahnt uns das daran, daß, wie gesagt, auch bei den Europäern wie bei allen farbigen Rassen der Rumpf ganz oder teilweise dunkler gefärbt ist als der übrige Körper. Nach Hyades sind die Kinder der Feuerländer bis zum fünften Lebensjahr durchschnittlich so hell wie europäische. Erst von dieser Zeit an mischt sich ein rötlicher Ton bei, und mit dem elften Jahre beginnt sich eine rotbraune Färbung auszubilden. Auch die Frauen fand derselbe Reisende meist heller als die Männer. Speziell von der Farbe des neugeborenen Negerkindes sagt Pruner Bei: „Es ist rot, mit schmutzigem Nußbraun vermischt und die rötliche Farbe weit weniger lebhaft als diejenige des weißen Kindes. Diese ursprüngliche Farbe ist jedoch mehr oder weniger dunkel, je nach den Körpergegenden. Vom Rot geht sie bald in Schiefergrau über und entspricht mehr oder minder schnell der Farbe der Eltern, je nach der Umgebung, in welcher das Kind heranwächst. Im Süden ist die Metamorphose, d. h. die Entwickelung des Farbstoffes, meist innerhalb eines Jahres vollendet, in Ägypten erst nach drei Jahren. Das Haar des Negerkindes ist eher kastanienbraun als schwarz; es ist gerade und nur am Ende leicht gekrümmt." Thomson fand bei einem Negerembryo von fünf Monaten in der Schleimschicht der Oberhaut das Pigment als eine schwach gelbliche diffuse Färbung, die in der Kopfhaut einen etwas dunkleren Ton hatte. Ein von mir wenige Stunden nach der Geburt beobachtetes Negerkind entsprach im allgemeinen der Beschreibung von Pruner Bei. Hände und Füße waren aber vollkommen weißrosa wie bei einem Europäerkind, dagegen zeigten sich die bei Erwachsenen stärker pigmentierten Körperstellen schon bemerkenswert dunkler, so die Umrahmung des Gesichtes, die Mittellinie des Bauches, die Brustwarzen und Generationsorgane. Einen sehr fremdartigen Anblick gewährte der fast schwarze Lanugo, die Wollhaare, die an den auch bei Europäer-Neugeborenen stärker behaarten Stellen des Gesichtes und des Rumpfes, in der Gegend des männlichen Bartes und der Mittellinie von Rücken und Bauch, sehr reichlich und durch ihre dunkle Farbe auffällig vertreten waren. In den Tagen nach der Geburt begann eine stärkere Farbstoffentwickelung, besonders auffallend auf der Rückseite der sonst noch unpigmentierten Finger und Zehen. Zuerst zeigte sich jener, auch bei sonst weißen Negermischlingen noch vorhandene dunkle Halbmond unter den Nägeln, dann dunkelten die Rückseiten der Finger- und

Zehengelenke, woraus sich später die dunkle Färbung des ganzen Hand- und Fußrückens ausbildet. Die Hand- und Fußfläche blieben lange europäisch weiß. Schellong sah in Finschhafen in Neuguinea ein vier Tage altes Papua-Neugeborenes. Die Mutter war ein dunkelbraunes Papua-Weib, das Kind, ein Knabe, „war auffallend hellfarbig, fast weiß". Wir kommen unten noch einmal auf diese Frage zurück.

Die Färbung der Haustiere.

Die Ursachen der verschiedenen Färbungen des Menschengeschlechts liegen, wie wir sahen, noch fast vollkommen im Dunkeln, es ist aber nicht zu verkennen, daß die Verschiedenheiten in der Färbung bei dem Menschen, dem am meisten domestizierten animalen Wesen, in hohem Grade den Verschiedenheiten in der Färbung der Haustiere ähnlich sind. Nach Vinzenz Göhlert entspricht am vollkommensten der Urform des wilden Pferdes, das, gezähmt, zu den ersten Haustieren gehörte, der Tarpan, das wilde tatarische Steppenpferd. Wie alle unsere Haustiere infolge der durch Jahrtausende fortgesetzten Züchtung in ihrer äußeren Gestalt mehr oder weniger Abweichungen erlitten und insbesondere in der Färbung der Haut und der sie schützenden Decken der Haare und Federn zahlreiche Wandlungen erfuhren, so ist auch in der Haarfarbe des Pferdes im Laufe der Zeit eine solche Veränderung eingetreten, daß die ursprüngliche Farbe, die fahl- und mausgraue, sich gänzlich verwischt hat und selbst bei den verwilderten Pferden in Mittel- und Südamerika nicht wiederkehrt. Die heutigen Haarfarben der zahmen und verwilderten Pferde schwanken zwischen Weiß und Schwarz, dann zwischen Gelb, Gelbrot und Braun, bald nach der weißen, bald nach der schwarzen Seite mehr oder weniger übergehend. Es ist gewiß beachtenswert, daß diese Hauptnuancen der Haut- und Haarfarbe der Pferde mit den Hauptfarbennuancen des Menschengeschlechts aufs vollkommenste übereinstimmen. Göhlert unterscheidet als Hauptfarben der Pferde: Schimmel, Fuchs, Brauner, Rappe. Davon treten die beiden mittleren Farben bald heller, bald dunkler auf. Als Repräsentanten der angenommenen Pferdegruppen lassen sich der arabische Schimmel, der englische Vollblut-Braune und -Fuchs und der berberische, andalusische Rappe aufstellen.

Aus Göhlerts auf 2295 Fohlen sich stützender Statistik ergibt sich als Hauptresultat: die verschiedenen Haarfarben der Pferde sind ein Resultat der Züchtung. Von gleichfarbigen Paaren stammen zumeist (⁴/₅) Fohlen mit der Haarfarbe der Eltern, hingegen von ungleichfarbigen Paaren Fohlen, von denen ungefähr die Hälfte (zwischen ²/₅ und ³/₅) die eine oder die andere Haarfarbe der Elterntiere zeigt. Besonders wichtig erscheint es, daß die weiße und braune Haarfarbe sich leichter und sicherer vererben als die anderen Farben; am unsichersten erfolgt die Vererbung der schwarzen Haarfarbe. Die Fohlen arten etwas mehr (um ¹/₅) der Haarfarbe des Muttertieres als jener des Vatertieres nach, was sich am schlagendsten für die schwarze Haarfarbe des Muttertieres nachweisen läßt. Übrigens vererben sich die Haarfarben der Elterntiere auf die Fohlen je nach deren Geschlecht im ganzen gleichmäßig. „Die weiße Haarfarbe", sagt Göhlert, „besitzt den Vorzug bezüglich der Vererbung vor der braunen und roten, welche wiederum der schwarzen vorangehen. Das gleiche gilt nicht nur von der Mehrzahl unserer anderen Haustiere, sondern, wie es scheint, auch von dem Menschen. Bei unserem Federvieh: bei Gänsen, Hühnern, Tauben, tritt bekanntlich die weiße Farbe mit einer größeren Intensität als die anderen Farben auf. Von mancher

Seite wird daher auch die weiße Farbe als das höchste Maß der Zucht bezeichnet. So gilt der arabische Schimmel als eins der edelsten Pferde, und auch schon im Altertum hatten die weißen Pferde den Vorzug vor anders gefärbten und wurden für heilig gehalten, wie gegenwärtig noch der weiße Elefant in Hinterindien verehrt wird." Wir fügen hinzu, daß auch namentlich bei den Schweinen, aber ebenso bei Schafen und Ziegen die weiße Farbe die höchste Zuchtstufe bezeichnet. Es wäre zwar, wie Göhlert bemerkt, gewagt, einen unmittelbaren Schluß aus diesen Beobachtungen an Tieren auf den Menschen schon jetzt ziehen zu wollen; aber gewiß ist in dieser Hinsicht der Ausspruch des bekannten Naturforschers A. D. d'Orbigny zu beherzigen: „In Südamerika, wo die Kreuzung unter den Menschenrassen im größten Maßstab vor sich geht, behauptet das europäische Blut das Übergewicht, und es entsteht dort eine neue Bevölkerung, welche sich unaufhörlich dem weißen Typus annähert"; aber freilich nicht der blonden, sondern der brünetten Varietät desselben. Bei den Europäern scheint, soweit man das ohne eine eingehende Statistik beurteilen kann, das dunkle Haar in bezug auf Vererbung dem blonden Haar vorauszugehen.

Die Farbe der Regenbogenhaut.

Werfen wir noch einen Blick speziell auf die Farbe der Augen, d. h. der Regenbogenhaut. In der Regel richtet sich, wie wir hörten, die Farbe der Augen bzw. der Regenbogenhaut nach der Farbe des Haares. Aristoteles und Blumenbach nahmen drei Hauptfarben der Regenbogenhaut an, die blaue, die dunkel orangefarbene und die braunschwarze. Nach Aristoteles werden alle Kinder mit blauen Augen geboren, und in der Tat zeigt auch bei den Kindern dunkler Rassen die Hornhaut einen bläulichen Schimmer. Die Augen der Kinder sind wie die Haare heller als die der Erwachsenen, sie dunkeln nach, ähnlich wie Haare und Haut. Meist unterscheidet man jetzt als Augenfarben: Blau, Grau, Braun bis Schwarz, wobei nach der Dunkelheit der Färbung Nuancen angegeben werden, wie z. B. Dunkelblau, Hellblau; auch Übergänge werden bezeichnet, z. B. Blaugrau. Broca hat, wie für die Hautfarben, in den „Instruktionen" auch eine Skala für die Farben der Regenbogenhaut veröffentlicht. Neben den grauen, blauen und braunen bis schwarzen Reihen findet sich als vierte auch eine grüne Reihe. Es handelt sich dabei um Grau oder Blau, mit Gelbbraun gemischt. Bei näherer Betrachtung zeigt die Regenbogenhaut heller Augen keine gleichmäßig verbreitete Farbe, sondern zonenhaft verschiedene Farbentöne infolge einer ungleichmäßigen Verteilung des Farbstoffes. Bei grauen Augen umgibt z. B. den Pupillenrand häufig ein gelblicher oder gelbbräunlicher Ring, der teilweise strahlenförmige Ausläufer in die sonst mehr gleichmäßige graue Fläche aussendet. Broca gibt daher die Anweisung, die Regenbogenhaut bei der Bestimmung ihrer allgemeinen Farbe aus etwa 1 m Entfernung zu betrachten, damit die feineren Einzelheiten verschwinden. Martin verwendet einen Satz verschieden gefärbter künstlicher Augen, wie solche die Augenärzte als Ersatz für verlorengegangene Augen benutzen; es soll dadurch die Farbenbestimmung der Augen unabhängig werden von dem individuellen Farbenempfinden des Untersuchers.

Alle dunkler pigmentierten Rassen wie die meisten Individuen mit brünetter Hautfarbe in Europa haben hell- bis dunkel- bis schwarzbraune Augen; blauschwarze Färbung, die individuell, aber gewiß selten bei Haut und häufig bei Haaren auftritt, kommt bei den Augen, wie schon oben erwähnt, nicht vor. Bekanntlich gibt es Menschen, die ein blaues und ein ganz oder teilweise braunes Auge besitzen; hier ist meist nur das eine Auge nachgedunkelt, während das andere noch die geringere Pigmentierung beibehalten hat, wie sie für die Augen der Neugeborenen der weißen Rasse charakteristisch ist. Als krankhafte und Alterserscheinung kommt übrigens auch Ausbleichen der Iris vor.

Bei den farbigen Rassen findet sich mit schwarzem Haar fast ausnahmslos braune bis schwarzbraune Regenbogenhaut. Bei der so vollkommenen und alten Mischung der beiden weißen Typen, der Blonden und Brünetten, in Europa finden sich zwischen den reinen typischen Formen, nämlich Blonden mit hellem Haar, rosigweißer Haut und blauen Augen und Brünetten mit dunklem bis schwarzem Haar, gelblichweißer Haut und braunen Augen, sehr zahlreiche Mischformen in allen Kombinationen der Haar-, Augen- und Hautfarbe, die sich aus gekreuzter Vererbung und Mischung der Farben der beiden reinen Typen ableiten lassen.

Auf diese Weise bekommen wir nicht nur alle möglichen Schattierungen zwischen Blau, Gelbbraun und Schwarzbraun bei dem Auge, sondern auch alle möglichen Nuancen zwischen hellgelbem und gelbblondem bis zum dunkelbraunen und blauschwarzen Haar. Es ist das besonders interessant, da alle von der Blutfarbe der Haut unabhängigen auf der Erde vorkommenden Schattierungen der Hautfarbe vom beinahe farblosen, gelblichen Weiß bis zur Blauschwärze sich als Haarfarben bei den Europäern finden. Wie Broca unmittelbar festgestellt hat, bilden die Schattierungen der Haarfarben die gleichen Farbenreihen wie jene, die er für die Hautfarben der Menschheit angab. Seine Farbenskala dient daher auch zur Bestimmung der Haarfarbe. E. Fischer verwendet zur Haarfarbenbestimmung Büschel jener feinen Pflanzenfasern, wie solche in allen Schattierungen zum Zweck des künstlichen Haarersatzes im Handel sind. Bei den Haarfarben kommt zu den Nuancen der Hautfärbung noch das Rot und im Alter die vollkommene Farblosigkeit hinzu. Ich möchte aber nicht glauben, daß das Haarpigment in diesen letzteren beiden Beziehungen absolut von dem Hautpigment verschieden ist. Schon oben wurde angedeutet, daß Nachtigal und andere bei Negern infolge gewisser Krankheiten ein Ausbleichen der Haut konstatierten, deren Farbe schließlich schmutzig weiß wird. So möchte ich auch, wie gesagt, das Rot in der Hautfarbe z. B. mancher Negervölker zum Teil wenigstens auf ein ähnliches Pigment zurückführen wie das Rot der roten Haare, die wir als etwas Besonderes von den blonden und braunen unterscheiden müssen.

5. Die Haare des Menschen.

Inhalt: Bau und Lebenserscheinungen der menschlichen Haare. — Das Ergrauen und die Geschlechtsverschiedenheiten der Haare. — Die Haarfarbe in ethnologischer Beziehung. — Die roten Haare. — Einfluß von Alter und Geschlecht auf den Haarwuchs. — Die Haarformen.

Bau und Lebenserscheinungen der menschlichen Haare.

Um die physiologischen und ethnologischen Fragen, die sich an den Bau und die Farbe der Haare knüpfen, vollkommen zu verstehen, müssen wir noch einen tieferen Einblick in die feineren, namentlich in die mikroskopischen Verhältnisse dieser fadenförmigen Oberhautbildungen gewinnen. Wir besitzen über die Haare eine ausgezeichnete Monographie von W. Waldeyer; ihm wollen wir uns in den folgenden, so außerordentlich wichtigen Betrachtungen als kompetentem Führer vor allem anvertrauen

Das Haar erscheint im wesentlichen als ein Bestandteil der Oberhaut, aber auch die Lederhaut mit allen sie zusammensetzenden Geweben nimmt einen gewissen Anteil an dem Bau des Haares. Die Lederhaut bildet eine den unteren Teil des Haares einschließende, Blut- und Lymphgefäße führende Tasche, den Haarbalg, sowie die ebenfalls Gefäße führende Papille, die in das unterste Ende des Haares eindringt (s. die untenstehende Abbildung). Nerven scheinen keinem Haar zu fehlen, und an vielen Haaren findet sich ein verhältnismäßig starker, aus glatten Muskelzellen bestehender Muskelapparat, der den Haarbalg und damit das Haar zu bewegen vermag. In das obere Ende der Haarbälge aller Haare münden kleine Hautdrüsen: Talgdrüsen oder Haarbalgdrüsen, die eine zur Einölung der Haare und der Oberhaut bestimmte fettige Flüssigkeit absondern. An dem Haar selbst bezeichnet man den untersten Abschnitt als die Haarwurzel mit dem der Haarpapille aufsitzenden Haarknopf, außerdem unterscheiden wir den Haarschaft, der schließlich in die Haarspitze ausgeht. Kürzere Haare, z. B. die Wimperhaare, zeigen, abgesehen von der verdickten Wurzel, schon dem freien Auge eine mehr oder weniger deutlich spindelförmige Gestalt: sie sind da, wo sie aus der Haut hervorbrechen, sowie an der Spitze dünner als in der Mitte. Es gilt das aber auch für die längsten menschlichen Kopfhaare, bei denen nur wegen der Länge des ziemlich gleichmäßig dicken Haarschaftes diese Spindelform weniger in die Augen springt.

An der Substanz oder dem Gewebe des eigentlichen Haares unterscheidet man drei verschiedene Abschnitte, die man als Mark, Rinde und Oberhäutchen bezeichnet, und die man schon in den tiefsten Schichten des Haarknopfes konstatieren kann.

Das Mark nimmt die Mitte des Haares ein und bildet eine Säule aufeinandergeschichteter Zellen (s. die Abbildungen S. 157 und S. 158). Aber nicht alle Haare enthalten Mark, und wir sehen es bei verschiedenen Haaren sich sehr verschieden hoch hinauf erstrecken. Das Mark fehlt den Flaumhaaren der menschlichen ungeborenen Frucht, meist auch den feinen sogenannten Flaumhärchen, Lanugo, des erwachsenen Menschen, die über dessen ganzen Körper zerstreut vorkommen, ebenso vielen menschlichen Kopfhaaren sowie der feineren Schafwolle. Gegen

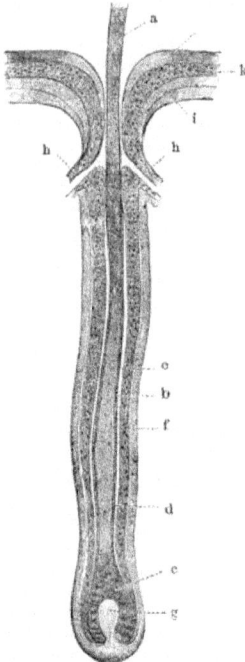

Haarlängsschnitt, 50 mal vergrößert. Nach A. v. Kölliker, „Handbuch der Gewebelehre des Menschen" (Leipzig 1863).

a Haarschaft, b Haarwurzel, c Haarknopf, d Haaroberhäutchen, e innere Wurzelscheide, f äußere Wurzelscheide, g Haarpapille, h Ausführungsgänge der Talgdrüsen, i Lederhaut an der Mündung des Haarbalges, k Schleimschicht, l Hornschicht der Haut.

die natürliche Spitze aller Haare zu verliert sich das Mark, und alle vollkommen reifen Menschenhaare, die im Ausfallen begriffen sind, besitzen in der zunächst über dem Wurzelende befindlichen Strecke kein Mark, da gegen den Abschluß des Haarwachstums in der letzten Zeit des Haarlebens nur noch Rindensubstanz gebildet wird. Immer ist der Markzylinder im menschlichen Haar verhältnismäßig schwach, und obwohl im allgemeinen mit der Stärke des Haares die Dicke des Markzylinders zuzunehmen pflegt, finden sich doch auch sehr starke Haare, wie z. B. manche menschliche Barthaare, mit verhältnismäßig gering entwickeltem Mark.

Unter dem Mikroskop erscheint der Markzylinder frisch ausgezogener Haare des

Menschen gewöhnlich als ein dunkler Strang, dessen dunkle Färbung meist auf der An=
wesenheit von Luft zwischen den von einem feinen, bei jungen Haaren mit einer Er=
nährungsflüssigkeit erfüllten Lückensystem umgebenen Markzellen, in einzelnen Fällen auch
auf der Aufspeicherung von Pigmentkörnchen innerhalb derselben beruht. Luft findet sich
sowohl in dem Mark als auch in der Rindenschicht der Haare; sie zeigt sich zuerst normal
bei jedem vollentwickelten Haar im Mark des Schaftes und steigt mehr oder weniger
tief auch in die Wurzel hinab. Die Luft dringt durch seine Porenöffnungen, die sich in
allen Haarschichten finden, zuerst zwischen die Markzellen ein. Die Markzellen sind, ent=
sprechend den Oberhautzellen der Körperhaut, durch feine, kurze, fadenförmige Fortsätze

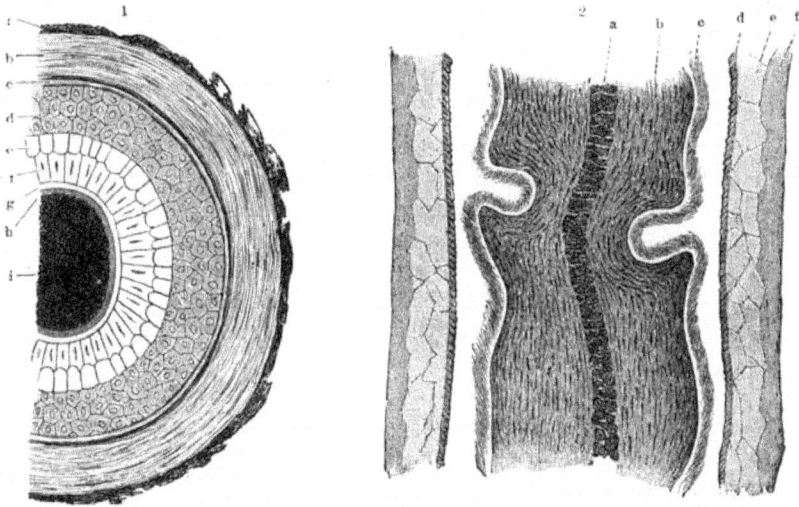

1 Querschnitt durch ein Kopfhaar samt Balg, 350mal vergrößert. a Längsfaserhaut des Haarbalges, b Querfaserschicht
desselben, c Glashaut, d äußere Wurzelscheide, e, f innere Wurzelscheide, g Oberhäutchen des Haarbalges, h Oberhäutchen des
Haares, i Haarschaft. 2 Ein Teil der Wurzel eines dunkeln Haares, Längsschnitt, 250mal vergrößert. a Mark mit luft=
haltigen Zellen, b Rinde mit Pigmentflecken, c innere, d äußere Lage des Oberhäutchens, e innere, f äußere Lage der Wurzelscheide.
Nach A. v. Kölliker, „Handbuch der Gewebelehre des Menschen" (Leipzig 1863).

untereinander verbunden, liegen aber nicht dicht aneinander an, sondern es bestehen zwischen
ihnen schmale Räume, die mit einer die Zellen ernährenden Flüssigkeit erfüllt sind, und durch
die jene obenerwähnten Zellenfortsätze von einer Zelle zur anderen verlaufen. Trennt
man die einzelnen Zellen voneinander, so zeigen sie sich mit den bei den Oberhautzellen
erwähnten Fortsätzen, Riffelfortsätzen, besetzt; man hat sie daher wie die entsprechenden
Zellformen der Oberhaut als Riffelzellen bezeichnet. Die Riffelfortsätze verwandeln
den etwa schalenförmig gestalteten engen Zwischenraum, der jede Zelle umgibt und sie
von der Nachbarzelle trennt, in ein System sehr zahlreicher kleiner, untereinander ver=
bundener Räume, die Zwischenriffelspalten; in diesen Spalten befindet sich die oben=
erwähnte der Lymphe ähnliche Ernährungsflüssigkeit. Dieses Verhältnis gilt sowohl für
die Oberhaut als auch für die Wurzel der Haare. Kommen nun aber die Haare, nachdem
sie nach außen durchgebrochen sind, mit der Luft in Berührung, so trocknen sie aus, in=
dem die in den Zwischenriffelspalten enthaltene Flüssigkeit verdunstet und an ihre Stelle

Luft tritt. Endlich schrumpfen die Markzellen zu eigentümlich gestalteten zackigen Bildungen ein. Bei manchen Tieren treten auch in das Innere der Markzellen Luftbläschen, bei dem Menschen aber scheint das nicht der Fall zu sein. Die jungen Markzellen zeigen stets eine in Form von Tropfen und glänzenden Körnchen auftretende Substanz in ihrem Inneren, das Keratohyalin. Vertrocknen die Haare, so verschwindet das letztere, und damit beginnt der Prozeß der chemischen Verhornung, der alle Zellen des Haares ergreift, ebenso wie die Zellen unserer Oberhaut, und die Substanz der Zellen in Hornstoff übergehen läßt. Der Schwefelgehalt des Hornstoffs ist so locker gebunden, daß sich Haare schon durch Berührung mit metallischem Blei schwärzen. Die Haare sind, wie alle verhornten Teile, fest und stark elastisch. Auf diesen beiden Eigenschaften, verbunden mit der anderen, in gewöhnlichem Wasser kaum zu quellen, obwohl sie dieses aus der Luft anziehen, beruht die hohe physiologische Bedeutung der verhornten Teile und besonders auch der Haare als Schutzmittel für den Organismus.

Die zweite Haarschicht, die Rindensubstanz, besteht aus verhornten, bandartig abgeplatteten, mehr oder weniger langen, spindelförmigen Oberhautzellen, Rindenfasern, deren Zellkerne nur in der Haarwurzel deutlich erhalten sind und im übrigen Haare wenigstens gegen die Spitze zu gänzlich verloren gehen (s. die Abbildung S. 159). Auch diese Rindenzellen hängen durch äußerst kurze Rifselfortsätze zusammen, wodurch sich bei dem Austrocknen und Verhornen bezüglich der Lückenräume für Lufteintritt ähnliche Verhältnisse wie bei den Markzellen ausbilden.

Die Haarrinde ist der Hauptsitz des Haarpigments, des Haarfarbstoffs, der sowohl gelöst als auch in Körnchen und seiner Verteilung vorkommt. Dunkle Haare enthalten viel tiefbraunen oder braunschwarzen bis blauschwarzen körnigen Farbstoff in den Rindenzellen; je lichter die Haare sind, desto weniger ist von diesem körnigen Farbstoff vorhanden.

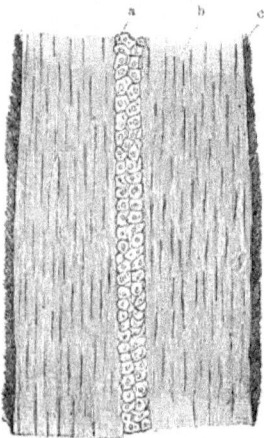

Ein Stück aus einem weißen Haar, Längsschnitt, 350mal vergrößert. Nach A. v. Kölliker, „Handbuch der Gewebelehre des Menschen" (Leipzig 1863).
a Mark, b Rinde, c Oberhäutchen. Vgl. Text S. 156.

„Die Abstammung dieses Pigments ist uns", sagt Waldeyer, „noch ein Rätsel, welches um so mehr zur Lösung auffordert, als seine Menge, Färbung und sonstige Beschaffenheit mit einer großen Konstanz sich vererben, selbst in feineren Nuancen, als wir bestimmte Einflüsse der Umgebung auf die Pigmentierung in der Färbung des Haarkleides vieler Tiere zu erkennen vermögen, als Geschlechts- und Alterseinflüsse offenbar hier wirksam sind. Die Nuancierungen des Rindenpigments im Menschenhaar sind so zahlreich, daß man dreist behaupten darf, es seien kaum die Haare zweier Menschen in dieser Beziehung vollkommen gleich." Stärkerer Luftgehalt und rauhere Oberfläche lassen bei gewöhnlicher Betrachtung das Haar heller erscheinen. Der gelöste Farbstoff fehlt in weißen Haaren gänzlich, ist nach Kölliker in hellblonden spärlich, am reichsten in dunkelblonden und roten sowie in dunkeln Haaren vorhanden, in denen er für sich eine stark rote oder braune Farbe bedingen kann. Unna bezeichnet denjenigen Farbenton, der dem Haare durch den gelösten Farbstoff gegeben wird, als „Eigenfarbe des Haares", d. h. eine hellblonde bis hochrote Färbung. Aber auch bei blonden und roten Haaren fehlt das körnige Pigment nicht. Nach Köllikers Ansicht sind in ganz lichten und stark dunkeln Haaren beide Farbstoffe, der gelöste und der körnige, etwa gleichmäßig entwickelt. Der körnige Farbstoff liegt nach Waldeyer bei den Menschenhaaren in der äußeren Schicht der Rinde, und zwar in den Rindenzellen, wobei nicht ausgeschlossen ist, daß bei der weitgehenden Umgestaltung, welche die Rindenzellen im vertrocknenden und verhornenden Haarschaft durchzumachen haben, auch einzelne Farbstoffkörnchen in die Zwischenräume zwischen den Zellen gelangen. Nach Kölliker zeigt der körnige Haarfarb=stoff alle Nuancen von Hellgelb durch Rot und Braun bis Schwarz. Zweifellos ist aber, wie wir schon oben nach Virchow angeführt haben, die Grund=färbung des Haarpigments die braune in verschiedenen helle=ren und dunkleren Abstufungen. Der körnige Farbstoff ent=steht sicher nicht durch einfaches Vertrocknen des gelösten Farbstoffes, da die feuchten Haarbildungszellen ebenso schon Farbstoffkörnchen führen wie die jugendlichen Zellen der Schleimschicht der Haut. Kölliker fand in den Haarknopfzellen bald nur farblose Körnchen, bald waren sie mit dunkeln Farb=stoffkörnchen ganz vollgestopft. Dagegen leugnet G. Schwalbe den flüssigen Farbstoff eigentlich ganz.

Die Haarfarbe der Erwachsenen ist innerhalb der hellfarbigen Rassen meist dunkler als bei Kindern. Ähnliches gilt wenigstens auch für manche schwarzhaarige Rassen, wie das z. B. aus der oben (S. 152) gegebenen Beschreibung des Negerkindes hervorgeht; die Kinder der Kirapuno in Neuguinea zeigen anfangs ein helles, goldrotes Haar, das aber später braun oder schwarz wird. In den später sich bil=denden Haaren der Europäer entwickelt sich der körnige Farb=stoff reichlicher, die Haare dunkeln nach. Es gilt das übri=gens, wie wir schon oben erwähnten, für die Gesamtfärbung des Körpers. „Die übergroße Anzahl der Kinder unserer Rasse", sagte Virchow, „wird mit blauen Augen geboren, aber bei sehr vielen auch innerhalb der weißen Rasse geht die blaue Farbe bald in eine braune über. Dieser Wechsel beginnt schon in den ersten Wochen des Lebens. Meistens im zweiten Lebensjahre ist die Dauer hergestellt, wenngleich

Plättchen und Faserzellen der Haarrinde, 350mal vergrößert. Nach A. v. Kölliker, „Handbuch der Gewebe=lehre des Menschen" (Leipzig 1863). 1 Einzelne Plättchen. 2 Eine aus sol=chen Plättchen zusammengesetzte Schicht.

auch noch später ein leichtes Nachdunkeln stattfinden kann. Sehr viel langsamer vollzieht sich der Farbenwechsel an den Haaren. Freilich werden nicht wenige Kinder schon mit braunem oder gar mit schwarzem Kopfhaar geboren, aber viel zahlreicher sind die Fälle, wo das Kopfhaar der Neugeborenen blond, oft weißlichgelb oder gar gelblichweiß ist, und wo es sich trotzdem allmählich braun oder gar schwarzbraun färbt. Aber dieser Umwandlungs=prozeß dauert Jahre, ja meist viele Jahre; ganz allmählich dunkelt das Haar nach. Bei manchen tritt der Dauerzustand erst nach der Geschlechtsreife ein. Für die Haut gilt etwas Ähnliches, nur daß das Nachdunkeln sich bis in noch spätere Lebensjahre fortsetzt, und daß dasselbe außerdem in sehr auffälliger Weise durch äußere Einwirkungen, jedoch meist nur vorübergehend und an einzelnen Teilen, hervorgerufen wird. Jedenfalls kann man an=nehmen, daß bei der weißen Rasse ältere Leute stets eine mehr gefärbte Haut besitzen als junge." Dieses Nachdunkeln hat sich bei der deutschen Schulstatistik über die Farbe der Haut, der Haare und der Augen ziffernmäßig nachweisen lassen: in den preußischen Schulen fanden sich unter je 100 Kindern bis zu 14 Jahren 72 Blonde, unter denen über 14 Jahre nur noch 61 Blonde, dagegen waren die Brünetten von 26 auf 36 Prozent angestiegen. Nach dem Ausfallen blonder Haare infolge akuter Krankheiten, z. B. Typhus, hat man dunkler gefärbte Haare nachwachsen sehen.

Manche äußere Einflüsse, auch abgerechnet die obenerwähnten Ätzmittel, ändern die Haarfarbe; atmosphärische Luft und längere Einwirkung von Schweiß bleichen sie, nach F. Rothe namentlich in der Achselhöhle. Die bei verwesenden Leichen oft beobachtete rotbraune Verfärbung dunkler oder schwarzer Haare wird durch chemische Einflüsse auf die Haarfarbstoffe etwas verschieden nach der verschiedenen Zusammensetzung des Bodens, in dem die Leichen liegen, am stärksten im Moorgrund, bedingt. Wasserstoffsuperoxyd und aktiver Sauerstoff, Ozon, bleichen die Haare. So erklären sich nach Virchow auch die helleren Farben der Haare in uralten ägyptischen Gräbern.

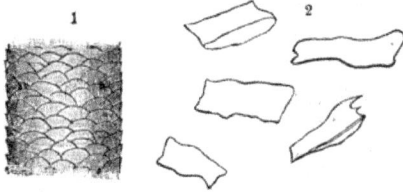

Nicht selten finden sich auf demselben Kopfe verschieden gefärbte Haare, bedingt durch Verschiedenheit in der Menge, Ausbildung und Verteilung des Farbstoffes. Das Barthaar und das sonstige Körperhaar, nach F. Rothe mit Ausnahme der Augenbrauen, ist häufig heller, weniger gefärbt als das Kopfhaar, indes kommt auch das Umgekehrte vor; manchmal zeigt der Backenbart eine andere Färbung als der Schnurrbart oder

1 Oberfläche des Schaftes eines weißen Haares, 160 mal vergrößert. Die gebogenen Linien bezeichnen die Ränder der Oberhautplättchen. 2 Isolierte Oberhautplättchen, von der Fläche gesehen. Nach A. v. Kölliker, „Handbuch der Gewebelehre des Menschen" (Leipzig 1863).

der Kinnbart. Oft stehen im Barte verschieden gefärbte Haare nachbarlich nebeneinander. Die mikroskopische Untersuchung weist solche Unterschiede auch bei den scheinbar gleichmäßig dunkeln Haaren tiefbrünetter Rassen nach.

Außer den Farbstoffen findet sich zwischen den Zellen in der Rinde ausgebildeter Haare auch Luft in kleinsten Bläschen, die sich an der Haarfärbung mit beteiligt. Je stärker im Verhältnis zum Marke die Rinde der Haare entwickelt ist, desto stärker ist die Widerstandsfähigkeit der Haare sowie ihre Dehnbarkeit und Elastizität. Die Menschenhaare, die verhältnismäßig wenig Mark enthalten, zeigen diese Eigenschaften in hohem Maße, lange Frauenhaare lassen sich dehnen „wie Gummifäden".

Die äußerste Schicht des Haares bildet das Haar-Oberhäutchen. Es besteht aus verhornten platten, kernlosen Zellen, die schuppen- oder dachziegelartig die Haaroberfläche bedecken (s. die obenstehende Abbildung). Diese Schüppchen sind beim Menschenhaar breit, mittelgroß, dicht anliegend; wie bei allen Haaren wenden sie ihren freien, als Zähnchen vorspringenden Rand der Haarspitze zu.

Es würde uns hier zu weit führen, wenn wir auch noch die verschiedenen Schichten und Baueigentümlichkeiten der Haartasche und ihre einzelnen Teile schildern wollten (vgl. S. 156). Nur das sei erwähnt, daß der Haarbalg von der Lederhaut, die innere Zellenauskleidung desselben, die Wurzelscheide, von der Oberhaut geliefert wird, und daß dementsprechend sich auch der verschiedene Bau dieser Organe erklärt. Die Haarpapille, das

eigentliche Bildungs- und Ernährungsorgan des Haares, ist ein blutgefäßreicher, warzenförmiger Vorsprung des Haarbalges, an dem man unten einen engen Hals, ein kräftig entwickeltes Mittelstück und oben eine feine Spitze unterscheidet, die bei dickeren Haaren, namentlich an den Schnurrhaaren vieler Tiere, sich bis in den Haarschaft vorschiebt. Die in den oberen Abschnitt der Haartasche, in der das Haar in der Haut steckt, einmündenden 2—6 Haarbalgdrüsen zeigen den uns aus Bd. I, S. 267, bekannten Bau. Ihre Absonderung besteht in einem bei normaler Körperwärme flüssigen Fett, das durch die kurzen Ausführungsgänge zum Haar gelangt und dieses sowie die umliegende Hautoberfläche einölt. Haut und Haare des gesunden Menschen sind dadurch stets befettet, normal aber in geringem Grade. Am größten entwickelt und am stärksten absondernd sind die Haarbalgdrüsen an der Haut der äußeren Nase, namentlich an den Nasenflügeln, wo die dazugehörigen Haare sehr klein sind: an einigen Körperstellen fehlen neben den oft stark ausgebildeten Talgdrüsen die Haare gänzlich. Die obenerwähnten glatten Muskeln der Haut, die mit der Mehrzahl der Haarbälge in Verbindung stehen, die „Aufrichter der Haare", liegen bei den schräg aus der Haut vorspringenden Haaren, d. h. der Mehrzahl aller Haare, stets an der Seite des spitzen Winkels der Haarrichtung. Durch ihre Zusammenziehung span-

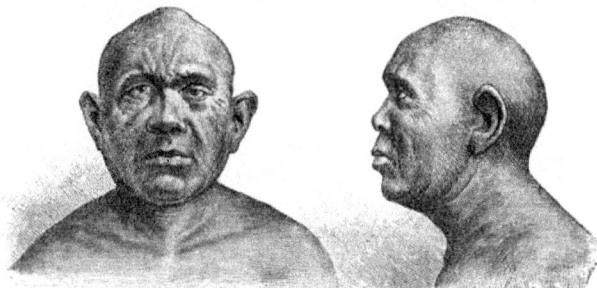

Haarloser Australier. Nach N. v. Miklucho-Maclay, „Rassenanatomische Studien in Australien" in der „Zeitschrift für Ethnologie", Bd. 13, S. 32 (Berlin 1881).

nen sie die Haut und richten das Haar etwas auf, wobei die Erscheinung der sogenannten Gänsehaut auftritt; dabei drücken sie den fettigen Inhalt der Haarbalgdrüsen aus.

Die Lebensdauer der Haare ist keineswegs unbegrenzt, sie wechselt beim Menschen nach Alter und Geschlecht sowie nach der Art der Haare und zeigt auch individuelle Verschiedenheiten. Bei den Augenwimperhaaren haben Donders und Moll die Lebensdauer auf nur 110, Mähly auf 135 Tage bestimmt, während die Kopfhaare nach Pincus etwa 2—4 Jahre alt werden. Manche Menschen verlieren, wie wir schon früher erwähnten, zu gewissen Jahreszeiten reichlicher Haare als sonst, ein Verhältnis, das an das periodische Hären der Tiere erinnert. Der tägliche Haarverlust beträgt nach Pincus beim Kopfhaar wenigstens 13—70, kann aber auch zwischen 62 und 203 Stück im Tage erreichen. Normalerweise wachsen die spontan ausgefallenen Haare wieder nach; die Ursachen, die ein solches Nachwachsen bei Kahlköpfigkeit verhindern, sind uns in den meisten Fällen nicht genauer bekannt. Auffallend ist es, daß, wie erwähnt, hochgradige Kahlköpfigkeit bei Frauen seltener ist als bei Männern. Ein zu dauernder Kahlheit führendes Ausfallen der Bart-, Achsel- und übrigen Körperhaare ist eine sehr seltene Erscheinung, doch kommt es unter allen Rassen vor. Die obenstehende Abbildung stellt den Kopf eines haarlosen Australiers, den Miklucho-Maclay beobachtete, dar. Die durch Ausfallen von früher vorhanden gewesenen Haaren entstandene Kahlheit wird als Alopecie bezeichnet; man muß sie von der sehr seltenen angeborenen Haarlosigkeit, die in der Form eines angeborenen Bildungsmangels, also als wahre

Mißbildung, auftritt, unterscheiden; Bonnet bezeichnet die letztere als kongenitale Hypo-
trichose (vgl. auch Bd. I, S. 173).

Wir haben bei der Übersicht über die Entwickelungsgeschichte des menschlichen Körpers
einige besonders wichtige Fragen, die sich bezüglich der Haare zuerst aufdrängen, schon
besprochen, müssen aber hier im Zusammenhang auf einiges dort nur Angedeutete noch
etwas näher eingehen, zunächst auf das Verhalten der Haare in den verschiedenen Lebensperioden. „Wir unterscheiden beim Menschen", sagt Waldeyer, „diejenige
Behaarung, welche schon während des Fötallebens vorhanden ist, von der, welche das
neugeborene Kind trägt und im Kindesalter beibehält, und diese wieder von derjenigen,
welche erst mit Beginn der Geschlechtsreife auftritt. Die menschliche ungeborene Frucht
bekommt vom vierten Monat ihrer Existenz an ein über den ganzen Körper verbreitetes
Kleid feiner, kurzer (bei Europäer=Kindern vgl. oben S. 159), meist farbloser und mark-
freier Härchen, das fötale Flaumhaar (Lanugo foetalis). Wimper=, Brauen= und Kopfhaare erscheinen zuerst und sind von Anfang an durch Größe und Stärke, auch oft durch
dunklere Färbung, vom Körperflaumhaar unterschieden; sie sind indessen bei weitem nicht
so stark als später und haben auch den Charakter eines Flaumhaares. Dies fötale Flaumhaar geht noch während des Fruchtlebens und während der ersten Lebensmonate nach der
Geburt ganz verloren. An seine Stelle tritt das Kindeshaar. Die neuen Haare wachsen
dabei aus den alten Bälgen hervor, und es bilden sich auch, wie ich wenigstens glaube, nach
der Geburt (wie schon vor der Geburt) noch neue Bälge. Doch nimmt das Haar einen
anderen Charakter an: Kopfhaare, Brauen und Wimperhaare werden stärker, dagegen wird
das Haar des übrigen Körpers schwächer, als es bei dem Ungeborenen war, so daß also der
größte Teil des Körpers kahler erscheint als bei der ungeborenen Frucht. Es wird deshalb
auch als ein Zeichen der Reife neugeborener Kinder angesehen, wenn sie nicht mehr viel
deutlich sichtbares Flaumhaar an sich tragen. Am längsten pflegt sich das fötale Flaumhaar
an den Schultern zu erhalten. Das Kindeshaar wechselt ebenfalls in der Weise, daß sukzessive
die älteren Haare ausfallen und neue an ihre Stelle treten, immer von den alten Bälgen aus.
Mit dem Beginn der Geschlechtsreife werden nun aber an gewissen Stellen die Ersatzhaare
stärker und bekommen eine ganz andere Form, das reife Haar oder die reife Behaarung
tritt auf. Die stärkeren Haare entwickeln sich an den äußeren Generationsorganen und in
der Achselhöhle bei beiden Geschlechtern; beim Manne außerdem noch an Kinn, Lippen
und Wangen (Barthaar) und auch an Brust und Bauch sowie an den Extremitäten, besonders
den unteren, an der Nase und den Ohren. Alle diese Haare könnte man unter der Bezeichnung
der ‚Pubertätshaare‘ zusammenfassen. Hierbei ist jedoch zu bemerken, daß der Eintritt der
Geschlechtsreife auch die Entwickelung des bereits im Kindesalter vorhandenen stärkeren
Haares influiert. Größeres Wachstum sämtlichen Kindeshaares, namentlich beim Kopfhaar
der Frau, und dunklere Färbung pflegen in der sogenannten Pubertätsperiode, der Periode
der Geschlechtsreife, sich einzustellen. Das Pubertätshaar unterscheidet sich nun insofern
wesentlich vom Kopfhaar und weichem kindlichen Körperhaar (Flaumhaar), daß es gekräuselt und im allgemeinen dicker ist und auf dem Querschnitt nicht immer drehrund oder
leicht oval, sondern häufig unregelmäßig ellipsoidisch und mehr abgeplattet erscheint. Es
erreicht niemals die Länge des Kopfhaares." Das fötale Flaumhaar wird von Waldeyer
auch als Primärhaar, die anderen, nach dem Ausfall des Flaumhaares auftretenden Haare
in ihrer Gesamtheit als Sekundärhaar bezeichnet.

Die Haare sind an den verschiedenen Stellen des Körpers sehr verschieden dicht gestellt. Withof fand bei einem Manne auf dem vierten Teil eines Quadratzolls (1 Zoll = 31,385 mm):

am Scheitel	293 Haare,	am Perinäum	34 Haare,
- Hinterkopf	225 "	- Vorderarm	23 "
- Vorderkopf	211 "	- Handrücken	19 "
- Kinn	39 "	- Oberschenkel (Vorderfläche)	13 "

Am Handteller, an der Fußsohle nebst der betreffenden Fläche der Finger und Zehen, an der Rückenfurche des ersten Fingergliedes, am roten Lippenrand, an der eigentlichen Brustwarze sind keine Haare vorhanden. Das Flaumhaar Erwachsener erscheint z. B. sehr deutlich bei der Profilbetrachtung der sogenannten unbehaarten Teile des Gesichtes jugendlicher weiblicher Personen als eine Art zarter Duft oder Flaum, während vollkommen kahle Hautstellen stets eigentümlich glatt und glänzend erscheinen.

Nach den Untersuchungen Bertholds wachsen die Haare rascher bei Tage als bei Nacht, schneller in der wärmeren als in der kälteren Jahreszeit, das Rasieren beschleunigt das Haarwachstum, das Barthaar wächst fast doppelt so rasch, wenn es alle 12 Stunden, als wenn es nur alle 36 Stunden rasiert wird. Ähnliches gilt für das Wachstum der Nägel.

Das Ergrauen und die Geschlechtsverschiedenheiten der Haare.

Im höheren Alter verändert sich das Haarkleid des Menschen in bemerkenswerter Weise. Bei Männern nimmt mit dem Alter meist die Stärke der einzelnen Körperhaare zu, man bemerkt das namentlich an den Haaren der Brauen, Ohr- und Nasenöffnungen. Bei alten Frauen bilden sich die Flaumhaare an der Oberlippe und an den Ohren zu stärkeren Haaren um; auf Warzen im Gesicht wächst oft ein Büschel meist dunkel gefärbter Haare. Die wichtigste Altersveränderung der Haare ist aber deren Ergrauen, Weißwerden.

Wir haben oben unter den die Haarfarbe bedingenden Faktoren neben den vor allem wichtigen Rindenfarbstoffen auch die größere oder geringere Trockenheit der Haaroberfläche, namentlich aber den verschiedenen Luftgehalt der Haare genannt. Bekanntlich erscheinen im weißen Tageslicht alle jene Körper weiß, die das auf sie fallende Tageslicht nicht durchlassen, sondern nach allen Seiten zerstreut reflektieren. In letzterer Richtung wirkt die größere oder geringere Unebenheit der Haaroberfläche, wenn auch schwächer, doch in sonst gleicher Weise wie zahlreiche in der Rinden- und Markschicht der Haare eingestreute kleine, das Licht spiegelnd zurückwerfende Luftbläschen. Farbstoffarme, stärker lufthaltige Haare erscheinen daher grau oder weiß, wie luftfreie, aber vollkommen farbstofflose Haare, z. B. die feinen weißen Haare mancher Schafrassen.

„Vollkommen farbstofffreies Haar bei jugendlichen Menschen, auch bei Albinos", sagt Waldeyer, „ist unbekannt; auch die hellsten Menschenhaare enthalten im jüngeren Alter gelösten und körnigen Farbstoff, welcher ausschließlich in der Rindensubstanz seinen Sitz hat. Bei den meisten Menschen pflegt nun mit vorrückendem Alter der Farbstoff auszubleichen und ganz oder zum Teil zu verschwinden, und damit tritt der Einfluß der unebenen Oberfläche und des Luftgehaltes von Rinde und Mark mehr und mehr hervor, das Haar ‚ergraut'. Je mehr Farbstoff noch vorhanden, je geringer der lufthaltige Markzylinder entwickelt ist, desto mehr erscheint das Haar im eigentlichen Wortsinn grau, während es um so mehr weiß sich zeigt, je mehr das Pigment geschwunden und je größer der lufthaltige Markzylinder ist.

11*

Die Oberfläche des Menschenhaares hat nur einen geringen Einfluß, da seine Schüppchen dicht anliegen. Wenn wir nun auch die physikalischen Bedingungen des Grauwerdens der Haare genau kennen, so fehlt uns doch jeglicher Anhaltspunkt für die Erklärung des Schwindens des Haarfarbstoffes. Die Verhältnisse sind um so merkwürdiger, da der ganz entsprechende Farbstoff der äußeren Haut bei Greisen nicht bleicht und bei den einzelnen Individuen so große Verschiedenheiten herrschen: bei dem einen bleicht das Haar früh, bei dem anderen spät, bei einzelnen gar nicht, selbst bis ins höchste Alter hinein. Erblichkeitseinflüsse scheinen auch hier eine große Rolle zu spielen. Kopf- und Barthaare ergrauen am häufigsten und frühesten, so daß ein gewisser Einfluß der äußeren Luft wohl nicht abstreitbar ist.

„Vollends rätselhaft sind aber jene wohlbeglaubigten Fälle, in denen ein rasches oder plötzliches Ergrauen oder ein partielles Ergrauen statthatte, so daß an einem und demselben Haare in ziemlich regelmäßiger Weise graue Stellen mit pigmentierten abwechselten." Landois erkannte als nächste Ursache der letzteren Erscheinung „eine von Strecke zu Strecke aufgetretene vermehrte Luftentwickelung" im Haare, d. h. in der Rinde und im Marke, ohne daß der Haarfarbstoff selbst verschwunden oder nur merklich vermindert worden wäre. In einem der von Landois berichteten Fälle plötzlichen Grauwerdens waren bei einem 34 Jahre alten, an Delirium tremens leidenden blinden Manne im Laufe einer Nacht sowohl Kopf- als Barthaare zum größten Teil grau geworden. Die mikroskopische Untersuchung zeigte die meisten Haare von der Wurzel bis zur Spitze weiß, bei anderen betraf das Weißwerden nur einzelne, und zwar verschiedene Haarabschnitte. Dabei beruhte das graue Aussehen lediglich auf einer abnorm starken Ansammlung von Luft sowohl im Marke als in der Rinde; das gewöhnliche Haarpigment war daneben vollkommen erhalten. Dagegen ist das langsam eintretende Ergrauen stets von einem Schwinden des Haarfarbstoffes begleitet. „Vielfach verbreitet ist im Publikum die Ansicht, als ob andauernde heftige und deprimierende Gemütseindrücke, wie Kummer, Angst usw., auf das Ergrauen der Haare von Einfluß wären, dasselbe beschleunigten. Die Angaben in dieser Beziehung sind so zahlreich, daß man sie mit einem ungläubigen Zweifel nicht wohl einfach beseitigen kann; doch fehlten bisher noch exakte Beobachtungen." Neuerdings hat nun E. Bälz mehrere sicher beobachtete Fälle von Ergrauen und Weißwerden der Haare infolge von Schreck mitgeteilt, auch streckenweises Verfärben der Haare aus Kummer und Schreck. Nach manchen Krankheiten tritt rasches und abnorm frühzeitiges Ergrauen oder Weißwerden der Haare ein. Ich beobachtete einen 18jährigen jugendfrischen Mann, dessen Kopfhaar zwei Monate nach dem Überstehen einer schweren Influenza auf dem Wirbel und zum Teil an den Seiten des Kopfes weiß geworden war; der Farbstoff fehlte hier den Haaren vollkommen. Nach F. Rothe ergrauen die Kopfhaare früher als die Gesichts- und die Körperhaare; von diesen bleichen wieder am spätesten die Augenbrauen.

Über Geschlechtsverschiedenheiten bezüglich der Körperbehaarung haben wir schon an anderen Stellen ausführlich gehandelt, in bezug auf die Haare selbst sagt Waldeyer: „Geschlechtsverschiedenheiten treten bereits im Kindesalter auf; immer erreicht hier in der Regel schon das Kopfhaar der Mädchen eine größere Länge als das der Knaben, auch wenn das Haar der letzteren unverschnitten bliebe. Dieser Unterschied bleibt das ganze Leben hindurch bestehen. Die durchschnittliche typische Länge des Frauenkopfhaares beläuft sich auf 58—74 cm." Waldeyers Messungen zufolge sind auch die einzelnen Haupthaare, zum Teil auch die Pubertätshaare, der deutschen Frauen etwas dicker als die der Männer.

Über die im I. Bande (S. 162 ff.) schon besprochene Stellung der Haare und ihren Stand auf unserem Körper sagt Waldeyer: „Da die meisten Haare schief eingepflanzt sind, so legen sie sich nach dem Hervorbrechen in eine bestimmte Richtung zur Körperoberfläche: Haarstrich, was man namentlich an kurzbehaarten Tieren und beim menschlichen Fötus leicht erkennen kann. Nun zeigt sich aber weiter, daß der Haarstrich an verschiedenen Körperstellen, auch beim Menschen, ein verschiedener ist, und daß dabei gewisse gesetzmäßige Verhältnisse obwalten. Es lag nahe, den Haarstrich des Menschen mit dem der Tiere zu vergleichen und etwaige Ergebnisse zugunsten der Abstammungslehre des Menschen von bestimmten tierischen Vorfahren zu verwerten, wie dies denn auch Darwin und Haeckel versucht haben. Schwalbe hat gezeigt, daß dieser Versuch bislang nicht glücklich ausgefallen ist. So meinten Darwin und Haeckel, daß ein bestimmter Haarstrich sich in gleicher Weise am Ellbogen der anthropoiden Affen und am Ellbogen des Menschen wiederfinde. Darwin möchte, gestützt auf eine Beobachtung A. R. Wallaces beim Orang-Utan, diesen Haarstand auf die Gewohnheit dieser Tiere, beim Regen die Arme in bestimmter Weise über den Kopf zu halten, zurückführen und meint, diese Haarstellung sei dann von den Anthropoiden auf den Menschen vererbt worden. Schwalbe zeigt nun, daß eine ähnliche Haarstellung auch bei fast allen übrigen Säugetieren vorkommt, die Sache also jedenfalls nicht für eine Deszendenz des Menschen vom Affen verwertet werden könne. Im allgemeinen, meint letzterer, würden Haare, Federn und ähnliche Hautanhänge sich wohl nach der der Bewegungsrichtung entgegengesetzten Seite entwickeln, doch spielen offenbar auch bestimmte Wachstumsverhältnisse der Lederhaut und Oberhaut hier eine Rolle."

Die Haarfarbe in ethnologischer Beziehung.

So geeignet die Haarfarbe an sich zur feineren Diagnose ethnischer Verhältnisse erscheint, so eignet sie sich doch nicht dazu, als allgemeines Rassenmerkmal in den Vordergrund gestellt zu werden, da ein mehr oder minder tiefes Schwarz die Haarfarbe des bei weitem größten Teiles der Menschheit ist und bei Negern sowohl als bei Mongolen, Malaien, Papuas, Amerikanern und anderen so gut wie ausschließlich vorkommt.

Je dichter der Farbstoff im Haar angehäuft, und je dunkler er an sich ist, desto dunkler erscheint im allgemeinen die Haarfarbe. Aber auch die Lagerung des Farbstoffes in den verschiedenen Haarschichten ist von bemerkbarem Einfluß; Haare, bei denen der Farbstoff vorzugsweise in den äußeren Rindenschichten angehäuft ist, erscheinen dunkler als solche, bei denen er mehr im Zentrum liegt. In dieser Beziehung ergeben sich entschiedene ethnische Differenzen. So bildet, wie Virchow nachgewiesen hat, der Farbstoff bei dem Haar der Sakalaven auf dem Haarquerschnitt einen äußeren, in der Rinde gelegenen Ring, während das Zentrum fast frei bleibt; bei den Haaren der Zuluvölker ist dies dagegen nicht der Fall.

Nach Waldeyer sind gemischtfarbig, d. h. mit Hellbraun und Blond vielfach untermischt, fast alle europäischen Völker mit Einschluß der Juden, Marokkaner (nach Tissot und Drummond), Affa (nach Schweinfurth), Armenier, und in Innerasien, nördlich vom Pamir, die Tadschiken (nach Ujfalvy). Nach K. von den Steinen und Ehrenreich finden sich individuell auch bei den Indianern Zentralbrasiliens hellere Haarfarben. Bei allen anderen Völkern ist die typische Haarfarbe dunkelbraun bis schwarz.

„Die helleren Nuancen, Blond und Hellbraun, überwiegen", sagt Waldeyer, „nur bei den germanischen Völkerschaften und bei einem Teil der Finnen und Slawen, während ein anderer Teil der Finnen und Slawen, die Lappen und die romanischen Völkerschaften vorwiegend dunkler sind. Auf der Weltkarte bleibt allein das nördliche und mittlere Europa für die vorwiegend hell gefärbten Rassen übrig, die demnach nur einen verhältnismäßig kleinen Teil der Gesamtbevölkerung der Welt bilden. Die dunkle Haarfarbe, Schwarz und Dunkelbraun, ist übrigens nicht an ein bestimmtes Klima gebunden, ebensowenig wie die helle. Das beweisen die Eskimos und Feuerländer mit ihrem schwarzen, die Lappen mit ihrem dunkelbraunen und auf der anderen Seite die Akka-Neger mit ihrem wergfarbenen Haar, desgleichen die angeblich nicht seltenen Blonden unter der Bevölkerung Marokkos. Man sieht aus dieser Verteilung, daß die Haarfarbe nur für die Unterscheidung der Völker in sehr wenige große Gruppen dienen kann und daher ein in dieser Beziehung wenig brauchbares Kriterium darstellt."

Die roten Haare.

Ein gelöster, flüssiger Haarfarbstoff gibt den Haaren, wie wir oben gehört haben, eine rote Farbe, wenn er in größerer Menge im Haare vorkommt und daneben das körnige Pigment entweder schwächer gefärbt oder in geringerer Menge vorhanden ist; aus diesen verschiedenen Mischungen ergeben sich vor allem die verschiedenen Nuancen der Farbe, die wir an den roten Haaren beobachten.

Man hat die Rothaarigkeit, den Erythrismus, als eine besondere Anomalie der Haarfärbung neben den Albinismus gestellt. Die Verhältnisse sind aber doch insofern schon verschieden, als in den roten Haaren körniger Farbstoff in mehr oder weniger beträchtlicher Menge neben dem bei ihrer Färbung vorwiegenden gelösten, roten Farbstoff nicht fehlt, was im einzelnen noch näher untersucht werden sollte. Broca wollte Erythrismus als einen anormalen Zustand nur bei schwarzhaarigen oder dunkelhaarigen Völkern anerkennen, bei denen keine andere Blutmischung als mit Stämmen schwarzen Haares stattgefunden habe. Man habe nur dann einen Fall von wahrem Erythrismus vor sich, wenn ein Individuum mit mehr oder weniger lebhaft roten Haaren unter einer Bevölkerung von sonst schwarzem oder dunklem Haar auftrete, und wenn unter derselben Bevölkerung Zwischenfarben der Haare fehlen, aus denen man auf eine stattgehabte Rassenmischung schließen könne. Dagegen gäbe es gewisse Rassen mit normal roten Haaren. Hier handle es sich also nicht um wahren Erythrismus. Die roten Haare seien sehr gewöhnlich in den Ländern, in denen mehrere Rassen weißer Haut gemischt seien, die einen mit braunen oder schwarzen, die anderen mit blonden oder roten Haaren. Man treffe dann in derartigen gekreuzten Rassen Haare von jeder Farbe: Schwarz, Braun, Blond, Feuerrot und Fuchsrot und andere. Das sei das natürliche Resultat der Blutmischung, und die Individuen mit mehr oder weniger stark roten Haaren, die diese Eigenschaft der Erblichkeit oder dem Atavismus verdanken, könnten nicht als von einer Anomalie betroffen betrachtet werden.

Dieser Gedankengang, so viel Ansprechendes er auf den ersten Blick haben mag, trifft doch wohl nicht das richtige, da der gelöste rote Farbstoff der Haare, wie von vielen Forschern angenommen wird, allen Rassen zukommt und der Zustand bei allen auf dem Hervortreten des gleichen Verhältnisses, dem Überwiegen des gelösten roten Farbstoffes gegenüber dem körnigen Haarfarbstoffe, zu beruhen scheint. Wenn der Zustand bei einer Rasse häufiger ist, so wird er dadurch doch noch nicht zu einem normalen. Wir haben von R. Andree eine wertvolle Untersuchung über die Verbreitung der roten Haarfärbung bei den verschiedenen Rassen und Völkern erhalten. Nach Brocas Angaben sollten rote Haare bei den Negern unbekannt sein. Wirklich sind sie bei den echten Negern, den Nigritiern R. Hartmanns, sehr selten; bei Geschlechtsverbindung von Negern und blonden Weißen folgen die Haare der Nachkommen in Form und Farbe wesentlich dem Typus der ersteren. Vereinzelt hat man unter den reinen südamerikanischen Indianerstämmen Rote und Blonde angetroffen, ebenso bei den Kanaken von Hawai, bei den Bewohnern der Markesasinseln und des Neubritannia-Archipels. Nach den Beobachtungen über Albinismus niedrigen Grades unter Stämmen schwarzer oder dunkler Haut, die wir oben angeführt haben, verdient die Frage des Vorkommens von roten Haaren unter diesen eine erneute Prüfung. Auch unter den Chinesen hat man vereinzelte Rote beschrieben. Häufig finden sich rote Haare unter den finnischen Völkern, nach Pallas besonders unter den Wotjaken. Auffallend ist auch das verhältnismäßig zahlreiche Auftreten von Roten unter den Juden in und außerhalb Europas; nach meinen Beobachtungen handelt es sich auch bei ihnen zum Teil um Halbalbinos. Unter der in der Virchowschen Schulstatistik (s. unten) aufgeführten Gesamtanzahl der deutschen Judenkinder finden sich 0,50 Prozent rote, 32,41 Proz. blonde, 55,51 Proz. braune und 10,05 Proz. schwarze Haare verzeichnet. Ungefähr die gleiche prozentige Anzahl von Roten, nämlich 0,55 Proz., ergab sich auch für jene Bevölkerung der nordgermanischen Küsten, die man als eine besonders wenig mit anderen ethnischen Elementen gemischte germanische zu betrachten pflegt, die nordfriesische Inselbevölkerung von Föhr, Sylt und den anderen Utlanden. „Überall in ganz Deutschland ist die brandrote Bevölkerung sehr klein." Weisbach gab für die Deutschen im allgemeinen 1,9 Proz. Rote an. Dagegen zählte Virchow in ganz Preußen nur 0,28 Proz. rote Haare. Etwa die gleiche Anzahl von Roten wie bei den Deutschen im allgemeinen, nämlich 1,8 Proz., zählte Weisbach auch bei den Skandinaviern, bei den Schotten 2,7 Proz., bei Engländern 2,2, Iren 2,3, Franzosen 1,6, Spaniern 0,3 Proz. In der Zusammenstellung der Literatur über die Haarfarbe finden sich bei Waldeyer noch weiter aufgezählt: galizische Ruthenen mit 1,4, Kleinrussen des russischen Südwestens, bei denen eigentlich Blonde fehlen, 3,82 Proz. Unter 30 Tataren zählte Fritsch zwei Rote, bei den Persern sind Rote selten. Unter den galizischen Juden fanden Majer und Kopernicki 4,45 Proz. Rothaarige. In ihrer umfassenden militärischen Statistik über zwei Jahrgänge von 21jährigen Rekruten zählten Gustaf Retzius und Carl M. Fürst für ganz Schweden unter 45688 Individuen im Mittel 2,3 Proz. Rote. Für ganz Italien fand Rudolfo Livi unter 299066 Rekruten 0,6 Proz. Rote; unter den sehr wenigen (34) gleichzeitig ausgehobenen Juden war zufällig kein einziger mit roten Haaren, dagegen 8,2 Proz. Blonde, 60,1 Proz. Braune und 31 Proz. Schwarze. Wider Erwarten scheint die rote Haarfarbe mit grauen, braunen und schwarzen Augen häufiger als mit blauen Augen verbunden zu sein. J. Kollmann fand unter der Schuljugend der Schweiz etwa 1 Proz. Rote; mit blauen Augen waren rote Haare in 0,5 Proz., mit braunen und schwarzen Augen in 0,9 und mit grauen in 1,3 Proz. verbunden. Talko Grinzewitsch zählte unter den Juden im südwestlichen Rußland etwa 25 Proz. mit dunkler Haut, 60 Proz. helle Haare, 10 Proz. blaue und 25 Proz. graue Augen.

Einfluß von Alter und Geschlecht auf den Haarwuchs.

Über die Alters- und Geschlechtsverhältnisse sowie über die Dauerhaftigkeit des Haarwuchses haben wir in ethnologischer Beziehung kaum mehr als vereinzelte zuverlässige Angaben. Der größte Unterschied im Wuchse des Haupthaares und überhaupt in der Gesamtbehaarung beider Geschlechter findet sich bei den europäischen Völkern, während er bei
anderen Rassen, namentlich bei vielen Nigritiervölkern, Kaffern, Buschmännern und Hottentotten, nur wenig hervortritt. Bei allen Stämmen erscheint aber wohl das Weib am übrigen
Körper weniger behaart als der Mann.

Die Dauerhaftigkeit des Haarwuchses ist bei verschiedenen Rassen auffallend
verschieden. Die europäischen Völker stehen in dieser Beziehung besonders tief: sie besitzen,
vielleicht infolge nachteiliger Einflüsse der Kultur, am meisten Kahl- und Grauköpfe, und das
Grauwerden beginnt bei ihnen im Durchschnitt am frühesten. Immerhin wären auch über
diesen Gegenstand noch eingehendere Nachrichten erwünscht. Das steht fest, daß das Ausbleichen der Haare im Alter bei den dunkelfarbigen Stämmen viel seltener ist und später
eintritt als bei den Europäern. Jedoch sieht man unter den Schwarzen Afrikas, wie G. Fritsch
und andere erzählen, nicht ganz selten Grau- und Weißköpfe, viel seltener unter den amerikanischen Indianern. Nach den Angaben von Forbes sollte unter den Indianern in Peru
kein Ergrauen der Haare stattfinden. Sehr charakteristisch ist das, was A. v. Humboldt
hierüber sagt: „Reisende, die nur nach der Physiognomie der Indianer urteilen, sind versucht, zu glauben, daß es nur wenige alte Leute unter ihnen gebe, und wirklich ist es auch
sehr schwer, eine Idee von dem Alter der Eingeborenen zu erhalten, wenn man nicht die
Register der Kirchspiele untersuchen kann, welche übrigens in den heißen Gegenden alle
20—30 Jahre von den Termiten gefressen werden. Sie selbst, nämlich die armen indianischen Landleute in Neuspanien, wissen gewöhnlich nie, wie alt sie sind. Ihr Haar wird
nie grau, und es ist unendlich viel seltener, einen Indianer als einen Neger mit weißen
Haaren zu finden; auch gibt der Mangel an Bart dem ersteren ein bleibend jugendliches
Aussehen. Überdies runzelt die Haut der Indianer nicht so leicht. Oft sieht man daher in Mexiko, in der gemäßigten Zone auf der Hälfte der Kordillere, die Eingeborenen
und besonders ihre Weiber ein Alter von hundert Jahren erreichen. Ein solches Alter ist
gewöhnlich glücklich, indem die mexikanischen und peruanischen Indianer ihre Muskelkraft
bis an den Tod erhalten. Während meines Aufenthalts in Lima starb sogar im Dorfe
Chiguata, vier Stunden von der Stadt Arequipa, der Indianer Hilario Pari in einem Alter
von 143 Jahren. Er war 90 Jahre lang mit der Indianerin Andrea Alea Zar, welche es bis
auf 117 Jahre gebracht, verheiratet gewesen. Bis in sein 130. Jahr hatte dieser peruanische
Greis alle Tage 3—4 Stunden Weges zu Fuß gemacht, und erst 13 Jahre vor seinem Tode,
nach welchem ihm von 12 Kindern nur noch eine Tochter von 76 Jahren übriggeblieben,
war er blind geworden."

Die Haare und Flaumhaare an anderen Körperteilen haben, wie wir zum
Teil oben schon erwähnten, bei Europäern häufig eine andere Farbe als das Kopfhaar.
Öfters ist der Bart etwas heller als letzteres, und nicht selten sind Bart und Körperhaare
rot oder rotblond, wenn die Kopfhaare blond oder braun sind. Bei schwarzem Haar findet
sich dieser Unterschied meist nicht so deutlich ausgesprochen.

Über den verschiedenen Grad der Dichtigkeit der Körperbehaarung haben wir oben das für unsere Betrachtungen Wichtigste mitgeteilt. Abgesehen von wenigen Ausnahmen (Papua, Australier und Aino) sind alle farbigen Rassen am Körper weniger behaart als viele Europäer, und die Wollhaare bleiben bei den Erwachsenen feiner, fast unsichtbar. Besonders schwach behaart in jeder Beziehung sind Hottentotten und Buschmänner, dagegen besitzen die Akka-Pygmäen, und zwar auch die Weiber, starkes Wollhaar. Am schwächsten ist die Gesamtbehaarung bei der mongolischen Rasse, am stärksten wohl bei den Südeuropäern, sehr stark auch bei den Aino und Australiern; dagegen besitzen die Mongolen starkes Haupthaar. Dabei darf man aber nicht vergessen, daß, wie einst bei den Römern nach Plinius, bei manchen Völkern die Körperhaare, wenigstens beim weiblichen Geschlecht, z. B. bei manchen Südsee-Insulanern, künstlich entfernt zu werden pflegen. Immerhin bleibt der geringe Bartwuchs der Neger, der mongoloiden Völker Asiens und der amerikanischen Indianer sehr bemerkenswert. Nach Humboldt wächst aber letzteren der Bart durch Rasieren, und in Südamerika wie an der Nordwestküste tragen viele Indianer auf der Oberlippe kleine Schnauzbärte. Die verhältnismäßige Armut z. B. des Negers an Körperhaar ist wieder eine jener oft bestätigten Übertreibungen eines, hier freilich negativen, Menschheitscharakters bei Naturvölkern.

Die Haarformen.

Schon Linné hat, wie nach ihm alle späteren Anthropologen, für die Rasseneinteilung der Menschheit einen hohen Wert auf die Haarformen gelegt. Das lockige, blonde Haar der Europäer wurde dem schwarzen, straffen und dicken Haar der braun- und gelbhäutigen Asiaten und Indianer einerseits, anderseits dem schwarzen „Wollhaar" oder „Wirrhaar" der Neger gegenübergestellt, und zweifellos vererben sich die Haare in all ihren Verhältnissen ganz besonders zäh.

In neuerer Zeit haben unter den französischen Forschern vor allem B. de Saint-Vincent und J. G. Saint-Hilaire die Unterschiede in der Haarform dazu benutzt, die Menschen in Rassen einzuteilen; man statuierte zunächst zwei Hauptunterschiede: Schlichthaarige (Leiotriches oder Lissotriches) und Wollhaarige (Ulotriches). Die erste Abteilung umfaßte die Mehrzahl aller hellerfarbigen und weißen Völker, zu der zweiten sollten die afrikanischen Negerstämme, Hottentotten, Buschmänner und Negritos gehören.

Der berühmte linguistische Ethnolog Friedrich Müller und E. Haeckel schlossen sich Linné und den genannten Franzosen in dieser Einteilung der Menschenrassen nach den Haarformen an, indem sie damit die Beobachtungen von Pruner Bei über die verschiedenen Formen der Haarquerschnitte verbanden. Die Mehrzahl der deutschen Systematiker, unter den Zoologen mit voller Entschiedenheit Richard Hertwig, haben sich dieser Einteilung angeschlossen. „Nach der Beschaffenheit der Kopfhaare", sagt Friedrich Müller, „zerfallen die Menschen zunächst in zwei große Abteilungen, nämlich Wollhaarige (Ulotriches) und Schlichthaarige (Lissotriches). Während bei den ersteren das Haar bandartig abgeplattet und der Querschnitt desselben länglichrund erscheint, ist jedes Haar bei den letzteren zylindrisch und zeigt sich der Querschnitt desselben kreisrund. Sämtliche wollhaarige Menschenrassen sind langköpfig (Dolichocephali) und schiefzähnig (Prognathi)." Friedrich Müller und E. Haeckel unterschieden dann, ebenfalls zum Teil an französische Vorgänger sich anlehnend, unter den wollhaarigen und schlichthaarigen Rassen je zwei Abteilungen, woraus sich folgendes Schema ergab:

Einteilung des Menschengeschlechts nach dem Haarwuchs (nach Friedrich Müller).

Hauptabteilungen	Unterabteilungen	Rassen
I. Wollhaarige (Ulotriches): Haare wollähnlich, Querschnitt längsoval.	A. Büschelhaarige (Lophocomi): Kopfhaar in kleinen Büscheln wachsend, ungleichmäßig verteilt. B. Vliesshaarige (Eriocomi): Haare gleichmäßig über den Kopf verteilt.	a) Vier niedrige Menschenrassen: 1) Hottentotten, 2) Papua, 3) Afrikanische Neger, 4) Kaffern.
II. Schlichthaarige (Lissotriches): Haare nicht eigentlich wollig, Querschnitt kreisrund.	A. Straffhaarige (Euthycomi): Kopfhaar ganz glatt und straff, nicht gekräuselt. B. Lockenhaarige (Euplocomi): Kopfhaar mehr oder weniger lodig, Bart mehr entwickelt.	b) Acht höhere Menschenrassen: 1) Australier, 2) Hyperboreer oder Arktiker, 3) Amerikaner, 4) Malaien, 5) Mongolen, 6) Drawida, 7) Nuba, 8) Mittelländer.

Pruner Bei hat drei Grundformen der Haarquerdurchschnitte aufgestellt (s. die untenstehende Abbildung). Die erste Grundform ist ein elliptischer Querschnitt des Haares mit starker Abplattung; der längere Durchmesser der Ellipse beträgt fast das Doppelte oder sogar ein Vielfaches des kürzeren. Zu dieser Grundform rechnete Pruner Bei die Haare der Neger, Hottentotten und Papua. Setzt man den langen Durchmesser der Ellipse des Haarquerschnittes gleich 100, so beträgt nach seinen Angaben der kurze Durchmesser bei dem Neger 60, bei dem Hottentotten 50—55, bei den Papua nur 34; die Haare der Papua

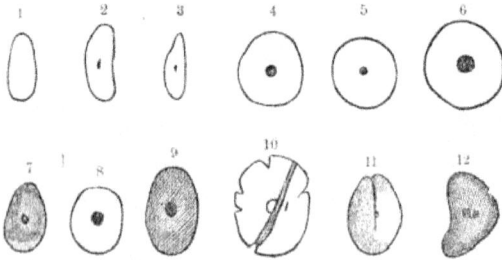

Haarquerschnitte I (nach Pruner Bei): 1 Hottentott, 2 und 3 Papua von Neuguinea, 4 Eskimo, 5 Chinese, 6 Guarani von Brasilien, 7 Australier, 8 Lappe, 9 Isländer, 10 Tibetaner, 11 Este, 12 ägyptische Mumie. Nach P. Topinard, „Eléments d'Anthropologie générale" (Paris 1885).

würden also die stärkste Abplattung, d. h. den kleinsten Haarindex, zeigen, wenn wir als solchen das Längenverhältnis der beiden Durchmesser der Ellipse zueinander bezeichnen.

Die zweite Grundform ist der kreisförmige Haarquerschnitt. Pruner Bei schrieb einen kreisförmigen Haarquerschnitt oder einen sich dieser Form sehr annähernden ovalen Querschnitt den Polynesiern, Malaien, Chinesen, Japanern, Turaniern und den Ureinwohnern von Amerika mit Einschluß der Eskimos zu.

Die dritte Grundform ist der ovale Haarquerschnitt, in der Mitte stehend zwischen den beiden erstgenannten; diese Form hielt Pruner Bei für die arischen, d. h. indogermanischen, Völker typisch. Bei den Australiern ist der Haarindex nach Pruner Beis Messungen 67—75, bei den Mongolen 81—91, bei südamerikanischen Indianern 95.

Über den Haarindex sind in neuerer Zeit von Götte, Fritsch, Waldeyer, E. Bälz und anderen Untersuchungen angestellt worden, die alle ergaben, daß eine solche Konstanz, wie sie Pruner Bei in den Querschnittformen der Haare verschiedener Rassen zu finden vermeinte, nicht existiert. Nach Fritsch und Waldeyer kommen bei allen Haupthaaren ovale Querschnitte vor (s. die Abbildung S. 171). Ovale Querschnitte überwiegen bei krausem

Haar. Bei schlichtem Haar nähert sich die Querschnittform dem Kreise. Das Eskimohaar zeigt vorwiegend kreisförmige oder kantige Querschnitte, seltener ovale, das Nigritierhaar vorwiegend ovale; übrigens finden sich unter den Haaren von Germanen und Semiten solche, die eine stärkere Abplattung haben als die vom Neger, bei dem sehr verschiedene Querschnitte, auch runde, vorkommen. Nach Waldeyer hat der Querschnitt des Japanerhaares häufig eine stumpf-dreikantige Form, wie sie oft beim Barthaar der Europäer auftritt. Auch nierenförmige Querschnittformen sind keineswegs selten (s. die Abbildung S. 170). „Die Abplattung", sagt Götte, „kommt nicht allein den krausen Haaren zu, noch weniger aber bloß den wolligen. Das Maß der Abplattung scheint vielmehr mit der größeren oder geringeren Energie der spiralen Kräuselung zusammenzuhängen." Es ist von Interesse, hier noch

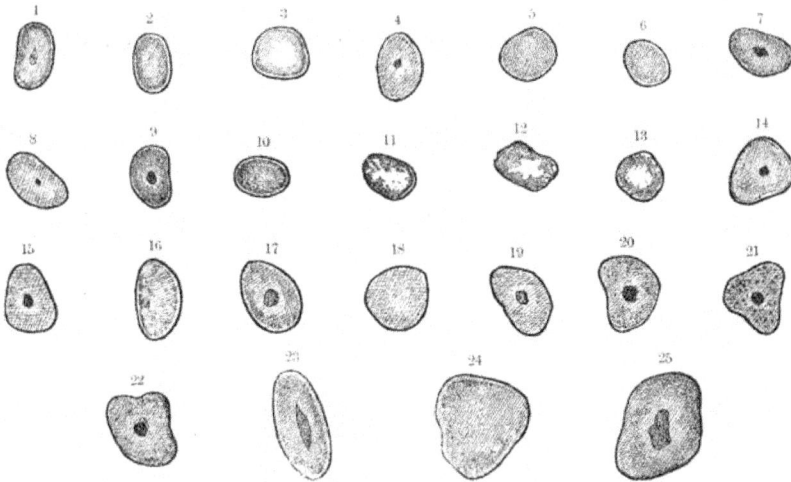

Haarquerschnitte II (alle in gleicher Vergrößerung). Nach W. Waldeyer, „Atlas der menschlichen und tierischen Haare" (Jahr 1884). Querschnitte von Kopfhaaren: 1—3 eines brünetten Juden, 4—10 brünetter und blonder Germanen, 11—13 eines Negers, 14—16 eines Japaners. Querschnitte von Barthaaren: 17—22 brünetter und blonder Germanen, 23—25 eines brünetten Juden.

einige direkte Messungsresultate an Haarquerschnitten anzuführen, um einen Begriff von der wirklichen Haardicke zu erhalten. Weber und Götte fanden folgende durchschnittliche Maße des größten und kleinsten Durchmessers von ovalen Haarquerschnitten (in Hundertstelmillimetern ausgedrückt): ganz schlichtes Haupthaar zweier Europäer 5,0:3,7 und 7,1:4,5; Haupthaar zweier Neger 8,3:4,8 und 8,6:4,3; Haupthaar eines Nubiers 9,5:6,1; eines Mulatten 9,0:5,6; eines Buschweibes 3,0:2,2. Das Haar des Buschweibes ist also das feinste dieser Reihe, das des Negers aber weit gröber als das des Europäers. Für das Haupthaar der Kaffern fand G. Fritsch den größten Durchmesser des Querschnitts zu 6,2 bis 8,4 Hundertstelmillimeter, für das der Hottentotten 5,0—8,0; hierin ist sonach kein greifbarer Unterschied zwischen den büschelhaarigen und vlieshaarigen Afrikanern vorhanden. Nach E. Bälz zeigt das Barthaar der Japaner sich dick und im Querschnitt fast kreisrund, während ein rundes Barthaar beim Europäer Ausnahme ist.

Wenn sonach auch in den Querschnittformen der Haare unzweifelhaft ein nicht zu unterschätzendes Hilfsmittel bei der Rassenuntersuchung gewonnen erscheint, so reicht dieses

Hilfsmittel doch bei dem vielfachen Übergang einer Form in die andere für sich allein sicher nicht hin, um als ein überall brauchbares Rassenunterscheidungsmerkmal gelten zu können.

Ähnlich wie mit den Haarquerschnitten ist es durch Vertiefung der Studien auch bezüglich des büschelförmigen Standes der Haare ergangen. Auch in dieser Beziehung gibt es keine scharfen Trennungslinien zwischen den verschiedenen Menschenrassen, und es hat sich sogar herausgestellt, daß das, was als eine besonders auffällige Verschiedenheit einzelner Völker zuerst imponiert hatte, eine allgemeine Eigenschaft der Menschheit, wenn auch in verschiedengradiger Ausbildung, ist. Schon vor Jahren hat Kölliker erwiesen, daß auch beim Europäer die Kopfhaare gruppenförmig vereinigt aus der Kopfschwarte hervortreten, und entsprechend ist es bei allen Menschen.

Zahlreiche neuere Untersuchungen haben weiter ergeben, daß das sogenannte Wollhaar, z. B. des Negers, keine wahre Wolle sei und daher diesen Namen im eigentlichen Sinne nicht führen dürfe. Linné beschrieb den Afer, den afrikanischen Menschen oder Neger, mit „kraus verfilzten Haaren" (pilis contortuplicatis): den gleichen Ausdruck gebrauchte neuerdings Götte dafür, der schon im Jahre 1867 auf Grund eigener eingehendster Studien dem Versuche, die Menschheit nach der Form der Behaarung einzuteilen, entgegentrat.

G. Fritsch findet bezüglich des Haarwuchses keine scharfe Trennung der Hottentotten und Kaffern, am wenigsten eine solche, die eine Trennung der Buschmänner und Kaffern in zwei zoologische Arten ermöglichte. „Die Vergleichung der entsprechenden Angaben über die Haarentwickelung bei den übrigen Koïn-Koïn oder Hottentotten und den A-Bantu oder Kaffern lehrt", sagt Fritsch, „daß trotz der kleinen vorhandenen Abweichungen das Haar sämtlicher südafrikanischer Eingeborenen eine große Ähnlichkeit im Habitus zeigt, während die anderen Merkmale so entschieden auseinandergehen."

Die Buschmänner und Hottentotten sollen büschelförmig-wolligen, die Kaffern und Neger vliesartig-wolligen Haarwuchs besitzen. Ist aber das Haar des Negers ein wirkliches Wollhaar? Um diese Frage zu entscheiden, müssen wir uns an das halten, was als Wolle bezeichnet wird, nämlich an die Haare unserer Schafrassen. Das echte Wollhaar des Schafes besteht nach den übereinstimmenden Untersuchungen von Nathusius, Götte und Waldeyer aus büschelförmigen Strähnen ganz gleichartig nebeneinandergestellter und -verlaufender sehr feiner Haare, die wellenförmige Biegungen machen. Diese Biegungen liegen nahezu in einer Ebene, genauer ausgedrückt in einer gekrümmten Fläche. Wenn solche feine Wollhaare durch die Behandlung mit Äther von ihrem Fettschweiß befreit werden, so bleiben sie in ihrer natürlichen Gestalt liegen. Ganz anders verhalten sich die Haare der genannten Völker. Speziell von den Kaffern sagt Fritsch: „Die stärker entwickelten Partien des Körperhaares (lanugo), ebenso wie die Schamhaare, der Bart und das Haupthaar, erscheinen bei allen A-Bantu in höherem oder geringerem Grade wollig oder, besser gesagt, verfilzt. Die Krümmungen der Haare sind so eng, daß sie sich nicht wie bei der Schafwolle zu feinen, welligen Strähnen zusammenlegen, sondern die einzelnen Haare nehmen gesonderten Verlauf und legen sich nur mit benachbarten, ähnlich verlaufenden zu unregelmäßig verfilzten Zöpfchen zusammen."

Was nun speziell die büschelförmige Stellung der Haupthaare betrifft, so beschreibt sie Fritsch ebenfalls ungemein anschaulich bei den Hottentotten oder Koïn-Koïn (s. die Abbildung S. 173): „Wir finden bei den Koïn-Koïn ebenfalls das eigentümliche, dicht verfilzte Haar, wie es oben bei den Kaffern beschrieben wurde, nur ist es im Durchschnitt noch krauſer, die Windungen der einzelnen Haare ſind noch enger; ebenſo tritt die Neigung, ſich zu gruppieren, beſonders auf dem Kopfe noch ſtärker hervor als bei den A-Bantu-Kaffern. Werden ſie kurz gehalten, ſo drehen ſich die gruppierten Haare vollſtändig in ſich zuſammen und erſcheinen als kleine, von den Koloniſten mit Pfefferkörnern verglichene Ballen von Filz, zwiſchen denen die nackte Kopfhaut durchſchimmert; ſchneidet man eine ſolche Partie ab, ſo ſieht man, daß die Krümmungen der Haare ſich vollſtändig ringförmig ſchließen, und man hat alſo ein Konvolut von in ſich verwickelten Haarringen vor ſich, deren Durchmeſſer etwa 2—4 mm beträgt. Bei ſtärkerem Wachstum erſcheinen die Ringe nicht vollſtändig geſchloſſen, ſondern die immer noch ſehr gekrümmten Haare bilden dicht verfilzte Zöpfchen von wechſelnder Länge." Denſelben Pfefferkornhaarwuchs haben die Buſch-männer, und er fehlt auch den Kaffern nicht

ganz. Virchow wies an raſierten Stellen am Kopfe eines der oben ſchon näher geſchilder-ten „Nubier" nach, daß die Haare wie bei einer Bürſte in kleinen Gruppen zu 2 oder 3 geſtellt waren. Bei den Papua ſoll ſich ein ähnliches Verhalten der Haupthaare wie bei den Südafrikanern finden, doch iſt deren Haar lang und ſtattlich entwickelt.

Wie geſagt, hat Kölliker nachgewieſen, daß die Kopfhaare aller Menſchen die eigen-tümliche bürſten- oder gruppenförmige Stel-lung aufweiſen, und Waldeyer ſagt: „Dieſe gruppenförmige Stellung des Haupthaares iſt eine Eigentümlichkeit des ganzen Menſchen-geſchlechts. Dieſelbe ſcheint jedoch vielfach bei anthropologiſchen Unterſuchungen über-ſehen worden zu ſein." Nach Kölliker ſteht auch das Flaumhaar der Embryonen wie am Kopfe, ſo auch am übrigen Körper in

Büſchelförmige Stellung der Haupthaare bei einem Korana-Häuptling. Nach Photographie.

derartigen Gruppen von 2—5. Nach Göttes Unterſuchungen bilden ſich die obenerwähnten Pfefferkörner der Hottentotten dadurch, daß mehrere ſolche benachbarte Haargrüppchen, die an der Baſis noch mit einer gemeinſchaftlichen Scheide verſehen ſind, mit anderen nächſt benachbarten in größeren Löckchen ſich umſchlingen. W. Krauſe hat beobachtet, daß an der Negerkopfhaut mehrere der kleineren Haargruppen enger aneinander gerückt ſind und eine Gruppenvereinigung bilden, die durch etwas größere haarloſe Zwiſchenräume von den benachbarten Gruppenvereinigungen getrennt wird. Ähnlich iſt das Verhalten der Flaum-haare an der Embryonenhaut der Europäer, und ich ſehe etwas dem Entſprechendes auch an der Kopfhaut des Neugeborenen. Nach den bisherigen Zählungen der Zahl der Haare in den Haargruppen ſtehen bei den Europäern 2—5 Haare zuſammen, nach Götte bei dem Neger auch zwei oder mehr, ebenſo bei den Buſchmännern. Hierin ſcheint daher nach den beſten Autoren bisher kein greifbarer Unterſchied der Raſſen nachweisbar zu ſein. Sehr beachtenswert iſt die Beobachtung von Bälz, daß nach ſchwerem Typhus ſchlichte Haare lockig geworden ſind, daß ſich der Haartypus für Jahre oder dauernd verändern kann.

Es handelte ſich dabei ſtets darum, daß die ſchlichten Kopfhaare infolge der Krankheit ausgefallen und dafür lockige nachgewachſen waren.

Beſonders wichtig wird es ſein, zu unterſuchen, wie ſich das Haar in der Kopfhaut, im Haarboden ſelbſt, verhält, wie es in dem Haarboden eingepflanzt iſt. Auch hierfür haben wir ſchon wertvolle Vorarbeiten von Götte und G. Fritſch. Es iſt bekannt, daß bei dem Europäer das Haar meiſt ſchief aus der Haut hervortritt. In geſteigertem Maße ſcheint das bei dem Pfefferkornhaar der Buſchmänner der Fall zu ſein, bei dem die einzelnen Haare beinahe horizontal aus dem Haarboden hervorkommen. Der Haarbalg iſt bei Negern und Buſchmännern ſäbelartig etwa zu einem Viertel eines Kreisbogens gekrümmt. Das hervorbrechende Haar ſetzt, unterſtützt durch ſeine Plattheit, die Krümmung des Haarbalges fort und krümmt ſich mehr oder weniger kreisförmig. Die Haarpapille der Negerhaare ſoll auf dem Querſchnitt nicht rund, ſondern, der Haarform entſprechend, abgeplattet ſein. Auch hier hat die Unter-

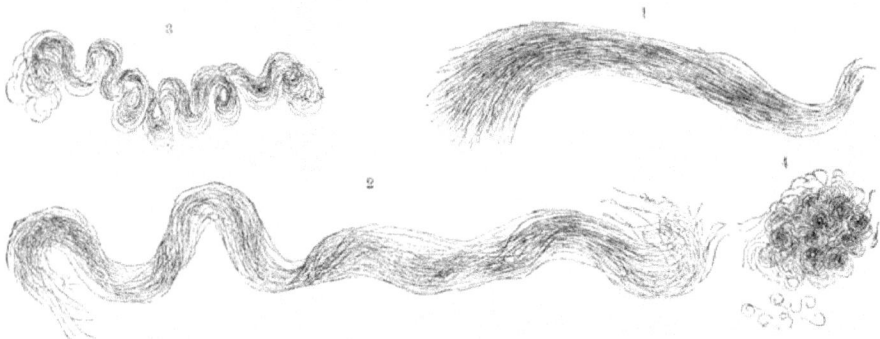

Haarformen. 1 Schlichtes, 2 welliges, 3 krauſes, 4 ſpiralgerolltes Haar.

ſuchung noch das meiſte zu leiſten, um die Übergänge in der Einpflanzung der Haare im Haarboden bei den verſchiedenen Haarformen klarzulegen. Das iſt gewiß, daß der büſchelförmige Stand des Kopfhaares, wie er bei den ſüdafrikaniſchen Stämmen zweifellos vorhanden iſt, auch einer jener Exzeſſe typiſch menſchlicher Bildung iſt, die, wie die Hautfarbe bei den Schwarzen, Anlagen, die bei allen Menſchen vorhanden ſind, im Extrem zeigen.

Zu einer Artentrennung oder nur zur Unterſcheidung größerer Völkerfamilien iſt das Haar ebenſowenig wie die Hautfarbe exakt brauchbar, dagegen ſind die beiden ſo augenfälligen und im allgemeinen ganz beſonders konſtanten Merkmale gewiß verwendbar für die Unterſcheidung kleinerer Gruppen der Menſchheit. Im allgemeinen können wir ſagen, daß die zur großen mongoliſchen Völkerfamilie Gehörigen und ihre Verwandten durch langes, ſtraffes und ſchlichtes Haar, ein großer Teil der Bewohner Afrikas ſowie die Papua dagegen durch krauſes Haar ſich auszeichnen. Die Europäer ſcheinen in dieſer Beziehung mehr gemiſcht. Das Haar der Auſtralier iſt mehr wellig als ſtraff. Abgeſehen von der büſchelförmigen Stellung der Haare, unterſcheiden wir die Haarwuchsformen in: ſtraff, ſchlicht, wellig, lockig, kraus, ſpiralgerollt oder kleinſpiralig gewunden („wollig“ der Autoren; ſ. die obenſtehende Abbildung).

Der Durchmeſſer des Markes verhält ſich im allgemeinen zu dem des Haares wie 1:3—5; am dickſten iſt es in kurzen, dicken Haaren, am dünnſten in den Flaum- und

Kopfhaaren. Nur bei den feinsten Wollhaaren der Schafe fehlt das Mark, ist aber bei gröberen Wollsorten durchweg vorhanden. In den stärkeren Wimperhaaren des Menschen sowie in den Barthaaren ist das Mark stets oder wenigstens fast ausnahmslos, im Kopfhaar der Europäer und Neger teilweise vorhanden, bei dem ausnahmsweise feinen Haupthaar eines Busch-weibes fehlte es nach Götte. Anwesenheit oder Fehlen des Markes hängt sonach nur mit der Feinheit des Haares, nicht mit seiner Kräuselung zusammen; auch für das „Wollhaar" der Tiere ist das Fehlen oder Vorhandensein des Markes nicht charakteristisch.

---

6. Schädellehre.

Inhalt: Die Methoden der Schädellehre. — Die beiden allgemeinen Hauptschädelformen. — Äußere und innere Einflüsse auf die Schädelform. Männliche und weibliche Schädel. Schädeltypen. — Deformation der Schädel. — Normale Wachstumseinflüsse auf die Gesichtsbildung. — Versuche zur Rekonstruktion des Gesichtes des Lebenden aus dem Schädel. — Die Beziehungen der Schädelteile zueinander. — Rück-blick auf die Hauptprobleme der kraniologischen Untersuchungen. — Der Rauminhalt der Schädelhöhle und der Rückgratsröhre.

Die Methoden der Schädellehre.

Seit der Begründung einer exakten Forschungsmethode in der Anthropologie durch J. F. Blumenbach, der überall, in Europa wie in Amerika, ein lebhafter Aufschwung der anthropologischen und somatisch-ethnologischen Studien folgte, glaubt man in der Er-forschung des Schädelbaues des Menschen den eigentlichen Kern der anthro-pologischen Forschungen erkennen zu müssen. Während Linné sich bei seiner zoologischen Einteilung des Menschengeschlechts in vier Varietäten: Amerikaner, Europäer, Asiaten und Afrikaner, wesentlich an die Farbe der Haut, der Augen und der Haare und an die Form der letzteren gehalten hatte, wobei er die Gesichtszüge der Lebenden nur in zweiter Linie zur Abteilung der Typen herbeizog, suchte Blumenbach durch genaue Vergleichung des knöcher-nen Schädels die Linnéschen Varietäten-Unterscheidungen, denen er noch die malaiische Varietät hinzufügte, weiter zu vertiefen und im einzelnen näher zu begründen; und Anders Retzius lehrte, die Verschiedenheiten der Schädel messend zu fixieren. (Bd. I, S. 407 ff.)

Das, was dem Beschauer bei der Betrachtung des Individuums zunächst ins Auge fällt, ist ja gewiß mit der Hautfarbe und den Eigenschaften des Haares die Gesichtsbildung. Jeder ist, wenn auch mehr oder weniger unbewußt, Physiognomiker und beurteilt den, der ihm neu entgegentritt, vor allem nach dem Eindruck, den der Schnitt und Ausdruck des Gesichts auf ihn machen. Es ist natürlich, daß hier auch die Rassenlehre einzusetzen begann, und ebenso, daß man, wo die Möglichkeit ausgiebiger Untersuchung lebender Vertreter fremder Völkerstämme nicht gegeben ist, das knöcherne Gerüst des Kopfes als Ersatzmaterial herbeizog. Sieht uns doch aus dem knöchernen Gesicht noch eine deutliche individuelle Phy-siognomie an, und kann man sich doch bei eingehender Betrachtung zahlreicher knöcherner Schädel kaum enthalten, den Ausdruck des einen wild, roh und gemein, den des anderen edel, weich und gewissermaßen erhaben zu finden. Freilich bei solchen Betrachtungen kann man sich auf das gröbste täuschen.

Die Schädeluntersuchungen wurden aber vor allem auch, ich möchte sagen, aus zoo-logischen Gesichtspunkten unternommen. Man hegte im allgemeinen die Hoffnung, die verschiedenen Formen des Menschengeschlechts, wie das bei den verschiedenen Tierarten ausnahmslos gelingt, durch die genaueste Prüfung des Skelettes und seiner einzelnen Bestandteile exakt unterscheiden zu lernen. Die allgemeine Betrachtung des Knochengerüstes hat jedoch ergeben, daß zwischen den einzelnen Varietäten des Menschengeschlechts nirgends absolut trennende Unterschiede im Knochenbau sich finden; alle auffallenderen Differenzen, die man an irgendeinem fremden Volksstamm der Erde zuerst als etwas typisch Unterscheidendes aufgefunden zu haben meinte, haben sich bis jetzt bei Ausdehnung der Untersuchungen auf ein breites statistisches Beobachtungsmaterial innerhalb der europäischen Bevölkerungen als individuelle, auch unter den Europäern, speziell auch unter der deutschen Bevölkerung, vorkommende Varietäten herausgestellt. Was für das Skelett im allgemeinen gilt, das gilt auch im besonderen von dem Schädel.

Es wäre nun nichts irriger als die Meinung, bei diesem Stande der Dinge müßten wir mit allen Vertretern der Schädelkunde die Untersuchung einfach aufgeben: keineswegs. Als Grundlage der weiteren Fortschritte bedürfen wir aber zuerst breiteste Statistik innerhalb der modernen Kulturvölker. Es ist das die gleiche bisher noch nicht erfüllte Forderung, die wir bei Betrachtung aller im vorausgehenden aufgeführten somatischen Unterschiede der Menschen voneinander aufgestellt haben: die Breite der Schwankungsmöglichkeit innerhalb der europäischen Kulturvölker kann allein die Grundlage für eine exakte Vergleichung der niedriger stehenden Stämme und Völker mit den Kulturvölkern darbieten.

Zwei mögliche Resultate können wir uns als einstiges Schlußergebnis der somatischen, speziell der kraniologischen Forschung denken. Entweder es gelingt uns trotz des gegenteiligen Anscheins, typische Differenzen aufzufinden, die eine exakte Klassifizierung der Menschheit in größere Gruppen zulassen, oder wir finden, daß die Menschheit in somatischer Beziehung, wie jede andere Säugetierart, eine in sich vollkommen geschlossene Formengruppe darstellt. Beide Resultate wären, wissenschaftlich betrachtet, gleich wertvoll, beide wären reicher Lohn für alle aufgewendete Zeit und Mühe, weil doch jede von ihnen, wenn sie erst einmal unwiderstreitbar nachgewiesen ist, von dem einschneidendsten Einfluß auf eine Menge im Vordergrund des allgemeinen Interesses stehender Lebensanschauungen sein müßte.

Als am Ende des 18. Jahrhunderts Blumenbach in Göttingen mit exakten anthropologischen, speziell kraniologischen Studien hervortrat, galt es vor allem, die verschiedenen Völker der Erde zum Zweck ihrer ethnographischen Klassifizierung somatisch zu unterscheiden. Man baute auf dem von Linné gelegten Grunde weiter. Die Fragen wurden ziemlich naiv, ohne weitere Seitenblicke aufgeworfen. Die neuere Zeit hat aber für derartige Untersuchungen einen neuen Gesichtspunkt gewonnen, der die Möglichkeit zu bieten schien, die trockene Benennung der Differenzen im Schädel- wie im ganzen Körperbau der Menschheit mit einem einheitlichen Gedankeninhalt zu durchdringen. An Stelle der Aufzählung von Einzelunterschieden suchte man nach einem Gesetz, das diese Unterschiede nicht nur erklären, sondern sogar theoretisch vorausberechnen lassen sollte. „Sowohl an die vorgeschichtliche als an die ethnologische Erforschung der physischen Anthropologie ist man in neuerer Zeit", sagte Virchow, „fast ausnahmslos mit der Erwartung gegangen, daß man eine aufsteigende Reihe von niederen zu höheren Volksstämmen und Rassen finden werde, und zwar, daß nicht nur die niederen Stämme zugleich die früheren der Zeit nach seien, sondern auch die niedersten Stämme der Gegenwart den ältesten Stämmen der Vergangenheit gleichen würden. Auch die andere Vorstellung ist immer allgemeiner geworden, daß die niedersten

Menschenstämme sich an die höchsten Säugetiergattungen durch unmittelbare Erbfolge bei fortschreitender Entwickelung anknüpfen lassen, und daß ein großer Strom kontinuierlicher Weiterbildung durch die ganze organische Natur hindurch zu erkennen sei. So bestechend diese Lehren unzweifelhaft sind, so unsicher sind doch ihre tatsächlichen Grundlagen."

Betrachten wir zunächst, um ein möglichst selbständiges Urteil über diese wichtigen

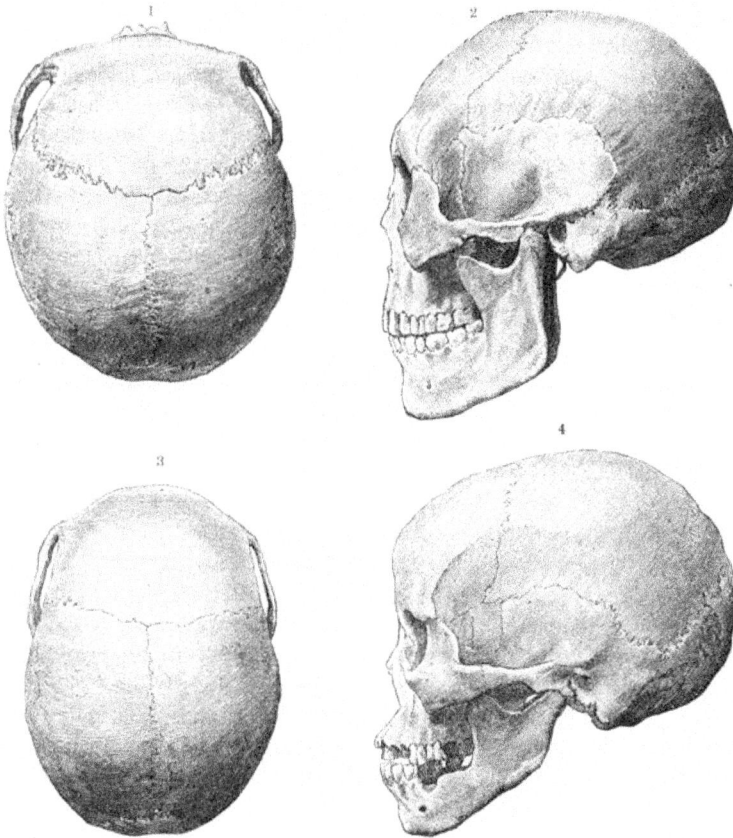

Die zwei extremen Formen der Rassenschädel: 1 und 2 Kalmückenschädel, 3 und 4 Negerschädel. Nach Photographie. Vgl. Text S. 178.

Fragen zu gewinnen, die einzelnen kraniologischen Einteilungsversuche etwas eingehender. Obenan steht die Klassifikation der Menschheit in fünf nach dem Schädelbau typisch unterschiedene Menschenrassen, die Blumenbach aufstellte. Neben seine Beschreibung setzen wir im folgenden die modernen technischen Ausdrücke.

Blumenbachs kraniologisches Rassenschema.

Bei der mongolischen (asiatischen) Rasse ist nach Blumenbach der knöcherne Schädel mehr viereckig (Brachykephalie höchsten Grades), zeigt sehr wenig sich erhebende knöcherne

Augenbrauenbogen (arcus superciliares), platte Nase mit enger Öffnung, platte, vorragende Jochbeine, etwas breit gewölbte Zahnrandbogen (Alveolarränder) an beiden Kiefern und hervorragendes Kinn (s. die Abbildung S. 177, Fig. 1 und 2, Kalmückenschädel).

Bei der amerikanischen Rasse ist die Stirn höher, die knöchernen Augenbrauenbogen erscheinen sehr entwickelt; der Nasensattel ist stark vertieft, die Augenhöhlen sind tief, im senkrechten Durchmesser aber von geringer Ausdehnung; das Gesicht ist stark verbreitert durch die sehr breiten, nach außen bedeutend, aber nur wenig nach vorn hervortretenden Jochbeine; die Unterkinnlade ist hoch, breit und stark.

Die kaukasische (europäische) Rasse galt Blumenbach bezüglich ihrer Schädelform als der Normaltypus der Menschheit. Ihr Schädel zeichnet sich nach seiner Angabe durch Rundung (Mesokephalie) und Harmonie der einzelnen Teile aus, unter denen keiner besonders und störend hervortritt, ferner durch die mäßig erhabene Stirn, schmale Backenknochen, rundliche Zahnrandbogen und senkrecht stehende Schneidezähne des Oberkiefers (Orthognathie).

Die Schädel der malaiischen Rasse zeigen eine geringe Länge von vorn nach hinten (Brachykephalie), eine seitliche starke Hervorragung der Scheitelbeine, flache Nase, flache, oben etwas breite Jochbeine, etwas vorragenden Oberkiefer (Prognathie geringen Grades).

Bei der äthiopischen Rasse ist der Schädel meistens sehr lang, gleichsam seitlich zusammengedrückt (Dolichokephalie), dick und schwer; alle Erhabenheiten am Stirnbein sind stark entwickelt, die Wangenbeine ragen stark nach vorn, die Nasenöffnung ist weit, der Zahnrandbogen mehr zugespitzt und vorragend, die Schneidezähne stehen schräg nach vorn und unten (alveolare Prognathie höheren Grades), die Unterkinnlade ist groß und stark (s. die Abbildung S. 177, Fig. 3 und 4, Negerschädel).

Von den beiden letztgenannten Rassen Blumenbachs entspricht die malaiische dem fünften Weltteil, Australien, in dem weiten Sinne des Wortes, der der älteren Geographie geläufig war und die gesamte östliche Inselwelt einschloß. Die äthiopische Rasse entspricht dem Weltteil Afrika, aber der Name ist gewählt im Hinblick auf den Sprachgebrauch der alten klassischen Geographie, z. B. bei Herodot, nach dem alle schwarzhäutigen, südlich wohnenden Völker in Afrika und Asien (bei Blumenbach mit Einschluß der Schwarzen der australischen Inselwelt) als Äthiopier bezeichnet wurden. Diese beiden Rassen sind sonach nicht strenger geographisch abgegrenzt; sie greifen nicht nur gegenseitig in ihr Gebiet über, sondern auch in das der mongolischen (asiatischen) Rasse. Ebenso erstreckt sich die kaukasische Rasse, abgesehen von den Kolonien, nach Nordafrika und weit durch Asien.

Aus diesen Beschreibungen der Schädelformen der verschiedenen Rassen ergibt sich von selbst, daß Blumenbach mit ihr nicht eine absolute Trennung des Menschengeschlechts in unvermittelt nebeneinanderstehende Typen ausdrücken wollte. „So groß der Wechsel in der Form des Schädels bei verschiedenen Individuen eines Volkes ist (so verdeutschte der Anatom M. Erdl die Ansichten Blumenbachs), so kann man doch in der Regel bei jedem Volke einige Eigentümlichkeiten am Schädel erkennen, die, wenn sie auch bei anderen sich wiederfinden, doch vorzugsweise häufig bei diesem auftreten und für dasselbe charakteristisch erscheinen. Ebenso kann man für ganze Völkergruppen, Rassen, derartige charakteristische Kennzeichen des Schädels finden."

Nach Blumenbach steht der Europäerschädel in der Mitte, und die Schädelformen der vier übrigen Rassen gruppieren sich symmetrisch um dieses Zentrum, alle mit ihm und unter sich verwandt. Die beiden Extreme sind Mongolen und Äthiopier (s. die Abbildung S. 177),

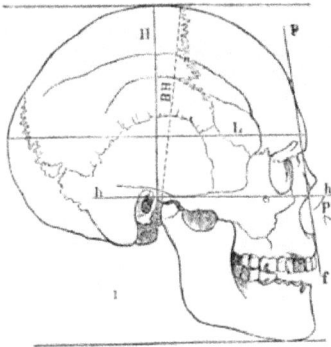

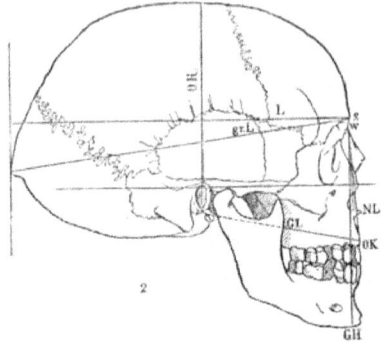

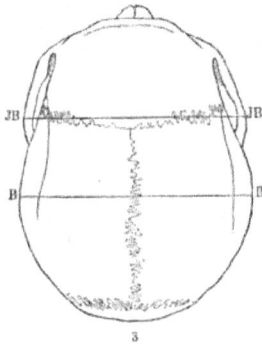

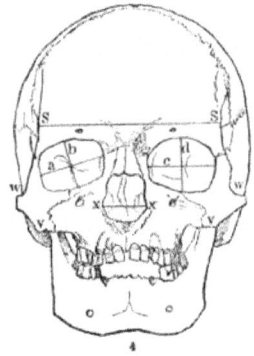

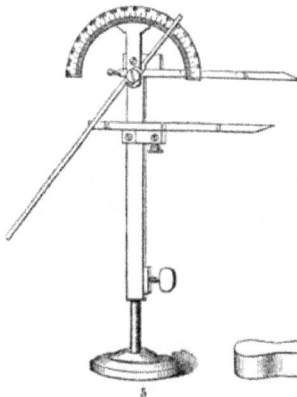

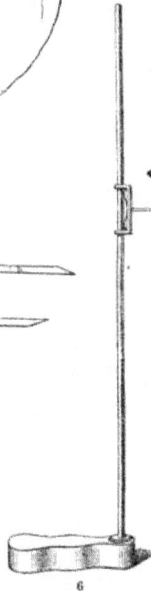

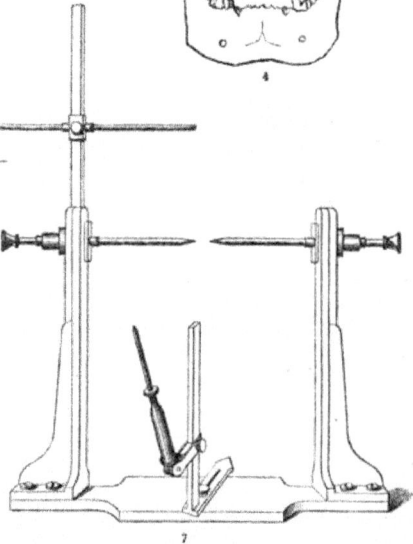

1. Profilansicht eines brachykephalen Schädels. H = ganze Höhe, BH = Bregmahöhe, L = horizontale Länge, h h = deutsche Horizontale, p = Profilwinkel, p f = Profillinie. — 2. Profilansicht eines dolichokephalen Schädels. O. H. = Ohrhöhe, gr. L. = größte Länge, L = horizontale Länge, S = Glabella, W = Stirn-Nasen-Naht, W-NL = Nasenlänge, OK = Alveolarrand, W-OK = Profilwinkel, W-GH = Gesichtshöhe, GL = Gesichtslänge. — 3. Schädelansicht von oben. JB = Jochbogen, JB-JB = Jochbogenbreite, B-B = größte Breite. — 4. Schädelansicht von vorn. S-S = kleinste Stirnbreite, W = Wangenbeinwinkel, W-W = Hölders Gesichtsbreite, V = Oberkiefer-Wangenbeinnaht, V-V = Virchows Gesichtsbreite, a = größte Breite, b = größte Höhe, c = Horizontalbreite, d = senkrechte Höhe des Augenhöhleneingangs, x-x = größte Breite der Nasenöffnung. — 5. J. Rankes Goniometer. — 6. J. Rankes Höhenzeiger. — 7. J. Rankes Kraniophor.

Kraniometrische Apparate u. Messungen nach der „Frankfurter Verständigung".

näher stehen den Europäern die Amerikaner und Malaien; die ersteren nähern sich durch ihre breiten Gesichter den Mongolen, die zweiten durch ihre Schiefzähnigkeit den Äthiopiern. Das Schema der Ähnlichkeit der Schädelformen nach Blumenbach, wenn wir die näheren Ähnlichkeiten durch Strichverbindung, die ferneren durch Punktverbindung andeuten, ist folgendes:

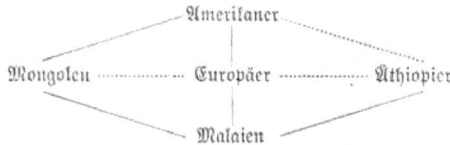

```
                    Amerikaner
                  /            \
Mongolen ........ Europäer ........ Äthiopier
                  \            /
                    Malaien
```

In dieser Aufstellung und Verknüpfung der Typen liegt auch noch für den heutigen Standpunkt der Kraniologie viel Wahres, namentlich wenn wir beachten, daß die Mongolen und Malaien nach Blumenbach untereinander ebenfalls kraniologische Beziehungen zeigen (beide sind nach ihm kurzköpfig), und daß seine Malaien auch eine Brücke schlagen zwischen den zum Teil ebenfalls langköpfigen Amerikanern und den Äthiopiern.

Ein wichtiges Verdienst Blumenbachs war es, daß er die Schädel zur exakten messenden Vergleichung ihrer Form und für die Gewinnung genau vergleichbarer Abbildungen gleichmäßig aufzustellen lehrte in der Weise, daß der Oberrand des Jochbogens der Standfläche parallelläuft. Es ist das die Göttinger Horizontale. Im Jahre 1883 wurde sie auf Anregung von J. Kollmann, J. Ranke und R. Virchow durch die deutsche Horizontale ersetzt, die nahezu mit der Göttinger übereinstimmt, aber mit größerer Sicherheit zu bestimmen ist: sie ist eine gerade Linie, die den höchsten Punkt der Ohröffnung mit dem tiefsten Punkt der Augenhöhle im Profil verbindet (s. die beigeheftete Tafel „Kraniometrische Apparate und Messungen"). Blumenbach hatte die Mehrzahl der europäischen Völker und unter diesen die Germanen in seiner kaukasischen Rasse vereinigt, deren knöcherne Kopfform er nach dem schönsten Typus, den er für sie zu finden glaubte, nach dem der kaukasischen, durch ihre Körperschönheit namentlich bei dem weiblichen Geschlecht altberühmten Völker, benannt hatte. Seiner Meinung nach sollte die Schädelgestalt der Europäer mit verhältnismäßig geringen Abweichungen dieser kaukasischen Form entsprechen. Anders Retzius wurde zu ganz abweichenden Resultaten geführt. Er war der erste, der innerhalb der Völker Europas die Verschiedenheit der Schädelformen mit größter Entschiedenheit betonte. Da sein kraniologisches System außerordentlich einfach war und gleichzeitig auf exakten Messungsmethoden beruhte, bürgerte es sich rasch und gründlich ein und hat in den letzten fünfzig Jahren fast ausschließlich die Herrschaft behauptet: A. Retzius wurde der Schöpfer der modernen Kraniologie. Sein kraniologisches System vereinigte die Betrachtungsmethode des Gesichtsprofils, wie sie zuerst von Peter Camper ausgegangen war, und die Betrachtungsmethode der Gehirnschädel (in der norma verticalis), die Blumenbach geschaffen hatte, miteinander und führte die Resultate beider auf ihren einfachsten mathematischen Ausdruck zurück. A. Retzius bezeichnete jene Gesichtsbildung, die einen Camperschen Gesichtswinkel (s. die Abbildungen S. 180 und S. 181) von einem wirklich oder nahezu rechten Winkel besitzt, als Orthognathie oder Geradzähnigkeit und unterschied davon jene, bei der sich durch den vorspringenden Kiefer ein mehr spitzer Gesichtswinkel ergibt, mit einem von Prichard zuerst gebrauchten Namen als

12*

Prognathie oder Schiefzähnigkeit. Ferner fand Retzius für die extremen Unterschiede der Schädelkapsel bei dem Anblick von oben, den Blumenbach einerseits als fast viereckig und von geringer Länge von vorn nach hinten, andererseits als lang und seitlich zusammengedrückt bezeichnet hatte, die Namen Kurzköpfigkeit oder Brachykephalie und Langköpfigkeit oder Dolichokephalie (vgl. Bd. I, S. 411 f.).

Schon Camper hatte seinen Gesichtswinkel, der den Grad der Retziusschen Orthognathie und Prognathie bestimmte, in Zahlenwerten ausgedrückt: für die Brachykephalie und Dolichokephalie fehlte es dagegen noch an einem mathematischen Ausdruck. Retzius fand ihn in dem Zahlenverhältnis der größten Länge $= L$ der Schädelkapsel (von der Unterstirn bis zum hervorragendsten Punkte des Hinterhauptes gemessen) zur größten Breite $= B$ der Schädelkapsel (senkrecht auf die größte Länge gemessen). Aus L und B bildet er den Bruch $\frac{B}{L}$. Die Größe dieses Bruches entscheidet über Kurzköpfigkeit, die besteht, wenn sich der Bruch, der das Längen-Breitenverhältnis oder den Längen-Breitenindex des Schädels ausdrückt, der Einheit annähert; oder Langköpfigkeit, die besteht, wenn der Bruch des Längen-Breitenverhältnisses, der Längen-Breitenindex, einen wesentlich geringeren Wert ausweist. Bemerkenswert ist dabei, daß es Retzius vermied, für beide Messungsverhältnisse, für das des Gesichtswinkels ebenso wie für das des Längen-Breitenindex des Schädels, feste Zahlengrenzen zu fixieren, jenseit welcher auf der einen Seite Brachykephalie oder Dolichokephalie, auf der anderen Prognathie

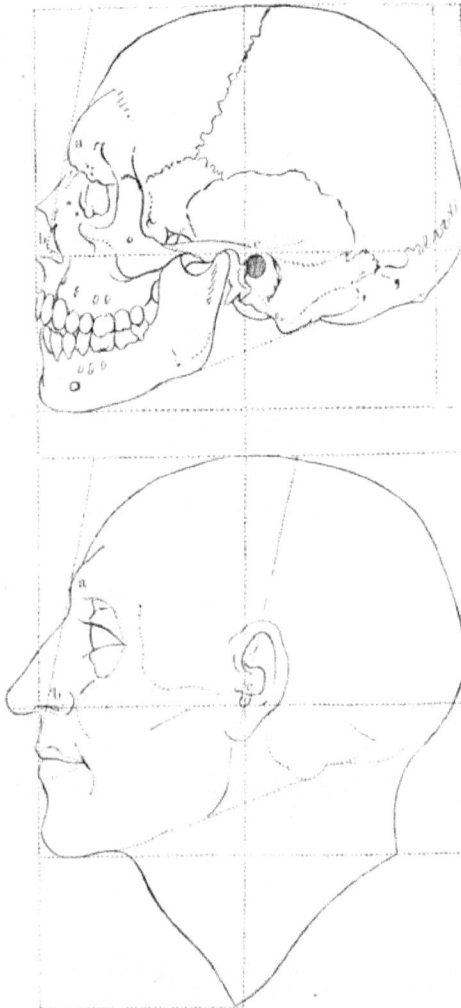

Schädel und Gesicht eines Europäers von mittlerem Alter. Nach P. Camper, „Über den natürlichen Unterschied der Gesichtszüge ꝛc.", übersetzt von S. Th. Sömmering (Berlin 1792). a b c Gesichtswinkel. Vgl. Text S. 179.

oder Orthognathie beginnen sollten. Für die beiden Gehirnschädelformen beschränkte er sich darauf, das Verhältnis der Länge zur Breite für die Langköpfe etwa wie $^{7}/_{9}$ oder genauer $^{75}/_{100}$, für die Kurzköpfe etwa zu $^{7}/_{8}$ oder $^{80}/_{100}$ anzunehmen. Offenbar hielt Retzius mit Recht absichtlich an einer gewissen Schwankungsbreite für die Formenbezeichnung der

Schädel fest; er wollte nämlich, wie aus allen seinen bezüglichen Veröffentlichungen zu ersehen ist, die Entscheidung über die Schädelform nicht lediglich nach der Messungszahl und dem Index treffen, sondern dafür auch noch gewisse sonstige unterscheidende Eigenschaften herbeiziehen. Die Prinzipien der Messung sind im Bd. I dargelegt worden, die Meßmethoden und Instrumente zeigt die Tafel bei S. 179.

A. Retzius hatte mit seiner kraniologischen Betrachtungsweise sofort ein außerordentlich in die Augen springendes, für die damalige Zeit geradezu frappierendes Resultat zu verzeichnen. Es gelang ihm nicht nur, die beiden in seiner schwedischen Heimat nebeneinanderwohnenden allophylen Stämme: die Germanen und Lappen, kraniologisch, durch ihre Schädelbildung, voneinander zu unterscheiden, sondern er konnte auch nachweisen, daß die Urväter der germanischen Skandinavier, deren Skelette und Waffen man aus den Grabhügeln der Vorzeit entnahm, schon ebenso und vielleicht noch durchgreifender von lappischen Stämmen verschieden gewesen seien als die modernen Schweden. Hiermit leistete also die Kraniologie nicht nur eine exakte ethnologische Unterscheidung moderner, sondern sogar vorhistorischer Völker. Dieser Eindruck war für A. Retzius wie für seine Zeitgenossen und für die Folgezeit überwältigend. Und wie leicht war diese Untersuchung ausgeführt! Nichts war nötig als die Messung von drei in Ziffern ausdrückbaren Größen: Gesichtswinkel, Länge und Breite des Schädels. Da glaubte sich nun jeder, auch ohne genauere anatomische Kenntnisse, befähigt und daher zugleich berechtigt, mitzuarbeiten und mitzusprechen.

A. Retzius selbst dehnte sein System

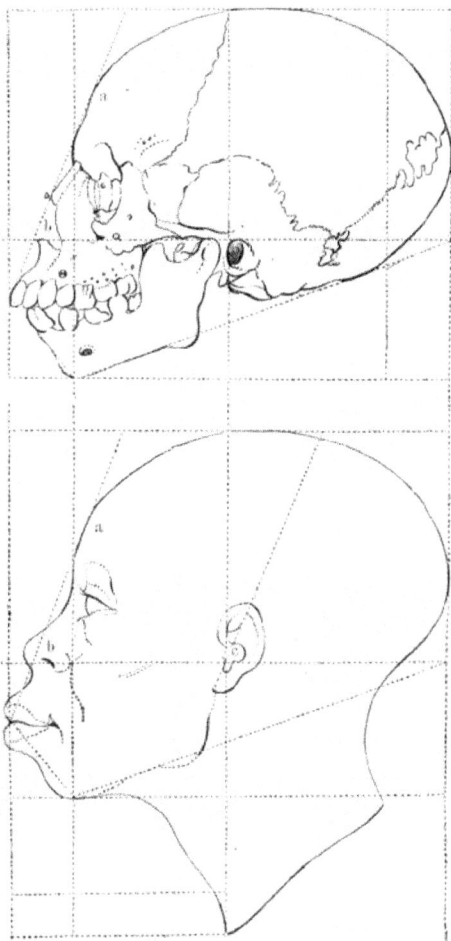

Schädel und Gesicht eines Negers. Nach P. Camper, „Über den natürlichen Unterschied der Gesichtszüge ꝛc.", übersetzt von S. Th. Sömmering (Berlin 1792). a b o Gesichtswinkel. Vgl. Text S. 179.

von dem Standpunkt, auf dem es sich so glänzend bewährt hatte, sofort über alle Völker der Erde aus, soweit ihm von solchen Schädel zur Messung zugänglich waren. Aus seinen beiden Gesichtsformen und seinen beiden Gehirnschädelformen bildete er durch Kombination vier Haupttypen des knöchernen Kopfes, die wir in der folgenden kleinen Tabelle zusammenstellen:

den geradzähnigen Langkopf, den orthognathen Dolichokephalen,
   schiefzähnigen   prognathen
   geradzähnigen Kurzkopf, den orthognathen Brachykephalen,
   schiefzähnigen   prognathen

Das war sofort klar, daß diese vier Hauptschädelformen den Blumenbachschen fünf Rassenschädeltypen im ganzen nicht entsprechen konnten; doch blieb immerhin auch nach dem Retziusschen System ein gewisser Zusammenhang. Alle von Blumenbach zur kaukasischen Rasse gerechneten Völker erklärte Retzius für Geradzähner, und zwar entweder für gerad- zähnige Lang- oder Kurzköpfe. Die Orthognathie, die Geradzähnigkeit, erschien sonach als ein Beweis höherer Rasse, nicht so entschieden die Lang- oder Kurzköpfigkeit, die beide bei europäischen Kulturvölkern wie bei Naturvölkern zur Beobachtung kommen; immer- hin verband sich bald mit dem Worte Kurzköpfigkeit die Idee, als wären doch die betreffenden Individuen in der Schädelbildung etwas zu kurz gekommen. Die Äthiopier Blumenbachs vereinigten sich auch nach Retzius ziemlich alle unter den schiefzähnigen Langköpfen; Blumen- bachs Mongolen und Malaien finden wir unter den schiefzähnigen Kurzköpfen. Aber bei der Einzelbetrachtung der Schädelbildung verschiedener Völker ergab sich bald, daß die Retziusche Einteilung zur Fixierung fester Rassenmerkmale doch nicht geeignet war: nächst- rasseverwandte Völker, wie Slawen und Germanen, werden nach diesem System aus- einandergerissen und dagegen ganz allophyle Völker verschiedenster Rasse miteinander ver- einigt. Man ließ sich jedoch zunächst dadurch nicht stören.

Mit vieler Gründlichkeit haben französische und deutsche Forscher das System von A. Retzius auszubauen versucht. Man geriet dabei häufig nur zu rasch in eine gewisse hand- werksmäßige Methode. Ohne die Schädelformen sonst weiter zu studieren, stellte man die Messungsergebnisse zusammen und verglich nun nicht Schädel, sondern Indizes. Als ein immerhin sehr wichtiges Resultat dieser Vergleichungen ergab sich zunächst, daß die extremen Langköpfe und extremen Kurzköpfe durch eine ganz geschlossene Reihe von Mittelgliedern miteinander verbunden seien, die weder recht eigentlich als kurz noch als lang bezeichnet werden konnten: Broca und Welcker stellten die Gruppe der Mittelköpfe, Mesati- kephalen oder Mesokephalen, zwischen die beiden extremen Formen. A. Retzius hatte gerade aus der Erfahrung, daß solche unentschiedene Formen zwischen seinen beiden Haupt- typen vorkommen, wie oben bemerkt, mit Recht davon abgesehen, eine feste Zahlen- abgrenzung der Typen vorzunehmen, da sich diese mittleren Schädelformen in ihrem Bau und in ihren sonstigen Eigenschaften teils mehr den Langköpfen, teils mehr den Kurzköpfen annähern. Der Fortschritt der kraniologischen Forschung schien es aber zu verlangen, die ja an sich mathematische Einteilung und Unterscheidung der Schädelformen möglichst zahlen- mäßig exakt auszuführen. Das Schlimme an der Sache war nur, daß sofort die Mittelform als ein besonderer Schädeltypus neben die beiden anderen gestellt wurde.

Die zahlreichen Untersuchungen des Gesichtswinkels ergaben, daß auch unter den nach Retzius orthognathen Völkern sich gar nicht selten, ja in einem für manche Völker und Stämme hohen Prozentsatz der ziffernmäßigen Messung nach, prognathe Individuen finden. Nament- lich fiel die Häufigkeit schiefzähniger Individuen unter den Holländern auf; sie wurden daher geradezu als langköpfige Schiefzähner bezeichnet und so unvermittelt neben die Neuholländer und Neger gestellt. Indem man mehr und mehr aus den Augen verlor, daß die Retzius- schen Schädelformen Schädeltypen waren und sein sollten, etwa denen Blumenbachs entsprechend, Formen, deren Wert in der Vereinigung einer gewissen Anzahl gemeinsamer Merkmale bestand, trat eine ziemlich gedankenlose Messung mehr und mehr in den Vordergrund. Da die Gesichtswinkelmessung größere Schwierigkeiten bot, beschränkte man sich bald häufig darauf, nur Länge und Breite der Hirnschädel zu bestimmen und nach dem Index der Länge und Breite des Gehirnschädels die Völker zu rubrizieren. Immerhin müssen wir, da oft andere Anhaltspunkte der Beurteilung bis jetzt ganz fehlen, auch für derartige Untersuchungen dankbar sein.

Der Längen-Breitenindex des Schädels schwankt bei nicht künstlich oder krankhaft deformierten Schädeln individuell zwischen 62 (62,62 bei einem Neukaledonier nach Topinard) und 94—95 (94,1 bei einem bayerisch-oberfränkischen Schädel nach J. Ranke) bzw. 97,9 (bei mehreren Tiroler Schädeln nach Tappeiner).

Um den Schädelindex von ganzen Stämmen, Völkern und Rassen zu bestimmen, suchte man bisher aus möglichst großen Untersuchungsreihen im Quételetschen Sinne (vgl. S. 101) Mittelzahlen zu gewinnen. Nach Messungen von Broca, Topinard und vielen anderen gehören nach dem Mittelwert unter die entschieden langköpfigen, dolichokephalen, einschließlich der Hyper- und Ultra-Dolichokephalen, Völker und Stämme mit Index unter 75: Australier, grönländische Eskimos, Wedda von Ceylon, Neukaledonier, Hottentotten und Buschmänner, Kaffern, Neger von der Westküste Afrikas, Nubier von der Insel Elephantine, algerische Araber und Berber, Parias von Kalkutta und mehrere Stämme des zentralen Indien und der indischen Ostküste. Dagegen sind Stämme von Assam und dem südlichen Himalaja mesokephal, mittelköpfig. Auch bezüglich der Grönländer ist zu beachten, daß nur die Eskimos des östlichen Grönland wirklich dolichokephal sind; die im Inneren und an der Westküste wohnenden sind nach Bernard Davis mittelköpfig, mesokephal, mit Index 75,1 und 75,3.

Zu den mittelköpfigen, mesokephalen, Völkern und Stämmen mit Hinneigung zur Langköpfigkeit mit Index 75,01—77,00 gehören außer den oben genannten: die Irländer, Schweden und Engländer, dann die Maori von Neuseeland, Tasmanier, Polynesier, modernen Ägypter und Kopten, die spanischen Basken, die Chinesen und Aino und die Bulgaren. Zu den Völkern mit Hinneigung zur Kurzköpfigkeit mit Index 77,01—79,99 zählen: die Zigeuner, Markesaner, Mexikaner, manche finnische Stämme, Holländer, Nord- und Mitteldeutsche, Nordfranzosen, Nordslawen, südliche und nördliche Indianer Amerikas.

Zu den Kurzköpfen, Brachykephalen, und zwar zu der Gruppe mit dem Index 80,0—85,0, gehören die französischen Basken, die französischen Bretonen, die Esten, Mongolen, Türken, Kanaken, Andamanen, Javanen, Indochinesen, die süddeutschen Stämme, die österreichischen Slawen, die Rumänen, Magyaren, ein Teil der Finnen, die Norditalier und Savoyarden. Zu den extremen Kurzköpfen, den Hyper-Brachykephalen und Ultra-Brachykephalen, mit einem Index über 85, gehören die Lappen, Aleüten und Birmanen. Ebenso bestimmte man alle denkbaren Maße und Indizes am knöchernen Schädel: Gesicht, Nase, Augenhöhlen, Gaumen und andere. Großenteils sind die Angaben über den mittleren Schädelindex verschiedener, namentlich außereuropäischer, Völker immer noch gering fundiert, die Zahl der gemessenen Schädel ist kaum genügend, um schon definitive Schlüsse auf eine wahre Mittelform zuzulassen; die Werte sind bis jetzt nur Annäherungswerte.

Bei alleiniger Berücksichtigung des Längen-Breitenverhältnisses müssen Schädel von sehr verschiedenen Dimensionen, weil das relative Verhältnis der Länge und Breite gleich ist, in die gleiche Indexstufe eingereiht werden. So hat der extrem lange Schädel von 197 mm Länge und einer größten Breite von 162 mm den gleichen Schädelindex von 82 wie der extrem kurze Schädel von 147 mm trotz seiner geringen Breite von 121 mm; danach sind beide Brachykephale. Um diese Schwierigkeit zu beseitigen, hat A. von Török an 5986 Schädeln der verschiedensten Rassen die drei Hauptdimensionsmaße des Hirnschädels: Länge, Breite und Höhe, bestimmt und die Resultate in drei Gruppen der folgenden Tabelle zusammengestellt:

I. Größte Hirnschädellänge.

Variationsbreite 143—224 mm = 82 mm Einheiten.

a) kurze Schädel . . . .   143—169 mm = 27 mm Einheiten
b) mittellange Schädel .   170—196 » = 27 »   »
c) lange Schädel . . . .   197—244 » = 28 »   »

II. Größte Hirnschädelbreite.

Variationsbreite 101—173 mm = 73 mm Einheiten.

a) schmale Schädel . . .   101—125 mm = 25 mm Einheiten
b) mittelbreite Schädel . 126—149 » = 24 »   »
c) breite Schädel . . . . 150—173 » = 24 »   »

III. Ganze Höhe (nach Virchow).

Variationsbreite 102—157 mm = 56 mm Einheiten.

a) niedrige Schädel . . . 102—120 mm = 19 mm Einheiten
b) mittelhohe Schädel . . 121—138 » = 18 »   »
c) hohe Schädel . . . .   139—157 » = 19 »   »

Nach diesen Zusammenstellungen gehört der oben zuerst angeführte Schädel mit 197 mm Länge nach I c) zur Gruppe der langen Schädel und mit seiner Breite von 162 nach II c) zu den breiten Schädeln, er ist sonach ein langer Breitschädel; der zweite Schädel mit einer Länge von 147 gehört nach I a) zu den kurzen Schädeln, mit seiner Breite von 121 zu den schmalen Schädeln, er ist also ein schmaler Kurzschädel. Für das Verständnis der Indexwerte wird es in der Folge gewiß von größtem Vorteil sein, die Zugehörigkeit zu den Törökschen Gruppen nach den absoluten Schädelmaßen neben den relativen Indexzahlen anzugeben. Mies und Paul Bartels haben die Breitenmaße von 15000 Schädeln verzeichnet und daraus Gruppen gebildet, die mit denen Töröks gut übereinstimmen.

Die beiden allgemeinen Hauptschädelformen.

Gegenüber dem Streben nach Messungen in allen denkbaren Richtungen des knöchernen Schädels war schon durch K. E. v. Baer, der, auf Blumenbach basierend, mit dem Auge des vergleichenden Anatomen und Zoologen die Schädel der verschiedenen Völker betrachtete, der Versuch gemacht worden, das typische Gesamtverhalten des Schädels mit wenigen als Kunstausdrücke gebrauchten beschreibenden Worten zu fixieren. Auf dieser Grundlage bauten die deutschen Kraniologen weiter, zuerst Ecker, His und Rütimeyer, Virchow, Schaaffhausen, v. Hölder, R. Krause, Kollmann und andere; meine eigenen umfassenden Studien über diesen Gegenstand schlossen sich denen der genannten Autoren an. Unter den Kraniologen Italiens hat sich G. Sergi mit voller Energie der zoologischen Methode zugewendet. v. Hölder hat drei Typen unterschieden: Germanen, Sarmaten, Turanier; J. Kollmanns allgemein angenommene Gesichtstypen gibt die Abbildung S. 185.

Nach meinen Erfahrungen lassen sich die in Deutschland, der Schweiz und ganz Europa vorkommenden Schädelformen auf zwei wesentlich voneinander abweichende Haupt= schädelformen zurückführen, die zunächst vier primäre Mischformen hervorbringen, so daß, da die beiden Hauptformen neben den Mischformen bleiben, in der Bevölkerung sechs primäre Schädelformen auftreten. An die primären Mischformen schließt sich dann noch eine große Reihe von sekundären an, die mit den primären die beiden Haupt= formen, auf das feinste abgestuft, in unmerklichem Übergang miteinander verbinden. Der Unterschied der Schädelverhältnisse bei den verschiedenen europäischen Völkern besteht darin, daß bei dem einen diese, bei dem anderen jene der beiden Hauptformen numerisch überwiegt, und daß im Zusammenhang damit die Reihe der primären und sekundären Mischformen in der verhältnismäßigen Zahl ihrer Vertreter eine verschiedene wird. Von diesem Verhältnis können uns Mittelzahlen der Messungen nur ein sehr unvoll= kommenes Bild geben, da bei der Methode der Gewinnung der Mittelwerte die Extreme sich aus= gleichen, wodurch gerade die ent= scheidenden Beobachtungen ver= wischt werden müssen. Die heu= tige, der Kraniologie eine neue Bahn eröffnende Methode der Schädelbetrachtung ist daher die, in einer möglichst großen und ethnologisch gleichartigen Beob= achtungsreihe die Schädel, die den Haupttypen und den primä= ren und sekundären Mischtypen angehören, einzeln zu zählen.

Gesichtsformen: 1 Schmalgesicht oder Dolichoprosope, 2 Breitgesicht oder Brachyprosope. Nach J. Kollmann, „Die Wirkung der Korrelation auf den Gesichtsschädel des Menschen“ im „Korrespondenzblatt der Deutschen Anthro= pologischen Gesellschaft“ (München 1883).

Dadurch kommt in das durch die Methode der Mittelwerte verwischte und konturlos ge= wordene Bild Leben und Anschaulichkeit.

Soweit wir bis jetzt erkennen können, treten auch bei den außereuropäischen Völkern keine absolut neuen Schädelformen auf. So fremdartig uns auch manche Schädel= formen, namentlich bei sogenannten wilden Völkern, anmuten, so reihen sie sich doch ebenfalls den in Europa eingesessenen Schädeltypen und ihren Mischformen an; das zuerst fremd= artig Erscheinende reduziert sich auf extreme Ausbildung auch in Europa vorkommender Ver= hältnisse. Das entspricht also den Wahrnehmungen, die wir bei den bisher besprochenen Verschiedenheiten innerhalb des Menschengeschlechts überall zu machen Gelegenheit hatten.

Meine zwei zunächst für Bayern aufgestellten Hauptformen der Schädel= bildung.

1) Die brachykephale, rundköpfige, Hauptform. Diese am reinsten im Hoch= gebirge und Gebirgsvorlande vorkommende und hier den Hauptstock der Bevölkerung bildende Schädelform ist entschieden brachykephal und verhältnismäßig hoch (mittlerer Längen= Höhenindex etwa 75—76 = hochköpfig, hypsikephal) mit annähernd senkrecht aufgerichteter

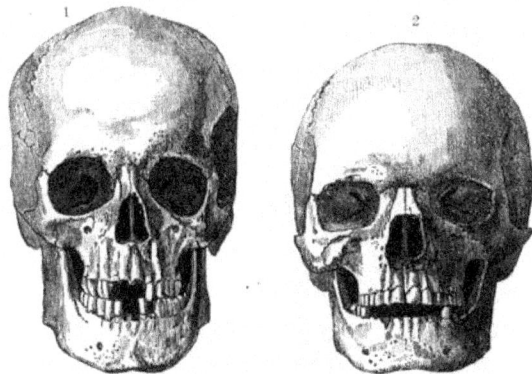

Hinterhaupts- und Stirnbeinschuppe, Stirn breit und, wie die Hinterhauptsfläche, in die Scheitelfläche in winkeliger Wölbung übergehend. Stirnhöcker wie Scheitelbeinhöcker gut entwickelt. Bei beiden Geschlechtern findet sich an Stelle der vollkommen fehlenden oder nur in ihrem inneren Abschnitt schwach entwickelten knöchernen Augenbrauenbogen ein Stirn-Nasenwulst, als eine blasige Vorwölbung der Mitte der Unterstirn (glabella) hervortretend und sich auf die Außenfläche des Nasenfortsatzes des Stirnbeines erstreckend. Die Hinter-hauptschuppe steht vom äußeren Hinterhauptshöcker (protuberantia occipitalis externa, Inion Brocas) an annähernd senkrecht aufgerichtet, der Hinterhauptshöcker bildet meist den hervorragendsten Punkt des Hinterhauptes für die Längenmessung der Schädelkapsel. Gesicht schmal, dolichoprosop (s. die Abbildung S. 185, Fig. 1), Jochbogen wenig hervor-gewölbt, flach. Augenhöhlen hoch, weit, gerundet, meist mit stark nach außen gesenktem

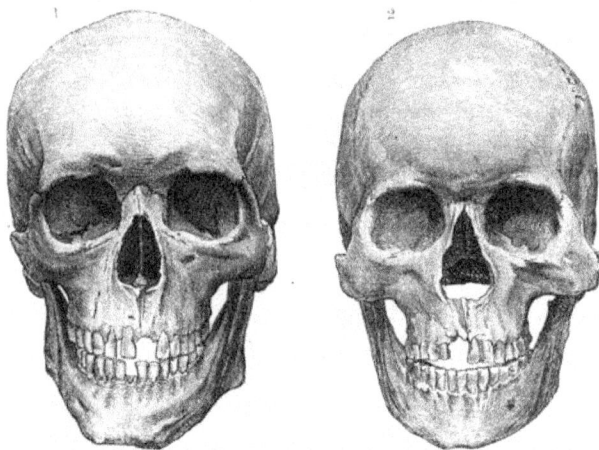

größten Querdurchmesser. Die knöcherne Nase ziem-lich lang und schmal, Nasen-beine dachförmig erhoben, Nasenwurzel im ganzen, wie auch die Nasenbeine an ihrem Stirnansatz, breit, wenig oder nicht unter die Unterstirn eingezogen. Zahnfortsatz des Ober-kiefers hoch. Gaumen kurz und breit, Gaumenkurve parabolisch geschweift. Stellung des Mittelgesichts wie des Oberkieferzahn-fortsatzes orthognath (= nahezu senkrecht). Un-terkiefer hoch mit gut ent-

Langgesichtiger Langkopf oder dolichoprosoper Dolichokephalus (1 Mann, 2 Frau). Unsere dritte Mischform, v. Hölders Germane. Nach Photographie.

wickeltem, vorstehendem Kinn. Dieser Schädeltypus entspricht von Hölders Sarmaten.

2) Die langköpfige, dolichokephale, Hauptform, die etwa ein Drittel der Schädelformen der mitteldeutschen, fränkisch-thüringischen, Bevölkerung Nordwestbayerns bildet. Diese Schädelform ist entschieden dolichokephal und dementsprechend wesentlich niedriger (Längen-Höhenindex ca. 70—71 = mittelhoch oder orthokephal). Die Hinter-haupts- und Stirnbeinschuppe sind, letztere namentlich bei männlichen Schädeln, stark und annähernd parallel nach hinten geneigt, daher ist die Stirn fliehend, das Hinterhaupt ist zu einer kurzen, vierseitigen, an den Kanten und Seiten zwar etwas gerundeten, im ganzen aber pyramidalen, an der Spitze abgestuften Verlängerung ausgezogen. Die Unterfläche dieser Hinterhauptspyramide bildet die Hinterhauptschuppe, die sich nur mit ihrer Endspitze etwas aufrichtet und sich infolge davon an der Herstellung der „Endfläche" der Hinterhaupts-pyramide beteiligt oder diese Endfläche allein bildet; die Seiten- und obere Fläche der Hinter-hauptspyramide werden großenteils von den Seitenwandbeinen hergestellt. Die Stirn ist verhältnismäßig schmal, Stirnhöcker wie Scheitelbeinhöcker sind undeutlich, verstrichen; da-gegen läuft bei männlichen Schädeln häufig ein erhöhter Grat über die Mitte der Stirn

und über den Scheitel, die Pfeilnaht erhebend, entlang. Der Übergang von Stirn und Hinter=
hauptsfläche in den Scheitel zeigt eine flache, und zwar nach beiden Richtungen ziemlich gleiche,
Wölbung. Der Hinterhaupthöcker (protuberantia occipitalis externa, Inion Brocas) liegt
weit unten und einwärts von der Endfläche der Hinterhauptspyramide, die selbst den hervor=
ragendsten Punkt des Hinterhauptes für die Messung der Länge des Schädels bildet. Das
Gesicht ist kurz, brachyprosop (s. die Abbildung S. 185, Fig. 2) und erscheint wegen der
ausgebauchten und mit dem unteren Rande schief nach auswärts gerichteten Jochbeine
verhältnismäßig breit. Die knöchernen Augenbrauenbogen sind bei den männlichen Schädeln
stark entwickelt, oft zu mächtigen Augenbrauenwülsten ausgebildet, die sich über die
Nasenwurzel weit hervorschieben, so daß diese tief eingesetzt, d. h. unter die Unterstirn

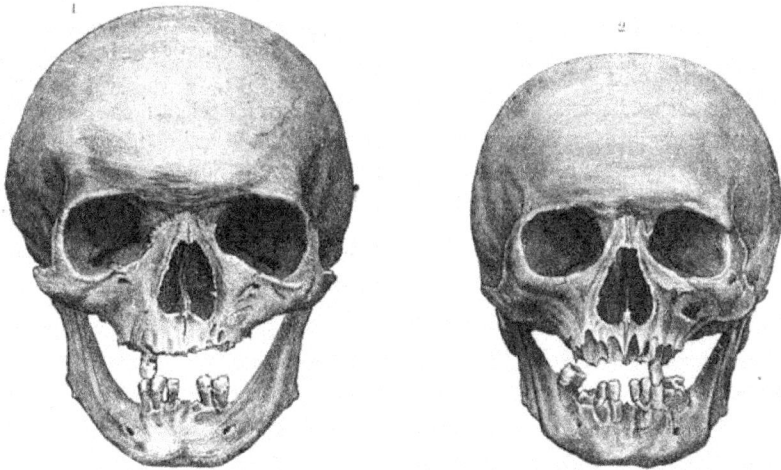

Kurzgesichtiger Kurzkopf oder brachyprosoper Brachykephalus (1 Mann, 2 Frau). Unsere fünfte Mischform,
v. Hölders Turanier. Nach Photographie.

stark eingezogen, erscheint. Die männlichen Augenhöhlen sind niedrig, mehr viereckig, ihr
größter Querdurchmesser steht annähernd horizontal, weniger als bei der ersten Form nach
abwärts und nach außen geneigt. Die knöcherne Nase ist kurz und breit, häufig mit Prä=
nasalgruben, die Nasenbeine zeigen sich in ihren oberen, der Nasen=Stirnnaht zustreben=
den Teilen manchmal stark verschmälert (Annäherung an Virchows Katarrhinie). Der
Gaumen ist lang, der Zahnfortsatz des Oberkiefers, der Alveolarfortsatz, ziemlich niedrig,
die Zahnrandkurve elliptisch. Sehr auffallend ist eine stark ausgeprägte Neigung zur all=
gemeinen und namentlich dem Zahnrand angehörigen Schiefzähnigkeit oder Prognathie.
Der Unterkiefer ist mäßig hoch, das Kinn etwas wenig vorstehend. Die weiblichen Schädel
dieser zweiten Gruppe nähern sich in der Bildung des Gesichts, namentlich der Stirn, der
Augenhöhlen, aber auch des Zahnrandbogens, der Alveolarfortsätze und der Jochbogen, der
ersten, brachykephalen, Hauptform in gewissem Sinne an. Dieser Schädeltypus entspricht
v. Hölders germanisch=turanischer Mischform der Völkerwanderungszeit, d. h.
er hat Hirnschädel wie beim Germanen (s. die Abbildung S. 186), Gesichtsschädel wie
beim Turanier (s. die obenstehende Abbildung). Dieselben beiden Hauptformen finden sich

heute, wie gesagt, überall teils rein, teils in primären und sekundären Mischformen in ganz Europa. Alle unsere normalen Schädelformen lassen sich entweder ohne weiteres unter diese beiden Hauptformen einreihen oder stellen doch Misch- und Zwischenformen zwischen diesen beiden Hauptformen dar, entstanden durch Austausch einzelner oder mehrerer Hauptcharaktere der Schädelbildung. Die auf diese Weise neben den sich unverändert forterbenden Hauptformen entstehenden Mischformen sind zum Teil so charakteristisch wie die Hauptformen selbst. Bei der Kombination der Hauptformen zu Mischformen vererben sich Gehirnschädelform und Gesichtsschädelform der reinen Formen vielfach als Ganzes, öfters aber gekreuzt, so daß, namentlich in Gegenden, in denen die eine Hauptform numerisch sehr stark vertreten ist, die Gehirnschädelform der anderen mit der Gesichtsschädelform der ersteren auftritt. So fand ich in gewissen mitteldeutschen Gegenden, wo die zweite, langköpfige Hauptform herrscht, oft entschiedene Kurzköpfe mit der ausgesprochen typischen, ganz unveränderten Gesichtsbildung der langköpfigen Hauptform. Überhaupt drückt die vorwiegende Schädelhauptform einem großen Teil der gesamten Bevölkerung ihre typische Gesichtsbildung auf, auch wenn die Gehirnschädelform abweichend bleibt. Häufig führt aber auch die Bildung der Mischformen zu einer Vermittelung, zu einer Milderung der Differenzen der beiden Schädelhauptformen.

Die beiden Hauptschädelformen mit ihren vier Mischformen erster Ordnung kann man auch als die sechs europäischen Schädelformen bezeichnen. Sie sind lange bekannt, und lediglich der innere Zusammenhang, in dem sie zueinander stehen, blieb noch näher zu erforschen. Eine genauere Darlegung der vollen Gleichartigkeit unserer Haupt- und Mischformen mit der älteren Beschreibung wäre hier nicht am Platze; nur darauf muß hingewiesen werden, daß unsere Aufstellungen sich mit denen der anerkanntesten deutschen Kraniologen decken; das ist aber auch der Fall, soweit sich unsere Resultate mit den Ergebnissen der französischen Forscher vergleichen lassen. Besonders wichtig ist die langschädelige und schmalgesichtige mittelländische Rasse Sergis (vgl. S. 227).

Schon der berühmte Göttinger Anatom Henle und nach ihm J. Kollmann und andere haben behauptet, daß die Schädelformen der gesamten Menschheit den aus Europa bekannten Schädelformen so nahe stehen, daß wir sie ohne weiteres unter die letzteren einordnen dürfen. Eins ist aber dabei nicht zu vergessen: am Schädel sprechen sich mit derselben Schärfe und Deutlichkeit wie am übrigen Skelett die Folgen der Kultur und Unkultur aus. Die überwiegende Mehrzahl der afrikanischen Neger gehört, wie es scheint, zu unserer zweiten Hauptform, zu den niedrig- oder kurzgesichtigen Langköpfen. Aber die Einzelformen erscheinen bei dem Negerschädel zum Teil extremer als bei dem europäischen Schädel der gleichen Grundform, und besonders machen bei den „Wilden" die oft elfenbeinharten und glatten Knochen des schweren Schädels einen spezifischen Eindruck. Ganz ähnlich ist es bei der anderen Hauptform, den langgesichtigen Kurzköpfen, und den übrigen europäischen Formen. Bei „wilden" Völkern machen sie zum Teil den Eindruck einer gewissen „Roheit der Modellierung". Keineswegs ist das aber immer der Fall, sondern oft erscheinen die außereuropäischen Schädelformen mit europäischen Schädeln so vollkommen identisch, daß sich gewiegte Kraniologen damit getäuscht haben.

Auf ein ausreichendes statistisches Untersuchungsmaterial gestützte Beobachtungen über die verschiedenen Schädelformen und ihr Vorkommen im einzelnen bei den Völkern der Erde fehlen uns noch. Einen vorläufigen Ersatz bieten uns aber die zahlreich veröffentlichten

Bestimmungen über das Längen-Breitenverhältnis der Schädel verschiedener Völker; wir sehen daraus wenigstens, in welch verschiedener Weise die Haupt- und Mischformen auf der Erde verteilt auftreten. Freilich lehren uns derartige Zusammenstellungen nichts über die Gesichtsbildung, ohne die ein voller Einblick in die obwaltenden Verhältnisse nicht möglich ist.

Aus den bisher gewonnenen Resultaten ergibt sich nun, daß nirgends in der Welt eine der Schädelform nach ungemischte Bevölkerung irgend größere Strecken bewohnt. Nur in sehr wenigen Gegenden der Erde schlägt eine Hauptform der Schädelbildung so überwiegend vor, daß die anderen dagegen, wenn auch nicht verschwinden, so doch wenigstens bei prozentischen Aufstellungen in sehr hohem Maße zurücktreten.

Einen annähernd reinen kurzköpfigen, brachykephalen, Typus finden wir in Süddeutschland, wo ich in Altbayern 83 Prozent und in Unterinn bei Bozen sogar 90 Prozent Kurzköpfe zählte; in letzterem Orte kam kein Langkopf vor. Ähnlich überwiegend Kurzköpfe, nämlich 88 Prozent, sind in Frankreich die Auvergnaten. Einen annähernd reinen langköpfigen, dolichokephalen, Typus zeigen in noch höherem Grade als die als Langköpfe bekannten eigentlichen Neger und ihre nächsten Verwandten in Afrika die Eskimos mit 86 Prozent, die Australier mit 89 Prozent und die Melanesier der Südsee mit 81 Prozent Langköpfen; bei den letzteren waren unter 41 Schädeln von Viti Levu nur Langköpfe, und zwar 85 Prozent davon mit einem Längen-Breitenverhältnis unter 70 (Hyper- und Ultra-Dolichokephalen) und nur 15 Prozent mit einem solchen über 69,9. Man hat die Meinung ausgesprochen, daß die Bevölkerungen einzelner Inseln der Südsee allein noch die Hoffnung gewähren, annähernd reine kraniologische Rassenverhältnisse darzubieten; aber auch dort sind die Völkermischungen immerhin so kompliziert und so weit eingedrungen, daß man stets nur mit größter Vorsicht wahrhaft reine anthropologisch-ethnische Verhältnisse anerkennen darf. Die großen Kontinente, namentlich Asien, Europa und Nordafrika, haben, solange die Erde bewohnt ist, den Tummelplatz für Bewegung und gegenseitige Vermischung körperlich verschiedener Rassen und Völker abgegeben. Hier ist eine Mischung der Rassen und Stämme eingetreten, die jene zahlreichen Misch- und Mittelformen hervorgebracht hat, die das kraniologische Studium der alten Kulturvölker so sehr erschweren.

Nach allen den einzelnen im vorstehenden mehr oder weniger ausführlich gekennzeichneten Richtungen ist freilich noch außerordentlich viel zu tun. Namentlich ist es notwendig, große Sammlungen von Schädeln der europäischen Bevölkerungen anzulegen und gründlichst zu studieren, um zunächst die Schwankungsbreite der Schädelform für Europa noch genauer, als es bisher geschehen ist, festzustellen und damit ausreichendes Vergleichsmaterial für außereuropäische Schädel zu beschaffen. Aber auch bei der Untersuchung der Schädel hat es sich uns trotz aller noch auszufüllenden Lücken unseres Wissens, wie bei den vorher besprochenen Verschiedenheiten innerhalb des Menschengeschlechts, wieder auf Schritt und Tritt gezeigt, daß die Menschheit als eine in sich geschlossene Einheit erscheint, deren extremste Formen durch äußerst fein abgestufte Zwischenglieder zu einer einheitlichen Reihe verknüpft sind.

Äußere und innere Einflüsse auf die Schädelform. Männliche und weibliche Schädel. Schädeltypen.

Wir haben bei der Beschreibung unserer beiden Hauptschädelformen schon darauf hingedeutet, daß die Mehrzahl der als für die Rasse typisch erklärten Verschiedenheiten, namentlich in den Gesichtsformen des Schädels, ursprünglich als Geschlechtsdifferenzen auftreten. Die weiten Augenhöhlen, die gewölbte, aber doch steil ansteigende Stirn mit den stark ausgeprägten Stirnhöckern und fehlenden Augenbrauenbogen bei der kurzköpfigen Hauptform, die Neigung zu schiefer Kieferstellung, Prognathie, bei der langköpfigen sind solche weibliche Charaktere der Schädelbildung, die niedrigen Augenhöhlen, die mehr fliehende Stirn mit deutlichen knöchernen Augenbrauenbogen durch stärkere Entwickelung der Stirnhöhle dagegen männliche Kennzeichen. Dazu kommen noch die bis ins erwachsene Alter konservierten frühkindlichen, ja embryonalen Bildungen namentlich an der Nase und in der Kinngegend. Bei gewissen „wilden" Völkerstämmen, z. B. bei der Bevölkerung von Neubritannien, fand Virchow die Unterschiede im Schädelbau des weiblichen und männlichen Geschlechts „kolossal". Auch von den Größendifferenzen abgesehen, ergeben sich eine Menge von Verschiedenheiten in den Formen, auch solche, welche die Schädelindizes betreffen, indem die männlichen Schädel mehr nach der einen Richtung gravitieren, die weiblichen nach einer anderen. Es geht das so weit, daß, wenn man den mittleren Index des Volkes auf die Schädel des einen Geschlechts basieren wollte, man ihn ganz anders klassifizieren würde als nach dem anderen. Es existiert also in der Schädelbildung eine gewisse Variation, die das Geschlecht als solches mit sich bringt.

Diese Unterschiede finden sich in der entschiedensten Weise auch unter unserem Volke. Im allgemeinen ist der weibliche Schädel kleiner und in allen Verhältnissen, namentlich auch in bezug auf die Ansatzstellen der Muskeln, zarter, dem kindlichen ähnlicher als der Schädel der Männer, was sich auch in einem Überwiegen des Schädeldaches über die Schädelbasis sowie im Bestehenbleiben der Stirn- und Scheitelbeinhöcker ausspricht. Nach Welcker ist der weibliche deutsche Schädel häufig schmäler, flacher und niedriger als der männliche. A. Ecker hat einen ganz besonders charakteristischen Geschlechtscharakter der weiblichen Schädelbildung in dem eigentümlichen, öfters fast rechtwinkeligen Ansetzen des Scheitels an die Stirn aufgefunden (s. die Abbildungen S. 191), Virchow die größere Neigung zur alveolaren Schiefzähnigkeit. Nach meinen Beobachtungen ist die weibliche Nase schmäler und bei den Lebenden häufiger gerade, der Abstand der Augenhöhlen im Verhältnis zur Gesichtsbreite beträchtlicher; die Augenhöhlen sind mehr gerundet, ihr äußerer Winkel senkt sich weniger als bei Männern. Der weibliche Unterkiefer hat weniger senkrecht, mehr schief nach hinten, ansteigende Äste. Die neuen Untersuchungen von E. Rebentisch und Paul Bartels über den Weiberschädel ergaben die gleichen Resultate.

Die Feststellung, daß eine gewisse Schwankungsbreite in der Formbildung des Schädels, die das Geschlecht als solches mit sich bringt, existiere, ist von um so größerer Tragweite, als sie nicht nur darauf hinweist, daß auch zwischen den beiden Hauptschädelformen Übergänge existieren, die sie einst vielleicht auf eine gemeinsame, möglicherweise nur geschlechtlich differente Grundform zurückzuführen gestatten werden, sondern auch und vor allem darum, weil sie den Beweis liefert, daß auch die Hauptformen keineswegs vollkommen unveränderlich sind, sondern daß sie eine Umwandlung, auch abgesehen von den Folgen einer geschlechtlichen Kreuzung zwischen Individuen differenter Schädelform, erfahren können. Es würde, wenn in einer Familie der mütterliche Einfluß dominiert, so daß auch die männlichen Kinder der Mutter ähnlicher werden, nichts entgegenstehen, daß sich eine etwas andere Gestaltung auch des Schädels bildet, als sie die Männer des Stammes sonst darbieten, und es würde nur darauf ankommen, ob etwa entsprechend der Selektionstheorie Darwins eine Art von

Zuchtwahl stattfindet, durch welche der weibliche Typus mehr und mehr fixiert und innerhalb einer längeren Generationsreihe bleibend wird, um aus der Familie allmählich einen Stamm entstehen zu lassen, der mehr dem mütterlichen Typus entspricht. In seiner Untersuchung über amerikanische Schädel kam Virchow sehr energisch auf diesen Gedankengang zurück. „Bei dem Studium der Goajiros habe ich gefunden", sagt er, „daß der weibliche Typus bei ihnen eigentlich nichts anderes ist als der stehengebliebene kindliche; daher auch die Nannokephalie. Aber bei den Kongonegern konnte ich den Nachweis führen, daß auch

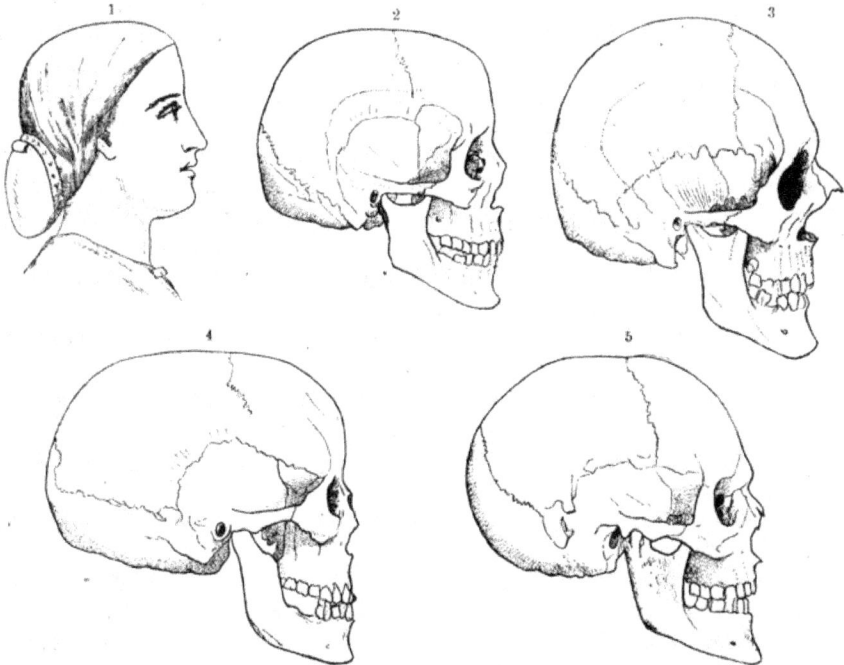

Weibliche und männliche Schädelformen: 1 und 2 weiblicher brachykephaler Kopf und Schädel einer Schwarzwälderin, 3 männlicher Schädel der modernen kurzköpfigen Bevölkerung Badens, Schwarzwälder, 4 weiblicher, 5 männlicher Schädel der langköpfigen Alemannen aus der Völkerwanderungszeit Badens. Nach A. Ecker, „Über eine charakteristische Eigentümlichkeit der Form des weiblichen Schädels" im „Archiv für Anthropologie", Bd. 1 (Braunschweig 1866).

der männliche Typus bei ihnen gewisse kindliche Eigenschaften bewahrt. Es wird daher immer mehr notwendig, die anthropologische Untersuchung bis auf die Kinder zurückzuführen. Sollte irgendwo der Schlüssel zu einer Transformation des Stammestypus gefunden werden können, so wird es hier der Fall sein."

Es ist hier nicht der Ort, eingehender darauf hinzuweisen, mit welchem Eifer wir in Deutschland die Frage nach etwaigen äußeren Einflüssen auf die Umbildung der Schädelformen verfolgen. Sichere Resultate fehlen trotzdem noch fast ganz. Nur das steht schon fest, daß pathologische und halbpathologische Einflüsse die Schädelform sehr wesentlich beeinflussen, und daß solche akquirierte Schädelformen sich vererben können. Mit dem Leben in den deutschen Alpenländern, speziell in Bayern, fand ich häufig gewisse Störungen in der Schädelentwickelung verknüpft, die zu einer gesteigerten Kurzköpfigkeit

führen. Schon K. E. v. Baer hat es ausgesprochen, daß das Leben im Gebirge einen um=
ändernden Einfluß auf die Schädelform zu haben scheine; es scheine die Schädel kurzköpfiger
zu machen. Er verkannte aber ebensowenig wie ich die Schwierigkeit, aus den bisherigen
Beobachtungen zu einer definitiven Entscheidung zu gelangen. Wenn dieser Einfluß des
Gebirges besteht, so kann er sich zuverlässig doch erst nach vielen Generationen auf dolicho=
kephale Schädel etwa so weit geltend machen, daß sie brachykephal werden, und das ist von
vornherein sicher, daß, wenn überhaupt, nicht sowohl die verschiedene Höhenlage, sondern
die gebirgige Beschaffenheit des Wohnortes den fraglichen umbildenden Einfluß auf die
Schädelgestalt ausübt. Ich habe hierbei unter anderem auch an den Einfluß einer
dauernd veränderten Körper= und Kopfhaltung, wie sie mit dem Bergsteigen
verknüpft ist, erinnert. Daß ein solcher dauernder Einfluß die Schädelgestalt modelt, wissen
wir; die veränderte Kopfhaltung bei Wirbelsäulenverkrümmungen, bei Skoliosen (vgl.
Band I, S. 193), und sonstigen Verkrümmungen des Körpers bringt entsprechende asym=
metrische Umgestaltung des Kopfes hervor, auch wenn, wie gewöhnlich, diese Verkrümmung
erst im Laufe der Entwickelungsjahre akquiriert wurde. E. Meyer machte auf die Tatsache
aufmerksam, daß sich bei Schreinern, die, an der Hobelbank stehend, den Körper stets nach
ein und derselben Richtung beugen, der knöcherne Schädel entsprechend krümmt. Es ist
aber doch wohl zu weit gegangen, wenn Anton Nyström die Dolicho= oder Brachykephalie
eines Volkes im großen und ganzen aus den Gewerben und Transportmitteln, die vorzugs=
weise betrieben werden, ableiten will.

Auch halb oder ganz krankhafte Wachstumsverhältnisse des Schädels be=
dingen ganz bestimmte Schädelformen. So hat Virchow schon lange gezeigt, daß durch
vorzeitige Nahtverwachsungen am Schädel sowohl extrem brachykephale als extrem
dolichokephale Schädel gebildet werden, und daß auch die Stellung des Oberkiefers durch
ähnliche Bedingungen verändert, z. B. ein höherer Grad von Schiefzähnigkeit, Prognathie,
dadurch hervorgerufen werden kann. Die bleibende Stirnnaht macht den Schädel im
ganzen, namentlich aber in der Stirngegend, breiter, und man findet unter einer sonst im
allgemeinen langköpfigen Bevölkerung hier und da Kurzköpfe, die durch die Stirnnaht dazu
gemacht worden sind. Die Frage muß daher aufgeworfen werden, ob bei verschiedenen
Völkern, die sich durch ihre Gehirnschädelform unterscheiden, die Zeit der normalen Ver=
wachsung einzelner oder aller Schädelnähte und Fugen verschieden ist. H. Welcker hat auf
diese Möglichkeit wiederholt hingewiesen und hervorgehoben, daß bei den extrem lang=
köpfigen Hindu sich in bezug auf die Zeit der Nahtverwachsungen wesentliche Unterschiede
von den in der Mehrzahl kurzköpfigen Deutschen zeigen. Er sagt: „Der Hinduschädel besitzt
während des Kindesalters in zahlreichen Fällen eine querverlaufende, d. h. das Längenwachs=
tum des Schädels begünstigende, offene Fuge, nämlich die hintere Interoccipitalfuge, mehr,
als dies bei den Deutschen=Schädeln der Fall ist, während gleichzeitig eine das Höhenwachs=
tum begünstigende Naht, eine seitliche Längsnaht (sutura bregmatomastoïdea), Tendenz zu
frühzeitiger Verschließung zeigt." Es ist nachgewiesen worden, daß bei gewissen Stämmen
südamerikanischer Ureinwohner die sonst normal sehr bald verknöchernde fötale Quernaht
zwischen Ober= und Unterteil der Hinterhauptsschuppe häufiger auch noch im erwachsenen
Alter offen gefunden wird als bei Europäern (vgl. Band I, S. 419). Virchow fand das
vollkommene Offenbleiben dieser Quernaht, wodurch die Oberschuppe des Hinterhaupts=
beines als Inkaknochen, Os Incae, abgetrennt wird, bei Altperuanern zu 62,5 pro Mille,

ich bei der altbayerischen Bevölkerung nur zu 0,8 pro Mille. Dies und anderes sind bereits
wichtige Fingerzeige, aber nur die ausgiebigste statistische Untersuchung vermag wahrhaft
zu fördern. Man hat bisher meist angenommen, daß schon der Schädel der Neugeborenen
im allgemeinen in der Form dem der Erwachsenen entspreche; in seiner großen Publikation
über amerikanische Schädel stellte Virchow jedoch, wie wir zum Schluß nochmals wieder=
holen wollen, das Formverhältnis des noch wachsenden Schädels zu dem ausgewachsenen
Schädel zu erneuter Diskussion: die Möglichkeit der Umbildung der Schädelform, die wir
von den Kindern zu den Erwachsenen sich vollziehen sehen, bietet nach dem Gesagten den
einzigen Anhalt für die weitere Untersuchung. Dolichokephale Eltern können mesokephale
oder brachykephale Kinder hervorbringen. Bleiben diese kurzköpfig oder werden sie wieder
dolichokephal? (Vgl. die neuen Beobachtungen von Franz Boas, S. 121.)

Deformation der Schädel.

Im I. Band, S. 182 ff., wurde unter der Überschrift Schädelplastik die Frage der
mehr oder weniger künstlichen beabsichtigten und unbeabsichtigten Formumbildung des
Schädels im allgemeinen besprochen; hier müssen wir im Zusammenhang der kraniologi=
schen Betrachtungen noch einmal auf diese Frage eingehen. Es ist, wenn keine bestimmten
Zeugnisse über die wirklich stattgehabte beabsichtigte und künstliche Schädelumbildung und
dabei nur die Schädel erwachsener Personen zur Untersuchung vorliegen, nicht selten sehr
schwer, ja in manchen Fällen, namentlich bei unbedeutenderen Graden der Abweichung,
unmöglich, ein Urteil über die Ursachen der Difformität zu fällen. In seinem Werk
über amerikanische Schädel gibt Virchow eine Analyse der verschiedenen Vorkommnisse der
Schädeldeformationen. Vergegenwärtigen wir uns danach zunächst die Möglichkeiten,
durch welche eine solche Abweichung am Kopfe der Lebenden hervorgebracht werden
kann. Es sind folgende:

1) Nicht ganz wenige Kinder werden geboren mit auffälligen Druckwirkungen am
Schädel, vorzugsweise am Hinterhaupt. Am häufigsten liegen diese Druckwirkungen mehr
einseitig. Dadurch entsteht dann je nach Umständen entweder ein schiefer Schädel (Plagio=
kephalus) oder eine besondere Art von Kurz= und Breitschädel (Brachykephalus). Der
Druck ist hervorgebracht durch den Widerstand der mütterlichen Beckenknochen oder eines
Zwillings im Mutterleibe. Diese in der ersten Zeit nach der Geburt zuweilen recht auffällige
angeborene Difformität gleicht sich durch natürliche Wachstumsverhältnisse ziemlich oft
so sehr aus, daß man nach einigen Jahren wenig oder nichts mehr davon bemerkt. Indes
gibt es auch Fälle, in denen eine bleibende Verunstaltung dadurch bewirkt wird.

2) Eine zweite ist die während der Geburt entstandene Art der Verunstaltung. Diese
Umgestaltungen sind bei Neugeborenen außerordentlich auffallend. Je nach der Lage, in
welcher der Kopf des Kindes durch die Geburtswege hindurchgepreßt wird, erscheint die
Kopfform sehr verschieden gemodelt. Bei in „Gesichtslage" geborenen Kindern findet
sich regelmäßig ausgesprochene Dolichokephalie; die Abbildungen S. 194 sowie S. 195,
Fig. 3 zeigen diese und die Kopfform eines ganz normal geborenen Kindes. Bei „Vorder=
hauptslage" entsteht dagegen eine extreme Brachykephalie, bei „Stirnlage" Keil=
form (s. die Abbildung S. 195, Fig. 1 und 2). Ob diese Formen sich immer so rasch
zurückbilden, wie man meist glaubt, verdient erneute Untersuchung.

3) Eine dritte Art ist die zufällige Deformation, die dadurch entsteht, daß das zarte Kind anhaltend in der Rückenlage bleibt und der Hinterkopf auf der Unterlage sich abplattet, wodurch der Kopf verkürzt wird, wie schon Albin konstatierte. Dies wird durch gewisse pathologische Zustände, namentlich durch den am häufigsten mit Rachitis

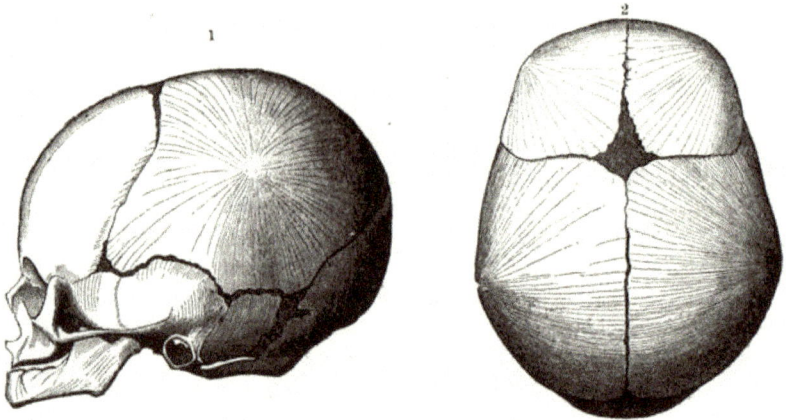

Schädel eines reifen Kindes, normale Form. Nach M. Runge, „Lehrbuch der Geburtshilfe" (Berlin 1891).
1 Seitenansicht, 2 Ansicht von oben. Vgl. Text S. 193.

verbundenen „weichen Hinterkopf" (Craniotabes occipitalis) begünstigt, aber nicht bedingt, und kann erfolgen, ohne daß irgendein absichtlicher Druck auf den Kopf ausgeübt wird. An Rachitis leidet nach Bollinger in den größeren Städten Europas etwa ein Drittel

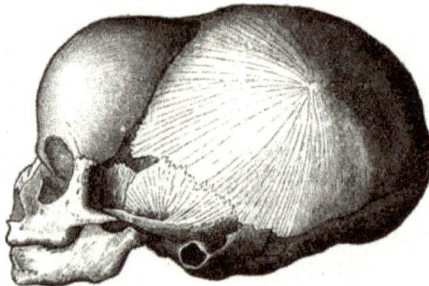

Kopf eines Neugeborenen, in Gesichtslage geboren.
Nach M. Runge, „Lehrbuch der Geburtshilfe" (Berlin 1891). Vgl.
Text S. 193.

aller Kinder, und viele ländliche Gegenden zeigen ungefähr dieselbe Häufigkeit dieses Leidens. Liegt das Köpfchen dauernd seitlich auf der Unterlage, so wird es seitlich abgeplattet und dadurch verhältnismäßig schmaler. Albin wollte daraus die schmalen langen Köpfe der Holländer erklären. Neue experimentelle Beobachtungen von Walcher haben die Wirkung der verschiedenen Lagerung der Neugeborenen auf ihre Kopfform unmittelbar bestätigt.

4) Eine vierte Art, eigentlich eine Unterart der dritten, ist diejenige, wo das Kind längere Zeit hindurch auf einer harten, gewöhnlich einer hölzernen Unterlage befestigt wird, und wo sein Kopf, manchmal durch besondere Binden, Schnüre oder durch andere Vorrichtungen, an das Brett, wie in den oben (Bd. I, S. 184 und 185) geschilderten und abgebildeten tragbaren indianischen Wiegen, angedrückt wird. Auch dies ergibt eine zufällige Deformation, denn es besteht keine Absicht, den Kopf umzugestalten, vielmehr wird die Umgestaltung nur durch die Wahl unzweckmäßiger Lagerung und Befestigung bedingt. Eine solche Einwirkung findet sich vorzugsweise bei Wanderstämmen, wo die Muter ihr Kind oft lange

Zeit mit sich herumtragen muß, ganz besonders bei Reitervölkern, wo auch die Mütter zu Pferde mit dem Kinde große Wege zurücklegen, z. B. bei den Pampas-Indianern Argentiniens, bei denen das Brett mit dem Kinde nachts an beiden zugespitzten Enden als Wiege in Schlingen gehängt wird. Indes genügt es schon, daß die Mutter das Kind täglich auf das Feld oder in den Wald mitnimmt und sich dann für einige Zeit ihrer Last entledigen will.

5) Es gibt aber auch eine im strengeren Sinne pathologische Difformität, die dadurch entsteht, daß die Schädelnähte vorzeitig verwachsen (vgl. S. 192). Der Schädel wächst vorzugsweise dadurch, daß seine platten Knochen an ihren Rändern durch neue Substanz, die aus dem Gewebe der Nähte und Fontanellen durch Proliferation hervorgeht, vergrößert werden und sich so mehr und mehr auseinanderschieben. Wird die ganze Nahtsubstanz verbraucht, so verwachsen die benachbarten Knochenränder miteinander, und

Kopfform und Haltung Neugeborener bei Vorderhauptslage (1), Stirnlage (2) und Gesichtslage (3). Nach W. Runge, „Lehrbuch der Geburtshilfe" (Berlin 1891). Vgl. Text S. 193.

das weitere Wachstum an dieser Stelle hört auf. Das ergibt dann zunächst eine Verengerung des Schädelraumes in der auf die verwachsene (synostotische) Naht senkrechten Richtung. Gewöhnlich sucht sich das in seinem Wachstum behinderte Gehirn nach einer anderen, häufig nach der entgegengesetzten Richtung Raum zu verschaffen: es entsteht so eine kompensatorische Vergrößerung, nicht selten groß genug, um die übeln Wirkungen der ersten Verengerung auszugleichen. Aber je größer und vollkommener die Kompensation, um so stärker wird die Difformität, so daß ein mehr difformer Schädel günstiger sein kann als ein weniger difformer. Diese Art ist bei allen Rassen und Völkern, auch den Kulturvölkern, so gewöhnlich, daß ein Beobachter leicht die Übung gewinnt, solche Fälle sofort zu erkennen. Man muß aber beachten, daß, wenn auch selten, eine pathologische Nahtverwachsung auch durch angewendeten Druck hervorgebracht werden kann, und daß sie gelegentlich schon im Mutterleibe eingetreten ist, so daß dann auch diese pathologische Difformität angeboren sein kann.

6) Die sechste Form ist die plastische Deformation nach Barnard Davis, die basilare Impression, bei welcher durch Druck und Gegendruck zwischen Wirbelsäule und Schädel, wenn die Basis des letzteren in der Art des oben beschriebenen „weichen Hinterkopfes" plastisch formbar ist, in extremen Fällen die Umgebung des großen Hinterhauptsloches und dieses selbst gleichsam in den Schädel eingestülpt wird, so daß der Schädel wie eine

13*

schlaffe Blase sich über den Anfangsteil der Halswirbelsäule heruntersenkt. Höhere Grade
sind verhältnismäßig selten, geringere Grade der basilaren Impression dagegen außerordentlich häufig; sie täuschen oft individuelle Schädelformen vor.

Virchow nahm 7) eine eigentliche künstliche Deformation an. Da auch die unter
3) und 4) beschriebene Deformation eine künstliche ist und sich von dieser Gruppe nur dadurch
unterscheidet, daß der künstliche Druck mit der Absicht, die Schädel umzugestalten, angewendet
wird, so sollte man „diese Art als absichtliche im Gegensatz zu den oben als zufällige
bezeichneten trennen". Diese „absichtliche künstliche Deformation" „wird dadurch
erzwungen, daß der Kopf des Kindes mit Brettern und Binden nach bestimmten Regeln
umgeben wird, nicht sowohl zu seiner Befestigung, sondern vielmehr zur Erzeugung einer
von der natürlichen abweichenden Form. Aber auch hier haben wir die direkte Wirkung des
Druckes auf die von den Binden oder den sonstigen Druckstücken berührten Stellen und die
indirekte Wirkung des verdrängten Schädelinhalts gegen die vom Druck nicht betroffenen
Stellen, also gewissermaßen die Wirkung des Wegdrückens des Gehirns und des Schädels
selbst, zu unterscheiden." Ich habe oben (Bd. I, S. 183 ff.) dargelegt, daß diese alte Annahme einer absichtlichen Deformation unnötig ist.

Aus dem Gesagten ergibt sich, daß man die rein occipitale Deformation, die
Abflachung des Hinterhauptes, die durch Druck zufällig (vgl. oben 4) entsteht, als die allgemeine Grundform zu betrachten hat, von der alle anderen abgeleitet sind. Diese Abflachung kann entweder die „Oberschuppe" des Hinterhauptsbeines im ganzen oder im
wesentlichen nur deren Spitze, den sogenannten „Lambdawinkel", betreffen. Neben der rein
occipitalen kommt eine rein frontale Deformation (s. die Abbildung S. 197, Fig. 1), die
Abflachung der Stirn, vor, und eine Verbindung beider: die occipito-frontale Form,
mit gleichzeitiger Abplattung des Hinterhauptes und der Stirn (s. die Abbildung S. 197,
Fig. 3). Wird die Kopfumformung durch Anlegen von Binden oder Häubchen um den
Kopf unterstützt, so bilden sich wieder zwei Hauptformen, die Zuckerhutform (Oxy-
kephalie), bei welcher der Schädel in die Höhe, und die Lang- oder Flachkopfform (künstliche Chamäkephalie), lange, niedrige Köpfe, bei denen der Schädel abgeflacht und nach
hinten in die Länge gestreckt erscheint (s. die Abbildung S. 197, Fig. 2).

Es ergibt sich also in der Reihenfolge der verschiedenen Grade der Deformation eine
deutliche Entwickelung von den geringeren zu höheren, und bei diesen wieder von den ein-
facheren zu den komplizierten Formen, und zwar entstehen die letzteren vor allem durch
Druckwirkungen, die den Vorderkopf betreffen; hierbei wiederum steigt die Verunstaltung
in dem Maße, als zu den „Druckplatten" die Binden- oder Bänderwirkung hinzugefügt wird.
Nach E. A. Prokovski wenden z. B. die Lappen, wie Nyström berichtet, bei ihren Kindern
im frühesten Alter „Kopfbinden" an, angeblich „um dem Kopf eine runde Form zu geben";
es handelt sich um ein enganliegendes Kinderhäubchen, hinten mit zwei langen Bändern,
die nach vorwärts den Kopf umgreifen und über die Stirn gebunden werden. Nach der Behauptung des Kapitäns Holl drücken die Eskimomütter den Kopf der Neugeborenen von
der Seite zusammen, angeblich, „um ihm die gewünschte langgestreckte und pyramidale
Form zu geben"; auch hier handelt es sich um die Verwendung eines anliegenden Kinder-
häubchens, und zwar aus Leder.

8) Alle diese Abweichungen entwickeln sich am Kopfe lebender Menschen, vorzugsweise
an dem von Kindern. Der Vollständigkeit wegen sei jedoch noch erwähnt, daß sich auch an dem

toten Schädel eine Deformation ausbilden kann, und zwar manchmal in so starkem Grade, daß die Bestimmung der ursprünglichen Form unmöglich wird. Barnard Davis hat das eine posthume Deformation genannt. Sie entsteht vorzugsweise an solchen Schädeln, die in einem Boden mit reichlichem, aber wechselndem Wassergehalt bestattet sind, indem hier

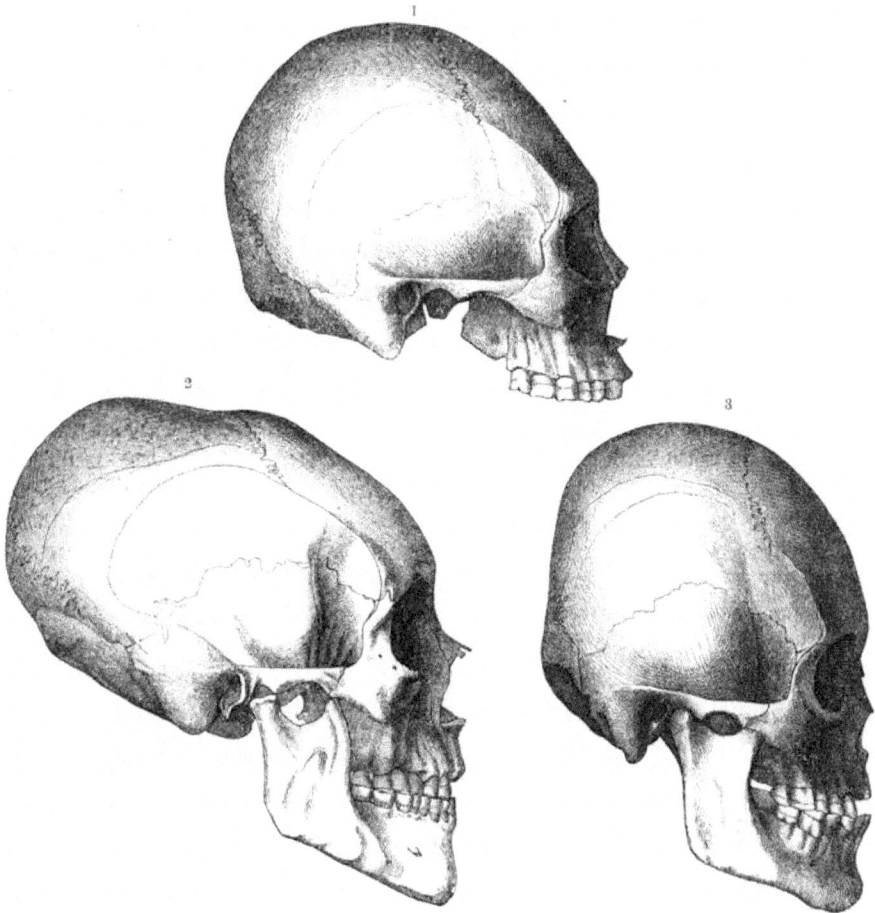

Schädeldeformationen: 1 Rein frontale Deformation, 2 Flach- oder Langschädelform, 3 occipital-frontale Deformation. Nach R. Virchow, „Crania ethnica americana" (Berlin 1892).

durch das Wasser allmählich ein Teil der Kalksalze ausgelaugt und die organische Grundlage des Knochengewebes erweicht wird. Schädel, die lange und ganz im Wasser liegen, z. B. in Seen oder Mooren, werden von einer derartigen Veränderung oft weniger betroffen als solche, die in feuchtem Sande oder sandigem Ton liegen. Durch den Druck der auf ihnen lastenden Erdmassen erleiden letztere allmählich Veränderungen, welche die natürliche Form unkennt-lich machen. Manchmal findet man aber auch die Knochen von lange im Moor gelegenen Leichen dadurch, daß alle Knochenerde ausgezogen ist, vollkommen erweicht und biegsam.

Normale Wachstumseinflüsse auf die Gesichtsbildung.

Sehr beachtenswerte Versuche sind seit den ersten Angaben Engels gemacht worden, die Bildung des knöchernen Schädels aus dem Einfluß der Muskeln, namentlich der Kaumuskeln, zu erklären.

„Die Art des Kauens", sagte R. Virchow in seinen „Amerikanischen Schädeln", „übt einen erheblichen Einfluß aus auf die Entwickelung der Kaumuskeln und namentlich auf die Gestaltung des Planum temporale (der Schläfenfläche) an den Seitenteilen des Schädels. In einzelnen Rassen Amerikas erlangt das Planum temporale eine ganz exzessive Ausdehnung. Das Extrem dieser Verhältnisse zeigt der Schädel eines Pah Ute (Nordamerika), bei welchem die halbzirkelförmigen Schläfenlinien (lineae semicirculares temporales) von beiden Seiten her so weit an dem Schädel hinaufgerückt sind, daß zwischen ihnen nur ein ganz schmaler Zwischenraum bleibt. Da dieser Raum durch einen tiefen Absatz gegen die Fläche des Planum begrenzt wird, so entsteht ein medianer Kamm, welcher mit dem Längskamm (crista longitudinalis) des Gorillas und Orang-Utans große Ähnlichkeit hat. Annäherungen an dieses pithekoïde Verhältnis sind in Amerika selten; unter allen Schädeln der Art, die mir auch sonst vorgekommen, nimmt der Schädel des Pah Ute den niedrigsten Platz ein." Neben diesem Einfluß der Kaumuskulatur und des Kauens tritt aber, nach Virchows Bemerkung, „sicherlich noch ein anderer Einfluß in Wirksamkeit, dessen Bedeutung am besten durch die jüdische Rasse erläutert wird. Ich (Virchow) meine den physiognomischen Einfluß, der hauptsächlich durch die Muskeln, in erster Linie die mimischen Muskeln, bewirkt wird. Die Verschiedenheit der deutschen, der englischen, der spanischen, der polnischen Juden beruht sicherlich nicht allein auf einer fortschreitenden körperlichen Vermischung, obwohl eine solche gewiß auch mitwirkt, sondern vielmehr auf der Nachahmung und Anpassung der Muskelstellung und Muskelbewegung an volkstümliche Vorbilder. Wie weit die mimische Muskulatur aber die Gestaltung der Gesichtsknochen zu bestimmen imstande ist, das festzustellen wäre eine ganz neue Aufgabe, die bis jetzt noch nicht einmal in Angriff genommen wurde, die ich aber hier in den ‚Crania ethnica americana‘ um so mehr betonen möchte, als das moderne Amerika das gegebene Feld für alle Untersuchungen über die mögliche Transformation der örtlichen Stammescharaktere darstellt." Vorarbeiten für die Beantwortung dieser Probleme sind seitdem wiederholt ans Licht getreten in der Vergleichung der Gesichtsmuskeln, der mimischen Muskeln, bei Vertretern verschiedener Menschenrassen untereinander und mit der entsprechenden Muskulatur der Anthropoïden. Die letztere hat in vortrefflicher Weise Ruge vergleichend dargestellt. Aus den Untersuchungen an Negern durch Testut, an Chinesen durch Hahn und Birkner, an Papuas durch Forster und Eugen Fischer ergibt sich übereinstimmend, daß die Gesichtsmuskulatur, im Verhältnis zu dem Durchschnitt der Europäer, sich durch eine gewisse Plumpheit und Stärke und geringere oder mangelnde Differenzierung der Muskelindividuen auszeichnet. Damit mag die geringere Modellierung des Gesichtsskelettes und die geringere mimische Beweglichkeit der Gesichtszüge der genannten Rassen zum Teil zusammenhängen.

K. Langers Ansicht nach beruhen alle Rassen- und individuellen Unterschiede der Schädel keineswegs auf der Einschaltung neuer Formelemente, die Schädel selbst sind daher nicht derart spezifisch voneinander verschieden, daß sie sich nicht aus einer gemeinsamen Formanlage ableiten ließen. Ihre Verschiedenheiten sind nichts anderes als

Bildungsvarietäten, und da sie als solche erst nach und nach hervortreten, können sie auch als Wachstumsmodifikationen bezeichnet werden, mögen sie nun gleich im Keime liegen, also vererbt sein, oder erst unter dem Einfluß äußerer Potenzen zustande kommen. Die untenstehende Langersche Abbildung des Kopfes eines Neugeborenen, auf die Höhe des Mannesschädels vergrößert, zeigt ohne weiteres, daß jene Teile, die im vergrößerten Kopf des Kindes umfangreicher erscheinen, als sie an dem Mannesschädel sich finden: Hirnschädel, Augenhöhlen, Nasenbreite, Gesichtsbreite, Unterkieferbreite, offenbar solche sind, die nach der Geburt weniger wachsen, d. h. von Haus aus in der Bildung weiter fortgeschritten sind, während umgekehrt jene, die am vergrößerten Kinderkopf kleiner erscheinen als am Männerkopf: Nasenhöhe, Gesichtshöhe und die beim Kinde der fehlenden Zähne wegen noch ganz unentwickelten Alveolarfortsätze der Kiefer, gerade als diejenigen sich erkennen

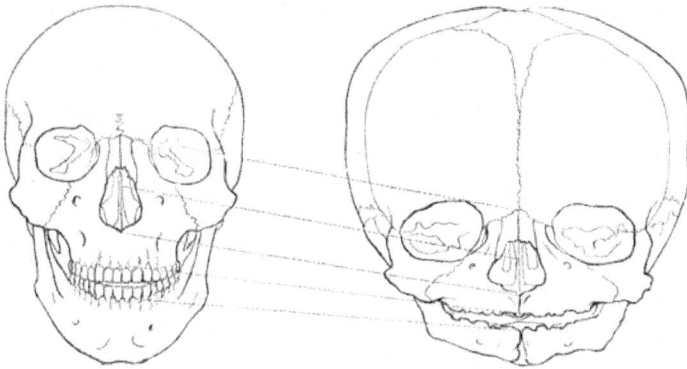

Vergleich des Schädels eines Erwachsenen mit dem eines neugeborenen Kindes. Nach K. Langer, „Über Gesichtsbildung" in den „Mitteilungen der Wiener anthropologischen Gesellschaft" (Wien 1870). Der Kinderschädel ist auf die gleiche Höhe wie der Erwachsenenschädel vergrößert.

lassen, die ein üppigeres Wachstum erfahren müssen deshalb, weil sie, von Haus aus in der Ausbildung weniger begünstigt, mehr nachzuholen haben.

Auch die Gestaltung des Nasenrückens beruht nach Langer zum Teil nur auf dem Oberkiefer, auf seiner Höhe und Stellung. Es ist zwar die Breite der Nasenwurzel zunächst abhängig von dem Abstand der inneren Augenhöhlen, doch ist dabei der Oberkiefer mehr beteiligt als die Nasenbeine, die geradezu nur den Raum ausfüllen, den die Nasenfortsätze des Oberkiefers offen lassen. In schmalen Nasenwurzeln ist die Fläche des Nasenfortsatzes beinahe rein nach auswärts, seine an die Nasenbeine sich anlehnende Kante also fast direkt nach vorwärts gerichtet; dagegen wendet sich der Nasenfortsatz bei kurzen oder breiten Gesichtern mehr oder weniger nach vorn, seine Nasenbeinkante also entsprechend nach einwärts. Im letzteren Falle ist der Nasenfortsatz von der Stirnfuge an bis zur Öffnung der knöchernen Nase (apertura piriformis) gleich breit; bei schmaler Nasenwurzel wird er dagegen gegen die Öffnung der knöchernen Nase zu immer breiter und drängt dadurch den Nasenrücken in die Höhe. Schmale Nasen sind daher in der Regel auch hochrückig, und ihre Nasenbeine wenden ihre Gesichtsflächen nach den Seiten und hinten, während diese bei extrem breiten Nasenrücken flach nach auswärts gewendet sind. Je länger ferner der Oberkiefer ist, desto länger sind auch die Nasenbeine. Kurze, breite, tief eingesattelte, flach liegende

Nasenbeine finden sich häufig genug in Verbindung mit starkem und sehr schief stehendem Zahnrandbogen des Oberkiefers, d. h. mit Schiefzähnigkeit.

Sehr charakteristisch ist die Linie, die der Unterkiefer mit dem Kinn in der Profil= silhouette zeichnet. Meist ist die Kinnfläche nach vorn etwas aufgebogen und am Rande als Kinnhöcker (mentum prominens) hervorgebuchtet. Die Zähne des Unterkiefers sind, auch bei stärkerer Schiefstellung der oberen, doch meist senkrecht und fast immer hinter die oberen gestellt, selten nur laufen die unteren mit den schiefgestellten oberen Zähnen schnabelartig zusammen. In einzelnen nicht häufigen, aber sehr charakteristischen Fällen sind die unteren Zahnkronen nach hinten gegen die schief nach vorn sich neigenden oberen geneigt, wodurch die mehr abgeplattete Mundregion eine ziemlich starke Abdachung nach vorn be= kommt und mit einem übermäßig nach vorn geschobenen Kinn endigt. Die Unterkieferzähne

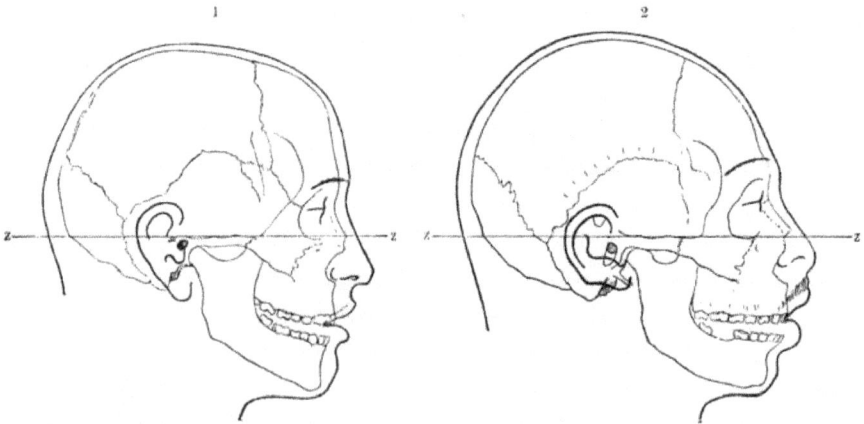

Umrisse des Schädelgerüstes und der Weichteile an einem europäischen Mädchenkopf (1) und an einem Negerkopf (2). Nach A. Ecker, „Über die verschiedene Krümmung des Schädelrohres" im „Archiv für Anthropologie", Bd. 4 (Braunschweig 1870). zz Die Göttinger oder Blumenbachsche Horizontale. Vgl. Text S. 202.

sind in diesem Falle vor jene des Oberkiefers gebracht: das Kinn ist schmal und scharfkantig und auch weit vor den Nasenstachel gedrängt, wodurch die Gesichtslinie am Nasenstachel ge= brochen, eingeknickt ist und einen nach vorn offenen Winkel darstellt. Personen mit dieser Zahnstellung werden von den Zahnärzten als Vorderkauer bezeichnet, die Anthropologen nennen Schädel mit dieser Gestaltung progenäische (crania progenaea). Bei höheren Graden dieser Kieferstellung erhält das Profil eine auffallende Ähnlichkeit mit einem Kalendermond.

Die plastische Formbarkeit oder Bildsamkeit der Knochen des Skelettes wie des Schädels ist bei verschiedenen Personen sehr verschieden. Krankhaft extreme plastische Bildsamkeit der Knochen ist leider eine nur zu häufige und bekannte Erscheinung, und es finden sich die mannigfachsten Übergänge von höheren, wahrhaft krankhaften Graden, wie z. B. bei eng= lischer Krankheit oder Rachitis und Knochenerweichung oder Osteomalacie, zu ge= ringen und geringsten, nicht mehr als eigentlich krankhaft, pathologisch, anzusehenden. Die Verkrümmungen, die das ganze Knochengerüst oder die besonders stark von den erwähnten Krankheiten befallenen Teile lediglich durch Muskelwirkung oder den Druck, der durch Körperbewegungen notwendigerweise gegeben ist, erleiden, sind öfters geradezu erschrecklich,

jede größere pathologiſch-anatomiſche oder geburtshilfliche Sammlung weiſt dafür charakteriſtiſche Beiſpiele auf. Aber auch bei geringeren Graden von Rachitis ſehen wir entſprechende, wenngleich weniger auffällige Wirkungen, z. B. krumme Beine oder Säbel-
beine und die bekannte Verkümmerung des Bruſtkorbes, die man als Hühnerbruſt bezeichnet. Namentlich dieſe Störungen in der normalen Formentwickelung des Bruſtkorbes
ſind für unſere Frage intereſſant, da ſie nicht durch irgendwelche äußere gewaltſame Einflüſſe hervorgerufen werden, ſondern lediglich durch den für das Leben unerläßlichen und
nicht etwa krankhaft verſtärkten, ſondern normalen Muskelzug der Atemmuskeln an dem
plaſtiſch übermäßig bildſamen Skelettgerüſt der Bruſt; letzteres gibt in ganz beſtimmter, me-
chaniſch vorauszuberechnender Weiſe dem Muskelzug nach, ſo daß wir ähnlich wie die beiden
typiſchen Geſichtsformen auch zwei Haupt-
formen des Bruſtkaſtens unterſcheiden, von
denen die eine durch eine geſteigerte Bildſamkeit
des Bruſtkorbes, die andere durch die normale
Feſtigkeit des letzteren bedingt iſt; ähnlich verhält
es ſich mit dem Knochengerüſt des menſchlichen
Beckens. Noch einmal ſei ausdrücklich darauf hingewieſen, daß auf der normalen oder krankhaft
geſteigerten plaſtiſchen Formbarkeit der Schädelknochen die durch dauernde Lagerung der jungen
Kinder auf dem Hinterhaupt hervorgerufene Abplattung des Hinterhauptes beruht, die
durch ihre Häufigkeit und ſcheinbar typiſche Form
ſpeziell unter unſeren alpinen Brachykephalen
geradezu als raſſenhafte Bildung erſcheint. Ich
habe z. B. in dem reichen Oſſuarium in Tiſens,
auf dem Mittelgebirge zwiſchen Bozen und Meran, alle darauf geprüften Schädel ſo ſtark occi-
pital abgeplattet gefunden, daß ſie ausnahmslos

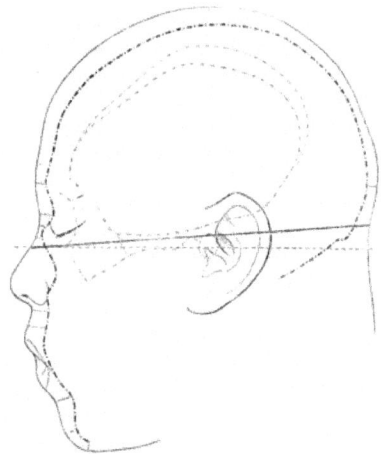

Sagittalumriß von Kopf und Schädel eines
Chineſen. Nach F. Birkner, „Beiträge zur Raſſen-
anatomie der Chineſen" im „Archiv für Anthropologie",
neue Folge, Bd. 4 (Braunſchweig 1905). Vgl. Text S. 202.

auf ihre Hinterfläche aufrecht geſtellt werden konnten, eine Folge der hilfloſen Lagerung
der feſt eingebündelten und eingeſchnürten Kleinen in der Wiege.

Verſuche zur Rekonſtruktion des Geſichtes des Lebenden aus dem Schädel.

Es liegen wertvolle Unterſuchungen vor zum Zweck einer wiſſenſchaftlich haltbaren
Rekonſtruktion der Geſichtszüge Verſtorbener aus ihrem Schädel zunächſt zur Vergleichung
mit vorliegenden Porträten. So hat H. Welcker Mitteilungen über Schillers Schädel und
Totenmaske und über den Schädel und die Totenmaske Kants gegeben, geſtützt auf zahlreiche
eigene Meſſungen. Er hatte ſich zunächſt die grundlegende Frage geſtellt: Welchen Gang
macht am Kopfprofil die Hauptlinie gegenüber der Knochenlinie? Zu dieſem Zweck wurde an
13 Köpfen friſcher Leichen an neun Punkten des Profilumriſſes die Dicke der Weichteile
gemeſſen. W. His hatte die Aufgabe, die Echtheit des Schädels von Johann Sebaſtian
Bach zu konſtatieren. Da nur eine Reihe von en face-Bildern zur Vergleichung vorlag, ſo
genügten die von Welcker feſtgeſtellten Profillinien nicht, es mußte über den Schädel eine

ganze Büste konstruiert werden, wozu auch die Dicke der seitlich gelegenen Gesichtsweichteile zu bestimmen war. Ecker hat zunächst an den frischen Leichen die Gesichtsprofile eines Negers und eines jungen europäischen Mädchens genau in Naturgröße gezeichnet und die Köpfe dann skelettiert; so konnte er in das Gesichtsprofil das Schädelprofil exakt einzeichnen (s. die Abbildung S. 200). J. Kollmann und Fr. Merkel versuchten aus prähistorischen Schädeln die Gesichtszüge vor Jahrtausenden verstorbener Personen wieder aufleben zu lassen. J. Kollmann hat mit W. Büchly die Büste eines jugendlichen Weibes über einen schönen Schädel aus einem Pfahlbau der jüngeren Steinzeit in Auvernier formen lassen: die „Frau von Auvernier". Merkel hat über den Schädel eines prähistorischen Bewohners des Seinegaues aus dem 5. bis 7. Jahrhundert v. Chr. eine Büste rekonstruiert, wobei er sich im wesentlichen an die von seinen Vorgängern gewonnenen Mittelzahlen der Dicke der Kopfweichteile halten konnte. Es zeigte sich aber, daß diesen Werten mehrfach etwas zugegeben oder abgenommen werden mußte, um den Kopf zu einem harmonischen Ganzen zu gestalten. Der Grund liegt in den von allen Autoren konstatierten individuellen Verschiedenheiten innerhalb der gleichen Rasse. Noch mehr machten sich solche notwendige Abweichungen geltend bei dem Versuch Merkels, die Gesichtszüge eines Schädels einer Neuholländerin zu rekonstruieren.

Ferdinand Birkner hat an sechs Chinesenköpfen (s. die Abbildung S. 201) die Frage nach den rassenhaften Verschiedenheiten der Dicke der Kopfweichteile studiert. Er fand, daß bei Chinesen die Weichteile zum Teil dicker sind als bei Europäern; es gilt das besonders für die Gegend der Nasenwurzel, der Nasenmitte, in der Mitte der Augenbrauen, an der Wurzel des Jochbogens vor dem Ohr, an der Stelle der weitesten Ausbauchung der Jochbogen, am höchsten Punkt der Wangenbeingegend, in der Mitte des Musculus masseter. Birkner gibt folgende Tabelle der Mittelwerte in Millimetern:

	6 hingerichtete Chinesen (Birkner)	24 männliche Selbstmörder (His)	16 männliche Anatomie-Leichen (Kollmann)
Oberer Stirnrand	4,24	4,6	3,11
Unterer Stirnrand	5,45	5,10	4,43
Nasenwurzel	6,60	5,55	4,66
Nasenbeinmitte	5,42	3,37	3,14
Oberlippenwurzel	11,20	11,49	11,5
Lippengrübchen	11,65	9,51	9,78
Kinn-Lippen-Furche	11,02	10,26	10,00
Kinnwulst	10,95	11,43	9,42
Unter dem Kinn	6,07	6,18	6,22
Mitte der Augenbrauen	6,03	5,89	5,7
Mitte des unteren Augenhöhlenrandes	5,52	5,08	3,72
Vor dem Musculus masseter am Unterkiefer	7,08	8,65	8,51
Wurzel des Jochbogens vor dem Ohr	8,59	6,07	7,82
Größte Entfernung des Jochbogens	5,77	—	4,69
Höchster Punkt des Wangenbeines	10,00	—	7,17
Mitte des Musculus masseter	20,05	18,05	18,06
Kieferwinkel	11,73	12,21	9,78

Diese Resultate sind von wesentlicher Bedeutung für die Rassenfrage: sie lehren, daß der Gesichtstypus der Chinesen und, wir dürfen wohl verallgemeinernd sagen, der Mongolen

und Mongoloiden nicht so sehr durch die Form des Gesichtsschädels als durch die ihn bedecken=
den Weichteile bestimmt ist. Birkner hat seine Messungsresultate auch durch Röntgen=
photographien des noch von den Weichteilen bedeckten Schädels weiter gesichert. Eugen
Fischer hat in ähnlicher Weise die Kopfweichteile von zwei Papuas untersucht. Auch er fand
ihre Weichteile an gewissen Stellen dicker, an anderen gleich, an einigen dünner als bei den
Europäern. Birkner stellte fest, daß der Oberrand der Ohröffnung des noch mit seinen Weich=
teilen bekleideten Kopfes und der Oberrand der knöchernen Ohröffnung des gleichen Schädels
keineswegs immer zusammenfallen. An Chinesenköpfen beträgt der Abstand beider Ober=
ränder 8—12,6, im Mittel 9,6 mm. Daraus ergibt sich eine für die Ineinanderzeichnung
der Kopf= und Schädelkonturen nicht unwesentliche Differenz in der Lage der deutschen
Horizontale; sie beträgt im gegebenen Falle 5—9°, im Mittel etwa 6°.

Eine Reihe von Vergleichungen der Köpfe mit ihren Schädeln wurde zu dem Zwecke
ausgeführt, die an Lebenden gewonnenen Kopfmaße mit den an Schädeln gewonnenen
Maßen vergleichen zu können. Broca bestimmte an 19 Leichen Erwachsener den Unter=
schied zwischen Kopflänge und Schädellänge im Mittel zu 6, den zwischen Kopf=
breite und Schädelbreite zu 8 mm; Stieda gibt den Längenunterschied im Mittel zu
7,4, die Breitenunterschiede zu 9,7 mm an, Mies berechnete aus allen bis dahin publizierten
Messungen die beiden Unterschiede zu 5,2 und 7,0 mm. Weisbach konstatierte jedoch einen
Einfluß der Rasse und eine verschiedene Dicke der Kopfschwarte bei verschiedenen Völkern,
auch Bernhard Hagen fand, daß bei Vorderindiern und Melanesiern die Kopfbreite die
Schädelbreite in höherem Maße, als Mies angegeben hatte, übertraf: er fand 10,4 mm.

Die Beziehungen der Schädelteile zueinander.

Das Resultat unserer Betrachtungen ist, auch abgesehen von krankhaften oder halb=
krankhaften Einflüssen, merkwürdig genug. Wir sehen die gleichen Anlagen bei der Schädel=
bildung zwar in eine Vielheit von Formen auseinandergehen, zahlreich in den Einzelheiten,
aber in der Regel doch nur in bestimmten Kombinationen verknüpft. „Individualität,
Familienähnlichkeit und Rassentypus sind", wie Langer sagte, „solche Kombinationen
und untereinander nur verschieden, je nachdem die gleichartigen Kombinationen vereinzelt
oder gruppenweise oder innerhalb gewisser Populationsgebiete zahlreicher angetroffen wer=
den. Die Individualität durchdringt aber auch den Rassentypus bald mehr, bald weniger,
je nachdem eben dem Individuum Gelegenheit geboten ist, sich bald mehr, bald weniger
selbständig zu entwickeln."

Man bezeichnet diese in bestimmten Kombinationen verknüpften Einzelheiten der Teile
am Schädel wie im Organismus überhaupt als Korrelation der Teile. J. Kollmann hat
diese Eigenschaft der einzelnen Abschnitte des Gesichtsschädels, sich gegenseitig in der Gestalt
und Ausbildung zu bedingen, mit derselben Entschiedenheit wie früher schon Engel und
Langer hervorgehoben. „Von irgendeiner Eigenschaft", sagt Kollmann, „sei es von der=
jenigen der Augen= oder der Nasenhöhle aus, läßt sich die Regel der Korrelation verfolgen
und zeigen, daß mit schmalem (= langem) Antlitz auch eine schmale Nase (Leptorrhinie)
vorkommt, daß ferner bei Individuen, welche die Merkmale rein zum Ausdruck bringen,
hohe, gerundete (hypsikonche) Augenhöhlen zu finden sind, ferner schmaler Gaumen (Lepto=
staphylinie), Schmalheit des Ober= und Unterkiefers und eng anliegende Jochbogen. Dabei

ist die Nasen-Stirnbein-Naht schmal, aber stark gewölbt, der starken Wölbung des schmalen Nasenrückens entsprechend. Bei dem breiten (= kurzen) Antlitz ist die Nase kurz mit weiter Öffnung des knöchernen Nasengerüstes, der Nasenrücken breit und platt, daher die Nasen-Stirnbein-Naht breit, nicht oder wenig gewölbt, mehr oder weniger gerade verlaufend. Der Gaumen ist relativ weiter, der Oberkiefer in seiner Vorderfläche mehr platt, die Wangenbeine weit ausgelegt, der Jochbogen abstehend." (Vgl. die Abbildung S. 185.) Zweifellos deuten die Korrelationen auf ein einheitliches Bildungsgesetz.

Virchow machte freilich darauf aufmerksam, daß dieses gegenseitige Bedingen, diese Korrelation der einzelnen Teile des Menschenschädels doch nicht für die Natur vollkommen bindend sei. Wenn der eine Körperteil des Menschen auf den anderen Einfluß übt, so wirkt er doch in vielen Fällen nur variierend, nicht im ganzen determinierend; er ist nicht immer imstande, die Konfiguration aller einzelnen Knochen so weit zu bestimmen, daß man sagen kann, es besteht eine ganz regelmäßige Proportion zwischen änderndem Einfluß und wirklicher Änderung. Jedem einzelnen Teile bleibt ein gewisses Beharrungsvermögen in der typischen Entwickelung, und wenn sein Bau auch beeinflußt wird, so wird er doch nur in einem gewissen Maße beeinflußt, das in verschiedenen Fällen außerordentlich verschieden ist. Wir kommen bei der Frage, ob nur eine oder mehrere Menschenarten, Spezies, anzuerkennen sind, noch einmal auf die Frage der Korrelationen im Schädelbau zurück.

Rückblick auf die Hauptprobleme der kraniologischen Untersuchungen.

Die Schädelformen der Menschheit sind unter sich wesentlich verschieden.

Nach Blumenbach und Retzius finden wir einerseits den Gehirnschädel schmal, ein gestrecktes Oval darstellend, dolichokephal, andererseits breit, als ein mehr gerundetes Oval, brachykephal. Der wesentliche Unterschied ist hierbei die größere oder geringere Schädelbreite, da die absolute Länge bei Langschädeln und Kurzschädeln gleich sein kann. Zwischen Lang- und Kurzköpfen steht in der Mitte die von Broca und Welcker aufgestellte Mittelform der Mittellangköpfe, der Mesokephalen.

A. Retzius hat schon neben der Schädelform auch die Gesichtsbildung mit in sein kraniometrisches Schema hereingezogen. Bei der oben geschilderten Korrelation der Teile des knöchernen Gesichts hätte er irgendeinen derselben als formbestimmend herausgreifen können; er wählte den auffallendsten, den Oberkiefer, d. h. die Stellung des Oberkiefers, die Gerad- oder die Schiefzähnigkeit. Durch meine Untersuchungen wissen wir, daß der kurze, d. h. breite Gesichtsschädel mit allen seinen sonstigen typischen Eigenschaften der Regel nach mit Schiefzähnigkeit, der lange, d. h. schmale, Gesichtsschädel dagegen ebenso mit allen sonstigen Eigenschaften, die ihm zukommen, der Regel nach mit Geradzähnigkeit verbunden ist. Es ist nun höchst beachtenswert, daß A. Retzius, wie er nur zwei Gehirnschädelformen unterschied, so auch nur zwei typisch verschiedene Gesichtsformen: orthognathe und prognathe, entdeckte. Es sind das wieder nur die beiden Extreme, wie Dolichokephalie und Brachykephalie, zwischen die sich aber gerade wie dort eine unendlich fein abgestufte Reihe von verbindenden Zwischengliedern einschiebt. Wir haben zahlreiche Messungsreihen, die das beweisen, teils für das Gesicht als ein Ganzes, teils mehr noch für die einzelnen, aber, wie wir nun wissen, in der Regel durch Korrelation voneinander abhängigen Gesichtsteile: die Augenhöhlen, die Nasen, die Gaumenbreiten u. s. f. Überall, im ganzen wie im einzelnen, zeigt auch das Gesichtsskelett die extremen Typen durch Zwischenformen vollkommen vermittelt. Aber eine Korrelation zwischen der kurzen oder langen Form des Gehirnschädels und der schmalen oder der breiten Form, der orthognathen und der prognathen, des Gesichtsschädels hat weder Retzius erkennen können, noch ist eine solche bisher überhaupt erkannt worden. Verkennen dürfen wir freilich nicht, daß Blumenbach schon eine gegenseitige Abhängigkeit der Bildung des Gehirnschädels und des Gesichtsschädels vermutete; auch Langer zeigte ziemlich konstante Beziehungen zwischen Stirnbreite und Schädelbildung, zwischen Schädelbasis und Unterkieferbreite, und Virchow hat zuerst auf die größere oder geringere Neigung des Keilbeinkörpers und damit die größere oder geringere Flachheit der Gehirnschädelbasis als einen bedingenden Faktor für die Prognathie hingewiesen, was ich in vollem Maße bestätigen konnte; aber immer hin müssen wir bis jetzt daran festhalten, daß eine einfache konstante Korrelation zwischen Gehirnschädel und Gesichtsschädel im ganzen noch nicht nachgewiesen ist. Es kommen in der Tat die beiden extremen Typen der Gesichtsbildung sowohl mit der langen wie mit der kurzen Form des Gehirnschädels verbunden vor. Trotzdem möchte ich nicht daran ver- zweifeln, daß wir in der Folge immer mehr bedingende Beziehungen, Korrelationen, zwischen Hirn- und Gesichtsschädel auffinden werden. So hat neuerdings Seggel die Abhängigkeit der Pupillardistanz, und damit der Entfernung der Mittelpunkte der Augenhöhlen- eingänge voneinander, bei Orang-Utan und Mensch von der Entwickelung des Stirnhirns bzw. der vorderen Schädelgrube nachgewiesen. Nach meinen Resultaten hängen Gerad- zähnigkeit und Schiefzähnigkeit sowie die Höhe der Augenhöhlen und der Nase auf das innigste zusammen mit der stärkeren oder geringeren Abknickung der Pars basilaris, des Kör- pers des Hinterhauptsbeines, in der Keilbein-Hinterhauptsfuge, Spheno-basilar-Fuge der Schädelbasis, d. h. mit dem „äußeren Sattelwinkel". Auch auf die durch die Kaumuskeln vermittelten Beziehungen zwischen Gesichts- und Gehirnschädel darf in diesem Zusammen- hang nochmals hingewiesen werden.

Die verschiedenen Gehirn- und Gesichtsschädelformen treten uns zuerst als typische Merkmale differenter Völker und Rassen entgegen. Aber schon A. Retzius machte in die ge- läufige Anschauung, daß gleiche Rassen im allgemeinen auch gleiche Schädelbildung besitzen müßten, eine unheilbare Lücke. Er stellte fest, daß bei den am nächsten rassenverwandten Völkern, wie bei Slawen und Germanen, verschiedene Schädelbildungen in typischer Häufig- keit auftreten, und daß sogar dieselben Völkerstämme je nach ihrem Wohnsitz in Asien oder Europa durchschlagende kraniologische Differenzen aufweisen. Da war nur noch ein Schritt zu machen. Im Gegensatz gegen die altbeliebte Methode der Mittelwerte bei den ethnischen Schäduntersuchungen ordneten wir die einzelnen unter einem Volke oder Volksstamm vor- kommenden Schädelformen in Reihen, und da zeigte sich, daß überall in ganz Europa diese Reihen der Schädel von Langköpfigkeit zu Kurzköpfigkeit und von Kurz- oder Breitgesichtig- keit bzw. Schiefzähnigkeit bis zu Lang- oder Schmalgesichtigkeit bzw. Geradzähnigkeit mit den feinsten Abstufungen verlaufen. Was die Menschheit bezüglich ihrer verschiedenen Schädel- formen im ganzen darstellt, das stellt jeder Volksstamm, ja oft schon jede größere Gemeinde eines solchen im kleinen dar: eine Vereinigung der verschiedenen Schädelformen, die Extreme vermittelt durch auf das feinste abgestufte Zwischenformen. Weiter ergab sich dabei sofort, daß an der einen Lokalität die eine, an der anderen Lokalität die andere Hauptschädelform häufiger auftritt; aber sie finden sich überall nebeneinander, entweder in rein typischen Exemplaren oder in Zwischenformen. Eine Gegend Europas, wo ausschließlich unter einer größeren Menschenzahl nur eine typische Schädelform vorkommt, kennen wir nicht; ebenso scheint es, soweit die Untersuchungen reichen, in Asien und Amerika zu sein. Und schon lösen sich auch die früher scheinbar so ausschließlich typischen Schädel der Südseevölker in eine Mannigfaltigkeit von Schädelformen auf, und auch für Australien und den schwarzen Kontinent Afrika häufen sich neben den Langschädeln Mittel-, ja Kurzschädel, neben den kurzen und breiten Gesichtern lange und schmale.

Die Schädelformen, die wir in Europa finden, erkennen wir nicht nur in ihren Hauptverhältnissen auf der ganzen Erde wieder, überall wie in Europa zeigt sich auch eine Mischung der verschiedenen Schädelformen, entweder in reinen typischen Exemplaren oder in Zwischenformen. Dabei ist aber nicht zu verkennen, daß in Gegenden der Erde, wo eine so starke ethnische Mischung wie in den Ländern Europas und des größten Teiles von Asien nicht eingetreten ist, eine ethnisch charakteristische Hauptschädelform bei einem Volke, z. B. Kaffern- und vielen Negervölkern Afrikas, Australiern, Lappen, Eskimos und anderen, weit stärker überwiegt, als das in den Ländern uralter Völkermischung der Fall ist. Auch das steht fest, daß weniger gemischte Stämme, z. B. einige Stämme der Germanen der Völkerwanderungszeit, namentlich solche, die früher in Mittel- und Norddeutschland gesessen haben, eine auffallende Gleichartigkeit in der Schädelbildung besaßen, die ihre heutigen Nachkommen schon lange verloren haben.

Diese letztangeführten Tatsachen deuten mit aller Entschiedenheit darauf hin, daß erbliche Einflüsse oder Anlagen die zunächst wichtigsten und bestimmenden für die Schädelbildung seien. Wir sind dadurch berechtigt, nicht nur von Zwischenformen, sondern geradezu von Mischformen zu sprechen, die aus der geschlechtlichen Kreuzung verschiedener Formen hervorgegangen sind. Wie zäh dieses erbliche Moment ist, haben wir Gelegenheit, überall mehr oder weniger deutlich zu sehen; aber nirgends tritt es schärfer hervor als unter den Bewohnern gewisser Inseln der Südsee, auf denen Vertreter einer kurzköpfigen, gelben, malaiischen Rasse mit langköpfigen, dunkelhäutigen Melanesiern seit alter Zeit nebeneinanderwohnen. Es haben sich zwar Mischformen zwischen beiden gebildet, aber im großen und ganzen sind beide Typen unvermischt und stehen sich noch mit voller Lebensfähigkeit gegenüber.

Neben diesen erblichen Einflüssen müssen wir jedoch auch solche anerkennen, die sich im Laufe des individuellen Lebens entwickeln. Unzweifelhaft erklären sich, wie wir sahen, zahlreiche Variationen aus dem Stehenbleiben auf mehr oder weniger niedriger Stufe der individuellen Körperentwickelung als embryonale, kindliche, beim männlichen Geschlecht weibliche Charaktere. Auch daran ist nicht zu zweifeln, daß in den Angaben Virchows, Langers und Engels über den Einfluß der Gesichtsmuskeln und des Kaumechanismus auf die Gesichtsgestaltung ein wichtiger Faden gefunden worden ist für die Führung in dem Labyrinth zahlreicher individueller Abweichungen in der Gesichtsbildung. Es scheinen mir das deutliche Fingerzeige dafür zu sein, daß die nun durch jahrtausendelange Vererbung ethnisch fixierten Gesichtszüge sich einst aus individuellen Bildungen entwickelt haben. Ähnliche Betrachtungen lassen sich, wie wir sahen, bezüglich der individuellen und ethnischen Gestaltung des Gehirnschädels anstellen. Aus alledem ergibt sich, daß die beiden sich seit langem und vielfach bekämpfenden Standpunkte: Vererbung und individuelle Variation, erst in ihrer Vereinigung dem wahren Sachverhalt entsprechen. Gegenwärtig wird niemand mehr daran zweifeln können, daß die erbliche Anlage für gewöhnlich und im ganzen und großen das Entscheidende ist.

Keineswegs stehen wir sonach auf dem Standpunkt jener Naturforscher, die, wie K. E. v. Baer sagte, an vorherrschende Typen im Bau der verschiedenen Völker nicht glauben mögen, da sehr bedeutende Abweichungen sich einzeln in ihrer Umgebung finden. Wer sich mit den verschiedenen Typen ernstlicher beschäftigt hat, wird nach K. E. v. Baer nicht im Zweifel bleiben, daß bei Völkern, die lange Zeit isoliert lebten, und in deren Lebensverhältnissen keine sehr wesentliche Veränderung eingetreten ist, der Grundtypus wenig schwankt, das heißt, daß eine Hauptform bei ihnen bei weitem vorschlägt und alle anderen gleichsam erdrückt. Auf der anderen Seite dürfen wir aber nicht vergessen, daß auch Völker und Stämme oder besser Bewohner weiter, zusammenhängender Gegenden, obwohl sie nachweislich auf das vielfachste gemischt sind, doch eine auffallende Gleichartigkeit des Typus zeigen können. Das berühmteste Beispiel solcher lokaler Gleichartigkeit und Unveränderlichkeit, der Bodenständigkeit (vgl. S. 119), des somatischen Typus sind die Bewohner Ägyptens. Aber kaum weniger deutlich tritt uns das gleiche bei den Bewohnern in dem ganzen Zuge der europäischen Alpenländer entgegen. Obwohl stammverschieden, obwohl seitdem die Geschichte von ihnen etwas berichtet und wohl ebenso vorher, vielfach gemischt, indem sich vor den Siegern, welche die Vorlande einnahmen, die verschiedenen Urbewohner in die schwer zugänglichen Gebirgshöhen zurückzogen, wo die verschiedenartigsten Völkertrümmer eine schützende Zuflucht gefunden haben, ist der Schädelbau im Gehirn- und Gesichtsschädel bei den Bewohnern der gesamten Alpenländer von größter typischer Ähnlichkeit: extreme Kurzköpfigkeit verbunden mit schmalem, langem Gesicht. Wir sehen, daß vom Alpengebirge als einem ihrer Hauptausstrahlungsgebiete diese Schädelform nach Süden und Norden in den Vorlanden bei Romanen, Germanen, Slawen, Finno-Ugriern herrschend bleibt, die anderen Formen sich assimilierend und erdrückend; langsam und, von einigen lokalen Störungen abgesehen, ganz regelmäßig sehen wir vom Alpengebirge entfernt die Kraft der Alpengebirgsschädelform abnehmen, es treten in Deutschland die Vertreter der zweiten Hauptform (langer Schädel mit kurzem Gesicht) zahlreicher auf, auch in den Zwischenformen prägen sich die Charaktere dieser Form immer entschiedener aus; endlich fand ich in einigen Gegenden Mitteldeutschlands (z. B. Bayrisch-Unterfranken) die zweite Hauptform, wenn nicht vollkommen herrschend werden, so doch sich mit der ersten Hauptform ziemlich gleichmäßig in die Herrschaft teilen. Die Zahl der Vertreter der beiden typischen Hauptformen ist etwa gleich, und die Zwischenformen zeigen namentlich in der Gesichtsbildung sogar eine höhere Beeinflussung durch die langköpfige Hauptform als durch die kurzköpfige. Weiter nach dem Norden und Osten Deutschlands scheint sich dieses Verhältnis noch zu steigern, und im allgemeinen können wir sagen, daß im Norden der germanischen Welt wenigstens die dolichokephale oder zur Dolichokephalie neigende Gehirnschädelform bei Germanen, Slawen und Finno-Ugriern herrschend ist. Bei den Nordgermanen, den Skandinaviern und Nordwestgermanen werden jedoch, wie die Gehirnschädel, so auch die Gesichter als vorwiegend lang und schmal geschildert. Das entspricht sonach einer unserer Mischformen erster Ordnung. Zweifellos finden sich aber auch unter jener Bevölkerung die typischen Hauptformen mit langem Gehirnschädel und niedrigem Gesicht. Während ich dies schreibe, betrachte ich einen von A. Retzius geschenkten, von diesem größten Kenner als typisch ausgesuchten Schwedenschädel. Dieser zeigt das typische kurze Gesicht unserer mitteldeutschen Hauptform in exquisiter Weise: weit ausladende Jochbeine, horizontal stehende Augenhöhlen, breiten, wenig gewölbten Nasenrücken, breite Nasenöffnung, kurzen Zahnrandteil des Oberkiefers, ausgesprochene

Schiefzähnigkeit. (Neuere Untersuchungen über die Bevölkerung Schwedens von Gustav Retzius und Fürst s. unten.) Im Nordwesten Germaniens, an der Seeküste, namentlich bei den Friesen, treten jene niedrigen Schädelformen als typisch auf, die Virchow als Chamä- kephalen charakterisiert hat.

Ähnlich wie in den germanischen Ländern scheinen die Verhältnisse in Frankreich zu liegen; auch dort ist die langköpfige Schädelform wesentlich eine nordische, ebenso wie der blonde Typus, was ebenfalls mit den Verhältnissen in Deutschland übereinstimmt. Dagegen nimmt in Italien die Dolichokephalie und der brünette Typus von Norden nach Süden zu. Wir werden später noch auf diese auffallende Zonenbildung der beiden Hauptschädel- formen und des blonden und braunen Typus in Deutschland und in Gesamteuropa näher eingehen, deren Ursachen wir noch keineswegs ganz durchblicken. Nur darauf sei hier nochmals hingewiesen, daß nicht allein Reinheit des Blutes eine auffallendere Gleichartigkeit im körper- lichen Typus herbeiführt, sondern daß auch sehr gemischte europäische Völker und Stämme nach gewissen Zonen eine bemerkenswerte Gleichartigkeit, Bodenständigkeit, zeigen, die sich, wie gesagt, nirgends schlagender als bei den europäischen Alpenvölkern kundgibt.

In dieser Hinsicht ist also noch so vieles dunkel, daß es unrecht und unwissenschaftlich wäre, wenn wir jetzt schon eine definitiv entscheidende Wahl zwischen den verschiedenen Möglichkeiten der Erklärung treffen wollten. Hier wie auf allen Gebieten der Naturforschung hat noch lange und ernsthafte Arbeit stattzufinden. Nur aus Unwissenheit und Dilettantis- mus, aber nicht aus dem Vertiefen in den Stand der Naturforschung kann die Meinung entspringen, als wäre es möglich, heute schon ein in sich geschlossenes, absolut feststehendes System der Natur aufzustellen. Die ernste Wissenschaft stellt Systeme nur hypothetisch auf, um sie durch ernste Arbeit zu beweisen oder zu widerlegen.

Der Rauminhalt der Schädelhöhle und der Rückgratsröhre.

Nichts unterscheidet den Menschen mehr von dem menschenähnlichen Affen als die Größe des Gehirns (vgl. Band I, S. 440 ff.). Bei dem Menschen sahen wir, daß die Gehirngröße nicht unter eine gewisse Grenze herabsinken kann, ohne daß dadurch die Tätig- keit des Gehirns als Organ der höchsten psychischen Funktionen beeinträchtigt wird. Wir haben im I. Bande, S. 584 ff., die armseligen gehirnarmen kranken Geschöpfe schon er- wähnt, die man Mikrokephalen nennt; ihre geistige Entwickelung kann auf einer Stufe stehen bleiben weit unter der, auf welcher normal begabte Tiere stehen. Anderseits sahen wir aber zahlreiche Tatsachen, trotz vieler Ausnahmen, dafür sprechen, daß ein höheres Maß geistiger Ausbildung und Leistungsfähigkeit verknüpft zu sein pflegt mit einer das Mittel überragenden Gehirngröße.

Die Meinung, daß es höhere und niedrigere, tierähnlichere und tierfernere Rassen gebe, und daß an der Spitze der letzteren die Kaukasier Blumenbachs, d. h. die indogermani- schen Völker europäischer Abkunft, stehen, ist zuerst mit Rücksicht auf die Gehirngröße von Morton zu einem System für die Einteilung der Menschheit benutzt worden. Auch hier sollten die Mittelwerte entscheidend sein. Im Mittel sollte der Europäer ein größeres Gehirn haben als die übrigen Völker der Erde, die „niedrigstehenden" Völker und Rassen schwarzer Haut sollten dagegen mit den kleinsten, „unentwickeltsten" Gehirnen ausgestattet sein. Die Morton- schen Resultate, die ich in Kubikzentimeter umgerechnet habe, gibt die folgende Tabelle:

Rasse	Anzahl der gemessenen Schädel	Mittlere Schädel- kapazität	Maximum der Kapazität	Minimum der Kapazität
Weiße Rasse	52	1422	1667	1229
Gelbe Rasse { Mongolen.	10	1360	1524	1131
Malaien	18	1327	1425	1049
Rote Rasse.	147	1344	1638	983
Schwarze Rasse (Neger)	29 .	1278	1540	1065

Da es an einer genügenden Anzahl Gehirnwägungen fehlte und noch fehlt, so stützten sich Morton und die meisten Forscher nach ihm für Entscheidung dieser Frage auf Aus - messungen des Gehirnschädelinnenraums. Füllt doch das Gehirn den Innenraum

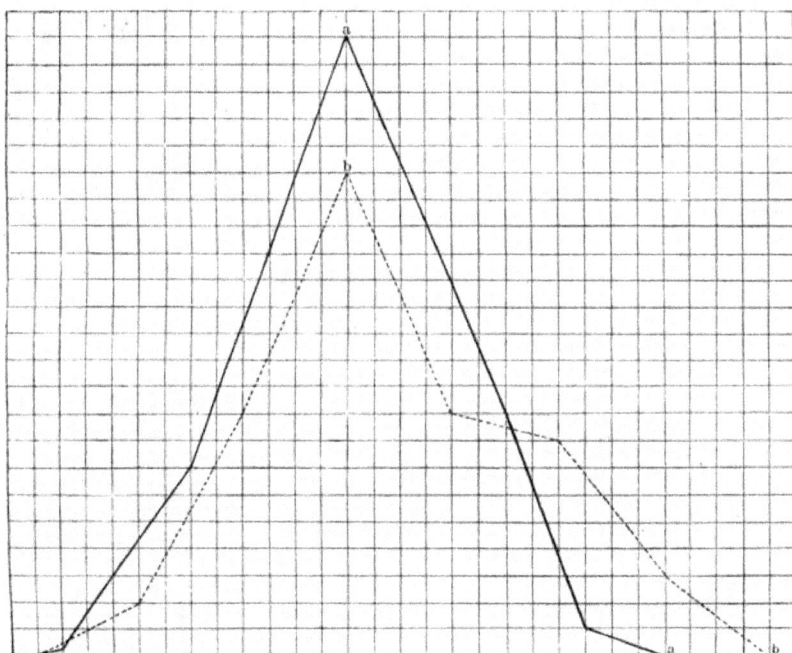

Kurven der Körpergröße (a) und des Schädelinhalts (b) der Altbayern. Vgl. Text S. 210.

des Gehirnschädels, abgesehen von den Gehirnhäuten, Blutgefäßen, Nerven und dem Gehirn- wasser, vollkommen aus. Ein Ausmaß der Gehirnschädelhöhle gibt daher zweifellos ein wenn auch nicht vollkommen exaktes, doch innerhalb gewisser Grenzen brauchbares Bild der ehe- maligen Gehirngröße.

Es erscheint nicht notwendig, an dieser Stelle wieder den ganzen Gang der Unter- suchungen vorzuführen, der einen sehr ähnlichen Verlauf nahm wie die oben geschilderten Schädelmessungen. Es ergab sich, daß unter den Europäern der „Schädelinhalt" schwanken kann in früher, z. B. nach den Mortonschen Ergebnissen, ganz ungeahnten Extremen, ohne daß dadurch die normale Funktionierung des Gehirns wesentlich beeinträchtigt zu werden

braucht; es gibt bei „psychisch normalen" Individuen in Europa Größen des Schädelinnenraumes, die um das Doppelte differieren: als Minimum können wir etwa 1000—1100 ccm,
als Maximum etwa 1800—2000 ccm Schädelinhalt annehmen. Zwischen diese Extreme
stellt sich eine vollkommen abgestufte Reihe von Zwischengliedern, die jene miteinander
verbinden. Dabei ergibt sich aber, daß, etwa wie bei der Bestimmung der Körpergröße
(vgl. S. 101 und 102), die Größen des Schädelinhalts sich um ein bestimmtes mittleres Volumen gruppieren; die extremen Größen sind am seltensten, und die vermittelnden Größen
nehmen an Zahl gegen die beiden Extreme, Minimum und Maximum, hin mehr und mehr
ab, gegen die Mittelgröße hin mehr und mehr zu (s. die Kurve S. 209).

Ganz dasselbe finden wir bei anderen Rassen. Man hatte behauptet, daß bei „niedrigstehenden" Völkern die Differenzen in der Größe des Gehirns, also in der Größe des Schädelinnenraumes, weniger bedeutend seien als bei Kulturvölkern. Je stärker sich aber das Vergleichsmaterial mehrt, desto entschiedener treten auch bei Völkern, die bisher weitab von der
Kultur gelegen haben, diese Differenzen hervor. So sind z. B. auf den Südsee-Inseln,
speziell in Neubritannien, von wo in jüngster Zeit große, nach Hunderten zählende Schädel-
serien nach Deutschland gelangt sind, die Differenzen so bedeutend, wie sie nur irgend
unter der Bevölkerung Deutschlands gefunden werden. R. Virchow fand das Maximum
der Schädelkapazität eines (männlichen) dieser Schädel zu 2010 ccm, das Minimum (eines
weiblichen) zu 870 ccm. Dazu kommt noch, daß bei den beiden Geschlechtern in Europa
die Inhaltsgröße des Gehirnschädels wesentlich verschieden ist; bei dem weiblichen Geschlecht
ist der Schädelinhalt absolut kleiner als bei dem männlichen. Dasselbe finden wir, soweit wir
es überblicken können, wie nach Selenka bei den großen anthropoïden Affen, so bei allen
Menschenrassen und Völkern, namentlich auch bei den unkultivierten, z. B. den Stämmen
der Südsee, von denen es zuerst R. Krause schlagend nachgewiesen hat; speziell bei den Neu-
britanniern fand R. Virchow diese Geschlechtsdifferenzen der Schädel geradezu kolossal.

Einen Schlüssel zum Verständnis dieser unzweifelhaften Tatsache gab uns zuerst
H. Welcker. Er konstatierte, daß mit einer bedeutenderen Körpergröße auch ein größerer
Gehirnraum bzw. ein größerer Schädelinnenraum, mit einer geringeren Körpergröße auch
ein kleinerer Gehirn- bzw. ein kleinerer Schädelinnenraum verknüpft sei. Nur die extrem
Großen und die extrem Kleinen ordnen sich nicht regelmäßig ein, indem erstere ein im Verhältnis zu ihrer Körpergröße meist etwas kleineres, letztere dagegen meist ein etwas größeres
Schädelinnenvolumen besitzen. Am auffallendsten ist das bei eigentlichen Riesen und Zwergen.
Schwankungen eines Volkes in der Körpergröße geben sich sonach auch in seinem Schädelinhalt zu erkennen; im allgemeinen entspricht die Größenordnung des Schädelinhalts nahezu
der Größenordnung der Körperlängen (s. die Kurven S. 209). Da das Weib im allgemeinen
kleiner ist als der Mann, so ist auch sein Schädelinhalt demzufolge im absoluten Maße etwas
kleiner als der des Mannes. Da aber mit der zu- und abnehmenden Größe des Gesamtkörpers die Zu- und Abnahme der Gehirngröße nicht vollkommen gleichen Schritt hält, insofern als mit der Annäherung an das obere Extrem der Körpergröße die Gehirngrößen
etwas weniger zunehmen und mit der Annäherung an das untere Extrem der Körpergröße
die Gehirngrößen etwas weniger abnehmen, so besitzt durchschnittlich der Mann ein relativ,
im Verhältnis zu seiner Körpergröße, etwas kleineres Gehirnvolumen als das Weib. Ich
habe z. B. je 100 Schädel beider Geschlechter aus der altbayerischen Landbevölkerung Südbayerns in bezug auf ihre Schädelkapazität gemessen; die mittleren Resultate sind folgende:

Altbayerische Landbevölkerung	Schädelinhalt in Kubikzentimetern		
	Mittel	Minimum	Maximum
100 männliche Schädel	1503	1260	1780
100 weibliche Schädel	1335	1100	1683
Differenz:	168	160	97

Meine Werte stimmen so gut wie absolut mit denen überein, die Weisbach an 50 männlichen und 23 weiblichen Schädeln österreichischen, vorwiegend also auch altbayerischen, Stammes gewann. Dagegen erscheinen die altbayerischen Schädel bei beiden Geschlechtern, namentlich aber bei dem männlichen, etwas inhaltreicher als die Schädel der mitteldeutschen Bevölkerung aus der Umgegend von Halle a. S.; H. Welcker fand dort für 30 Männerschädel im Mittel 1448 ccm, für 30 Weiberschädel 1300 ccm Kapazität.

Um im einzelnen die Körpergrößen und die Größe des Schädelinnenraumes bei derselben Bevölkerung vergleichen zu können, habe ich die beiden Kurven ineinandergezeichnet, von denen die erste (a) in der Grundlinie, Abszisse, die Körpergröße in Zentimetern, die zweite (b) in der Grundlinie die des Schädelinnenraums nach Kubikzentimetern angibt (s. die Abbildung S. 209); die Höhen der auf die Grundlinie gezogenen Senkrechten, die Ordinaten, geben die Anzahl der von jeder Körpergröße gemessenen Männer und der von jedem Schädelinhalt gemessenen Schädel an. Die beiden Kurven fallen fast vollkommen zusammen und beweisen damit, daß die Körpergröße und der Schädelinhalt parallelgehende Werte sind. Nur das macht sich in auffallender Weise bemerklich, daß die Kurve der Körpergröße viel rascher ihren Mittelwert bzw. ihr Maximum erreicht als die Kurve der Schädelinhaltsgrößen; das heißt so viel: zu bedeutenderen Körpergrößen gehören etwas unbedeutendere Gehirngrößen, wenn wir von dem Schädelinhalt unmittelbar auf die letzteren schließen dürfen. Es entspricht das vollkommen dem von Welcker zuerst festgestellten Verhalten, wie wir es oben angegeben haben.

Bei der unzweifelhaften Abhängigkeit der Größen des Schädelinnenraumes von der Körpergröße haben sonach die absoluten Kapazitätsbestimmungen der Schädel ohne Kenntnis der Körpergröße, die zu jedem betreffenden Schädel gehörte, einen nur geringen vergleichend-anthropologischen Wert; auch ihr zoologischer Wert sinkt beträchtlich, da möglicherweise eine im absoluten Maße sehr kleine, minimale, Schädelkapazität doch im Verhältnis zur Körpergröße eine mittlere oder eine das Mittel sogar übersteigende sein kann. Es ist längst bekannt und festgestellt, daß einer bestimmten Körpergröße bei den Säugetieren derselben Spezies auch eine bestimmte Massenentwickelung der Zentralnervenapparate, namentlich des Rückenmarks, aber auch des Gehirns, entspricht. Bei jungen Tieren fand ich, den Verhältnissen beim Menschen entsprechend, das Zentralnervensystem größer und schwerer als bei ausgewachsenen; es nimmt mit der zunehmenden Körpergröße und -schwere in einer regelmäßigen Proportion relativ ab; für verschiedene, verschieden große Tierarten hat Eugen Dubois das Zentralnervensystem-Körper-Verhältnis als eine mathematische Funktion darzustellen versucht. Wenn wir die Gruppe der Säugetiere durchmustern, so wird uns aber bei der Verschiedenheit der Ausbildung der Extremitäten sofort klar, was ich für verschiedene Hunderassen unmittelbar habe feststellen können, daß es nicht sowohl die Körperhöhe als die Länge (= Masse) des Rumpfes ist, zu der die Längen- (= Massen-) Entwickelung der nervösen Zentralorgane in direktem Verhältnis steht. Auch bei dem Menschen sollte die Entwickelung der nervösen Zentralorgane: Rückenmark und Gehirn, mit der

14*

Gesamtrumpflänge, einschließlich des Kopfes, verglichen werden. Erst auf diese Weise würde es dann einerseits möglich, die einzelnen Individuen und Völker, trotz der rassenhaften Proportionsdifferenzen zwischen Rumpf und Extremitäten, miteinander exakt zu vergleichen, anderseits auch eine wirklich exakte Vergleichung mit den Tieren einzuleiten. Leider fehlen uns solche Bestimmungen noch, so daß wir auf eine derartige Vergleichung hier verzichten müssen.

Die gewöhnlich als Beweis für die Verschiedenheit der Gehirngrößen bei verschiedenen Völkern und Rassen angeführten Mittelwerte der absoluten Bestimmungen der Schädelkapazität haben schon aus den angeführten theoretischen Gründen einen sehr geringen vergleichend-anthropologischen Wert; aber in der Praxis sinkt die Bedeutung der uns vorliegenden Angaben dadurch noch weiter, daß die Bestimmungen verschiedener Autoren untereinander bis jetzt wegen der Verschiedenheit der Meßmethoden und der verhältnismäßig großen, meist noch unkontrollierten dabei unterlaufenden Schwankungsbreiten der Resultate nicht genau vergleichbar sind. Es wäre notwendig, die persönliche Fehlergrenze jedes einzelnen Forschers bei seinen Kapazitätsbestimmungen und das Verhältnis der von ihm angegebenen zu den absoluten Raummaßen vorerst festzustellen, um die verschiedenen Bestimmungen untereinander vergleichbar zu machen. Das ist bisher, außer von mir, nur noch von H. Welcker und von Emil Schmidt für Brocas Methode geschehen. Welckers und meine Zahlenangaben, die wir oben miteinander verglichen haben, geben absolute Raumgrößen des Schädelinhalts an. Die Brocaschen Angaben gestatten nach E. Schmidt eine Umrechnung auf absolute Raumwerte und werden dadurch mit den oben mitgeteilten Messungen für die süd- und mitteldeutsche Bevölkerung vergleichbar. In der folgenden Tabelle stellen wir die Schädelkapazität nach Broca für eine Anzahl Rassenschädel zusammen, die aber, seiner Methode entsprechend, für alle um ein Beträchtliches zu groß ist.

Nationalität	Schädelinhalt in Kubikzentimetern		Nationalität	Schädelinhalt in Kubikzentimetern	
	Männer	Frauen		Männer	Frauen
124 moderne Pariser . .	1558	1337	12 Estimos	1539	1428
	(= 1465)	(= 1254)	54 Neukaledonier . . .	1460	1330
88 Auvergnaten	1598	1445	85 afrikanische Neger der		
	(= 1503)	(= 1357)	Westküste	1430	1251
60 spanische Basken . .	1574	1356	7 Tasmanier	1452	1201
28 Korsen	1552	1367	18 Australier	1347	1181
22 Chinesen	1518	1383	21 Nubier	1329	1298

Nach der in Klammern gesetzten Umrechnung auf absolutes Maß (nach E. Schmidt) ergibt sich für Europäer die Schädelkapazität in Kubikzentimetern:

Auvergnaten (Männer)	1503	Moderne Pariser (Männer)	1465
Altbayern (Landleute), Männer . .	1503	Mitteldeutsche (bei Halle), Männer .	1448

Die Auvergnaten und Altbayern sind eine großköpfige Hochlandsbevölkerung; in Halle wird der Durchschnitt wohl durch Anatomieschädel gedrückt, während Broca und ich Gräberschädel, d. h. Schädel von Individuen der besseren Stände, messen konnten. Den größten bisher gefundenen Durchschnitt ergaben mir meine Bestimmungen der Münchener modernen Stadtbevölkerung (Gräberschädel) mit im Mittel 1523 ccm, was nach Broca 1619 ccm Schädelinhalt entsprechen würde. Brocas Maximum fand sich bei 18 prähistorischen Schädeln der Caverne de l'homme mort mit 1606 = 1511 ccm.

Barnard Davis gibt folgende, im allgemeinen seiner Methode wegen zu hohe, aber unter sich doch vergleichbare Schädelkapazitäten (in Kubikzentimeter umgerechnet) für die englische Bevölkerung an:

146 alte, zum Teil prähistorische Briten 1524
36 Engländer (Angelsachsen) 1412
39 Sachsen 1488
31 Irländer 1472
18 Schweden 1500
23 Niederländer 1496

Hermann Welcker hat in seiner unübertroffenen, auf sehr verschiedenen Forschungsgebieten bewährten Gründlichkeit die Frage nach der exakten Bestimmung des Schädelinhalts aufgenommen und zwei unter seinen Händen mit früher kaum erreichter absoluter Genauigkeit arbeitende Bestimmungsmethoden aufgestellt, eine direkte, im allgemeinen der von Broca angewendeten entsprechende, und eine andere, kaum weniger genaue, mehr indirekte Methode, begründet auf die Außenmaße der Schädel mit Berücksichtigung ihrer größeren oder geringeren Annäherung an die Kugelgestalt. Er bestimmte 300 Rassenschädel. Diese Bestimmungen sind bisher die einzigen auf die gesamte Menschheit sich erstreckenden, aus denen wir ohne Umrechnung dem wahren Innenvolumen des Hirnschädels genau entsprechende, unter sich exakt vergleichbare Zahlenwerte erhalten haben.

Bei den germanischen Völkern bewegt sich nach Welcker die mittlere Innenraumziffer in der Breite von 1400 bis 1500 ccm. (Die höchsten Mittelwerte mit 1543 bzw. 1540 erreichen von allen Völkern der Erde einige Schweizer- und Altbayernschädel.) Auch bei Kelten, Romanen und Griechen finden wir 1400—1500, bei den Slawen gibt sich, wenn auch weniger bestimmt, eine ähnliche Schwankungsbreite wie bei den Germanen zu erkennen. Völlig aus der Reihe fallen die vorderindischen Völker: der enge Kreis von 1260 bis 1370 umschließt alle zu dieser Gruppe gehörenden Glieder. Das wenige von semitischen und hamitischen Völkern Erreichbare wurde in dieselbe Kolonne aufgenommen. Die einzelnen dünn gesäten Glieder treten weit auseinander, von 1250 bis 1470; doch behaupten hierbei die Juden und Araber eine gute Stellung: 1450—1470 ccm. Auch die Mongolen dehnen sich von 1320 bis etwa 1490 aus, die Mehrzahl ihrer Stämme wurzelt jedoch zwischen 1400 und 1500. 1350—1450 scheint der eigentliche Spielraum der Kapazität der Malaien zu sein, und nur ganz vereinzelte Stämme überschreiten nach beiden Seiten hin diese Grenze. Höher liegen die Papuas (1370—1460); die Australier zeigen 1320. Die Neger liegen ihren Mittelziffern nach zwischen 1300 und 1400. Eine sehr viel niedrigere Ziffer, 1244, zeigen die Buschmänner. (Nach G. Fritsch gilt das Umgekehrte.) Die Amerikaner endlich umspannen eine große Schwankungsbreite. Normalerweise wohl nur zwischen 1300 und 1450 stehend, sinkt die Kapazität bei den künstlich deformierten Schädeln in Mittelwerte bis zu 1200 und weniger. Für die Eskimos berechnet Welcker nach den Angaben von B. Davis 1548; für die Wedda von Ceylon, die zu den kleinwüchsigen Menschenstämmen gehören, geben Nicolucci 1259, R. Virchow 1261 ccm an. Haberer fand für Chinesen (Peking) als Mittel für beide Geschlechter eine Schwankungsbreite von (1170 einmal) 1280 bis 1980, am häufigsten 1300—1420 und 1540—1570.

Hier reihen wir noch einige Bestimmungen Welckers über den Unterschied der Größe des Schädelinhalts der beiden Geschlechter im erwachsenen Alter bei verschiedenen Völkern und Haberers Untersuchungen an Chinesen an:

Nationalität		Mittlerer Schädel-inhalt in Kubikzentimetern	Differenz	
			absolut	relativ
				Proz.
Siamesen	24 Männer	1471	— 193	—13,1
	10 Weiber	1278		
Javanen	37 Männer	1437	—164	—11,4
	14 Weiber	1273		
Deutsche aus der Gegend von Halle	60 Männer	1460	—160	—11,1
	43 Weiber	1300		
Hindus von Bellari	12 Männer	1275	—122	— 9,6
	10 Weiber	1153		
Sokotraner	20 Männer	1425	—114	— 8,0
	16 Weiber	1311		
Neger	47 Männer	1330	— 99	— 7,5
	11 Weiber	1231		
Chinesen (nach Haberer)	28 Männer	1456	— 76	— 5,2
	9 Weiber	1380		

Die weiblichen Schädel haben sonach bei allen Rassen, entsprechend der geringeren weiblichen Körpergröße, einen kleineren Gehirnraum als die männlichen; bei einigen wird der Schädelinnenraum so klein, daß man von wahrer Nannokephalie (vgl. Bd. I, S. 441) sprechen kann. Bei dem amerikanischen Stamme der Goajiros fand, wie gesagt, Virchow, „daß der weibliche Typus bei ihnen eigentlich nichts anderes ist als der stehengebliebene kindliche; daher auch die Nannokephalie". Aber bei Kongonegern konnte er den Nachweis führen, „daß auch der männliche Typus bei ihnen gewisse kindliche Eigenschaften bewahrt". Das wirft auf die Ursachen der verschiedenen Schädelkapazität bei verschiedenen Völkern und Stämmen ebenfalls schon einiges Licht.

Eine sehr interessante Beobachtung machte H. Welcker an acht Mulattenschädeln, von denen drei ziemlich reinen Negerhabitus, fünf europäischen Habitus zeigten. Letztere ergaben einen größeren Innenraumdurchschnitt als der deutsche oder der holländische Schädel; dasselbe gilt von den Terzeronen. In bezug auf die Hirngrößen können sich sonach infolge der Blutmischung beide Rassen, sowohl die Neger als auch die Europäer, verbessern. Die Zahlen lauten:

Nationalität	Längen-Breiten-Index	Längen-Höhen-Index	Schädelinhalt im Mittel, Kubikzentim.
Mittel aus 47 Negern	72,3	74,9	1330
3 männliche Mulatten, Negerform	73,5	73,7	1322
5 männliche Mulatten, europäische Form	82,2	75,0	**1502**
Terzeronen	81,1	73,5	**1580**
Deutsche männliche Schädel, Mittelwert	81,2	72,7	1478

Die Kapazität des Schädels zeigt auch Beziehungen zur Schädelform. Schädel mit steil ansteigender Stirn haben nach meinen Bestimmungen unter der gleichen Bevölkerung (Altbayern) etwa 100 ccm mehr Inhalt als Schädel mit fliehender Stirn, auch wenn die Umfangs- und sonstigen Maße annähernd gleich sind. Rundköpfige Schädel haben bei annähernd gleichen Umfangs-, Längen- oder Breitenmaßen einen größeren Schädelinhalt als langköpfige. (Über die Einflüsse eines gesteigerten Kulturlebens auf die Gehirngröße und damit auf die Schädelkapazität vgl. S. 79.)

Den Rauminhalt der Rückgratsröhre habe ich mit Aug. Koeppel bei Menschen und Tieren bestimmt. Die Untersuchungen wurden unternommen mit der Absicht der Vergleichung des Schädelinnenraumes mit dem Innenraum der Wirbelsäule. Daß hier ein wichtiges Problem vorliegt, ergeben die paläontologischen Beobachtungen. Nach v. Zittel schwillt z. B. bei Stegosaurus *Marsh.* der Kaudalkanal so mächtig an, daß der vom Rückenmark eingenommene Raum mindestens zehnmal so groß ist wie die Gehirnhöhle. Und Marshall hat weiter beobachtet, daß der Gehirnumfang bei den Säugetieren der Eozänzeit durchweg geringer ist als der bei verwandten Formen aus dem jüngeren Tertiär und der Jetztzeit; bei den riesigen eozänen Amblipoden ist die Hirnhöhle so winzig, daß man den Ausguß durch den Medullarkanal der Wirbelsäule ziehen kann. Auch in der Ausbildung des Gehirns zeigen die geologisch ältesten Formen vielfache Übereinstimmung mit den Reptilien.

In der Reihe der rezenten Wirbeltiere zeigt sich, wie wir fanden, von der niedrigsten Form bis zum Menschen eine relative Zunahme der Größe des Schädelinnenraumes im Vergleich zum Innenraum des Rückgratskanals. Extrem sind diese Unterschiede bei der altertümlichen Form des Ameisenbären, der, wie jene vorweltlichen Säugetiere, einen für sein Körpervolumen scheinbar zu kleinen Schädelinhalt und im Verhältnis dazu eine zu große Kapazität des Rückgratskanales besitzt. Beim Krokodil entsprechen die Verhältnisse vollkommen denen von Stegosaurus. Die Einzelresultate sind folgende (Kubikinhalt in Kubikzentimetern):

Menschen und Tiere	Schädel	Rückgrat	Rückgrat = 1 zu Schädel	Rückgrat in Prozenten des Schädelinhalts
Menschen: Europäer, Mann	1503	129	1 : 11,65	8,58
" Mann	1419	117	1 : 12,12	8,24
" Weib	1335	123	1 : 10,85	9,21
" Nigritier, Yaunde	1370	100	1 : 13,70	7,30
" Pare	1295	98	1 : 13,16	7,56
" Usambara	1500	119	1 : 12,60	7,90
" Papuas, Kaluana (kleinwüchsig)	1185	95	1 : 12,42	8,01
Anthropoiden: Orang-Utan, männlich	450	83	1 : 5,42	18,46
" männlich	490	93	1 : 5,27	19,00
" weiblich	300	68	1 : 4,41	22,67
" weiblich	350	76	1 : 4,60	21,72
Niedere Säugetiere: Schaf	123	95	1 : 1,29	77,32
Wolf	140	112	1 : 1,25	80,00
Tapir	325	265	1 : 1,22	81,54
Hirsch	330	321	1 : 1,02	97,27
Ziege	160	156	1 : 1,02	97,50
Pferd	626	695	1 : 0,89	112,09
Kuh	610	895	1 : 0,68	146,72
Ameisenbär	80	140	1 : 0,57	175,00
Reptilien: Krokodil (3 m lang)	25	232	1 : 0,10	928,00

Nach meinen Untersuchungen hat der Mensch unter allen Vertebraten das größte und schwerste Gehirngewicht im Verhältnis zum Rückenmarksgewicht bzw. zum übrigen Nervensystem. Dementsprechend hat der Mensch den größten Schädelinnenraum im

Verhältnis zur Rückgratsröhre; bei den Anthropoïden (Orang) ist dieses Übergewicht weniger als halb so groß, und bei den niederen Säugetieren werden beide Volumina etwa gleich oder das Volumen der Rückgratsröhre beträchtlich größer (Pferd, Kuh, Ameisenbär), bei dem Krokodil ist das Volumen der Rückgratshöhle etwa zehnmal größer als das der Schädelhöhle.

Das Rückenmark für sich füllt den Rückgratskanal viel weniger vollkommen aus als das Gehirn. Nach meinen Bestimmungen beträgt für die altbayerische Bevölkerung beider Geschlechter der Innenraum des trockenen Schädels im Mittel 1419 ccm, nach v. Bischoff beträgt das mittlere Hirngewicht der gleichen Bevölkerung 1290,5 ccm, die Differenz danach 9 Prozent. Dagegen fand ich bei der gleichen Bevölkerung das mittlere Rückgratsinnenvolumen zu 123, das mittlere Rückenmarksgewicht zu 30,5, die Differenz beträgt danach 75 Prozent. Bei niederen Säugetieren ist die Differenz nach meinen Bestimmungen noch weit beträchtlicher:

	Schädelinnenvolumen	Hirngewicht (Hirnvolumen)	Innenvolumen des Rückgratskanals	Gewicht (Volumen) des Rückenmarks
Pferd	626	587	695	238
Kuh	610	446	895	210
Hund (Wolf)	140	101	112	23

7. Die Gruppierung der heutigen Menschenrassen.

Inhalt: Ältere Systeme zur Einteilung der Menschenrassen. — Neuere Systeme zur Einteilung der Menschenrassen.

Es erscheint uns als eine besonders wichtige Errungenschaft der modernen darwinistischen Naturphilosophie, daß durch sie der Annahme einer gemeinsamen Abstammung des Menschengeschlechts, die unter den auf ernsthafte und eigene umfassende Studien bauenden anatomischen Anthropologen von jeher die leitende war, ganz allgemein auch unter den Teilen des Publikums Bahn gebrochen worden ist, die sich durch anatomische Beweise, weil sie diese in ihrer Tragweite nicht verstehen können, auch nicht überzeugen lassen.

Hier gehen wir noch nicht auf die Frage ein, wie wir uns die körperliche Form der Urväter des Menschengeschlechts zu denken haben, und berufen uns nur auf das in den vorstehend mitgeteilten Untersuchungen über die körperlichen Verschiedenheiten des Menschengeschlechts schon Gesagte. Wir finden auffallende Differenzen und extreme Entwickelungen, wohl geeignet, die Aufmerksamkeit des Forschers zu fesseln, und groß genug, um die Vertreter solcher verschiedener Körperbildungen als wesentlich voneinander differenziert zu unterscheiden. Aber soweit wir diese Verschiedenheiten bis jetzt verfolgen können, sehen wir sie alle durch aufs feinste abgestufte Zwischenformen so vollkommen miteinander verbunden, daß uns die Gesamtheit der körperlichen Differenzen als eine in sich geschlossene Reihe erscheint, in der wir Trennungen der einzelnen Formen voneinander nur durch mehr oder weniger willkürlich gezogene Scheidungslinien veranstalten können. Das ist heute die Meinung aller selbständig über den Menschen forschenden, anatomisch gebildeten Anthropologen, mögen sie sonst zur Lehre Darwins eine persönliche Stellung haben, welche sie wollen. In bestimmtester Weise haben sich für die Einheit des Menschengeschlechts ausgesprochen: J. Kollmann, der sich für einen sehr entschiedenen Darwinianer gibt, Rudolf

Virchow, der sich im Kampfe der Meinungen hier wie überall seine vollkommen freie Entscheidung vorbehielt, K. E. v. Baer, einer der Hauptbegründer der Lehre von dem gesetzmäßigen Zusammenhang der animalen Formbildungen, aber doch ein entschiedener Gegner des modernen Darwinismus, sie mögen als Vertreter dieser verschiedenen Standpunkte, aber in der uns vorliegenden Frage doch vollkommen einig, als Autoritäten hier genannt werden.

Ältere Systeme zur Einteilung der Menschenrassen.

Bei dem eben dargelegten Stande der heutigen Forschung können gegenwärtig alle Versuche, die Menschheit nach ihren körperlichen Verschiedenheiten in scharf voneinander gesonderte Gruppen (Rassen, Typen oder Varietäten) zu trennen, nur provisorischen Wert haben. Hier sieht noch niemand klar und kann noch niemand klar sehen. Eine Anzahl mehr oder weniger tastender Versuche zur Verbesserung des Linnéschen und Blumenbachschen Systems sind in neuerer Zeit gemacht worden. Wir können uns hier darauf beschränken, einige versuchte Klassifikationen dieser Art anzuführen, ohne daß wir es unternehmen wollen, durch einen eigenen neuen solchen Versuch die Zahl der wissenschaftlich nicht exakt zu begründenden schematischen Einteilungen zu vermehren. Hier ist aber der Ort, um zunächst die altberühmten Einteilungen des Menschengeschlechts nach Linné und Blumenbach, möglichst wörtlich aus dem Lateinischen übersetzt, mitzuteilen.

Linnés erste Ordnung der Säugetiere: Primates, Primaten oder menschenähnliche Tiere, vereinigte mit dem Menschen die Affen, Halbaffen und Fledermäuse; an der Spitze steht der Mensch.

Die vier Menschenrassen nach Linné.

I. Mensch (Homo sapiens). Erkenne dich selbst.

1) Homo diurnus, der Tagmensch: variierend durch Kultur und Wohnort. Vier Varietäten:

a) Der Amerikaner (Americanus). Rötlich, cholerisch, gerade aufgerichtet. Mit schwarzen, geraden, dicken Haaren, weiten Nasenlöchern; das Gesicht voll Sommersprossen, das Kinn fast bartlos. Hartnäckig, zufrieden, frei; bemalt mit labyrinthischen (dädalischen) Linien, regiert durch Gewohnheiten.

b) Der Europäer (Europaeus). Weiß, sanguinisch, fleischig. Mit gelblichen, lockigen Haaren, bläulichen Augen. Leicht beweglich, scharfsinnig, erfinderisch; bedeckt mit anliegenden Kleidern, regiert durch Gesetze.

c) Der Asiate (Asiaticus). Gelblich, melancholisch, zäh. Mit schwärzlichen Haaren, braunen Augen. Grausam, prachtliebend, geizig; gehüllt in weite Gewänder, regiert durch Meinungen.

d) Der Afrikaner (Afer). Schwarz, phlegmatisch, schlaff. Mit kohlschwarzen, verworrenen (contortuplicatis) Haaren, mit seidenartig glatter Haut (wie Samt), mit platter Nase, aufgeschwollenen Lippen, die Weiber mit Hottentottenschürze und während des Säugens mit verlängerten Brüsten (feminis sinus pudoris, mammae lactantes prolixae). Schlau, träge, gleichgültig; mit Fett gesalbt, regiert durch Willkür . . .

Wir schließen hieran, ebenfalls in tunlichst wortgetreuer Übersetzung, das Schema der fünf Menschenvarietäten Blumenbachs, indem wir dabei auf die S. 177 gegebene nähere Beschreibung der fünf typischen Schädelformen verweisen.

Die fünf Menschenrassen nach Blumenbach.

A. Kaukasische Varietät. Von weißer Farbe, roten Wangen, bräunlichem oder nußbraunem Haupthaar und rundlicher Schädelform. Das Gesicht oval, oder richtiger: keiner von dessen einzelnen Teilen tritt störend hervor; die Stirn ziemlich eben, flach (fronte planiore), die Nase ziemlich schmal, leicht gebogen, der Mund klein; die vorderen Zähne der beiden Kiefer senkrecht gestellt; die Lippen, besonders die untere, bescheiden (molliter) entwickelt, das Kinn voll und gerundet. Im allgemeinen erscheinen die Gesichtszüge nach unserem Urteil über Symmetrie besonders anmutig und schön. Es gehören zu dieser ersten Varietät die Europäer (ausgenommen die Lappen und der übrige finnische Stamm), dann die westlichen Asiaten bis zum Flusse Ob, dem Kaspischen Meer und dem Ganges, endlich die Einwohner des nördlichen Afrika.

B. Mongolische Varietät. Von gelblichfahler Farbe, schwarzem, ziemlich starrem, geradem, spärlichem Haupthaar und gleichsam quadratischer Schädelform. Das Gesicht breit, flach und eingedrückt, mit wenig hervorstehenden, gewissermaßen ineinanderfließenden Einzelteilen; die Glabella (Unterstirn) flach und sehr breit, die Nase klein, aufwärts gebogen (naso simo). Die Wangen beinahe kugelig, nach außen vorragend. Die Augenspalte eng, linear, das Kinn etwas vorstehend. Diese Varietät umfaßt die Asiaten, soweit sie nicht zu den Kaukasiern und Malaien gehören, dann die finnischen Völker, Lappen usw. und von Amerika die im Norden dieses Weltteils sehr weit verbreiteten Stämme der Eskimos vom Beringmeer bis zum äußersten Grönland.

C. Äthiopische Varietät. Von dunkelbrauner (schwärzlicher) Haut, schwarzem und gekraustem Haupthaar, von den Seiten her zusammengedrücktem Schädel; die Stirn zeigt verschiedene Erhöhungen (gibba), sie ist gewölbt; die Jochbeine nach vorn hervorragend; die Augen mehr vorstehend; die Nase plump und mit den vorgereckten Kiefern gleichsam verschmolzen; die Zahnrandbogen ziemlich eng und nach vorn verlängert; die vorderen oberen Zähne schief nach vorn geneigt; die Lippen, namentlich die obere, strotzend geschwellt; das Kinn ziemlich zurückgezogen; die Unterschenkel einwärts gebogen. Zu dieser Varietät zählen, abgesehen von den Nordafrikanern, alle Bewohner Afrikas.

D. Amerikanische Varietät. Kupferfarbig, mit schwarzem, ziemlich starrem, straffem, spärlichem Haupthaar, kurzer Stirn, tiefgelagerten Augen, etwas aufgeworfener (naso subsimo), breiter, aber doch hervorragender Nase; das Gesicht im allgemeinen breit, aber der vorragenden Kiefer wegen nicht flach und eingedrückt, sondern in seinen einzelnen Teilen, in der Seitenansicht, mehr ausgearbeitet und gleichsam tiefer ausgegraben; Stirn und Scheitel meist künstlich geformt. Diese Varietät umfaßt, abgesehen von den Eskimos, die übrigen Eingeborenen Amerikas.

E. Malaiische Varietät. Von kastanienbrauner Farbe, schwarzem, ziemlich weichem, gelocktem, dichtem und reichem Haupthaar, mäßig verengertem Schädel und ziemlich gerundeter Stirn; die Nase ziemlich voll und etwas breit, gleichsam ausgebreitet, mit dickerer Spitze; der Mund groß; der Oberkiefer einigermaßen vorstehend, aber die einzelnen Teile des Gesichts in der Seitenansicht ziemlich vorspringend und bestimmt voneinander abgesetzt. Diese letzte Varietät umfaßt die Inselbewohner des Pazifischen Meeres zugleich mit den Eingeborenen der Marianen, Philippinen, Molukken und Sunda-Inseln und auf dem asiatischen Kontinent die Einwohner der Halbinsel Malakka.

Blumenbachs Schema der Rasseneinteilung und Rassenverteilung hat in Deutschland noch heutigestags manche Anhänger. In Frankreich zieht man vielfach die von Cuvier festgehaltene uralte Teilung der Menschheit in drei Rassen (nach den drei Söhnen Noahs) vor; man unterscheidet: die weiße, gelbe und schwarze Rasse. Cuvier hat die rein anatomische Betrachtungsweise der Rassenverschiedenheiten darin verlassen, daß er, wie zum Teil schon Linné, zugleich Gewicht auf die Sprachenunterschiede und die Kulturfähigkeit legte. Eine rein auf körperliche Merkmale gegründete, noch auf Cuvier fußende Rasseneinteilung gab der verdienstvolle Schüler und Nachfolger Brocas, P. Topinard, und wir teilen sie im folgenden als ein Beispiel aus der Reihe der französischen Klassifikationsmethoden mit.

Topinards Klassifikation der Menschenrassen.

Nasen-Index am Lebenden	Haare	Schädel-Index	Farbe	Körpergröße	Typen
I. Weiße Rasse Schmalnasen, Leptorrhinen	wellig, Durchschnitt oval	Langköpfe, Dolichokephalen	Haare: blond / „ rot / „ braun	groß / „ / verhältnismäßig klein	Anglo-Skandinavier oder Kymrier 1. / Finnen 1. Typus 2. / Mittelländer 3.
		Mittelköpfe, Mesokephalen	„ „	„ „	Semiten, Ägypter 4.
		Kurzköpfe, Brachykephalen	„ kastanienbraun	klein / mittelgroß	Lappen und Ligurer 5. / Kelto-Slawen 6.
II. Gelbe Rasse Mittelbreitnasen, Mesorrhinen	grob, gerade, Querschnitt rund, Kopfhaare lang, der übrige Körper wenig behaart	Langköpfe, Dolichokephalen	Haut: gelb / „ rötlich	klein / groß	Eskimos 7. / Tehuelchen 8.
		Mittelköpfe, Mesokephalen (ungefähr 76)	„ „	„ „	Polynesier 9.
			„ „	„ „	Amerik. Rothäute 10.
		Kurzköpfe, Brachykephalen	„ gelblich / „ olivenfarbig	mittelgroß / klein	Guarani 11. / Peruaner 12.
III. Schwarze Rasse Breitnasen, Platyrrhinen	gerade, Querschnitt oval	Langköpfe, Dolichokephalen	„ schwarz	groß	Australier 13.
			„ gelblich	sehr klein	Buschmänner (Anlage zur Steatopygie) 14.
			„ schwarz	groß	Melanesier, typische (vorspringende knöcherne Augenbrauenbogen, Nasenwurzel tief eingesetzt) 15.
	wollig, Querschnitt elliptisch	Langköpfe, Dolichokephalen	„ „	„ „	Afrikanische Neger im allgemeinen 16.
		Mittelköpfe, Mesokephalen (ungefähr 76)	„ „	mittelgroß	Tasmanier 17.
		Kurzköpfe, Brachykephalen	„ „	klein	Negritos 18.

Neuere Systeme zur Einteilung der Menschenrassen.

In neuerer Zeit haben nur zwei Versuche einer allgemeinen Klassifizierung der Menschheit eine mehr durchschlagende Bedeutung erlangt: die rein somatische, aber keineswegs im A. Retziusschen Sinne streng kraniometrische Klassifikation des berühmten englischen Anthropologen Huxley und die wesentlich linguistische, aber doch den Versuch einer Anlehnung an die somatische Anthropologie machende Einteilung des ausgezeichneten Linguisten und Ethnographen Friedrich Müller (vgl. auch S. 169). Beide Einteilungen sind mehr als anderthalb Jahrzehnte älter als die Topinards, die zum Teil auf ihnen basiert. Was Huxley im folgenden „dolichokephal" nennt, ist nach unserem Sprachgebrauch zum Teil auch mesokephal.

Huxleys Einteilung des Menschengeschlechts.

Folgen wir, wieder in wortgetreuer Übersetzung, zunächst Huxley in seinen Auseinandersetzungen über die Verschiedenheiten und die geographische Verteilung der Hauptmodifikationen der Menschheit. Um den berühmten englischen Forscher vollkommen verständlich zu machen, reproduzieren wir seine Originalkarte, welche die von ihm angenommene Verteilung veranschaulicht. (Siehe die beigeheftete Karte „Verteilung der Menschenrassen".) Huxley unterscheidet vier Haupttypen der Menschheit: den australoiden, den negroiden, den xanthochroischen und den mongoloiden Typus.

„In dem beigegebenen Weltkärtchen", sagt Huxley, „entspricht das Zentrum nahezu dem des Indopazifischen Ozeans, der an drei Seiten von den großen Landmassen der Alten und Neuen Welt begrenzt wird. Abgerissene Festlandfragmente scheiden die indische von der pazifischen Abteilung des Großen Ozeans und erstrecken sich gleich ebenso vielen Schrittsteinen zwischen der Malaiischen Halbinsel und Australien; das letztere liegt als eine halbkontinentale Landmasse beinahe halbwegs zwischen Afrika und Südamerika." Die eingeborene Bevölkerung Australiens repräsentiert nach Huxley einen der am besten markierten von allen Typen oder Hauptformen der Menschheit, den er als

I. australoiden Typus (Farbe Nr. 5 der Karte)

bezeichnet. Die Männer dieses Typus sind gemeiniglich von guter Statur, mit wohlentwickeltem Torso und Armen, aber mit relativ und absolut dünnen Beinen. Die Hautfarbe zeigt eine gewisse Schattierung von Schokoladenbraun, und die Augen sind sehr dunkelbraun oder schwarz. Das Haar ist gewöhnlich rabenschwarz, fein und seidenartig in der Textur und niemals wollig, aber gewöhnlich wellig und ziemlich lang. Der Bart ist manchmal wohlentwickelt, ebenso das Körperhaar und die Augenbrauen. Die Australier sind ausnahmslos „dolichokephal", der Schädelindex überschreitet selten 75 oder 76 und beträgt oft nicht mehr als 71 oder 72. Die knöchernen Augenbrauenbogen sind stark und prominierend, obwohl die Stirnhöhlen gewöhnlich sehr klein sind oder fehlen. Im Anblick von hinten, in der norma occipitalis, erscheint der Schädel gewöhnlich scharf pentagonal, fünfeckig. Die Nase ist eher breit als platt. Die Kinnbacken sind stark und die Lippen auffallend grob geformt und flexibel (beweglich). Gewöhnlich ist ein alveolarer Prognathismus (Schiefzähnigkeit) stark ausgesprochen. Die Zähne sind groß und die Eckzähne gewöhnlich stärker und entschiedener markiert als bei den anderen Formen des Menschengeschlechts. Der Ausgang des männlichen Beckens ist bemerkenswert eng.

Diese Merkmale sind allen Ureinwohnern des eigentlichen Australien (ausschließlich Tasmaniens) gemeinsam, und als einzige Differenz verdient bemerkt zu werden, daß bei einigen Australiern das Schädeldach hoch und an den Seiten gerade aufsteigend (wallsided) ist, während es bei anderen sichtlich deprimiert erscheint. Keine anderen Schädel sind im allgemeinen so leicht zu erkennen wie gute Exemplare von Australiern, doch sind die Schädel ihrer nächsten Nachbarn, der Bewohner der Negrito-Inseln, häufig kaum von ihnen zu unterscheiden. Das einzige Volk außerhalb Australiens, das die Hauptmerkmale der Australier (-Schädel) in gut ausgesprochener Form darbietet, sind die sogenannten Hügelstämme, die hill-tribes, die das Innere des Dekhan in Hindostan bewohnen. Ein gewöhnlicher Kuli, wie man sie unter dem Schiffsvolk jedes frisch zurückgekehrten Ostindienfahrers sehen kann, würde, bis auf die Haut entkleidet, sehr gut die Musterung als Australier passieren; immerhin sind der Schädel und der Unterkiefer gewöhnlich weniger grob.

In der Rassenkarte hat Huxley daher die blaue Farbe (Nr. 5) nicht nur Australien, sondern auch dem Inneren des Dekhan gegeben. Eine hellere Schattierung derselben Farbe nimmt die Wohnsitze der alten Ägypter und ihrer modernen Nachkommen ein. Denn obwohl der Ägypter stark durch Zivilisation und wahrscheinlich durch Blutmischung modifiziert ist, bewahrt er doch die dunkle Haut, die schwarzen, seidenartigen, gewellten Haare, den langen Schädel, die fleischigen Lippen und die verbreiterten Nasenflügel, von denen wir wissen, daß sie seine alten Vorfahren auszeichneten, und die der Grund sind, daß sowohl er als jene sich den Australiern und den Dasyu inniger annähern, als das sonst irgendeine andere Form der Menschheit tut.

Es sei ein besonders beachtenswerter Umstand, daß keine Spur des australoiden Typus auf irgendeiner der Inseln des Malaiischen Archipels gefunden worden ist; alle dunkelhäutigen Völker, die uns in einigen dieser Inseln und in den Andamanen begegnen, seien Negritos (vgl. unten). Anderseits kenne man keinen negroiden Typus zwischen den Andamanen und Ostafrika, die dunkeln Elemente der südarabischen Bevölkerung seien eher australoid als negroid.

II. Der negroide Typus (Farbe Nr. 1, 2, 3 der Karte).

Wie der Hauptrepräsentant des australoiden Typus der Australier in Australien ist, so ist es für den negroiden Typus der Neger in den südlicheren Teilen Afrikas, einschließlich Madagaskars, zwischen der Sahara und dem Lande, das man im großen und ganzen das Kapland nennt.

Die Statur des Negers ist im Durchschnitt wohlgebildet, und der Körper und die Gliedmaßen sind gut geformt. Die Haut variiert in der Farbe durch verschiedene Schattierungen von Braun bis zu dem, was man gewöhnlich Schwarz nennt, und die Augen sind braun oder schwarz. Das Haar ist meist schwarz und immer kurz und kraus oder wollig, Bart und Körperhaar gewöhnlich sparsam. Die Neger sind beinahe ausnahmslos „dolichokephal". Huxley begegnete nicht mehr als einem oder zwei Schädeln mit einem Index von 80, während Indizes von 73 oder weniger nicht ungewöhnlich sind. Die knöchernen Augenbrauenbogen sind selten prominierend, die Stirn bewahrt ein gutes Teil des weiblichen oder kindlichen Charakters. In der Ansicht von hinten, in der norma occipitalis, ist der Schädel oft pentagonal, fünfeckig, aber nicht so ausgesprochen wie bei dem australoiden Typus. Schiefzähnigkeit ist allgemein, und die Nasenbeine sind eingedrückt, daher ist die Nase sowohl flach als breit. Die Lippen sind dick und vorstehend.

Die Buschmänner des Kapgebietes (Nr. 1) müssen als eine spezielle und eigentümliche Modifikation des negroiden Typus betrachtet werden. Sie sind merkwürdig durch ihre kleine

Statur: die Männer überschreiten selten 4 Fuß englisch (= 1219 mm) in der Höhe, während die Frauen noch merklich unter diese Körperhöhe herabgehen. Beide Geschlechter sind auffallend wohlgeformt. Die Haut ist von gelblichbrauner Farbe, Augen und Haare sind schwarz und letztere wollig. Sie sind alle dolichokephal, und der Rand des weiblichen Beckens besitzt öfter als bei anderen Formen des Menschengeschlechts einen längeren senkrechten (von hinten nach vorn = anterio-posterioren) als queren (transversalen) Durchmesser. Eine der sonderbarsten Eigentümlichkeiten dieses Volkes ist die Neigung, Fett in der Sitzregion anzuhäufen, und die wunderbare Entwickelung der Nymphen bei den Weibern. Die Hottentotten scheinen das Resultat der Kreuzung zwischen Buschmännern und gewöhnlichen Negern zu sein.

Auf den Andamanen-Inseln, der Halbinsel von Malakka, den Philippinen, auf den Inseln, die sich von Wallaces Linie nahezu parallel mit der Ostküste von Australien ost- und südwärts erstrecken, bis Neukaledonien, und endlich in Tasmanien begegnen uns Menschen mit dunkler Haut und welligem Haar, die eine spezielle Modifikation des negroïden Typus bilden: die „Negritos" (Nr. 3). Nur bei den Andamanen hat man Schädel gefunden mit einem Index, der sich 80 annähert oder diese Zahl überschreitet (neuerdings bezeichnet man nur noch diese dunkelhäutigen Kurzköpfe als Negritos, die anderen als Papuas und Melanesier; vgl. S. 228 ff.); alle anderen „Negritos" sind, soweit man ihre Schädel untersucht hat, „dolichokephal". Aber die Schädel der östlichen und südlichen „Negritos" bieten, wie schon oben gesagt, eine bemerkenswerte Annäherung an den australoïden Typus dar und differieren deutlich von den gewöhnlichen afrikanischen Negern durch die starken knöchernen Augenbrauenbogen und die fünfseitige, pentagonale Hinterhauptsansicht (norma occipitalis). Die am besten bekannten und am meisten typischen von diesen östlichen „Negritos" sind die Eingeborenen von Tasmanien und Neukaledonien und jene von den Inseln der Torresstraße und von Neuguinea. Auf den ostwärts vorgeschobenen Inseln, besonders auf den Fidschi-Inseln, sind die „Negritos" sicherlich beträchtliche Mischungen mit Polynesiern eingegangen, und es ist wahrscheinlich, daß in Neuguinea eine ähnliche Kreuzung mit Malaien erfolgt ist.

III. Der xanthochroïsche Typus (Farbe Nr. 6).

Ein dritter, äußerst wohldefinierter Typus der Menschheit wird dargestellt von den Bewohnern des größten Teiles von Zentraleuropa. Das sind die Xanthochroën oder Hellweißen, Blonden. Sie sind von großer Statur und haben eine beinahe farblose und so zarte Haut, daß das Blut tatsächlich durch sie hindurchscheint. Die Augen sind blau oder grau, das Haar licht, von Strohfarbe bis zu Rot oder Nußbraun, Bart und Körperhaare reichlich. Der Schädel präsentiert alle Verschiedenheiten der Form, von der extremen Dolichokephalie bis zur extremen Brachykephalie. Im Süden und Westen kommt dieser Typus in Kontakt mit den Melanochroën oder Dunkelweißen, Brünetten, während er im Norden und Osten gemischt wird mit dem Volke des mongoloïden Typus, der an jener Seite an ihn grenzt. Seine äußerste Nordwestgrenze ist Island, seine Südwestgrenze sind die Kanarischen Inseln; in Afrika liegt seine Südgrenze nördlich von der Sahara; in Asien in Syrien und Nordarabien; seine südöstliche Grenze in Hindostan, während in nordöstlicher Richtung Spuren von ihm so weit östlich wie der Jenissei beobachtet wurden. Doch hat Huxley auf seiner Karte nicht gewagt, die roten Streifen, welche die Existenz dieses Typus neben anderen Typen andeuten, so weit östlich zu ziehen, da man, wie er sagt, in der Tat über die Völker Zentralasiens wenig weiß.

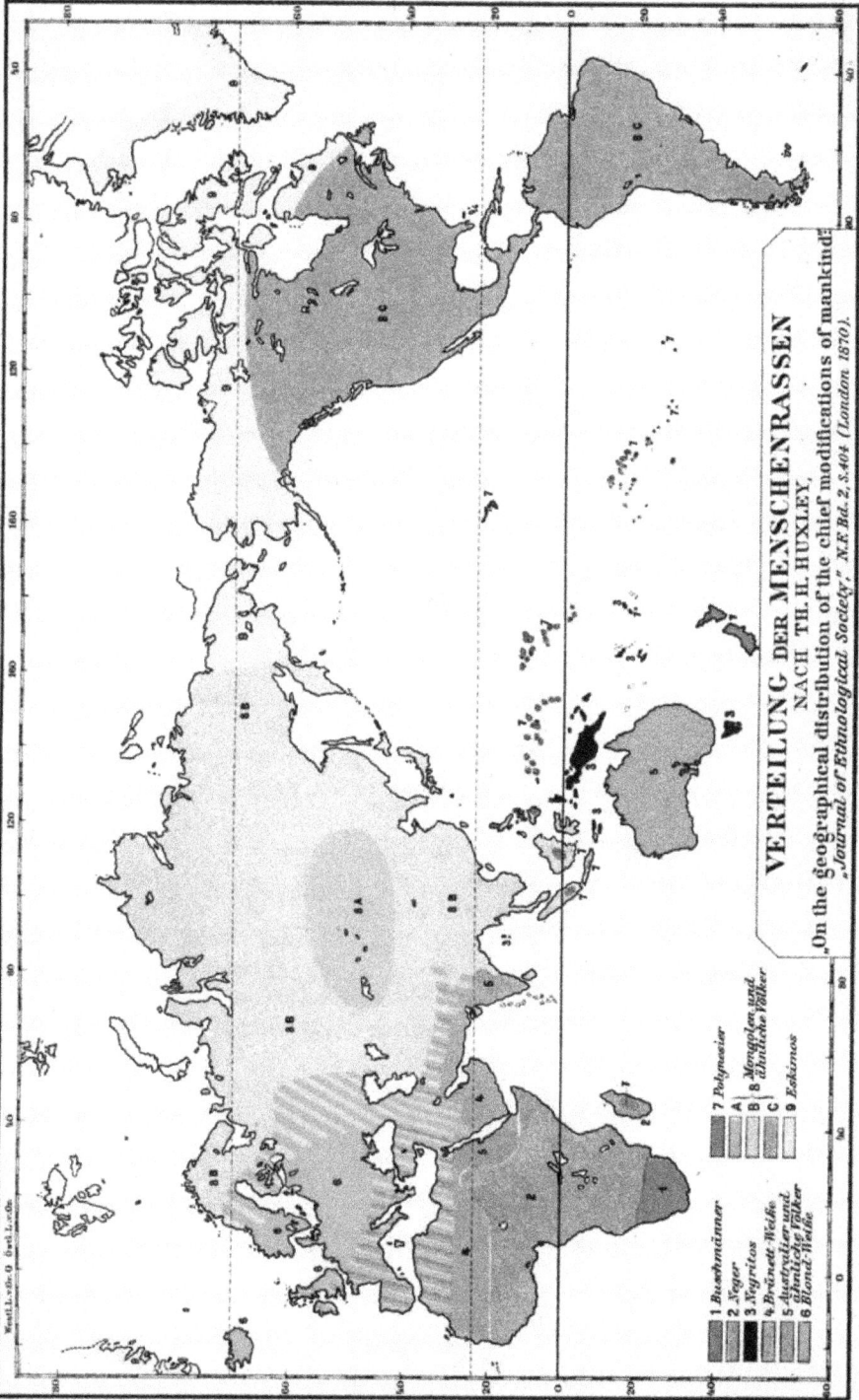

VERTEILUNG DER MENSCHENRASSEN
NACH TH. H. HUXLEY.
„On the geographical distribution of the chief modifications of mankind."
„Journal of Ethnological Society". N.F. Bd. 2, S.404 (London 1870).

1 Buschmänner
2 Neger
3 Negritos
4 Bräunett-Weiße
5 Australier und ähnliche Völker
6 Blond-Weiße
7 Polynesier
A
B } 8 Mongolen und ähnliche Völker
C
9 Eskimos

Bibliographisches Institut in Leipzig.

IV. Der mongoloide Typus (Farbe Nr. 8).

Ein enormes Gebiet, das hauptsächlich im Osten einer von Lappland nach Siam gezogenen Linie liegt, wird größtenteils von kurz und stämmig gebauten Menschen mit gelbbrauner Hautfarbe bewohnt; Augen und Haare schwarz, letztere schlicht, grob, lang auf dem Schädel, spärlich am Körper und Gesicht. Sie sind stark brachykephal, ohne prominierende knöcherne Augenbrauenbogen, die Nase platt und klein, die Augenlidspalte schief. Die eigentlichen Malaien und vermutlich die Eingeborenen der Philippinen, soweit sie nicht „Negritos" sind, fallen unter die gleiche Hauptdefinition. Anderseits sind die Chinesen und Japaner, bei denen die Haut, die Haare, Nase und Augen der eben für die Mongoloiden gegebenen Beschreibung entsprechen, dolichokephal, und die Aïnos, ebenfalls dolichokephal, unterscheiden sich durch eine ungewöhnliche Entwickelung der Haare am Gesicht und Körper.

Die Dajaken im Inneren von Borneo sind gleicherweise dolichokephal; und dieses Volk und die Batta auf Sumatra, die sogenannten Alfuren von Celebes und die Eingeborenen der anderen am meisten östlichen Eilande von Indonesien scheinen unmerklich durch die Völker der Palau-Inseln und des Karolinen- und Ladronen-Archipels in die Polynesier überzugehen, bei denen die Straffheit des Haares und die Schiefheit der Augen verschwinden, während bei der Mehrheit der Schädel lang ist und sich oft dem australoiden Typus annähert. Huxley gibt an, er sei niemals einem brachykephalen Maorischädel begegnet, trotz der großen von ihm untersuchten Anzahl von Neuseelandschädeln. Dagegen trifft man auf Brachykephalie auf den Sandwich-Inseln und, wie es scheint, auf den Samoa-Inseln. Die Schädel auf der Oster-Insel fand Huxley lang.

Da das Zeugnis der Linguistik keinen Zweifel daran zuläßt, daß Polynesien vom Westen her bevölkert worden ist, also möglicherweise von Indonesien, so ergibt sich das interessante Problem, inwiefern die Polynesier das Produkt einer Kreuzung sein mögen zwischen den Dajak-Malaien und den „Negrito"-Elementen der Urbewohner jener Region. Huxley neigt zu der Meinung, daß die Differenzen, die immer wieder zwischen den Elementen der Bevölkerung in Polynesien und vor allem in Neuseeland angegeben werden, sich auf einen derart gemischten Ursprung der Polynesier beziehen mögen.

Im Nordosten kommt die mongoloide Bevölkerung Asiens in Kontakt mit Tschuktschen, von denen man sagt, sie seien physisch identisch mit den Eskimos und Grönländern von Nordamerika. Diese Völker vereinigen mit der Haut und dem Haar der asiatischen Mongoloiden extrem lange Schädel. Der mongoloide Habitus von Haut und Haar ist ebenso sichtbar in der ganzen Bevölkerung der beiden Amerika; aber die Amerikaner sind vorherrschend dolichokephal, nur die Patagonier und die alten Mound-builders zeigen zweifellose Brachykephalie.

Es erscheint ganz unmöglich, irgendeine auf physische Merkmale begründete Trennungslinie zwischen den sogenannten amerikanischen Indianern zu ziehen; daher wurde dem ganzen Gebiet, das diese okkupieren, auf der Karte eine gleichmäßige Färbung gegeben (8C). Huxley hat dem Gebiete der Eskimos eine davon verschiedene Farbe (9) zugeteilt, mehr um bei dem Studium der Karte den Gedanken an den bei guter Entwickelung sehr eigentümlichen Charakter dieses Typus wachzuhalten, als weil er der Ansicht wäre, daß er sich scharf von dem der nordamerikanischen Indianer unterscheide[1]. Das stärker gefärbte Gebiet (8A) endlich soll in

---

[1] Diese Farbe für die Eskimos (9) wurde bei Huxleys Originalkarte, wie er selbst angibt, aus Mißverständnis über die Aleutischen Inseln und Kamtschatka erstreckt, die nach Huxley aller Wahrscheinlichkeit

roher Umgrenzung die Verbreitung der eigentlichen Mongolen anzeigen. Es ist ein besonders eigentümlicher Umstand, daß dieselbe Art von Gegensatz, verbunden mit einer Anzahl bestimmt definierter Ähnlichkeiten, zwischen einem Mongolen und Irokesen besteht wie zwischen einem Malaien und einem Neuseeländer, und man kann in dem ungeheuern ameriko-asiatischen Gebiete, aber ebenso auch in dem nur weniger weiten Raume, der von den polynesischen Inseln eingenommen wird, jede Abstufung zwischen den genannten extremen Formen finden.

Die Melanochroën.

Die vier großen Gruppen der Menschheit, deren Gebiet wir eben definierten, nehmen die ganze Welt ein, abgesehen von dem Westen und Süden Europas, von Afrika diesseit der Sahara, von Kleinasien, Syrien, Arabien, Persien und Hindostan. In diesen Regionen findet man, mehr oder weniger gemischt mit den Hellweißen (den Blonden oder Xanthochroën) und dem mongoloïden Typus und sich mehr oder weniger weit in die angrenzenden xanthochroïschen, mongoloïden, negroïden und australoïden Gebiete erstreckend, jenen Menschentypus, den Huxley als Melanochroën oder Dunkelweiße, Brünette, bezeichnet hat. In seiner besten Form wird uns dieser Typus dargestellt von manchen Irländern, Wallisern und Bretonen, von den Spaniern, Süditalienern, Griechen, Armeniern, Arabern und Brahmanen hoher Kaste. Ein Mann dieser Gruppe mag im Punkte der physischen Schönheit und geistigen Energie den besten der Xanthochroën gleichstehen, aber es zeigt sich zwischen ihm und dem letzteren Typus in anderer Hinsicht ein großer Gegensatz, denn die Haut, obschon klar und durchscheinend, hat eine mehr bräunliche, sich bis zum Olivenfarbigen vertiefende Färbung; das Haar, fein und wellig, ist schwarz, und die Augen sind von gleicher Farbe; die Mittelgröße ist gewöhnlich geringer und der Bau des Knochengerüstes gewöhnlich leichter als bei dem xanthochroën, blonden Typus. In Hindostan gehen die Melanochroën durch unzählige Abstufungen in den australoïden Typus des Dekhan über, während sich der Typus in Europa durch endlose Variationen von Mischformen in die Xanthochroën abschattiert.

Huxley erscheint es sehr zweifelhaft, ob die Melanochroën als eine primitive Modifikation des Menschengeschlechts zu bezeichnen seien in dem Sinne, in welchem er diesen Ausdruck auf die Australoïden, Negroïden, Mongoloïden und Xanthochroën anwendet. Im Gegenteil ist er mehr geneigt, zu glauben, die Melanochroën seien das Ergebnis einer Mischung zwischen Xanthochroën und Australoïden. Gewöhnlich bezeichne man, wie Huxley sagt, die Xanthochroën und Melanochroën zusammengenommen mit der absurden Benennung Kaukasier.

Vielleicht, sagt Huxley zum Schlusse seiner Darlegung, ist das interessanteste Faktum, das auf der Karte der Verteilung der großen Gruppen der Menschheit zur Erscheinung kommt, der Kontrast zwischen der Breite und allgemeinen Gleichartigkeit, die auf einem so enormen Gebiete wie dem der beiden Amerika vorwalten, das jede Verschiedenheit des Klimas und der physikalischen Beschaffenheit darbietet, und anderseits den eigentümlichen Verschiedenheiten, die sich anderswo, z. B. in der pazifischen Inselwelt, auf einen vergleichsweise engen Raum zusammendrängen. Hier gelangen wir, wenn wir von Osten nach Westen ein und derselben Breitenzone auf einige tausend Meilen Länge folgen, von polynesischen Mongoloïden auf den Schiffer- oder Freundschaftsinseln zu Negritos in den Neuen Hebriden

---

nach, wie das in unserer Nachbildung der Karte geschehen ist, eher dieselbe Farbe tragen sollten wie das Gebiet von 8 B.

und zu Auftraloiden auf dem Hauptlande Auftraliens. Eine Tatfache diefer Art genügt an fich allein für den Beweis, daß ganz andere Urfachen als bloßer Wechfel der phyfikalifchen Bedingungen auf den gleichen Grundftock einwirkend zu Hilfe genommen werden müffen, um Auffchluß zu geben über das Phänomen, das die gegenwärtige Verteilung der Menfch= heit darbietet. So weit Huxley.

Es find fchon mehrere Jahrzehnte verfloffen, feitdem der geiftvolle englifche Forfcher diefes Schema der Völkerverteilung auf der Erde nach rein körperlichen Unterfchieden auf= ftellte; es gefchah 1870. Trotzdem, daß wir auch heute noch nicht in der Lage find, ein anderes, nur irgendwie definitives Schema dafür aufzuftellen, widerftreiten doch einige der oben mitgeteilten, von Huxley gemachten Angaben dem jetzigen Stande unferer An= fchauungen zu fehr, als daß wir auf fie nicht in Kürze hinweifen follten.

Es ift ja fehr fchmeichelhaft für den phyfifchen Wert des auftraloiden Typus im all= gemeinen, wenn von Huxley als einer feiner Hauptzweige die alten Ägypter bezeichnet werden, die Träger der älteften hiftorifchen Kultur der Welt. Es exiftieren gewiß fomatifche Ähnlichkeiten, aber diefe führen doch für die alten Ägypter und ihre modernen Nachkommen, foweit wir bis jetzt fehen können, viel mehr unmittelbar zu den Dunkelweißen als zu den Auftraliern. Und ganz unftatthaft erfcheint es bis jetzt, die Dunkelweißen von den Hellweißen prinzipiell zu fcheiden. Auch die Abgrenzung, die Huxley zwifchen dem auftraloiden und dem negroïden Typus in der pazififchen Infelwelt vornimmt, ftößt, wie wir fehen werden, auf die verfchiedenartigften Einwände.

Der fomatifche Zufammenhang der Neger= und Kaffernftämme Afrikas einerfeits und der Bufchmänner und Hottentotten anderfeits und die Beziehungen beider Abteilungen zu= einander werden jetzt kaum mehr verkannt, aber die Hottentotten als Mifchungsergebnis zwifchen Negern und Bufchmännern, welch letztere G. Fritfch, ihr befter Kenner, als eine afrikanifche Urraffe darftellt, zu erklären, wird jetzt wohl nur noch wenig Zuftimmung finden. Hottentotten und Bufchmänner erfcheinen als Modifikationen des negroïden Typus durch eine hellere Hautfarbe ausgezeichnet, in gewiffem Sinne, wie man die Hellweißen als eine Modifikation der Dunkelweißen wird betrachten dürfen. Beide Modifikationen erklären fich aber doch wohl keineswegs aus Mifchungsrefultaten allein.

Wir wollen weiter unten einige neue Ergebniffe über die Völkermifchungen in der Süd= fee anführen, vorher jedoch das in Deutfchland noch immer verbreitetfte Schema der Raffen= verteilung auf der Erde in Kürze mitteilen. Es ift das jenes oben (S. 170) erwähnte und zum Teil fchon vorgelegte Schema, das der berühmte Linguift und Ethnolog Friedrich Müller in feiner „Allgemeinen Ethnographie" aufgeftellt hat im Anfchluß an die Ergebniffe feiner Bearbeitung des ethnographifchen Teiles der „Reife der öfterreichifchen Fregatte Novara".

Friedrich Müllers Raffeneinteilung der Menfchheit.

F. Müller ftützt fich vornehmlich auf die Befchaffenheit der Behaarung und auf die Sprache, „welche zwei Dinge", fagt er, „viel konftanter als die Schädelform fich zu ver= erben pflegen. Dabei ift jedoch die Betrachtung der übrigen körperlichen und pfychifchen Eigenfchaften, welche die Verfchiedenheit der Typen innerhalb des Menfchengefchlechts be= gründen, nicht ausgefchloffen, fondern im Gegenteil genau berückfichtigt." Wir haben oben (S. 169 f.) ausführlich auf die Schwierigkeiten und Bedenken hingewiefen, die der Be= nutzung der Haare als eines anthropologifchen Einteilungsgrundes entgegenftehen. Auf

das dort Gesagte berufen wir uns hier, um von vornherein unseren prinzipiellen Standpunkt diesem Versuche der Einteilung gegenüber zu bezeichnen. Darüber, daß die Sprache
für sich allein kein Kriterium der körperlichen Rasse abgibt, herrscht bei niemand, auch bei
F. Müller selbst nicht, ein Zweifel.

„Nach der Beschaffenheit der Kopfhaare", sagt F. Müller, „zerfallen die Menschen
zunächst in zwei große Abteilungen, nämlich Wollhaarige (ulotriches) und Schlichthaarige (lissotriches). Während bei den ersteren das Haar bandartig abgeplattet und der
Querschnitt desselben länglich erscheint, ist jedes Haar bei den letzteren zylindrisch und zeigt
sich der Querschnitt desselben kreisrund. Sämtliche wollhaarige Menschenrassen sind langköpfig (dolichocephali) und schiefzähnig (prognathi). Sie wohnen alle auf der südlichen Erd-
hälfte bis zum Äquator und einige Grade über diesen hinauf. Innerhalb dieser zwei großen
Abteilungen, nämlich I. Wollhaarige und II. Schlichthaarige, ergeben sich nach der näheren
Beschaffenheit und dem Wachstum des Haares beiderseits wieder zwei Unterabteilungen.
Zunächst bei den Wollhaarigen: 1) Büschelhaarige (lophocomi), 2) Vlieshaarige
(eriocomi). Bei den ersteren wachsen die Haare getrennt in einzelnen Büscheln, bei den letzteren dagegen gleichmäßig über die ganze Kopfhaut verteilt. (Was von diesen Unterscheidun-
gen zu halten ist, wurde auf S. 171 ff. angegeben.) Die Schlichthaarigen zerfallen ebenso
in zwei Unterabteilungen, nämlich: 1) Straffhaarige (euthycomi), 2) Lockenhaarige
(euplocomi). Während bei den ersteren das dunkle Haar glatt und straff herabhängt, fließt
bei den letzteren das schwarze oder blonde Haar in Locken herunter. Mit dieser letzteren
Eigenschaft ist ein mehr oder weniger kräftiger Bartwuchs und reichlichere Körperhaar-
entwickelung verbunden, welch ersterer bei den übrigen Abteilungen entweder ganz mangelt
oder nur schwach entwickelt ist. Diese zwei Abteilungen mit ihren zwei Unterabteilungen
umfassen zwölf Rassen, welche sich folgendermaßen verteilen:

„I. Wollhaarige. A. Büschelhaarige: 1) Hottentotten, 2) Papuas; B. Vlieshaarige: 3) afrikanische Neger, 4) Kaffern. II. Schlichthaarige. A. Straffhaarige:
5) Australier, 6) Hyperboreer oder Arktiker, 7) Amerikaner, 8) Malaien, 9) Mongolen:
B. Lockenhaarige: 10) Drawida, 11) Nuba, 12) Mittelländer.

„Diese Rassen teilen sich wieder ihrerseits je nach der Sprache und der auf dieser
basierten geistigen Kultur in mehrere Volksstämme (s. die beigeheftete „Sprachenkarte.
Gegenwärtige Verbreitung der Sprachstämme"). Die Zahl dieser ist innerhalb der einzelnen
Rassen verschieden: seltener kommt es vor, daß Sprache oder Volk und Rasse einander decken.
Einen einzigen Volks- und Sprachursprung setzen nur die Kaffern und Malaien unzweifelhaft
voraus, und diese beiden Menschenrassen kann man in bezug auf die in sie fallenden Völker
als monoglottisch (einsprachig) bezeichnen. Zweifelhaft ist dies bei den Papuas und Australiern, da das Material, aus welchem der Forscher seine Schlüsse ziehen könnte, nicht derart
vollständig ist, um dies mit Sicherheit tun zu können. Dagegen sind die übrigen Rassen alle
polyglottisch (vielsprachig), d. h. sie setzen mehrere Sprachstämme voraus, sie zerfallen
daher in eine Reihe von Völkern, welche voneinander vollkommen unabhängig sind."

Wir geben im folgenden noch einen Auszug aus dem Völkerschema von F. Müller:

I. Wollhaarige Rassen. A. Büschelhaarige: a) Hottentotten. Völker: 1) Hottentotten, 2) Buschmänner. b) Papuas. Völker: Papuas. B. Vlieshaarige: a) afrikanische Neger. Völker: 21 verschiedene. b) Kaffern. Völker: Bantu.

II. Schlichthaarige Rassen. A. Straffhaarige: a) Australier. Völker: 1) Australier,

SPRACHENKARTE
GEGENWÄRTIGE VERBREITUNG DER SPRACHSTÄMME.

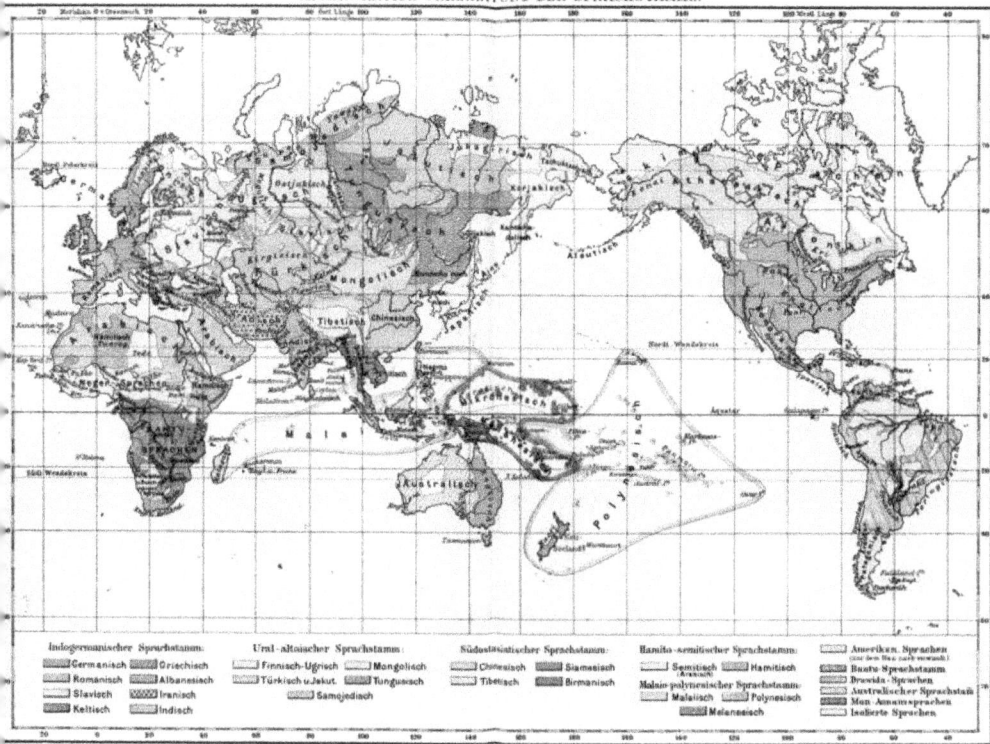

Indogermanischer Sprachstamm:
Germanisch — Griechisch
Romanisch — Albanesisch
Slavisch — Iranisch
Keltisch — Indisch

Ural-altaischer Sprachstamm:
Finnisch-Ugrisch — Mongolisch
Türkisch u. Jakut. — Tungusisch
Samojedisch

Südostasiatischer Sprachstamm:
Chinesisch — Siamesisch
Tibetisch — Birmanisch

Hamito-semitischer Sprachstamm:
Semitisch (Arabisch) — Hamitisch
Malaio-polynesischer Sprachstamm:
Malaiisch — Polynesisch
Melanesisch

Amerikan. Sprachen
(mit den Eskimos nach westen)
Bantu-Sprachstamm
Drawida-Sprachen
Australischer Sprachstamm
Mon Annamsprachen
Isolierte Sprachen

2) Tasmanier. b) Hyperboreer oder Arktiker. Völker: 1) Jukagiren, 2) Korjaken und Tschuktschen, 3) Kamtschadalen und Kurilier (Aïnos), 4) Jenissei-Ostjaken und Kotten, 5) Eskimos. c) Amerikaner. Völker: 26 verschiedene. d) Malaien. Völker: Malaio-Polynesier. e) Mongolen. Völker: 1) Uralaltaïsche Gruppe (Samojeden, Finnen mit den Magyaren, Tataren, Mongolen mit den Kalmücken, Tungusen), 2) Japaner, 3) Koreaner, 4) Völkergruppe mit einsilbigen Sprachen (Tibetaner, Birmanen, Siamesen, Anamiten, Chinesen). B. Lockenhaarige: a) Drawida. Völker: 1) Munda, 2) Drawidavölker, Singhalesen. b) Nuba. Völker: 1) Fula (Futataro, Futadrehallo, Masena, Borgu, Sakatu), 2) Nuba (Nubi, Dorgolawi, Tumale, Kolbagi, Kondschata). c) Mittelländer. Völker: 1) Basken, 2) Kaukasusvölker, 3) Hamitosemiten: α) Hamiten: Libyer, ein Teil der Äthiopier mit Bedscha, Somali, Dankali, Galla, dann Alt- und Neuägypter; β) Semiten, nördliche: Chaldäer, Syrer, Hebräer, Samaritaner, Phönizier; südliche Gruppe: Araber, Äthiopier und andere, 4) Indogermanen (indische Gruppe mit den Zigeunern, iranisch-persische Gruppe, Kelten, Italiker, Thrako-Illyrier, Griechen, Lettoslawen, Germanen).

Ich stimme mit Friedrich Müller darin überein, daß ich wie er nur zwei Hauptabteilungen der Menschheit anerkennen möchte, wobei je zwei der Huxleyschen Typen zusammengefaßt werden können. Die hellhäutigen Typen, Xanthochroën und Melanochroën, vereinigt mit den Mongoloïden, bilden den gelben Haupttypus: Weitschädel, Eurikephalen. Die Australoïden und Negroïden lassen sich als schwarzer Haupttypus: Engschädel, Stenokephalen, zusammenfassen.

Zweifellos liegt ein großes ethnologisches Verdienst der Einteilung F. Müllers darin, daß sie in den Völkern zusammengehörige Kulturgruppen zum Ausdruck bringt. In bezug auf somatische Scheidung der Rassen besteht zwischen F. Müller und Huxley im Grunde eine viel weitergehende Übereinstimmung, als man auf den ersten Blick denken sollte. Der negroïde Typus Huxleys tritt uns bei F. Müller als wollhaariger Typus, die Neger, Kaffern, Buschmänner, Hottentotten und die Papuas umfassend, entgegen. Der mongoloïde Typus Huxleys erscheint bei F. Müller als straffhaarige Abart, mit Mongolen, Malaien, Amerikanern und Arktikern. Fälschlich stellte aber F. Müller auch die Australier in diese Hauptgruppe. Diese Schwierigkeit, die Australier einerseits von den Papuas, anderseits von den Zugehörigen der lockenhaarigen Abart der Menschheit scharf zu trennen, zeigt sich überhaupt bei der näheren Vergleichung beider Systeme der Rasseneinteilung sehr auffallend. Jedenfalls hat Huxley recht, die Haare der Australier seidenartig sein und wellig zu nennen, so daß sie nicht mit den Straffhaarigen vereinigt werden können. Die Australier müssen in F. Müllers Einteilungsschema zu der Gruppe der Lockenhaarigen gestellt werden, in der F. Müller Huxleys Australoïden (die Dekhanstämme F. Müllers, Drawida mit den Ägyptern) mit dessen xanthochroëm und melanochroëm Typus vereinigt.

Als besonders gelungen und von unzweifelhaft bleibendem Wert erscheint bei F. Müller die Fixierung der mittelländischen Rasse; die Aufstellung dieser Rasse und der Nachweis ihrer innigen verwandtschaftlichen Beziehungen zu den Nuba- und Drawidastämmen ist entschieden klarer und nähert sich der Wahrheit gewiß mehr als der Versuch Huxleys, diese Verwandtschaft durch den australoïden Typus direkt zu vermitteln. Aber das bleibt gewiß von der Huxleyschen Anschauung bestehen, daß auch die Australier zu dieser großen Völkergruppe unverkennbare nähere körperliche Beziehungen besitzen.

G. Sergis große ethnische Gruppe der Mittelländer, Mediterranier, entspricht einerseits im wesentlichen den Mittelländern Friedrich Müllers, einschließlich der Nuba, andererseits den Melanochroën Huxleys. Dazu verallgemeinert Sergi die berühmten Ergebnisse von Schweinfurth über den Ursprung der Ägypter, indem er nicht nur diese, sondern alle seit fernen vorhistorischen Zeiten die Küsten des Mittelmeerbeckens umwohnenden Völker Kleinasiens, Afrikas und Europas vom Lande Punt, d. h. von Äthiopien, vom Lande der Somali und von Südarabien ausgehen läßt. Diese große „afrikanische Völkerfamilie", zu der er das italische, griechische, etruskische Volk ebenso wie die alten Völker der Liparer, Pelasger, Libyer, Iberer rechnet, hat auch von Frankreich, Spanien und den Nachbarländern Besitz genommen, als Huxleys Melanochroën. Die Hautfarbe ist Braun, in ihrer Intensität wechselnd von Afrika bis zum mittleren Europa von Blaßbraun oder Gelblich-

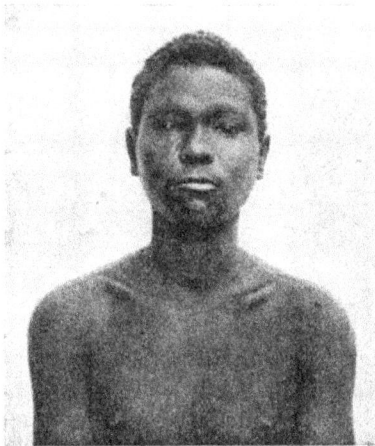

Semang-Mann von Ijok (Malaiische Halbinsel).
Nach R. Martin, „Die Inlandstämme der Malaiischen
Halbinsel" (Jena 1905).

Negrito der Bataan-Provinz (Philippinen).
Nach D. Folkmar, „Album of Philippino Types" (Manila 1904).

weiß bis zu rotbraunen oder rötlichen Farbentönen. Die Farbe der Augen schwankt zwischen „Schwarz" und dunkel Kastanienbraun; die Farbe der Haare ebenso, aber es kommt auch hellkastanienbraun vor, und zwar individuell sogar bei Äthiopiern, Abessiniern und Somali. Der Körper ist gut gebaut, das Gesicht oval, die Nase leptorrhin (bei den Semiten mit verbreiterter Spitze). Die Augenöffnungen stehen horizontal weit offen, daher erscheinen die Augen besonders groß; auch am Schädel sind die Augenhöhlenöffnungen weit, hoch, gerundet. Die Lippen sind fein, manchmal etwas voll, fleischig. Die Stirn erscheint fast senkrecht aufsteigend, gerundet, ohne stärker hervortretende Augenbrauenbogen. Die Jochbeine und Jochbogen sind angelegt, das Gesicht im Verhältnis zum Hirnschädel ziemlich klein, schmal, kräftig profiliert, aber nicht prognath. Starke Knochenvorsprünge an den Schädelknochen fehlen. Die Schädelformen erscheinen harmonisch, ihre Kurven symmetrisch, überwiegend finden sich Ellipsoide, Ovoide und Pentagonale, alles längliche oder dolicho-mesokephale Schädelformen. „Es ist dies der schönste Stamm unter den menschlichen Varietäten" (Sergi).

Bei F. Müller ist der Begriff Papuas, ungefähr wie die „Negritos" bei Huxley (vgl. S. 221), ein sehr weiter, er umfaßt eigentlich alle Melanesier, d. h. alle dunkel gefärbten

Völker der Südſee (abgeſehen von den Auſtraliern), denen er dann als einzigen zweiten
Typus in demſelben Wohngebiete die Malaien gegenüberſetzt, deren urſprüngliches Aus-
ſtrahlungsgebiet er, wie die anderen Syſtematiker, auf dem Südoſten des aſiatiſchen Feſt-
landes, der Halbinſel Malakka, annimmt. Die neueren Forſchungen laſſen aber keinen
Zweifel, daß wenigſtens noch die zur Brachykephalie neigenden zwerghaften Negritos als
ein dritter wohlcharakteriſierter Typus, und zwar auch ein dunkelhäutiger, angeſprochen
werden müſſen, und daß nicht nur von der Malaiiſchen Halbinſel, ſondern in hohem Maße
auch von Indien her ſich ſomatiſche und ethnologiſche Einflüſſe auf unſer Gebiet geltend
machen. In ſeinen bahnbrechenden Studien „Die Mon-Khmer-Völker, ein Bindeglied
zwiſchen Völkern Zentralaſiens und Auſtroneſiens“, hat der verdiente Linguiſt und Ethnolog
P. W. Schmidt eine Völkerbewegung feſt-
geſtellt, die ſich, von Vorderindien nach
Oſten ausſtrömend, zuerſt über die ganze
Länge der hinterindiſchen Halbinſel und
dann über die geſamte Inſelwelt des
Stillen Ozeans bis zu ihren öſtlichen
Grenzen ausbreitete. Und ſchon hat er
auch eine zweite Strömung mehr als
wahrſcheinlich gemacht, die ſich, ebenfalls
von Vorderindien ausgehend, aber ſich
mehr direkt nach Süden wendend, wohl
über Neuguinea über das auſtraliſche
Feſtland ergoſſen hat.

Sehen wir von Auſtralien ab, ſo
treten uns als bis jetzt deutlich erkennbare
Elemente des Völkergemiſches der Südſee, einſchließlich der Malaiiſchen Halbinſel, vier große ethniſche Gruppen entgegen: Malaien (Polyneſier), Indo-
neſier, Melaneſier (Papuas) und

Wedda von Ceylon. Nach Photographie. Vgl. Text S. 230.

Negritos. Die drei erſtgenannten bilden die Grundbeſtandteile der meiſten Bevölkerungen
des Geſamtgebietes, während das reine Negrito-Element nur in der Malaiiſchen Halbinſel,
den Philippinen und den Andamanen-Inſeln nachgewieſen iſt. Man kennt von dieſem
Typus, der hauptſächlich charakteriſiert iſt durch „zwerghafte“ Körpergröße, dunkle Haut,
gekräuſeltes und „wolliges“ Haar und mehr oder weniger ausgeſprochene Brachykephalie,
nur drei Stämme als reine aſiatiſche Repräſentanten: die Minkopie der Adamanen-Inſeln,
die Aëta der Philippinen und die Semang im Inneren der Malaiiſchen Halbinſel (ſ. die
Abbildungen S. 228); über die anthropologiſchen Verhältniſſe der letzteren ſind wir durch
R. Martins klaſſiſches Werk „Die Inlandſtämme der Malaiiſchen Halbinſel“ jetzt gut unterrichtet. Die Körpergröße bleibt bei allen drei genannten aſiatiſchen Zwergſtämmen
unter 1,50 m. Die kleinſten ſind die Aëta mit 1,47 m, während das Mittelmaß bei den beiden
anderen Stämmen zu 1,49 m angegeben wird. Den mittleren Längen-Breiten-Index von
(24) Andamanenſchädeln gibt J. Deniker zu 81,6 an; die Köpfe der Semang (Sakai) ſeien
weniger rund. De Quatrefages, J. Deniker, P. W. Schmidt, die beiden Saraſin und andere

stehen nicht an, die asiatischen Zwergvölker mit den afrikanischen Zwergvölkern (s. unten) zu einer gemeinsamen anthropologischen Gruppe zu vereinigen.

Der melanesische Typus unterscheidet sich von den afrikanischen Negern durch weniger „wolliges", breitere Spiralen bildendes Haar und weniger dunkle Hautfarbe. Eine feinere Form des Typus mit verlängertem ovalen Gesicht ist nach G. Deniker vor allem in Neuguinea vertreten neben einer gröberen Form mit viereckigem plumpen Gesicht, die sonst unter den Melanesiern die Hauptanzahl bildet. Diese gröberen Formen werden von Deniker als die eigentlichen Melanesier, die feineren als Papuas bezeichnet. Die Schädelform ist bei beiden dolichokephal, die Körpergröße unter Mittel (1,62 m).

Die beiden anderen Haupttypen zeigen schwarzes, schlichtes oder welliges Haar, die

Sakai-Zauberer aus Paoh. Nach Max Mossfowski.
„Die Urstämme Ostsumatras": „Korrespondenzblatt der
deutschen Gesellschaft für Anthropologie, Ethnologie und
Urgeschichte", Bd. 39, Nr. 9—12 (München 1908).

Senoi-Mann von Kuala Sena (Malaiische
Halbinsel). Nach R. Martin, „Die Inlandstämme der
Malaiischen Halbinsel" (Jena 1905).

Hautfarbe ist ein warmes Gelb oder helles Braun. Die Polynesier (Inselmalaien) sind groß (im Mittel 1,74 m) mit hervorragender, öfters gebogener Nase, länglichem Gesicht, meso- bis brachykephal. Die Indonesier schildert J. Deniker als von geringerer Körpergröße, mongoloider Gesichtsbildung und dolichokephaler Schädelform.

Hier haben wir noch die Wedda und ihre Verwandten (s. die Abbildung S. 229) zu erwähnen. Die Untersuchungen von Fritz und Paul Sarasin haben neben den „wollhaarigen" Zwergstämmen noch auf kleinwüchsige, aber nicht eigentlich pygmäenhafte Stämme mit welligem Haar hingewiesen, deren anthropologische Zusammengehörigkeit nicht mehr angezweifelt werden kann. „Einem dünnen, von höheren Stämmen vielfach zerrissenen und vernichteten Schleier gleich, legt sich eine Schicht weddaartiger Menschenformen über ungeheure Teile von Asien und seinen vorgelagerten Inseln, überall zurückgedrängt, verfolgt und dem Verschwinden nahe." Am längsten bekannt sind unter diesen Stämmen die durch die klassischen Untersuchungen der Vettern Sarasin besonders berühmt gewordenen Wedda von Ceylon und einige Wald- und Bergstämme Vorderindiens. In Celebes wurde durch dieselben Forscher der Stamm der Toala und seine Verwandten an die Weddagruppe angeschlossen. Ohne Zweifel gehören dazu auch unter den von R. Martin so glücklich studierten Inlandstämmen der Malaiischen Halbinsel die kleinwüchsigen Wildstämme des gebirgigen, urwaldbedeckten Inneren: die Senoi (s. die Abbildung S. 230). Sumatra besitzt in dem von Bernhard Hagen vortrefflich geschilderten kleinen Stamm der Kubu, die heute wohl nur noch im Süden der Insel angetroffen werden, und in den durch Max Moßzkowski in den Urwäldern an Sumatras Ostküste entdeckten „Sakai" (s. die Abbildung S. 230), von denen er 183 messen konnte, zweifellos Angehörige der „weddaischen Schicht". Die Sakai von Sumatra sind im allgemeinen dolichokephal und schließen sich in dieser Beziehung enger an die Weddas an als die Senoi, die meso- und die Toala, die brachykephal sind; den mittleren Kopfindex gibt Moßzkowski zu 75—76 an. Sonst sind die Übereinstimmungen zwischen den Stämmen sehr groß. Die Haare sind bei allen langlockig und spiralig gedreht und umgeben das Haupt als mächtige Mähne. Die Augen sind tiefliegend, weil die Glabella stark hervortritt und die Augenbrauenbogen zu einem wahren Superziliarschirm entwickelt sind. Die Nase ist sehr breit und niedrig, die Lidspalte horizontal. Der Mund ist breit, oft mit bedeutender Zahnprognathie. Das Gesicht ist breit und eckig, das Kinn in hohem, die Stirn in geringem Grade fliehend. Das Gesicht wird nach unten rasch schmaler, es erscheint wie zugespitzt, während den höher gewachsenen Nachbarvölkern meist ein schönes, oval gerundetes Gesicht zukommt. Der Bartwuchs und die Körperbehaarung sind spärlich. Der Fuß ist von charakteristischer Form: „die fächerförmige Verbreiterung nach vorne zu, die geringe Konkavität seiner Ränder, die klaffende Lücke zwischen der großen und der zweiten Zehe." Die benachbart wohnenden Kulturmalaien können die Fußspur eines Senoi oder eines Kubu ganz wohl von der ihrigen unterscheiden. Nach F. Sarasin wäre allen betreffenden Stämmen eine dunklere Hautfarbe gemeinsam, als ihre Nachbarstämme sie haben. Das gilt für die Sakai nicht: sie sind erheblich heller als die Wedda, auch heller als die umwohnenden Malaien. Die Schädel dieser Stämme sind ungemein klein und daher von geringer Kapazität, die Augenhöhlen groß und hoch und häufig von einem Knochenschirm überdacht; die Zwischenaugenbreite ist schmal. Bezeichnend ist für alle eine starke Konkavität der Lendenwirbelsäule und „die Grazilität, ja Eleganz des Knochenbaues mit geringer Entwickelung aller Muskelansätze und Kristen. „Alle erweisen sich als zartgebaute Wildformen des Menschen." Bei den Wedda und Sakai erscheinen die Arme und Beine verhältnismäßig lang, bei den anderen Stämmen eher kurz.

Rudolf Krause hat, gestützt auf ein wissenschaftliches Untersuchungsmaterial, wie es in solchem Reichtum und solch exakter Beglaubigung bis dahin noch niemand zur Verfügung gestanden hatte (375 Schädel und 53 vollständige Skelette aus dem Museum Godeffroy in Hamburg), die Südseebevölkerung namentlich in bezug auf ihre Schädelverhältnisse analysiert. Den dolichokephalen, langköpfigen, schwarzen Typus der Melanesier (Papuas) fand er am reinsten auf den Fidschi-Inseln, auf Neuguinea, Neubritannien, den Neuen Hebriden, auf der Insel Ponape in den Karolinen und in Nordostaustralien. Wahrscheinlich gehören hierher auch die Bewohner der Salomoninseln und von Neukaledonien. Der brachykephale, kurzköpfige Typus der Inselmalaien ist dagegen am reinsten auf den Tongainseln, vielleicht auch auf dem benachbarten Ellice- und Hervey-Archipel. Auf den anderen Inselgruppen findet sich eine aus diesen beiden Typen gebildete Mischbevölkerung, mit größerem oder geringerem Vorwiegen der Körpereigenschaften des einen oder des anderen. Die Langköpfigkeit nimmt nach R. Krause ab mit der räumlichen Annäherung des Wohngebietes dieser

Mischbevölkerungen an das Hauptausstrahlungsgebiet des kurzköpfigen Typus, die Malaiische Halbinsel, worin sich also eine immer zunehmende Zumischung der kurzköpfigen zu der langköpfigen Bevölkerung ausspricht. Die Malaien sind Träger einer höheren Kultur, dem entspricht ihre im allgemeinen bedeutendere Schädelkapazität gegenüber den Melanesiern (Papuas); immerhin wollen wir hier nicht versäumen, auf einzelne geradezu kolossale Schädelkapazitäten hinzuweisen, die R. Virchow unter der zu den reinsten Melanesiern gehörenden Bevölkerung von Neubritannien fand.

R. Virchow hat speziell die kurzköpfigen, brachykephalen, Völker der Südsee studiert, ebenfalls auf ein reiches, nach Hunderten zählendes kraniologisches Material und zahlreiche Skelette gestützt, darunter 30 Negritoskelette von den Philippinen. Ein Teil der Schädel stammte von der Insel Oahu, andere von Jaluit und Neubritannien; dazu kamen offenbar einer uralten Rasse angehörige Schädel, die von Jagor von den Philippinen mitgebracht worden waren, wo er sie in Höhlen ausgegraben hatte. Das Untersuchungsmaterial stimmt sonach darin überein, daß es aus der östlichen Inselwelt stammt, von den Philippinen bis zu den Sandwich-Inseln. Die Schädel von Oahu entsprechen den bekannten rundköpfigen Kanakenschädeln, die in europäischen Sammlungen viel vertreten sind. Die Kanaken gehören zu dem als Inselmalaien bezeichneten verhältnismäßig großköpfigen Typus. Die Köpfe haben, nach Virchows Beschreibung, etwas eckige Formen; sie sind sehr kräftig ausgebildet, ohne doch einen auffallenden Charakter von Wildheit darzubieten. Die Breite der Schädel ist namentlich im Verhältnis zur Länge ziemlich beträchtlich, so daß sie teils wirklich brachykephal sind, teils den höheren Graden der Mesokephalie angehören. Die Gesichtsbildung ist ebenfalls sehr kräftig, zeigt aber trotz der Stärke der Kiefer- und Zahnbildung keine hervorragende Prognathie. Es ist nun sehr merkwürdig, daß diese Kanakenschädel mit den alten Höhlenschädeln der Philippinen Jagors, speziell mit denen von der Insel Luzon, in überraschender Weise übereinstimmen. Anderseits stimmen beide mit den eigentlichen Malaienschädeln zusammen, von denen sie sich nur dadurch unterscheiden, daß die Kulturmalaienschädel etwas feiner, graziler im Bau erscheinen. Damit ist eine alte malaiische oder vormalaiische Bevölkerung für Luzon erwiesen, die sich von den kurz- und kleinköpfigen und stark prognathen, schiefzähnigen Negritos der Philippinen ebenso vollkommen unterscheidet wie von den auf Luzon lebenden langköpfigen Igorroten, die Hans Meyer zuerst genauer studiert hat. R. Virchow kommt zu dem Resultat, daß die polynesische Bevölkerung im wesentlichen einer kurzköpfigen malaiischen oder vormalaiischen Einwanderung angehört, die das Gebiet der langköpfigen Melanesier in weitem Bogen umschließt und sich namentlich an den Grenzen mit diesen intensiv gemischt hat. Ziemlich rein tritt uns die malaiische Rasse in den Höhlenschädeln der Philippinen und in den Kanaken entgegen; die Bevölkerungen namentlich des mikronesischen Gebietes sind aus der Mischung der schwarzen und gelben Stämme hervorgegangen.

Hier liegen die wichtigsten Fragen noch weit offen vor, und doch sollten sich, wie es scheinen muß, die Verhältnisse bei Inselbevölkerungen nicht nur leichter überblicken, sondern auch leichter erklären lassen als anderswo. Wir erinnern uns dabei daran, daß die besten Argumente, die jemals aus der Zoologie zur Begründung des Transformismus gefunden worden sind, sich, worauf besonders Moritz Wagner hingewiesen hat, auf die besondere Entwickelung beziehen, die gewisse Tiere an solchen Orten genommen haben, wo sie durch die umgebende Natur von Mischungen abgeschlossen waren. Wenn wir die verschiedenen Lebensverhältnisse der Tiere betrachten, z. B. Tiere, die in Höhlen leben, gegenüber Tieren, die in der offenen Natur leben, oder Tiere auf kleinen Inseln im Gegensatz zu denen des Kontinents, und wenn wir erwägen, welche Veränderungen sich unter solchen beschränkten Verhältnissen vollzogen haben, so müssen wir uns doch wohl auch in der Anthropologie stets daran erinnern, daß die Probleme, die wir verfolgen, ungemein schwierig sind, sobald wir mit den großen Massen der Kontinente rechnen wollen; wir werden auf diese Weise dahin geführt, die Verhältnisse, welche die Inselwelt, namentlich des Stillen Ozeans, darbietet, eingehender zu prüfen. „Da ist", sagte Virchow, „das eigentliche Feld der genetischen Anthropologie; da sehen wir Experimente, welche die Natur im großen gemacht hat. Da haben sich in kleinen Grenzen die absonderlichsten Rassen entwickelt. Da stoßen wir auf die größten Gegensätze. Wenn wir z. B. die Entstehung der Brachykephalie und Dolichokephalie erörtern, so liegt nichts näher als die Fragen: Wie verhält sich der Negrito zum Melanesier-Papua? Warum ist der eine kurzköpfig, der andere langköpfig? Sind beide in der Tat verschiedenen Ursprungs, gehören sie verschiedenen Rassen an? Leider müssen wir sagen: So viel wir uns auch bemühen, diesen Dingen nahezukommen, wir haben noch immer keine Gewißheit. Um weiter zu kommen, muß man immer wieder vergleichen und kann häufig erst nach langer Zeit ein sicheres Resultat gewinnen. Wenn wir, die wir zu dieser strengen Richtung der Forschung uns bekennen, ersuchen, uns mit einiger Geduld zuzusehen und nicht zu erwarten, daß wir schon in nächster Zeit alle Probleme lösen werden, so wissen wir von unseren deutschen Landsleuten, daß sie sich allmählich mit dem Geiste der deutschen Wissenschaft mehr vertraut gemacht haben, und daß sie begreifen, daß man nicht von einem Tage auf den anderen Probleme, welche in der Tat die ganze Schärfe menschlichen Denkens und Forschens erfordern, zur Lösung bringen kann."

Der Versuch von A. Retzius, das ganze Menschengeschlecht in vier kraniologische Typen, in 1) orthognathe und 2) prognathe Dolichokephalen, 3) orthognathe und 4) prognathe Brachykephalen einzuteilen, hatte primär zu einem rein auf Kraniometrie basierenden ethnologischen System geführt. Indem H. Welcker und Broca dazu noch die Mittelgruppe, die wir heute Mesokephalen nennen, fügten, wurde dieses System bis zu einer Feinheit der Distinktion ausgebildet, die endlich seine Brauchbarkeit zur Einteilung der Menschheit in Rassen mehr und mehr in Frage stellte. Es zeigte sich, daß sich unter jeder größeren ethnologisch-einheitlichen Schädelgruppe, die zur Untersuchung kam, eine Anzahl (bei der Bevölkerung Deutschlands und fast ganz Europas sogar alle) der von Retzius, Welcker und Broca unterschiedenen Schädelformen fanden, und daß die beliebte Methode der Mittelwerte nur durch Unterdrückung aller extremen und durch unnatürliche Nivellierung aller mittleren Formen ein künstliches allgemeines Resultat ergab, das keineswegs einen irgendwie exakten Einblick in die wirklich obwaltenden Verhältnisse des Vorkommens bestimmter Schädelformen gewähren konnte.

Die deutsche Forschung hat deswegen nicht mit der Messungsmethode, aber mit der Methode der Mittelwerte bei den kraniologischen Untersuchungen gebrochen und ist dafür zur statistischen Zählung der verschiedenen unter einer ethnisch-einheitlichen Schädelgruppe vorkommenden, durch die Messung bestimmten Schädelformen übergegangen. In meiner Untersuchung der Schädelformen der süd- und mitteldeutschen Bevölkerung Bayerns wurde dieses neue Prinzip, gestützt auf wirklich große Messungsreihen, zum erstenmal mit scharfer geographischer Abgrenzung der Schädelgruppen konsequent durchgeführt. Auf diese Weise gelang es mir, nicht nur die typischen Hauptschädelformen aufzufinden, sondern auch deren Ausstrahlungszentren und Verbreitungsgebiete, die Art ihres Ineinanderschiebens und anderes zu konstatieren. Die Aufstellung von Schädeltypen für Deutschland war, wie oben dargelegt wurde, seit Rütimeyer, His und Ecker von Virchow, Hölder, Kollmann und anderen vielfach versucht worden; von meinen beiden Hauptformen fällt die kurzköpfige mit dem einen kurzköpfigen Typus Hölders (seinen Sarmaten) absolut zusammen, meine entschieden langköpfige Hauptform entspricht am nächsten gewissen Typen, die Rütimeyer und His sowie Virchow, aber nur in mittellangköpfigen Exemplaren, kannten (His und Rütimeyer: Siontypus: Virchow: altthüringische Form).

J. Kollmann hat nun die Methode der Zählung der in einer ethnischen Gruppe vorkommenden verschiedenen typischen Schädelformen auf die gesamte Menschheit auszudehnen versucht und dafür seine sechs Typen benutzt, die ich zum Teil durch Kreuzung der beiden „Hauptformen" entstanden denken möchte. J. Kollmann bezeichnet diese sechs Formen als sechs verschiedene kraniologische Rassen oder vielmehr als Untertypen und läßt jede dieser Unterarten mit F. Müller in eine schlichthaarige V, straffhaarige ● und wollhaarige ○ Varietät sich teilen. Auf diese Weise kommt er zu folgendem Stammbaum des Menschengeschlechtes, indem er als Urtypus der Menschheit eine breitgesichtige, mittelköpfige Form annimmt, aus der durch Transformismus schon vor der Eiszeit die sechs Unterarten, vielleicht auch schon die 18 Varietäten derselben, entstanden seien:

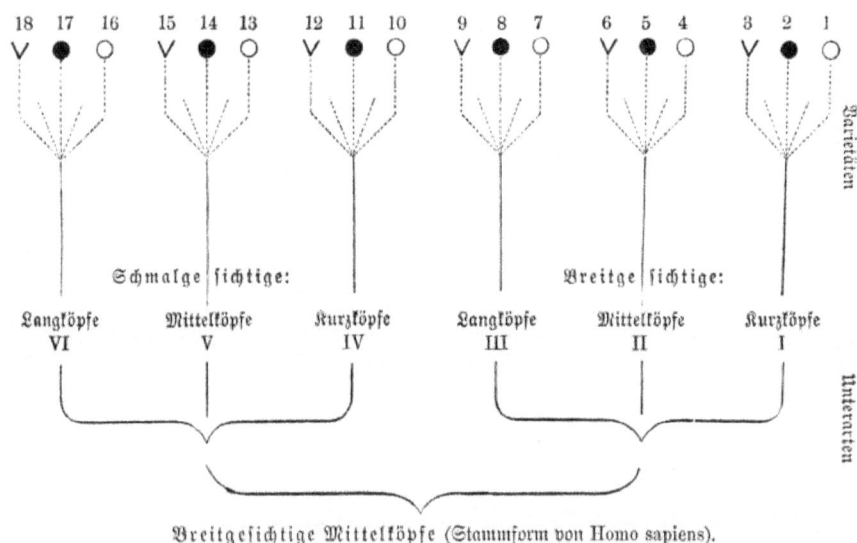

Breitgesichtige Mittelköpfe (Stammform von Homo sapiens).

Schema der Entstehung der Unterarten und der Varietäten des Menschengeschlechtes während der präglazialen Entwicklungsperiode. Nach J. Kollmann.

Kollmann nimmt weiter an, daß seine sechs Unterarten überall in der ganzen Welt verbreitet seien durch Wanderungen und Ineinanderschiebungen dieser vor der Eiszeit nach der entsprechenden Theorie M. Wagners in verschiedenen Isolationszentren gebildeten Formen. Er bezeichnet diesen von ihm postulierten Vorgang der Ineinanderschiebung der verschiedenen Typen mit dem Worte Penetration. Indem er dann noch weiter aufstellt,

1. Gesichtstypus der mittelländischen Rasse: europäisches Mädchen.

2. Gesichtstypus der mongolischen Rasse: japanisches Mädchen.

3. Gesichtstypus der metamorphen Rassen: Mädchen aus Samoa.

4. Gesichtstypus der nigritischen Rasse: Basuto-Mädchen.

Weibliche Haupttypen der Menschenrassen.

Nach C. H. Stratz, „Die Rassenschönheit des Weibes" (Stuttgart 1901).

daß von den Varietäten seiner Unterarten nur eine gewisse Anzahl in die verschiedenen Erd-
teile eingewandert seien, kommt er zu folgendem ethnographischen Schema:

I. Schlichthaarige, Lissotriches ⋁
Die Bewohner von Europa, Nordafrika, Westasien. — Varietäten: 9, 6, 3; 18, 15, 12.

II. Straffhaarige, Euthycomae ●
Die Bewohner von Amerika, Ostasien, der Inseln des Stillen Ozeans. — Varietäten: 8, 5, 2; 17, 14, 11.

III. Wollhaarige, Ulotriches ○
Die Bewohner von Zentral- und Südafrika sowie benachbarter Inseln. — Varietäten: 9, 4, 1; 16, 13, 10.

Wir unterlassen es, dieses vorläufige Schema des ausgezeichneten Kraniologen hier
einer eingehenderen Kritik zu unterziehen, und berufen uns, auch bezüglich der lateinischen
Benennung der Varietäten, auf das oben Gesagte.

Eine neue Rasseneinteilung verdanken wir G. Fritsch und C. H. Stratz.

G. Fritsch teilt die Menschheit in Wandervölker und Standvölker und unterscheidet außerdem die aus der Mischung verschiedener ethnischer Elemente hervorgegange-
nen metamorphischen Völker. C. H. Stratz schließt sich in seinen Werken, in denen er
vor allem das Weib zum Ausgangspunkt seiner interessanten anthropologischen Betrachtungen machte, an die Einteilung von G. Fritsch an. Die Wandervölker bezeichnet er als
aktive (wandernde), die Standvölker als passive (seßhafte) Menschenrassen und unterscheidet danach, wie G. Fritsch, drei große Menschengruppen (s. die beigeheftete Tafel „Weibliche Haupttypen der Menschenrassen"):

I. Protomorphische Rassen, die Reste der passiven Völker, die sogenannten Pri-
mitivvölker, die am meisten den Charakter der Urrasse bewahrt haben. Zu diesen rechnet er
1) Australier und Negritos, 2) Melanesier und Papuas, 3) Drawida und Wedda, 4) Aïnos,
5) Hottentotten, Koïn Koïn, Buschmänner, 6) einige amerikanische Stämme. II. Archi-
morphische Rassen, die herrschenden aktiven Rassen; sie teilen sich in drei Hauptrassen:
1) Mongolen, die sogenannte gelbe Rasse, 2) Mittelländer, die sogenannte weiße Rasse,
3) Nigritier, die sogenannte schwarze Rasse. Die Mongolen gliedern sich in: a) arktischer
Stamm, b) chinesisch-japanischer Stamm. Die Mittelländer in: a) nordischer Stamm,
b) romanischer Stamm, c) afrikanischer Stamm. Die Nigritier in a) Sudanneger, b) Bantu-
neger. III. Metamorphische Rasse, die aus den archimorphischen Rassen hervorgegange-
nen Mischrassen, gegliedert in: a) Turanier, b) Tataren, c) Indochinesen mit Küstenmalaien
(Ozeaniern, v. Baer) und Binnenmalaien, d) Äthiopier. — Die „Mittelländer" Sergis zerfallen hier sonach in den romanischen und den afrikanischen Stamm, letzterer die Semiten
umfassend; die Äthiopier entsprechen den Völkern, die meist als Hamiten bezeichnet werden.

Bernhard Hagen erkennt in den Protomorphen von Stratz-Fritsch den primitiven Urtypus der Menschheit, der namentlich in der den frühkindlichen Formen nahestehenden
Gesichtsbildung die Zusammengehörigkeit noch erkennen läßt. Die betreffenden „tropischen
Naturvölker" seien der einheitliche, primitive infantile Urtypus, der sich als solcher universell
über die gesamte bewohnte Erde ausgebreitet habe in einer sehr frühen geologischen Zeit,
als noch Landverbindungen von einem Kontinent zum anderen bestanden und Überland-
wanderungen gestatteten. Aus diesem „Urbrei" sollen sich die heutigen Hauptrassen in ihren
lokalen Verschiedenheiten entwickelt haben. Die Ähnlichkeit der Gesichtszüge der „Protomorphen", die B. Hagen vortrefflich illustriert hat, ist in der Tat überraschend, und auch unter
unserer Bevölkerung finden wir den infantilen Gesichtstypus Hagens in tausendfältiger

Abschattierung bei Erwachsenen, namentlich beim weiblichen Geschlecht: die runde, als Ganzes vorgewölbte Stirn über dem breiten, nach unten sich rasch verjüngenden, oft prognathen Gesicht mit der breiten, platten, niedrigen Nase mit verbreiterter Nasenspitze, die Augen mit Neigung zur Mongolenfalte, die Lippen oft dick, die Nase durch seitliche Hautfalten mit den Wangen verbunden (vgl. die Abbildung S. 123).

P. W. Schmidt (vgl. S. 229) vertritt einen ähnlichen Gedanken. Seiner Ansicht nach sind aber nur die kraushaarigen wahren Zwergvölker Asiens und Afrikas eine einheitliche Urrasse; es sind Kindheitsvölker der Menschheit, von den umwohnenden großgewachsenen Rassen typisch verschieden und gewiß nicht als Kümmerrassen derselben aufzufassen. Wenn nur solche Völker und Stämme zu den wahren Pygmäen gerechnet werden, bei denen die Körpergröße der erwachsenen Männer unter 150 cm bleibt, so gehören zu ihnen nur die zentralafrikanischen Zwergvölker und, an diese sich anschließend, die Buschmänner, dann die Aëta der Philippinen, die Andamanen und die Semang, Sakai, der Malaiischen Halbinsel. Außer durch das Kraushaar ist die Mehrzahl der genannten Pygmäen durch Brachykephalie von den größergewachsenen Nachbarvölkern typisch verschieden, auch bei den Buschmännern sei die Dolichokephalie weniger extrem. Allen gemeinsam sind die geringe, kindliche Körpergröße und sonst eine Anzahl infantiler Merkmale: im Gesicht die von B. Hagen beschriebenen Körperproportionen, der lange, verhältnismäßig breite, breitschulterige Rumpf, die kurzen Beine und Arme mit den zierlichen Händen (vgl. die Abbildungen S. 95 und S. 98).

Die nicht eigentlich zwerghaften, aber immerhin kleinwüchsigen wellhaarigen Stämme der Wedda auf Ceylon, der Senoi auf Malakka, der Toala auf Celebes und mehrere Inlandstämme auf Sumatra trennt P. W. Schmidt als Pygmoide von den eigentlichen Pygmäen ab und betrachtet sie als Mischprodukte größergewachsener Völker mit wahren Zwergen (vgl. die Abbildungen S. 229 und S. 230). Auch er glaubt, daß die jetzt so weit auseinander wohnenden Zwergvölker eine ethnische Einheit bilden, deren Zersprengung auf so große Entfernung in einer Zeit erfolgt sei, in der ein Landzusammenhang der Kontinente die Besiedelung für primitive Völker durch Landwanderung noch möglich machte. Die schlichthaarigen Lappen werden von ihm als Kümmerrasse großgewachsener Mongoloiden bezeichnet.

Für besonders gelungen halte ich das neueste eklektische System des verdienstvollen französischen Anthropologen J. Deniker. Er teilt die Menschheit nach den Formen und Farben der Haare und den Augenfarben in fünf Hauptgruppen ein: A. Wolliges Haar, breite Nase: Buschmänner und Hottentotten; Zwergvölker Afrikas, Negrillos, und Asiens, Negritos; Neger, mit Sudannegern, Nigritier und Bantu; Melanesier und Papuas. B. Lockiges oder welliges Haar: Äthiopier; Australier; Drawida; Assyroiden (finden sich unter Persern, Kurden, Armeniern, Juden). C. Welliges braunes oder schwarzes Haar, dunkle Augen: Indo-Afghanen; Araber oder Semiten; Berber, Küstenbewohner Europas; insulare Iberer; Westeuropäer; Adriatiker. D. Feines welliges oder schlichtes Haar, helle Augen: Nordeuropäer; Osteuropäer. E. Schlichtes oder welliges Haar, dunkel, schwarze Augen: Ainos; Polynesier; Indonesier; Südamerikaner. F. Straffes Haar: Nordamerikaner; Zentralamerikaner; Patagonier; Eskimos; Lappen; Ugrier; Türken oder Turko-Tataren; Mongolen. — Neben den Haaren und Augen spielen für die Abgrenzung dieser 29 „Rassen" die Körpergröße, die Farbe der Haut, die Form der Nase, der Schädelindex und die Gesichtsform die Hauptrolle.

Wir verlassen damit diese bisher immerhin noch ziemlich mangelhaften Versuche, die nur scheinbar scharf abgegrenzten Verschiedenheiten, die uns das Menschengeschlecht darbietet, zur exakten Einteilung desselben in Rassen oder besser Typen zu verwerten. Zu einem einigermaßen befriedigenden Abschluß der hier noch nach so manchen Richtungen ungelösten Probleme werden wir erst dann kommen, wenn es noch häufiger und in ausgedehnterem Maße, als es bisher möglich ist, gelingt, Vertreter fremder Rassen in Europa selbst mit allen Hilfsmitteln der modernen anthropologischen Methoden zu untersuchen und mit den europäischen Völkern zu vergleichen. Ein vielversprechender Anfang in dieser Richtung ist bereits gemacht, und wir teilen im folgenden Kapitel auch eine Anzahl Originaluntersuchungen über Angehörige der verschiedenen Menschenrassen mit, die der Mehrzahl nach in Deutschland von berufenen Vertretern der Wissenschaft vom Menschen angestellt worden sind.

---

8. Anthropologische Rassenbilder.

Inhalt: Blonde und Brünette in Mitteleuropa. — Langköpfe und Kurzköpfe in Mitteleuropa. — Die Verteilung der Schädelformen in Europa und auf der ganzen Erde. — Japaner. — Chinesen. — Kalmücken. — Samojeden. — Lappen. — Eskimos. — Nordamerikanische Indianer. — Südamerikanische Indianer. — Patagonier. — Feuerländer. — Zulukaffern. — Die Eingeborenenbevölkerung Deutsch-Afrikas. — Australier. — Papuas von Neuguinea. — Salomo-Insulaner, Neu-Irländer, Neu-Britannier, Negritos. — Der „wilde" Mensch. — Die Kretins. — Die Mikrokephalen oder „Affenmenschen".

Nach der allgemeinen Betrachtung der rassenhaften Körperverschiedenheiten des Menschengeschlechtes sollen noch einzelne besonders charakteristische Repräsentanten verschiedener Menschenrassen eingehender anthropologisch beschrieben werden. Eine irgendwie vollkommenere Übersicht über die verschiedenen Völker in somatischer Beziehung liegt hier jedoch fern; das ist Aufgabe der speziellen Ethnologie. Nur einzelne Bilder sollen gegeben werden, an denen noch deutlicher als an den allgemeinen Umrissen, in denen im vorstehenden die Rassencharaktere gezeichnet wurden, die Unterschiede und Ähnlichkeiten der Menschenrassen zur Darstellung kommen können. (Vgl. die Tafel bei S. 143.)

Es ist, wie gesagt, ein besonderes Verdienst der Neuzeit, daß uns in Europa in immer steigender Anzahl Repräsentanten der entlegensten Völker und Stämme vorgeführt werden, so daß wir nicht nur mit aller Muße, die dem wissenschaftlichen Reisenden so oft mangelt, sondern auch mit allen Hilfsmitteln der modernen anthropologischen Untersuchungstechnik die Vergleichung solcher fremder Gäste mit den Europäern, mit uns selbst, vornehmen können. Solche vergleichende Studien in der Heimat haben unsere Kenntnisse über die Verschiedenheiten des Menschengeschlechtes und ihren quantitativen Wert in der wichtigsten Weise bereichert. Namentlich konnten sich die Fabeln von den tierähnlichen Wilden dem sich jedem darbietenden Augenschein gegenüber nicht mehr halten. Es ist gut, hier nochmals an die Worte J. Kollmanns bezüglich der Ergebnisse der Schaustellungen fremder Rassen in Europa zu erinnern: „Von urteilsfähigen Beobachtern habe ich wiederholt bei der Schaustellung der Lappländer oder der Indianer das Urteil gehört, das seien einfach maskierte Schwaben oder Bayern, obwohl die Echtheit, von den berühmtesten Ethnologen festgestellt, außer Zweifel war. Das ist ein deutlicher Fingerzeig, wie auffallend gering der Unterschied selbst sehr differenter sogenannter Rassen ist, und daß es notwendig wird, im Hinblick auf die vorliegenden Tatsachen von der Gemeinsamkeit der wichtigsten Merkmale in der Aufstellung der verschiedenen Kategorien den Maßstab nicht zu hoch anzulegen."

Diese in Deutschland untersuchten Vertreter fremder Rassen sollen hier vor allem näher beschrieben werden. Ich habe sie fast alle selbst gesehen und untersucht. Um aber in ihrer Beurteilung nicht einseitig zu erscheinen, schließe ich mich im folgenden, soweit meine Ergebnisse zustimmen, den Beschreibungen anderer deutscher Forscher, und zwar nur der anerkanntesten anthropologischen Autoritäten, an.

Blonde und Brünette (Xanthochroën und Melanochroën) in Mitteleuropa.

Die umfassendste und wichtigste anthropologisch-statistische Studie, die bisher überhaupt irgendwo angestellt wurde, ist zweifellos die von der Deutschen anthropologischen Gesellschaft veranlaßte Untersuchung R. Virchows über die Farbe der Haut, der Haare und der Augen bei den Schulkindern, zunächst in Deutschland. Die entscheidenden und zum Teil ganz unerwarteten Ergebnisse, welche diese großartige Aufnahme in bezug auf die Blonden und Brünetten im Deutschen Reiche lieferte, gaben die Anregung, daß entsprechende Erhebungen in Belgien und der Schweiz sowie in den Schulen des zisleithanischen Österreich angestellt wurden, so daß die Verteilung der beiden Haupttypen der Pigmentierung der europäischen Bevölkerung jetzt für ganz Mitteleuropa bekannt ist. Die Statistik erstreckt sich auf eine Anzahl von über 10 Millionen untersuchter Individuen, und zwar in

Deutschland	6 758 827	Schulkinder
Belgien	608 698	"
Schweiz	405 609	"
Österreich	2 304 501	"

Im ganzen: 10 077 635 Schulkinder.

„Niemals früher", sagt R. Virchow, der diese Statistik in ihren Gesamtresultaten bearbeitete, und dessen Resultate wir im folgenden wiedergeben, „ist ein gleich großes und, ich darf im Rückblick auf die gewonnenen Resultate sagen, gleich gutes Material für anthropologische Zwecke zusammengebracht worden. Mit Ausnahme der Niederlande[1] ist in vollem Zusammenhange die Jugend fast aller Schulen vom Pregel im Norden und von dem oberen Dnjestr im Süden bis zum Ärmelkanal und bis zu den Vogesen, von der Ost- und Nordsee bis zum Adriatischen Meere und den Alpen durch die Untersuchung erforscht worden. Die verschiedenen Stammes- und Sprachgebiete, einzelne ganz, andere teilweise, sind Gegenstand der gleichen somatologischen Betrachtung geworden."

Der Hauptgesichtspunkt dieser anthropologischen Erhebung war nicht etwa der, einfach die numerische Verbreitung der einzelnen Farben für Haut, Haare und Augen zu ermitteln, sondern festzustellen, in welcher Häufigkeit sich bei den einzelnen Individuen eine bestimmte Farbe des Haares mit einer bestimmten Farbe der Augen oder der Haut zusammenfindet.

---

[1] Für die Niederlande gab (1904) L. Bolk eine Mitteilung über eine entsprechende Untersuchung an 477 200 Schulkindern. Leider ist die Verarbeitung der Resultate nach anderen Gesichtspunkten erfolgt als die Virchows, so daß bis jetzt ein Vergleich ausgeschlossen ist. Bolk zählte als Brünette alle Braunäugigen, seine Zahlen enthalten daher nicht den reinen brünetten Typus, sondern auch die in der Virchowschen Statistik ausgeschlossenen zahlreichen Mischformen. Immerhin ergibt sich trotz dieses bedauerlichen Mangels an Rücksicht gegenüber den älteren Ergebnissen, daß auch in den Niederlanden der Norden im ganzen, vor allem Friesland, am ärmsten an braunen Augen ist, während der ganze Süden, Zeeland, Limburg und ein Teil von Nordbrabant, die zahlreichsten braunen Augen aufweist. Die Mitte des Landes zeigt in etwas unregelmäßiger Verteilung mittlere Verhältnisse.

Man hatte dabei vorzüglich im Auge, die numerische Verteilung einerseits des blonden Typus, mit blonden Haaren, blauen Augen und weißer Haut, anderseits des brünetten Typus, mit braunen bis schwarzen Haaren, braunen Augen und oft brünetter Hautfarbe, in dem gesamten Untersuchungsgebiete festzustellen[1].

Die Zählungen ergeben außer diesen beiden primären oder Hauptkombinationen der Farben, den Blonden und Brünetten, noch eine Reihe, zunächst neun, anderer Kombinationen, zu denen dann noch einige ungewöhnliche hinzukommen. Für die allgemeine Betrachtung haben aber diese sekundären Kombinationen einen viel geringeren Wert: sie erscheinen als Mischtypen zwischen den beiden Haupttypen, nähern sich bald mehr dem einen, bald mehr dem anderen an oder stellen eine sehr vollkommene Ausgleichung der Differenzen beider Haupttypen dar. Nach Virchows Ergebnissen ist Grauäugigkeit der höchste Ausdruck der Mischung und Ausgleichung zwischen beiden Haupttypen. Es fanden sich Gegenden, in denen die Grauäugigkeit in auffallender Weise vorherrschte. Als das merkwürdigste Beispiel dafür kann eine anthropologische Insel angeführt werden, die mitten in der Schweiz liegt, die Kantone Unterwalden ob und nid dem Walde umfassend, wo die Zahl der Blonden minimal, die der Brünetten klein, dagegen die der Grauäugigen extrem ist, fast 60 Prozent. Ein solches Gebiet der Mischformen, wenn auch nicht so ausgeprägt, treffen wir auch in Salzburg und den anstoßenden Teilen von Ober- und Niederbayern, Tirol und Kärnten; sehr ähnlich verhalten sich die bayrische Rheinpfalz mit dem anstoßenden Teil des Regierungsbezirks Trier, das oldenburgische Amt Birkenfeld und Lothringen, schließlich auch ein Gebiet, das sich die Weser hinauf erstreckt, im Herzen von Deutschland, von Sachsen-Koburg-Gotha und den anstoßenden Teilen von Thüringen beginnend und durch das östliche Hessen bis in die Provinzen Hannover und Westfalen mit verschiedenen Ausläufern sich fortsetzend. Man hat wohl die Meinung ausgesprochen, die Grauäugigen seien ein den beiden Haupttypen, Blond und Brünett, gleichzustellender dritter Typus, den man sogar bereits als slawischen Typus bezeichnen zu dürfen meinte. Schon die eben angegebene Art der Verbreitung der Grauäugigkeit widerspricht aber, da sie mit der der Slawen keineswegs übereinstimmt, auf das schlagendste dieser Annahme, so daß Virchows eben angeführte Aufstellungen kaum mehr einer Anfechtung begegnen können. Wir verlassen damit die Frage der Mischtypen, die, obwohl an sich von hohem anthropologischen Interesse, doch an augenblicklicher Wichtigkeit weit hinter den beiden Haupttypen zurücksteht. Noch sei aber erwähnt, daß trotz des oben bei der Besprechung der Haarfarbe konstatierten allgemeinen Nachdunkelns im späteren Lebensalter doch, nach Virchows Ergebnissen, jedes Kind, das im schulpflichtigen Alter blonde Haare, blaue Augen und weiße Haut besitzt, unbedenklich dem blonden Typus zugesprochen werden muß.

Was nun zunächst die Häufigkeit der beiden Haupttypen betrifft, so ergeben sich unter allen darauf untersuchten Kindern in Mitteleuropa für den blonden Typus etwas mehr als ein Viertel (Belgien nicht eingerechnet), für den brünetten Typus etwas mehr als ein Sechstel. Mehr als die Hälfte aller Schulkinder in Mitteleuropa fällt also den Mischtypen zu. Sehen wir von Belgien ab, so wurden im ganzen 2650152 Blonde und nur

---

[1] Dem brünetten Typus wurden auch, der allgemeinen Auffassung entsprechend, jene angeschlossen, bei denen bei braunen oder schwarzen Haaren und dunkeln Augen weiße Haut angegeben war, da in der Tat die Grenze zwischen dunkler und heller Hautfarbe nicht immer ganz sicher zu ziehen ist.

1588323 Brünette gezählt, Blonde sonach fast doppelt soviel als Brünette; genauer ist das Verhältnis wie 100:60.

Die Verteilung der reinen Typen ist dabei übrigens in den vier Ländern eine sehr verschiedenartige. Es fanden sich:

in Deutschland	31,80	Prozent Blonde,	14,05	Prozent Brünette,
" Österreich	19,79	" "	23,17	" "
" der Schweiz	11,10	"	25,70	" "
" Belgien	(nicht gezählt)		27,50	" "

Daraus ergibt sich mit Sicherheit, daß das Deutsche Reich in seinem gegenwärtigen Bestande noch immer den rein blonden Typus in der größten Häufigkeit unter den mitteleuropäischen Staaten darbietet. Dabei stellt sich die wichtige Tatsache heraus, daß, abgesehen vom äußersten Norden, fast ausnahmslos gegen die Grenzen des Untersuchungsgebietes der brünette Typus sich verstärkt; fast an jeder Grenze stoßen wir auf brünette Nachbarn. Das einzige Gebiet, das hiervon eine auffallende Ausnahme macht, ist Polen; an den anderen Grenzen wird mehr und mehr der brünette Typus herrschend. Dagegen ist der blonde in Deutschland entschieden der herrschende Typus, obwohl er auch hier sehr beträchtliche territoriale Differenzen der Häufigkeit zeigt. Besonders häufig ist der blonde Typus in den friesischen Gebieten, Ostfriesland und Oldenburg, und umgekehrt hat er die geringste Dichtigkeit in Ostbayern und dem Oberelsaß. Das Amt Wildeshausen in Oldenburg kann als blonder Musterbezirk betrachtet werden: es hat 50 Prozent Blonde; das Gegenstück bildet Roding in der bayrischen Oberpfalz mit nur 9 Prozent Blonden; die Differenz beträgt sonach 41 Prozent. Bei den Brünetten zeigt sich etwas Ähnliches. Dasselbe Amt Wildeshausen hat nur 4 Prozent Brünette, dagegen Schlettstadt im Elsaß 31 Prozent; hier ist die Differenz 27 Prozent, also weit geringer. Wir müssen daraus für Deutschland schließen: „Die Oszillationsbreite des blonden Typus ist eine viel größere, er ist also der herrschende Typus. Der brünette Typus ist viel mehr eingeengt, er zeigt nirgends eine parallele Entwickelung in der Quantität und erscheint daher als Nebentypus. Das ist ganz unzweifelhaft und erscheint als das Kardinalphänomen."

Die Verteilung der Blonden und Brünetten gestaltet sich in auffallender Regelmäßigkeit, wenn man das Gesamtergebnis der Zählungen für das Deutsche Reich zusammenstellt. Im folgenden geben wir zwei darauf bezügliche Tabellen. In der einen ist der rein blonde Typus, in Preußen nach den Provinzen, im übrigen nach den Ländern, summiert; in der zweiten Tabelle ist ebenso der brünette Typus zusammengezählt.

A. Rein blonder Typus.

I. über 33 Prozent der Gezählten:

1a) Lauenburg	. . . .	45,02
1) Schleswig-Holstein	. . . .	43,35
2) Oldenburg	. . . .	42,73
3) Pommern	. . . .	42,64
4) Mecklenburg-Strelitz	. . . . .	42,63
5) Mecklenburg-Schwerin	. . . . .	42,03
6) Braunschweig	. . . . . .	41,03
7) Hannover	. . . .	41,00
8) Provinz Preußen	. . . . . .	39,75
9) Bremen	. . . .	39,38
10) Westfalen	. . . .	38,40
11) Lübeck	. . . .	38,19
12) Waldeck	. . . .	37,03
13) Provinz Sachsen	. . . . .	36,42
14) Posen	. . . .	36,23
15) Brandenburg	. . . . . .	35,72
16) Lippe-Detmold	. . . . . .	33,56

II. 32,5 bis 25 Prozent:

17) Reuß jüngere Linie	. . . . . .	32,50
18) Schaumburg-Lippe	. . . . . .	32,25
19) Anhalt	. . . .	32,12
20) Hessen-Nassau	. . . . . .	31,53
21) Königreich Sachsen	. . . . .	30,22
22) Rheinprovinz	. . . .	29,01

23) Schlesien 29,35
24) Sachsen-Meiningen 28,26
25) Großherzogtum Hessen 27,89
26) Sachsen-Altenburg 25,44
27) Schwarzburg-Sondershausen . . . 25,38
28) Reuß ältere Linie 25,29

III. Unter 25 Prozent:

29) Württemberg 24,46
30) Baden 24,31
31) Sachsen-Weimar 24,33
32) Sachsen-Koburg-Gotha 21,57
33) Bayern 20,35
34) Elsaß-Lothringen 18,44

B. Brünetter Typus.

I. Unter 12 Prozent der Gezählten:

1) Sachsen-Meiningen 6,90
2) Oldenburg 7,32
3) Bremen 7,67
4) Braunschweig 7,78
5) Hannover 7,78
6) Schaumburg-Lippe 8,38
7) Pommern 8,85
8) Westfalen 9,11
9) Provinz Preußen 9,20
10) Waldeck 9,50

11) Anhalt 9,83
12) Mecklenburg-Schwerin 9,84
13) Mecklenburg-Strelitz 10,11
14) Lippe-Detmold 10,11
15) Lübeck 10,31
16) Posen 11,07
17) Provinz Sachsen 11,17

II. 12 bis 15 Prozent:

18) Brandenburg 12,06
19) Hessen-Nassau 13,22
20) Königreich Sachsen 14,22
21) Sachsen-Weimar 14,42
22) Rheinprovinz 14,73
23) Reuß jüngere Linie 14,74

III. Über 15 Prozent:

24) Sachsen-Koburg-Gotha 15,37
25) Schlesien 15,51
26) Sachsen-Meiningen 15,51
27) Schwarzburg-Sondershausen 16,35
28) Großherzogtum Hessen 16,90
29) Sachsen-Altenburg 17,21
30) Reuß ältere Linie 18,25
31) Württemberg 19,25
32) Bayern 21,10
33) Baden 21,18
34) Elsaß-Lothringen 25,21

„Aus diesen beiden Tabellen ergibt sich, daß man bloß nach den Zahlen der Provinzen und Länder von vornherein herausfinden kann, wo ungefähr das Land liegt; einfach nach der Reihenfolge der Zahlen könnte jeder, der sonst nicht wüßte, wo das betreffende Land liegt, die Stelle auf der Karte ungefähr bezeichnen." Norddeutschland hat im allgemeinen zwischen 43,35 (Schleswig-Holstein) und 33,5 (Lippe-Detmold), Mitteldeutschland zwischen 32,5 (Reuß jüngere Linie) und 25,29 (Reuß ältere Linie), Süddeutschland zwischen 24,46 (Württemberg) und 18,44 (Elsaß-Lothringen) Prozent Blonde, während die Zahl der Brünetten in Süddeutschland zwischen 25 und 19, in Mitteldeutschland zwischen 18 und 13, in Norddeutschland zwischen 12 und 7 Prozent schwankt.

Durch diesen Nachweis wird zunächst die einst von französischer Seite ausgegangene Behauptung, daß der eigentlich germanische Typus, der mit blonden Haaren, blauäugig und weiß von Haut in die Geschichte eintritt, in Süddeutschland zu suchen sei, während Norddeutschland von einem brünetten Mischvolke aus Finnen und Slawen bewohnt werde, als eine willkürliche Erfindung dargetan. Noch jetzt stellt nach den obigen Tabellen Norddeutschland das eigentliche Land der Blonden dar; an der Spitze stehen in dieser Beziehung mit der größten Anzahl von Blonden, nämlich mit einem Prozentsatze von 43,35 bis 41,00, absteigend geordnet: Schleswig-Holstein, Oldenburg, Pommern, Mecklenburg-Strelitz, Mecklenburg-Schwerin, Braunschweig, Hannover. Diese Teile Deutschlands zeigen einen höchst auffallenden Gegensatz zu Mittel- und namentlich Süddeutschland, wo wir die Blonden mehr und mehr ab-, dagegen die Brünetten in steigendem Maße zunehmen sehen.

Wie ist diese ausgedehnte Dunkelung der mittel- und noch mehr der süddeutschen Stämme zu erklären? Die größere Häufigkeit der Brünetten läßt sich nur aus der Mischung der nach dem übereinstimmenden Zeugnis der Geschichte ursprünglich blonden Germanen mit anderen mehr oder weniger brünetten Völkern erklären. Aber was waren das für brünette Völker? Tatsächlich ergeben die statistischen Erhebungen, daß heute Deutschland im Westen, Süden und Osten von brünetten Stämmen umwohnt ist. Die Wallonen, die Rätier, die Ladiner und Italiener, die Slowenen und Tschechen, die Walachen, sie alle zeigen sich als eminent brünette Stämme. Vor dieser Tatsache verschwindet zunächst jede andere Rücksicht.

Eins der allermerkwürdigsten Ergebnisse ist der Nachweis von Westen nach Osten laufender zusammenhängender Zonen größerer und geringerer Häufigkeit der Blonden und Brünetten, die sich als eine allmähliche Abnahme der Blonden nach Süden und umgekehrt der Brünetten in der Richtung nach Norden darstellt. Nach der Meinung Virchows ist der Hauptgrund dieser Erscheinung in einer starken Rückwanderung der Deutschen zu suchen. „Wir haben für die Tatsache der westöstlichen Schichtung, welche im großen drei Zonen bildet, keine andere Erklärung, als daß sie entstanden ist durch diejenige Kolonisation, welche als Rückwirkung der karolingischen Zeit, der großen fränkischen Reichsorganisation, nach Osten gerichtet wurde durch die Regermanisierung des Ostens, namentlich während des 10. bis 14. Jahrhunderts. Dadurch wurden die dortigen Völkerverhältnisse in einer bisher nicht geahnten Weise auf das vollkommenste umgestaltet. Aus der Geschichte wissen wir, daß gerade jene Provinzen, welche einst slawisch waren und nachher völlig regermanisiert worden sind, von bestimmten Gegenden in Mittel- und Westdeutschland aus ihre Einwanderung erhalten haben. Flamänder, Holländer und Friesen sind nach Holstein, der Altmark, ja bis in die Mittelmark gekommen; Westfalen und Braunschweiger haben Mecklenburg und Pommern besetzt. Aus Ostfranken kam die Kolonisation, welche Sachsen, Schlesien und Nordböhmen füllte. Die Bayern besiedelten Österreich."

Nun ist nichts mehr charakteristisch als die Übereinstimmung in der relativen Anzahl von Blonden und Brünetten, die jedes dieser obengenannten Kolonisationsgebiete mit dem Mutterlande zeigt, von dem es seine Kolonen erhielt. Die Rückwanderungen der germanischen Stämme nach Osten, die erst in der Karolingerzeit ihren Anfang nahmen und noch jetzt nicht ganz abgeschlossen sind, haben also zu bleibender Kolonisation und zur Gestaltung neuen, rein deutschen Volkstums geführt, und wir stimmen dem sehr zu beachtenden Ausspruche Virchows vollkommen bei, wenn er hervorhebt: „Es ist gewiß nicht ohne Bedeutung, daß sowohl das Kaisertum der Habsburger als das der Hohenzollern hier ihre eigentlichen Grundlagen gefunden haben."

Von den südlichen und westlichen Wanderungen der germanischen Stämme während der Völkerwanderungszeit ist trotz all der Reiche, die Ost- und Westgoten, Vandalen, Sueven und Langobarden, Franken und Angelsachsen errichtet haben, nichts rein Deutsches übriggeblieben. In den meisten der Länder, welche diese Reiche umfassen, suchen wir in der jetzigen Bevölkerung vergeblich nach Spuren unserer Landsleute, und in den wenigen, wo sie unzweifelhaft noch vorhanden sind, erfordert es ein besonderes Studium, um sie, wie es Telesforo de Aranzadi in gewissen Gebirgsdistrikten Spaniens z. B. neuerdings gelungen ist, aus der Umwickelung vieler anderer Stämme herauszuschälen. In Tunisien zeigen sich nach R. Collignon blonde Haare und blaue Augen nur ganz vereinzelt, und beachtenswerterweise fanden sich unter 2000 untersuchten „ansässigen" Tunisiern helle Haar- und helle Augenfarbe niemals an dem gleichen Individuum vereinigt. Immerhin gelang es Virchow, in dem uns speziell vorliegenden deutschen Untersuchungsgebiet auch unzweifelhafte Spuren der Völkerwanderungszeit nachzuweisen, die sich in charakteristischer Verteilung der Blonden

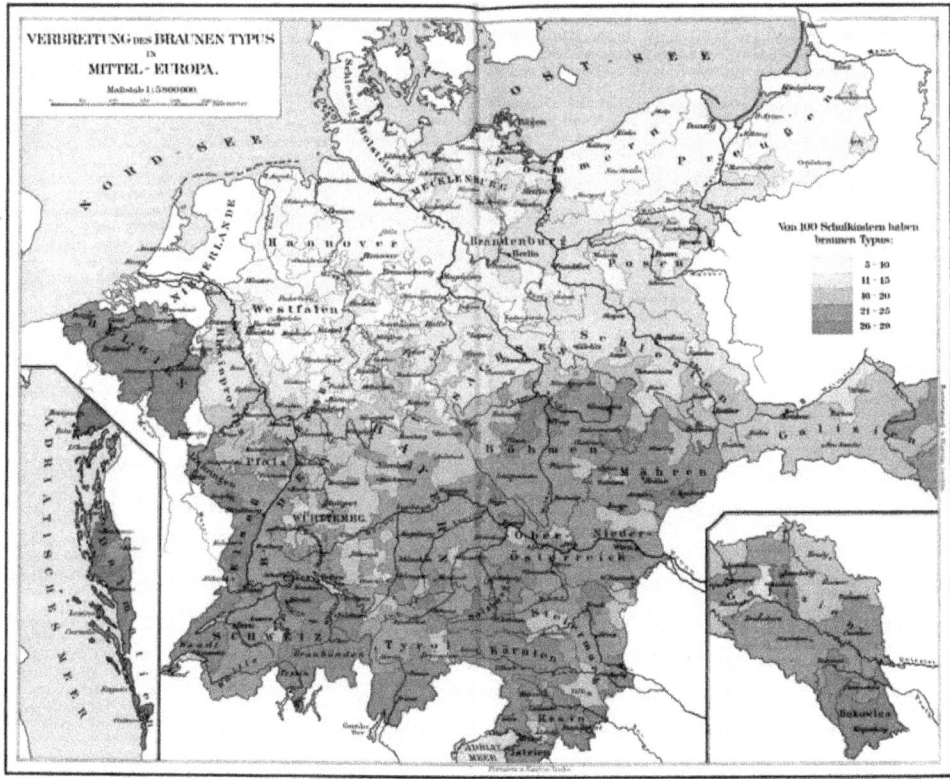

VERBREITUNG DES BRAUNEN TYPUS IN MITTEL - EUROPA.

Maßstab 1 : 5800000.

Von 100 Schulkindern haben braunen Typus:

5 - 10
11 - 15
16 - 20
21 - 25
26 - 29

NORD-SEE

OST - SEE

ADRIATISCHES MEER

Bibliographisches Institut in Leipzig.

und Brünetten in einigen nahezu senkrecht auf die bisher betrachtete Horizontalschichtung dieser Typen gerichteten, im allgemeinen also nordsüdlichen Zügen darstellen. Es sind das sonach Überbleibsel aus einer weit älteren Zeit. „Es zeigt sich ein Strom höherer Blondheit und geringerer Anzahl der Brünetten, der den Main überschreitet und sich später in zwei Arme gabelt. Der Hauptstrom durchsetzt Unterfranken, Württemberg und einen Teil des bayrischen Schwaben, indem er über Ulm nach Kempten und Füssen läuft und sich fortsetzt, der alten Straße nach Tirol, die sich gegen Imst und Landeck öffnet, entsprechend, durch das obere Inntal und das obere Etschtal bis an die Sprachgrenze bei Mezzo Lombardo und Mezzo Tedesco; in Bozen und Meran wird er noch einmal besonders deutlich, ja von da nach Osten sieht man noch wieder ein lichtes Gebiet, das Pustertal. Der mehr westlich gerichtete Arm wendet sich, indem er noch den Bodensee berührt, durch Südbaden an den Oberrhein, teils nach dem Elsaß, teils, indem er etwa bei Waldshut den Rhein überschreitet, nach dem schweizerischen Gebiet, und erstreckt sich schließlich mitten durch die Schweiz, zum Hochgebirge ansteigend, bis in die Kantone Tessin und Wallis. Es sind das die Züge der suevischen und alemannischen Stämme. Auf diesem Wege ist die deutsche (suevisch-alemannische) Einwanderung sowohl in die Schweiz als auch nach Meran und Bozen vorgedrungen." Diese südliche und die damit verwandte westliche Wanderung der Alemannen gehört, wie wir mit Virchow annehmen müssen, zum großen Teil der ersten Periode der schon dämmernden deutschen Geschichte und der nächstvorausgehenden Zeit an, also ungefähr dem Anfang der christlichen Zeitrechnung, etwas vor- und einige Jahrhunderte nachher.

Noch tiefer und in die eigentliche Vorgeschichte unseres Vaterlandes führt uns aber die Betrachtung der Hauptverbreitungsgebiete der Brünetten (s. die beigeheftete Karte „Die Verbreitung des braunen Typus in Mittel-Europa"). Die letzteren sind so verteilt, daß nach Virchow an klimatische Einflüsse, die diese an verschiedenen Orten mehr oder weniger hervortretende Dunkelung erzeugt haben könnten, nicht gedacht werden darf; die Ursache könne lediglich Völkermischung sein. Man hat zur Erklärung des lokal häufigeren Auftretens der Brünetten in Deutschland oft und fast zuerst an die Slawen gedacht, und das ist gar nicht zu bestreiten, daß heutzutage die slawischen Stämme zum großen Teil sich durch brünetten Typus von den ihnen benachbart wohnenden germanischen unterscheiden. Am schroffsten zeigen sich die Gegensätze in Böhmen und Kärnten. In Böhmen stößt hart an die fränkische, relativ blonde Grenzzone das Zentrum der Brünetten, das wesentlich nur Tschechisch sprechende Bezirke umfaßt, so daß man über die Stammeszugehörigkeit der mehr blonden und der mehr brünetten Landesteile nicht im Zweifel bleiben kann. Daß die Tschechen wenigstens schon seit einem Jahrtausend sich durch ihr Aussehen in demselben Sinne wie heute von den Deutschen unterschieden haben, dafür haben wir unmittelbare Nachrichten, die älter als 800 Jahre sind. Wir besitzen einen arabischen Reisebericht eines Mannes, wahrscheinlich eines Juden von Cordova, der an den Hof Kaiser Ottos nach Merseburg geschickt worden war, und der von da nach Böhmen ging; seiner Beschreibung nach saß schon damals in Böhmen eine andere Bevölkerung als in den von ihm bereisten deutschen Gebieten, nämlich Brünette, die sich auffallend von den blonden Deutschen unterschieden. Unser Reisender ging wahrscheinlich bei Brüx über die Grenze und kam geradeswegs in jenes zentrale brünette Gebiet hinein. Auch in Preußen kann man die meisten slawischen Bezirke als dunklere, mehr brünette, erkennen: so erscheinen in Oberschlesien die Wasserpolacken, und von da zieht sich durch Posen ein breiter, mehr brünetter Gürtel bis nach Masuren in Westpreußen.

16*

Aber trotzdem ergibt die weitere Betrachtung, daß die Slawen, in ganz entsprechender Weise, wie wir das für die Germanen hervorhoben, erst bei ihrem Vordringen nach Südwesten brünette Elemente in immer steigender Anzahl in sich aufgenommen haben. Wir treffen bei den Slawen auf die gleichen Gegensätze wie bei den Germanen. Besonders auffallend ist der Gegensatz zwischen den mehr blonden Polen und den dunkeln tschechischen Slawen; die Südslawen nähern sich mehr den Tschechen an, während die eigentlichen Polen, soweit unsere Kenntnisse gehen, lichtere Verhältnisse zeigen. An sie schließen sich weiterhin die Letten und in Ostpreußen, namentlich in Gumbinnen, auch Litauer. Diesen Tatsachen gegenüber bleibt uns keine andere Erklärung, als daß die Slawen, von Haus aus blond wie die Germanen, ihre Bräunung durch Vermischung mit alteinsässigen brünetten Stämmen in Böhmen, im alten Norikum und einem Teil von Pannonien erst erhalten haben. Wir dürfen also nicht ohne weiteres, wenn es sich darum handelt, eine größere Häufigkeit brünetter Individuen irgendwo in Deutschland und Mitteleuropa zu erklären, die Slawen herbeiziehen; ja, es läßt sich durch die Geschichte erweisen, daß in manchen Gegenden Norddeutschlands, z. B. längs der Oder von Schlesien bis Mecklenburg, nicht durch Slawen, sondern durch die fränkische Rückwanderung aus mitteldeutschen, also aus brünetteren Regionen Deutschlands, zahlreichere brünette Elemente eingemischt worden sind. In anderen großen Gebieten Mitteleuropas, wo wir häufiger Brünette antreffen, kann ohnehin von Slawen nicht die Rede sein.

Virchow konstatiert nun, daß wir da, wo noch heutigestags die Brünetten in größerer Häufigkeit sitzen, vorwiegend die alten Wohngebiete der Kelten vor uns haben, wie sie sich namentlich durch Funde keltischer Silber- und Goldmünzen (Regenbogenschüsselein und andere) feststellen lassen. Das ist gewiß, daß überall, wo die Kelten deutlich hervortreten, in Belgien, am linken Rheinufer, in der Westschweiz, und so auch an den Stellen, wo sie früher saßen, in Böhmen, in Norikum, in Süd- und Westdeutschland, heute brünette Bevölkerungen gefunden werden. „Ich bin daher", sagt Virchow, „nicht abgeneigt, anzunehmen, daß die ursprünglich keltische Bevölkerung, so gut wie die italische, nicht blond-arisch, sondern brünettarisch gewesen sei. Wo Germanen und Slawen, beide ursprünglich blond, sich mit den Kelten mischten, haben auch sie mehr oder weniger brünette Elemente in sich aufgenommen." Außer den Kelten und Italikern, die zum Teil in Welschtirol die Bräunung der Bevölkerung verursachten, sowie den alten Bewohnern von Illyrien und Friaul spricht Virchow als einen ursprünglich brünetten Stamm auch die Rätier an, die, vielleicht mit einigen keltischen Rückständen, besonders in der Ostschweiz hervortreten; die Rätierkantone, vor allem Graubünden, bilden dort den Hauptherd der Brünetten. Sie haben Anschluß an einen Teil Tirols und Vorarlbergs, namentlich das Montavoner Tal, auch geht eine auffallend brünette Zone nordwärts in die Schweiz bis an den Bodensee. In der Hauptsache ist das ausgemacht rätisches Gebiet.

Freilich dürfen wir bei diesem Zurückgreifen auf die Kelten als die ursprünglich Brünetten nicht vergessen, daß es keineswegs schon vollkommen ausgemacht ist, daß alle Kelten, mit denen die alten Autoren vielfach die Germanen verwechselt oder zusammengeworfen haben, von Anfang an brünett waren. Die alten Schriftsteller haben bekanntlich viel davon erzählt, daß die Kelten blond gewesen seien, wofür man auch die Kaledonier in Schottland, die nach dem Zeugnis der besten alten Schriftsteller gleichfalls blond waren und daher von einzelnen als ein germanischer Stamm geschildert wurden, angeführt hat. Aber das widerlegt nicht, daß, wie gesagt, überall da, wo wir auf deutliche Spuren der Kelten stoßen, heute die Bevölkerung mehr brünett ist.

Virchow selbst deutete darauf hin, daß auch die Kelten, die, wie es scheint, hauptsächlich vom Hochgebirge aus sich in die nördlich und südlich vorgelagerten Vorländer und Ebenen zogen, also vielleicht eine andere Einwanderungsrichtung nach Mitteleuropa nahmen, als jene des oben geschilderten germanischen Einzuges war, vielleicht namentlich in den Gebirgsgegenden eine noch ältere, wie sich Virchow ausdrückt, präkeltische, d. h. vorkeltische, brünette Bevölkerung antrafen und in sich aufnahmen. Indem sie nun nach dieser Mischung ihre Wanderungen nach Norden und Westen fortsetzten, konnten sie selbst als brünettes Element auftreten, ähnlich wie bei der Regermanisation in fränkischer Zeit, wie wir sahen, die in ihren damaligen Sitzen brünetter gewordenen Franken verhältnismäßig zahlreichere braune Elemente nach Norddeutschland oder wie in noch höherem Maße die Bayern zahlreiche Brünette donauabwärts und wohl auch über den Brenner vorschoben. Manches deutet bekanntlich darauf hin, daß auch die Stämme der Griechen und Italiker bei ihrem Einzug in ihre heutigen Wohngebiete mehr Blonde besaßen, als man heute vermuten würde. Mag dem jedoch sein, wie ihm wolle, das steht, wie gesagt, nach den Virchowschen Ergebnissen fest, daß vor allem die Kelten als Träger eines brünetten Volkstypus für Mitteleuropa hervortreten. Damit sind wir aber mit der Erklärung unserer heutigen somatischen Volksverhältnisse bis tief in die Vorgeschichte gelangt.

So verhältnismäßig modernen Ursprungs sonach auch in gewissen Hauptzügen die Verteilung der Volkseigenschaften in Mitteleuropa, speziell in Deutschland, ist, es zeigen sich nach dem Gesagten dabei doch einerseits auch noch entschieden die Wirkungen jener stürmischen Völkerzüge, die, um die Wende unserer Zeitrechnung beginnend, in den folgenden Jahrhunderten die römische Welt von Grund aus umgestalteten. Und in der Verteilung der Brünetten erkennen wir anderseits noch weit ältere Völkerbeziehungen, die in die grauen Fernen der für uns schriftlosen Vorgeschichte zurückreichen. Wir erstaunen in letzterer Beziehung, wenn wir sehen, daß alle Stürme der Völkerwanderung und alle späteren kriegerischen und friedlichen Mischungen der Stämme das Bild nicht vollkommen verwischen konnten, das die aufdämmernde Geschichte über die älteste Verteilung der Völker und Typen auf mitteleuropäischem Boden vor uns entrollt. Die alten Grenzen zwischen Kelten, Rätiern und Germanen haben unsere statistischen Erhebungen wieder rekonstruiert, freilich mit einem vielfach geradezu wunderbaren Wechsel des durch die Sprache repräsentierten Volkstums. Nirgends ist das deutlicher als in der Schweiz. Die brünette Zone, die aus den eigentlichen Rätierkantonen, namentlich Graubünden, nordwärts in die Schweiz bis zum Bodensee geht, erstreckt sich über St. Gallen, Thurgau, Zürich, Glarus, also über Kantone, die wir als spezifisch deutsch zu betrachten pflegen. Wer konnte ahnen, die Blonden in den germanischreinsten Teilen der Zentralschweiz so spärlich gesät zu treffen? Dafür gibt es keine andere Erklärung, als daß der Einwanderungsstrom in dem Maße, als er weiter ging, immer mehr fremde Elemente in sich aufnahm. Nur so wird es verständlich, daß wir in der Schweiz eine Spärlichkeit der Blonden erblicken, wofür in Deutschland eigentlich gar keine Parallele vorhanden ist. Freilich konnten schon der Schwarzwald und die Rauhe Alb auf diese Resultate vorbereiten, ebenso Bayern und in geringerem Grade sogar Thüringen. Für die vergleichsweise Dunkelung der Alemannen, Franken und Bayern, der wir in Deutschland begegnen, gilt gewiß im großen und ganzen dasselbe, was eben über die Schweiz gesagt wurde: auch in Deutschland sind die südlicher gezogenen Stämme durch Verbindung mit fremden, welschen, Elementen gebräunt worden. Wenn wir die alten Schriftsteller über das Aussehen der Franken, Alemannen und Thüringer befragen, so steht bei ihnen nichts davon geschrieben, daß sie brünett waren. Die Alemannen werden als echt blonde und blauäugige Deutsche geschildert, das reizende römische Gedicht „Mosella" des Ausonius rühmt die blauen Augen und die blonden Haare der Schwabenmaid Bissula, auch Thüringer und Franken sind immer als ausgemacht blond und blauäugig bezeichnet worden. Aber in der nachkarolingischen Zeit, in welcher die deutschen Stämme die Regermanisierung des Ostens begannen und ausführten, zeigen sie sich uns nach den oben mitgeteilten Tatsachen schon relativ ebenso brünett, wie wir sie heute finden, so daß schon damals wie jetzt keiner der mitteldeutschen oder süddeutschen Bezirke mehr eine Vergleichung mit dem blonden Massiv im Norden aushält.

Das Generalresultat dieser Untersuchungen ist, „daß der Hauptstock der Germanen offenbar blond war, daß aber nach allen vorliegenden Zusammenstellungen überall da, wo er mit dunkleren Rassen in direkte Verbindung und Mischung trat, er auch eine weitere Umwandlung in neue Formen (Brünette und Mischformen) erfuhr".

Wir dürfen jedoch diese Darstellung nicht schließen, ohne mit Virchow nochmals ausdrücklich auf einen oft vernachlässigten Punkt hinzuweisen, den nämlich, daß die blonde Beschaffenheit des Körpers, sowohl die blonde Farbe des Haares als die Bläue der Augen und die Helle der Haut, nicht bloß eine Eigentümlichkeit unseres germanischen Volkstums ist, sondern daß sie sich über ein weites Gebiet ganz verschiedener, und zwar anthropologisch verschiedener Bevölkerungen erstreckt. Das ganze heutige Finnland ist überwiegend blond, und zwar hochblond; erst in Lappland beginnt das Dunkel. Gegen den Ural hin kommen wiederum brünette finnische Stämme vor, aber die eigentlichen Finnen sind blond. Auch die Letten sind blond, die Slawen sind im Norden und Osten noch heutigestags blond und sind vielleicht alle blond gewesen; dann folgen die sogenannten blonden Kelten und endlich die Kaledonier in Schottland. Wenn man erwägt, daß nach der gewöhnlichen Ansicht die Finnen der mongolischen oder gelben Rasse zugehören, muß man einigermaßen zweifelhaft darüber werden, in den Blonden ein ausschließliches Vorrecht der arischen Rasse oder gar der Germanen zu sehen. Bei den blonden Finnen und ihren nächsten Verwandten, den brünetten Magyaren in Ungarn, treffen wir sonach auch in dieser von den Germanen und Slawen so total stammverschiedenen Rasse ähnliche Unterschiede zwischen Nord- und Südstämmen; freilich ist hier der Erklärungsgrund wohl ein wesentlich anderer, wie schon die Tatsache ergibt, daß die zu derselben großen Rasse gehörenden Lappländer im allgemeinen brünett sind.

Auch bei einem anderen wesentlich allophylen Stamm, bei den Juden, die im ganzen 1,1 Prozent der Totalsumme der untersuchten Schulkinder ausmachten, hat, wie schon erwähnt, unsere Statistik einen Gegensatz zwischen blonden und brünetten Individuen ergeben: 11,2 Prozent aller jüdischen Schulkinder gehören dem vollkommen blonden Typus an. R. Andree hat in einem interessanten Aufsatz nachzuweisen gesucht, daß die Blondheit der Juden bis Palästina und in das alte Judentum sich zurückverfolgen lasse. Aber trotzdem hat die statistische Erhebung gelehrt, daß auch in dieser Beziehung gewisse sehr scharfe Gegensätze vorhanden sind. Während wir in der Gesamtheit der deutschen Schulkinder, alle zusammengerechnet, beinahe 32 Prozent Blonde zählen, wurden unter den jüdischen Schulkindern nur 11 Prozent gefunden (vgl. S. 146). Brünette befanden sich unter den Schulkindern im ganzen etwas über 14 Prozent, bei den Juden waren es 42 Prozent, so daß von ihnen nur 47 Prozent den Mischformen zufallen. Je reiner die Rasse, desto geringer ist die Zahl der Mischformen. In dieser Hinsicht ist es gewiß eine sehr wichtige Tatsache, daß bei den Juden die geringste

Zahl der Mischlinge angetroffen wurde, woraus sich ihre entschiedene Absonderung als Rasse den Germanen gegenüber, unter denen sie wohnen, auf das deutlichste zu erkennen gibt.

Die großartige statistische Untersuchung von 45 000 militärdiensttauglichen 21jährigen Schweden von Gustav Retzius und C. M. Fürst kann hier leider nicht ohne weiteres verglichen werden, aber das ergab sie doch mit Sicherheit, daß Schweden noch heute von einem wesentlich blonden Volk besetzt ist, das sich hierin unmittelbar an die blonden norddeutschen Gebiete anschließt. Die Brünetten sind auffallend selten, die Blonden als der herrschende Typus haben Lappen und Finnen sich in weitgehendem Maße angeglichen, und auch die Einwanderung von Tausenden von brünetten Wallonen und die friedliche „Infiltration"

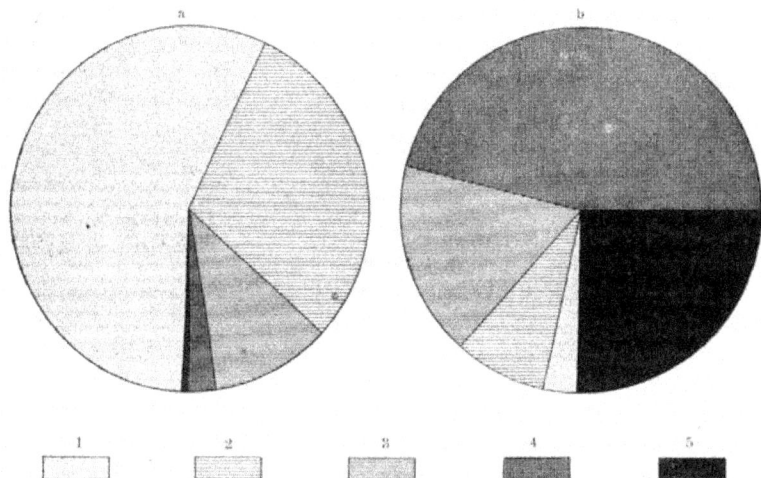

Die Verhältnisse der Pigmentgrade in Schweden (a) und Italien (b). Nach G. Retzius und C. M. Fürst, „Anthropologia Suecica" (Stockholm 1902).

1 helle Augen und blondes oder rotes Haar; 2 helle Augen und braunes Haar, melierte Augen und blondes oder rotes Haar; 3 melierte Augen und braunes Haar, helle Augen und schwarzes Haar, braune Augen und blondes oder rotes Haar; 4 melierte Augen und schwarzes Haar, braune Augen und braunes Haar; 5 braune Augen und schwarzes Haar.

mehr brünetter Elemente aus Deutschland und dem übrigen Europa haben die Blonden überwunden. Leider sind in der Statistik blaue und graue Augen als helle zusammengefaßt. In sinnvoller Weise wurde der Grad der Gesamtpigmentierung (Augen und Haare) graphisch dargestellt und dadurch die auffallenden Unterschiede in der Pigmentierung zwischen einem blonden Volk (Schweden) und einem brünetten (Italien) vortrefflich zur Anschauung gebracht (s. die obenstehende Abbildung). Mehr als die Hälfte der erwachsenen schwedischen Bevölkerung ist blond, mit blondem Haar und „hellen" Augen 54,4 Prozent, dagegen findet sich der brünette Typus: braune Augen mit braunen Haaren, nur in 2,4 Prozent. Die Verbindung braune Augen mit schwarzem Haar kam unter etwa 45000 Untersuchten nur 97mal vor. Brünette sind sonach in Schweden außerordentlich viel seltener als in Deutschland nach der Virchowschen Statistik, wo in den blonden Landesteilen der geringste Prozentsatz für Brünette 7 (6,9) beträgt und in Baden auf 21,18, in Elsaß-Lothringen auf 25,21 steigt. Blaue Augen wurden 47,4, graue 19,3, braune 4,5 Prozent unter den Schweden gezählt. Auffallend ist die große Anzahl der Rothaarigen: 2,3 Prozent, gegen 0,8 Schwarzhaarige.

Langköpfe und Kurzköpfe (Dolichokephalen und Brachykephalen) in Mitteleuropa.

Die Ergebnisse meiner Studien über die Schädelformen in Deutschland haben bewiesen, daß die Verschiedenheiten im Schädelbau sich auf zwei Haupttypen zurückführen lassen, von denen der eine durch einen vergleichsweise langen, schmalen und niedrigen Schädel mit etwas niedrigem Gesicht und Neigung zur Schiefzähnigkeit ausgezeichnet ist (es ist das unser langköpfiger oder dolichokephaler Schädeltypus), der andere dagegen einen annähernd kugelig gerundeten, hohen Schädel mit schmalem, geradzähnigem Gesicht zeigt (unser kurzköpfiger oder brachykephaler Schädeltypus). Zwischen diesen beiden Hauptschädeltypen liegt eine auf das feinste nach allen Beziehungen abgestufte Reihe von Zwischengliedern, die wir als kraniologische Mischformen oder Mischtypen der beiden Haupttypen bezeichnet haben. In bezug auf den Schädelbau liegen sonach die Verhältnisse in Deutschland denen recht ähnlich, die wir soeben für die beiden Haupttypen der Blonden und Brünetten in Deutschland wie in ganz Mitteleuropa kennen lernten.

Freilich besitzen wir bezüglich der Schädelformen bis jetzt noch keineswegs ein annähernd ebenso ausreichendes Vergleichsmaterial wie für die Farbe der Haare, der Augen und der Haut. Zählungen der Schädeltypen fehlen noch so gut wie gänzlich. Immerhin ist das bis jetzt zusammengebrachte Material an exakten Schädelmessungen, wenigstens des Längen-Breitenverhältnisses der Hirnschädel, in dem Gesamtgebiet Mitteleuropas schon so groß, daß wir es an diesem Orte nicht unterlassen dürfen, nachzusehen, inwieweit etwa die Verteilung der beiden Hauptschädeltypen der Verteilung der Blonden und Brünetten entspricht. Da ergibt sich nun die beachtenswerte Tatsache, daß, der im großen und ganzen dreifachen Zonenbildung der Blonden und Brünetten entsprechend, von Norden nach Süden in westöstlicher Streichung auch eine Zonenschichtung der Schädelformen in Mitteleuropa existiert.

Der nördlichen blonden Zone entspricht in Deutschland eine Zone mit einem häufigeren Vorkommen langköpfiger Schädelformen, der südlichen brünetten Zone korrespondiert eine Zone der Schädelbildung mit vorwiegend kurzköpfigem Schädelbau. Zwischen diesen beiden Zonen schiebt sich dann eine dritte Zone ein, die, wie bei Virchows Untersuchungen der Farben, mehr gemischte Übergangsverhältnisse erkennen läßt. Dabei sehen wir, daß sich, wie bei den Ergebnissen der Farbenstatistik, diese Zonen zum Teil über die Grenzen des eigentlichen Deutschtums hinaus von Osten nach Westen verfolgen lassen. In der nördlichen Zone der Schädelformen sehen wir bei Germanen wie bei Slawen eine unverkennbare Neigung zur Langköpfigkeit, Dolichokephalie, in der mittleren und in der südlichen Zone erscheint bei allen hier ethnographisch zum Teil recht gemischten Stämmen, Germanen, Slawen, Rätiern usw., ein gesteigertes Auftreten und schließlich ein Überwiegen der Kurzköpfigkeit, Brachykephalie.

Diese Zonenbildung in der Schädelform zeigt sich zunächst, wenn wir die Anzahl der in bestimmten Territorien gefundenen Lang- und Kurzköpfe in einer nordsüdlichen Richtung vergleichen. Es stehen uns dazu einige größere Messungsreihen zur Verfügung: für Norddeutsche Virchows Schädeluntersuchungen an den Friesen, denen wir die Dänen nach F. Schmidt anschließen; für Mitteldeutschland unsere an 259 Schädeln ausgeführten Messungen aus den fränkisch-thüringischen Provinzen Bayerns und für Süddeutschland unsere Messungen von 1000 Schädeln von Altbayern und 100 Tiroler Bergbewohnern vom Unterinn bei Bozen. Das prozentische Ergebnis dieser Vergleichung ist folgendes:

Schädeltypus	Schädelindex	Dänen (nach F. Schmidt)	Norddeutsche (Friesen) (nach R. Virchow)	Mitteldeutsche (Franko-Thüringer) (nach J. Ranke)	Süddeutsche (Altbayern) (nach J. Ranke)	Süddeutsche (Tiroler bei Bozen) (nach J. Ranke)
Langköpfe	unter 75,0	57	18	12	1	0
Mittelköpfe mit Hinneigung zur Langköpfigkeit	75—77,9	37	33 {51}	13 {25}	4 {5}	3 {3}
Mittelköpfe mit Hinneigung zur Kurzköpfigkeit	78—79,9		18	9	12	7
Kurzköpfe	80 und mehr	6	31 {49}	66 {75}	83 {95}	90 {97}

Die zonenmäßige Zunahme der Kurzköpfigkeit von Norden nach Süden, die Zunahme der Langschädel in umgekehrter Richtung von Süden nach Norden, die im allgemeinen mittleren Verhältnisse Mitteldeutschlands zeigen sich in dieser Zusammenstellung unzweifelhaft. Die Anzahl der Langköpfe, in der alten Bedeutung der Dolichokephalie, die ihr der Begründer dieser Betrachtungsmethode, A. Retzius, gegeben hat (Schädelindex bis 77,9), steigt nach unserer Tabelle von Süddeutschland durch Mitteldeutschland nach Norddeutschland im Verhältnis 1 : 5 : 10; die Retziussche Kurzköpfigkeit (Schädelindex 78 und mehr) nimmt umgekehrt von Norddeutschland durch Mitteldeutschland nach Süddeutschland zu im Verhältnis 10 : 15 : 20. Bei den Dänen kommen nur noch 6 Prozent wahre Kurzköpfe (Index 80 und mehr), dagegen 57 Prozent wahre Langköpfe (Index unter 75) vor, so daß die Reihe der wahren Langköpfe von Norden nach Süden 57 : 18 : 12 : 1 : 0 ist, die der wahren Kurzköpfe von Süden nach Norden 90 : 83 : 66 : 31 : 6.

Aus den Schädelmessungen anderer deutscher Forscher, Virchows, Schaaffhausens, Lucaes, Eckers, können wir noch folgende Reihe für Stadtbevölkerungen in derselben Nord-Südrichtung bilden:

Schädelindex	Bremen (Norddeutschland)	Bonn (Norddeutschland)	Frankfurt a. M. (Mitteldeutschland)	Freiburg i. Br. (Süddeutschland)
Unter 75,0	25	12	11	0
75,0—77,9	33 {58}	27 {39}	12 {23}	7 {7}
78,0—79,9	17	19	20	9
80,0 und mehr	25 {42}	42 {61}	57 {77}	84 {93}

Auch hier zeigt sich die Zonenbildung der Lang- und Kurzköpfigkeit in Deutschland wieder mit überraschender Klarheit und Beweiskraft.

Diese Zonenbildung läßt sich auch in westöstlicher Richtung und hier, wie gesagt, über die germanischen Stammesgrenzen hinaus verfolgen; sie spricht sich hier darin aus, daß die Zahlen, in denen die Hauptschädeltypen unter den lokalen Bevölkerungen vorkommen, in gleicher ostwestlicher Zone im wesentlichen gleich sind. In der folgenden Tabelle stehen für Südpolen und Böhmen Weisbachs, für Südbaden Eckers, für Südbayern meine Ergebnisse:

Schädelindex	Südpolen	Böhmen	Südbayern	Südbaden
Unter 75,0	4	0	1	0
75,0—79,9	0 {4}	4 {4}	4 {5}	7 {7}
78,0—79,9	16	14	12	9
80,0 und mehr	80 {96}	82 {96}	83 {95}	84 {93}

Ich denke, deutlicher können Zahlen nicht mehr sprechen: die Übereinstimmung in der westöstlichen Richtung ist hier so gut wie absolut.

Für Nord- und Mitteldeutschland fehlt uns noch das Beobachtungsmaterial, um derartige Horizontalreihen in exakter Weise bilden zu können. Immerhin liegen schon wertvolle Beiträge zu dieser Frage vor. Besonders wichtig sind die durch Kupffer veranlaßten Messungen zahlreicher Schädel der ostpreußischen Bevölkerung aus der anatomischen Sammlung von Königsberg in Preußen. Diese Schädel stammten vorwiegend von nordslawischen oder, im altpolnischen Sinne gesprochen, nordpolnischen Individuen, da die deutsche Bevölkerung als die im allgemeinen weit wohlhabendere nur verschwindend geringen Zuschuß zu den Anatomieleichen in Königsberg stellt. Diese Reihe beweist im Zusammenhalt mit den oben mitgeteilten Zahlen Weisbachs, daß sich bei den Slawen in bezug auf die Schädelform wie bei den Germanen ein entsprechender Unterschied zwischen den im Norden und den im Süden wohnenden zu erkennen gibt; im Norden sind auch bei den Slawen die Langköpfe häufiger, die Kurzköpfe seltener, im Süden werden auch bei ihnen die Kurzköpfe herrschend. Bei der Wichtigkeit dieser Frage fügen wir auch hier die beobachteten Zahlen selbst bei:

Schädelindex	Nordpolen (Königsberg i. Pr.)	Südpolen (Österreichisch-Polen)
Unter 75,0	13 } 34	4 } 4
75,0—77,9	21	0
78,0—79,9	20 } 66	16 } 96
80,0 und mehr	46	80

Die Verteilung der Schädelformen entspricht in Königsberg im allgemeinen norddeutschen Verhältnissen, die Zahlen stehen zwischen denen von Bremen und Bonn der Tabelle S. 249, denen für letzteres mehr angenähert. Die eigentlichen Südslawen sind noch weit häufiger kurzköpfig als die hier angeführten Südpolen Weisbachs.

Nach A. Retzius hielt man früher alle Slawen für Kurzköpfe, Welcker behauptete dasselbe von den Germanen bzw. Deutschen. Das steht fest, daß heutigestags viele Slawen Mitteleuropas kurzköpfig sind, ebenso wie viele Deutsche; aber es scheint nach den bisherigen Ergebnissen sehr wahrscheinlich, daß die alte typische Form des germanischen wie slawischen Schädels die langköpfige, dolichokephale war. Wir dürfen sonach, wenn wir die Kurzköpfigkeit in einer bestimmten Gegend Deutschlands erklären wollen, nicht ohne weiteres an die Slawen denken, die wahrscheinlich selbst wie die Germanen ihre ursprünglich lange Schädelform durch Mischung mit anderen kurzköpfigen Völkern verändert haben.

In ähnlicher Weise, wie wir im Norden Mitteleuropas das Hauptverbreitungsgebiet der Blonden gefunden haben, stoßen wir auch auf ein ziemlich kompaktes Massiv langköpfiger Schädelformen im Norden der germanischen und slawischen Welt. Diese zur Langköpfigkeit neigende Bevölkerungsgruppe wird an allen Grenzen, an der Südgrenze wie Nordgrenze (Lappen), aber auch an der Westgrenze (blonde Finnen) und sehr auffallend an der Südostgrenze, von ausgesprochen kurzköpfigen Stämmen umwohnt. Im großen und ganzen deckt sich sonach die Verteilung der beiden Hauptkörpereigenschaften: Blondheit und Langköpfigkeit, Brünettheit und Kurzköpfigkeit (doch sind auch die blonden Finnen kurzköpfig); es läßt sich daraus schließen, daß in Mitteleuropa die Ursachen für die Ausbildung der lokalen Differenzen bezüglich der Farbe und der Schädelform im wesentlichen dieselben sein werden.

Wir sind in der günstigen Lage, aus den Skelettresten der Bevölkerung der Vorzeit noch unmittelbare Beweise von der einstigen Körper-, namentlich Schädelform entnehmen zu können. Es war eine der größten Entdeckungen der Kraniologie und vorgeschichtlichen Archäologie,

als Ecker und Lindenschmit nachwiesen, daß die Völkerzüge der aus den Nordgauen gegen die
Römerherrschaft in Süd- und Mitteldeutschland einbrechenden Germanen der Völker-
wanderungszeit, die uns die Geschichte als blond, blauäugig und von weißer Haut schildert, in ihren Gräbern, den sogenannten Reihengräbern, fast ausschließlich langköpfige
Schädelformen zurückgelassen haben, und zwar auch in den Gegenden, in denen heute die
Langköpfigkeit sehr selten, dagegen der Kurzkopf der herrschende Schädeltypus ist. Um ein
Beispiel für viele zu geben, so zählte J. Kollmann unter den Schädeln der Völkerwanderungs-
bzw. der Reihengräberzeit in Bayern 44 Prozent eigentliche Langköpfe und nur 11 Prozent
eigentliche Kurzköpfe, während ich in denselben Gegenden bei der heutigen Bevölkerung nur
1 Prozent wahre Lang-, dagegen 83 Prozent wahre Kurzköpfe gefunden habe. Noch extremer
sind diese Gegensätze der alten und modernen Bevölkerung im Rheingebiet und in Schwaben.
Es läßt sich gar nicht daran zweifeln, daß Franken, Alemannen, Thüringer und Bayern als
im wesentlichen langköpfige Völkerstämme und Völkerverbindungen aus dem Norden, wo
sich noch heute das Zentrum germanischer Langköpfigkeit findet, nach Süden und Westen
eingedrungen sind, und das gleiche gilt, soviel wir bis jetzt sehen können, auch für den Osten.
Die heutige starkausgeprägte Kurzköpfigkeit der einst langköpfigen Alemannen und Bayern
und die etwas geringere der Franken und Thüringer lassen sich zunächst daraus erklären, daß
sie sich in etwas verschiedenem Grade mit Rückständen kurzköpfiger Bevölkerungen in ihren
neuen Heimsitzen gemischt, diese in sich aufgenommen haben.

Aber dasselbe gilt auch für die Altslawen; in den Grabhügeln Rußlands, die nach der
geläufigsten Annahme die Reste der alten slawischen Einwanderer bergen, in den sogenannten
Kurganen, zählte man 48 Prozent wahre Langköpfe und nur 16 Prozent wahre Kurzköpfe,
während Kollmann den modernen Slawen nur 3 Prozent Lang-, dagegen 72 Prozent Kurzköpfe zuteilt. In einem slawischen Gräberfeld aus der jüngeren Völkerwanderungsperiode in
Südbayern fand ich die Langköpfe kaum weniger überwiegend als in den germanischen Reihengräbern, und noch entschiedener hat das Virchow für die nordslawischen Gräberfelder aus derselben und einer noch etwas späteren Periode nachgewiesen. Niederle und C. Toldt konstatierten die gleichen Verhältnisse in slawischen Ländern Österreichs. Aber in der Gegend Bayerns,
in die nach meinen Beobachtungen die Slawen im wesentlichen langköpfig eingewandert sind,
herrscht heute die entschiedenste Kurzköpfigkeit unter ihren völlig germanisierten Nachkommen.

Für die Völkerverhältnisse Mitteldeutschlands gelangen wir bezüglich der Schädelform
zu dem gleichen Schlusse wie oben Virchow bezüglich der Farbe: da, wo wir den Kelten in
alten, wohlkonstatierten Sitzen begegnen, treffen wir heute die Bevölkerung, sowohl die Deutschen wie die Slawen, vorwiegend kurzköpfig. Wir schließen daraus, daß Germanen wie
Slawen bei ihrer Einwanderung in altkeltisches Gebiet sowohl gebräunt als kurzköpfig geworden sind. Die Kelten treten uns dadurch in Mitteleuropa als ein ebenso brünetter wie
kurzköpfiger Stamm entgegen. Aus den Hügelgräbern Südbadens und Südbayerns, aus
denen wir eine Anzahl Skelettreste aus der Zeit der Besiedelung dieser Gegenden durch Kelten,
vor der römischen Eroberung und weit vor der Völkerwanderungsperiode, besitzen, wurden
in der Tat Schädel erhoben, die sich von denen der Reihengräber-Germanen durch Kurzköpfigkeit unterscheiden, in Südbayern zum Teil von so gut wie absolut der gleichen Form,
wie sie heute der ausgesprochen kurzköpfige Bestandteil der Bevölkerung darbietet.

An die Kelten schließen sich auch hier in der Schweiz und Tirol die ausgesprochen kurzköpfigen Rätier an; ebenso brachte die römische Besitzergreifung kurze Schädelformen ins

Land: unter den römischen Leichen aus dem zweiten nachchristlichen Jahrhundert fand Dahlem z. B. in den Gräbern der Nekropole Regensburgs 47 Prozent Kurz- und nur 7 Prozent Langköpfe. In Bayern konnte Heinrich v. Ranke in den jüngeren germanischen Reihengräbern die Zunahme mesokephaler und brachykephaler Elemente, zunächst, wie es aus den Skelettresten scheint, durch Frauen vermittelt, deutlich nachweisen; dabei erscheinen wohl die niedrigen Schichten des Volkes, deren Gräber mit ärmeren Beigaben ausgestattet sind, etwas häufiger kurzköpfig. Auch die obenerwähnte Nekropole Regensburgs zeigt in ihren Gräbern die mehr und mehr fortschreitende Mischung der Schädelformen.

Beachtenswert ist es, daß die Bayern, die der Annahme der Historiker nach aus keltischem Gebiet, das sie zeitweise besetzt hatten, aus Böhmen, in ihre heutigen Heimsitze gelangten, schon bei ihrem in den Reihengräbern zu verfolgenden Einzug etwas mehr kurzköpfige Elemente aufweisen als die gegen den Rhein und geradeswegs nach Süden vordringenden Franken und Alemannen, bei denen in einigen Gräberfeldern kurzköpfige Formen so gut wie ganz fehlen. Daraus, daß in manchen Bezirken Mitteldeutschlands, wo, wie wir aus der Geschichte wissen, vor der fränkischen Regermanisation Slawen saßen, z. B. bei Halle a. S. und im bayrischen Oberfranken, eine gesteigerte Kurzköpfigkeit sich erkennen läßt, ergibt sich nach dem Gesagten, daß die Slawen, die hier den in der Völkerwanderung abziehenden Germanen nachdrängten, aus Gegenden gekommen sind, wo sie schon eine höhere Kurzköpfigkeit, dem heutigen Verhalten der Mittel- und Südslawen entsprechend, angenommen hatten.

Mit der Aufstellung, daß es in Mitteleuropa vorzüglich die Kelten gewesen seien, die durch Aufnahme in die herrschende Bevölkerung die blond und langköpfig eingewanderten Germanen und Slawen sowohl brünett als kurzköpfig gemacht haben, soll jedoch über die Kopfform aller Kelten oder über die ursprüngliche Kopfform der keltischen Stämme nicht entschieden sein. Wie bei der Frage nach ihrer ursprünglichen Farbe, so müssen wir auch bei der Frage nach dem ursprünglichen Schädeltypus der Kelten uns daran erinnern, daß heute in einigen keltischen Teilen Englands eine gewisse Langköpfigkeit kaum verkannt werden kann; anderseits weist doch auch vieles, wie schon bei der Beurteilung der Körperfarben angedeutet wurde, auf eine präkeltische, d. h. vorkeltische, brünette und kurzköpfige Bevölkerung, namentlich in den Gebirgsländern, hin, von welch letzteren aus, wie wir oben voraussetzten, die Kelten nach Norden und Westen sich in Mitteleuropa vorgeschoben haben. Hier genügt eine Hindeutung auf diese Fragen, die wir unten noch einmal aufnehmen werden.

Wenn wir über die Grenzen Mitteleuropas hinausblicken, so treten uns überall auch in bezug auf die Körperfarben wie auf die Schädelformen neue Probleme entgegen, die uns zeigen, daß an verschiedenen Orten dieselben Fragen sich in sehr verschiedener Weise lösen werden, daß keineswegs überall in Europa ein und derselbe Schlüssel uns das ethnische Verständnis eröffnen kann. Ich erinnere zuerst an die Lappen und Finnen im Norden, an die Ligurer und Basken im Süden und Westen, an die Hunnen, Ungarn und Türken im Osten, die uns alle als brünette Stämme entgegentreten. Auch Analogien, die sich hier etwa ergeben, weisen doch nach einer sehr verschiedenen Richtung. Die Schweden haben nach G. Retzius und C. M. Fürst etwas mehr Brachykephale als die Dänen; es wird das erklärt aus der Mischung des dolicho- und mesokephalen germanischen Hauptstockes der Bevölkerung mit allophylen Stämmen, Lappen und Finnen, aber auch mit mehr brachykephalen mitteleuropäischen Elementen, z. B. Wallonen. Der mittlere Kopfindex der etwa 45 000 21jährigen Rekruten betrug 78 (77,855), daraus berechneten die Autoren durch Abzug von zwei Indexeinheiten den mittleren Schädelindex zu 76 (75,855). In der Gesamtzahl aller Gemessenen waren Langköpfe (unter Index 75) 30 Prozent, Mittelköpfe 57 Prozent, Kurzköpfe (Schädelindex 80 und darunter) 13 Prozent. Für Norwegen, wo sonst die Verhältnisse denen Schwedens ziemlich ähnlich sind, hat Arbo für die Südspitze des Landes eine Neigung zu Brachykephalie festgestellt. In ähnlicher Weise sehen wir in den Südprovinzen Schwedens kürzere Schädelformen häufiger auftreten als in den Zentralprovinzen, an die nach Norden wieder die weniger dolichokephalen lappischen und finnischen Provinzen (Lappland und Västerbotten) angrenzen: Dalsland, das Zentrum Schwedens, hat 45,14 Dolichokephale, 50,00 Mesokephale und 4,86 Brachykephale; für Västerbotten sind die Zahlen 21,07, 59,90 und 19,03; für Lappland 16,94, 59,39 und 23,67; für die Südspitze Schwedens, Skane (Schonen), 18,71, 62,69 und 18,60. In ganz Schweden schwankt sonach die Prozentzahl für die Brachykephalen von 4,86 bis 23,67, für die Dolichokephalen unter Index 75,0 von 45,14 bis 16,94. Zum Vergleich der modernen Verhältnisse der Hirnschädelbildung mit den prähistorischen gibt Gustav Retzius die folgende Tabelle über den Längen-Breiten-Index von 113 vorgeschichtlichen schwedischen Schädeln (42 aus der Steinzeit, 20 aus der Bronzezeit und 51 aus der Eisenzeit).

Längen-Breiten-Index:	Dolichokephale									Mesokephale					Brachykephale					
	66	67	68	69	70	71	72	73	74	75	76	77	78	79	80	81	82	83	84	85
Steinzeit	1	—	1	3	—	2	6	6	2	2	5	2	8	1	—	1	—		1	1
Bronzezeit	—	—	2	1	1	1	3	5	—	1	1	2	—	2	—	1			
Eisenzeit	—	—	—	4	3	6	8	3	4	5	2	4		3	1				

In allen drei Epochen der Vorgeschichte finden sich sonach Brachykephale.

In Italien scheint von der Lombardei aus das brünette Element in sehr rascher Progression gegen Süden zuzunehmen, dagegen nimmt in derselben Richtung die Kurzköpfigkeit mehr und mehr ab, so daß die brünettesten Süditalier am meisten langköpfige Schädelformen aufweisen, ganz entgegengesetzt den eben für Mitteleuropa festgestellten Verhältnissen. In Italien drängt ein wesentlich langköpfiger, brünetter Volkstypus gegen Norden, ebenso ein anderer zwar auch brünetter, aber kurzköpfiger Volkstypus vom Alpengebirge aus nach Süden; letztere sind jene brünetten Kurzköpfe, die wir in den Alpen selbst und nördlich von diesen kennen gelernt haben, der alpine Typus. In Italien erscheinen die ethnischen Verhältnisse sonach wesentlich verwickelter als in Mitteleuropa, wenn wir uns an die Besetzung Italiens durch von Haus aus blonde und langköpfige Germanen erinnern. Aber trotzdem spricht sich eine ganz ähnliche Zonenbildung der Schädelformen in Italien wie in Deutschland aus, indem von den Alpen südwärts die Kurzköpfigkeit der heutigen Bevölkerung mehr und mehr ab-, dagegen die Langköpfigkeit entsprechend zunimmt; das beweisen schon die von Calori gemachten zahlreichen Schädelmessungen. In der folgenden Tabelle ordnen wir Caloris Messungsreihen geographisch von Norden nach Süden vorschreitend:

Verbreitungsgebiete	Kurzköpfe (80 und mehr)	Mittelköpfe (74—80)	Langköpfe (unter 74)
Venetien, Lombardei und Welschtirol	90	9,6	0,4
Emilia	82	16,5	1,5
Bologna	79	15	6
Adriatische Küste südlich von Bologna	70	28	2
Toskana	63	27	10
Kirchenstaat und Neapel	32	48	20

Die Alpen bilden sonach in der Richtung von Süden nach Norden für Italien und Deutschland eine Wendezone der Schädelformen, von der aus in Italien nach Süden, in Deutschland nach Norden die langköpfigen Schädelformen zunehmen, während in umgekehrter Richtung die Kurzköpfe mehr und mehr an Häufigkeit gewinnen. Mit anderen Worten: für Deutschland wie für Italien erscheinen die Alpen als ein Zentrum und als das Ausstrahlungsgebiet einer extremen Kurzköpfigkeit.

Wir wollen hier nicht versäumen, darauf hinzuweisen, daß die heute in Griechenland vorherrschende Kurzköpfigkeit, wie es scheint, auch erst nach der Überflutung durch die von den nördlichen Grenzgebirgen, wo heute eine extreme Kurzköpfigkeit herrscht, herabgestiegenen Stämme sich ausgebildet hat. Nach den Messungen von Clon Stephanos waren die alten klassischen Griechen, wie sich aus den Grabfunden ergibt, weit weniger kurzköpfig als die moderne griechische Bevölkerung. Stephanos' prozentische Zahlen sind folgende:

Schädelindex	Altgriechen	Neugriechen
Langköpfe (bis 74,9)	31	25
Mittelköpfe (75—79,9)	59	31
Kurzköpfe (80,0 und mehr)	10	54

Für Griechenland erscheint der Balkan, wie die Alpen für Italien und Deutschland, als Zentrum und Ausstrahlungsgebiet der Kurzköpfigkeit.

Das Gesagte genügt, um einen Einblick in die Art und Weise der Entwickelung der modernen europäischen Völkerindividualitäten zu eröffnen. Gewiß ist es höchst merkwürdig, daß nach all den Stürmen, die über das hier besprochene ethnologische Gebiet hingebraust sind, nach all dem Wechsel der Sprachen und Sitten sich ursprüngliche ethnische Verhältnisse, die weit in die urkundenlose Vorgeschichte dieser Länder zurückreichen, noch in so deutlicher Weise zu erkennen geben.

Die Verteilung der Schädelformen in Europa und auf der ganzen Erde.

Einige ausgezeichnete Forscher: der Engländer J. Beddoe (1893), der Amerikaner W. J. Ripley (1896), der Franzose J. Deniker (1897—99), haben die Kopfformen der gesamten Bevölkerung Europas nach den bis jetzt vorliegenden statistischen Untersuchungen kartographisch darzustellen versucht. Wir geben hier (s. die beigeheftete Karte „Verteilung des Schädelindex in Europa und auf der Erde"), nach der Bearbeitung von Emil Schmidt, Denikers Karte. Um den Kopfindex in den Schädelindex umzurechnen, werden gewöhnlich zwei Inderstufen abgerechnet, der Kopfindex 77 entspricht dann dem Schädelindex 75, welcher der Grenzindex der Dolichokephalie ist. Das übrige ergibt sich aus der Betrachtung der Karte selbst. Die blaue Farbe bezeichnet die Dolichokephalen und Mesokephalen mit Hinneigung zur Dolichokephalie (Subdolichokephalie), die rote Farbe die Brachykephalen und Subbrachykephalen, d. h. die mesokephalen mit zur Kurzköpfigkeit neigenden Inderwerten. Unsere drei kraniometrischen Zonen zwischen dem Nordmeer und den Alpen treten auf der Karte deutlich hervor, dazu kommt noch die oben charakterisierte Zunahme der Dolichokephalie in Italien von den Alpen aus gegen Süden zu als vierte Zone. Im Norden, um Teile des Baltischen Meeres und um die ganze Nordsee herum gruppiert, erscheint eine Region der Dolichokephalen; im Osten sitzen Subbrachykephale; den ganzen gebirgigen Teil des mittleren und westlichen Europas nehmen Brachykephale ein; im Süden erscheint auf den Inseln und der

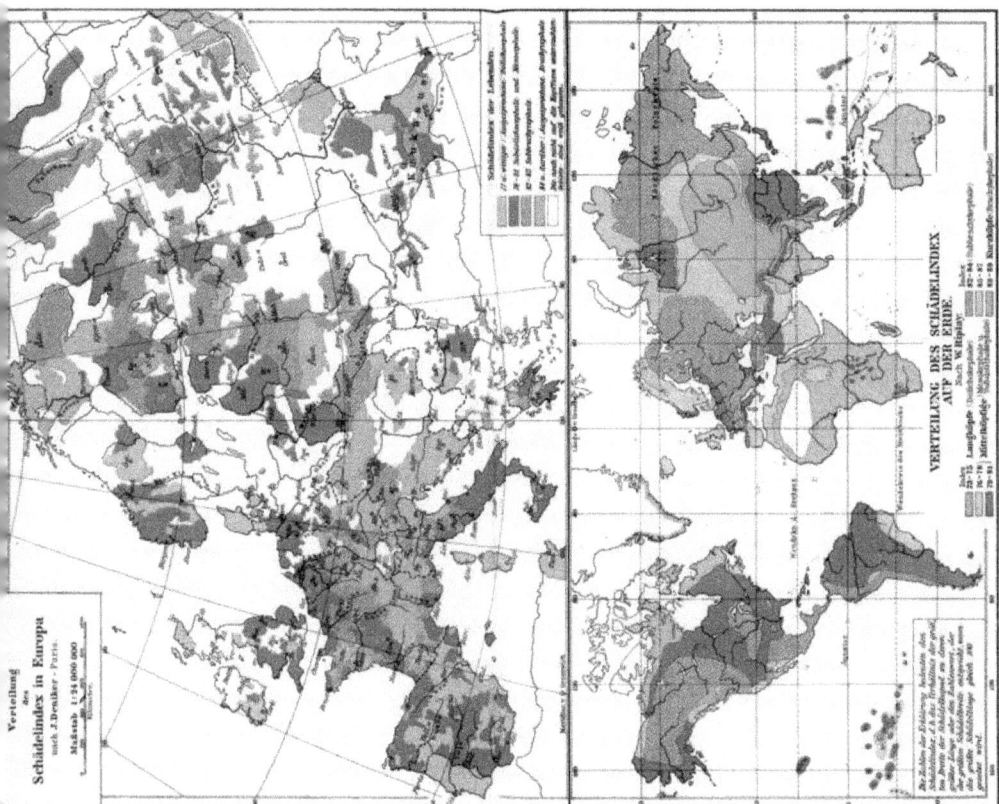

Verteilung des Schädelindex in Europa
nach J. Deniker - Paris.

Maßstab 1:34.000.000

VERTEILUNG DES SCHÄDELINDEX
AUF DER ERDE.
nach W. Ripley.

Bibliographisches Institut, Leipzig.

Festlandsumrandung des Mittelländischen Meeres (mit Ausnahme von Südfrankreich und Norditalien) wieder eine stark dolichokephale Region. Auf der Karte ist die nördliche und südliche dolichokephale Zone gleichmäßig mit blauer Farbe dargestellt. Man darf dabei aber nicht vergessen, daß es sich um zwei scharf geschiedene anthropologische Typen handelt: im Norden Europas wohnen die blonden Dolichokephalen, die Dolichokephalie der Mittelmeerländer entspricht dagegen den brünetten Dolichokephalen, Sergis Mittelländern. Beide dolichokephale Formen sind typisch voneinander verschieden. Wieweit die blonden und die brünetten Dolichokephalen in den einst von germanischen Stämmen besetzten Gebieten sich mischen, ist bisher ein noch ungelöstes Problem.

Die Region hochgradiger Brachykephalie folgt im ganzen dem gebirgigen Rückgrat unseres Kontinents. Sie erscheint, nach Deniker, auf der Karte als ein großes Dreieck, dessen etwas abgestumpfte Spitze im Baskenlande und dessen Basis nahe an 10° östlicher Länge liegt, zwischen dem Thüringer Wald und dem Punkt, wo die Apenninen im Süden am nächsten an das Adriatische Meer herantreten. Von dieser Basis erstrecken sich ostwärts zwei Ausläufer hochgradiger Brachykephalie, der eine über Böhmen, die Karpathen nach Siebenbürgen, der andere südöstlich nach Venetien, Slawonien, Kroatien, Bosnien, Dalmatien und wohl auch Albanien. In Deutsch-Österreich läßt sich eine subbrachykephale Zone (Index 82 bis 83) feststellen, die sich winkelartig, mit der Spitze bis Innsbruck, in das Gebiet der hohen Brachykephalie hineinschiebt; die Grenzen dieser Zwischenzone sind im Norden ungefähr der Lauf der Donau, im Süden der der oberen Drau.

Ripley hat durch seine über die ganze Erde sich erstreckenden Zusammenstellungen der Kopfformen (Schädelformen) der vergleichenden Anthropologie einen großen Dienst geleistet. Wir geben hier von dieser außerordentlich wichtigen Arbeit Ripleys Weltkarte der Verbreitung der Kopfformen (s. die beigeheftete Karte).

Japaner.

Erwin Bälz hatte als Professor der klinischen Medizin an der kaiserlich japanischen Universität Tokio und gleichzeitig als Vorstand der dortigen, namentlich von Frauen höherer Stände besuchten Frauenklinik eine ausgezeichnete Gelegenheit, Studien über die körperlichen Eigenschaften der Japaner aller Stände anzustellen; er hat diese Studien in mustergültiger Weise zu einer anthropologischen Beschreibung des ostasiatischen Kulturvolkes benutzt.

Die Haut der Japaner ist von einer hellgelben Farbe, die sich in ihren Abstufungen einerseits der weißen Hautfarbe der Europäer nähert, anderseits alle Übergänge zu tiefem Gelb und zu hellem Braun zeigt. Ausnahmsweise steigert sich die Hautfarbe bis zur satten Bronze, namentlich bei nackt gehenden Knaben und bei Fischern im Hochsommer; bei den höheren Ständen ist die Farbe heller. Der Einfluß der geographischen Breite auf die Hautfarbe ist verhältnismäßig gering, immerhin aber sieht man im Norden mehr blasse, weniger stark gefärbte Gesichter. Wie anderwärts, so ist auch in Japan die Färbung der Frauen meist etwas heller als die der Männer, indem sich die Männer mehr dem bräunenden Einfluß des Wetters und der Sonne aussetzen. Die Farbe der Kinder ist vor dem Zahnwechsel womöglich noch dunkler, mit einem Stich ins Rötliche. Das Neugeborene heißt in Japan Akambo, d. h. rotes Kind; in der Tat ist der rötliche Teint der Kinder in den ersten Lebenstagen auffallender und dauernder als in Europa, dagegen ist die Wangengegend wenig rot. Bei den

Kindern der höheren Stände sieht das Gesicht gewöhnlich gleichmäßig blaßgelblich aus, und unter den erwachsenen Männern, selbst den weißer und lichter gefärbten, sind rote Wangen eine Ausnahme. Dagegen ist bei den Kindern aus dem Volke und bei den kräftigen Frauen der arbeitenden Klasse rote Wangenfärbung ziemlich häufig. Der Einfluß des Lichtes auf die Vermehrung des Farbstoffes ist sehr deutlich, wenn man Haut von der nackten Wade eines Läufers oder Arbeiters mit der von einer bedeckt gehaltenen Stelle eines Vornehmen vergleicht. Nach der Geburt besteht zwischen den Kindern der Vornehmen und der Armen kaum ein Unterschied in der Farbe, er macht sich aber schon in den ersten Lebensjahren geltend. Das Kind des Volkes ist von Geburt an der Kälte des Winters im unheizbaren japanischen Hause und der Hitze des Sommers ausgesetzt; sobald es anfängt zu gehen, ist es im Sommer fast ganz nackt, im Winter ist wenigstens die Bekleidung der Beine recht mangelhaft. Daher ist auch die Haut solcher Kinder röter, rauher, derber als die der verzärtelten vornehmen Kinder. Die Mischlinge von Europäern und Japanern sind meist schöne Kinder, die in der Hautfarbe dem Nordeuropäer oft näher stehen als manche Bewohner der Mittelmeergestade.

Auch bei den Japanern ist der Rumpf stärker pigmentiert als Gesicht und Extremitäten, wie wir das von den afrikanischen Schwarzen wie auch von den Europäern oben besprochen haben. Nicht nur bei den Frauen des verschiedensten Alters, sondern nicht selten auch bei Männern erscheint die Mittellinie des Bauches braun pigmentiert.

Die Lippe ist gewöhnlich ebenso gefärbt wie beim Europäer, aber nicht ganz selten findet sich auch hier, am häufigsten bei Männern, etwas dunkles Pigment, das den Lippen eine eigentümlich dunkel blaugraue Farbe verleiht, sehr ähnlich der, die man in Europa an den Lippen von Herzkranken beobachtet. Etwas häufiger ist das Vorkommen umschriebener Pigmentflecke an Lippen, Zahnfleisch, Gaumen und zuweilen auch in der Bindehaut des Auges.

Die Haut des Japaners und namentlich der Japanerin hat etwas Weiches, Samtartiges, und zwar selbst bei den niederen, arbeitenden Ständen. Dabei fand Bälz die Haut dicker und derber als die des Europäers, namentlich an den unbedeckten Körperteilen, die dem Einfluß des Wetters viel ausgesetzt sind. Trotzdem ist die Hautsensibilität ebenso fein wie beim Europäer.

Was die Haare anlangt, so gehören die Japaner, wie alle Glieder der „malaiisch-mongolischen" Rasse, zu den schwachbehaarten Völkern. Trifft man in Japan Individuen mit starker Behaarung des Gesichts und des Körpers, so haben sie fast stets einen vom gewöhnlichen Typus abweichenden Gesichtsbau, oft leichtwelliges Haar und erinnern auch in anderen Beziehungen an die stark behaarten Aïnos, von denen sie abstammen. Am geringsten ist die allgemeine Behaarung bei dem unten näher zu charakterisierenden rein japanischen schiefäugigen, langgesichtigen Typus: Vertreter desselben haben spärlichen oder fast keinen Bartwuchs, und Haare auf Rumpf und Gliedern sind große Ausnahmen. Unter den Bauern im Alter von 30 Jahren aufwärts sowie unter den Arbeitern der Städte ist nach oberflächlicher Schätzung höchstens jeder dritte Mann an den Beinen behaart. Noch seltener trifft man stark behaarte Brust. Merkwürdig ist, daß sich das Verhältnis in späteren Jahren ändert, so daß unter Greisen die Zahl der behaarten Individuen weit größer ist, was darauf hinweist, daß die Entwickelung der Haare beim Ostasiaten noch in einem Alter vor sich geht, in dem sie beim Europäer abgeschlossen ist. Wo sich Haare am Körper finden, sind sie schlicht und stehen dünn. Ihre Farbe ist nahezu immer schwarz. Starkbehaarte Frauen sind natürlich noch seltener; unter mehreren Tausenden, die daraufhin beobachtet wurden, hatten etwa 50 eine deutlich ausgesprochene Behaarung der Arme.

Der Wuchs der Kopfhaare der Japaner ist dicht und kräftig, die Farbe der Haare ist durchweg dunkel, das reine Schwarz ist seltener, in vielen Fällen erscheint nur das gesettete, nicht aber das trockene Haar ganz schwarz. Unter den niederen Ständen, die auf ihre Haare wenig Sorgfalt verwenden, ist ein dunkles Braun oder Rotbraun häufig anzutreffen; blondes Haar ist für den Japaner etwas Abnormes, Bälz beobachtete nur zweimal bei Erwachsenen von unzweifelhaft japanischer Abstammung dunkelblondes Haar. Die tiefschwarzen Haare sind im Norden der Hauptinsel und im Süden von Jeso häufiger als in Südjapan, sie haben öfters eine Andeutung von Kräuselung, was wohl auf Ainoblut hinweist. Kinder haben im allgemeinen weit helleres Haar als Erwachsene; unter vier Jahren kommen schwarze Haare selten vor; viele Kinder, namentlich Straßenkinder, würden in Europa unbedenklich für blond erklärt werden. Für den Japaner ist jedes Haar, das nicht ganz schwarz ist, rot (akai).

Die Dichtigkeit des Haarwachstums auf dem Kopfe ist wahrscheinlich der des europäischen ziemlich gleich. Die Länge des Frauenhaares ist meist nicht bedeutend; wenn es bis zur Hüfte reicht, so ist das eine Ausnahme. Im allgemeinen ist das japanische Haar schlicht, Locken sind überaus selten und gelten für sehr häßlich, sie deuten, wenn sie vollkommen schwarz sind, auf Ainoblut. Beim Japaner wie beim Europäer sind die Kopfhaare nicht senkrecht, sondern schief in die Kopfhaut eingepflanzt. Bei Knaben von 8—15 Jahren stehen trotzdem die Haare oft fast völlig senkrecht nach oben und lassen sich nur schwer niederkämmen. Eine solche ganz dichte schwarze Behaarung erinnert oft an einen Maulwurfspelz. Ganz vereinzelt findet sich echt krauses Negerhaar, und bei solchen Individuen sind auch die Gesichtszüge negerartig, die Lippen dick, wulstig, die Kiefer, wenigstens die Stellung der Zähne, stark prognath. Hilgendorf fand bei zwei Japanern auf 1 qcm Kopfhaut 286 bzw. 252 Haare, meist werden aber diese Zahlen etwas überschritten: bei vier Individuen fand Bälz 317, 320, 298, 280 Haare auf der genannten Fläche. Für zwei Deutsche gibt Hilgendorf 280 und 272 an. Dieses geringe Übergewicht auf seiten der Japaner wird dadurch noch in die Augen fallender, daß das Haar des Japaners dicker ist als das des Europäers. Der Querschnitt des Kopfhaares wie des Bart- und Körperhaares weicht nur sehr wenig von der Kreisform ab (1,04). Das Ergrauen der Kopfhaare beginnt gewiß nicht früher, wahrscheinlich erst später als beim Europäer, der Bart ergraut gegen das 50. Jahr, bei Sechzigern ist er weiß. In bezug auf das Ausfallen der Haare dürfte zwischen beiden Rassen kein wesentlicher Unterschied sein.

Der Bart des Japaners ist, wie gesagt, im Gegensatz zu dem Kopfhaar spärlich, dürftig und erscheint spät. Die Barthaare sind schlicht wie die Haupthaare. Die Hauptmasse der Haare wächst am und unter dem Kinn, ein zusammenhängender Backenbart ist eine große Seltenheit, auch der Schnurrbart ist im ganzen schwach. Während ein langer Bart bei einem Dreißigjährigen kaum vorkommt, hat eine große Zahl der Greise einen stattlichen, oft genug über fußlangen Ziegenbart. Die Farbe des japanischen Bartes ist meist schwarz, indessen sind dunkel rotbraune Bärte nicht gerade selten.

In bezug auf den allgemeinen Körperbau sind in Japan bei Männern und Frauen zwei Typen zu unterscheiden, der erste, der vornehme, ist größer, schlank, der zweite untersetzt, kleiner. Bei dem ersten Typus (s. die Abbildung S. 258, Fig. 1) neigt der Schädel zur Dolichokephalie, das Gesicht ist sehr lang, die Nase lang, der Hals lang, der Brustkorb, der gesamte Rumpf sind lang, die Glieder sind schlank gebaut. Bei dem zweiten Typus, dessen Vertreter meist den arbeitenden Klassen angehören (s. die Abbildung S. 258, Fig. 2), ist dagegen das Gesicht breit, die Nase kürzer und breiter, der Hals kürzer und kräftig, der

Brustkorb und der ganze Rumpf zwar lang, aber wohlgebaut und sehr muskulös, und die Glieder sind kurz und fleischig. Trotz dieser typischen Unterschiede innerhalb des Volkes selbst zeigt es doch im großen und ganzen wesentlich übereinstimmende Körperverhältnisse. Im allgemeinen hat der Japaner eine geringe Körpergröße, einen großen Kopf, ein langes Gesicht mit meist auffallend vorstehenden Jochbogen, flachen Oberkiefern, schief aussehenden Augen, einer bald feinen, bald plumpen Nase, leicht prognathem Gebiß; der Rumpf ist sehr lang, die kurzen Arme und die Hände sind schön geformt, die Beine auffallend kurz.

Der schlanke, höhere Typus der Frauen (s. die Abbildung S. 259) hat seine Züge, langes, schmales Gesicht, feine Adlernase, kleinen Mund, zarten Gliederbau; dagegen geht der zweite, niedere Typus mehr in die Breite, sowohl im Gesicht im ganzen als in seinen einzelnen Teilen; auch Rumpf und Glieder sind dick, kurz, plump. Der feine weibliche Typus findet sich in den hohen Familien und ist in seiner reinsten Form fast nie auf der Straße oder im öffentlichen Leben zu sehen, so daß nur wenige Abendländer wissen, wie häufig man in den alten Adelsfamilien die feinen, zarten Gesichter antreffen kann, in denen der Japaner das Ideal weiblicher Schönheit erblickt: den durchscheinenden, marmorblassen Teint, die glänzenden schönen Augen, den sanften roten Hauch auf den Wangen. Bis jetzt ist es freilich eine Ausnahme, unter diesen Frauen einer wirklich gesunden, blühenden, Kraft und Jugend atmenden Erscheinung zu begegnen, glücklicherweise macht sich aber auch hier eine Reaktion fühlbar.

Feiner (1) und grober (2) Typus der Japaner. Nach E. Bälz, „Die körperlichen Eigenschaften der Japaner": „Mitteilungen der Deutschen Gesellschaft für Natur- und Völkerkunde Ostasiens" (Jokohama 1883—85). Vgl. Text S. 257.

Bei einer Japanerin vom feinen Typus ist die Größe meist um ein kleines bedeutender als die der gewöhnlichen Frauen ihres Landes. Die Gestalt ist sehr schlank, sehr schmal, mager, zartknochig. Der Kopf ist bald mesokephal, bald leicht dolichokephal; das Gesicht ist sehr lang, schmal, die Jochbogen prominieren nur mäßig, die Stirn ist niedrig, die Haare wachsen tief in die Schläfe herein, die Augen sind schief, die Lidspalte ist bald sehr eng, bald weit, der freie Rand des oberen Lides ist meist nicht sichtbar. Der Nasensattel liegt, wie bei allen Japanern, verhältnismäßig tief, die Oberkiefer sind etwas flach; die Nase ist stark gewölbt, mit der Spitze ein wenig nach einwärts gezogen (Adlernase), dabei lang und schmal. Der Mund ist fein geschnitten, zeigt aber öfters leichten Prognathismus und vorragende Schneidezähne. Das Kinn tritt deutlich hervor, ist schmal, weil das lange Gesicht von den Jochbogen nach dem Kinn sich rasch zuspitzt; Hals schlank, Rumpf sehr lang. Schultern und Nacken sind selbst bei sonstiger Magerkeit schön gerundet; Hände klein, lang, schmal, mager, zart; Brustkorb lang, schmal, dürr; Busen meist klein. Unterleib sehr lang, Hüften schmal, die fleischigen Teile wenig entwickelt; Beine kurz, mager, schlaff, nicht immer gerade; die Knöchel durch das viele Sitzen zu dick; die nie durch Schuhe eingeengten Füße verhältnismäßig breit.

Der plumpe weibliche Typus ist in jeder Beziehung der Gegensatz des vorhergehenden. Seine Vertreterinnen sind kleiner, sehr kräftig, robust gebaut, von Gesundheit strotzend. Der Kopf ist runder, mehr brachykephal oder mesokephal. Das Gesicht erscheint sehr breit, mit stark entwickelten Jochbogen. Die Wangen sind voll, lebhaft gerötet, die Augenlidspalte mehr oder weniger spitz nach außen zu laufend, der obere freie Lidrand durch die wulstig herabsinkende, fette Lidfalte meist bedeckt, manchmal so, daß die Gestalt des Auges einem schmalen Knopfloch gleicht. Nasenrücken flach, Nase breit, stumpf, Lippen wulstig; Mund groß, Kiefer oft etwas prognath; Kinn voll, breit zurücktretend; Hals und Schultern fleischig, voll. Rumpf lang und breit, Brustkorb kräftig, Brüste stark entwickelt; Arme kurz, dick, rund, stramm. Hände verhältnismäßig fein. Hüften breit, Beine sehr kurz; Oberschenkel kurz, sehr dick und plump; Waden öfters sehr dick, selten im Verhältnis zum Oberschenkel dünn; Knöchel

Feiner (1) und grober (2) Typus der Japanerinnen. Nach E. Bälz, „Die körperlichen Eigenschaften der Japaner": „Mitteilungen der Deutschen Gesellschaft für Natur- und Völkerkunde Ostasiens" (Yokohama 1883—85).

plump; Füße kurz, breit. Dieser Typus ist der herrschende bei den Bauern und den niederen Klassen der Stadtbewohner. Hier müssen die Frauen die Arbeit des Mannes teilen, sie tun Feldarbeit, ziehen Lasten oder haben als Dienerinnen in Wirtshäusern oder großen Geschäften vom Morgen bis in die späte Nacht sich abzuquälen. Einen mittleren weiblichen Typus sieht man am häufigsten bei den Frauen der Stände, die unseren besseren bürgerlichen Klassen entsprechen.

Das durchschnittliche Körpergewicht junger japanischer Männer aus den besseren Ständen, z. B. Studenten, beträgt 52—54 kg, das von Männern im mittleren Alter steigt auf fast 60 kg. Das Gewicht der im allgemeinen besser als die höheren Stände entwickelten arbeitenden Klassen ist wesentlich größer und beträgt etwa 56 kg schon im 20. Jahre. Verhältnismäßig hohe Zahlen findet man bei Soldaten: 55—69 kg.

17*

Beruf	Alter	Zahl der Gewogenen	Durchschnittliches Gewicht in Kilogrammen	Durchschnittliche Größe in Zentimetern
Studenten	21—24	25	52,3	156
„　„	22—26	25	53,7	161
Beamte, Gelehrte, Offiziere, Kaufleute .	20—60	1000	55,6	160
Kavalleristen I	23	140	55	159
Infanteristen	22	30	58	154
Kavalleristen II	22	30	63	161
Reitende Artilleristen	22	30	65	164
Bergartilleristen	22	30	69	165
Pioniere	22	30	65	161
Trainsoldaten.	22	30	62	159

Die professionellen Ringer in Japan besitzen ein das gewöhnliche Maß weit übersteigendes Gewicht. Diese Männer (Sumotori) sind nicht nur groß und sehr stark, sondern auch, im Gegensatz zu unseren Athleten, meist ganz enorm fett, manchmal in einem solch widerwärtigen Grade, daß ihnen das Fett am Bauch sackartig herabhängt und man kaum begreift, wie diese keuchenden Fettwänste eine oft wahrhaft herkulische Kraft entfalten können. Ein Gewicht von 100—120 kg bei 170 cm Größe ist unter den Ringern gar nicht selten. Das Maximum des Körpergewichts erreicht der Japaner wie der Europäer um das 40. Lebensjahr oder etwas später.

Die durchschnittliche Größe des erwachsenen Japaners beträgt 158—159 cm, ihr würde nach Bälz beim Europäer ein Gewicht von 49 kg entsprechen, der Japaner aber ist bei dieser Größe, wenn man die Masse des Volkes in Betracht zieht, etwa 55 kg schwer, ja die Soldaten sind noch bedeutend schwerer (bis 69 kg). Die Japaner sind danach gewiß nicht das dürftig gebaute und schlechtgenährte Volk, das manche ältere Schriftsteller aus ihnen machen wollten.

Nach Quételet übertrifft das Gewicht des Erwachsenen etwa 21mal das des Neugeborenen. In Japan finden wir dieses Verhältnis im ganzen wie 18:1, das Gewicht des Neugeborenen zu 3 kg angenommen. Also der Japaner vervielfacht während des Wachstums sein Gewicht weniger als der Europäer, d. h. bei der Geburt ist die Gewichtsdifferenz zwischen Europäern und Japanern absolut und relativ geringer als nach vollendetem Wachstum. Wie die Männer sind auch die Frauen der höheren Stände, d. h. des Adels und der besseren bürgerlichen Klassen, in Japan leichter als die der arbeitenden Klassen, trotz größerer Körperlänge.

Stand	Alter	Zahl der Gewogenen	Durchschnittliches Gewicht	Durchschnittliche Größe
Höhere Stände	17—45	60	45,4 kg	147 cm
„　„	17—41	32	46　„	147　„
„　„	21—44	17	46　„	149　„
Niedere Stände (Arbeiterinnen)	20—54	60	47　„	145　„

Wie anderwärts, ist auch in Japan das Gewicht weiblicher Kinder bei der Geburt kleiner als das männlicher, und der Unterschied dauert zugunsten der Knaben etwa bis nach dem 13. Jahre. Von diesem Jahre bis etwa zum 16. sind die Mädchen ebenso schwer oder selbst schwerer als die Knaben. Vom 17. Jahre an wird der Mann wieder schwerer als die Frau und bleibt es bis zum Tode. Im reifen Alter von 30—40 Jahren ist, prozentisch ungefähr so wie in Europa, das Gewicht des Mannes etwa 8—10 kg höher als das der Frau.

Die Japaner sind im allgemeinen ein kleines Volk, als durchschnittliche Größe erwachsener japanischer Männer fand Bälz, wie schon angegeben, nach Messungen von 2500 Individuen 158—159 cm, Minimum 138, Maximum 180. Das Minimalmaß beträgt für Infanterie 150, für die anderen Waffengattungen 159 cm. Die Leute der höheren Stände sind im ganzen, wie gesagt, größer als die der niederen. Ganz besonders groß sind die berufsmäßigen Ringer; unter ihnen gibt es zahlreiche Individuen von 175, ja selbst einzelne von 190 cm und darüber. Nach Messungen von 173 Frauen der höheren und mittleren Stände betrug die Körpergröße im Durchschnitt 147,4 cm, bei 69 Frauen der arbeitenden Klassen 145 cm. Das Alter der gemessenen Frauen betrug 18—50 Jahre, die Schwankungsbreite 134 und 163 cm.

Die Spannweite oder Klafterweite der Japaner ist kleiner als die der Europäer. Überhaupt nähert sich der Japaner durch seinen langen Rumpf und seine kurzen Beine den mehr kindlichen Proportionen des europäischen Weibes (vgl. S. 83). Während nach Quételet die Spannweite für männliche Europäer im Durchschnitt um 5 Prozent größer ist als die Körperhöhe, fand Bälz in Japan in Prozenten der Körperhöhe die Spannweite bei 53 Studenten und Gelehrten 100,2 Prozent, bei Arbeitern 102, bei 1000 Soldaten 102,9, bei ausgesuchten, schönen Männern vom feinen Typus 101,7 Prozent. Unter den 53 Studenten war die Spannweite größer als die Körperlänge bei 27, gleich bei 3, kleiner bei 23. Das letztere Verhalten ist bei Europäern bekanntlich sehr

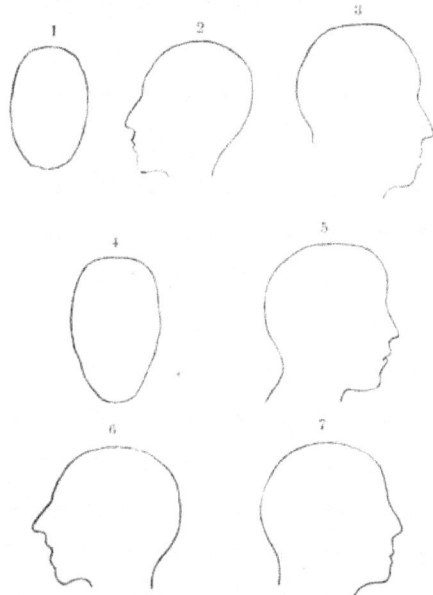

Senkrechter Gesichtsumfang und Silhouetten: 1, 2, 3 von Japanern des feinen Typus, 4, 5 von einer Japanerin des feinen Typus, 6, 7 von Europäern. Nach E. Bälz, „Die körperlichen Eigenschaften der Japaner": „Mitteilungen der Deutschen Gesellschaft für Natur- und Völkerkunde Ostasiens" (Yokohama 1883—85).

selten. Bei den Frauen ergeben sich noch kleinere Verhältnisse. Meist sind Spannweite und Körpergröße gleich, sehr oft ist erstere aber auch kleiner.

Der Kopf des Japaners ist groß, sowohl Hirnschädel als Gesichtsschädel; ersterer hat einen relativ großen Inhalt und steht darin durchschnittlich über dem des Europäers. Das Gesicht des Japaners ist bei allen Typen groß und verhältnismäßig lang, der Hirnschädel hoch und gerundet. Bälz gibt uns lehrreiche Umrißzeichnungen im Profil und von vorn von Japanern und Europäern (s. die obenstehende Abbildung); bei ersteren fällt die tiefe Einsattelung an der Nasenwurzel besonders auf. Häufig sieht man bei alten japanischen glattrasierten Köpfen die in der Mittellinie des Schädels verlaufende Pfeilnaht als eine Kante hervorstehen, so daß, von vorn betrachtet, der Schädel ein eigentümlich dreieckiges Aussehen erhält. Um die bei der Geburt entstandene, meist geringe Kopfdeformation der Neugeborenen auszugleichen, verwenden die japaniſchen Mütter Streichen und Kneten, Maſſieren des Kopfes. Die Prozedur heißt Marumeru, das Rundmachen des Kopfes. Beſondere abſichtliche Entſtellungen des Kopfes, wie ſie bei vielen Völkern des Altertums und der Gegenwart beſchrieben werden, ſcheinen dagegen in Japan unbekannt.

Die feinen Japaner ſind ausgeſprochene Langgeſichter, Dolichoproſopen, die niederen Stände nähern ſich mehr der Breitgeſichtigkeit, Brachyproſopie, ohne indes hierin den meiſten Europäern gleichzukommen. Der Anſchein einer bedeutenden Geſichtsbreite wird dadurch hervorgerufen, daß die größte Geſichtsbreite beim Oſtaſiaten weit vorn, etwa in der Fläche des äußeren Augenwinkels, beim Europäer viel weiter hinten liegt; ſie wird beim letzteren ganz allmählich, beim Japaner ſozuſagen plötzlich erreicht. Die Höhe des feinen japaniſchen Geſichts beträgt bis 13 Prozent, entſprechend den von Schadow für Europäer angegebenen Verhältniſſen (vgl. Band I, S. 10). Die große Länge des vornehmen Geſichts kommt faſt ganz auf Rechnung des Untergeſichts von den Jochbeinen nach dem Kinn zu: das letztere iſt meiſt ſchmal; breites, römiſches Kinn iſt überaus ſelten (ſ. die nebenſtehende

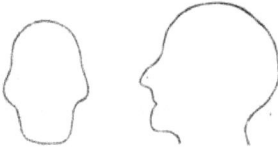

Senkrechter Geſichtsumfang und Silhouette eines 63 Jahre alten zahnloſen Japaners. Nach E. Bälz, „Die körperlichen Eigenſchaften der Japaner“: „Mitteilungen der Deutſchen Geſellſchaft für Natur- und Völkerkunde Oſtaſiens“ (Jokohama 1883—85).

Abbildung). Beim niederen Typus iſt das Geſicht kürzer und breiter, doch iſt der Unterſchied vom feinen Typus ſcheinbar größer als in Wirklichkeit, weil bei erſterem die Abflachung der Wangen noch extremer ausgeprägt iſt. Das Vorſpringen der Jochbeine nach vorn und die Tiefe des Naſenſattels ſind die Haupturſachen des typiſchen Geſichtsausdruckes der Oſtaſiaten. Das Geſicht der Kinder iſt in Japan von dem der Erwachſenen womöglich noch verſchiedener als in Europa. Das japaniſche Kindergeſicht bildet eine faſt gleichmäßige halbkugelige Fläche, in deren fetter Rundung einige kleine Löcher ſichtbar ſind: zwei knoplochförmige

Augenſpalten, von dicken, gar nicht modellierten Lidern begrenzt; zwei kleine, runde, leicht offenliegende Naſenlöcher und ein meiſt kleiner hübſcher Mund; die Naſe kommt kaum in Betracht, die vollen, runden Pausbacken verdecken die Jochbeine, und die Zahnreihen ſtehen ſtets ſenkrecht aufeinander. Im höheren Alter verliert das Geſicht mehr und mehr ſein ſpezifiſch japaniſches Ausſehen. Die charakteriſtiſche Fettmaſſe im oberen Augenlid verſchwindet, der freie Rand desſelben, früher unſichtbar, kommt zum Vorſchein, ebenſo der obere Rand der Augenhöhle, die Naſe tritt ſchärfer hervor; auf der Stirn, um Mund und Auge bilden ſich beim Mongolen dieſelben Furchen in der dürren Haut wie beim Europäer. Unter den höheren Ständen begegnen wir nicht ſelten Geſichtern, die an feine Judenphyſiognomien erinnern (ſ. die Abbildung S. 258, Fig. 1). Die eigentümlich gekrümmte Naſe, die Geſtalt der Oberlippe, die Andeutung von Prognathismus, die vorſtehenden Augen erſcheinen als die wichtigſten Ähnlichkeitsmerkmale. Das Vorkommen derartiger Geſichter unter den herrſchenden Klaſſen hat bekanntlich einſt Veranlaſſung gegeben, die Japaner von den verlorenen zehn Stämmen Iſraels abzuleiten.

Obwohl die Stirn der Japaner, ſoweit ſie dem knöchernen Schädel angehört, hoch genannt werden muß, erſcheint ſie doch des tief hinabreichenden dichten Haarwuchſes wegen beim Lebenden niedrig, nur etwa 4—4½ Prozent der Körperhöhe und nur etwa 37 Prozent der Geſichtslänge. Obwohl nicht eigentlich breit, iſt ſie doch ſeitlich gut gewölbt. Die knöchernen Augenbrauenbogen (arcus superciliaris) ſind ſtark entwickelt, und zwar ſowohl bei Männern wie Frauen, ja bei den letzteren tritt das noch weit mehr hervor, weil sie sich nach der Verheiratung die Brauen rasieren. Die Glabella ist scharf abgegrenzt, der Jochbeinfortsatz hebt sich namentlich bei alten Leuten scharf ab.

Die tiefe Einsattelung der japanischen Nase wurde schon erwähnt (s. die Abbildung S. 261). Beim normalen Europäer liegt der Nasensattel, die Nasenwurzel, fast unmittelbar unter der Schnittlinie der Augenbrauen, beim Japaner, entsprechend der Länge und dem starken Zurückliegen des Nasenfortsatzes des Stirnbeines, weit tiefer, unterhalb der erwähnten Linie. Das japanische Gesicht, namentlich das des niedrigen Typus, sieht aus, als ob durch einen Schlag auf die Gegend der Nasenwurzel diese ganze Partie ein- oder besser flach gedrückt wäre (s. die untenstehende Abbildung). Die Form der fast fehlenden Nase, die bei uns beinahe nur durch schwere Syphilis entsteht, ist in Japan eine Rasseneigentümlichkeit von Millionen: flacher Nasensattel, kurzer, stumpfer, breiter Nasenrücken, große, runde Löcher, aufgestülpte Spitze, schlecht ausgebildete Nasenflügel. Auch beim feinen Typus ist der Nasensattel etwas tiefer als beim Europäer, aber an ihn schließt sich eine scharf gekrümmte und oft sehr edle Nase, Adlernase oder römische Nase, an. Auch die feine japanische Nase ragt indessen weit weniger über

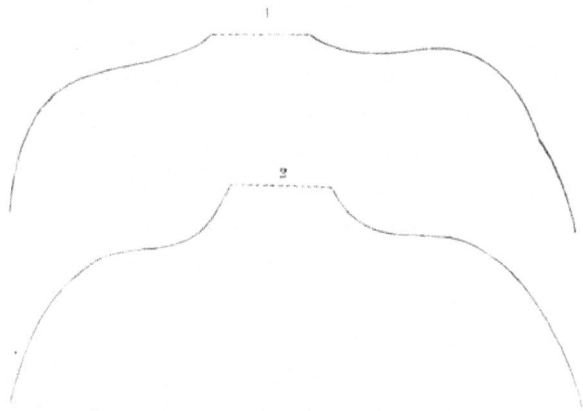

Querschnitt des Gesichtsschädels in der Höhe der Jochbogen: 1 bei Japanern, 2 bei Europäern. Nach E. Bälz, „Die körperlichen Eigenschaften der Japaner": „Mitteilungen der Deutschen Gesellschaft für Natur- und Völkerkunde Ostasiens" (Yokohama 1883—85).

die Gesichtsfläche vor als die europäische, wie man an den photographischen Bildern sieht, nicht weil die eigentliche Nase kleiner ist, sondern weil sie nicht gleich der europäischen auf einer Erhebung des Oberkieferknochens steht. Der Nasenfortsatz des Oberkiefers springt beim Europäer stark vor, beim Japaner aber ist er ganz flach. Dieser Nasenfortsatz des Oberkiefers ist es, der die hohe Nase des Europäers bedingt. Die Länge der gewöhnlichen japanischen Nase ist nach dem Gesagten im allgemeinen gering, nur beim feinen Typus ist die Nase meist verhältnismäßig lang. Die Breite der Nase ist gewöhnlich bedeutend, und der Index aus Länge und Breite pflegt den des Europäers bei weitem zu übertreffen. Auch die feinen Nasen sitzen oft mit breiter Basis auf und schärfen sich erst nach dem Rücken zu. Die Erhebung der höchsten Stelle der Nase über die Oberlippe ist auffällig gering, eine Folge der oben besprochenen Gestalt des Oberkiefers. Die Nasenlöcher des Japaners sind rund, und zwar meist auch bei feinen Nasen, dabei oft in unangenehmer Weise sichtbar. Die Nasenflügel liegen oft tief im Gesicht. Die Nasenspitze ist mehr oder weniger eingezogen.

Das schiefe Auge oder Schlitzauge des Japaners und ebenso des Chinesen und des Koreaners gilt mit Recht für ein Rassenmerkmal dieser Völker. Der Unterschied liegt, wie S. 31 dargestellt, ausschließlich in den den Augapfel umgebenden Knochen und

Weichteilen, namentlich in den Lidern (s. die obere Abbildung dieser Seite, Fig. 2 und 3). Das Charakteristische am Auge des Ostasiers (s. die untenstehende Abbildung, Fig. 2) ist die viel beträchtlichere Entwickelung der beim normalen Europäerauge ganz geringen Hautfalte am oberen Lide und das Fehlen oder die Flachheit der Einsenkung zwischen Lid und Stirn- rand. Die Falte liegt tiefer als beim Europäer, sie hängt herab und bedeckt den freien Lidrand, wo die Augenwimpern angewachsen sind; sie zieht sich schief und scharf, als Mon-

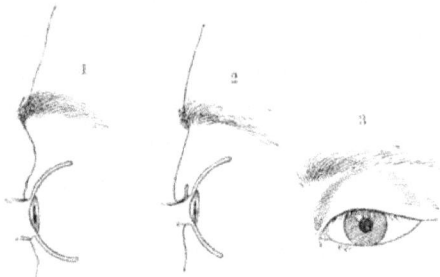

Europäer-Auge (1) und Japaner-Auge (2, 3). Nach E. Bälz, „Die körperlichen Eigenschaften der Japaner": „Mitteilungen der Deutschen Gesellschaft für Natur- und Völkerkunde Ostasiens" (Yokohama 1883—85).

golenfalte, über den inneren Augen- winkel weg, diesen und mit ihm die Tränenwarze verdeckend (s. die unten- stehende Abbildung). Einen inneren buch- tigen Augenwinkel in unserem Sinne gibt es beim Japaner nicht.

Die Wissenschaft verdankt die erste genauere Beschreibung des Mongolen- auges und der Mongolenfalte Ph. v. Siebold in seinem berühmten Werke „Nippon". „Das Schiefstehen der Augen, welches man als ein bezeichnendes Merk- mal in den Gesichtszügen der chinesischen

Rasse aufgestellt hat", sagt Ph. v. Siebold, „ist eigentlich nur ein Schiefstehen der Augen- lider, ein Herabsinken derselben gegen die Nase. Die Hautfalte, welche sich bei den inneren Augenwinkeln in einer schiefen Richtung vom oberen Augenlid über das untere herabzieht, ist es nun, welche das scheinbare Schiefstehen des Auges selbst verursacht, und eine solche

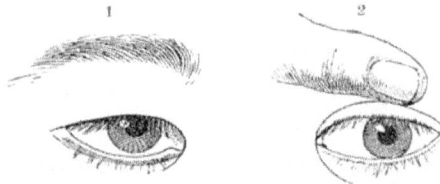

Rechtes Auge eines 15jährigen kalmückischen Mäd- chens (1) und linkes Auge desselben Mädchens mit in die Höhe gezogenem oberen Augenlid (2). Nach E. Metsch- nikow, „Über die Beschaffenheit der Augenlider bei den Mongolen und Kaukasiern": „Zeitschrift für Ethnologie", Bd. 6, S. 153 (Berlin 1874).

Augenbildung kann bei allen Völkern vor- kommen, in geringerem Grade bemerkt man diese Hautfalte bei unseren Kindern. Sehr ausgebildet fand ich sie bei Javanen, Makassaren, Eskimos, bei Botokuden und einigen anderen außereuropäischen Völ- kern. Bei den Japanern und Chinesen, auch bei Koreanern und Kotschinchinesen findet sich jedoch noch eine merkwürdige Eigentümlichkeit in den äußeren Teilen der Augen, indem nämlich der obere Augen- knorpel beim Aufschlagen der Augen so weit unter die überhängende Haut des oberen Augenlides zurücktritt, daß selbst die Augen-

wimpern bis zur Hälfte davon bedeckt sind. Die Linie, welche die Haut des Augenlides gegen die inneren Augenwinkel hin beschreibt, wird dadurch schärfer bezeichnet, und die schiefe Bildung der Augenlider tritt unter den ebenfalls schief gegen die Schläfe hin ge- hobenen Augenbrauen noch deutlicher hervor."

Angeregt durch die von Bälz bestätigte Bemerkung Ph. v. Siebolds, daß die Mongolen- falte des Augenlides auch bei unseren, d. h. bei den europäischen Kindern vorkomme, machte ein russischer Forscher, E. Metschnikow, dieses Vorkommen bei nicht mongoloiden Völkern zum Gegenstand einer interessanten Untersuchung. Es gelang ihm, nachzuweisen, daß das charakteristische Mongolenauge bei russischen Kindern als provisorische Bildung vorkommt. Seine Untersuchungen machte er zuerst an russischen Kindern, und es fiel ihm auf, wie oft deren Augenlidfalte auf die Seiten übergeht, um die inneren Augenwinkel nebst der Tränenwarze, oder auch ohne diese, zu decken. Bei einem besonders scharf ausgesprochenen Falle, bei einem vierjährigen Knaben, besaß die Mongolenfalte eine solche Entwickelung, wie sie nicht einmal immer bei den Kalmücken anzutreffen ist. Während die mongolischen Augenlider bei den russischen Kindern nichts weniger als selten vorkommen, findet man sie bei den erwachsenen Personen nur ausnahmsweise und dazu in einem weit geringeren Grade.

Metschnikow fand diese provisorische Augenbildung auch bei den Juden; ich habe dasselbe von Drewes auch für die altbayerische Bevölkerung durch ausgedehnte Zählungen statistisch erhärten lassen: unter den altbayerischen Erwachsenen, Männern und Frauen, fanden sich ziemlich gleichmäßig 12 Prozent, unter den Neugeborenen bis zum 6. Lebensmonat 33 Prozent mit deutlich ausgesprochener Mongolenfalte; für extreme Gestaltung der letzteren ist das gleiche Verhältnis 1 : 6 Prozent.

Es ist mehrfach die Meinung ausgesprochen worden, daß in betreff der Augenlider die Hottentotten sich am meisten dem mongolischen Typus anschließen; G. Fritsch hat sich bekanntlich gegen diese Meinung erklärt, aber Metschnikow macht darauf aufmerksam, daß zu dem Mongolenauge eine schiefe Stellung der Lidspalte nicht unbedingt gehöre. Betrachtet man nur das Wesentliche in dem Mongolenauge, d. h. die mehrfach erwähnte Mongolenfalte, so müssen wir uns, meint Metschnikow, unbedingt für die Ähnlichkeit des Mongolenauges mit dem Auge der Hottentotten aus-

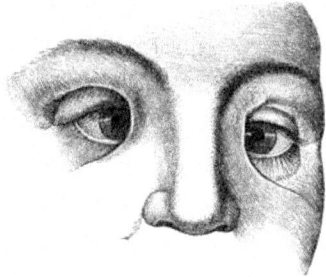

Mißbildung der Augenlider (Epikanthus).

sprechen. Er weist zum Beweise dieses Satzes auf einige sehr charakteristische Bilder von Fritsch hin, denen er nicht bloß mongolische Augenlider, sondern zugleich auffallend kalmückenähnliche Gesichtszüge zuschreibt.

Auch bei mehreren malaiischen Völkern tritt das Mongolenauge auf. Claude de Crespigny fiel bei den Kindern der Luhsu im nördlichen Borneo auf, daß „das obere Augenlid einwärts gekehrt war, so daß die Wimpern aus dem Auge selbst hervorzukommen schienen". Hier ist das Mongolenauge also auch eine provisorische Bildung. Bei eigentlichen Negern findet sich nach Metschnikow, und zwar auch bei Kindern, diese mongolische Augenfalte, aber nur selten und schwach angedeutet. Die Augenärzte bezeichnen eine in Europa vorkommende Mißbildung der Augenlider, welche die charakteristischen Eigentümlichkeiten des Mongolenauges in einem übermäßigen Grade wiedergibt, als Epikanthus (s. die obenstehende Abbildung), eine Anomalie, die nach v. Ammon in einer „halbmondförmigen, nach außen konkaven Hautfalte besteht, die nach innen zu von den beiden inneren Augenwinkeln an der Nasenwurzel sich erhebt, oben in die Brauen, unten in Wangenhaut übergeht". Diese Beschreibung beweist, daß der Epikanthus in allen wesentlichen Punkten mit dem Mongolenauge übereinstimmt, nur daß bei ihm die Seitenfalte nicht bloß die Tränenkarunkel, sondern auch einen mehr oder weniger großen Teil des übrigen Auges verdeckt. Der angeborene Epikanthus ist auch, nach Sichel, mit einer eigentümlichen Gesichtsform verbunden, die ebenso an das mongolische Gesicht erinnert, wie das durch Epikanthus verunstaltete Auge eine

Ähnlichkeit mit dem Mongolenauge bekommt. „Die Ähnlichkeit mit dem mongolischen Typus, welche die Mißbildung zum Teil durch die Enge der Lidspalte erhält, ist hauptsächlich begründet", sagt Pilz, „auf dieser Abplattung und seitlichen Ausbreitung der Nasenknochen, die als einer der Hauptcharaktere der Physiognomie dieser Rasse erscheinen, was als ein Übergang der kaukasischen in die mongolische Rasse betrachtet werden kann."

Bei den Kalmücken hat Metschnikow keinen einzigen Fall von krankhaftem eigentlichen Epikanthus gesehen, dagegen beobachtete Ph. v. Siebold einen exquisiten Fall unter den Koreanern, und nach Schauenburg soll der Epikanthus unter den Eskimos epidemisch sein. Metschnikow kommt zu dem Schlusse, daß die Augenbildung der echten Mongolen ein relatives Stehenbleiben in der individuellen Entwickelung bezeugt, wie ein solches auch in mehreren anderen Beziehungen, z. B. in den Körperproportionen, für die mongolische Rasse, d. h. Mongolen, Mandschu, Koreaner, Chinesen und Japaner, charakteristisch sei. Bei fast allen anderen Menschenrassen könne man Überreste des mongolischen Auges finden, und zwar als provisorische Bildung im Kindesalter und in schwacher Andeutung bei erwachsenen Individuen, am auffallendsten bei der malaiischen Rasse, die auch in anderen Hinsichten der mongolischen am nächsten stehe, ebenso bei den Hottentotten. Viel weniger häufig sei das Mongolenauge bei der kaukasischen Rasse vertreten (vgl. S. 265). Bei Tataren, Baschkiren und anderen türkischen Stämmen kommt das Mongolenauge in der Regel nicht vor, häufiger bei den Kirgisen. Die mongolische Rasse scheint Metschnikow einen der ältesten, vielleicht sogar den ältesten der jetzt lebenden Repräsentanten der Menschenrassen darzustellen, dessen Hauptmerkmale sich bei anderen Rassen mehr oder weniger erhalten haben.

Bei den Japanern bedeckt die Mongolenfalte nach der ausgiebigen statistischen Zählung von Bälz den oberen Lidrand völlig in 55 Prozent, unvollständig in 40 Prozent, und sie läßt ihn frei in 5 Prozent. Fast genau dieselben Resultate ergaben die Zählungen an Chinesen (aus Kanton) und an Koreanern. Sieht das Auge etwas nach abwärts, so verschwindet die Falte durch das Sinken des oberen Lidrandes, der freie Rand mit den Wimpern kommt zum Vorschein; dafür faltet sich aber das untere Lid, so daß dessen freier Rand bedeckt ist. Beim japanischen Kinde ist die mongoloide Augenlidfalte voll entwickelt, insofern bei ihm der freie Lidrand so gut wie nie sichtbar ist. Die Falte erscheint bei ihm am inneren Augenwinkel als ein förmlicher Halbkreis und setzt sich meist so auf das untere Lid fort, daß auch dessen Rand bedeckt ist. Die extremste Ausgestaltung des Mongolenauges gehört sonach auch in Japan dem Kindesalter, und zwar insofern ebenfalls als provisorische Bildung an, als sie, wie wir oben hörten, im Greisenalter mehr und mehr zurückgeht, ja ganz verschwindet. Es finden sich übrigens auch in Japan Augen mit deutlich sichtbarem Rande des oberen Lides (futamabuchi genannt) und auch solche, deren äußerer Winkel kaum höher steht als der innere, „ebenso wie man auch in Europa Augen sehen kann, die man als typische Mongolenaugen betrachten muß".

Die Augenbrauen der Japaner sind von Natur meist stark entwickelt, sehr breit und sitzen im ganzen wohl etwas höher als beim Europäer. Sie sind von schwarzer Farbe.

Schöne Ohren sind in Japan selten, sie sind meist groß, und in der Hälfte aller Fälle fehlt das Läppchen ganz. Japaner und Chinesen halten wie die Indier ein großes Ohr für ein Zeichen von Weisheit.

Bezüglich der allgemeinen Körpergliederung erweisen sich die Japaner als gute Vertreter des mongoloiden Typus: der Kopf ist groß, der Hals kurz, der Rumpf sehr lang, die Arme ziemlich, die Beine auffallend kurz — alles Proportionseigenschaften des weiblichen oder jugendlichen Körpers der Europäer. Die Schultern sind, wenigstens bei dem niederen und mittleren Typus, breit und wohlgeformt, ebenso die Arme. Arme, Schultern und Nacken sind voll, schön gerundet, muskulös und dabei doch leicht und frei beweglich. „Die Hände sind fast ideal, kein Volk der Welt hat so schöne und zierliche Hände wie die Bewohner Japans", mit langen, gutgewölbten Nägeln. Der Umfang der Taille ist bei den Frauen nicht geringer als bei den Männern; erstere schnüren sich nicht und halten eine schmale Taille für unschön, sichtbares Vorspringen der Hüften und der Sitzgegend für ungeziemend. Verursacht durch das japanische Sitzen, Kauern, sind namentlich bei den höheren Ständen und besonders bei den Frauen die kurzen Beine auch krumm, vielfach auch noch mager und schlaff, während Last-träger, Schiffer, Läufer gerade und vorzüglich muskulöse Beine haben. Die Art des Sitzens verursacht durch Blutstauung bei Frauen auf dem unteren Teil des Schienbeines eine un-schöne Verdickung. Der Fuß des Japaners ist kurz und sehr breit, er hat ja nie den einschrän-kenden Einfluß eines Stiefels erfahren. Herr und Frau Adachi haben die normale kräftige Zehenform mit den energischen Muskelansätzen auch für das Fußskelett bestätigt.

Hauptmaße des japanischen Schädels. Bälz maß 64 Japanerschädel und fand als Mittelwert für die Länge 176, für die Breite 141, für die Höhe 143 mm. Daraus berechnet sich: der Längen-Breiten-Index zu 80,3, der Längen-Höhen-Index zu 79,8, der Breiten-Höhen-Index zu 101,0. Die Längen-Breiten-Indexe schwankten zwischen 70 und 91.

Im einzelnen verteilten sich die Längen-Breiten-Indexe in folgender Weise, auf 100 gerechnet:

Dolichokephalen (Längen-Breiten-Index unter 75,0) 20
Mesokephalen (von 75,0—79,9) . . . 36
Brachykephalen (von 80,0 und darüber) 44

Die Japanerschädel zeigten sonach im Mittel eine mäßige Kurzköpfigkeit.

Die Augenhöhleneingänge sind hoch, mittlerer Index 88, hypsikonch; in Prozenten fanden sich: 10 niedrige, 28 mittelhohe und 62 hohe Augenhöhleneingänge. Die Nasen sind durchschnittlich mittelbreit, mesorrhin, Index 50; in Prozenten fanden sich: 14 Schmalnasen, 17 Mittelbreitnasen, 14 Breitnasen und 5 Überbreitnasen. Die Augenhöhlenscheidewand ist relativ und absolut breit. Der Profilwinkel schwankt nach Messungen an 24 Schädeln zwischen 78 und 90° von mäßiger Schiefzähnigkeit (Prognathie) bis zu Geradzähnigkeit (Mesognathie = Orthognathie). In Prozenten berechnet, fanden sich 29 wahre Schiefzähner und 71 Geradzähner.

Die Jochbreite des Japaners erscheint nach Bälz' Messungen an 64 Schädeln nur wenig größer als die des Europäers, im Mittel 132 mm (Minimum 120, Maximum 145). Die meisten japanischen Schädel sind phanerozyg, d. h. bei der Vertikalansicht des Schädels von oben stehen die Jochbogen sichtbar, henkelartig, über die seitliche Hirnschädelkontur vor (s. die Abbildung S. 268). Den wichtigsten Anteil an dem Vorstehen der Jochbeine hat der Oberkiefer. Bei dem Vergleich der Arier und Mongolen erscheint nach Bälz der Ober-kiefer als der wahre Rassenknochen. Er ist breiter und niedriger als der europäische, die Wangengruben in ihrem oberen Teil fehlen fast ganz, der Zahnfortsatz springt mehr oder weniger vor, der mittlere, die Nase begrenzende Teil ist flach, die Oberkieferhöhle groß. Diese Flachheit, auf welcher die Flachheit des lebenden Gesichtes beruht, wird nur zum Teil bedingt durch größere Dicke der Knochensubstanz und größeres Volumen der Oberkieferhöhle;

hauptsächlich wird sie hervorgebracht durch die horizontale Lagerung des die knöcherne Nasenöffnung begrenzenden mittleren Oberkieferabschnittes. Dieser ist beim Europäer stark nach
vorwärts aufgerichtet, während bei den meisten japanischen Schädeln diese Krümmung nur
ganz leicht angedeutet ist (s. die Abbildung der Umrisse S. 261).

Bälz fand unter 119 japanischen erwachsenen Schädeln 17 mit Stirnnaht (vgl. Band 1,
S. 387). Nach Anutschins Statistik der Stirnnahtschädel verteilt sich die Häufigkeit der
Stirnnaht bei den verschiedenen Menschenrassen prozentmäßig in folgender Weise: Weiße 8,4,
Mongolen 5,1, Melanesier 3,4, Amerikaner 2,1, Malaien 1,9, Neger 1,2, Australier 0,6 Pro-
zent. Dagegen berechnen sich für die Japaner nach Bälz 14,3 Prozent, ein sehr hoher Wert,
wie er für Europäer nur von H. Welcker für die Bevölkerung von Halle gefunden wurde (13,9
Prozent). Die Trennung des Jochbeines durch eine mehr oder weniger vollständige Naht,
Japanernaht (sutura japonica), fand Bälz unter 124 Schädeln 24mal, also zu 19,3 Pro-

zent, vollständige Spaltung des Jochbeines in 10 Prozent, sonach weit,
um das Doppelte, häufiger, als man diese Anomalie bisher bei anderen Völkern beobachtet hat. Anutschin gibt folgende Statistik der
Jochbeinnaht: Amerikaner 5,3, Neger 2,6, Mongolen 2,3, Melanesier 1,6, Malaien 1,4, Weiße 1,2, Australier 0,8 Prozent.

Japaner-Schädel mit
weit vorstehenden Joch-
beinen. Nach E. Bälz, „Die
körperlichen Eigenschaften der
Japaner“: „Mitteilungen der
Deutschen Gesellschaft für
Natur- und Völkerkunde Ostasiens“ (Yokohama 1883—
1885). Vgl. Text S. 267.

Chinesen.

Das Reich der Mitte, das mit seinen 300—400 Millionen Ein-
wohnern zur Gesamtbevölkerung Asiens mehr als ein Drittel stellt, ist
uns durch das deutsche Pachtgebiet Kiautschou nähergerückt. Geschichte und ethnographische Verhältnisse Chinas sind wohl bekannt,
aber obwohl wir neuerdings durch Bernhard Hagen, K. A. Haberer,
Hans Gaupp, Ferd. Birkner und andere vortreffliche Monographien
erhalten haben, fehlt doch noch viel zu einer genügenden Kenntnis der
anthropologischen Verhältnisse des Volkes. Im allgemeinen ent-
spricht die Bevölkerung Chinas dem mongoloiden Typus Huxleys (vgl. die Karte bei S. 220),
die einzelnen Provinzen zeigen aber wesentliche Differenzen, die teils auf den im Norden und
Süden sehr abweichenden Lebensbedingungen, teils auf wahren Stammesverschiedenheiten
und den an den Grenzen eingetretenen Mischungen mit zum Teil rassenhaft abweichenden
ethnischen Elementen beruhen. Nach der chinesischen Geschichtstradition sind im dritten vorchristlichen Jahrtausend die Chinesen von Nordchina aus, wo sich auch die Stammsitze der seit
zweieinhalb Jahrhunderten China beherrschenden Mandschu-Tataren befinden, nach Süden
vorgedrungen und haben dabei eine ältere Bevölkerung des Landes in die westlichen und südlichen Gebirge verdrängt, wo sich von dieser noch einzelne Völkerbruchstücke erhalten haben.

Der Unterschied in der Körperbildung der Nord- und Südchinesen spricht sich in einer
etwas dunkleren Hautfärbung der letzteren, vor allem aber in der Körpergröße und der
Schädelform aus: die Nordchinesen sind größer und neigen mehr zur Dolichokephalie, die
kleineren Südchinesen mehr zu höheren Formen der Brachykephalie. Nach Gaupp, der in
der Bevölkerung Pekings Chinesen, Mandschu und Mongolen unterscheidet, sind im Vergleich
mit Europäern die Gesichter der Chinesen und Mandschu größer, und zwar besitzen die Nordchinesen, möglicherweise durch Mandschu Einschlag, mehr lange schmale, die Südchinesen mehr

kurze, breite und rundlichere Gesichter (s. oben die Untersuchungen von F. Birkner, S. 202).
Die lang ovalen Gesichter der Mandschu fallen jedem Fremden auf, besonders bei den Frauen.
Man sieht bei diesen überhaupt nicht so stark mongoloide Züge wie bei den Chinesinnen; einzelne von ihnen könnte man fast für Europäerinnen halten. Bei Chinesen und Mandschu, und
zwar mehr bei den vornehmeren Klassen, findet man statt der gewöhnlichen mongoloiden breiten, platten Nase Formen von Adlernasen, die dem ovalen gleichmäßigen Gesicht der Mandschu einen intelligenten Ausdruck verleihen. Überhaupt bilden die schlanken, hochgewachsenen Mandschu, und besonders ihre Frauen, den schönsten Teil der Pekinger Bevölkerung.

Sehr charakteristisch findet Gaupp die groben eckigen Gesichter der eigentlichen Mongolen. Der Eindruck des Viereckigen kommt zustande durch die mächtigen vorspringenden Jochbogen oben und die ebenso mächtigen Kinnladen im unteren Teil des Gesichtes. Verstärkt
wird dieser Eindruck dadurch, daß im allgemeinen das Gesicht der Mongolen kürzer und
kleiner ist als das der Chinesen und Mandschu. Manchmal verjüngt sich das Gesicht derart

Chinesische Typen: 1 und 2 vornehme Chinesen, 3 und 4 Soldaten. Nach K. A. Haberer, „Schädel und Skeletteile in
Peking" (Jena 1902).

stark zur Kinnspitze, daß der Eindruck eines Dreieckes entsteht mit der Jochbogenbreite als
Basis, dem Kinn als Spitze. Auch bei den Mongolen findet man keineswegs immer „mon-
goloide" Nasen, vielmehr nicht ganz selten richtige Adlernasen, meist freilich sehr klein, wo-
durch dann das Scharfe und Spitze um so mehr hervortritt. In Verbindung mit der schmalen
Lidspalte und der gewaltigen Jochbogenausladung entsteht so ein eigenartiger Typus, eine
Art Vogelgesicht, das besonders in den höheren Klassen, bei mongolischen Prinzen und
Stammesfürsten, nicht selten ist, ebenso bei Tibetanern.

Die eingehenden kraniologischen Untersuchungen Haberers an Schädeln der Pekinger
Bevölkerung, vorwiegend von den höheren und mittleren Ständen (s. die obenstehende Abbildung), geben das gleiche Bild und fügen ihm noch sehr wesentliche Züge bei. Die Schädelkapazität, die Hirnraumgröße, der 37 Schädel, von denen 8 von enthaupteten Räubern und
Plünderern des sogenannten Boxeraufstandes, 20 männliche und 9 weibliche aus chinesischen
Gräbern von der Umgebung eines zerstörten Tempels in Peking stammen, beträgt für die
männlichen Schädel im Mittel 1456 ccm, für die weiblichen 1380. Zum Vergleich können
meine nach derselben Methode gewonnenen Werte für die altbayerische Landbevölkerung,
die sich durch besonders großen Schädelinnenraum auszeichnet, dienen; ich fand für Männer
1503, für Frauen 1335 ccm, als Maximum 1780, während der Maximalwert für Haberers
Chinesen 1980 ccm beträgt. Die Chinesen können sich sonach in bezug auf die Gehirngröße

wohl mit uns Europäern messen. Die chinesischen Schädel sind sehr hoch, hypsikephal, im frontalen Teil von mehr dolichokephaler, im Hinterhauptsteil von brachykephaler Form, dem Mittelindex 78,89 nach mesokephal, der Brachykephalie sich annähernd. Doch unterscheidet Haberer unter den Mesokephalen zwei Typen, von denen der eine mehr der Dolichokephalie, der andere mehr der Brachykephalie zuneigt: es sind Mischformen, zwischen wahren Dolichokephalen und wahren Brachykephalen stehend; von ersteren wurden 3 = 8 Prozent, von letzteren 13 = 35 Prozent gefunden. Das Gesicht ist meist flach oder vielmehr anders als das europäische, nämlich mehr lateral profiliert. Die Augenhöhlen sind oft höher als breit, weit offen, der Eingang erscheint viereckig mit geringer Neigung der Breitenachse. Die Ebene der Augenhöhleneingänge ist bei Chinesen und Japanern sehr wenig aus der horizontalen Stellung nach rückwärts geneigt, was als ein spezifisches Rassenmerkmal für beide erscheint. Auch die Nase erhebt sich kaum oder nur wenig über die flache Gesichtsebene. Sie ist meist klein, platt, niedrig mit Pränasalgruben und mit öfters weit in das Stirnbein vorgeschobenem Dach. Das ganze Gesicht ist durch die stark entwickelten Kauwerkzeuge groß, Ober- und Unterkiefer sind sehr kräftig, namentlich der Zahnfortsatz des ersteren lang und stark, mit ausgesprochener alveolarer Prognathie, aber trotzdem fast senkrecht stehenden Zähnen. Der Unterkiefer spitzt sich nach vorn zu und tritt etwas zurück, das Kinn tritt trotzdem kräftig vor.

Nach B. Hagen charakterisiert den südchinesischen Landarbeiter, Kuli, ein langes, aber auch breites Gesicht; „man kann sagen, er hat die größte Gesichtsfläche mit den kleinsten Organen darin, denn er besitzt eine ziemlich kurze, schmale Nase, einen kleinen Mund mit schmalen Lippen, eine zwar hohe und breite Augenhöhle, aber schmal und klein geschlitzte Augen infolge der Mongolenfalte, sodann ziemlich kurze Arme und Beine, die zwar länger sind als die der Malaiengruppe, aber kürzer als die der Indier, und einen außerordentlich langen Rumpf." Wir haben unter den Kulis ganz deutlich zwei Typen, einen großen langköpfigen, der mehr nach dem Norden zu auftritt und mit dem der Nordchinesen (nach Weisbach) übereinstimmt, und einen kleineren kurz- oder rundköpfigen, breitgesichtigen, der mehr im Süden herrscht. Die kurze eingedrückte Stumpfnase mit konkavem Rücken fand B. Hagen bei seinen Südchinesen zu 50 Prozent, die Mongolenfalte fehlte bei Leuten unter 25 Jahren niemals, dagegen nimmt ihre Häufigkeit mit steigendem Lebensalter auch bei den Südchinesen (wie wir das für die Europäer oben konstatierten) beträchtlich ab, von 100 bis auf 65 Prozent.

Über die bei den Chinesen tief eingewurzelte Sitte, den Mädchen die Füße zu verkrüppeln, wurde im ersten Band, S. 195, berichtet. Die Mandschu sowie die aufgeklärteren und temperamentvollen Südchinesen (Kwantung usw.) huldigen ihr nicht, die Kaiserinwitwe Tsu Hsi und alle Damen des kaiserlichen Hofes haben also normale Füße. Allgemein verbreitet fand Haberer die Verkrüppelung der Füße im Yangtsetale, in Schantung, und sie soll sich über große Gebiete des chinesischen Reiches erstrecken. Chinesen, die aus solchen Distrikten stammen, begreifen gar nicht, wie ein Mann an einer Frau mit großen Füßen und dem breitspurigen Gang Gefallen finden könne, „überhaupt schickt es sich nicht für eine Frau, herumzulaufen". Der Gang der Damen mit verkrüppelten Füßen ist humpelnd und äußerst unbehilflich, für den Chinesen der Anblick feinsten Schicks.

J. Deniker gibt für Nordchinesen die mittlere Körpergröße (nach 54 Messungen) zu 1,674 m an, die gleiche Zahl fand H. Gaupp als Mittelzahl für die von ihm in Peking gemessenen (38) Chinesen der verschiedenen Provinzen. Für Südchinesen besitzen wir die umfassenden Messungen von B. Hagen, in Dali, auf der Ostküste Sumatras, an (1000) chinesischen

Landarbeitern, Kulis, ausgeführt, wonach sich als mittlere Körpergröße 1,622 m ergibt.
Gaupp benutzte die sich ihm in der Reichshauptstadt Peking, wo er als Gesandtschaftsarzt
tätig war, bietende Gelegenheit zu anthropologischen Studien an der dort aus allen Teilen
des Landes zusammenströmenden Bevölkerung, hauptsächlich aber an den kaiserlichen
mandschuischen, chinesischen und mongolischen Bannertruppen, denen das Gesetz
bis in die neueste Zeit verboten hat, sich unter sich durch Heirat zu vermischen. Von den
Chinesen waren nach Gaupps Messungen die größten Leute aus den Provinzen Schantung,
unserer deutschen Interessensphäre, mit im Mittel 1,73 m und Honan mit 1,74; die Mehrzahl
der Gemessenen stammte aus der Provinz Tschili mit 1,67 m im Durchschnitt; die Leute aus
den südlichen Provinzen waren kleiner, für Schantung ergab sich als Mittel 1,63, für Ningpo

Kalmücken. Nach Photographie.

nur 1,57 m. Erheblich größer als die eigentlichen Chinesen sind die Mandschu; Gaupp nimmt
als Mittelgröße 1,75 bis 1,76 m an. Sehr schwankend sind die Maße für die Mongolen. Meist
sieht man in Peking Mongolenstämme von kleiner Statur, untersetzt, breitschulterig; Gaupp
maß (3) mit 1,65 m im Mittel. Doch gibt es auch Stämme mit kolossalen Gestalten, für welche
1,80 bis 1,90 nicht zu hoch gegriffen sei; einer der Gemessenen hatte sogar 1,96 m Länge.

Kalmücken.

Um das anthropologische Bild der mongoloïden Rasse noch etwas deutlicher aus-
zumalen, sollen hier noch in Kürze zwei Untersuchungen von Julius Kollmann Platz finden.
Es wurden von ihm 19 Individuen (s. die obenstehende Abbildung) einer von Karl Hagenbeck nach Deutschland gebrachten Kalmückenkarawane, der kleinen Dorbeter Horde, in Basel
gemessen. Die Körpergröße beträgt für neun Männer im Mittel nur 1487, Maximum 1672,
Minimum 1465, bei vier Weibern im Mittel 1475, Maximum 1587, Minimum 1427. Diese
Kalmücken sind also Leute von kaum mittlerer Größe, jedoch von kräftiger Muskulatur; nach

J. Deniker ist (267 Gemessene) die Mittelgröße 1629. Brust breit und gut gebaut, Knochen kräftig, Gelenke dünn, Bewegungen leicht; Hände und Füße auffallend klein. Auch ohne Messung ergab der Anblick der Leute sofort den für die Mongoloïden so charakteristischen langen Rumpf, verhältnismäßig großen Kopf und kurze Extremitäten.

Die Farbe der Augen ist bei den meisten Dunkelbraun, und zwar ist es ein tiefer Farbenton, der sich von dem häufigen Hellbraun der Europäer wesentlich unterscheidet. Ein Mann hatte graue Augen, vielleicht ein Beweis, daß hier Rassenmischung eingetreten ist. Die Farbe der Haare ist bei der Mehrzahl der Individuen Schwarz, und nach einem Kinde von vier Monaten zu urteilen, herrscht diese Farbe schon in frühester Jugend; doch kommen bei den Kindern auch hellere Nuancen vor: Hellbraun, Braun. Bei einem Manne sind die Haare braunschwarz, und zwei Männer zeigen verhältnismäßig hellfarbigen Bart. Die Augenbrauen sind dunkel, dünn und steigen hoch hinauf, was dem Auge ein ganz bestimmtes Gepräge gibt. Die Haare, in der Jugend weich, dünn, leicht gelockt, werden erst später gerade, dick und straff. Die Haut hat einen gelbroten Ton, der namentlich im Gesicht das Rot des Blutes leicht durchschimmern läßt und damit eine angenehme frische Färbung erzeugt. Das ist namentlich bei den Frauen der Fall. Der übrige Körper zeigt einen satten gelben Farbenton. Dieser erscheint freilich bei den 19 Individuen nicht ganz gleichmäßig, sondern bei drei entschieden heller, so daß er an die Farbe mancher unserer Landleute erinnert. Kollmann hebt speziell hervor, daß die Hautfarbe der Kalmücken an die mancher Indianer mahne, ja geradezu die nämliche sei. Die Gesichtsform ist bei der überwiegenden Zahl der Individuen breit und niedrig, d. h. die Entfernung der Jochbogen ist im Verhältnis viel größer als die Entfernung von der Nasenwurzel bis zu dem Unterrande des Kinnes; das ergibt also ein kurzes oder niedriges und breites Gesicht, Brachyprosopie, und zwar war diese bei der untersuchten Kalmückenschar so stark und so häufig wie nur selten in Europa. Kollmann möchte diese uns fremdartig erscheinende Breite des Gesichts als asiatische Form der Breitgesichter bezeichnen. Sie ist durch die oben nach Bälz und Haberer geschilderte Konstruktion der Knochen bedingt, die Weichteile scheinen daran verhältnismäßig geringeren Anteil zu haben. Der Typus dieser Kalmücken entspricht sonach sehr nahe dem niederen oder plumpen Typus der Japaner, wie wir ihn oben nach Bälz schilderten.

Samojeden.

Die Gruppe von sechs Samojeden, die Julius Kollmann beschreibt, bestand aus zwei erwachsenen Männern, zwei erwachsenen Frauen, einem Mädchen von 16 Jahren und zwei Knaben, der eine 7, der andere 9 Jahre alt. Die Leute sollten von der kleinen Insel Warandai östlich von der Petschoramündung hergekommen sein, gegenüber von Nowaja Semlja, also aus einem Gebiet, das noch zu dem europäischen Rußland gehört. Nach ihrem Sprachdialekt gehören sie zu den Jurak-Samojeden. Ihre Erscheinung entsprach in hohem Maße der der geschilderten mongoloïden Völker mit den niedrigen Breitgesichtern und den schiefen Augen (s. die Abbildung S. 273). Die Nase war bei mehreren bis zum äußersten Grade eingedrückt, namentlich bei den zwei Knaben und dem Mädchen. Gleichwohl existierten Unterschiede, die den Gedanken einer Vermischung mit einer anderen Rasse nahelegen. Kollmann meint, daß das, was Nordenskiöld über die Tschuktschen mitteilt, wohl bis zu einem gewissen Grade auch für die Samojeden gelte. Nach Nordenskiöld kann man in jedem Dorfe deutlich zwei verschiedene Typen unterscheiden: die einen athletisch gebaut, mit schwarzen, glatten Haaren, wie das Haar der Pferdemähne, mit dunkler Haut und hoher, gekrümmter Nase; sie erinnern in allem an den Typus der Indianer Nordamerikas. Im Gegensatz hierzu sind die anderen breite und plumpe, verhältnismäßig kleine Erscheinungen mit Plattnase und vorspringenden Backenknochen, schwarzen Augen und ebenfalls schwarzen Haaren. Endlich findet man nicht selten Individuen mit weißer Haut und mit Zügen, die vielleicht auf eine Vermischung mit Slawen hindeuten. Unter der kleinen Samojedenschar Kollmanns fand sich keiner von dem eben geschilderten Typus der Indianer. Dagegen schien sich neben

der Rasse mit Plattnase und schiefen Augen noch slawischer Einfluß bemerkbar zu machen durch helle Haare, helle Augen und weiße Haut. So hatte der eine der Männer blaue Augen, dunkelbraunes Haar, gelockten, hellbraunen Bart. Die Körperhaut war an den Stellen, an denen sie nicht von Luft und Sonne gebräunt war, hell wie bei einem blonden Manne. Das Haar des jungen Mädchens war der Hauptsache nach schwarz, aber an einzelnen Stellen, z. B. an den Schläfen und an den Haarrändern, von brauner Farbe, sogar braunrötlich. Das Haar war überdies fein, biegsam und fest, ebenso bei einer der Frauen. Das klassische, starke, gerade, schwarze Mähnenhaar hatte eigentlich nur der achtjährige Knabe, dessen Haut

Samojeden. Nach Photographie von C. Günther in Berlin.

an Gesicht und Körper auch einen gelblichen Grundton aufwies, und dessen Augen tiefbraune Färbung zeigten.

Größer ist die Übereinstimmung bezüglich der Hauptform des Gesichtes: dessen außerordentliche Breite, das Hervortreten der Backenknochen und die geringe Entwickelung des Nasenrückens sowie die schon mehrfach erwähnten Merkmale der Weichteile, z. B. die Mongolenfalte der Augen, waren allen Angehörigen der Gruppe gemein. Die Form des Schädels war im allgemeinen brachykephal, mit Ausnahme der einen Frau, die einen Längen-Breiten-Index von 78,7 hatte. J. Deniker gibt für den mittleren Kopfindex (152 Gemessene) 83,8, Schädelindex (15 Gemessene) 82,4 und als mittlere Körpergröße (99 Gemessene) für europäische und asiatische Samojeden 1,555 m an.

Lappen.

Zu den mongoloïden Völkern im anthropologischen Sinne pflegt man meist auch die finnischen Stämme in Europa, die anderseits als Turanier bezeichnet werden, zu rechnen. Hier finden sich aber die allergrößten Abweichungen von dem uns aus dem Vorausgehenden bekannten mongoloïden Typus: sind doch die eigentlichen Finnen, wie R. Virchow durch Bereisung ihres Landes konstatierte, blond. Ihr Aussehen und ihre Schädelformen unterscheiden sich meist nicht wesentlich von denen mancher Völker unzweifelhaft indogermanischer Abkunft. Bei den brünetten Lappen zeigen sich dagegen deutlichere Reste ihrer mongoloïden Abkunft.

Die körperliche Untersuchung der Lappen (s. die nebenstehende Abbildung sowie die auf S. 275 und S. 276) als eines brünetten finnischen, mongoloïden Stammes hat für uns darum große Wichtigkeit, weil, wie wir schon oben erwähnten, namentlich von französischer Seite früher die Meinung vertreten worden ist, daß die vorarische Bevölkerung Europas wesentlich eine lappisch-finnische, kleine, brünette und kurzköpfige gewesen sei. Als ihre Überbleibsel hat man wohl die heutigen brünetten Kurzköpfe Europas angesprochen.

„Bei Betrachtung der Lappen fällt es auf", sagt Virchow, „daß ihre Augen wie ihre Haare keineswegs den ausschließlichen Vorstellungen von stark brünettem oder gar schwarzem Habitus entsprechen, welcher in der Regel den Lappen zugeschrieben wird. Es läßt sich nicht verkennen, daß die Hautfarbe schmutzig genug ist, um den Eindruck eines tiefen Braun zu machen. Augen und

Lappen. Nach Photographie von E. Günther in Berlin.

Haare zeigen keineswegs bei allen eine schwarze oder schwarzbraune Farbe von ausgesprochenem Charakter. Unter einer ersten Gruppe von drei jungen Männern befanden sich zwei mit entschieden dunklem Haar, der dritte und die Frau hatten jedoch hellbraunes Haar, das sich bei dem Mann sogar dem Blond näherte. Dagegen zeigten die Leute einer zweiten, aus vier Personen bestehenden Gruppe alle braunes Haar, an dem bei schräger Beleuchtung ein Schimmer von lichterem Braun oder gar Gelb hervortrat; namentlich diejenigen Haare, welche mehr der Luft exponiert sind, bieten eine gewisse Lichtfarbe dar. Die Lappenkinder zeigen sich häufig als helle Blondköpfe. Die Lappen können im großen und ganzen immerhin brünett genannt werden; aber wenn man sie mit ausgesprochenen Brünetten vergleicht, z. B. mit den Zigeunern, wie sie in Finnland selbst leben, so ist der Gegensatz in der Farbe ein überaus auffälliger. Zwischen dem glänzend pechschwarzen Haar der Zigeuner und dem an der Luft sich stark lichtenden, matten Braun oder Schwarzbraun der Lappen besteht keine Ähnlichkeit. Man braucht nur ein einziges Mal diesen Gegensatz der Zigeuner, deren arische

Abstammung kaum bestritten werden wird, gegen die Finnen und Lappen zu sehen, um den unverwischbaren Eindruck zu haben, wie wenig eine so allgemeine Voraussetzung zutrifft: alles, was blond, ist arisch, und alles, was dunkel, ist mongolisch. Das ist eine reine Fiktion." Sehr ähnliche Resultate ergibt die oben mitgeteilte somatische Aufnahme der Bewohner von Schwedisch-Lappland durch G. Retzius und M. C. Fürst.

Besonders beachtenswert erscheint die Kleinheit dieses Volkes. Die drei Männer von Virchows erster Gruppe waren im Mittel 1,382 m hoch. Von den Männern der zweiten Gruppe hatte der eine 1,446, der zweite 1,440, der dritte, der als der „kleinste Mann Lapplands" bezeichnet wird, nur 1,260 m. Die Frau hatte eine Größe von 1,445 m. Rechnen wir sämtliche gemessenen Größen zusammen, so ergibt sich ein Mittel, das unter dem Größenverhältnis aller übrigen europäischen Rassen steht. Es stimmt dies im ganzen mit den Feststellungen v. Dübens überein, der im Mittel 1,5 m angibt, ebenso mit denen J. Denikers, der für skandinavische Lappen 1,529 m (259 Gemessene) und für russische 1,555 m (25 Gemessene) berechnet. „Zugleich zeigt sich, daß der Ernährungszustand, obwohl die Leute hier besser gehalten werden als in ihrer Heimat, doch überaus kümmerlich ist. Sie sind alle mager, und namentlich die Runzelbildung im Gesicht ist so stark, daß selbst die jüngeren den Eindruck eines höheren Alters machen. Die Haut hat wegen des geringen Fettpolsters eine Feinheit, wie wir sie bei den übrigen europäischen Gesichtern sehr selten sehen. So ist namentlich um den Mund, wo selbst bei Männern sonst ein stärkeres Fettpolster liegt, die Haut so fein eingefaltet wie Postpapier; zumal wenn sie ihr Lachen zu unterdrücken versuchen, kommen so feine Faltenbildungen zustande, daß man kaum den Rücken der Falte als solchen unterscheiden kann. Es erinnert das in gewissem Maße an die Beschreibungen, die wir

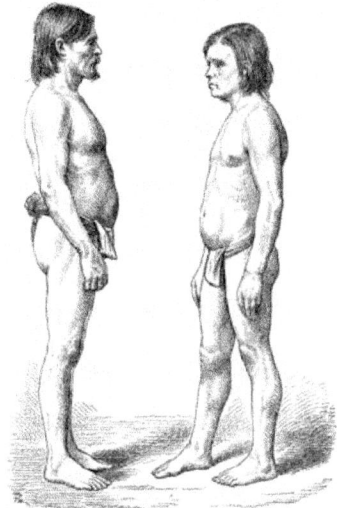

Lappen. Nach Photographie von C. Günther in Berlin.

von den Buschmännern haben. Auch läßt sich nicht verkennen, daß die Ernährungsverhältnisse der Lappen in manchen Beziehungen sich denen der Buschmänner anschließen." „Ich wenigstens", fährt Virchow fort, „muß sagen, was freilich mit der Ansicht von G. Fritsch nicht übereinstimmt, daß ich bei Betrachtung der Buschmänner-Abbildungen stets den Eindruck habe, daß ihr Aussehen wesentlich durch die anhaltende Penuries (Nahrungsmangel) bedingt wird, was ja auch Bleek bezeugt. So scheint es mir, daß auch bei den Lappen im Laufe der Jahrhunderte die einseitige und mangelhafte Ernährung auf die ganze Konstitution einen solchen Einfluß ausgeübt hat, daß man sie in gewissem Sinne als pathologische Rasse bezeichnen könnte." (Vgl. S. 95.)

Die Lappen stellen ein ausgemacht kurzköpfiges Volk dar. Sie sind, sagt Virchow, mehr brachykephal als die beiden anderen großen verwandten Stämme; schon die eigentlichen Finnen sind weniger brachykephal, die Esten gehen sogar in das Subdolichokephale, Mesokephale über. An Lappenschädeln in Lund bestimmte Virchow folgende Längen-Breiten-Verhältnisse: 82,3, 83,2, 85,1, 81,4, 79,6, 79,5, das macht im Mittel 81,8; v. Düben gibt als

18*

Mittel 83,5. Die Messungen an den Lebenden haben für die Männer einen Breitenindex von 85,4, 87,4, 88,0, im Mittel 86,9 ergeben; die Frau hat einen Breitenindex von 80,1, das macht im ganzen ein Mittel von 85,2, der mitgemessenen Weichteile wegen etwas größer als an mazerierten knöchernen Schädeln; bei 20 russischen Lappen betrug nach J. Deniker der mittlere Kopfindex 83,8. Mit dieser Kurzköpfigkeit verbindet sich eine gewisse Niedrigkeit des Schädels. Der Gehirnraum der lappischen Schädel ist verhältnismäßig groß, namentlich mit Rücksicht auf die geringe Gesamtkörpergröße der Lappen; auch das Gehirn der Lappen ist wohl entwickelt. G. Retzius fand das Gehirn eines 42jährigen Lappen aus der Provinz Norrbotten ausgesprochen brachykephal und windungsreich, das Gewicht war für die Skelett-

Lappen-Weiber. Nach Photographie von C. Günther in Berlin. Vgl. Text S. 274.

höhe von 1,435 m groß, es betrug 1460 g; in bezug auf die Gehirngröße ist sonach die Stellung der Lappen keineswegs irgendwie inferior.

Sehr charakteristisch ist die Gesichtsbildung: die ungewöhnliche Breite der Backenknochen, die Gesichtsbreite im Verhältnis zu der sehr geringen Höhe des Gesichtes, fällt sofort auf, dabei zeigt sich eine ganz ungewöhnliche Dürftigkeit in der Entwickelung der Kieferknochen. Alles, was zu den Kiefern gehört, ist klein und mangelhaft. Der lappische Unterkiefer, für sich betrachtet, ist mehr charakteristisch als der ganze Schädel. Er ist im ganzen, besonders aber im Kinn, so klein, der Bogen so wenig entwickelt, die einzelnen Teile so schwach konturiert, daß man wenige andere Völkerstämme den Lappen in dieser Beziehung an die Seite stellen kann. Die ältesten diluvialen Schädel von dem Neandertaltypus zeichnen sich im Gegenteil dazu durch eine geradezu kolossale Plumpheit der Unterkiefer aus.

Bemerkenswert ist es, daß, obwohl die Augenlidspalte eng und daher das Auge selbst klein erscheint, es doch keinesfalls die eigentlich mongolische Form zeigt. Auch die Nase der Lappen ist durchaus nicht so gebildet, wie dies sonst bei der mongolischen Rasse zu bemerken ist. „Wenn ich damit", so schließt Virchow, „keineswegs gesagt haben will, daß die Lappen kein mit den Mongolen zusammenhängendes Volk seien, so wird es doch Gegenstand der weiteren Untersuchung sein müssen, festzustellen, wie sich die körperlichen Verhältnisse der finnischen Stämme bis tief gegen den Osten hin im einzelnen gestalten . . . Das wird nun durch die unmittelbare Anschauung wohl allseitig anerkannt werden, daß die Erscheinung der Lappen eine wesentlich andere ist, als wir sie unter den Bewohnern irgendeines Teiles unseres Vaterlandes oder in irgendeinem der benachbarten Kulturländer Europas antreffen. Es spricht bis jetzt nichts direkt dafür, daß ehemals eine lappische Bevölkerung ganz Europa überzogen habe. Wie weit eine vielleicht verwandte mongolische oder selbst finnische Bevölkerung dagewesen ist, das ist eine andere Frage. Aber wir werden auch hier", so schließt Virchow diese Beschreibung, „daran festhalten müssen, daß unter den uns bekannten finnischen

Stämmen keiner ist, der dem Typus entspricht, den wir als herrschenden in älteren Gräbern, in der Tiefe unserer Moore, in den prähistorischen Höhlen vorfinden."

Dasselbe gilt von einer größeren Lappländertruppe, die ich in München untersuchte.

Eskimos.

Wie früher namentlich von französischen Forschern die Lappen als eine Urbevölkerung des vorgeschichtlichen Europas angesprochen wurden, so werden, am entschiedensten von eng-

Eskimos von Grönland. Nach Photographie von C. Günther in Berlin.

lischer Seite, Eskimos als die ältesten Ansiedler in den erst nach und nach von der Gletscher-bedeckung der Eiszeit frei werdenden Gauen unseres Kontinents vermutet. Das ist ja gewiß, daß diese arktischten aller Völker noch heute unter Lebensbedingungen und Kulturformen leben, wie wir sie für jene, soweit bis jetzt bekannt, älteste Periode der Besiedelung Europas aus den auf uns gekommenen Überbleibseln rekonstruieren müssen. Aber auch nach einer zweiten Richtung sind die Eskimos für die anthropologische Betrachtung von ausschlaggeben-dem Interesse. Eskimos (s. die obenstehende Abbildung) bewohnen die nördlichsten Gegenden sowohl Asiens (Nordostspitze) als auch Amerikas und bilden in diesem Sinne gleichsam eine

Brücke zwischen den Bewohnern der sonst so weit voneinander getrennten Kontinente. Haben doch viele von jenen, die auch die übrigen Bewohner Amerikas von Asien eingewandert denken, die Verbindungsbrücke im äußersten Norden, über die Beringstraße, gesucht.

In Berlin waren zwei Gruppen von Eskimos, die beide Virchow anthropologisch untersuchte. Von der ersten sagt dieser ausgezeichnete Kenner: „Die Eskimos erscheinen als eins der interessantesten ethnologischen Bilder, das sich vor unseren Augen entfaltet, als das fremdartigste, was man sehen kann. Sie bieten eine in ihrer Art ganz ungewöhnliche und ungemein überraschende Erscheinung dar. Die Gruppe besteht aus einer ganzen Familie, Mann, Frau und zwei Kindern, Mädchen, und außerdem zwei unverheirateten Männern. Wir sehen sie in ihrer Kleidung, mit ihren Hunden und Geräten, ihrer Hütte, ihren Schlitten und Booten, in wirklicher Tätigkeit zu Wasser und auf dem Lande. Sie stammen von Jacobs-havn in Grönland, sind also schon in ihrer Heimat gewissen Kultureinflüssen ausgesetzt ge-wesen. Ihre Reise durch Europa hat ihre Gebräuche und Gewohnheiten mannigfach beein-flußt, aber im ganzen ist es doch ein echt arktisches Bild, welches sich unseren Blicken darbietet. Der Angabe nach ist der Vater 36, die Mutter 24, das ältere Kind 2½, das andere Kind 1¾ Jahre alt; der ältere unverheiratete Mann soll 41, der jüngere 28 Jahre alt sein.

„In bezug auf ihre Erscheinung überrascht zuerst am meisten das ganz ungewöhnliche Verhältnis ihrer Körperteile. Sie sind im Durchschnitt klein; nur einer der Männer ist 1,66 m hoch und hat wegen seiner längeren Nase ein mehr europäisches Aussehen. Alle anderen stimmen nicht nur unter sich, sondern auch mit allen uns sonst bekannten Grönländerbildern so sehr überein, daß man sie wohl als ganz reine Exemplare betrachten kann. Die Körper-größe der beiden anderen Männer beträgt 1,43 und 1,55 m, immerhin kleine Verhältnisse, die übrigens in Europa auch vorkommen. Die Frau mißt 1,45 m, und die Kinder sind ihrem angeblichen Alter nach sogar als ungewöhnlich, um nicht zu sagen vorzeitig entwickelt zu be-zeichnen. Sie bewegen sich mit einer solchen Sicherheit und Kraft, daß wir kaum vollkom-mener ausgebildete Kinder gleichen Alters bei uns auffinden möchten. Trotz der geringen Körpergröße überrascht es, daß die Beinlänge, gemessen an der Höhe des großen Rollhügels des Oberschenkelknochens, des Trochanters, über dem Boden, durchweg eine sehr kleine ist. Der kleinste Mann hat nur 73,5 cm, der zweite 79,5 und auch der größte nur 80 cm Er-hebung des Trochanters über dem Fußboden. Daraus folgt, daß die Länge des Körpers ganz überwiegend durch den Rumpf hergestellt wird, und daß die Beine im Verhältnis ungewöhnlich kurz sind.

„In Beziehung auf die Kopfbildung ergibt sich eine unverkennbare ethnologische Verwandtschaft zwischen diesen Grönländern und gewissen ostasiatischen, mongolischen Völ-kern, z. B. Chinesen. Die Grönländertruppe hat absolut nichts an sich, was den uns sonst geläufigen Vorstellungen von den hellen Rassen des Nordens entspräche, keine Spur von blonden Haaren, blauen Augen oder heller Haut; vielmehr sind sie ganz schwarzhaarig, haben sehr dunkle Augen von etwas wechselndem Braun und eine dunkle gelbbräunliche, hier und da schwärzliche Haut. Letztere ist keineswegs so rauh, wie sie geschildert wird. Die Frau hat sogar eine außerordentlich glatte, weiche und feine Haut, aber auch sie ist sehr stark gefärbt. Die tiefschwarzen, ebenholzfarbenen Haupthaare sind dick, glatt und straff, fast wie Pferdehaare. Die Männer haben sehr wenig Bart. Genug, es ist eine durchaus straffhaarige, tief brünette Rasse. Die Nasen sind (mit nur einer Ausnahme) sehr platt. Bei der Frau, die übrigens auch sonst recht gefällige Formen besitzt, ist dieser Charakter weniger ausgeprägt als bei den Männern, die ganz niedergedrückte Nasen haben. Als Nasenindex wurde bestimmt bei der Frau 59,2, bei zwei Männern 72,5 und 76. Die sehr lebhaften und glänzenden Augen stehen so schief nach außen und oben, daß die Leute vollständig der schlitzäugigen Rasse anzugehören scheinen. Dazu kommt, daß die kurzen Augenbrauen ungewöhnlich hoch über dem Auge stehen und der innere Augenwinkel durch eine starke innere halbmondförmige Hautfalte (Mongolenfalte) gedeckt wird. Im übrigen geht im Gesicht alles mehr ins Breite, namentlich stehen sowohl die Wangenknochen als die Unterkieferwinkel stark hervor. Die Mundgegend, besonders die Unterlippe, ist so weit vorgeschoben, daß sie im Profil ganz bestimmend wirkt.

„Gegenüber dieser physiognomischen Ähnlichkeit der Eskimos und der Mongolen existiert doch eine, man könnte sagen absolute Differenz zwischen ihnen in bezug auf die Schädelkapsel. Die zahlreich bekannten Grönländerschädel sind eminent dolichokephal, langköpfig, während die mongolischen Schädel sich als mehr kurzköpfig erweisen (s. dagegen oben, S. 270). Auch die Kopfmessungen an unseren Lebenden ergaben trotz der durch die Weichteile vorwiegend gesteigerten Schädelbreite meist ausgesprochene dolichokephale Verhältnisse, zwei von den vier gemessenen Köpfen, darunter der der Frau, waren mesokephal, würden ohne die Weichteile aber wohl auch entschieden langköpfige Maße ergeben haben. Die Messung des Längen-Breiten-Index der Köpfe ergab folgende Werte: 73,7, 74,7, 76,9, 77,3 (bei der Frau). Dabei sind die Schädel hoch, die Ohrhöhenbestimmung ergibt sehr beträchtliche Maße, der Ohrhöhenindex schwankt zwischen 62,8 und 66,8."

Bei einer früheren Untersuchung über Schädel von Grönländern hatte Virchow diesen als Haupteigenschaften Leptoskaphokephalie mit Prognathismus, d. h. seitlich zusammengedrückte Kahnform der Schädelkapsel und Schiefzähnigkeit, sowie kolossale Ausbildung des Gesichtsskeletts zugeschrieben. Auch bei den lebenden Eskimos trifft diese Charakteristik wenigstens für die kräftigsten Individuen zu, nur für die schwächer ausgebildeten Männer und Frauen muß eine gewisse Abminderung der angegebenen Eigentümlichkeiten eintreten. Indes ist auch bei diesen die Schädelform seitlich zusammengedrückt und läuft nach oben dachförmig (kahn- oder kielförmig) aus, so daß die Gegend der Pfeilnaht des Schädels wie eine kleine erhöhte Leiste (crista) emporsteigt, während die Kaumuskeln in großer Fülle die Seitenflächen bedecken. Dementsprechend ist das Gebiß sehr entwickelt, namentlich sind die Unterkiefer weit ausgelegt, so daß der frontale Durchschnitt des Kopfes, d. h. der Umriß des Schädels und Gesichtes, in der Ansicht von vorn eine Art von Kegel darstellt, dessen Basis unten liegt. Beim Lebenden verstärkt sich dieser Eindruck noch durch die Rundung der Wangen und das Vortreten der dicken Lippen. Was an den Gesichtern besonders imponiert, ist die beträchtliche Entfernung zwischen den inneren Augenwinkeln. Sie sind so weit auseinandergerückt, daß man sich erst daran gewöhnen muß, um die sonst keineswegs unangenehmen physiognomischen Formen des Gesichtes zu würdigen. Die offenbare Gutmütigkeit der Leute spricht sich in den Augen deutlich aus. Auch mag ihr mehr kultivierter Zustand nicht wenig dazu beitragen, sie uns näher zu bringen.

Eine zweite Gruppe von Eskimos, aus Labrador stammend (s. die Abbildung S. 280), nahezu in demselben Breitengrade mit der Südspitze Grönlands, bestand aus drei Männern und drei Frauen, von denen je ein Mann und eine Frau unverheiratet waren, und zwei kleinen Kindern. Die Untersuchung Virchows legte die Identität der Rasse mit der vorhin besprochenen in der anschaulichsten Weise dar. Schon aus den bisher bekannt

gewordenen Schädeln ging hervor, daß das ganze große Gebiet von der Ostküste von Grönland bis an die Beringstraße und noch bis zum äußersten Nordosten von Asien, ein Gebiet,
das sehr mannigfache Verhältnisse der örtlichen Beziehungen darbietet, von einer identischen
Rasse überzogen ist. Die Schädel sind hoch und ungewöhnlich lang und im Verhältnis zur
Länge schmal, also dolichokephal, nicht selten sogar dolichostaphokephal, indem in der Tat

Eskimofamilie von Labrador. Nach Photographie. Vgl. Text S. 279.

kahnförmige Bildungen des Schädeldaches vorkommen. Nach Messungen an 614 lebenden
Eskimos in Grönland und 31 Schädeln beträgt nach J. Deniker der mittlere Kopfindex 76,8,
der Schädelindex 72,4; 152 Schädel von Eskimos aus dem Osten Amerikas ergaben den
mittleren Index 71,8 und 16 Schädel aus dem Westen 74,8. Damit verbindet sich eine ungewöhnlich massenhafte Entwickelung des Gesichtes, die sich nicht bloß in der breiten und
starken Ausbildung der Kieferknochen, sondern auch in der großen und auffälligen Ausbildung und dem Vortreten der Wangenknochen ausspricht.

Schon diese gröbsten Verhältnisse sind insofern von hohem Interesse, als die geographisch am nächsten wohnenden Bevölkerungen sowohl in Asien als auch im äußersten Norden Europas ebenso wie diejenigen in Nordamerika durchaus nicht eine volle Harmonie damit darbieten. Die asiatischen Bevölkerungen, die anstoßen, namentlich die Tschuktschen, sind kurzköpfig, brachykephal, zum Teil in extremem Maße. In Europa sind die Lappen, diejenige Bevölkerung, die man früher mit den Eskimos in die nächste Beziehung brachte, ganz verschieden. Sie bieten gar keine Analogie und sind in hohem Maße brachykephal. In Nordamerika ist allerdings der Gegensatz zu den Indianern nicht so auffällig, indes die eingeborenen Stämme des nördlichen Teiles von Amerika sind mehr mesokephal, ja sie neigen eher etwas in das brachykephale Gebiet hinein. Unter den Schädeln der „Moundbuilders" fanden sich geradezu brachykephale. Ein unmittelbarer Übergang zu den Eskimos läßt sich bis jetzt vom Standpunkt der Anthropologie noch nicht herstellen. Die Eskimorasse erscheint daher, und so ist sie auch in früherer Zeit den Beobachtern erschienen, als etwas ganz Besonderes, ganz Isoliertes, für sich Bestehendes, gleichsam als wäre sie in diesem Norden entstanden. So bildet sie gewissermaßen eine Art von Gegenpart zu den isolierten Bevölkerungen, wie wir sie an den Südspitzen der großen Kontinente finden, zu den Feuerländern in Amerika, den Buschmännern in Afrika. Manche Forschung wird noch ausgeführt werden müssen, ehe es gelingen wird, die ethnologischen Zusammenhänge vollkommen sicherzustellen.

Bei der Betrachtung der Leute steigt aber, sogar in noch weit stärkerer Weise, als das bei der ersten Gruppe der Eskimos aus Grönland der Fall war, der Gedanke auf, daß eine Reihe von Eigentümlichkeiten an ihnen hervortreten, welche diese Bevölkerung in hohem Maße an gewisse asiatische Bevölkerungen, und zwar an Völker der mongolischen Rasse, annähern. Die ganze Bildung des Gesichtes, speziell der Augen, ist mongolisch. Die Beziehungen zu den Chinesen sind in dieser Hinsicht durchaus unabweisbar, auf sie deuten auch die im allgemeinen kleine Körperstatur und die Körperproportionen, erstere nach J. Deniker im Mittel 1,575 m. Auffallend klein sind Hände und Füße.

„Nimmt man an", sagt Virchow, „daß die Eskimos oder, wie sie sich selbst nennen, die Inuit (Singular Inuk) ein ursprünglich mongolischer Zweig sind, der nach Amerika gegangen und bis zu den Ostküsten von Grönland vorgedrungen ist[1], so würde man zu der Notwendigkeit kommen, entweder anzunehmen, daß sie von einer bis jetzt noch nicht aufgefundenen langköpfigen Varietät des mongolischen Stammes herstammen, oder daß diese dolichokephale Beschaffenheit ihres Schädels sich erst unter den besonderen örtlichen Verhältnissen entwickelt habe, unter denen die Leute seit wer weiß wie langer Zeit leben, und die allerdings hinreichend stark sein mochten, um gewisse Modifikationen im Schädelbau zu bedingen." In dieser Beziehung begnügt sich Virchow, darauf hinzuweisen, daß die Art ihrer Ernährung wohl geeignet ist, wesentliche Veränderungen im Gesichts- und Schädelbau herbeizuführen. Die Grönländer sind Fleischesser im vollendeten Sinne des Wortes, und da das Fleisch und Fett, das sie genießen, sehr häufig in rohem Zustand verspeist wird, so werden jedenfalls sehr große Anstrengungen ihrer Kaumuskeln notwendig, um das Material zu verarbeiten. In der Tat besitzen sie auffallend starke Apparate für die Verarbeitung von Fleisch. Ihre Kaumuskeln sind enorm ausgebildet, ihre mächtigen Unterkiefer stehen weit vor, die

---

[1] Boas und Rink nehmen an, daß die Ursitze der Eskimos im Hochnorden Amerikas um die Hudsonbai oder in Alaska zu suchen seien, und daß sie, von da nach Osten und Westen wandernd, Grönland etwa vor 1000, Nordasien erst vor 300 Jahren erreicht haben.

Ansätze der Kaumuskeln, die an der Seite des Schädels liegen, sind sehr stark entwickelt, und, was ganz besonders charakteristisch ist, es gibt kaum eine zweite menschliche Rasse, bei der diese Ansätze, die sogenannten halbzirkelförmigen Schläfenlinien (lineae semicirculares temporum), die bei uns gewöhnlich drei Finger über dem Ohr liegen, in der Regel so hoch hinaufrücken, daß sie sich mehr und mehr der Mitte des Schädels nähern. Bei vielen Eskimoschädeln bleibt nur ein schmaler Zwischenraum am Scheitel von Muskeln frei. Auf diese Weise wird der Schädel seitlich in viel größerer Ausdehnung mit Muskeln bedeckt. Die Muskeln selbst erreichen eine kolossale Größe und sind noch einmal so groß wie bei dem gewöhnlichen Europäer, der gemischte Kost in gut zubereitetem Zustande genießt und nicht viel zu kauen nötig hat. Die große Ausdehnung, in welcher sich die Muskulatur ausbreitet und an dem Schädel hinaufschiebt, mag allerdings einen Einfluß ausüben auf die Form des Kopfes, und es läßt sich wohl denken, daß sich bei einem jahrtausendelangen Gebrauch, von Generation zu Generation fortschreitend, allmählich eine Umbildung der Schädelform gestaltet, so daß aus einem kurzen Kopfe ein langer wird, und daß dies eine typische Eigentümlichkeit der Rasse ist. Eine solche Veränderung würde einen der interessantesten Fälle des sogenannten Transformismus repräsentieren, namentlich den Übergang von einem Typus in einen anderen lehren, wovon wir fast gar kein gut nachweisbares Beispiel haben. „Freilich ist", schließt R. Virchow, „mit dem Aufwerfen dieser Frage dieselbe noch nicht entschieden, namentlich da auch bei brachykephalen Schädeln sehr hoch hinaufreichende Kaumuskeln oder wenigstens sehr starke und ausgedehnte Ansätze derselben vorkommen, z. B. bei den Schädeln der Samojeden oder Ostjaken in Westsibirien. Man kann daher nicht sagen, daß mächtige Entwickelung der Kaumuskeln notwendig jedesmal mit Langköpfigkeit zusammenfalle." Die Frage ist somit noch eine offene.

Die Eskimos und namentlich ihre primitiven Kulturverhältnisse (sie haben nur den Hund als Haustier) werden uns bei den folgenden Betrachtungen über die ursprünglichen Kulturverhältnisse der frühesten Bewohner Europas noch mehr beschäftigen. In dieser Beziehung ist es im höchsten Grade bemerkenswert, bis zu welcher Vollendung sie es verstanden haben, die Knochen der nordischen Seetiere, der Seehunde, Walfische und Walrosse, zu benutzen und daraus allerlei Gegenstände nicht nur des häuslichen Bedarfes, sondern auch des Schmuckes herzustellen, zum Teil recht zierliche Stücke. Aber das Überraschendste ist doch die Übereinstimmung dieser Arbeiten mit jenen, die uns als Kulturüberreste der europäischen Steinzeit aufbehalten sind, namentlich mit denjenigen, welche die alten Höhlenbewohner besaßen, wie wir sie in den troglodytischen Überresten der südfranzösischen und nordspanischen Höhlen finden werden. Fast alle Geräte, welche die Eskimos zum Fischfang und zur Jagd gebrauchen, stimmen mit jenen uralten in so hohem Maße überein, daß man bei ihrem Anblick ein prähistorisches Museum vor sich zu sehen glaubt. Dazu kommen noch die merkwürdigen Geräte aus Stein, die sie anfertigen. Es ist allerdings ein sehr bequemer Stein, ein Talkstein, der sich leicht schneiden und bearbeiten läßt. Bemerkenswert ist es, daß die Eskimos Wurfbretter zum Schleudern ihrer Lanzen gebrauchen, die den von den Australiern benutzten nahe entsprechen. Wurfbretter kommen außer bei den Eskimos und Australiern nur noch in Mikronesien und bei einigen Stämmen Amerikas vor.

Nordamerikanische Indianer.

Namentlich in bezug auf Größenverhältnisse und allgemeine Körperproportionen wurden die Indianer Nordamerikas, zum Teil auch die des übrigen Amerikas, in den früheren Kapiteln schon eingehend geschildert. Wir können uns daher hier kurz fassen. Die Urbewohner Amerikas unterscheiden sich, auch abgesehen von den Eskimos und den diesen verwandten Aleüten, trotz einer unverkennbaren Einheitlichkeit des Grundtypus doch in körperlicher Beziehung nicht unwesentlich voneinander. Die nordamerikanischen Indianer der arktischen und atlantischen Küsten von Kanada und der Vereinigten Staaten sind größer und weniger brachykephal als jene der nördlichen pazifischen Küste. Die Eingeborenen von Mexiko und Zentralamerika mit den Azteken, Mayas und anderen sind von kleiner Statur und brachykephal. Auch die südamerikanischen Indianer sind im allgemeinen klein und mesokephal; geographisch schließen sich die besonders hochgewachsenen brachykephalen Patagonier und an der Südspitze des Kontinents die Feuerländer an.

R. Virchow und J. Kollmann untersuchten jene nordamerikanische Gruppe von sechs Männern, alle im Alter von 23—26 Jahren von dem Stamme der Chippeway oder Odschibwäh (s. die nebenstehende Abbildung) aus der Region der Seen, die in so trauriger Weise beim Untergang der „Cimbria" den Tod gefunden

Ein Chippeway-Indianer. Nach Photographie von E. Günther in Berlin.

haben. Nachdem Virchow darauf hingewiesen, daß bei einem oder dem anderen vielleicht eine Blutmischung nicht ganz ausgeschlossen werden könne, kommt er doch zu dem Resultat, daß bei allen die Beschaffenheit der Haare und der Haut so charakteristisch sei, daß man wohl nicht daran zweifeln könne, eine im ganzen echte Gruppe zu sehen. Sie sind gut gebaut, halten sich auch sehr flott, haben kräftige Muskulatur und gesundes Aussehen; die Haut besitzt bei keinem jene Kupferfarbe, die uns so viel geschildert worden ist; wir würden kaum auf den Gedanken kommen, sie Rothäute zu nennen. Trotzdem ist die Haut stark pigmentiert, jedoch mehr gelbbraun mit einer sehr schwachen Beimischung von Rot, nach J. Kollmann von der Farbe des gelben Lehms. Die Regenbogenhaut des Auges ist bei allen braun, die Augen sind eher klein, bei dem einen etwas schief mit enger, kurzer Spalte. Das Kopfhaar ist ohne Ausnahme glänzend schwarz, ganz straff und dick, gerade herabhängend, meist an Pferdemähnen erinnernd. In der Mitte der Stirn springt es in Form einer Schneppe eine Strecke weit vor, der übrige Teil des Körpers, auch das Gesicht, sind dagegen schwach behaart, nur die Augenbrauen haben eine kräftige Entwickelung; der Bart ist sehr spärlich und kurz. Die Nase ist durchweg kräftig entwickelt, groß, stark gebogen, vortretend, an der Spitze breit, die Stirn gerade ansteigend, mehr gerundet, das Gesicht im ganzen, vor allem im Bereich der Wangenbeine und Jochbogen, breit, der Kauapparat viel stärker und umfangreicher als in der Regel bei Europäern. Die Ohren sind fast bei allen klein, namentlich schmal, mit angewachsenen Läppchen. Ihre Kopfform ist die mittelbreite, mesokephale, jedoch an der Grenze der Kurz-

Kamayura. Nach Photographie von Herrm. Meyer.

köpfigkeit; der mittlere Index beträgt 79,9. Vier waren mesokephal, zwei brachykephal. Hierin existiert sonach ein starkausgeprägter Unterschied zwischen ihnen und den Eskimos. Die Höhe der Schädel darf man im ganzen wohl als mittelhoch, orthokephal ansehen. Die Körperhöhe ist bedeutend, im Mittel 173,6, Minimum 165,7, Maximum 179,5 cm. Die Klafterlänge betrug bei allen ein Beträchtliches mehr, im Mittel 179,4 cm. Die Hände sind im ganzen zierlich, aber zugleich kräftig, die Füße lang und vorn breit, aber durchaus verhältnismäßig. Die Fußlänge ist im Mittel in der Körperlänge 6,6mal enthalten. Die neueren anthropologischen Aufnahmen von Boas und seinen Mitarbeitern über die somatischen Verhältnisse der nordamerikanischen Indianer stimmen vortrefflich mit den vorstehenden Angaben überein.

Südamerikanische Indianer.

Durch die wissenschaftlichen Ergebnisse der deutschen Schingu-Expeditionen von Karl von den Steinen, Ehrenreich, Herrmann Meyer mit Karl E. Ranke, an die sich die Forschungen von Schmidt und die in so glänzender Weise publizierten von Koch-Grünberg reihen, sind wir über die ethnologisch-anthropologischen Verhältnisse des zentralen Teiles von Südamerika in mancher Beziehung besser unterrichtet als über die mancher Gebiete Europas. Karl E. Ranke hat in zusammenfassender Weise über seine Untersuchungen unter den Schingu-Stämmen der Trumai, Auetö und Nahuquá berichtet (s. die Abbildungen S. 285 und 286).

„Der erste Eindruck, den man von der Erscheinung der Indianer gewinnt", sagt K. E. Ranke, „bezieht sich vor allem anderen auf die Hautfarbe. Sie erscheint auf den ersten Blick und namentlich aus einiger Entfernung rotbraun, so daß man sie gern mit dem für sie geläufigen Namen der Rothaut bezeichnen möchte. Genauere Untersuchungen ergaben jedoch ein anderes Resultat, und ich nehme keinen Anstand, die Hautfarbe unserer Indianer direkt als gelb zu bezeichnen. Die äußere Erscheinung der Männer macht durch die prachtvolle Muskelentwicklung und die geschmeidigen, sicheren Bewegungen sofort einen sehr günstigen

Eindruck. Einige der schönsten jungen Leute haben uns beide (Herrmann Meyer und K. E. Ranke) sogar an die schönen Gestalten der Prellerschen Illustrationen zu den Homerischen Gesängen erinnert." Ein gutes Beispiel gibt die Abbildung eines Kamayura auf S. 284, des Angehörigen eines Stammes, an dem leider Messungen nicht angestellt werden konnten. In dieser Beziehung nehmen die Häuptlinge den ersten Platz ein, wie sie sich auch durch Vornehmheit der Haltung und durch die Feinheit und Schärfe der Gesichtszüge unterscheiden. „Das ist eine Erscheinung, die sich überall findet, wo, wie bei unseren Indianern, die Häuptlingswürde erblich ist. Weniger günstig war der Eindruck, den die ersten gesehenen Frauengestalten auf uns machten — sie erschienen uns ungraziös —, aber schon nach kurzer Zeit konnten wir nicht umhin, jede ihrer Bewegungen als vollkommen natürlich anzuerkennen und ihnen bei jungen und hübschen Individuen eine gewisse Nettigkeit nicht abzusprechen" (K. E. Ranke).

Das Schlußresultat der anthropologischen Betrachtung ergab: „Der Indianer unseres Untersuchungsgebietes ist von hell-
gelber Hautfarbe
mit starker Bräu-
nung der der
Sonne ausgesetz-
ten Teile, die da-
durch eine hell-
gelbbraune bis
dunkelrotbraune
Färbung anneh-
men. Sein Haar
ist dunkelbraun,
fast schwarz, und
zwar fast rein-
schwarz beim Neu-

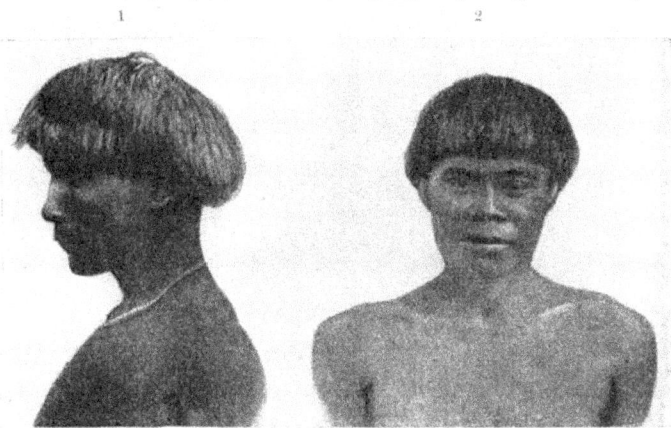

Nahuquá aus Guikuru (1) und Akakálúf (2). Nach Photographie von Herrm. Meyer.

geborenen, vom ersten bis zehnten Lebensjahr dunkelbraun, um von da ab wieder dunkler und dem allgemeinen Eindruck nach schwarz zu werden. Seine Iris (Augenfarbe) hat, seltene albinotische Fälle ausgenommen, einen tief dunkelbraunen Ton.

„Sein Gesicht ist hoch, breit und oval, die Stirn mäßig hoch und ziemlich gerade. Er ist fast ausnahmslos orthognath, nur in seltenen Fällen ganz schwach prognath (Zahnprogna-thie). Sein Kopfhaar ist meist straff bis schlicht (in 77 Prozent), öfters leicht, seltener aus-gesprochen wellig (zusammen 19,8 Prozent), nur in seltenen Fällen (bei welchen der Verdacht einer Rassenmischung kaum ganz auszuschließen ist) wirklich gelockt (3,2 Prozent), niemals kraus. Die Lidspalte ist meist schräg gestellt, nicht ganz selten aber auch ausgesprochen ,mon-goloid'. Sie ist von mittlerer Weite, aber sehr vielfach der Blendung und des künstlichen Zilienmangels wegen (die Wimpern werden ausgezupft) zugekniffen. In etwas weniger als der Hälfte der Fälle (41 Prozent) findet sich eine Mongolenfalte, doch ist diese häufiger schwach als stark ausgebildet.

„Die Nase ist weit überwiegend gerade, in etwa einem Fünftel der Fälle konvex oder aquilin, nur sehr selten konkav. Wurzel, Rücken und Spitze sind im allgemeinen dem Europäer gegenüber als breit zu bezeichnen, doch finden sich zu etwa einem Drittel Formen, die auch der Europäer als vergleichsweise schmal, das heißt also etwa in den Bereich der europäischen Variation fallend, bezeichnen muß. Negroide Formen fehlen vollständig. Die Nasenflügel sind ausgewölbt, die Nasenlöcher im allgemeinen rundlich; ihr größter Durchmesser ist schräg oder noch häufiger horizontal gestellt, und sie sind häufig von vorne sichtbar.

„Die Wangenbeine sind in der Mehrzahl der Fälle vortretend, doch findet sich ein nicht unbeträchtlicher Prozentsatz von Formen, die an unsere mehr mesorhinen und kurzköpfigen Europäer erinnern, niemals aber solche, wie sie dem leptorhinen langköpfigen Europäer eigen sind. Die Lippen sind mäßig voll, zum Teil vortretend. Das Kinn ist zwar nicht klein, aber doch nur mäßig stark entwickelt, etwas häufiger eckig als rund. Das Ohr ist groß, lang, schwach gewölbt, die Leiste fast stets ‚normal‘ umgeschlagen.

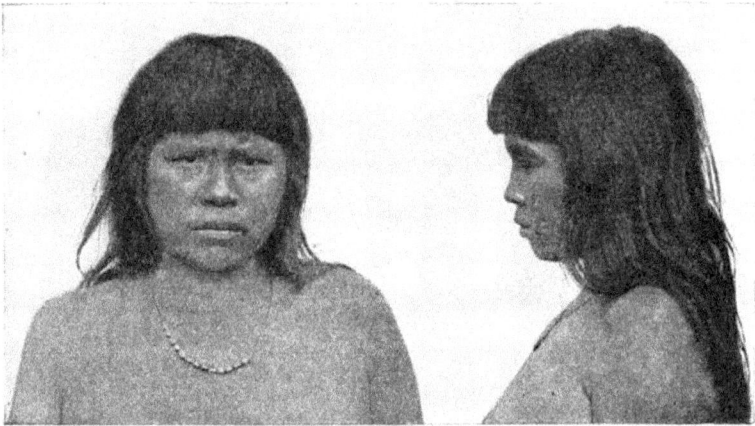

Nahuquáfrau aus Guikuru. Nach Photographie von Herrn. Meyer. Vgl. Text S. 284.

„Die Hände sind klein, kurz und breit. Der Körper ist spärlich behaart, der Bart ist schwach, die Achsel- und Schamhaare ziemlich gut entwickelt.“

Der Amerikaner steht im großen und ganzen in der Profilierung seines Gesichtes so ziemlich in der Mitte zwischen den beiden extremen Formen des asiatisch-europäischen Kontinents, dem leptorhinen Europäer und dem flachgesichtigen Chinesen. In der Hautfarbe und, was noch wichtiger erscheint, in der Beschaffenheit des Kopfhaares und des Auges sowie in der Form der Nasenlöcher nähert er sich dagegen der Gesamtheit der „Ostasiaten“ in hohem Grade. Irgendwelche Spur, die auf die Beimischung eines negroiden Elementes deuten könnte, fehlt vollständig.

Aus den auf das sorgfältigste nach den Regeln der modernen mathematischen Statistik geprüften und mit den Resultaten anderer Autoren verglichenen Messungsreihen K. E. Rankes sei noch hervorgehoben:

„Die Amerikaner bilden in Hinsicht auf die Proportionen der Hauptkörperabschnitte eine gute einheitliche Gruppe. Sie stehen in ihrer Körpergröße den östlichen gelben Rassen (Malaien, Mongolen, Polynesier) etwas näher als den sogenannten ‚kaukasischen‘ Europäern. Für die Proportionen läßt sich diese Frage auf Grund des hier vorliegenden Materials nicht entscheiden, da der einzige Körperabschnitt, für den ich ein einigermaßen hinreichendes

Material zusammentragen konnte, die Armlänge, in dieser Hinsicht zwischen Amerikanern, Malaien und Mongolen und Europäern keinen Unterschied aufweist.

„Zwei der drei untersuchten Stämme sind klein (Trumai 1,595 und Auetö 1,580 m), einer, die Nahuquá, mittelgroß, 1,6183 m. Gleich kleine Stämme gibt es sowohl in Süd- als in Nordamerika, obwohl im ganzen in Nordamerika die mittelgroßen und großen Stämme stärker überwiegen als in Südamerika. Gleich kleine Stämme gibt es in recht beträchtlicher Anzahl bei den asiatischen Völkern. Sie sind dagegen unter den sogenannten kaukasischen Stämmen nicht vorhanden.

„Bezüglich des Kopfindex fanden Boas und seine Mitarbeiter bei 43 nordamerikanischen Stämmen ein Schwanken in den Mittelwerten des Längen-Breiten-Index am Lebenden von 78,6 bis 88,8, wobei die höchsten Werte als Folge einer Deformation anzusehen sind. Die Nordamerikaner sind also in bezug auf den Längen-Breiten-Index teils mesokephal, teils, und zwar überwiegend, brachykephal. Ihnen reihen sich die Schingu-Indianer, deren Variation für die Mittelwerte beider Geschlechter von 78,8 bis 82,9 reicht, als völlig gleichartig an. In bezug auf den Längen-Breiten-Index des Kopfes am Lebenden sind also die Amerikaner ganz auffallend einheitlich.

„Zur Beantwortung der Frage, ob die Amerikaner im Kopfindex den ‚kaukasischen‘ Europäern oder den ‚östlichen gelben Rassen‘ näher stehen, liegt schon ein sehr großes Vergleichsmaterial vor, das es völlig außer Zweifel stellt, daß die drei großen in Frage stehenden Gruppen sich im Kopfindex nicht merklich voneinander unterscheiden. Nach der großen Denikerschen Tabelle des Kopfindex am Lebenden reicht seine Variationsbreite für die Europäer von 76,6 (Korsen) bis 87,4 (Franzosen, Haute-Loire, Lozère, Cantal) und bei den ‚östlichen Rassen‘ von 77,0 (Nordchinesen) bis 87,2 (Kirgisen). Die Variationsumfänge unserer drei Gruppen sind also praktisch identisch. Der Kopfindex vermag damit zur Entscheidung der Frage nichts beizutragen.“

Auch die Gesichtshöhe gibt zwischen den drei Vergleichsgruppen keinerlei Unterschiede. „Dagegen haben die Nordamerikaner nach Boas ein relativ wesentlich breiteres Gesicht (Jochbreite) als unsere Südamerikaner, der Unterschied erscheint so groß, daß wir — bis auf weiteres — gezwungen sind, sie als zwei Untergruppen der ‚amerikanischen Rasse‘ einander gegenüberzustellen. Der Unterschied gilt nicht nur für die absolute, sondern auch für die relative Gesichtsbreite. Die B. Hagenschen und Bälzschen Messungen ergeben eine Variation der Jochbreite bei Mongolen und Malaien in sehr guter Übereinstimmung mit den südamerikanischen Maßen, dagegen finden sich die hohen nordamerikanischen Jochbreiten bei ersteren nicht.

„Im Gesichtsindex stehen die Nordamerikaner den ‚östlichen gelben Rassen‘ deutlich näher als den Europäern, während die von mir gemessenen südamerikanischen Stämme zum Teil einen sehr beträchtlichen Grad der Leptoprosopie zeigen, der sie direkt neben die Europäer (Pfitzners Elsässer) stellt.“

Mit Recht legt K. E. Ranke den Formverhältnissen der Nase, zunächst dem aus Nasenhöhe und größter Nasenbreite gebildeten Nasenindex, eine besonders hohe Bedeutung für die Rassenunterscheidung bei. Er weist auf das Ergebnis Topinards hin, daß seine drei Gruppen der Leptorhinen (Nasenindex unter 70), Mesorhinen (70—74,9), Platyrhinen (85—99,9; Ultraplatyrhine von 100 und darüber) sich ganz auffallend genau mit seinen drei Hauptgruppen: weiße, gelbe und schwarze Rassen, decken. „Von unseren Schingu-Indianern haben die (103) Männer einen mittleren Nasenindex von 73,6, die (58) Frauen von 71,2. Es sind das mesorhine Maße, aus denen es sich ergibt, daß die Schingu-Stämme nach diesem weitaus wichtigsten somatischen Merkmal den ‚östlichen gelben Rassen' wesentlich näher stehen als den Europäern. Aber das gleiche gilt nach allen vorliegenden anthropologischen Aufnahmen (mit einziger Ausnahme von 17 Tahltan, Angehörigen eines der von Boas gemessenen Stämme der nordwestlichen Territorien Kanadas) auch für die Nordamerikaner, ein Resultat von größter Wichtigkeit."

K. E. Ranke hat auch den von R. Virchow bevorzugten Elevations=Index der Nase bestimmt: größte Ausladung der Nasenflügel, horizontale Erhebung der Nasenspitze über ihren Ansatz an der Oberlippe. Trotz der verhältnismäßig beträchtlichen Erhebung der Indianernasen im ganzen ist doch infolge ihrer größeren unteren Nasenbreite der Unterschied der

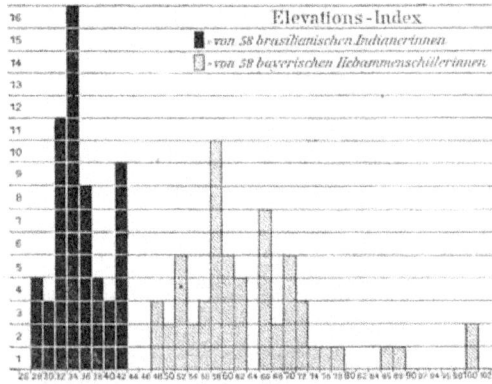

Elevations=Index der Nase bei brasilianischen Indianerinnen und bayerischen Hebammenschülerinnen. Nach K. E. Ranke und F. Birkner.

Schinguleute von den Europäern ein absoluter, und der Breitenelevations= Index der Nase verdient danach den Vorzug vor dem bisher meist allein benutzten Längen-Breiten-Index der Nase. Wie weit dieses Maß bei den Indianern und Europäern sich unter= scheidet, zeigt ein einziger Blick auf die nebenstehende Zusammenstellung der Schwankungen des Elevations-Index von 58 Indianerinnen und 58 bayeri= schen Hebammenschülerinnen, letztere nach den Messungen von F. Birkner.

Ein erwünschter Beleg für die Gleichartigkeit der Bildungsgesetze bei verschiedenen Rassen ist der von K. E.

Ranke geführte Nachweis, daß die von ihm und Ehrenreich gemessenen südamerikanischen Frauen die gleichen Unterschiede von den Männern ihres Stammes zeigen wie die euro= päischen Frauen (vgl. S. 75): „das südamerikanische Weib hat, bei geringerer Körpergröße, einen längeren Rumpf und einen längeren und breiteren Kopf, dagegen kürzere Beine, etwas kürzere Arme, kleinere Schulterbreite und Klafterweite und ein niedrigeres, aber ebenso breites Gesicht wie der Mann. Bekanntlich ist beim europäischen Weibe auch ein größerer Kopfumfang und größere Kopfhöhe festgestellt worden.

„Soweit das vorliegende Material einen Schluß zuläßt, unterscheiden sich die Nord= und Südamerikaner nur in der Gesichtsbreite (Jochbreite) deutlich und durchgreifend von= einander. In allen übrigen untersuchten Eigenschaften erweisen sie sich als gleichartig. . . Das somatisch weitaus wichtigste anthropologische Kennzeichen — der Nasenindex — stellt die Amerikaner zweifellos den ‚östlichen gelben Rassen' näher als den Europäern; damit be= kommt das gleiche, aus der Beobachtung der beschreibenden Merkmale erhaltene, oben mit= geteilte Resultat eine sehr wichtige Stütze", ebenso Huxleys Zuteilung der amerikanischen Indianer zu seinem großen mongoloiden Typus (vgl. S. 223). (Zur Verbreitung der Schädel= formen in Amerika vgl. die Karte bei S. 254.)

Patagonier.

Von diesem als moderne Kentauren, die fast die ganze Zeit ihres Lebens zu Pferde zubringen, berühmten Volk, über dessen angeblich fabelhafte Körpergröße wir oben ausführlich berichteten, konnte R. Virchow in Berlin einen Mann und ein Weib (s. die untenstehende Abbildung und die auf S. 290) mit ihrem halbblütigen Kinde anthropologisch untersuchen. Sie stammten von Punta Arenas, einem Orte an der Westküste Südamerikas, welcher der chilenischen Regierung untersteht. In der Nähe dieser Stadt ist der nur 80 Individuen umfassende Stamm angesiedelt, zu dem die drei Personen gehören.

„Alle drei", sagt Virchow, „zeigen sich ihrer Kopfform nach als ausgemacht kurzköpfig, brachykephal; der Kopfindex des Mannes beträgt 87, jener der Frau 86,8, der des kleinen

Ein Patagonier. Nach Photographie.

Jungen 86,5, Zahlen, die den höchsten Formen der Kurzköpfigkeit entsprechen, vergleichbar den Lappenköpfen. Allein, es stellte sich heraus, daß bei allen drei Personen eine ungewöhnliche Abplattung des Hinterhauptes vorhanden ist, die auf eine künstliche Deformation hindeutet. Die Schädelform dieser Patagonier stimmt jedoch nicht überein mit der Form der bekannten, meist künstlich umgeformten altpatagonischen Schädel. Bei diesen wird die künstliche Schädelformung offenbar durch das Zusammenwirken zweier Druckwirkungen hervorgebracht, von denen die eine schräg an die Stirn, die andere am Hinterkopf einwirkte. Dadurch entstand, wie bei den alten Peruanern, eine Zurückschiebung der Stirn und eine Abflachung des Hinterkopfes. Bei den Pamperos und bei unseren Patagoniern dagegen bildet der Hinterkopf eine senkrechte Fläche, und auch die Stirn ist fast gerade. Das patagonische Weib wurde vermocht, das unter ihrem Stamme gebräuchliche Verfahren der Kopfplastik zu demonstrieren. Ihrer Beschreibung nach wird das Kind, nachdem es geboren ist, auf ein Brett gebunden, und zwar so, daß zunächst an beide Seiten des Kopfes je ein Brett gestellt wird, damit der Kopf beim Reiten nicht hin- und herwackeln könne; dann wird eine breite Binde, wie sie dieselbe um den Leib tragen, um den Kopf des Kindes gelegt und derselbe auf das horizontale Brett festgebunden. So wird das Neugeborene mit auf das Pferd genommen und macht mit der Mutter die weitesten Ritte. Es ist interessant, daß hier ein menschliches Motiv für die Befestigung des Kindskopfes hervortritt. Hier erscheint die Fixierung des Kopfes als eine Notwendigkeit für die Abwehr der heftigen Bewegungen des Pferdes, an denen die Kinder teilnehmen müssen." Virchow findet es erstaunlich, daß diese immerhin kurze, wie die Patagonier selbst behaupteten, nur ein Jahr lang dauernde Befestigung eine bleibende Wirkung ausübt, die sich nachher in keiner Weise beseitigen läßt. Bei unseren Kindern treffen wir aber auch nicht selten Abplattungen, die durch das Liegen in der Wiege auf dem Hinterkopf entstehen; ich habe diese in der Wiege erworbene Schädelform, mit stark abgeflachtem Hinterkopf, noch bei vielen Erwachsenen, namentlich in Süddeutschland, nachweisen können. (Näheres darüber siehe Bd. I, S. 182 ff., und Bd. II, S. 193 ff.)

Eine Patagonierin. Nach Photographie. Vgl. Text S. 289.

Wenngleich über das Maß der künstlichen Einwirkung kein eigentliches Urteil gefällt werden kann, so möchte Virchow doch fast annehmen, daß die Rasse, zu der die Patagonier gehören, im wesentlichen eine kurzköpfige, brachykephale ist. Damit würde ein Widerspruch, der durch das Studium der altpatagonischen Schädel entstanden ist, wegfallen, denn die Mehrzahl der Pampasstämme stimmt damit überein. Es würde sich alsdann ergeben, daß, soweit es sich um die Schädelform handelt, eine verhältnismäßig einheitliche Bevölkerung diesen Teil von Amerika überdeckt. Das Haar erscheint wie das Mähnenhaar eines Pferdes; es ist rein schwarz glänzend und absolut schlicht, geht in ganz dicken Fäden etwa 40 cm lang glatt herunter und fühlt sich außerordentlich hart an. Es ergibt sich eine gewisse Ähnlichkeit der Haare der Patagonier mit den Haaren der Grönländer, indes unterscheiden sich erstere doch so sehr von den letzteren wie die Mähnen mancher wilder Pferde von den Mähnen unserer gezähmten Rassen. Die Grönländer erscheinen relativ zivilisiert gegenüber diesen Wilden. Die Hautfarbe der Patagonier ist sehr dunkel, jedoch weniger in Rot als vielmehr in Gelb nuanciert. Man kann hier, wie bei den Nubiern, eine Grund- und eine Deckfarbe unterscheiden: erstere ist dunkelgelb, letztere graubraun und auf der Brust rotbraun. Die Stirn ist am dunkelsten. Auf den Wangen erkennt man eine deutliche, wenngleich schwache Rötung infolge durchscheinenden Blutes. Die Nägel sind hell.

„Die Bildung des Gesichtes gibt", wie Virchow fortfährt, „in hohem Maße den amerikanischen Typus wieder, der vom hohen Norden bis zum Süden durch alle alten Stämme geht. Wir haben fast nichts in der Alten Welt dieser Homogenität an die Seite zu stellen. Das Gesicht ist groß und sehr breit, namentlich an den Jochbogen und in der Wangengegend. Auch die Stirn ist im absoluten Maß ungemein breit und macht den Eindruck der Intelligenz. Die Augenbrauenwülste sind sehr kräftig entwickelt. Die eigentlichen Kieferknochen sind weniger breit, dagegen sehr hoch und stark; auch die Oberlippe ist hoch. Die Massenhaftigkeit der Knochenentwickelung, namentlich die Mächtigkeit in der Ausbildung der Kieferknochen, die bei den Grönländern anfängt und sich durch fast alle Völkerschichten Amerikas bis zur Magalhãesstraße verfolgen läßt, tritt hier so auffallend hervor, daß der Kopf, namentlich des Mannes, im Verhältnis zu dem Gesamtkörper nahezu so gewaltig erscheint wie der Kopf eines Löwen auf dem verhältnismäßig nicht ebenso großen Leibe.

„Die Erzählungen von der Körperhöhe der Patagonier stimmen nicht ganz überein mit dem, was wir hier erblicken. Der Mann mißt in der Gesamthöhe nur 1,755 m, die Frau 1,586 m, ein Maß, das über unsere Verhältnisse nicht hinausgeht und mit den riesenhaften Leibern, die uns sonst geschildert werden, nicht harmoniert. Die Klafterlänge übersteigt ungewöhnlich die Körperlänge: der Mann hat eine Klafterlänge von 1,825 m, also 70 mm mehr, als die Höhe seines Körpers beträgt, die Frau hat sogar 1,688 m, also 102 mm mehr, als die Höhe ergibt. Dabei sehen beide ungemein kräftig aus und haben namentlich eine ungewöhnliche Schulterbreite. Der Hals ist stark, jedoch sehr kurz und steckt etwas zwischen den Schultern. Die zweite Zehe ist (eine typisch menschliche Eigenschaft) sehr groß.

„Sehr auffallend ist bei der mächtigen Entwickelung der Kieferknochen die ungemein geradzähnige, orthognathe, ja man kann fast sagen opisthognathe Stellung der übrigens sehr schönen Zähne. Das Gebiß hat etwas höchst Auffallendes. Die ganz tief geschliffenen und daher nur kurz hervortretenden Schneidezähne sind oben und namentlich unten breit und stehen in einer fast gleichmäßigen Reihe; sie präsentieren sich daher vorn verhältnismäßig sehr kräftig. Im ganzen bilden die Zähne eine sehr weite Kurve; aber alle stehen ganz gerade gegeneinander, so daß trotz der Größe des Gebisses nicht eine Spur von Schiefzähnigkeit, Prognathie, existiert. Nach dieser Richtung fällt daher die Form, die man gewöhnlich den niederen Rassen zuschreibt, gänzlich aus. Der Eindruck einer edleren Rasse wird dadurch verstärkt, daß die Lippen trotz der Höhe der Oberlippe fein und zierlich sind, und daß der Mund eine sehr mäßige Länge hat. Damit harmoniert die sehr charakteristische Form der Nase, die ungewöhnlich gerade und kurz ist. Die Nase ist allerdings verhältnismäßig breit, aber nur durch die starke Auslegung der Flügel; im ganzen erscheint sie keineswegs breit. Die Wurzel ist nicht tief, der Rücken schmal und vortretend, die Spitze fein und etwas überhängend, die ganze Form derjenigen der benachbarten brasilischen und südandischen Indianer analog. Der Nasenindex des Mannes beträgt 63,5, jener der Frau 78,4, der des Knaben, dessen Nase allerdings sehr flach ist, 83,3.

„Die glänzenden Augen sind dunkelbraun; bei dem Manne hat die Bindehaut des Auges einen bräunlichen Schimmer, bei der Frau erscheint sie rein weiß. Die Lidspalte ist, wie bei uns, mehr gerade. In der Regel ist das etwas tief liegende Auge ziemlich weit von den Lidern bedeckt.

19*

„In der Ruhe hat das Gesicht des 43 Jahre alten Mannes (s. die Abbildung S. 289), das sich beim Sprechen plötzlich belebt, einen strengen, fast harten Ausdruck; die feinen Lippen sind fest geschlossen, die Falten um Mund und Nase treten stark hervor, das Auge schaut gerade vor sich hinaus. Die vollkommene Haarlosigkeit des Gesichtes läßt alle Züge scharf hervortreten. Es erklärt sich dieser Zustand aus der Gewohnheit, die Haare am Bart in sehr beständiger und sorgsamer Weise auszurupfen. Nichtsdestoweniger scheinen alle Haare immer wieder nachzuwachsen; man sieht überall die offenen Haarbälge, die verschwunden sein würden, wenn infolge dieser emsigen Tätigkeit der Haarwuchs gänzlich aufgehört hätte. Die Kahlheit des Gesichtes ist also eine künstliche; auch die Augenbrauen scheinen auf diese Weise großenteils vertilgt zu sein. Die Augen selbst sind sehr schmal, und sie erscheinen klein. Der Mann bewegt sie mit ungeheurer Schnelligkeit, wie das Leben auf dem Pferde es mit sich bringt. Er ist gewohnt, den Strauß mit der Bola (dem Lasso mit der Wurfkugel) zu jagen, und es läßt sich denken, daß dazu ein schnelles Auge und ein sicherer Arm gehören.'

„Die Frau (s. die Abbildung S. 290), 27 Jahre alt, die Mutter des kleinen, 5½ Jahre alten halbblütigen Knaben (sein Vater ist ein Spanier), ist ungemein korpulent, namentlich soweit es erkennbar war, am Rumpfe und den Armen sowie an den Wangen. Nichtsdestoweniger hat sie ein gefälliges Aussehen, was zum Teil allerdings durch ihre liebenswürdigen Manieren erklärlich wird. Der kleine Knabe ist für sein Alter verhältnismäßig groß, kräftig und lebhaft. Sein Aussehen hat etwas Japanisches an sich, was namentlich durch die flache Form der Nase bedingt wird; dagegen unterscheiden ihn seine großen, runden (ganz europäisch erscheinenden) Augen sehr scharf von den mongolischen Stämmen.“

Feuerländer.

R. Virchow, dem wir auch die Untersuchung dieser Leute verdanken, ist der Ansicht, daß für die Echtheit der vorgeführten Gruppe, abgesehen von den nicht zu bezweifelnden Angaben der Führer über die Herkunft der Leute, vor allem die erstaunliche Fähigkeit spreche, mit der sie trotz eines höchst mangelhaften Kostüms alle Unbilden der Witterung ertragen, eine Fähigkeit, wie wir sie, vielleicht mit Ausnahme der Kamtschadalen, bei keinem anderen Volke der Erde auch nur annähernd finden. So nahmen sie noch im November in Berlin ihr gewohntes Morgenbad im Freien. Sie stürzten sich dabei ohne weiteres in einen mit einer dünnen Eiskruste bedeckten Teich. Nachher spazierten sie, meist nur mit kurzen Tierfellen notdürftigst bekleidet, fast den ganzen Tag im Freien umher. Sie erscheinen in dieser Beziehung wie die letzte Reminiszenz, welche die Menschen in bezug auf ihren Urzustand in sich erwecken können.

Die Körpergröße der Feuerländer schwankte bei den Männern zwischen 1,595 und 1,645 m, die zwei gemessenen Weiber waren 1,432 und 1,612 m hoch. Daraus ergibt sich, daß bei ausgewachsenen Personen zwar eine nicht geringe Verschiedenheit im Körperwuchs vorhanden ist, daß sie aber durchweg nicht den zwerghaften Bau haben, von dem man geglaubt hat, daß er den Feuerländern eigentümlich sei. Zweifellos waren die oben geschilderten Patagonier größer als die Feuerländer, aber man kann nicht sagen, daß ein so diametraler Gegensatz hervorgetreten wäre, daß man die Patagonier riesenhaft, die Feuerländer zwerghaft nennen könnte.

„Unsere Feuerländer stammen der Angabe ihrer Führer nach von einer der südlichen Inseln, die am meisten von der Berührung mit der kontinentalen Bevölkerung getrennt ist.

Wir können also annehmen, daß wir echte und typische Vertreter einer südlichen Abteilung vor uns haben, die von einigen Yapoo genannt werden. Im weiteren Sinne dürften sie vielleicht auch als Pescheräh bezeichnet werden (vgl. S. 300). Jedenfalls ergibt die Musterung sofort, daß die Schilderungen, die wir bis dahin von Feuerländern besaßen, nur sehr bedingt zutreffen. Schön sind die Leute nicht, indes den abschreckenden Eindruck, namentlich die Häßlichkeit der Physiognomie, die in verschiedenen illustrierten Werken ihnen beigelegt wird, bringen sie keineswegs hervor. Insbesondere ist die Form des Mundes in keiner Weise so, daß man dabei an die niedrigsten Formen menschlicher Bildung zu denken hätte. Es mag sein, daß

Eine Feuerländer-Familie. Nach Photographie.

die bessere Ernährung und der längere Aufenthalt in Europa in manchen Beziehungen vorteilhaft auf die Leute eingewirkt haben. Als sie vom Kapitän Schweers aufgenommen wurden, waren sie im äußersten Maß heruntergekommen; jetzt hat die Mehrzahl von ihnen ein gut genährtes Aussehen. Die Formen der Glieder sind gerundet (s. die obenstehende Abbildung), und namentlich bei den Frauen hat sich eine erhebliche Fettleibigkeit eingestellt. Der Brustumfang ist beträchtlich, die Brüste sind stark und kräftig, ohne häßlich zu sein. Obwohl die Mehrzahl der Frauen schon geboren hat, sind die Brüste doch voll und gerundet und hängen nur wenig; bei einer der Frauen sind die Brüste zugespitzt. Der Unterleib ist schon bei den Kindern stark gewölbt. Übrigens ist der wohlgebildete Zustand der Leute nicht als ein ungewöhnlicher aufzufassen; sowohl Essendorfer als Böhr schildern die Feuerländer, die sie in der Magalhães-straße sahen, als fett; ersterer hebt diese Beschaffenheit namentlich bei den Weibern hervor.

„Die mittlere Körperhöhe der Männer beträgt 1,614 m, die Klafterlänge im Mittel 1,651, also 37 mm mehr. Bei den Frauen ist die Klafterlänge teils größer, teils kleiner als die Körperhöhe. Von jeher wurde, und das stimmt mit dem überein, was diese Untersuchung ergab, von allen Beobachtern auf einen gewissen Mangel an Proportion bei den Feuerländern hingewiesen, insofern als der Oberkörper im großen und ganzen sehr viel kräftiger entwickelt erscheint als der Unterkörper. Das liegt, wie die bestätigende Beobachtung an unseren Feuerländern lehrt, nicht bloß in der Muskulatur, sondern auch im Knochenbau.

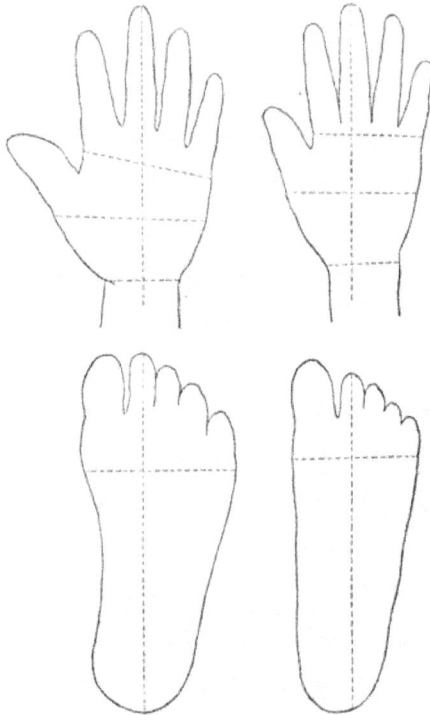

„Die Füße (s. die nebenstehende Abbildung) machen bei der Beobachtung einen etwas großen und breiten Eindruck. Bei den Männern beträgt die Länge des Fußes im Mittel 243, die Breite 101 mm, bei zwei Frauen die erstere 251 und 218, die letztere 100 und 87 mm. Die Breite erreicht bei den Männern sonach 51,5 Prozent der Länge, bei den Weibern dagegen nur 39,8 Prozent. Der Fuß der Feuerländer bietet das besondere Interesse, daß wir hier einen Fuß von Erwachsenen zu Gesicht bekamen, der niemals durch irgendeine Fußbekleidung gedrückt worden ist, denn selbst die kleinsten Kinder gehen auch in großer Kälte barfuß. Sobald Schuhwerk, Fußbekleidung irgendwelcher Art, angelegt wird, beginnt auch unweigerlich eine Verunstaltung des Fußes, die Zehen werden dabei gegeneinandergedrängt, die kleinen Zehen eingebogen und mehr oder weniger gekrümmt. Auch die antiken Statuen der griechisch-römischen klassischen Periode zeigen einen deformierten Fuß. Der Feuerländerfuß ist dagegen im wesentlichen (vgl. S. 59) nicht deformiert; namentlich die Stellung der Zehen ist auch bei den Erwachsenen noch

Umrisse von Händen und Füßen der Feuerländer.

so, wie sie die Natur ursprünglich gebildet hat. Die große Zehe ist durch einen deutlichen Zwischenraum von der zweiten geschieden, und der Fuß, der beim Stehen mit ausgebreiteten Zehen auf den Boden gesetzt wird, besitzt immer seine ganze Breite.

„Gegenüber der volleren Entfaltung der Füße macht sich eine gewisse Mangelhaftigkeit der Ausbildung in den weiteren Abschnitten der unteren Extremitäten um so mehr geltend; namentlich sind die Waden in auffallender Weise gering entwickelt, indes entspricht das dem verhältnismäßig geringen Gebrauch, den diese Leute von ihren Beinen machen. Nach allen Berichten sind sie vorzugsweise zum Hocken geneigt, sie sitzen im Kahn, oder sie ergeben sich einer trägen Ruhe; nur in den Zeiten der Not, wenn sie wegen stürmischer Witterung nicht aufs Meer können, machen sie kleine Exkursionen auf dem Lande. Von eigentlichen Wanderungen und häufigen Fußtouren scheint bei ihnen nicht die Rede zu sein.

Dagegen ist der Vorwurf ungerechtfertigt, daß ihre Beine schief und krumm wären. Bei den Kindern ist die Stellung der Beine eine sehr gute und ebenso bei den Erwachsenen, mit einziger Ausnahme eines alten, frühzeitig gelähmten Mannes. Im Gegensatz zu der geringen Ausbildung der Ober= und Unterschenkel findet sich bei den Leuten durchweg eine sehr kräftige Entwickelung der Brust, der Schultern und der oberen Extremitäten, und zwar sowohl der Knochen als auch der Muskeln. Schulterbreite und Brustumfang sind sehr beträchtlich, erstere bei den Männern im Mittel 359 mm, letzterer zwischen 920 und 950 mm. Die Arme sind lang, die mittlere Armlänge beträgt beinahe 91 Prozent der mittleren Beinlänge, letztere vom großen Rollhügel aus gemessen.

„Die Kopfform der Feuerländer ist im allgemeinen mittelbreit, mesokephal, allerdings nahe an der Grenze der Kurzköpfigkeit; im Mittel beträgt der Kopfindex 79,4. Unter den vier Männern sind drei mesokephal, einer brachykephal, von den zwei gemessenen Frauen eine meso=, eine brachykephal. Die Köpfe der Frauen sind etwas kürzer, sie sind im ganzen mehr der Brachykephalie zuzurechnen. Auch die wenigen bisher bekannten Feuerländerschädel ergaben durchschnittlich ein mittelbreites, mesokephales Maß: sicher ist die feuerländische Rasse keine ausgesprochen langköpfige. Es ist das jedenfalls eine wesentliche Abweichung von der Schädelbildung der Eskimos, mit denen sonst die Feuerländer gewisse Ähnlichkeiten nicht verkennen lassen. Dagegen zeigen die Schädel beider so weit getrennten Völker in den Höhenverhältnissen große Übereinstimmung, welche die Feuerländer in dieser Beziehung den Leuten von Labrador weit näher stellt als ihren Nachbarn, den Patagoniern. An dem Kopfe des alten Mannes zeigen sich überall die Muskellinien in stärkster Weise entwickelt. Längs der oberen halbzirkelförmigen Hinterhauptslinie fühlt man ganz mächtige Knochenwülste. Auch sind Knochenwülste über den Augen und der Nase, also wahrscheinlich auch die Stirnhöhlen, bei den Feuerländern aufs stärkste ausgebildet. Auffallend ist die beträchtliche Distanz der inneren Augenwinkel; die ‚Mongolenfalte‘ wurde bei keinem der Leute beobachtet. Die Augenfarbe ist dunkelbraun. Die Gesichter sind im allgemeinen niedrig und breit, die Kauapparate stark, aber das Kinn hübsch gerundet.‘‘

Nach den früheren Angaben über die Zwerghaftigkeit der Pescherähs hätte man erwarten sollen, daß die Leute auch sehr kleine Köpfe haben müßten. Die Schädel sind aber keineswegs immer klein, die absoluten Maße für Länge und Breite der Schädel sind sogar zum Teil geradezu extrem, zum Teil wenigstens sehr beträchtlich. Einer der bekannten Feuerländerschädel besitzt einen Rauminhalt von 1420 ccm. „Bei den Feuerländern ist nicht das mindeste Motiv vorhanden, anzunehmen, daß die Rasse von Natur aus niedrig angelegt sei, daß sie etwa als eine Übergangsstufe vom Affen zum Menschen betrachtet werden könne, sondern wir müssen sagen: die Leute könnten weiter gekommen sein, wenn nicht die Ungunst der äußeren Verhältnisse sie so sehr bedrückt hätte, daß sie in den niedrigsten Formen des sozialen Lebens stehengeblieben sind.‘‘ (R. Virchow.)

Rassenhaft gehören, nach R. Virchow, die Feuerländer in jeder Beziehung in das amerikanische Völkersystem hinein und erscheinen nur als ein Glied in der Gesamtentwickelung der Völkerschaften der Neuen Welt. Die Bildung der Frauen freilich bleibt, wie das Virchow auch bei den Eskimos fand, um vieles hinter der der Männer zurück.

Der Nasenindex zweier in London aufbewahrter Schädel ist schmal, leptorrhin; an den Lebenden entsprechen die Längen= und Breitenverhältnisse der Nase denen der Eskimos. Sehr charakteristisch ist die Kürze des Nasenrückens, d. h. der sogenannten Nasenlänge, namentlich gegenüber der Nasenhöhe, der geraden Entfernung der Nasenwurzel vom Ansatz der Nasenscheidewand; erstere ist fast durchweg etwas kürzer. Die Form der Nase hat im allgemeinen viel Übereinstimmendes; die Flügel sind überall sehr breit ausgelegt, die Wurzel ist tief, flach oder geradezu abgeplattet, der Rücken wenig vortretend und leicht gerundet. Bei zwei Männern ist die Nase etwas besser entwickelt, aber meistens nähert sich deren Form so bedeutend der mongolischen, und namentlich bei den Frauen liegt der Knochenteil so tief, daß er im Profil das Niveau der Wangenbeine nur um weniges überschreitet.

„Die Hautfarbe ist bei allen dunkel, bei einzelnen sogar recht dunkel, im wesentlichen braun, liegt aber hauptsächlich innerhalb der roten Nuance; zuweilen findet sich ein gelblicher Grundton, namentlich im Gesicht. Es zeigen sich genau dieselben Nuancen, die auch bei den Patagoniern konstatiert wurden. Dabei treten große Verschiedenheiten der Färbung an einzelnen Körperteilen hervor, indem an gewissen Teilen dunklere, an anderen hellere Farbentöne sich finden. Auch bei diesen Leuten ist es sehr auffällig, daß die relativ bedeckten Teile, z. B. die Brust, viel dunkler sind als das Gesicht, das doch niemals bedeckt ist. Das Gesicht erscheint immer verhältnismäßig hell gegenüber den übrigen Teilen, dagegen zeigen die Hände und Arme wie die Füße und Beine fast durchweg eine dunklere Färbung. Nur die Handteller und Fußsohlen sind, wie das ja selbst bei den Negern der Fall ist, heller gefärbt. Es geht daraus hervor, daß man ihnen unrecht tun würde, wenn man sagen wollte, die Dunkelheit ihrer Hautfarbe wäre eine Wirkung der Atmosphäre; sie ist vielmehr eine Eigentümlichkeit, die ihnen durchweg anhaftet. Mit den anderen gefärbten Rassen stimmen die Feuerländer auch darin überein, daß die Haut eigentümlich weich und zart anzufühlen ist; was aber besonders merkwürdig erscheint, die Haut fühlt sich an allen Teilen, auch den ganz entblößten, trotz der keineswegs angenehmen Temperatur des Novembers, ganz warm an. Es muß also die peripherische Zirkulation sehr frei, und die Hautgefäße müssen durch lange Gewöhnung an Kältereiz sehr wenig empfindlich sein.

„Die Haare sind so schwarz wie irgend möglich. Die ganze Rinde ist so stark mit Farbstoffkörnchen durchsetzt, daß die Farbe eine ganz gesättigte ist. Im übrigen ist es dieselbe Haarbildung, die typisch durch ganz Amerika hindurchgeht. Namentlich das Kopfhaar ist verhältnismäßig lang, reichlich, glatt, straff, in keiner Weise wellig, sehr dick, wie das Haar einer Pferdemähne aussehend. Die mikroskopische Untersuchung ergibt, daß der Haardurchschnitt sich mehr oder weniger vollkommen dem runden nähert. Das Gesicht ist auch bei den Männern nur wenig behaart; die älteren Männer haben schwache Schnurr- und Kinnbärte, jedoch kaum einen Ansatz zu einem Backenbart. Die Haare der Augenbrauen fehlen mehr oder weniger ganz, namentlich am medialen Ende. Es scheint, daß die Haare hier ausgerupft oder abgeschabt sind, wie das auch bei den Patagoniern beobachtet wurde.

„Wenn man den Verwandtschaften der amerikanischen Bevölkerung weiter nachgeht", fährt Virchow fort, „kommt man viel mehr auf mongolische Beziehungen als auf irgendwelche andere. Dies gilt nicht bloß von den Eskimos, sondern auch von den anderen Stämmen, so sehr sie sich von jenen auch unterscheiden mögen. Auch von den Feuerländern kann man nur sagen, daß ihre Hautfarbe, ihre Haare, die Ausbildung der Backenknochen, die Formation der ganzen Gegend um die Augen, namentlich auch die Augen selbst mit ihrer engen Lidspalte, ihrem bei mehreren etwas schräg auslaufenden Augenwinkel und der großen Entfernung zwischen den letzteren, sich sowohl asiatischen als Eskimoformen stark annähern." Auch neuere wissenschaftliche Reisende, welche die Heimat der Feuerländer besuchten, bezeugen

diesen Eindruck, und Freiherr von Nordenstiöld, der Virchow auf einem Besuche bei den
Feuerländern begleitete, erkannte an, daß eine Vergleichung mit den Tschuktschen in mehrfacher Beziehung zulässig sei. Schon Blumenbach macht darauf aufmerksam, daß die äußersten
Bewohner des kalten Teiles von Südamerika, wie die wilden Bewohner der Magalhães-
straße, sich der mongolischen Gesichtsbildung nähern, und führt dafür als klassischen Zeugen
den Seefahrer Linschoten an, der die Anwohner der Magalhãesstraße, welche er sah, in
betreff ihrer Physiognomie, Gesichtsbildung, Farbe, Haar und Bart mit den Samojeden
verglich, die ihm von seiner berühmten Reise an der Nassauischen Straße her bekannt waren.

Die Feuerländer befinden sich, wie die Eskimos, noch heutigestags in der Kulturperiode der Steinzeit. Der Hund ist ihr einziges Haustier; sie besitzen keine Tongefäße.

Ihre Geräte und Waffen stimmen mit
den aus der vorgeschichtlichen Steinzeit Europas bekannten in auffallender Weise überein (s. die nebenstehende Abbildung sowie die auf
S. 298 und S. 299). Die Pfeilspitzen
der Feuerländer gleichen denjenigen,
die unsere Vorfahren in der Steinzeit
fabriziert haben. Zur Anfertigung
dieser Spitzen benutzten unsere Feuerländer einen Apparat, der, wenn
man ihn ohne Interpretation sähe,
sicherlich von niemand auf diese Tätigkeit bezogen werden würde. Es ist
ein ganz stumpfes, rundes Knochen-
stäbchen (Walfischknochen), das sie
gegen den Rand des Feuerstein-
scherbens oder, wenn sie sich Glasscherben verschaffen können, gegen
diese ansetzen und dann mit einer

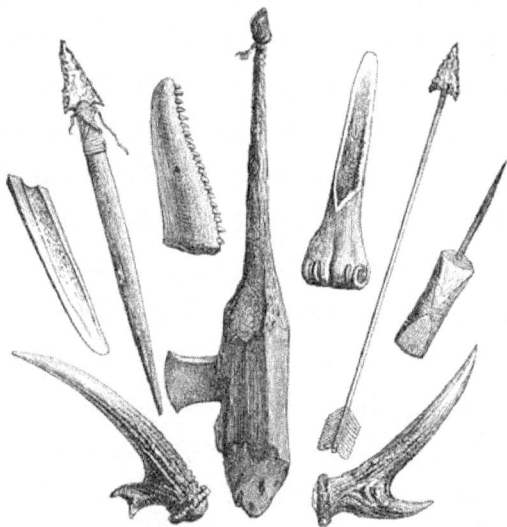

Knöcherne Waffen und Geräte der Feuerländer. Nach den
Originalen der Hagenbeckschen Sammlung zu Hamburg.

gewissen Gewalt plötzlich andrücken, so daß durch den bloßen Druck die Absprengung kleiner
Stücke erfolgt. Die Eingeborenen der Nordwestküste von Nordamerika verfahren in ganz
entsprechender Weise. Von den Mexikanern ist es seit langem bekannt, daß sie auf dieselbe
Art Obsidian durch Druck bearbeiteten. Bemerkenswert ist es auch, daß die Feuerländer das
Feuer nicht reiben, sondern daß sie an Pyrit, Schwefelkies, Funken schlagen, die sie in dürrem
Grase oder Zunder auffangen. In bezug auf ihre Nahrung können sie als beinahe reine
„Fleischesser" bezeichnet werden. Sie sollen nach O. Nordenskiöld in ihrer Heimat mit Aus-
nahme von wilden Beeren, den Samenkörnern eines Rankensenfs (Sisymbryum), Wurzeln
und Stengeln, sowie von Schwämmen, die an den immergrünen Buchen wachsen, nichts
Vegetabilisches genießen, sondern gänzlich von Fischen, Vögeln und dem wenigen Wilde
leben, das sie etwa erreichen können. Die Quantitäten, die sie in Europa an animalischer
Nahrung genießen, gehen scheinbar weit über das hinaus, was theoretisch ein Mensch braucht.
Die Art, wie sie die Fleischnahrung zubereiten, ist sehr einfach: sie rösten alles, wenn sie können, namentlich Fische; dazu benutzen sie auch das Feuer, das sie regelmäßig in ihren Booten

mit sich führen. Sie bedürfen zum Braten keiner Kochgeschirre, das Fleisch wird vielmehr unmittelbar auf die mit Asche bedeckten Kohlen gelegt, mit einer gabelförmigen Rute um-gewendet und dann, wenn es gar ist, ohne daß die anhaftende Asche ganz entfernt würde, genossen. Es kommt ihnen jedoch auch nicht darauf an, das Fleisch ohne weiteres roh zu verspeisen und von den Knochen abzunagen.

Rudolf Martin hat eine exakte Mono-graphie über die anatomischen Verhältnisse der Feuerländer gearbeitet, namentlich nach den Schädeln und Skeletten der in Europa verstorbenen Mitglieder jener eben beschrie-benen Truppe. Er findet in dem ganzen anatomischen Verhalten nirgends eine Spur von Inferiorität. Die Schädel sind im Mittel mesokephal, die Weiber neigen etwas mehr zur Brachykephalie, während bei den Männern einige wirklich dolichokephale vor-kommen. Der Horizontalumfang ist größer als bei den meisten farbigen Menschenrassen, ja im Mittel sogar etwas größer als bei dem Europäer: er beträgt für Männer 531 mm, für Weiber 502 mm, während Broca dem weiblichen Pariser Schädel nur 498 mm zu-schreibt. Die Schädelhöhe ist in allen Fällen etwas geringer als die Breite. Die Stirn erscheint in geringem Grade fliehend, der Profilwinkel beträgt im Mittel 82°. Der Unterkiefer hat „europäische" Form; die Weisheitszähne scheinen aber früher zu er-scheinen als bei dem Europäer, sie waren wenigstens bei einem etwa 18jährigen weib-lichen Individuum schon stark abgekaut; alle Zähne sind gut und groß. Die Nähte des Schädels zeigen die gleichen regionalen Differenzen wie beim Europäer. Wie der Schädel, so erscheint auch das übrige Skelett in vielen Beziehungen auffallend europäer-ähnlich. Die Lendenwirbelsäule hält Martin jedoch für weniger gekrümmt, mehr gerade

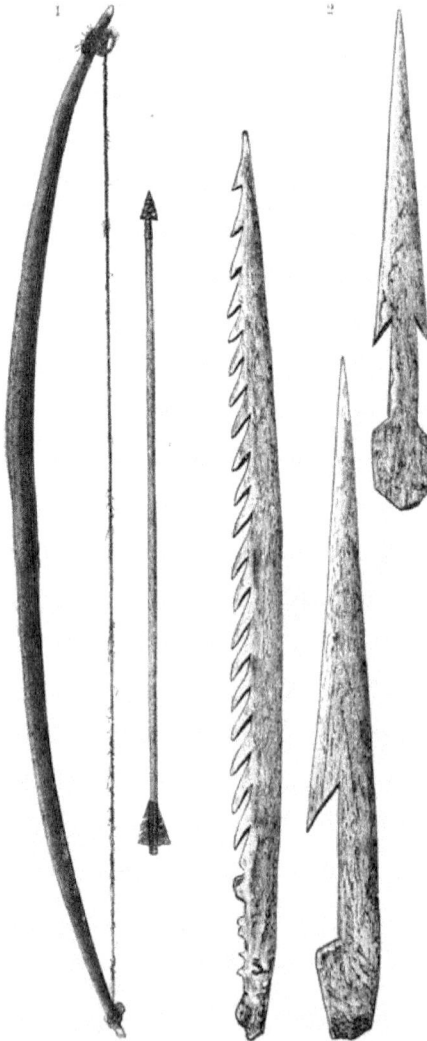

Feuerländer-Waffen: 1 Bogen und Pfeil, 2 Harpunen. Nach den Originalen der anthropologisch-prähistorischen Sammlung des Staates in München (Geschenk von K. Hagenbeck). Vgl. Text S. 297.

als beim Europäer: ein funktionelles Anpassen an die gewöhnlich hockende Körperstellung der Feuerländer. Das Becken der Feuerländer steht dem europäischen am nächsten und zeigt nichts Tierisches, im Vergleich mit dem europäischen erscheint es sogar im Verhältnis zur Körpergröße noch etwas größer und geräumiger. Das Skelett der unteren Extremität ist verhältnismäßig schmächtig. Der Kopf des Schienbeines zeigt jene bedeutende Retroversion, Rückwärtsneigung seiner Gelenkfläche, die wir oben schon als eine angeblich pithekoïde eingehender besprochen haben. „Die Behauptung Fraiponts", sagt Martin, „daß eine rückwärtsgeneigte, retrovertierte Tibia (Schienbein) einen weniger aufrechten Gang bewirke, wird schon durch die Tatsache widerlegt, daß die Feuerländer während ihres Lebens nicht weniger aufrecht gingen wie wir." Martin hält das gewohnheitsmäßige Hocken der Feuerländer auch für die Ursache der Rückwärtsneigung und sucht diese mechanisch zu erklären. Die Form des Schienbeines ist öfters „mäßig platyknem", d. h. etwas im Schaft verschmälert und abgeflacht; andere sind den europäischen entsprechend gebildet. Bezüglich des wichtigen Verhältnisses der Länge der oberen zu jener der unteren Extremität, des Extremitäten-Verhältnisses, unterscheiden sich die Feuerländer, wie Martin hervorhebt, noch mehr von dem Neger und Australier als selbst der Europäer, dem sie sehr nahe stehen. Es ist das, wie wir oben sahen, eine mongoloïde Eigenschaft. Die Muskeln sind namentlich am oberen Teil des Rumpfes und den oberen Extremitäten wohlentwickelt; der Kehlkopf zeigt den europäischen Typus, nicht den negroïden; die Lunge stimmt in Form und Lappung mit der europäischen überein, dagegen ist die Länge des Darmkanals bei dem Feuerländer bedeutend größer als bei dem Europäer. Martin sagt: „Ob dies auf die fast ausschließliche animalische Ernährung jenes Stammes zurückgeführt werden darf, lasse ich einstweilen dahingestellt." Man muß sich aber daran erinnern, daß bei den fleischfressenden Tieren der Darm kürzer ist als bei den pflanzenfressenden, das Verhältnis bei den Feuerländern ist sonach umgekehrt wie das, welches man nach ihrer Nahrung erwarten sollte. Bei dem Europäer beträgt die Länge des

Feuerstein-Pfeilspitzen der Feuerländer. Nach den Originalen der anthropologisch-prähistorischen Sammlung des Staates in München. Vgl. Text S. 297.

ganzen Darmkanals nach v. Bischoff 972 cm, nach Sappey 960 cm, bei den Feuerländern schwankte sie zwischen 1180 und 1047 cm; während sich bei den Europäern die Körperlänge zur Darmlänge verhält wie 1:5, ist dieses Verhältnis bei den Feuerländern im Mittel 1:7. Das Gehirn ist nach Rüdinger, v. Bischoff und J. Seitz sehr wohl entwickelt, für Männer fanden sich im Mittel 1525, für Frauen 1327 g. „Absolut genommen stellt dieses Gewicht", sagt Martin, „die als halbtierisch verschrieenen Pescheräh an die Seite der Europäer, und relativ zur Körpergröße ist das Verhältnis eher noch ein günstigeres." — „In Beziehung auf den Windungstypus stehen die Gehirne", sagt Seitz, „auf gleicher Höhe wie die gewöhnlichen Europäergehirne." Bezüglich der Augen der Feuerländer berichtete Seggel, daß sämtliche acht Feuerländer jener Truppe unbedingt normalsichtig und mit guter Sehschärfe ausgerüstet waren.

Auch nach R. Martin gehören die Feuerländer in allen Beziehungen der amerikanischen Rasse, der „Varietas americana" an, sind aber mehr den Botokuden als ihren nächsten Nachbarn, den Patagoniern und anderen, ähnlich. Die Frage nach der Abstammung der Feuerländer

fällt mit der allgemeinen nach der Abstammung des amerikanischen Menschen zusammen. Martin erkennt wie Sergi in der Bildung der Feuerländer weniger mongoloïde
Züge, dagegen konnte er in mehreren Merkmalen eine gewisse Verwandtschaft mit dem allgemeinen europäischen Typus konstatieren. „Wenn ich mich", sagt mit aller Reserve Martin,
„bezüglich dieser wichtigen Frage, auf dies geringe Material gestützt, für irgendeine Hypothese
entscheiden müßte, so würde ich daher eine primäre Einwanderung von Europa her
als die wahrscheinlichste bezeichnen." — „Vielfach ist bereits mit mehr oder weniger Berechtigung eine Ähnlichkeit der quartären europäischen, sogenannten Neandertal-Rasse mit
der primitiven amerikanischen Rasse behauptet worden, und wir besitzen allerdings gewichtige
geologische und phytogeographische Gründe, die für eine Landbrücke zwischen Europa und
Asien über Island und Grönland zur Eozänzeit sprechen. Für das Ende der Glazialzeit, die
zeitlich mit der europäischen nicht zusammenfällt, ist aber durch neuere Funde die Existenz
der Menschen in Amerika sicher bewiesen. Seit jener früheren Einwanderung nun, die wir
uns nicht als einen einmaligen Akt denken dürfen, haben allerdings unzählbare interkon-
tinentale Mischungen und wechselseitige Penetrationen mit geologisch jüngerer, also sekundärer Beeinflussung durch asiatische Elemente stattgefunden."

Größer läßt sich die Wandlung der Ansichten von den halbtierischen Pescheräh bis zu
dem nächsten körperlichen Verwandten des Europäers doch nicht mehr denken; und ganz entsprechend reiht nun Huxley, wie wir gesehen haben, den zweiten, mehr dem Tiere als dem
Menschen ähnlich geschilderten Stamm, die Australier, unmittelbar an den brünetten Typus
der Europäer an. Wo wir den Menschen exakt kennen lernen, erscheint er typisch uns Europäern nächstverwandt.

Nach O. Nordenskiöld, der nach eigenem Augenschein berichtet, wohnen in dem eigentlichen Feuerlandarchipel zwei verschiedene Menschenstämme. Im Osten auf den offenen Steppen lebt eine hochgewachsene Bevölkerung, die Ona-Indianer, die das Guanaco mit ihrem
Bogen jagt und ihr Wild zu Fuß aufsuchen und verfolgen muß. Im Süden und im Westen,
an den Fjorden und Kanälen, trifft man einen klein gewachsenen Stamm — die Yaghan,
und weiter nördlich die mit ihnen verwandten Alakaluf, zu denen die oben beschriebenen
Leute gehörten —, der die meiste Zeit in seinen unsicheren, aber geschickt konstruierten Booten
zubringt und von Seehunden, Fischen, Muscheln und allem lebt, was das Meer sonst noch
gibt. Die Ona-Indianer sind in physischer Beziehung besonders gut ausgestattet, kräftige,
schöngebaute, gut proportionierte Gestalten und größer als irgendein europäisches Volk,
da die ausgewachsenen Männer eine Durchschnittsgröße von 1,75—1,80 m haben. „Man
glaube nicht, daß die Feuerländer eine Rasse ohne jegliche Entwickelungsmöglichkeit seien . . .
Man kann nicht umhin, ihre Kraft und ihre Ausdauer, die sogar in Unglück und Gefangen-
schaft hervortreten, zu bewundern. Alle Erfahrungen zeigen, daß sie bei richtiger Erziehung
und unter einer so klugen und wohlwollenden Verwaltung wie etwa der dänischen in Grönland den Kolonisten (die bisher einen Vernichtungskrieg gegen sie geführt haben) nützliche
Helfer im Kampfe gegen die karge Natur dieser Gegenden hätten werden können . . . Vielleicht mag es der Mission und denjenigen unter den Kolonisten, die diese Naturmenschen
neuerdings zur Arbeit zu erziehen versucht haben, noch glücken, einige von ihnen vor dem
Untergang zu retten." (O. Nordenskiöld.)

Zulukaffern.

In den vorausgehenden allgemeinen Kapiteln wurden die Beispiele zu dem Vergleich der farbigen Menschen untereinander und mit den Europäern der Hauptsache nach den Völkern Afrikas entnommen. Dabei fanden die wichtigsten Originaluntersuchungen über die letzteren schon eingehendere Darstellung, so daß wir hier nicht mehr darauf zurückzukommen brauchen. Speziell muß an die Untersuchungen von Nachtigal, R. Hartmann, G. Fritsch, Falkenstein und an die grundlegenden anthropologischen Forschungen R. Virchows an der

sogenannten Nubier-Karawane erinnert werden, bei der doch eigentlich
zum erstenmal eine wirklich große Anzahl von Individuen in ihrer ganzen
Erscheinung uns fremdartiger, schwarz-
häutiger afrikanischer Stämme in
Deutschland zu exakter Beobachtung
kam. Indem wir im übrigen auf diese
schon oben gegebenen Darstellungen
verweisen, bringen wir hier über Afrikaner noch die besonders charakteristischen Untersuchungsresultate, die R.
Virchow an fünf in Berlin vorgeführten Zulukaffern (s. die nebenstehende
Abbildung) gewonnen hat. Da die
Ausführungen Virchows über die allgemeinen Bevölkerungsgruppierungen
in Afrika von großer anthropologischer
Wichtigkeit sind, so sollen auch diese
auszüglich mitgeteilt werden.

„Es ist gar nicht lange her", sagt
Virchow, „daß man in Europa den
ganzen schwarzen Erdteil anthropologisch wie eine Einheit behandelte. Die
schwarze Rasse oder die Neger wurden

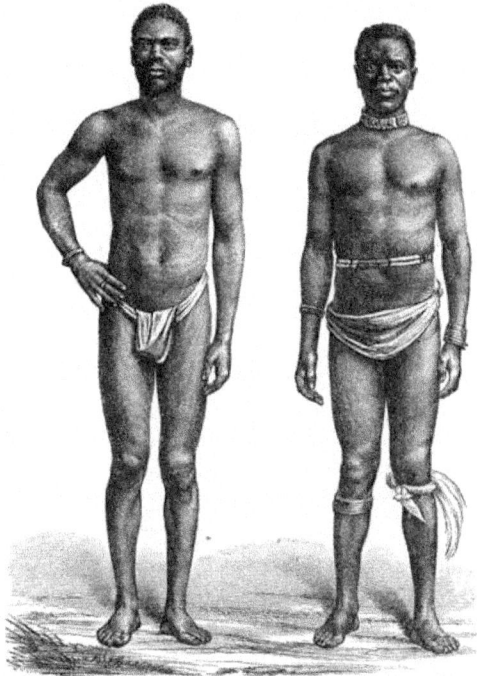

Zulukaffern. Nach Photographie von C. Günther in Berlin.

als Leute eines einzigen Stammes angesehen. Nach und nach erst gewöhnt man sich daran, sie zu gliedern und die einzelnen Glieder auf ihre Zusammengehörigkeit zu prüfen. So sind uns durch Herrn K. Hagenbeck die sudanesischen Völkerschaften oder, wie sie hier mit einem neuerfundenen und nicht unpraktischen, wissenschaftlich jedoch nicht rezipierten Namen be-zeichnet wurden, die Nubier in recht ausgezeichneten Karawanen vorgeführt und befreundet worden. Sie gehören jener großen Familie nordostafrikanischer Völker an, die man generell als hamitische oder auch wohl als kuschitische von den eigentlichen Negern unterscheidet. Wie die Araber, so sind auch die Hamiten von Asien her in Afrika eingedrungen. Nördlich von der Sahara war ganz Nordafrika, westlich von Ägypten, von Berberstämmen, zu denen die Libyer und Numidier gehören, besetzt. Durch das Eindringen der Araber und infolge ihrer Eroberung der Atlasländer wurden die Berber zum beträchtlichen Teil in die Sahara gedrängt.

Dadurch wurden die bis dahin die noch in Calu bewohnbaren Hochländer im Innern der Sahara besiedelnden Vorläufer der heutigen Haussa, die Gobir, gezwungen, nach dem Sudan auszuwandern, wo sie die echten und, mit der unterworfenen Negerbevölkerung, die unechten Haussa-Staaten gründeten. Zahlreiche arabische Stämme drangen an den Tschadsee vor und bildeten mit den eingeborenen Negervölkern die noch heute bestehenden Reiche Darfur und Wadai. In Abessinien erscheint der Sprache nach die Bevölkerung zum Teil von süd-arabischem Ursprung, zum Teil ist sie hamitisch. Die Bewohner der Ostküste Afrikas nördlich vom Äquator bis zum Roten Meer, die Somali und Galla, sind Hamiten; im Binnenland gehören zu ihnen die Masai und Fulbe und die die Länder im Zwischenseengebiet beherrschen-den Wahuma oder Wahima, die sich in Ruanda Watussi nennen (vgl. S. 96 ff.). Sie sind der am weitesten nach Süden vorgedrungene Hamitenstamm, der sich somatisch, obwohl er die Sprache der von ihm beherrschten Negervölker angenommen, noch rasserein erhalten hat. Somatisch ist im Sudan und noch weit über dessen Grenzen hinaus, namentlich unter den herrschenden Familien, hamitische Blutmischung wahrscheinlich. Unsere Zulu dagegen dürfen als hervorragende Repräsentanten der südöstlichen Völker gelten, die in zahlreichen Stämmen die Länder der ganzen Ostküste südwärts vom Äquator erfüllen. Sie wurden am frühesten den Arabern bekannt, die sie unter dem Namen der Zinge oder Zendj zusammenfaßten. Der Name Zanguebar oder Zanzibar leitet sich davon ab. Aber noch allgemeiner wurde die Bezeichnung Kafir (Ungläubige). Die Portugiesen, die den Arabern folgten, behielten diesen Namen bei, aus dem später durch die Holländer das Wort Kaffern gebildet worden ist, während sie recht charakteristischerweise die Araber selbst, die hier Niederlassungen ge-gründet hatten, Moro, also Mohren, nannten, eine Bezeichnung, die im übrigen Europa später als synonym mit Neger gebraucht worden ist."

Nach Oskar Lenz haben wir uns die Verteilung der Haupttypen der einheimi-schen Bevölkerung Afrikas südlich der Sahara vor Einwanderung der Hamiten und Araber, also vor den großen afrikanischen Völkerwanderungen, so vorzustellen: Südafrika von den Hottentotten besetzt, nördlich davon der ganze Osten von Bantuvölkern, zu denen die Kaffern gehören, und der Nordwesten des Kontinents von Sudannegern. Es bleiben dann jene gewaltigen Urwaldsgebiete im zentralen Afrika, etwa zwischen dem 10.° nördlicher und 10.° südlicher Breite, zu beiden Seiten des Kongos und seiner mächtigen Zu-flüsse von Süden und Norden her, mit den Waldgebieten der kleineren Flüsse, die fast bis an die Gestade des Meeres heranragen, als ursprüngliche Wohnsitze der afrikanischen Zwergvölker (vgl. S. 94 ff.). Durch die west- und nordwärts drängenden Bantu wurden die Horden der Zwergbevölkerung des Urwaldes teils vernichtet, teils zersprengt und in die zum Leben am wenigsten günstigen Gebiete abgedrängt. Nimmt man an, daß die Busch-männer zu den wahren Zwergvölkern gehören, so würden sie der am meisten nach Süden verdrängte Stamm derselben sein.

Die Kaffernstämme haben nach Virchows Darstellung die eigentliche Südspitze Afrikas nicht erreicht. Hier haben sich vielmehr allophyle Stämme von ganz besonderer Art, die Hottentotten und die Buschmänner, im Besitz des Landes erhalten, bis die europäische Koloni-sation sie mehr und mehr verdrängt und dem Verschwinden nahegebracht hat. Dagegen sind die Kaffern nördlich von den Hottentotten und Buschmännern in das Innere des Landes ein- und selbst bis zur Westküste vorgedrungen, freilich unter anderem Namen, da es keine Araber und daher auch keine Ungläubigen oder Kafirs an der Westküste gab. Den Leitfaden für das Verständnis hat die Linguistik geliefert. Man hat nach und nach in immer größerer Ausdehnung die Sprachverwandtschaft durch ganz Südafrika bis über den Äquator hinaus verfolgt. Bleek faßte alle diese Sprachen unter dem Namen der Bantusprachen zusammen, von Bantu = Menschen. Der berühmte linguistische Ethnolog Friedrich Müller sagt darüber: „Alle diese Sprachen hängen untereinander auf das innigste zusammen, etwa so wie die indogermanischen Sprachen untereinander, und sind als Abkömmlinge einer nunmehr nicht existierenden, in ihnen aufgegangenen Ursprache zu betrachten. Sie hängen als solche mit keinem Sprachstamm weder Afrikas noch Asiens zusammen, obgleich sich gewisse Anklänge an die hamitischen Sprachen nicht verkennen lassen."

Bei vielen dieser Stämme haben sich Sagen erhalten, die auf eine weiter nördlich oder nordöstlich gelegene Heimat hinweisen. Ja, bei den eigentlichen Kaffern läßt sich sogar historisch dartun, daß sie als ein eroberndes Volk von Norden her in ihr jetziges Land eingebrochen sind und weithin die Urbewohner verdrängt oder vernichtet haben. Wo diese frühere Heimat gelegen hat, ist bisher nicht sicher festgestellt worden, indes scheinen alle Tatsachen auf das Gebiet um die großen Seen hinzudeuten, denn von hier aus strahlen nach Osten, Süden und Westen die Bantuvölker aus. Längs des ganzen Kongo sitzen nach H. H. Johnston Bantuvölker, „die sich physisch und sprachlich streng von den verschiedenen Neger-, Halbneger- und hamitischen Stämmen im Norden und von der Gruppe der Hottentotten und Buschmänner im Süden unterscheiden". „Die Bantuvölker", sagt Virchow, „erreichen nicht nur längs des Kongos die Westküste, sondern es gehören, wenn wir den Linguisten folgen, zu ihnen auch noch weiter hinauf am Gabun die Mpongwe und Bakele, ja sogar unsere neuen Landsleute, die Dualla (Diwalla) am Kamerun und die Stämme von Fernando Po. Aber ihre hauptsächlichsten Vertreter an der Westküste sind die Damara (Dama) in der Gegend der Walfischbai, insbesondere die Ovaherero. An sie schließen sich im Inneren die zahlreichen Stämme der Betschuana. An der Ostküste seien, mit Übergehung zahlreicher anderer Namen, die Makua am Zambesi genannt, an die sich südlich die eigentlichen Kaffern anschließen, insbesondere die Amatonga, die Amaswazi, die Amakosa und die Amazulu. Letztere, zu denen auch die hier anwesenden Leute gehören, haben historisch die größte Bedeutung erlangt, indem sie unter der Führung einer Reihe entschlossener Häuptlinge eine festgegliederte, militärische Organisation angenommen und in blutigen Kriegen bewährt haben. Das unglückliche Ende, das nach tapferer Gegenwehr ihr letzter Krieg gegen die Engländer unter Ketschwayo genommen hat, ist noch in frischer Erinnerung. Die vorgestellte Gruppe besteht aus einem höchst anziehenden jungen Weibe, angeblich einer Verwandten Ketschwayos, mit ihrem sechsjährigen Knaben und aus drei Männern, die nach ihrer Angabe sämtlich den Krieg mitgemacht haben.

„In dem ganzen Auftreten der Zulu markiert sich eine höchst bemerkenswerte Lebendigkeit (Vitalität), und ihre Natur erscheint weit über das gewöhnlich angenommene Maß der Negervölker hinaus vorzüglich entwickelt. Namentlich an dem Kinde fällt die Lebhaftigkeit und Intelligenz deutlich in die Augen, und zwar mehr als bei den Erwachsenen. Dies ist keine Ausnahme, sondern als Regel anzusehen, da in der Tat in der Wildnis das Kind, bis zu seinem sechsten Jahre etwa, bereits alles lernt, was ihm das Leben zu bieten hat, später aber ihm für gewöhnlich die Gelegenheit mangelt, weitere Fortschritte zu machen. Demzufolge entwickeln sich auch körperlich wie geistig die unter einigermaßen zivilisierten Verhältnissen aufwachsenden Abkömmlinge solcher Eingeborenen auffallend viel besser.

„Die Männer haben, obgleich körperlich im ganzen gut veranlagt, doch noch die Eigenart des Wilden in unverkennbarer Weiſe an ſich, die ſich beſonders durch die mangelhafte Entwickelung der Unterarme und die etwas mager erſcheinenden Waden, die ſchmalen, mageren Hände und Füße kenntlich macht. Die Extremitätenmuskulatur nimmt bei regelmäßiger Arbeit unter geordneten Verhältniſſen ſchon in der erſten Generation einen völligeren, oft ſogar herkuliſchen Charakter an, worüber Beiſpiele an den Natal-Zulu und den in der Kolonie lebenden Fingu von Zulu-Abſtammung zahlreich zu finden ſind. Die enorme Lebenszähigkeit dieſer Eingeborenen wird noch auffälliger, wenn man die Geſchichte zu Rate zieht.

Die Zulu, wie wir ſie kennen, ſtellen tatſächlich keinen einheitlichen Stamm dar, ſondern ſind ein Konglomerat einer ſehr großen Anzahl allerdings untereinander verwandter Stämme des nach ihnen benannten Landſtriches. Das Verhältnis dieſer Stämme, die ein patriarchaliſches Leben führten und Viehzucht trieben, zueinander war etwa das der ſchottiſchen Clans im frühen Mittelalter.“

„Iſt es nicht“, fährt Virchow fort, „erſtaunlich, zu ſehen, daß eine Raſſe, die Generationen hindurch im Blute ihrer Stammesgenoſſen watete, ſtets wieder friſch und kräftig vor uns ſteht? Nehmen wir die Proſperität ihrer Nachkommen im Natallande ſowie in der Kolonie hinzu, ſo iſt damit unwiderleglich erwieſen, daß die dunkel pigmentierten Afrikaner ſehr wohl auch neben und unter der Koloniſation

Zulu-Mädchen. Nach Photographie von C. Günther in Berlin.

beſtehen können, daß ſie eine Macht ſind, mit welcher die Koloniſation in Afrika wie anderwärts in tropiſchen Breiten ſtets wird zu rechnen haben. Dagegen ſtellen ſich die braungelben Eingeborenen des ſüdlichen Afrikas, die Hottentotten und Buſchmänner, die ſicherlich anderen Stammes ſind als die ſchwarzbraunen Bantuvölker, was ſich durch die durchaus andere Entwickelung des Körpers, beſonders die trockene, fahle Haut und abweichende Schädelbildung, ſowie die gänzlich verſchiedene Sprache beweiſen läßt, auch zur Zivilation völlig anders. Während die Bantu als Regel nüchtern, mäßig, dabei mißtrauiſch und zurückhaltend gegenüber den zweifelhaften Segnungen der Zivilation blieben und ſo deren zerſetzendem Einfluß widerſtanden, gaben ſich die braungelben Koin-Koin (Hottentotten und Buſchmänner) mit grenzenloſem Leichtſinn ihren Einflüſſen hin. So verfielen ſie auch rettungslos den Laſtern der Zivilation, beſonders dem Trunke, und wurden von der mächtig um ſich greifenden Koloniſation vernichtet oder abſorbiert. Als unvermiſchte Raſſen ſind ſie schon jetzt in den kolonialen Gebieten Südafrikas als untergegangen zu bezeichnen; es werden in den Volkszählungen der Kolonie noch einige hundert Buschmänner vermerkt, Hottentotten allerdings eine bedeutende Menge, doch sind dies tatsächlich fast sämtlich Bastarde, wie sie sich auch selbst mit Stolz nennen. Ebenso enthalten die Korana und Namaqua außerhalb der Kolonie schon vielfach Beimischungen von weißem Blut.

„Die drei Zulumänner stehen der Angabe nach im Alter von 32, 23 und 21 Jahren. Alle drei sind ungemein kräftig und durchweg wohlgebaut. Der jüngste hat die beträchtlichste Körperhöhe, 1734 mm, die beiden anderen 1697 und 1686. Die Klafterweite ist bei allen größer als die Höhe; die Differenzen betragen 171, 161, 107 mm. Die Fußlänge ist bei allen dreien fast gleich oft in der Körperhöhe enthalten: 6,3=, 6,5=, 6,4=, im Mittel 6,4mal. Auch die einzelnen Teile sind wohlproportioniert, auch die Waden sind trotz des gegenteiligen Anscheins relativ gut entwickelt. Der Umfang der letzteren beträgt 350, 336 und 340 mm. An den Füßen ist durchweg die große Zehe die längste, nur bei einem reicht die zweite fast ebensoweit. Das angeblich 23 Jahre alte Weib (s. die Abbildung S. 304 und die nebenstehende) ist eine stolze Erscheinung. Ihre Körperhöhe bleibt mit 1,634 m nur wenig hinter der der Männer zurück, dagegen übersteigt das Maß der Klafterweite nur um 6 mm die Höhe. Ihr Fuß ist viel kleiner; sein Maß ist 6,6mal in der Körperhöhe enthalten. Der ganze Körper ist wohlgenährt und von gerundeten Formen, die Brüste wohlgerundet und daher der Brustumfang größer als bei zweien der Männer, Ober= und Unterschenkel voll und von größerem Umfang als bei dem 32jährigen Mann. Ihr sechsjähriger Sohn sieht etwas schwächlich aus, mißt aber schon 1055 mm.

„Die Hautfarbe ist an sich sehr rein, da die Leute angehalten werden, sich täglich sorgfältig zu waschen. Indes salben sie nach heimischer Gewohnheit ihre Haut stark ein, wodurch der Farbenton intensiver wird. Keiner der Leute ist im strengeren Sinne des Wortes schwarz, vielmehr zeigen sie verschiedene Nuancierungen von dunklem Braun, wobei die Mischungen mit Orange überwiegen. Am lichtesten ist der übrigens sehr anämisch aussehende Knabe und seine Mutter. Die Nägel haben einen bräunlichen Ton. Die verschiedenen Körperteile variieren sehr erheblich in der Färbung. Die Mehrzahl der bestimmten Farbentöne schwankt innerhalb der Nuancen von dunklem Braun, teils mehr schokoladen=, teils dunkel zigarrenbraun. Die Farbe der Augen ist durchweg hellbraun, das Auge groß, offen, glänzend, angenehm und von gutartigem Ausdruck. Die Entfernung der inneren Augenwinkel ist im allgemeinen beträchtlich: 45, 41, 39, 38 mm. Die Länge der Lidspalte beträgt nur bei einem der Männer 35,5 mm, sonst bei allen 30—32 mm.

„Das Kopfhaar ist bei allen schwarz und bildet eine dichte, bei den Männern hart anzufühlende Wollperücke. Nur bei dem jungen Weibe, das es jeden Morgen kämmen soll,

Zulu=Mädchen. Nach Photographie von C. Günther in Berlin.

fühlt es sich weicher an; es ist auch länger und dichter als bei den Männern, so daß Fritsch daraus Zweifel an der Reinheit ihres Blutes ableiten möchte. Bei den Männern fühlt sich die Perücke fast so hart an wie eine Matratze; die einzelnen Spirallöckchen geben jenes Gefühl ‚wie Pfefferkörner'. Die Haarwurzeln stehen vereinzelt, nicht büschelförmig, sogar in weiter Distanz (0,5 — 0,8 mm) voneinander. Die Stärke der Haare variiert bedeutend, der Dickenunterschied der Haare der verschiedenen Individuen schwankt beinahe um das Doppelte. Immerhin gehört das Zuluhaar im ganzen zu den feineren Varietäten und erreicht die groben Verhältnisse der strafhaarigen Rassen nicht. Die Form des Querschnittes ist überwiegend die elliptische, zuweilen auch geradezu ovale; eigentlich bandförmige Schnitte kamen seltener vor. Die Farbe des Haares ist durchweg sehr dunkel, sie zeigt bei mikroskopischer Untersuchung wenig Braun, und selbst die einzelnen Pigmenthäuschen haben ein fast schwarzes oder doch braunschwarzes Aussehen. Nur in ganz feinen Schnitten erscheinen alle Farbstoffkörnchen braun. Die Grundsubstanz ist ganz farblos. Das Pigment liegt hauptsächlich im äußeren Abschnitt der Rindensubstanz, während die Mitte licht oder nur wenig gefärbt aussieht. Markkanäle sind selten und, wo sie vorkommen, schmal und dunkel. Auf Schrägschnitten sieht man deutlich die Pigmentkörnchen in Form länglicher, spindelförmiger Haufen angeordnet. Die Augenbrauen sind schwarz, aber nicht besonders stark. Sie bilden große, nach außen etwas hochgestellte Bogen, so daß namentlich bei dem Weibe und ihrem Sohne der Zwischenraum zwischen Augenbrauen und Lidspalte ungewöhnlich groß erscheint. Die Männer haben nur wenig Bart.

„Die Kopfform zeigt manche Abwechselung. Von den drei Männern sind zwei dolichokephal, einer mesokephal. Der Knabe ist gleichfalls mesokephal, steht aber schon der Kurzköpfigkeit nahe, während seine Mutter, obwohl auch mesokephal, doch hart an der Grenze der Dolichokephalie steht. Der Kopfindex war bei den Männern 69,3, 71,7, 77,0, bei dem Weibe 75,3, bei dem Kinde 79,1. Im allgemeinen erscheinen die Schädel ziemlich hoch. Das Gesicht unterscheidet sich unzweifelhaft erheblich von dem eigentlichen ‚Negergesicht' (s. die Abbildung S. 304), besonders durch die geringere Prognathie und den feineren Mund. Indes kann man doch nur von dem Gesicht des jungen Weibes sagen, daß es sich den hamitischen oder gar den Mittelmeerformen annähere; bei den Männern erhält sich der Ausdruck des Fremdartigen. Die Gesichtsform gehört zur breiten und niedrigen Gruppe, im einzelnen sind die Schwankungen ziemlich beträchtlich. Die Breite liegt im Gegensatz zu dem mongoloiden Gesichtstypus hauptsächlich in den Jochbogen, während die Wangenbeine keineswegs unangenehm hervortreten. Dieselbe Milderung findet sich auch in der Bildung der Nase, die verhältnismäßig hoch ist; aber die Länge des Nasenrückens ist durchweg sehr viel geringer, während die Nasenflügel breit ausliegen und die Nasenlöcher weit geöffnet sind. Nur bei dem Weibe hat die Nase eine feinere Form. Die Nase ist am Lebenden wie am Schädel breit, platyrrhin." Dieses Merkmal trennt die Zulu in recht bezeichnender Weise von den sudanesischen Stämmen, z. B. der vielerwähnten sogenannten Nubierkarawane, deren Nasen Virchow bei den Lebenden ziemlich schmal fand. Man wird daher den „europäischen" Charakter der Zulu nicht übertreiben dürfen; „sie stehen", sagt Virchow, „den Negern unzweifelhaft viel näher".

„Die Bantu (Zulu) stehen uns", sagt R. Virchow, „näher als die eigentlichen Neger. Unter allen afrikanischen Stämmen stehen aber den Bantu die Neger am nächsten. Sowohl nach Kopf- und Nasenbildung als nach der Beschaffenheit des Haares sind die Zulu negerartig." Das ist derselbe Schluß, zu dem nicht nur Lepsius von linguistischer, sondern, wie wir sahen,

Eingeborene aus den deutschen Schutzgebieten.

1

2

3

4

5

6

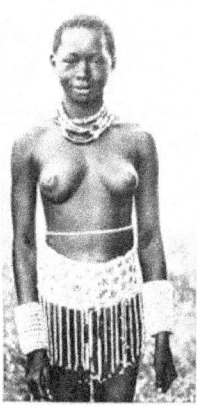

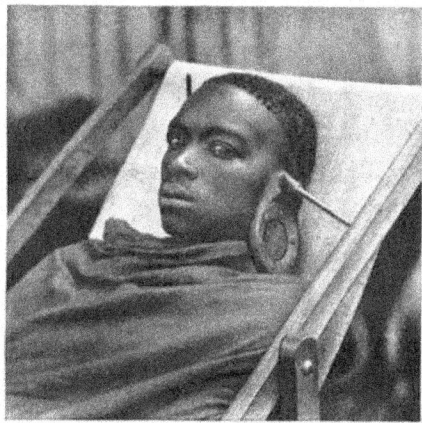

7

8

9

Eingeborene aus den deutschen Schutzgebieten.

10

11

12

13

14

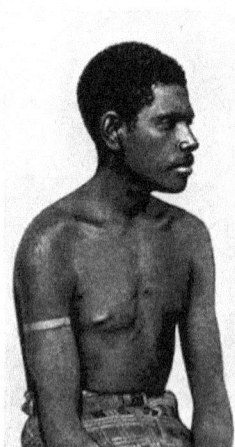

15

16

17

auch alle modernen fachkundigen Afrikareisenden von anthropologisch=somatischer Seite, d. h. durch vergleichendes Studium der Körperverhältnisse, gelangt sind: eine scharfe Trennung zwischen den Bantunegern und den übrigen Negern erscheint nicht durchführbar.

Die Eingeborenenbevölkerung Deutsch=Afrikas.

Deutsch=Ostafrika. Die Bevölkerung, die sich in zahlreiche Völker und Stämme teilt, gehört der Mehrzahl nach zur Hauptgruppe der Bantu, auch die sehr gemischte Bevölkerung der Küste, die Suaheli, deren Sprache im südöstlichen Afrika, namentlich in Deutsch=Ostafrika, die allgemeine Verkehrssprache bildet. Erst im vorigen Jahrhundert haben sich vom Süden her zwischen die alteingesessenen Völker Zulustämme eingeschoben. Im Steppengebiete wohnen, in verschiedene Völker und Stämme geteilt, die Massai (s. die beigeheftete Tafel „Eingeborene aus den deutschen Schutzgebieten"), jene kriegerischen Viehhirten, die sprachlich zu den Hamiten gehören, deren anthropologische Ähnlichkeit mit Semiten F. v. Luschan hervorgehoben hat, und die die interessanten Berichte von Merker als Ursemiten erscheinen lassen. Jetzt sind sie freilich zum Teil stark vernegert. Sie haben den umwohnenden Bantuvölkern, namentlich den Wagogo und den an den Hängen des Kilimandscharo wohnenden Dschagga, ihre Lebensweise aufgeprägt. Von den im zentralen Teil des Landes und im Seengebiet wohnenden Bantuvölkern sind am wichtigsten die Wanjamwesi. Besonderes Interesse erregt die Bevölkerung von Ruanda im nordwestlichen Winkel der Kolonie am Tanganjika und Victoria Njansa, wo ein sich in strenger Absonderung in seiner körperlichen Eigenart erhaltender hamitischer Stamm, die Watussi, die Eingeborenenbevölkerung beherrscht (vgl. S. 302 und die Abbildung S. 89). Den Hauptstock der letzteren bilden die Wahutu, ein ackerbautreibender Bantustamm in den Bambuswäldern von Bugoie; in den Sümpfen am Bolarosee und auf der Insel Kwidschwi des Kiwu wohnt das pygmäenhaft kleine Volk der Batwa (vgl. die Abbildungen S. 96, 97, 122 und 123).

„Die Einwanderung der Watussi", sagt Herzog Adolf Friedrich zu Mecklenburg, dem wir die neueste Erforschung Ruandas und seiner Bewohner verdanken, „hängt zweifellos mit der großen Völkerbewegung zusammen, die Ostafrika auch den Stamm der Massai gebracht hat. Dieselben Argumente, die Merker bewogen haben, die Massai als einst vom Norden her aus Ägypten oder gar Arabien eingewandert zu erklären, werden wohl auch auf die Watussi Anwendung finden können. Wir finden in der Tat viele verwandte Züge bei beiden Völkerstämmen. Die Watussi sind ein hochgewachsener Stamm von geradezu idealem Körperbau. Längen von 1,80, 2,00, ja selbst von 2,20 m sind keine Seltenheiten, durch welche die Gestalt aber keine Einbuße erleidet. Während die Schultern meist kräftig gebaut sind, zeigt die Taille oft eine fast beängstigende Dünne. Die Hände sind vornehm und überaus fein gebaut, die Handgelenke von fast weiblicher Zierlichkeit. Wie bei den orientalischen Völkerschaften finden wir auch hier den graziösen, lässig=stolzen Gang, und an den hohen Norden Afrikas erinnert auch der bronzefarbene Ton der Haut, der neben dem dunklen häufiger zu finden ist. Überaus charakteristisch ist der Kopf: die hohe Stirn, der Schwung der Nase, das edle Oval des Gesichts."

Von den Batwa auf Kwidschwi heißt es: „Ihr Anblick war für uns alle gewissermaßen eine Enttäuschung (vgl. die Abbildungen S. 98, 122 und 123). Ich selber hatte sie mir kleiner vorgestellt, als ich sie in Wirklichkeit fand. Ihre Maße schwankten zwischen 1,40 und 1,60 m, im Mittel 1,42 m, immerhin fielen sie unter den Kwidschwileuten durch ihre Kleinheit und

Zierlichkeit auf. Ihre Körperfarbe hat genau denselben dunkelbraunen Ton wie die der Insulaner." Der Herzog spricht sie als echte Pygmäen an. Ihre Körpergröße von etwa 1,42 m stimmt mit der der Kongowald-Pygmäen überein. „Ferner zeigen sie die typischen Merkmale der echten Zwerge: den runden Kopf, die kurzen, gekräuselten Haare, die aus den gutmütigen Gesichtern, in denen die breite Nasenwurzel charakteristisch ist, eigentümlich dreinschauenden schönen, großen, intelligenten Augen, die dem Kenner sogleich die Zugehörigkeit zur Zwergform verraten. Nur in der Hautfarbe herrscht ein stärkerer Unterschied. Während die Zwerge des Kiwu die dunkle Farbe der Neger haben, sind die Pygmäen des Kongowaldes außerordentlich hell; sie verlassen niemals das Dunkel des Urwaldes, wodurch die Pigmentbildung verhindert erscheint. Beide Zwergstämme sind von gedrungener, kräftiger, wohlproportionierter Statur, ihre Muskulatur stark entwickelt. Die Kiwu-Batwa stellen unter der Bevölkerung von Kwidschwi ein besonderes, fremdartiges Element dar, das vermutlich vom Westen aus dem Kongo gekommen ist und sich mit der großgewachsenen Bevölkerung wenig gemischt hat." Bei anderen Batwas scheint das in höherem Maße der Fall gewesen zu sein; so fand der Herzog bei den Batwas im Bugoiewald die mittlere Körpergröße zu 1,60 m und höher bis zu 1,70: das sind sonach keine eigentlichen Pygmäen, sondern „kleine Neger". Auch bei anderen kleinwüchsigen Negerstämmen mag eine Vermischung mit Pygmäen erfolgt sein. Auffallend ist es, daß die Weiber dieser Pygmäen im allgemeinen nicht kleiner sein sollen als ihre Männer.

In Kamerun wohnen sowohl Sudanneger als auch Bantustämme. Letztere siedeln im Süden und in der Urwaldregion, in mehr als ein Dutzend verschiedene Stämme geteilt: von den Küstenstämmen sind die Duala am wichtigsten. Die Sudanneger bewohnen das Steppengebiet, unterworfen und regiert von dem hamitischen, ursprünglich hellfarbigen Volke der Fulla oder Fulbe. Diese haben nach Passarge eine gewisse Ähnlichkeit mit den dunkelfarbigen Elementen unter den Berbern Nordafrikas: schlank, mittelgroß, auffallend mager. „Der Schädel ist im allgemeinen lang. Das lange, schmale Gesicht mit der hohen, geraden Nase und den schmalen Lippen kann kaukasisch genannt werden, und manche Fulbe haben eine Gesichtsform fast wie klassische Statuen." Die Hautfarbe wird mit hellem oder dunklerem Milchkaffee verglichen. Die Haare sind nicht kraus wie bei den Negern, sondern mehr wellig und werden bedeutend länger. Barth lernte dieses merkwürdige Volk als nomadisierende Hirten kennen, die sich, vom Nordwesten, vom Senegalgebiet vordringend, den ganzen westlichen Sudan unterworfen haben. Ihr Oberhaupt gab seinen Heerführern die eroberten Haussastaaten und heidnischen Negerreiche zum Lehen und ließ sie in seinem Namen die Herrschaft ausüben. Der bedeutendste von diesen Lehnsstaaten ist Adamaua, dessen mehr als 60 Fürsten fast das ganze Hinterland Kameruns beherrschen. Die in den deutschen Teilen Bornus am Tsadsee wohnenden Araber sind groß, schlank, kräftig gebaut, von meist recht dunkler brauner, ja beinahe schwarzer Hautfarbe. Sie ähneln darin den dunkelfarbigen bis schwarzen Arabern Südarabiens, Passarge hält es aber für möglich, daß es keine echten Araber, sondern Hamiten mit arabischer Sprache oder Mischlinge sind. In den Urwaldgebieten leben unter verschiedenen Lokalnamen die kleinwüchsigen Jägerstämme der Bagiëlli oder Boyaëlli, die mit den Pygmäen des Kongowaldes verwandt zu sein scheinen. Immerhin beträgt das Mittel der Körpergröße der Männer 1,50—1,55 m, der größte der Gemessenen hatte 1,64, der kleinste 1,47 m. Die Frauen sollen noch kleiner sein als die Männer, nach einer Messung 1,32 m. In der gedrungenen Körpergestalt, der breiten Brust, dem runden Kopf, der verhältnismäßig hellen graugelblichen Hautfarbe, den flachen Nasen mit großen Nasenlöchern, den schmalen Lippen, der öfter konstatierten starken Behaarung an Brust und Gliedmaßen stimmen die Bagiëlli in der Tat zu den Kongowaldzwergen. Dagegen werden ihre Augen als klein und tiefliegend bezeichnet. Haussa-Ansiedelungen finden sich im ganzen Lande zerstreut. Von Negervölkern sind vor allem die vom französischen Gebiet vordringenden Fan-Stämme und die Jaunde zu nennen, deren sympathische Gesichtszüge, teilweise hellere Hautfarbe und bedeutende Körpergröße (bis 2 m) hervorgehoben werden. Auch die Bali, die zu den das nördliche Kamerun bewohnenden „Graslandstämmen" gehören, werden als weit übermittelgroß, besonders langbeinig geschildert, kräftig, von tiefschwarzer Farbe. Sie und die Wute spitzen bei den Männern die beiden oberen mittleren Schneidezähne zu. Die Bali üben nach Franz Hutter eine Art von Schädeldeformation, indem die Mutter dem Kopf des Neugeborenen durch Streichen und Drücken mit der Hand eine langgestreckte Eiform zu geben sucht, „so daß die Stirn flach nach rückwärts verläuft". An der Küste gelten die meist aus Liberia eingewanderten Vey und Kru, wahrhaft herkulische Gestalten, als kühne und geschickte Bootsführer.

Deutsch-Südwestafrika, dessen Areal das des Deutschen Reiches fast um zwei Drittel an Größe übertrifft, ist außerordentlich spärlich besiedelt. Die Zahl der Eingeborenen wird, nach dem traurigen Aufstand, der so viel deutsches und afrikanisches Blut gekostet hat, auf nur rund 178000(?) Seelen angegeben, während die Einwohnerzahl von Deutsch-Ostafrika auf rund 7 Millionen geschätzt wird, die von Togo auf etwa eine Million und die von Kamerun auf mehr als drei Millionen. Die Eingeborenenbevölkerung besteht im Süden aus Hottentotten, Hottentottenbastards und Buschmännern; in die alten Stammsitze der „gelben afrikanischen Rasse" sind erst vor etwa 150 Jahren von Norden her Bantustämme: Herero, Ambo und andere, eingedrungen, und in neuester Zeit rücken von Englisch-Südafrika her die sehr gemischten Betschuanen vor. In den Hoch- und Bergländern leben die Bergdamara, vom körperlichen Habitus der Bantu, aber von der Sprache der Hottentotten. Die Buschmänner erscheinen als eine aussterbende Rasse, die sich, in die Kalahariwüste zurückgedrängt, in der Mittelkalahari namentlich mit Hottentotten, in der Nordkalahari mit Negern bastardieren. Haut und Haar wurden oben schon beschrieben. Von letzterem sind die kleinen Spiralen charakteristisch, zu denen sich etwa 10—12 benachbarte Haare zusammenwinden. Die Haut der echten Buschmänner ist hell, wie „fahles Laub", und die Körpergröße soll nach F. v. Luschan 1,45 m bei Männern kaum überschreiten. Auffallend sind der lange Rumpf und die kurzen Beine. Die Anzahl der Hottentotten soll noch etwa 10000 betragen, in Groß-Namaland und Kaokofeld. Obwohl wesentlich größer als die Buschmänner, sind sie doch ein Volk von kleinem Wuchs. Der Durchschnitt der Körpergröße wird zu 1,60 bis 1,63 m angegeben, doch hat v. Luschan auch große Individuen konstatiert; er sagt: „Auch die Hottentotten sterben als reine Rasse aus." In vielen Teilen ihres alten Wohnsitzes sind sie bereits fast verschwunden, und die Korana sowie die Hottentotten der Kapkolonie haben durch Mischung mit Weißen ihre anthropologischen Besonderheiten wesentlich verloren.

Die Eingeborenenbevölkerung von Togo, die auf etwa eine Million geschätzt wird, gehört fast ausnahmslos anthropologisch zu der Hauptgruppe der Sudanneger. Ethnologisch und linguistisch zeigen sich aber überraschend zahlreiche Unterschiede: in seiner Völker- und Sprachenkarte von Togo führt Weule 23 verschiedene Völker und Sprachen an. Am dichtesten ist das Völkergewirr in der Mittelzone des Landes, wo sich die Trümmer einst zum Teil größerer Völker teilweise im Schutz des Gebirges zu halten vermochten. Zu ihnen gehören die Adele, der bisher einzige Stamm, von dem durch R. Virchow kraniologisches Material untersucht werden konnte. Den Südosten des Landes und die Küste halten die Stämme der Ewe (s. die untenstehende Abbildung) besetzt; sie sind ähnlich den Dahomenegern, vom echten Negertypus, der aber an der Küste, wohl zum Teil durch Blutmischung mit Europäern, wesentlich gemildert erscheint. Westlich neben ihnen wohnen Stämme der Aschantigruppe, im Nordwesten die ihnen verwandten Kratschi. Im Norden des Landes sind die Kabure und das Bergvolk der Bassari von größerer Bedeutung. Der Stamm der Tschaudjo zeigt gewisse Verwandtschaftsbeziehungen zu den Haussa, die, strenge Mohammedaner, als ein wichtiges Bevölkerungselement, überall im Lande zerstreut, in kleinen Kolonien namentlich als Kaufleute angesiedelt sind. Es sind ebenholzschwarze, aber große, schlanke Gestalten, deren oft feine, intelligente Gesichtszüge eine starke Beimischung hamitischer Elemente bezeugen. Im höchsten Norden und Nordosten mischen sich unter die Negerbevölkerung vereinzelte Hirtenkolonien hamitischer, aber schon stark vernegerter Fulbe.

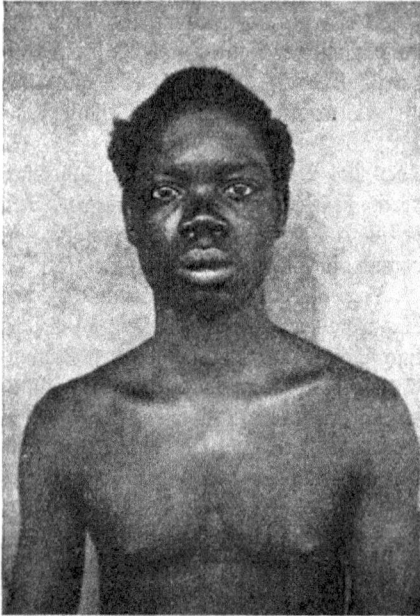

Ein Ewe-Neger. Nach Photographie von R. Lohmeyer.

Australier.

R. Virchow untersuchte drei von Fraser's Island, gegenüber von Maryborough in Queensland, stammende Australier: einen jungen Mann von 22, einen anderen von 18 und ein Mädchen von 15 Jahren (siehe die Abbildungen S. 311 und 312). Die Darstellungen Virchows entsprechen sehr vollkommen der von Huxley gegebenen Typenbeschreibung der australischen Rasse (vgl. S. 220), die trotz gewisser lokaler Verschiedenheiten im allgemeinen eine auffallende Einheitlichkeit sowohl der körperlichen Verhältnisse wie der Sitten, Gebräuche und Sprache darbietet.

„Alle drei haben", sagt Virchow, „ein verhältnismäßig frisches Aussehen; obwohl eher mager, zeigen sie doch jugendlich gerundete, ziemlich volle Formen. Die europäische Kleidung, die sie tragen, mag einen nicht geringen Teil des Eigentümlichen decken, was sonst den Australier auszeichnet; nichtsdestoweniger bleibt so viel davon sichtbar, daß mir wenigstens der Eindruck des Fremdartigen in viel höherem Maße eingeprägt wurde, als ich mich sonst erinnere, ihn jemals bei dem Anblick einer fremden Rasse empfangen zu haben. Es war das erstemal, daß ich lebende Australier sah, indes habe ich mich so viel mit diesem sonderbaren Volke beschäftigt, ich habe so viele Abbildungen von den verschiedensten Stämmen gesehen, so viele Beschreibungen gelesen, so viele Schädel studiert, daß ich überzeugt bin, es seien ganz vortreffliche Spezimina dieser Rasse. Die zahlreichen Mitglieder unserer Gesellschaft, die in Australien waren, bestätigen das. Insbesondere der Jüngling (s. die Abbildung S. 311, rechts)

und das junge Mädchen (s. die Abbildung S. 312) sind wahre Prachtexemplare, während sonderbarerweise der ältere junge Mann (s. die untenstehende Abbildung, links), obwohl angeblich
ein naher Verwandter des Mädchens, eine weniger ausgeprägte Physiognomie besitzt. Nach
meiner Auffassung kulminiert die Besonderheit der australischen Physiognomie in der Bildung
der Nasengegend, und gerade dafür kann der jüngere Mann als ein wahres Prototyp gelten.
Diese Bildung hat unzweifelhaft den Charakter einer gewissen Inferiorität an sich. Trotzdem
kann ich nicht sagen, daß die Leute im ganzen einen ungünstigen Eindruck machen. Namentlich das junge Mädchen hat entschieden etwas Freundliches und Angenehmes; sie ist zur
Fröhlichkeit geneigt und zeigt großes Interesse an den Dingen, ohne jedoch eine gewisse
Zurückhaltung abzulegen. Die beiden Burschen halten sich sehr ernst und still, aber sie sehen
nicht stupid oder gar tierisch aus.

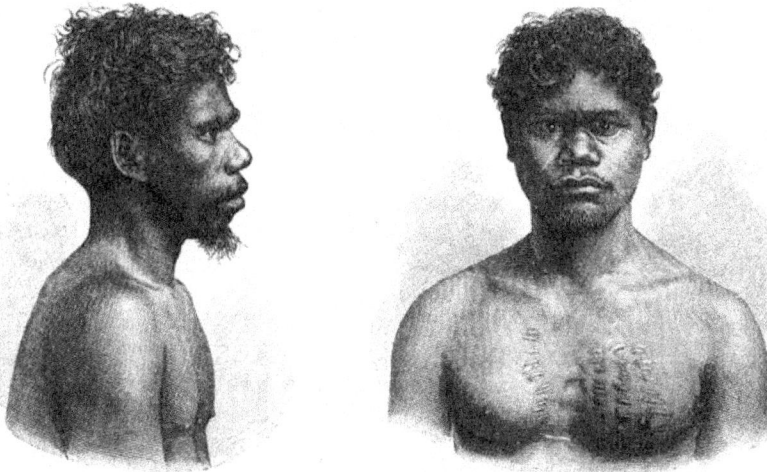

Junge Männer aus Queensland. Nach Photographie von C. Günther in Berlin.

„Alle drei sind unzweifelhaft Schwarze, aber mit überwiegend brauner Nuance und mit
großen regionären Verschiedenheiten der einzelnen Körperteile. Die Farbe liegt bei allen
in derselben durch Beimischung von Braun und Braunrot zu Schwarz charakterisierten Reihe
der Pariser Farbentafel. Am dunkelsten ist der jüngere, bei dem die Stirn, der Hals und der
Vorderarm ganz dunkel erscheinen, während bei dem älteren und dem Mädchen etwas hellere
Farbentöne vorherrschen. Auch hier sind wieder die bedeckten Teile vielfach dunkler als die
der Luft und dem Licht exponierten. So erscheint gerade das Gesicht bei allen etwas heller,
mehr dunkelbraun oder gar gelbbraun, fast um einen ganzen Farbenton lichter als die Stirn,
am meisten ähnlich der Färbung der Handfläche. Die Nägel sehen verhältnismäßig hell aus,
sie sind von weißrötlicher Farbe. Da die Leute zu Hause fast nackt gehen, so ist der Unterschied in den äußeren Bedingungen an sich gering, und es muß den örtlichen Abweichungen
der Farbentöne ein größeres Gewicht beigelegt werden. Im übrigen ist die Farbe sehr
gleichmäßig, und die Haut hat das weiche, sanfte Gefühl, das die schwarzen Rassen auszeichnet. Die dicken, stark vortretenden und aufgeworfenen Lippen haben ein blaugraues, livides,
fast schwärzliches Aussehen und erscheinen selbst innen mehr bläulich.

„Das Körperhaar iſt im ganzen ziemlich wenig entwickelt. Beide junge Männer haben wenig Bart: an der Oberlippe und den Wangen vereinzelte kurze Haare, am Kinn eine etwas reichlichere, jedoch gleichfalls dünne Behaarung. Nur die Augenbrauen ſind kräftig ausgebildet. Das Kopfhaar iſt rein ſchwarz, etwas hart anzufühlen, nicht ſehr dicht, von geringer Länge. Selbſt bei dem Mädchen, das ſich das Haar nach Ausſage des Führers noch nicht geſchnitten hat, reicht es nur bis zum Nacken; infolge der beſſeren Kultur erſcheint es glänzend. Aber bei allen behält es eine gewiſſe Neigung zur Auflöſung und Verwirrung. In bezug auf die Richtung der einzelnen Haare unterſcheidet es ſich ſehr beſtimmt ſowohl von dem ſtraffen, glatten Haar der Mongolen und Malaien als von dem Wollhaar der Neger und Negritos: es iſt mehr ſchlicht, jedoch mit entſchiedener Neigung zu welliger Biegung, die ſich aber nicht am Anfang, ſondern erſt im weiteren Verlauf bemerkbar macht. Daher iſt es nichts weniger als kraus, kaum lockig. Bei dem jungen Mädchen biegen ſich eigentlich nur die Enden um, ohne ſich jedoch in wirkliche Locken zuſammenzufügen.

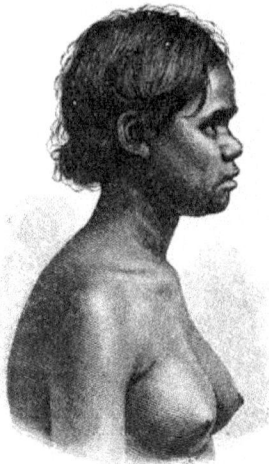

„Bei der mikroſkopiſchen Unterſuchung der Haare erſcheinen die einzelnen ſehr dunkel, bei ſchwachen Vergrößerungen faſt rein ſchwarz, bei ſtärkeren blauſchwarz. Nur die Enden, die ſehr dünn werden und faſt ganz zugeſpitzt auslaufen, ſind hell gelbbraun oder faſt farblos. Bei dem jungen Mädchen, bei dem die Enden ſchon für das bloße Auge eine mehr bräunliche Färbung zeigen, ſind die Haare eine längere Strecke vor dem Ende ungemein dünn, zuletzt ganz fein zugeſpitzt und mikroſkopiſch von hellgelblicher Farbe, ſchließlich ganz farblos.“ Auch fand Virchow bei ihr einzelne Haare, die ſchon in ihrem breiteren Teil mehr hellbräunlich ausſahen; dieſe hatten einen wenig entwickelten, mehrfach unterbrochenen, ungefärbten Markzylinder, ſo daß der in Form feiner, gelbbräunlicher Körnchen vorhandene Farbſtoff ausſchließlich die Rinde durchſetzte. „An den dunkeln Haaren iſt Markſubſtanz nicht wahrnehmbar. Hier zeigt ſich das Haar bis zur Oberfläche ganz dicht von ſchwärzlichen oder dunkelbraunen Körnchen durchſetzt, die meiſt haufenweiſe angeordnet ſind, jedoch auch vereinzelt durch die ganze Subſtanz verbreitet liegen. Im ganzen erſcheint die Färbung daher mehr fleckig, jedoch ſehr geſättigt. Die Form der Haare iſt durchweg drehrund.

„Die Farbe der Augen iſt braun, das Weiße im Auge, die Bindehaut, durch bräunliche Färbung ſehr unrein. Bei den Männern liegt der Augapfel tief und erſcheint daher klein und lauernd; bei dem Mädchen tritt er in recht gefälliger Form offen und freundlich hervor. Bei allen hat das Auge Glanz und der Blick Feſtigkeit, aber die verſchiedene Haltung der Lider gibt dem männlichen Auge ein mehr gekniffenes Ausſehen, während das weibliche groß und rundlich erſcheint.

„Die Stirn iſt bei allen etwas niedrig, bei dem Mädchen gewölbt und in der Mitte vortretend, bei den Männern etwas zurückliegend und namentlich bei dem älteren mit ſtarken knöchernen Augenbrauenwülſten. Die Naſe iſt vor allem kurz und niedrig, und da zugleich die Flügel ſehr breit und die Naſenlöcher weit ſind, ſo folgt daraus jene häßliche

Grundform, die uns am meisten in dem australischen Gesicht abschreckt. Die Wurzel sitzt tief, der Rücken ist stark eingebogen und mehr abgeplattet. Bei dem Mädchen berechnet sich ein Nasenindex von 100, die Nase ist also so hoch wie breit. Nur bei dem älteren der jungen Männer ist die Nase etwas länger, der Rücken weniger eingebogen und schärfer; jedoch tritt auch bei ihm wie, freilich viel stärker, bei den anderen die Eigentümlichkeit hervor, daß unter der dicken Nasenspitze die Nasenscheidewand weit zurückbleibt.

„Trotz der Dicke der Lippen ist die Schiefzähnigkeit, der Prognathismus, wenig ausgebildet. Bei dem jüngeren greifen die Zähne des Oberkiefers über die des Unterkiefers über und geben so dem Profil eine individuelle Besonderheit, indem sowohl die Nase als das Kinn hinter der Oberlippe stark zurückbleiben. Bei den beiden anderen erreicht die Nasenspitze in der Seitenansicht nahezu dieselbe Vertikale wie der Lippenrand, dagegen bleibt das gerundete Kinn stark zurück. Das Ohr ist im ganzen zierlich gebildet.

„Was die Schädelform anbetrifft, so weicht darin der jüngere am meisten ab: sein Kopf ist mittelbreit, mesokephal (Index 77); die beiden anderen dagegen entsprechen ganz der für Australierschädel typischen Dolichokephalie (Index 70,6 und 70,7). Der Kopf ist schmal und von mäßiger Höhe. Der Ohrhöhenindex beträgt 62—63.

„Der Körper ist bei allen dreien kräftig, aber von geringer Höhe; der ältere maß 1,580, der jüngere 1,675, das Mädchen 1,583 m; die Klafterlänge übertraf die Körperhöhe bei allen beträchtlich, sie betrug in derselben Reihenfolge 1,700, 1,850, 1,629 m. Die Höhe des großen Rollhügels am Oberschenkel vom Boden, die Beinlänge, betrug 817, 890, 852 mm, die ganze Armlänge mit Hand dagegen 754, 825, 733 mm; sowohl Beine als Arme erscheinen danach lang."

Später konnte Virchow eine zweite Gruppe von Australiern, bestehend aus sieben Personen, vier Männern, zwei Frauen und einem Kinde, darunter eine Familie: Vater, Mutter und Kind, untersuchen, alle wahrscheinlich, wie die drei Personen der ersten Gruppe der Australier, aus Queensland stammend (s. die Abbildungen S. 314 und 315). Das jüngere und hübschere der beiden Weiber, etwa 16—18 Jahre alt, wurden dem Publikum als „Prinzessin und Tochter des Königs von Nord-Queensland" vorgeführt. Die Frau war etwa in den Zwanzigern, ihr Gatte gegen 40, beider Knabe 7 Jahre alt; die drei anderen Männer standen in einem Alter von 20 und etwas darüber. Die Hautfarbe war die gleiche wie bei der ersten Gruppe. Aus einer gewissen Entfernung betrachtet, erscheint der Körper ganz schwarz; in der Nähe löst sich die Farbe in ein gesättigtes Kaffee- oder Schokoladenbraun auf, nur im Gesicht machen sich gelbe Töne mehr bemerkbar. Bei stärkerer Anspannung der Haut zeigt sich auf einem gelbbraunen Untergrund eine große Zahl kleiner dunkler Flecke. Das Haar erschien wieder bei allen reinschwarz. Im Gegensatz zu den früheren Leuten, die das Kopfhaar sorgfältig gekämmt und, wenigstens die Männer, kurzgeschnitten hatten, zeigte es sich bei der zweiten Gesellschaft lang und buschig, zum Teil aufgerichtet und vom Kopfe abstehend. Bei Männern und Frauen war es ziemlich gleich lang, bis zu 12 cm, was bemerkenswert ist, weil die Haare offenbar noch niemals geschnitten waren. Bei keiner der Personen war das Haar schlicht oder gar straff, aber noch weniger wollig; auch konnte man es nicht füglich kraus nennen; nur bei den beiden Frauen, die es sorgfältig gescheitelt trugen, legte es sich hinten in vielleicht zum Teil künstliche, dichte, fast krause Löckchen. Die Männer trugen das Haar ziemlich wirr, einige ziemlich zottelig, andere in Form einer weit abstehenden, offenbar künstlich hergestellten Perücke. Im ganzen war das Haupthaar bei allen wieder mindestens wellig zu nennen, und der Kopf des Knaben war mit einem reichen Busche solcher welligen Haare umgeben. Abgeschnitten legten sich die Haarbüschel in die Form regelmäßiger Locken. Die Behaarung am Kopfe war durchweg reich. Die starkentwickelten Augenbrauen zogen als ein breiter und langer, flacher Haarbogen über die starken knöchernen Augenbrauenwülste hin. Auch die Wimpern erschienen kräftig. Die Behaarung des Gesichtes bei den Männern war nicht besonders stark, aber doch reichlicher als bei den im allgemeinen noch jüngeren Männern der ersten Gruppe. Nur der Familienvater hatte einen ausgemachten Vollbart, der auf den Wangen spärlicher, um Kinn und Unterkiefer reichlicher zu nennen war;

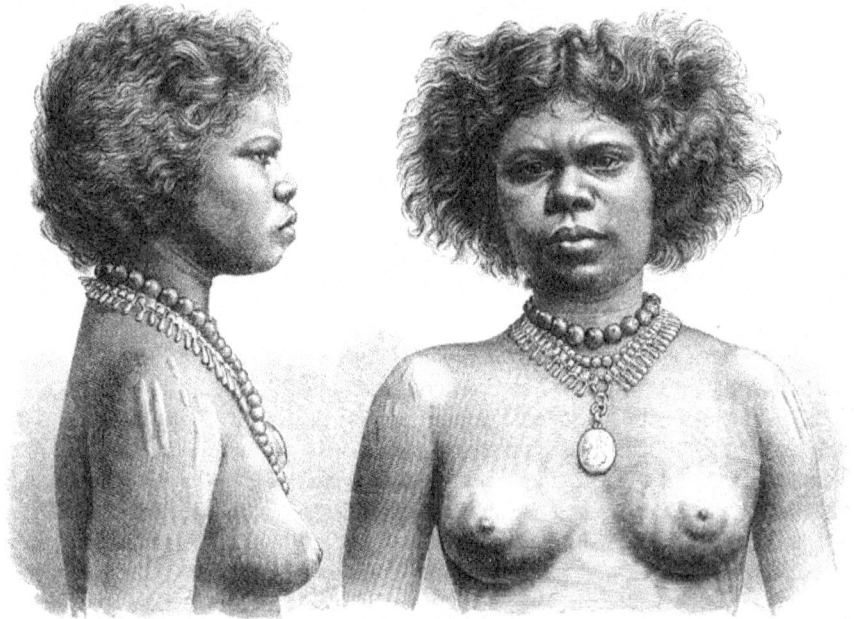

Australisches Mädchen aus Queensland. Nach Photographie von C. Günther in Berlin. Vgl. Text S. 313.

dagegen war der Schnurrbart eher spärlich. Auch bei den anderen, viel jüngeren Männern war der Kinnbart verhältnismäßig am reichlichsten entwickelt; nur ein Schnurrbart zeigte eine größere Fülle. Der übrige Körper war bei keiner der Personen stark behaart, nur der kleine Knabe besaß längs des ganzen Rückens kürzere, weiche Haare; die Körperhaare der Frauen bildeten kurze, krause Löckchen. Die mikroskopische Untersuchung der Haare lieferte im wesentlichen wieder die gleichen Ergebnisse.

Die Farbe der Augen war bei allen dunkelbraun, bei einzelnen fast schwarzbraun, das Weiße im Auge bei den Männern durch bräunliche Einsprengungen sehr unrein. Das Aussehen des Auges war im ganzen sehr verschieden, am meisten abweichend von der gewöhnlichen Beschreibung bei einem der jungen Männer: die Lider weit geöffnet, die Lidspalte von fast ovaler Gestalt, der Augapfel als glänzender, kugeliger Körper weit hervortretend. Auch andere zeigten einen durchaus offenen Blick mit scheinbar großen Augen. Bei den beiden Frauen erschien das Auge mehr beschattet, aber keineswegs klein. Nur zwei Männer, darunter der älteste, hatten mehr gekniffene Lider mit engeren, mehr länglichen Spalten, und das Auge erschien um so mehr lauernd und mißtrauisch, als es zugleich durch starke knöcherne Augenbrauenwülste überlagert wurde.

Die Schädelform zeigte eine vollkommene Konstanz. Mit Ausnahme des kleinen Knaben, dessen Kopf mesokephal war mit dem Index 77,6, waren alle entschiedene Langköpfe (Dolichokephalen); der mittlere Index der vier Männer betrug 71,9 (68,4, 72,0, 73,1, 74,1), der der zwei Frauen 72,2 (71,5, 72,9); der mittlere Ohrenhöhenindex sämtlicher Personen ergab 65,1, also eine verhältnismäßig hohe Zahl. Die Stirn war mäßig hoch, ihre Fläche nicht abgeplattet, vielmehr trat der untere Stirnrand über der Nasenwurzel hervor.

Australier aus Queensland. Nach Photographie von C. Günther in Berlin. Vgl. Text S. 313.

Statt gesonderter Oberaugenbrauenwülste trat hier ein einziger zusammenhängender Wulst auf, der auch die ganze Breite des Nasenfortsatzes einnahm. Als die am meisten auffallende Eigenschaft des Profilbildes erschien daher der tiefe und scharfe Absatz der Nasenwurzel, der schon bei dem Knaben ganz deutlich war und auch den Frauen zukam. Höchst überraschend war die beträchtliche Breite der Stirn, namentlich im Vergleich mit der geringeren Joch- bogen- und Unterkieferbreite. Die Backenknochen traten daher nicht vor, ja das ganze Gesicht machte trotz seiner Niedrigkeit nicht den Eindruck größerer Breite, sondern vielmehr den einer Verschmälerung der Kiefergegend. Nach den Messungsresultaten war das Gesicht entschieden breit und niedrig, der mittlere Gesichtsindex betrug nur 80,8; ein schmales und langes Ge- sicht war unter der Gruppe nicht vertreten. Die beträchtliche Gesichtsbreite erklärt sich teils aus der starken Ausbiegung der Jochbogen, teils aus der Niedrigkeit der Nasengegend. Nase und Mundgegend ergaben entsprechende Verhältnisse wie bei der ersten Gruppe. Die Lippen waren wieder voll und stark nach außen umgelegt, so daß eine größere Fläche des Saumes sichtbar wurde. Die Oberlippe war sehr groß und voll, die Unterlippe nicht minder, ja vielleicht noch mehr entwickelt, daher trat die Mundgegend im Profil stark vor. Dazu kam die starke Entwickelung der Kiefer und der Zähne. Bei allen war ein gewisser Grad von Schiefzähnigkeit vorhanden, aber er war nicht entfernt zu vergleichen mit dem Prognathismus vieler afrikanischer Neger, ja nicht einmal mit dem der Alfuren. Nur bei der Mutter stand das Kinn weit vorgeschoben, sonst zeigte sich, wie bei der früheren Gruppe, eher eine Neigung zu einer mehr zurückliegenden Stellung des Kinnes und damit zu einer gewissen Milderung des Verhaltens der Mundgegend. Im ganzen war der Prognathismus bei den Männern sehr viel mäßiger als bei den Frauen.

„Die Körpergröße", sagte Virchow, „zeigt sich sehr verschieden; bei den Männern kann man etwa ein Maß von 1,60—1,70 m als das typische annehmen, beide Frauen messen gleichmäßig 1,55 m. Die Klafterweite bleibt bei der ‚Prinzessin' hinter der Körperhöhe zurück, bei dem anderen Weibe und bei allen Männern ist sie, zum Teil sehr beträchtlich, größer. Die ‚Prinzessin' besitzt auch den kleinsten Fuß: er ist 7,3mal in der Körperhöhe enthalten; bei der Mehrzahl ist das Verhältnis 6,4. Bei den Männern, die allein darauf untersucht wurden, sitzt der Nabel weit über der Mitte des Körpers. Offenbar hängt das zum großen Teil mit der Länge der Unterextremitäten zusammen. Die Beine sind bei allen lang, gerade und hager, sowohl bei den Weibern als bei den Männern (vgl. S. 92). Die Höhe des großen Rollhügels am Oberschenkel vom Boden, die Beinlänge, beträgt ausnahmslos etwas mehr als die Hälfte der Gesamtkörperhöhe, die Unterschenkellänge übersteigt stets ein Viertel derselben. Die Füße der drei jungen Männer haben, durch Schuhwerk nicht verdrückt, die ursprüngliche Fußform behalten. Der eigentliche Mittelfuß ist bei ihnen schmal, eine Verbreiterung beginnt erst gegen das vordere Ende des Mittelfußes, der nach innen einen kleinen, nach außen gar keinen Ballen zeigt, und erhält sich in den Zehen, von denen die kleine nach außen, die große unter deutlicher Abtrennung von den übrigen geradeaus gerichtet ist. Bei dem Knaben und bei zweien der jungen Männer ist die zweite, bei dem dritten und dem Familienvater die erste Zehe die längste. Die Füße des letzteren und der beiden Weiber, die seit ihrer Reise Strümpfe und Schuhe tragen, sind entsprechend verdrückt. Die Arme sind lang, hager und in der Ruhe wenig modelliert, während energischer Bewegungen erscheinen die Muskelkonturen mit besonderer Deutlichkeit. Schulterbreite und Brustumfang sind nicht besonders groß. Die Büste der ‚Prinzessin' ist von großer Schönheit und ihre Brüste von streng jungfräulicher Beschaffenheit: der obere Teil des Brustkorbes breit und gut ausgelegt, die vollen Brüste halbkugelig, oben etwas flacher, unten stärker gewölbt, ein großer, im ganzen etwas vortretender Warzenhof mit flacher, rundlicher Warze. In der Weichengegend, Taille, ist der Rumpf etwas enger, dagegen in der Beckengegend breit.

„Die Körperstellungen, welche die Australier unter den verschiedensten Verhältnissen einnehmen, und die Bewegungen, die sie machen, überraschen im höchsten Maß durch die ungezwungene, natürliche und häufig geradezu schöne Form, in der sie ausgeführt werden. Die Frauen haben eine so graziöse Art, den Kopf zu tragen, Rumpf und Glieder zu stellen und zu bewegen, als ob sie durch die Schule der besten europäischen Gesellschaft gegangen wären. Ganz besonders gilt das von der ‚Prinzessin', die gewiß in jeder Gesellschaft eine bemerkenswerte Erscheinung sein würde. Aber auch die Männer zeigen ein wunderbares Geschick und Gleichmaß in Haltung und Bewegung. Der Familienvater bietet gerade in vollkommener Nacktheit ein Bild selbstbewußter männlicher Würde dar, er ist keinen

Augenblick in Zweifel, wie er sich stellen, wie er die Hände oder den Kopf halten soll; es gelingt ihm alles ohne besondere Übung. Die größte Überraschung aber bereiteten mir unsere Australier", so beschließt Virchow diesen Bericht, „als ich sie auf einem großen, freien Platz ihre Übungen ausführen sah. Es war in der Tat ein prachtvolles gymnastisches Schauspiel, diese hageren und scheinbar so wenig muskulösen Männer mit einer ganz erstaunlichen Kraft und Gewandtheit springen und ihre nationalen Waffen, Wurfspieß und Bumerang, werfen zu sehen (s. die untenstehende Abbildung). Geradezu wundervoll war die Gewalt, mit der sie die Bumerangs weit über den Kreis der Zuschauer hinaus in die Luft schleuderten, und die Sicherheit, mit der sie ihnen stets einen solchen Lauf anzuweisen wußten, daß die Wurfgeschosse regelmäßig in den Kreis zurückkehrten, häufig genau an die Stelle, von wo aus sie geworfen waren. Wenn kurz hintereinander oder gleichzeitig eine Anzahl von Bumerangs ausgeworfen war, so flatterten sie in der Luft, als ob ein ganzes Heer von Fledermäusen aufgescheucht worden wäre. Dieses Schauspiel war in der Tat in hohem Maße genußreich, zumal für den, der erwägt, wie es den wilden Menschen gelungen ist, für eine so komplizierte und überlegte Art der Bewegung das einfachste Werkzeug aus Holz zu erfinden und ihren Zwecken nutzbar zu machen."

In bezug auf den physiognomischen Ausdruck hebt Virchow, namentlich bei den drei Familiengliedern, einen „wilden" Ausdruck hervor, der den Gedanken nicht überwinden lasse, daß zwischen uns und diesen Leuten kein volles Vertrauen herzustellen sei. Nur die „Prinzessin" hat, wie Virchow sich wörtlich ausspricht, „in der Tat ein vornehmes Aussehen, das freilich weniger dem prätendierten Stande als dem Gefühl der körperlichen Bevorzugung unter den Genossen, vielleicht auch dem Selbstbewußtsein der

Australier mit Bumerang. Nach Photographie von C. Günther in Berlin.

Jungfrau zuzuschreiben ist. Ihre Haltung ist stets würdig und untadelhaft, ihr Gesichtsausdruck gänzlich frei von böser Empfindung. Ihre Höflichkeit, obwohl keineswegs vertraulich, und ihre Freundlichkeit, die jedoch niemals eine gewisse Grenze überschreitet, sind ungezwungen und natürlich. Ja, ihre dunkeln, glänzenden Augen haben so viel Gutmütiges und Gefälliges, daß sie den häßlichen Gesichtstypus fast vergessen machen. Zweifellos ist sie auch von unserem Standpunkt aus auf dem Boden ihres Stammes als eine wahre Schönheit anzuerkennen." In Hinsicht der intellektuellen Befähigung spricht Virchow mit voller Sicherheit aus, daß gewiß niemand, der das Tun und Lassen dieser Leute eine Zeitlang beobachtet, zu dem Schluß kommen wird, sie stünden den Affen näher als uns. Im Gegenteil, trotz ihrer unsympathischen Gesichtsbildung erscheinen sie in jedem Stück als wahre Menschen. „Mit Leichtigkeit wissen sie sich in ganz fremden Verhältnissen zurechtzufinden und sich mit

ganz fremden Personen zu verständigen und verschiedenes andere. Es bedarf nicht des Zurück-
greifens auf die Erfahrungen in den Schulen für Eingeborene in Australien, um uns zu
überzeugen, daß, wenn dieser Rasse auch die Initiative zu selbständiger Entwickelung versagt
geblieben ist, ihr die Fähigkeit der Rezeption und Reproduktion doch in hohem Maß zukommt.
Nichts ist in dieser Beziehung mehr bezeichnend als das Verhalten des kleinen australischen
Knaben, der geradezu als ein aufgewerkter und befähigter Bursche bezeichnet werden kann,
und der nicht mehr Ähnlichkeit mit einem jungen Gorilla oder Schimpansen zeigt als irgendein europäisches Kind gleichen Alters."

Virchow hatte auch Gelegenheit, die Leiche eines etwa 27 Jahre alten Australiers von
Queensland zu untersuchen: „Der ganze Körper war sehr gut genährt, das Fettgewebe
überall sehr reichlich, die Muskulatur von überraschender Stärke. Das gilt nicht bloß von den
Extremitäten, sondern auch von dem Kopfe und Halse. Ich habe kaum jemals stärkere gerade
Bauchmuskeln oder Kopfnickermuskeln gesehen. Der Körper im ganzen hat eine gedrungene,
sehr stämmige Gestalt, Körperlänge etwa 1570 mm, mit ungemein breiter und voller Ausbildung des Kopfes. Die Extremitäten sind proportioniert und wohlgebildet, im Verhältnis
zum Rumpfe etwas mager, die Waden gut ausgestattet, die zweite Zehe überragt die große."

Nach den deutschen Erwerbungen der Schutzgebiete in der Südsee bringen wir
den Völkern jener Inselwelt (s. die Tafel bei S. 307) ein gesteigertes Interesse entgegen.
Da sich die Erwerbungen über die drei geographischen Gebiete Ozeaniens: Melanesien,
Polynesien und Mikronesien, erstrecken, umfaßt auch die Bevölkerung die oben (S. 228 ff.)
geschilderten hauptsächlichen Menschentypen des Großen Ozeans. Der dunkle negroide Typus
ist vertreten durch die Melanesier, die Bewohner der großen Inseln des Bismarck-Archi-
pels und der Küsten von Kaiser-Wilhelmsland (Deutsch-Neuguinea); im Inneren Neuguineas
und in Neumecklenburg sitzen Papuas. Die Bewohner der Samoa-Inseln sind reinrassige
Polynesier, deren nächste Verwandte wir in den Malaien kennen gelernt haben. Mikronesien, d. h. die kleinen Inseln nördlich vom Äquator, werden von einer stark gemischten Bevölkerung, den Mikronesiern, bewohnt. Das Folgende gibt einige typische Beispiele der
dunklen Bevölkerungen.

Papuas von Neuguinea.

Ein junges, von van Hasselt als Dienerin aus seiner Heimat nach Berlin gebrachtes
Papua-Mädchen, Kandaze (s. die Abbildung S. 319), gab Virchow Veranlassung zu einer anthropologischen Studie. „Die Nachrichten, welche wir in den letzten Jahren erhalten haben",
sagt Virchow, „haben uns in eine gewisse Verwirrung versetzt in bezug auf die Stämme
in Neuguinea und die physische Beschaffenheit derselben, insofern sich an Stelle der stets
vorausgesetzten Einheit dieser Stämme eine scheinbare Vielfältigkeit der Rassen ergeben hat.
Überdies, während es eine Zeitlang schien, als ob in der Tat die dunkelhäutige Bevölkerung
Neuguineas, die Papuas, als eine eigentümliche Rasse neben den anderen baständen, hat man
jetzt zahlreiche Beziehungen derselben zu anderen Rassen nachzuweisen versucht. Es ist daher
zweifellos vom größten Interesse, auch einmal von Augenschein ein Wesen dieser Rasse vor
uns zu sehen, einer Rasse, die noch jetzt von vielen ernsthaften Naturforschern als die aller-
niedrigste betrachtet wird, die überhaupt existiert.

„Adolf Meyer und v. Maclay hatten die Meinung ausgesprochen, daß Papuas und

Negritos nahe verwandt seien. Das Resultat der Untersuchung ist, daß das junge Mädchen nichts weniger als eine Übereinstimmung darbietet mit dem, was wir von den Negritos wissen. Das gilt schon für den Schädelbau. Während sämtliche in Berliner Sammlungen vorhandene Negritoschädel kurzköpfig, brachykephal, sind, ist der Kopf dieses Mädchens trotz geringer Höhe verhältnismäßig lang und schmal. Er hat trotz der mächtigen, nicht zu beseitigenden Frisur von scheinbarem Wollhaar einen Breitenindex von 76,1, was bei einem lebenden Menschen ein evidentes Zeichen eines langen, dolichokephalen, Schädels ist. Dabei ist eine ganz ungewöhnliche Schmalheit des Vorderkopfes vorhanden; die Stirn ist so schmal, und der Kopf geht, wenn man das Haar zurücklegt, so sehr an den Seiten zusammen, daß nicht die mindeste Analogie mit den Negritos der Philippinen existiert. Manches andere in der physischen Erscheinung mag vielleicht Ähnlichkeiten darbieten, aber der Schädelbau ist absolut verschieden." Alle einzelnen Verhältnisse, die sich an dem Mädchen durch die Untersuchung konstatieren ließen, stellen nichts weniger dar „als einen an sich niedrigen Typus, und namentlich die Verhältnisse der einzelnen Teile der Extremitäten zum Rumpfe und der einzelnen Teile der Extremitäten untereinander sind durchaus verschieden von denjenigen, die in der afrikanischen Rasse in auffälligem Maße hervortreten. Kandaze ist 1,576 m hoch, hat eine ebenso zierliche Hand wie einen zierlichen Fuß. An beiden, namentlich an den Füßen, sind die Nägel weiß. Am Fuße steht die große Zehe am meisten vor und ist sehr gerade; nur die kleine Zehe ist gebogen. Der Fuß ist so beweglich, daß sie, obgleich sie seit

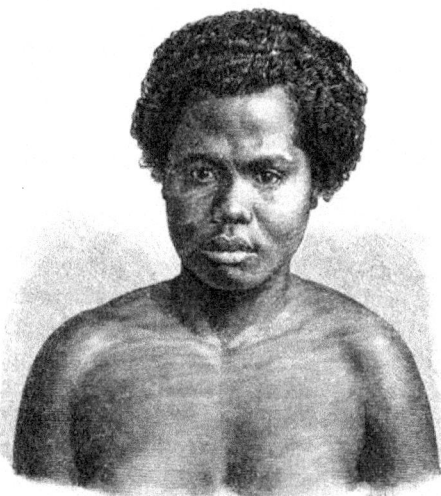

Das Papua-Mädchen Kandaze. Nach Photographie von E. Günther in Berlin.

längerer Zeit Schuhwerk trägt, doch noch fähig ist, den Fuß als Hand zu gebrauchen und damit, namentlich mit der großen Zehe, zu greifen und zu präsentieren. Der Fuß ist wohlgebildet und steht in vortrefflichem Verhältnis zum Körper; er repräsentiert 6,4 Teile der gesamten Körperlänge. Ebenso sind die Verhältnisse der Vorderarme zum Oberarm und der Schienbeine zum Oberschenkel durchaus innerhalb derjenigen Verhältnisse, die wir gewöhnt sind, als Verhältnisse höherstehender Rassen anzusehen.

„Überraschend ist das verhältnismäßig helle Kolorit, das Kandaze darbietet. Nach den Schilderungen der Reisenden mußte man darauf vorbereitet sein, ein sehr dunkles Kolorit als das der Papua-Rasse eigentümliche zu finden. Dabei ist freilich die merkwürdige Angabe van Hasselts zu berücksichtigen, daß sie in dem nördlicheren Klima, in dem sie sich schon einige Zeit aufhält, erheblich geblaßt sei. Auffallenderweise hat aber die Erblassung wesentlich an den Teilen stattgefunden, die der Luft exponiert sind, während alle bedeckten Teile dunkel geblieben sind. Das ist schon an der Stirn zu sehen, an welcher diese Differenz da, wo die Haare einen Teil derselben bedecken, sehr auffallend hervortritt; namentlich aber am Halse, wo das schon mehr hell graubraune Aussehen der exponierten Teile in das dunkel graubraune oder schwärzliche der eigentlichen Negerfarbe übergeht. Auch die anderen bedeckten Teile, der Fuß, das Bein usw., sind ungemein dunkel. Wir sehen also hier wieder, daß, während bei den weißen Rassen die entblößten Teile sich bräunen, hier gerade das umgekehrte Ergebnis sich herausstellt, daß die unserer kühlen Atmosphäre ausgesetzten Teile in höherem Maße bleich geworden sind.

„Die Haarfarbe ist rein schwarz. Das Haar ist nach der Sitte der Weiber in Neuguinea künstlich gekürzt. Im einzelnen ist das Haar von einer wunderbar welligen Beschaffenheit. Es unterscheidet sich sehr auffallend von dem eigentlichen Negerhaar; es hat nichts von der eigentlich ‚wolligen‘, gedrehten Beschaffenheit, sondern es ist einfach welliges Haar, das stellenweise so aussieht, als ob es regelmäßig mittels eines Brenneisens frisiert wäre. Die Windungen liegen alle in derselben Ebene, so daß, wenn man eine einzelne Locke verfolgt, sie immer in derselben Richtung vom Kopfe ab verläuft. Es ist also eine vollständige Differenz von dem eigentlichen Negerhaar vorhanden.

„Die großen, glänzenden, schwarzbraunen Augen haben nicht nur einen intelligenten, sondern auch einen sanften Ausdruck. In bezug auf die Bildung des Gesichtes hat die sehr schmale Stirn absolut nichts von dem Typus an sich, der sich aus den Schädeln und Photographien der Negritos nachweisen ließ, namentlich nicht die dachförmige Bildung des Vorderkopfes mit schrägstehenden Seiten. Die Stirn geht gerade in die Höhe, hat stark hervortretende Höcker und ist eher viereckig als dachförmig. Die Bildung des eigentlichen Gesichts ist verhältnismäßig sehr breit. Neben einem ausgemachten schmal und langen Schädel findet sich also ein niedriges und verhältnismäßig breites Gesicht. Darin liegt das, was die Reisenden verführt hat, eine Ähnlichkeit mit den Negritos anzunehmen. Indes steht diese Gesichtsbildung bei den Negritos in Verbindung mit einem breiten Schädel.

„Die Nase ist so niedrig, in den eigentlichen knöchernen Teilen zugleich so breit und der Rücken so eingebogen, daß man auf die Vermutung kommen könnte, daß irgendeine künstliche Einwirkung auf die Bildung derselben stattgefunden habe. Man muß an eine Nasendeformation denken, weil die französischen Missionare von Neukaledonien behaupten, daß nicht bloß da, sondern auch bei den Nachbarvölkern die niedrigere Nasenwurzel künstlich dadurch hervorgebracht werde, daß man unmittelbar nach der Geburt die Nasenbeine zerquetsche. Die Untersuchung der Nase an den Schädeln hat jedoch bisher nichts ergeben, was für eine solche Einwirkung spricht. Auch nach der Angabe van Hasselts ist die Nasenform rein Natur. Der Nasenindex ist 76,7, der Gesichtsindex 79,5.

„Die Bildung der Kiefer und der Lippen stimmt in hohem Maße überein mit dem, was die Mehrzahl der schwarzen Rasse darbietet: stark hervortretende Kiefer (Prognathismus) und ziemlich starke Lippen. Die wohl mehr individuelle Kürze des Halses im Verhältnis zur Breite der Schultern gibt dem jungen Mädchen ein derbes, geradezu untersetztes Aussehen. Die Füllung der Blutgefäße im Gesicht ist außerordentlich variabel. Kandaze ist höchst empfindlich, sehr schamhaft und sehr erregbar, und man sieht in ihrem Kolorit fortwährend das Wechseln der Gemütsbewegungen, wie sie auf die Gefäße des Gesichtes ihren Einfluß üben. Dieser Einfluß ist beinahe größer, als man ihn unter ähnlichen Verhältnissen bei anderen Rassen wahrnimmt."

Auch G. Fritsch, dieser ausgezeichnete Kenner der afrikanischen Völker, erklärte, daß die Abweichungen des Papua-Mädchens von dem Typus der afrikanischen Nigritier recht erheblich seien. Es gilt das besonders von den Haupthaaren, die auf dem Querschnitt oval bis bandartig erscheinen. Trotz dieser starken Abflachung zeigt das Haar doch keine Neigung, sich aufzurollen, und bildet, in kürzere Stücke zerlegt, flache Bogen, aber nicht die engen Ringe des Nigritierhaares. In bezug auf das Ausbleichen des Papua=Mädchens in Europa konstatierte R. Hartmann, daß er ein allmählicheres Lichterwerden der Haut bei mehreren in Europa aufgezogenen Schwarzen beobachtet habe, so bei Henry Noel aus Baghirmi, bei dem Inomatta=Galla Djilo=Ware=Taisomaka, bei dem Fanti Bamba=Henriot und dem Kordofaner Medineh. Dasselbe soll von anderen bei dem Tumali Djalo=Dgondan=Ware des Herzogs Max in Bayern sowie bei den Abessiniern Gebra=Marjam und Medrakal wahrgenommen worden sein. Wir haben diese Frage in den vorausgehenden Kapiteln schon systematisch besprochen.

Salomo=Insulaner, Neu=Irländer, Neu=Britannier, Negritos.

Das von den Fidschi=Inseln nach Hamburg gelangte Schiff „Prinz Albert", Kapitän A. Höpfner, hatte einen Salomo=Insulaner mitgebracht, den R. Virchow untersuchte. An seiner Statt bilden wir S. 322 einen ähnlichen, ebenfalls sehr prägnanten Melanesiertypus von Neu=Irland ab.

Dem Anschein nach mochte der Mann wenig über 20 Jahre alt sein. Als sein Heimatsort wurde die Insel Morrissi angegeben. Er machte den Eindruck blühender Gesundheit und großer Körperkraft. Die Matrosendienste erfüllte er mit Geschick und Verständnis. Nichts in seiner Erscheinung erinnerte daran, daß er einem „wilden" Stamme angehörte. Die Messung ergab folgende Verhältnisse: Körperhöhe 1,576 m, der Längen=Breiten=Index des Schädels betrug 80,2, der Ohrhöhenindex 69,1, der Gesichtsindex 89,9, der Nasenindex 90,4. Der Schädel erweist sich demnach als hoch und kurz (hypsibrachykephal), eine Erfahrung, die gerade für diese Gegend Melanesiens von großem Interesse ist, insofern dadurch ein scharfer Gegensatz zu den hoch= und langschädeligen (hypsidolichokephalen) Bevölkerungen der Nachbarinseln und eine Annäherung an die Negrito=Form dargestellt wird. Die Nase ist bei bemerkenswerter Kürze sehr breit (platyrrhin), sie tritt von einem tiefen Ansatzpunkt aus ziemlich gerade heraus. Die Kiefer sind stark entwickelt, ohne daß jedoch die Prognathie, das Vorschieben derselben, besonders ausgesprochen ist. Das Auge liegt etwas tief und ist eher klein. Die Hautfarbe war durchweg von einem gesättigten, glänzenden Schwarzbraun, fast schokoladenfarbig, das Haupthaar kurz, gekräuselt, schwarz, ohne jedoch in auffälliger Weise in Büscheln zu stehen. Der Backenbart war kräftig und dicht, dagegen fehlten Schnurr= und Kinnbart fast ganz. In der Gesamterscheinung erinnerte der Salomo=Insulaner nicht wenig an das oben beschriebene Papua=Mädchen Kandaze von Neuguinea. Anderseits genügt die erwähnte Analogie des Schädelindex mit dem der Negritos noch nicht, um daraus etwa eine Identität der Rasse zu folgern. Jagor bemerkte sogar, daß die Physiognomie dieses Insulaners manche an die Kanaken der Sandwich=Inseln erinnernde Züge darbiete.

R. Hartmann, zweifellos einer der besten Kenner der afrikanischen Völker, sagte mit Rücksicht auf die Ähnlichkeit der Schwarzen der Südsee und jener Afrikas über einen von Otto Finsch mitgebrachten jungen Papua, einen etwa 15 Jahre alten Neu=Britannier von Matupi: „Wenn ich nicht irre, so hat unser Freund Finsch in einem Schreiben an den Vorsitzenden die Frage aufgeworfen, warum wir zögern sollten, die Schwarzen der Südsee als Neger anzuerkennen. Ich lebe der festen Überzeugung, daß einst der Tag kommen werde, an welchem Erörterungen über einen etwaigen ehemaligen Zusammenhang der schwarzen Rassen selbst von wissenschaftlicher Seite als zulässig betrachtet werden dürften."

Den afrikanischen Negern schließen sich am nächsten die oben (S. 98 und 122) schon besprochenen Negritos im eigentlichen Sinne, die „kleinen Neger", an, nicht nur durch die Hautfarbe, sondern auch durch das Haar, das schwarz, fein und spiralig ist. „Es war lange", sagt Virchow, „eins der schwierigsten Probleme der Anthropologie, daß in den weit abgelegenen Gegenden des Indischen Meeres schwarze, wahrhaft negerartige Stämme vorkommen, welche zerstreut an verschiedenen Stellen gefunden werden, und zwar so, daß man mit einiger Wahrscheinlichkeit annehmen konnte, daß in früherer Zeit eine größere Zahl von Inseln, und zwar ganz, von ihnen eingenommen worden sei. Wir kennen diese Schwarzen am längsten und besten von den Philippinen, besonders von Luzon, der nördlichsten derselben, wo sie die zentralen Gebiete, namentlich im Norden, noch heute in größerer Ausdehnung bewohnen. Diese wahren Negritos und die Schwarzen von Neuguinea, Australien usw., welche wir gegenwärtig im engeren Sinne Melanesier nennen, haben unmittelbar nichts miteinander zu tun, es sind das zwei verschiedene Gruppen. Namentlich das Gebiet der ersteren zeigt sehr wenig Zusammenhang. Wir finden die durch Kleinheit der Körperformen ausgezeichneten Negritos auch im Bengalischen Meerbusen, wo sie eine kleine Inselgruppe, die Andamanen, ganz und gar bewohnen. In allerneuester Zeit hat nun der Reisende der Virchow-Stiftung, Herr Vaughan Stevens, die schon durch frühere Reisende signalisierten Negritos in Malakka, die Orang Sekai

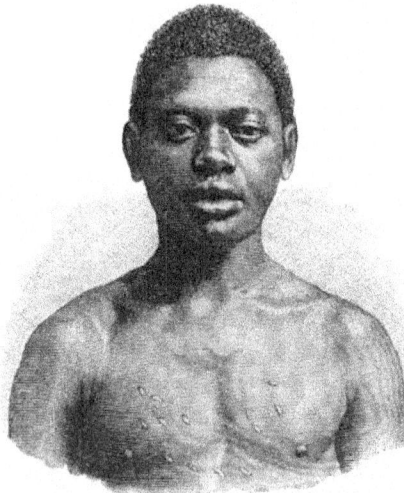

Ein Neu-Irländer. Nach Photographie von C. Günther in Berlin. Vgl. Text S. 321.

und Semang, aufgefunden und auch durch Einsendung von Schädeln und Haaren die Möglichkeit genauer anthropologischer Untersuchung geliefert." Virchow beschrieb den ersten der eingesendeten Schädel der Negritos von Malakka als hoch- und kurzköpfig und auch sonst wohlentwickelt, ganz den Schädeln der Negritos der Philippinen und der Andamanen entsprechend. Die Haare bilden schwarze Spiralrollen, die einen losen Filz von schraubenförmig gedrehten und in ihrer ganzen Länge isolierten Haaren herstellen; die lichte Weite der einzelnen Rollen beträgt bis zu 2 mm. Ähnliche Reste einer Negritobevölkerung finden sich nach manchen Angaben noch weiter nördlich in dem Grenzgebiet zwischen China, Birma und Siam. Auch unter den Leuten „schwarzer Haut" in Vorderindien zeigen sich zum Teil Anknüpfungspunkte, obwohl sich die betreffenden dunkeln Stämme Vorderindiens, wie Virchow speziell hervorhebt, dermatologisch von der übrigen Gesellschaft unterscheiden. „Untereinander stehen sie sich nur teilweise parallel durch die (ihrer Körperkleinheit entsprechende) Kleinheit ihrer Schädel, durch die extreme Nannokephalie, welche sie darbieten; denn es gibt hier Schädel bis zu 940 ccm herab, also Schädel, welche ihrem Rauminhalt nach schon in die nächste Nähe der Gorillaschädel kommen, während die Schwarzen von Australien Schädel von 1200, 1300 und 1400 ccm haben, mit denen sie sich in jeder Gesellschaft sehen lassen können." Virchow schließt seine Beschreibung des erwähnten von V. Stevens ein= gesendeten Schädels eines Malakka=Negrito, eines Angehörigen der Semang=Stämme, mit den Worten: „Seit Dezennien gelten die Semang=Stämme als Hauptrepräsentanten niederster Körperbildung. Nachdem alle anderen ‚niederen Rassen‘ ihrer vermeintlichen Affenähnlichkeit entkleidet sind, hatten sich alle Hoffnungen, hier wenigstens eine Art von Proanthropen zu finden, auf das Dunkel der Wälder von Malakka gerichtet. Das scheint nun auch vorüber zu sein. Wenigstens dieser erste Semang=Schädel besitzt außer seiner Pro= gnathie und seiner einfachen Unterkieferbildung nichts Pithekoïdes. Weder Platy= noch Ka= tarrhinie, weder ein Stirnfortsatz der Schläfenschuppe (Processus frontalis squamae tem= poris), noch ein Lemurenfortsatz (Processus lemurianus) am Unterkieferwinkel ist vorhanden. Mit seiner Kapazität von 1370 ccm, seiner Stirn von 91 mm Maximalbreite, seiner vortreff= lich ausgebildeten Schläfengegend ließe er sich auch unter die Schädel der Kulturvölker ein= reihen. Er ist weniger pithekoïd als zahllose Schädel zivilisierter Menschen." — „Ich denke, daß durch die Reise des Herrn V. Stevens das letzte Problem in betreff der ‚niederen Men= schenrassen‘ definitiv gelöst und die Existenz von spirallockigen Schwarzen in Hinterindien endgültig festgestellt ist. Aber auch diese ‚niedere Rasse‘ ist nicht pithekoïd oder sonstwie theromorph, sondern rein menschlich."

Der „wilde" Mensch (Homo ferus *Linné*).

Wo bleibt nun nach Betrachtung der vorausgehenden Rassenbilder vor der Kritik der Wissenschaft der wilde Mensch? Wo bleibt der Wilde, der dem Affen ähnlicher ist als dem Europäer, der in seinen verschiedenen Erscheinungsformen verbindende Zwischenglieder zwischen der vollen Menschenbildung und dem Affen darstellt? Man hat wohl über die Vor= führung und Schaustellung von Angehörigen fremder Rassen und Völker in den Hauptstädten Europas als über ein Attentat gegen die Menschenwürde geeifert. Ganz mit Unrecht. Außer= ordentlich viel hat einerseits die Wissenschaft daran gelernt, und nichts hat anderseits so gün= stig für die allgemeine Verbreitung der Lehre von der Einheit des Menschengeschlechts und von dem vollen Menschenwert dieser von der unseren mehr oder weniger abweichenden Formen gewirkt. Nur der eigene Augenschein, nur der persönliche Verkehr mit den Gästen aus fremden Himmelsstrichen kann die Menge jener überzeugen, die für eine naturwissen= schaftliche Beweisführung ganz unzugänglich sind. Nicht nur im Namen der Wissenschaft, sondern auch in dem der Humanität haben wir jenen Männern, vor allem Karl Hagenbeck, Dank auszusprechen, die uns die Untersuchung fremder Rassen in Europa ermöglicht haben.

Wie weitgehend haben sich die Anschauungen in dieser Beziehung in den letztver= gangenen vierzig Jahren nicht nur bei dem allgemeinen Publikum, sondern auch in der Wissenschaft geändert! In dem ersten Bande des „Archivs für Anthropologie", durch den im Jahre 1866 der Beginn der neuen Ära der anthropologischen Forschung in Deutschland inau= guriert wurde, finden wir aus der Feder eines so anerkannten Forschers wie H. Schaaff= hausen einen Aufsatz: „Über den Zustand der wilden Völker." In diesem werden die wich= tigsten Fragen, die der Wissenschaft in dieser Richtung zur Lösung vorlagen, in anziehender Weise formuliert. Aber es mahnt uns nach den neuen, in einer scheinbar kurzen Spanne Zeit gesammelten Erfahrungen an die Märchen aus der Kinderstube, wenn wir dort die körperliche Beschreibung der am niedrigsten stehenden „Wilden" lesen: „Den armseligsten Menschenschlag findet man in einigen Gegenden Neuhollands; abgemagerte Gestalten mit faltigen Affengesichtern, die Augen halb geschlossen, voll Schmutz und Unrat, mit ihren langen Spießen, deren Spitze ein hartes Holz oder eine Fischgräte, und mit dem Schild aus Baumrinde in kleinen Haufen umherziehend, als Cook sie fand, nicht einmal fähig, das Känguruh zu jagen, sondern von Muscheln und Seetieren lebend, ihre Zuflucht ein hohler Baum oder eine aus Zweigen geflochtene Schutzwehr, sind sie die echten Söhne des kargen Landes, das ihnen sogar das elastische Holz versagt hat, aus dem sie den Bogen hätten schnitzen können, das mit seinen schattenlosen Wäldern, mit seinen Schnabeltieren und Beutelratten so viele auffallende Erscheinungen darbietet, daß man glauben möchte, es gehöre mit seinen Menschen einem früheren Zustande der Erdbildung an, der unverändert sich erhalten habe. Nicht viel besser mag auf den öden Steppen des südlichen Afrika das Leben der von ihren Nachbarn verachteten Buschmänner sein, die nordwestlich von Natal in Erdlöchern hausen, welche sie sich mit den Händen graben, von Insekten oder kleinen Vögeln sich nährend, die sie", so schließt Schaaffhausen diese Beschreibung, „ungerupft verschlingen."

Dann folgt die bekannte Erzählung, die Krapf nach dem Bericht eines Sklaven gab von den in „einer bis jetzt unerforschten Gegend Abessiniens in dichten Bambuswäldern wohnenden Doko, die, nicht höher als 4 Fuß, von der Größe zehnjähriger Kinder seien. Sie leben in einem durchaus tierischen Zustande ohne Wohnung, ohne Tempel, ohne heilige Bäume; sie haben keinen Häuptling und keine Waffen; sie klettern auf Bäume wie die Affen; der langen Nägel bedienen sie sich beim Ausgraben von Wurzeln und Ameisen und zum Zerreißen der Schlangen, die sie roh verschlingen. Wohl darf man bei dieser Schilderung an die Pygmäen denken, die Herodot im Inneren Afrikas leben läßt." De la Gironière, der einige Tage unter den Aëta verweilte, die das gebirgige Innere von Luzon bewohnen, sagt von ihnen: „Das Volk erschien mir mehr wie eine große Familie von Affen denn als menschliche Wesen. Ihre Laute glichen dem kurzen Geschrei dieser Tiere, und ihre Bewegungen waren dieselben. Der einzige Unterschied bestand in der Kenntnis des Bogens und des Spießes und in der Kunst, Feuer zu machen. In unzugänglichen Gegenden Indiens sollen noch Menschen von so tierischer Bildung sich finden, daß man vermutet, auf sie beziehe sich vielleicht der Mythus von dem Affen Hanuman, welcher dem Rama bei seiner Eroberung von Lanka, womit Bengalen bezeichnet ist, beistand. In der Zeitschrift der Asiatischen Gesellschaft von Bengalen wird mitgeteilt, daß 1824 unter Thangur-Kulis, die auf einer Kaffeeplantage arbeiteten, sich zwei Personen, ein Mann und eine Frau, befunden hätten, die man Affenmenschen nannte. Sie verstanden nicht die Thangur-Sprache, sondern hatten eine eigne Mundart. Piddington beschreibt den Mann als klein mit platter Nase und merkwürdigen bogenförmigen Runzeln um die Mundwinkel und auf den Wangen, die wie Maultaschen aussahen. Durch Zeichen brachten die Kulis aus ihnen heraus, daß sie weit in den Gebirgen wohnten, wo einige Dörfer ihres Stammes ständen. Später erfuhr Piddington, daß Trail, der britische Bevollmächtigte von Kumarn, einen solchen Menschen, die in den Wäldern von Terai auf Bäumen leben, lebendig gesehen und vollkommen affenähnlich gefunden habe. Auch in Tschittagong soll es solche Wesen geben. Damit stimmt überein, was v. Hügel von den Bewohnern einiger Gebirgsgegenden Indiens berichtet hat, die er noch unter die Neuholländer, von denen er eine so traurige Schilderung gibt, stellt, weil sie es noch nicht zur

Bildung einer Horde gebracht hätten und man kaum eine Familie vereinigt finde. Mann und Frau leben einzeln und flüchten affenähnlich auf die Bäume, wenn man ihnen zufällig begegnet. Noch einmal wurden wilde Menschen in Indien, die in den Dschungeln südlich von den Nilgiri-Gebirgen sich fanden, in ähnlicher Weise beschrieben. Der Reisende fand zwei weibliche Wesen, die in einem hohlen Baume ihre Wohnung hatten; sie ließen ihn anfangs zweifeln, ob es Affen oder Menschen seien; auffallend waren die kleinen, lebhaften Augen, die sie oft geschlossen hielten, und das runzelige Gesicht. Nach dem amerikanischen Reisenden Gibson leben auf der Insel Bangka bei Sumatra in den Wäldern Herden großer wilder Affen und ein Menschenstamm, Orang Koobos genannt, der nackt und ganz behaart ist und eine nur unvollkommene Sprache hat. Die malaiischen Bewohner Sumatras legen an den Grenzen des Waldes rotes Tuch und andere anziehende Gegenstände nieder, ziehen sich beim Erscheinen der Wilden aber zurück und finden an der Stelle Kampfer und Benzoe. Auch von den Wedda auf Ceylon wird erzählt, daß die arabischen Kaufleute ganz in derselben Weise einen stummen Handel mit ihnen führen, wie nach Herodot schon die Phönizier mit den Völkern der westafrikanischen Küste getan. Gibson nennt noch einen Stamm, die Orang Gugur, die noch wilder seien, fast ganz ohne Kinn, mit haarigem Körper, ohne Waden, aber mit langen Fersen und noch längeren Armen, zurückliegender Stirn und vorstehenden Kinnbacken."

Wir können übrigens auch aus neuester Zeit noch mit derartigen Sensationsmärchen aufwarten. So lesen wir beispielsweise 1884 in einem an die Berliner Anthropologische Gesellschaft eingesendeten Bericht über die Papua-Inseln: „Auf der Aru-Insel soll ein Stamm vorkommen, welcher bis zu 6 Zoll lange, vom Kopfe abstehende Ohren haben und auch in seiner Gestalt sonst sehr abnorm sein soll. Herr Sijo, ,ein achtenswerter Kaufmann', hat früher einmal ein solches Individuum besessen, dasselbe ist aber in kurzer Zeit gestorben. Dieser Stamm soll mit anderen keinen Umgang haben. Ein anderer Stamm soll weiße Hautfarbe und rotbraune Haare haben, auch auf Bäumen wohnen, ähnlich wie auf einer der Key-Inseln. Auch soll ihre Sprache eine ganz tierische sein, und sie sollen sich ganz abgesondert halten, ohne Kleidung, auf der niedrigsten Stufe stehend. Wie die anderen Arunesen angeben, sind diese Leute Abkömmlinge von Europäern (!), welche dort vor vielen Jahren gescheitert sein sollen."

Selbstverständlich tragen weder Schaaffhausen noch der letztzitierte Reisende derartige Märchen als bare Münze vor. Ersterer wahrt den wissenschaftlichen Standpunkt ausdrücklich durch die Schlußworte: „Es mag manches von diesen Angaben über die körperliche Beschaffenheit und Affenähnlichkeit jener wilden Menschenstämme übertrieben sein, aber die Möglichkeit, daß sie durchaus wahr sind, kann nicht bezweifelt werden." Der letzte Teil dieses Satzes war wohl vor vierzig Jahren noch unantastbar, heute dagegen wissen wir durch die eingehendsten Untersuchungen an Ort und Stelle und noch mehr, z. B. betreffs der Neu-Holländer, der Australier, durch Untersuchung typischer Vertreter mit allen Hilfsmitteln der modernen anthropologischen Forschung in Europa selbst, daß jene Berichte infolge der Fremdartigkeit der Erscheinung fremder Völker neben teilweise zu entschuldigenden Übertreibungen geradezu Unwahrheiten enthalten. Tierartige wilde Völker oder Stämme, welche die Mittelglieder zwischen Mensch und Affe darstellen, gibt es nicht. Aber es gibt auch nicht einzelne Individuen, die wissenschaftlich als solche Mittelglieder angesehen werden dürfen.

Im 18. Jahrhundert beschäftigte die Philosophen und Humanisten häufig die alte, schon von Herodot erwähnte Frage, wieviel an den auffallendsten Lebensäußerungen des Menschen auf Rechnung der von der ersten Jugend an einwirkenden Einflüsse mehr oder weniger zivilisierter Umgebung, also auf Erziehung, zu setzen sei, wieviel auf angeborenen Eigenschaften beruhe. Man glaubte vielfach annehmen zu müssen, daß der eigentlich natürliche Zustand des Menschen ein tierischer sei. Namentlich zwischen den Psychologen wurde damals der Streit, ob es angeborene Begriffe, idées innées, gebe, wie Blumenbach bemerkt, „mit voller Lebendigkeit und respektive Hitze" geführt. Man war der Meinung, die Fragen, die sich hier vor allem aufdrängten, lösen zu können durch Beobachtung an menschlichen Individuen, die von frühester Jugend an in vollkommenster Isoliertheit, ausgeschlossen von allen zivilisatorischen oder erziehlichen Einflüssen, gelebt hätten. Solche Individuen bezeichnete man zum Teil

Krao. Nach Photographie von C. Höpfner
in Halle a. S.

speziell als Wilde. Es ist interessant, namentlich die hierauf bezüglichen psychologischen Versuche zu überblicken, die zum Teil in geistvoller Weise die ersten Eindrücke Blind- und Taubgeborener und damit in Wahrheit von der erziehenden Einwirkung der Umgebung nach vielen Richtungen Isolierter zum Gegenstand oft sorgfältiger Studien machten. Aber auch andere Fragen wollte man an solchen Isolierten entscheiden, z. B. die, ob der Mensch von Natur aufrecht gehe, oder ob der aufrechte Gang, der den Menschen von allen Tieren unterscheidet, nur ein Ergebnis der Erziehung, der Dressur sei, durch welche auch Hunde, Bären, Affen und andere Tiere einen aufrechten Gang anzunehmen lernen können. So gehörte es beispielsweise gewissermaßen zu dem System J. J. Rousseaus und anderer, den vierfüßigen Gang des Menschen als den naturgemäßen anzuerkennen, und Rousseau berief sich für seine Behauptung, daß es verschiedene Beispiele vierfüßiger Menschen gebe, auf eine Erzählung über einen im Jahre 1344 (!) in Hessen gefundenen Knaben, der, als Säugling von Wölfen ernährt, die Gewohnheit, nach Art dieser Tiere zu laufen, angenommen habe. Der in diesem Sinne unnatürliche aufrechte Gang sollte bei dem Menschen sogar eine Reihe krankhafter Störungen, Krampfadern, Hämorrhoiden und viele andere, hervorrufen, was auch neuerdings wieder aufgewärmt wurde.

Es entspricht der in jener Zeit im allgemeinen noch außerordentlich gering entwickelten naturwissenschaftlichen Kritik, daß solche und andere Fabeln auf Treue und Glauben angenommen und schon durch die Behauptung für vollkommen bestätigt gehalten wurden, daß man das unglückliche Wesen, von dem man jene Fabeln erzählte, später mit eigenen Augen gesehen habe. Man hatte bis zum Ende des 18. Jahrhunderts eine ganze Anzahl solcher Erzählungen aus aller Herren Ländern gesammelt; A. Rauber zählt wenigstens 16 auf. Wo überhaupt ein Fünkchen Wahrheit in diesen tendenziösen Berichten steckt, handelte es sich um blödsinnige, zum Teil wohl kretinistische armselige Wesen, wie bei jenem neuen, von Ornstein aus Griechenland berichteten Fall eines jungen Landstreichers. Einige Fälle beziehen sich wahrscheinlich auf Kinder, die wirklich von früher Jugend auf aus irgendeinem Grunde isoliert gehalten worden waren, von denen aber aus jener Reihe keines das Interesse erwecken kann wie jener im allgemeinen vortrefflich beobachtete rätselvolle Fall des bekanntlich in

Nürnberg aufgetauchten Kaspar Hauser, dessen Ruf heute noch nicht ganz verschollen ist. Das steht fest, daß, abgesehen von einem oder dem anderen Blödsinnigen oder Kretin, bei allen besser beobachteten Fällen meist ganz unumwunden angegeben wurde, daß der Gang aufrecht gewesen sei. Aber so tief, namentlich auch durch Linnés Autorität, war der Glaube an den vierfüßigen wilden Menschen im Publikum verbreitet, daß, wie wir mit Erstaunen sehen, die größten wissenschaftlichen Autoritäten jener Periode Zeit und Mühe daran vergeudeten, diese Albernheit exakt zu widerlegen. Wir lächeln heute über dieses vergebliche Mühen, damals aber erschien die Sache sehr ernst.

Es ist wunderlich, daß das Ende des 19. Jahrhunderts auch darin an das Ende des achtzehnten erinnerte, daß solche lange begrabene Fragen wieder im Interesse des Publikums emportstiegen. Affenmenschen, Hundemenschen, Bärenmenschen wurden uns wieder gezeigt, und jene, die solche Monstra (vgl. Band I, S. 162 ff.) dem staunenden Publikum vorführen, sind nicht immer persönlich dafür verantwortlich, daß sich nicht ähnliche Erzählungen über die ursachlichen Beziehungen derselben zu Tieren bilden, wie sie seit dem frühesten Altertum und dann in jener oben geschilderten Periode mit Schaudern gehört und weiterberichtet worden sind. Mißverstandener Eifer, die Theorien Darwins durch derartige Fabeln zu stützen, wirkt hier sichtlich mit. Ein neues Beispiel der Art ist in unser aller Gedächtnis: Krao, das behaarte, geschwänzte, mit Backentaschen versehene, etwa 7—8 Jahre alte Mädchen, der „Affenmensch" (s. die Abbildung S. 326 und die nebenstehende), die, da sie auch in der Formation ihrer Muskeln

Krao. Nach Photographie von C. Höpfner in Halle a. S.

und wahrscheinlich ebenso der Knochen von der gewöhnlichen Form abweichende Bildungen besitzen sollte, als das nun aufgefundene, bisher fehlende Glied in der Verbindungsreihe zwischen Mensch und Affe nach der Theorie Darwins angekündigt und gezeigt wurde, und zwar zuerst im königlichen Aquarium zu Westminster in London. Das Mädchen sollte nach dem über sie von einem Herrn Farini gegebenen Bericht in einem Walde von Laos gefunden worden sein und wurde von Karl Bock, einem Norweger, nach England gebracht. Letzterer setzte, so lautete der Bericht, da er an verschiedenen Orten von der Existenz einer behaarten Menschenrasse gehört hatte, eine Belohnung für die Einfangung eines solchen Exemplares aus. Infolgedessen wurde eine Familie dieser sonderbaren Rasse, bestehend aus einem Mann, einer Frau und dem ausgestellten Kinde, auch wirklich gefangen und Karl Bock überliefert. Wenn die Kleine weglief, so riefen sie die Eltern in einem klagenden Tone: Kra-o, und so wurde dieser Ruf als ihr Name angenommen. Der Vater starb noch in Laos an der Cholera, und der Beherrscher dieses Landes schlug es ab, die Mutter ziehen zu lassen; es gelang jedoch Karl Bock, das Kind nach Bangkok zu bringen, und dort erhielt er vom König von Siam die Erlaubnis, es mit nach Europa zu nehmen. So lautete der ſenſationelle Bericht.

Das Kind kam nach Berlin, wo es von R. Virchow und Max Bartels, dem Spezialkenner der Haar- und Schwanzmenſchen, unterſucht wurde. M. Bartels konſtatierte einen jener in Band I, S. 162 ff., beſchriebenen Fälle von allgemeiner Überbehaarung, jedoch einen unentwickelten. „Ihre Haare, am Kopfe ſowohl als auch am Geſicht und am Körper, ſoweit derſelbe ſichtbar iſt, ſind von dunkelſchwarzer Farbe und derber Konſiſtenz. Die Haare der Stirn ſind geſchoren, von den ſeitlichen Partien der Wangen hängen lange Haarquaſten herunter von ungefähr 12 cm Länge. Das übrige Geſicht iſt vollſtändig mit kurzen, nicht ſehr dicht ſtehenden Haaren beſetzt, welche ebenſo wie die Haare über den oberſten Bruſtwirbeln, an den Armen und den Unterſchenkeln dem Körper glatt aufliegen.“ Auffallend bei der immerhin ſtarken Behaarung des Geſichts iſt die zwar etwas unregelmäßige, aber keineswegs defekte Zahnbildung, wie ſie ſonſt bei faſt allen Haarmenſchen beobachtet wurde (vgl. Band I, S. 172). R. Virchow ſagte: „Krao kann als ein gutes Beiſpiel des dunkeln ſiameſiſchen Typus dienen. Sie hat in Wirklichkeit keinen affenähnlichen, pithekoiden Bau. Was in Zeitungsreklamen darüber geſabelt worden iſt, muß bis auf minimale Züge als ganz unhaltbar bezeichnet werden. Krao hat gelernt, allerlei Dinge in die Umſchlagsſtellen der Wangenſchleimhaut hineinzuſchieben und daſelbſt zu fixieren, aber daraus folgt noch nicht, daß ſie Backentaſchen wie ein Affe beſitzt. (Von der angeblichen ſchwanzförmigen Verlängerung der unterſten Rückenwirbel war in Berlin ſchon gar nicht mehr die Rede.) Sie hat eine ungewöhnliche Beweglichkeit in den Fingergelenken, ſo daß ſie die Phalangen, die Fingerglieder, weit gegen den Handrücken zurückbiegen kann; aber gerade dies iſt gar keine Eigentümlichkeit der Hand der menſchenähnlichen Affen. Weder die Kopf- und Geſichtsbildung noch die Geſtaltung des übrigen Körpers bei ihr iſt affenähnlich; im Gegenteil iſt der Körper nach menſchlichen Verhältniſſen gut gebildet und das durch die ſchönſten großen, ſchwarzen Augen belebte Geſicht nicht ohne einen gewiſſen Reiz. Die geiſtigen Fähigkeiten des Kindes ſind in der kurzen Zeit ſeines europäiſchen Aufenthalts ſo fortgeſchritten, daß an ſeiner weiteren Entwickelungsfähigkeit nicht der geringſte Zweifel beſtehen kann. Es als ‚miſſing link‘, d. h. fehlendes Kettenglied, im Sinne des Darwinismus zu bezeichnen, iſt eitel Humbug, Schwindel. Noch größer iſt der Humbug, der in betreff der Abſtammung des Kindes von einem wilden Stamme in den Urwäldern von Laos getrieben wird, und zu dem Karl Bock mindeſtens ſchweigt.“ „Der Herzog Johann Albrecht zu Mecklenburg hat die Güte gehabt“, fährt Virchow fort, „mir in einem Briefe vom 17. Januar 1884 folgendes mitzuteilen: ‚In der Zeitung leſe ich, daß der ſogenannte birmaniſche Affenmenſch Krao auch Berlin durch ſeine Gegenwart beehrt, und daß das Kind den Anthropologen vorgeſtellt werden ſoll. In Siam berichtete man mir, und zwar in ſicheren Kreiſen, daß die Kleine das Kind eines königlichen Beamten und in Bangkok wohlbekannt ſei. Die Eltern ſehen aus wie jeder andere Siameſe. Der Unternehmer mietete das Kind, und die Eltern begleiteten es ſogar mit aufs Schiff, nicht ahnend, daß auch ihnen nun in der Phantaſie der Europäer am ganzen Körper Haare ſproſſen ſollten. In Bangkok weiß man ſchon von dem Humbug, der mit der Kleinen in London getrieben wurde, und es ärgerte mich gleich, daß der Siameſe über unſere Leichtgläubigkeit lachen ſollte.‘“ Welchen Eindruck hätten ſolche Fabeln, noch durch die wirklich beſtehende geringe Überhaarung unterſtützt, im 14. oder noch im 18. Jahrhundert machen müſſen! Dank der Nähe, in welche in unſerem Jahrhundert die Welt zuſammengerückt iſt, kann ſich ein derartiger Schwindel nicht mehr halten; aber welches Schlaglicht wirft schon die Möglichkeit, daß ein solcher Betrug in unserer Zeit noch für möglich gehalten werden konnte, auf jene alten Legenden von dem Homo ferus *Linné!*

Eine weitere Fabel, wiederum zum Teil durch Linné veranlaßt, die man ebenfalls schon seit langem für vergessen und beseitigt hielt, wurde in unseren Tagen wieder als etwas Neues vorgebracht: ich meine die Angabe, daß jene armseligen hirnarmen oder sonst gehirnleidenden Geschöpfe, die man als Mikrokephalen und Kretins bezeichnet, entweder unmittelbar Reste einer älteren tierähnlichen Bevölkerung jener Gegenden, in denen man sie besonders häufig findet, oder durch Rückschlag, Atavismus im Sinne des Darwinismus, zu erklärende Zwischenformen zwischen Mensch und Affe, also eigentliche Affenmenschen seien.

Ehe wir an diese wichtige Frage näher herantreten, haben wir zunächst nochmals einen Blick auf die Linnéschen Angaben über den Menschen zu werfen, an die sich bewußt oder unbewußt manche neuere Angaben anknüpfen. Wir haben oben (S. 217) die Beschreibungen angeführt, die Linné von den verschiedenen Menschenrassen gegeben hat. Hier sollen nun auch noch seine übrigen Angaben über den Menschen, die er in dem kurzen Stile der Systematik gibt, mitgeteilt werden. An die Spitze seines Systems des Tierreiches stellte Linné:

I. **Primaten.** 1) Der **Mensch**, Homo. Erkenne dich selbst.
Homo sapiens, der Weise: 1) Der Tagmensch, Homo diurnus, variierend durch Kultur und Wohnort.
Homo ferus, der Wilde: vierfüßig, stumm, behaart.

Als Beispiel des Homo ferus, des wilden Menschen, folgt nun eine Aufzählung der oben erwähnten Fälle von Kindern, die angeblich unter den wilden Tieren oder dem Vieh ohne menschliche Erziehung aufgewachsen sein sollten. Daran reiht sich die oben mitgeteilte Beschreibung der vier Menschenrassen, denen als gleichwertig der Homo monstrosus, der mißgeborene Mensch, angereiht wird. Es heißt von ihm:

Homo monstrosus: nach Wohnort und durch künstliche Einwirkung variierend.
a) Die Alpenbewohner, klein, beweglich, furchtsam;
   Patagonier, groß, träge;
b) Leute mit einer Hode: Hottentotten,
   die Unbärtigen, viele amerikanische Völker;
c) die Großköpfigen, Makrokephalen, mit konischem Haupt: Chinesen;
   die Schiefköpfigen, Plagiokephalen, das Haupt von vorn her zusammengepreßt: die Kanadier.

Die Kretins.

Es unterliegt wohl keinem Zweifel, daß Linné unter der Bezeichnung Alpenbewohner (Alpini) nur halbverstandenen Berichten über den Kretinismus in manchen Alpengegenden Ausdruck gibt. Hatte doch, wie gesagt, schon früher und bis in die Mitte des 19. Jahrhunderts herein die Annahme Vertreter gefunden, die Kretins seien Reste eines eigenen, sich von den mit und neben ihm wohnenden unterscheidenden, besonders niedrig organisierten Volksstammes. Es ist ja auch gar nicht zu verkennen, daß manches in der Erscheinung der Kretins eine solche Anschauung auf den ersten Blick zu begünstigen scheint. „Jeder, der auch nur flüchtig eine gewisse Zahl von Kretins betrachtet", sagt R. Virchow, „wird gewiß sehr bald etwas Gemeinschaftliches in der äußeren Erscheinung derselben finden, das ihn befähigt, mit einer gewissen Sicherheit die Kretins aus der übrigen Bevölkerung herauszufinden oder gar, wie das von vielen Schriftstellern hervorgehoben ist, an der ganzen Bevölkerung einer Gegend die kretinistische Grundlage zu erkennen. Der Kretin in den Alpen gleicht dem Kretin am Rhein, Main und im Neckartal, und wenn es schon schwer ist, nach der Physiognomie das Geschlecht zu beurteilen, so ist es oft noch schwerer, einzelne kretinistische Individuen desselben Geschlechts und Alters untereinander zu unterscheiden. Man möchte glauben, daß alle diese Individuen sehr nahe miteinander verwandt seien, daß sie einer Familie oder wenigstens einem Stamme angehören, und wenn wir nicht ganz sicher wüßten, daß eine bis dahin ganz gesunde Familie in kretinösen Orten kretinistische Kinder hervorbringen kann, so läge es gewiß

Ein erwachsener Kretin. Nach R. Virchow, „Abhandlungen zur wissenschaftlichen Medizin" (Frankfurt a. M. 1856), VII, 2: „Über den Kretinismus, namentlich in Franken, und über pathologische Schädelformen" (1851).

nahe, daran zu denken, daß wir es hier mit den Resten irgendeines niedrig organisierten oder degenerierten Volksstammes zu tun hätten, wie Ramond de Carbonières, Stahl und Niépce wenigstens für die Kretins gewisser Gegenden darzutun versucht haben. Ganz richtig bezeichnet Ackermann sie als eine besondere Menschenart, allein das Gemeinschaftliche, das diese Menschenart charakterisiert, hat nichts zu tun mit den Eigentümlichkeiten der Rasse oder des Stammes; es ist nicht physiologisch, sondern pathologisch, nicht typisch, sondern eine regelmäßige Abweichung von dem Typus. Bedürfte es noch eines besonderen Beweises, so würde man gerade hier zeigen können, daß auch das Pathologische nach Gesetzen verläuft, deren Erscheinungsweisen nicht durch die Besonderheiten des Raumes oder der Zeit bestimmt werden. Die Kretins sind einander ähnlich, wie sich die Hemikephalen, die Kyklopen und Sirenen alle mehr oder weniger gleichen (vgl. Band I, S. 151 ff.). Ihre Übereinstimmung ist eine teratologische, d. h. aus dem allgemeinen Gesetz der Mißbildung sich erklärend, und sie bilden eine besondere Art der Mißbildungen (monstra). (S. die nebenstehende Abbildung und die auf S. 331).

„Freilich gibt es in dieser Klasse der Monstrositäten höhere und niedrigere Grade, mehr oder weniger ausgeprägte Formen, und die Kretinphysiognomie ist nicht so vollkommen identisch, daß ein einzelnes lokales Merkmal ihre Eigentümlichkeit darstellte oder als Erkennungszeichen dienen könnte. Wie bei jeder Mißbildung, so finden sich auch hier bald größere, bald kleinere Kreise der Krankheitsstörung; aber diese Kreise haben einen gemeinschaftlichen Mittelpunkt, nur ihre Radien sind verschieden. Auch hier kommt es daher darauf an, sich durch die große Reihe der irradiierten, der peripherischen Abweichungen zum eigentlichen Mittelpunkt durchzuarbeiten und zu zeigen, wie die Größe der primären oder zentralen Störungen alle anderen sekundären oder peripherischen Abweichungen nach sich zieht. Alle sachkundigen Forscher kommen schließlich immer auf den Kopf (Gehirn und Schädel) als das primär Mangelhafte zurück.

„Der Eindruck, den ich von der Betrachtung zahlreicher Kretins erhielt, ist genau der= selbe, den ich beim Anblick von Monstrositäten empfinde. Das sind wirklich Verunstaltungen des menschlichen Lebens und des menschlichen Wesens, jenen Mißgeburten und Mondkälbern vergleichbar, welche der Aberglaube so vieler Jahrhunderte dämonischen Einflüssen zuschrieb, und man kann sich des Gedankens kaum erwehren, es müsse auf den Hexenglauben nicht wenig eingewirkt haben, in Verbindung mit dem Teufel oder in Unterschiebungen von Teufelskindern eine plausible Theorie so scheußlicher Ver= tierung zu finden. Mit Recht sieht Foureault in dem Kre= tinismus eine Hemmung, eine Störung und eine Abirrung der Entwickelung. Mit noch mehr Wahrheit schildert Bail= larger den Kretinismus als die unvollständige, unregel= mäßige und meist sehr langsame Entwickelung des Organis= mus und die Kretins als Kinder von vielen Jahren. Man braucht nur die Körpermaße von Kretins zu vergleichen, um sich die wahrhaft monströse Unregelmäßigkeit ihrer Er= scheinung vor Augen zu bringen; so in einem exquisiten Falle: einen Kopf von 52,5 cm Umfang bei einer Körper= länge von 84 cm, einen Fuß von 17 cm bei einem Vorder= arm von 14,5 cm! (S. die nebenstehende Abbildung.) Es sind nicht immer kindliche Züge an einem alten Leibe,

Ein kretinöses Kind. Nach R. Virchow, „Abhandlungen zur wissenschaftlichen Medi= zin" (Frankfurt a. M. 1856), VII, 2: „Über den Kretinismus, namentlich in Franken, und über pathologische Schädelformen" (1851).

sondern es ist, in noch scheußlicherer Weise, ein alter großer Kopf auf einem kindlichen Körper, ja eine erwachsene Haut über einem verkümmerten Skelett, welche die ganze Abscheulich= keit dieser Monstrosität hervorbringt. Die Unverhältnismäßigkeit der Körperteile offenbart am meisten die Abweichung von dem typi= schen Gesetz der Rasse."

Besonders ist es, nach den vorstehen= den klassischen Virchowschen Angaben, die übermäßige Ausbildung der Haut im Ver= hältnis zur sonstigen Entwickelung der Glied= maßen, was bei den Kretins, und zwar schon bei den neugeborenen, auffällt. Die Haut legt sich in große Wülste, die über dem ver= hältnismäßig zu kleinen Knochengerüst leicht verschiebbar sind und namentlich am Gesicht ein aufgedunsenes Aussehen bedingen. Es ist das dieselbe Erscheinung, welche man in

Ein kretinöses neugeborenes Kind. Nach R. Virchow, „Abhandlungen zur wissenschaftlichen Medizin" (Frankfurt a. M. 1856), VII, 2: „Über den Kretinismus, namentlich in Franken, und über pathologische Schädelformen" (1851).

so charakteristischer Weise bei den kopflosen Mißgeburten findet, in allen Abstufungen der= selben von bloß Kopflosen bis zu denjenigen, wo z. B. nur noch ein paar untere Extremi= täten zur Entwickelung gekommen sind. Wie gesagt, zeigt sich dieses Mißverhältnis zwischen Haut und Knochensystem schon bei den Neugeborenen, ebenso wie der ganz unverhältnis= mäßige Bau des gesamten Körpers. Bei einem weiblichen Neugeborenen, von einer kreti= nösen Mutter stammend (s. die untere Abbildung), einem exquisiten Falle, fand Virchow die Glieder außerordentlich dick, dagegen fast durchgehends viel zu kurz; Kopf und Leib hatten

gegenüber den übrigen Teilen eine unverhältnismäßige Entwickelung. An den Gliedern ist die unförmliche Dicke überall durch eine monströse Entwickelung der Haut, namentlich des Unterhautgewebes, bedingt. Die Haut findet auf dem kurzen Skelett nicht Raum genug und bildet daher überall große Wülste, die meist in Querrichtung gelagert sind und den Hauptbewegungsstellen entsprechen. Auch über die Brust zieht sich eine starke Querfurche in der Gegend des Schwertfortsatzes. Dagegen sind die Knochen, namentlich die Röhrenknochen der Extremitäten, kurz und etwas dünn, aber sehr hart und dicht. Besonders charakteristisch ist die Gesichtsbildung: die Nase ist an der Wurzel stark eingedrückt, sehr breit und platt, ihre Spitze zusammengedrückt und abgeflacht, ihre Länge gering. Die großen und wulstigen Lider bedecken die Augen fast ganz. Die Lippen sind dick und aufgeworfen, der Mund weit geöffnet und zum Teil von der dicken und übermäßig großen Zunge erfüllt, die den Kieferrand um 6 mm überragt. Kinn und Wangen sind rundlich, vorgewölbt, die Ohren sehr schräg gestellt, dicht anliegend. Die Größe des Kopfes fällt bei der Zwerghaftigkeit der oberen und unteren Extremitäten außerordentlich auf. Die Behaarung zeigt nichts Abnormes.

Von jeher war es der Schädelbau der Kretins, der die Aufmerksamkeit der Beobachter fesselte. Die Untersuchung zeigte Virchow, daß unter den Kretins die mannigfaltigsten abweichenden Schädelformen zu finden sind. Neben Schädeln, an denen kaum eine Veränderung des Normalen zu konstatieren ist, sind fast alle jene Schädelmißbildungen vorhanden, die durch vorzeitiges Verwachsen einzelner oder mehrerer Schädelnähte hervorgebracht werden können. Es kommen bei Kretins makrokephale, d. h. hier übergroßköpfige, mikrokephale, d. h. hier unterkleinköpfige, und synostotisch-schiefe Schädel, d. h. solche mit einzelnen Nahtverwachsungen und mit dadurch bedingter schräger, longitudinaler und querer Verengerung, vor. Diesen drei Formen entsprechen im allgemeinen gewisse Störungen der Hirnentwickelung, indem die einfach makrokephalen Schädel mit Hydrokephalie, Gehirnwassersucht, die mikrokephalen meist mit primär mangelhafter Hirnbildung, die synostotischen mit Entzündungen an den einzelnen Nähten zusammenfallen. Der Schädelraum ist in allen drei Fällen beengt, bei der Mikrokephalie und Synostose unmittelbar, bei der Makrokephalie durch das wässerige Exsudat in den Ventrikeln. Alle diese Störungen lassen sich bis jetzt am besten aus fötalen, während des Fruchtlebens eingetretenen Hyperämien und Entzündungen des Gehirns und seiner Hüllen ableiten. Besonders wichtig war die Beobachtung Virchows, daß die vorzeitige Verwachsung der Nähte am Schädel nicht bloß das Schädeldach, sondern vor allem auch die Schädelbasis betreffen kann. So erscheint z. B. bei jenem oben beschriebenen Neugeborenen die vorzeitige Verknöcherung der drei die Schädelbasis bildenden Schädelwirbel als der Mittelpunkt der ganzen Störung, und man kann daraus mit ziemlicher Sicherheit schließen, daß die erste Störung schon in den frühesten Schwangerschaftsmonaten stattgefunden hatte, daß wir also eine wirkliche angeborene Mißbildung vor uns sehen. Es unterliegt keinem Zweifel, daß die eigentümliche Mißstaltung des Gesichtes bei so vielen Kretins, wie es Virchow zuerst angab, einen Zusammenhang besitzt mit der übermäßigen Verkürzung der Schädelbasis, die durch solche vorzeitige Verwachsungen bedingt wird, durch welche dann die Entwickelung der Gesichtsknochen mechanisch in Mitleidenschaft gezogen wird. Übrigens ist es noch nicht ausgemacht, daß die vorzeitige Verknöcherung am Schädel eine notwendige Bedingung des Kretinismus sein muß. Gewiß scheint es, daß wir gelegentlich auch bei psychisch ganz normalen Individuen derartige Verwachsungen der Schädeldachnähte finden, wodurch die auffallendsten Schädelmißgestaltungen hervorgerufen werden können.

Das Wesentliche bleibt bei dem Kretinismus immer die Störung in der Gehirnentwickelung; wir müssen sie uns zum Teil durch primäre Erkrankung des Gehirns entstanden denken, die dann ihrerseits auf die Schädelknochenausbildung störend einwirkt. In
anderen Fällen erscheint es aber auch keineswegs ausgeschlossen, daß die primäre Erkrankung,
die dann ihrerseits eine störende Einwirkung auf die Gehirnentwickelung ausüben kann, die
Schädelknochen betroffen habe. An Schädeln mit vorzeitiger Nahtverknöcherung, die aus
verschiedenen Ursachen eingetreten war, fand Virchow mehrfach mangelhafte Entwickelung
einzelner Hirnabschnitte. Am häufigsten betrifft dies die Großhirnhemisphären, während
namentlich das Kleinhirn wenig oder gar nicht leidet. Erhebliche Mangelhaftigkeit des Klein-
hirns findet sich mit halbseitiger krankhafter Kleinheit, halbseitiger Atrophie des großen Gehirns verbunden. Die halbseitige Atrophie scheint fast immer mit vorzeitiger Nahtverknöcherung derselben Schädelseite, namentlich der halben Kranznaht, zusammenzufallen. Nicht
selten sieht man große Hirnabschnitte, z. B. die Vorderlappen, mangelhaft entwickelt, wobei
meist eine ungewöhnliche Kleinheit oder sogar eine unvollkommene Ausbildung der Hirnwindungen zu beobachten ist. Das fällt fast regelmäßig mit vorzeitiger Nahtverwachsung der
entsprechenden Schädelgegend zusammen. Unter solchen Stellen am Schädel, wo die Schädelentwickelung durch vorzeitige Nahtverknöcherung zurückgeblieben ist, finden sich auch öfters
ganz beschränkte Minderentwickelungen, Atrophien einzelner Windungsgruppen oder nur
einzelner Windungen der grauen Hirnrinde. Die Windungen pflegen dann sehr groß, breit,
bald tief, bald flach, aber sehr einfach zu sein. Es sind das solche partielle Mikrokephalien,
wie ich sie bei dem Zustand der Schläfenenge (s. Band I, S. 438), die am häufigsten durch
Ernährungsstörungen im ersten Kindesalter veranlaßt wird, feststellte.

Alle oben genannten Veränderungen scheinen nur die Folge der vorzeitigen Nahtverwachsung zu sein; letztere erscheint dabei als das primäre, ursprüngliche Leiden. Eine
andere Reihe von Gehirnveränderungen beruht auf ausgesprochen entzündlichen Prozessen
der Gehirnhäute oder des Gehirnes selbst. Am häufigsten ist hier die Hirnhöhlenwasser-
sucht, der innere Hydrokephalus, der sich auch in mikrokephalen Schädeln sehr reichlich
entwickeln kann. Dagegen sind ausgesprochene Entzündungen der Haut an der Oberfläche
der Halbkugeln des großen Gehirnes selten. Hier handelt es sich unzweifelhaft um chronische
Gehirnentzündung. Weder diese noch die Hirnwassersucht können die Folge der vorzeitigen
Nahtverwachsung sein, aber beide sind höchstwahrscheinlich nebeneinander hergehende Störungen aus gleichen Ursachen. Hier nähert sich dann der Kretinismus wieder jenen angeborenen Mißbildungen am Schädel, Kyklopenauge, Augenlosigkeit, Halbköpfigkeit, die alle
auf solche entzündliche Störungen in sehr früher Zeit des Fruchtlebens zurückführen, und die
alle darin übereinkommen, daß sie von beträchtlichen Abweichungen am Skelett, namentlich am Schädel, begleitet sind.

Obwohl die Fähigkeit zur Fortpflanzung zwar der weit überwiegenden Mehrzahl, aber
doch nicht absolut allen Kretins, namentlich nicht allen weiblichen, mangelt, so ist doch der
Zustand der höheren Grade des Kretinismus ein solcher, daß die Möglichkeit einer Selbst-
erhaltung des Individuums vollkommen ausgeschlossen erscheint. Auch aus dieser Betrachtung geht hervor, daß die Kretins nicht als ein eigener Volksstamm angesehen werden können.

Stahl berichtet, daß man in Wallis in den eigentlichen Kretingegenden drei verschiedene Grade des Kretinismus unterscheidet, und zwar im wesentlichen nach der
Ausbildungsstufe, welche die Sprache bei diesen Unglücklichen erreicht. Der erste oder geringste

Grad, Tschingen oder Tscholina genannt, besitzt die Fähigkeit der Mitteilung durch mehr oder minder deutliche Worte und Gebärden, selbst durch kurze Sätze. Der Kreis dieser Mitteilungen umfaßt nicht nur die nächsten Bedürfnisse, sondern auch manche Gegenstände des täglichen Lebens. Hier finden sich also noch Begriffe, noch deutlich wahrnehmbare, wenn auch äußerst schwache Seelentätigkeit. Bei dem zweiten und mittleren Grade, in Wallis Trissel oder Tschegetta genannt, ist die Fähigkeit der Mitteilung nur auf unverständliche Worte und mehr unartikulierte Laute und heftige, unvollkommene Gebärden beschränkt. Hier zeigen sich also nur noch Spuren von Seelentätigkeit. Dem dritten, äußersten Grade, in Wallis Goich oder Idiot genannt, mangelt die Fähigkeit jedweder Mitteilung, höchstens zeigt sich diese noch in unwillkürlichem Schreien. Hier fehlt also alle Tätigkeit der Seele bis auf ihre Anlage. Dieses höchste Maß der Entartung ergibt in der Reihe seiner Erscheinungen ein konstantes Bild. „Vorstellung, Empfindung und Wille", sagt Stahl, „sind hier auf das Minimum reduziert, oft gänzlich aufgehoben, ein Zustand unter dem Tier. Die Unglücklichen erkennen kaum ihre Angehörigen. Sie sind völlig unempfindlich gegen die Außenwelt und geben kein Zeichen freudiger Erregung oder schmerzlichen Gefühls von sich. Die Sprache mangelt; Gesicht, Gehör, Geschmack und Hautsinn erscheinen wie gelähmt; der Nahrungstrieb allein, der hier und da die Angehörigen zur Befriedigung mahnt, bekundet noch einigermaßen das vorhandene vegetative Leben. Von einer selbständigen, geordneten Bewegungsfähigkeit ist hier keine Rede. Der Kretin beharrt in Lage oder Sitz bis zur Abänderung von fremder Hand, er muß wie ein neugeborenes Kind gefüttert werden, und die Unempfindlichkeit der ganzen Körperfläche entzieht ihm die Unbehaglichkeit, wenn er in seinen Exkrementen liegt, und schützt ihn vor der lästigen Einwirkung der Kälte und Hitze, ja sogar vor dem Schmerz mechanischer Verletzung, wie Nadelstiche und Verbrennung." Diese höchstentwickelte Form, die mit sehr verschiedenem körperlichen Aussehen verbunden sein kann, geht dann durch die eben genannten Mittelstufen in geringgradige kretinistische Formen über, die sich von der gesunden Umgebung noch weniger unterscheiden.

Es ist hier nicht der Ort, auf die Ursachen dieser Volkskrankheit, die bekanntlich gewisse Parallelen mit dem Wechselfieber erkennen läßt, einzugehen. Es hat sich nachweisen lassen, daß in den Kretingegenden auch häufig Kropfbildung, Erkrankung der Kropfdrüse, auftritt. Den Zusammenhang der Erkrankung sowie des Mangels der Thyreoïdea, der Kropfdrüse, mit psychischen Störungen haben wir in Band I, S. 312, dargestellt. Meist sind die Kretins selbst mit Kropf, der zum Teil sicher angeboren ist, behaftet. Man hat aus alter Zeit keine bestimmten Nachrichten darüber, ob in den Gegenden, in denen heute Kretins besonders zahlreich auftreten, das auch schon früher der Fall gewesen sei. Dieser Mangel an Nachrichten mag zum Teil damit zusammenhängen, daß Kretins höheren Grades nur durch die aufopferndste Pflege der Umgebung am Leben erhalten werden können, die man in früheren Jahrhunderten solchen vom Teufel ins Haus gelegten Wechselbälgen oder Kielköpfen doch sicher nicht hat angedeihen lassen wollen. Jedoch lieferte die Untersuchung des altgermanischen Reihengräberfeldes bei Kamburg in der Nähe von Jena einen weiblichen Schädel, den Schaaffhausen als die „Jungfrau von Kamburg" beschrieben hat, den aber Virchow als einen unzweifelhaft kretinistischen erkannte.

Die Mikrokephalen oder „Affenmenschen".

In Gegenden, in denen jene allgemeinen Ursachen, die zur Hervorbringung kretinistischer Erkrankungen des Gehirns häufiger Veranlassung geben, nicht nachzuweisen sind, treten doch gelegentlich und einzeln Störungen der Gehirn- und Schädelentwickelung auf, die in ihrer Erscheinungsweise an diesen Organen zahlreiche Ähnlichkeiten mit gewissen kretinistischen Erscheinungen besitzen (s. Band I, S. 584). Wie wir oben, namentlich im Anschluß an R. Virchows Beobachtungen, hervorgehoben haben, finden sich bei Kretins sehr verschiedene Störungen der äußeren Schädelform. Der Schädel zeigt teils eine ungleichmäßige Ausbildung einzelner Abschnitte, teils erscheint er im ganzen zu groß, makrokephal, oder im ganzen zu klein, mikrokephal. Gelegentlich ist es übrigens nicht ganz leicht, künstliche Schädeldeformation und Mikrokephalie zu unterscheiden, wie z. B. bei den indischen Chua-Rattenköpfen, Tempeldienern, bei denen diese Frage noch immer nicht sicher entschieden scheint. Die Mikrokephalie der Kretins unterscheidet sich in bezug auf die Störungen der Gehirn- und Schädelausbildung wahrscheinlich nicht wesentlich von den vereinzelt überall auftretenden Fällen von Mikrokephalie, und auch die nächsten krankhaften Ursachen der Gehirn- und Schädelveränderung bei kretinistischer und vereinzelter Mikrokephalie erscheinen im allgemeinen als die gleichen, wenn wir von den endemischen Verhältnissen absehen, die dem Kretinismus zugrunde liegen. Dieses Verhältnis wird uns klar, wenn wir die von Virchow angegebenen, oben zusammengestellten speziellen Krankheitsformen durchgehen, auf welche die kretinistischen Störungen am Gehirn und Schädel zurückgeführt werden können. Es sind das im großen und ganzen die gleichen Leiden, die auch in Einzelfällen Mikrokephalie hervorbringen können.

Auch die vereinzelten Fälle von wahrer Mikrokephalie sind angeborene Mißbildungen, deren Entstehung nach Fr. Ahlfeld wohl oft in den dritten oder vierten Entwickelungsmonat der menschlichen Frucht zurückzuverlegen ist. Abgesehen von einigen hypothetischen, möglichen, aber nicht sicher nachgewiesenen krankhaften Ursachen der Mikrokephalie kann nach Fr. Ahlfeld namentlich ein gleichmäßiger konzentrischer Druck auf die Peripherie des Gehirns die Gehirnentwickelung hindern. Diese Entstehungsweise ist, wie Ahlfeld mit Virchow feststellt, anzunehmen in solchen Fällen, in denen vorzeitige krankhafte Nahtverwachsungen der Schädelknochen, ohne oder mit nur mangelhaften Kompensationen der lokalen Verengerung, sich gebildet haben. „Sie ist aber auch sehr wohl denkbar bei getrennten Schädelknochen, nur daß wir dann den Druck für einen vorübergehenden ansehen müssen." — „Mir", fährt Ahlfeld fort, „scheint diese Entstehungsweise die wahrscheinlichste für die größere Reihe der nicht Hydro-Mikrokephalen, bei denen sich also nicht Wasserkopf mit Kleinköpfigkeit verbunden zeigt, mit beweglichen Schädelknochen. Auch hier, nehme ich an, hat früher eine abnorme Wasseransammlung in der Schädelhöhle bestanden und das Gehirn gleichmäßig in seinem Oberflächenwachstum gehindert. Durch Schwund der Flüssigkeit aber zu einer früheren Zeit der Fruchtentwickelung hat der Druck nachgelassen, die Schädeldecke ist nicht weiter ausgedehnt worden, das Gehirn hat nach und nach die Höhle ausgefüllt. Es sind Anzeichen dafür vorhanden, daß dieser Schwund der Flüssigkeit auch bisweilen ein plötzlicher ist, indem eine Durchbohrung, Perforation, der Schädeldecken den Abfluß des Wassers gestattete." Danach wäre nach Ahlfeld der Mikrokephalus häufig der Folgezustand einer Gehirnwassersucht während des Fruchtlebens. Fast zweifellos ist das aber nicht die einzige mögliche Ursache der Mikrokephalie; aus ihr kann man sich auch nicht ganz leicht jene Formen dieses Leidens, die man als reine oder einfache Mikrokephalie bezeichnet, erklären, bei denen das Gehirn und mit ihm das Schädeldach in der Entwickelung nur ziemlich gleichmäßig zurückgeblieben sind, während das Gehirn mit seinen wenig zahlreichen Windungen mindestens teilweise einem früheren Entwickelungszustand der menschlichen Frucht entspricht. Wir wollen auch hier die meisterhafte Beschreibung eines speziellen Falles durch R. Virchow wiedergeben, der uns alle Schwierigkeiten der Beurteilung und die ganze Reihe der aufgeworfenen Fragen vor Augen führt.

Anknüpfend an die Untersuchung der ausgezeichnetsten Mikrokephalen, die in Deutschland existiert, der Margarete Becker, entwickelte Virchow den Standpunkt der exakten Wissenschaft bezüglich der gesamten Mikrokephalenfrage. Damals war die Aufmerksamkeit auf die Mikrokephalen ganz besonders durch eine allgemein großes Aufsehen erregende, auf ausgedehnten Studien begründete Arbeit von Karl Vogt hingelenkt worden. Durch diese Arbeit suchte Karl Vogt bekanntlich die Meinung zu stützen, daß die Mikrokephalen nicht bloß eine große Ähnlichkeit mit Affen besäßen, sondern daß sie in der Tat eine Art von Affenmenschen darstellten, eine niederste menschliche Varietät, bei der ein gewisser niederer Typus wieder zur Erscheinung käme, den sonst die Menschheit im Sinne der Abstammungslehre Darwins längst überwunden habe. Dieser Anschauung fehlte es von vornherein nicht an Widerspruch; ihr Verdienst war es aber, eine ganze Reihe neuer und höchst sorgfältiger Studien über Mikrokephalie zu veranlassen. In einer späteren, einerseits gegen Haeckel, anderseits gegen de Quatrefages gerichteten Abhandlung, betitelt: „L'origine de l'homme", kam Karl Vogt nochmals eingehend auf die Frage der Mikrokephalen zurück, wobei er, wie Virchow meint, trotz einiger Zugeständnisse an seine Gegner doch im wesentlichen die Hauptfragen in derselben Weise wie früher beantwortete.

Virchow formulierte kurz die Hauptstreitfrage in folgender Weise: „Es fragt sich, ob die Mikrokephalie eine Erscheinung der Pathologie, also Krankheit oder Folge von Krankheit, oder eine Erscheinung der vergleichenden Anatomie, nämlich Atavismus sei, ob wir also die Mikrokephalen als durch Krankheit veränderte Menschen anzusehen haben, oder ob wir sie anzusehen haben als Wesen, die in eine frühere Entwickelungsstufe der organischen Welt einzureihen sind, so daß sie in der Tat die niedrigste bekannte Vorstufe des Menschengeschlechts reproduzieren würden." Nachdem Virchow zuerst hervorgehoben hatte, daß seinen früheren und damaligen Anschauungen nach die vorzeitige Verknöcherung der Schädelnähte zur Erklärung der Mikrokephalie nach den oben angeführten Gründen keineswegs ausreiche, daß auch Erkrankungen und Anomalien der Gehirnhäute und Gehirnarterien das Verhältnis nicht erklären, kam er zu dem Ergebnis, daß die Störung sicher nicht außen liegen könne. Es geht das schon daraus hervor, daß in mehreren gut beobachteten Fällen die Haut des Kopfes, namentlich des Schädels, sich normal, in normaler Größe und Flächenausdehnung, entwickelt und daher auf dem viel zu klein bleibenden, von ihr bedeckten Knochengerüst keinen genügenden Raum hat, so daß ihr nichts übrigbleibt, als sich, wie bei den Kretins, in Runzeln und Wülste zu legen.

„Die Gesamtheit aller Störungen", sagt Virchow, „konzentriert sich im Gehirn, und zwar im Großhirn, und hier wieder ergibt sich mit großer Sicherheit durch die ganze Reihenfolge der Fälle, daß das Großhirn in der Art in seiner Entwickelung leidet, daß die vordersten Teile am meisten, die hintersten am wenigsten betroffen werden, und daß diejenigen Teile, welche am spätesten sich entfalten, am stärksten leiden, während diejenigen, die am frühesten sich entwickeln, der Störung am meisten entgehen. Daraus folgt, daß das störende Moment in einer gewissen Zeit der Fruchtentwickelung vor der Geburt eintreten muß, und daß von da ab diejenigen Teile, welche noch nicht entwickelt sind, zurückbleiben, gleichsam wie wenn eine direkte, in ihren Ursachen freilich noch nicht sicher festgestellte Gewalt sie gefesselt hielte." Besonders auffallend erscheint die mangelhafte Entwickelung der Sylvischen Spalte am Großhirn, der Fossa Sylvii, einer Spalte, die sich (vgl. Band I, S. 563) vom Hirngrunde her zwischen Stirn und Schläfenlappen seitlich herauf erstreckt mit einem Paar Schenkeln, welche die Hauptteile des Vorder- und Mittelhirns voneinander trennen. Bei Mikrokephalengehirnen kommt der vordere Schenkel der Sylvischen Spalte in der Regel gar nicht oder sehr unvollkommen zur Entwickelung. Dadurch fällt jene Teilung, die durch ihn hervorgebracht werden sollte, aus, und gleichzeitig wird infolge der Mangelhaftigkeit der Entwickelung aller benachbarten Gehirnpartien die Sylvische Spalte im ganzen so klaffend, daß man Teile des Gehirns, die Windungen der Insel, die sonst bei gewöhnlicher Entwickelung von anderen äußeren Hirnteilen bedeckt werden, frei zutage liegen sieht. Die Sylvische Spalte ist gleichsam geöffnet und zeigt ihre Verborgenheiten unmittelbar, was übrigens keineswegs eine konstante Eigenschaft der Gehirne der menschenähnlichen Affen ist. Aber auch die Gesamtheit oder wenigstens die Mehrzahl der vorderen und mittleren Hirnteile und die Mehrzahl aller Hauptwindungen treten mit in den Kreis der Störungen ein. „So geschieht es", fährt Virchow fort, „daß eine unverkennbare Affenähnlichkeit in dem Bau des Gehirns entsteht. Das haben auch die größten Gegner, diejenigen, die am meisten der atavistischen Theorie abgeneigt sind, zugestanden. Niemand kann mehr als v. Bischoff in München ein Antipode der atavistischen Vorstellungen in diesem Gebiet sein; nichtsdestoweniger hat er mit größter Bestimmtheit die Affenähnlichkeit anerkannt, und zwar, was für unseren Fall von besonderem Interesse ist, hat er dies gefunden speziell bei der Untersuchung des Gehirns der Helene (s. die Abbildung S. 338), der ebenfalls mikrokephalen Schwester der Margarete Becker, die letzterer in allen Stücken sehr ähnlich war. Allein ebenso bestimmt ist auch, und gerade auch in dem gedachten Falle, von v. Bischoff im einzelnen nachgewiesen worden, daß die Affenähnlichkeit nicht derart ist, daß man angeben könnte, welcher bestimmte Affe es ist, mit dessen Gehirn dasjenige des Mikrokephalen vollständig übereinstimmte. Wir können nur sagen, daß das Gehirn der Mikrokephalen mehr Ähnlichkeit mit einem Affengehirn als mit einem Menschengehirn hat, aber wir können nicht sagen, daß irgendeine Affenart existiere, die gerade die besondere Konfiguration darbietet, die sich an dem Gehirn des Mikrokephalen vorfindet."

In dieser Beziehung stimmt der Befund bei mangelhafter, mikrokephaler Gehirnentwickelung auf das vollkommenste mit anderen, auch im allgemeinsten Sinne des Wortes tierähnlich erscheinenden angeborenen Mißbildungen, und zwar mit Hemmungsbildungen, beim Menschen überein, deren krankhafte Entstehung in frühere Zeiten der Fruchtentwickelung zurückreicht. Wir haben im I. Bande bei Besprechung der angeborenen Mißbildungen schon davon gehandelt und dort auch speziell auf die Erscheinungen der Hemmungsbildungen am Herzen hingewiesen. Die ältere Medizin glaubte namentlich die letzteren als entschieden und ganz besonders tierähnlich auffassen zu müssen, während die neuere medizinische Forschung kaum irgendwo sicherer als gerade am Herzen die speziellen Erkrankungen nachweisen konnte, die, während des Fruchtlebens eingetreten, jene Hemmungen der Entwickelung veranlassen, und zwar um so auffallender, je früher die Erkrankung stattgefunden hat.

„Gerade die Lehre von den Herzkrankheiten", sagt Virchow wörtlich, „hat denselben Gang gemacht wie gegenwärtig die Lehre von der Mikrokephalie. Im Anfang des

19. Jahrhunderts, noch bis in das dritte Dezennium hinein, ist ein großer Teil der angeborenen Herzkrankheiten ganz speziell unter dem Gesichtspunkte der Tierähnlichkeit studiert worden. Schon Joh. Friedr. Meckel hat eine Anzahl von angeborenen Abweichungen in der Bildung des Herzens beschrieben, welche große Ähnlichkeit mit der natürlichen Bildung verschiedener Tiere haben. So gibt es ein menschliches Herz, das infolge dieser komplizierten Störung einem Reptilienherzen ähnlich wird. Man hat das eine tierähnliche Bildung, eine Theromorphie genannt und darin die Wirkung von Kräften gesehen, welche aus der damals schon bekannten Identität des embryologischen Entwickelungsganges der gesamten Wirbeltierwelt abgeleitet wurden. Man nahm fälschlich an, daß jedes einzelne höhere Individuum als Embryo die ganze niedere Tierreihe durchlaufe, und daß an jeder beliebigen Stelle eine

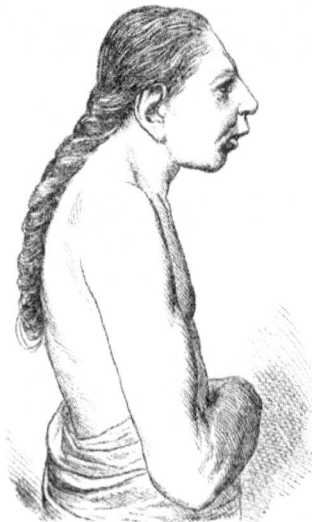

Die mikrokephale Helene Becker. Nach Gipsabguß. Vgl. Text S. 337.

Hemmung eintreten könne, vermöge welcher es bald Vogel, bald Reptil, bald Fisch werde oder genauer bleibe. Das ist der Standpunkt, den die alten Herzpathologen hatten, und den jetzt die Lehre von der Mikrokephalie verfolgt; die Argumente, welche Karl Vogt beibringt, laufen genau auf dieselbe Grundanschauung hinaus."

Das ist aber zweifellos, daß auch die Mikrokephalie aus Erkrankungen des Gehirns während des Fruchtlebens sich entwickelt, wenn auch bis jetzt noch nicht in jedem einzelnen Falle das eigentliche Zentrum der ersten krankhaften Störung hat sicher festgestellt werden können. Auch der Gedanke muß zurückgewiesen werden, als könnte das mehrfache Auftreten der Mikrokephalie in der Familie Becker für einen Beweis nicht sowohl eigentlich krankhafter, sondern atavistischer Ursachen dieses Leidens in Anspruch genommen werden. Vater und Mutter Becker erscheinen vollkommen gesund; von ihren sieben Kindern waren aber vier mikrokephal, drei dagegen ganz normal. Von den beiden

ersten Kindern, Mädchen, war das erste, Helene, mikrokephal; das zweite Kind und das dritte, ein Knabe, waren gesund. Dann folgten drei Mikrokephalen, als viertes Kind die hier besprochene Margarete, dann ein Sohn und ein Mädchen, das nur drei Tage alt geworden ist; endlich kam als siebentes Kind wieder eine gesunde Tochter. In der Geschichte der Mikrokephalen sind noch weitere Fälle verzeichnet, wo mehrere Geschwister von diesem Leiden betroffen waren. Das gleiche findet sich aber auch bei anderen, zweifellos auf Erkrankungen während des Fruchtlebens beruhenden, angeborenen Mißbildungen, indem mehrere Geschwister die gleiche Monstrosität zeigten. „Es gibt", sagt Virchow, „eine Anzahl höchst ausgezeichneter pathologischer, d. h. in jedem Sinne krankhafter Fälle, in denen, wie z. B. in der angeborenen Nierenwassersucht, genau dasselbe Verhältnis hervortritt, so daß wir in dieser Beziehung jeden Einwand zurückschlagen können.

„Man kann doch unmöglich ein Verhältnis als ein atavistisches, auf Rückschlag beruhendes, hinstellen, welches einen Zustand begründet, in dem sich ein solches Individuum selbständig nicht zu erhalten vermag. Man kann aber nicht behaupten, daß es jemals einen

Zustand der Menschheit gegeben haben könne, welcher dem der Mikrokephalen analog gewesen wäre, denn sonst würde die Menschheit vor dem Eintritt der Geschichte zugrunde gegangen sein. Das ist selbstverständlich. Kein mikrokephales Wesen kann selbständig die Mittel seiner Existenz erwerben; die Affenähnlichkeit geht nicht so weit, daß es diejenigen Instinkte und seelischen Fähigkeiten erlangt, welche selbst der niedrigststehende Affe hat, namentlich die Befähigung, sich selbst Nahrung zu suchen, sich selbst die äußeren Bedingungen seiner Existenz heranzuschaffen, sich als ein selbständiges Individuum zu erhalten.

„Die Mikrokephalen pflanzen sich nicht fort, sie sind steril, sie bringen keine Kinder hervor, sie sind eben solitäre Erscheinungen, mit denen die Reihe abbricht, und aus denen man keine progressive Entwickelung, keine aszendierende oder, wie Haeckel sonderbarerweise sagt, deszendierende Reihe ableiten kann. Eine solche Möglichkeit ist nicht vorhanden. Nun sagt K. Vogt, das sei nicht so ohne weiteres hinzustellen; es sei doch Tatsache, daß eine dieser Personen wirklich menstruiert, eine zweite wenigstens gewisse Molimina dargeboten habe, folglich müsse man zugestehen, daß sie vielleicht auch hätten konzipieren können. Die Möglichkeit steht frei, Allah ist groß, und man kann vielerlei als Möglichkeit hinstellen. Vorläufig kennen wir jedoch noch kein Beispiel, daß ein wirklich mikrokephales Individuum sich fortgepflanzt hätte. Am allerwenigsten wird man glauben können, daß eine Gesellschaft von Mikrokephalen beiderlei Geschlechts die Möglichkeit darböte, sich und ihr Geschlecht der Zukunft zu erhalten. Meiner Überzeugung nach würde sie unzweifelhaft zugrunde gehen müssen." Dieser Satz Virchows gilt noch heute, obwohl auch Margarete Becker sich nun vollkommen geschlechtsreif entwickelt und eine andere Mikrokephale: Elise Schenkel, wie Herr Langhans berichtet, in ihrem 32. Lebensjahre ein mikrokephales Kind geboren hat.

„Wenn ich nun", so fährt Virchow fort, „auf die Frage der Pathologie zurückkomme, wenn ich frage: ist dies Krankheit? so habe ich schon seit langer Zeit gelehrt, daß das Krankhafte, Pathologische, überhaupt nicht seiner Natur nach verschieden ist von dem Normalen, dem Physiologischen, daß die Krankheit nicht ihrer Mechanik nach, nicht der Reihenfolge der Ereignisse nach eigentümlich sei, sondern daß sie wesentlich dadurch abweiche, daß sie in ihrer Ausbildung die Existenz entweder des ganzen Individuums oder wenigstens gewisser Teile desselben bedroht. Darin beruht die Krankheit; es ist der Charakter der Gefahr, welcher dem Zustande oder Vorgange anhaftet, welcher ihm seinen krankhaften, pathologischen, Wert gibt. Wenn ich aber in der Mikrokephalie ein Verhältnis der Art erkenne, daß ich als sicher annehmen muß, ein solches Individuum müßte zugrunde gehen, wenn es sich selbst überlassen würde, so liegt der Charakter der Gefahr, welchen dieser Zustand an sich trägt, in so augenfälliger Weise vor, daß keine Krankheit schlimmer gedacht werden kann. Wäre man imstande, zu einer Zeit eine Gesellschaft von Mikrokephalen herzustellen, und dürfte man diese Gesellschaft sich selbst überlassen, so würde sie auch ohne Epidemien in kürzester Zeit zugrunde gehen, ohne Nachkommenschaft zu hinterlassen. Das ist mein Standpunkt in dieser Frage.

„Margarete ist ein recht charakteristisches Spezimen der besprochenen Gruppe. Sie hat im siebenten Lebensjahre eine Größe von 1,052 m erreicht, ist im ganzen in ihren übrigen körperlichen Verhältnissen recht gut entwickelt, zeigt jedenfalls keine auffallenden Mißverhältnisse der Glieder. Die Verhältnisse der einzelnen Körperteile, namentlich die Verhältnisse der Extremitäten und ihrer einzelnen Glieder zueinander, sind in keiner Weise affenähnlich.

„Margarete zeichnet sich vor vielen anderen mikrokephalen Kindern dadurch aus, daß sie durchaus gutmütig, folgsam und reinlich ist. Auch abgesehen von diesen Erziehungsresultaten ist ein ungleich höheres Maß von wirklich psychischen Zügen aus ihrer Beobachtung zu entnehmen, als man es bei einem Mikrokephalen dieses Alters voraussetzen möchte. Allerdings ist die sprachliche Entwickelung ganz zurückgeblieben; sie hat nur ein einziges Wort gelernt: ‚Mama‘, welches sie in Momenten hoher Ekstase hervorbringt, auch wenn die Mutter nicht zugegen ist. Sie steht daher, wie auch die ‚Azteken‘ (ebenfalls Mikrokephalen), auf der Stufe der Alalie, der Sprachlosigkeit, nicht eigentlich der Aphasie, der Sprachunfähigkeit (vgl. Band I, S. 593). Dagegen gibt sie zahlreiche Zeichen ihres Verständnisses von sich.

„Ein Bild, welches im Zimmer auf der Erde stand, interessierte sie sofort; eine Puppe, die sie erhielt, wurde mit großer Freude begrüßt, sie lächelte und zeigte in dem Augenblick angenehme, milde Züge. Ihre Willensentwickelung ist schwach, aber keineswegs ganz defekt. Sie gibt ihren Affekten auch den entsprechenden motorischen Ausdruck. Sie greift nach den Gegenständen und begibt sich zu ihnen, wenn sie entfernter sind. Sie spielt ganz nett mit ihrer Schwester, beschäftigt sich auch selbständig mit Spielsachen, macht mit Kreide Striche auf die Tafel und hat ein Interesse daran, ihre Freude darüber zu erkennen zu geben. Sie meldet sich, wenn sie ihre körperlichen Bedürfnisse befriedigen will. Sie ißt und trinkt selbständig, trifft eine gewisse Auswahl unter den dargebotenen Speisen, kennt die Differenzen der ihr geläufigen Nahrungsmittel, hat Vorliebe für dies und jenes, was alles bei vielen Mikrokephalen fast gar nicht vorkommt, denen man die Nahrung in den Mund stecken muß, um sie in den Magen zu befördern, und die sie trotzdem oft genug aus ihrem offenstehenden Munde wieder herausfließen lassen. Margarete dagegen hält den Mund meist geschlossen, die Zunge, die bei Kretins so oft beträchtlich vergrößert gefunden wird, liegt nicht vor, der Speichel fließt für gewöhnlich nicht aus.

„Weniger günstig sind die Bewegungen der Extremitäten, der Arme und Beine. Am meisten auffällig in ihrer äußeren Erscheinung ist der etwas schwankende und unsichere Gang, was für ihre sieben Jahre nicht mehr notwendig wäre. Sie hat die Neigung, wie viele Mikrokephalen und körperlich heruntergekommene Individuen, namentlich mit den Armen gewisse bei unvollkommenen Lähmungen vorkommende Stellungen einzunehmen, wobei die Wirkung der Flexionsmuskeln etwas mehr hervortritt, so daß jemand, der für die Affentheorie eingenommen ist, leicht glauben könnte, sie würde sich nächstens auf die Hände stellen und so zu laufen anfangen. Aber die Art und Weise, der Habitus der Bewegungen ist bei Margarete durchweg ein menschlicher. Aufrechter Gang, regelmäßige Balancierung des Körpers ohne Zuhilfenahme der Arme, Aufsetzen der ganzen Sohle auf den Fußboden, keinerlei Neigung zum Aufspringen, Schwingen oder Klettern — das ist das, was man mit Leichtigkeit an ihr konstatieren kann. Zu keiner Zeit kann ein Zweifel darüber entstehen, daß man ein menschliches Kind vor sich hat. Je genauer man sie betrachtet, um so mehr tritt das Affische in den Hintergrund, und ich kann nur sagen, daß gerade die Psychologie die stärksten Argumente gegen die Theorie der Affenmenschen liefert. Die ganze positive Seite der psychischen Entwickelung der Affen fehlt den Mikrokephalen; ihre Affenähnlichkeit beruht nur in dem Mangel weiterer menschlicher Entwickelung.

„Nachdem wir in den letzten Jahren in Berlin Gelegenheit gehabt haben, sämtliche anthropoide Affen, den Gibbon, den Orang-Utan, den Schimpansen und den Gorilla, in ausgezeichneten Exemplaren längere Zeit beobachten zu können, sind wir gerade in bezug auf die biologische Seite dieser Frage mehr eingeübt, als es jemals früher irgendeinem Naturforscher vergönnt gewesen ist. Wir haben dabei gelernt, die Vorzüge dieser Affen zu würdigen, aber auch von der Überschätzung zurückzukommen, welche durch die Erzählungen einzelner Enthusiasten auch bei der Mehrzahl der Naturforscher eingeführt worden war. Namentlich dürfen wir wohl keinen Anstand nehmen, zu behaupten, daß die instinktive Seite der psychischen Tätigkeiten, welche den Mikrokephalen fast ganz abgeht, bei den Anthropoïden, wie bei den übrigen Tieren, im Vordergrunde steht."

Als ich diese klassische Beschreibung Virchows niederschrieb, hatte ich die neunzehnjährige Margarete Becker vor mir. Das Bild, das Virchow von dem psychischen Verhalten der Siebenjährigen entworfen hatte, entsprach noch in vollendeter Weise den bestehenden Verhältnissen. Eine Weiterentwickelung des Geistes und des Kopfes hatte kaum stattgefunden, auch der Körper war noch verhältnismäßig klein, hatte sich aber, wie schon oben erwähnt, zur vollen Geschlechtsreife ausgebildet.

*

Damit schließen wir diese Reihe von Beobachtungen; ihr Endresultat ist: Es existieren in der Gegenwart in der gesamten bekannten Menschheit weder Rassen, Völker, Stämme oder Familien noch einzelne Individuen, die zoologisch als Zwischenstufen zwischen Mensch und Affe bezeichnet werden könnten.

II. Die Ur-Rassen in Europa.

9. Diluvium und Urmensch.

Die Frage nach dem diluvialen Menschen.

Soweit uns die Geschichte in die Vorzeit zurückblicken läßt — und in den alten Kulturländern Ägypten und Babylonien reichen die historischen Dokumente bis in das fünfte, ja sechste Jahrtausend vor unserer Zeitrechnung —, finden wir sichere Anzeichen dafür, daß damals schon die gleichen Unterschiede zwischen den verschiedenen Völkern und Rassen bestanden haben, wie sie uns heute entgegentreten. Es sprach sich das Selbstgefühl der herrschenden Kulturrassen in einer Geringschätzung und Verachtung der Barbaren in ältester Zeit kaum weniger scharf aus als in unseren Tagen, und wenigstens aus dem vierten Jahrtausend vor uns stammen schon plastische Abbildungen und graphische Darstellungen auf den Wänden ägyptischer Denkmäler, die uns mit einer gewissen Treue und Realistik des Vortrags die Körper- und namentlich die Gesichtsverhältnisse verschiedener Stämme zeigen, mit denen die Ägypter in Beziehung traten. Ein klassischer Zeuge, G. Fritsch, hat mit voller Bestimmtheit diese Übereinstimmung der ältesten ägyptischen Porträtdarstellungen mit den heutigen in und um Ägypten lebenden Menschentypen erst neuerdings wieder hervorgehoben. Das persische Weltreich herrschte über Völker aller Hautfarben und führte auch Stämme schwarzer Haut, die Äthiopen aus Südindien und Nordafrika, gegen die jugendfrische Geisteskultur Griechenlands ins Feld. Um den Urmenschen, aus dessen Variierung die verschiedenen Typen der heutigen Menschheit hervorgegangen sind, zu finden, müssen wir viel weiter in ältere geologische Epochen zurückgehen, gegen deren nur nach Lichtzeit zu messende Äonen die wenigen Jahrtausende, deren Anfänge das Dämmerlicht der ältesten Historie erleuchtet, nur als eine verschwindend kurze Zeitspanne erscheinen.

Als im Anfang des 18. Jahrhunderts die Naturforschung begann, die geologischen und paläontologischen Erscheinungen Europas wissenschaftlich aufzunehmen, erschien es selbstverständlich, zunächst nach den Zeugnissen jener gewaltigen Katastrophe zu suchen, die nach den übereinstimmenden Sagen der Kulturvölker und der Autorität des hebräischen Berichts die älteste Periode der menschlichen Entwickelung von der vergleichsweise modernen Zeit trennen sollte.

Die Alte Welt erzählte sich von gewaltigen Wasserfluten, die Berg und Tal übergossen und die alte Menschheit vernichteten, ein Untergang, aus dem sich nur wenige, die Ahnen des heutigen Menschengeschlechts, zu retten vermochten; die altgermanische Sage berichtete, daß aus dem schmelzenden Eise das Leben der neuen Zeit sich erhoben habe. Die „große Flut", das Diluvium, schien in verständlicher Weise jene längst beachteten Reste in Stein verwandelter Organismen, welche die Gebirge überall bergen, und die wunderbare Mischung von Land- und Meertieren zu erklären, die in den geologischen Schichten der Talgehänge ebenso wie auf der Höhe der Berge gefunden worden waren. Das sind die Anfänge der wissenschaftlichen Geologie und Paläontologie, auf welche die Jetztzeit zwar mit Lächeln zurückzublicken liebt, in der aber schon Probleme angeregt und Antworten darauf gesucht wurden mit einer wissenschaftlichen Energie, wie eine solche für die betreffenden Fragen die Wissenschaft erst seit der Mitte des 19. Jahrhunderts wiedergewonnen hat. Vor allem gilt das für das Problem vom „diluvialen Menschen".

War der Mensch wirklich, wie die Mythen übereinstimmend berichten, Zeuge des Diluviums, ein Begriff, unter dem damals noch die gesamte geologische Urzeit zusammengefaßt wurde, so mußten sich, ebenso wie die Reste so zahlreicher anderer animaler Wesen, auch die seinigen in den Erdschichten verborgen und erhalten noch auffinden lassen. Da brachte der gelehrte Schweizer Naturforscher Scheuchzer im dritten Jahrzehnt des 18. Jahrhunderts in seinen unter Leitung von Johann Andreas Pfeffel in Augsburg von ausgezeichneten Künstlern mit mustergültigen Kupferstichen illustrierten Folianten der „Physica sacra" unter anderen vortrefflichen Abbildungen paläontologischer Objekte auch die geradezu klassische Darstellung einer Platte aus den an Versteinerungen reichen Öninger Schieferbrüchen, auf der er die Knochen eines menschlichen Kindes zu erkennen glaubte. Der Mensch, der Zeuge des Diluviums gewesen, der Homo diluvii testis, schien gefunden, und über der näheren Beschreibung seiner vermeintlichen Reste steht im Geschmack jener Zeit der später vielbelachte Vers:

„Betrübtes Bein-Gerüst von einem alten Sünder,
Erweiche Stein und Hertz der neuen Boßheits-Kinder."

Es währte nicht lange, so stieß man auch anderwärts unter den Knochen vorsintflutlicher Tiere auf Menschenknochen. Der Pfarrer J. F. Esper hatte in den Knochenhöhlen der Fränkischen Schweiz, die seit alter Zeit zur Gewinnung von versteinertem Elfenbein, „ebur fossile", dienten, als welches die Knochen vorweltlicher Tiere ein vielgesuchtes und teures Arzneimittel darstellten, bei der wissenschaftlichen Ausbeutung derselben zweifellose Menschenknochen gefunden. Seine Beschreibung der Fundgeschichte vom Jahre 1774 ist so einfach und natürlich, daß wir an der Genauigkeit seiner Mitteilung nicht zweifeln dürfen. An einer vollkommen unversehrten Stelle, geschützt von einem Steinvorsprung der Höhlenwand, fand er in demselben Lehm mit Knochen des Höhlenbären und anderer diluvialer Tiere einen Unterkiefer und ein Schulterblatt des Menschen; später kam auch ein ziemlich wohlerhaltener Menschenschädel zutage. Esper argumentiert in seinem durch noch heute vollkommen brauchbare Abbildungen der von ihm entdeckten diluvialen Höhlentiere gezierten Werke „Ausführliche Nachricht von neuentdeckten Zoolithen" ganz im Sinne der modernen Wissenschaft: der Mensch, dessen Reste mit denen der diluvialen Säugetiere in dem Höhlenschlamm begraben wurden, muß auch mit diesen Tieren gelebt haben, er war sonach ein Zeuge der „großen Flut". Espers eigene Worte sind: „Da die Menschenknochen (Unterkiefer und Schulterblatt) unter den Tiergerippen gelegen, mit welchen die Gailenreuther Höhlen angefüllt sind; da sie sich in der nach aller Wahrscheinlichkeit ursprünglichen Schicht gefunden, so mutmaße ich wohl nicht ohne hinreichenden Grund, daß diese menschlichen Glieder auch gleichen Alters mit den übrigen Tierverhärtungen sind."

Aber schon hatten sich für die Beurteilung seines Fundes die allgemeinen wissenschaftlichen Anschauungen und Verhältnisse ungünstig gestaltet. Cuvier, der Begründer der modernen, auf vergleichende Anatomie aufgebauten Paläontologie, dem seine Zeit mit Begeisterung nachrühmte, er verstehe es, aus einem einzigen Knochen das wahre Bild eines vorweltlichen Tieres „mit Haut und Haar" wieder zu ergänzen, erkannte zwar die wissenschaftliche Richtigkeit der sonstigen Esperschen Funde achtungsvoll an, aber für den diluvialen Menschen war in seinem Weltsystem kein Raum. Seine Katastrophentheorie, die bis gegen die Mitte des 19. Jahrhunderts die allgemeine Anerkennung der Wissenschaft besaß, basierte auf der Annahme gewaltiger Erdrevolutionen, welche die organischen Schöpfungen der je vorausgehenden geologischen Periode vollkommen vernichtet haben sollten. Durch Neuschöpfung von Organismen habe sich dann nach jeder derartigen Revolution die Erde neu bevölkert. Man hatte es an der Hand der Vergleichung der vorweltlichen Organismen schon gelernt, die geologische Vorzeit in verschiedene zeitlich aufeinander folgende Epochen zu scheiden, die man Schöpfungsepochen zu nennen pflegte, da sich eine jede durch die in ihr lebenden besonderen Organismen scharf von der anderen trennen lassen sollte. Die beiden jüngsten geologischen Epochen sind Alluvium und Diluvium. Der Epoche des Alluviums, in welcher die Menschheit gegenwärtig lebt, geht die Epoche des Diluviums voraus, aber nach Cuviers Ansicht von der jüngsten Epoche, dem Alluvium, durch eine jener vernichtenden Umwälzungen der Erdoberfläche getrennt, die es undenkbar erscheinen ließe, daß sie ein lebendes Wesen überdauern sollte. Wie Erdschichten Europas, welche dem Diluvium, in dieser damals neuen Definition Cuviers, angehörten, charakterisiert werden durch die Knochen des Mammut-Elefanten, des Nashorns und des Flußpferdes, des Löwen, der Hyäne und des kolossalen Höhlenbären, so sollten die Menschenknochen die „Leitfossilien" sein für die neuesten, dem Alluvium angehörenden Erdschichten. Erst nach dem Aussterben der großen diluvialen Dickhäuter, so lautete das Dogma, ist der Mensch in Europa aufgetreten. Und wie lächerlich hatte sich des guten Scheuchzer angeblicher Fund des Homo diluvii testis, d. h. des Menschen als Zeugen der Sintflut, entlarvt: Cuvier erkannte in ihm die Knochenreste eines etwa 1 m langen Wassermolches, Salamandra gigantea C., der an Größe und Gestalt dem japanischen Riesensalamander ähnlich ist. Man lachte. Und nichts bringt sicherer und dauernder eine Meinung zum Stehen und bald zum Rückgang und Verschwinden als der Fluch des Lächerlichen.

An Espers Entdeckungen, an die sich noch eine Reihe ähnlicher aus anderen Höhlengegenden anschlossen, konnte an sich nicht gezweifelt werden; aber waren sie für die Anwesenheit des Menschen in Europa während des Diluviums denn wirklich beweisend? Es wurde die Parole ausgegeben, daß es trotz Espers gegenteiliger Angaben ein Grab aus späterer Zeit gewesen sei, in dem alle jene Gebeine lagen, und noch in neuester Zeit hat Boyd Dawkins diese Meinung wiederholt. Das Suchen nach dem diluvialen Menschen hörte auf, die „Anthropolithen", nach denen man früher so eifrig geforscht hatte, wurden, wenn sie sich gelegentlich fanden, als zweifellos jünger nicht nur nicht beachtet, sondern meist als wertlos beseitigt. Die Herrschaft der Cuvierschen Meinungen war eine absolute. Um für den diluvialen Menschen in dem naturwissenschaftlichen System wieder Platz zu schaffen, mußte erst dieser dogmatische Bann, der die Forscher so lange gefesselt hielt, gebrochen werden.

Es war vor allen der große englische Geolog Sir Charles Lyell, der eine Wandlung der allgemeinen Anschauungen von dem Wesen der Schöpfungsepochen anbahnte und durchsetzte. Er kam zu der Überzeugung, daß, wenn nur eine genügend lange Zeit gegeben sei, dieselben umändernden Einflüsse, die heute langsam und in ihrem Einzeleffekt kaum merklich, aber unaufhaltsam die Erdoberfläche umgestalten, hinreichen würden, um die Veränderungen der Erde und ihrer Bewohner in den vorausgehenden geologischen Epochen im wesentlichen zu erklären, wozu Cuvier und nach ihm der gesamten zünftigen Wissenschaft die Annahme plötzlich hereingebrochener gigantischer Erdrevolutionen notwendig erschienen war. Im langsamen Übergang, im Laufe einer fast unendlich erscheinenden Zeit haben sich nach und nach und allmählich die Umwandlungen vollzogen, deren Größe Zeugnis ablegt nicht von der Gewalt unbekannter, plötzlich wirkender Kräfte, sondern von der Länge der Zeit, während welcher die uns bekannten, nur scheinbar kleinen und ohnmächtigen Ursachen tätig waren. Ganz wie einst Cuvier, so herrscht gegenwärtig Lyell in den Anschauungen der Zeit, und man pflegt dabei zu vergessen, daß die Katastrophentheorie doch nicht so lange zur Befriedigung der besten Forscher und Denker zur schematischen Erklärung der geologischen Tatsachen hätte verwendet werden können, wenn sie sich nicht doch auch auf eine Summe sicherer Tatsachen hätte stützen können. Auch hier liegt die Wahrheit zwischen den Extremen der Theorie.

Durch den Sieg Lyells war der Theorie Darwins Bahn gebrochen. Der präzise Ausdruck, den Darwin selbst in seinem epochemachenden Werke seiner Lehre gegeben hat, lautet: „Ich bin vollkommen überzeugt, daß die Arten (Spezies) nicht unveränderlich sind, daß die zu einem sogenannten Genus zusammengehörigen Arten in einer Linie von anderen, gewöhnlich erloschenen Arten abstammen in der nämlichen Weise, wie die anerkannten Varietäten einer Art Abkömmlinge dieser Art sind." Wenn aber die Ahnen der jetzt lebenden Arten (Spezies) als gemeinsame, das Genus repräsentierende Stammformen auf der Erde in früheren geologischen Epochen gelebt haben, muß sich da nicht auch für das Genus Mensch, das jetzt in so verschiedenartige Varietäten zerfällt, die gemeinsame Stammform, der Urmensch, in den Erdschichten früherer Weltalter nachweisen lassen? So lautet die neuerdings wieder aufgeworfene Frage nach dem Urmenschen. Nun erinnerte man sich wieder, daß schon lange Funde von Menschenknochen und sogar von rohen, doch zweifellos vom Menschen herrührenden Artefakten signalisiert worden waren, aus denen man auf eine Gleichzeitigkeit des Menschen mit den wichtigsten diluvialen Tieren schließen durfte. Bald gelang es der wissenschaftlichen Forschung, mit aller Bestimmtheit zu beweisen, daß der Mensch wirklich schon in der der jetzigen geologischen Epoche, dem Alluvium, vorausgehenden Diluvialepoche trotz des Cuvierschen Dogmas gleichzeitig mit den großen diluvialen Dickhäutern und ihren Genossen in Europa gelebt habe.

Aber wie sehr hatte sich inzwischen in den Anschauungen der Wissenschaft der Begriff des Cuvierschen Diluviums verändert! Wenn es einst aus der Anwesenheit von Tierformen, die heute nur noch in tropischen Gegenden gefunden werden, wie Elefant, Löwe usw., pragmatisch festgestellt scheinen konnte, daß in der Diluvial- oder Quartärepoche, wie man sie in der Reihe der vier großen geologischen Weltzeitalter nennt, Europa ein warmes, ja tropisches Klima besessen habe, so daß man sich den europäischen Urmenschen in einem Paradiese unter Palmen wandelnd denken durfte, schien nun in dem Lichte neuer Erfahrungen in jener Epoche der ganze europäische Kontinent, ja wohl die ganze Erde, von Eis zu starren. An die Stelle der „großen Flut" und als unmittelbare Ursache der zweifellos auf Wirkungen mächtiger

Wassermassen hindeutenden Erscheinungen des geschichtlichen Diluviums war die Annahme der Eiszeit getreten, die zunächst als ein allgemeiner „Schüttelfrost der Erde" aufgefaßt wurde, der auf die Fieberhitze eines vorausgehenden allgemein wärmeren Klimas in der Tertiärepoche gefolgt wäre. Das einstige Paradies der europäischen Urmenschen erschien in eine froststarrende Eis- und Schneewüste verwandelt.

Die neueste Zeit ist von so extremen Ansichten wieder zurückgekommen. Die gewaltigen Eisbedeckungen, von denen man den Begriff der Eiszeit abgeleitet hatte, erscheinen uns jetzt nicht mehr als ein gleichzeitig und allgemein über die Erde verbreitetes, sondern als ein überall lokal beschränktes und in der nördlichen und südlichen Erdhemisphäre vielleicht zu verschiedenen Zeiten aufgetretenes Phänomen. Damit werden uns auch die Verhältnisse des Menschen während der Eiszeit verständlicher. Werfen wir zunächst einen Blick auf den gegenwärtigen Stand der Eiszeittheorie.

Die Eiszeit.

Die ältere Diluvialtheorie hatte alle aus Lehm, Sand, Kies und größeren, teilweise mächtigen Gesteintrümmern bestehenden geologischen Gebilde, die in Europa fast überall die Bildungen der Tertiärepoche bedecken und so wesentlich die heutige Physiognomie namentlich der flacheren Ländergebiete bedingen, als Wirkungen großer Wasserfluten angesehen. Daran konnte freilich nicht gedacht werden, daß die Flüsse und Seen, wie sie gegenwärtig erscheinen, als die Ursachen dieser gewaltigen Schuttablagerungen angesprochen werden könnten. Wie hätten, auch noch so mächtig vorgestellt, Hochfluten des Rheins, der Donau, der Seine oder des Po und anderer Flüsse diese enormen, meilenweit ausgedehnten Anhäufungen von diluvialem Kies und Sand bilden können, die sich zum Teil zu Höhen erheben, die mehr als 100 Fuß über die Sohle der heutigen Flußbetten ansteigen?

Und nun erst jene manchmal felsgroßen, scharfkantigen Steintrümmer, die erratischen Gesteine oder Findlingssteine, die zum Teil die Höhenzüge des subalpinen Gebietes krönen und im Jura und im mittleren Etschgebiet bis etwa 1000 m über die Talhöhe ansteigen! Da diese Findlingsblöcke, oft von Vegetation entblößt, ihre mineralogisch-geognostische Fremdartigkeit im Vergleich mit den übrigen Gesteinen ihrer Umgebung leicht erkennen lassen mußten, so hatten sie schon früh die Aufmerksamkeit auf sich gezogen. Namentlich gilt das für die über die nordischen Ebenen und Tiefländer zerstreuten, zum Teil gebirgsähnliche Felsengruppen darstellenden erratischen Findlingsblöcke oder Irrblöcke, deren Verbreitungsgrenze jenen gewaltigen, die Ostküste von Schottland und England eben berührenden, von da über Holland die ganze Norddeutsche Ebene, die russischen Ostseeprovinzen umschließenden und im Petschoraland, östlich vom Weißen Meer, endigenden, oft beschriebenen Bogen bildet. Meist sind es kristallinische Gebirgsarten, wie Gneis, Granit, Gabbro, metamorphische Schiefer, seltener auch silurische und andere Versteinerungen führende Kalksteine, die alle zweifellos aus den Hochgebirgen Skandinaviens und aus Finnland stammen und von dort auf irgendeine Weise an ihre heutigen Lagerungsstätten gewandert sind. Die früher allgemein und, zum Teil in etwas veränderter Form, noch immer angenommene Erklärung ist die, daß das ganze nordische Irrblockgebiet einst vom Meer bedeckt gewesen sei, und daß schwimmende Eisberge und Eisfelder, d. h. abgebrochene Stücke hochnordischer, bis zur See vordringender Gletscher, jene Steine geflößt und abschmelzend auf den einstigen Meeresboden und dessen Küsten hätten niederfallen laffen, ein Vorgang, der sich noch heute an den von Eisbergen besuchten Küsten der Nordmeere tatsächlich nachweisen läßt. Aber auch die Irrblöcke des subalpinen Gebietes hat man mit Gewißheit auf eine ferne Ursprungsheimat zurückführen gelernt. Die erratischen Gesteine des schweizerischen Jura zum Beispiel, die sich namentlich auf der den Alpen zugewendeten Seite finden, wo sie, wie gesagt, auf eine sehr ansehnliche Höhe ansteigen, stammen aus dem von der Rhone durchströmten Alpenteil; dagegen sind die Ursprungsstätten der Findlingssteine in Aargau, St. Gallen, Thurgau und Oberschwaben die Quellgebiete der Reuß, Linth und des Rheins. Waren auch sie auf Eisbergen über ein Meer, das einst etwa den Fuß der Alpen bespülte und die niedrigeren Gebirge bedeckte, hierher gebracht worden? Von einem solchen diluvialen Meer fanden sich doch sonst keine sicheren Spuren!

Ein wissenschaftlicher Fortschritt der Erkenntnis wurde zunächst dadurch angebahnt, daß man zwischen geschichtetem und ungeschichtetem Diluvium schärfer unterscheiden lernte. Das geschichtete Diluvium, das im mittleren Europa vorzüglich aus lockerem Kies, Sand und Lehm besteht, zeigt in seiner mehr oder weniger deutlichen Schichtung, daß es durch Wasserfluten, und zwar zweifellos meist durch Süßwasserfluten, erzeugt ist. Die abgerollten Steine (das Gerölle), welche die Kiesablagerungen bilden, durchschnittlich zwischen der Größe einer Nuß und einer Faust schwankend, stammen wie die Irrblöcke aus den Gebirgen der nächsten oder der ferneren Umgebung. Auch den Löß pflegt man trotz manchen Widerspruchs dem geschichteten Diluvium beizuzählen; er erscheint als eine undeutlich geschichtete lehmig-sandige Ablagerung, deren Mächtigkeit im oberen Rheintal an einigen Stellen bis zu 200 Fuß ansteigt. Getrocknet ist er zwischen den Fingern zerreiblich, naß läßt er sich aber wie Lehm kneten und ist, namentlich wenn ihm etwas Ton zugesetzt wird, zur Ziegelfabrikation gut geeignet; wir werden unten noch einmal auf ihn zurückkommen. Daran reihen sich im geschichteten Diluvium noch vereinzelte Braunkohlenlager und ältere Torfmoore. „Noch niemals", sagt ein so ausgezeichneter Kenner wie Zittel, dessen Darstellung wir uns hier anschließen, „ist es ernstlich bezweifelt worden, daß das geschichtete Diluvium durch Wasserfluten entstanden sei; Schichtung und organische Einflüsse sprechen zu beredt für eine derartige Entstehung."

Neben diesen geschichteten gibt es nun aber ungeschichtete diluviale Schuttmassen von höchst eigentümlicher Zusammensetzung, Oberflächengestalt und Verbreitung. Auch sie bestehen aus Sand, Schlamm und Gesteinstrümmern, aber letztere sind nicht immer abgerollt, sondern zum Teil scharfkantig und von sehr verschiedener, teilweise mächtiger Größe und zeigen nicht selten mehr oder weniger tief eingeritzte, oft äußerst scharfe Linien und Streifen. Alles dies liegt regellos durcheinander und breitet sich nicht, wie das geschichtete Diluvium, gleichmäßig über weite Flächen aus, sondern erscheint als mehr oder weniger hohe Hügelzüge, die entweder wie langgestreckte, halbmondförmige Wälle aus der Ebene aufsteigen oder in paralleler Richtung Talgehängen folgen. Zwischen diesen Höhenzügen liegen die zahlreichen Seen und Moore; sie bilden jene welligen, waldgekrönten Erhebungen, die dem vom Hochgebirge überragten Alpenvorland den hohen landschaftlichen Reiz verleihen. Auf den Kämmen dieser Höhen finden sich besonders häufig größere Irrblöcke, während ihr Inneres dieselben Gesteinsarten in großen und kleinen Trümmern birgt. Aber nicht nur in den Alpen, sondern auch weit hinaus an ihrem Süd- und Nordrand finden sich diese Schuttwälle; besonders wichtig ist es, daß man entsprechende Bildungen auch in Norddeutschland an vielen Orten, ferner in Schottland und Skandinavien nachgewiesen hat.

Es war eine glänzende Idee, als Charpentier um die Mitte des 19. Jahrhunderts, angeregt durch ein Gespräch mit einem Walliser Gemsjäger, die Irrblöcke und das ungeschichtete subalpine Diluvium für das Produkt ehemaliger Riesengletscher erklärte. Es gelang zunächst, festzustellen, daß sich einst gewaltige Eismassen von den Alpen bis zum Jura
erstreckten, und daß solche in alter Zeit unter anderem auch einen großen Teil der Donau-
Ebene bedeckt hatten. Die Schuttwälle des ungeschichteten Diluviums mit ihren Findlings-
blöcken sind die Moränen dieser alten Riesengletscher. Jedem, der Gletscher besucht und
untersucht hat, ist es eine bekannte Erscheinung, daß die Gletscheroberfläche vielfach mit Steinen regellos bedeckt ist. Von den die Firnregion überragenden eisfreien höchsten Felsgipfeln
löst sich unter der Einwirkung von Wasser und Temperaturunterschieden fort und fort Ge-
steinsschutt los, der auf die Oberfläche des Gletschers herabfällt, darunter auch große Fels-
blöcke. Der Gletscher trägt dann als ein langsam, aber unaufhaltsam von oben nach unten
fortrückender Eisstrom die auf ihm liegenden Steine nach abwärts und türmt sie hier entweder
zu den wellenförmigen Seiten- und Mittelmoränen oder zu den bogen- oder halbmondförmigen Endmoränen als hohe, wie von Riesen zusammengeworfene Schutt- und Steinwälle
auf. Die Moränen der heutigen Gletscher stimmen in ihrer äußeren Formation sowie in
der Anordnung und Beschaffenheit des Materials, aus dem sie bestehen, mit den oben beschriebenen Höhenzügen des ungeschichteten Diluviums überein. Die Irrblöcke des letzteren
entsprechen den oft gewaltigen Gesteinstrümmern, die stets entweder auf der Oberfläche der
heutigen Gletscher liegen oder in ihren Moränen bereits ausgestoßen sind.

Von besonderer Bedeutung für die Erkennung alter Gletscherspuren ist die Grundmoräne mit den Gletscherschliffen und gekritzten Geschieben. Überall in der Nähe
der Alpen, aber auch in Skandinavien, Norddeutschland und vielfach in Nordamerika, England usw., treten uns die Spuren der Grundmoräne als eine zum Teil mächtige, bald mehr
Mergel, bald mehr plastischen Ton, der vorzugsweise zur Ziegelfabrikation benutzt wird, ent-
haltende Lehmschicht entgegen, die häufig mehr oder weniger abgerundete, gekritzte und gestreifte Rollsteine, sogenannte Scheuersteine, eingeschlossen hält. Diese Lehmschicht zieht
sich über die Oberfläche des Bodens in wechselnder Dicke fort, überkleidet die Plattformen,
folgt den Gehängen hinab in die älteren Täler und ist häufig der Grund, der die Flüsse von
weiterem Einschneiden in die Talsohle abhält. Wo diese Grundmoräne auf festerem Felsen
aufruht, da ist dieser poliert, geglättet, gekritzt und gestreift, wie die Felsen zu sein pflegen,
über die ein Gletscher hingegangen ist. Ch. Martins ist, die zahlreichen Eishöhlen, die sich am
Ende abschmelzender Gletscher öffnen, benutzend, zwischen dem Boden und der Unterfläche
von Gletschern vorgedrungen und hat an Ort und Stelle die Schlammablagerungen unter
dem Gletscher mit den Scheuersteinen und die dadurch erzeugten Gletscherschliffe untersucht.
Man sieht aber auch in warmen Jahren, in denen die Gletscher, indem sie rascher an ihren
Enden abschmelzen, als sie von oben nachrücken, sich oft weit zurückziehen, die Grundmoräne
entblößt oder, wo die Lehmschicht weggewaschen ist, den Boden und die Seiten des ver-
lassenen Felsenbettes des Gletschers durch die Reibung geglättet und mit zahlreichen geradlinigen, vertieften Streifen und Kritzen, den „Radspuren des Gletschers", gezeichnet, die so
scharf gekritzt sind, als wären sie mit einem Grabstichel oder einer feinen Nadel eingraviert.

Der Mechanismus, durch den diese Kritzen eingegraben sind, ist derselbe, sagt Ch. Martins,
den die Industrie anwendet, um Steine oder Metall zu polieren. Mit Hilfe eines Schleifpulvers
reibt man die metallene Fläche und gibt ihr so eine Politur und einen Glanz, die von dem

Lichtreflex einer unendlichen Menge feiner Kritzen hervorgebracht werden. Das Lager von Geschieben und Schlamm zwischen Gletscher und Untergrund ist das Schleifpulver, das Gestein ist die metallische Fläche, und die Masse des Gletschers, die das Schlammlager fortwährend drückt und bewegt, indem sie sich abwärts schiebt, ist die Hand des Polierers. Daher verlaufen die in Rede stehenden Kritzen in der Richtung der Gletscherbewegung; aber da diese letztere kleinen seitlichen Abweichungen unterworfen ist, kreuzen sich die Schrammen bisweilen und bilden untereinander spitze Winkel. Die Seitenwände des Gletschers stehen nicht in unmittelbarer Berührung mit den Talwänden; es ist fast immer ein kleiner Zwischenraum zwischen beiden vorhanden. Zahlreiche Steintrümmer geraten hier zwischen die Eismauer und das Gestein. Einige bleiben in diesem Zwischenraum eingeklemmt, andere gewinnen die Unterfläche des Gletschers und bilden die Grundmoräne. Zu diesen Blöcken gesellt sich ein Teil derjenigen, die in die zahlreichen, von den Reisenden so gefürchteten Spalten und Schachte des Gletschers fallen. Alle diese Trümmer, zwischen Fels und Gletscher eingeengt, werden von dieser unaufhörlich wirkenden Presse gedrückt, gestoßen und zerrieben. Sie bewahren nicht die Dimensionen, die sie besaßen, als sie sich vom Felsen loslösten. Die meisten werden zu einem undurchdringlichen Schlamm zerkleinert, der, mit dem aus dem Gletscher entströmenden Wasser gemischt, das Schlammlager bildet, auf dem jener aufruht. Die anderen bewahren die unauslöschlichen Spuren des Druckes, dem sie ausgesetzt gewesen sind. Alle ihre Ecken werden abgerundet, ihre Kanten verwischen sich, und sie nehmen die Form gerundeter Geschiebe an. Ist das Gestein weich, wie Kalkstein, so wird das Geschiebe nicht nur abgerundet, sondern erhält auch eine Menge sich in allen Richtungen kreuzender Kritzen. Diese gekritzten Geschiebe sind von großer Bedeutung für das Studium der Ausdehnung der alten Gletscher; sie zeigen in fast unzweifelhafter Weise die frühere Existenz eines verschwundenen Gletschers an. In der Tat, nur ein Gletscher kann in solcher Weise Geschiebe abnutzen und kritzen.

Von der kolossalen Masse der sich einst von den Alpen herabbewegenden Gletscher geben die dicken Schichten, die der Blocklehm, den die Riesengletscher einst unter sich hinschoben, an manchen Orten bildet, und die in ihm enthaltenen allseitig geschrammten Blöcke, oft von einigen Kubikmetern Größe, genügendes Zeugnis, während bei den heutigen kleineren Gletschern das Lehmlager der Grundmoräne gewöhnlich nur eine dünne Schicht darstellt. Einen noch anschaulicheren Begriff erhalten wir von den gewaltigen Dimensionen dieser Riesengletscher, wenn wir uns daran erinnern, daß durch sie die Findlingsblöcke, die aus dem Inneren der Schweiz herbeigeflözt wurden, im Jura bis auf 1000 m über der Talsohle erhoben und abgelagert werden konnten. Die in der Umgegend von München von Zittel, Penck und anderen untersuchten Moränen der Eiszeitgletscher, die sich zum Teil über dem älteren geschichteten Diluvium wie auf einer tafelförmigen Unterlage ausbreiteten, kamen aus den Zentralalpen, füllten das ganze Inntal mit einer mehrere tausend Fuß hohen Eismasse aus, überschritten die niedrigen Pässe der Bayrischen Alpen und ergossen sich von da aus weit in die Ebene. Wenige Stunden südlich von München, bei Schäftlarn im Isartal und noch schöner bei Berg am Starnberger See, fand sich der einstige Gletscherboden, aus diluvialer Nagelfluh bestehend, von dem darüber hinweggegangenen Eisstrom geglättet und mit zahllosen feinen Parallelkritzen bedeckt. Trotz der gigantischen Verhältnisse erkennt man bei näherer Betrachtung doch mit Sicherheit, daß diese Entwickelung der Riesengletscher in den Alpen nichts anderes gewesen ist als eine enorme Steigerung der Vereisung, wie wir sie heute dort noch beobachten. Im kleinen besteht die Eiszeit in den Alpen wie in allen Gletschergebieten der Erde immer noch fort.

So freudig und allgemein die Beistimmung gewesen war zur Annahme einer alpinen Eiszeit, so schwer und langsam gelang es, der entsprechenden Erklärung der Diluvialformation auch für den Norden Europas Bahn zu brechen. Für dieses Gebiet glaubte man oder glaubt zum Teil noch jetzt an der obenerwähnten älteren sogenannten Treibeishypothese festhalten zu müssen. Erst mußte sich die Kenntnis der heutigen Gletscher und des Inlandeises erweitern, erst mußte man ganz vergletscherte, unter Inlandeis begrabene Länder kennen lernen, wie es vornehmlich durch Rinks Untersuchungen und durch Nansens berühmte Durchquerung Grönlands geschah, bis man die in den Alpen gewonnenen Resultate auch auf das ungeheure Areal des nordischen Diluviums auszudehnen wagen konnte. „Waren", sagt Penck, „die Alpen die Wiege für die Lehre der Eiszeit gewesen, so empfing die letztere in neuester Zeit gerade vom Norden her ihre wichtigsten Impulse." Vor allem sind es die Arbeiten von Torell gewesen, die, gestützt auf Ergebnisse der Untersuchungen in den skandinavischen Ländern und in Norddeutschland, eine einstige Übereisung und Vergletscherung des ganzen Gebietes des nordischen Diluviums lehrten. Auch für den Norden ergaben sich, wie für das alpine Gebiet, als Zentrum der Gletscherentwickelung der Eiszeit die noch jetzt gletscherbedeckten Hochgebirge Skandinaviens. Das Inlandeis transportiert jedoch, obwohl es analog den Gletschern, zum Teil unter seinem eigenen Druck, in horizontaler Richtung abfließt, keine erratischen Blöcke, die nach Nansen auf der ganzen Oberfläche des Inlandeises in Grönland fehlen. Die enormen Massen von losem Material, Kies und Steinen, die das grönländische Inlandeis mit sich schleppt, bilden eine Grundmoräne und werden zum großen Teil von den unter dem Eis fließenden Bächen in Bewegung gesetzt und fortgeführt.

Ein ähnliches Verhältnis zeigt sich auf der ganzen Erde. Hans Meyer hat auch auf hohen tropischen Bergen, dem Kilimandscharo und den Vulkanen Ecuadors, diluviale Gletscher nachgewiesen. Um einen Überblick über die bis jetzt festgestellte Ausbreitung der Vergletscherung der Erde während der Eiszeit zu gewinnen, betrachte man das beigeheftete Kärtchen Pencks: „Die hauptsächlichsten früheren und heutigen Gletschergebiete der Erde". Überall erkennen wir das gleiche Phänomen, daß die früheren Gletschergebiete als Ausbreitungen und Ausstrahlungen der heutigen Gletschergebiete erscheinen, daß sonach auf der ganzen Erde die „Eiszeit" nur als eine extreme Steigerung der noch heute existierenden klimatischen Verhältnisse aufgefaßt werden darf. Besonders deutlich erkennen wir das auch darin, daß, wie noch heute, die Gletscherentwickelung auf der nördlichen Hemisphäre von Süden nach Norden zu-, dagegen in Europa und Asien im allgemeinen von Westen nach Osten abnimmt und in entsprechend entgegengesetzter Richtung in Nordamerika. Auf der Südhemisphäre treten stärkere Eiszeitspuren unter anderem und vor allem an der Südspitze Amerikas und in Neuseeland auf, Gegenden, die noch heute durch ihre gigantischen und tief herabsteigenden Gletscher berühmt sind; aber auch die Tropen haben ihre Eiszeit erlebt.

Als man sowohl auf der Nord- als auch auf der Südhemisphäre der Erde die Spuren einer einstigen Eiszeit entdeckt hatte, mußte man, wie gesagt, auf den Gedanken kommen, daß irgendeine äußere auf die Erde einwirkende Ursache, etwa das Eintreten der Erde mit unserem gesamten Planeten- bzw. Sonnensystem in eine kältere Partie des Weltraumes oder eine zeitweilige Abnahme der Wärmeausstrahlung der Sonne, eine allgemeine Erkaltung unseres heimatlichen Planeten und damit eine allgemeine Eiszeit erzeugt habe, die dann mit dem

Nachlaſſen jener urſächlichen Bedingungen wieder allgemein milderen klimatiſchen Verhält=
niſſen der ganzen Erde gewichen ſei. Man konnte aber bald erkennen, daß ſolche auf den erſten
Blick ſo einleuchtend erſcheinende Erklärungsverſuche den tatſächlichen Verhältniſſen doch
keineswegs vollkommen gerecht werden. Nicht eine allgemeine äußere, gleichſam zufällige
Einwirkung auf die Erde, ſondern nur in der Erde ſelbſt oder in ihrer Stellung zu dem Wärme=
zentrum unſeres Planetenſyſtems gelegene Urſachen vermögen das Geſamtphänomen der
Eiszeit zu erklären. Häufig wurde bisher die Annahme vertreten, daß zur Entwickelung ſo
rieſiger Eismaſſen, wie ſie namentlich die Eiszeit der nördlichen Erdhemiſphäre auszeich=
neten, nicht nur eine niedrigere Temperatur, als wir ſie jetzt in unſeren Gegenden beſitzen,
ſondern auch ein geſteigerter Feuchtigkeitsgrad der Atmoſphäre mit reichlicheren Schnee=
niederſchlägen erforderlich geweſen ſei. Um jene Maſſen von Feuchtigkeit zu liefern, die ſich
in den diluvialen Gletſchergebieten zu Eis und Schnee verdichteten, ſollten, da man eine
weſentliche Veränderung in der Verteilung zwiſchen Land und Meer nicht glaubte annehmen
zu dürfen, an anderen Orten der Erde geſteigerte Verdunſtungen von Waſſer infolge einer
lokalen Steigerung der Temperatur ſtattgefunden haben. Die Erklärung der Eiszeit im Nor=
den ſchien die Annahme einer Temperaturſteigerung im Süden zu erfordern und umgekehrt.
Damit gelangte man zu der Annahme, daß die Eiszeit der nördlichen nicht mit der Eiszeit
der ſüdlichen Hemiſphäre gleichzeitig geweſen ſein könne. Noch ſind aber die Unterſuchungs=
akten über dieſe Verhältniſſe keineswegs geſchloſſen. Nicht nur wird wieder häufig angenom=
men, daß jene rätſelhafte Temperaturerniedrigung auf der ganzen Erde gleichzeitig ein=
getreten ſei, ſondern nach A. Penck und Ed. Richter muß auch die Anſicht fallen, daß die
Eiszeit vor der Gegenwart durch reichlicheren Niederſchlag ausgezeichnet geweſen ſei. Es
hat ſich feſtſtellen laſſen, daß die Firnbecken während der Eiszeit nicht voller geweſen ſind
als heute, „es war der ſie ſpeiſende Niederſchlag gewiß nicht größer als derjenige, welcher
die heutigen Gletſcher nährt“. A. Penck glaubt, daß der Klimawechſel während der Eiszeit
im weſentlichen geographiſch bedingt geweſen ſei, daß einmal Europa ſo reich gegliedert
war wie heute, zeitweilig, während der kalten Periode, aber einen mehr kontinentalen Um=
riß hatte und bis zur Hundertfaden=Linie reichte.

Dazu kommt noch ein weiterer Umſtand, der alle Erklärungsverſuche erſchwert. Die
geographiſche Betrachtung der Eiszeitreſte lehrt uns vollkommen zweifellos, daß die Eiszeit
ſowohl der Nord= wie der Südhemiſphäre keineswegs ein einheitliches Phänomen geweſen iſt.
Überall, wo man bisher genauer hat unterſuchen können, laſſen ſich ältere und jüngere
Eiszeitmoränen unterſcheiden. Die älteren Moränen, „Altmoränen“, ſind weiter vor=
geſchoben als die jüngeren oder jüngſten, „Jungmoränen“, und haben durch die Einwirkung
der Zeit das charakteriſtiſche landſchaftliche Gepräge, das die jüngeren Eiszeit=Moränen=
landſchaften auszeichnet, mehr oder weniger verloren. Nur zwiſchen den jüngeren Moränen
findet ſich dieſe Unzahl kleiner Seen und Moore, welche die Niederungen zwiſchen den Mo=
ränenhöhenzügen ausfüllen und ſo viel zur Schönheit des wechſelvollen Bildes der Moränen=
landſchaft beitragen. Dieſe Verhältniſſe ſind in den äußeren und älteſten Moränen der Eis=
zeit verwiſcht. Es läßt ſich das nur ſo erklären, daß zwiſchen der Entſtehung der einen und
der anderen Moränenzone lange Zwiſchenräume gelegen haben. Die Mehrzahl der Eiszeit=
geologen ſtimmt darin überein, daß die Diluvialzeit nicht etwa als eine einzige, ununter=
brochene Kälteperiode angeſprochen werden dürfe. Lyell, Heer, Zittel, Penck, E. Brückner
und andere, alle erkennen bedeutende Klimaſchwankungen während derſelben an; ſie lehren,

daß in der Diluvialzeit zwischen Perioden der Kälte, in denen die Gletscher jene enorme Ausdehnung erlangten, Zwischeneiszeiten, Interglazialzeiten, mit entsprechender Tempe-
raturerhebung anzusetzen seien, in denen die Gletscher vielleicht annähernd auf ihr heutiges
Gebiet zurückgingen, der Ausbreitung einer Fauna und Flora auf den in den eigentlichen
Kälteperioden, Glazialperioden, unter Eis erstarrten Gebieten Platz schaffend. Penck
nimmt für das nördliche Alpenvorland vier Glazialzeiten an, die durch drei Interglazialzeiten voneinander geschieden wurden. Nach den Flüssen, in deren Gebieten er ihre
Moränen typisch entwickelt fand, werden sie der Reihe nach, von der ältesten angefangen, als
I. Günz-, II. Mindel-, III. Riß- und IV. Würm-Eiszeit benannt; zwischen ihnen liegen
die Interglazialzeiten: 1) Günz-Mindel-, 2) Mindel-Riß- und 3) Riß-Würm-Interglazialzeit.
Vor allem die letzte, vierte Eiszeit und die letzte, dritte Interglazialzeit werden für die folgenden Betrachtungen von Bedeutung werden. Die beiden mittleren Vergletscherungen
waren größer als die erste und letzte: sie sind es, die den Kranz der Altmoränen hinterlassen haben, der die Jungmoränen der letzten Eiszeit mit ihren frischeren Formen um-
randet. Wir leben jetzt in der Nach-Eiszeit, der Post-Würm-Zeit Pencks, die sich nach und
nach nicht ohne zeitweilige energische Kälterückschläge, Schwankungen, zu den jetzigen
milderen klimatischen Verhältnissen entwickelt hat. Das Klima der Eiszeit war kühler und
auf den Landflächen feuchter als das heutige und als das Klima der Interglazial- und Präglazialzeit, aber wie Brückner berechnet, war die Temperaturdifferenz verhältnismäßig gering: das Klima der Eiszeit war vielleicht nur um 3—4° kälter als das heutige und das
Klima der Interglazialzeiten; die Präglazialzeit war etwas wärmer. In den eisfreien abflußlosen Kontinentalgebieten entspricht der Eiszeit nach Brückner ein bedeutendes An-
wachsen der abflußlosen Seen. In Ägypten und den nordafrikanischen Küsten treten
an Stelle der Eiszeiten Regenperioden, Pluvialperioden (Blankenhorn und andere).

Es war Nehrings bahnbrechende Entdeckung, daß seit der letzten Eiszeit, auch abgesehen
von jenen Kälteschwankungen, das Klima Mitteleuropas keineswegs plötzlich, sondern langsam, nach und nach, freundlicher geworden ist. Auf die Eiszeit folgte zunächst eine noch kalte
Periode, in der die den Gebirgen vorgelagerten Ebenen zwar an ihrer Oberfläche meist nicht
mehr von Eis bedeckt, aber, wie heute noch weite Landstrecken im Norden Europas und Asiens
jenseits der Baumgrenze, in geringer Tiefe unter der Oberfläche vereist waren; es ist das die
Grundeisformation der Tundra. Die Tundra ist keineswegs vegetationslos; nur da, wo
das Grundeis bis zur Oberfläche des Bodens hinaufreicht, ist das der Fall, an anderen Stellen
bilden vor allem Moose und Flechten (z. B. Isländisches Moos) den Hauptbestandteil der
Vegetation, der aber auch höhere Pflanzen, namentlich Riedgräser, nicht fehlen. In den sibirischen und samojedischen Tundren, die für die Erkenntnis der diluvialen Verhältnisse Mitteleuropas von größter Wichtigkeit geworden sind, entwickelt sich, wo der Boden feucht ist, eine
ziemlich üppige Vegetation mit wiesenartigen Flächen, denen ein Blumenschmuck (Dryas,
Ranunculus, Geranium u. v. a.) keineswegs fehlt; auch niedrige Sträucher (Rhododendron,
Vaccinium u. a.), vor allem die fast krautartigen Zwergweiden und die Zwergbirken wachsen
über dem eisigen Grund, und an den Flüssen zeigen sich Waldoasen und Waldwuchs. Mit
steigender Verbesserung des Klimas schmolz das Grundeis, und die Tundra ging damit in die
Steppe über. Die feuchteren Ebenen erscheinen nun als Grassteppen reich mit Gras und
Kräutern bewachsen, und auch trockene Sand- und Lehmsteppen überziehen sich nach Regen
mit einem dichten Pflanzenteppich. Auf ihnen wirbeln aber während der Trockenperioden

die Stürme, nach der Richthofenschen äolischen Theorie der Lößbildung, Sand und Lehm-
staub empor, den sie an windgeschützten Stellen mehr oder weniger massenhaft ablagern.
Die Steppenperiode ist sonach auch eine Periode der Lößbildung. Als letzte Klimaperiode
der Nacheiszeit entwickelte sich die Waldperiode, in der wir noch heute leben. Nehrings
Steppen- und Tundraperiode sind postglazial im Übergang der (letzten) Eiszeit zum Alluvium;
beide sind aber wohl auch schon in den Interglazialzeiten aus den gleichen Ursachen anzunehmen. Da die Steppenperiode als die Bildungszeit des Löß erscheint, so ergibt sich damit
die Möglichkeit sowohl einer post- als auch einer interglazialen Lößbildung. Dem Einwand,
daß bei der heutigen Gestalt Europas ein Steppenklima für Mitteleuropa unmöglich sei, hält
Nehring entgegen, daß Europa während der postglazialen Steppenzeit nach Westen und Nordwesten weiter ausgedehnt, somit weniger dem Einfluß des Meeres unterworfen, und daß
auch der Golfstrom noch nicht in seiner heutigen Form und Richtung vorhanden gewesen sei.
Zahlreiche Gründe sprechen in der Tat dafür, daß, wie auch Penck zur Erklärung des Eiszeitphänomens angenommen hat, damals Westeuropa bis zu der sogenannten Hundertfaden-
Linie (vgl. S. 351) ausgedehnt, Großbritannien noch mit dem Kontinent vereinigt und Skandinavien über Spitzbergen oder Island mit Grönland verbunden war; hierdurch müßten alle
die günstigen ozeanischen Einflüsse fortfallen, die jetzt mildernd auf das Klima Mitteleuropas
und speziell Deutschlands einwirken. Der Golfstrom kam für die Bestimmung des Klimas so
gut wie gar nicht in Betracht. Die jetzt zu beobachtenden Verschiedenheiten in der Wärme-
verteilung in beiden Erdhemisphären sind sicherlich wenigstens der Hauptsache nach von der
Richtung der Meeresströmungen, namtlich des Golfstromes, abhängig. Das ist der Hauptgrund, warum jetzt die nördliche Hemisphäre eine beträchtlich größere Wärmemenge erhält
als die südliche; daher ist die südliche Hemisphäre jetzt die kältere, und daher finden wir in ihr
Gegenden, wie die Südspitze Amerikas und Neuseelands, zum Teil übereist mit tief herabsteigenden mächtigen Gletschern in geographischen Breiten, denen in der Nordhemisphäre
solche Eisentwickelungen, abgesehen von den höchsten Gebirgen, jetzt fremd sind.

Die diluvialen Gletschergebiete Europas.

Für unsere nächste Aufgabe, den Schauplatz kennen zu lernen, auf welchem der Urmensch
in Europa auftrat, haben wir nun zunächst einen Blick einerseits auf die Gegenden zu werfen,
die während der Eiszeit übergletschert waren und dadurch für die Glazialepochen die Möglichkeit der menschlichen Bewohnung im allgemeinen so gut wie ganz ausschlossen, anderseits auf
jene Gebiete, die, vom Eise frei geblieben, als Wohnstätten des primitiven Menschen dienen
konnten. Das Gebiet des nordischen Diluviums, für welches man einst die Treibeishypothese
erfunden hatte, war, wie heute fast widerspruchslos angenommen wird, zur Eiszeit ein zusammenhängendes Eisfeld. Nicht nur nach Süden verbreitete sich das skandinavische Eis, sondern
es überschritt auch die seichte Ostsee, kreuzte die Nordsee und schob sich, mit den von den schottischen Gletschern ausgesendeten Eisströmen verschmolzen, über die Shetlandinseln hinweg.

Penck gab folgende Grenzen der einstigen Vereisung für die nördliche Hemisphäre an
(s. die Karte „Mitteleuropa zur Eiszeit" bei S. 374): „Gegen Westen erstreckten sich die Eismassen ungefähr bis zu dem submarinen Steilabfall im Atlantischen Ozean, dessen Verlauf
durch die Hundertfaden-Linie veranschaulicht wird. Lofoten und Shetlandinseln waren von

Skandinavien aus vergletschert, Orkney=Inseln und Irland von Schottland aus. Bis zur Themse war England unter Eis begraben, welches teils von den Bergen von Wales, teils von den schottischen Hochlanden ausstrahlte. Eine Linie, welche sich von den Rheinmündungen an den Gehängen der mittleren Gebirge entlang zieht, welche das rheinisch=westfälische Schiefergebirge, Harz, den Thüringer Wald, das Erz= und das Riesengebirge bis zu einer beträchtlichen Höhe ersteigt, welche sich ferner an dem Nordabfall der Karpathen bis östlich Krakau verfolgen läßt, bezeichnet die Südgrenze des skandinavischen Eises, und ostwärts verbreitete es sich bis unterhalb Kiew am Dnjepr, bis beinahe Charkow, bis unterhalb Nischnij Nowgorod an der Wolga. Wie weit es sich im nordwestlichen Tieflande erstreckte, läßt sich noch nicht mit Bestimmtheit sagen; doch scheint es, als ob es sich hier mit Gletschern traf, die das Timangebirge aussandte. Nach Norden endlich strahlten die skandinavischen Gletscher bis in das Nördliche Eismeer aus. Diese enorme Eisentwickelung in Nordeuropa wird aber noch übertroffen durch diejenige Nordamerikas. Auch hier verbreiteten sich gewaltige Gletscher; während aber die europäischen ungefähr am 50. Breitengrade haltmachten, erreichten die transatlantischen den 40. Parallel, d. h. sie würden von Europa gerade nur die drei südlichen Zipfel unbedeckt lassen. Es waren im Norden Amerikas 20 Millionen qkm, im Norden Europas 6½ Millionen qkm von Eis begraben." Die Existenz solch bedeutender Eisdecken, solcher Inlandeismassen, weist auf einzelne Glazialgebiete hin, die völlig unter Eis begraben waren, während die Alpen wie die skandinavischen und schottischen Hochgebirge wenigstens noch mit ihren höchsten Gipfeln aus ihrem eisigen Mantel hervorragten, so daß Gesteins=trümmer von dort sich loslösen und mit dem Eise weiter geflößt werden konnten.

„Zwischen der großen skandinavischen Eismasse und der alpinen Vergletscherung", sagt Penck, „lag in Mitteleuropa nur ein schmaler Saum unvereisten Landes. Die höchsten Gebirge der Pyrenäischen und Italienischen Halbinsel trugen Gletscher; Eisströme entfalteten sich selbst auf den mittelfranzösischen Gebirgen; mächtig waren die Gletscher der Pyrenäen. In jenen Ländern aber erreichte nirgends die Vereisung nur annähernd die Ausdehnung wie in den Alpen oder gar im Norden. Ein mittelfranzösisches Inlandeis fehlt. Da die Vergletscherung in Europa von Westen nach Osten abnimmt, so beschränken sich die Gletscherspuren auf die höchsten Punkte der Transsylvanischen Alpen an der Grenze Siebenbürgens gegen Rumänien und an der Grenze von Rumelien und Makedonien auf den Rilo Dagh. Ausgedehnte Moränen am Kaukasus, in den Gebirgen von Erzerum, am Libanon und Sinai endlich lassen es möglich erscheinen, daß auch auf den höchsten Höhen der Balkanhalbinsel größere Gletscher einst entfaltet waren. Während sonach in Deutschland nur ein relativ schmaler Landstreifen eisfrei blieb, da von seinen 54000 qkm mehr als die Hälfte, etwa 35000, im Eise begraben waren, war von Frankreich zur Eiszeit höchstens ¹/₅₀ der Fläche von Eis bedeckt." Hat der Mensch schon während der letzten Glazialperiode in Europa gelebt, so ist es von vornherein wahrscheinlich, daß wir in Deutschland viel seltener und spärlicher seinen Spuren begegnen werden als in Frankreich, da ja die vollkommene Vergletscherung eine Möglichkeit für die Existenz des Menschen so gut wie ganz ausschließt. Frankreich ist in der Tat das klassische Land des europäischen Diluvialmenschen.

Die diluviale Tier= und Pflanzenwelt Europas.

Ehe wir uns die geographische Verbreitung der bis jetzt in Europa bekannt gewordenen Wohnsitze des Diluvialmenschen betrachten, müssen wir uns die Tier= und Pflanzenwelt ansehen, unter der, soweit wir bisher wissen, zuerst der Mensch in unserem Kontinent auftrat.

Die Untersuchung der diluvialen Tiergesellschaft führte die ausgezeichnetsten Forscher auf dem Gebiete der Paläontologie, unter denen ich die Namen Zittel, J. F. Brandt, Woldrich, Nehring neben G. und A. Mortillet und Boyd Dawkins besonders hervorheben möchte, zu demselben Schluß, den wir schon aus den geologisch-geographischen Forschungen über die Eiszeit ableiten mußten: daß die Diluvialepoche keine einheitliche Kälteperiode gewesen sein könne, sondern daß in ihrem Gesamtverlauf eine oder mehrere wärmere Zwischeneisperioden, in denen die Vereisungen vielleicht ebenso weit wie heute oder noch weiter zurückgegangen und weithin die Landstrecken eisfrei und bewohnbar waren, mit den eigentlichen Eisperioden abwechselten, während deren dieselben Gegenden, unter dem eisigen Strome erstarrt, absolut unwirtlich erschienen. Auch in Gegenden, die während der Glazialepochen zweifellos übergletschert waren, finden sich wohl in älteren, tieferen Diluvialschichten Reste der diluvialen Fauna, die eine zeitweilige Bewohnung während des Gesamtdiluviums beweisen. Aber auch während der eigentlichen Eisperioden waren die eisfrei gebliebenen Strecken der Länder offenbar und sogar zum Teil reich bewohnt. Auf eine unausgesetzte Bewohnbarkeit der eisfreien Gegenden läßt sich schon daraus schließen, daß eine Reihe von Tierformen aus der Tertiärzeit in die Diluvialepoche übergegangen ist. Auch heute noch treffen wir Beweise eines gemäßigten Klimas in der Nähe von Gletschern in Europa vielfach: unweit des Aaregletschers wächst Weizen, in Norwegen gedeiht nur 200 m vom Buerorägletscher ein Kornfeld, und in kaum 3 km Entfernung vom Inlandeise des Folgefjordes wird Obst gebaut.

Aus dem geschilderten klimatischen Wechsel erklärt sich die für das Diluvium charakteristische Mischung von Tierformen, von denen die einen für ihre Existenz ein entschieden arktisches oder hochalpines, die anderen ein wärmeres, wenigstens gemäßigtes Klima beanspruchen. In den Diluvialschichten treten uns Reste von Tieren entgegen, die nicht gleichzeitig, sondern, jenem klimatischen Wechsel entsprechend, zu verschiedenen Zeiten dieselben Gegenden bewohnten. Dazu kommt noch, daß stets am Rande der Gletscher, wie noch heute etwa in den Hochalpen, andere Tiere hausten als in den vom Eise ferner gelegenen wärmeren Gefilden. Hochstetter hat darauf hingewiesen, daß sich heute in Neuseeland die mächtigen Gletscher fast unmittelbar mit subtropischen Verhältnissen berühren. Im Feuerland erstrecken sich die Gletscher in die Region immergrüner Wälder. Man hat wohl gemeint, darin ein treffendes Bild der Eiszeitverhältnisse Europas vor sich zu haben. Wenn das aber auch für den Übergang aus der entschieden durch ein wärmeres Klima ausgezeichneten Tertiärepoche in die erste Vergletscherung bis zu einem gewissen Grade gelten mag, für die eigentliche Diluvialperiode Europas gilt es gewiß nicht. Das Klima Mitteleuropas war auch während der höchsten Temperatursteigerung innerhalb der im allgemeinen wärmeren Interglazialzeiten von dem heutigen offenbar kaum oder jedenfalls nur wenig verschieden; um so weniger können wir zwischen den sich weiter und weiter vorschiebenden unermeßlichen Eisfeldern der Glazialzeiten an tropische oder subtropische Verhältnisse der eisfreien Länderstrecken denken. Wie gesagt, nötigt uns dazu die diluviale Tiergesellschaft auch keineswegs.

Von den charakteristischen Formen der diluvialen Säugetierfauna Europas ist ein Teil

jetzt vollkommen ausgestorben, ein anderer Teil ist nach den Polargegenden oder an die
Grenze der Eisregion im Hochgebirge zurückgewichen, ein dritter Teil in die asiatischen Tun-
dren und Steppen; nur wenige behaupten noch heute die damals innegehabten Wohnplätze.
Keins der diluvialen Tiere hat so große Popularität wie das Mammut, die häufigere der
Elefantenarten (Elephas primigenius, E. meridionalis und E. antiquus und andere), die in
verschiedenen Abschnitten des Diluviums wie mehrere Nashornarten (Rhinoceros ticho-
rhinus, R. leptorhinus und R. Merckii) und das Flußpferd (Hippopotamus major und
Pentlandi) sowie der Höhlenlöwe (Felis spelaea) und die Höhlenhyäne (Hyaena spelaea)
Europa bewohnten und, da ihre Verwandten gegenwärtig nur in heißen Klimaten angetroffen

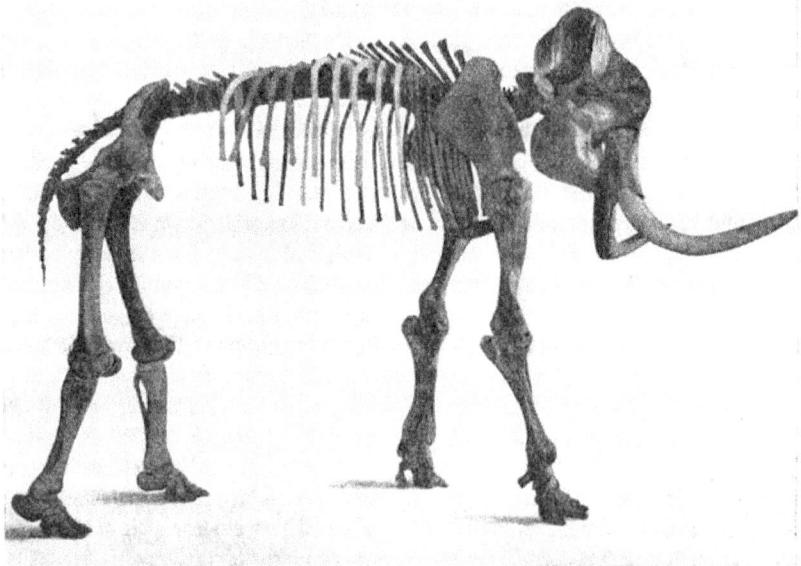

Skelett des Mammuts nach den Funden an der Berefowka. Nach den Sitzungsberichten der Kaiserlichen Akademie
der Wissenschaften zu Petersburg 1903.

werden, jene frühere Meinung zu rechtfertigen schienen, nach welcher das Klima der Diluvialzeit in Europa ein tropisch warmes gewesen sei, etwa wie in Indien oder den indischen
Inseln mit ihren Herden von Elefanten in prachtvollen Wäldern und undurchdringlichen
Dschungeln. Es ist höchst lehrreich, zu verfolgen, wie sich diese Meinung, die auf die Lebensweise der Tiere gegründet sein sollte, nach und nach fast in ihr Gegenteil verwandelte.

    Das Mammut (Elephas primigenius; s. die obenstehende Abbildung), dessen Knochen
früher wohl für solche von vorweltlichen Riesen oder gigantischen Heiligen, wie dem heiligen
Christoph, gehalten worden waren, übertraf den indischen Elefanten nur wenig an Größe.
Der Kopf war im Verhältnis zum Rumpf größer, und seine aus Elfenbein bestehenden Stoßzähne waren doppelt so stark und lang wie die des indischen Elefanten. Die Backenzähne
(s. die Abbildung S. 357) waren kaum größer als die der lebenden Arten, zeichneten sich aber
durch eine größere Anzahl und bedeutendere Härte der charakteristischen Schmelzbüchsen aus,
die auf den abgenutzten Kauflächen als rhombische Felder erscheinen. In dem gefrorenen

Boden Nordsibiriens finden sich die Knochen und Zähne des Mammuts zum Teil außerordentlich häufig und haben sich so gut erhalten, daß die letzteren vielfach an Stelle frischen Elsenbeins zu Elfenbeinschnitzereien unter dem technischen Namen „Mammut" verwendet werden. Auch bei den Eingeborenen hat man noch mehrfach Geräte aus Mammutelfenbein in Gebrauch gefunden. Da machte man nun die weittragende Entdeckung, daß im Eise jener kalten Gegenden ganze Leichen des Mammuts eingefroren und dadurch mit Fleisch, Haut und Haar erhalten sind. Und dann kam der Nachweis eines für das Leben im Norden und in kalten Klimaten geeigneten dichten, aus braunroten Borsten bestehenden Haarkleides und eines dicken Fettpolsters unter der Haut, die sich an den in den Jahren 1799 und 1901 im sibirischen Eise eingefroren gefundenen Mammutleichnamen noch gut erhalten hatten. Leider konnten Reste des ersteren Tieres erst Jahre nach seiner Auffindung von dem Reisenden Adams (1808) für die Wissenschaft gerettet werden, nachdem Eisbären und Hunde schon fast alles Fleisch gefressen hatten. Adams fand noch das durch die Bänder zusammengehaltene Skelett, einen Teil der Haut, ein Auge, einiges von den Eingeweiden, gegen 30 Pfund Haare. Diese kostbaren Reliquien gelangten nach St. Petersburg, und dort steht das Skelett zum Teil noch mit seiner eigenen Haut bekleidet und mit Knorpeln und Bändern im kaiserlichen Naturalienkabinett. Es kamen später noch mehrere, bis zum Jahre 1901: 21, ähnliche, aber nur teilweise erhobene Funde vor. Der besterhaltene ist das 1901 an dem Ufer der Beresowka entdeckte männliche Exemplar (s. die Abbildung S. 356). Das Tier war plötzlich durch Sturz in eine Höhlung des Bodens verunglückt, so daß der Magen noch mit Futterresten angefüllt war, welche die botanische Bestimmung der Pflanzen erlaubten, von denen sich das gewaltige Tier genährt hatte: es waren die gleichen Arten, die heute noch den dortigen Boden

Backenzahn eines Mammuts (Elephas primigenius, 1) und eines afrikanischen Elefanten (Elephas africanus, 2). Nach K. v. Zittel, „Aus der Urzeit" (München 1875).

bedecken. Das Mammut war sonach ein Grasfresser. Die Spitzen der Stoßzähne richteten sich nach innen und in einer Spiraldrehung nach abwärts, geeignet, um damit aus dem Schnee die Nahrungspflanzen herauszuscharren. Die Haare, welche die Haut bedeckten, erreichten zu beiden Seiten des Bauches eine besondere Länge und bildeten eine Art von Fransen, beiderseits von der Schulter bis zu den hinteren Extremitäten verlaufend. Auch das verhältnismäßig kleine Ohr war mit Haaren bedeckt. Der Schwanz war oben klappenartig verbreitet und kürzer als bei den heutigen Elefanten, am unteren Ende mit einer Haarquaste versehen. Nach W. Salensky könnte das Mammut kein Vorfahr der heutigen Elefanten sein, denn letztere besitzen einen fünfzehigen, das Mammut dagegen einen nur vierzehigen Fuß.

Von anderen Elefantenarten ist Elephas meridionalis (s. die Abbildung S. 358, oben), etwa 4 m hoch, das größte bis jetzt bekannte Landsäugetier, in Frankreich, England und Italien aus dem Tertiär in die Diluvialperiode übergegangen. Auch Elephas antiquus (s. die Abbildung S. 358, unten) kommt, wenigstens teilweise, in älteren Schichten des Diluviums vor als das Mammut und war wohl nicht so gut wie dieses einem rauhen Klima angepaßt. O. Heer berichtet, daß, als dieser Elefant Europa bewohnte, die Pflanzenwelt wohl denselben Charakter wie gegenwärtig besaß und meist aus den heutigen Arten bestand. Auf Malta und Sardinien haben sich Reste von diluvialen Zwergelefanten, Elephas

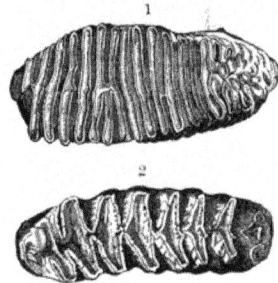

minimus oder pygmaeus, gefunden, vielleicht nur eine kleine Inselrasse von Elephas antiquus var. nana. Elephas priscus, dessen Reste in Frankreich und Spanien, vereinzelt auch in Mitteldeutschland entdeckt wurden, stimmt nach Woldrich mit dem heutigen afrikanischen Elefanten überein. Fossile Elefanten treten nach Zittel zuerst im mittleren Tertiär (oberen Miozän) von Ostindien auf; sie scheinen sich von dort nach Westen verbreitet zu haben und kommen in späteren tertiären Schichten (Pliozän) auch in Europa vor (Elephas meridionalis). Ihre Hauptverbreitung erlangten die Elefanten jedoch erst im jüngeren Tertiär (Pliozän) und im Diluvium (Pleistozän), wo sie Europa, Nordafrika, Asien, Nordamerika und Südamerika bewohnten. Elephas antiquus charakterisiert das ältere Diluvium von Europa, lebte aber, wie gesagt, schon im (jüngsten) Pliozän mit Elephas meridionalis zu-

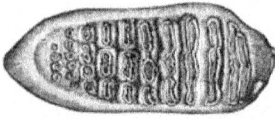

Molar von Elephas meridionalis. Nach F. Löwl, „Geologie" (Leipzig und Wien 1906). Vgl. Text S. 357.

sammen. Reste vom Mammut (Elephas primigenius) sind mit Ausnahme von Skandinavien und Finnland im Diluvium von ganz Europa, Nordafrika, in Nordasien bis zum Baikalsee und Kaspischen Meer und in Nordamerika gefunden worden; in den südlichen Vereinigten Staaten und in Mexiko vertritt es Elephas Columbi.

In Gesellschaft von Elephas antiquus und Rhinoceros Merckii finden sich namentlich in den südlicheren Teilen Europas, in Italien, Frankreich, aber auch in England, in Deutschland z. B. bei Wiesbaden, ebenso in Nordamerika, die Reste von Flußpferden, Hippopotamus amphibius oder major; in Osteuropa und Sibirien fehlen sie. Während der Tertiärperiode lebten in Europa Flußpferde, die sich von dem heutigen Nilpferd, H. amphibius, durch eine bedeutendere Größe unterschieden. Im Diluvium zeigt sich dieser Unterschied nicht; in Sizilien, Malta und

Molar von Elephas antiquus. Nach F. Löwl, „Geologie" (Leipzig und Wien 1906). Vgl. Text S. 357.

Candia hat sich eine jener kleinen Inselformen (Hippopotamus Pentlandi) ausgebildet, wie wir einer solchen auch bei den Elefanten begegneten. Die diluvialen Flußpferde dürfen vielleicht als akkommodationsfähige Nachkommen der durch ein wärmeres Klima ermöglichten Tertiärfauna angesprochen werden, die, nachdem das Klima in den Interglazialzeiten wieder wärmer geworden war, aus Südeuropa,

vielleicht nur periodisch, nach Norden vordrangen. In Sizilien waren sie außerordentlich häufig; so wurden in der Grotte San Ciro bei Palermo Reste von mehreren Tausend Individuen der erwähnten kleinen Form gefunden. Für seine Lebensgewohnheiten verlangt das Nilpferd ein mildes Klima, jedenfalls offenes, nicht durch Eisdecke unzugängliches Wasser; sein Wasserbedürfnis hat ihm ja den Beinamen amphibius eingetragen.

Während des Diluviums ist über fast ganz Europa und Nordasien das Nashorn vielfach verbreitet gewesen. Wir finden von dieser jetzt unserem Klima so fremdartig erscheinenden Tierform drei verschiedene Arten. Zwei von ihnen schließen sich eng an jungtertiäre Formen an, die dritte und am häufigsten verbreitete, Rhinoceros tichorhinus oder antiquitatis, war von enormer Größe und zeigte eine auffallend starke Ausbildung einer knöchernen Nasenscheidewand, die bei den beiden anderen Arten, weit weniger entwickelt, höchstens die Hälfte der Nasenöffnung abschloß. Die Abbildung auf S. 359 hat Zittel nach einem im bayerischen Inntal bei Kraiburg ausgegrabenen vollständigen Skelett entwerfen lassen, das jetzt in München aufgestellt ist. Im Jahre 1771 entdeckten tungusische Jäger im gefrorenen Boden

Sibiriens einen noch mit Fleisch, Haut und Haaren versehenen Leichnam eines solchen Tieres, von dem der Kopf und zwei Hinterfüße nach Petersburg gelangten. Durch diesen glücklichen Zufall ist festgestellt worden, daß diese häufigste der diluvialen Rhinozerosarten auf der knöchernen Nasenscheidewand zwei Hörner trug und wie das Mammut mit einem warmen Pelz von langen Wollhaaren bekleidet war. Seine Reste wurden in den meisten diluvialen Fundplätzen Europas als die eines treuen Begleiters des Mammuts erhoben. Als Zeitgenosse des Elephas antiquus findet sich eine andere weitverbreitete Nashornart, Rhinoceros Merckii; eine dritte Art, Rhinoceros etruscus, ragt aus dem Tertiär, Pliozän, noch in das ältere Diluvium herein. Das Verbreitungsgebiet von Rhinoceros tichorhinus, dem wollhaarigen Nashorn, und Rhinoceros Merckii war während des Diluviums ziemlich das gleiche: das nördliche und gemäßigte Europa, Sibirien und ganz Nord- und Zentralasien mit Einschluß von China, während sie und ihre nächsten Verwandten bis jetzt in Amerika und Afrika zu fehlen scheinen.

Löwe und Hyäne der Diluvialzeit mußten, solange die gigantischen Dickhäuter nach dieser Richtung zu deuten schienen, ebenfalls als Beweise eines zur Diluvialzeit im allgemeinen wärmeren Klimas in Europa angesprochen werden. Jetzt, wo man weiß, daß ein Teil der diluvialen Elefanten und Nashörner zum Leben in einem kälteren Klima organisiert waren, dürfen wir annehmen, daß auch die einst

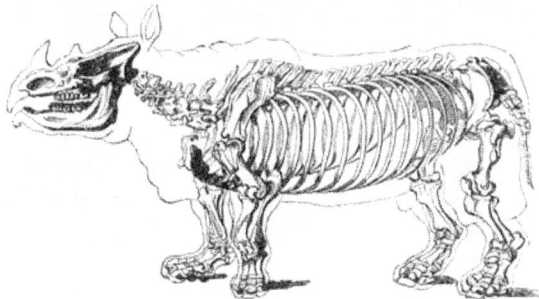

Rhinoceros tichorhinus. Restauriert nach einem Skelett im Münchener Zoologischen Museum. Nach K. v. Zittel, „Aus der Urzeit" (München 1875).

in unseren Gegenden hausenden Löwen und Hyänen dem Wechsel des Diluvialklimas angepaßt waren. Der Höhlenlöwe, Felis leo var. spelaea, erscheint unter den diluvialen Funden immer nur vereinzelt; er ist eine nordische Varietät des noch jetzt lebenden Löwen, entsprechend der nordischen Varietät des Tigers, der heute in Südsibirien und auch in den turkistanischen Steppengebieten vorkommt. Jetzt ist der Löwe über ganz Afrika verbreitet, mit Ausnahme von Ägypten und dem Kapland, von wo ihn der Mensch verdrängt hat. In Asien bewohnt die mähnenlose Varietät das Tigris- und Euphrattal und die an den Persischen Meerbusen grenzenden Länder, ferner in Indien die Provinz Kattiwar in Gudscharat. Obwohl er jetzt nur in diesen warmen Gegenden vorkommt, so wissen wir doch aus den übereinstimmenden Angaben von Herodot, Aristoteles, Xenophon, Alian und Pausanias, daß einst der Löwe in den Gebirgen von Thrakien und Kleinasien gelebt hat; wahrscheinlich ist er da aber schon vor dem Ende des ersten christlichen Jahrhunderts ausgestorben. Daraus können wir entnehmen, daß der Löwe eine hinreichend elastische Konstitution besitzt, um auch eine beträchtliche Kälte ertragen zu können. Da er aber immer nur vereinzelt gefunden wird, so schließt man, daß er zur Diluvialzeit vielleicht nur in der warmen Jahreszeit Streifzüge in die kälteren Gegenden unternommen habe. Auch Panther oder Leopard, Luchs und Wildkatze hat man neben dem Löwen im Diluvium Europas nachgewiesen. In England, Frankreich und Ligurien ist auch die schreckliche riesige Katze Machaerodus mit den großen, messerartig zusammengedrückten, mit konkavem gezähnelten

Rand versehenen Reißzähnen, in mehreren Arten (M. cultridens und latidens) aus dem
Tertiär in das Diluvium übergetreten.

Die Knochen der Höhlenhyäne, Hyaena crocata var. spelaea, erfüllen in Frankreich
und England ganze Höhlen und finden sich auch an vielen Orten im Diluvium Deutschlands
in großer Anzahl vor. Dieses mit der gefleckten Hyäne vom Kap näßtverwandte Tier hat
also dauernd und zahlreich in Europa gehaust. Reste fossiler Hyänen finden sich in Europa,
Nordafrika und Südasien. Jetzt lebt die gefleckte Hyäne nur in Südafrika, man findet aber
Hyänen im Atlasgebirge bis zu den höchsten Kämmen hin, wo im Winter bedeutende Kälte
mit Schnee und Eis herrscht. Die hohe Scheitelleiste des Höhlenhyänenschädels deutet auf
große Kraft des Gebisses, die stumpf-konischen, dicken Zähne waren gleich geeignet zum Zerreißen von Fleisch wie zum Zermalmen von Knochen. Der heutigen afrikanischen gefleckten
Hyäne rühmt man ebenfalls ein besonders starkes Raubtiergebiß nach. Im Diluvium von
Südeuropa ist auch die gestreifte Hyäne, H. striata, gefunden worden.

Unter den im Diluvium über Europa verbreiteten Tieren findet sich das Stachelschwein. Das algerische Stachelschwein, Histrix cristata, gehört zu derselben Art wie das
italienische und sizilische; in den südrussischen Steppen lebt eine andere Stachelschweinart,
H. hirsutirostris, mit der das diluviale Stachelschwein wohl identisch war, Histrix hirsuti-
rostris var. spelaea. Ich habe dieses Stachelschwein zuerst in den Höhlen des Fränkischen
Jura nachgewiesen. Schmerling, der Stachelschweinreste, wie es scheint, auch in belgischen
Höhlen gefunden hat, hielt sie für Knochen eines dem Aguti, einem südamerikanischen Nager
(Dasyprocta Aguti), ähnlichen Tieres. Nach meinem Funde wurde das Stachelschwein teils
in seinen Knochen, teils in den von mir zuerst beschriebenen charakteristischen Nagespuren an
Knochen, die dadurch wie vom Menschen ausgemeißelt aussehen, im Fränkischen Jura, aber
auch sonst in Mitteleuropa mehrfach nachgewiesen.

Neben diesen Tieren, deren heutige Verwandte sich meist jetzt noch in warmen Gegenden finden, lebte zur Diluvialzeit in Europa eine Gruppe von Tieren, die man jetzt nur noch in
den kältesten Gegenden der nördlichen Halbkugel trifft, und zwar entweder nur in hochnordischen und arktischen oder hochalpinen Gegenden: Murmeltier, Zieselmaus, Lemming,
Alpenhase, Pfeifhase, Vielfraß, Polarfuchs und andere. Charakteristisch für diese
Gruppe der Diluvialfauna sind neben diesen kleineren Tieren auch Gemse, Steinbock
und vor allen Moschusochse und Renntier. Während des Diluviums lebte das Murmeltier so weit nördlich wie Belgien, und südlich von den Alpen hat man in Höhlen bei Nizza
seine Knochen gefunden; auch die übrigen ebengenannten kleineren Tiere waren im Diluvium Mitteleuropas weit verbreitet. Steinbock, Capra ibex, und Gemse, Antilope rupicapra,
wurden weit entfernt von dem Alpengebiet, dem sie jetzt ausschließlich angehören, ersterer in
Südfrankreich, angetroffen. Die Gemse verläuft sich übrigens noch jetzt in kalten Wintern
in einzelnen Exemplaren bis in die Gegend von München. Der Moschusochse (Ovibos
moschatus; s. die Abbildung S. 361) ist in seiner Lebensweise jetzt das am entschiedensten
arktische Tier unter allen großen Pflanzenfressern, sein Verbreitungsbezirk gegenwärtig auf
die hohen arktischen Breiten, namentlich Grönland und Alaska, beschränkt. Dort lebt er
auf ödem, baumlosem, unfruchtbarem Boden und läßt sich nicht einmal durch die außerordentliche Strenge des Winters aus dieser seiner letzten Zufluchtstätte vertreiben. Man
hat ihn aber in seinen fossilen Überresten von seiner gegenwärtigen Heimat über die Beringstraße und durch die ungeheuern Steppen Sibiriens bis ins europäische Rußland, aber auch

nach Deutschland und England und südlich und westlich bis an die Pyrenäengrenze verfolgt; mehrere neue Funde wurden in der Umgebung des Donau- und Rheintales gemacht. Auf diesem weiten Gebiet finden sich seine Reste mit denen des Renntiers zusammen.

Das Renntier (Rangifer tarandus; s. die Abbildung S. 362), das gegenwärtig bis in die Gegenden des Polarkreises zurückgewichen ist, wanderte ehemals bis an den Rand der Pyrenäen und Alpen und trieb sich in ganzen Rudeln oder Herden in den mitteleuropäischen Flachländern umher. Das diluviale Renntier war dasselbe wie das heute lebende, doch zeigen

Moschusochse (Ovibos moschatus). 1/15 natürlicher Größe. Nach Brehms „Tierleben“, 3. Aufl., Bd. 3 (Leipzig und Wien 1891).

sich nach G. de Mortillet beachtenswerte Verschiedenheiten der lokalen Formen: die Renntiere aus Thoringué sind klein, die aus Solutré dagegen groß und stark. Von den jetztlebenden Renntieren sind die in Wäldern wohnenden größer als die in den Tundren und Steppen. In manchen Knochenhöhlen hat man große Mengen von Überresten dieses Tieres gefunden. In der jüngeren Diluvialperiode gegen Ende der Eiszeit war das Renntier vom nördlichen Fuße der Alpen durch das ganze mittlere Deutschland bis an den Nordfuß des Harzgebirges sehr allgemein verbreitet. Aus den von J. F. Brandt, J. N. Woldrich und C. Struckmann gemachten Zusammenstellungen der Funde ergibt sich, daß das Renntier auch noch in der Alluvialperiode, d. h. geologisch gesprochen in der Jetztzeit, in Deutschland gelebt hat. Unter den von Zittel und Naumann bestimmten Knochenfunden aus dem Pfahlbau der Roseninsel wurde auch das Renntier aufgezählt. Dieser Umstand wäre von Wichtigkeit, da bisher aus den Pfahlbauten der Schweiz noch keine Renntierreste erhoben worden sind: in den „Küchenabfällen" Dänemarks findet sich nach J. F. Brandt und J. N. Woldrich „als Seltenheit" das Renntier ebenfalls; nach letzterem hat es in „alluvialer Zeit" auch in Polen und in den Höhlen bei Krakau, die Ossowski untersuchte, seine Reste zurückgelassen. Das Renntier zog sich aus seinen Weideplätzen der Diluvialperiode in den mittleren Breiten Europas nach Beendigung der Eiszeit langsam nach Norden und Nordosten zurück. Es ergibt sich das aus den nach Nordosten

Renntier (Rangifer tarandus). ¹⁄₁₂ natürlicher Größe. Nach Brehms „Tierleben", 3. Aufl., Bd. 3 (Leipzig und Wien 1891).
Vgl. Text S. 361.

immer zahlreicher werdenden Funden seiner Knochen aus jüngeren Ablagerungen. Solange das Land während der Eiszeit weithin vergletschert war, hat in den nördlichen und nordöstlichen Teilen Deutschlands, nach unseren jetzigen Kenntnissen seiner Reste zu urteilen, das Renntier nicht gelebt, während es nach dem Rückzug der Vergletscherung namentlich in den baltischen Provinzen zweifellos sehr häufig war. Diese Funde setzen die Nacheiszeit mit der Jetztzeit unmittelbar in Verbindung. Etwa zwei Drittel aller bisher in Deutschland beschriebenen Renntierfunde beziehen sich auf das norddeutsche Alluvium nördlich von 51—52° nördlicher Breite. Manche ältere historische Nachrichten machen es mindestens wahrscheinlich, daß das

Renntier noch in historischer Zeit im Skythenland, in Germanien und im nördlichen Schottland existiert habe. Der westlichste Punkt in Europa, abgesehen von Island, in dem das wilde Renntier noch jetzt lebt, ist die Gegend zwischen Bergen und Christiania in Norwegen unter dem 60.° nördlicher Breite; im östlichen Europa, in Rußland, findet es sich sogar noch vereinzelt unter dem 56. bis 57.° nördlicher Breite im Gouvernement Twer an der oberen Wolga, in den Waldaibergen, während es vor etwa 50 Jahren sogar noch in ganzen Rudeln aus dem südlichen Uralgebirge ungefähr bis zum 52.° nördlicher Breite wanderte. In den gebirgigen Teilen Sibiriens sind im allgemeinen der 49. bis 50.° als südlichste Grenze anzunehmen, ausnahmsweise geht das Renntier im Amurgebiet noch weiter nach Süden hinab, auf der Insel Sachalin sogar bis zum 46.° nördlicher Breite. Dagegen ist es in den ebenen Teilen des westlichen Sibirien südlich des 60.° jetzt schon selten. Für Amerika ist als südlichste Grenze des Renntiers im Osten gegenwärtig der 45.° nördlicher Breite anzunehmen, während es noch in historischer Zeit bis zum 43.° herabging; im Westen reicht die Südgrenze jedenfalls bis zum 53.° Struckmann findet es wahrscheinlich, daß das Renntier ursprünglich kein Bewohner der hochnordischen Eiswüsten war: es ist noch jetzt in Skandinavien ein Alpentier; in ähnlicher Weise mag es während des Sommers die mitteleuropäischen Gebirge bewohnt, im Winter aber das nicht vergletscherte Hügelland aufgesucht und dort in Gesellschaft des Wildpferdes, des Mammuts, des wollhaarigen Rhinozeros und anderer gelebt haben. Als die ursprüngliche Heimat des Renntiers wird Asien anzusehen sein; von dort ist es mit zahlreichen anderen Gliedern der Diluvialfauna nach dem westlichen Europa eingewandert, um dann allmählich wieder nach Osten und Norden zurückgedrängt zu werden, teils infolge der veränderten klimatischen Verhältnisse, teils infolge der fortschreitenden Kultur. Die zahlreichen Funde von Renntierresten in jüngeren jetztzeitlichen, also alluvialen Ablagerungen in den baltischen Küstenländern beweisen, daß es dort noch gelebt hat, als es aus den südlicher gelegenen Landstrichen bereits verdrängt war.

Neben den genannten lebten während gewisser Abschnitte der Diluvialzeit in Europa noch in großer Anzahl der Arten und Individuen Säugetiere, wie sie noch jetzt in den gemäßigten Zonen Europas, Asiens und Amerikas hausen: Biber, Hase, Kaninchen, Wildkatze, Marder, Hermelin, Wiesel, Fischotter, Dachs, brauner Bär, grauer Bär und der ausgestorbene gewaltige Höhlenbär, dann Wolf, Fuchs und eine Hundeart, die weder zu Wolf noch zu Fuchs gehört und ihrer Größe nach eine mittlere Stelle zwischen den beiden einnahm; Richter und Liebe haben diese Hundereste im thüringischen Diluvium nachgewiesen, der erstere glaubt, daß sie einem noch nicht gezähmten Wildhunde angehörten. Dann finden sich in außerordentlicher Anzahl das Wildpferd und von Rinderarten die gigantischen Formen des Urochsen und des Wisent; Saiga-Antilope, Wildschwein, Riesenhirsch, Edelhirsch, Reh schließen diese Reihe.

Auch die Verbreitung dieser Tiere ist jetzt zum Teil eine wesentlich andere geworden als zur Diluvialzeit. Die Saiga-Antilope, Antilope Saiga, die jetzt in den Steppen am Don und der Wolga grast, schweifte damals südlich bis an die Ufer der Donau bei Regensburg und westlich bis nach Aquitanien. Der graue Bär, Ursus ferox, der jetzt auf das nordamerikanische Felsengebirge beschränkt ist, hauste damals in ganz Sibirien und kam von da bis nach Europa, nach England, südlich bis ans Mittelmeer, westlich bis nach Gibraltar. In Europa gibt es von keinem anderen Diluvialtier so zahlreiche Reste wie vom Höhlenbären, Ursus spelaeus; sie finden sich in geradezu erstaunlichen Mengen in den Höhlen von

Franken, Schwaben, Mähren, Belgien, Südfrankreich und anderen Ländern und fehlen auch dem geſchichteten Diluvium nicht. Aus einer einzigen Höhle, dem Hohlenſtein, erhob O. Fraas auf einem Raume von wenigen Quadratmetern die Knochen von mindeſtens 400 Individuen. Ähnlich und zum Teil noch großartiger ſind die Höhlenbärenfunde, welche de Marcheſetti bei Trieſt und Schloſſer bei Kufſtein gemacht haben. Von den lebenden Bärenarten unterſcheidet ſich der Höhlenbär, der als Begleiter des Mammuts und des wollhaarigen Nashorns auftritt, durch ſeine verhältnismäßig hohe, ſchräg abfallende Stirn, durch ſeine gewaltige, den Eisbären und den jetzigen grauen Bär noch überragende Größe ſowie durch verſchiedene Differenzen im Zahnbau und im Skelett. Der Zahnbau des Höhlenbären ſcheint darauf zu deuten,

Rieſenhirſch (Cervus megaceros oder Megaceros euryceros). Reſtauriert nach einem in Irland gefundenen Skelett. Nach K. v. Zittel, „Aus der Urzeit" (München 1875).

daß er Pflanzennahrung nicht verſchmähte; daß er aber wohl der Fleiſchnahrung den Vorzug gab, dürfen wir aus den abgenagten und mit Zahneindrücken verſehenen Knochen vom Pferde, vom Ochſen und von anderen Wiederkäuern ſchließen, die man zahlreich in ſeinen Höhlen findet.

Die Hirſche ſind im Diluvium, abgeſehen von dem Renntier, noch durch ſechs verſchiedene Arten repräſentiert; obenan ſteht der ausgeſtorbene Rieſenhirſch (Cervus [Megaceros] euryceros; ſ. die nebenſtehende Abbildung) mit ſeinem koloſſalen, von einer Endſpitze zur anderen 12 Fuß auseinanderſtehenden Geweih; das Weibchen war geweihlos. Auf dem Kontinent ſind ſeine Reſte nicht gerade häufig, dagegen hat man in oder unter den iriſchen Torfmooren nicht ſelten vollſtändige Gerippe dieſes wunderbaren Tieres gefunden. Das noch zu Cäſars Zeiten in Deutſchland häufig verbreitete Elentier oder Elch (Cervus [Alces] palmatus; ſ. die Abbildung S. 365), ein Hirſch von Pferdegröße, hat ſich jetzt nach Nordoſteuropa, Preußen und Rußland zurückgezogen. Otto I., Heinrich II. und Konrad III. erließen ſchon Befehle gegen die Jagd dieſes edlen Wildes, weil es bereits damals in Deutſchland ſelten wurde; 1746 verſchwand es aus Sachſen, 1769 aus Galizien, zu Anfang 1800 aus Preußen bis auf einige Exemplare in den unter Schutz geſtellten Forſten, z. B. bei Königsberg. Das amerikaniſche Elentier, Mooſetier (C. original), iſt wahrſcheinlich nur eine Spielart des europäiſchen. Auch ein Rieſendamhirſch (C. somonensis) wurde namentlich im nördlichen Frankreich in Höhlen gefunden. Der Damhirſch lebt jetzt wild in Nordafrika und Südweſtaſien bis China, in Europa nur gezähmt oder aus Tiergärten verwildert. Weit verbreitet namentlich in jüngeren diluvialen Schichten findet ſich auch der Edelhirſch (Cervus elaphus), zum Teil von enormer Größe; das Geweih ähnelt manchmal dem des Wapiti, des kanadiſchen Hirſches (C. canadensis).

Die beiden mächtigen Rinderarten, die zu Cäsars Zeiten ebenfalls noch zur hohen
Jagd in Deutschland gehörten, sind der nun ausgestorbene, aber vielleicht noch in gewissen
großen gezähmten Rinderrassen Europas fortlebende Ur oder Urochse (Bos primigenius)
und der in litauischen Wäldern noch gehegte Wisent oder Bison, Bos oder Bison priscus
(s. die Abbildung S. 366); er steht dem Amerikanischen Bison, Bos americanus, sehr nahe,

Elentier oder Elch (Alces palmatus). ¹⁄₂₄ natürlicher Größe. Nach Brehms „Tierleben“, 3. Aufl., Bd. 3 (Leipzig und Wien 1891).

welchem man jetzt den falschen, dem ausgestorbenen Urochsen zukommenden Namen Auerochse zuteilt. Cäsar beschreibt den Ur als „ein wenig kleiner als ein Elefant“. Nach Baron
v. Heberstein, der unter Karl V. mehrmals Gesandter am polnischen Hofe war, muß er noch
im 16. Jahrhundert in Europa, und zwar in geringer Anzahl in Masovien in Polen, existiert
haben; im Diluvium finden sich seine Knochen und kolossalen Hörner häufig. Der Bison war
vor 2000 Jahren noch über ganz Mitteleuropa und über ganz Deutschland verbreitet, wo viele
Ortsnamen sein Andenken erhalten. Nach einer Urkunde im Ratsarchiv zu Goslar lebte er
noch zu Karls des Großen Zeit im Harz und Sachsenwalde. Jetzt ist er nur noch wild in

einigen Tälern am Kaukasus sowie im großen Bialowiczer Walde in Litauen, wo etwa 700 Stück, durch landesherrliche Verordnung geschützt, nicht geschossen werden dürfen und im Winter mit Heu gefüttert werden. In Preußen erlegte man den letzten im Jahre 1775. Auch eine kleine diluviale Rinderform (Bos taurus var. primigenius nach Brandt) hat sich nicht selten

Wisent oder Bison (Bos oder Bison priscus). ¹/₂₅ natürlicher Größe. Nach Brehms „Tierleben“, 2. Aufl., Bd. 3 (Leipzig 1877). Vgl. Text S. 365.

in Böhmen, Deutschland, Frankreich (Petit bovidé) und England gefunden. Woldrich vermutet in diesen kleinen fossilen Rindern die Stammform des kleinen Torfrindes (Bos brachyceros).

Das Wildpferd, Equus fossilis, war in Europa zur Diluvialzeit namentlich in Frankreich sehr häufig. In der berühmten paläolithischen Station Solutré sind Pferdereste so massenhaft gefunden worden, daß Mortillet die Anzahl der Individuen auf 100000 schätzen konnte. Es entspricht unserem heutigen Pferde, war aber nur mittelgroß mit relativ großem plumpen Kopf. Es wurde noch von einer zweiten, größeren Art begleitet, die Owen als Equus spelaeus unterscheidet. Die Gattung Pferd, Equus, erscheint nach Zittel in Ostindien in der mittleren (Miozän), in Europa in der jüngsten (Pliozän) Tertiärperiode. Im Diluvium von ganz Europa, Nordasien und Nordafrika ist Equus caballus ungemein verbreitet, während der Dschiggetai, Equus hemionus, nur spärlich vorkommt und die Existenz des Esels zweifelhaft bleibt. In Nord- und Südamerika lebte das Pferd in verschiedenen Arten noch im mittleren Diluvium sehr häufig, verschwand jedoch vollständig und wurde erst wieder aus Europa eingeführt. In Indien haben echte Pferdearten noch gleichzeitig mit Hipparion zusammen gelebt.

Lemming (Myodes lemmus). ½ natürlicher Größe. Nach Brehms „Tierleben", 3. Aufl., Bd. 2 (Leipzig und Wien 1893). Vgl. Text S. 368.

Die Phasen der postglazialen und interglazialen Klimaschwankungen in ihrem Verhältnis zur Tier- und Pflanzenwelt.

Nun ist der aus vorgefaßten Meinungen gewebte Vorhang weggezogen, der so lange den Ausblick in die Vergangenheit gehemmt und getrübt hat. Aus der diluvialen Tierwelt dürfen wir nicht mehr schließen, daß tropische immergrüne Wälder an die Gletscher und Inlandeismassen des mitteleuropäischen Diluviums angrenzten. Die heutigen Verhältnisse der Polargegenden sind es, die uns ein klares Bild der klimatischen Zustände geben, in denen der Mensch in Mitteleuropa während des Diluviums lebte. Wie dort reihen sich, wie wir sahen, an die Vergletscherung zunächst die zwar oberflächlich mit zum Teil ziemlich reicher Kleinvegetation bedeckten, aber im Grunde auf Steineis ruhenden Bildungen der Tundra an; in größerer örtlicher oder zeitlicher Entfernung folgen Steppe und zuletzt Wald.

Perioden der Tundra, der Steppe und des Waldes folgen sich in Mitteleuropa nach den
namentlich auf die Untersuchung der Kleintierwelt des Diluviums gegründeten Ergebnissen
Nehrings nicht nur in der letzten Glazial- und Postglazialperiode als Ausdruck des fortschreitend milder werdenden Klimas, sondern gelten auch für die letzte und im Prinzip für alle
Glazial- und Interglazialperioden.   Nehring gelangte zu dieser Einteilung zuerst durch die
sorgfältigen paläontologischen Schichtenuntersuchungen der Gipsbrüche von Thiede und
Westeregeln bei Braunschweig; sie ließen ihn drei aufeinanderfolgende verschiedene Faunen
unterscheiden, die sich im wesentlichen als identisch erwiesen mit den drei noch heute im nörd-

Schneehuhn (Lagopus mutus *Montin*) im Sommerkleide. ⅓ natürlicher Größe. Nach Brehms „Tierleben", 4. Aufl., Bd. 7
(Leipzig und Wien 1911).

lichen Asien, in Rußland und Sibirien lebenden Tiergemeinschaften, die dort für Tundra,
Steppe und Wald charakteristisch sind. Diejenigen Tiergemeinschaften, die heute bestimmte
Regionen der Erdoberfläche charakterisieren, haben, so schloß Nehring, auch in der Vorzeit
unter entsprechenden geographisch-klimatischen Bedingungen gelebt und sind für diese als
Charaktertiere anzusprechen.
     Der ersten Tiergemeinschaft Nehrings gehören die arktischen Säugetiere an, die
fossil in diluvialen Ablagerungen Mitteleuropas gefunden worden sind: es sind die Tiere der
diluvialen mitteleuropäischen Tundraperiode. Die Hauptcharaktertiere sind der
Lemming (Myodes lemmus; s. die Abbildung S. 367) und der Halsbandlemming (Myodes
torquatus). Mit ihnen treten gleichzeitig auf: Schneehase (Lepus variabilis), Eisfuchs
(Canis lagopus), Renntier (Cervus tarandus), Moschusochse (Ovibos moschatus), Vielfraß
(Gulo borealis), Wühlmäuse, Hermelin, kleines Wiesel, Wolf und zuweilen der gemeine

Bobak. ¼ natürl. Größe.

Nach „Brehms Tierleben", 3. Auflage, Bd. II (Leipzig und Wien 1893).

Fuchs. Mammut und wollhaariges Nashorn haben sich ebenfalls, wenigstens zeitweise, in Tundren- und tundraähnlichen Distrikten aufgehalten, wo sie, wie der Fund an dem Ufer der Beresowka lehrt, im Sommer ebensogut genügendes Futter gefunden haben wie die Tausende von Renntieren, die jetzt dort weiden. An die Reste der genannten Säugetiere reihen sich die von Vogelarten, von denen die Schneehühner (Lagopus albus und L. mutus oder alpinus; s. die Abbildung S. 368) besonders charakteristisch sind. Außerdem lebten auf den alten Tundren wie auf den heutigen: Ammern, Bekassinen, Schnee-Eulen, Gänse, Enten, Schwäne. Recht selten sind in den Tundraschichten Mollusken (Succinea oblonga, Helix pulchella und tenuilobris, Pupa muscorum).

Eine in sich geschlossene zweite Tiergruppe bilden die in etwas jüngeren diluvialen

Schichten Mitteleuropas als Charakterformen sich findenden Steppentiere; es sind die gleichen, die heute die russischen und sibirischen Steppen, soweit letztere einen subarktischen Charakter besitzen, bewohnen. Diese Steppen haben zu den Tundren vielfache Beziehungen und ähneln ihnen namentlich in bezug auf das Winterklima. Als charakteristische diluviale Steppentiere Mitteleuropas nennt Nehring an erster Stelle die große Springmaus, den großen Pferdespringer (Scirtetes [Alactago oder Dipus] jaculus; s. die obenstehende Abbildung), jenes wunderliche Tier, das in fast aufrechter Körperhaltung pfeilschnell auf seinen Hinterfüßen über die Steppe zu hüpfen versteht, in deren trockenem Boden es seine Höhlen hat; dann den rötlichen Ziesel (Spermophilus refuscens), noch zwei andere Zieselarten und den Pfeifhasen (Lagomys alpinus und pusillus; s. die Abbildung S. 370). Daran reihen sich: Steppenmurmeltier, Bobak (Arctomys bobac; s. die beigeheftete Tafel), einige kleine Hamsterarten (Cricetus phaeus u. a.), mehrere Feldmausarten (Arvicola gregalis u. a.); von größeren Tieren das Steppenstachelschwein (Hystrix hirsutirostris var. spelaea), die Saiga-Antilope, das Wildpferd und der seltene Wildesel; von Vögeln: die Großtrappe

(Otis tarda) und ihr nahestehende Formen, dann Schwalben, Lerchen, Bachstelzen, Enten, Birkhühner, alles Arten, die in den Charakter der heutigen Steppenlandschaft hineinpassen. Von Amphibien werden Frösche und Kröten, von Mollusken 16 verschiedene Arten aufgeführt. Die Charaktertiere der diluvialen Tundra- und Steppenperiode haben in der letzten Eiszeit und in der Nacheiszeit, aber auch schon in gewissen Abschnitten der Interglazialzeit, in Mitteleuropa gehaust. In der (letzten) Interglazialzeit bestanden ähnliche klimatische Verhältnisse wie in der Nacheiszeit; zwischen den beiden Vergletscherungen wird der Gang der Klimaveränderungen zunächst dem für die Nacheiszeit festgestellten entsprochen haben: es kam erst langsam zur vollen Ausbildung des „warmen Interglazialklimas“. Mit dem Herannahen der neuen, letzten Eisperiode hat sich, wie die französische Forschung sicherstellen konnte, das

Alpenpfeifhase (Lagomys alpinus). ¹⁄₃ natürlicher Größe. Nach Brehms „Tierleben“, 3. Aufl., Bd. 2 (Leipzig und Wien 1893). Vgl. Text S. 369.

Klima wieder verschlechtert, es folgte, was auch Penck anerkennt, auf die Periode des früheren warmen eine Periode des späteren kalten Interglazialklimas, auf die Waldzeit folgen wieder waldlose Steppen und mit der fortschreitenden Vergletscherung Tundrabildungen mit Grundeis. In die verschiedenen Perioden der Interglazialzeit gehören die großen Raubtiere: Höhlenlöwe, Höhlenhyäne, Höhlenbär. Elephas antiquus und Rhinoceros Merckii, vor allem aber das Flußpferd verlangten milderes Klima, Mammut und wollhaariges Nashorn passen in die Physiognomie der Steppen und Tundren.

Die dritte Tiergemeinschaft Nehrings bilden die Tiere der Waldperiode der Nacheiszeit, auch sie treten aber zum Teil schon in der warmen Interglazialepoche, in der Waldzeit derselben, auf. Charaktertiere sind: Eichhörnchen (Sciurus vulgaris) und Edelhirsch (Cervus elaphus), dann Siebenschläfer, Reh, Wildschwein, Wildkatze, Luchs und viele andere.

Wir mußten schon mehrfach darauf hinweisen, daß die Untersuchung der Pflanzenwelt des Diluviums uns in einiger Hinsicht noch bestimmtere, eindeutigere Aufschlüsse über das Klima gibt als die Tierwelt. Zweifellos war, wie Karl Vogt sagt, in der mittleren Tertiärzeit das Klima in Mitteleuropa noch ein wärmeres gewesen; dafür sprechen die Palmen, die wir in jener Epoche in der Schweiz, und die hochstämmigen kalifornischen Fichten, die wir in Island finden. Auch als langsam die Tertiärzeit in die Diluvialepoche überging, am Ende der Tertiärzeit, war das Klima im mittleren Europa noch ein wärmeres, als es jetzt ist; eine Menge immergrüner Gewächse gaben Süddeutschland bis zu den Alpen der Schweiz ein landschaftliches und klimatisches Gepräge ähnlich demjenigen des nördlichen Italien bis zu den Ufern des Mittelmeeres. Aber schon in Schichten, die zweifellos der diluvialen Epoche angehören, treffen wir eine Waldflora, die sich außerordentlich nahe an die jetzige anschließt. Über der jüngsten Tertiärschicht, also jünger als diese, findet sich an der Küste von Norfolk eine Lettenschicht mit verkohlten Baumstrünken und dünnen Lignit-(Braunkohlen-) Streifen, in denen man Überreste von zwei ausgestorbenen Elefanten (Elephas antiquus und E. meridionalis), von zwei Rhinozerosarten (Rhinoceros etruscus und R. Merckii), einem Flußpferde, mehreren Hirschen und anderen Säugetieren angetroffen hat, die sich anderwärts in den jüngsten Tertiärschichten, aber auch noch im echten Diluvium finden. Unter den Pflanzen kommen Fichten, gemeine Bergföhren, Eichen und Haselnuß am häufigsten vor. Dieselben Pflanzen nebst den meisten ihrer tierischen Begleiter wurden von Heer auch bei Utznach und Dürensten sowie an anderen Orten der Nordschweiz zwischen schieferigen Braunkohlen nachgewiesen, die in horizontaler Lagerung über der steil aufgerichteten Molasse liegen. In dieser jungen Braunkohle finden sich außerdem unsere heutige Lärche, der Eibenbaum, die Weißbirke, der Bergahorn, mehrere Arten von Schilf, Binsen, Fieberklee sowie verschiedene Moose, die insgesamt noch heute in denselben Gegenden wachsen. Auch der Kalktuff von Flurlingen bei Schaffhausen birgt Reste einer Waldflora vom Gepräge der heutigen, nur mit leicht südlichem Einschlag. Von den Tierresten beweisen der Elefant (E. antiquus) und das Rhinozeros (R. Merckii) die Übereinstimmung mit jenem Lignitlager an der Küste von Norfolk. Die Insekten und Konchylien gehören durchaus noch lebenden mitteleuropäischen Arten an, so daß für diesen Abschnitt des Gesamtdiluviums alles auf ein gemäßigtes Klima hindeutet, das dem heutzutage in Mitteleuropa herrschenden ziemlich gleich gewesen sein wird. Auch der diluviale Kalktuff von Kannstatt bei Stuttgart ist ein besonders wichtiger Fundplatz, weil wir hier eine Gegend untersuchen, die während der Eiszeit nicht vergletschert war. Heer hat von dort 29, ebenfalls für ein gemäßigtes Klima sprechende, Pflanzenarten bestimmt.

Aus naheliegenden Gründen sind die Überbleibsel der diluvialen Tundra- und Steppenflora seltener als die massigen Reste der Waldflora, doch stehen die betreffenden Funde in vollkommener Harmonie mit dem arktischen oder alpinen Charakter der gleichzeitigen Tierwelt. Weit verbreitet waren damals die Polarweide (Salix polaris), die Zwergbirke (Betula nana) und die Dryas (Dryas ocotopetala). Mit Resten von Steppennagern fand Nehring Überbleibsel von sehr zarten, dünnstengeligen, kleinen Holzgewächsen und Gramineen. Die diluvialen Tundren und Steppen dürfen wir uns sonach bekleidet denken mit der gleichen Vegetation, wie sie heute die entsprechenden Gebiete Nordasiens überzieht; zahlreiche Relikten, z. B. Dryas, finden sich nach A. G. Nathorst noch unter unserer jetzigen Flora an allen jenen Orten, die einst vereist gewesen sind.

Und schon besitzen wir eine Anzahl vollkommen reiner und eindeutiger Funde aus dem Diluvium Deutschlands, die uns die Überreste einzelner Epochen unvermischt mit solchen

24*

anderer darbieten, und die gleichzeitig geologisch vollkommen genau bestimmt sind. Es sind vor allem zwei derartige reine Fundstellen, die für uns durch das Auftreten des europäischen Urmenschen ganz besondere Wichtigkeit erlangen: die Kalktuffe bei Taubach (Weimar) und die Fundstelle an der Quelle der Schussen bei Schussenried.

Die diluviale Fundschicht in dem Kalktuff bei Taubach (Weimar) lagert über den Resten einer früheren Glazialzeit und gehört, wie schon Penck erkannte, und wie jetzt allgemein anerkannt ist, dem wärmeren Abschnitt der Zwischenepoche zwischen den beiden letzten Glazialzeiten an. In der dort gefundenen reichen Fauna fehlen alle auf ein kaltes Klima deutenden Tiere. Alessandro Portis hat unter der Leitung Zittels die vollständige Aufzeichnung der dortigen Funde geliefert. Da ist kein Renntier, kein Lemming. Das Reh, der Hirsch, der Wolf, der braune Bär, der Biber, das Wildschwein, der Auerochse waren schon damals Bewohner jener Gegenden und lassen nur relativ milde gemäßigte klimatische Verhältnisse mutmaßen. Zur gleichen Folgerung führt die Molluskenfauna, die Kriechbaumer bestimmte; es fehlen ebenfalls die glazialen Formen, und was auftritt, ist von heute bekannt. Als eine ganz moderne würde jene Fauna betrachtet werden müssen, wenn ihr nicht durch das Auftreten mehrerer ausgestorbener Typen ein sehr altertümliches Gepräge aufgedrückt würde. Es gesellen sich der Höhlenlöwe, die Höhlenhyäne, der Urelefant (Elephas antiquus) und das Mercksche Rhinozeros zu den genannten modernen Säugetieren und charakterisieren die ganze Ablagerung als eine entschieden diluviale, was übrigens aus der Lößbedeckung auch stratigraphisch erwiesen wird.

Ist die Fundstelle von Taubach (Weimar) ein typisches Beispiel für die klimatischen Verhältnisse und das Leben in einem wärmeren Abschnitt: Waldperiode der der jüngsten Eisepoche vorausgegangenen Interglazialzeit, so führt uns der Fund an der Schussenquelle in ganz glaziale Umgebung. Die Fundstelle an der Schussenquelle fand sich auf den Gletschermoränen der jüngsten Vereisung, gehört also dem Beginn der Nacheiszeit an, die nach und nach in die wärmere Jetztzeit überging. Unter dem Tuff und Torf der Schussenquelle begegnen wir nur dem Typus eines rein nordischen Klimas mit ausschließlich nordischer Flora und Fauna; alles entspricht klimatischen Verhältnissen, wie sie heutzutage an der Grenze des ewigen Schnees und Eises herrschen oder in der Horizontale unter dem 70.º nördlicher Breite beginnen. Schimper, einer der besten Mooskenner unserer Zeit, fand in den Moosen unter dem Tuff an der Schussenquelle durchweg nordische oder hochalpine Formen: Hypnum sarmentosum *Wahlenberg*, das dieser Forscher aus Lappland mitbrachte, und das nach Schimper in Norwegen bei den Sneehättan auf der Alpe Dovrefjeld, an der Grenze des ewigen Schnees, vorkommt, außerdem in Grönland, Labrador und Kanada und auf den höchsten Gipfeln der Sudeten und Tiroler Alpen. Besonders liebt es die Tümpel, in denen das Schnee- und Gletscherwasser mit seinem feinen Sande verläuft. Außerdem wurden gefunden: Hypnum aduncum var. groenlandicum *Hedw.* und Hypnum fluitans var. tenuissimum, die jetzt beide in kältere Gegenden, nach Grönland und in die Alpen, ausgewandert sind. Von Tieren fanden sich vor allen zahlreich das Renntier, der Gold- und Eisfuchs als entschieden arktische Formen, außerdem der braune Bär und der Wolf, ein kleiner Ochse, der Hase und das großköpfige Wildpferd, das überall im Diluvium als Begleiter des Renntieres auftritt; schließlich der Singschwan, der jetzt auf Spitzbergen oder in Lappland brütet. Alle heutigen Tierformen Oberschwabens fehlen ebenso wie die ausgestorbenen, die auf ein mittleres oder südlicheres Klima hindeuten würden.

Entschiedener als zwischen Taubach und der Schussenquelle könnten die klimatischen und biologischen Gegensätze nicht gedacht werden. Sie weisen mit Bestimmtheit auf zwei vollkommen verschiedene Epochen innerhalb der Gesamtdiluvialzeit hin.

Derartig reine und unvermischte Funde sind von höchster Bedeutung für das Verständnis der Diluvialzeit an sich; sie erscheinen als noch zusammenhängende Stücke eines im übrigen zerstörten Mosaikgemäldes, dessen Steinchen sonst im wirren Durcheinander uns überliefert wurden und nirgends wirrer und ungeordneter als in den Hauptfundstellen der diluvialen Fauna und des diluvialen Menschen, in den Knochenhöhlen. Von unschätzbarem Werte für die anthropologische Forschung ist es, daß uns hier, wo wir die Zeichnung des Bildes noch scharf erkennen, auch der diluviale Mensch gleichzeitige Spuren zurückgelassen hat.

Blicken wir noch einmal auf die gewonnenen Resultate zurück. A. Penck gliedert, was zunächst für sein spezielles Untersuchungsgebiet längs dem Nordrand der Alpen Geltung beansprucht (vgl. S. 352), die von der Riß-Eiszeit (vorletzten) bis zur Würm-Eiszeit (letzten Eiszeit) durchlaufenen Klimazyklen mit ihren charakteristischen Faunen und Floren, vom älteren zum jüngeren fortschreitend, nach folgendem Schema:

Zeit	Tiere	Pflanzenformationen
Riß-Eiszeit	Elephas primigenius Rhinoceros tichorhinus Rangifer tarandus	Tundra
Ältere Riß-Würm-Interglazialzeit	Elephas antiquus Rhinoceros Merckii Cervus elaphus	Wald
Jüngere Riß-Würm-Interglazialzeit	Elephas primigenius Rhinoceros tichorhinus Equus caballus	Grassteppe
Würm-Eiszeit	Elephas primigenius Rhinoceros tichorhinus Rangifer tarandus	Tundra

Nach Nehring und anderen durchläuft von der Würm-Eiszeit an der Klimawechsel wieder den gleichen Zyklus: nach der Tundra folgen zuerst Steppe, dann Wald. In Mitteleuropa fehlen nun aber Mammut und wollhaariges Nashorn, die in den Tundren- und Steppengebieten Nordasiens, wie sie sich dort bis heute seit der letzten Eiszeit erhalten haben, das Ziel ihrer Existenz gefunden hatten. Nach Penck wäre seit der Riß-Eiszeit eine Steppenperiode und damit Lößbildung nur einmal, und zwar interglazial, aufgetreten, anderseits wird aber gegen Pencks Autorität von hervorragenden Forschern an einer postglazialen Lößbildung festgehalten, was sich uns für die Datierung der diluvialen Funde von der einschneidendsten Bedeutung erweisen wird.

Der diluviale Mensch.

Wir haben es versucht, im Vorstehenden ein Bild von den diluvialen Verhältnissen namentlich Europas zu entwerfen. Wir müssen sie kennen, um die Lebensbedingungen zu fassen, unter denen zum erstenmal in Europa der Mensch auftrat, dessen Reste, seitdem einmal die Aufmerksamkeit wieder energisch auf sie hingelenkt war, an vielen Stellen zweifellos als Zeugen des Diluviums nachgewiesen wurden. Schon gaben uns die bisherigen

Resultate unserer Betrachtungen die Möglichkeit, durch Vergleichung der geographischen und stratigraphischen Lage der mitteleuropäischen Fundstationen des Diluvialmenschen die Einzelepochen innerhalb der Gesamteiszeit näher zu bestimmen, in welchen der Mensch in Europa lebte. (Siehe die beigeheftete Karte „Mitteleuropa zur Eiszeit".)

Die Fundplätze, die bis heute von dem Diluvialmenschen in Europa bekannt geworden sind, finden sich fast ausschließlich auf Gebieten, die während der letzten Glazialepoche nicht von Gletschern oder Inlandeis bedeckt waren. Da Deutschland während der letzten Glazialepoche weithin unter Eis begraben lag, während andere Gebiete Europas, vor allem Frankreich, großenteils eisfrei blieben, so können wir uns nicht verwundern, wenn wir Deutschland, wie gesagt, verhältnismäßig ärmer an Fundplätzen sehen als namentlich das vieldurchforschte Frankreich; aber die Verhältnisse in Deutschland gestatten uns dafür in den Fundplätzen von Taubach und der Schussenquelle eine eindeutige stratigraphische Bestimmung der Fundstellen und damit ihre zweifelsfreie Einreihung in Hauptstadien der Diluvialepoche. Vielfach finden wir namentlich in Mitteldeutschland die Reste des Diluvialmenschen auf und über dem Gebiet der älteren Vergletscherung; sie sind also jünger als diese, und es ist gewiß sehr merkwürdig, daß am äußersten Rand der Moränengebiete der letzten, jüngsten Glazialepoche gelegentlich reiche Funde des Diluvialmenschen gemacht worden sind. Dort, wohin die Gletscherentfaltung der letzten, jüngsten Eisperiode nicht reichte, liegen die Hauptfundstellen von Resten des Diluvialmenschen.

Von deutschen Fundorten kommen vornehmlich in Betracht: Thiede bei Braunschweig und Westeregeln bei Wanzleben, Regierungsbezirk Magdeburg, die Thüringer Kalktuffe bei Taubach, die Lindenthaler Höhle bei Gera, die Ofnet im bayrischen Ries, der Hohlefels und die Sirgensteinhöhle, beide im schwäbischen Achtal, Thayingen und Schussenried. Von diesen liegt die große Mehrzahl der Fundorte gerade am Saume der Gletschergebiete und nur die des Jura außerhalb desselben. Bei Braunschweig, Weimar, Gera, Schussenried und Thayingen lebte der Diluvialmensch nach dem Rückgang der älteren Gletscher. Von Weimar haben wir oben die Schichtlage beschrieben, in welcher die Menschenspuren sich fanden; Liebe hat bewiesen, daß die Lindenthaler Höhle entschieden jünger als das benachbarte nordische Diluvium ist. Die beiden süddeutschen Vorkommnisse sind ebenfalls entschieden jünger als die dortigen Moränen: die Schichten von Schussenried liegen unmittelbar auf Moränen der jüngsten Glazialzeit auf, und das Keßler Loch bei Thayingen befindet sich in einem Tale, das jünger als die dortigen Moränen ist. (Über weitere Fundplätze in den Nachbargebieten siehe S. 412 ff. und die Karte.)

Ohne Zweifel die weit überwiegende Mehrzahl der ältesten Spuren, die bisher von dem Menschen in Europa gefunden worden sind, gehören in den der letzten großen Vergletscherung vorausgehenden wärmeren Abschnitt der letzten Interglazialzeit. In dieser Periode hat der Mensch mit dem Urelefanten (Elephas antiquus) und dessen Gesellen, dem Merckschen Nashorn, unter klimatischen Verhältnissen gelebt, die von den heutigen verhältnismäßig wenig verschieden, höchstens etwas wärmer, gewesen sein mögen. Von vielleicht geologisch noch älteren Spuren wird unten die Rede sein. Zahlreicher werden die Spuren des Diluvialmenschen in der letzten, durch das häufige Vorkommen des Renntieres in Mitteleuropa charakterisierten kalten Epoche. (Über den „Tertiärmenschen" siehe S. 477.)

MITTELEUROPA
ZUR
EISZEIT

nach A.Penck, F.Wahnschaffe u. G. de Geer.

Maßstab 1 : 5000000

Innere jüngere Moränen.
Äußere ältere Moränen.

*Bewegungsrichtung des Inlandeises
in Mitteleuropa während der
ersten Eiszeit.*
während der zweiten Eiszeit.

*Ausdehnung von Namen, der paläolithischen
Menschen sind — eingedruckt.*

ADRIAT.
MEER

OST-SEE oder BALTISCHES MEER

NORD-SEE oder DEUTSCHES MEER

DER KANAL

10. Die ältesten menschlichen Wohnstätten in Europa.

Inhalt: Das jüngere Steinzeitalter. — Die Entdeckung des Diluvialmenschen in Frankreich. — Fundstellen des Diluvialmenschen in Deutschland. — Höhlen als Wohnstätten des Diluvialmenschen in Deutschland. — Zur Geschichte des Diluvialmenschen in Frankreich. — Der Diluvialmensch in Deutschland und Österreich-Ungarn. — Die Kunsterzeugnisse der Diluvialmenschen. — Verbreitung der altpaläolithischen Kultur. — Die jüngsten Epochen des Paläolithikums in Frankreich.

Das jüngere Steinzeitalter.

Auch während der entschiedensten Herrschaft der Cuvierschen Lehre war doch niemals die Ansicht, daß der Mensch das Diluvium in Europa erlebt habe, ganz verstummt. Freilich hielten es die verordneten Vertreter der paläontologisch-geologischen Untersuchungen lange nicht einmal für der Mühe wert, die Angaben jener „Phantasten" nur zu prüfen, welche die Anwesenheit des Menschen neben den diluvialen Säugetieren zu behaupten wagten.

Die skandinavische und norddeutsche Altertumsforschung, obwohl Gegenden bearbeitend, die während der Eiszeit tief in Eis begraben, für den Eiszeitmenschen selbst also unbewohnbar waren, hatten doch auch für die Möglichkeit, den diluvialen Menschen in seinen Tätigkeitsresten zu erkennen, ebenso die wesentlichsten Vorarbeiten geleistet wie für eine gleichsam geologische Gliederung der späteren nachdiluvialen Epochen der menschlichen Urgeschichte. Der skandinavischen und norddeutschen prähistorischen Forschung war zuerst der Nachweis gelungen, daß die ältesten Bewohner des hohen europäischen Nordens, von denen uns die geschriebene Geschichte keine Kunde gibt, wunderbare Fortschritte von beschränkten Lebensverhältnissen bis zu verhältnismäßig hoher Kultur erkennen lassen. Während die älteste Schicht der Besiedelung des hohen Nordens von Europa uns den Menschen zeigt ohne Kenntnis der Metalle, wenn auch sonst schon in einem nicht zu unterschätzenden Kulturbesitz, der sich außer in der Jagd und dem Fischfang namentlich in den Anfängen des Ackerbaues und der Viehzucht und vor allem in der Keramik zu erkennen gibt, lehren uns jüngere prähistorische Schichten, wie durch Einführung des Gebrauches der Metalle, und zwar zuerst des Kupfers, dann der aus Kupfer mit etwa 10 Prozent Zinn hergestellten klassischen Bronze und erst später des Eisens, die Kulturepoche der Steinzeit in die höhere Kulturentwickelung der Metallzeit, die sich in Bronze- und Eisenzeit gliedert, überging, welche die Nordvölker bei ihrem Eintritt in das Licht der Geschichte befähigte, zuerst den römischen Legionen die Spitze zu bieten und dann die einstigen Sieger selbst zu besiegen.

Vor der Bekanntschaft mit den Metallen war es im skandinavischen und deutschen Norden der Feuerstein, auf dessen Bearbeitung zu Geräten und Waffen die Kulturfortschritte vor allem beruhten. Die Untersuchungen hatten eine beträchtliche Anzahl von verschiedenen Formen von Feuersteingeräten kennen gelehrt (vgl. Kapitel 13), die zum Teil außerordentlich roh, zum Teil aber auch feiner bearbeitet und vortrefflich zugeschlagen oder geschliffen, ja ganz bestimmten technischen Zwecken als Beile und Meißel, als Sägen und Bohrer, als Messer und Schaber, Kratzer, als Lanzen- und Pfeilspitzen angepaßt erschienen. Ein Teil der roheren, aber auch ein großer Teil der feiner und am feinsten bearbeiteten Feuersteingeräte und Waffen der nordischen Steinzeit ist nur durch Zuschlagen und Absplittern aus den Feuersteinknollen hergestellt, die dort überall der Boden in Masse liefert.

Aber auch die geschliffenen Instrumente wurden, wie die Werkstättenfunde der Steinzeit lehrten, aus denen vollkommene Serien von den ersten Anfängen der Bearbeitung durch alle Stadien der Vollendung bis zum fertigen Instrument erhalten wurden, zuerst durch Zuschlagen, Absplittern in die erforderliche Hauptform gebracht, um zuletzt erst durch Schleifen die letzte Fertigstellung zu gewinnen.

Diese Feuersteingeräte sind die am wenigsten der Vergänglichkeit unterliegenden Zeugen uralter Anwesenheit des Menschen an einem Orte, und zu Tausenden und aber Tausenden sind sie im nordischen Feuersteingebiet gefunden worden. Am häufigsten sind die ganz rohen Typen, die aber trotz ihrer primitiven Einfachheit und der Leichtigkeit ihrer Herstellung sich nicht nur mit Sicherheit als vom Menschen bearbeitet erkennen lassen, sondern auch, durch alle sonstigen Kulturfortschritte unbeirrt, sich am längsten im Gebrauch der Menschen erhalten haben. Es sind das die sogenannten Feuersteinklingen, -messer und -schaber. Indem durch Druck, Stoß oder Schlag die Kante eines annähernd prismatischen Feuersteinstückes abgesprengt wird, bildet das abgesprengte Stück eine je nach der Größe des Steinkerns oder Nucleus (s. die nebenstehende Abbildung, Fig. 4) mehr oder weniger lange, nach beiden Enden sich messerähnlich zuspitzende und doppelschneidige Steinklinge, deren durch das Absprengen von dem Steinkern erzeugte eine untere oder innere Fläche eben, glatt

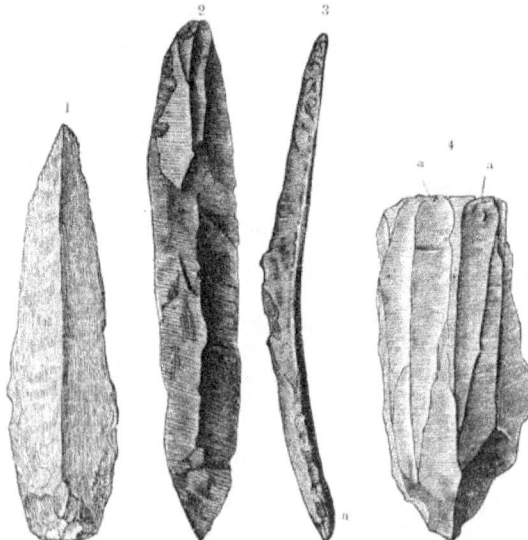

1 und 2 Feuersteinmesser der nordischen Steinzeit, 3 letzteres von der Kante, 4 Steinkern oder Nucleus. — a Schlagmarke. Nach J. Lubbock, „Die vorgeschichtliche Zeit", übersetzt von A. Passow (Jena 1874).

erscheint, während auf der entgegengesetzten, der oberen oder äußeren, Fläche die ehemalige Kante des Steinkerns als eine gratähnliche, entweder einfach- oder oft auch doppelkantige Erhebung von der einen Spitze zur anderen läuft (s. die obenstehende Abbildung, Fig. 1 und 2). Im ersteren Falle zeigt der senkrecht zur Längsachse genommene Querschnitt eine einfach dreieckige Gestalt, im zweiten die eines mehr oder weniger regelmäßig abgestumpften Dreiecks. Der Feuerstein ist so elastisch, daß an der Stelle, auf welche die mechanische Gewalt zum Absprengen des Splitters auf den Kernstein ausgeübt wurde, ein muscheliger Bruch mit mehr oder weniger gewölbter Oberfläche entsteht. Dadurch wird an den Messern die Schlagmarke (a in der obenstehenden Abbildung, Fig. 3) erzeugt, eine mehr oder weniger konvex vorspringende, schwach knollenartige Erhebung, eine Gestalt, die dieser Schlagmarke auch den etwas übertriebenen Namen Schlagknollen eingetragen hat, übertrieben, da das Vorspringen der Konvexität über die Fläche doch meist verhältnismäßig gering ist. Der konvexen Schlagmarke des abgesplitterten Messers entspricht an dem Steinkern,

von dem es abgesplittert wurde, eine konkave, meist geringe Aushöhlung (a in der Ab=
bildung S. 376, Fig. 4). Sind mehrere solche Messer von einem größeren Steinkern ab=
gesplittert, so erhält auch der letztere eine ganz unverkennbare Form, die ebenso sicher die
Tätigkeit des Menschen nachweist wie das Steinmesser selbst (Fig. 4). Die Schneiden solcher
Messer sind zunächst rasiermesserähnlich scharf und fein. Wird die eine der Schneiden säge=
förmig ausgezackt und die andere entweder durch kleine Schläge, Retuschen, zum An=
fassen abgestumpft oder in einen ihrer Länge entsprechenden Holz= oder Horngriff eingesetzt,
so entsteht die Säge der Steinzeit.

Im allgemeinen ist die Schlagmarke für die Tätigkeit des Menschen bei der Entstehung
derartiger Splitter charakteristisch und beweisend. Feuersteine, die, wie das oft geschieht,
unter dem Einfluß der Atmosphärilien und Temperaturunterschiede splittern, zeigen sie
meist nicht, und es ist dadurch der oft gemachte Ausspruch gerechtfertigt, daß man im Dunkeln,
lediglich durch das Gefühl, ein vom Menschen absichtlich erzeugtes Steinmesser von einem
natürlich entstandenen, ähnlich geformten Splitter unterscheiden könne. Hier und da finden
sich aber die Feuersteinknollen schon in ihrer natürlichen Lagerungsstelle durch eine äußere
Gewalt zerdrückt. Hierbei lösen sich dann auch schalenförmige Trümmer mit teilweise
scharfen Rändern ab, die bei ungenügender Sorgfalt bei Aufnahme der Stücke als rohe
menschliche Artefakte um so mehr angesprochen werden können, als einzelnen von ihnen, der
Druckrichtung entsprechend, hier und da auch ein der Schlagmarke ähnlicher konvexer Vor=
sprung mit muschelförmigem Oberflächenbruch nicht fehlt. Bei einiger Sorgfalt und Berück=
sichtigung der ursprünglichen Lagerungsverhältnisse der zufällig gesplitterten Feuerstein=
scherben um ihren Kern läßt sich aber auch in solchen Fällen ein Irrtum meist vermeiden.
Der letztere ist ausgeschlossen, wenn für die Tätigkeit des Menschen nur solche Stücke als
beweisend angenommen werden, deren mechanische Zweckmäßigkeit unverkennbar ist.
Finden wir z. B. unter allerlei Abfalltrümmern, wie sie bei der Bearbeitung des Feuersteins
in großer Zahl entstehen mußten, auch einzelne gut gearbeitete Messer, Sägen, Pfeilspitzen,
Äxte usw., so dürfen wir auch jene ersteren der Tätigkeit des Menschen bei der Fabrikation
der letzteren zuschreiben, während unregelmäßige Feuersteintrümmer für sich allein noch
keinen sicheren Beweis für die Tätigkeit des Menschen liefern, wenn sie diese unter Um=
ständen auch mehr oder weniger wahrscheinlich erscheinen lassen können.

Dieselben aus Feuerstein oder aus einem ähnlichen Material, z. B. aus Obsidian, her=
gestellten Messer oder Späne haben uns die Reisenden aus verschiedenen Teilen der Welt und
von sehr weit auseinander wohnenden, meist auf primitiver Kulturstufe stehenden Stämmen
mitgebracht. Noch heute benutzen die Feuerländer und Eskimos, obwohl ihnen jetzt auch Eisen
zukommt, häufig Steingeräte, und die Australier machen noch die gleichen Messer, wie sie in
Europa in der Steinzeit üblich waren, Messer, deren Gebrauch zur Zeit der Entdeckung wie
teilweise noch heute über die ganze Südsee und Amerika verbreitet war. Der archäo=
logischen Steinzeit Europas entspricht also die ethnologische Steinzeit vieler außer=
europäischer Völker, und wir können uns von der Kulturstufe der Europäer aus jener alten
Periode durch die Vergleichung mit heutigen primitiven Menschen ein Bild machen. Die
Anerkennung solcher einfacher Steininstrumente als Kunstprodukte der Menschenhand beruht
sonach nicht auf einem Hirngespinst der Archäologen, sondern auf ethnologischen, zweifellosen
Tatsachen. Die Feuerländertruppe, die vor einigen Jahren unter Karl Hagenbecks Führung
in Deutschland reiste, hat uns gelehrt, wie auch ohne feinere Instrumente die Feuersteine

bearbeitet werden können. Es erfolgte das mehr durch Druck als durch Schlag. Tylor, der berühmte Altertumsforscher und Ethnolog, teilt uns alte Originalberichte mit über die Art und Weise, wie die Azteken zur Zeit der spanischen Eroberung ihre Steinmesser aus Obsidian anfertigten. Torquemata beschreibt die Methode als Augenzeuge. „Der indianische Messerverfertiger wählt ein etwa 8 Zoll langes, längliches Stück Obsidian, ungefähr von der Dicke eines menschlichen Beines, und hält dasselbe, nachdem er sich auf den Boden gesetzt, mit den nackten Füßen wie mit einer Zange oder dem Greifer einer Hobelbank fest; in beiden Händen hält er einen ziemlich langen, mit einem dickeren Holzstück beschwerten, unten abgerundeten

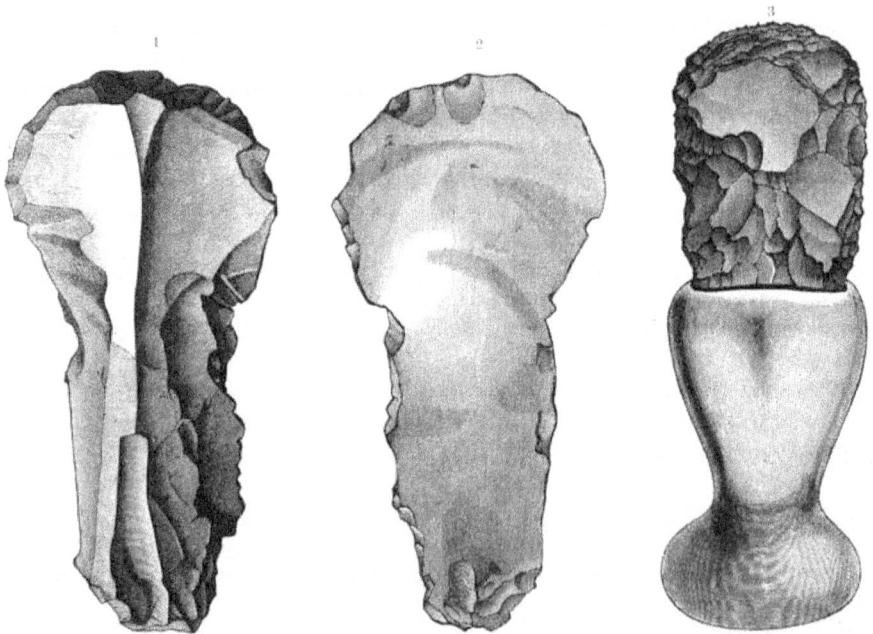

1 und 2 Feuersteinschaber aus dem Diluvium von Abbeville: 1 von oben, 2 von unten. 3 Schabstein der Eskimos. Wirkliche Größe. Nach J. Lubbock, „Die vorgeschichtliche Zeit", übersetzt von A. Passow (Jena 1874).

Stock. Dieser Stock wird fest auf eine Kante der Vorderseite des Steines aufgesetzt und damit ein Druck durch Anpressen desselben an die Brust ausgeübt. Durch die Kraft des Druckes springt dann die Steinkante als ein Messer mit so zierlicher Spitze und Kante ab, wie man es wohl mit einem scharfen Messer aus einer Rübe schneidet oder im Feuer aus Eisen zu schmieden pflegt." Auf diese Weise werden sehr rasch zahlreiche Messer hergestellt. „Diese kommen in der Gestalt einer Barbierlanzette zum Vorschein, haben aber in der Mitte einen der ursprünglichen Kernsteinkante entsprechenden erhöhten Streifen und außerdem noch eine leichte graziöse Biegung nach der Spitze zu." Die Australier, die sonst ähnlich bei der Herstellung ihrer Feuersteinspäne verfahren, schlagen dagegen mittels eines in beide Hände gefaßten geeigneten Schlagsteines die betreffenden Kanten der Kernsteine ab. Dieses Abschlagen erfordert jedoch eine nicht geringe Übung und Geschicklichkeit. Der Druck oder Schlag muß vier- oder mindestens dreimal wiederholt werden, und zwar immer mit einer unbedeutenden

Veränderung in der Richtung und mit einer gewissen gehemmten Kraft; auch unsere modernen Feuersteinarbeiter erlangen erst nach mehrjähriger Lernzeit ihre volle Geschicklichkeit. Die abgesprengten Späne sind sofort zum Gebrauch als schneidende und stechende Instrumente fertig und brauchen nur noch in geeigneter Weise gefaßt zu werden, um als Messer, Pfeil- oder Lanzenspitzen usw. zu dienen. Die Abbildungen auf S. 376 und 378 zeigen solche Feuersteinspäne, -messer, aus der europäischen Steinzeit und ganz ähnlich, ja geradezu ebenso geformte von modernen primitiven Völkern.

Ein zweites sehr wichtiges Instrument der alten Europäer der nordischen Steinzeit war der Schaber, der noch in gleicher Form als ein Instrument der Eskimos und anderer Völker bekannt ist (s. die Abbildung S. 378). Die Schabsteine sind wie die Messer von einem Kern-

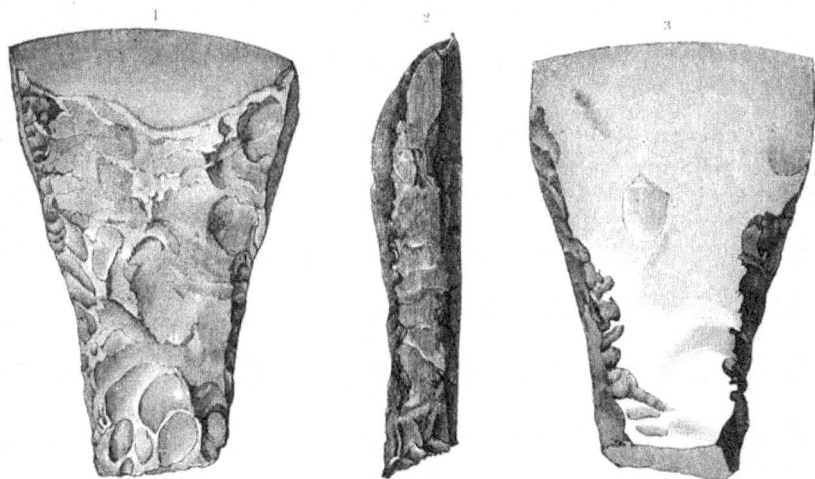

Feuersteinbeile aus Neuseeland: 1 Vorder-, 2 Rücken-, 3 Seitenansicht. Nach J. Lubbock, „Die vorgeschichtliche Zeit", übersetzt von A. Passow (Jena 1874). Vgl. Text S. 380.

stein abgetrennte, aber meist etwas dickere Steinspäne; sie haben daher wie die Messer eine flache untere, innere und eine der ehemaligen, hier meist unregelmäßigeren Kante des Kern- steins entsprechende mehr oder weniger kantige oder roh gewölbte obere, äußere Fläche. Wäh- rend die Messer aber in ihrer ursprünglichen Form verwendet wurden, sind die Schabsteine noch weiter zugearbeitet. Dem einen Lang-Ende wurde durch eine Reihe von Schlägen oder Druckwirkungen, Retuschen, die Form einer abgerundeten, gebogenen Schneide erteilt, die in Verbindung mit der glatten, unteren Fläche nicht zum Schneiden, aber zum Schaben sehr geeignet erscheint. Auch die Seitenkanten sind durch Zuschlagen etwas abgestumpft, ebenso das der gerundeten Schneide entgegengesetzte Lang-Ende. Zuweilen bekommen die Schab- steine eine schwach löffelförmige Gestalt, indem ihr oberes Ende einen kurzen, seitlich etwas verschmälerten Stiel bildet. Dieser Stiel diente, wie uns die gleichen Eskimo-Instru- mente lehren, dazu, den Schaber in einen Handgriff einzusetzen. Die Eskimos benutzen diese Schabsteine vorzüglich zur Bearbeitung der Felle, in die sie sich kleiden, und die sie auch zu Zelten und Fellbooten verarbeiten. Die Schaber, besonders Hohlschaber, dienen aber auch zur Glättung des Schaftes der Pfeile und zu manchen anderen Zwecken. Die sonst ähnlichen

„Weibermesser" oder Ulu der heutigen Alaska-Eskimos, die Otis T. Mason beschrieben hat, haben breite Klingen, vielfach noch von Schiefer oder Feuerstein (Hornstein), die in einen einfachen Handgriff gefaßt sind; sie sehen vollkommen prähistorisch aus.

Diesen Schabern sehr ähnlich, nur noch etwas dicker und fester als sie ist eine rohe Art von kleinen Feuersteinbeilen oder Äxten, die aber außer zum Schlagen auch noch zu einer Anzahl anderer Zwecke, z. B. als Netzsenker, Verwendung fanden. Auch sie sind wie die Messer und Schaber Steinspäne mit einer ebenen unteren und einer mehr oder weniger gewölbten oberen Fläche. Sie haben eine kunstlose drei- oder viereckige Gestalt mit einer geraden Schneide am breiteren Ende, ihre Länge schwankt etwa zwischen 6 und 14 cm, ihre Breite zwischen 3 und 6 cm. Die Schneide ist wie bei den Schabern durch kleine Schläge oder Druckwirkungen, Retuschen, in der Art hergestellt, daß ihre kleinen Bruchflächen unter einem sehr stumpfen Winkel mit der glatten, unteren Fläche des Instruments zusammentreffen. Die Schneide ist daher zwar dick, aber sehr fest und stark, so daß derartige Instrumente, als Äxte in Handgriffen befestigt, wirksame Waffen, aber auch, z. B. für angekohltes Holz, rohe Beile darstellen konnten. Auf Neuseeland fand man ähnliche Äxte, aber mit zugeschliffener Schneide, im Gebrauch (s. die Abbildung S. 379).

Die feiner bearbeiteten Äxte der nordischen Steinzeit sind keine Späne, sondern von allen Seiten fein abgesplitterte Steinstücke mit allseitig muschelig gebrochener Oberfläche, deren Schneide meist von beiden Flachseiten her zuerst fein zugebrochen und dann auf das exak-

Steinlanzenspitzen der dänischen Steinzeit. Nach J. Lubbock, „Die vorgeschichtliche Zeit", übersetzt von A. Passow (Jena 1874).

teste geschliffen wurde. Im rohen, unfertigen Zustande nähern sie sich bis zu einem gewissen Grade in Form und Technik den eben beschriebenen kleinen Äxten (Netzsenkern mancher Autoren). In der späteren Entwickelung der nordischen Steinzeit kommen neben solchen einfachen, beiderseits zur Schneide konvex sich zuschärfenden Axtblättern, sogenannten Steinkeilen, die sich vorzüglich zu den gröberen Holzarbeiten eignen, noch, wie schon oben erwähnt, öfters lange und schmale Instrumente mit einseitig flacher Schneide: Meißel und Hobel oder Kratzer, vor; auch Hohlmeißel wurden gefunden.

Namentlich in den Küchenabfällen der dänischen Steinzeitmenschen fand man auch rohe, allseitig zugeschlagene Feuersteinwerkzeuge, die als rohe Hämmer und Äxte dienen konnten; andere sind in länglicher Form, mit einseitiger, mehr oder weniger guter Spitze zugeschlagen und werden als Lanzenspitzen bezeichnet (s. die Abbildung S. 380), obwohl sie auch, in einen Griff eingefaßt oder nur zum Teil mit irgendeiner weichen Hülle umwickelt, frei in der Hand als dolchartige Waffe oder als Werkzeug, z. B. zum Abhäuten größerer Tiere, gedient haben mögen.

Da die Schneide der einfachen Messer zwar papierdünn und scharf, aber sehr zerbrechlich ist, so finden wir bei den alten wie modernen Steinzeitmenschen die Späne noch weiter in verschiedener Weise zugerichtet. Die ganze Oberfläche zeigt dann feine muschelige Brüche, zum Teil sogar ornamental gearbeitet, wie sie unmöglich durch das feinste Zuschlagen erreicht werden können (s. die nebenstehende Abbildung). Der Feuerländer Antonio hat uns die Herstellung derartiger Pfeilspitzen gelehrt (S. 297). Er faßte den Steinspan mit der Linken in eine Falte seines um die Schulter hängenden Pelzes, so daß er sich die Hand nicht beschädigte; in der Rechten hatte er einen kurzen und schmalen, unten etwas abgerundeten, festen Walfischknochen. Indem er nun mit letzterem sorgfältig und stark gegen die ursprüngliche Schneide drückte und leichte seitliche Handbewegungen ausführte, bröckelte er kleine Stückchen langsam ab, in ganz ähnlicher Weise, wie in den chemischen Laboratorien etwa aus Glasscherben durch Abbröckeln mit dem feinen Ausschnitt eines Schlüssels runde Glasdeckel und anderes hergestellt werden. War so die gewünschte Pfeilspitzenform im allgemeinen fertig, so brach Antonio noch mit einem in einen Griff gefaßten Stückchen eines eisernen Faßreifens die tieferen Kerben ein, die zur Befestigung der Spitze an den Schaft dienen sollten. An Stelle dieses letzteren Eiseninstruments kann aber auch jeder dickere Feuersteinsplitter namentlich von der Form der Schaber dienen. Seitdem die Feuerländer sich Glas verschaffen können, ver-

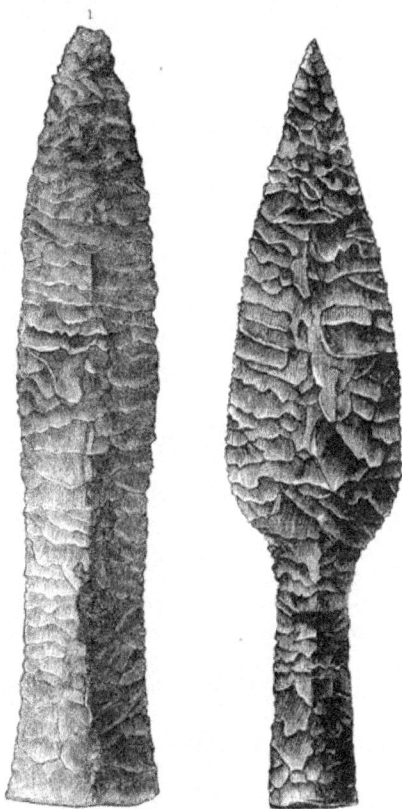

Steindolche der nordischen Steinzeit. 1 Mit abgebrochener Spitze. Nach J. Lubbock, „Die vorgeschichtliche Zeit", übersetzt von A. Passow (Jena 1874).

fertigen sie auf diese Weise gern sehr hübsch aussehende Pfeilspitzen aus Glas, und zwar mit Vorliebe aus grünen Flaschenscherben. Wird auf diese Weise ein etwas dickerer Feuersteinspan bearbeitet, so bleibt oft die ursprünglich glatte untere Fläche noch kenntlich, während die schon ursprünglich annähernd konvexe obere Fläche die kleinen, regelmäßig gestellten, muscheligen Brüche erkennen läßt, die namentlich an den schönsten Pfeil- und Lanzenspitzen, aber vor allem an den Dolchen der nordischen Steinzeit so sehr in Erstaunen setzen (s. die obenstehende Abbildung).

Außer den Steininstrumenten besitzen die modernen Steinzeitmenschen wie die alten

Nordeuropäer der Steinzeit Instrumente und Waffen aus Holz, Knochen und Horn, die den oben auf S. 297 und 299 abgebildeten derartigen Produkten der modernen Industrie der Feuerländer sehr ähnlich erscheinen.

Die beschriebenen Feuersteingeräte sind, wie gesagt, fast vollkommen unzerstörbar und auch in zerbrochenen und unvollendeten Stücken nicht zu verkennen. Sollten nicht ähnliche rohe Steininstrumente als Zeugen der einstigen Anwesenheit der Menschen während des Diluviums sich besser und zahlreicher erhalten haben als die weit vergänglicheren körperlichen Reste des Menschen selbst? Mit diesem Gedanken setzte die neue Forschungsperiode über den Diluvialmenschen, zunächst mit größter Energie in Frankreich, bald aber auch ebenso in den anderen Kulturländern, wieder ein.

Die Entdeckung des Diluvialmenschen in Frankreich.

Die geschliffenen Steinwaffen des prähistorischen Altertums waren seit den ältesten geschichtlichen Zeiten bekannt gewesen. Die Römer hatten sie als Blitzsteine (lapides fulminis und cernuniae gemmae) bezeichnet, eine Anschauung, die sich noch jetzt als Aberglaube über die ganze Erde verbreitet findet. Die alte Gelehrsamkeit hatte die Steinäxte wie die versteinerten Tier- und Pflanzenreste, die sie sich nicht erklären konnte, für rein zufällige Bildungen, für Naturspiele (lusus naturae) erklärt. Aber schon im Jahre 1734 wagte Mahudel und nach ihm Mercati den Ausspruch, die Blitzsteine seien die Waffen des vorsintflutlichen, des antediluvialen Menschen. Buffon erklärte 1778 die sogenannten Blitz- oder Donnersteine für die ältesten Kunstprodukte des Urmenschen; in Deutschland, Belgien, England und Frankreich wurden auch ähnliche Stimmen laut. Aber es ist nicht zu bezweifeln, daß Boucher de Perthes, der berühmte Altertumsforscher von Abbeville, als derjenige bezeichnet werden muß, der die ersten zweifelsfreien Spuren von der Anwesenheit des Menschen während des Diluviums in Europa nicht nur fand, sondern durch die zäheste Ausdauer auch bei der wissenschaftlichen Welt, die bis dahin nur Achselzucken und spöttisches Lächeln für solche Behauptungen gehabt hatte, die Anerkennung seiner Ergebnisse durchzusetzen vermochte.

In den Jahren 1836—41 machte Boucher de Perthes mit eigener Hand Ausgrabungen in alten Grabhügeln, in Grotten und Knochenhöhlen sowie in den geschichteten diluvialen Ablagerungen. Er suchte mit Erfolg nach Steininstrumenten, nach „jenen roh behauenen Steinen, die trotz ihrer Unvollkommenheit eine nicht minder sichere Menschenspur sind als ein ganzes Museum". Boucher kam es darauf an, die bearbeiteten Steine an ihren ursprünglichen Lagerungsstätten aufzufinden, da er bald erkannt hatte, daß die Zweifel, die bei Höhlenfunden schwer zu widerlegen sind, nur schwinden könnten, wenn er diese Spuren der menschlichen Tätigkeit im geschichteten Diluvium auffände, an Fundstellen, die durch spätere Einflüsse zweifellos ungestört waren.

„Die gelbliche Farbe einiger der behauenen Diluvialsteine erregte mein Nachdenken", so sind seine eigenen nach N. Joly zitierten Worte. „Nur die äußere, nicht die innere Masse des Feuersteins zeigte diese Färbung; ich schloß daraus, daß sie die Folge der eisenschüssigen Beschaffenheit eines Erdreichs sei, mit dem die Steine ursprünglich in Berührung gekommen waren. Gewisse Schichten des Diluviums befanden sich in diesem Zustand, ihr Farbenton glich dem meiner Äxte, diese hatten also dort gelegen. Wie aber waren sie dahin gekommen? Bei Gelegenheit einer zweiten Umwälzung, einer nachträglichen Umwühlung der Schicht,

ober existierten sie bereits bei der Bildung derselben? Das war die Frage. Im Falle ihrer
Bejahung, wenn die Äxte sich in der Schicht bei der Entstehung der letzteren befanden, so
war das Rätsel gelöst: dann war der Mensch, der diese Werkzeuge machte, älter als die Flut,
welche die Schicht ablagerte. Das unterlag keinem Zweifel, denn diese Schwemmablagerun-
gen bieten weder eine weiche, leicht durchdringliche Masse, wie die Torfmoore, noch eine
offene, allen Herbeikommenden zugängliche Mündung, wie die Knochenhöhlen, welche von
Jahrhundert zu Jahrhundert zahlosen verschiedenen Wesen zuerst als Asyl, dann als Grab
gedient haben. Wie könnte man in diesem Gemisch aus allen Zeitaltern, diesem neutralen
Gebiet, dieser Karawanserei vergangener Geschlechter in den Höhlen die Merkmale der einzelnen Epochen unterscheiden? In den geschichteten Diluvialformationen ist dagegen jede
Periode scharf begrenzt. Die horizontal übereinanderliegenden Lager, die verschieden ge-
färbten und aus verschiedenartigen Stoffen gebildeten Schichten zeigen uns in grandiosen
Schriftzügen die Geschichte der Vergangenheit. Die großen Erdkrisen scheinen daselbst von
Gottes Hand verzeichnet zu sein. Hier fangen die Beweise an. Sie sind unwiderleglich, wenn
es sich ergibt, daß das menschliche Werk, das wir suchen, dieses Kunstprodukt, von dem ich schon

sagte: es ist dort! sich
daselbst seit der Ablage-
rung befindet. Nicht
minder unverrückbar
als diese Schicht, in der
es liegt, ward es, da
es mit ihr kam, mit ihr

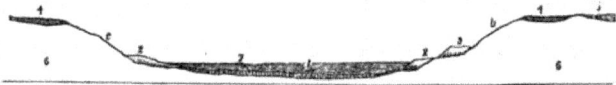

Durchschnitt des Sommetales: 1 Lehm- oder Sandschicht mit Landmuscheln und Süß-
wassermollusken, 2 und 3 Kiesschicht mit Säugetierknochen und Steingeräten, 4 Lehm oder
Ziegelerde, 5 tertiärer Sand und Ton, 6 Kreidehügel. Nach Ch. Lyell, „Das Alter des
Menschengeschlechtes", übersetzt von L. Büchner (Leipzig 1874).

zugleich aufbehalten; und weil es zu ihrer Bildung beigetragen hat, existierte es vor ihr."
    Es fanden sich die gesuchten Beweise. Im Jahre 1839 reiste Boucher mit ihnen nach
Paris, aber die ausschlaggebenden Geologen lachten über die „Äxte und Messer" aus dem
Diluvium, obwohl auch Rigollot bereits rohe Feuersteingeräte unter denselben Verhältnissen
wie Boucher bei Abbeville in den Kiesbetten von Amiens gefunden hatte. Erst nachdem im
Herbst 1858, dem Jahre, in dem in England mit der Untersuchung der Höhle von Brixham
durch die Royal Society und die Geologische Gesellschaft eine neue Ära der Höhlenforschung
begonnen, Falconer die Sammlung Bouchers besichtigt und dann Prestwich im Beisein von
John Evans mit eigenen Händen aus den ungestörten diluvialen Schichten des Sommetales
ein Feuersteingerät ausgegraben hatte, konnte die Anerkennung der Tatsache der ursprünglichen Lagerung der Feuersteingeräte kaum mehr versagt werden. Dadurch aber erst, daß
Sir Charles Lyell, der bewundertste damals lebende Geolog, mit voller Autorität auf die
Seite Bouchers trat, erschien die Frage entschieden: noch im Jahre 1859 waren die so lange
vernachlässigten im Sommetale gemachten Entdeckungen über die Urgeschichte der Menschheit von der wissenschaftlichen Welt allgemein angenommen. Freilich dürfen wir hierbei
nicht vergessen, daß, wie sich Boyd Dawkins ausdrückt, „die dem Gegenstande jetzt geschenkte
Aufmerksamkeit der allgemeinen Entwickelung der wissenschaftlichen Denkweise zu verdanken
ist". Der uralte Gedankengang, der einst schon nach dem Urmenschen suchte, war wieder
modern, war Mode geworden. Darin lag und liegt von vornherein eine unverkennbare
Gefahr der Überstürzung, der zum Teil sogar Lyell nicht ganz entging.
    Die Fundstelle Bouchers ist für die Geschichte des Diluvialmenschen die wichtigste; wir
müssen sie uns näher ansehen. „Das Sommetal (s. die obenstehende Abbildung) in der Pikardie, ·

wo Boucher seine entscheidenden Funde machte, liegt", sagt Lyell, „erdgeschichtlich betrachtet, in einem Bezirk von weißer Kreide mit Steinen, deren Schichten fast horizontal verlaufen. Die Kreidehügel, welche das Tal begrenzen (Schicht 6), sind fast überall zwischen 200 und 300 Fuß hoch. Steigen wir zu dieser Höhe empor, so befinden wir uns auf einem ausgedehnten Hochlande, welches nur mäßige Erhöhungen und Einsenkungen zeigt und ununterbrochen und meilenweit bedeckt ist mit Lehm oder Ziegelerde (Schicht 4), ungefähr 5 Fuß dick und ganz leer an Versteinerungen. Hier und da bemerkt man auf der Kreide einzelne Flecke von tertiärem Sand und Ton (Schicht 5), Reste einer einst ausgedehnten Bildung, deren Wegspülung hauptsächlich das (diluviale) Grobsandmaterial geliefert hat, in dem die Steinwerkzeuge und die Knochen der ausgestorbenen Tiere begraben liegen. Die Anschwemmung des Sommetales bietet nichts Außergewöhnliches, weder in ihrer Lagerung oder äußeren Er-

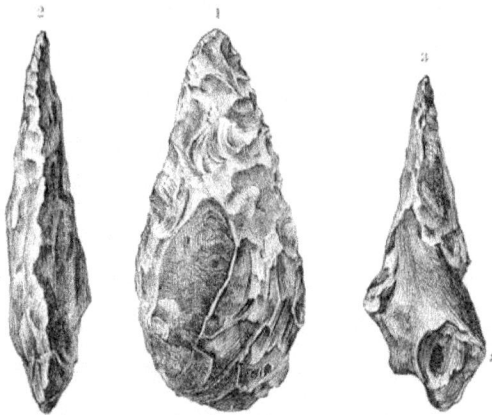

Steinwerkzeuge von Lanzenspitzenform aus dem Diluvium von St.-Acheul bei Amiens: 1 Ansicht von der Fläche, 2 Ansicht von der Kante (G. Mortillets lanzenspitzenförmiger Faustkeil [coup de poing], Chelles-Typus), 3 Dolch mit natürlichem Handgriff (a). ⅓ wirklicher Größe. Nach Ch. Lyell, „Das Alter des Menschengeschlechtes", übersetzt von L. Büchner (Leipzig 1874).

scheinung noch in der Art ihrer Zusammensetzung oder in ihren organischen Überresten. Unsere besondere Aufmerksamkeit erregt sie nur durch die wunderbare Menge ihrer Steinwerkzeuge von einer sehr altertümlichen Gestaltung, die in ungestörten Erdschichten zusammen mit den Knochen ausgestorbener, diluvialer Säugetiere gefunden werden."

„Seit Frühjahr 1859", fährt Lyell fort, „habe ich das Sommetal dreimal bereist und alle Hauptfundorte der Steinwerkzeuge untersucht. Von den 70 Werkzeugen, die ich das erstemal erhielt, sind die zwei Hauptformen in den Abbildungen (nebenstehend, Fig. 1 und 2, und S. 385, Fig. 1) in

Drittelgröße wiedergegeben. Die erste ist die Lanzenspitzenform und wechselt in ihrer Länge von 6—8 Zoll; die zweite ist die ovale Form, nicht unähnlich manchen Steingeräten, die noch heute als Beile und Tomahawks von den Eingeborenen in Australien gebraucht werden, nur mit dem Unterschied, daß die Schneide der australischen Waffen (wie auch bei den sogenannten Kelten in Europa) durch Schleifen hervorgebracht ist, während sie bei den Geräten aus dem Sommetal immer nur durch einfaches Spalten des Steines und durch häufig wiederholte und geschickt geführte Schläge gewonnen wurde. Manche dieser Werkzeuge wurden, (aus freier Hand oder) irgendwie in einem Stiele (oder Griffe) befestigt, wahrscheinlich als Waffen gebraucht, sowohl für Krieg als Jagd, andere für das Ausgraben von Wurzeln, zum Bäumefällen oder zum Aushöhlen von Kanus. Manche mögen gedient haben, um Löcher in das Eis zum Fischen und zur Erlangung des Wassers zu hauen. Bot die natürliche Form des Steines ein handliches Ende (a in der obenstehenden Abbildung, Fig. 3), so ließ man diesen Teil, wie man ihn gefunden hatte; das andere Ende dagegen wurde zu einer besonderen Gestalt und scharfen Schneide bearbeitet. Eine dritte Form der Steingeräte besteht aus Stücken oder Splittern, offenbar bestimmt für Messer oder Pfeilspitzen (s. die Abbildung S. 385,

Fig. 2), von teils mehr spitzer, teils mehr ovaler Form. Zwischen beiden Hauptformen gibt es verschiedene Zwischenstufen und außerdem eine große Menge sehr roher Stücke, von denen viele als verfehlt weggeworfen sein mögen, und andere, die nur als Abfälle bei der Bearbeitung entstanden sind. (In ihnen haben neuerdings Obermeier und andere zum Teil gut charakterisierte Kleininstrumente erkannt; vgl. S. 411.) Man hat oft gefragt, wie ohne den Gebrauch metallischer Hämmer so viele dieser Werkzeuge in so übereinstimmende Formen gebracht werden konnten. Evans konstruierte zur Beantwortung dieser Frage einen steinernen Hammer, indem er einen Kiesel in einem Holzstiel befestigte, und bearbeitete damit ein Stück Feuerstein so lange, bis es genau die Gestalt des ovalen Werkzeuges erhalten hatte. Trotz der relativ großen Häufigkeit der Steinwerkzeuge würde man sehr irren, wollte man glauben, daß ein einzelner, der sich wochenlang mit dem Durchsuchen des Sommetales beschäftigen würde, sicher wäre, selbst auch nur ein einziges Exemplar zu entdecken. Nur wenige Stücke lagen an der Oberfläche, die übrigen wurden nur sichtbar durch Entfernung kolossaler Massen von Sand, Lehm und Kies."

Die Schicht, in der die Knochen der diluvialen Fauna, untermischt mit den Steingeräten, lagern (f. die Abbildung S. 383), ist nach Lyell eine Meer- und Flußablagerung. „Wenn wir voraussetzen", sagt der berühmte Geolog, „daß die größere Anzahl der Steinwerkzeuge von Abbeville und Amiens durch die Tätig-

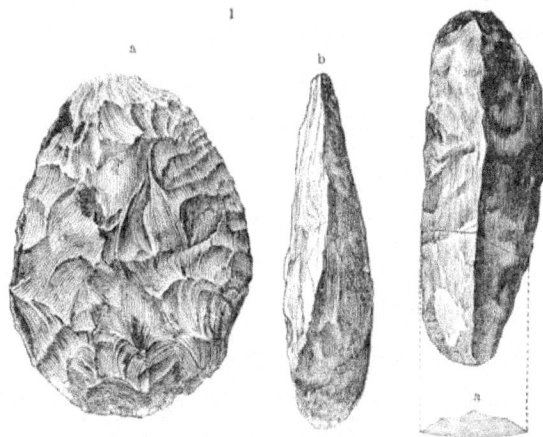

1 Ovales Steinbeil aus dem Diluvium von Abbeville (ovaler Faustkeil, Acheul-Typus): a Ansicht von der Fläche, b Ansicht von der Kante. 1/3 wirklicher Größe. 2 Steinmesser aus dem Diluvium von Abbeville: a Querschnitt. Nach Ch. Lyell, „Das Alter des Menschengeschlechtes", übersetzt von L. Büchner (Leipzig 1874).

keit des Flusses in ihre gegenwärtige Lage gebracht wurde, so genügt das zur Erklärung, warum ein so großer Teil davon in beträchtlichen Tiefen unter der Oberfläche gefunden wurde; denn sie mußten natürlich in Kies begraben werden und nicht im feinen Sediment oder in dem, was man Überschwemmungsschlamm nennt, einer Ablagerung aus ruhigem Wasser oder an Stellen, wo der Strom nicht hinlänglich Kraft oder Schnelligkeit hatte, um Steine mit fortzuschwemmen, einerlei, ob bearbeitete oder unbearbeitete. Daher haben wir fast immer eine Masse überlagernden Lehmes mit Landmuscheln oder einen feinen Sand mit Süßwassermollusken zu durchbrechen (Schicht 1), ehe wir in Schichten von Kies mit Steinäxten gelangen. Nur ausnahmsweise finden sich Werkzeuge mitten im feinsten Lehm."

Die am häufigsten (in den Schichten 2 und 3 des Durchschnitts, wo die Steinwerkzeuge lagern) gefundenen Säugetiere sind nach Lyell: Mammut (Elephas primigenius), sibirisches Rhinozeros (Rhinoceros tichorhinus), Pferd, Renntier, Urstier, Riesendamhirsch, Höhlenlöwe, Höhlenhyäne. An den Knochen einiger von ihnen glaubte der Paläontolog Lartet die deutlichen Zeichen der Einwirkung künstlicher Werkzeuge, wie jener Steinbeile usw., gefunden zu haben, so namentlich an denen eines sibirischen Rhinozerosses und an dem Geweih eines Riesendamhirsches (Cervus somonensis). Diese Tiere haben, wie man schließen mußte, mit dem Menschen gleichzeitig während der Diluvialzeit das Sommetal bewohnt.

Etwa 25 englische Meilen das Tal der Somme aufwärts, bei Amiens, wiederholen sich alle diese Anschwemmungserscheinungen mit der einzigen Ausnahme, daß die Spuren der Meereswirkungen: Seemuscheln, hier fehlen. In den höheren und niederen Kieslagern finden sich, wie Rigollot 1854 konstatierte, Feuersteingeräte, Messer und Äxte, denen von Abbeville entsprechend, und die Knochen ausgestorbener Tiere zusammen mit Fluß- und Landmuscheln von lebenden Arten in großer Menge. Unter den diluvialen Tieren kommen hier Flußpferd und Urelefant (Elephas antiquus) vor.

Das war der Stand der Forschung im Sommetal zur Zeit der Entdeckung im Anfang der sechziger Jahre des 19. Jahrhunderts. Wir werden sehen, wie die neuesten Forschungen das Hauptresultat bestätigt und ausgebaut haben.

Fundstellen des Diluvialmenschen in Deutschland.

Wir haben die Fundstellen des Urmenschen im Sommetal darum so ausführlich beschrieben, weil sie und sie allein vollgültige Beweise von der Existenz des diluvialen Urmenschen erbracht haben. Unmöglich wären Höhlenfunde für sich allein imstande gewesen, die Cuviersche Theorie, daß der Mensch dem Diluvium fremd sei, zu widerlegen. Es wird daher gut sein, uns noch nach weiteren, von vornherein einwandfreien Fundstellen des Diluvialmenschen umzusehen, welche die Entdeckungen Bouchers bestätigen.

Da gibt es keine entscheidenderen als die beiden schon oben mehrfach genannten in Deutschland: Taubach (Weimar) und die Schussenquelle. Und während im Sommetal die Steingeräte fast allein die Anwesenheit des Menschen verraten, da sie auf sekundärer Lagerungsstätte nicht von anderen Werken der primitiven menschlichen Industrie begleitet sind, finden wir die letzteren an der Schussenquelle sogar in überwiegender Anzahl.

Wir haben oben schon die Fundlokalität Taubach (Weimar) näher zu charakterisieren versucht, um ihr die Stelle in den Epochen der diluvialen Eiszeit anzuweisen. Hier handelt es sich darum, die Spuren, welche die Anwesenheit des diluvialen Menschen dort zurückgelassen hat, ins Auge zu fassen, die von Alessandro Portis erkannt und untersucht worden sind. Während im Kreidegebiet Frankreichs die zahlreichsten Feuersteine jeder Größe zur Verfertigung von Waffen und Werkzeugen zur Verfügung standen, mangeln entsprechende Gesteine an den beiden entscheidenden deutschen Fundstellen zwar nicht, ihr Vorkommen ist aber in Zahl und Größe sehr beschränkt. Die größeren Feuersteingeräte, die im Sommetal am meisten in die Augen fallen, fehlen hier, wogegen kleinere Formen in relativer Häufigkeit auftreten. In den Museen von Jena und Weimar befinden sich allein 251 Exemplare, die alle von Eichhorn vortrefflich publiziert worden sind. Nach der klassischen Formbezeichnung Lyells sind die Taubacher Steingeräte jedenfalls der Mehrzahl nach als Messer oder Splitter zu bezeichnen, da sie lediglich durch „Abschlagen" von einem Kernstein entstanden sind und außer dem Retuschieren der Ränder keine weitere Bearbeitung von Menschenhand zeigen. Die Unterfläche ist im wesentlichen eben, glatt und zeigt einen bald mehr oder weniger hervortretenden „Schlagknollen" (vgl. die Abbildung S. 376). Ziemlich häufig finden sich, worauf R. Virchow zuerst hingewiesen hat, bei Taubach Feuersteinsplitter von dreieckig-prismatischer

Form mit scharfen Ecken, doch hat man auch Messer von gewöhnlicher Form gefunden; A. Götze unterscheidet Schaber, Messer, Meißel, Bohrer, Behausteine und anderes. Nach Eichhorns zusammenfassender Darstellung sind die Flintstücke meist als Universalinstrumente benutzt worden, bald zum Schaben oder Kratzen, bald zum Sägen, Stechen, Schneiden, je nach dem augenblicklichen Bedarf. Eichhorn teilt die Steinsachen ein in Spitzen, Scheiben und Klingen; am besten bearbeitet sind einzelne platte Stücke mit sägeartiger Randzähnung. Viele Stücke sind retuschiert und unverkennbar nach dem Abschlagen von dem Kernstein noch weiter von Menschen bearbeitet. Gewöhnlich sind von den Rändern nur einzelne, und oft nur auf kurze Strecken, retuschiert. Die meist wenig sorgfältigen Retuschen erscheinen als Reihen an den Rändern der Objekte nebeneinanderstehender, kleiner Abisplitterungen, in der Regel nur einseitig, entweder auf der Ober- oder Unterfläche. Von den vier Exemplaren, die Alessandro Portis zur Verfügung standen, waren zwei aus Feuerstein, eins aus Kieselschiefer, eins aus

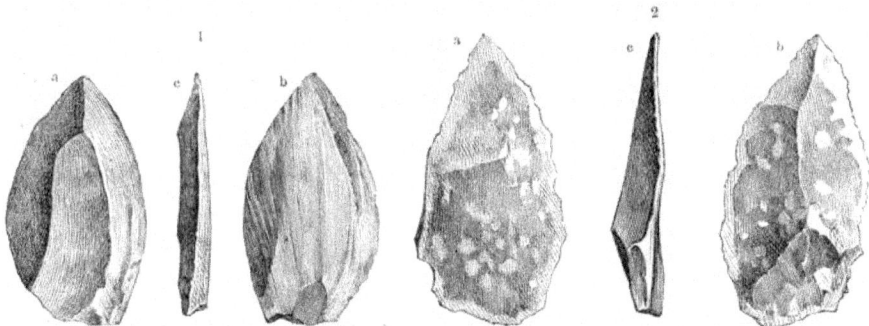

Zwei Steinmesser (1, 2) von Taubach bei Weimar. a Äußere, b innere Fläche, c Ansicht von der Kante. Nach A. Portis, „Über die Osteologie von Rhinoceros Merckii Jäger und über die diluviale Säugetierfauna von Taubach bei Weimar": „Palaeontographica", Bd. 25, Heft 4 (Kassel 1878).

Quarzporphyr. Figur 1 der obenstehenden Abbildung gibt ein Messer aus Feuerstein, Figur 2 ein solches aus Kieselschiefer. Die beiden anderen, hier nicht abgebildeten entsprechen diesen in Form und Technik. Die Kanten sind alt, das Feuersteinmesser zeigt auf ihnen die gleiche weiße Patina, welche die ganze Oberfläche aller der bei Taubach gefundenen alten Feuerstein-objekte bedeckt. Sowohl der Quarzporphyr als auch der Kieselschiefer und der derbe Quarz standen, wie Hornstein und verkieselter Kalkstein neben Feuerstein, den Urbewohnern des Ilm-tales aus dem Diluvialschutt des Tales zur Verfügung. Es ist im Gegensatz zu den für Feuer-steingebiete typischen Diluvialfunden sehr charakteristisch, daß die Armut an passendem Stein-material zur Benutzung teilweise ziemlich minderwertigen Ersatzes gezwungen hat. Auch Eichhorn zählt vier Stücke auf aus Kieselschiefer, zwei aus Porphyr, eins aus Porphyrit, eins aus verkieseltem Kalkstein, vier aus Hornstein. Da, wie gesagt, passende Steine nur in beschränktem Maße verfügbar waren, mußte als Ersatz organisches Material: Knochen, Horn, wohl auch Holz herbeigezogen werden. A. Portis hat unter dem ihm zur Verfügung stehenden Material mit Sicherheit als alt zu erweisende Schnittspuren an der Basis der Augensprosse eines Geweihes feststellen können. Ihre Beschaffenheit läßt deutlich erkennen, daß sie mit einem unvollkommenen Instrument gemacht wurden, offenbar in der Absicht, das Stück loszulösen, um es zu irgendeinem Zweck zu gebrauchen. Eichhorn bildet aus dem Gesamtfundmaterial eine künstlich polierte Spitze einer Geweihsprosse ab, ferner ein größeres Geweihstück, am

oberen Ende durch ſchräggeſtellte Schnitte künſtlich abgetrennt, ſowie ein geglättetes Knochen-
ſtück mit drei großen Facetten. Ein anderer Knochen zeigt eine Reihe paralleler quergeſtellter
Einkerbungen als Spuren menſchlicher Bearbeitung. Letztere wird zum Teil dadurch verdeckt, daß die Knochen die Spuren der Benagung durch Tiere erkennen laſſen. Immerhin
beweiſen dieſe Stücke, daß von den alten Bewohnern des Ilmtales bei Taubach die Bearbeitung von Knochen und Geweih neben der Steinbearbeitung des Steines geübt worden iſt.

„Für die Tätigkeit des Menſchen liefert die Art und Weiſe, wie die Knochen, offenbar
zur Gewinnung des von allen primitiven Menſchen als Nahrungs-Leckerbiſſen hochgeſchätzten
Knochenmarks, zerſchlagen wurden, wichtige Tatſachen. In den Muſeen von München und
Jena befinden ſich", ſagt Portis, „verſchiedene Diſtalextremitäten von Metakarpal- und
Metatarſalknochen von Bison priscus, die gerade dort gebrochen ſind, wo der Markkanal endet
(ſ. die nebenſtehende Ab-
bildung). Der Bruch iſt
unregelmäßig, und in-
dem ich nachforſchte, wie
er gemacht ſein konnte,
habe ich eine Vertiefung
gefunden, die alle Kno-
chen an derſelben Stelle
zeigen, nämlich in der
halben Breite ihrer Hin-
ter- oder Vorderfläche,
und zwar gerade dort,
wo der Markkanal endet.
Es iſt ein Loch, eine
Schlagmarke (a in den
nebenſtehenden Figu-
ren), von 25 mm Durch-

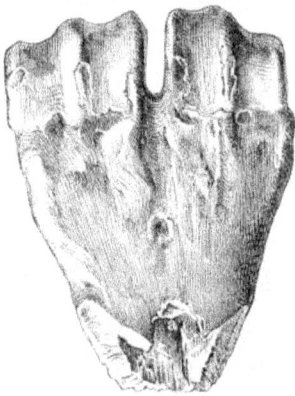

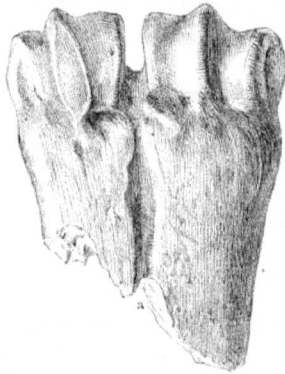

Abgeſchlagene Biſonknochen aus der Diluvialſchicht von Taubach bei Weimar. a Schlagmarke. Nach A. Portis, „über die Oſtrologie von Rhinoceros Merckii Jäger
und über die diluviale Säugetierfauna von Taubach bei Weimar": „Palaeontographica",
Bd. 25, Heft 4 (Kaſſel 1878).

meſſer, augenſcheinlich von außen nach innen getrieben, da einige gut erhaltene Exemplare
noch die nach innen gebogenen Knochenſplitter zeigen. Sowohl dieſe Splitter als alle Bruchflächen ſind alt und haben an der Oberfläche denſelben fettigen, mit dem Sande, in dem ſie
liegen, behafteten Überzug wie die Knochen ſelbſt ſowie auch die feinen Mangandendriten,
während einige kleine, zufällige neue Bruchſtücke anders, und zwar viel heller, ausſehen, ſo
daß der Unterſchied auffällig iſt. Das Inſtrument, das zur Bearbeitung des Knochens diente,
könnte ſehr gut der im Unterkiefer eines Bären befindliche Eckzahn geweſen ſein, wie
von manchen anderen Fundorten von O. Fraas erwähnt wird (vgl. S. 400)." Dieſe Hypo-
theſe wird durch die Beſchaffenheit und Größe des Loches und der Ränder ſowie dadurch
unterſtützt, daß ſolche Kinnladen an Ort und Stelle nicht fehlen. Eichhorn bildet eine
ſolche Höhlenbären-Unterkieferhälfte ab. Außerdem macht Portis darauf aufmerkſam, daß,
während die langen Knochen der Elefanten und Rhinozeroſſe ganz waren (namentlich die
jungen, denen nur die Epiphyſen fehlen) oder doch ſo zerbrochen, daß ein zufälliger Bruch
ſich erkennen läßt, die des Bären und Biſons faſt alle in Stücke zerbrochen ſind, und zwar
faſt alle querdurch, ſelten der Länge nach.

„Verkohlungsſpuren laſſen ſich ſehr häufig und gut erkennen. Viele lange Knochen und Kinnladen der Rhinozerosse, einige Teile der Elefanten, eine Tibia des Bibers und ein Hornzapfen vom Bison zeigen deutliche, manchmal ausgedehnte Spuren (die nicht zu verwechseln sind mit den Manganüberzügen) von Verkohlung der Knochensubstanz, die manchmal so energisch gewesen, daß hervorragende Teile kalziniert erscheinen. Die meisten Verkohlungsspuren sind unzweifelhaft älter als die Einbettung der Knochen, und die Art, wie sie verändert sind, zeigt, daß, als sie vom Feuer ergriffen wurden, sie noch ihre animalischen Bestandteile enthielten. Einige kleine Knochen, wie die Metakarpalknochen des Bären usw., sind glänzendschwarz und ganz verkohlt. Neben den die Feuerspuren zeigenden Knochen kommen auch Stücke von Muschelkalk vor, wahrscheinlich Böden und Seitenwände der Feuerstelle, die durch die Einwirkung der Hitze rötlich und härter geworden sind. Die Feuerstellen und Kohlenschichten sprechen dafür, daß während der Anwesenheit des Diluvialmenschen Niveauschwankungen des Wasserspiegels eintraten, und daß zeitweilig und wenigstens teilweise der Boden des Weihers so weit trocken lag, daß von den alten Anwohnern Feuer darauf geschürt werden konnten." Eichhorn bildet eine Platte festen Kalktuffes ab, in dem Tierknochen und viel Holzkohle eng beieinander liegen. Es sind das Reste einer Feuerstelle an einem Lagerplatz der Diluvialmenschen, dessen Überbleibsel in der Folge von dem aus dem Wasser abgesetzten Kalktuff eingeschlossen und so erhalten wurden. Auch in einer ausgedehnteren, zusammenhängenden schwarzen Brandschicht lagen bei den Holzkohlen angekohlte und aufgeschlagene Tierknochen, ein Elefantenbackzahn, im Umkreis Feuersteinstücke und durch Feuer rotgebrannte Kalksteine.

„Ein weiterer Beweis für die Tätigkeit des Menschen scheint mir darin zu liegen", fährt Portis fort, „daß junge Individuen gewisser Arten, so Rhinozeros (Rhinoceros Merckii), Elefant (Elephas antiquus), Bär, sehr häufig sind im Verhältnis zu dem seltenen Vorkommen ausgewachsener Tiere. Es scheint, daß beim Jagen und Fangen der Tiere mittels Fallgruben die Jungen am leichtesten erlegt wurden und vorzugsweise zur Nahrung dienten, und daß man, wenn einmal ein großes Tier getötet wurde, es an Ort und Stelle sofort zerlegte. So mußte am Orte der Jagd, wo vielleicht sofort von den Jägern die Fleischteile verzehrt wurden, der Rumpf zurückbleiben, während Kopf und Hals sowie die Vorder- und Hinterschenkel, an denen das meiste Muskelfleisch haftete, und die zugleich leichter fortzuschaffen waren, nach Hause gebracht wurden, um als tägliche Nahrung zu dienen. So erklärt sich auch, warum man unter so vielen großen bis jetzt gefundenen Rhinozerosknochen, ungefähr 30 Individuen angehörig, noch keine Rücken- oder Lendenwirbel und ein einziges Bruchstück einer Rippe gefunden hat." Auch unter den seitdem gemachten Funden gehören die letzterwähnten Knochen zu den größten Seltenheiten. Von körperlichen Resten der Taubacher Diluvialmenschen befindet sich in der Sammlung in Jena nur ein Menschenzahn. Eichhorn und andere zweifeln seine Zugehörigkeit zur diluvialen Schicht mit guten Gründen an. Eine erneute Untersuchung wäre daher sehr wünschenswert.

„Nachdem somit das Zusammenleben des Menschen mit den diluvialen Säugetieren von Taubach festgestellt ist, habe ich nun noch zu versuchen, eine Erklärung zu geben dafür, daß eine so ansehnliche Menge von Knochenresten an einem so kleinen Platze sich gefunden hat, und ich glaube in folgendem der Wahrheit nahezukommen. Am Ende der älteren Eiszeit war nördlich von der Stadt Weimar das Ilmtal durch einen Querdamm geschlossen, und die Ilm mußte somit ihre Gewässer zu einem kleinen, langgezogenen See von wenig Meilen Umfang anstauen. Außer der Ilm, die hauptsächlich zur Bildung des Sees oder vielmehr

Teiches von kaum 50 Fuß Tiefe beitrug, mündeten in ihn vier bis fünf kleine Bäche, die, größtenteils im Muschelkalk entspringend und längs seiner Wände hinfließend, viel kohlensauren Kalk enthielten, den sie absetzten, sobald sie, am See angelangt, einen Teil ihrer Kohlensäure verloren hatten. So bildete sich auf dem Grunde des Teiches eine Schicht von sandigem Kalktuff, in den sich alles das einbettete, was zufällig in den See fiel. Hatte der Absatz sich so weit erhöht, daß auf ihm Sumpfpflanzen wachsen konnten, so beschleunigten diese durch die Aufnahme von Kohlensäure den Niederschlag von kohlensaurem Kalk, der in festem Zustande sich auf Pflanzen, meist Charazeen, abzusetzen begann. Es wurde dadurch der Teich bald zum Sumpf, und die Ilm, die ihn speiste, schnitt sich nach und nach in den Querdamm ein, wodurch der Spiegel des Teiches, den sie durchfloß, sank. Hatte die Ilm auf diese Weise die oberste Schicht des festen Kalksteines durchgenagt, so floß sie dann im sandigen Tuff dahin, wo die Erosion schneller vor sich gehen konnte, so daß sie, sich immer mehr in den Querdamm einschneidend, zuletzt in den unter dem Kalktuff befindlichen Diluvialschotter lief. Vom Kalktuff blieben nur einzelne Reste als hohe Terrasse und fast senkrechte Wände übrig, wie man heute noch bei Taubach und oberhalb Weimar sieht.

„Während dieser Zeit waren die Ufer des Sees vom Menschen bewohnt, und wahrscheinlich lag dort, wo Taubach heute sich befindet, ein primitives Dorf. Die Bevölkerung hatte den Vorteil eines schönen Wasserlaufs und einer Lage gegen Süden; das Vorhandensein von Höhlen in der Umgebung war ihr wahrscheinlich bekannt. Was ihr zur Nahrung diente, haben wir bei der Betrachtung der verschiedenen Tiere gesehen, welche die Fauna von Taubach bilden. Die Knochen, die nicht verwendeten Tierreste, die Kohlen, die zerbrochenen oder mißlungenen Steinwaffen gelangten so in den See, wo sie sofort von dem sandigen Kalktuff bedeckt wurden, dadurch der weiteren Zerstörung entgingen und in möglichst gutem Zustande und mit beinahe intakten Oberflächen erhalten blieben. Auf diese Weise scheint alles sich ereignet zu haben während der Zeit, in der sich der sandige Kalktuff bildete. Als dann später der feste Kalktuff sich abzusetzen begann, d. h. als der Teich zum Sumpf ward, hatte die kleine Bevölkerung des alten Taubach kein bequemeres Kommunikationsmittel mehr und vor sich nur eine ungesunde Ebene, was sie nötigte, ihre Penaten an einen günstiger gelegenen Ort zu tragen, der vielleicht weniger geeignet war, uns ihre Küchenabfälle zu überliefern. Auf diese Weise erklärt sich auch, warum sich im sandigen und im untersten Teile des festen Kalktuffs so viele Knochen finden, während sie im oberen Teile fehlen, wo sich an ihrer Stelle viele Land= und Sumpfkonchylien einstellen."

Hier haben wir also vollkommen reine, ungemischte Verhältnisse. In den alluvialen Schichten finden sich keine Menschenspuren, die nur reichlich in den von dem härteren Tuff gedeckten und vor Störungen aller Art geschützten Ablagerungen des sandigen Tuffs auftreten, dessen geologisches Alter keinen Zweifel zuläßt. Die Untersuchungen von Portis wurden unter der speziellen Leitung und wissenschaftlichen Verantwortung des ausgezeichneten Paläontologen Zittel ausgeführt; ich selbst hatte Gelegenheit, in allen Stadien der Untersuchung die betreffenden Objekte persönlich zu prüfen und mich von der Richtigkeit von Portis' Angaben zu überzeugen. Der Fund ist geognostisch rein und wissenschaftlich vortrefflich fundiert, und auch die Fortsetzung der Untersuchungen hat nichts daran geändert; die neuen Funde entsprechen ganz den älteren, und nur eine Anzahl von rohen Knochen= und Hirschhorngeräten vervollständigen das Inventar des damaligen Menschen: Höhlenbärenunterkiefer als Schlagwaffe, Hacken und Schlägel und anderes von Hirschgeweih, von denen aber kein Stück exaktere Bearbeitung erkennen läßt. A. Götze deutet die Oberschenkelpfanne eines größeren Tieres als Becher, eine kleinere mit noch ansißendem Beckenstück als Löffel. Was dem Funde aber seine besondere Wichtigkeit verleiht, ist die erwähnte vollkommene Reinheit der faunistischen Zeugnisse für die geologische Periode, in welche die Bewohnung der Ufer des alten Ilmweihers fällt. Hier fand sich keines jener hochnordischen Tiere, wie sie in den Knochenablagerungen der Höhlen mit den noch lebenden oder ausgestorbenen Formen eines gemäßigten oder sogar südlichen Klimas gemischt vorzukommen pflegen. Hier zeigt sich uns mit dem diluvialen Menschen eine Tierwelt, die, abgesehen von den ausgestorbenen fremdartigen Gestalten, unserem heutigen Klima entspricht. Da sich unsere klimatischen Verhältnisse nach dem letzten gewaltigen Vorstoß der Eiszeitgletscher aus kälteren nach und nach erst bis zu den gemäßigtwarmen der letzten Jahrtausende erhoben haben, da die Fundstelle bei Taubach auf den älteren, äußeren Moränen liegt, aber von der Ausdehnung der jüngeren nicht mehr erreicht wurde, so spricht alles dafür, daß wir es hier mit dem Menschen und der Fauna jener oben geschilderten w ä r m e r e n Z w i s c h e n z e i t, der letzten Interglazialperiode, zu tun haben, auf welche die letzte Eiszeit folgte.

So geringfügig an sich die Spuren des Menschen in den interglazialen Ablagerungen Taubachs erscheinen mögen, sie waren und sind für die Bestimmung des Alters des Menschengeschlechts von der größten Wichtigkeit, da sie die menschliche Besiedelung Europas noch vor die letzte Eiszeitepoche hinausrücken.

Unter wie ganz anderen klimatischen und faunistischen Verhältnissen erscheint dagegen der Mensch der letzten Glazialepoche Europas an der Schussenquelle! Auf den jüngeren, inneren Moränen der oberschwäbischen Hochebene, an der Quelle der Schussen, liegt der, wie wir es ungescheut aussprechen, wichtigste und am besten beobachtete Fundplatz des europäischen Eiszeitmenschen, von keinem Geringeren als von Oskar Fraas selbst ausgebeutet. Der geognostischen Lagerung nach kann nicht der geringste Zweifel obwalten, daß dieser Fundplatz entweder der letzten Eiszeitepoche selbst angehört, und zwar einer Zeit derselben, wo ihre Gletscher ihre am weitesten vorgeschobenen Moränen in der oberschwäbischen Hochebene — denn auf diesen liegt die Fundstelle — schon aufgeworfen hatten, oder daß wir ihn als „früh-nacheiszeitlich" ansprechen müssen. Hier fehlen alle Anzeichen eines gemäßigten Klimas, alles deutet auf hochalpine oder noch mehr auf hochnordische Lebensbedingungen. Wir stehen an der Quelle der Schussen sonach in einer vollkommen anderen Periode des Gesamtdiluviums als an dem einstigen Weiher der Ilm bei Taubach. Nichts scheint dagegen zu sprechen, daß sich die an der Schussen beobachteten klimatischen Verhältnisse langsam in die unsrigen verwandelt haben. Die Spuren des Menschen an der Schussen erscheinen sonach unserer Zeit näher, jünger als die oben beschriebenen Funde bei Taubach.

Lassen wir uns wieder von dem Autor selbst die Entdeckung beschreiben. Mit bestem Recht sagt Fraas: „Unter sämtlichen bekannten Stationen Zentraleuropas, wo sich Spuren menschlicher Kultur vermengt mit den Überresten ausgestorbener oder wenigstens in andere Breiten verdrängter Tiergeschlechter finden, nimmt, was die Klarheit der geognostischen Lagerungsverhältnisse betrifft, der alte Schussenweiher unstreitig die erste Stelle ein. Beim Anblick des im Sommer 1866 aufgeschlossenen, 25 m langen und 6 m hohen Profils mußte jeder Zweifel schwinden, als ob etwa die Kulturreste einer anderen Zeit entstammten als jener der Ablagerung, und ob doch nicht etwa die Zeit der Menschen und die Zeit der Schichtenbildung auseinanderfallen könnten. Die Schicht mit den Kulturresten stellte sich unwiderleglich dar als ungestörte, unverfängliche, und ihre paläontologischen Einschlüsse kennzeichneten ein hohes Alter nicht minder bestimmt, so daß alle die beweisenden Momente glücklich vereinigt waren, welche die Wissenschaft für nötig hält, wenn sie sich ein sicheres Urteil über den Wert eines Fundes bilden soll.

„Infolge der Entwässerung des Steinhäuser Riedes, das den Federsee zum Mittelpunkt hat, mußte 1865 die Quelle der Schussen, um ihr den Wasserzufluß zu erhalten, unterfangen bzw. tiefergelegt werden. Zu diesem Zwecke wurde ein tiefer Graben gezogen, der jenen obenerwähnten Aufschluß lieferte. Das Profil der untenstehenden Abbildung zeigt den Grabenschlitz gerade unter dem durch die Anlage der künstlichen Schussenquelle jetzt trockengelegten Schussenweiher, aus dem sonst die Schussen abströmte, und der jetzt mit dem

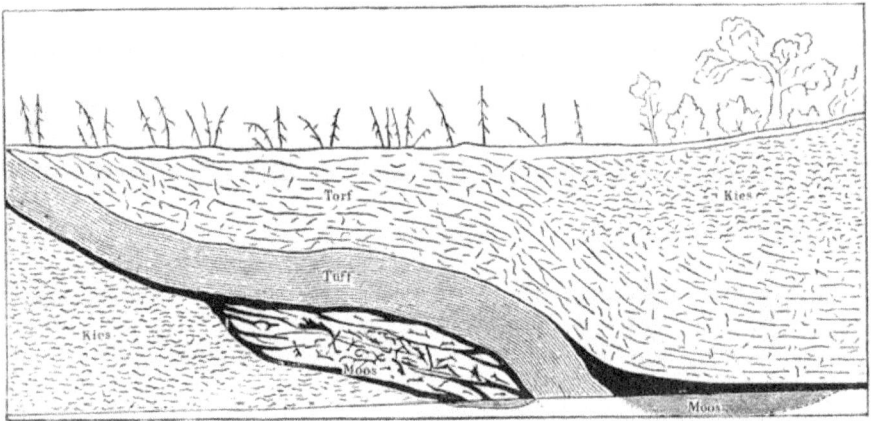

Längenprofil des Wassergrabens und der eingeschnittenen Kulturschicht an der Schussenquelle. Nach O. Fraas, „Beiträge zur Kulturgeschichte des Menschen während der Eiszeit. Nach den Funden an der Schussenquelle": „Archiv für Anthropologie", Bd. 2 (Braunschweig 1867).

gemeinen Schilfrohr (Phragmites communis) dicht überdeckt ist. Auf der Sohle des Grabenschlitzes wie an den Wänden brechen starke Quellen allenthalben aus dem Kiese. Zu oberst liegt der Torf, derselbe, der in der ganzen Gegend auf Meilen Entfernung die Niederungen deckt und die weiten Moorgründe bildet, aus denen keine anderen Formationen als die Schuttwälle diluvialer Gletscher hervorragen. Das Anlehnen des Torfes an den Kiesrücken ist auf der rechten, östlichen Seite des Profils zu sehen.

„Unter dem Torfe liegt ein 4—5 Fuß mächtiges Lager von Kalktuff, das unverkennbare Produkt derselben Wasserquellen, die, dem Kiesrücken, der Moräne entspringend, sich jetzt zur Schussenquelle einigen. Da sich derartiger Tuff nur an der Oberfläche infolge der Verdunstung des Wassers an der Luft bildet, so haben wir in den beigegebenen Profilen (s. die obenstehende Abbildung sowie die auf S. 393), wenn wir den Torf uns weggenommen denken, ein Bild der alten Oberfläche. Dafür zeugen auch Tausende kleiner und zarter Landschnecken im Kalksand. Es sind die gleichen Arten, die man auch sonst im Lehm und Tuff findet, und die teilweise noch in der Gegend leben. Ausgestorbene Schneckenarten kennen wir aus dieser Zeit nicht, wohl aber ausgewanderte Formen.

„Schon im Liegenden des Kalktuffs fand sich manches Stück Geweih und Knochen, die jedoch nicht erhalten werden konnten. Unter dem Tuff liegt eine dunkelbraune Moosschicht mit einem Stich ins Grüne, die durch die vortreffliche Erhaltung des Mooses überrascht, das so gut wie ein lebendes noch eingelegt, getrocknet und bestimmt werden konnte. Erst was hier unten zwischen Tuff und Gletscherschutt lag, eingehüllt vom feinsten Sande und von dem Moose, das zum Triefen mit Wasser gefüllt war, das erst konnte als Fund angesprochen werden, denn alles lag frisch und fest, als ob man die Sachen erst kürzlich hier zusammen= getragen hätte, in Haufen beieinander. Ein zäher schwarzbrauner Schlamm füllte Moos und Sand und den kleinsten Hohlraum der Geweihe und Knochen und verbreitete einen moder= artigen Geruch. Wir befanden uns, wie der Verlauf der Grabarbeiten es lehrte, in einer zu Abfällen benutzten Grube, in der neben den Knochen und Knochensplittern abgeschlachteter und vom Menschen verspeister Tiere, neben Kohlenresten und Asche, neben rauchgeschwärzten Herdsteinen und Brandspuren zahlreiche Messer, Pfeil= und Lanzenspitzen von Feuerstein und die verschiedenartigsten Handarbeiten aus Renntiergeweih übereinanderlagen. Das alles lag in einer flachen, bei einer Ausdehnung von 40 Quadratruten nur 4—5 Fuß tiefen Grube im reinsten Gletscherschutt, wobei klar in die Augen sprang, daß die vortreffliche Erhaltung der Beingeräte und Knochen lediglich nur dem Wasser zu danken war, das im Moose und im Sande sich halten konnte. Die Moosbank glich einem wassergetränkten Schwamme, sie schloß ihren Inhalt hermetisch von aller Luft ab und konservierte in ihrem ewig feuchten Schoße,

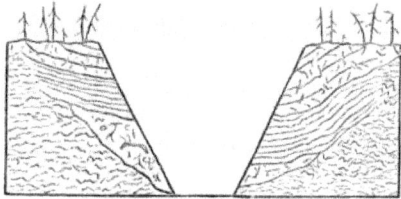

Querprofil des Wassergrabens an der Schussen= quelle. Die Zeichen sind dieselben wie auf der Abbildung S. 392. Nach O. Fraas, „Beiträge zur Kulturgeschichte des Menschen während der Eiszeit. Nach den Funden an der Schussenquelle": „Archiv für Anthropologie", Bd. 2 (Braun= schweig 1867).

was vor Jahrtausenden ihr anvertraut worden war. An der Grenze der Moosbank zum Tuff sah man deutlich die Geweihstangen, soweit sie in Moos und Sand steckten, vortrefflich er= halten, fest und hart, als wären sie vor Jahrzehnten erst hineingelegt, während die Enden, die in den Tuff ragten, so mürbe und bröckelig waren, daß sie in der Hand zerfielen."

Wir haben schon erwähnt, wie zur Bestimmung der geologischen Periode, der die Funde in der Kulturschicht angehörten, vor allem auch die Untersuchung der Moose beitrug, unter denen Schimper nur solche Arten fand, die jetzt nicht mehr in Oberschwaben wachsen, sondern durchweg in kältere, alpine oder hochnordische Zonen ausgewandert sind. Auch die Fauna an der Schussenquelle haben wir schon geschildert. Unter dem Torf und Tuff der Schussen= quelle tritt uns nur der Typus eines rein nordischen Klimas entgegen, mit nur nordischer Flora und nur nordischer Fauna. Alle Haustiere fehlen, selbst der Hund, aber ebenso alle jene ausgestorbenen oder verdrängten Tierformen, die, wie Elefant und Nashorn, Höhlen= löwe und Hyäne, der Taubacher Tiergesellschaft ein so altertümliches Gepräge verleihen und sie einer früheren Epoche des Gesamtdiluviums zuweisen. Ebenso wurde umsonst nach den Knochen des Edelhirsches und Rehes, der Gemse und des Steinbockes gesucht. „Nach den positiven Funden haben wir in jener Periode ein nordisches Klima an der Schussen anzu= nehmen, wie es heutzutage an der Grenze des ewigen Schnees und Eises herrscht oder in der Horizontale unter dem 70. Grade nördlicher Breite beginnt. Mit anderen Worten, wir befinden uns in der Eiszeit. Wir sehen Oberschwaben von Moränen und von abschmelzenden Gletschern durchzogen, deren Wasser den Gletschersand in moosbewachsene Tümpel waschen: wir haben ein grönländisches Moos, das in mächtigen Bänken die feuchten Sande überzieht; wir haben wohl selbstverständlich zwischen den Schuttwällen der Gletscher weite, grüne Triften, auf denen sich in Rudeln das Renntier umhertreibt wie heutzutage an der Waldgrenze Sibiriens oder in Norwegen und Grönland; wir haben zugleich hier die Lebensbezirke der dem Renntier gefährlichen Fleischfresser, des Vielfraßes und des Wolfes und in zweiter Linie des Bären und der Polarfüchse.

„Auf diesem Schauplatz nun haben wir den Menschen, den Menschen der Eiszeit, allem nach einen Jäger, welchen die Jagd auf Renntiere einlud, einige Zeit, und wahrscheinlich nur die bessere Jahreszeit, an der Grenze des Eises und des Schnees hinzubringen. Ob auch vom Skelett des Menschen nichts in der Grube lag, so ward doch von den Werken seiner Hände allerlei aufbewahrt, was auf sein Leben und Treiben einiges Licht wirft; freilich nur höchst dürftige Spuren sind es, wie man sie eben in einer Abfallgrube erwarten darf, und zwar nicht nur Abfälle aus der Küche, sondern überhaupt alles mögliche, was, wie man sich heute ausdrückt, in den Kehrichthaufen kommt. Daher fand sich auch von Artefakten nichts Gutes vor: es war lauter zerbrochene Ware, es waren Abfälle ebensowohl der Industrie wie der Küche.

„Letztere sind begreiflich der Zahl nach überwiegend, sind aber von der einfachsten, rohesten Art: geöffnete Markröhren und zerklopfte Schädel des Wildes. Sie unterscheiden sich in keiner Weise von den Küchenabfällen, wie sie überall und aus allen Zeiten gefunden werden. Aber keiner der hier gefundenen geöffneten Knochen zeigt die Spur eines anderen Instruments als die des Steines. Auf einen Stein als Unterlage wurde der Knochen gelegt, mit einem Steine wurde der Streich geführt. Solche Steine kamen während der Ausgrabung täglich dutzendweise aus der Kulturschicht zum Vorschein. Es waren lauter an Ort und Stelle aufgelesene Feldsteine, unter denen namentlich den hübsch gerollten Quarzgeschieben etwa von der Größe einer Mannesfaust der Vorzug gegeben wurde. Andere waren etwas roh zugerichtet, keulenförmig mit einer Art Handgriff, wie er sich beim Zersplittern großer Stücke halb zufällig, halb absichtlich ergibt. Ebenso fanden sich größere Steine, Gneisplatten von 1—2 Quadratfuß, schieferige Alpenkalke, rohe Blöcke von diesem oder jenem Gestein, die wohl die Schlachtblöcke vertreten oder als Herdsteine fungiert hatten, da Brandspuren an denselben alsbald in die Augen fallen. Teilweise sind die Steine, wo sie am Feuer standen, abgeschiefert, alle aber mehr oder minder geschwärzt. Vom Feuer geschwärzte Schieferstücke und Sandsteintafeln mögen für manche Bedürfnisse die Stelle des vollkommen fehlenden Tongeschirres vertreten haben."

Die zugeschlagenen und bearbeiteten Feuersteine der Fundstelle an der Schussenquelle „ordnen sich in zwei größere Gruppen: in zugespitzte, lanzettförmige Messer und in abgespitzte, sägeblattförmige Steine. Erstere mögen vorzugsweise zur Jagd gedient haben, als Pfeil- und Lanzenspitzen; letztere stellten die Handwerkzeuge vor, die zum Bearbeiten des Renntierhorns notwendig waren. Die Sägeblätter sind oben und unten abgestumpft, aber an beiden Kanten zugeschärft. Die eine Seite ist flach und durch einen Schlag gewonnen; die andere hat 3, 4 und 5 Flächen, die sich von einem Rücken gegen die Kante abdachen (ganz wie wir oben die Messer und Splitter beschrieben haben). Ihre Größe ist sehr verschieden und wechselt zwischen einer Länge von 3 cm und 6 mm Breite bis zu 8 oder 9 cm Länge und 4 cm Breite; durchgängig herrschen Stücke von 4 cm Länge und 1 cm Breite vor. Mit diesen zweischneidigen Feuersteinklingen ohne Heft zu arbeiten, ist mehr als schwierig,

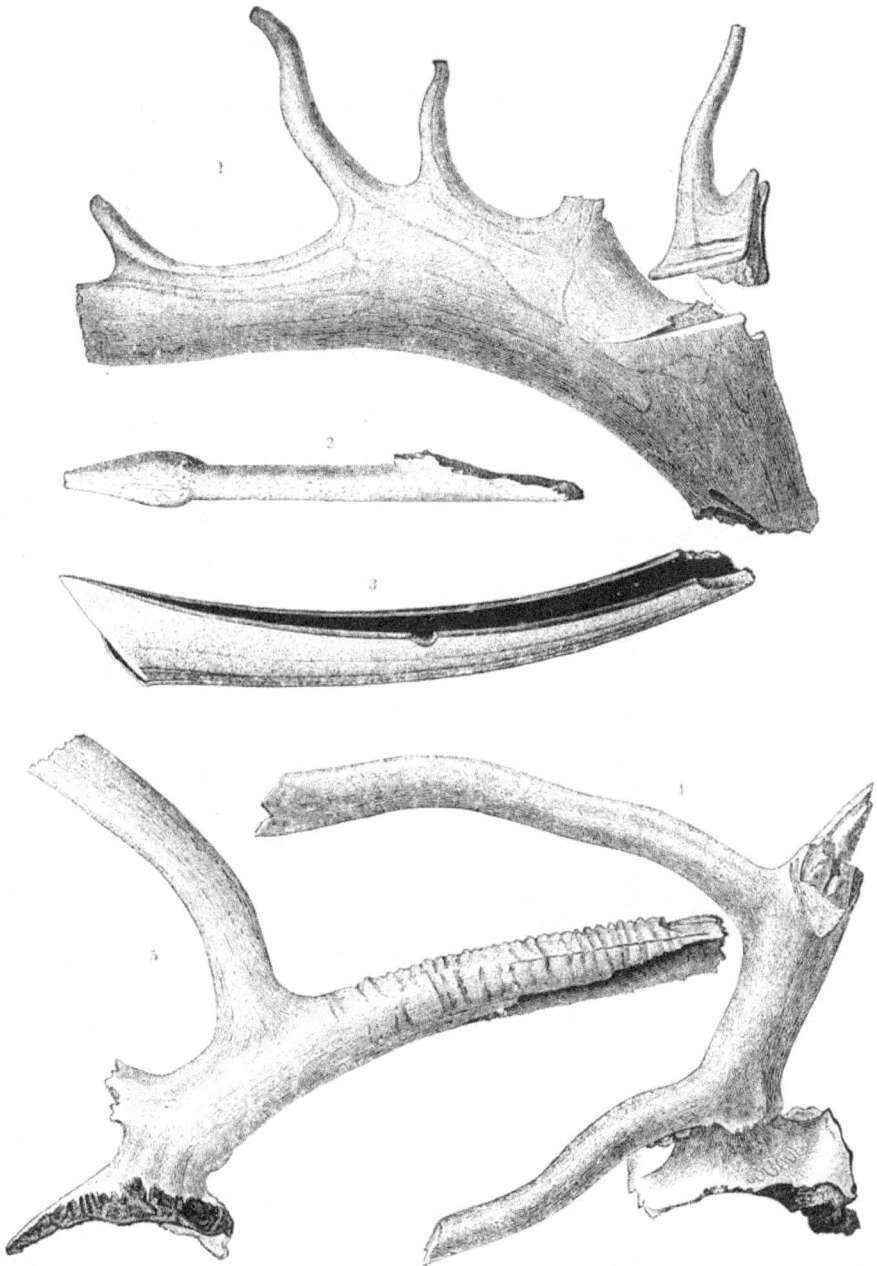

1. Rechte Kronenschaufel eines alten Renntiers mit abgesägter Nebensprosse. ¹⁄₄ wirkl. Größe. — 2. Abgebrochene knöcherne Fischangel. wirkl. Größe. — 3. Rinnenartig ausgehöhltes Geweihstück. ¹⁄₂ wirkl. Größe. — 4. Rechtes angesägtes Geweihstück eines Renntiers. ¹⁄₃ wirkl. Größe. — 5. Rechte Stange eines Renntiers mit eingefeilten Zeichen. ¹⁄₃ wirkl. Größe.

Geräte aus Renntiergeweih.

Nach O. Fraas, „Beiträge zur Kulturgeschichte der Menschen während der Eiszeit. Nach den Funden an der Schussenquelle": „Archiv für Anthropologie", Bd. 2 (Braunschweig 1867).

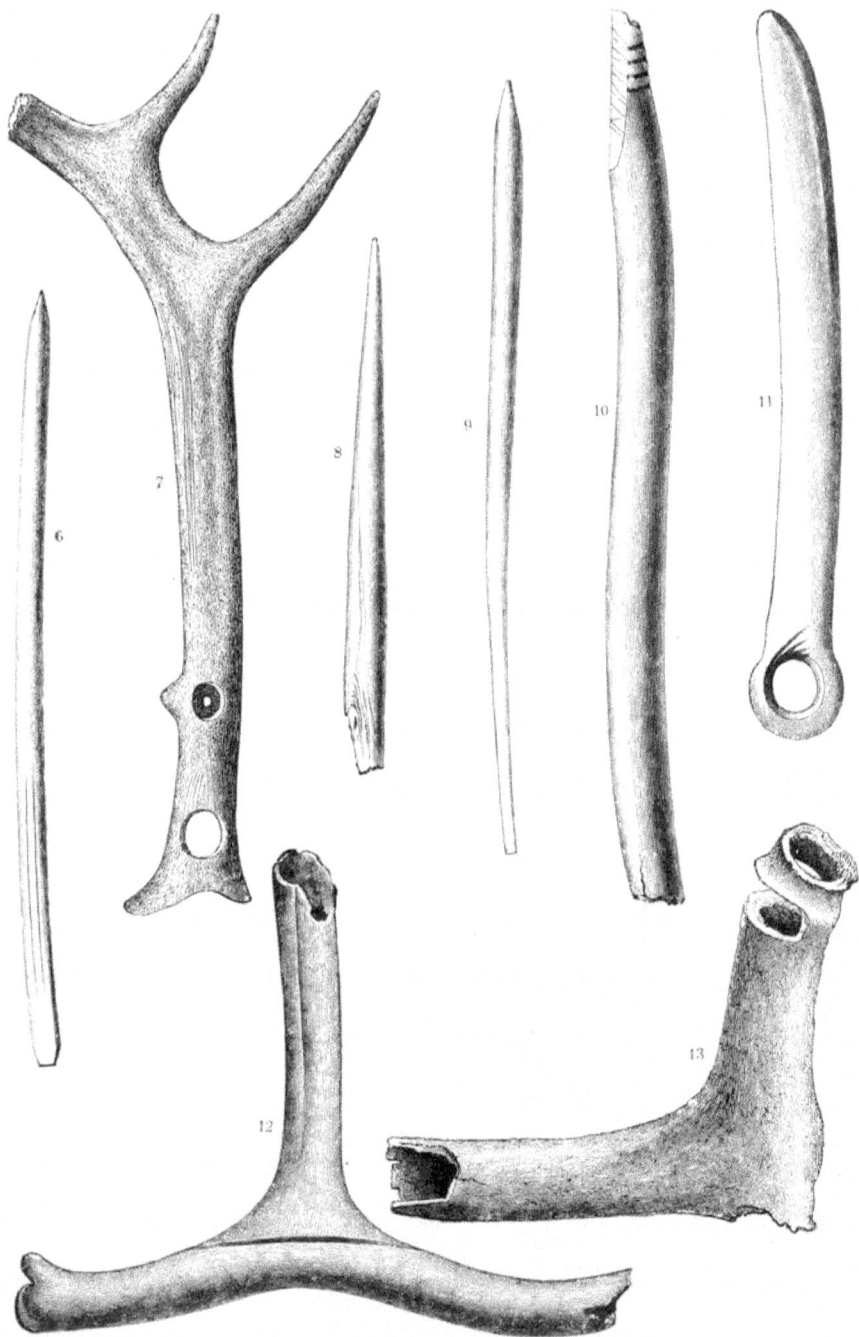

6 u. 8—11. Dolche und Bolzen, aus Renntiergeweih geschnitzt. ¹/₃ wirkl. Größe. — 7. Doppelt durchbohrtes Geweihstück eines jungen Renntiers. ¹/₃ wirkl. Größe. — 12. Angesägte Seitensprosse eines jungen Renntiers. ¹/₃ wirkl. Größe. — 13. Durchbohrtes Unterende einer linken Stange des Renntiers. ¹/₃ wirkl. Größe.

von der nötigen Geduld gar nicht zu reden, bis eine Sprosse des Renntiergeweihes abgesägt oder ein fußlanges Stück der Länge nach aus einer Stange herausgeschnitten war."

Die wichtigsten Funde sind die zahlreichen Arbeiten aus Renntiergeweih. Die beigeheftete Tafel „Geräte aus Renntiergeweih von der Schussenquelle" läßt den Gang der Entstehung der Artefakte verfolgen von der Zertrümmerung des Schädels an und dem Abschlagen der Hauptgeweihstange und ihrer Seitensprossen (Fig. 1, 4 und 12), die zu allerlei Schaftungen, Heften für Steinmesser und andere Steingeräte verarbeitet wurden (Fig. 13). Aus der Innenseite der Geweihstange wurden lange Stücke durch parallele Schnitte herausgesägt (Fig. 3), die zur Herstellung verschiedener Instrumente dienen konnten, von deren Hauptformen die Figuren 6—11 eine Vorstellung geben; es waren feine Beinnadeln mit engem Öhr, Flechtnadeln, Speerspitzen, Bolzen, Angeln, Harpune (Fig. 2; zu deren Erklärung die untenstehende Abbildung), Dolche, eine solche Waffe mit weitem Öhr, wahrscheinlich, um an einem Riemen getragen zu werden (Fig. 11). Löffelartig ausgehöhlte Geweihstücke mögen beim Ausweiden der Tiere oder bei dem Auffangen des Blutes Dienste geleistet haben (Fig. 3). O. Fraas dachte auch an das Herauslöffeln des Gehirns aus den Schädeln; heute noch ist ja die höchste Delikatesse der Samojeden, Ostjaken und Koräken das noch warme Hirn des getöteten Renntieres. Ebenso trinkt man in Grönland allgemein das warme

Harpune. Nach H. Schütz, „Urgeschichte Württembergs" (Stuttgart o. J.).

Blut oder verspeist es mit Beeren. Glattgeschabte isolierte Geweihstangen mit etwas zugespitzter, stark abgenutzter Spitze waren wohl Grabstöcke zum Ausgraben von Grubenfallen oder zum Ausgraben von Fuchs- oder Dachsbauen.

„Noch zwei Formen von Geräten aus Renntiergeweih müssen erwähnt werden. Die eine repräsentieren Geweihstücke, die an der Basis einfach oder doppelt durchbohrt sind (s. die Tafel, Fig. 7). Bei einigen ist die Durchbohrung nicht vollendet. Ähnliche in Frankreich mit anderen Resten des diluvialen Menschen gefundene Stücke hat man als Kommandostäbe bezeichnet, als Würdezeichen, ähnlich denen, welche die Wakasch-Indianer von der Vancouver-Insel tragen." Boyd Dawkins hat diese Geräte als Pfeilstreckapparate identifiziert, wie sie, oft schön verziert, unter den heutigen Naturvölkern noch die Eskimos benutzen, um ihre Pfeile geradezustrecken (vgl. S. 428).

An anderen Stücken von Renntiergeweih fanden sich unregelmäßige, an rohe Zeichnungen erinnernde Einkritzungen; eins dieser Stücke bezeichnet O. Fraas als Kerbholz. Es ist ein Stück von der rechten Stange eines ausgewachsenen Tieres, an dem tiefe Kerben eingefeilt sind (s. die Tafel, Fig. 5). Die Kerben sind teils einfache Striche, bis zu 2 mm Tiefe eingeritzt, teils durch feinere Striche verbundene Hauptstriche. Der Gedanke an ein Kerbholz liegt zu nahe, und die Striche sind offenbar Zahlzeichen, eine Art Notiz, etwa über erlegte Renntiere und Bären, oder sonst ein Memento.

Als Zeichen, daß der Sinn für Verschönerung dem Schussenrieder nicht abging, sind die Funde von roten Farben, deutlichen Fabrikaten, anzusprechen, die, in einzelne kleine Stücke zerbröckelt, in der Kulturschicht lagen; ein Stück bestand in einer nußgroßen gekneteten Paste. Die Farbe zerrieb sich wie Butter zwischen den Fingern, fühlte sich fett an und färbte die Haut intensiv rot. Die Farben sind Eisenoxyd und -oxydul und entstammen der nahen Alb; Zerstoßen und Schlämmen der dortigen Toneisensteine lieferte das Eisenrot, das vielleicht noch mit Renntierfett angemacht wurde, ehe es zur Benutzung kam. In erster Linie wurde wohl der Körper selbst damit bemalt, wie es der Indianer und Kaffer noch liebt, um sich für Tanz und Krieg zu schmücken.

Das ist im wesentlichen der Fund an der Schussenquelle, dessen Beschreibung O. Fraas mit Recht als „Beiträge zur Kulturgeschichte des Menschen während der Eiszeit" betitelte. Nie vorher noch nachher wurde bis jetzt ein ähnlich großartiger und dabei vollkommen reiner, in allen seinen Einzelheiten zweifelsfreier Fund aus dem Rücklaß des Diluvialmenschen gemacht.

Die alten Schussenrieder, die uns O. Fraas kennen lehrte, waren Fischer und Jäger, ohne Hund, ohne Haustiere, ohne Kenntnis des Ackerbaues und der Töpferei. Aber sie verstanden es, Feuer zu entflammen zum Kochen der Nahrung, sie wußten das wilde Renntier und den Bären zu erlegen und die anderen Tiere ihres Jagdgebietes, ihr Pfeil traf den Schwan, ihre Angel holte den Fisch aus der Tiefe. Auf dem Kerbholz verzeichneten sie das Resultat ihrer Jagd. Sie verstanden es, Feuersteine zu Waffen und Werkzeugen zu schlagen und mit letzteren das Renntiergeweih in geschickter Weise zu bearbeiten. Die oft erkennbaren Spuren von Bindematerial lehren uns, daß sie, wie die heutigen Lappen und Eskimos, aus den Sehnen der erlegten Renntiere Faden zu drehen verstanden, die, wenn der Fund richtig gedeutet ist, mittels der Flechtnadel zu Netzen, sicher zu Angelschnüren gebraucht werden konnten. Faden und stechende Werkzeuge deuten auf die Kunst des Nähens, die Kleidung mag aus den Fellen der erlegten Tiere bestanden haben. Kriegerisch rot bemalt steht der Jäger der Eiszeit mit seinen primitiven Waffen vor uns.

Die Fundlager in der Kreide des Sommetals zeigten uns nach den Ergebnissen von Boucher de Perthes und Lyell den Diluvialmenschen unter günstigeren Lebensverhältnissen. Die dortigen Feuersteinlager haben ihn gelehrt, größere und vollkommenere Steingeräte zu verfertigen, als es das mangelhafte Material der beiden besprochenen deutschen Diluvial-stationen, Taubach und Schussenquelle, gestattete. Während hier der Diluvialmensch darauf angewiesen war, aus Knochen und Geweihstücken der Jagdtiere und wohl auch aus Holz sich Waffen und Instrumente herzustellen, konnte das dort aus Feuerstein geschehen. Solche steinerne Waffen und Instrumente waren im Kampf mit den Tieren und in der Technik mächtiger; wozu unsere Schussenbewohner geduldiges Abjagen mit den kleinen Feuerstein-splittern verwenden mußten, das hieb eine der schweren Steinäxte des Sommetals mit e i n e m Hieb durch. Zu dem Schaben der Innenfläche der Häute, das auch den einfachsten Gerbe-prozeß vorbereiten muß, konnten dort die zweckmäßig und geschickt zugehauenen Schaber aus Feuerstein benutzt werden, an der Schussenquelle wurde auch dazu das weit weniger wirksame, weit mehr Zeit und Mühe erfordernde Instrument aus Renntierhorn verwendet. Der F e u e r s t e i n erscheint sonach als Kulturmineral, wie man das Eisen als unser heutiges Kulturmetall bezeichnet. Reichtum an Feuerstein erleichterte die primitiven Lebensaufgaben des Diluvialmenschen; vor allem wirkte das geeignetere Steinmaterial für Werkzeuge und Waffen Zeit und Mühe sparend und gab dadurch die Möglichkeit, auch auf gewisse Verfeine-rungen und Verschönerungen des Lebens zu denken, so daß sich die in der primitiven Mensch-heit schlummernden Kunstanlagen entwickeln konnten.

Höhlen als Wohnstätten des Diluvialmenschen in Deutschland.

Alles bisher Beschriebene beruht auf nicht zu bemängelnden Tatsachen. Wir haben die Beschreibung so ausführlich und eingehend gegeben, um für jeden ein selbständiges Urteil über diese wichtigsten Tatsachen der ältesten Urgeschichte der Menschheit zu ermöglichen.

Vielfach weniger sicher in der Zeitbestimmung sind die freilich weit reicheren Funde in den alten Winterwohnstätten des diluvialen Menschen: in den Höhlen.

Hier sind Irrtümer außerordentlich viel leichter möglich. In der berühmten, von Zittel und Fraas ausgebeuteten Räuberhöhle bei Regensburg z. B. fanden sich im Höhlen= boden, und zwar keineswegs durch eine erkennbare Schichtung voneinander getrennt, un= zweifelhaft Reste des diluvialen Menschen vermischt mit Resten aller folgenden Perioden bis in die Jetztzeit hinein; ein bei dem benachbarten Eisenbahnbau beschäftigter Arbeiter pflegte in der Höhle zu nächtigen und zu kochen, die schon dem Eiszeitmenschen als Wohnstätte ge= dient hatte. In den tiefsten Schichten des Lehmbodens einer der fränkischen kleinen Höhlen, deren Fundmaterial ich untersuchte, fanden sich neben den vom Diluvialmenschen gespal= tenen und bearbeiteten Knochen von Renntier, Riesenhirsch und Höhlenbär auch Knochen von Haustieren und neben zahlreichen Scherben irdener Geschirre aus späterer Zeit auch die Trümmer eines gußeisernen Topfes. Einmal in den feuchten Höhlenlehm eingetretene Stücke sinken darin nach und nach, und zwar die schwersten am tiefsten, zu Boden, und wer will dann die Zeit unterscheiden, seit welcher sie in ihrem feuchten Grabe eingebettet lagen? Es gelingt das um so weniger, als bei dem hermetischen Luftabschluß, den die Feuchtig= keit, das Wasser, gewährt, sich auch die Knochen aus der Diluvialzeit so wunderbar frisch erhalten, wie sie uns aus der seit Jahrtausenden feucht gebliebenen Abfallgrube an der Schussenquelle entgegentraten.

Und dazu kommt noch eins. In dem gefrorenen Boden Sibiriens und der ganzen Nord= küste Asiens und Amerikas haben sich die Knochen der im Diluvium zugrunde gegangenen Elefanten= und Nashornarten so vollkommen frisch erhalten, daß, wie schon erwähnt, ein beträchtlicher Teil des von unserer modernsten Kunstindustrie verarbeiteten Elfenbeins Mammutelfenbein ist. Der elegante Stutzer, dessen künstlich geschnitzter Stockknauf oder Manschettenknopf aus fossilem Elfenbein hergestellt ist, ahnt es nicht, daß er damit gewisser= maßen seine Zugehörigkeit zur Diluvialperiode dokumentiert. Und es ist gewiß sehr beachtens= wert, daß die Griffe der Steininstrumente der Grönländer und manche Geräte der arktischen Asiaten, die denen der europäischen Steinzeit entsprechen, nicht selten aus Mammutelfen= bein gefertigt sind. Jener grönländische Schaber zum Beispiel, dessen Abbildung wir oben (S. 378) neben der eines entsprechenden Feuersteininstrumentes aus dem Diluvium von Abbeville zur Demonstration der Art und Weise der einstigen Verwendung des letzteren Werkzeugs gegeben haben, hat einen Griff aus Mammutelfenbein. Also auch die Artefakte aus Knochen und Zähnen diluvialer Tiere, die sich in dem nach der Eiszeit ebenfalls zum Teil gefrorenen Boden Europas lange Zeit ebenso frisch erhalten haben mußten, wie das heute noch in den genannten arktischen Gegenden der Fall ist, beweisen an sich nichts für eine Gleich= zeitigkeit des Menschen mit den Tieren, deren Knochenreste er verarbeitete. Wüßten wir nicht mit vollkommen unabhängiger Gewißheit aus den zweifellosen Fundstellen, von denen wir im vorausgehenden die besonders wichtigen eingehend beschrieben haben, daß der Mensch in Europa wirklich gleichzeitig mit der diluvialen Fauna gelebt hat, die Funde in den Höhlen würden nicht imſtande geweſen ſein, dieſen Beweis für ſich allein zu erbringen. Es iſt das um ſo ſchwerer möglich, als auch der Menſch der ſpäteren, in geologiſchem Sinn der Jetzt-zeit, dem Alluvium, angehörenden jüngeren Steinzeit in den Höhlen gehauſt und zum Teil ſeine Reſte mit denen der diluvialen Steinzeit vermengt hat.

Die Sommerwohnungen der diluvialen Jägerſtämme Europas mögen Fellzelte geweſen ſein, wie ſie heute noch die in ähnlichen klimatiſchen Verhältniſſen lebenden arktiſchen Völker Aſiens und Amerikas benutzen. Winterwohnungen und Schutz vor den Unbilden eines rauhen Wetters boten in den Höhlengegenden die natürlichen Höhlen. Die Höhlen ſpielen überall, woher uns alte Geſchichte überliefert iſt, ihre Rolle als Wohnungen des Men-ſchen: im alten Kolchis, am Schwarzen Meer und am Kaſpiſee, in Syrien, am Sinai und am Nil wohnten die Menſchen in Höhlen. Boyd Dawkins macht darauf aufmerkſam, daß die Höhlen ſeit den älteſten geſchichtlichen Zeiten nicht nur von dem Menſchen, ſondern auch für die unter ſeinem Schutze ſtehenden Haustiere benutzt worden ſind. Die in den rauhen Ab-hängen Paläſtinas zutage tretenden Höhlen dienten, wie wir im Alten Teſtament leſen, ſowohl als Wohnungen wie als Begräbnisſtätten, und aus den bei den älteſten griechiſchen Schrift-ſtellern zerſtreuten Angaben können wir entnehmen, daß die Höhlen einſt auch in Griechenland als Wohnſtätten gebraucht wurden. Die Erzählung von den Kyklopen beweiſt, daß ſie auch als Ställe für die Ziegen dienten. Der Name Troglodyten, mit dem ſo viele Völker des früheſten Altertums bezeichnet werden, deutet darauf hin, daß es eine Zeit in der Geſchichte der Menſchen gab, wo der Ausſpruch des Plinius: „Höhlen dienten als Häuſer", vollkommen richtig war. Die afrikaniſchen Höhlen ſind ſeit dem früheſten Altertum bis zur Eroberung Algeriens durch Frankreich Zufluchtsorte geweſen, und im Jahre 1845 wurden mehrere hundert Araber in den Höhlen von Dahra durch den Rauch eines Feuers erſtickt, das der damalige Oberſt Pélisſier vor ihrem Eingange angezündet hatte. Livingſtone beſchreibt die ungeheuern Höhlen in Zentralafrika, die ganzen Stämmen mit Vieh und Hausrat als Obdach dienen. Die Vettern Saraſin erzählen in ihrem prächtigen Werke über Ceylon, daß die Felſen-Weddas oder, wie ſie ſagen, die Natur-Weddas ſich noch heutzutage in den winterlichen Monaten aus den dann ſumpfigen Waldebenen in die höher gelegenen Felſenbezirke zurück-ziehen und hier unter überhängenden Felſen in Grotten und Höhlen wohnen. Frankreich, England, Deutſchland liefern Beweiſe, daß in hiſtoriſcher und zum Teil neuer und ſelbſt neueſter Zeit die Höhlen dauernd bewohnt oder als vorübergehende Zufluchtsſtätten benutzt wurden. In Frankreich kann man, nach Desnoyers, noch heutigestags ganze Dörfer mitſamt einer Kirche in Felſen finden; es ſind nur Höhlen, die von Menſchenhand umgeformt, er-weitert und verändert ſind. Das „Klöſterl" am Donauufer bei Kelheim iſt noch heute bewohnt und zum großen Teil nur eine zur Wohnung und Kirche umgeſtaltete natürliche Höhle; ſo entſtanden wohl auch die berühmten Felſentempel am Nil. Schließlich, als ſich der Menſch in eigens gebauten Wohnſtätten wohler fühlte, wurden die alten Wohnſtätten in Grabſtätten umgewandelt, als welche ſie ſeit der neolithiſchen Steinperiode in Europa vielfach verwendet wurden. Überall haben ſich Sage und Mythe der Höhlen bemächtigt, ſobald andere Zeiten und andere Bräuche kamen, welche der Höhlen nicht mehr bedurften. Alle Höhlengebiete Deutſchlands ſind wie die Schwäbiſche Alb mit einem reichen Kranze von Sagen geſchmückt, die einen Rieſen und eine Höhle zum Mittelpunkte haben. Als Hintergrund der Frau Holle, die in der Höhle ſitzt, oder des Unholdes, der darinnen einen Schatz bewacht, dürfen wir Erinnerung an einſtmalige Bewohnung der Höhle anſehen. Aus den Ureinwohnern wurden

Die Höhle Hohlefels im schwäbischen Achtale.

Nach O. Fraas, „Der Hohlefels im Achtal“: „Archiv für Anthropologie“, Bd. 5 (Braunschweig 1872).

.

in dem Munde des Volkes bald Zwerge, Trollen, Wichte, bald Rieſen und Unholde. „Die Griechen der Homeriſchen Zeit machten aus ihren alten Höhlenbewohnern den Rieſen Polyphem, die Schwaben einen Rieſen Heim, der im Heimenſtein ſitzt und ſchläft. Beim Erwachen ſieht er eines Tages verwundert einen Bauer pflügen, den die Tochter dann mit Pflug und Ochſen in der Schürze holt. Der pflügende Bauer iſt der neue Einwanderer, der mit Haustieren und der Pflugſchar dem alten Urmenſchen vor die Höhle rückt, ihn trotz deſſen größerer phyſiſcher Kraft beſiegt und verdrängt. Denn das Geſchlecht der Fleiſcheſſer, ſagte der Sioux-Häuptling vor Jahren in Waſhington, wird vom Geſchlechte der Kornſäer vertilgt werden. Das war vor Jahrtauſenden ſchon der Fall und wird ſo bleiben, ſolange die Erde ſteht." (O. Fraas.)

Eine der berühmteſten und ſchönſten Höhlen des ſüdlichen Deutſchland iſt die von O. Fraas unterſuchte Höhle im Hohlefels im ſchwäbiſchen Achtal. Laſſen wir uns von Fraas ſelbſt führen. An der rechten Seite des Achtales, 20 Minuten von Schelklingen, ragt aus der Bergwand eine jener Felſengruppen hervor, die den ſüdlichen Tälern der Schwäbiſchen Alb ihren eigentümlichen Reiz verleihen. Von der Bergeshöhe aus betritt man faſt ebenen Fußes den Felſengipfel oder erſteigt ihn wenigſtens ohne ſonderliche Mühe. Zum Tale aber fällt der Fels ſchroff ab in ſenkrechter Wand. Am Fuße des Felſens, 3 m über dem in raſchem Laufe ſich durch üppige

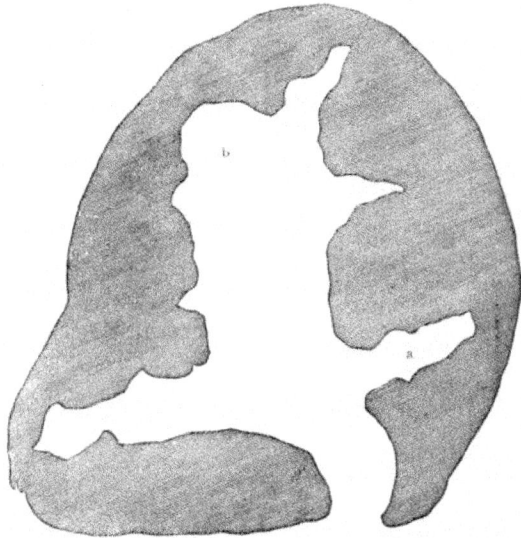

Grundriß des Hohlefels. Bei a geſchah die ſyſtematiſche Ausgrabung des Höhlengrundes, bei b liegen nur ſpärliche Reſte. Nach O. Fraas, „Der Hohlefels im Achtal": „Archiv für Anthropologie", Bd. 5 (Braunſchweig 1872).

Wieſen ſchlängelnden fiſchreichen Flüßchen, iſt der bequeme Eingang zu einer jener zahlreichen Höhlen, die den Südabhang der Alb charakteriſieren, und die dem Felſen im Munde des Volkes den Namen Hohlefels gegeben haben (ſ. die beigeheftete farbige Tafel „Die Höhle Hohlefels im ſchwäbiſchen Achtale"). Ein bequemer, 80 Fuß langer Eingang führt in das Innere des Felſens zu einer gegen 100 Fuß hohen Halle, deren Tiefe und Breite ungefähr die gleichen Maße zeigt. Die obenſtehende Abbildung gibt den Grundriß der Höhle. Sie war ein Aufenthaltsort von Menſchen ſchon während der Diluvialperiode, eine Niederlaſſung uralter Troglodyten, die mit wilden Beſtien aller Art den Kampf um ihre Exiſtenz kämpften.

Von diluvialen Säugetieren wurden in der Höhle feſtgeſtellt: Höhlenbär, Höhlenlöwe, Mammut, Nashorn, Pferd, Renntier, Biſon, Urochſe, Moſchusochſe, Wildſchwein, Edelhirſch, Luchs, Wildkatze, Steinmarder, Haſe, Haſelmaus, Schermaus; von Vögeln: Singſchwan, Enten, Gimpel, Dohle; von Fiſchen: Barſch und Karpfen. Dieſe Liſte der im Hohlefels gefundenen Tiere deutet wohl mit Beſtimmtheit auf eine Vermiſchung von

Tiergemeinschaften aus verschiedenen Abschnitten des Diluviums. Die Funde beweisen aber mit Sicherheit das Zusammenleben des Menschen einerseits mit Höhlenbär und Höhlenlöwe, anderseits mit dem Renntier. Der erstere Nachweis konnte durch die Benutzung eines ganz eigenartigen Schlaginstrumentes geführt werden. Die Bewohner des Hohlefels litten unter dem gleichen Mangel geeigneten Steinmaterials wie die Leute von Taubach und der Schussenquelle, die Messer und Splitter aus Feuerstein ähneln an Geringfügigkeit und Zahl denen von dem letzterwähnten Fundplatz (s. die nebenstehende Abbildung). Für kräftiger wirkende Instrumente bot sich den Höhlenbewohnern wie den Taubachleuten (S. 388) der zum Haubeil zugerichtete Bärenunterkiefer, an dem der Gelenkfortsatz und der Kronenfortsatz abgeschlagen sind, um einen handlichen Griff herzustellen; die höchst wirksame Klinge bildet der

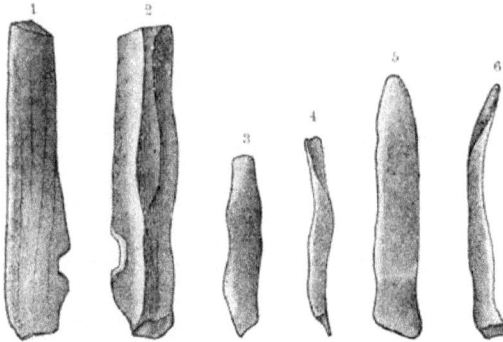

Feuersteinfunde aus der Höhle Hohlefels: 1 und 2 Abgebrochenes Feuersteinwerkzeug. 3—6 Feuersteinspitzen. ½ wirklicher Größe. Nach O. Fraas, „Der Hohlefels im Achtal": „Archiv für Anthropologie", Bd. 5 (Braunschweig 1872).

hackenförmig vorragende lange und scharfe Eckzahn (s. die untenstehende Abbildung). Mehrere derartige Instrumente, alle in gleicher Weise zugerichtet, fanden sich zum Gebrauch bereit, andere, von vieler Benutzung, namentlich an ihrem hinteren Teil, abgegriffen und abgeschunden, mit ausgefallenen Backzähnen, mit abgesplittertem, entzweigesprungenem oder ganz ausgebrochenem Eckzahn, lagen weggeworfen unter den abgenagten Knochen, Resten von Mahlzeiten, die, zertrümmert und aufgeschlagen, vielfach die Spuren dieses kräftigen Hackbeiles

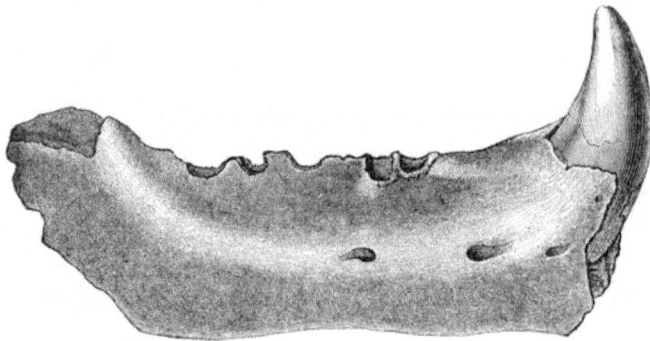

Unterkiefer des Höhlenbären, zum Zuschlagen benutzt (Fundort: Hohlefels). ½ wirklicher Größe. Nach O. Fraas, „Der Hohlefels im Achtal": „Archiv für Anthropologie", Bd. 5 (Braunschweig 1872).

erkennen ließen (s. die obere Abbildung S. 401). Der Bäreneckzahn schlägt tiefe, runde Löcher in die härtesten Knochen. Die durchgeschlagene Wand des Knochens legt sich nach innen ganz in der Form des Zahnes um (vgl. S. 388). Die Schläge trafen in weitaus den meisten Fällen die Enden der Rohrbeine oder die Mitte der Wirbelkörper und die Rippen unter ihrem Gelenkköpfchen. Kein Tier vermag, wegen der mechanischen Einrichtung seines Gebisses, derartige Löcher zu beißen; das Zerbeißen der Knochen bewerkstelligen sie mit den hintersten Backenzähnen, mit denen der Kiefer die kräftigsten Hebelwirkungen auszuüben vermag. Auf der Rückseite der angeschlagenen Knochen zeigt sich eine Gegenöffnung, wie eine solche zum Aussaugen des Markes aus den langen Knochen unentbehrlich ist.

Von weiteren Knocheninstrumenten fanden sich stechende, scharf zugespitzte Pfriemen, Splitter von Renntierknochen oder -geweih, und eigentliche Nadeln, aus dem Rohrbein des Schwanes geschabt (s. die untenstehende Abbildung, Fig. 1), die
beweisen, daß das Bedürfnis
des Nähens von Kleidern oder
Zeltdecken und ähnlichem bestand. Für derartige Zwecke erscheinen besonders gekrümmte,
aus Rippenstücken gefertigte, den
heutigen Sattlernadeln ähnliche
Pfriemen und Nadeln geeignet. Als Schmuck zur Verschöne-

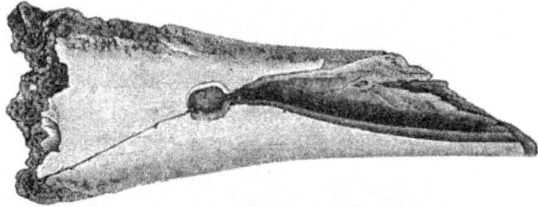

Oberschenkelknochen eines Löwen, mit einem Bärenkiefer aufgeschlagen (Fundort: Hohlefels). ½ wirklicher Größe. Nach O. Fraas, „Der Hohlefels im Achtal": „Archiv für Anthropologie", Bd. 5 (Braunschweig 1872).

rung der Kleidung, aber wohl mehr noch als Amulette getragen, fanden sich durchbohrte Schneidezähne des Pferdes und zwischen den beiden Fortsätzen durchlöcherte Unterkiefer der Wildkatze (s. die untenstehende Abbildung, Fig. 2, 3 und 4), beides Tiere, welche die
spätere germanische Zeit mit der Gottheit und
Zauber in Verbindung setzt; sie mögen auf ähnliche primitiv religiöse Vorstellungen der alten
Höhlenbewohner deuten. Als Trinkbecher diente
der zu diesem Zweck zugeschlagene Rückteil des
Renntierschädels (s. die Abbildung S. 402). Er
ist mit großer Sorgfalt zu einem Schöpfnapf
oder Trinkgeschirr zugestutzt. Die Stirnzapfen
sind so glatt wie möglich weggenommen, und
zwar mit keinem anderen Instrument als dem
Bärenkiefer. Jeder Hieb mit dem Zahn hat
einen entsprechenden Streifen am Knochen
zurückgelassen. Über das Stirnbein bis zur
Schädelbasis ist ein gleichmäßiger Rand gearbeitet, an dem gleichfalls noch die Schlagmarken des Bärenzahnes sichtbar sind. Nicht
minder kann man diese Marken am Hinter-

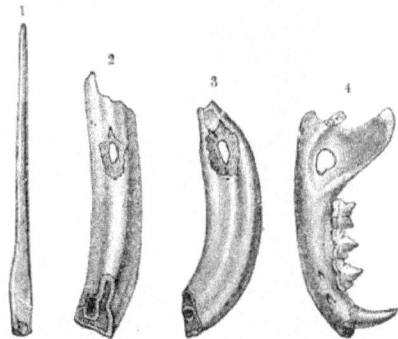

Knochenfunde aus der Höhle Hohlefels: 1 Nadel, aus dem Rohrbein eines Schwanes. 2 und 3 Zum An-hängen durchbohrte Pferdezähne. 4 Zum Anhängen durch-brochner Wildkatzenkiefer. Sämtlich ½ wirklicher Größe. Nach O. Fraas, „Der Hohlefels im Achtal": „Archiv für Anthropologie", Bd. 5 (Braunschweig 1872).

haupt erkennen, wo die Knochenleiste abgeschlagen und mit dem Zahn geglättet ist.

Im Hohlefels verwendete man neben den Knochen des Bären und den Knochen und Geweihen des Renntieres auch die Knochen und Zähne vom Mammut und Nashorn zur Herstellung der einfachen Jagd- und Fischereigeräte.

Den eben beschriebenen Verhältnissen entsprechen nahezu die reichen Funde, die O. Fraas aus der Ofnet, einer Höhle bei Nördlingen in Bayern, wo von R. R. Schmidt neuerdings eine interessante Nachuntersuchung ausgeführt wurde, erhoben hat. Dort sind aber die Feuersteinwaffen zum Teil besser, einzelne Stücke sogar sehr gut gearbeitet. Eine

Lanzenspitze oder große Pfeilspitze ist doppelspitzig und auf beiden Flachseiten in geschickter und beinahe zierlicher Weise mit muscheligen Brüchen zugearbeitet. In der Höhle im Bockstein im Lonetal fand O. Fraas zahlreiche Reste der großen ausgestorbenen diluvialen Dickhäuter, darunter sechs Elfenbeinplatten bis zu 15 cm Länge und 4 cm Breite, die unseren modernen elfenbeinernen Papiermessern ähnlich sehen. An verschiedenen Zahnresten, wie abgeschieferten Lamellen oder kegelförmigen Zahnkronen, die im Höhlengrund lagen, erkennt man, daß die Werkzeuge in der Grotte selbst hergestellt wurden. Diese Reste fanden sich in Gesellschaft von Backenzähnen und Extremitätenknochen, als sicherer Beweis, daß die Alten das Mammuttier wirklich gejagt, erlegt und in der Felsengrotte ausgehauen und zerlegt haben. Es herrschen auch hier, wie bei Taubach und im Hohlefels, solche Reste vor, die auf transportable Stücke des erlegten Wildes hinweisen, so Rippenstücke, Unterfuß und

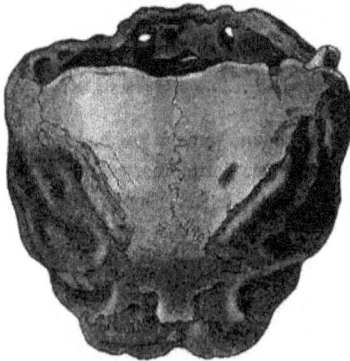

Schädel eines Renntieres, zu einem Trinkgeschirr bearbeitet (Fundort: Hohlefels). ¹/₂ wirklicher Größe. Nach O. Fraas, „Der Hohlefels im Achtal": „Archiv für Anthropologie", Bd. 5 (Braunschweig 1872). Vgl. Text S. 401.

dergleichen. Um einen Fußwurzelknochen (astragalus) ist ringsum eine Kerbe eingeschnitten, augenscheinlich, um ihn mittels eines Riemens zu irgendeinem uns unbekannten Zweck zu benutzen. Besonders reichlich waren unter den Tierresten die von Wildpferd und Renntier vertreten. Auch Hyäne, Wolf und Eisfuchs wurden hier nachgewiesen, in der Räuberhöhle bei Regensburg auch der Biber.

R. R. Schmidt gelang es nach der von den französischen und schweizerischen Forschern ausgebildeten Methode schichtenweiser Untersuchung des Höhlenbodens die bei den älteren Höhlengrabungen im Albgebiet hervorgetretene Vermischung älterer und jüngerer diluvialer Schichten zu vermeiden. In der Sirgensteinhöhle im schwäbischen Achtale, deren Ergebnisse mit denen aus dem Hohlefels und der Bocksteinhöhle übereinstimmen, konnte eine tiefere, ältere Schicht oder Periode mit Höhlenbär, Mammut, Rhinozeros, Wildpferd und eine jüngere, frühnacheiszeitliche Schicht mit Renntier, Eisfuchs, Schneehase, Schneehuhn, Schneemäusen, Lemming festgestellt werden. In beiden Perioden, von denen die jüngere zeitlich mit dem Funde an der Schussenquelle übereinstimmt, die erstere der letzten Eiszeit zugehört, war die Sirgensteinhöhle vom Menschen bewohnt. Ebenso fand R. R. Schmidt die Ofnethöhle noch in einer geologisch späteren Periode, einer Übergangsperiode vom Diluvium zum Alluvium, von Menschen benutzt (vgl. S. 418 und 464).

Ein typisches Beispiel der geologischen Methode der schichtenweisen Untersuchung und ihrer Resultate ist die in so hohem Maße erfolgreiche Ausgrabung aus der Renntierzeit von Nüesch, ausgeführt unter den fast senkrechten und wenig überhängenden Felsen am Schweizersbild bei Schaffhausen. Der Felsabsturz ist gegen Südwesten gerichtet, so daß eine Niederlassung an seinem Fuß vor den kalten Nord- und Nordostwinden vollständig geschützt ist. Die Sonnenstrahlen werden von den mächtig emporstrebenden Felswänden gegen die Mitte des eine halbe Ellipse bildenden Raumes zurückgeworfen und erwärmen den Platz derart, daß sich im Winter nur ganz kurze Zeit Schnee dort aufhalten kann und im Sommer die Hitze sehr bedeutend wird. In der Nähe findet sich eine wasserreiche Quelle, der Buchbrunnen, und ein paar hundert Schritt vom Felsen entfernt ein Bach. Der Platz mußte daher für die prähistorischen Bewohner der Gegend als Aufenthaltsort sehr geeignet sein. Die Grabungen, die mit größter Exaktheit in Schichten von 20 zu 20 cm in 1 m großen Quadraten von Nüesch ausgeführt wurden, ergaben folgende Schichtungen: 1) Die Humusschicht, 40 bis 50 cm mächtig, mit glasierten Topf- und Glasscherben, paläolithischen Feuersteinmessern, Schabern und Kratzern aus Knochen und Zähnen von Hausschwein, Wildschwein, Renntier, Hausrind, Pferd, Reh bunt durcheinander. Durch nachträglich angelegte Gräber aus junger Zeit sind an einzelnen Stellen diese Gegenstände aus tieferen Schichten heraufgebracht worden; daneben fand man eiserne Nägel und Lanzenspitzen und moderne Knöpfe. 2) Die graue Kulturschicht, durchschnittlich 40 cm mächtig; die Farbe rührte von einer Masse von Asche her. Hier fanden sich Topfscherben, geschliffene Steininstrumente und andere Überreste der neolithischen Periode und Gräber von etwa 20 Personen, darunter einige von so geringer Körpergröße, daß man sie zuerst als Kinder angesprochen hatte, sorgfältig bestattet, mit Halsketten aus Ringstücken des Röhrenwurmes (Serpula) und anderen Beigaben; alle diese Gräber waren der jüngeren Steinzeit angehörig. Von Tierresten fanden sich in dieser Schicht: Edelhirsch, Reh, Wildschwein, Torfrind, Diluvialpferd, der braune Bär, Maulwurf, Dachs, Marder, Alpenhase, Schneehuhn; sehr selten sind Knochen und Zähne des Renntieres, die vielleicht aus den tieferen Schichten bei den Grabanlagen heraufgebracht wurden. 3) Die obere Breccienschicht bis zu 80 cm ohne alle Spuren von Menschen. Erst unter dieser liegt 4) die gelbe Kulturschicht mit vielen Resten der Renntierperiode: ohne Topfscherben, keine geschliffenen, nur geschlagene Steine, keine Knochen oder Zähne des Wildschweins, des braunen Bären, des gemeinen Hasen, des Hirsches, des Rehes, dagegen in außerordentlich großer Zahl die Knochen und Zähne von Renntier und Alpenhasen, weniger zahlreich vom Diluvialpferd, Vielfraß, Höhlenbären, Eisfuchs, Wolf, Ur, Steinbock, Birkhuhn. Auffallend gering an Zahl sind die Knochen und Zähne der Raubtiere; vom Hunde ist keine Spur vorhanden. Die Knochen sind zerschlagen. Artefakte fanden sich sehr zahlreich aus Knochen, Renntierhorn und Feuerstein; aus Knochen: Meißel, Pfeilspitzen, Nadeln mit und ohne Öhr, durchbohrte Knochen, Renntierpfeifen; dann durchlöcherte Muscheln, Klopfsteine, Massen von Feuersteinsplittern, kunstvoll bearbeitete Messer und Sägen, große und kleine Bohrer, Pfeilspitzen und Schaber; bearbeitete Holzstücke. In dieser Schicht stieß man auf mehrere, zum Teil künstlich angelegte Feuerstellen. Besonderes Interesse erregen: Zeichnungen und Gravierungen (vgl. S. 418), teils auf Knochen, Renntiere darstellend, teils auf einer Kalksteinplatte, die auf beiden Seiten, wie Studien eines modernen Künstlers, Abbildungen zum Teil ineinandergezeichnet erkennen läßt, wieder Renntiere, aber auch Pferde und anderes. Als fünfte Schicht folgt eine Nagetierschicht ohne Menschenspuren, die auf dem älteren Diluvium, ebenfalls ohne Spuren vom Menschen, aufliegt.

Jene weit entlegene Zeit, in welcher der Mensch, nur im Besitz roher Waffen und Geräte aus Stein, gleichzeitig mit den diluvialen Tieren in Europa hauste, wird in ihrer Gesamtheit als die paläolithische Periode, als Paläolithikum, als alte Steinzeit, von der späteren Periode unterschieden, in welcher der Mensch zwar auch noch als Hartmaterial für Waffen und Geräte Stein verwendete, in der wir ihn aber, nach dem Aussterben oder der Abwanderung der eigentlichen Diluvialfauna, im Besitz von Haustieren und von anderen modernen Hauptkulturelementen sehen. Diese letztere Periode wird als jüngere Steinzeit, neolithische Periode, Neolithikum, von der „alten Steinzeit" unterschieden.

In der paläolithischen Periode Deutschlands haben wir schon zwei geologisch und paläontologisch scharf getrennte Stufen kennen gelernt, eine ältere, die Taubach-Stufe, und eine jüngere, die Schussen-Stufe; erstere ist paläontologisch charakterisiert vor allem durch die altertümlichen Tierformen: Urelefant (Elephas antiquus) und Merckches Nashorn (Rhinoceros Merckii) sowie durch eine Waldflora; die zweite, die Schussen-Stufe, ist geologisch und paläontologisch jünger und besitzt als Charakterformen das Renntier und eine arktische Flora.

Die Taubach-Stufe gehört der älteren Abteilung des Paläolithikums, dem Altpaläolithikum, zu, die Schussen-Stufe der jüngeren Abteilung, dem Jungpaläolithikum oder der Renntierzeit. Zum Altpaläolithikum gehört auch die auf die Taubach-Stufe folgende Mammutzeit, die wir für Deutschland wesentlich aus Höhlenfunden kennen.

Zur Geschichte des Diluvialmenschen in Frankreich.

Die Menschen in den eigentlichen Feuersteingegenden, namentlich des vor Deutschland klimatisch so sehr bevorzugten Frankreichs, konnten während des Diluviums schon gewisse höhere Verfeinerungen des Lebens ausbilden, für die der rauhe, feuersteinarme deutsche Boden mit seinen ausgedehnten Sümpfen und Mooren nicht der geeignete Platz war. Nicht nur die Feuersteingeräte sind dort besser gearbeitet und entsprechen in höherem Grade dem Zwecke der Waffe und des Werkzeuges, sondern es trat auch schon Lust am Ornament und Schmuck hervor, und selbst echt künstlerische Fähigkeiten begannen sich zu regen.

Besonders reiche Ergebnisse haben die Höhlen, Grotten und Felsnischen in Périgord geliefert. Die Fundplätze finden sich in den Abhängen der Täler der Dordogne und der Vézère in verschiedenen Höhen über der Talsohle, einige liegen wenig über der jetzigen Wasserlinie und beweisen daher, daß der Wasserstand der Flüsse ungefähr derselbe ist seit der Zeit, wo die Höhlen bewohnt waren. Lubbock beschreibt mit Begeisterung die landschaftliche Szenerie: die tiefen Täler mit oft senkrecht abfallenden Felswänden, voll alter Höhlen und Felsnischen, die einst in uralter Zeit vom Menschen bewohnt waren, aber auch zahlreiche neuere künstliche Höhlen und Höhlenwohnungen, die noch während des Mittelalters als Zufluchtsorte dienten, ja teilweise noch jetzt als Vorratskammern und zu anderen Zwecken von den Umwohnern verwendet werden. „Abgesehen von dem wissenschaftlichen Interesse, mußte man sich notwendig an der Schönheit der Szenerie erfreuen, die vor unseren Augen dahinglitt, als wir langsam die Vézère hinabfuhren. Da der Fluß bald die eine, bald die andere Seite des Tales aufsuchte, so hatten wir in einem Augenblick zu beiden Seiten reiche Wiesenländereien, und in dem nächsten befanden wir uns dicht an dem senkrechten, fast überhängenden Felsen. Hier und dort kamen wir zu einigen wallonischen alten Burgen, und obgleich die Bäume noch nicht in vollem Laubschmuck standen, so waren doch die Felsen an manchen Stellen völlig grün durch Buchsbaum, Efeu und immergrüne Eichen, und das harmonierte überaus gut mit der satten gelbbraunen Farbe des Gesteins.“

Gleich bewundernd spricht sich über die Funde in diesen Höhlen Boyd Dawkins aus. Die Höhlen sind voll von Überresten, die ihre ehemaligen Bewohner hinterlassen haben, Gegenständen, die uns ein ebenso anschauliches Bild von dem Menschenleben jener Zeit geben wie die verschütteten Städte Herculaneum und Pompeji von den Sitten und Gebräuchen der Bewohner Italiens im ersten Jahrhundert nach Christo. Der Boden, auf dem dort einst die Menschen gehaust haben, besteht aus zerbrochenen Knochen auf der Jagd erlegter Tiere, untermischt mit rohen Geräten, Waffen aus Knochen und unpoliertem Stein sowie Kohlen und verbrannten Steinen, welche die Lage der Feuerstätten andeuten. Feuersteine, Späne ohne Zahl, rohe Steinmesser, Pfriemen, Lanzenspitzen, Hämmer, Sägen aus Feuerstein oder Hornstein liegen bunt durcheinander neben Knochennadeln, geschnitzten Renntier= geweihen, Steinen mit eingekratzten Zeichnungen, Pfeilspitzen, Harpunen und zugespitzten Knochen und neben den zerbrochenen Resten der Tiere, die als Nahrung gedient haben: Renntier, Wisent, Pferd, Steinbock, Saiga=Antilope und Moschusochse. In einigen Fällen ist das Ganze durch Kalksinter zu einer festen Masse verkittet. Diese merkwürdige Anhäufung von Trümmern aller Art bezeichnet ohne Zweifel den Platz, wo einst die alten Jäger ihre Mahlzeiten abgehalten haben, und die zerbrochenen Knochen und Geräte sind nichts als die beiseite geworfenen Abfälle. Gegessen wurden alle Tiere, am häufigsten Renntier, Pferd

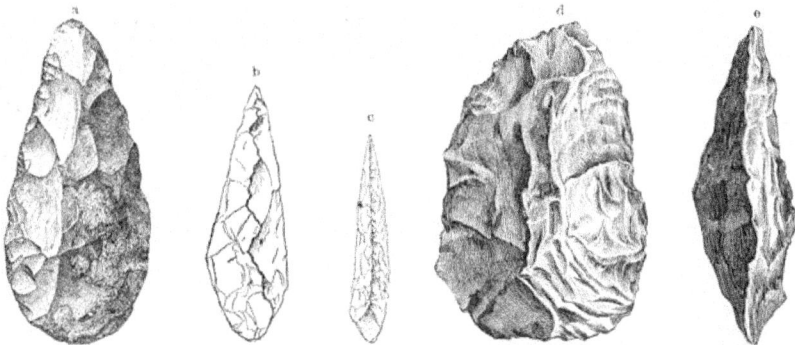

Faustkeile des Chelles= (a und b) und des Acheul=Typus (c, d und e). a, b und e nach G. und A. de Mortillet, „Le préhistorique origine et antiquité de l'homme", 3. Aufl. (Paris 1900), d und c nach R. Joly, „Der Mensch vor der Zeit der Metalle" (Leipzig 1880). b Mit unregelmäßiger, im Zickzack verlaufender, e mit feinerer, regelmäßiger, annähernd geradliniger Schneide, e Seitenansicht von d. Vgl. Text S. 406.

und Wisent. Das Renntier lieferte bei weitem den größten Teil der Nahrung und muß zu damaliger Zeit in ungeheuren Herden in Mittelfrankreich gelebt haben, und zwar wild, da auch hier, wie an der Schussenquelle, jede Spur des Hundes fehlt. Außerdem wurden Höhlenbär und Löwe sowie das Mammut gefunden, auch Riesenhirsch und Hyäne.

Die französische Forschung hat es verstanden, in diese Fülle von vorgeschichtlichen Ob= jekten und Tatsachen der ältesten Geschichte der Menschheit durch die von ihr ausgebildete Methode der geologisch=paläontologischen Schichtenuntersuchung Licht und Ord= nung zu bringen. Die Zeugnisse von der Anwesenheit und Tätigkeit des Menschen konnten in die verschiedenen Abschnitte des Diluviums eingeordnet werden, das früher chaotisch er= scheinende Fundmaterial gruppierte sich zu einem klaren Bild fortschreitender Kulturentwicke= lung. Gabriel de Mortillets systematische Einteilung der diluvialen, paläolithischen Epochen der europäischen Menschheit hat trotz zahlreicher neuer Entdeckungen den Prüfun= gen nicht nur für Frankreich im wesentlichen standgehalten, sondern seine Geltung auch weit über die französischen Grenzen hinaus bewährt.

Die Haupteinteilung entspricht der für Deutschland gefundenen: G. de Mortillet trennte die gesamte paläolithische Epoche zunächst in Altpaläolithikum, untere, und in Jungpaläolithikum, obere Stufe, zwischen die sich eine Übergangs= und eine Mittelstufe einschieben. Die Epochen werden nach den typischen französischen Fundplätzen bezeichnet.

G. de Mortillets archäologisches System des Paläolithikums[1].

A. Untere Stufe (paléolithique inférieure), Altpaläolithikum.

1) Stufe von Chelles; die Technik der Steinbearbeitung besteht in einfachem direkten Schlag.

Nach G. de Mortillet nur ein einziges Steinwerkzeug: der Faustkeil (coup de poing). Er ist roh und plump und auf beiden Seiten durch Abschlagen grober Splitter zugehauen (s. die Abbildung S. 405, Fig. a, sowie Lyells Steinwerkzeuge von Lanzenspitzenform, S. 384).

Nach Hugo Obermaier und H. Breuil finden sich neben dem Chelles-Faustkeil, dem Urfaustkeil, zahlreiche Kleininstrumente aus Feuerstein, Lyells Steinmesser. Obermaier unterscheidet: rohe Kratzer, Schaber, Schneidewerkzeuge und andere, die aber, ohne Faustkeile, schon in tieferer Schicht, als Chelles-Vorstufe, Früh-Chelles-Stufe, neben ganz „eolithenähnlichen" Stücken, zum Teil nur rohen Abschlägen mit Gebrauchsspuren, auftreten.

2) Stufe von Acheul. Die Technik der Steinbearbeitung wie in der vorausgehenden Stufe, doch erscheint auch schon die Methode der folgenden. Die Faustkeile (s. die Abbildung S. 405, Fig. b, c, d und e, sowie S. 385, Fig. a und b) sind leichter und kleiner, ihre Bearbeitung ist feiner, sorgfältiger, vollendeter, die Schneiden annähernd geradlinig, regelmäßig. Auch die Kleininstrumente sind feiner, meist kleiner und sorgfältiger gearbeitet; namentlich gilt das von den sogenannten Handspitzen.

3) Stufe von Moustier (s. die nebenstehende Abbildung und die auf S. 407, oben). Die Steininstrumente zeigen eine Feinbearbeitung durch kleine Schläge, Retuschierung, alle sind nur auf einer Seite bearbeitet. Es sind von einem Kernstein abgeschlagene, vielfach breite und dicke Klingen; die typischen Formen sind Handspitzen und Schaber, die Faustkeile verschwinden.

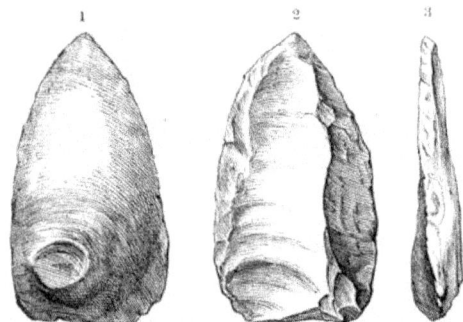

Handspitze von Moustier: 1 Unbehauene Breitseite, 2 behauene Breitseite, 3 Seitenansicht. Nach N. Joly, „Der Mensch vor der Zeit der Metalle" (Leipzig 1880).

B. Obere Stufe (paléolithique supérieur), Jungpaläolithikum.

4) Stufe von Aurignac, nach H. Breuil und H. Obermaier. Die Technik der Feuersteinbearbeitung kennt keine Großformen mehr. Als typische Formen erscheinen nur an einer Kante retuschierte, schnabelförmig gebogene, gekrümmte Spitzen, lange, spatelförmige Klingen mit sorgfältiger Retusche (Aurignac-Retusche) aller Ränder, Hochkratzer und rohere Vorläufer der Kerbspitzen der folgenden Stufe. Instrumente aus Knochen, Horn und Elfenbein: die typische Form ist die Aurignacspitze (s. die Abbildung S. 407, unten).

5) Stufe von Solutré (s. die Abbildung S. 408, oben). Die Steininstrumente werden, was schon in den vorausgehenden Stufen beginnt, nicht mehr durch Schlag, sondern durch Druck, Pressung, hergestellt: ihre Bearbeitung ist eine außerordentlich feine und bildet den Höhepunkt der diluvialzeitlichen Steinbearbeitung. Die typischen Steininstrumente sind die Lorbeerblattspitze, die Kerbspitze (s. die Abbildungen S. 408) und Kratzer.

6) Stufe von La Madeleine (s. die Abbildungen S. 409 und S. 410, oben). Als Fortschritt in der Technik entwickelt sich die Bearbeitung von Knochen. Als typische Steininstrumente erscheinen der Stichel, Grabstichel, sowie schmale und leichte Klingen. Höhere Ausbildung der Instrumente von Knochen, höhere Entwickelung der Kunst.

C. Endstufe. Übergangsstufe, Mesolithikum.

7) Stufe von La Tourasse oder Mas d'Azil. Die Technik der Bearbeitung des Steines wie der Knochen wird schlechter. Als typische Instrumente finden sich aus Hirschhorn geschnitzte flache Harpunen mit großen Zacken (s. die Abbildung S. 410, unten). Übergang des Paläolithikums in das Neolithikum.

---

[1] Vgl. hierzu die Tafel „Feuerstein-Kleininindustrie" nach H. Obermaier, S. 410.

Zur Einordnung der archäologischen Stufen in die geologisch-paläontologischen Abteilungen des Diluviums leistet die an den typischen Fundplätzen nachgewiesene Fauna die entscheidenden Dienste. Der Fundplatz Chelles, nach dem die älteste Stufe des französischen archäologischen Systems benannt wird, liegt im Departement Seine-et-Marne, in der Nähe der Hauptstadt Paris; es ist ein kleines, aber altberühmtes Städtchen an der Marne und war einst die Königsresidenz der Merowinger. Hier fanden sich in geologisch gut abgegrenzter Schicht große, auf beiden Seiten roh zugeschlagene Steininstrumente, plump, aber doch in der Form denen sehr ähnlich, die Lyell als Lanzenspitzenform (s. die Abbildung S. 384, Fig. 1 und 2) bezeichnet hatte. Die neueren Forscher sind der Ansicht, daß diese Instrumente meist nicht geschaftet waren, sondern

Schaber (a) und Hohlkratzer (b) von Moustier. Nach dem „Manuel de Recherches préhistoriques", publié par la Société Préhistorique de France (Paris 1906).

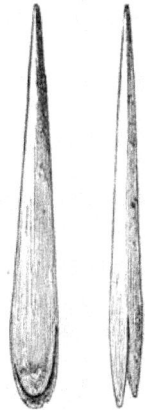

in freier Hand Verwendung gefunden haben; man bezeichnet sie in diesem Sinne als „Faustkeile". Sie sind auf beiden Seiten bearbeitet, im Gegensatz zu den von einem Kernstein abgeschlagenen „Klingen", die auf einer Seite flach sind. Als Charaktertiere, die in jenen fernen Zeiten mit dem Menschen gleichzeitig diese Gegend bewohnten, sind vor allem der Urelefant (Elephas antiquus) und das Mercksche Nashorn (Rhinoceros Merckii) bestimmt worden mit den Überresten anderer Tiere, die ebenfalls darauf hindeuten, daß damals ein mildes, gemäßigt-warmes Klima in der Umgebung von Paris geherrscht hat, wohl etwas wärmer als heutzutage. Die Tiergesellschaft in Chelles ist fast identisch mit jener, die in Taubach gleichzeitig mit dem Diluvialmenschen lebte. G. de Mortillet gibt für Chelles und die diesem entsprechenden Fundstellen an: Reh, Hirsch, großes Rind, Wildschwein, Pferd, Dachs und andere; außer Höhlenlöwe, Höhlenhyäne auch Höhlenbär und neben den genannten Dickhäutern noch Elephas meridionalis, Flußpferd und andere. Elephas antiquus charakterisiert das ältere Diluvium in Europa, lebte aber schon im obersten Pliozän mit der riesigsten Elefantenart, dem E. meridionalis, zusammen. Wir finden in Chelles wie in Taubach sonach den Menschen in einer sehr frühen Periode, im warmen Interglazial.

Knochen-Spitzen von Aurignac. Nach H. Obermaier, „Die am Wagraumdurchbruch des Kamp gelegenen niederösterreichischen Quartärfundplätze": „Jahrbuch für Altertumskunde", Bd. 2 (Wien 1908).

Die zweite Stufe, die Stufe von Acheul, ist nach einem der klassischen, von Boucher de Perthes und Lyell erschlossenen Fundplätze im Sommetal, St.-Acheul, benannt, deren Schichtenfolge seit jenen ersten Untersuchungen noch genauer festgestellt werden konnte. Als Charaktertier zeigt sich noch Elephas antiquus, aber neben ihm tritt das wollhaarige Mammut auf, zum Beweis, daß das Klima kälter zu werden beginnt.

Die Benennung des mittleren Paläolithikums ist nach der Grotte Le Moustier, Gemeinde Peyzac, in der Dordogne gewählt. Die der Stufe von Moustier zugehörende Fauna ist von jener der Chelles-Stufe wesentlich verschieden, während die Stufe von Acheul zwischen beiden eine Mittelstellung einnimmt. G. de Mortillet gibt die Gesamtliste der Fauna der Moustier-Stufe: Ausgestorben oder nach dem Süden zurückgewichen sind

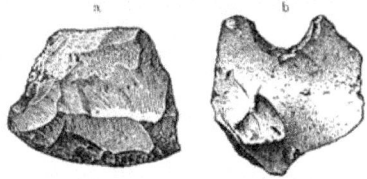

Mammut, wollhaariges sibirisches Nashorn, Riesenhirsch und Höhlenbär, mit ihnen Hyäne, Löwe und Leopard; in die kälteren Gebirgsregionen haben sich seitdem zurückgezogen der Steinbock, das Murmeltier und der weiße Alpenhase; in den Hochnorden der Moschusochse,

das Renntier, der graue Bär, der Vielfraß, der Hamster und der Pfeifhase (Lagomys); noch jetzt hausen, wie damals, in den gleichen Gegenden: Wildschwein, kleines und großes Pferd, brauner Bär, Hirsch, Dachs, Wolf, Fuchs, Baum- und Hausmarder, Wiesel, Iltis, Biber und Waldhase. Schon in der Acheul-Stufe sahen wir das Klima kälter werden; die ersten Repräsentanten einer kälteliebenden Fauna treten auf, die dann in der Moustier-Stufe die wärmeliebenden Tiere ganz verdrängt haben. Charaktertiere der Moustier-Stufe sind das Mammut, das sibirische Nashorn, der Höhlenbär, das Renntier, der Moschusochse, der Steinbock und andere.

In der Aurignac-Stufe bleibt die Fauna die gleiche, Bison und Wildpferd, auch Riesenhirsch werden häufiger. Auch in der Solutré-Stufe hat sich die Fauna noch nicht wesentlich geändert; dem Charakter der Steppenperiode entspricht der Reichtum an Wildpferden. In der Madeleine-Stufe werden Mammut und Nashorn selten, während nun das Renntier seine stärkste Verbreitung besitzt, neben Eisfuchs, Lemming und anderen. Die Endstufen des Paläolithikums, die

Lorbeerblattspitzen von Solutré (1), auf beiden Seiten behauen, und von Laugerie-Haute (2). Nach R. Joly, „Der Mensch vor der Zeit der Metalle" (Leipzig 1880), und W. Boyd Dawkins, „Die Höhlen und die Ureinwohner Europas", übersetzt von J. W. Spengel (Leipzig 1876). Vgl. Text S. 406.

Stufe von La Tourasse oder Mas d'Azil, ist durch das Auftreten des Edelhirsches an Stelle des Renntieres bezeichnet; dieses und die übrigen Diluvialtiere weichen allmählich aus unserem Gebiete.

Wie oben (S. 406) angedeutet, haben H. Obermaier und H. Breuil die Chelles-Stufe in einen älteren und in einen jüngeren vollentwickelten Abschnitt gegliedert: Vor- oder Früh-Chelles-Stufe ohne Faustkeile, nur mit Kleininstrumenten aus Feuerstein, und Hoch-Chelles-Stufe mit Faustkeilen und etwas entwickelterer Feuerstein-Kleinindustrie. Diese Einteilung begründet H. Obermaier vor allem auf die stratigraphischen Untersuchungen der für die Entdeckung des Diluvialmenschen klassischen Ablagerungen bei Amiens durch den in St.-Acheul lebenden Professor V. Commont. Danach lagert die Schicht der Acheul-Stufe über einer der Chelles-Stufe angehörenden Schicht mit Elephas antiquus, Rhinoceros Merckii, Hippopotamus amphibius. In dem dort mächtig entwickelten groben Schotter (alter Flußschotter) finden sich erst weiter nach oben die typischen Chelles-Faustkeile, roh zugeschlagen, meist mit abgerollten Kanten, außerdem Schlagsteine zur Gewinnung roher Splitter, zertrümmerte

Feuersteinspitze mit Kerbe (Kerbspitze) von Solutré. Nach dem „Manuel de Recherches préhistoriques", publié par la Société Préhistorique de France (Paris 1906). Vgl. Text S. 406.

große Feuersteinblöcke, als Kleininstrumente Splitter von Spitzen- und Klingenform mit deutlichen Spuren der Benutzung und Bearbeitung, zum Teil mit Hohlschaber-Retuschen. Es ist das das Inventar der Hoch-Chelles-Stufe. Zweifellos vom Menschen benutzte „Splitter" und Kleininstrumente finden sich nun aber auch schon an der Basis der Schotterschicht, wo noch keine Faustkeile vorkommen; es ist das die ältere Schicht, die Früh-Chelles-Stufe.

In der über dem groben Schotter lagernden fluviatilen Sandschicht fand sich eine Übergangsmischung einerseits von typischen Faustkeilen der Chelles-Stufe mit dicker Basis, unregelmäßigem Profilschnitt und unregelmäßig gebrochenen, im Zickzack verlaufenden Randschneiden (s. die Abbildung S. 405, Fig. b), meist von spitzer oder mandelförmiger, seltener von ovaler Form, anderseits von den feineren ovalen Faustkeilen, wie sie die volle Acheul-Stufe charakterisieren. Diese erscheint in der folgenden aus Sand, Ton und Kies gemischten Schicht, deren Muschelfauna ein gemäßigtes Waldklima anzeigt, zunächst als Alt-Acheul-Stufe, die neben typisch-ovalen, gutgearbeiteten auch noch ziemlich grob zugeschlagene lanzenspitzenförmige Faustkeile mit dicker Basis besitzt. Erst in noch höherer Schicht findet sich die Jung-Acheul-Stufe, die den Höhepunkt der Entwickelung der Acheul-Industrie darstellt, mit fein gearbeiteten lanzenspitzenförmigen Faustkeilen von dünn-flacher Form und geradem Profilschnitt (s. die Abbildung S. 405, Fig. c); der große ovale Faustkeil wird seltener. Als Begleitformen der Kleinindustrie finden sich besser gearbeitete Kratzer, Schaber, Klingen mit zum Teil sehr vollkommenen Retuschen. Den Schluß der Schichten-

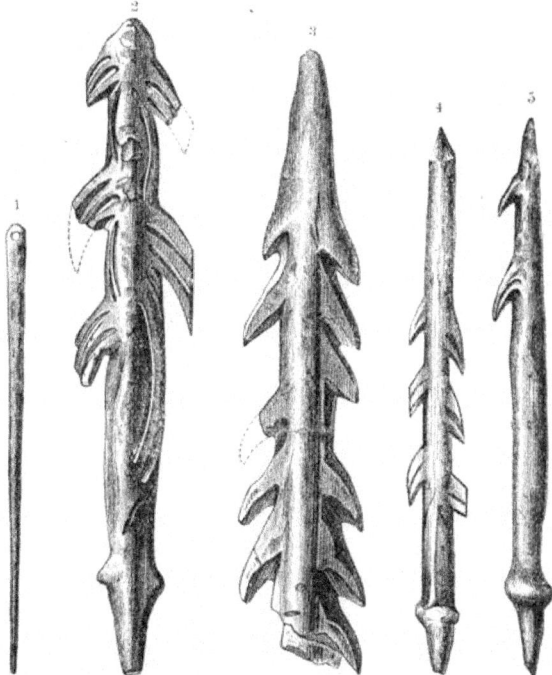

1 Knochennadel von La Madeleine. Wirkliche Größe. 2 und 3 Harpunen aus Renntiergeweih von La Madeleine. 4 und 5 Pfeilspitzen vom Gorge d'Enfer. ½ wirklicher Größe. Nach W. Boyd Dawkins, „Die Höhlen und die Ureinwohner Europas", übersetzt von J. W. Spengel (Leipzig 1876). Vgl. Text S. 406.

folge nach oben bilden Kieslager mit Resten der vollentwickelten Moustier-Industrie.

So lesen wir in diesen geologisch-archäologischen Schichten von Amiens, wie in den Blättern eines Lehrbuches, die Geschichte des französischen Altpaläolithikums.

Besonders wichtig für die Parallelisierung der Funde außerhalb des Feuersteingebietes sind die von H. Obermaier vortrefflich studierten Feuerstein-Kleininstrumente. Sie finden sich, wie gesagt, als alleinige Hartinstrumente im Feuersteingebiet auch in einer der Chelles-Stufe vorausgehenden Schicht und dann in allen Stufen des Alt- und Jungpaläolithikums, aber ebenso auch noch im Neolithikum. Kleininstrumente aus Feuerstein und feuersteinähnlichem Material gehen durch alle prähistorischen Epochen bis in unsere Zeit. In der Vor- oder Früh-Chelles-Stufe sind die Kleininstrumente noch roh, primitiv, meist einfache Abschläge, deren verschiedene, vielleicht im wesentlichen noch ungewollte Formen sich aber zu den technischen Zwecken: schneiden, kratzen, schaben, bohren usw., verwenden ließen. Mit der Verbesserung der Bearbeitungstechnik des Feuersteins werden die Kleininstrumente ebenfalls sorgfältiger hergestellt, es entwickeln sich aus den alten Zufallsformen, Eolithen, wahre, dem Zweck vortrefflich angepaßte Instrumente: Schneideinstrumente, Messer, Sägen, Stichel, Bohrer, Schaber für verschiedene technische Aufgaben, z. B. Hohlschaber, Kratzer und ähnliches. Auf der beigehefteten Tafel „Feuerstein=Kleinindustrie" sind, als Ergänzung zu den im vorausgehenden gegebenen Abbildungen, nach H. Obermaier noch typische Formen der Feuerstein = Kleinindustrie der verschiedenen französischen Epochen des Paläolithikums vereinigt.

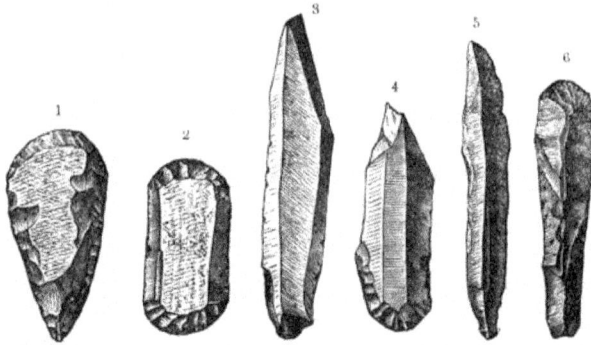

Kratzer (1, 5 und 6), Doppelkratzer (2) und Grabstichel (3 und 4) aus Feuer=
stein von La Madeleine. 1, 2, 5 und 6 nach dem „Manuel de Recherches préhistoriques", publié par la Société Préhistorique de France (Paris 1906), 3 und 4 nach G. und
A. de Mortillet, „Le préhistorique origine et antiquité de l'homme", 3. Aufl. (Paris 1900).
Vgl. Text S. 406.

Der Diluvialmensch in Deutschland und Öster= reich= Ungarn.

Die Fundstelle bei Taubach hat uns den Menschen der warmen Epoche der letzten Interglazialzeit in einer feuersteinarmen Umgebung gezeigt. Das Steinmaterial zur Herstellung von Instrumenten und Waffen reichte kaum für die aller= unentbehrlichsten Bedürfnisse aus, für alle größeren und schwereren Werkzeuge fehlten die geeigneten Mineralien. Das erklärt nicht nur die Kleinheit und technische Minderwertigkeit der Steinartefakte, sondern beweist auch, daß der Mensch schon damals für seine Geräte und Waffen anderes Material als Stein verwendet haben muß: Holz, Geweihstücke, Knochen. Von Holz hat sich im Laufe der Jahrtausende nichts erhalten, dagegen konnte unter den Fundstücken aus Taubach (S. 395) auf be= arbeitete Geweihstücke und Knochen hingewiesen werden und vor allem auf das von O. Fraas erkannte mächtige Instrument,

Platte Harpune aus Hirsch=
horn von Mas d'Azil. Nach G. und
A. de Mortillet, „Le préhistorique
origine et antiquité de l'homme",
3. Aufl. (Paris 1900). Vgl. Text S. 407.

zugleich Werkzeug und Waffe, auf den Höhlenbären=Unterkiefer. Der Mensch war trotz des mangelnden Feuersteins nicht hilflos. Nicht nur sehen wir ihn andere, wenngleich weniger geeignete, Gesteine verwenden, die Kleininstrumente aus Feuerstein genügten auch, um durch Schneiden, Sägen, Schaben, Kratzen, Bohren das organische Material in die ge= wünschten Formen zu bringen, und zu welcher Fertigkeit man damit gelangen konnte, zeigt der freilich beträchtlich jüngere diluviale Fundplatz an der Schussenquelle, wo dem Diluvial= menschen auch kein besseres Steinmaterial zur Verfügung stand.

Es ist ein Mißverständnis, wenn man glaubt, bei der Betrachtung der ältesten diluvialen Silex=Fundplätze Frankreichs die Anfänge der menschlichen Geistes= und Kulturentwickelung vor Augen zu haben. Was wir erkennen, ist die Entwickelung der Feuersteinindustrie.

Feuerstein-Kleinindustrie des französischen Paläolithikums.

Alt-Paläolithikum.

A. Chelles-Stufe.

I. Früh-Chelles-Stufe.
1. Amorphes Abschlagstück.
2. Spitzenbohrer.
3. Primitiver Kratzer.
4. Primitiver Schaber.
5. Rohes Absprengstück.
6. Primitiver Hohlschaber.

II. Hoch-Chelles-Stufe.
7. Gerader Bohrer.
8. Kombiniert benutzter Abspließ.
9. Einfach benutzter Abspließ.
10. Klingen-Kratzer.
11. Hohlschaber.
12. Schaber.
13. Schneidewerkzeug.

B. Acheul-Stufe.

I. Ältere Acheul-Stufe.
14. Dünnflächige Handspitze.
15. Schaberbohrer.

II. Jüngere Acheul-Stufe.
16. Langkratzer.
17. Große Levallois-Spitze.
18. Feiner flacher Doppelschaber.
19. Regelmäßig prismatische Klinge.

C. Moustier-Stufe.

20. Rundkratzer. Hochkratzer.
21. Sägeschaber.
22. Pfriemen.

Jung-Paläolithikum.

D. Aurignac-Stufe.

23. Gekrümmte Spitze.
24. Ausgekerbte Klingen.
25. Bogenstichel und Kantenstichel.

26. Hochkratzer.
27. Spitzenklinge mit abgestumpftem Rücken.

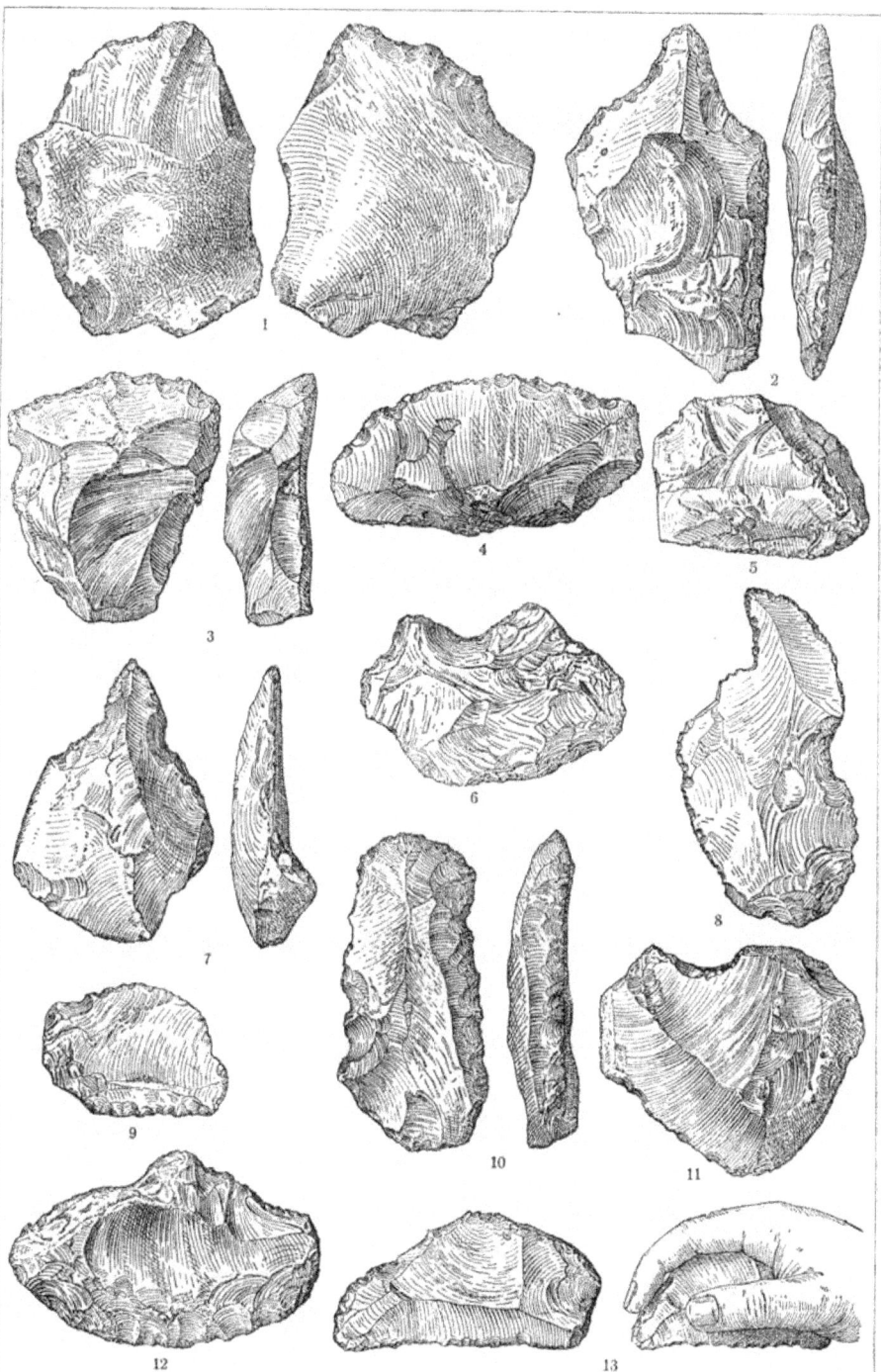

Feuerstein-Kleinindustrie des französischen Paläolithikums.

Nach H. Obermaler, „Die Steingeräte des französischen Altpaläolithikums": „Mitteilungen der prähistorischen Kommission der Kaiserlichen Akademie der Wissenschaften", Bd. 2 (Wien 1908), und „Die am Wagramdurchbruch des Kamp gelegenen niederösterreichischen Quartärfundplätze": „Jahrbuch für Altertumskunde", Bd. 2 (Wien 1908).

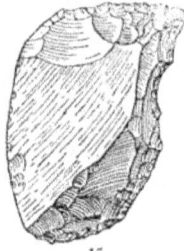

14

15

16

17

18

19

20

21

22

23

24

25

26

27

Aus feuersteinarmen Gegenden kommt der Mensch in Gebiete, wo sich ihm die bisher mühsam gesuchten Materialien für seine Hartinstrumente in reichster Fülle und in bisher ungeahnter Größe und Verwendbarkeit darbieten. In den untersten Schichten der Chelles-Stufe, die dem Eintreffen des Menschen im Feuersteingebiete entspricht, fährt er zunächst noch fort, die gleichen unvollkommenen Feuerstein-Kleingeräte anzufertigen, die ihm bis dahin genügt hatten. Die zusammenfassende Publikation von Eichhorn zeigt eine überraschende Übereinstimmung der Feuerstein-Kleinindustrie von Taubach mit den von H. Obermaier abgebildeten typischen Stücken der Vor- oder Früh-Chelles-Stufe aus der tiefsten Fundschicht von St.-Acheul, in der Faustkeile noch fehlen.

Mit dem geeigneten Material entwickelt sich aber auch die Technik seiner Bearbeitung: so konnte es nicht ausbleiben, daß auch für Großformen der Geräte und Waffen, für die bis dahin nur organisches Material zur Verfügung stand, nun auch der Stein verwendet wurde, und die schweren Äxte oder Faustkeile zeigten sofort ihre technische Überlegenheit. Aber für die feineren Aufgaben der Technik konnten doch die alten Kleininstrumente nicht entbehrt werden, daher sehen wir sie, in steigender Vervollkommnung zu wahren Instrumenten für ganz bestimmte Zwecke, durch alle folgenden Perioden bis in die Gegenwart sich forterhalten. Auch die Verwendung von organischem Material konnte niemals ganz entbehrt werden. Freilich der ungefüge Bärenunterkiefer war nicht mehr nötig. Aber wir sehen nach und nach die Freude am Feuerstein, nachdem sie zu größerer Feinheit seiner Bearbeitung geführt hatte, doch erkalten. Knochen, Geweih, Elfenbein treten wieder zuerst neben dem Stein, dann aber mehr und mehr an seiner Stelle, als technisches Material ein; die vollendeteren Feuerstein-Kleininstrumente gestatten eine feine Bearbeitung, die bald zu schöner Äußerung des Kunsttriebes Veranlassung gibt. In den jüngeren diluvialen Perioden verschwinden infolge dieser Geschmacksänderung die Großformen der Geräte aus Stein wieder mehr und mehr aus dem technischen Inventar, und die Steininstrumente Frankreichs nähern sich wieder, in Größe und zum Teil auch in den Formen, den Steingeräten feuersteinarmer Gebiete Mittel- und Osteuropas.

Während der ganzen Dauer der Diluvialperiode bewahrt aber Frankreich die führende Rolle in der Kulturentwickelung des europäischen Menschen, zunächst begründet auf die dichtere Besiedelung seiner weithin eisfreien und wohnlichen Lande. Wie groß der Unterschied in letzterer Beziehung zwischen Frankreich und Deutschland ist, lehrt wohl nichts deutlicher und eindringlicher als der Vergleich der verschiedenen Anzahl der altpaläolithischen Stationen beider Länder. Schon im Jahre 1877 konnte Gabriel de Mortillet in eine prähistorische Karte von Frankreich 250 Stellen in 44 Departements einzeichnen, an welchen Faustkeile des Altpaläolithikums entdeckt worden waren, im Jahre 1900 war die Anzahl auf 594 in 63 Departements gestiegen, und sie hat sich seit jener Zeit noch jährlich vermehrt. Wie gering erscheinen gegen solche Zahlen die entsprechenden Ergebnisse für Mittel- und Osteuropa!

In der Lindentaler Hyänenhöhle bei Gera sind von K. Th. Liebe zwei schöne Faustkeile aufgefunden worden (s. die Abbildung S. 412); einen Faustkeil konstatierte Wiegers unter dem Fundmaterial aus dem Schloßpark bei Neuhaldensleben, nördlich von Magdeburg (s. die Abbildung S. 413, oben); im Buchenloch bei Gerolstein an der Eifel fand E. Bracht ein Fragment eines Faustkeils (s. die Abbildung S. 413, unten). Nach Wiegers gehören diese vier deutschen Exemplare archäologisch wie geologisch und faunistisch der Acheul-Stufe des Altpaläolithikums an, die in die zweite, schon kälter werdende Epoche der letzten Interglazialzeit fällt. Aus allen Landesteilen von Österreich-Ungarn sind bisher nur zwei Faustkeile durch O. Herman bekannt geworden, und zwar bestehen sie nicht aus echtem Feuerstein, sondern aus dem technisch minderwertigen Hornstein; gefunden wurden sie bei Miskolcz, Komitat Borsod, am Nordrande der Ungarischen Tiefebene. Archäologisch ähneln sie Chelles-Keilen, Hoernes glaubt sie aber der Solutré-Stufe zurechnen zu sollen und stellt sie zu Předmost.

Abgesehen von dem Fundort des Heidelberger Unterkiefers (s. unten) bleibt die geologisch älteste deutsche Station Taubach. Hier finden wir den Menschen mit Elephas antiquus und Rhinoceros Merckii in dem älteren warmen Abschnitt der letzten Zwischeneiszeit in einer der Chelles-Stufe entsprechenden Kultur, aber ohne Faustkeile. Auch die Funde im Ton von Rabitz bei Halle a. S. und im Kalktuff von Groß-Falkenstein am Harz gehören nach Wiegers der gleichen frühen Periode an. Dazu zählen wahrscheinlich auch die tiefsten Schichten des Hohlefels im Achtal, wo O. Fraas zuerst den Höhlenbären-Unterkiefer als Haubeil gefunden hat.

In Österreich-Ungarn enthalten die unteren Schichten der beiden Jurakalkhöhlen bei Stramberg in Mähren Zeugnisse altdiluvialer Besiedelung durch den Menschen: das Teufelsloch und die bedeutendere Schipkahöhle. In letzterer wurde von Maška bei einer Feuerstelle mit viel Asche und Kohlen und angebrannten Knochen vom Höhlenbären, Nashorn, Mammut und Bison, in der Tiefe von 1,4 m unter der Oberfläche, eingehüllt in einen Aschenklumpen, das

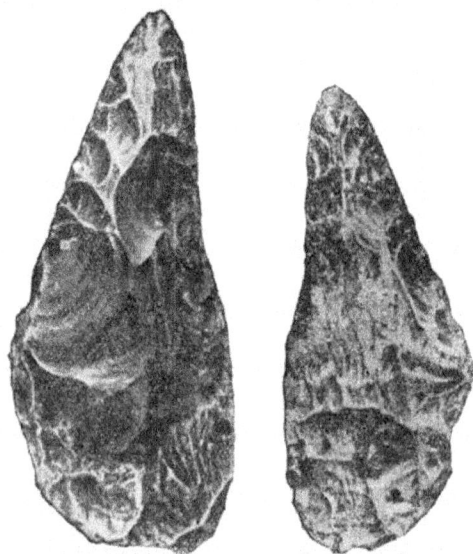

Zwei Feuersteinkeile aus der Lindentaler Höhle. Nach F. Wiegers, „Die diluvialen Kulturstätten Norddeutschlands und ihre Beziehungen zum Alter des Löß": „Prähistorische Zeitschrift" I, 1 (Berlin 1909). Vgl. Text S. 411.

Mittelstück eines menschlichen Unterkiefers, der vielbesprochene Schipkakiefer, gefunden (s. die Abbildung S. 448). Die wichtigste altpaläolithische Fundstelle und bis auf weite Strecken hin die südöstlichste nördlich der Alpen ist Krapina, von Gorjanović-Kramberger vortrefflich erforscht. Weiter östlich sind altpaläolithische Stationen bei Simpheropol in der Krim und in der nordkaukasischen Provinz Kuban bekannt geworden. Der Marktflecken Krapina liegt in Kroatien zwischen Drau und Save nördlich von Agram am Krapinabach. Der Bach hat, ehe er sein Bett zur heutigen Tiefe ausgewaschen hat, in einer an seinem rechten Ufer sich erhebenden Sandsteinwand eine Höhle ausgespült und auf dem Boden Schichten aus grobem Geröll, Sand und Schlamm bis zu einer Höhe von 8,5 m abgesetzt. Gorjanović-Kramberger und Max Schlosser teilen die Schichten nach den in ihnen hauptsächlich vertretenen animalen Resten in drei Zonen: Zone des Bibers, des Menschen und des Höhlenbären. In der Biberzone fanden sich keine Menschenspuren; diese fehlen zwar in der Bärenzone nicht, aber nur die Menschenzone enthielt in einer großen Brandschicht Menschenknochen, und zwar die

Skelettreste von wenigstens zehn Individuen verschiedenen Alters und Geschlechts, alles zertrümmert. Die rohen Steinwerkzeuge aus Feuerstein, zum Teil aber auch aus Jaspis, Quarz, Opal und Chalzedon, ähneln in ihrer geringen Größe und technischen Minderwertigkeit denen aus Taubach: breite Schaber, blattförmige Spitzen, Messer und ähnliches. Das Material stammt aus dem Bachgeröll, wo sich passende Stücke für größere Geräte nicht fanden. Wie in Taubach, so wurde auch in Krapina „organisches Material" für größere Werkzeuge verwendet: von primitiven Knochengeräten sind eine „Axt" und ein spitzes Werkzeug zu nennen. Nach Max Schlosser beweisen auch die Tierreste eine Übereinstimmung mit Taubach und lassen auf die gleiche wärmere Periode der Interglazialzeit schließen; es sind: Edelhirsch, Reh, Eber, Wolf, brauner Bär und Biber. Von ausgestorbenen Tieren hat nur der Höhlenbär reichliche Reste hinterlassen, während die großen Diluvialtiere Taubachs nicht vertreten sind. Die Menschen-

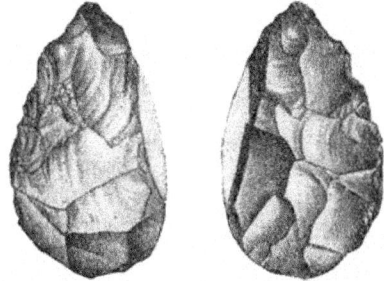

Feuersteinkeile von Neuhaldensleben. Nach F. Wiegers, „Die diluvialen Kulturstätten Norddeutschlands und ihre Beziehungen zum Alter des Löß": „Prähistorische Zeitschrift" I, 1 (Berlin 1909). Vgl. Text S. 411.

reste gehören sonach mit dem Schipkakiefer in die Periode des Altpaläolithikums und sind mit der Chelles-Stufe gleichzeitig. Auch die untere Wierzchowie- und die Mammuthöhle bei Krakau, die Graf Joh. Zawieza untersuchte, ergaben in ihren unteren Schichten Spuren des Altpaläolithikums.

In der Krim und am Nordabhang des Kaukasus liegen die erwähnten russischen altpaläolithischen Höhlenstationen; auch weit im Osten, jenseits des Urals am linken Ufer des Jenissei, sollen in der Lehmterrasse von Afontowa bei Krasnojarsk mit Knochen von Mammut, Nashorn, Pferd, Renntier, Urochsen und Bison Chelles-Keile und andere Steinwerkzeuge, Spitzen, Schaber, Rundscheiben gefunden worden sein.

Die geringe Zahl und auch die Ärmlichkeit der altpaläolithischen Funde in Deutschland und Österreich-Ungarn springt in die Augen; auf diesem ausgedehnten Gebiet fanden sich bis jetzt, durch weite fundleere Strecken getrennt, nur die erwähnten etwa zehn Stationen gegenüber den etwa 600 französischen. Während Frankreich damals schon reich besiedelt war, trat der Mensch in Mittel- und Osteuropa in altpaläolithischer Zeit nur vereinzelt auf. Es gilt das auch für das

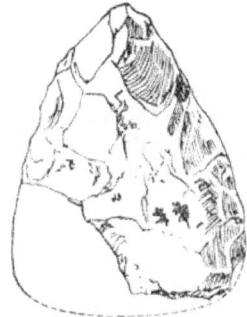

Feuersteinkeil vom Buchenloch bei Gerolstein (Eifel). Nach F. Wiegers, „Die diluvialen Kulturstätten Norddeutschlands und ihre Beziehungen zum Alter des Löß": „Prähistorische Zeitschrift" I, 1 (Berlin 1909). Vgl. Text S. 411.

spätere Diluvium; „nur wenige numerisch schwache Horden streiften im ganzen Gebiet und fanden in zahlreichen Wildrudeln leichten und sicheren Unterhalt" (Graf G. Wurmbrand), den sie freilich in der ältesten Zeit noch mit den großen diluvialen Raubtieren teilen mußten, denen auch der Mensch selbst als Jagdbeute willkommen war.

Das Übergewicht Frankreichs beruht, wie öfter hervorgehoben, auf den für den Menschen weit günstigeren klimatischen Verhältnissen während der ganzen Diluvialperiode. Während in Deutschland und Österreich-Ungarn auf der vergleichsweise schmalen nicht vergletscherten

Zone zwischen den polaren und alpinen Eismassen sich die Einflüsse der Eiszeiten durch gesteigerte Kälte und Feuchtigkeit, durch Anschwellen der fließenden und stehenden Gewässer,
so stark geltend machten, daß der Mensch wenig wohnliche Stätten für dauernde Niederlassungen fand, waren in Frankreich, namentlich im Süden, weite Länderstrecken so weit
von den Gletschern entfernt, daß sich eine unmittelbare Wirkung der Eiszeiten hier nur in
geringem Grade geltend machen konnte. Damit war die Möglichkeit einer dauernden Besiedelung und eines ununterbrochenen Kulturfortschrittes gegeben. So sehen wir an die
beiden Stufen des Altpaläolithikums, die in Frankreich wie in Mitteleuropa in die Hauptperioden der letzten Interglazialzeit fallen, sich in Frankreich während der letzten Glazialzeit, einschließlich seiner nächsten Vor- und Endstufe, eine typische Kulturphase anschließen,
das mittlere Paläolithikum G. de Mortillets, die Moustier-Stufe, die dann in der
diluvialen Nacheiszeit ohne Unterbrechung in die Stufen des Jungpaläolithikums übergeht.
Dagegen ist auf unserem speziellen Gebiete diese französische Mittelstufe bisher nur in Spuren
vertreten. Immerhin erscheint der Zusammenhang mit der alten Zeit auch bei uns nicht
vollkommen zerrissen, und in der Schweiz gehört die prähistorische Kulturstätte in der Wild-
kirchli-Ebenalphöhle im Säntisgebirge, 1477—1500 m über dem Meer, die von Emil
Bächler untersucht worden ist, sowohl der Fauna nach — Höhlenbär, Höhlenlöwe, Panther,
Alpenhund (Cuon alpinus) und andere — als auch nach der Form der Steingeräte der
Moustier-Stufe an; sie ist die erste sicher konstatierte altpaläolithische Fundstätte „innerhalb der Jungmoränen der Alpen".

In die letzte Eiszeit, einschließlich ihrer nächsten Vor- und Endstufe, gehören die Schichtenfolgen Nehrings bei Thiede und Westeregeln. In dieser Zeit hat der Mensch einmal mit
den Tieren der Tundra und dann mit denen der Steppe gelebt. Die klimatischen Verhältnisse in den von der Eiszeit unmittelbar und zunächst betroffenen Gebieten haben sich nach der
Eiszeit, wie, nach dem S. 352 Gesagten, Nehring festgestellt hat, in der Reihenfolge Tundra,
Steppe, Weide, Wald entwickelt, bei der allmählichen Verschlechterung des Klimas mit dem
Näherrücken der Eiszeit muß sich bis zu deren Maximum der Gang der Vegetationsverände-
rung umkehren: von Wald zur Weide, zur Tundra. In gleichem Sinne hat ein doppel-
ter Wechsel der Tierbewohnung der gleichen Gegenden stattgefunden. Dementsprechend
ergeben sich in unseren Höhlen vielfach Schichten, in denen die Steppenfauna ihre Reste
zurückgelassen hat, überlagert von Schichten mit den Knochen der Tundra-Tiere. Solche
Schichtenfolgen wurden festgestellt: im Harz in den Rübelander Höhlen, im Buchenloch und
der Lindentaler Höhle, in der Sirgensteinhöhle im schwäbischen Achtal. In diesen Höhlen
hat man aufgeschlagene Röhrenknochen, auch technisch benützte oder bearbeitete Knochen
und Geweihstücke, aber niemals höher entwickelte Gebrauchsformen gefunden.

Etwas reicher wird die Anzahl unserer paläolithischen Stationen im Jungpaläolithikum, nach G. de Mortillets System in den Stufen von Solutré und La Madeleine, denen,
als zeitlich älter, Hugo Obermaier und M. Boule noch die Stufe von Aurignac voranstellen.

Die diluvialen Fundplätze in Niederösterreich, Mähren und Böhmen im Löß gehören nach Obermaier den letztgenannten drei Stufen an. In den um den Kampdurch-
bruch bei Wagram gruppierten Fundplätzen sind nur die Stufen von Aurignac und Madeleine vertreten, ebenso in den übrigen Fundplätzen der Wachau: Krems, Willendorf,
Langenlois, Gruebgraben gehören in die Aurignac-Stufe, Gobelsberg in die (ältere) Madeleine-Stufe. Die Solutré-Stufe liegt bisher nur in Předmost in Mähren vor, wo typische

Lorbeerblattspitzen gefunden worden sind. Der Fund soll in seiner Gesamtheit später besprochen werden, er zeichnet sich durch die kolossale Anzahl seiner Mammutreste aus: mindestens 2000 Mammut-Backenzähne wurden dort ausgegraben. Unter einem Mammut-Oberschenkelknochen in Asche eingebettet lag eine rechte Unterkieferhälfte und mehrere Kieferstücke des Menschen, außerdem fanden sich ein ziemlich gut erhaltener Schädel und ein nahezu vollständiger Ober- und Unterkiefer eines etwa siebenjährigen Kindes; das Kinn ist schwach ausgebildet, erscheint nach Walkhoff aber doch als ein dreieckiger Vorsprung.

Die Madeleine-Stufe Frankreichs findet sich in Deutschland und Österreich-Ungarn sowohl im Löß wie in zahlreichen Höhlen in deren oberen Schichten vertreten. Im rheinischen Löß gehören nach dem Typus der Steinartefakte und der Faunenreste nach Wiegers in diese Stufe die Funde von
Metternich und Rhens. Ein typischer Madeleine-Fundplatz wurde
1883 von Schaaffhausen bei Andernach studiert. Hier fanden sich
neben zahlreichen typischen, teils
aus Feuerstein, teils aus Süßwasserquarzit von Muffendorf im
Siebengebirge, sowie aus Hornstein und Kieselschiefer gefertigten
Steinwerkzeugen auch die charakteristischen westeuropäischen Formen der Horn- und Knochengeräte: Harpunen, Pfriemen, Nähnadeln, durchbohrte Zähne vom
Pferd und aus Renntiergeweih
geschnitzt der Griff eines Steinmessers in Form eines Vogelkopfes (s. die Abbildung S. 418).
Die Steinwerkzeuge sind meist
klingenförmige Schaber, Messer,

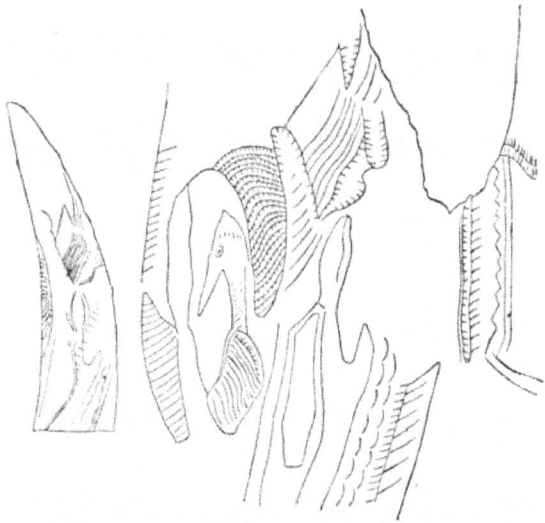

Magdalénien aus der Lößlagerstätte der St.-Kyrillstraße in Kijew (Ukraine): Mammut-Stoßzahnspitze und abgerollte Gravierung derselben. Nach M. Hoernes, „Der diluviale Mensch in Europa" (Braunschweig 1903).

Spitzen, Stichel und zahlreiche, zum Teil sehr kleine, unbearbeitete Späne und Splitter. In die Madeleine-Stufe gehören auch die Lößfunde in Langenaubach (Behlen und Max Schlosser) und bei Munzingen am Oberrhein (Schötensack). Am wichtigsten ist die schon besprochene, in mustergültiger Weise von Nüesch erschlossene Station am Schweizersbild bei Schaffhausen. Die dort teils bearbeiteten, teils unbearbeiteten Muscheln stammen, woran Wiegers erinnert, aus dem Mainzer Tertiärbecken, eine aus der Süßwassermolasse von Ulm; der Mensch der Madeleine-Stufe hat dort sonach recht entfernte Kulturbeziehungen gehabt. Dafür spricht ja vor allem auch die Gleichartigkeit der Kulturüberreste auf dem weiter nördlich der Alpen gelegenen Gebiete von Frankreich, Deutschland und Österreich-Ungarn bis nach England. „Vom Rhein aus", sagt Wiegers, „erfolgte wahrscheinlich, als das Eis sich endgültig nach Norden zurückzog, die Besiedelung Norddeutschlands. Der Mensch folgte dem Eise bis an die Küsten der Ostsee, er überschritt die schmale Landbrücke, welche damals noch nach Schweden hinüberführte, und erreichte auch noch auf dem Landwege die britischen Inseln, so daß vor dem Beginn der jene Länder abtrennenden Senkung eine allgemeine Besiedelung Mitteleuropas erfolgt war."

Von den Madeleine=Stationen Österreich=Ungarns wurde Gobelsberg schon erwähnt. Dort fand sich neben anderen charakteristischen Stücken ziemlich häufig Rötel: er pflegte auf ca. 3 cm dicken Quarzplatten, „Malplatten", angerieben zu werden, von denen sich drei größere, an der Oberfläche intensiv mit Rötel überzogene Bruchstücke gefunden haben. In Willendorf fand L. H. Fischer neben viel Rötel auch Ocker und Graphit, so daß dort der Diluvialmensch, wie in dem westeuropäischen Höhlengebiet, über drei Farben: Rot, Gelb und Schwarz, verfügte. Hoernes erwähnt Malplatten aus Schiefer. Auch in den Höhlen

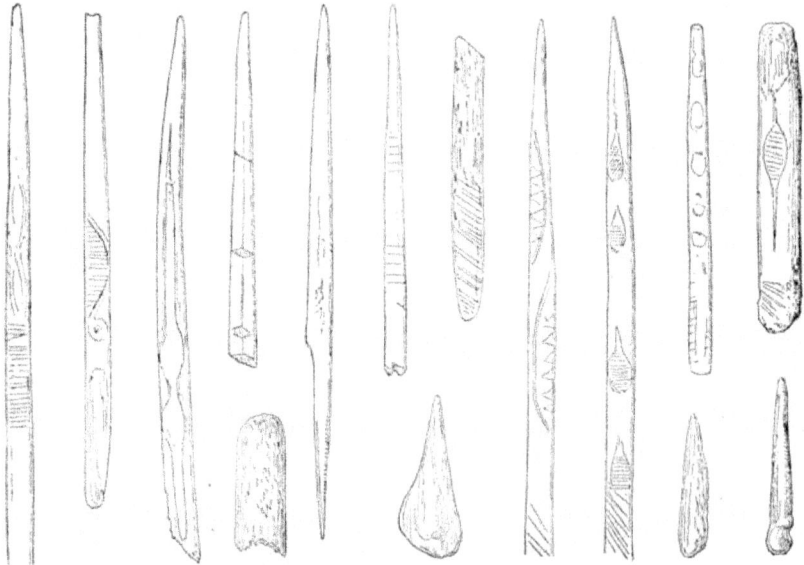

Waffen und Werkzeuge von Knochen aus der Maszycka=Höhle bei Oiców. Nach M. Hoernes, „Der diluviale Mensch in Europa" (Braunschweig 1903).

der gleichen Kronländer, die Lößfunde geliefert haben, finden sich in oberen, der Renntierzeit zugehörigen Schichten häufig Reste der Madeleine=Stufe. Ihr archäologischer Charakter zeigt sich in typischen, zum Teil polierten und durchbohrten Schnitzereien in Knochen und Horn, in fein geglätteten Nähnadeln mit Öhr, konischen, gut gerundeten und gespitzten „Wurfspeer= spitzen", deren untere, schräg abgestutzte Endfläche durch eingeritzte Strichlagen verziert und gerauht ist — eine überraschende Gleichartigkeit mit den typischen französischen Funden. Zu erwähnen sind: die Gudenushöhle an der Krems, Niederösterreich, die Höhlen Kulna und Schoschuwka bei Sloup, die Byčiskála= und Žitny=Höhle bei Adamstal, Kostelik bei Mokrau, die Fürst=Johanns=Höhle bei Lautsch, obere Diluvialschichten bei Stamberg. Alle diese Fundplätze liegen in Mähren; in Böhmen Liboz bei Prag.

Stationen der Madeleine=Stufe in Deutschland sind: Schussenried, Andernach, die Höhle Wildscheuer an der Lahn, obere Schichten der Sirgensteinhöhle, der Hohlenstein bei Nördlingen im Bayerischen Ries sowie die Kastlhänge bei Kelheim und die Räuberhöhle bei Regensburg; in Russisch-Polen die Höhlen bei Krakau, die Mammut- und Wierzchowie-Höhle, die Maszycka-Höhle bei Oicow mit interessantem Inventar (s. die Abbildung S. 416).

Eine besondere Stellung nimmt die Madeleine-Löß-Station in der St. Kyrill-Straße in Kijew (Ukraine, Rußland) ein. Dort war die Madeleine-Stufe keine Renntier-, sondern eine Mammutzeit. Der Mensch lebte mit dem Mammut an den Grenzen des damals den größten Teil Nordrußlands bedeckenden Inlandeises. An der Basis einer 17—20 m mächtigen Lößschicht fand sich eine Brandstelle mit viel Asche, Kohle, Feuerstein- und Knochengeräten sowie den Resten von etwa 50 Mammuten; auch 3 m höher fanden sich einzelne Feuer-

herde mit vielen Feuerstein-geräten und Knochen von Mammut, Bär und Hyäne. Aus den Knochen und Stoß-zähnen des Mammuts wur-den wirksame Waffen oder Instrumente in Keulenform hergestellt. Bemerkenswert sind einfache geometrische Verzierungen einiger Stoß-zahnbruchstücke und vor al-lem eine sehr komplizierte Schmuckzeichnung eines Stoßzahnendes (s. die Ab-bildung S. 415), für die in Westeuropa sich nur ganz entfernte Analogien zeigen. (Vgl. auch die Ornamente der Abbildung S. 416.)

Bei der Besprechung der Skelettreste des dilu-vialen Menschen wird auf ein von Makowsky in der Franz-Joseph-Straße in Brünn im Löß bei Bau-

Elfenbeinfigur aus dem Löß bei Brünn. a Von vorn, b von der Seite. Nach M. Hoernes, „Urgeschichte der bildenden Kunst in Europa" (Wien 1898).

arbeiten gefundenes Skelett Bezug genommen werden. Mitten unter diluvialen Tierknochen und einigen Steinwerkzeugen lag das mit reichlichem Schmuck ausgestattete Skelett, offen-bar absichtlich bestattet. Der Schmuck bestand aus zahlreichen teils durchbohrten, teils un-durchbohrten, kreisrunden Scheiben, „Knöpfen", aus Stein und Knochen, von denen einige am Rand fein gekerbt waren, außerdem aus etwa 600 2—3 cm langen Teilstücken der fossilen Röhrenschnecke, Dentalium badense, die man als Glieder von Schmuckketten auch an anderen paläolithischen Fundstellen, z. B. auf dem Roten Berg, in Predmost, in Willen-dorf, angetroffen hat. Zugleich erhob man das Bruchstück einer aus Mammutelfenbein geschnitzten männlichen Figur, „Idol", von welcher der größte Teil des Rumpfes, der Kopf und der linke Arm ohne Hand erhalten sind (s. die obenstehende Abbildung).

In neuester Zeit ist auch die Endstufe von G. de Mortillets System außerhalb Frankreichs

nachgewiesen worden, die Stufe von Tourasse oder Mas d'Azil: auf der Insel Seeland in Dänemark im Mangelmosesund und in der höchsten, von R. R. Schmidt entdeckten
Schicht der Ofnethöhle bei Nördlingen.

Wegen der im vorstehenden aufgezählten Fundstellen vergleiche man die Karte „Mitteleuropa zur Eiszeit" bei S. 374.

Die Kunsterzeugnisse der Diluvialmenschen.

1. Plastik und Gravierung.

Unter den Stücken bearbeiteten Renntiergeweihes finden sich im Höhlenschutt auch
wahre Kunstgegenstände, die zur Zeit ihrer Auffindung unter den Altertumsforschern

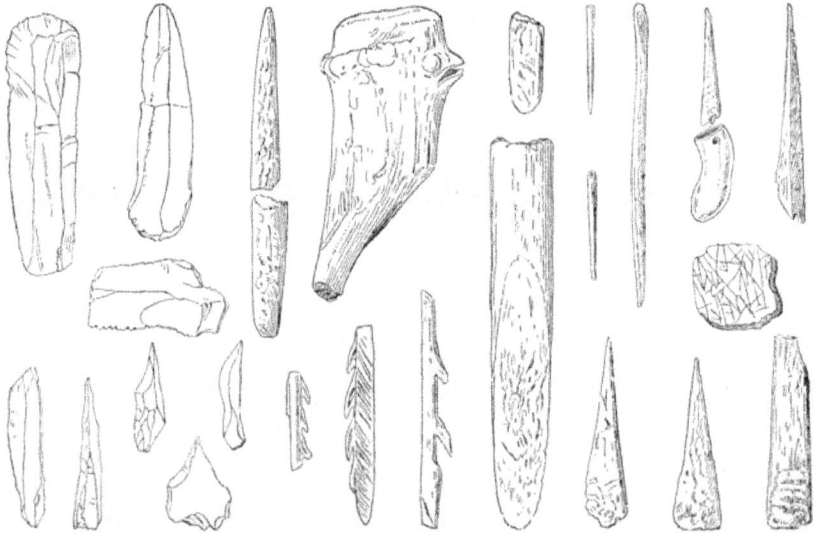

Stein- und Knochengeräte der Madeleine-Stufe von Andernach.   Nach M. Hoernes, „Der diluviale Mensch in
Europa" (Braunschweig 1903).
Schaber und Spitzen aus Stein.   Harpunen und Wurfspeerspitzen aus Bein und Geweih.   Nähnadeln aus Bein.   Griffartiges
Renntiergeweihbasisstück mit Vogelkopf.   Pferde-Eckzahn als Anhängsel.   Bekritzeltes Schieferfragment.

und Anthropologen mit Recht das größte Aufsehen erregt haben. Es sind namentlich in
Renntiergeweihstücke eingeritzte, zum Teil wirklich lebensvolle Zeichnungen, meist von Tieren,
aber auch von Menschen, oder aus Renntiergeweihstücken geschnitzte Tiernachbildungen.
Diese Darstellungen sind Zeugen einer Entwickelung des Kunstsinnes, einer Freude am
Naturschönen, die sich bis zu einer ihren Zweck in sich selbst tragenden Nachbildung desselben
erhebt. In den Anfängen der innereuropäischen Kultur sehen wir hier Leistungen auftreten,
die sich in gewisser Beziehung, namentlich in der Fähigkeit objektiver Naturnachbildung,
der Technik jener späteren, weit höher entwickelten Periode der betreffenden Länder überlegen zeigen, aus der uns die prachtvollen Waffen aus Bronze, Schmuck aus Bronze und
Gold und andere Dinge erhalten sind, deren Ornamentierung fast ausschließlich aus Linien-
kompositionen geometrischer Art besteht. Durchgreifend ist freilich dieser Unterschied nicht,
denn die neueste Forschung hat auch aus der jüngeren, alluvialen Steinzeit und dann aus

den folgenden Metallperioden zahlreiche entsprechende primitive Kunstwerke, Schnitzwerke, namentlich in Bernstein, aber auch in Horn und Knochen, und viele Tonfiguren aufgefunden, die beweisen, daß auch diesen späteren Epochen der europäischen Kulturentwickelung diese Art des Kunstsinnes keineswegs mangelte.

Die ersten Funde eigentlicher Kunsterzeugnisse des Diluvialmenschen kamen aus den

Gravierungen auf Renntierknochen aus den Höhlen der Dordogne: 1 Fisch, 2 Steinbock, 3 Mensch mit Pferden, 4 Wildpferde. Nach W. Dawkins, „Die Höhlen und die Ureinwohner Europas", übersetzt von J. W. Spengel (Leipzig 1876). Vgl. Text S. 420.

Höhlen des Périgord zutage. Später wurden in der Gegend des Bodensees zwischen Konstanz und Schaffhausen in einer Höhle, dem Keßler Loch bei Thayingen, schon auf schweizerischem Boden, und in den schon mehrfach erwähnten diluvialen Schichten am Schweizersbild bei Schaffhausen ähnliche Funde gemacht. Das Keßler Loch ist eine nur wenig tiefe Felsengrotte, ähnlich jenen kleinen Höhlen, die in Frankreich die reichste Ausbeute geliefert haben. Der hierher gehörige Fund von Brünn hat schon oben (S. 417) Erwähnung gefunden. Auch in Předmost fanden sich plumpe menschliche Rundfiguren, aus Mammut = Zehengliedern geschnitzt (ähnlich die nebenstehende Abbildung). Der Kopf wird durch eine Schwellung am oberen Ende dargestellt und durch eine tiefe Halseinschnürung von dem annähernd zylindrischen Rumpf getrennt, der unten zur Andeutung von Beinen gabelig eingeschnit= ten ist. Hoernes sagt, diese Figuren scheinen sich mit dem Idol von Brünn jener älteren Phase der Période glyptique E. Piettes anzu= schließen, die durch Alleinherrschaft der Rundplastik charakterisiert ist. In Willendorf (Niederösterreich) wurde eine weibliche Statuette

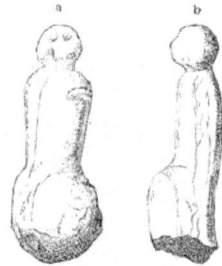

Steatopyge menschliche Fi= gur aus Renntiergeweih. a Von vorn, b von der Seite. Nach M. Hoernes, „Der dilu= viale Mensch in Europa" (Braun= schweig 1903).

aus Stein gefunden (s. die Abbildung S. 425), bei Andernach unter Funden der Madeleine= Stufe ein aus Renntiergeweih geschnitzter Vogelkopf (s. die Abbildung S. 418).

Unter diese Objekte, die von der frühreifen Kunstentwickelung der europäischen Ur= völker Zeugnis geben, haben sich leider zweifellos Fälschungen eingeschlichen. Nachdem einige dieser wichtigen Funde gemacht waren, wurden, angeblich aus dem Keßler Loch stammend, auch gefälschte Nachahmungen produziert und verkauft, und wir müssen es unter die wesentlichen Verdienste unseres L. Lindenschmit zählen, daß er mehrere dieser Fälschun= gen so sicher entlarvt hat, daß eine gerichtliche Bestrafung des Betrügers erfolgen konnte.

Die Abbildungen auf S. 419 geben eine Anzahl zweifellos echter Gravierungen und Schnitzereien aus jener uralten Vorzeit. Unter den echten Funden in den Höhlen der Dordogne waren teils Gravierungen, teils plastische Schnitzereien und Reliefdarstellungen. In dem ersten der umstehenden Bilder erkennt man einen Fisch, in ein zylindrisches Stück Renntiergeweih graviert (Fig. 1). Auf dem Schaufelstück eines Renntierhornes zeigt sich die eingetiefte Zeichnung von Kopf und Brust eines steinbockähnlichen Tieres (Fig. 2). Am beachtenswertesten ist meiner Ansicht nach eine Gruppe, die aus zwei Pferdeköpfen und einer anscheinend nackten menschlichen Figur, deren Rechte einen Stock oder Speer zu tragen scheint,

Weidendes Renntier, Gravierung auf Renntierhorn aus dem Keßler Loch. Nach W. Dawkins, „Die Höhlen und die Ureinwohner Europas". übersetzt von J. W. Spengel (Leipzig 1876).

besteht, neben einem fast schlangenartig sich niederbeugenden Baum (Fig. 3); offenbar ist nach der Richtung der durch Striche angegebenen Äste eine Fichte oder Tanne gemeint. Der Baum, von anderen fälschlich für eine Schlange oder einen Aal gehalten, ist offenbar nur der Raumbeschränkung wegen in diese auffallende Lage gerückt, eine Methode, die sich bekanntlich noch in mittelalterlichen Abbildungen in der sonderbarsten Weise wiederholt. An diesen Baum schließt sich ein System senkrechter und horizontaler Striche an, die eine Art von Flechtwerk, einer Hürde ähnlich, darstellen mögen. Auf der anderen Seite desselben Zylinders zeigen sich zwei Bisonköpfe. Auf einem anderen Stücke befinden sich Pferdezeichnungen (Fig. 4), in denen

Aus Renntiergeweih geschnitzter Dolchgriff aus einer Höhle der Dordogne. ½ wirklicher Größe. Nach J. Lubbock, „Die vorgeschichtliche Zeit", übersetzt von A. Passow (Jena 1874).

die aufgesträubte Mähne und der ungepflegte Schwanz sowie der scheinbar außer Verhältnis zum übrigen Körper große Kopf des diluvialen Wildpferdes charakteristisch wiedergegeben sind. Besonders berühmt ist die auf einem Stück eines Mammutstoßzahnes eingravierte Abbildung eines wollhaarigen Mammuts mit langer, mähnenartiger Behaarung. Auch in der Thayinger Höhle fand man Gravierungen auf Renntierstangen. Das künstlerisch vollendetste Bild ist das des weidenden Renntieres (s. die obere Abbildung), andere Gravierungen zeigen Köpfe von Renntieren und Pferden, bei denen namentlich der vorgestreckte Kopf Naturbeobachtung bekundet. Auch am Schweizersbild fand Nüesch gutgezeichnete Gravierungen.

Unter den plastischen Schnitzereien aus der französischen Diluvialzeit, die schon Lartet und Christy gefunden haben, wurde am meisten ein Dolch, aus Renntiergeweih geschnitzt, bewundert (s. die untere Abbildung). Geschickt hat der alte Künstler die Stellung des gestürzten jungen Renntiers dem beschränkten Raum des Dolchgriffes angepaßt. Stilisiert und doch lebensvoll beugt das Tier das Geweih auf den Hals zurück; während die Vorderläufe unter die Brust gezogen sind, strecken sich die Hinterbeine der knöchernen Klinge entlang. In dem Keßler Loch haben sich ebenfalls zwei plastische Schnitzereien aus Renntierhorn gefunden. Die eine war ein Stück eines Griffes und stellt einen Stierkopf, wahrscheinlich den Kopf eines Moschusochsen (s. die obere Abbildung dieser Seite), dar, worauf die lockenartig an dem Schädel herabgebogenen Hörner deuten, wenn diese Abwärts= biegung nicht etwa auch nur durch die notwendige Anpassung an die Form des gewählten Geweihstückes und durch den Zweck, einen handlichen Griff zu bilden, bedingt ist. Eine zweite Schnitzerei, die wohl auch einst das Griffende eines Steininstrumentes zierte, zeigt eine merkwürdige Doppelfigur: von der einen Seite ein wohlausgeführtes, ziemlich lang= gestrecktes Köpfchen eines pferde= oder hirsch= ähnlichen Tieres ohne Geweih, von der an= deren Seite das Köpfchen eines Hasen mit langen, ebenfalls, wie die Hörner jenes Stier= kopfes, um das Abbrechen zu vermeiden, zur Seite gelegten Ohren.

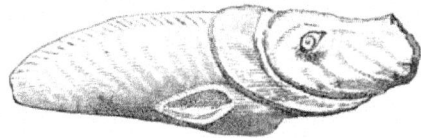

Aus Renntiergeweih geschnitzter Kopf eines Mo= schusochsen aus dem Keßler Loch. Nach J. Lubbock, „Die vorgeschichtliche Zeit", übersetzt von A. Passow (Jena 1874).

So groß die Bewunderung war, die diese ersten Funde diluvialer Kunstwerke aus französischen und schweizerischen Höhlen hervor= riefen, so wurden sie doch vollkommen in den Schatten gestellt durch die Entdeckungen eines der bedeutendsten Bahnbrecher auf dem Gebiete der jüngeren Epochen des Diluviums in Frankreich, dessen Name an die Namen Boucher de Perthes, Lartet und G. de Mortillet angereiht werden muß: Eduard Piettes. Vor allem wichtig sind Piettes systematische Untersuchungen in den Höhlen und Grotten der Pyrenäen, namentlich in der wunderbar reichen Höhle von Mas d'Azil und in der fast noch ergiebigeren Grotte du Pape bei Brassempouy; die erstere Höhle lieferte entsprechend ihrer Lage in einem ziemlich rauhen, schwer zugänglichen Berglande weniger Elfenbein, das in der Pape=Höhle sehr reichlich vertreten war. Seine Forschungsergebnisse ermöglichten es Piette, neben dem Mortilletschen Schema ein auf die Entwickelung der dilu= vialen Kunst gegründetes System für das Jungpaläolithikum aufzu= stellen. Piettes System umfaßt die ausgehenden Solutré=Moustier=Stufen G. de Mortillets und reicht von da zeitlich noch über die Stufe von Madeleine hinaus. Diese ganze langdauernde Periode wird mit dem gemeinsamen Namen der glyptischen Periode, Periode der bildenden Kunst, bezeich= net; sie ist charakterisiert durch das Vorkommen plastischer und gravierter Kunstwerke. Es ergeben sich zwei Hauptstufen: I. Stufe der plastischen Rundfiguren und II. Stufe der Gravierungen. Die erste Haupt= periode nannte Piette die Periode der Pferdejäger, ihre älteste Stufe Mammutperiode oder Elfenbeinzeit.

Aus Elfenbein geschnitzte weib= liche Figur. Nach E. Cartailhac, „La France prehisto= rique" (Par. 1889).

In den Fundplätzen auf dem Plateau von Nordfrankreich finden sich in dieser Periode nur vereinzelte rohe Skulpturen aus Renntiergeweih und Stein, während in den freundlichen Ebenen Südfrankreichs, wo das Renntier seltener, dagegen das Mammut häufiger war, gutgearbeitete Skulpturen, Rundfiguren, aus Elfenbein auftreten, und zwar der Hauptsache nach Darstellungen des nackten menschlichen, weiblichen Körpers. Daneben kommen Amulette mit stark vertieftem Relief vor, aber weder Zeichnungen noch Tierfiguren. Die weiblichen Rundfiguren stellen die Gestalten teils flach oder bleistiftähnlich dünn (s. die untere Abbildung dieser Seite) dar, teils in überreicher Körperfülle mit starker Hervorhebung der Geschlechtseigentümlichkeiten (s. die Abbildungen S. 419, unten, und S. 425). Man hat in den letzteren Formen Anklänge an afrikanische Steatopygie finden wollen, aber die lebensvolle kräftige Ausbildung der üppigen Formen der im Jahre 1896 gefundenen, leider zerbrochenen Elfenbeinstatuette aus den Höhlenschichten von Brassempouy (s. die untenstehende Abbildung), der „Venus von Brassempouy", zeigt nichts, was bei Frauen unserer Rasse auffallen würde, und steht als Kunstwerk gewiß weit höher als ähnliche Figuren, die uns die Anfänge der griechischen Kunst hinterlassen haben. Interessant ist ein Köpfchen mit sehr entwickelter Haarfrisur, breiter Stirn und oben breitem, etwas flachem, zum Kinn sich

verschmälerndem Gesicht mit ausgesprochen weichen weiblichen Zügen und langem, schlankem Hals. Eine aus der Wurzel eines Pferdezahnes geschnitzte armlose Darstellung eines alten häßlichen Weibes von Mas d'Azil steckt in der Zahnkrone wie in einem Rock; die drei über den Hals hinlaufenden Wülste sind vielleicht Halsringe (s. die obere Abbildung S. 423); das „Weib mit dem Renntier" zeigt am linken Handgelenk deutlich Armringe. In Mas d'Azil wurde nur die erwähnte kleine Schnitzerei gefunden, dagegen in Brassempouy neun weibliche Rundfiguren.

Auf die Elfenbeinstufe läßt Piette die eigentliche Pferdezeit folgen, die er in zwei Phasen scheidet. Die erste ist die Zeit der Reliefskulpturen, die höchste Blüte der diluvialen Kunst. Da das Elfenbein seltener geworden, wird vorzüglich Renntiergeweih als Material verwendet. Besonders künstlerisch vollendet erscheinen krummlinige Ornamente, Voluten und Doppelvoluten, Kreise mit Punkt, vertieft oder erhaben, Formen, wie sie in ähnlicher Vollkommenheit erst in weit späteren Epochen der Kunstentwickelung wieder vorkommen (s. die untere Abbildung S. 423 und die beiden oberen Abbildungen S. 424). Die zweite Phase der Pferdezeit ist charakterisiert durch

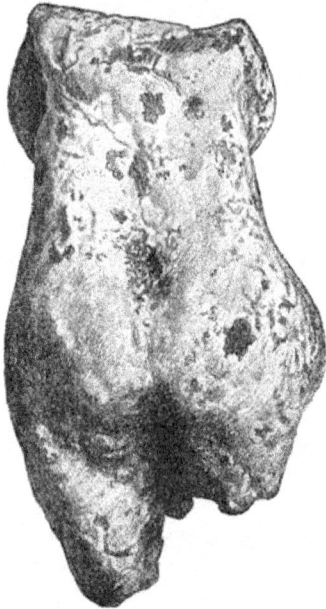

Weibliche Elfenbeinfigur aus Brassempouy. Nach M. Hoernes, „Urgeschichte der bildenden Kunst in Europa" (Wien 1898).

gravierte Umrißzeichnungen, ausgeschnittene oder vom Grund wenig abgehobene Zeichnungen, Köpfe von Pferden, Steinböcken, Ziegen und anderen Tieren.

In neueren Veröffentlichungen wurde die erste Hauptabteilung seines Systems von Piette als Stufe der Plastik, Etage du sculpture, bezeichnet, als Zeitalter der Mammute und Wildpferde; die beiden Unterstufen werden als Stufe der Rundplastik und Stufe der Gravierungen in Basrelief unterschieden.

Die zweite Hauptperiode bezeichnete Piette als Periode der Renntier- und Edelhirsch-Jäger, Cerviden-Jäger. Ihre Reste werden vorzüglich in Höhlen gefunden. Die erste Unterstufe ist die Renntierzeit, die Zeit der Hauptverbreitung des Renntieres und des Bisons; das Mammut wird seltener, die großen Raubtiere verschwinden. Es ist die Blütezeit der Umrißzeichnungen mit vertieften (decoupés) Konturen. Als Charakterform der Industrie tritt die Harpune mit zylindrischem Schaft, entweder einseitig oder doppelseitig mit Zähnen besetzt, auf (vgl. S. 409). Danach werden die älteren Schichten als Schichten ohne Harpunen, die jüngeren als Schichten mit Harpunen benannt. Die zweite Unterstufe ist die Edelhirschzeit; das Renntier wird selten, zu Rundfiguren nimmt man bereits fossiles Elfenbein.

Als neue Werkzeuge treten dicke Hirschhornglättwerkzeuge und zuletzt flache, aus Hirschhorn geschnitzte Harpunen auf (s. die untere Abbildung S. 410). Nach der Ansicht Piettes zeigt sich hier kein Verfall, sondern nur ein Allgemeinwerden, eine Popularisierung der Kunst; neben Arbeiten, die in ihrer Ausführung größte Sorgfalt und Genauigkeit beweisen, finden sich rohe, flüchtige Kritzeleien, wie sie früher nicht vorkommen. „Am Ende der Edelhirschzeit verschwindet das Renntier und mit ihm die Kunst."

Schon in tiefsten Schichten der glyptischen Periode treten in Westeuropa in Begleitung der Kunstwerke die für ihre Herstellung nötigen Steininstrumente auf. Es sind das

Pferdezahn aus Mas d'Azil. Nach M. Hoernes, „Urgeschichte der bildenden Kunst in Europa" (Wien 1898).

vor allem die Grabstichel, burin, die in der Zeit der Reliefskulpturen zahlreicher, kleiner und feiner werden, öfters mit der Schaberform zu Grabstichelschabern vereinigt (s. die obere Abbildung S. 410). In der Schicht der reinen Umrißzeichnungen auf Flächen wird alles Werkzeug noch reicher und feiner, dagegen verschwinden schon in der Reliefschicht die alten Typen der Moustier-Instrumente.

Die Werke diluvialer Kunst sind außerhalb der Grenzen Südfrankreichs recht selten. Die Funde in der Schweiz wurden schon besprochen; menschliche Rundfiguren fehlen dort. In Belgien, wo der Feuerstein für größere Instrumente „aus der Champagne geholt werden mußte", fand sich in Trou Margrit, Commune Anseremne bei Dinant, eine roh aus Renntiergeweih geschnitzte, 4 cm hohe Frauenfigur.

In den roten Grotten (5. Grotte) bei Mentone, das politisch noch zu Italien gerechnet wird, geographisch aber den Südwestausläufern der Alpen mit den sich hier anschließenden Apenninen angehört, fand

Verschiedene Stadien der Stilisierung von Pflanzenmotiven auf diluvianischen Knochen- und Elfenbeinschnitzereien. Nach M. Verworn, „Die Anfänge der Kunst" (Jena 1909).

a Pflanzenstengel mit Blättern ohne Stilisierung. b der Pflanzenstengel ist aufgelöst in einzelne, nicht zusammenhängende Teile, c stilisierte Ranken am Stengel, d desgleichen (Bildung von Spiralen und Kreisen), e weitgehende Stilisierung des Pflanzenmotivs: der Stengel ist verschwunden, Spiralen und andere ornamentale Elemente sind allein übriggeblieben.

sich in einer jüngeren Diluvialschicht (2. Schicht) eine „steatopyge" Frauenstatuette aus Steatit, 4,7 cm hoch (s. die untere Abbildung S. 424). Das Gesicht und die Arme sind nicht ausgeführt.

Erst wieder weit im Osten, im Löß von Brünn und Předmost, fanden sich plastische Rundfiguren der Diluvialzeit. In Brünn wurde bei einem menschlichen Skelett, dessen zahlreiche Beigaben auf eine wahre Bestattung schließen lassen (vgl. S. 417), das obenerwähnte,

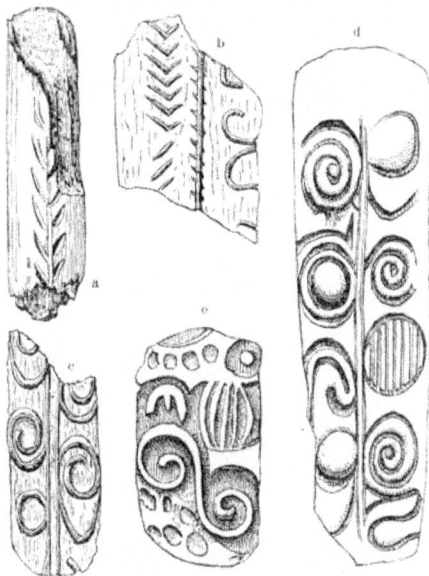

aus Mammutelfenbein geschnitzte „Idol" gefunden, die Bruchstücke einer ziemlich rohen männlichen Figur, 26 cm hoch; erhalten sind der ziemlich beschädigte Kopf, der größte Teil des Rumpfes und der linke Arm ohne Hand (s. die Abbildung S. 417). Aus Předmost stam-

Knochengravierung von Arudy. Nach E. Piette, „Les écritures de l'âge glyptique" (Paris 1905). Vgl. Text S. 423.

men plumpe menschliche Rundfiguren aus Mammut-Zehengliedern (s. die untere Abbildung S. 419). Bei Willendorf in Niederösterreich fanden J. Szombathy und H. Obermaier in einer der Aurignac-Stufe zugehörenden tiefen Lößschicht das besterhaltene Kunstwerk dieser Periode, die schon erwähnte weibliche Rundfigur mit übermäßig ausgebildeten weiblichen Geschlechtscharakteren, die „Venus von Willendorf" (s. die Abbildung S. 425). „Es ist", nach Szombathy, „ein 11 cm hohes Figürchen aus eolithischem, feinporösem Kalkstein, vollkommen erhalten, mit unregelmäßig verteilten Resten einer roten Be-

Knochengravierung von Lourdes. Nach E. Piette, „Les écritures de l'âge glyptique" (Paris 1905). Vgl. Text S. 423.

malung. Es stellt eine überreife, dicke Frau dar, mit großen, hängenden Brüsten, vollen Hüften und Oberschenkeln, aber ohne eigentliche Steatopygie. Das entspricht etwa

der Venus von Brassempouy (vgl. S. 422). Das Kopfhaar ist durch einen spiralig um den größten Teil des Kopfes gelegten Wulst ausgedrückt (sicherlich eine künstlerische Frisur); das

Steatitfigur einer nackten Frau. Nach M. Hoernes, „Der diluviale Mensch in Europa" (Braunschweig 1903). Vgl. Text S. 423.

Gesicht ist plastisch absolut vernachlässigt, von keinem Teil desselben findet sich auch nur eine Andeutung. Die Arme sind reduziert, die Unterarme und die Hände nur in flachen, über die Brüste gelegten Reliefstreifen ausgedrückt. Die Kniee sind wohlausgebildet, die Unterschenkel zwar mit Waden versehen, aber stark verkürzt, die Füße weggelassen. Offenbar wollte der geschickte Künstler nur die der Fruchtbarkeit dienenden Teile und ihre Umgebung zur Erscheinung bringen." Die Teile des Gesichtes (Augen, Nase, Mund, Ohren) waren vielleicht durch Farbe angedeutet.

2. Höhlenmalereien.

Wenn sich das vom grellen Tageslicht geblendete Auge an die Nacht und die schwache, ungewisse Beleuchtung gewöhnt hat, so treten aus dem Dunkel an den lang hingestreckten Steinwänden der künstlichen Höhlen der Pharaonengräber im Tale der Königsgräber bei Theben wunderbar frisch erhaltene Reliefgravierungen, mit Farbe bemalt, hervor. Diese bildlichen Darstellungen bekleiden die Wände bis in die Grabkammer hinein, wo noch heute nach Jahrtausenden in seinem Sarkophage der alte mächtige Herrscher des Nillandes ruht. Noch ergreifender ist es, in die Nacht der natürlichen Höhlen Frankreichs und Spaniens, die sich so vielfach auch als Grabhöhlen erwiesen haben, einzudringen und ihre Wände mit eingravierten, teilweise noch mit frischen Farben bemalten künstlerischen Darstellungen geschmückt zu sehen, deren Alter als diluvial, aus den Solutré- und Madeleine-Stufen, der glyptischen Periode entsprechend, anerkannt werden muß.

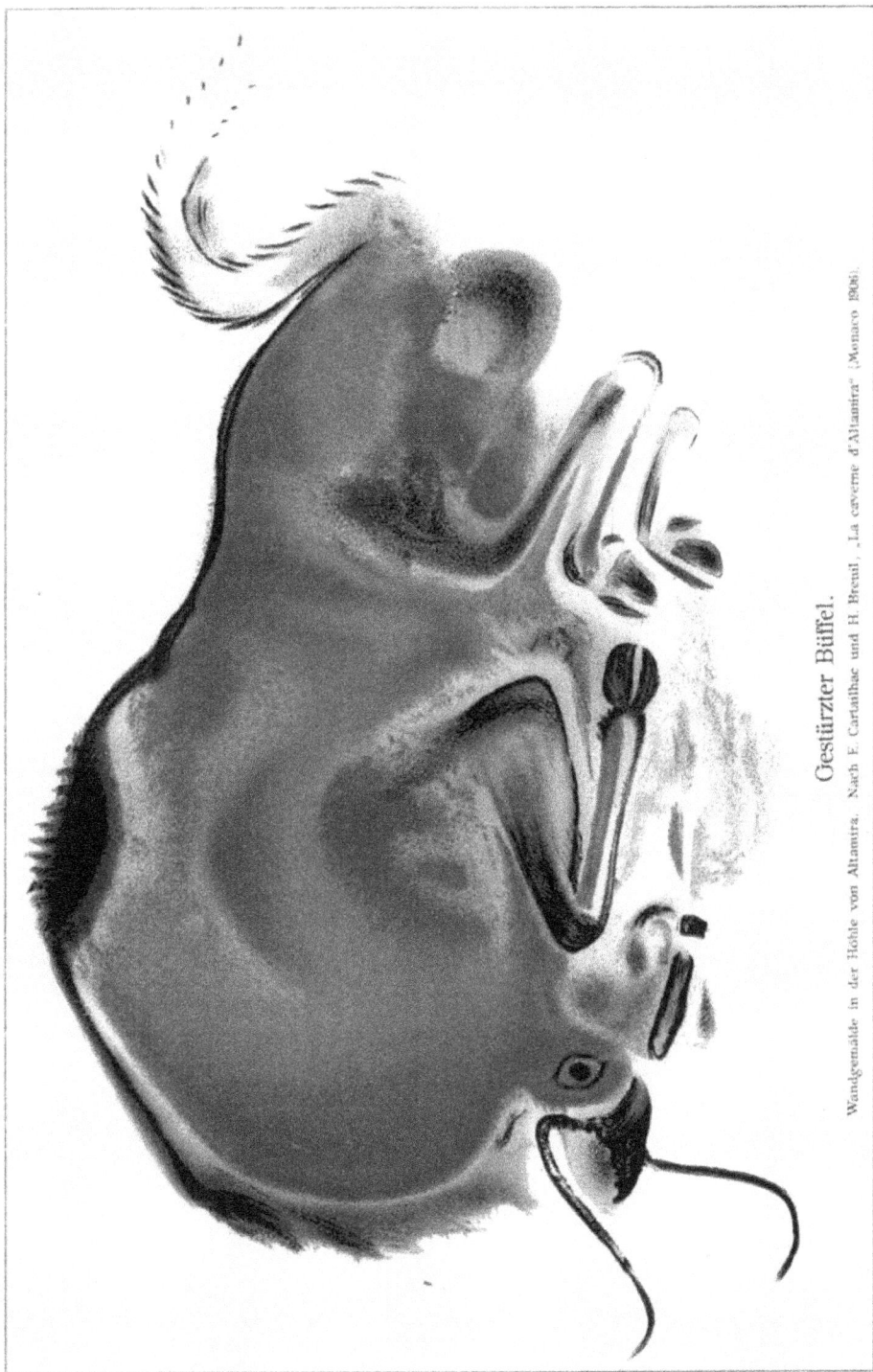

Gestürzter Büffel.

Wandgemälde in der Höhle von Altamira. Nach E. Cartailhac und H. Breuil „La caverne d'Altamira" (Monaco 1906).

Obwohl die erste Auffindung des künstlerischen Schmuckes der Höhlenwände schon in die 80er Jahre des vorigen Jahrhunderts zurückreicht, ist die Anerkennung und der Ausbau der Entdeckung doch erst ein Werk der letzten Jahrzehnte. Über die Höhle von Altamira besitzen wir (seit 1906) die abschließende klassische Publikation von Emile Cartailhac und Henri Breuil, ausgestattet durch die Munifizenz des Fürsten von Monaco. Der Entdecker der Höhle von Altamira und ihres künstlerischen Wandschmuckes ist Don Marcelino de San-taola. Die überraschenden Mitteilungen (1880) stießen zunächst auf den entschiedensten Widerspruch, bis sie von dem einstigen Hauptgegner, Emile Cartailhac, der sich mit H. Breuil an Ort und Stelle durch wochenlanges Studium von ihrer Richtigkeit überzeugt hatte, rück-haltlos anerkannt worden waren: „Die Malereien sind groß-artig, — die zahllosen Abbildungen (grafiti) bedecken enorme Flächenräume — —." Die Höhle liegt in der Commune Santillana del Mar in der Nähe von Santander im Kan-tabrischen Gebirge, das an der Nordküste Spaniens als Fort-setzung der Pyrenäen erscheint. An den Höhlenwänden und der Decke zeigen sich zahlreiche Eingravierungen und Male-reien in rotem Ocker und Schwarz, teils reine Umrißzeich-nungen, teils feiner modelliert, teils flächenhaft rot oder poly-chrom gemalt. Dargestellt sind Pferde, Renntiere, Hirsche, aber namentlich oft und charakteristisch der Bison, von dem an der Höhlendecke mehr als 30 Abbildungen in verschiedenen Stellungen angebracht sind. Im allgemeinen gehört diese diluviale Höhlenkunst in das Jungpaläolithikum. Die Höhlen-künstler stellten hier und in anderen Höhlen die Tiere dar, mit denen sie zusammen lebten. Das gibt die Möglichkeit einer relativen Altersbestimmung: es finden sich einmal die Tiere der Tundra, dann die der Steppe und des Waldes, wobei die Wanddarstellungen durch die Gravierungen und Schnitze-reien der Pietteschen Höhlenkunstfunde ergänzt werden.

Die „Venus von Willendorf". Nach dem „Bericht der 40. allgemeinen Ver-sammlung der deutschen anthropologischen Gesellschaft in Posen": „Korrespondenz-blatt der deutschen Gesellschaft für An-thropologie 2c.", 40. Jahrg., Nr. 9—12 (Braunschweig 1909).

Die Technik der Wandverzierungen selbst gibt Anhalte-punkte für ihre chronologische Unterscheidung. Cartailhac und Breuil unterscheiden vier Stufen, die ersten drei zeigen ein Aufsteigen der Kunstentwickelung, die vierte (Stufe von Mas d'Azil) einen rapiden Verfall bis zum Verschwinden der figürlichen Kunst.

Die ältere Methode besteht in einfacher strenger Profilkonturierung, Umrißzeichnung, entweder nur eingraviert oder die Linien mit Farbe nachgezogen; schließlich entwickelt sich die Technik zu wahrer Freskenmalerei, in breiten Flächen polychrom ausgeführt und, bei geschickter Modellierung, mit mehr oder weniger ausgesprochener Vernachlässigung der Linienbegrenzung. Die Darstellung ist nun frei, lebensvoll und schreckt vor schwierig wieder-zugebenden Stellungen der abgebildeten Tiere keineswegs zurück; so gelingen Bilder von hoher Naturwahrheit, glänzende Beweise einer eindringenden Naturbeobachtung (s. die beigeheftete farbige Tafel „Gestürzter Büffel").

Auch in Frankreich selbst wurden von den zuverlässigsten Forschern Höhlen mit künst-lerischen Wanddekorationen entdeckt. In dem genannten Werke über Altamira erwähnen Car-tailhac und Breuil folgende Höhlen mit Wandbildern: Marsoulas, Mas d'Azil, Pair-non-Pair,

La Mouthe, Font-de-Gaume, les Combarelles, Bernifal, Teyjat, Aigueze, wozu noch die Höhle von Gargas, Haute Garonne, und die große Grotte von Niaux kommen. Alle diese Höhlen gehören dem Süden Frankreichs an, meist dem Südabfall der Pyrenäen und dem altberühmten Höhlengebiet der Dordogne, aus dem die ersten Zeugen diluvialer Kunst bekannt geworden sind.

Die ersten wirklich bedeutenden Kunstwerke dieser Art, die in Frankreich zutage kamen, waren die von Emile Rivière 1895 entdeckten vertieften Umrißzeichnungen, die Linien zum Teil mit rotem Ocker nachgefahren, in der Höhle von La Mouthe (Dordogne). 95 m entfernt vom Eingang, also weit vom Tageslicht abgelegen, begannen die Darstellungen: Mammut, Bison, Steinbock, Pferd und Renntier. In der Grotte Pair-non-Pair bei Marcamps-Gironde fand nach dem Ausräumen der fast bis zur Decke hinaufreichenden Schichten Daleau die Dekorationen der Wände, die in vertieften, mit rotem Ocker ausgezogenen Linien Mammute, Pferde und verschiedene Wiederkäuer darstellten. Mehrere Schulterblätter größerer Säugetiere zeigten rote Farbstoffflecke und werden als Paletten angesprochen. Als Zeit der Entstehung wird von dem Entdecker die Solutré-Stufe angenommen. Noch großartiger waren die Ergebnisse, die Capitan und Breuil (1901) in der Höhle von Combarelles bei Tayac (Dordogne) und der nachbarlich gelegenen Höhle von Font-de-Gaume machten, die an Reichtum und Vollendung der figürlichen Abbildungen alle früheren derartigen Entdeckungen in den Schatten stellten. In der Höhle von Combarelles fanden sich unter den mehr als hundert Einzelbildern 14 von Mammuten. Die Umrisse sind 5—6 mm tief eingegraben, so daß sie auch unter der dünnen, die Wände bedeckenden Sinterkruste noch zu erkennen sind. Zum Teil sind die Linien mit schwarzer Farbe nachgezogen, zuweilen lediglich in Farbe ausgeführt. Die Wandbilder beginnen erst 118 m vom Eingang der engen Höhle in absoluter Dunkelheit. Unter den Tierbildern ist das Wildpferd am häufigsten. Die Entdecker glaubten an mehreren derselben Zeichen der Domestikation zu erkennen, namentlich Eigentumsmarken und einen um die Schnauze gebundenen Strick oder eine Art Halster. Vielleicht handelt es sich um eine Fesselung des mit dem Lasso gefangenen Tieres, das lebend zur Lagerstelle geführt wurde, um dort geschlachtet zu werden. Sicher ist es, daß die etwa 40 Pferdebilder deutlich zwei verschiedene Rassen erkennen lassen: die eine ist das Wildpferd mit dickem Leib und Kopf, krummer Nase, starken Lippen und dickem Schwanz; die andere Rasse zeigt feinen Leib, kleinen Kopf, gerade Nase und dünnen Schwanz. Seltener wurden Rinder, Bison, aber auch unseren Hausrindern ähnliche Formen abgebildet; einige Male Steinbock und Antilope. Die schon erwähnten 14 Mammutbilder sind mit voller Genauigkeit aufgefaßt: bei älteren Tieren treten die Formen des Körpers mehr hervor, junge erscheinen fast kugelrund und ganz im Haarkleid versteckt.

Die Höhle von Font-de-Gaume liegt in einem kleinen Seitenast des Vézère-Tales; etwa 66 m vom Eingang gelangt man durch einen engen Schlupfgang zu einer Art Halle, nur 2—3 m breit, aber 5—6 m hoch und 40 m lang. Hier findet sich die Mehrzahl der Bilder, graviert, die Linien mit Farbe nachgezogen. Andere Bilder fand man fast ganz am Ende der Höhle, 120 m vom Eingang entfernt. Letztere sind wahre Freskogemälde; die Konturen sind nur zum Teil eingegraben, mehrfach nur mit Farbe überzogen, der Körper ist flächig polychrom gemalt. Manchmal sind Kopf und Beine braun, der Körper rot; bei anderen Bildern ist umgekehrt der Kopf rot, der Körper dunkelbraun; hier und da ist eine lichtere, aus Rot und Schwarz gemischte Farbe gewählt, oder es sind einzelne Teile schwarz gemalt.

Bildliche Darstellungen von Pflanzen, Tieren und Menschen aus der
Diluvialperiode Frankreichs.

Bildliche Darstellungen von Pflanzen, Tieren und Menschen aus der Diluvialperiode Frankreichs.

1. 2. 3. Pflanzen.

4. Fische.

5. Reptil (Schlange).

Vögel: 6. Gans.

7. Schwan.

Säugetiere: 8. Seehund.

9. Wolf oder Fuchs.

10. Gemse.

11. Hirsch.

12. Kopf eines wiehernden Pferdes (Skulptur).

13 und 21. Füllen und Pferd.

Nach E. Piette, »Etudes d'ethnographie préhistorique«, VII: »L'Anthropologie«, Bd. XV (Paris 1904).

16. Bär.

17. Löwe (Katzenart).

20. Nashorn.

Nach L. Capitan, H. Breuil und Peyrony, »Carnassiers, Rhinocéros figurés dans les cavernes du Périgord«: »Congrès international d'Anthropologie et Archéologie préhistoriques, Monaco 1906«, Compte rendu, Bd. I (Monaco 1907).

18. Mammut.

Nach H. Breuil, »L'evolution de l'Art pariétal des cavernes de l'âge du renne« (Monaco 1907).

14. Bison.

Menschen: 15. Drei Menschengesichter.

Nach E. Cartailhac und H. Breuil, »Les peintures et gravures murales des cavernes pyrénéennes«: »L'Anthropologie«, Bd. XVI (Paris 1905).

19. Bärtiger Menschenkopf.

Nach L. Capitan, H. Breuil und Peyrony, »Figures anthropomorphes ou humaines de la caverne des Combarelles« (Monaco 1907).

Nach den dargestellten Tieren und ihrer relativen Häufigkeit halten Capitan und Breuil die Malereien von Font-de-Gaume für jünger als die von Combarelles: der Bison überwiegt (etwa 50), Renntier und Pferd werden schon selten (4), das Mammut fehlt fast vollkommen (1); dazu kommen noch Antilope (3) und Edelhirsch (1); es entspricht diese Fauna der reinen (jüngsten) Stufe von Madeleine gegen Ausgang der eigentlichen Diluvialperiode. Die Grotten von Pair-non-Pair und Combarelles sind etwas älter (Solutré- und Aurignac-Stufe): dafür sprechen sowohl die archäologischen wie die faunistischen Ergebnisse der Ausgrabungen; Mammut und Wildpferd herrschen vor.

Diese Höhlenzeichnungen und -malereien entsprechen in schöner Weise den Kunstwerken der glyptischen Periode Piettes. Die lebenswahren Gravierungen auf Elfenbein, Geweih, Knochen, Stein erhalten ihre Analogie in den künstlerisch nicht zurückstehenden Gravierungen in die Steinwände der Höhlen, die mit den gleichen Steininstrumenten in der gleichen Periode ausgeführt worden sind. Auch Andeutungen, daß die Technik der Reliefdarstellung bekannt war, fehlen nicht: manchmal ist der Kopf des dargestellten Tieres auf einen natürlichen, der Form entsprechenden Wandvorsprung gemalt, so daß er sich wie im Relief abhebt; in einigen Fällen ist sogar die Felswand speziell zu dem gleichen Zweck zugearbeitet.

Nach M. Hoernes, dem wir die erste deutsche kritische Darstellung der diluvialen Höhlendekorationen verdanken, sind „die Fresken von Altamira und Font-de-Gaume ihrem künstlerischen Wert nach etwas ganz anderes als z. B. die Umrißzeichnungen von Combarelles. Bei diesen ist aller Nachdruck auf die Schärfe der Konturen, auf die Wirkung des charakteristischen Profils gelegt; bei jenen strebt die Arbeit bei aller Schärfe der Umrisse vor allem nach der Massenwirkung der farbegefüllten Fläche".

Die auf den Höhlenwänden wiedergegebenen Pflanzen und Tiere sowie die auf Elfenbein, Renntierhorn und Stein gravierten und geschnitzten Abbildungen stammen aus der Zeit, in der diese Tiere in der Umgebung des Menschen lebten und von ihm beobachtet werden konnten. So stellen sie in gewissem Sinne einen Bilderatlas dar von den dem Diluvialmenschen in jenen Epochen, aus denen die Abbildungen herrühren, bekannten Tieren und eröffnen uns damit einen überraschenden Einblick in sein geistiges Besitztum, in den Schatz seines Wissens. Die auf der beigehefteten Tafel „Bildliche Darstellungen von Pflanzen, Tieren und Menschen usw." gegebenen Kopien der diluvialen Originale bedürfen kaum einer Erläuterung.

Die Zeit ist vorüber, wo man die Echtheit der aus dem Diluvium stammenden Kunstwerke nicht meinte anerkennen zu dürfen, weil sie zu der Idee einer „unergründlichen Inferiorität" des diluvialen Menschen, die das System vorausetzen zu müssen glaubte, nicht passen wollten. Heute können wir nicht nur auf den gesicherten Nachweis ihres diluvialen Alters, sondern auch auf zahlreiche ethnologische Parallelen hinweisen.

Unter den mehrfachen Beweisen, die uns die Ethnographie liefert, daß unzivilisierte Völker, Buschmänner, Australier, Eskimos und andere, ein verhältnismäßig hochentwickeltes Kunstvermögen zeigen können, beziehen wir uns am besten auf die Eskimos, deren heutige äußere Lebensverhältnisse doch am meisten denen der alten europäischen Diluvialmenschen zu entsprechen scheinen; leben sie doch wie diese während und bald nach der Eiszeit in einem kalten Klima vorwiegend vom Fischfang und der Jagd des Renntieres, und verstehen sie es doch wie einst jene, Zeichnungen in Knochen und Treibholztäfelchen sowie Schnitzereien in Bein und Horn auszuführen. Oben (S. 395) haben wir Pfeilstreckapparate der Eskimos erwähnt. Häufig sind die Griffe dieser Apparate durch Gravierungen geschmückt. Auf der oberen Abbildung dieser Seite ist eine Renntierjagd dargestellt: Tiere weiden, ohne sich von der Ankunft zahlreicher Jäger stören zu lassen, die in Renntierfellen und mit Geweihen auf dem Kopfe, aber mit zierlich befransten Armeln heranschleichen. Andere derartige Gravie-

rungen (s. die untere Abbildung dieser Seite) führen Szenen aus der Jagd und dem Fischfang, das Stilleben im Hause und Zelte, Spiele der Kinder und anderes mehr vor. A. Ecker veröffentlichte Eskimogravierungen auf Treibholztäfelchen, die etwa dieselben Gegenstände behandeln. Namentlich charakteristisch sind die Abbildungen von Fischen und Eisbären. Bei Buschmännern und Australiern hat man sogar Felsen- und Höhlenmalereien und Gravierungen gefunden, welche denen, die wir aus dem europäischen Diluvium kennen gelernt haben, in wunderbarer Weise entsprechen (vgl. S. 442).

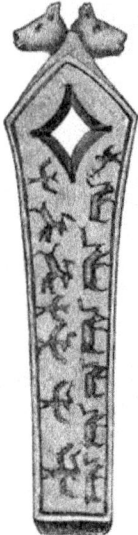

Die Malereien, Gravierungen und Schnitzereien geben bei den genannten modernen Völkern wie bei dem europäischen Urmenschen die Bilder der häufigsten Jagdtiere, bei den Eskimos also Seehunde, Eisbären. Auch Menschen finden sich gelegentlich auf diese Weise abgebildet. Als sehr charakteristisch für eine primitive Geschmacksrichtung erscheint es, daß sich unter den Eskimoschnitzereien auch solche Doppeldarstellungen finden wie das Thayinger Pferde-Hasenköpfchen (vgl. S. 421), nämlich Eisbär und Seehund, zwei zusammenhängende Menschenbüsten. Bei den Eskimos ist ebensowenig, wie wir das von unseren ältesten europäischen Vorfahren voraussetzen dürfen, die Freude an der Kunst von einer allgemeinen Verfeinerung des Lebens getragen. Kane, der oft Gelegenheit hatte, dieses Volk zu beobachten, liefert das Verzeichnis des Inventars einer von ihm besichtigten Eskimohütte: „Eine Schale aus Seehundsfell zum Sammeln und Aufbewahren des Wassers; das Schulterblatt eines Walrosses, welches als Lampe dient; ein flacher Stein, um dieselbe zu stützen; ein zweiter großer, dünner, platter Stein, um den zum Trinkwasser schmelzenden Schnee daraufzulegen; eine Lanzenspitze mit einem langen Bande aus Walroßhaut; ein Kleidergehänge und die Kleidungsstücke der Leute selbst umfassen die gesamten irdischen Güter

Pfeilstreckapparat der Eskimos aus Walroßzahn. ½ wirklicher Größe. Nach B. Dawkins, „Die Höhlen und die Ureinwohner Europas", übersetzt von J. W. Spengel (Leipzig 1876).

dieser armen Familie." Aber trotz dieser Armut fehlt den Eskimos doch im allgemeinen nicht der Sinn für Verschönerung des Lebens.

Knochengravierung der Eskimos. Nach J. Lubbock, „Die vorgeschichtliche Zeit", übersetzt von A. Passow (Jena 1874).

Ihre Lust an Körperkraft und Gewandtheit beweisendem Spiel, an Einzel- und Chorgesang, an Trommelmusik und Tanz spricht für die lebhafte sinnliche Empfindung dieses Volkes, das der starrende Norden nicht zu bezwingen vermochte. Parrys Schilderung eines Abends in einer Eskimohütte bezeugt uns, daß mit aller Beschränkung des uns am nötigsten erscheinenden Lebenskomforts sich doch eine gewisse Höhe des Lebensgenusses und der Lebensfreude, die Grundbedingung jeder Kunstentwickelung, verbinden kann. „Wir fanden", so erzählt

Parry, „nur einigemal Gelegenheit, ihre Gastfreundschaft auf die Probe zu stellen, und hatten dabei allen Grund, zufrieden zu sein. Die besten Speisen und die besten Wohnstätten, die sie besaßen, standen uns zu Diensten, und ihre Aufmerksamkeit äußerte sich in einer Weise, wie sie Gastfreundschaft und eine gute Erziehung vorzuschreiben pflegen. Wir werden die zuvorkommende Freundlichkeit, mit der uns die Frauen anboten, uns unsere Kleider auszubessern und zu trocknen, unsere Vorräte zu kochen und uns Schnee zum Trinken zu schmelzen, nicht so leicht vergessen und sprechen ihnen dafür unsere Bewunderung und Achtung unverhohlen aus. Als ihr Gast verlebte ich nicht nur einen behaglichen, sondern auch einen genußreichen Abend. Denn als die Frauen arbeiteten und sangen, die Kinder vor der Tür spielten und der Topf über der Flamme einer hellleuchtenden Lampe brodelte, vergaß man eine Zeitlang, daß dies Bild eines häuslich-glücklichen Stillebens in einer Eskimohütte vor sich ging." Eine ähnliche Gemütlichkeit, ein ähnlich hoch entwickelter Sinn für die kleinen Lebensfreuden mag wohl auch in den ärmlichen Höhlenwohnungen unserer ältesten europäischen Vorfahren geherrscht haben, in denen sich, wie in den Eskimohütten, auf dieser Grundlage der Sinn für das Naturschöne und die Fähigkeit, es nachzuahmen, entwickeln

konnten. Knud Rasmussen, der die Sprache der Eskimos als „Muttersprache" spricht, hat uns durch die Beschreibung seines Aufenthalts bei den „Neuen Menschen", den Nachbarn des Nordpols am Kap York, einen

Mit Bandornament verzierte Knochenharpune aus dem Keßler Loch. Nach J. Ranke im „Korrespondenzblatt der deutschen anthropologischen Gesellschaft" (allgemeine Versammlung in Konstanz; München 1877). Vgl. Text S. 430.

wunderbaren Einblick in das reiche Seelenleben eröffnet, das sich in den Eiswüsten am Fuß ewiger Gletscher originell entfalten konnte.

Die Knochennadeln mit Öhr und die Feuersteinschaber, die den entsprechenden Instrumenten der Eskimos vollkommen gleichen, haben uns bewiesen, daß der Diluvialmensch eine gewisse Kenntnis in den Bekleidungskünsten, die das Klima der Eiszeit notwendig machte, auch wirklich besaß. Wie allgemein Kleider aus Tierfellen während der Diluvialperiode im Gebrauch waren, dürfen wir aus der großen Anzahl der gefundenen Feuersteinschaber schließen, die zur Bearbeitung der Felle dienten. Die Naturvölker verstehen es sehr wohl, das Hartwerden ihrer Tierfelle zu verhindern: zu diesem Zwecke reiben sie diese mit Fett oder Knochenmark ein und bearbeiten sie mit den Händen. Die nordamerikanischen Indianer stellen sogar eine Art von sämischem Leder her. An andere Kleiderstoffe werden wir für die Urzeit Europas wohl kaum denken dürfen, da bisher kein Anzeichen vorliegt, daß in der Diluvialzeit das Spinnen bekannt gewesen wäre, das in der jüngeren Steinzeit allgemein geübt wurde. Dagegen verstand man es offenbar schon damals, zu flechten und Schnüre zu drehen. Solche Geflechte und Schnüre haben sich zwar natürlicherweise nicht erhalten, aber wir sehen sie mit aller Deutlichkeit abgebildet, und zwar als ornamentale Verzierungen an Waffen und Geräten der Diluvialzeit. Gerade hierfür haben das Keßler Loch und die benachbarte Freudentaler Höhle, wie mir scheint, wichtige Beweise geliefert.

In beiden Höhlen wurde je ein salzbeinähnliches Instrument mit vollkommen gleicher Ornamentierung gefunden. Es sind Stücke aus Renntiergeweih, mit einem ziemlich rohen Steinmesser geschnitzt und dann geglättet; man erkennt noch deutlich die zufälligen Einrisse, die durch Scharten des Schnitzinstruments auf der sonst geglätteten Fläche hervorgebracht wurden.

Parallel zur Längsachse des Instruments sind Vertiefungen in den Knochen eingeschabt, und zwar zwei am Rande, eine in der Mitte, wodurch zunächst zwei einige Linien breite Parallelleisten entstanden. Indem man nun weiter in schiefer Richtung Parallelfurchen in symmetrischem Abstand in diese erhabenen Leisten einritzte, entstand ein erhabenes, aus kleinen Rauten gebildetes, an ein einfaches Flechtwerk erinnerndes Ornament, dem ein gewisser Geschmack nicht abgesprochen werden kann. An höher entwickelte, aus der textilen Kunst entnommene Ornamentmotive, Flechtornamente, erinnern die schief oder senkrecht zur Längsachse verlaufenden Parallellinien an einer aus Renntierhorn gearbeiteten Speerspitze und an einigen anderen griffartigen Instrumenten. Ein Schabmeißel aus Renntiergeweih zeigt in einer rinnenartigen Vertiefung ein Strickornament, und die Spitze eines aus dem gleichen Material gearbeiteten Pfriemens ist im ganzen in der Gestalt einer zusammengedrehten Schnur modelliert. Daß wir es hier wirklich mit absichtlich gewählten, der textilen Technik entnommenen Ornamenten zu tun haben, beweist am sichersten eine größere, ebenfalls aus Renntiergeweih geschnitzte Harpune. Ihre etwas zerbrechlich erscheinenden Widerhaken sind, gleichsam um ihnen für das Ansehen mehr Widerstandsfähigkeit und Halt zu geben, durch ein regelmäßiges Bandornament an den Schaft, mit dem sie in Wahrheit

Knochenpfeil mit Feuersteinklinge aus der jüngeren Steinzeit. Nach O. Montelius, „Die Kultur Schwedens in vorchristlicher Zeit", übersetzt von C. Appel (2. Aufl., Berlin 1885).

aus einem Stücke geschnitzt sind, gebunden (s. die Abbildung S. 429). Es geht aus alledem hervor, daß Motive der textilen Technik als Ornamente lediglich zum Schmucke, einem Schönheitsbedürfnis entsprechend, Verwendung fanden. Daraus folgt aber weiter mit unanfechtbarer Gewißheit, daß den alten Höhlenbewohnern wenigstens die ersten Anfänge der textilen Künste, das Drehen eines Fadens oder einer Schnur und die Flechttechnik, bekannt waren.

Die Art der Entstehung des einfachen Ornaments auf diesen geschnitzten Objekten ist aber auch von psychologischem Interesse. Wir kennen aus der jüngeren, alluvialen Steinzeit Europas wie aus Amerika und Australien unter anderem den Gebrauch, Pfeile, Harpunen und andere Geräte dadurch zu bewaffnen, daß ihnen entweder nur auf einer Seite oder doppelseitig scharfe Feuersteinsplitter eingesetzt wurden (s. die obenstehende Abbildung). Auf einen entsprechenden Gebrauch bei dem diluvialen Menschen deutet das oben geschilderte Bandornament der Harpune hin; man hat wirklich einst die aus scharfen Steinsplittern bestehenden Widerhaken an die Harpunenspitze gebunden, das Ornament zeigt uns deutlich das alte technische Verfahren dabei.

Verbreitung der altpaläolithischen Kultur.

Während eines Teiles der Quartärepoche bestanden zwischen Nordafrika und Europa in wechselnder Gestalt Landverbindungen, auf denen die Einwanderung afrikanischer Tiertypen, des Elefanten, des Nilpferdes und anderer, nach Italien und Frankreich, aber auch nach England und tief in das Innere Mitteleuropas erfolgte; einst hat mit dem Elefanten das Nilpferd in den diluvialen Sümpfen des Neckars bei Heidelberg gebadet. Es ist das die gleiche

Periode, in der wir in Europa dem Menschen begegneten, auf dem weiten Gebiet, das sich nach England, ebenso östlich in die Donauländer erstreckt und sogar Sibirien und die Krim erreicht. Aber auch in Kleinasien und an der Nordküste von Afrika und in Ägypten ist jetzt die Anwesenheit des Menschen während des Diluviums erwiesen, und zwar in der geologisch-archäologischen Stufe des Altpaläolithikums. Der Nachweis des altpaläolithischen Menschen in Ägypten ist von der größten Wichtigkeit. Ägypten ist bis jetzt das einzige Gebiet, in dem die neolithische Periode der chronologischen Geschichte der Menschheit vollkommen angegliedert werden konnte, so daß diese alte Kulturstufe, die bei uns in prähistorisches Dunkel gehüllt ist, dort ins helle Licht der Historie gerückt erscheint. Nun reiht sich daran die Entdeckung des Diluvialmenschen in diesem für die älteste historische Kultur typischen Lande und erweckt die Hoffnung, daß es in nicht zu ferner Zeit gelingen werde, auch die dort bis jetzt noch bestehende Kluft zwischen paläolithischer und neolithischer Zeit zu überbrücken.

Schon in den 80er Jahren des vorigen Jahrhunderts haben englische und deutsche Forscher auf das Vorkommen von Feuersteinmanufakten in den diluvialen Schotterterrassen im Gebirge bei Theben hingewiesen. Aber obwohl R. Virchow aus eigener Anschauung den „antiquarischen Wert" solcher Fundstücke anerkannt hatte, wurde doch erst durch die sachkundigen, unermüdlich jahrelang fortgesetzten Untersuchungen eines unserer berühmtesten und verdienstvollsten Forscher, G. Schweinfurths, die diluviale Steinzeit Ägyptens zu einer wissenschaftlichen Tatsache erhoben. Seine systematischen Publikationen beginnen im Jahre 1902. Ich habe mit Ferd. Birkner einige wichtige Fundstellen im Jahre 1909 besucht, um selbständige Erfahrungen zu gewinnen, die wir durch das Studium der reichen Sammlungen im Museum zu Kairo vervollständigen konnten. Hierbei haben wir in jeder Beziehung die Entdeckungen Schweinfurths bestätigen können.

Einer der entscheidenden Fundplätze liegt bei dem am meisten nach Osten und gegen das Niltal zu vorspringenden Ausläufer des den Nil auf der libyschen Seite begleitenden Gebirges bei Qurna, wo ganz nahe auf der Nordseite des Tempels von Seti I. das weltberühmte Tal der Königsgräber (s. die Abbildung S. 432) mündet. Hier, in der von Blanckenhorn wissenschaftlich festgelegten diluvialen Hauptterrasse, die sich ohne wesentliche Unterbrechungen durch das ganze ägyptische Niltal verfolgen läßt, findet sich die Schicht, welche die Kieselmanufakte birgt. Die zum Teil künstlich senkrecht abgearbeiteten alten Uferböschungen des Taleinganges lassen den geologischen Aufbau gut erkennen. Die durch ein kalkiges Bindemittel zusammengebackene Nagelfluhmasse enthält das Geröll der in alter Zeit vom nachbarlichen Gebirge herabgeströmten Bäche; es besteht aus ganzen oder zersprengten Feuersteinknollen und aus Kalkstücken, meist nicht größer als eine Kinderfaust. Zwischen diesen Geröllen eingebettet und mit ihnen fest verkittet finden sich bearbeitete Feuersteine; sie können nur mit Meißel und Hammer aus der festen Nagelfluh herausgearbeitet werden. Auch auf der Oberfläche der Terrasse und in der Schutthalde unter dem Steilabfall liegen zahlreiche entsprechende Manufakte, die sich aber zum Teil von den graurötlichen Stücken in der Felswand durch eine schöne glänzende lederbraune Färbung auszeichnen, zum Beweis dafür, daß sie lange Zeit den atmosphärischen Einflüssen ausgesetzt waren, die allem Gestein der Wüstengebirge eine ähnliche rote oder braune Farbe erteilen. Wahrscheinlich sind diese braun patinierten Stücke aus Höhenlagen herabgefallen. Dort zeigt sich nämlich auf der Plateauhöhe etwa 200 m über dem Nil der Boden auf weite Strecken hin mit solchen braunen Kieselfragmenten bedeckt. Auf dieser ursprünglich mit der unteren Abteilung des Eozäns angehörigen

Naturkieseln von verschiedener Größe „gepflasterten" Fläche haben, sagt Schweinfurth, „ungezählte Generationen ihr kieselverarbeitendes Dasein geführt. Kilometerweite Strecken sind an diesen paläolithischen Werkplätzen buchstäblich mit Kieselmanufakten aller Art bedeckt. Es fällt streckenweise schwer, auf diesen dem Absturz zum Niltal benachbarten Hochflächen noch intakte Naturkiesel ausfindig zu machen, und man schreitet buchstäblich über ein Pflaster von Sprengstücken und mißglückten und liegengelassenen Kieselwerkzeugen".

Die Steininstrumente, sowohl die aus den diluvialen Schichten herausgemeißelten wie jene zahllosen, seit Jahrtausenden freiliegenden Stücke, zeigen die unverkennbaren Formen des Altpaläolithikums, wie wir sie aus den Fundstellen im französischen Feuersteingebiet kennen. Abgesehen von den massenhaft sich findenden eolithischen Objekten, auf

Das Tal der Königsgräber bei Theben in Ägypten. Nach der „Zeitschrift für Ethnologie", 36. Jahrgang (Berlin 1904). Vgl. Text S. 431.

deren Bedeutung wir unten zurückkommen werden, konstatierte Schweinfurth die Formen der Chelles- und Acheul-Stufe; andere vergleicht er mit den Manufakten der Epoche von Moustier, die in Europa dem Ende der altpaläolithischen Zeit angehören. Er hat in sorgfältigster Weise die typischen Formen der Steinsachen systematisch gesondert und die echt paläolithischen Manufakte seiner Sammlungen in 13 Formen eingeteilt. Am wichtigsten sind die Faustschlägel, Faustkeile (coupe de poing). Sie zeigen das von G. de Mortillet angeführte Merkmal, daß sie an ihrem spitzen Ende den größten Dickendurchmesser besitzen, so daß sie sich in keiner zweckmäßigen Weise, behufs Verwendung als Axt, in eine Handhabe hätten einfügen lassen. Der Weise der Bearbeitung und den Größenverhältnissen nach entsprechen die Stücke aus der Umgebung von Theben vielfach dem Typus von Acheul, doch kommen auch rohere Vorstufen und wahre Chelles-Keile vor. Außer diesen beiden Hauptformen der Arbeitsweise des Altpaläolithikums finden sich auch jene charakteristischen Stücke einer Kleinindustrie, die wir als Vorläufer der ausgebildeten Chelles-Acheul-Stufe und als Begleiter ihrer Faustkeile in Frankreich kennen gelernt haben. Sie ähneln oft durch ihre einseitige Bearbeitung Moustiermanufakten. Schweinfurth unterscheidet diese Kleininstrumente als Rundscheiben, Ovalscheiben, Handspitzen und Messerklingen, letztere zum Teil von großen Dimensionen. Dazu kommen Schaber von sehr verschiedener Form: Rundschaber, Stielschaber, Stumpfschaber, konvexe Bogenschaber, konkave Bogenschaber oder Hohlschaber, zweischneidige und herzförmige Bogenschaber (s. die untenstehende Abbildung und die auf S. 434).

Wie in Ägypten, so sind zahlreiche Reste des Altpaläolithikums auch in Algerien und Tunis sowie an der ganzen Nordwestküste Afrikas weit verbreitet. Schweinfurth hat in Südtunesien die Verhältnisse sehr ähnlich denen in Ägypten gefunden. Abgesehen von Manufakten des neolithischen Typus entdeckte man viele Faustkeile, Fäustel, von den verschiedenen Chelles-Formen, einige mehr spitz, andere oval. Paul Palary hat Reste des Altpaläolithikums in Marokko und in der Sahara nachgewiesen.

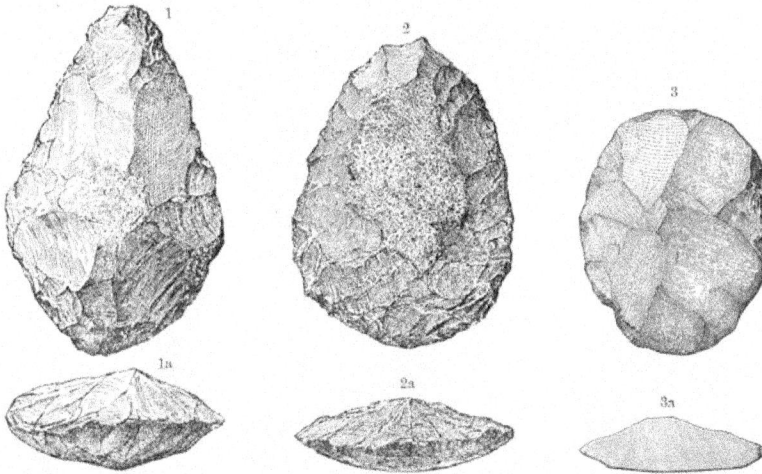

Ägyptische altpaläolithische Feuersteinwerkzeuge. Nach J. de Morgan, „Recherches sur les origines de l'Égypte" (Paris 1897). 1 und 2 typische Faustkeilformen (vgl. die Abbildungen S. 384, 385 und 405), 3 Rundschaber (vgl. die Abbildung S. 434, Fig. 2); 1, 2, 3 von der Fläche, 1a, 2a, 3a mittlere Durchschnitte.

Für das Innere und den Süden Afrikas sind paläolithische Erzeugnisse noch kaum erst festgestellt: am Vaalfluß sind „sichere Manufakte" (F. v. Luschan) zusammen mit einem Mastodon-Zahn gefunden worden, ebenso nach Penck in einer Schotterablagerung an den Viktoriafällen, die älter als letztere sein soll.

Durch die Untersuchungen von M. Blanckenhorn sind wir nun auch über die paläolithische Steinzeit in Syrien und Palästina näher unterrichtet. Während die jüngeren diluvialen Epochen ziemlich schwach vertreten sind, hat das Altpaläolithikum, die Stufen von Chelles bis Moustier, an nicht wenigen Orten typische Reste hinterlassen, die geologisch und archäologisch festgelegt werden konnten. Speziell das klimatisch noch heute begünstigte Hochplateau bei Jerusalem, das den Menschen auch reiches und gutes Material für ihre Werkzeuge bot, ist in allen Epochen der Steinzeit, wenigstens von der Chelles-Periode an, bewohnt gewesen. Chelles-Fäustel von typischer Form fanden sich im Westjordanland z. B. in der Umgebung des Dorfes Sur Baher, ebenso in der Ebene Rephaim auf der Straße von Jerusalem nach Bethlehem. Auch im nördlicheren Westjordanland sowie im Ostjordanland und im Hauran fehlen Fundplätze nicht. An der syrischen Meeresküste fanden sich bei Ras el-Kelb mit Resten von Rhinoceros tichorinus „mittelpaläolithische" Feuersteinmanufakte, Moustier-schaber und -spitzen, auch Nadeln von Knochen.

Über das Vorkommen einer altpaläolithischen Kultur im übrigen Asien ist noch wenig bekannt, nur „Vorderindien ist mit Chellesteilen reichlich überstreut bis südwärts in das Gebiet von Madras"; sie finden sich da in beträchtlicher Tiefe in diluvialen Schichten. In Japan scheinen paläolithische Erzeugnisse trotz eifriger Bodenforschung noch nicht aufgefunden.

In den letzten Jahren sind zahlreiche gewichtige Stimmen laut geworden, die sich gegen den chronologischen Wert der Moustier-Arbeitsweise, speziell für Nord-

afrika, Ägypten und Vor-derasien, ausgesprochen haben, und in der Tat scheint für diese Gebiete eine Trennung und zeit-liche Aufeinanderfolge der Stufen Chelles-Acheul und Moustier, wie sie sich für Frankreich und die Nachbarländer immer sicherer bewährt, nicht zu gelten.

In all den genannten, während des Diluviums zu einem zusammenhän-genden Gebiet vereinig-ten, jetzt in drei Weltteile getrennten Ländern be-gegnen wir, wo sich aus-reichend Feuerstein findet, einer gleichmäßigen Me-thode der Bearbeitung desselben, was zweifellos auf eine gleichartige Kul-turentwickelung hinweist.

Herzförmiger Schaber (1), Rundscheibe (2) und Stumpfschaber (3 und 3a) aus Feuerstein. Nach G. Schweinfurth in der „Zeitschrift für Ethnologie", 34. Jahrgang (Berlin 1902). 1, 2 u. 3 Ansicht von der oberen, 3a von der unteren Fläche. Vgl. Text S. 433.

Typisch ausgebildet ist dieser, wie Schweinfurth sagt, Internationalismus oder, wie Hoernes lieber will, Interkontinentalismus des europäisch-asiatisch-afrikanischen Alt-paläolithikums in den auf dem ganzen Ländergebiete verbreiteten Arbeitstypen von Chelles-Acheul. Es sind namentlich jene als Faustkeile, Faustschlägel oder Fäustel bezeichneten, schon durch die Funde und Grabungen von Boucher de Perthes und Lyell bekannt gewordenen „Beil- und Lanzenspitzenformen" aus den altpaläolithischen Fundplätzen des Sommetals. Viel weniger gleichartig schreitet auf allen „interkontinentalen" Gebieten die weitere Ent-wickelung der altsteinzeitlichen Kultur fort. Speziell für Ägypten ist eine nach der Lösung der quartären Landverbindungen eintretende lokale Sonderentwickelung nicht zu verkennen, und die typischsten jungpaläolithischen Stufen, Piettes Elfenbein- und Renntieralter, sind nicht vertreten. Die altpaläolithische Einheitlichkeit, die Nordafrika mit Europa und Asien in unmittelbare Verbindung setzt, stellt sich auch, wie Schweinfurth hervorhebt, in einen bemerkenswerten Gegensatz zu der hochentwickelten Vollkommenheit und ausgeprägten Eigenart, die eine große Anzahl der im Niltal und in den ihm benachbarten Wüsten, namentlich auch in den ältesten Gräbern der ersten bis dritten Dynastie aufgefundenen neolithischen Artefakte vor allen übrigen in der Welt auszeichnet.

Auch in Italien scheinen sich die jüngeren paläolithischen Kulturstufen Frankreichs doch keineswegs mit voller Sicherheit in der gleichen typischen Aufeinanderfolge konstatieren zu lassen. Nach Hoernes, der im wesentlichen auf Pigorinis Forschungen fußt, berührt sich das Altpaläolithikum in Italien, die Acheul-Stufe, bereits mit neolithischen Einflüssen: „Eine Stufe von La Madeleine hat es in Italien nie gegeben.“ Zu einem ähnlichen Resultat gelangte auch Palary betreffs der Steinzeit Nordwestafrikas: das Altpaläolithikum (Stufe von Chelles-Moustier) berührt sich unmittelbar mit dem Neolithikum ohne die Zwischenstufen des französischen Jungpaläolithikums. Palary will für Nordwestafrika auch die Stufentrennung des Altpaläolithikums, wie sie in Frankreich Geltung besitzt, nicht anerkennen. Auch G. de Morgan wendet sich gegen die Gültigkeit der Chronologie: Chelles, Acheul, Moustier, für Ägypten, Tunis, Algerien und Vorderasien. In den genannten Gebieten finde sich in ungestörten Schichten stets eine Mischung der Typen entweder der beiden ersten oder aller drei Stufen. Er glaubt namentlich die chronologische Bedeutung der Moustiertypen zurückweisen zu müssen: es sind Instrumente für spezielle feinere Bedürfnisse, für die ein so grobes Werkzeug wie der Faustkeil nicht genügt. In Syrien entspricht nach Blanckenhorn die frühneolithische Periode zeitlich nicht der eigentlich neolithischen Zeit Deutschlands, sondern der ganzen langen Übergangszeit vom Paläolithikum zum Neolithikum; sie ist dort jungdiluvial.

Abgesehen von den Höhlen der Seealpen, bis zu denen einst auch das Renntier versprengt wurde, erscheint in voller typischer Entwickelung das Jungpaläolithikum Frankreichs nur nördlich der Alpen, im einstigen Gebiete des Renntiers und des Mammuts. Das Zentrum seiner Häufigkeit liegt in Frankreich namentlich in dessen Süden. An den Rhein, durch Deutschland und Österreich-Ungarn und weiter nach Osten, auch nach England, erstrecken sich nur Ausläufer dieser fortschreitenden Kulturentwickelung. Doch genügen die Funde, um für dieses weite Gebiet trotz der Armlichkeit der Stationen einen ununterbrochenen Zusammenhang mit dem französischen Zentrum sicherzustellen. Aber vielleicht war, wie aus den wohlbegründeten Angaben der genannten bewährten Forscher hervorzugehen scheint, zur Zeit der Renntierperiode nördlich der Alpen, speziell in Frankreich, in den südlicheren Ländern des einst während des Altpaläolithikums interkontinentalen Gebietes die neolithische Periode bereits angebrochen.

Die jüngsten Epochen des Paläolithikums in Frankreich.

Die Madeleinekultur bietet uns ein Bild verhältnismäßig hoch entwickelter Lebensführung: die vielgestaltigen, reichverzierten Waffen und Geräte aus Knochen und Renntierhorn, die feinen, für Schnitzen und Gravieren speziell geformten Feuersteinwerkzeuge, die zahlreichen Schmucksachen sprechen für Verfeinerung der Daseinsbedingungen und für Freude am Leben. Hamy und andere verglichen die damaligen Bewohner Frankreichs und Mitteleuropas mit den heutigen Polarvölkern, den Tschuktschen und Eskimos, die noch immer im Renntierzeitalter leben. Jedenfalls geben uns jene Nordvölker, wie die Eingeborenenstämme der einst während der Eiszeit vergletscherten Südspitze Amerikas, gute Anhaltspunkte für die jungdiluviale Kultur. Die Menschen der älteren Renntierzeit waren Jäger

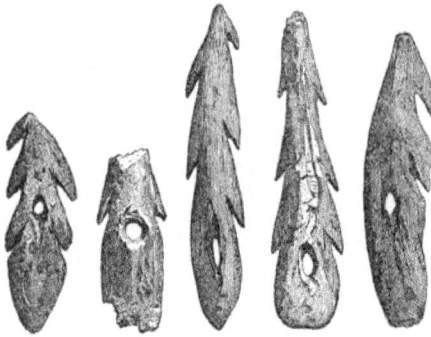

ohne Haustiere — auch der Hund hat sich ihnen wohl noch nicht angeschlossen — und ohne Töpferei; um so mehr müssen wir über ihre geistige Entwickelungsstufe staunen.

Während es bis vor wenigen Jahren dogmatisch festzustehen schien, daß die Periode der älteren, diluvialen Steinzeit von der jüngeren, alluvialen Steinzeit durch eine weite zeitliche Kluft getrennt gewesen sei, hat sich in Frankreich mehr und mehr die Überzeugung befestigt, daß eine solche leere Zwischenperiode, ein Hiatus nicht bestanden habe, sondern daß sich die paläolithische Periode in ununterbrochenem Zu

Flache Harpunen aus Hirschhorn. Nach E. Piette in der „Anthropologie", Bd. 6 (Paris 1895).

sammenschluß durch Übergangsstufen in die neolithische fortgesetzt habe.

Es erscheint wichtig, vor dem Weiterschreiten einen Rückblick auf die paläolithische

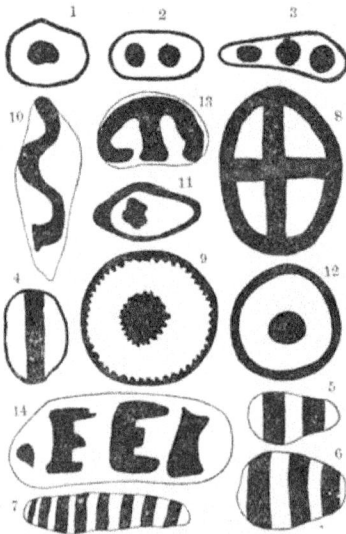

Chronologie zu werfen. Nüesch hat aus der Dicke der Schichten seiner berühmten Ausgrabungen am Schweizersbild das Alter der dortigen Madeleineschichten im Maximum auf 20—24000 Jahre geschätzt, die zwischen der paläolithischen und neolithischen Schichtbildung verflossene Zeit ebenfalls im Maximum auf 8—12000 Jahre. Zu wenig geringeren Zahlen kommen Heim und Brückner nach geologischen Beobachtungen in der Schweiz. Hoernes setzt danach das Ende der Renntierzeit West- und Mitteleuropas auf rund 10000 Jahre vor unserer Gegenwart, den Beginn der neolithischen Periode entsprechend auf 8000 Jahre v. Chr. Blanckenhorn setzt den Beginn der frühneolithischen Periode für Syrien um 2000 Jahre früher an, auf 10000 Jahre v. Chr., und für Ägypten ergeben die älteren Beobachtungen über die Nilschichtenbildung von Horner mehr als 13000 Jahre für den Anfang neolithischer Kultur; andere Berechnungen führen dort noch zu weit höheren Zahlen. Blanckenhorn findet solche

Bemalte Kiesel aus Mas d'Azil. Nach E. Piette in der „Anthropologie", Bd. 7 (Paris 1896).

Zahlen für den Geologen nicht unglaublich, da man in Ägypten den Beginn der neolithischen Kultur seinen Beobachtungen nach nicht mehr in die kurze Alluvialepoche zu legen habe, sondern etwa in die letzte Eiszeit Europas. Ähnlich ist seine oben schon angeführte Meinung auch betreffs der geologischen Stellung der frühneolithischen Periode Syriens.

Die namentlich durch Piettes Forschungen erkannte Übergangszeit zwischen paläolithischer und neolithischer Epoche hat ihre Reste im ältesten Alluvium Frankreichs nach dem Ende der Diluvialepoche hinterlassen. Die Pflanzen- und Tierwelt sind die der Gegenwart, unter den Jagdtieren sind Edelhirsch und Eber besonders häufig, aber die Arbeitsweise ist noch eine altsteinzeitliche, charakterisiert, abgesehen von den „degenerierten Steinwerkzeugen", durch flache, aus Hirschhorn geschnitzte durchbohrte Harpunen (s. die untere Abbildung S. 410 und die obere Abbildung S. 436).

In den Schichten der Höhle von Mas d'Azil, Departement Ariège, folgt auf die Kulturschichten der Renntierzeit die Schicht der „gemalten Kiesel" (s. die untere Abbildung S. 436) mit der Sitte der Beisetzung rotbemalter Skelette. Auf diese Stufe folgt dann, noch vor Beginn der eigentlich neolithischen Stufe mit geschliffe-

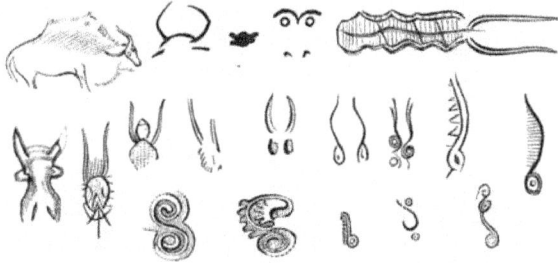

Fortschreitende Stilisierung der Abbildung des Ochsenkopfes bis zum linearen Ornament. Nach M. Breuil in „Congrès international d'anthropologie et d'archéologie préhistoriques", 13. Session, Bd. 1 (Monaco 1907). Vgl. Text S. 438.

nen Steinen, die Epoche der Muschelablagerungen an dem die Höhle durchströmenden Wildbach Arise, als frühneolithische Stufe noch ohne geglättete Steinwerkzeuge. Die beiden Zwischenstufen sind sonach als die Stufe von Mas d'Azil und die Stufe von Arise zu bezeichnen.

Diese Entdeckungen Piettes haben überraschende Aufschlüsse ergeben über eine Höhe der geistigen Kultur der damaligen Menschen, die vollkommen unerwartet war.

Die Kunst der feineren Gravierung und Skulptur der früheren Stufen sehen wir kaum mehr geübt, dagegen bemalt der Mensch mittels roter Farbe Kiesel mit wunderlichen, zum Teil bizarren Figuren und Zeichen, die kaum anders als Zahlzeichen und Symbole oder, wie Piette selbst gemeint hat, als Elemente einer Schrift gedeutet werden können.

Abgekürzte Figuren. Nach M. Breuil in „Congrès international d'anthropologie et d'archéologie préhistoriques", 13. Session, Bd. 1 (Monaco 1907). Man erkennt Punkte, Striche, ähnlich wie auf den bemalten Kieseln, Auge, Steinbock, Bison (2), Mammut (1) und namentlich Pferd. Vgl. Text S. 438.

Vor allem fallen Punkttupfen auf, einzeln oder mehrfach, dann gerade und gebrochene Linien, Kreise mit eingemaltem Kreuz und Kreuze für sich. Am auffallendsten sind Zeichen, die lateinischen Initialbuchstaben ähnlich sehen (s. die untere Abbildung S. 436).

Die bemalten Kiesel sind meist oval und abgeplattet und stammen aus dem Geröll des Bettes des Höhlenbaches. Einige sind grau (Quarzit), andere weiß; auch solche aus Schiefer kommen vor. Die Farbe der Bemalung ist Eisenoxyd, Rötel, wie er sich in den Höhlenschichten findet. Er wurde in Muschelschalen, Pecten jacobaeus, angemacht; als Paletten dienten größere flache Steine mit natürlicher Eintiefung. Die Bemalung ist grob und kunstlos, selten sind Naturobjekte dargestellt, die Mehrzahl besteht, wie Piette sagte, „in Charakteren einer Art Schrift, deren Sinn für uns ein Mysterium bleibt". Er unterscheidet zunächst (s. die untere Abbildung S. 436) Zahlzeichen, es sind das Punkte (Fig. 1, 2 und 3) oder Striche (Fig. 5, 6 und 7), zum Teil ornamentiert. Dann Symbole (Fig. 8), Sonnenscheiben (Fig.

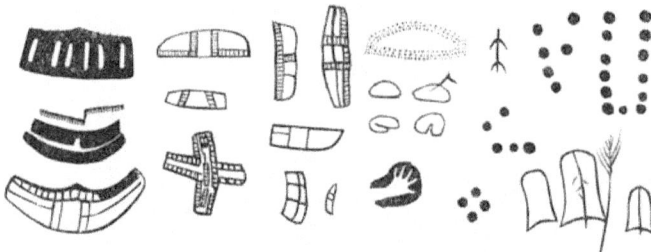

9 und 12), piktographische Zeichen: Schlange (Fig. 10), leiterförmiges Bild, Bäume, Auge (Figur 11), Harpunen, Rohrdicht, Vierfüßer und schließlich buchstabenähnliche Zeichen (Fig. 13 u. 14), von denen neun identisch seien

Hausförmige Zeichen, Kreuz, Menschenhand, Punktreihen, wohl Zahlen, rechts unten drei „Schilde" oder Bäume, dazwischen und oben abgekürzte Pflanzendarstellungen. Nach der „Anthropologie", Bd. 17 (Paris 1906).

mit Zeichen des Cypriotischen Syllabars. Ähnliches komme auch in Troischen Inschriften vor.

Diese schriftähnlichen Zeichen mußten bei ihrem Bekanntwerden auf die größten Zweifel stoßen, und sie bilden immer noch ein dunkles Rätsel der Vorgeschichte. Aber schon haben sich noch ältere Beweise einer symbolischen schriftähnlichen Ausdrucksweise speziell in der Renntierzeit gefunden. Auf den Wänden der Höhle von Altamira und anderer bemalter Grotten finden sich in den tiefsten Schichten, teilweise von späteren „Malereien" gedeckt, meist mit roter oder mit schwarzer Farbe gemalte, auch eingravierte Zeichen, die einen ähnlichen Charakter erkennen lassen und von ihren Entdeckern sowie mit aller Entschiedenheit auch von Arthur J. Evans als primitive Piktographie, als Bilderschrift, bezeichnet werden. Letzterer nennt

Piktographische Zeichen. Nach der „Anthropologie", Bd. 15 (Paris 1904).

1 und 2 Abgekürzte Pflanzendarstellungen.

sie zum Teil geradezu alphabetiform; sie bestehen aus „abgekürzten Figuren" und linearen Zeichen, von denen erstere, z. B. der zum Symbol degenerierte Ochsenkopf, sich unter den kretischen und zyprischen Zeichen der minoischen und mykenischen-Periode wiederfinden.

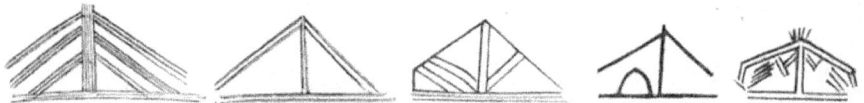

Hüttendarstellungen. Nach E. Cartailhac und H. Breuil, „La Caverne d'Altamira" (Monaco 1906). Vgl. Text S. 440.

Evans illustriert seine Anschauung aus den klassischen Darstellungen von M. Breuil, dem die Wissenschaft für diese neuen Fortschritte so viel verdankt. Unter den Höhlenmalereien erscheinen neben und mit den größeren und vollkommeneren Abbildungen, und zwar schon in den tiefsten ältesten Schichten, solche abgekürzte Figuren (s. die Abbildungen S. 437 sowie die obere dieser Seite) und lineare Zeichen, die an sonst bekannte primitive Schrift erinnern. M. Breuil hat in einer Reihe von Tafeln die fortschreitende Degeneration und Stilisierung der Köpfe von Pferden, Ziegen, Renntieren und Ochsen bis zur einfachen oder komplizierten Spirale zur Darstellung gebracht. Auch stilisierte Pflanzen finden sich (s. die mittlere Abbildung S. 438). Eine solche Degeneration von mehr oder weniger vollkommenen Figuren in nur lineare ist uns, sagt Arthur J. Evans, wohlbekannt; der Vorgang wird z. B. gut illustriert durch die Beziehungen der demotischen und hieratischen ägyptischen Zeichen zu den hieroglyphischen. „Aber man darf nicht vergessen, daß die einfach linearen Formen manchmal die älteren sind, und daß die lineare Abkürzung der malerischen Form lediglich ein Zurückgehen zu dem ist, was tatsächlich früher die originale Form der Figur war." A. J. Evans begegnete demselben Phänomen bei dem Studium der Entstehung gewisser hieroglyphischer Charaktere der

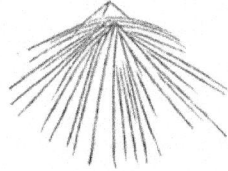

Hüttendarstellung. Nach der „Anthropologie", Bd. 15 (Paris 1904). Vgl. Text S. 440.

minoischen Epoche Kretas. Auch bei unseren Kindern beginnt die Kunst mit dem „Skelett", und erst ein allmählicher Fortschritt bekleidet dieses mit Haut und Fleisch. Die piktographischen Zeichen geben nur so viel von den dargestellten Tieren, daß diese vom Beschauer erkannt werden können. Fig. 1 der unteren Abbildung S. 437 stellt z. B. nur die Außenlinie eines Mammutkopfes dar, Fig. 2 zeigt wenig mehr von dem Kopf eines Bison. Das Auge in der linken oberen Ecke der Abbildung scheint das eines Menschen zu sein. Neben solchen auch uns verständlichen Skizzen haben andere, noch flüchtigere lineare Darstellungen sicherlich für die Zeichner ebenso einen bestimmten Sinn besessen. Dazu kommt dann eine Anzahl Zeichen von

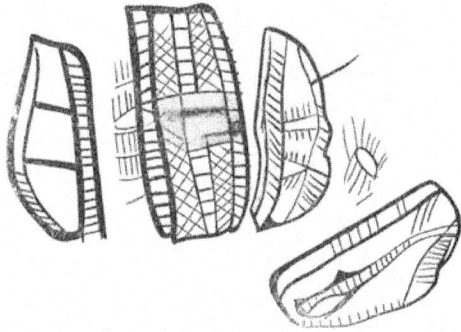

Hüttendarstellungen. Nach der „Anthropologie", Bd. 15 (Paris 1904). Vgl. Text S. 440.

rein alphabetiformem Charakter. Da ist ein X, ein L, ein T, abgesehen von den verschieden gruppierten Punkten und Strichen. Auch an den Wänden der Höhle von Castillo auf der spanischen Seite der Pyrenäen fanden sich solche Zeichen oder symbolische Figuren. Die künstlerischen Leistungen des Menschen der Renntierperiode stehen auf einer solchen Höhe, daß uns bei ihm auch die Anfänge einer wahren Schrift, wie sie Piette angenommen hat, kaum unglaublich erscheinen können. „In ihrer lebensvollen Darstellung der tierischen Formen, in ihrer Fähigkeit, die charakteristische Haltung des Tieres zu erfassen, stehen sie", sagt A. J. Evans, „auf gleicher Höhe mit den minoischen Künstlern des vorgeschichtlichen Kreta, die solche Meisterwerke geschaffen haben wie die wilde Ziege mit dem Zicklein und die Stier-

Hüttendarstellung. Nach dem „Manuel de Recherches préhistoriques", publié par la Société Préhistorique de France (Paris 1906). Vgl. Text S. 440.

jagd auf den Bechern von Vaphio; wir wissen jetzt, daß auch die minoische Rasse eine hochentwickelte lineare Schrift besaß."

A. J. Evans macht der Gedanke Schwierigkeiten, daß sich der Renntiermensch im übrigen noch auf einer unergründlich tiefen Stufe der menschlichen Entwickelung befunden habe, bezweifelt er doch sogar die schon erlangte Ausbildung einer artikulierten Sprache. Aber jeder Tag bringt neue Beweise dafür, daß die Zivilisation des Menschen in der paläolithischen Periode keineswegs so niedrig war, wie man bisher glaubte annehmen zu müssen.

Tätowierter Arm, auf Knochen graviert. Nach M. Verworn, „Die Anfänge der Kunst" (Jena 1909).

Unter den Höhlenmalereien und Gravierungen sind Darstellungen von Gebäuden und Wohn-zelten sowie Hürden (s. die Abbildungen S. 438 unten und S. 439). Und die Meinung, daß der Mensch damals stets nackt geblieben sei, läßt sich nicht mehr aufrechterhalten. Die primitiven Künstler stellen den Menschen nackt dar, nicht deswegen, weil er unbekleidet ist, sondern weil sie wie die indianischen Zeichner Karl von den Steinens wissen, „wie der Mensch unter den Kleidern aussieht". Und tatsächlich fehlt den aus dem Diluvium stammenden Abbildungen des Menschen keineswegs alle Kleidung, wenn auch die Freude an dem Ideal der weiblichen Schönheit, wie heute noch, die Darstellung der Nacktheit bevorzugen ließ. Mehrere Bilder las-sen als Schmuck, abgesehen von Tätowierung (s. die obenstehende Abbildung), Arm- und Hals-ringe erkennen, der Haarschmuck der „Venus von Willendorf" kann wohl kaum anders als eine wohlgepflegte künstliche Perücke gedeutet wer-den; die eine der Rundfiguren Piettes zeigt einen Gürtel, und sein „Köpfchen mit der Pele-rine" trägt auf dem Kopf eine Kapuze oder besser ein bis zu den Schultern herabhängendes Kopftuch, das Gesicht und Hals mit drapierten Falten umrahmt. Aber am entscheidendsten sind die Entdeckungen von Capitan und Breuil, die unter den Höhlenmalereien und Knochen-gravierungen als Tiere verkleidete Menschen erkannt haben, wie solche Verkleidungen heute noch zu Jagdzwecken von den Buschmännern und anderen geübt werden und über die ganze Welt für rituelle Maskentänze verbreitet sind (s. die nebenstehende Abbildung, die obere auf S. 428 und die obere auf S. 441). — Nach Piette wäre, was Nehring schon früher gelehrt hatte,

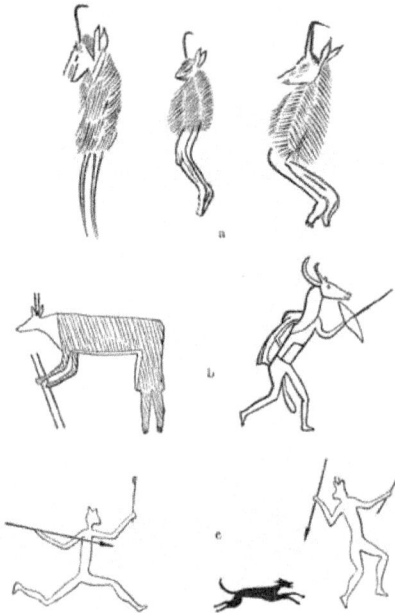

Zu Jagdzwecken als Tiere verkleidete Menschen.
a Paläolithische Knochengravierung auf einem sogen. „Kom-
mandostab" von Mège (Dordogne). Die Jäger sind als Gems-
böcke verkleidet (nach Capitan, Breuil, Bourrinet und Peyrony).
b und c Buschmannzeichnungen: Menschen, bei der Jagd als
Tiere verkleidet (nach Orpen und Péringuey). Nach M. Verworn,
„Die Anfänge der Kunst" (Jena 1909).

auch das Pferd bereits als Haustier wenigstens in Halbdomestikation gehalten worden. Einige der Pferdekopfdarstellungen lassen sich tatsächlich wohl kaum anders als durch Halfter erklären (s. die untere Abbildung S. 441). Hoernes meint, wie oben schon erwähnt, daß die Fesselung des Maules durch den Lasso, mit dem das Tier gefangen worden sei, damit dar-gestellt werden sollte. Der Anblick des Pferdekopfes mit Halfter war so allgemein bekannt, daß sich daraus ein häufig verwendetes Pferdekopfornament entwickeln konnte. Es finden sich im Winkel gekrümmte Geräte aus Renntierhorn, in der Mitte mit weiter Durchbohrung, an den beiden Enden mit Kerben zum Anbinden. Piette erkannte ihre Ähnlichkeit mit den in der Pfahlbauzeit zum Anschirren der Pferde verwendeten Gebißstangen aus Hirschhorn und gab eine genaue Beschreibung der ganzen Anschirrung. Woldrich hat schon vor Jahren die Ansicht ausgesprochen, daß wenigstens gegen Ende der Diluvialperiode das Renntier gezähmt oder vom Menschen gehegt gewesen sei. Eine ähnliche Ansicht vertreten Gervais und Struckmann. Der Haupteinwurf gegen die Annahme, daß der Diluvialmensch Haustiere gehabt habe, besteht darin, daß das ohne Haushund unmöglich gewesen sei. Aber auch die Reste des wahren Hundes fehlen doch nicht gänzlich neben dem Wildhund (Cyon). Ältere Angaben liegen von Nehring, Schmerling Woldrich vor, Cartailhac und Boule beschreiben einen diluvialen Hunde=Unterkiefer. Studer, der beste Kenner der Geschichte der Haustiere, hat ein von Fürst Paul Arseniewitsch Putiatin gefundenes diluviales

Menschen in Tiermasken. Nach E. Cartailhac und H. Breuil, „La Caverne d'Altamira" (Monaco 1906).

Hundeskelett als Canis familiaris Putiatini in die Wissenschaft eingeführt. Schon nach früheren Funden hatte er angenommen, daß sich während des Diluviums ein dem Dingo ähnlicher Hund dem Menschen angeschlossen habe und domestiziert worden sei. Es hätten sich zwei Rassen entwickelt, eine kleine und, vielleicht durch Kreuzung mit dem Wolf, eine größere, dem Schäferhund oder Jagdhund ähnliche. In einer ziemlich tiefen (zweiten oder dritten) Schicht der Roten Grotte bei Mentone hat Jullien das „rituelle" Begräbnis eines Hundes (oder Wolfes?) gefunden, dem als Grabbeigaben 30 der gleichen „olivenförmigen" Schneckenschalen mitgegeben waren wie sonst den Leichen diluvialer Menschen in dieser Höhle.

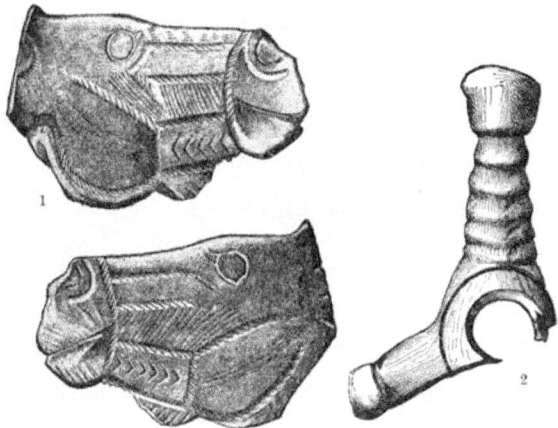

Pferdeköpfe mit Halfter (1) und starrer Teil eines Halfters (2), Knochenschnitzereien. Nach E. Piette in der „Anthropologie", Bd. 17 (Paris 1906).

In der Schicht der bemalten Kiesel der Höhle von Mas d'Azil hat Piette auch Getreide nachgewiesen, ein Häufchen von Triticum vulgare, Weizen, der danach damals schon im mittäglichen Frankreich kultiviert wurde. Auch die Kultur von Fruchtbäumen wurde dort schon geübt, wie zahlreiche Überreste verschiedener Obstgattungen beweisen: Vogelkirsche, Schlehe, Pflaume, Walnuß, Haselnuß; sowohl die Kirschenarten wie die Pflaumen zeigen veredelte Sorten neben den wilden.

Die „rituellen" Begräbnissitten gewähren uns einen Blick in das geistige Leben dieser alten Europäer: Piette fand in der Schicht der bemalten Kiesel zwei menschliche Skelette, deren Knochen mit Eisenoxyd rot gefärbt waren (vgl. S. 437). Das kann nur nach der Entfernung der Weichteile geschehen sein. Wir werden weiter unten eingehend die diluvialen Skelette und ihre eventuelle Bestattung darzustellen haben. Hier sei nur ein Bild gegeben, das E. Cartailhac von einer solchen Leiche mitteilt, die in Longerie Basse im Vézèretal von Elie Massenat gefunden worden ist. Das Skelett lag mit aufgezogenen Knieen und gegen den Kopf erhobenen Armen zusammengebogen in der Stellung eines Schlafenden, eines „liegenden Höckers". Als Beigabe fanden sich, wie bei dem erwähnten „Hundebegräbnis" und bei den Menschenleichen der Mentone-Grotten, zahlreiche, mittels eines transversalen Schnittes zum Anheften oder Anhängen durchbohrte Schneckenschalen von Cypraea pyrum, oder rufa, und C. lurida, vier an der Stirn, zwei an jedem Oberarm, am Ellbogen, zwei unter jedem Knie, und noch je zwei am Fuß (s. die nebenstehende Abbildung). Die Lage des Skeletts ist

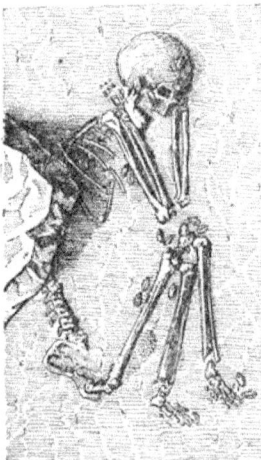

Diluviale Begräbnisstätte. Nach E. Cartailhac, „La France Préhistorique" (Paris 1896).

ähnlich der, von der wir in der vierten Grotte bei Mentone hören werden, und es kursieren heute noch in Afrika als Geld Schneckengehäuse, wie sie diesen vorgeschichtlichen Leichen als kostbarer Schmuck in das Grab mitgegeben wurden. Die Höhlenbewohner im Perigaud hatten sonach Beziehungen zu denen an der Mittelmeerküste. Diese Sorge für den Gestorbenen, dem man, wie wir sehen werden, wohl auch die Waffe mit ins Grab gab, entstammt primitiven Vorstellungen, nach denen auch der Gestorbene noch Schmuck und Waffe in einer gewissen Fortexistenz nach dem Tode bedarf. Die Maskentänzer (S. 441) dürfen vielleicht auf rituelle Vorführungen, wie wir solchen bei heutigen Naturvölkern begegnen, bezogen werden. In einer Knochengravierung sehen wir einen Bisonkopf an einen Baumstamm mit regelmäßig abgeschlagenen Ästen gespießt, daneben die abgeschnittenen Schenkel und zwei Reihen von Menschen in primitivster Darstellung, von denen der eine einen Zweig in den Händen trägt. Der Künstler hat ein Schlachtfest wiedergeben wollen oder ein „Bisonopfer" (s. die obere Abbildung S. 443). Aus den neuentdeckten, den diluvialen europäischen Kunstleistungen im Prinzip vollkommen entsprechenden Höhlenmalereien und Gravierungen der Buschmänner und vor allem der Australier ergibt sich, daß diese im nächtlichen Dunkel der Höhlen an versteckten Stellen angebrachten Tierbilder vor allem einem geheimnisvollen Jagdzauber zur Vermehrung und Herbeilockung des Wildes dienen sollten. Noch heute muß ja auch in Europa aller solcher Zauber im geheimen, im nächtlichen Dunkel, von keinem Uneingeweihten gesehen und „unbeschrieen" ausgeübt werden.

Von dem sonstigen Leben und Treiben erhalten wir nur wenig Andeutungen: ein Jäger mit einem Speer und Lasso beschleicht einen Bison (s. die untere Abbildung S. 443), ein Mann mit dem Speer auf der Schulter neben der Hürde mit zwei Pferden (s. die Abbildung S. 419), Renntier und Weib in einer Art Hürde (?) und die oben mitgeteilten hausähnlichen Bilder, das ist fast alles, was hier erwähnt werden kann.

Die letzte Zwischenschicht vor Beginn der eigentlich neolithischen Periode bezeichnete Piette als die Stufe Arise oder als Stufe der Schnecken und Muscheln (Étage coquillier). Sie wird charakterisiert durch massige, manchmal bis 15 m lange und ⅓ m mächtige Anhäufungen von Schalen, unter denen vor allem die Helix nemoralis vertreten ist; dazwischen liegen viele Holzfeuerreste. Ähnliche Anhäufungen von Schnecken- und Muschelschalen finden sich auch in anderen französischen Höhlen, und zwar zum Teil aus älteren paläolithischen Perioden (Solutré und Madeleine). In Piettes Übergangsschicht finden sich großenteils rezente Arten, die zum Teil nach dem Mittelmeer, speziell vielleicht nach den Grotten von Mentone weisen. In anderen Höhlen lassen sich Beziehungen zum Ozean erkennen. In Mas d'Azil zeigt sich in Menge Chlamys islandica, die jetzt boreal ist, einst aber an den Küsten Frankreichs und im Mittelmeer bis Neapel vorkam; sie muß, als sie in die Höhle gebracht wurde, noch an der benachbarten Küste gelebt haben. H. Fischer hat sieben rezente Muschelarten und sechzehn rezente Schneckenarten aus verschiedenen Schichten der Höhle von Mas d'Azil bestimmt. Die An-

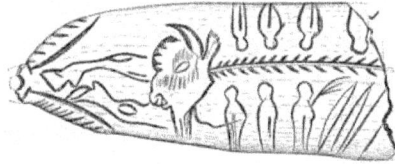

Schlachtfest oder Bisonopfer, Knochengravierung. Nach E. Cartailhac und H. Breuil, „La Caverne d'Altamira" (Monaco 1906).

häufungen der Schneckenschalen erinnern in gewissem Sinn an die Muschelhaufen Dänemarks, auch darin, daß hier neben geschlagenen Steininstrumenten Kiesel und Schieferplättchen auftreten, die an einer Seite oder am Ende angeschliffen sind. Nach L. Capitan erscheint in dieser Schicht zum erstenmal die Töpferei. G. de Mortillet fand einen entsprechenden Übergangstypus unter dem Felsendach von La Tourasse (Haute-Garonne) und nannte ihn danach die Stufe von Tourasse; diese ist auch nach ihm durch flache durchbohrte Hirschhornharpunen gekennzeichnet. In Frankreich sind Stationen dieser Übergangsepochen zwischen paläolithischer und neolithischer Pe-

Bisonjäger. Knochengravierung von Laugerie Basse (Dordogne). Nach M. Verworn, „Die Anfänge der Kunst" (Jena 1909).

riode, zwischen alter und junger Steinzeit, ziemlich verbreitet. In neuester Zeit wurde diese Zwischenstufe, wie oben (S. 418) erwähnt, in Dänemark und Deutschland ebenfalls sicher festgestellt. In Dänemark fanden sich im Torfmoor von Maglemose auf Seeland Horn- und Knochenwerkzeuge mit den charakteristischen Hirschhornharpunen und zugeschlagenen, ungeschliffenen Feuersteinmanufakten; es sind meist rohe Kleininstrumente, aber auch eine im späteren Neolithikum verbreitete rohe Beilform, „Spaltbeil", kommt vor. Reste von Töpferei und Ackerbau fehlen, dagegen zeigen sich noch altertümliche Tierzeichnungen und Ornamente. Man hat in Schottland gleichfalls solche Anklänge entdeckt, und auch die ältesten Reste mancher Pfahlbauten scheinen nach ihren Hirschhornharpunen und anderem sich hier anzuschließen. Der interessanteste Fund stammt aus Mitteldeutschland, und zwar aus der schon von O. Fraas durchforschten Ofnethöhle bei Nördlingen in Bayern (vgl. S. 401 und S. 418). Hier gelang es R. R. Schmidt im Herbst 1908, durch Sprengung einer großen, von der Höhlendecke herabgestürzten Steinplatte ein Profil der Schichtenfolge herzustellen. In der obersten

nacheiszeitlichen diluvialen Schicht des Höhlenbodens fanden sich, nach A. Schliz, „zwei flache
Gruben von 76 und 45 cm Durchmesser ausgehöhlt, in welchen eingebettet in eine Schicht
Rötel, dicht nebeneinander wie ein Gelege Eier, je 27 und 6 Menschenschädel samt den
Unterkiefern und einzelnen Halswirbeln niedergelegt waren. Die Schädel waren also von
dem noch mit den Weichteilen bedeckten Körper abgeschnitten worden, ehe man sie hier
begrub. Als Beigaben lagen Halsbänder aus Hirschgrandeln und Schnecken sowie wenige
Kleingeräte aus Feuerstein bei". Nach der Form der letzteren und den übrigen Beigaben
haben wir als Zeit der Bestattung die Stufe von Mas d'Azil anzunehmen.

Die eben im wesentlichen nur andeutungsweise dargestellten neuen Ergebnisse der
französischen Diluvialforschung sind so überraschend und entsprechen so wenig bisher als
begründet angesprochenen Meinungen über die Kulturhöhe der Diluvialmenschen, daß es
nicht zu verwundern ist, wenn sie vielseitigen Zweifeln begegnen. In der Tat stehen einige
der angeführten Vorstellungen über die Lebenshaltung jener alten Zeiten, z. B. das, was
über die Halbdomestikation der Renntiere, zum Teil vielleicht auch der Pferde und Hunde,
gesagt wurde, noch nicht vollkommen fest. Aber das ändert an der Tatsache nichts, daß die
Menschen des französischen Diluviums, speziell der jüngeren Epochen desselben, in künst-
lerischer und geistiger Beziehung auf einer Höhe standen, wie wir sie bisher den unserer Zeit
nahestehenden alluvialen Kulturperioden, speziell der jüngeren Steinzeit, kaum glaubten zusprechen zu dürfen. Der dunkle Vorhang, der uns die uralte Vorzeit unseres Geschlechtes
sonst verhüllt, zeigt hier eine Lücke, durch die wir in eine lichte Welt künstlerischen und geistigen Schaffens hineinblicken. Hier sehen wir den Menschen an der Arbeit, die Grundlagen
jener alten hohen Zivilisation vor der Kenntnis der Metalle zu legen, die uns an anderen
Stellen nicht weniger überraschende Beweise hinterlassen hat. Es ist die Jugendzeit des
Menschengeistes, und sie bringt in übersprudelnder Kraft entwickelungsfähige Keime des
Fortschrittes hervor, die sich, zum Teil nach lange dauerndem latenten Leben, erst in weit
späteren Zeiten voll entwickeln sollten.

Wie uns Ägypten erst exakte Vorstellungen von dem Wesen der Kultur der jüngeren
alluvialen Steinzeit vermittelt hat, so dürfen wir von dort auch die endgültigen Aufschlüsse
erwarten über die Entwickelungsstufen im Übergang von der diluvialen zu der alluvialen
Steinkultur. Noch fehlen dort bis jetzt die gesuchten Anschlüsse, aber die französischen Funde
lehren uns, was wir zu erwarten und zu suchen haben.

Hoernes führt einen ähnlichen Gedankengang weiter aus. Er möchte daraus, daß die
alten Westeuropäer jenen Vorzug naturalistischer Tierdarstellung mit so vielen Stämmen
Afrikas (z. B. den Buschmännern) teilen, aber auch aus anderen Gründen auf afrikanischen
Ursprung der Quartärbevölkerung Westeuropas schließen, die ja tatsächlich zeitweilig unter
Verhältnissen lebte, die denen Afrikas sehr ähnlich waren. Wie leicht mögen in Interglazialzeiten, solange die Landverbindungen zwischen Nordafrika und Westeuropa bestanden, Tiere
und Menschen hin und wieder gezogen sein. „Aus einer nüchternen, kritischen Betrachtung
der vorliegenden Zeugnisse scheint sich", so fährt Hoernes fort, „zu ergeben, daß im Umkreis
des westlichen Mittelmeerbeckens bis tief hinein in die Binnenländer Völker lebhaften
Geistes wohnten, gewandte Jäger und Zeichner, bei denen manche Bedingungen zur Entwickelung einer Bilder- und Buchstabenschrift gegeben waren, und die überhaupt während der
Steinzeit in manchen Beziehungen einen höheren Kulturgrad erreicht hatten, als sich aus
geschichtlichen Zeugnissen auch nur ahnungsweise entnehmen läßt. Aber nichts hält uns ab,

dasselbe für die ältesten Umwohner des östlichen Mittelmeerbeckens anzunehmen, für die Vorfahren der historisch bekannten Ägypter, Syrier, Kleinasiaten, Insel- und Festlandgriechen. Fehlen uns hier auch teilweise die direkten Zeugnisse, weil in diesem Gebiete historische Kulturschichten die prähistorischen erdrückt und auf mannigfache Art vernichtet haben, so fehlt es doch nicht an einem kräftigen Nachleben jenes Geistes in dem großen Zeitraum zwischen rein prähistorischem und rein historischem (klassisch-griechischem) Kulturleben, den die Erscheinungen der prämykenischen und mykenischen Kultur ausfüllen. Daher die eigentümliche Verwandtschaft in lebensvollen Tierzeichnungen und in der plastischen Darstellung der nackten Frauengestalt zwischen dem ägäischen Kulturkreis einerseits, Südfrankreich anderseits: Analogien, die man oft bemerkt hat, und deren genetischer Verknüpfung die größten räumlichen und zeitlichen Schwierigkeiten im Wege standen. Daher auch die Verwandtschaft der phönizischen Buchstabenschrift mit den Zeichen von Mas d'Azil. Entsprechend dem Gang, den unsere prähistorischen Studien genommen haben, sind die westeuropäischen Zeugnisse ältester Kultur früher in das Licht der Forschung getreten als die Urgeschichte der klassischen und überhaupt der südlichen und östlichen Länder; aber doch erst nachdem man schon lange aus dem östlichen Mittelmeergebiet die Erscheinungen kennen gelernt hatte, an die man den Beginn historischer Kultur zu knüpfen pflegt. Nun verbindet man diese Reihe miteinander, um der Geschichte die unerläßliche prähistorische Grundlage zu geben."

Hoernes versäumt nicht, zum Schluß dieser Ausführungen zur Vorsicht zu mahnen, und Vorsicht ist gewiß am Platz, da täglich neue überraschende Entdeckungen scheinbar vollkommen feste Fundamente unserer prähistorischen Vorstellungen verändern.

---

11. Menschliche Knochenreste aus dem Diluvium.

Inhalt: Die Skelettfunde in den Höhlen von Engis, des Neandertales und von Cro-Magnon. — Die diluvialen Rassen. — Das Alter und die anthropologische Stellung der mitteleuropäischen Diluvialrassen. — Zweifel an dem diluvialen Alter der Mammutjäger bei Předmost. — Der tertiäre Mensch. — Die Eolithen. — Die eolithische Arbeitsweise. — Der Vormensch.

Die Skelettfunde in den Höhlen von Engis, des Neandertales und von Cro-Magnon.

Die Sammlung der entscheidenden Tatsachen durch Lyell, die dem Diluvialmenschen erst die Bahn gebrochen haben, stammt aus dem Jahre 1859; es ist also wenig mehr als ein halbes Jahrhundert verflossen, seit dieses Gebiet der Untersuchung bei uns wieder zu Ansehen und in allgemeinere Aufnahme kam.

Wir dürfen nicht vergessen, mit welchen Hoffnungen und Erwartungen die Forschung das lange aufgegebene Suchen nach dem Diluvialmenschen wieder begonnen hat. Die moderne wissenschaftliche Theorie glaubte voraussetzen zu müssen, daß sich in älteren geologischen Formationen die Überbleibsel einer menschlichen Stammform finden müßten, welche die körperlichen Eigenschaften der jetzt in so manchen Beziehungen voneinander abweichenden Menschenrassen in sich vereinigte, vielleicht auch die gegenwärtig so tief klaffende Kluft zwischen dem Menschen und den menschenähnlichen Affen in irgendeiner Weise zu überbrücken geeignet wäre. Man hat sich wohl theoretisch ein Bild von dem zu erwartenden

Urmenschen konstruiert; man glaubte annehmen zu müssen, daß er körperlich wie geistig den Tieren näher gestanden habe als der heutige Mensch. Da die Hauptunterschiede zwischen Mensch und Tier in der differenten Ausbildung des Gehirnes liegen, so schien kaum daran zu zweifeln, daß die Vertreter der diluvialen Urrasse Europas, „jene gedankenlosen Wilden", eine geringere Gehirnentwickelung und damit einen entsprechend kleineren Gehirnschädel und relativ größeren und tierischeren Gesichtsschädel besessen haben müßten. Sollte nicht auch der Bau der Arme und Beine und deren gegenseitiges Längen- und Stärkeverhältnis sowie der Bau von Hand und Fuß, wodurch die menschenähnlichsten Tiere sich auch so auffallend von dem heutigen Menschen unterscheiden, bei dem Urmenschen noch tierischer, affenähnlicher gewesen sein?

Als Lyells Anerkennung den diluvialen Europäer rehabilitierte, lag bereits eine Anzahl von menschlichen Knochenfunden vor, denen schon früher von ihren zum Teil wissenschaftlich hochangesehenen Entdeckern mit Entschiedenheit ein diluviales Alter zugeschrieben worden war; man konnte also sofort an die Prüfung der eben dargelegten somatischen Frage herantreten. Im Jahre 1833 hatte Schmerling in der Provinz Lüttich in der Höhle von Engis an der Maas die Reste von drei menschlichen Skeletten, darunter den Schädel eines Erwachsenen und eines jüngeren Individuums, zwischen den Knochen des Mammuts, des Nashorns, des Höhlenbären gefunden. Dazu kam 1856 Fullrott-Schaaffhausens berühmter Skelettfund im Neandertal zwischen Elberfeld und Düsseldorf. Diese beiden Funde sowie das bei Kannstatt bei Stuttgart aufgefundene Schädelfragment, der berüchtigte „Kannstattschädel", waren es vorzüglich, die zunächst das höchste Interesse aller anthropologischen Kreise auf sich konzentrierten und Gegenstand der lebhaftesten wissenschaftlichen Diskussion wurden, in die bald (1868) auch die aus der Höhle von Cro-Magnon stammenden, von Louis Lartet studierten Schädel einbezogen wurden.

Es wurde sofort konstatiert, daß die betreffenden Knochenreste, zoologisch gesprochen, dem Menschen zugehört hatten. Es waren Menschen, die sich in bezug auf ihren allgemeinen Körperbau von den heute lebenden Europäern dem Typus nach nicht unterscheiden sollten; eine größere Tierähnlichkeit, als wir sie heute besitzen, lasse sich im Bau der Glieder und Skelettknochen nicht erkennen. Um so entschiedener betonten die ersten Mitteilungen über die anatomische Bildung der Schädel eine tiefe, der damaligen Theorie scheinbar entsprechende Inferiorität. Der Schädel des Erwachsenen aus der Engishöhle (s. die Abbildung S. 447) und ebenso der Neandertalschädel bzw. das allein davon erhaltene Schädeldach, sind dolichokephal, langköpfig; ersterer hat einen Längen-Breiten-Index von 70,3, letzterer von etwa 72,3. Schmerling selbst wollte den Engischädel in dem Blumenbachschen kraniologischen System mehr der äthiopischen als der europäischen Schädelform anreihen. Noch ungünstiger wurde über den Neandertalschädel geurteilt. Seine übermäßig stark vorspringenden knöchernen Augenbrauenbogen, seine fliehende Stirn und auffallende allgemeine Niedrigkeit, verbunden mit der beträchtlichen Länge, wollten, wenigstens in dem hergebrachten Blumenbachschen Schema der Rassenformen der Schädel, zu keiner damals näher bekannten menschlichen Rasse stimmen; man erklärte ihn für den tierischten aller bisher gekannten Menschenschädel. Nur seine, wie sich R. Virchow ausdrückte, in erträglichen Grenzen sich bewegenden Größenverhältnisse, die auf ein menschenwürdig entwickeltes Gehirn schließen lassen mußten, sollten der Grund sein, warum man den Schädel nicht einem Affen zuschrieb. Hatte man hier den wahren Urmenschen, vielleicht sogar ein Zwischenglied zwischen Mensch und Menschenaffen gefunden? Karl Vogt glaubte eine gewisse Ähnlichkeit zwischen dem Bau des Engis- und des Neandertalschädels zu erkennen. Ersterer, im allgemeinen eleganter, zarter geformt, sollte einem Weibe, der grobe, dickwandige Neandertalschädel dagegen einem Manne der Diluvialzeit angehört haben: Adam und Eva, wie Vogt witzig meinte.

Es ist gewiß bemerkenswert, wie rasch und vollkommen diese unter dem übermächtigen Anstürmen des ersten Eindrucks ausgesprochenen Anschauungen bei genauerer Prüfung fast in ihr Gegenteil umschlugen. Huxley sagte von dem Engisschädel, daß dieser Schädel eines Diluvialmenschen ebensogut „einem Philosophen" zugehört haben könnte, und der Anatom Theodor Landzert zeigte seine Übereinstimmung mit dem schönen Schädel eines antiken Atheners der klassischen Periode (s. die untenstehende Abbildung). Ch. Darwin hat den Neandertal

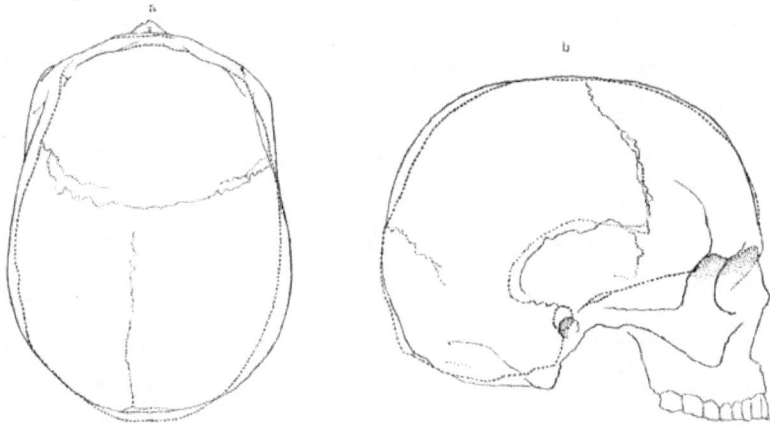

Der Schädel aus der Höhle von Engis (punktiert), verglichen mit einem Schädel von der Akropolis (liniert).
a Scheitelansicht, b Seitenansicht. Nach Th. Landzert, „Welche Art bildlicher Darstellung braucht der Naturforscher?" im „Archiv für Anthropologie", Bd. 2 (Braunschweig 1867).

schädel sehr gut entwickelt und geräumig genannt, und nach den Untersuchungen von R. Virchow, Spengel, de Quatrefages, Hamy und vielen anderen war die allgemeine Form des Schädels, die chamäkephale Dolichokephalie, in alter und neuerer Zeit in der Fundgegend des Neandertalschädels, namentlich aber in dem alten Friesland, weit und zahlreich verbreitet und ist es noch heute, wozu dann als individuelle Bildung wohl starkentwickelte Stirnhöhlen und Augenbrauenwülste des Stirnbeins treten können. R. Virchow hat ein Schädeldach aus Ostfriesland beschrieben und mit dem des Neandertales ineinanderzeichnen lassen und damit den Nachweis geführt, daß beide so vollständig wie möglich übereinstimmen. Bei dem Anthropologenkongreß in Brüssel erklärte Hamy, daß er hier in den Straßen der Stadt Leuten mit ähnlicher Schädelbildung wie die des Neandertalers begegnet sei; andere Forscher konnten auf andere ähnliche Schädel aus Europa hinweisen; und R. Virchow behauptete, daß ein Teil der den Neandertalschädel auszeichnenden Sonderbarkeiten durch krankhafte Bildungsverhältnisse bedingt sei. Krankhafte Knochen und Schädel sind uns in der Tat unter den Skelettresten des prähistorischen Menschen aus verschiedenen Epochen der Vorgeschichte mehrfach überliefert, z. B. das im I. Bande (S. 427) erwähnte, S. 448 abgebildete Unterkieferbruchstück aus der Schipka-Höhle mit der merkwürdigen Retention mehrerer Zähne.

Auch das Gebiß des Homo mousteriensis *Haus.* (s. unten) ist anormal, der eine Eckzahn der zweiten Zahnung ist vollkommen retiniert und der Milcheckzahn erhalten; der krankhafte Vorgang, der zur Zurückhaltung des Zahnes führte, hat seine Spuren auch am Kiefergelenk hinterlassen. R. Virchow glaubte, daß die krankhaften Skelettverhältnisse, die er an dem Neandertaler konstatierte, eine lange Leidensgeschichte desselben erzählten: „Das fragliche Individuum hat in seiner Kindheit an einem geringen Grad von Rachitis gelitten, hat dann eine längere Periode kräftiger Tätigkeit und wahrscheinlicher Gesundheit durchlebt, welche nur durch mehrere schwere Schädelverletzungen, die aber glücklich abliefen, unterbrochen wurde, bis sich später arthritis deformans mit anderen dem hohen Alter angehörigen Veränderun-

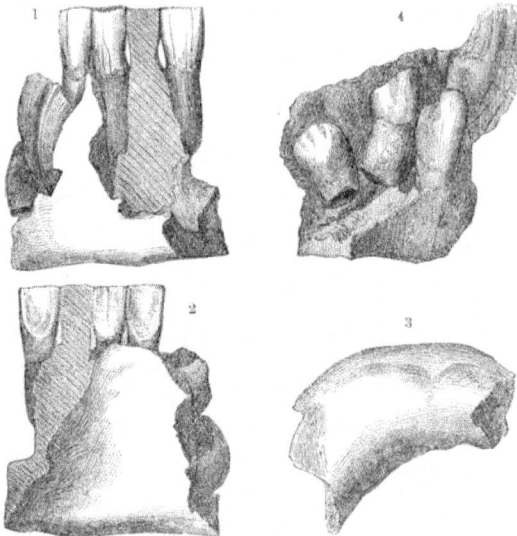

gen einstellte, insbesondere der linke Arm ganz steif wurde; trotzdem hat aber der Mann ein hohes Greisenalter erlebt. Es sind das Umstände, die auf einen sicheren Familien- und Stammesverband schließen lassen, ja die vielleicht auf eine wirkliche Seßhaftigkeit hindeuten. Denn schwerlich dürfte in einem bloßen Nomaden- oder Jägervolk eine so viel geprüfte Persönlichkeit bis zum hohen Greisenalter hin sich zu erhalten vermögen."

Unter diesen Umständen konnten Zweifel an der tatsächlichen Zugehörigkeit der Schädel zum Diluvium nicht ausbleiben. Gegen die geologische Beweisfähigkeit des Schmerlingschen Fundes in der Engishöhle war wenig einzuwenden, trotzdem hat

Unterkieferbruchstücke aus der Schipka-Höhle. Nach K. J. Maška, „Der diluviale Mensch in Mähren" (Neutitschein 1886).
1 Ansicht von vorn, 2 von hinten, 3 von unten, 4 von der Seite; die noch nicht durchgebrochenen Zähne in natürlicher Lage. Vgl. Text S. 447.

Boyd Dawkins sein diluviales Alter nicht ohne Grund bestritten. Der Schädel hat sich in einer Tiefe von 1½ m unter einer Knochenbreccie gefunden mit den Resten der oben-erwähnten Diluvialtiere. Die Fundstelle zeigte keine Spuren nachträglicher Umänderung, so daß, da auch die übrigen menschlichen Skelettreste nur sehr unvollständig waren, ein Begräbnis ausgeschlossen schien. Auf den Mangel des Begräbnisses legte man damals vielfach hohen Wert, da man dem Diluvialmenschen eine Höhe der geistigen Kultur, wie sie der Sitte des Begräbnisses entspricht, nicht glaubte zuschreiben zu dürfen. Diese Vorstellung macht sich auch in den späteren Veröffentlichungen Fullrotts über seinen Fund im Neandertal, den er selbst zuerst als Begräbnis aufgefaßt hatte, geltend. In einem romantischen Seitental der Düssel bei Elberfeld, einst ein Lieblingsspaziergang des berühmten Theologen Neander und davon nach seinem Namen genannt, befand sich eine kleine Grotte im devonischen Kalk in der fast senkrechten Felswand etwa 20 m über der Talsohle. Durch Steinbrucharbeiten an dieser Stelle wurde die Grotte zerstört. Nach Angabe der Arbeiter

fand sich darin ein steinhartes Lehmlager mit Rollsteinen, wie es auch sonst in den Höhlen und Grotten des Düsseltales vorkommt. In dieser Lehmschicht habe etwa ⅔ m unter der horizontalen Oberfläche ein Skelett in der Längsrichtung der Grotte, den Kopf nach deren Mündung gerichtet, gelegen. Der Lehm hing so fest an, daß die Arbeiter auf die Knochen nicht weiter acht hatten und sie mit dem übrigen Schutt in die Tiefe hinabwarfen, in der Meinung, es seien Bärenknochen, wie solche in ähnlicher Lagerung von anderen Grotten des Düsseltales, z. B. bei Sundwich und Hönnetal, angegeben werden. Fullrott erkannte sie als Menschenknochen und rettete die nun als Neandertalschädel bezeichnete Schädeldecke, die Oberschenkel und Oberarmbeine, eine Elle, ein Schlüsselbein, die linke Hälfte des Beckens, ein Bruchstück des rechten Schulterblattes und einige Rippenstücke vor weiterer Zerstörung. Eine wissenschaftliche Erhebung des Neandertalskelettes hat sonach nicht stattgefunden, und da alle weiteren faunistischen oder archäolo-
gischen Anhaltspunkte
fehlen, konnte sein dilu-
viales Alter nur ver-
mutet und von anderer
Seite nicht ohne Grund
bestritten werden.

Noch weit schlim-
mer steht es mit den Be-
weisen eines diluvialen
Alters des Kannstatt
schädels. Im Jahre
1700 wurde im Nord-
osten von Kannstatt un-
ter einem Tuffstein-

Durchschnitt durch das Tal der Vézère und den Felsen von Cro-Magnon. b Schutthalde, c großer Steinblock, d Felsenvorsprung, P Kalkstein, M Schutt von den Abhängen und Alluvium des Tales, o Cro-Magnon-Felsen, f Höhle, j Höhlen von Le Cingle. Nach B. Dawkins, „Die Höhlen und die Ureinwohner Europas“, übersetzt von J. W. Spengel (Leipzig 1876). Vgl. Text S. 450.

felsen, auf dem sich noch eine sechseckige Ummauerung befand, in dem Ton, auf dem der Tuff ruht, ein Mammutzahn gefunden, der das Interesse des damaligen Herzogs von Württem-berg, Eberhard Ludwig, so sehr erregte, daß er befahl, die Felsen und Mauern abzubrechen und den Ton, in dem jener Zahn gelegen hatte, näher zu untersuchen. Es sind hierbei zahl-reiche diluviale Knochen, zum Teil vom Mammut, aufgefunden worden, die später in das Naturalienkabinett nach Stuttgart kamen. In jenem erwähnten Gemäuer waren auch im Jahre 1700 römische Topfscherben gefunden worden; mit letzteren in einer Schachtel lag ursprünglich, wie v. Hölder angegeben hat, im Naturalienkabinett das Schädelbruchstück, aber ohne alle Notizen darüber. In dem aus dem Jahre 1700 stammenden Fundbericht über die diluvialen Knochen findet sich das Schädelbruchstück nicht nur nicht erwähnt, sondern es wird speziell von dem Berichterstatter, dem Leibarzt Dr. S. Reißel, das Fehlen aller auf den Menschen hindeutenden Fundstücke unter den übrigen Knochen hervorgehoben; ebenso laute-ten die Angaben des zweiten Berichterstatters über den Kannstattfund, des Dr. Spleißius aus Schaffhausen (1701), und Dr. med. A. Geßner sagt (1749 und 1753), nachdem er die gefundenen diluvialen Tierknochen nach ihren verschiedenen Arten aufgeführt hat, aus-drücklich, das Merkwürdigste sei, daß man keine Gebeine gefunden habe, welche den mensch-lichen könnten verglichen werden. Wenn sonach mehr als hundert Jahre nach dem Fund

Dr. v. Jäger das Schädelbruchstück den diluvialen Knochen zurechnete und ihm darin die Begründer der „Cannstattrasse" folgten, so beruhte das lediglich auf einer mangelhaften bzw. fehlenden Etikettierung der nachbarlich in der Sammlung zusammenstehenden Fundstücke. Ganz in der Nähe der alten Fundstelle hat v. Hölder selbst Reihengräber ausgegraben, deren Schädel mit der Schädelform des Cannstattschädels übereinstimmen; aus einem solchen zufällig angeschnittenen Grabe der Völkerwanderungszeit mag das Cannstattbruchstück stammen. R. Virchow nannte die Cannstattrasse „das Gespenst von Cannstatt", das in der Weltliteratur wie ein wirklich existierendes Wesen umgeht; v. Hölder hat es verstanden, diesen irren Geist zu bannen und in sein Nichts zurückzuverweisen.

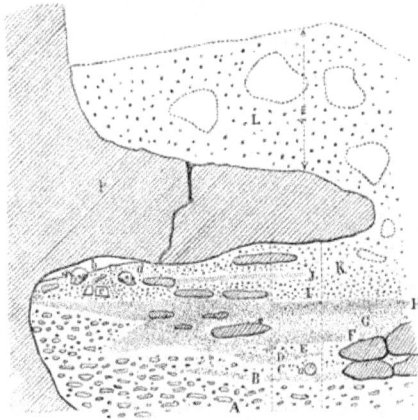

Durchschnitt der Höhle von Cro-Magnon. A Kalksteinschutt, B, D, F, H Aschenschichten, C Kaltschutt, E Kalkschutt, von Feuer gerötet, G rote Erde mit Knochen, I gelbliche Erde mit Knochen, Feuersteinen usw., J dünne Lage von Kohle, K Kaltschutt, L fortgeschaffte Schutthalde, P überhängende Kalksteinbank, a Elefantenstoßzahn, b Gebeine eines alten Mannes, c Gneisblock, d menschliche Knochen. Nach B. Dawkins, „Die Höhlen und die Ureinwohner Europas", übersetzt von J. W. Spengel (Leipzig 1876).

Die Höhle von Cro-Magnon wurde bei Gelegenheit der Herstellung eines Eisenbahndammes und der Beschaffung von Material für die Straßenausbesserung im Jahre 1868 entdeckt. Sie liegt bei Les Eyzies, einem kleinen Dorf an den Ufern der Vézère in Périgord, am Fuß einer niedrigen Klippe (s. die Abbildung S. 449) und war durch eine Halde aus losem Schutt (L), der von oben herabgestürzt war, bis zu ihrer Auffindung vollkommen verschüttet. Bei der Fortschaffung des Schuttes wurde ihr Eingang freigelegt, und dabei kamen menschliche Überreste und bearbeitete Feuersteine zutage. Die durch die sachmännischen Untersuchungen von Louis Lartet festgestellte Schichtenfolge der Ausfüllungen der Höhle zeigt die nebenstehende Abbildung. Die Aschenschichten bezeichnen die zu verschiedenen Zeiten erfolgte längere oder kürzere Bewohnung durch den Diluvialmenschen, den Renntierjäger Louis Lartets. Über der aus einer fetten rötlichen Erde bestehenden Schicht G lagert die umfangreichste und dickste Kohlenschicht (H), deren Mächtigkeit im Mittel 30 cm beträgt. Sie ist von allen Schichten bei weitem am reichsten an Kohlenresten, Knochen, Quarzkieseln, bearbeiteten Feuersteinen, Kernsteinen, Knochenwerkzeugen (Pfriemen, Pfeilspitzen usw.); man darf in ihr die Spur einer viel länger als die früheren dauernden Bewohnung, auf welche die tieferen Aschenschichten schließen lassen, erkennen. Über ihr lag eine Schicht aus einer gelblichen, etwas tonhaltigen Erde (I), die auch noch Knochen, Feuersteine und Knochenwerkzeuge sowie Schmuckgegenstände enthielt und nach oben von einer sehr dünnen und wenig umfangreichen Kohlenlage (J) begrenzt war. Auf dem oberen Teile dieser gelben Schicht (I), im Hintergrund der Höhle, fanden sich die menschlichen Skelette und die Leichenbeigaben, sämtlich bedeckt von dem Kalkschutt (K), mit Ausnahme einer kleinen Stelle im hintersten Winkel der Höhle. Diese letzte Schicht enthielt einige zugeschlagene Feuersteine, untermischt mit teils zerbrochenen, teils unzerbrochenen Knochen kleiner Nagetiere sowie eines eigentümlichen Fuchses. Über allen diesen verschiedenen Schichten und über dem Höhlendach selbst lag endlich die 4 bis 6 m dicke Schutthalde (L).

Im Hintergrund der Höhle fand sich der Schädel eines alten Mannes (s. die Ab= bildung S. 460), der einzige, der die freie Oberfläche der Höhle berührte und infolge= dessen dem von der Decke durchsickernden kalkhaltigen Wasser ausgesetzt war, wie aus der Stalagmitenkruste, die ihn überzieht, hervorgeht. Vier weitere Skelette lagen um ihn herum in einem Umkreiß von etwa 1,50 m. Links von dem „Alten von Cro= Magnon" lag das Skelett einer Frau, deren Schädel eine tiefe, von einem schneidenden Instrumente herrührende Wunde aufweist, die aber nicht sofort tödlich gewesen sein kann, da sich Knochenneubildung an den Wundrändern zeigt (s. die untenstehende Abbildung). Neben dieser Frau hat man Bruchstücke von dem Skelett eines noch nicht ganz aus= getragenen Kindes gefunden. Die übrigen Skelette scheinen Männern anzugehören.

Zwischen den menschlichen Überresten lag eine Menge Schalen von Meeres= schnecken, die sämtlich mit einem Loche zur Befestigung versehen waren, meist Litto= rina littorea, seltener Purpura lapillus, Turitella communis und andere; sie haben offenbar als Schmuck gedient. Weiter fan= den sich, außer einem mit zwei Löchern versehenen Gehänge aus Elfenbein, durch= bohrte Zähne, bearbeitete Renntiergeweihe, sorgfältig behauene Feuersteine und ein mit ganz glatter Oberfläche versehener Gneis= block (c). Der Fund gehört nach L. Lartet der „Renntierperiode" an.

Wie Boyd Dawkins, so hat sich auch

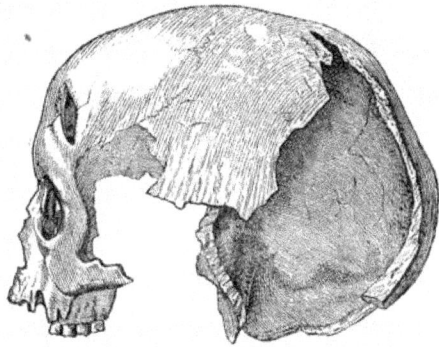

Weiblicher Schädel mit Stirnwunde aus der Höhle von Cro=Magnon. Nach N. Joly, „Der Mensch vor der Zeit der Metalle" (Leipzig 1880).

G. de Mortillet mit Lebhaftigkeit gegen die Richtigkeit dieses letzteren Ergebnisses aus= gesprochen. Mortillet erklärte die Skelettreste geradezu für rezent, der „Jetztzeit" an= gehörig; Boyd Dawkins möchte sie der neolithischen Zeit zuteilen, „wo ja Höhlengräber sehr häufig waren". „Nehmen wir an", sagt er, „daß die Höhle lange Zeit, nachdem die Renntierjäger sie bewohnt hatten, von einer Familie als Begräbnisstätte gebraucht worden ist, so entspricht dies allen Verhältnissen des Fundes vollständig. Bei der Beerdigung müssen die bestehenden Schichten durchwühlt werden, wobei, wie durch das Graben von Füchsen und möglicherweise auch von Kaninchen, die paläolithischen Geräte in die Nähe der menschlichen Gebeine geraten sein könnten." —

So war zunächst keiner der zuerst bekannt gewordenen Hauptfunde unangefochten, und dazu kam dann noch, um die Unsicherheit zu steigern, die festgestellte Übereilung, zu der sich kein Geringerer als Lyell mit der Anerkennung der romantischen Beschreibung des Höhlen= fundes von Aurignac (s. die Abbildung S. 452), der sich betreffs seiner Skelette als jung= steinzeitlich entpuppte, hatte hinreißen lassen; und dann der aus einem Kirchhof der Nachbar= schaft stammende halbe Unterkiefer von Moulins=Quignon, der Boucher de Perthes als in den diluvialen Schichten von Abbeville gefunden untergeschoben war!

So schwer war es, den Bann zu brechen, der die wissenschaftliche Anerkennung diluvialer Menschenskelette verhinderte.

Erst durch die exakt ausgebildete Methode der scharfen geologisch-paläontologischen Schichtentrennung in Verbindung mit der gelungenen systematischen Gliederung der archäologischen Fundstücke war es möglich, zweifelsfreie Ergebnisse zu erhalten. Es wurde festgestellt, daß in der Tat die Diluvialmenschen schon in der archäologischen Stufe der Chelleszeile ihre Toten sorgfältig bestatteten, und es steht nun wenig mehr im Wege, auch für die Stammesgenossen des Neandertalers eine Kulturstufe anzunehmen, die genügte, „auch eine so vielgeprüfte Persönlichkeit bis zum hohen Greisenalter zu erhalten". Der „Sektionsbericht" R. Virchows über den Neandertaler ist übrigens nicht unangefochten geblieben, und das ist gewiß, daß wir jetzt, wo eine ganze Anzahl solcher Schädel aus gut beglaubigten diluvialen Fundorten vorliegt, an dem typischen Wert der kraniologischen Besonderheiten des Neandertalschädels nicht mehr zweifeln können, die, solange nur ein Exemplar dieses Typus bekannt war, als individuelle oder halb krankhafte Bildungen angesehen werden mußten. Da dieser besondere Schädel- und Menschentypus zuerst aus dem Neandertal bekannt geworden und wissenschaftlich beschrieben worden ist, ist es berechtigt, ihn mit dem Namen Neandertaltypus oder Nean-

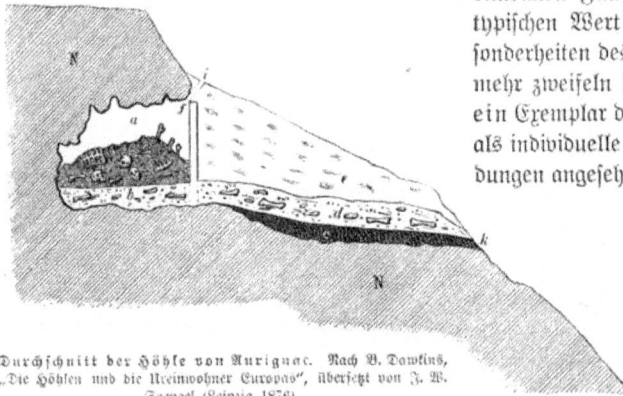

Durchschnitt der Höhle von Aurignac. Nach B. Dawkins, „Die Höhlen und die Ureinwohner Europas", übersetzt von J. W. Spengel (Leipzig 1876).

N Höhlenwand und -boden, a Lage der Skelette, b Schicht mit diluvialen Knochen und Geräten, die sich in d fortsetzt, i ursprüngliche Öffnung der Höhle, jetzt ein Kaninchenloch, f Verschlußplatte, c Schutt vor der Höhle, e, k Aschenschicht. Vgl. Text S. 451.

dertalrasse zu bezeichnen. Das gleiche gilt von dem Cro-Magnon-Fund, so daß wir nicht anstehen, die diluvialen Skelette und Schädel, die typisch mit den dort gefundenen übereinstimmen, als Cro-Magnon-Typus oder Cro-Magnon-Rasse zu bezeichnen. Beide Bezeichnungen werden jetzt auch von der Mehrzahl der französischen Forscher gebraucht.

Die diluvialen Rassen.

Das letzte Dezennium, das uns bezüglich der Kulturverhältnisse des Diluvialmenschen so überraschende Aufschlüsse gebracht hat, ist nicht weniger reich gewesen an wichtigen neuen Ergebnissen über die körperlichen Verhältnisse zunächst der ersten diluvialen Hauptrasse, der Neandertalrasse.

Das, was das Neandertal-Schädelbruchstück so auffällig erscheinen läßt, sind neben der niedrigen Schädelwölbung die zurückweichende, fliehende Stirn und vor allem die extrem starken, in ihrer ganzen Ausdehnung, speziell auch in den äußeren Abschnitten, schirmartig vortretenden Augenbrauenbogen. Leider fehlen dem Schädelrest alle Gesichtsteile. In dem Vorplatz der Grotte von Spy (Namur, Belgien) fand Fraipont in einer archäologisch der

Moustierstufe zugehörigen Schicht mit Resten vom Mammut und wollhaarigen Rhinozeros zwei Skelette, deren Schädel eine typische Ähnlichkeit mit dem des Neandertalers besitzen. Es handelte sich bei diesem Skelettfund zweifellos um absichtliches Begräbnis; das eine Skelett lag in der Stellung eines Schlafenden, als „liegender Höcker", und in der Nähe fand man Feuersteininstrumente vom Typus der Moustierstufe. Mit Unrecht hat man des Begräbnisses wegen das diluviale Alter der Skelette bezweifelt: aus zahlreichen entsprechenden Funden

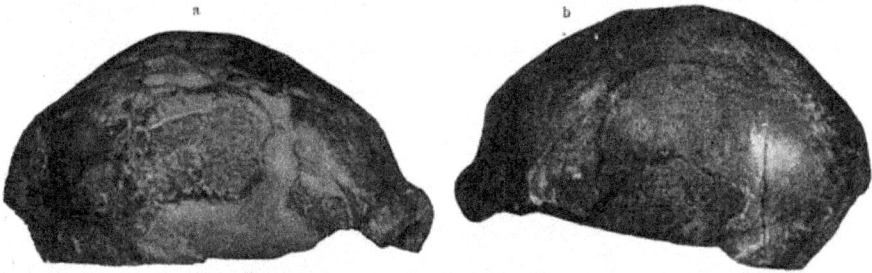

Schädeldächer von Spy I (a) und Spy II (b). Nach Abguß, wiedergegeben in F. Birkner, „Der diluviale Mensch in Europa" (München 1910).

wissen wir jetzt (siehe S. 442, 454 und 459), daß der Diluvialmensch die Sitte des Begrabens der Leichen übte. Während für den Neandertalmenschen das geologische Alter unbestimmt bleiben muß, reihen sich die Spy-Skelette sicher in das Altpaläolithikum des Diluviums ein. Die beiden Schädel (s. die Abbildungen dieser Seite) gleichen dem Neandertaler in der mächtigen, gleichmäßigen Ausbildung der mit sehr entwickelten Stirnhöhlen verbundenen Augenbrauen-wülste. Während aber der eine (Spy I) aus mehr-fachen Trümmern, wie schon Schaaffhausen bemerkt hatte, nicht vollkommen zutreffend, nach dem Vor-bild des Neandertalschädels, zusammengesetzt erscheint, zeigt der besser erhaltene (Spy II) eine etwas höhere Schädelwölbung. Sehr wichtig ist es, daß wir von den Spy-Schädeln auch etwas über die Gesichtsbildung des Diluvialmenschen erfahren. Es ist ein Oberkiefer-bruchstück und ein Stück des Unterkiefers erhalten, der durch seine massige Bildung und den Mangel eines aufgebogenen Kinnes mit dem ebenfalls sicher dilu-

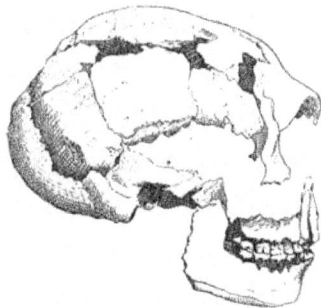

Schädel von Spy II. Nach J. Fraipont, „Les cavernes et leurs habitants" (Paris 1896).

vialen Unterkieferbruchstück aus der Höhle von La Naulette (Belgien) übereinstimmt.

Dazu kam nun der neue wichtige, oben beschriebene Fund, den K. Gorjanović-Kram-berger in der Grotte bei Krapina in Kroatien, ebenfalls in altdiluvialer Schicht, gemacht hat (s. die Abbildungen S. 454). Aus den an der großen Brandstelle gefundenen zahlreichen Menschenknochen ließen sich mindestens zehn Individuen konstatieren, Kinder und Erwach-sene. Die Knochen waren alle zerbrochen und zum Teil angebrannt, so daß Krambergers anfängliche Meinung, es handle sich hier um Mahlzeiten von Kannibalen, begreiflich ist. Trotz der weitgehenden Zertrümmerung lassen die Schädel unverkennbare Übereinstimmung mit denen aus dem Neandertal und von Spy erkennen, vor allem besitzen auch sie die gewaltigen

Augenbrauenwülſte, die bei den jugendlichen Individuen kaum ſchwächer ſind als bei den Erwachſenen. Das Schädeldach erſcheint etwas höher gewölbt und zum Teil brachykephal, nicht dolichokephal wie die Schädel vom Neandertal und von Spy. Beſonders wichtig iſt der Fund einer Anzahl vergleichsweiſe gut erhal-tener Unterkiefer (ſ. die Abbildung S. 455). Sie ſind nicht weniger maſſig als die Unterkiefer-fragmente von Spy und La Naulette und zeigen, wie dieſe, eine Rundung der Kinnpartie ohne die Aufbiegung des Kinnes, wie letztere für den

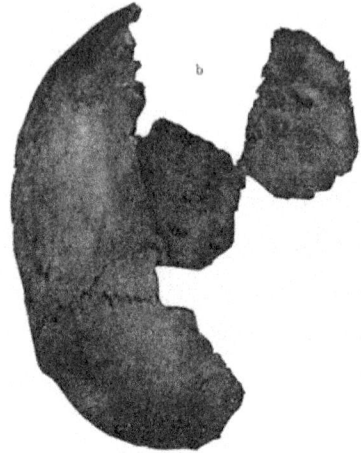

Schädelreſte (a) und Schädeldach (b) von Krapina. a nach K. Gorjanović-Kramberger, „Der diluviale Menſch von Krapina in Kroatien" in O. Walkhoff, „Studien über die Entwickelungsmechanik des Primaten-Skeletts", Lieferung 2 (Wiesbaden 1906); b nach J. Virchow, „Der diluviale Menſch in Europa" (München 1910). Vgl. Text S. 453.

Unterkiefer des modernen Europäers typiſch iſt. Auch die reichliche Schmelzrunzelung der Zahnkronen, namentlich bei den noch unabgekauten Milchzähnen, entſpricht nicht den Ver-

Umriß der Schädel von Kra-pina. Nach K. Gorjanović-Kram-berger, „Der diluviale Menſch von Krapina in Kroatien" in O. Walk-hoff, „Studien über die Entwicke-lungsmechanik des Primaten-Ske-letts", Lieferung 2 (Wiesbaden 1906). Vgl. Text S. 453.

hältniſſen, die man bei heutigen Europäern zu ſehen gewöhnt iſt.

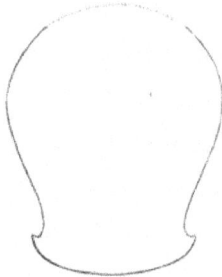

So war der Stand der Frage, als am 12. Auguſt 1908 H. Klaatſch, der ſich in beſonders energiſcher Weiſe mit dem Studium der körperlichen Verhältniſſe des Diluvialmenſchen be-ſchäftigt, ein in der Grotte von Le Mouſtier von O. Hauſer bei ſyſtematiſchen Grabungen in altdiluvialer Schicht entdecktes Ske-lett eines wahrſcheinlich männlichen, noch nicht ausgewachſenen (etwa 1,50 m) Individuums mit wiſſenſchaftlicher Sorgfalt in Gegenwart einer Anzahl deutſcher Forſcher und Liebhaber der Altertumskunde heben konnte. Klaatſch konſtatierte, daß, trotz ſeines jugendlichen Alters, das Skelett und vor allem der Schädel in allen wichtigen Eigenſchaften mit den vorſtehend beſprochenen Reſten von Diluvialmenſchen übereinſtimmt, die wir im Anſchluß an die Mehrzahl der franzöſiſchen Kraniologen als Reſte einer Neandertalraſſe bezeichnen. Die ſtarken Augenbrauenwülſte, die maſſige Bildung des Unterkiefers ohne Kinnaufbiegung, aber auch die übrigen Skelettverhältniſſe ſtellen den neuen Fund neben die älteren. Klaatſch beſchrieb das Skelett als Homo Mousteriensis *Hauseri* (ſ. die Abbildungen S. 456). Die Leiche war, ähnlich wie jene von Spy, in ritueller Weiſe beſtattet worden: das Skelett lag auf der Seite mit angezogenen Beinen in der Stellung eines Schlafenden, das Geſicht

nach rechts gewendet, der rechte Arm unter dem Kopf, der sorgfältig mit Feuersteinbruch=
stücken unterlegt war, bei dem linken Arm lag die einstige Waffe des Verstorbenen, ein typisch
ausgebildeter Faustkeil (coup de poing), und ein sorgfältig geschlagener Schaber.

Schon am 3. August 1908 war von A. und J. Bouyssonie und L. Bardon ein weiteres
altdiluviales Skelett im Departement Corrèze nahe bei La Chapelle=aux=Saints entdeckt
worden. Durch die Untersuchung von M. Boule ist die Zugehörigkeit auch dieses Skelettes
zur Neandertalraffe festgestellt worden. Es gehört einem alten, fast zahnlosen Mann von
etwa 1,60 m Körpergröße an (s. die obere Abbildung S. 457). Der Schädel ist relativ wohl
erhalten, er besitzt die stark vortretenden Oberaugenbrauenwülste, die niedrige Wölbung des

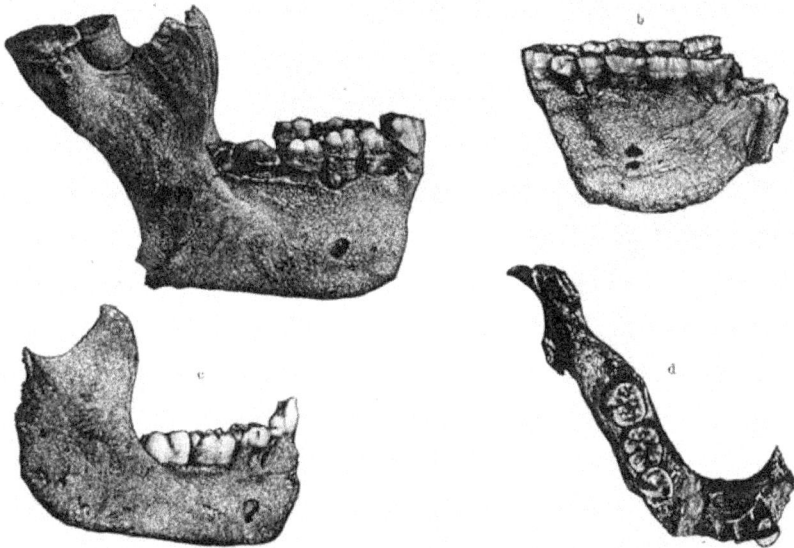

Unterkiefer von Krapina: a, b, c Ansicht von der Seite, d Ansicht von oben. Nach K. Gorjanović-Kramberger, „Der diluviale
Mensch von Krapina in Kroatien" in O. Walkhoff, „Studien über die Entwickelungsmechanik des Primaten=Skeletts", Lieferung 2
(Wiesbaden 1906).

Schädeldaches, den massigen, kinnlosen Unterkiefer der bisher besprochenen Skelette der
Neandertalraffe. Auch hier handelt es sich um ein absichtliches Begräbnis: unter einer
0,30—0,40 m mächtigen lehmigen Erdschicht, in der Knochen und Steinwerkzeuge der
Moustierstufe enthalten waren, lag in einer in den gewachsenen Boden eingeschnittenen
Grube von nur 1,45 m Länge das Skelett mit gekrümmten Beinen, der linke Arm ausgestreckt,
der rechte wahrscheinlich gegen den Kopf erhoben, in Schlafstellung als „liegender Hocker".

Einige Monate früher, am 21. Oktober 1907, wurde in den diluvialen Sanden von
Mauer bei Heidelberg in einer Tiefe von 24 m unter der Oberfläche ein wohlerhal=
tener menschlicher Unterkiefer gefunden, den O. Schoetensack als Homo Heidelbergensis
beschrieben hat. Obwohl alle weiteren Skelettreste und archäologische Beigaben fehlen,
kann doch kein Zweifel über die nahe Zugehörigkeit zur Neandertalraffe und zum älteren
Diluvium bestehen. In seiner massigen Ausbildung, in der Niedrigkeit und Breite der
aufsteigenden Äste sowie im Kinnmangel entspricht der Heidelberger Unterkiefer (s. die

untere Abbildung S. 457 und die auf S. 458) den anderen bekannt gewordenen Unterkiefern der Neandertalrasse; er ist vielleicht noch massiger. Auch seine Kinngegend wendet sich, anstatt vorzuspringen, im Bogen nach rückwärts, doch sind die von Klaatsch als Kinnfurche (Sulcus mentalis) und als Kinnausschnitt (Incisura submentalis) bezeichneten typisch menschlichen Bildungen vorhanden. Die Zähne sind ganz menschlich, die Eckzähne überragen die übrige Zahnreihe nicht, und bemerkenswert ist es, daß der dritte Molar, der bei rohen Menschenrassen, z. B. häufig bei den Australiern, dem zweiten Molar an Größe gleichkommt oder ihn sogar übertrifft, bei dem Heidelberger sogar kleiner ist als der zweite; die Bezahnung schließt sich darin

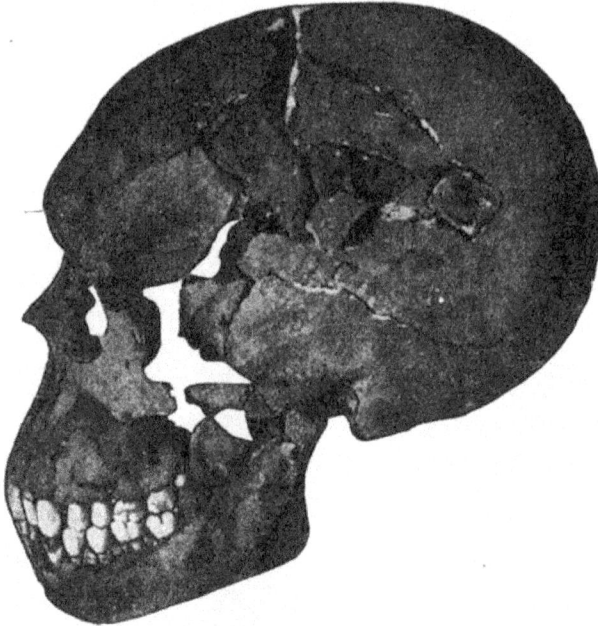

Schädel des Homo Mousteriensis *Hauseri.*
Nach H. Klaatsch und O. Hauser, „Homo Mousteriensis *Hauseri*": „Archiv für Anthropologie", neue Folge, Bd. 7 (Braunschweig 1909). Vgl. Text S. 454.

der der Kulturvölker an, für die eine Reduktion der dritten Molaren charakteristisch ist. Auch einer der Krapina-Unterkiefer besitzt einen auffallend kleinen dritten Molar. Das Relief der Kauflächen der Unterkiefer von Moustier und von Heidelberg vergleicht H. Klaatsch mit ähnlichen Bildungen an einem „Neger"-Unterkiefer.

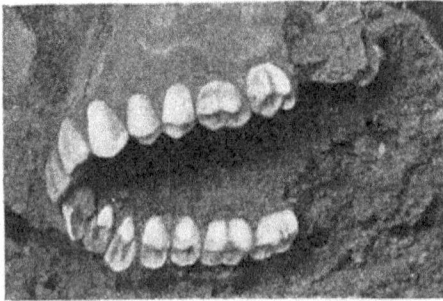

Der Oberkiefer des Homo Mousteriensis *Hauseri.* Nach H. Klaatsch und O. Hauser, „Homo Mousteriensis *Hauseri*"; „Archiv für Anthropologie", neue Folge, Bd. 7 (Braunschweig 1909). Vgl. Text S. 454.

Wenn die Fundumstände richtig gedeutet sind, müssen wir trotzdem den Unterkiefer von Heidelberg für den ältesten bis jetzt bekannt gewordenen körperlichen Rest des Menschen erklären. Die in der gleichen Schicht mit ihm gefundenen Knochen von Tieren gehören dem Urelefanten (Elephas antiquus) und dem etruskischen Nashorn (Rhinoceros etruscus) an; beide Formen sind aus dem Tertiär in das ältere Quartär übergegangen, und ihr Vorkommen entspricht zweifellos einem frühen Abschnitt des Diluviums. Der Fund von Heidelberg rückt also die Anwesenheit des Menschen in Mitteleuropa vielleicht nahe an die obere Grenze des Diluviums und damit an die untere Grenze der Tertiärperiode.

Aber das ist sicher, daß wir in dem Unterkiefer von Heidelberg, wie in all den Resten der diluvialen Neandertalrasse, die Überbleibsel von wahren Menschen, von Vertretern der Spezies Homo sapiens *L.*, vor uns haben.

Es ist das Verdienst von G. Schwalbe, durch exakte und minutiöse Untersuchungen die morphologische Bedeutung des Schädels aus dem Neandertal festgestellt und, trotz seiner geologischen Unbestimmbarkeit, in den Augen der deutschen wissenschaftlichen Welt rehabilitiert zu haben. Durch diese auf alle Feinheiten der Differenzen eingehenden Beschreibungen war es möglich, die schon lange signalisierten Übereinstimmungen mit anderen menschlichen Schädelformen noch sicherer als bisher festzustellen. J. Fraipont weist in seiner klassischen Beschreibung der Spyfunde auf die

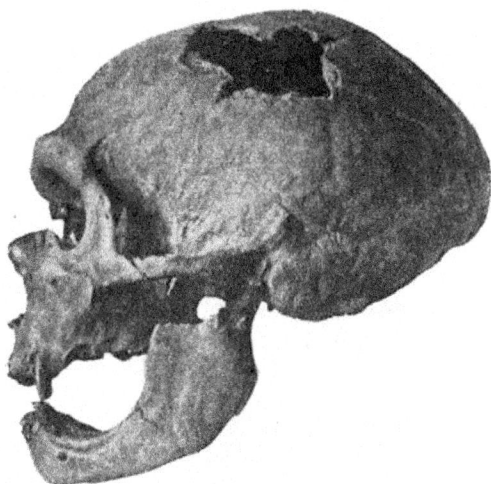

Schädel von La Chapelle-aux-Saints. Nach „L'Anthropologie", Bd. 19 (Paris 1908). Vgl. Text S. 455.

Übereinstimmung bezüglich der Augenbrauenwülste und der Kinnbildung hin, die zwischen den Schädeln der Neandertalrasse und denen gewisser Südsee-Schwarzen bestehen, was Broca und Pruner-Bey zuerst angegeben haben. Huxley erkannte speziell die Ähnlichkeit mit Eingeborenen Australiens, namentlich mit Stämmen an der Südküste und in der Umgebung von Port-Adelaide; Quatrefages und Hamy fügten dazu noch die Stämme bei Port-Fairy, Port-Phillippe und an der Moretonbai (Queensland) und statuierten die nahe Übereinstimmung mit der gesamten eingeborenen Be-

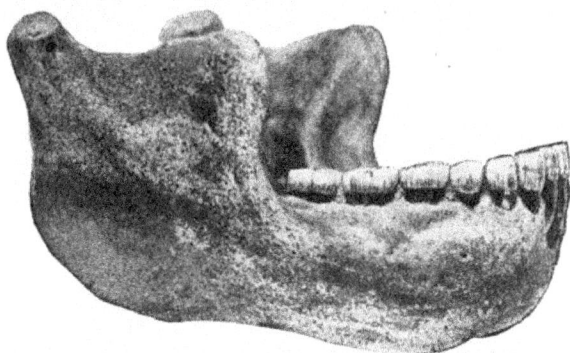

Der Unterkiefer des Homo Heidelbergensis I. Nach O. Schoetensack, „Der Unterkiefer des Homo Heidelbergensis" (Leipzig 1908). Vgl. Text S. 456.

völkerung des australischen Kontinents im Süden und Westen. Sehr energisch hat Macnamara auf die Übereinstimmung der Neandertal-Schädelform mit typischen Schädeln unvermischter Ureinwohner Australiens hingewiesen und durch Messung und Kurvenzeichnung diesen Vergleich sichergestellt (s. die Abbildung S. 459). Das gleiche lehrte auch Stolyhwo.

Für Deutschland wurde die Anerkennung dieser Übereinstimmung zwischen Neandertal- und Australier-Schädelform durch H. Klaatsch gebracht, der auf einer mehrjährigen Forschungs-reise die Australier studiert und von ihnen reiches Studienmaterial gesammelt hat. Er fand, daß sich die Niedrigkeit des Schädeldaches, die Hervorwulstung der Augenbrauenbogen, die Dolichokephalie, die Kinnform und anderes bei Australierschädeln in entsprechendem Grade der Ausbildung finde wie bei dem Neandertaler, der sich freilich von jenen durch beträcht-lichere Größe und namentlich Breite des Hirnraumes des Schädels unterscheidet und sich da-durch als Ahnherr einer Kulturrasse zu erkennen gibt. Unter Benutzung der Bruchstücke des Gesichtsskelettes der Schädel von Spy und Krapina versuchte Klaatsch eine Rekonstruktion des ganzen Neandertalschädels. Das Gesicht ist danach ziemlich lang, wenig prognath, mit

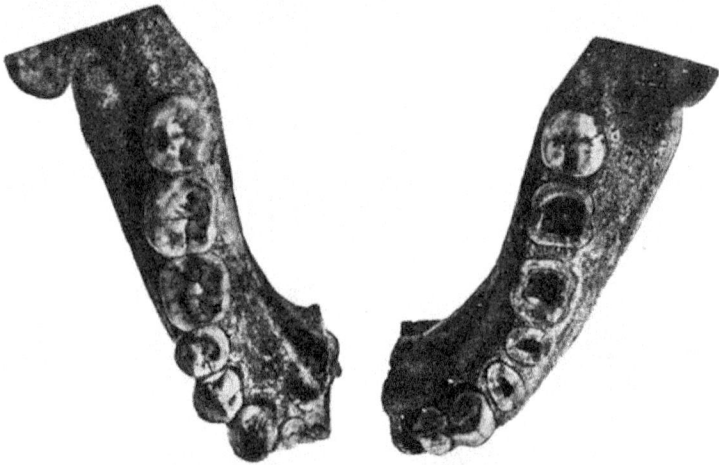

Der Unterkiefer des Homo Heidelbergensis II. Nach O. Schoetensack, „Der Unterkiefer des Homo Heidelbergensis"
(Leipzig 1908). Vgl. Text S. 456.

mächtigen hohen gerundeten Augenhöhlen, langer, aber unten verbreiterter Nase, mit gut vorspringendem Nasenrücken und fehlendem Kinn. In auffallender Weise ähnelt in man-chen Beziehungen die rekonstruierte Form derjenigen eines der von Klaatsch mitgebrachten Australierschädel (s. die Abbildung S. 466). Das Zutreffende dieser Rekonstruktion wurde durch die neuesten Funde, den des Homo Mousteriensis und den von La Chapelle-aux-Saints, bei welchen der Gesichtsteil mehr oder weniger erhalten war, im allgemeinen be-stätigt (vgl. S. 456 und 457). Der Gedanke G. Schwalbes, daß die Neandertalrasse vielleicht als eine von dem Homo sapiens L. verschiedene Menschenart, der man den Namen Homo primigenius beilegte, aufgefaßt werden dürfe, ist durch den Nachweis der Übereinstim-mung mit einer modernen Menschenrasse, die kein ernsthafter Forscher aus dem Kreis der Spezies Homo sapiens verbannt, definitiv widerlegt worden.

Es erscheint sonach nun festgestellt, daß in altpaläolithischer Zeit in Europa, sowohl in Frankreich wie in Deutschland und Kroatien, eine Menschenrasse lebte, die sich durch bestimmte Eigentümlichkeiten von dem Typus der Menschen der späteren prähistorischen und historischen Epochen Mitteleuropas unterschied. Es war eine kräftige Rasse mit mächtig entwickelten

Kauwerkzeugen, die aber in der beträchtlichen Gehirngröße, durch die sie sich weit über die heutigen Bewohner Australiens erhob, die Möglichkeit zur höheren Kulturentwickelung erkennen läßt. Ich habe vor Jahren aus dem horizontalen Schädelumfang (527) und der Schädelbreite (etwa 150 mm) nach der von H. Welcker aufgestellten Tabelle für dolicho-kephale Schädel den Schädelinhalt des Neandertalschädels zu 1532 ccm geschätzt. Der Schädel des alten Mannes von La Chapelle-aux-Saints ist so gut erhalten, daß Boule eine direkte Messung der Kapazität ausführen konnte; mehrfache Prüfungen ergaben ihm einen Mittelwert von 1600 ccm (1626). Auch nach dieser Bestimmung übertraf also bezüglich der Hirngröße die Neandertalrasse, bis jetzt die älteste auf europäischem Boden nachgewiesene Menschenrasse, nicht nur die Australier, sondern auch die heutigen Bewohner der Gegenden, in denen sie einst gelebt hat. In das geistige Leben dieser ältesten Bewohner Europas, von denen wir bisher gesicherte Kunde haben, läßt uns die liebevolle Sorgfalt bei Behandlung ihrer Toten und die Mitgabe der Waffe

ins Grab einen Blick tun. „Diese Rasse", sagt H. Klaatsch, „muß ihrer Umgebung, ihren Aufgaben, unter schwierigen Existenzbedingungen den Kampf ums Dasein durchzuführen, ausgezeichnet angepaßt gewesen sein. Die neuesten Funde werden die psychische Hoch-schätzung derselben vermehren helfen, da primitive Bestattung von Anfän-gen der Religion untrennbar ist."

Innerhalb der Gesamt-Neander-talrasse zeigen sich schon Ansätze zur Ausbildung von typischen kraniologi-schen Verschiedenheiten. Die Mehrzahl der Schädel ist dolichokephal, Spy II

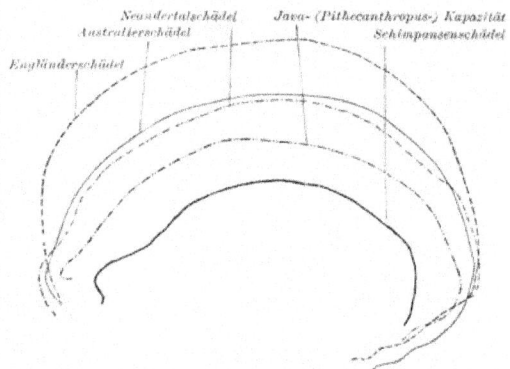

Schädelkurven. Nach N. C. Macnamara, „Kraniologischer Beweis für die Stellung des Menschen in der Natur": „Archiv für Anthro-pologie", Bd. 28 (Braunschweig 1903).

neigt zur Mesokephalie, und die Schädel von Krapina sind nach der Rekonstruktion Kram-bergers zum Teil brachykephal. Das Gesichtsskelett von La Chapelle-aux-Saints ist ent-schieden kürzer, die Augenhöhlen sind enger. Der Schädel, den Makowsky im Löß in Brünn ge-funden hat (vgl. S. 417), sowie der Schädel von Galley-Hill an der Mündung des Themsetales soll mit einer Anzahl anderer, deren Alter aber noch nicht vollkommen festzustehen scheint, eine Zwischenstellung einnehmen zwischen der Neandertaler und einer jüngeren Rassenform.

Nach den Untersuchungen von J. Fraipont waren die Spyleute untersetzt und sehr kräftig gebaut, aber ziemlich klein. Die robusten Extremitätenknochen waren kurz, der Rumpf „massiv", Hände und Füße groß und dick. Ähnlich verhalten sich auch die übrigen Vertreter der Neandertalrasse. H. Klaatsch erkennt in dieser Kürze der Bewegungsglieder „eine An-näherung an die jetzigen arktischen Rassen mongoloider Verwandtschaft", und gewiß spricht sich in ihr eine große Verschiedenheit von Australiern und Negern und anderen langgliederigen südlichen Völkern aus. Auch im Schädelbau besteht ja zwischen Australier und Neandertaler, trotz mancher Ähnlichkeiten, ein wesentlicher Unterschied in der beträchtlichen Weite des Hirnschädels des Neandertalers, in der Breite der Unterstirn zwischen den beiden Augen-höhlen, in der Länge der Nase und dem Hervortreten des Nasenrückens.

Eine zweite diluviale Hauptrasse des Menschen wird, wie mehrfach erwähnt, nach dem 1868 gemachten Fund von Skeletten in der Grotte von Cro-Magnon im Vézèretal (vgl. S. 450) als Cro-Magnon-Rasse bezeichnet. Während die Neandertalrasse durch die geschilderten Besonderheiten auffällt, weisen die Schädel der Cro-Magnon-Rasse (s. die untenstehende Abbildung und die auf S. 451) kaum irgend etwas auf, wodurch sie sich von modernen und althistorischen mitteleuropäischen Rassen unterscheiden. Die Gesamtwölbung des langen, dolichokephalen Schädeldaches ist schön und hoch, die Stirn steigt ziemlich gerade an, die Augenbrauenbogen sind nur mäßig ausgebildet, das Gesicht ist ziemlich breit und niedrig. Der Unterkiefer ist nicht bemerkenswert massig und besitzt ein gut vorspringendes Kinn. Das Skelett ist weniger robust und schlanker als das des Neandertaltypus, die Körpergröße ist

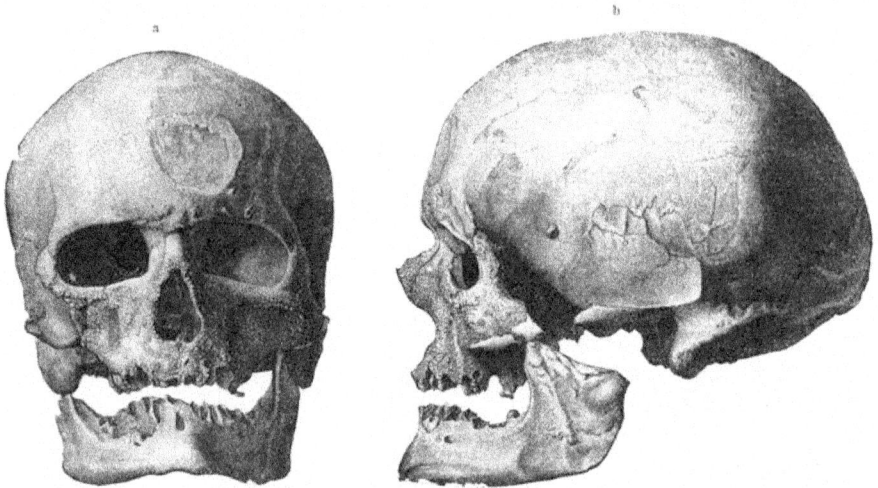

Der Schädel des „alten Mannes" von Cro-Magnon: a von vorn, b von der Seite. Nach A. de Quatrefages und E. T. Hamy, „Les Cranes des races humaines" (Paris 1878).

bedeutender, und namentlich die Knochen der unteren Extremitäten sind feiner und länger, so daß die beiden diluvialen Rassen im ganzen Körperbau typisch verschieden erscheinen. Auch geologisch kommt uns die Cro-Magnon-Rasse näher: sie hat ihre Hauptverbreitung in der Gesamtrenntierperiode. Sie erscheint in Frankreich als Träger jener bewunderungswürdigen Kultur des Jung-Paläolithikums. Wir besitzen Skelett- und Schädelfunde dieser Rasse, abgesehen von Cro-Magnon, von Laugerie-Basse im Vézèretal, von La Chancelade, Departement Dordogne, aus der Höhle Duruthy bei Sorde und von anderen Orten; Szombathy hat einen Schädel der Cro-Magnon-Rasse in der Fürst-Johanns-Höhle bei Lautsch in Mähren gefunden. Der typische Cro-Magnon-Mensch war nach Kollmanns Schema ein kurzgesichtiger Langkopf. In der Nähe von Paris und von La Truchère in Burgund hat man im allgemeinen der Cro-Magnon-Form nahestehende Schädel, aber mesokephal und mit längerem Gesicht, gefunden, deren diluviales Alter freilich noch angezweifelt wird. H. Klaatsch hat am 12. September 1909 ein zweites von Hauser gefundenes diluviales Skelett gehoben, die Fundstelle wird als Combe-Capelle bezeichnet, in der Nähe von Montferrand du Périgord, Departement Dordogne: Homo Aurignacensis *Hauseri*. Der langgestreckte Schädel ähnelt dem von Chancelade, entspricht sonach der Cro=Magnon=Rasse oder vielleicht einer älteren Form dieses Typus. Das Skelett gehörte einem bejahrten Individuum an, es war annähernd in Hockerstellung bestattet, vor der Brustregion lagen als Beigaben Steinwerkzeuge des „Aurignac=Typus", während das Grab in eine Schicht eingetieft war, in der sich Steinwerkzeuge einer älteren Stufe (Moustier=Typen) fanden. Über die Begräbnissitten der Cro=Magnon=Zeit gibt die oben (S. 442) mitgeteilte Abbildung des Grabes von Laugerie=Basse Aufschluß. An die Gruppe der Cro=Magnon=Rasse schließt sich auch nahe der schöne, schon 1833 von Schmerling in einer Grotte im Maastale bei Engis, unweit Lüttich, gefundene Engis=Schädel an (s. die Abbildung S. 447).

Dazu gehört auch die Mehr=
zahl der diluvialen Skelettfunde in
den im Seealpengebiet gelegenen
roten Grotten von Mentone,
die jetzt als Grimaldi=Grotten
mit dem Namen der fürstlichen Fa=
milie von Monaco bezeichnet wer=
den. Nach älteren Untersuchun=
gen sind dort die tiefsten Schichten
des Höhlenbodens der Moustier=
Stufe zuzurechnen; darüber liegen
jüngere diluviale Schichten, die nach
R. Verneau, dem wir die klassische
Beschreibung der Skelettfunde ver=

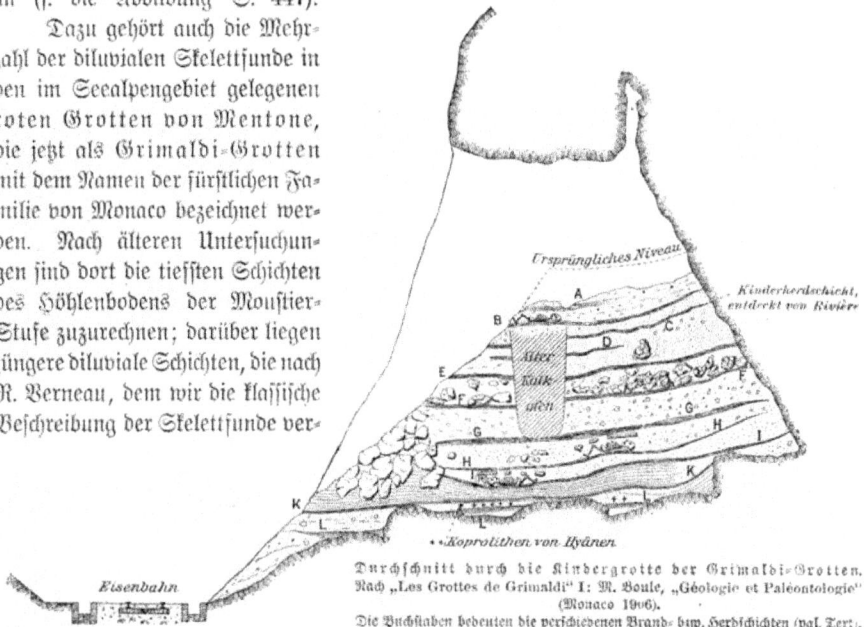

Durchschnitt durch die Kindergrotte der Grimaldi=Grotten.
Nach „Les Grottes de Grimaldi" I: M. Boule, „Géologie et Paléontologie"
(Monaco 1906).
Die Buchstaben bedeuten die verschiedenen Brand= bzw. Herdschichten (vgl. Text).

danken, der Madeleine=Stufe zugehören, obwohl die für diese sonst typischen Knochenwerk=
zeuge fehlen oder wenigstens nur sehr spärlich vertreten sind. In einer dieser Grotten, der
schon S. 423 erwähnten fünften, der Barma Grande, wurden, was jetzt durch die klassi=
schen Untersuchungen über Geologie und Paläontologie der Grimaldi=Grotten von Mar=
cellin Boule in allem Wesentlichen Bestätigung gefunden hat, schon durch die älteren,
unter Leitung von Abbo ausgeführten Grabungen drei Schichten unterschieden: eine tiefste
und älteste Schicht mit Steinwerkzeugen vom Moustier=Typus und Knochen des Elephas
antiquus, dessen Reste sich auch in der siebenten Grotte gefunden haben. In der zweiten,
höheren Schicht fand sich der S. 435 erwähnte Renntier=Unterkiefer mit vielen Steinwerk=
zeugen vom Solutré= und Madeleine=Typus. Die dritte, oberste Schicht entspricht etwa der
Pietteschen Mas d'Azil=Stufe; sie ist eine Übergangsschicht mit nur heutiger Fauna und
Beisetzungen von Leichen der Cro=Magnon=Rasse. Als Beigaben fanden sich vor allem sehr
zahlreiche und absichtlich zum Befestigen durchlochte Schalen von Cyclonassa (Nassa) nerites
und durchbohrte Eckzähne vom Hirsch (s. die Abbildung S. 462). Die durch Eisenoxyd

rot gefärbten Skelette liegen teils gestreckt auf dem Rücken, teils auf der Seite in Schlaf-stellung, die Beine angezogen, die Arme im Ellbogen gebeugt, die Hände gegen den Kopf erhoben. In dieser Schicht fand sich auch nach Reinach das S. 441 erwähnte Hundebegräbnis sowie das S. 422 abgebildete Steinfigürchen eines nackten Weibes.

Neue Aufschlüsse für die Anthropologie des Diluviums haben die Entdeckungen in der sogenannten Kindergrotte (s. die Abbildung S. 461) gebracht, welche die Wissenschaft den mit größter Genauigkeit ausgeführten Untersuchungen des Fürsten von Monaco und seiner Mitarbeiter verdankt. Verneau hat hier eine neue, für das Verständnis der diluvialen Be-siedelung Westeuropas wichtig erscheinende dritte Menschenrasse entdeckt. In der „Kinder-grotte" hatte bei älteren Grabungen Rivière in der obersten Schicht (A) zwei Skelette von Kindern im Alter von etwa 4 bis 6 Jahren gefunden, denen ein Schmuckkleidungsstück, Len-denschmuck, aus etwa 1000 kleinen, absichtlich durchbohrten Nassa neritea-Schalen in das Grab mitgegeben war. In derselben Schicht (bei B) fand sich auch das Skelett einer älteren

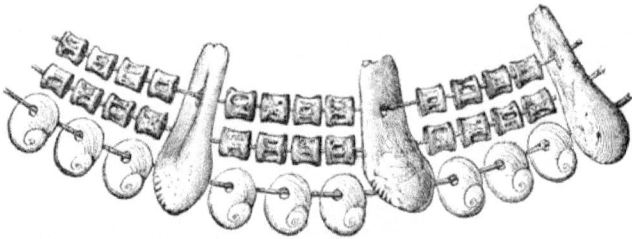

Frau. Abgesehen von diesen oberflächlichen Schürfungen war die ganze Schichtenfolge, die fast 10 m hoch war, vollkommen ungestört. Mehrere in den ver-schiedenen Höhen des Höhlenbodens ge-lagerte, ausgedehnte Aschen- und Kohlen-schichten, Spuren von

Halsschmuck eines jungen Mannes aus der Barma Grande-Grotte, bestehend aus Fischwirbeln, Schalen von Nassa neritea und mit Einritzungen verzierten Eckzähnen vom Hirsch (Hirschgrandeln). Nach „Les Grottes de Grimaldi", II, 1: R. Verneau, „Anthropologie" (Monaco 1906). Vgl. Text S. 461.

Feuern des Diluvialmenschen (s. die Abbildung S. 461), beweisen, daß die Höhle zu verschie-denen Zeiten vom Menschen besucht und wenigstens vorübergehend bewohnt war; Hyänen-spuren lehren, daß zeitweise auch diese Raubtiere sich eingefunden haben. In der tiefsten, ältesten Schicht, der achten Brandschicht (I) von oben entsprechend, nahe über dem Felsen-boden der Höhle, lagen die geologisch ältesten Skelette. Sie waren vollkommen unverletzt, also offenbar auf irgendeine Weise vor den Hyänen geschützt, die Köpfe durch ein aus Steinen hergestelltes „Schutzdach" überdeckt. Es sind zwei Leichen, die gleichzeitig bestattet waren, eine ältere Frau und ein junger Mann. Letzterer lag auf dem Rücken, etwas nach rechts ge-wendet, die Beine wie in Schlafstellung emporgezogen, mit dem rechten Arm die Frau um-schlingend. In einer 70 cm höher gelegenen Schicht, der siebenten Brandschicht (H), ebenfalls mit viel Asche und Kohle, lag das Skelett eines hochgewachsenen Mannes mit gestreckten Beinen auf dem Rücken. Auch sein Kopf und ebenso die Füße waren mit Steinplatten umstellt und bedeckt. Es scheint, daß die Leichen hier nicht in, sondern über der Erde beigesetzt wurden.

Verneau unterscheidet drei aus verschiedenen vorgeschichtlichen Perioden stammende Beisetzungen. Die jüngste, wohl einer Übergangsepoche (Mas d'Azil) zuzurechnen, sind die Skelette der zwei Kinder und der älteren Frau (Schicht A und B). Die Schädel zeigen die Form der Cro-Magnon-Rasse, das Weib war wenig kräftig und von ziemlich geringer Körper-größe. Dagegen gehörte das Skelett der siebenten Brandschicht zweifellos einem hochgewachse-nen Manne der Cro-Magnon-Rasse an, von etwa 1,92 m Körperhöhe; der Schädel (s. die

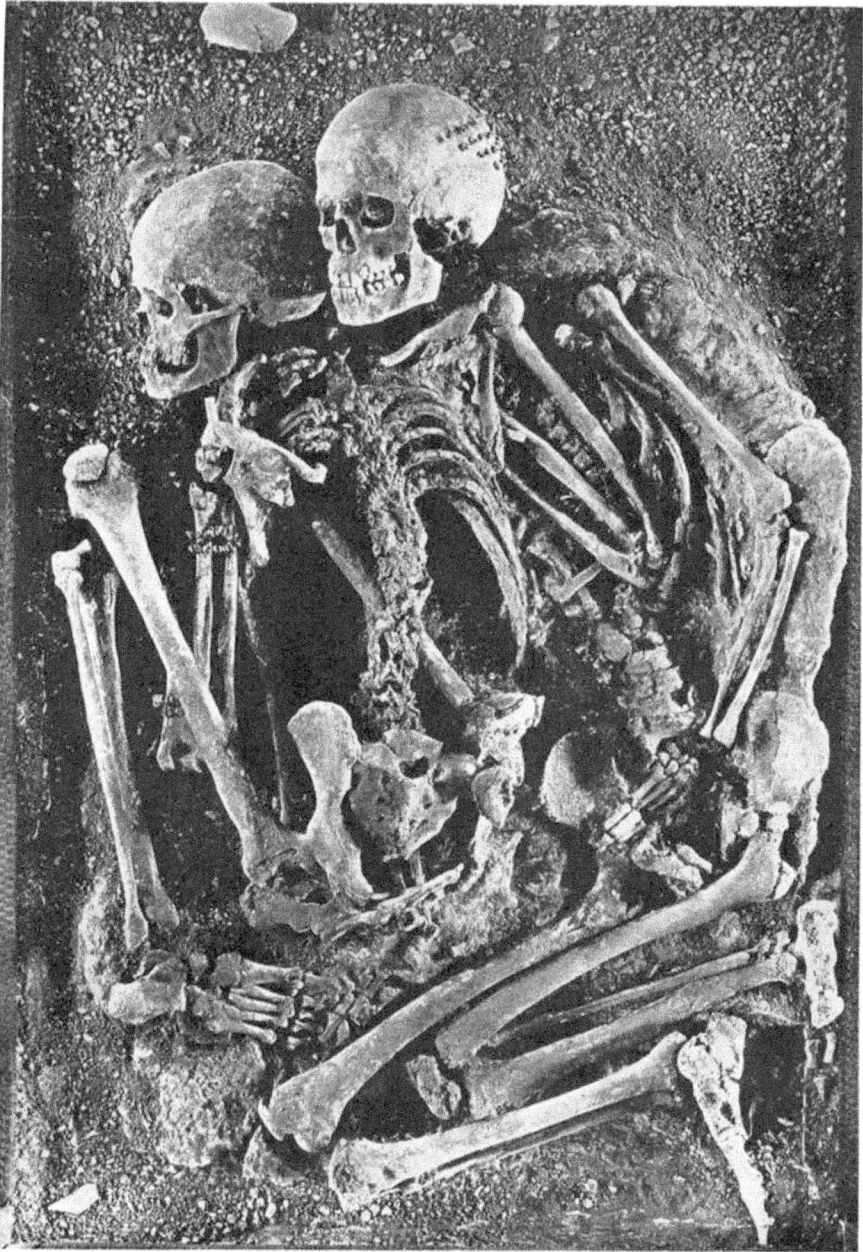

Skelette des negroïden Typus aus der Kinder-Grotte.

Skelette und Schädel aus den Grimaldi-Grotten.

Nach „Les grottes de Grimaldi" II, I: R. Verneau, „Anthropologie" (Monaco 1906).

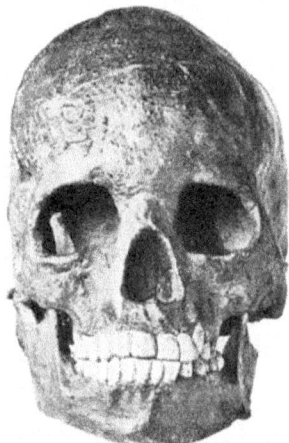 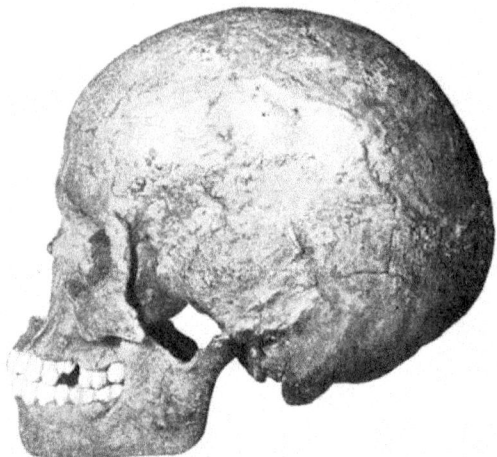

a.   b.

 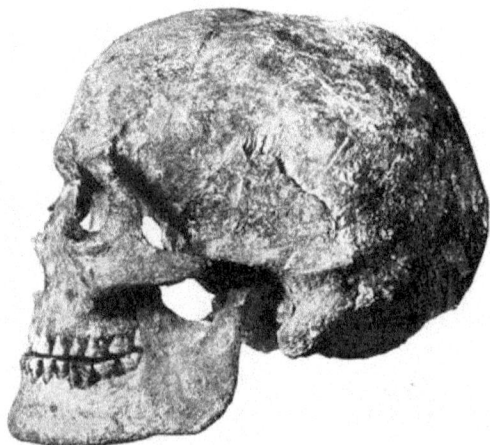

c.   .   d.

a und b) Männlicher Schädel des negroïden Typus, c und d) männlicher Schädel des Cro-Magnon-Typus,
beide aus der Kinder-Grotte.

untenstehende Abbildung) ist lang, gut gewölbt, das Gesicht breit und niedrig, aber orthognath, und auch das übrige Skelett entspricht den aus der Renntierperiode im Vézèretal bekannten Skeletten der gleichen Rasse. Um so abweichender sind die somatischen Verhältnisse der beiden Leichen in der der achten Brandschicht entsprechenden tiefsten Schicht des Höhlenbodens. In ihnen hat Verneau, wie gesagt, einen neuen Rassentypus erkannt, der für das Verständnis der ethnographischen Beziehungen zwischen Nordafrika und Westeuropa von hoher Wichtigkeit zu sein scheint. Die beiden Skelette (s. die beigeheftete Tafel „Skelette und Schädel aus den Grimaldi-Grotten"), das der alten Frau und das des jungen Mannes, unterscheiden sich von der Cro-Magnon-Rasse schon durch ihre geringere, wenn auch nicht zwerghafte Körpergröße, aber vor allem durch die Schädelform, die einen unbestritten negerartigen Eindruck machen. Weib und Mann zeigen die gleiche Rassenbildung: ich glaube, wir müssen Verneau beistimmen, der sie als wohlcharakterisierte Negroide bezeichnet. Es ist ein neuer, dritter Typus, der sich von den beiden früher bekannten Hauptformen des Diluvialmenschen charakteristisch unterscheidet: er wird zu Ehren des fürstlichen Entdeckers als Grimalditypus bezeichnet.

Bisher fehlen noch weitere Beweise für die Existenz und Verbreitung dieser nach Afrika weisenden Rasse in Europa. Bei den Autoren bestand aber schon vor der Entdeckung Verneaus eine, wie ich glaube, nicht vollkommen berechtigte Neigung, in den wohlbeleibten Frauenstatuetten der Renntierperiode Bilder von Angehörigen einer negroiden Rasse zu sehen, die sich von der Mittelmeerküste durch Frankreich bis weit nach dem östlichen Mitteleuropa (Venus von Willendorf) verbreitet habe.

Nach Verneau ist die Grimaldirasse

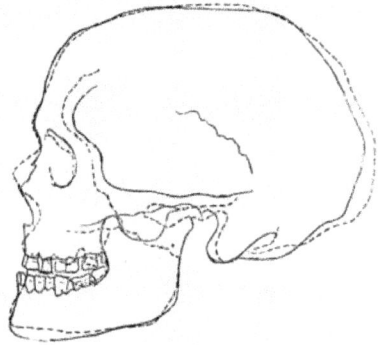

Profil zweier Schädel aus den Grimaldi-Grotten. Nach „Les Grottes de Grimaldi", II, 1: R. Verneau, „Anthropologie" (Monaco 1906).
------ Cro-Magnon-Typus, ———— negroider Typus.

charakterisiert durch eine das Mittel etwas überschreitende Körpergröße und durch überlange Beine, namentlich im Verhältnis zu den Armen, worin sie die Körperbildung der heutigen Neger noch übertreibt. Die Unterarme und Unterschenkel erscheinen im Vergleich mit den oberen Abschnitten der beiden Extremitäten verlängert. Der Hirnschädel ist sehr lang, hoch und voluminös und entspricht einer guten Gehirnausbildung, sein Horizontalumriß ist eine regelmäßige Ellipse. Die Stirn ist gut entwickelt, die Glabella springt vor, die Augenbrauenbogen sind aber nur in ihrem inneren Abschnitt im Niveau der Stirnhöhlen deutlicher vorgebucht: nach außen verstreichen sie vollständig. Die Augenhöhlen sind weit, aber relativ niedrig, die Nase ist platyrrhin mit Pränasalgruben am Unterrande der Nasenöffnung. Auffallend ist besonders die starke Prognathie der Mundpartie und das schmale und tiefe Gaumengewölbe. Der kräftige Unterkiefer zeigt ein „fliehendes" Kinn, breite, aber niedrige aufsteigende Äste mit stark nach hinten geneigten Kondylen. Die Zähne sind voluminös, die Hüftbeine hoch mit stark gekrümmtem Oberrand, der Sitzbeinausschnitt ist schmal, wie bei heutigen Negern, deren Bildung auch die übrigen Skelettverhältnisse ähneln.

Dagegen zeigen nach Verneau die Skelette der in den Grimaldi-Grotten gefundenen Angehörigen der Cro-Magnon-Rasse die zum Teil schon hervorgehobenen wesentlichen

Unterschiede. Die Körpergröße ist eine weit beträchtlichere: für die Männer berechnet sie sich im Mittel zu 1,87 m. Broca gibt für den „Alten von Cro-Magnon" 1,80 m an. Der Rumpf ist gut entwickelt, die Schulterbreite beträchtlich. Die Schädel sind trotz ihrer relativen Schmalheit absolut breit und sehr voluminös. Verneau berechnet nach der Brocaschen Methode die Kapazität zu 1715—1775 ccm, Broca hat für seine Cro-Magnon-Skelette 1590 ccm gefunden. Das Gesicht erscheint breit, die Verbreiterung kommt aber hauptsächlich auf Rechnung der Wangenbeine und Jochbogen, der Oberkiefer selbst ist schmal, auch die Nase schmal und lang, leptorrhin; an der Nasenwurzel eingesenkt, erhebt sie sich rasch zu einem ansehnlichen Vorsprung. Die Augenbrauenbogen sind nur im inneren, den Stirnhöhlen entsprechenden Abschnitt stärker entwickelt, nach außen verflachen sie rasch und verschwinden vollkommen. Die Augenhöhlen sind im Verhältnis zu ihrer Breite niedrig, mikrosem, mit kaum gerundeten Winkeln fast rektangulär. Der Unterkiefer ist kräftig, mit wenig geneigten aufsteigenden Ästen und mit vorspringendem dreieckigen Kinn.

Wie oben erwähnt, treten neben den dolichokephalen diluvialen Schädelformen auch schon mesokephale und brachykephale auf. Am wichtigsten ist es, daß schon im Alt-Paläolithikum in Krapina Brachykephalie sich findet, verbunden mit den Eigenschaften der Neandertalform, während wir sonst nur aus den späteren paläolithischen Perioden, von der Madeleine-Stufe an, Kurzköpfe kennen, aus Grenelle, Furfooz, Solutré und La Truchère. Der letztgenannte Schädel ist hoch und sehr umfangreich, seine Kapazität wurde zu 1925 ccm angegeben; vielleicht deuten die Fundverhältnisse nach Legrande Mercey auf ein höheres geologisches Alter.

In der obersten paläolithischen Schicht der Ofnet, die der Mas d'Azil-Stufe zuzurechnen ist, hat (vgl. S. 418) 1908 R. R. Schmidt eine Anzahl von Schädeln gefunden, die ohne sonstige Skelettknochen in einer Schicht von rotem Ocker lagen. Außer einigen Männerschädeln waren es, sagt Ferd. Birkner, vor allem Schädel von Frauen und Kindern. Die Fundverhältnisse sprechen für eine Art ritueller Bestattung, eine Art Teilbestattung, bei der bald nach dem Tode der Kopf vom Rumpf getrennt wurde, um bestattet zu werden. Als Beigaben fanden sich sehr zahlreich Schnecken und Hirschgrandeln sowie Feuersteinwerkzeuge. Schliz unterscheidet zwei Schädeltypen, einen langköpfigen und einen kurzköpfigen, sowie Mischformen zwischen beiden. Den mittelhohen Langschädel bringt Schliz mit der Cro-Magnon-Rasse in Verbindung, der Kurzschädel wird als Urform des Schädeltypus der Alpenbewohner, Homo alpinus, angesprochen.

Außerhalb des vieldurchforschten Europa sind bis jetzt nur wenige sicher diluviale Skelettreste des Menschen bekannt geworden. Vor allem ist dieses Fehlen für die alten Kulturländer Nordafrika, namentlich Ägypten, und Vorderasien zu beklagen. Sind es doch diese Länder, von denen wir noch die wichtigsten Aufschlüsse zu erwarten haben.

In Algerien hat Debruge aus der diluvialen Fundstelle d'Ali-Bacha bei Bougie menschliche Skelettreste erhoben. Der Schädel zeigt keine Prognathie, hat ein wohlausgebildetes Kinn und nähert sich dem Cro-Magnon-Typus; er gehört nach seinem Entdecker dem reinen modernen Berbertypus an, der danach seit dem Diluvium dort eingesessen ist.

Für Amerika haben wir vortreffliche neue Studien, für Nordamerika von Hrlička, für Südamerika von Lehmann-Nitsche. Nach ersterem sind für Nordamerika bisher keine sicher diluvialen Schädel und Skelette bekannt geworden. Alle als diluvial beschriebenen Skelettreste entsprechen in ihrer Bildung der der modernen Indianer. In den unteren

Pampasschichten Südamerikas, die von den Lokalforschern meist für tertiär angesprochen werden, fand sich ein erster Halswirbel, der „Atlas von Monte Hermoso", über dessen Zugehörigkeit zum Menschen oder zu einem großen Menschenaffen, von dem freilich sonst alle Spuren fehlen, von der Wissenschaft noch nicht entschieden zu sein scheint. Die Skelette und Schädel aus den höheren, wohl diluvialen Pampasschichten zeigen nach Lehmann-Nitsche nur Bildungen, die auch bei modernen Indianern Südamerikas gefunden werden.

Das Alter und die anthropologische Stellung der mitteleuropäischen Diluvialrassen.

Von den beiden Hauptmenschenrassen des europäischen Diluviums erscheint die Neandertalrasse als die ältere: die Funde gehören, soweit sie überhaupt geologisch und archäologisch zu datieren sind, dem Altpaläolithikum an. Der Neandertaler selbst bleibt undatierbar; die Spylleute lebten nach F. Fraipont in Belgien in der archäologischen Stufe von Moustier, die sowohl durch die Feuersteinindustrie als auch durch die Fauna gekennzeichnet ist: ihre Feuersteinwerkzeuge sind vom Moustier- und nicht vom Chelles- oder Acheul-Typus; sie waren Zeitgenossen des Elephas primigenius, des wollhaarigen Mammuts, und des Rhinoceros tichorhinus, des wollhaarigen Nashorns, der Höhlenhyäne, des Höhlenbären, des Wildpferdes und des Urochsen, Bos primigenius; angeblich fand sich in der gleichen Schicht auch das Renntier. Von höherem Alter sind die Krapinafunde; dort wohnte der Mensch mit der geologisch älteren Nashornart, dem Rhinoceros Merckii, zusammen, so daß Gorjanović-Kramberger die Krapinaleute der Stufe von Taubach zurechnet, die wir in Übereinstimmung mit Max Blanckenhorn, einem der besten Kenner des Diluviums, und vielen anderen in das letzte Interglazial Norddeutschlands versetzen, der geologischen Schicht nach der Chelles-Stufe entsprechend. Für die geologisch-paläontologische Zeitbestimmung bietet der Fund des Homo Mousteriensis *Hauser* bei dem Mangel anderer tierischer Reste als solcher vom Urochsen, Bos primigenius, keine Anhaltspunkte. Die archäologische Bestimmung ergab aber eine Mischung von Moustier- und Acheul-Typen, letztere durch den Faustkeil, welcher der Leiche mitgegeben war, bestimmt. Der älteste Fund menschlicher Knochenreste ist sonach, wenn die Fundumstände richtig gedeutet sind, der Heidelberger Unterkiefer, der Homo Heidelbergensis *Schoetensack*, durch welchen die Anwesenheit des Menschen in Mitteleuropa in einer frühen Stufe des Altdiluviums sichergestellt erscheint.

Die Cro-Magnon-Rasse ist bisher noch nicht weiter als in jungdiluviale Schichten geologisch mit voller Sicherheit zurückverfolgt worden, so daß man die bisher bekannten ältesten Cro-Magnon-Leute als Renntierjäger bezeichnet hat. Immerhin scheinen beide Diluvialrassen gleichzeitig in Mitteleuropa gehaust und zueinander Beziehungen unterhalten zu haben, wie gewisse kraniologische Mischformen, von denen oben die Rede war, beweisen dürften. Neuerdings hat H. Klaatsch die Vermutung ausgesprochen, daß die eine der beiden von Gorjanović-Kramberger bei der ersten Veröffentlichung seiner Funde angenommenen verschiedenen Menschentypen der Cro-Magnon-Rasse zuzurechnen sei, d. h. seinem Aurignac-Skelett entspreche. Damit erhielte auch der letztere Typus ein höheres geologisches Alter.

Blicken wir noch einmal auf die Hauptresultate der Forschungen über die körperlichen Verhältnisse der beiden diluvialen Hauptrassen Frankreichs und Mitteleuropas zurück. Auf die mächtige Hirnentwickelung des Neandertaltypus und auf sein Fortleben unter der heutigen Bevölkerung der Gegenden, die er einst bewohnt hat, wurde mehrfach (z. B. S. 447)

hingewieſen. Die mit ſo großer Sachkenntnis vertretene Meinung G. Schwalbes, der dem
Neandertaler eine beſondere zoologiſche Stellung außerhalb der Spezies Menſch, Homo sa-
piens L., als Homo primigenius anweiſen wollte, hat ſich nicht aufrechterhalten laſſen, wie
H. Klaatſch unanſchtbar nachgewieſen hat. „Zuvörderſt", ſagt H. Klaatſch, „fällt nämlich
die Geſamthöhe des Schädels des Neandertalers — eine der Beſonderheiten, auf welche
G. Schwalbe deſſen Sonderſtellung begründet hatte — vollkommen in die Variationsbreite
der rezenten Menſchheit; bei Auſtraliern ſtehen zahlreiche Individuen dagegen zurück (ſ. die
Abbildung S. 459). Keinesfalls iſt es berechtigt, den Neandertalmenſchen als Homo primigenius zu bezeichnen. Da iſt nichts Erſtgeborenes, nichts, was am Anfang der Menſchheit ſteht.
Der angebliche Primigenius war ſelbſt bereits ein recht hoch entwickelter Typus. Nachdem die
angeblich niedere Schädelhöhe des Neandertalmenſchen gefallen iſt und wir ihn vermittelſt
der Baſis auf ein gleichwertiges Niveau mit dem Auſtralier projizieren können, ergibt ſich

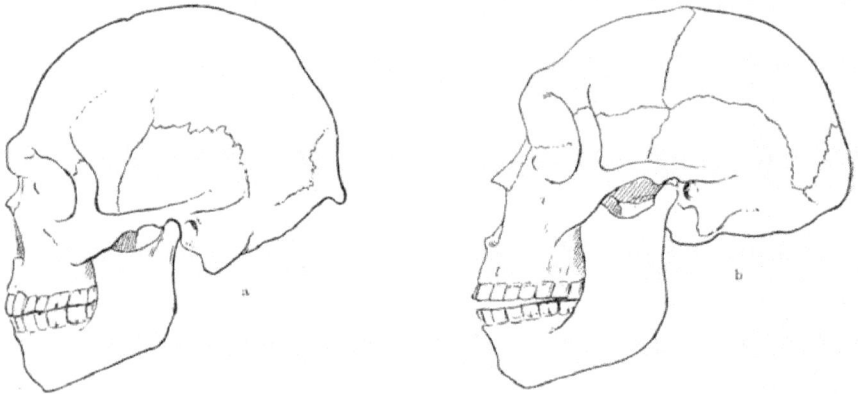

Auſtralier- (a) und Neandertalſchädel (b), letzterer von H. Klaatſch ergänzt. Beide nach Abgüſſen.

erſt recht, daß beide viel Gemeinſames an ſich haben (ſ. die obenſtehende Abbildung), nicht
nur im ganzen Aufbau des Schädels, ſondern auch im Geſichtsſkelett. Anderſeits kommt
erſt jetzt in Anbetracht der gleichen Höhe die enorme Breitenentwickelung des Neandertal-
ſchädels in das rechte Licht; das war ein ſuperiores Weſen gegenüber dem Auſtralier.

„An dem rekonſtruierten Geſichtsſkelett fällt beſonders die bedeutende Geſichtshöhe
auf; wir finden Derartiges nur bei den Nordländern, beſonders bei den Eskimos und Grönländern. Das Profilbild dieſer Arktiker erinnert auch durch die Mediankurve der Inter-
orbitalregion an den Neandertaltypus. In dem freien Vortreten der Naſen- und Mundregion, ohne daß exzeſſive Prognathie beſtände, erinnern manche nordamerikaniſche Typen
an die foſſilen Europäerſchädel." Als wichtigſtes Beweisſtück für die Sonderſtellung des
Neandertalers hatte G. Schwalbe die exzeſſive Bildung der Augenbrauenwülſte, die er als
Torus supraorbitalis bezeichnete, namentlich deren Außenpartien, feſtgehalten, aber er erkennt
jetzt an, daß H. Klaatſch „den wahren Torus supraorbitalis auch bei Auſtralnegern gefunden
habe". Klaatſch erblickt in dieſem Zugeſtändnis einen „großen Fortſchritt". „Zunächſt iſt
nun der Bann gebrochen, indem durch das Vorkommen des Torus supraorbitalis beim
modernen Menſchen der Neandertalſchädel ſeiner allzuſehr betonten Sonderſtellung beraubt
worden iſt. Nachdem einmal die Schranke gefallen iſt, wird man auch die vielfach noch recht

wohl ausgeprägten Tori supraorbitales moderner Europäer mehr unbefangen würdigen." Der Neandertaltypus „hängt nicht von den Supraorbitalwülsten als solchen ab, die ja bereits innerhalb des bisher bekannten fossilen Materials, z. B. bei Spy II, Rückbildungserscheinungen zeigen. Anderseits kann jede Rasse dieses gemeinsame menschliche Erbstück darbieten, so auch die fossilen Rassen, z. B. von Galley-Hill, ohne daß dadurch die Zugehörigkeit zum Neandertaltypus gegeben wäre".

Broca faßt die Ergebnisse über die Cro-Magnon-Rasse in die Worte zusammen: „Sie zeigt eine merkwürdige Vereinigung von hohen und niedrigen Merkmalen. Das große Hirnvolumen, die Entwickelung der Stirngegend, die schöne elliptische Form der vorderen Partie des Schädelprofils, die Orthognathie der oberen Gesichtsgegend sind unbestreitbare Merkmale einer hohen Stufe, die man sonst nur bei den zivilisiertesten Rassen anzutreffen pflegt. Anderseits erzeugen die große Breite des Gesichts, die Prognathie der Alveolargegend, die enorme Entwickelung der Unterkieferäste, die Ausdehnung und Rauhigkeit der Ansatzflächen der Kaumuskeln, das äußere Vorspringen der Linea aspera des Oberschenkels, die Abplattung der Schienbeine und andere Merkmale die Vorstellung einer körperkräftigen, rohen Rasse."

Als der ausgezeichnete französische Anthropolog im Jahre 1868 in diesen Worten seine Bewunderung der körperlichen Entwickelung dieser typischen Vertreter der europäischen Urrasse in den Bulletins der Pariser Anthropologischen Gesellschaft veröffentlichte, hatte man erst begonnen, die Schädelformen der modernen Europäer auf Grund großer Messungsserien genauer festzustellen. Wir wissen jetzt, daß diese charakteristische Schädelform der Cro-Magnon-Leute noch heute eine typische Form der Schädel in Nord- und Mitteleuropa, z. B. in Thüringen und in den thüringisch-fränkischen Gegenden Bayerns und ganz Mitteldeutschlands, ist, aus denen ich zahlreiche Specimina, die der Cro-Magnon-Form entsprechen, zeigen kann. Auch im Nordosten Deutschlands und in Skandinavien finden wir bei zahlreichen Individuen die gleiche Form. Sie ist ebenso eine typische Form unter den Völkerwanderungs-Germanen der nachrömischen Zeit Bayerns und ist auch zahlreich in den fränkisch-alemannischen Reihengräbern derselben Periode in Württemberg und den Rheinlanden vertreten, dort aber häufiger gemischt mit einem zwar sehr ähnlichen, aber durch ein schmäleres Gesicht ausgezeichneten Typus. Wir können denselben wohlgebildeten, breitgesichtigen, langköpfigen Typus bis in die jüngere Steinzeit Nordostdeutschlands und Mitteldeutschlands verfolgen, und mehrere der dolichokephalen Schädel der österreichischen und schweizerischen Pfahlbauten gehören ihm zweifellos an. In Frankreich selbst hat man den Cro-Magnon-Typus in der neolithischen Periode weithin verbreitet gefunden; die germanischen Eroberer Galliens brachten dieselbe Form wieder zahlreich ins Land, und sie wird sich wohl auch dort noch heute auffinden lassen. Die Cro-Magnon-Form ist der eine meiner beiden europäischen Hauptschädeltypen: der kurzgesichtige Langkopf, der brachyprosope Dolichokephale.

Das Resultat der Untersuchungen der körperlichen Reste des Diluvialmenschen entsprach also in keiner Weise den Voraussetzungen und den scheinbaren Postulaten der wissenschaftlichen Theorie. An Stelle einer einheitlichen diluvialen Rasse zeigen uns, wie das vor Jahren zuerst J. Kollmann festgestellt hat, die dem Diluvium zugeschriebenen Schädel und Skelettreste schon Unterschiede im Körperbau unter den diluvialen Europäern, wie wir solche heute in Europa auf diesem Schauplatz so verschiedenartiger Völkermischungen antreffen. An Stelle eines affenähnlichen, vielleicht noch als halbes Klettertier auf Bäumen nistenden Geschöpfes mit überlangen Armen, kurzen Beinen und Kletterdaumen am Fuße, wie ihn

30*

die Phantasie mancher Schöpfungstheoretiker sich wohl ausmalte, tritt uns der Urmensch Europas in der kraftvollen, hirnreichen Neandertalrasse und, in seinen zahlreichsten Vertretern, in der edelgeformten, „merkwürdig schönen" Rasse von Cro-Magnon entgegen. An Stelle eines auf niedriger, halb tierischer Stufe stehenden Gehirns, wie es die Theorie der fortschreitenden Entwickelung der Menschheit zu fordern schien, fand Broca für die heutigen Bewohner Frankreichs, verglichen mit denen früherer Epochen, bezüglich ihrer Gehirnentwickelung beziehungsweise ihres Schädelinnenraumes folgende Reihe, an die ich einige neuere Bestimmungen anfügen konnte:

Mittlerer Schädelinhalt heutiger und vorgeschichtlicher Menschenrassen.

	Kubikzentimeter		Kubikzentimeter
Pariser des 12. Jahrhunderts	1532	Prähistorische Schädel aus der Höhle	
Moderne Pariser	1558	L'Homme Mort	1606
Moderne Bewohner der Niederbretagne	1560	Schädel von der prähistorischen Station	
Prähistorische nordische Dolmenbauer	1580	Solutré	1615
Spanische Basken	1584	Neandertalrasse:	
Gallier	1585	Schädel von La Capelle-aux-Saints,	
Prähistorische Höhlenbewohner von		von Boule direkt bestimmt	1626
Cro-Magnon	1590 (resp. 1640)	Homo Mousteriensis *Hauser.* Gipsabguß nach Broca berechnet	1860
Moderne Auvergnaten	1598		

Die prähistorischen Bewohner Frankreichs überragten in bezug auf die Größenentwickelung des Gehirns die heutigen Franzosen. Aber nicht nur bei unseren westlichen Nachbarn, sondern, wie es scheint, überall stoßen wir auf das entsprechende Verhältnis: die Gehirnausbildung der Alten war wenigstens gewiß nicht schlechter als die von uns Neuen. Für die Schädel der Pfahlbauperiode der Schweiz spricht das R. Virchow in klassischen Worten aus:

„Das vorgeschichtliche Europa interessiert uns vor allem deshalb, weil es die Elemente jener großen ethnischen Bewegung enthält, aus denen sich die geschichtlichen Völker entwickelt haben. Dieses Interesse ist gewachsen, seitdem man sich überzeugt hat, daß die erste Vorstellung, welche man hatte, als müßten den Anfängen der Kultur Menschen niederster physischer Bildung entsprechen, eine irrige war. Nichts in den physischen Eigentümlichkeiten dieser alten Seebewohner entspricht der Voraussetzung einer Inferiorität der körperlichen Anlage. Im Gegenteil, man muß erkennen, daß dies Fleisch von unserem Fleische und Blut von unserem Blute war. Die prächtigen Schädel von Auvernier können mit Ehren unter den Schädeln der Kulturvölker gezeigt werden. Durch ihre Kapazität, ihre Form und die Einzelheiten ihrer Bildung stellen sie sich den besten Schädeln arischer Rasse an die Seite. Wie könnte man auch erwarten, daß unter den schwierigen Verhältnissen ihrer Zeit diese Stämme nicht nur den Kampf um das Dasein glücklich bestanden, sondern durch Aufnahme immer zahlreicherer Elemente der Zivilisation eins der schönsten Beispiele kulturgeschichtlichen Fortschritts geliefert haben, wenn sie nicht in sich selbst, in der Art ihrer Anlagen, die Befähigung zu geistigem Fortschritt in nicht gewöhnlicher Stärke besessen hätten?"

Zu den vielausgesprochenen und vielgeglaubten Fabeln über den „Diluvialmenschen" gehört auch die, daß dieser nicht imstande gewesen sei, vollkommen aufrecht zu gehen. Collignon und nach ihm Fraipont glaubten wirklich den Beweis erbringen zu können, daß der Diluvialmensch ähnlich wie die Anthropoiden nicht aufrecht mit gestreckten Knieen, sondern nur mit gebogenen Knieen hätte gehen können. Collignon hatte diese

Behauptung auf die von ihm genauer untersuchte stärkere Retroversion, d. h. Rückwärtsneigung der Kniegelenkfläche des Schienbeines (tibia) und des ganzen Schienbein-
kopfes zu begründen versucht. Fraipont konstatierte ein analoges Verhalten bei einem
Skelett von Spy. Manouvrier hat aber auch diesen Traum tierischer Inferiorität zerstört.
Er hat durch sehr genaue Messungen zahlreicher Schienbeine bewiesen, daß die Rückwärtsneigung der angeblich diluvialen Schienbeine, speziell die des Skeletts von Spy (13°), nicht
beträchtlicher, ja zum guten Teil wesentlich geringer sei als bei modernen Skeletten (moderne
Pariser bis 15°), und daß Vertreter heutiger unzivilisierter Völker, an denen wir den aufrechten Gang mit eigenen Augen sehen können, im ganzen größere Neigung der Gelenkflächen
nach rückwärts haben als zivilisierte; das gilt vor allem für Indianer und Feuerländer, aber
nicht für Neger, die das Maximum der Pariser nicht erreichen. Manouvrier fand, daß gerade
bei stärkerer Streckung der Lendenwirbelsäule, aber namentlich bei dem Gehen auf schwie-
rigem Terrain, Bergabhängen und ähnlichem, die Gelenkflächen des Schienbeines mehr
nach hinten zu ausgetieft werden. Wenn sich sonach auch dieses von Collignon und Fraipont behauptete Verhalten für den Diluvialmenschen bestätigen sollte, so haben wir darin
doch nur das Zeichen einer vielleicht rohen und besonders gekräftigten, aber gewiß keiner
tierähnlichen Rasse zu sehen.

Das ist in kurzen Umrissen der augenblickliche Stand der Forschung über die Körperverhältnisse des europäischen Urmenschen.

Zweifel an dem diluvialen Alter der Mammutjäger bei Předmost.

Die Beweiskraft der exakt erhobenen Funde, die uns von dem Auftreten des Menschen
im europäischen, speziell im deutschen Diluvium Kunde geben, war offenbar, wenn wir
diese Funde jetzt im ganzen überblicken, eine verschiedene. Sie bewiesen mit Sicherheit das
gleichzeitige Vorkommen des Menschen mit dem Renntier, aber die Koexistenz des Menschen
mit dem Mammut, das Zusammenleben beider, konnte immerhin noch Zweifeln begegnen,
die erst seit der Anerkennung der in Frankreich entdeckten diluvialen archäologisch-faunistischen
Parallelen auch von Seite der deutschen Forscher gehoben erscheinen. Es könnte aber als
eine Verschleierung der tatsächlichen Verhältnisse getadelt werden, wenn wir die Schwierigkeiten ganz mit Stillschweigen übergehen würden, die der Anerkennung des Menschen als
Zeitgenossen des Mammuts entgegenstanden, und die gewiß heute noch zur Warnung vor
voreiliger Schlußfolgerung Beherzigung verdienen.

Diese Schwierigkeiten haben sich bei einer der großartigsten Fundstellen Europas, die
Mammutknochen und menschliche Reste in bunter Vermischung in einer Lößablagerung darbot,
bei Předmost in der Nähe von Prerau in Nordmähren, ergeben, um deren Untersuchung sich
Heinrich Wankel und Karl J. Maska die größten Verdienste erworben haben. Die Fundstelle (s. die Abbildung S. 470) zeichnet sich namentlich aus durch massenhaftes Vorkommen
von Mammut- und Wolfsresten sowie von menschlichen Erzeugnissen, Geräten und Instrumenten verschiedener Art, hauptsächlich aus Elfenbein, Mammutknochen und Feuerstein.
Der Fund wurde oben (S. 414) kurz erwähnt.

Předmost ist nach Wankels Bericht, dem wir folgen, ein kleiner Ort an dem rechten
Ufer des hier aus dem gleichnamigen Tale tretenden Betschwaflusses, oberhalb dessen Vereinigung mit der March gelegen, an einer Stelle, wo die Betschwa, einen großen Bogen nach

Süden beschreibend, aus dem Tale hervortritt, um sich sodann in die südlicher gelegenen Ebenen Mährens, die in früheren Zeiten von ausgedehnten Seen eingenommen wurden, zu ergießen und sich mit der March zu vereinigen. Dort, wo die Krümmung des Bogens am größten ist, d. h. am rechten Ufer der Betschwa, mußten sich die Wellen des ehemals reißenden Stromes brechen und alle mitgerissenen Gegenstände absetzen. Dafür sprechen auch die am rechten Ufer entlanggehenden Lößhügel und insbesondere die in ihnen abgelagerten Knochen. Der erste, nordwestlich gelegene Lößhügel ist der mächtigste. Er liegt unmittelbar hinter dem Dorfe Předmost in nordwestlicher Richtung und senkt sich zu dem hinter dem Hofe des Grundbesitzers Chrometschek befindlichen Garten herab. Hier hatte Chrometschek behufs Vergrößerung seines Gartens und um den unterhalb des Löß liegenden devonischen Kalk aufzuschließen, vor ungefähr 30 Jahren den Abhang abgraben lassen und war dabei auf eine

Lößbruch bei Předmost. Nach H. Wankel, „Die prähistorische Jagd in Mähren" (Olmütz 1892). Vgl. Text S. 469.

unglaubliche Menge von Knochen riesiger Tiere gestoßen, die er zerstampfen, und mit deren Pulver er die Felder von Předmost düngen ließ. Diese Abgrabungen wurden durch eine Reihe von Jahren fortgesetzt, so daß mit der Zeit zwei muldenartige Abbauräume entstanden, die an der nordwestlichen und südöstlichen Seite von mitunter 8—9 m hohen Lößwänden eingeschlossen sind (s. obenstehende Abbildung). Unter dem Löß traten hier und da schwache Tegelschichten auf, die auf dem devonischen Kalk ruhen.

Die vertikalen Lößwände sind von mehreren horizontalen Zwischenlagen abgesetzter Kalkbrocken durchzogen. Ungefähr 2—2½ m unter der Oberfläche gewahrt man eine horizontale, dunkelgefärbte Schicht, die sich durch die ganze bloßgelegte Lößablagerung hindurchzieht und an verschiedenen Stellen eine verschiedene Mächtigkeit zeigt. Auf der Abbildung ist diese Schicht mit kleinen Kreuzen bezeichnet. Sie senkt sich an der nordwestlichen Seite des nördlich gelegenen muldenartigen Kessels, wo auf der Sohle der Kalkfelsen zutage tritt, in verschiedenen Stärken bis zu dem Niveau des Gartens herab, wo sie auch an einzelnen Stellen unmittelbar unter der Oberfläche des Bodens zu finden ist. Ihre Mächtigkeit ist, wie gesagt, verschieden, an einzelnen Stellen kaum 10, an anderen bis 80 cm; sie besteht aus einer großen Menge Asche, gemischt mit Sand und Lehm, aus kleinen Holzkohlestücken, vielem schwarzen Knochenmull, Feuersteinwerkzeugen, Feuersteinsplittern und einer überreichen

Menge teils zerbrochener, teils ganzer, oft angebrannter Knochen der verschiedenen dilu=
vialen Tiere, von denen des Mammuts angefangen bis zu denen der kleinsten Säugetiere.

Die Mammutknochen herrschten vor, sie lagen zumeist bunt durcheinander gemengt;
aber an manchen Stellen schien
sich ein gewisses System in der
Ablagerung zu ergeben, in=
dem einzelne Knochen, z. B.
Beckenknochen, Schulterblät=
ter, Stoßzähne, Mahlzähne,
abgetrennte Gelenkpfannen,
Gelenkköpfe und andere, wie
sortiert nebeneinander lagen.
Vom Mammut waren alle
Knochen des Skeletts ver=
treten, von verschiedener
Größe, von Tieren jeden Al=
ters, selbst von Föten, an
deren Unter= und Oberkiefern
die Zähne als kleine knospen=
artige Auswüchse erscheinen.
Außer den am zahlreichsten
vertretenen Mammutresten
fanden sich spärliche und
zweifelhafte Reste vom Rhi=
nozeros und ein kleiner Bären=
unterkiefer; dann zahlreiche
ganze oder aufgeschlagene
Knochen vom Renntier, Pferd,
Elentier (?), Büffel, Hirsch,
Reh, Schneehasen und ein
Schädel vom Moschusochsen
samt Unterkieferhälfte. Von
Raubtieren waren namentlich
Wolf, Fuchs, Vielfraß, Mar=
der, Höhlenlöwe und Höhlen=
hyäne vertreten. Auch das
Schneehuhn und andere Vögel
arktischer Zone fehlten nicht.
Eine rechte Unterkiefer=
hälfte des Menschen,

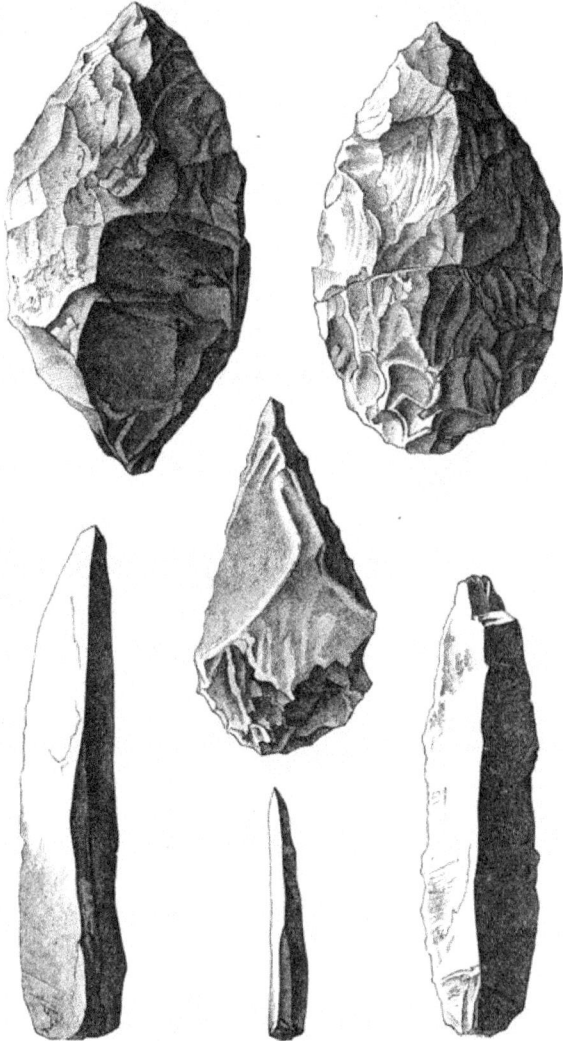

Předmoster Artefakte aus Stein. Nach H. Wankel, „Die prähistorische Jagd
in Mähren" (Olmütz 1892). Vgl. Text S. 472.

„die sich in ihrer Bildung nicht von der des jetzigen Menschen unterscheidet", fand sich in
der Kulturschicht unmittelbar unter einem riesigen Oberschenkel des Mammuts.

Die Spuren der Tätigkeit des Menschen waren sehr zahlreich: viele der Mammutknochen
waren geborsten, andere aber künstlich zerschlagen oder durch Menschenhand bearbeitet,

wieder andere ganz oder teilweise verkohlt, mit Rötel beschmiert; hier und da hafteten an ihnen noch einzelne Feuersteinsplitter.

Die Steinartefakte (s. die Abbildung S. 471) waren durch eine große Anzahl von Messern, Äxten, Sägen, Nadeln, Scherben und Pfeilspitzen vertreten, alle geschlagen aus grauem Feuerstein, Jaspis, Hornstein und Quarz; daneben fand sich eine große Anzahl Feuersteinsplitter, Kernsteine (Nucleus), Geröllstücke, Schlagsteine, so daß man vermuten darf, daß die Werkzeuge an Ort und Stelle zugeschlagen wurden.

Die Knochenartefakte sind meist aus Mammutknochen, einige sehr sauber aus Elfenbein, aber auch viele aus Knochen anderer Tiere geschnitzt. Zu den schönsten und besterhaltenen gehört ein 20 cm langes, 7 cm dickes, walzenförmiges, aus einem Stoßzahn des Mammuts gearbeitetes Stück mit einem aus der Mitte der oberen Fläche kunstvoll herausgeschnittenen Fortsatz, in Form eines Ohres, dessen nicht allzu großes Loch zum Durchziehen einer Schnur

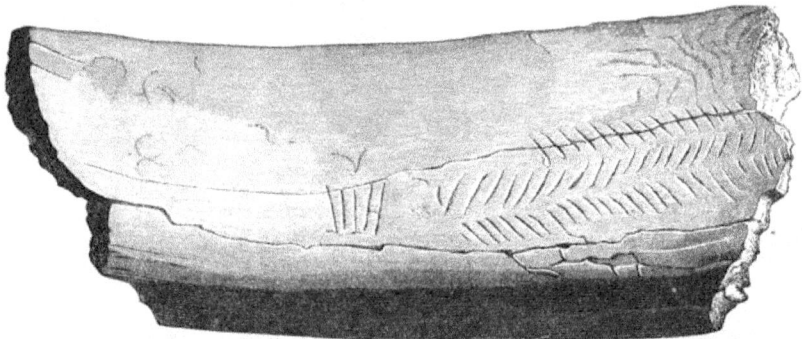

Mammutrippe von Piedmost mit Strichornament. Nach H. Wankel, „Die prähistorische Jagd in Mähren" (Olmütz 1892).

gedient haben mag (s. die Abbildung S. 473, Fig. f). Das ganze hat ein gewichtähnliches Aussehen und mag möglicherweise zu einer Art Lasso zum Einfangen der Tiere gedient haben. Ein anderes schön poliertes Werkzeug, das Maska gefunden hat, ist von schaufelförmiger Gestalt mit schwach konischem Griff, 20—25 cm lang, an beiden Enden abgebrochen. Außerdem kamen noch mehrere sorgfältig gearbeitete ahlenähnliche (s. die Abbildung S. 473, Fig. e) und keulenartige Werkzeuge hinzu.

Aus Mammutknochen liegen solche keulenartige, mit reihenweise gemachten Einschnitten versehene Formen mehrfach vor; eine große Anzahl Gelenkpfannen des Unterschenkels und Gelenkköpfe des Oberschenkels erscheinen absichtlich abgetrennt. Einige Rippenfragmente des Mammuts zeigen eingeritzte Strichornamente (s. die obenstehende Abbildung), an dem einen Stück sind drei Reihen paralleler, abwechselnd gestellter Ritze zu sehen, an zwei anderen kombinierte Strichornamente; noch ein anderes Stück ist eine aus kompaktem Knochen roh zugehauene „Axt". Aus Knochen anderer Tiere gearbeitet fanden sich: eine dolchartige Waffe aus der Speiche eines Elentieres (?), deren Griff das Olekranon bildet (s. die Abbildung S. 473, c); ein Rippenstück eines Wiederkäuers (?) mit halbrundförmigem Ausschnitt (a); ein Stück einer Renntierstange mit an der Seite fortlaufenden, sich kreuzenden Strichen als Verzierung (d); mehrere durchbohrte Schneidezähne von Bären und durchbohrte kleine Wirbel. Zahlreich fanden sich „Koprolithen", „versteinerte" Exkremente von

Raubtieren und durch die Kulturschicht zerstreut verschiedene tertiäre Konchylien, ferner Rötel- und Roteisensteinstücke.

Die Funde lassen gar keinen Zweifel: hier sind Mensch und Mammut gleichzeitig. Die große Menge der Tier-knochen, ihr verschiedener Er-haltungszustand, die Spuren der Bearbeitung, die mitunter deutlich darauf hinweisen, daß sie an frischen oder halbfrischen Knochen gemacht wurden, und die großen Kohlenansamm-lungen lassen vermuten, daß der Mensch lange Zeit hin-durch diesen Platz benutzt habe. Es waren, wie die Knochen der Jagdtiere beweisen, Jäger, die hier hausten, die hier an Ort und Stelle Steinwaffen und Werkzeuge schlugen, die erbeuteten Tiere zerlegten, ihr Fleisch am offenen Feuer brie-ten und ihren Jagdgenossen, den Wolf, durch nächtliche Feuer verscheuchten. Die Gleichzeitig-keit des Menschen mit dem Mammut und den anderen an dem Fundplatz vertretenen Tie-ren wurde auch allgemein als selbstverständlich angenommen, man suchte das Leben und Trei-ben der Mammutjäger von Předmost zu schildern. Frei-lich hatte dieser Jagderfolg der Diluvialmenschen gegen das Mammut bei Předmost einen geradezu kolossalen Zug: Hatte der Mensch eine ganze Herde dieser Riesentiere an diesem Orte gefangen und getötet? oder hat er seine anderswo er-

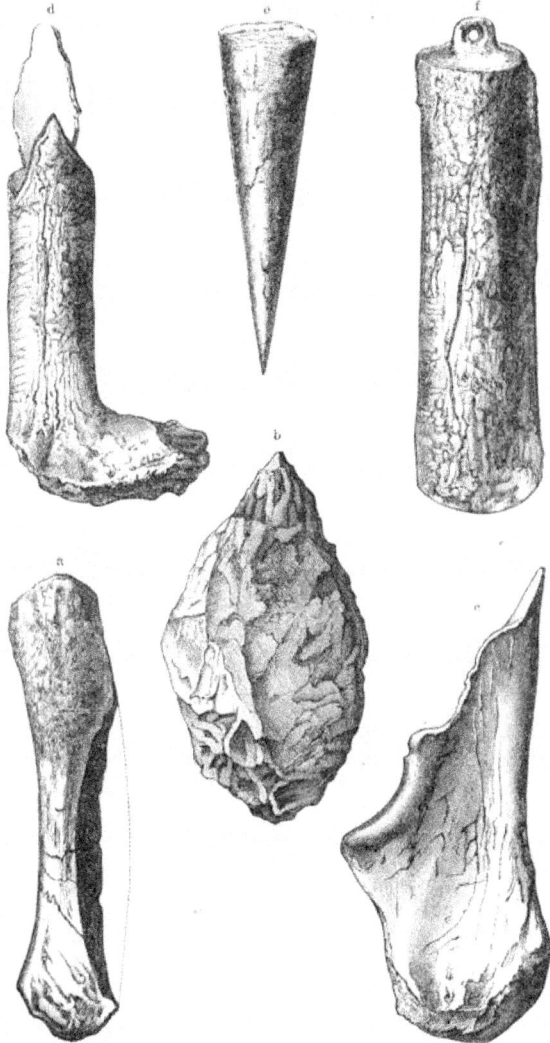

Předmoster Artefakte aus Bein (a, e—f) und Feuerstein (b). Nach H. Wankel, „Die prähistorische Jagd in Mähren" (Olmütz 1892).

legte Jagdbeute stückweise oder ganz auf diesen immerhin unwegsamen Lagerplatz geschleppt, um den Überschuß hier verfaulen zu lassen?

In ganz überraschender Weise hat einer der berühmtesten anthropologisch-prähistori-schen Forscher, Japetus Steenstrup in Kopenhagen, dem die Altertumsforschung, namentlich auch auf den Grenzgebieten der Paläontologie, so Großes verdankt, eine Antwort auf diese Fragen zu finden gemeint. Er hat im Jahre 1888 in seinem 75. Jahre die weite und beschwerliche Reise von Kopenhagen nach Předmost unternommen, um die dortigen Fund=verhältnisse mit H. Wankel zu studieren; er selbst und H. Wankel haben über die Ergebnisse dieser Forschung berichtet.

„Unbeschreiblich war meine Überraschung", so erzählt Steenstrup wörtlich, „als ich, nachdem ich um die Ecke einer vorspringenden Partie des Abhangs getreten war, den Blick zur Kulturschicht in der zurücktretenden Lößwand emporrichtete und nun von Angesicht zu Angesicht den Resten mächtiger Mammute gegenüberstand, die eine dünne Abschälung (der Lößwand) unlängst ganz bloßgelegt hatte. Aus dem dunkleren Hintergrund der Mittelschicht grinsten mir hier die fast schneeweißen Oberflächen der mehrere Fuß langen Hälften zweier in halb schraubenförmigen Linien auseinandergesperrter Stoßzähne des einen Mammuts entgegen, während zwei noch lichtere Kreisflächen zwischen und neben diesen die senkrechten Bruchflächen eines Paares noch stärkerer Elfenbeinzähne eines anderen Individuums be=zeichneten; überall aus dem dunkleren Grunde zwischen diesen leuchtenden Figuren konnte man Knochen und Knochenstücke, bleichfarbige Flint= (= Feuerstein=) Scherben und kleine Steine heraustragen sehen; es war interessant, z. B. größere Partien parallel zueinander liegender Mammutrippen gerade zwischen den auseinandergesperrten Stoßzähnen, und ver=mutlich vom selben Individuum wie diese herrührend, zum Vorschein kommen zu sehen und anderswo wieder mehrere miteinander zutage tretende kurze Knochen eines Mammut=fußes usw. zu finden. Jeder losgerissene Knollen der Kulturschicht-Breccie beleuchtete die Richtigkeit der erwähnten Anzahl von Wolfsresten, denn lose und einzeln liegende Knochen dieses Raubtieres, für das damit vertraute Auge durch eine mehr lichtbraune Farbe und einen etwas abweichenden Erhaltungsgrad erkennbar, zeigten sich nahezu überall in der Breccie. Nicht minder bezeichnend für eine Tätigkeit an Ort und Stelle waren die vielen kleineren Steine, namentlich die Flintscherben und zugerichteten Flintgeräte, die überall dem Auge begegneten; insbesondere gaben mir die gebleichten Flächen des Feuersteines einen Wink über die gewiß nicht kurzen Zeiträume, während welcher die Kulturschicht unbedeckt und wenigstens Teile dem Lichte ausgesetzt waren."

„Der greise Forscher", so schildert Wankel diesen Augenblick, „blieb eine Weile vor diesem Anblick sinnend stehen und wandte sich dann zu mir mit den Worten: ‚Das Mammut hat mit dem Menschen hier im Lande nicht gelebt; es mag schon vor Tausenden von Jahren vor einer Eiszeit hier untergegangen und im Eise oder in der Erde eingefroren sein, bis seine Reste wieder aufgewühlt und anderswo abgesetzt worden sind, oder bis es der ‚Renntiermensch' auffand, aus der Erde heraushaute, seine Zähne und Knochen verwertete und möglicher=weise sein Fleisch den wilden Tieren als Nahrung überließ, wie es noch heutzutage im hohen Norden die Einwohner tun.'" So meinte Steenstrup die Ansicht, die er sich über die Gleich=zeitigkeit der Menschen mit dem Mammut durch Studien im nördlichen Europa und in den Ländern der arktischen Zone gebildet hatte, auch hier wieder an einem der großartigsten Fundplätze dieser Art bewahrheitet zu finden; er selbst erklärt das Předmoster Mammut=leichenfeld für ein in seiner Art in Europa sicherlich einzig dastehendes Denkmal der Natur und des Kulturzustandes einer fernen Vorzeit.

Steenstrup faßte im Hinblick auf diese Verhältnisse die Ergebnisse seiner Untersuchungen des Mammutleichenfeldes bei Předmost in folgende Sätze zusammen: „Die ‚Předmoster

Mammutjäger' waren wirklich Mammutjäger, aber in demselben Sinne, wie die Jakuten, Juraken und andere sibirische Völkerstämme es noch heutigentages sind und wahrscheinlich Jahrhunderte hindurch waren, insofern, als sie ihre einträgliche Jagd nach den in einem ganz oder halb gefrorenen Zustande befindlichen Kadavern betreiben, um die erhaltenen Zähne, fossiles Elfenbein und Knochen dieser Tiere zu gewinnen. Ebensowenig als die jetzigen Jakuten oder ihre Stammverwandten Zeitgenossen der lebenden Mammute waren, ebensowenig haben die Předmoster Mammutjäger mit jenen Mammuten gleichzeitig gelebt, die sich herdenweise in jenen Gegenden herumtrieben und hier auch zugrunde gegangen sind. — Die Epoche der mährischen Mammutjäger in Předmost fällt in die sogenannte Renntier= zeit Mitteleuropas, die vielleicht etwas mehr als 4—5000 Jahre, wie Maska annimmt, zurückzuverfolgen ist; aber unabsehbar weit von diesem Zeitabschnitt liegt die Zeit, in welcher die Mammute und ihre Genossen in Mähren lebten und ihren Tod fanden, wo ihre aus= einandergefallenen Gebeine im Löß ruhen, oder wohin sie nachträglich geschwemmt wurden. — Während dieser langen Zwischenzeit haben die Leichen oder Skelette der Mammute und Rhinozerosse ruhig auf ihrem Lößlager gelegen, dann und wann gestört und benagt durch vorzeitliche Hyänen und andere Raubtiere, bis sie wieder durch Staubwehen oder durch Fluten mit neuem Löß bedeckt wurden. — Während die Tierleichen bloß oder teilweise un= bedeckt lagen, haben Rudel von hungrigen Wölfen das Leichenfeld besucht, wo die Raubtiere aus dem aufgetauten Boden oder unterwaschenen Flußufer die zum Vorschein kommenden Mammutleichen aufspürten und ausscharrten, wie es noch heutzutage im ganzen nördlichen Asien geschieht. — In einer ganz anderen Absicht, als zunächst der Nahrung wegen, und hauptsächlich um eines großen materiellen Vorteils willen, hat eine mährische Steinzeit= bevölkerung in der sogenannten Renntierperiode das zuzeiten ganz oder teilweise bloßgelegte Mammut-Aasfeld aufgesucht, sich vorübergehend oder periodisch dort aufgehalten, um das Elfenbein zu gewinnen, das sie entweder zu eigenen Zwecken verwertete oder als Tausch= und Handelsartikel benutzte, und um aus den Knochen Werkzeuge zu fabrizieren, sich aus Feuersteinknollen die Steingeräte zu schlagen und auch vielleicht, um die gute Gelegenheit zu benutzen, sich Haut und Pelz von Wölfen und Füchsen zu verschaffen und die Jagdbeute zu zerlegen und zu braten. Daß dieser Mensch bei seinen Ausflügen auch seiner gewöhnlichen Beschäftigung, der Jagd auf Bären, Renntiere, Moschusochsen, Pferde und anderes Jagdwild, nachging, ist selbstverständlich. Alles dies bestätigen die vorgefundenen Bein= und Steingeräte, die vielen Feuersteinsplitter, die großen Mengen Holzkohle und Asche, die vielen verkohlten Knochensplitter und der aufgehäufte Knochenmull."

Gegen den Gedankengang Steenstrups ist zunächst wenig eingewendet worden. Be= achtenswert ist es, daß sogar die beiden Hauptforscher und =entdecker auf dem Předmoster Mammutleichenfeld: Wankel und Maska, namentlich der erstere entschieden, Steenstrup, im Gegensatz gegen die früher von ihnen ausgesprochenen Ansichten, beistimmten. Ein so vor= sichtiger Forscher wie v. Zittel meinte aber: „In diesem Falle dürfte doch der Skeptizismus zu weit getrieben sein, denn sämtliche Funde liegen in ein und derselben Kulturschicht, sind in einer gleichmäßigen Ablagerung von Löß eingebettet, werden von Löß unterlagert und oben von Löß bedeckt. Der Löß selbst ist aber ein Gebilde, das in einem ganz bestimmten Abschnitt der Diluvialperiode, nämlich während und unmittelbar nach der Eiszeit, entstanden ist." An einer späteren Stelle beruft sich v. Zittel auf die bekannten Zeichnungen, die in der Höhle von La Madeleine in Périgord „auf Knochen und Elfenbein in einer harten Breccie gefunden worden, und darunter auch das unverkennbare Bild des Mammuts mit den charakteristisch gekrümmten Stoßzähnen und der langen Mähne, die den jetzigen Elefanten fehlt. Ist diese Zeichnung nicht eine raffinierte Fälschung, so beweist sie mit Sicherheit, daß der paläolithische Mensch das Mammut mit leibhaftigen Augen gesehen hat." Ebenso argumentiert E. Friedel: „Wenn Steenstrup recht hat, müßten alle Darstellungen des ‚lebenden‘ Mammuts auf Geräten aus diluvialer Zeit, und deren existieren mehrere, grobe Fälschungen sein." Wankel gibt auf diesen Einwurf, der vorauszusehen war, die Antwort: „Ich habe mich gefragt, wie konnte der Mensch das Mammut mit langen, zottigen Haaren, über welche uns erst Adams die ersten Nachrichten brachte, so genau abbilden, wenn er das Tier nicht in Wirklichkeit gesehen hätte? Diese Frage hätte gewiß ihre volle Berechtigung gehabt, wenn die Entdeckung und Auffindung der Mammutleichen in Sibirien nicht vorausgegangen wäre; dadurch wäre der Skepsis ein Riegel vorgeschoben gewesen." Der Jakute kann das Mammut heute auch nicht anders als mit seinen langen Haaren abbilden, und doch hat er es nicht „lebend" gesehen.

Steenstrup verallgemeinert seine für Předmost gefundenen Resultate, indem er sagt: „Bis also Zeugnisse vorgelegt werden können, welche die gesunde Vernunft und die bestimmten Ansprüche der wissenschaftlichen Forschung befriedigen, darf, meiner Meinung nach, in keiner der beiden Richtungen, in denen man dieselben bisher gelten ließ, die Gleichzeitigkeit des Menschen mit dem Mammut wissenschaftlich anerkannt werden. Bis dahin also darf man weder das Auftreten des Menschen in Europa in einen der Glazialperiode untergeordneten Zeitabschnitt (in die Interglazialperiode) zurückverlegen, noch auch darf man die Lebenszeit des Mammuts bis zur Reihe jener Perioden herabrücken, innerhalb welcher der Mensch bekanntermaßen hier in Europa gelebt hat, z. B. bis zu der Renntierzeit."

R. Virchow erkannte die Wichtigkeit der Darlegungen Steenstrups, „eines der zuverlässigsten Männer auf dem Gebiete der naturwissenschaftlichen, insbesondere der prähistorischen Forschung, des Nestors der dänischen Urgeschichtsforscher", an und widersprach ihnen nicht. „Obwohl er nahezu 80 Jahre alt ist, hat er sich nach Předmost aufgemacht, hat an Ort und Stelle die Verhältnisse studiert und ist, obgleich er — das muß ich der enthusiastischen Auffassung mancher deutschen Kollegen gegenüber sagen — doch ganz andere Unterlagen hat als die Freunde der Kannstatter Rasse, zu dem Resultate gekommen, daß nicht einmal die physikalische Möglichkeit der Koexistenz des Menschen mit dem Mammut sichergestellt ist. — Wenn es heute schon Sitte geworden ist, ohne Umstände von Mammutjägern zu sprechen und deren Hinterlassenschaft in gewissen Manu= und Artefakten zu suchen, so übersieht man immer, daß derartige Erzeugnisse auch aus fossilen Zähnen und Knochen herzustellen sind." A. Nehring hielt an der Gleichzeitigkeit des Menschen mit der Höhlenhyäne fest, wenigstens für den von ihm ausgebeuteten Fundplatz im Thieder Gipsbruch. Ich selbst behielt mir (1894), namentlich im Hinblick auf Taubach, mein Urteil vor, und das letzte Jahrzehnt hat die Frage über die Koexistenz von Mammut und Mensch definitiv bejahend entschieden. So wechselten die Anschauungen.

Aber mit solchen Beanstandungen einer Anzahl von Fundobjekten, in deren Beurteilung man in der ersten Freude über die glückliche Wiederkehr des diluvialen Menschen aus langer wissenschaftlicher Verbannung teilweise in der Tat nicht vorsichtig genug gewesen war, wird das diluviale Alter der Menschen in Europa selbst in keiner Weise zweifelhaft. Dafür haben wir die oben ausführlich dargelegten, feststehenden Beweise, an deren

Beweiskraft die wissenschaftliche Kritik nicht zu rütteln vermag. Der diluviale Europäer bleibt eine unumstößliche Tatsache der Wissenschaft.

Der tertiäre Mensch (Homo antediluvianus).

Der tertiäre Mensch ist dagegen noch immer nicht gefunden: die ältesten allgemein als sicher anerkannten Menschenspuren reichen in Europa, wie in der übrigen Welt, auch in Amerika, bisher noch nicht über das Diluvium hinaus. „Der mehrfach behauptete Nachweis des tertiären Menschen in Südamerika dürfte sich“, wie v. Zittel sagte, „durch eine Überschätzung des geologischen Alters der sogenannten Pampasformation in Argentinien erklären“, wo man Menschenspuren neben den Resten des Mastodons und Gliptodons gefunden hat.

Dieser Stand der Frage ist um so beachtenswerter, als gegenwärtig nicht mehr wie einst, wo Boucher de Perthes mit seinen ersten, dem diluvialen Menschen Europas Bahn brechenden Funden hervortrat, eine wissenschaftlich-dogmatische Opposition der Anerkennung des fossilen Menschen gegenübersteht, als im Gegenteil „die jetzige allgemeine Entwickelung der wissenschaftlichen Denkweise“ den tertiären Menschen oder wenigstens, im Sinne Ch. Darwins, einen Vorläufer des Menschen in der Tertiärepoche zur Lösung so mancher theoretischer Schwierigkeiten, namentlich der Ethnologie und Rassenkunde, voraussetzen zu müssen glaubt. Trotz dieses sehr allgemeinen Wohlwollens, das der Anerkennung des tertiären Menschen entgegengebracht wird, konnten sich die behaupteten Spuren und Überreste noch keine genügende Anerkennung erringen, um seine Existenz zu einem wissenschaftlichen Faktum zu erheben.

Unter den älteren als Beweise angesprochenen Funden wurden mit dem geringsten Beifall die mehrfach dem tertiären Menschen zugeschriebenen Skelette aufgenommen; die Wissenschaft diskutiert sie nicht einmal mehr, und auch Schaaffhausen, der unter den älteren deutschen Anthropologen besonders lebhaft für den Tertiärmenschen eintrat, ließ sie schließlich fallen. „Die ersten Beweise für den tertiären Menschen“, sagte Schaaffhausen, „hat Abbé Bourgeois geliefert: vom Menschen bearbeitete Feuersteine aus tertiären Schichten. Sie sind im Pliozän gefunden, in der letzten Abteilung der Tertiärschichten. Sodann hat Capellini Einschnitte in den Knochen eines Balaenotus von Monte-Aperto bekanntgemacht, die nur der Mensch gemacht haben könne, weil viele derselben nur durch eine Rotation des Vorderarms hervorzubringen seien. Er hat aber den Beweis nicht geliefert, daß man mit einem paläolithischen Steingerät so scharfe, halbmondförmige Schnitte machen kann. Auch in Portugal hatte Ribeiro Steingeräte in tertiären Ablagerungen gefunden, die er als von Menschenhand bearbeitet betrachtete. Einige derselben sehen genau so aus wie die künstlich zugeschlagenen, aber es blieb zweifelhaft, ob die Schicht, in der man sie fand, wirklich die ursprüngliche Lagerstätte dieser Dinge war, und ob sie nicht später dahin gelangt sein könnten. Das Terrain ist so verworfen und vom Wasser durchwühlt, daß hier möglicherweise Umstürzungen des Bodens vorhanden sind, die jetzt nicht mehr genau nachgewiesen werden können.“

Schaaffhausen ließ bei dieser Aufzählung mit Recht auch jene Einschnitte fallen, auf die Desnoyers, die Frage nach dem tertiären Menschen dadurch zuerst wissenschaftlich aufwerfend, an den Knochen tertiärer Tiere aus den Sandgruben von St.-Prest bei Chartres aufmerksam gemacht hatte. Diese Einschnitte, auch jene oben von Capellini erwähnten, an den

Knochen eines Balaenotus beobachteten haben keine Beweiskraft für die Exiſtenz des Menſchen mehr, ſeitdem die verſchiedenen Einwirkungen äußerer Umſtände, namentlich ſolche
von Tieren und Pflanzenwurzeln, auf die Knochen näher feſtgeſtellt werden konnten. Lyell
konſtatierte, daß größere Nagetiere, z. B. der Biber, durch Ausnagen der Knochen ganz
entſprechende Einſeilungen hervorbringen können, wie ſie ſich auf den Knochen aus den
Sandgruben von St.-Preſt finden. Biber, Stachelſchwein, Murmeltier und andere benagen
Holzſtücke und Knochen in ſo auffallender Weiſe, daß man ihre Zahnſpuren nur mit einiger
Umſicht von Einſchnitten der Menſchenhand unterſcheiden kann. Für das Diluvium in
Deutſchland habe ich die Anweſenheit des Stachelſchweines unter der Höhlenfauna und
ſeine charakteriſtiſchen Zahnſpuren an Knochen diluvialer Tiere zuerſt feſtgeſtellt; letztere
waren bis dahin von guten Kennern teils für Ausſeilungen durch Menſchenhand, teils für
Zahnſpuren der Höhlenhyäne gehalten worden (vgl. S. 360). Aber auch andere Tiere,
z. B. Bohrmuſcheln, Haifiſche und Schwertfiſche, bringen, wie man nachgewieſen hat, Verletzungen der Knochen hervor, die mit ſolchen, die der Menſch gemacht hat, verwechſelt werden
können. Capellinis Knocheneinſchnitte werden nach Magitot auf die Wirkung des Schwertes
des Schwertfiſches zurückgeführt. Bei der Challenger-Expedition wurde mitten im Stillen
Ozean aus der Tiefe von 4270 m ein Walfiſchknochen gefiſcht, der ganz dieſelben Marken wie
der Balaenotus-Knochen von Monte-Aperto aufweiſt. Aber auch Rollung im groben, ſcharf-
förnigen Sande erzeugt ähnliche Phänomene, ganz abgeſehen von der häufigſten Täuſchungs-
urſache, die in Einritzungen beſteht, die erſt bei dem Ausgraben und Reinigen der Knochen
gemacht worden ſind. Iſt der Knochen ſehr mürbe und mit ſtärker gefärbtem Erdreich behaftet, ſo ſind modernſte Einſchnitte manchmal doch nur ſchwer von alten zu unterſcheiden.

Schaaffhauſen iſt auch auf die ältere, durch v. Zittel und andere zurückgewieſene Behauptung v. Dückers zurückgekommen, der an Knochen des Hipparion, die er zu Pikermi in
Griechenland ſelbſt geſammelt hatte, Spuren des tertiären Menſchen finden wollte. Schaaffhauſen glaubte v. Dücker beiſtimmen zu müſſen und erklärte eine Anzahl der Hipparion-
knochen als durch Menſchenhand auf- und angeſchlagen. „Es ſind namentlich an zwei Stücken
Schläge, die in kleinem Umfang mit großer Gewalt den Knochen getroffen haben, ſo daß
ſie eine Delle, eine tiefe Grube, in den Knochen gemacht und die äußerſte Lamelle zerſplittert
und eingedrückt haben. Man muß ſchließen, daß das am friſchen Knochen geſchehen iſt, weil
ein ſolcher Schlag einen alten Knochen zertrümmert haben würde.“ Ich habe die nach
Schaaffhauſens Meinung am meiſten beweiſenden Stücke geprüft. Die Eindrücke rühren aber
hier, wie an anderen Stücken aus derſelben Lokalität, nicht von einem Schlage her, ſondern
ſind Eintiefungen, wie ſie an Knochen, die durchweicht und mürbe im Boden gegen kleinere
Steine oder Knochenenden angedrückt liegen, immer entſtehen. Bei dem Öffnen prähiſtoriſcher Gräber auf der bayriſchen Hochebene in der Nähe des Gebirges, wo der Boden viel-
ſach aus Geröll beſteht oder die eingefüllte Graberde doch kleinere Geröllſteine enthält,
kann man ſolche Zertrümmerungen und Eindrücke der Knochen aus einer viel ſpäteren Zeit
leider nur zu oft bemerken.

Die Eolithen.

„Da die anderen Menſchenſpuren zurückgewieſen ſind“, ſagte R. Virchow, „ſpitzt ſich die
Frage nach der Anerkennung des tertiären Menſchen zu der anderen zu: wie künſtliche Feuerſteinſplitter, unzweifelhaft vom Menſchen geſchlagen, von natürlich gebildeten zu unterſcheiden

seien." Virchow hat die Feuersteine von Thenay, die Bourgois entdeckte, sowie jene von Ribeiro vorgelegten untersucht und dabei festgestellt, daß mit Bestimmtheit unter der Gesamtheit aller bisherigen dem Tertiär zugeschriebenen portugiesischen Funde sowie unter den Feuersteinen von Thenay kein einziges Stück enthalten sei, das mit voller Evidenz beweist, daß es zu einem bestimmten Zwecke geschlagen worden ist, das also eine so erkennbare Form hat, daß aus der Form die besondere Intention des Arbeiters erschlossen werden könnte. Es handle sich nur um Stücke, zu denen aus Norddeutschland ausgiebige Analogien beizubringen seien, Stücke, die auf natürlichem Wege entstanden sind. In Frankreich hat man für die Entstehung der Thenay-Steine die Hypothese in Aufnahme gebracht, sie seien durch Einwirkung von Feuer zersplittert, obwohl bisher ein Beweis für Feuereinwirkung nicht erbracht scheint. Nichts steht, Virchows Meinung nach, dem Gedanken entgegen, daß der Mensch schon zur tertiären Zeit gelebt hat, aber von diesem Gedanken bis zu dem Beweis sei ein langer Weg. Und der Beweis sei nicht gefunden. Bonnet sagt von jenen Feuersteinen: „Die Eolithen von Thenay können, daran wird sich jeder an Ort und Stelle leicht überzeugen, definitiv aus dem Eolitheninventar gestrichen werden. Ihr Aussehen ist nicht durch Rösten im Feuer bedingt, sondern durch chemisch-physikalische Vorgänge in der Schicht."

Die Gegengründe Virchows hatten einen schwachen Punkt: welcher Kulturmensch kann sich denn in die Bedürfnisse primitiver Steinzeitmenschen so vollkommen hineindenken, daß er für die einfachsten Schneide- und Schabegeräte „aus der Form die besonderen Intentionen des Arbeiters erschließen" könnte? An diese Frage reihen sich die neuen Untersuchungen über die sogenannten Eolithen an.

Es ist das Verdienst von Rutot, die Aufmerksamkeit auf jene früher vielfach vernachlässigte und unverstandene Kleinindustrie der Feuersteinbearbeitung in der energischsten Weise hingelenkt zu haben. Durch das von ihm gesteigerte Interesse haben, wie im vorstehenden dargelegt wurde (vgl. die Tafel „Feuerstein-Kleinindustrie" bei S. 410), die „Kleingeräte" nicht nur eine früher ungeahnte archäologische Wichtigkeit, sondern auch eine bis ins feinste gehende genaue Formanalyse erfahren, die es nun möglich erscheinen lassen, die Tätigkeit, die technischen Absichten und damit die Anwesenheit des Menschen in Schichten und Perioden zu erkennen, denen die typischen Großgeräte, wie Faustkeile und anderes, fehlen. Das wichtigste Beispiel dafür ist die oben nach Hugo Obermaier geschilderte Feststellung der Chelles-Vorstufe, deren Existenz allein auf das Vorkommen von Geräten der Feuerstein-Kleinindustrie begründet wurde (vgl. S. 406). Hierbei hat die Methode von Rutot einen unzweifelhaften Triumph gefeiert. Bei der Untersuchung frühdiluvialer und auch tertiärer Feuersteinlager fand Rutot unter den dort öfters in großer Menge vorkommenden Feuersteinbruchstücken auch eine nicht unbeträchtliche Anzahl solcher Stücke, an denen seiner Ansicht nach zweifelsfreie Spuren menschlicher Tätigkeit sich erkennen ließen. Andere Forscher jedoch — ich nenne unter den Franzosen A. Laville, E. Cartailhac, M. Boule und Lucien Mayet, unter den Deutschen namentlich P. Sarasin und Obermaier — erklären es für unmöglich, die Formen der Absplitterungen und Randkerbungen (Retuschen), die Rutot und seine Anhänger unbedenklich dem Menschen zuschreiben wollten, von solchen zu unterscheiden, die durch mechanische Natureinwirkungen: Transport in strömendem Wasser, Gletschereis, Moränenpressungen und Verschiebungen, durch die Brandung des Meeres und anderes, tatsächlich erzeugt werden. Überall da im Feuersteingebiet, wo die Lagerungsverhältnisse größere Umlagerungen und Verfrachtungen in älteren oder jüngeren geologischen Perioden erkennen laffen, „dürfe man ficher auch Eolithen" erwarten. L. Mayet weiſt ſpeziell auf die Hipparionſande von Aurillac hin, die geologiſch durch ihre foſſilen Einſchlüſſe einwandfrei datiert ſind. In dieſen Schichten findet ſich eine große Menge von Feuerſteinen, von denen „eine größere Anzahl" alle Charaktere von Eolithen beſitzen und von Rutot und ſeiner Schule als ſolche angeſprochen wurden. Nach L. Mayets Studien der Lagerungsverhältniſſe ergaben ſich aber ſo ſtarke und ausgedehnte natürliche Wirkungen, welche die Sande und Kieſel um= geſchaufelt haben, daß ſie, wie er annimmt, gewiß genügen, pſeudo= eolithiſche Formen hervorzubringen, die damit (was Verworn und Bonnet aber beſtritten haben) ihre Beweis= kraft für die Exiſtenz des tertiären Menſchen verlieren würden.

Die Frage nach dem tertiären Menſchen iſt damit wieder, wie zur Zeit R. Birchows, darauf zugeſpitzt, welche Beweiſe ſich darbieten, um natürliche Feuerſteinſplitter von ſolchen zu unterſcheiden, die durch die Tätigkeit des Menſchen hergeſtellt wurden. Auf der einen Seite Rutot, Schweinfurth, Verworn und Bonnet, auf der anderen Boule und Obermaier haben ſich der Löſung dieſer entſcheidenden Aufgabe gewidmet, denn, wie ich das ſchon 1904 aus= geſprochen habe, „ſoweit mit Sicherheit nachgewieſen werden kann, daß ‚abſichtlich' retuſchierte Feuerſteine aus unzweifelhaft vollkommen ungeſtörten diluvialen oder tertiären Schichten ſtammen, halte auch ich damit die Anweſenheit des Menſchen in den entſprechenden geologi= ſchen Epochen für erwieſen". Alles kommt ſonach auf den ſicheren Nachweis der „Abſicht" an.

Max Verworn und Bonnet erkennen dieſen Sachverhalt rückhaltlos an, glauben aber trotzdem die archäolithiſche Kultur in den „miozänen" Hipparionſchichten von Aurillac nach ihren eigenen Unterſuchungen für ſichergeſtellt. Zur Entſcheidung über die Tätigkeitsſpuren des Menſchen beabſichtigt Verworn, durch experimentelle Studien eine feine Diagnoſtik, der ärztlichen ähnlich, auszubilden und teilt ſchon einige ſeiner dahin zielenden Studien über „Gebrauchsſpuren", „Randbearbeitung durch Schlag und Abdrücken" mit. Ausdrücklich erkennt er an, daß die Zertrümmerung der Kieſel, der Schlagknollen, und die in neueſter Zeit beſonders hervorgehobenen einſeitigen Retuſchenreihen von einſeitig gerichteten Schlag= marken durch natürliche Urſachen entſtehen können, glaubt aber, daß die Kombination dieſer Charaktere die Tätigkeit des Menſchen beweiſe. Er beſtreitet, daß ein einziges Moment an ſich ſchon unbedingt beweiſend für die Manufaktnatur ſei. H. Obermaier hat unter ſeinen Beanſtandungen der „Manufaktnatur" der tertiären Eolithen darauf hingewieſen, daß letztere nicht an menſchliche Stationen, ſondern an Terrains gebunden ſeien, wo Feuerſtein in natürlicher Weiſe ſich findet. Dagegen rechnet Verworn gerade dieſe ausſchließliche Be= nutzung des Feuerſteins zu den Beweiſen dafür, daß die älteſten Überreſte der Tätigkeit des Menſchen Schöpfungen des menſchlichen Geiſtes ſeien, ſo daß wir vom Geiſte des Menſchen weit ältere Zeugniſſe beſitzen als von ſeinen Körperverhältniſſen: „dieſe äußerſt zweckmäßige Auswahl des paſſendſten Materials bei genügender Anweſenheit von anderem Steinmaterial zeigt bereits die genaue Kenntnis der Eigenſchaften der verſchiedenen Geſteinsarten und vor allem die großen Vorzüge des Feuerſteins". Der Menſch iſt „in den älteren diluvialen Zeiten direkt dem Feuerſtein nachgezogen und hat ſich nur da aufgehalten, wo außer den anderen Lebensbedingungen, wie Nahrung und Waſſer, auch Feuerſtein vorhanden war. Die Feuer= ſteingeräte ſind in jenen Hipparionſchichten (außer ſcharfen meſſerartigen Splittern) Schaber und Kratzer, die auf Holz= und Fellbearbeitung hinweiſen". Verworn ſchließt daraus, daß für größere und wirkſamere Geräte und Waffen organiſches Material, Holz, Knochen, Ge= weihe und ähnliches, im Gebrauch geweſen ſei, wofür Eichhorn und namentlich L. Pfeiffer überraschend zahlreiche Beweisstücke gefunden haben. „Ich sehe keinen Grund, der dagegen spräche, daß in einer früheren tertiären Kultur, die, soweit wir nach den Feuersteinwerkzeugen urteilen können, nicht wesentlich tiefer stand als die altdiluviale von Taubach, die gleiche Praxis bereits bestanden hätte ... Ich möchte mit größter Wahrscheinlichkeit aus der Beschaffenheit der Feuersteinwerkzeuge auf eine im wesentlichen der unserigen gleiche Größe und Form der Hand und damit des übrigen Körpers schließen; vor allem die vollkommene Handgerechtigkeit, die fast alle Werkzeuge auch für unsere Hand besitzen, scheint mir diesen Schluß in hohem Grade zu rechtfertigen ... Wenn es auch wahrscheinlich ist, daß diese tertiären Formen den tierischen Ahnen des heutigen Menschen noch näher gestanden haben, wer sagt uns, daß sie nicht schon die wesentlichen Charaktere des heutigen Menschen im Körperbau besaßen, daß nicht die Entwickelung der spezifischen menschlichen Charaktere weit hinter dem oberen Miozän zurückliegt?

„Halten wir uns an das Erfahrungsmaterial bezüglich der Kultur, dann können wir die wichtige Tatsache feststellen, daß die miozäne Bevölkerung des Cantal eine Kultur besaß, die unmöglich den Anfang der menschlichen Kulturentwickelung gebildet haben kann. Die Auswahl des besten Steinmaterials, die Kenntnis der künstlichen Spaltung und Randbearbeitung des Feuersteines, die Differenzierung bestimmter Werkzeugtypen für spezielle Zwecke, der Beginn einer zweckmäßigen Formgebung, z. B. Hohlschaber und der für den Gebrauch bestimmten Kanten, das alles sind Kulturerscheinungen, die bereits eine lange Reihe von Erfahrungen voraussetzen. Dadurch rücken aber die ersten Anfänge der Kultur weit unter das obere Miozän zurück, zum mindesten bis ins ältere Tertiär. So zwingen uns unsere neuen Erfahrungen, die Anfänge der Kultur in immer grauere Fernen zurückzuverlegen."

In gleichem Sinn sagt Bonnet: „Die Wahl eines handlichen, einfach vom Boden aufgelesenen Steines oder natürlichen Steinbruchstückes, die Beschaffung schneidender Bruchstücke durch willkürliche Zertrümmerung größerer Knollen und die Auswahl und Bearbeitung des so gewonnenen Rohmaterials zu handlichen Werkzeugen bildet sehr verschiedene Äußerungen der Entwickelung menschlicher Intelligenz. Ich sage absichtlich menschlicher Intelligenz. Denn ein Tier, das sich Feuer erzeugt oder mit (durch Blitzschlag oder vulkanische Eruption usw.) schon vorhandenem Feuer sich Steine sprengt und dann als Werkzeuge zurichtet, wie es für den Homosimien Bourgoisii von Thenay angenommen wurde, kann ich mir ebensowenig denken wie ein Tier, das sich aus natürlichen Bruchstücken durch Beseitigung unhandlicher oder beim Gebrauch gefährlicher Spitzen und durch Ausarbeiten von geeigneten Schneiden und deren Nachschärfung ein brauchbares Steinwerkzeug zu bestimmten Zwecken schafft."

Mit gleicher wissenschaftlicher Entschiedenheit, mit der er an der Archäolithennatur seiner eigenen Funde in den Hipparionschichten von Cantal festhält, tritt Bonnet der Anerkennung der von Rutot dem Mitteloligozän zugerechneten „Eolithen" aus der auf dem Hochplateau Haute-Fagnes in Belgien gelegenen Fundstelle entgegen. „Ich leugne nicht, daß manche aus vielen Tausenden ausgewählte Stücke, als Sammlung zusammengestellt, den Eindruck von Eolithen machen können, um so mehr, wenn man sie als Hausteine, Schaber, Messer, Kratzer, Bohrer, Ambosse, Stichel usw. benennt. Maßgebend für meine Beurteilung solcher Stücke bleibt immer ihre Untersuchung in der Schicht, und diese hat mich in dem vorliegenden Falle zum mindesten recht vorsichtig gemacht. Die Sandgrube ‚Les Gouhir' hat mir während einer zweitägigen Untersuchung in äußerst lehrreicher Weise gezeigt, welch außerordentlich vielgestaltige Preſſungsprodukte zwiſchen den Blöcken entſtehen können. Aus der großen Zahl derſelben laſſen ſich dann vereinzelte gutpatinierte und charakteriſtiſche Stücke auswählen und zu einer ‚Eolithen‘-Kollektion zuſammenſtellen.“

Der bekannte Geolog Steinmann unterſcheidet an den gleichen Fundſtellen zwei verſchiedene Arten von Abſplitterungen, die einen, durch ihre Patina als älter ſich erweiſenden, führt er auf die Zertrümmerung und Abnutzung durch Meeresbrandung zurück, die friſchen Abſplitterungsflächen auf ganz jugendliche Bewegungsvorgänge in der Maſſe der Feuerſteinlager, entſtanden z. B. beim Aufgraben der Sandgruben, wo die Feuerſteinlage durch den Druck der darüberliegenden Sande in ſchwache Bewegung verſetzt wurde, weil ſie ſeitlich ausweichen konnte. Er nimmt für die Entſtehung der dortigen Feuerſteinlagen und für die Abſplitterung an den Feuerſteinbrocken keine anderen als natürliche Vorgänge an. Es iſt das ſehr wichtig, „denn es zeigt, was die Natur unter günſtigen Verhältniſſen an eolithenartigen Erzeugniſſen hervorbringen kann. Es läßt ſich kaum ein anderer natürlicher Vorgang denken, welcher der Tätigkeit des Menſchen näher käme als die Brandung eines transgredierenden Meeres. Das feſte Aufſchlagen der Blöcke und Splitter erzeugt eine grobe Retuſche, die, wenn auch planlos und an Stücken der verſchiedenſten Größe auftretend, der beabſichtigten Retuſche oder den Abnutzungsſpuren von menſchlichen Werkzeugen ſehr ähnlich wird.“ Wir können Bonnet vollkommen beiſtimmen, daß die Ausſicht auf eine reſtloſe Löſung des Eolithenproblems von vornherein beſchränkt ſei, aber auch darin: „findet man in Zukunft neben Knochenreſten Steine vom Typus der Archäolithen, dann wird deren Wert als ‚Leitfoſſilien‘ eines werkzeuganfertigenden Weſens, alſo des Menſchen, auch anerkannt werden müſſen“.

Rutot kam zur Aufſtellung von Feuerſtein-Induſtrieſtufen, die den älteſten paläolithiſchen Stufen G. de Mortillets geologiſch-zeitlich vorgelagert ſeien, und die wie jene nach den wichtigſten Fundorten benannt werden. Die erſte Stufe, die ins Tertiär reicht, wo ihr noch einige weitere Stufen (von St.-Preſt, Kent, Cantal und Haute-Fagnes) vorausgehen ſollen, iſt die von Reutel, auf die als zweite die Stufe von Maffle folgt; beide Stufen enthalten die eigentlichen Eolithen, die dadurch gekennzeichnet ſind, daß ſie noch keine beabſichtigte Formgebung erkennen laſſen; die Tätigkeit des Menſchen zeigt ſich nur in zufälligen Abſprengungen und Abſpliſſen beim Gebrauch. Die beiden folgenden Stufen werden als Archäolithen bezeichnet, es ſind die dritte von Mesvin und die vierte von Strépy. Hier findet ſich die Herſtellung beabſichtigter Abſchläge und Abſpliſſe, unter denen ſich ſchon wahre, für einen oder gleichzeitig für mehrere Zwecke dienende Geräte erkennen laſſen. Die Stufe von Strépy bildet die Übergangszeit zu Chelles und damit zum klaſſiſchen Altpaläolithikum.

Die Theorie von Rutot hat unter den deutſchen Gelehrten einige begeiſterte Anhänger gefunden, vor allem Schweinfurth, Verworn, Bonnet, Klaatſch, Hahne und andere. Von anderer Seite fand Rutot keine volle Zuſtimmung; ſo hält z. B. A. Penck wie Hoernes die Eolithenfrage noch nicht für ſpruchreif: es ſei noch nicht der vollkommen ſichere Beweis erbracht, daß die älteſten Eolithen menſchliche Arbeitserzeugniſſe ſeien, andere Entſtehungsmöglichkeiten ſeien noch nicht ausgeſchloſſen; die z. B. bei Berlin häufigen norddeutſchen „Eolithen“ ſeien zweifellos keine zugeſchlagenen Gebrauchsſtücke, ſondern verdanken ihre „eolithenähnliche Zuſtutzung“ dem Eistransport. Daß ähnlich rohe Steinſplitter gelegentlich vom Menſchen benutzt worden ſind und noch benutzt werden, iſt freilich ſicher.

Die eolithische Arbeitsweise.

Werfen wir schließlich noch einen Blick auf die von G. Schweinfurth gegebene Differenzialdiagnose zwischen wahren, die Tätigkeit des Menschen beweisenden Eolithen und mehr oder weniger ähnlichen natürlichen Bildungen.

„Ich selbst", erzählt G. Schweinfurth, „habe im Jahre 1891 in einer Talwaldung bei Keren, Kolonie Eritrea, Paviane beim Aufknacken der sehr harten Kerne von Sclerocarea Birrea, die ein sehr wohlschmeckendes Endokarp besitzen, überrascht und das mit dem ‚Steinklopfer' erzielte Ergebnis ihrer manuellen Hammerarbeit in der Sammlung von Pflanzenfrüchten des Berliner Botanischen Museums niedergelegt."

Wer unsere Landkinder beim Aufknacken der Haselnüsse beobachtet, sieht sie ziemlich ebenso verfahren. Ein Stein als Unterlage, ein rundlicher, handgerechter Schlag- oder Klopfstein sind die Instrumente, die nach längerer Benutzung die deutlichen unbeabsichtigten Spuren des gelegentlichen Gegeneinanderschlagens erkennen lassen. Noch weit mehr einer absichtlichen Dengelung, Retuschierung, sehen die Schlagnarben gleich, die beim Feuerschlagen der Bauern zum Anzünden ihrer Tabakspfeifen an den Feuersteinen entstehen, wie sie in den Südtiroler Gebirgsgegenden noch heute die Form und Technik altpaläolithischer Feuersteinmanufakte aufweisen.

Zu jeder Zeit sind überall zur Hand liegende ganze Steine oder zufällig entstandene Gesteinstrümmer zu technischen Zwecken benutzt worden. Rutot bezeichnet als Gebrauchsweisen solcher von der Natur dargebotener primitiver Instrumente: Schlagen, Kratzen oder Schaben, Durchbohren und Durchbrechen. Dazu kommt aber noch in erster Linie Graben, beim Scharren und Wühlen im Erdreich nach Eßbarem, z. B. Wurzeln, und Schneiden. Wenn kein Messer zur Hand ist, kann jeder scharfe Stein zum Aufschneiden des Felles eines erlegten Tieres, zum Ausweiden, dienen. Man darf auch nicht vergessen, daß die Naturkiesel und ihre natürlichen Bruchstücke zum Feuerschlagen notwendig und gewiß stets wie heute noch in beständigem Gebrauch waren.

In den Höhlengegenden des Jurakalkes in der Fränkischen Schweiz in Nordbayern standen während der neolithischen Periode, ebenso z. B. in Taubach im Altpaläolithikum, nur meist recht kleine Hornsteinkiesel zur Verfügung. Die zum Teil winzigen Scherben, Abschläge, genügten den Höhlenbewohnern, um die in großer Zahl zum Teil hübsch gearbeiteten Instrumente und Schmucksachen aus Knochen, Hirschhorn und Schiefer herzustellen und zu gravieren.

Auch daran ist zu denken, daß für die alten Jägerstämme zahllose Steinspitzen für ihre Pfeile notwendig waren; dazu konnten kleinere Feuersteinscherben ohne weiteres dienen, und man hat von ihnen auch durch alle Zeiten, solange der Stein zu Waffen und Werkzeugen benutzt wurde, Gebrauch gemacht; die gutgearbeiteten Feuersteinpfeilspitzen der späteren Epochen waren immer viel zu kostbar, um sie bei einem ungewissen Schuß dem Verlorenwerden auszusetzen, es waren wohl immer nur Prunkwaffen. So kann es nicht wundernehmen, wenn wir überall, aber am häufigsten in den eigentlichen Feuersteingegenden, auf vom Menschen in irgendeiner Weise benutzte ganze Steine oder Steinbruchstücke stoßen, die mehr oder weniger deutlich die Spuren einstiger Benutzung erkennen lassen und damit für die Anwesenheit des Menschen an oder in der Nähe der Fundstelle beweisend sind. Da aber der gelegentliche Gebrauch derartiger „Naturinstrumente" gewiß von der ältesten bis in die jüngere, ja jüngste Zeit geübt worden ist, sind für eine bestimmte Periode der menschlichen Besiedelung einer Gegend solche eolithische Stücke nicht ohne weiteres verwertbar, wenn nicht ihre Lagerung in sicher ungestörten Bodenschichten eine exakte geologische Zeitbestimmung zuläßt.

Von dem Gedanken ausgehend, daß solche primitive Kieselwerkzeuge das älteste Handwerkszeug des Urmenschen gewesen sein möchten, bezeichnete sie Prestwich, der sie für das südliche England nachgewiesen hatte, als Eolithe. Unter dem gleichen Gesichtspunkt hat die eolithischen Steinsachen für Belgien A. Rutot in hervorragender Weise studiert und sein vorpaläolithisches System der eolithischen Arbeitsweisen (vgl. S. 482) aufgestellt. Durch Rutot angeregt, hat in Ägypten Schweinfurth mit klassischer Sorgfalt und scharfer Kritik die eolithische Frage aufgenommen. Einem solchen Forscher konnte es nicht entgehen, daß es dafür die erste Aufgabe sein muß, zuerst die natürlichen Ursachen der Zersplitterung der Feuersteinknollen und die Formen ihrer natürlich entstandenen Bruchstücke kennen zu lernen.

Die Natursprengungen, wobei die Knollen in einzelne Scheiben, zum Teil von großer Regelmäßigkeit, zerfallen, erfolgt in der Richtung der größten Ausdehnung in der Längs

achse der Kiesel und werden in ihrem Verlauf in keiner Weise von der in fast allen Fällen konzentrisch-schaligen Struktur der Kiesel beeinflußt: sie durchschneiden vielmehr stets quer die durch Bänder und Linien von verschiedener Färbung angedeuteten Konkretionsschalen.

Es konnte eine Anzahl solcher natürlich entstandener Verletzungen der Kiesel auf glaziale Vorgänge zurückgeführt werden, vor allem auf die komplizierten dynamischen Wirkungen der Moränen. Solche ungeheure Druckwirkungen ermöglichten unter verschiedenen Bedingungen „Abspleißungen" an den Naturknollen und deren Zersprengung, wodurch Formen der Bruchstücke hervorgebracht wurden, „die den durch manuellen

Morpholith. Nach G. Schweinfurth in der „Zeitschrift für Ethnologie", 35. Jahrgang (Berlin 1903).

Schlag hervorgerufenen in hohem Grade gleichsehen". Zu diesen Druckwirkungen gesellen sich noch die Zufälligkeiten des Stoßes, der auch häufig einen Schlagbuckel oder Schlagknollen in vollkommen ausgeprägter Gestalt und die ihm auf dem Kernstein entsprechende Höhlung mit den sie umgebenden konzentrischen Bogenlinien hervorbringt, Bildungen, die man bisher stets als für die absichtliche Herstellung durch den Menschen beweisend angesprochen hat. Auch Randabsplitterungen können aus natürlichen Ursachen entstehen, sogar an kleinen, zum Teil winzigen schaberähnlichen Stücken, und, da sie ununterbrochen reihenweise angeordnet sein können, beabsichtigten Randschärfungen, Dengelungen (Retuschen), in hohem Grade ähnlich sehen. Außer den Gletscherwirkungen, die sich in Nordeuropa besonders energisch geltend machen, kommen nach Jäckel für natürliche Zertrümmerung und Verletzung der Steine vor allem Rollen und gegenseitiges Stoßen bei oftmaligem Umlagern der Geröllschichten oder, im strömenden Wasser und am brandenden Meere, auch Sturz aus großer Höhe in Betracht (vgl. S. 482).

Schweinfurth zählt unter die natürlichen, nicht vom Menschen herrührenden „Verletzungen" der Feuersteinknollen und ihrer ebenfalls natürlich entstandenen Bruchstücke: Schrammen, rundlich-ovale oder sattelförmige Abspleißungen, flache Abschürfungen, polyedrisch-prismatische Zustutzung des ganzen Kiesels oder eines Teiles desselben, hohlkehlartige Schliffe, zerhackte Formen. Unter den thebanischen Feuersteinfragmenten fallen Stücke mit kreisrunden, ringförmigen Vertiefungen auf. Schweinfurth nennt sie Morphólithen

(f. die Abbildung S. 484). Es sind meist linsenförmige Kiesel mit einem der konzentrischen Schichtung entsprechenden knotenartig differenzierten Kern. Indem durch natürliche Ursachen unter sich parallel, eine obere und eine untere Schale wegspringen und der runde Kern der Mittelscheibe sich löst, entsteht ein meist vollkommener Feuersteinring; manchmal scheint auch eine der Deckplatten von dem Kernstück schon als fertiger Ring (f. die untenstehende Abbildung) abzuspringen. Nicht selten findet man, z. B. an den klassischen Fundstellen paläolithischer Manufakte bei dem ägyptischen Theben auf der Höhe des Gebirgsüberganges aus dem Tal der Königsgräber nach dem Tempel Deir el Bari, wo auch Ferd. Birkner und ich sie gefunden haben, diese Sprengstücke noch übereinanderliegend (f. die Abbildung S. 484), so daß über die Bildung dieser auffallenden Ringe kein Zweifel bestehen kann.

Trotz all diesen verschiedenen Möglichkeiten einer natürlichen Zertrümmerung und Ausschartung der Feuersteine fand es Schweinfurth doch meist nicht schwer, eine vom Menschen veranlaßte oder beabsichtigte Verletzung von einer durch natürliche Ursachen entstandenen zu unterscheiden. Am sichersten sprechen für menschliche Tätigkeit systematische Dengelungen der Kanten.

Schweinfurth ordnet die eolithischen Gebrauchssteine, die er in der Umgebung von Theben gefunden hat, in 58 verschiedene Typen. Er hat damit eine Basis für systematische Bestimmung und Vergleichung gelegt, die allseitig auch in anderen Teilen der Erde benutzt werden sollte.

Die erste (I.) Hauptgruppe umfaßt: ganze natürliche Kieselknollen. Als erste Untergruppe erscheinen 7 Typen von Schlägern. Es sind das Kieselknollen von verschiedenen handlichen Formen mit Absplissen und Absplitterungen, wie

Steinring. Nach G. Schweinfurth in der „Zeitschrift für Ethnologie", 35. Jahrgang (Berlin 1903).

solche unbeabsichtigt allein infolge von Gebrauch entstehen; dazu gesellen sich Schlagmarken und Kegelsprünge an vorspringenden Teilen und Rändern als Zeugen für stattgehabte andauernde Benutzung in der primitiven Weise, wie wir sie bei Kindern und auch bei Affen (vgl. S. 483) antreffen. Eine zweite Untergruppe, Typus 8—17, umfaßt ganze Kieselknollen, die beabsichtigte Abspleißungen zum Zweck der Randschärfung erkennen lassen.

Die zweite (II.) Hauptgruppe bilden Sprengstücke von Kieselknollen. Der Form und Benutzung nach werden Schläger oder Klopfer und Schaber unterschieden, eine Anzahl der letzteren wurde wohl als Dengler gebraucht; auch bohrerähnliche Spitzen, Pfriemenspitzen finden sich. In dieser Hauptgruppe werden die Typen 18—38 in eine erste Untergruppe eingereiht. Sie sind natürlich entstandene Sprengstücke mit und ohne Randschärfung, Dengelung, vielfach zum Gebrauch aufgelesene Steine wie die ganzen natürlichen Kieselknollen der ersten Hauptgruppe. Einer zweiten, fortgeschritteneren Untergruppe gehören die Typen 39—51, an; es sind „beabsichtigte", mit „Absicht" hergestellte Sprengstücke, Absplisse.

Die dritte (III.) Hauptgruppe umfaßt die Typen 52—58; sie lassen schon mehr oder weniger deutlich eine beabsichtigte Formgebung erkennen: „Die Erzeugnisse der Natur, die Rohkiesel oder ihre natürlichen Sprengstücke, werden im Interesse des Menschen verbessert." Hier finden sich in roher, unbeholfener Ausführung die aus Frankreich und Ägypten

bekannten altpaläolithischen Werkzeugformen, namentlich die verschiedenen Typen der Faust-
teile. Der Stein zeigt sich bei ihnen im Anklang an die Formen von Chelles und Acheul auf
allen Seiten bearbeitet zu flach oval-sphärischer Form oder zu spitzer Mandelform, öfters mit
Aussparung eines als Handhabe dienenden, unbearbeitet gebliebenen Stückes der Knollenbasis.
Andere Stücke lassen auf der einen Flachseite die Knollenrinde mehr oder weniger roh,
während die andere Flachseite und die Ränder gut bearbeitet sind, so daß flache, mehr spitze
oder mehr gerundete Mandelformen entstehen. Größere abgeschlagene Scherben mahnen
an die Arbeitsweise von Moustier: es sind Spitzenformen mit einer unbearbeiteten Flachseite, aber guter Dengelung der Ränder. Manche aus länglichen Knollen hergestellte Schläger
zeigen, obgleich sie ringsum mit Absplissen bearbeitet sind, doch eine unregelmäßige Gestalt.
Unter den Schaberformen erscheinen als charakteristische Typen Hohlschaber.

Es liegt ja außerordentlich nahe, den Fortschritt der Kultur in dem Fortschritt der Feuersteinbearbeitung von den primitivsten Stufen an abgespiegelt zu denken und die steigende Verfeinerung und Vergeistigung der Manufakte als Beweise für die geistige Entwickelung
der Verfertiger zu betrachten. In diesem Sinn ist wohl früher die eolithische Arbeitsweise vor
allem betrachtet worden; es wurde die Entwickelung der Feuersteintechnik geradezu als ein
Abbild der geistigen Entwickelung eines menschenähnlichen Geschöpfes zum vollen Menschen
angesehen. „Da aber", sagt Schweinfurth, „der Fortschritt zur beabsichtigten Bearbeitung
nicht den alten primitiven Betrieb völlig beseitigte und neben den absichtlich gesprengten
auch die natürlichen Sprengstücke und die ganzen Knollen sich noch lange (oder wohl besser:
immer) in Gebrauch erhielten, so vermag man auch die Arbeitsweise von Mesvin nicht in
der Weise zu definieren, daß sich bei jedem Stück nachweisen ließe, ob es dieser Epoche angehört oder nicht. Die Altersbestimmung eolithischer Fundstücke gehört daher im großen und
ganzen ausschließlich in das Gebiet der Geologie." Auch Rutot erkennt jetzt in diesem Sinne
seiner ersten Epoche, der von Reutel, nur noch „stratigraphischen Wert" zu.

Schweinfurth hat „eolithische" Steinobjekte in Schichten des Niltales und seiner begleitenden Berge nachgewiesen, die sicher altdiluvial, vielleicht jungtertiär sind, und hat danach für Ägypten die Anwesenheit des Menschen in jene alte Zeit verlegt. Ich glaube nicht,
daß man diesen auf sorgfältiger Begründung beruhenden Schluß unberücksichtigt lassen darf.
Es ist ja gewiß richtig, daß man für Mitteleuropa, für alle jene Gegenden, die während der
Eiszeit vergletschert waren, die Beweiskraft eolithisch aussehender Steine mit Recht bestreiten
muß, dieser Gegengrund hat aber für Afrika, speziell für Ägypten, weit geringere Beweiskraft. Dort sind, wie de Morgan mit Recht bemerkt, die Beobachtungen leichter, dort hat
das geologisch-topographische Relief des Landes seinen alten Anblick bewahrt und zeigt sich
bloß von aller Verhüllung. Übrigens gilt auch für die vorliegende Frage noch immer L. Ca-
pitans Mahnung zur Vorsicht, zur Vermeidung eines vorschnellen Urteils bei dem beständ-
ig wechselnden Stand des Problems je nach den neuen Entdeckungen, die jeder Tag bringt.

Wir dürfen hier nicht vergessen, daß die europäischen Eiszeitstufen für Ägypten keine
volle Geltung beanspruchen können; eine allem Leben feindliche Vergletscherung fehlte
vollkommen. An Stelle der Eiszeit tritt eine, pflanzliches und animales Leben begünstigende, regenreiche Übergangszeit zwischen Pliozän und Diluvium, die nach Hull als
Pluvialperiode bezeichnet wird. Blanckenhorn konstatierte eine erste Pluvialperiode
im jüngsten Tertiär oder Anfang des Quartärs (Diluvium), die er mit der ersten Eiszeit in
Europa parallelisieren möchte; ihr schreibt er die höchstgelegenen Uadischotter als Deckenschotter

zu. Schon weniger scharf als die erste, eigentliche Pluvialperiode kam klimatisch eine zweite Pluvialperiode immerhin noch deutlich zum Ausdruck; ihr entspricht die Bildung der höheren, gut ausgeprägten Schotterterrasse als Hochterrasse.

Der Vormensch (Proanthropos).

In erfreulichster Weise haben die Entdeckungen des letzten Jahrzehnts unsere Anschauungen über die Vorfahren des heutigen Menschengeschlechtes erweitert. Wie man der Meinung sein konnte, in den tieferen Schichten des Diluviums und wohl auch im Tertiär die Tätigkeitsspuren eines Vormenschen, eines Zwischengliedes zwischen Mensch und Affe, und damit Beweise für das erste Erwachen des menschlichen Geistes zu finden, so erwartete man auch, der naturphilosophischen Theorie entsprechend, körperliche Reste des Vormenschen in diesen Schichten anzutreffen, die ihn affenähnlicher zeigen würden als den heutigen Menschen.

An Stelle solcher Halbmenschen haben wir die diluvialen Urrassen Europas kennen gelernt, die durch ihre bedeutende Gehirnmasse sich als würdige Urahnen der heutigen europäischen Kulturvölker ausweisen. Ihre Körperproportionen sind nicht äffisch, sondern echt menschlich, der Gliederung heutiger Rassen entsprechend. H. Klaatsch, der die tierische Abstammung des Menschen mit größter Entschiedenheit vertritt, weist die so lange fast allgemein als wissenschaftliches Postulat anerkannte „Affentheorie" mit Entrüstung als unwissenschaftlich zurück. „Die Gliedmaßenproportionen der Neandertalrasse sind absolut menschliche, die Arme sind relativ kurz ... Schon dieser Punkt genügt, um die ‚unsinnigen' Darstellungsversuche des Menschen von Corrèze, wie sie französische Blätter gebracht haben, gründlich zurückzuweisen, da auf diesen Bildern ‚die alte Affenidee' Zwischenglieder von Mensch und Gorilla hervorzaubert mit kurzen Beinen und langen Armen ... Unter den vielen ‚unsinnigen' Behauptungen in deutschen Blättern spielt die Angabe eine wichtige Rolle, die Neandertalmenschen hätten den aufrechten Gang nicht besessen" (vgl. S. 468). Der Befund einer langen, frei vorspringenden Nase (speziell bei den Skeletten von Corrèze und Moustier) ist „sehr wichtig für die Ableitung der Europäernase, deren charakteristische Prominenz aus einem Neandertal-Vorfahrenzustand sich herausentwickeln konnte — —". Die höchste Bedeutung für die vorliegende Frage besitzt aber der Heidelberger Unterkiefer, den wir heute als den geologisch ältesten Rest des europäischen Menschen ansprechen dürfen. „Vom morphologischen Standpunkt aus wäre es sonach", wie H. Klaatsch bemerkt, „gleichgültig, ob man ihn als noch tertiär oder schon diluvial beurteilt", da er „doch jedenfalls schon im Tertiär seine Vorfahrenverwandten gehabt haben muß; gingen wir selbst zum Miozän zurück, so könnte der Unterkiefer des betreffenden Menschenwesens nicht viel anders ausgesehen haben als die Mandibula Heidelbergensis, die eine solche Fülle primitiver Merkmale vereint, daß sie dem Begriff einer menschlichen Urform näher kommt als irgendein bisher bekannt gewordener Skeletteil". Bei dem „Fehlen spezieller eigenartiger Charaktere" ist „der einzige spezifische Charakter, den die Mandibula Heidelbergensis hat, ihr Gebiß, durch das dieselbe mit absoluter Sicherheit als ‚menschlich' gestempelt ist... Angesichts der Massigkeit des ganzen Stückes, das ohne Gebiß keineswegs ohne weiteres als menschlich hätte erkannt werden können, ist die relative Kleinheit der freilich absolut nicht gering entfalteten Zähne auffällig." Auf die relative Kleinheit des dritten Molars wurde oben, S. 456, hingewiesen. „Die Ausbildung der Zähne ist eine durchaus gleichmäßige und harmonische, jedenfalls ist der Karnivorentypus gänzlich ausgeschlossen durch die Kleinheit des Caninus (Eckzahnes). Daß der Eckzahn in keiner Weise sich relativ stärker entwickelt darstellt als beim modernen Menschen, verleiht dem Heidelberger Unterkiefer für die ganze Frage nach der Stellung des Menschen zu den Anthropoïden ungemeine Wichtigkeit. Bestände die ‚alte Affenabstammungsidee‘ zu Recht, wie sie noch heute in mehr oder weniger abgeschwächter Form in den Köpfen mancher Fachgenossen besteht, so wäre es eine logische Konsequenz, zu verlangen, daß die Menschenformen je weiter zurück, um so mehr dem Anthropoïdengebiß sich nähern müßten. So wenig dies nun für die niedersten Zustände der rezenten Rassen, den Australier, zutrifft, so wenig gilt es für das Fossil von Heidelberg ... Bezüglich des Gebisses haben sich die Anthropoïden durch ‚sekundäre‘ Vergrößerung des Eckzahnes mehr und mehr von der ‚Urform‘ (der ‚Wurzel‘, mit welcher der Mensch mit den Anthropoïden zusammenhängt) entfernt", die sonach, wenigstens in der Bezahnung, menschenähnlich gewesen sein müßte. Von den Anthropoïden stehe der Gibbon der „Urform" näher, während die übrigen Menschenaffen sich von ihm und damit von der Urform weiter entfernt haben. Das gilt auch für

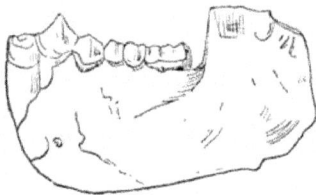

Unterkiefer des Dryopithecus fontani aus dem Miozän von St. Gaudens (Haute-Garonne). Nach M. Hoernes, „Natur- und Urgeschichte des Menschen", Bd. 1 (Wien und Leipzig 1909).

die heutigen niederen Affen der Alten und der Neuen Welt, auch für die Lemuriden und ebenso für die vorweltlichen Affen. Die durch die Vergrößerung der Eckzähne bedingten „Modifikationen des Unterkiefers sind bereits bei den tertiären Anthropoïdenformen vorhanden, so auch bei Dryopithecus (s. die nebenstehende Abbildung). Es bedarf kaum des Hinweises darauf, daß die Ableitung des Befundes an der Heidelberger Mandibula vom Dryopithecus ausgeschlossen ist... Der Unterkiefer von Heidelberg bestätigt somit, daß die niederen Affen gänzlich aus der Vorfahrenreihe des Menschen auszuschließen sind. Nur die mit dem Menschen gemeinsame Wurzel bedingt die (Ähnlichkeit der) Organisation zwischen Menschen und niederen Affen. Dieses muß auch heute noch immer betont werden, da die Versuche einer ‚irrtümlichen‘ Ableitung der Menschenzustände von solchen von Katarhinen nicht aufhören."

Deutlicher könnte die Abkehr von den bisher als dogmatische Richtschnur der wissenschaftlichen Denkweise aufgestellten naturphilosophischen Leitsätzen kaum betätigt werden. Im Jahre 1892 habe ich es ausgesprochen, daß nach dem „biogenetischen Grundgesetz", das in der Entwickelung der verschiedenen Tierformen eine Wiederholung der Hauptzüge der individuellen Entwickelungsgeschichte finden will, die Ausbildung des Menschenschädels nicht aus dem Tierschädel, als Menschwerdung des Tierschädels, erfolgt sein könne: der Verlauf stelle sich in umgekehrter Richtung dar: aus einer anthropinen Grundform, die der zuerst einsetzenden Gehirnentwickelung entspricht, gehen die Schädelformen durch den sich steigernden Einfluß der Kauwerkzeuge mehr und mehr in die spezielle Tiergestalt über; während der fötalen Bildungszeit und bald nach der Geburt sind daher Menschen- und Anthropoïdenschädel einander auffallend ähnlich. H. Klaatsch hat diesen Gedankengang dem naturphilosophischen System dadurch eingefügt, daß er, wie aus Vorstehendem ersichtlich ist, zunächst für Menschen, Affen und Lemuren eine indifferente Grundform als Wurzel annimmt, die wenigstens in bezug auf die Bezahnung menschlich war; auch er läßt somit von einer anthropinen Form die Differenzierung ausgehen, auf der einen Seite den Menschenstamm, der dauernd die Kleinheit der Eckzähne der Urform beibehält, auf der anderen

die Affen und Lemuren, die durch die „sekundäre" Vergrößerung des Eckzahnes sich mehr und mehr von der Urform entfernten. In diesem Zusammenhang erinnere ich an meine, auf das relativ häufige Auftreten überzähliger Schädeldachknochen beim Menschen, welche individualisierten Schädelknochen der ältesten paläontologischen Amphibien, der Stego= kephalen, sowie der altertümlichen Gruppe der Fische, der Knorpelganoiden, entsprechen, begründete Feststellung (1899) der somatischen Beziehungen des Menschen zu heutigen wie vorweltlichen niederen Wirbeltieren. Der Theoretiker würde danach wohl die Differenzie= rung von der menschlichen Urform, also auch diese selbst, in die Anfangsperiode der Wir=
beltierschöpfung verlegen müssen. Aber nichts liegt mir ferner, als selbst theore= tische Spekulationen an Stelle faktischer wissenschaftlicher Beobachtung darbieten zu wollen, nur letztere habe ich hier darzu= stellen. Das wichtigste Ergebnis der neue= sten anthropologischen Entdeckungen ist das: ein affenähnlicher Vormensch ist im Diluvium nicht gefunden worden und auch für das Tertiär nicht mehr zu erwarten.

Durch dieses Resultat wird aber der Wert der Funde von Affenresten in vor= weltlichen Schichten keineswegs herab= gesetzt, denn das scheint gewiß, daß da, wo Affen lebten, auch der Mensch die Da= seinsbedingungen finden konnte. Die An= schauungen von H. Klaatsch bezüglich Mensch und Affen sind nicht neu. Einer der berühmtesten modernen Paläonto= logen, v. Zittel, faßte die hier einschlagen= den Ergebnisse der Forschung über den Proanthropos und seine etwaigen Beziehungen zu den diluvialen Af= fen schon vor einem Menschenalter in

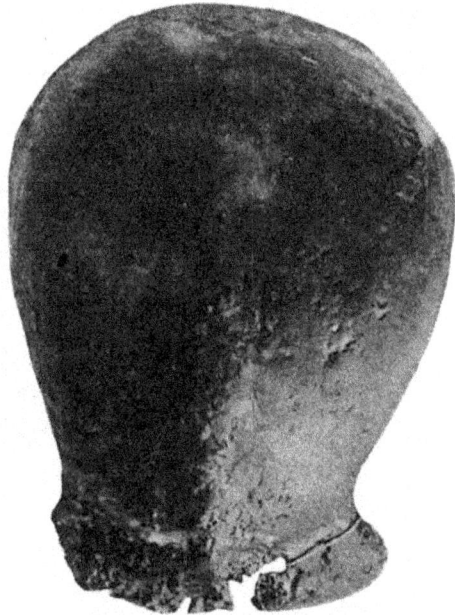

Pithecanthropus=Schädel, von oben. Nach E. Dubois, „Pithecanthropus erectus, eine menschenähnliche Übergangsform aus Java" (Batavia 1894). Vgl. Text S. 490.

folgende Worte zusammen: „Man hat mit großem Eifer nach den fossilen Urahnen (des Menschen) gesucht und den fossilen Affen besondere Aufmerksamkeit gewidmet. Man kennt jetzt etwa 15 echte, schmalnasige fossile Affen aus den Tertiärablagerungen Europas und Indiens sowie einige breitnasige Arten aus dem Diluvium von Brasilien und Argentinien. Allein mit Ausnahme eines einzigen, des Dryopithecus, stehen sie den drei großen, dem Menschen vergleichbaren Arten, dem Orang, Schimpanse und Gorilla, fern, und auch der Dryopithecus nimmt, wie ein neuerdings aufgefundener Unterkiefer beweist (s. die Ab= bildung S. 488), unter den sogenannten Anthropomorphen eine verhältnismäßig tiefe Stufe ein. Der durch die Entwickelungslehre postulierte Proanthropos, das Zwischenglied zwischen Mensch und Affen, ist demnach noch nicht gefunden."

Fossile Affen treten nach Max Schlosser, einem der besten Kenner der vorweltlichen Säugetierfauna, erst im jüngeren Tertiär, und zwar auch erst im Pliozän, in größerer Menge und in größerer Formenzahl auf; im Miozän sind sie, was die Anzahl der Arten betrifft, noch recht spärlich. Bei den fossilen Arten ist bereits die Scheidung in alt- und neuweltliche Typen deutlich ausgeprägt. Von letzteren kennt man nur aus südamerikanischen Höhlen sichere fossile Reste, die lebenden Gattungen ungemein nahe stehen. Auch die altweltlichen Typen schließen sich insgesamt an lebende Gattungen sehr eng an, so daß sich unter dem fossilen Material bereits Vertreter sämtlicher wichtigeren Formenkreise wiedererkennen lassen. Die Anthropomorphen werden repräsentiert durch je eine zu den lebenden Gattungen Troglodytes (Schimpanse [bzw. Orang, Simia]) und Hylobates gehörige Art und durch eine ausgestorbene Gattung, Dryopithecus. Der fossile Hylobates verdient insofern besonderes Interesse, als er bereits in echt obermiozänen Ablagerungen gefunden wird und mithin zu den wenigen lebenden Gattungen gehört, die ein so hohes geologisches Alter besitzen. Die Gattung wird als Pliopithecus bezeichnet, ihr Schädel entspricht dem der heutigen Hylobates-Arten, er ist verhältnismäßig groß, aber niedergedrückt, der Kiefer kurz. Die Gattung hat sich fast unverändert bis in die Gegenwart erhalten. Das Vorkommen beschränkt sich bis jetzt auf Europa: auf das Obermiozän von Sansan, die Sande des Orléanais, die Braunkohle von Göriach in Steiermark und Elgg in der Schweiz. Der ausgestorbene Dryopithecus zeigt Verwandtschaft mit Schimpanse und Orang; in der Größe war er der menschenähnlichste Affe. Abgesehen von einem geologisch nicht sicher festgelegten Fund im Obermiozän (?) in St.-Gaudens, Haute-Garonne, kennen wir ihn aus dem Pliozän von Eppelsheim und den jüngeren schwäbischen Bohnerzen, aus denen Branca seine Zähne erkannt hat.

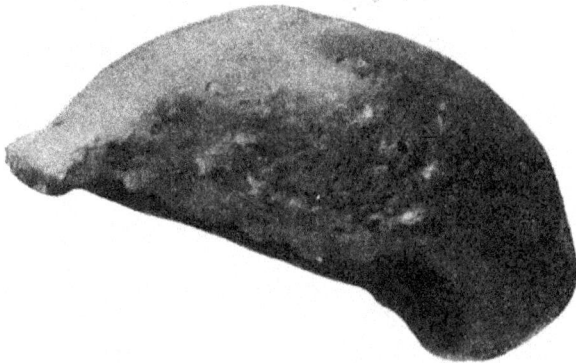

Pithecanthropus-Schädel, von der Seite. Nach E. Dubois, „Pithecanthropus erectus, eine menschenähnliche Übergangsform aus Java" (Batavia 1894).

Im Jahre 1893 hat Eugen Dubois in Java bei Trinil Reste eines großen menschenähnlichen Affen gefunden, den er als Pithecanthropus erectus benannt hat. Man besitzt von ihm ein Schädeldach (s. die Abbildung S. 489 und die obenstehende), einen (etwas krankhaft veränderten) Oberschenkelknochen (s. die Abbildung S. 491, rechts) und zwei Zähne (s. die Abbildung S. 491, links). Danach war dieser Anthropoide so groß oder größer als Gorilla oder Orang, und entsprechend dieser gewaltigen Körpergröße war nach den Maßen des Schädeldaches auch sein Gehirn von bedeutendem Volumen. E. Dubois selbst hat für seinen „aufrechtgehenden Affenmenschen" die nahen Beziehungen zu Hylobates hervorgehoben, und seine Rekonstruktion des Schädels (s. die Abbildung S. 492) zeigt diese Ähnlichkeiten unverkennbar; auch die Spuren der Hirnwindungen auf der Innenfläche des Schädeldaches sollen der von Waldeyer beschriebenen Oberfläche des Hylobates-Gehirns entsprechen. Trotzdem wurde das Trinilfossil sogar in modernen Lehrbüchern als das lange vergeblich gesuchte Zwischenglied zwischen Mensch und Affe proklamiert. R. Virchow erklärte es für einen riesigen Hylobates, worin ich ihm vollkommen beistimme. Es ist eine der Riesenformen, wie sie z. B. in Südamerika sich gefunden haben, wo die von mitteltertiären Säugetieren abstammenden Gürteltiere und Faultiere zu Elefantengröße gediehen, während jetzt nur kleine Formen von ihnen leben; auch in Australien gab es riesige Vorfahren der heutigen Schnabel- und Beuteltiere und der flügellosen Laufvögel (Ferd. Löwl). Auch hier führen wir wieder H. Klaatsch an; er sagte 1908, „daß wir es nicht mit einem Menschen, auch nicht mit dem Vorfahren desselben zu tun haben, sondern mit einem Derivat der gemeinsamen Ahnen, welcher bereits die Anthropoïdenbahn betreten hatte". Das Schädelbruchstück läßt das Hinterhauptsloch so weit nach hinten wie bei Hylobates *Cuv.* verlegen; es spricht das, wie auch die schiefe Stellung von Klaatschs Schädelachse, dafür, daß „der Zustand der älteren Anthropoïden bereits gegeben war ... Diese Momente sprechen nicht gerade für den aufrechten Gang. In jedem Fall scheidet der Pithecanthropus,

Pithecanthropus-Zähne: a von der Seite, b von oben. Nach E. Dubois, „Pithecanthropus erectus, eine menschenähnliche Übergangsform aus Java" (Batavia 1894). Vgl. Text S. 490.

wie ich stets betont, aus der menschlichen Vorfahrenreihe aus wie die anderen Anthropoïden."

Nach den paläontologischen Pflanzenuntersuchungen von Julius Schuster besitzen die Pithecanthropus-Schichten Javas eine Flora, die als altdiluvial, vielleicht noch jungtertiär zu bezeichnen ist. Damit ist auch das geologische Alter des Pithecanthropus selbst wissenschaftlich festgelegt.

Die Tatsache, daß sich die Gattung Hylobates seit dem Obermiozän fast unverändert bis in die Gegenwart erhalten hat, läßt auch das Suchen nach dem Menschen in den gleichen geologischen Schichten vom paläontologischen Standpunkt aus nicht unberechtigt erscheinen. Das wäre dann erst der Homo antediluvianus, von dem die Weisen Babyloniens vor sechs Jahrtausenden geträumt haben.

Schließen wir diese Betrachtungen über das Alter des Menschengeschlechtes in Europa mit einem beherzigenswerten Satze B. Dawkins: „Menschliche Überreste, denen man mit Sicherheit ein höheres als diluviales Alter zuschreiben könnte, hat man bis jetzt in keinem Teile von Europa gefunden. Das paläolithische Volk (oder die Völker) trat in Europa zugleich mit der dieser Zeit eigenen Fauna auf und verschwand dann, nachdem es hier eine

Pithecanthropus-Knochen. Nach E. Dubois, „Pithecanthropus erectus, eine menschenähnliche Übergangsform aus Java" (Batavia 1894).

Zeitlang gelebt, deren Dauer man aus den ungeheuren physischen und klimatischen Veränderungen entnehmen kann, schließlich wieder. Es deutet nichts darauf hin, daß es geistig niedriger als viele der jetzt lebenden wilden Rassen gestanden habe oder näher mit den

Tieren verwandt war. Die Spuren, die es hinterlassen hat, geben uns keinerlei Aufschluß über die Richtigkeit oder Unrichtigkeit der Entwickelungstheorie; denn wenn man einerseits behauptet, das erste Auftreten des Menschen als Mensch und nicht als menschenähnliches Tier sei mit dieser Lehre unvereinbar, so muß man anderseits entgegnen, die seit seinem ersten Auftreten in der Diluvialperiode und der Gegenwart verlaufene Zeit sei zu klein, um merkliche physische oder geistige Veränderungen hervorzurufen. Man darf ferner nicht vergessen, daß wir bloß das Alter des Menschen in Europa untersucht haben und nicht die allgemeine Frage, wann überhaupt er zuerst auf der Erde aufgetreten sei, zwei Fragen, die man häufig durcheinanderwirft. Falconer hat sehr zutreffend bemerkt, die Anfänge der Menschheit habe man nicht in Europa, sondern in den Tropen, wahrscheinlich in Asien, zu suchen. Dazu besitzen wir aber bei dem jetzigen Stande der Untersuchung den Schlüssel noch nicht. Die höheren Affen sind in den miozänen und pliozänen Schichten Europas vertreten; sie vereinigen in einigen Fällen die Charaktere ver-

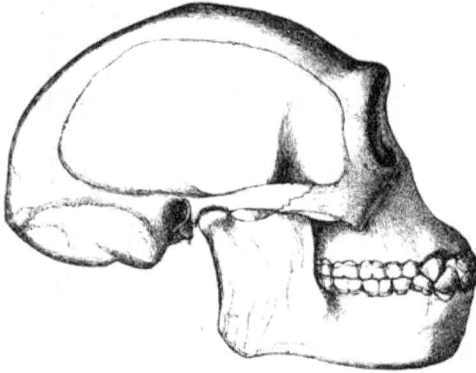

Schädel des Pithecanthropus erectus (Rekonstruktion). Nach E. Dubois, „Pithecanthropus erectus, eine Stammform des Menschen": „Anatomischer Anzeiger", Bd. 12 (Jena 1896). Vgl. Text S. 490.

schiedener jetzt lebender Arten in sich, zeigen aber keinerlei Neigung, menschliche Charaktere anzunehmen. Man muß zugeben, daß das Studium der fossilen Überreste auf das Verhältnis des Menschen zu den Tieren ebensowenig Licht wirft wie die geschichtlichen Urkunden. Der Historiker beginnt seine Arbeiten mit der hohen Zivilisation in Assyrien und Ägypten und kann die Stufen, auf denen dieselbe erreicht wurde, nur vermuten; der Paläontolog findet die Spuren des Menschen in den diluvialen Schichten, und auch er kann über die Stufen, auf denen der Mensch zu der aus den gefundenen Geräten zu erschließenden Kultur sich erhoben hat, nur Vermutungen haben. Allein der Paläontolog hat nachgewiesen, daß der Mensch älter ist, als der Historiker vermutet hatte. Keiner von beiden aber hat etwas zur Lösung des Problems seines Ursprungs beigetragen."

12. Die Hauptkulturperioden des vorgeschichtlichen Europa und die Pfahlbauten der Schweiz.

Inhalt: Der Wechsel der Kulturperioden in alter und neuer Zeit. — Die steinzeitlichen Pfahlbauten der Schweiz. — Kupfer- und Bronzeperiode der Schweizer Pfahlbauten.

Der Wechsel der Kulturperioden in alter und neuer Zeit.

Wie der Efeu die alten halbverfallenen Mauern der mittelalterlichen Burgen umrankt und sie noch verknüpft mit dem grünenden Leben der Gegenwart, so windet sich um sie in Sage und Sang ein Kranz unverwelkter Erinnerungen des Volkes. Es weiß noch zu berichten von dem hehren Geschlecht, das hier einst „vor mehr als hundert Jahren" gehaust, stark und mutig im Kampfe, zart und mild in der Liebe.

Aber weiter reichen die unmittelbaren Erinnerungen nicht zurück. Der gigantische Mauerwall, den einst zum Schutze ihrer Grenzlande die Römer auf germanischem Boden errichtet und Jahrhunderte hindurch gegen die Einfälle der nordischen Barbaren zu halten gewußt hatten, ist unserem Volke kein Werk von Menschenhand, er ist die „Teufelsmauer"; wer anders als der finstere Herr aller Schätze und Kräfte der Welt wäre auch mächtig und reich genug gewesen, ein solches Werk, das den zerstörenden Einflüssen der Jahrtausende zu trotzen vermag, aufzurichten? Von den eichengekrönten künstlichen Hügeln im Walde und auf einsamer Heide, von den Kreisen und Tischen aus kolossalen unbehauenen Steinen, von den Felsen, in die Schalen und Rinnen zu geheimnisvollem Gebrauch eingehauen sind, weiß die Sage nichts oder wenig mehr zu erzählen. Nur halb mythische Vorstellungen umgaukeln jene Stellen noch: Spukgestalten treiben dort ihr grausiges Spiel und erschrecken den nächt-lichen Wanderer, Rosse und Männer ohne Kopf, tanzende Hexen, und der „wilde Jäger" fährt fluchend und jauchzend darüber hin. Auch am Tage naht man sich solchen Orten nur ungern; Riesen oder „Hünen" oder vielleicht der Teufel selbst haben diese Denkmäler errichtet, die man als Hünenbetten oder Teufelstische bezeichnet. Nur flüsternd wagt man die Mit-teilung, daß „sie" da begraben liegen. Aber den Schatzgräber ziehen diese mit geheimnis-vollen Schauern umgebenen Orte an. Hier sind Goldschätze vergraben, die einmal alle hundert Jahre an die Oberfläche des Bodens heraufsteigen, um dann, wenn sie in den geweihten Nächten nicht ein glücklicher Finder zu heben versteht, wieder auf ein Jahrhundert zu versinken. Manche haben solche goldglänzende Schätze gehoben, aber oft verwandelte sich der Schatz, den man schon geborgen glaubte, in elende Scherben und Kohle.

Auf dem Acker bringt der Pflug hier und da wunderliche Geräte aus Stein, „Donner-keile", ans Licht, „die der Blitz hineingeschlagen", oder kleine goldene Schüsselein, „Regen-bogenschüsselein", wie sie überall an dem Orte liegen sollen, von dem aus der Regenbogen sich von der Erde zum Himmel emporgespannt hat. Donnerkeile und Regenbogenschüsselein bergen mystische Heilkräfte, sie werden als wertvolles, geheimgehaltenes Erbgut vom Ur-vater auf den späten Enkel übertragen.

Namentlich im Norden des europäischen Kontinents und auf den britischen Inseln sind gigantische Steindenkmäler aus vergessener Vorzeit häufig und in den nordischen Ebenen, wo Steine meist seltener sind, um so auffallender. Dort hat man auch zuerst begonnen, diese

Denkmäler des Altertums mit wissenschaftlichem Auge zu untersuchen. Die gelehrte Altertumskunde, namentlich in England, glaubte in diesen alten megalithischen Steindenkmälern die heiligen Opfer- und Gerichtsstätten ihrer von der lokalen Geschichtschreibung verherrlichten Vorfahren erkennen zu müssen, die einst gegen die Legionen des übermächtigen Rom gekämpft und in blutigem Ringen das Vaterland befreit hatten. Man belebte die abgeschiedenen Orte mit Druiden und heiligen Priesterinnen, die, mit dem Mistelkranz in den Locken, aus dem rauchenden Blute mit scharfem Steinmesser geopferter Kriegsgefangener das Schicksal des bevorstehenden Kampfes vorausenthüllten. Weiter als bis auf die Römerperiode blickte man zunächst bei ähnlichen Untersuchungen auch in anderen Gegenden Europas kaum zurück, und so bildeten sich vielfach gelehrte, künstliche Sagen, die nun namentlich jene in ihrem Schoße Waffen und Schmuck aus Bronze oder Gold bergenden Hügelgräber auch im Munde des Volkes, das sie einst z. B. „Hünengräber" genannt hatte, als Römerhügel oder Römergräber bezeichneten. Die „Teufelsmauer" wurde als römischer Grenzwall erkannt.

Eine neue Periode dieser Forschungsrichtung ging namentlich von den norddeutschen und skandinavischen Ländern aus. Dort wußte die Geschichte nichts von Anwesenheit der Römer im Lande zu berichten, die tausendfältig sich darbietenden Reste des Altertums mußten also von den Vorfahren selbst herrühren. Es waren vor allem Gräber, die hier die Reste der Vorzeit in staunenswerter Fülle zurückgaben. Bald lernte man gewisse Unterschiede erkennen, die auf sehr verschiedene Lebensgewohnheiten zur Zeit der Bestattung hindeuteten. Schon die Grabbauten der großen Grabhügel, an denen hier zum Teil noch uralte Namen von Helden und Göttern hafteten, waren sehr verschieden. Auch die den Bestatteten nach altheidnischer Sitte in das Grab mitgegebenen Beigaben zeigten auffallende Verschiedenheiten. Während eine Reihe von Gräbern nur Waffen und Geräte aus Stein, namentlich Feuerstein, bargen, lagen in anderen prächtige Schwerter, Dolche, Beile, sogenannte Kelte, aus Bronze neben anderen Geräten und Schmuck aus demselben kostbaren Metall. Eine dritte Gräbergruppe lieferte neben allerlei Schmuck aus Bronze und anderem Metall, Silber und namentlich Gold, zum Teil prächtige Schwerter und Waffen aus Eisen.

So gelangte man zuerst zur Aufstellung von drei Kulturgruppen, von denen man annahm, daß sie im norddeutschen und skandinavischen Norden zeitlich aufeinander gefolgt seien, und von denen man die eine, die man als die älteste ansprach, als Steinzeit, jetzt zum Unterschied von der älteren, diluvialen oder paläolithischen Steinzeit, neolithische Periode, jüngere Steinzeit genannt, die folgende als Bronzezeit, die dritte als Eisenzeit bezeichnete. Das waren die primitiven Anfänge der prähistorischen Archäologie, zunächst in dieser einfachen Form verbreitete sich diese über Europa. Hier setzten die neueren Forschungen bei der Wiedererweckung des Interesses für Anthropologie überall ein.

Blicken wir noch einmal auf die Epoche des diluvialen Menschen zurück. Unter den von den heutigen so weit abweichenden klimatischen Verhältnissen der Eiszeit, unter einer Mitteleuropa jetzt fremdartigen Tiergesellschaft treffen wir auf die ersten sicheren Spuren des europäischen Menschen. Wir finden in Europa einen Stamm von Jägern und Fischern eingesessen, der, wenigstens in der eigentlichen Glazialepoche, in seinen Lebensverhältnissen und dem primitiven Kulturbesitz die nächsten Parallelen zu jenen arktischen Völkerstämmen erkennen läßt, die heute, wie die Eskimos oder Feuerländer, an dem Rande ewiger Gletscher hausen. Doch den Hund, das einzige Haustier der heutigen äußersten Arktiker, hatte der diluviale Europäer vielleicht auch in der Renntierperiode noch nicht zu zähmen verstanden. Wohin ist der Diluvialmensch gekommen, was ist aus ihm geworden? Hat er sich, dem Moschusochsen und dem Renntier folgend, an dem Rande des abschmelzenden nördlichen Inlandeises hin nach den arktischen Gegenden der Nordhalbkugel zurückgezogen? Die französischen Anthropologen sind, wie wir sahen, der Ansicht, daß wenigstens in Frankreich, wo ja während aller Epochen der Diluvialzeit die Lebensbedingungen für den Menschen besonders günstig waren, der Diluvialmensch selbst den Wechsel der geologischen Epoche überdauert habe, und daß auch ohne eine scharfe Scheidelinie die Kulturepoche der diluvialen, älteren oder paläolithischen Steinzeit in die verhältnismäßig hoch entwickelte Kulturepoche der alluvialen, jüngeren oder neolithischen Steinzeit übergegangen sei, deren Reste aus dem germanischen Norden wir oben (S. 375 ff.) schon teilweise geschildert haben. Die ganze Kulturentwickelung, welche die jüngere Steinzeit in so hohem Maße von der diluvialen unterscheidet und in der Zähmung der Haustiere, der Erfindung des Ackerbaues gipfelt, habe der diluviale Bewohner Frankreichs auf alteingesessenem Boden selbständig in kontinuierlicher Folge aus sich hervorgebracht.

Wir haben die in Frankreich erkannten Zwischenstufen zwischen Diluvium und Alluvium eingehend geschildert und auch auf die in Skandinavien und Deutschland gefundenen Parallelen hingewiesen, ohne damit die Möglichkeit einer Kulturübertragung, die etwa von den Küsten des Mittelmeeres ausgegangen sein könnte, für Mitteleuropa ausschließen zu wollen. Denn so viel ist gewiß, daß die neolithische ausschließliche Benutzung von Stein, Holz, Knochen und Horn als Material für Werkzeuge und Waffen, wodurch sich die jüngere Steinzeit, ebenso wie die diluviale, von den späteren Epochen der ältesten Kulturgeschichte Europas unterscheidet, nicht in allen Gegenden unseres Weltteils gleich-

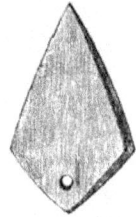

Modernes Steinamulett (sog. Schreckstein) aus Leipzig

zeitig war. Es wurde in verschiedenen Gegenden und von verschiedenen Stämmen verschieden lange Zeit hindurch an der ausschließlichen oder überwiegenden oder wenigstens häufigen Benutzung des Steinmaterials festgehalten. Dabei blieben Steingeräte und zum Teil auch Steinwaffen überall selbst während der späteren Metallperioden noch im Gebrauch oder wurden als altertümliche, heilige Opfergeräte, Grab- und Votivgaben bei Bestattungen den Leichen, z. B. noch während der Völkerwanderungszeit in Germanengräbern, beigelegt und von den Lebenden als Amulette getragen. Letzterer Gebrauch ist auch heute noch unter uns nicht ganz verschwunden. Es werden z. B. Serpentinamulette, die in ihrer Form steinzeitlichen Gebrauchsgegenständen entsprechen, noch immer in Mengen fabrikmäßig hergestellt und wenigstens in Süd- und Mitteldeutschland den Kindern, teils um ihnen das Zahnen zu erleichtern, teils als „Schrecksteine", um den Hals gehängt (s. die obenstehende Abbildung). Wie gesagt, knüpft sich in allen Gegenden der Welt noch jetzt an die, meist wie bei uns als Donnerkeile angesehenen Stein-Kelte der Vorzeit eine Art von religiöser Verehrung, vielfach auch medizinischer Aberglaube, so daß sie auch gegenwärtig noch nicht vollkommen aus der Reihe der Gebrauchsgegenstände gestrichen sind. Andernteils ist Feuerstein noch im täglichen Nutzgebrauch. Die Bauern in den abgelegenen Tälern Südtirols verwenden, wie oben erwähnt, heutigestags noch zum Feuerschlagen aus Oberitalien eingeführte Feuersteinsplitter, die vollkommen den uralten Typus der Messer und Schaber aus Feuerstein tragen. R. Virchow und andere haben auf die noch in manchen Gegenden der Iberischen Halbinsel, außerdem aber in Nordafrika und in Syrien vorkommenden Dreschschlitten aufmerksam gemacht, deren Unterfläche mit ähnlichen, in Reihen befestigten Feuersteinscherben besetzt ist. Bekanntlich werden auch bei uns noch heute Knochen- und Horninstrumente benutzt, die in ihrer Form den aus der Steinzeit bekannten Lösern und Schabern entsprechen. Die untenstehende Abbildung zeigt zwei derartige Instrumente (Fig. 1 und 2), das eine aus Knochen, das andere aus Rehgeweih hergestellt, wie sie nach E. Friedel noch heute in der Umgegend von Berlin zum Besenbinden benutzt werden. Von noch heute gebräuchlichen Knochengeräten seien noch die von den Schuhmachern und Buchbindern gebrauchten Falz- beine aus Knochen und die Sattlerpfriemen zum Ausweiten von Riemenlöchern erwähnt. Sehr altertümlich sehen die bei der Lohgewinnung zum Aufschlitzen und Abschälen der Rinde junger Eichenstämme verwendeten Lohschnitzer aus Kuhknochen aus, von denen wir unten eine Abbildung nach E. Krause geben (Fig. 3 und 4). Diese Lohschnitzer sind aus Röh- renknochen von Rindern hergestellt, indem das eine Ende oberflächlich abge- rundet, das andere aber schräg abgeschnitten und mit einer Schneide ver- sehen ist. Schlitten, deren Kufen man nicht mit Eisen, sondern mit Knochen un- terlegte, sogenannte Bein- schlitten, waren im An- fang des vorigen Jahrhun- derts oft und weitverbrei- tet in Gebrauch und sind es zum Teil heute noch. Solche Schlittenknochen haben ein außerordentlich altertümliches, geradezu neolithisches Ansehen.

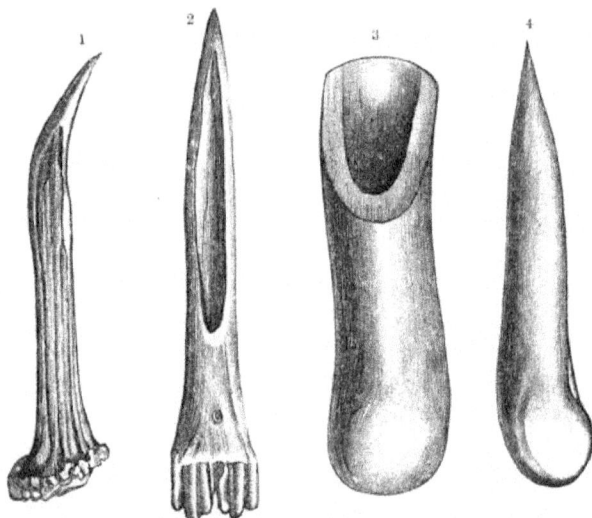

Moderne Knochenwerkzeuge: 1 und 2 beim Besenbinden benutzt, 3 und 4 beim Lohschnitzen gebraucht. Nach E. Friedel und E. Krause in der „Zeitschrift für Ethno- logie", Bd. 16 (Berlin 1882).

Knöcherne Netzsenker gebraucht man noch an den südlichen Donauufern.

In den skandinavischen Ländern und in den Ostseeküstenländern hat die neolithische Pe- riode viel länger gedauert als im Süden Europas, z. B. in den Alpengegenden, wohin die Kultureinflüsse leichter und rascher von den Mittelmeergegenden aus dringen konnten, welch letztere schon auf eine Jahrtausende alte Entwickelung der Kultur zurückblickten, als im Norden des jetzigen Deutschland noch volles Steinzeitalter herrschte. Besonders lange und ausgedehnt scheinen gewisse slawische Stämme an der Benutzung des Steines zu Werkzeugen und Waffen trotz Kenntnis der Metalle und Metallbearbeitung festgehalten zu haben, im Südosten weit in die für Rhein- und Alpenländer schon historischen, römischen Zeiten herein, ja im Nord- osten, wie es scheint, bis gegen den Anfang des zweiten Jahrtausends unserer Zeitrechnung.

Dabei blieben sich gewisse Hauptformen der Steingeräte, solange solche überhaupt im Gebrauch waren, auffallend gleich, und was noch wunderbarer ist, wir finden die gleichen oder wenigstens höchst ähnliche Formen, die uns aus Europa bekannt sind, überall auf der ganzen Erde wieder. Es scheint, daß wohl bei allen Völkern die höhere Kulturentwickelung auf einer Steinzeit basiert, die im wesentlichen unserer neolithischen Epoche entspricht. Aber freilich liegen, historisch gesprochen, die Steinperioden für die verschiedenen Gegenden und Völker der Erde außerordentlich weit auseinander. Während die Ägypter schon vor sechs Jahrtausenden die Bearbeitung des Kupfers kannten und übten, obwohl sie nach Flinders Petrie daneben zu sakralen Zwecken, wie die Israeliten, noch spät teilweise schön gearbeitete Steingeräte verwendeten, ist für unsere Gegenden das Ende der Steinzeit etwa in den Ausgang des zweiten Jahrtausends vor Christo zu setzen, im Norden wohl noch um Jahrhunderte später. Dagegen fanden die Entdecker von Amerika noch die meisten Stämme der Ureinwohner in voller Steinzeit. Ebenso war es bei den Völkern der Südsee, auch bei den Grönländern und anderen. Bei letzteren sowie bei den zum Teil stammverwandten Bewohnern der Nordküsten Asiens und Nordamerikas finden die Reisenden im allgemeinen noch heute eine höchst altertümliche Steinperiode, die nun in wunderlichen Kombinationen mit der modernsten Metallkulturepoche in unmittelbare Berührung tritt. Nordenskiöld hat uns von seiner Umsegelung Asiens mit der Vega von den Nordasiaten, Kapitän Jacobsen aus dem Alaska-Territorium die interessantesten Beweise für diese Verhältnisse gebracht. Die Bevölkerung von Alaska ist ein lehrreiches Beispiel, wie ein heutiges Volk, das schon hier und da Metallgeräte und -waffen benutzt, doch noch im großen und ganzen in der Steinzeit leben kann. Metallgeräte sind, obwohl sie durch den Handel der Alaska Commercial Company zu haben sind, nur vereinzelt im Gebrauch, und es werden ihnen, wie Eduard Krause nach Jacobsens Bericht mitteilt, für viele Zwecke die Geräte aus Stein, Walroßzahn, Mammutelfenbein, Knochen und Renntierhorn, ja sogar aus Holz, das durch Brennen, d. h. durch starkes Erhitzen, gehärtet ist, vorgezogen. Für viele Verrichtungen dürfen eiserne Werkzeuge nie angewandt werden. So durften und dürfen zum Teil noch heute die Frauen die Fische nicht mit eisernen Messern aufschneiden, weil der Aberglaube behauptet, daß dann die Fische von der Küste in unerreichbare Fischgründe hinwegziehen würden. An hölzerne Angelhaken sollen die Fische leichter beißen als an metallene, namentlich eiserne. Im Tanzhause, Kassigit, darf das für die Heizung und für das Feuer der Schwitzbäder nötige Holz nicht mit eisernen Äxten gespalten werden; dazu dienen vielmehr Äxte aus Walroßzahn. Harpunen, Lanzen und Pfeile mit Spitzen aus Stein, Knochen oder Muscheln, ja selbst Holz sind im Glauben der Eskimos besser für die Jagd geeignet, weil sie sicherer treffen sollen als solche mit eisernen Spitzen. Für jedes Kind wird bald nach der Geburt vom Schamanen oder Medizinmann ein Schutzfetisch, Götze, aus Holz geschnitzt und dann in der Hütte, die das Kind mit seinen Eltern bewohnt, aufgehängt. Bei Krankheiten des Kindes wird auch er einer Kur unterzogen. In seiner Gegenwart darf man nicht mit eisernen Geräten in der Hütte arbeiten, weil sonst das Kind krank wird. Soll nun doch mit eisernen Geräten dort hantiert werden, so wird der Götze in einen Sack gesteckt, zur Hütte hinausgetragen und erst nach Beendigung der Arbeit wieder hereingeholt.

Jacobsen hat eine große Sammlung von aus Stein, Knochen und Holz bestehenden Gebrauchsgegenständen der Alaska-Eingeborenen mitgebracht. Eine Anzahl derselben zeigt wieder jene uns schon bekannte unverkennbare Ähnlichkeit mit den Stein- und Knochenwerkzeugen der europäischen Steinzeiten. Die Alaska-Eskimos benutzen Schaber aus Stein, an die sie einen zweihändigen Holzgriff mit Querkrücke befestigen; andere Schaber haben einen einhändigen Griff aus Knochen, Mammutelfenbein oder Holz (s. die Abbildung S. 498,

Fig. 1—4). Wir finden weiter: Steinhämmer, bis zu 25 cm lang, aus Pektolith mit Knochenschäftung (Fig. 5); vorn stumpfe Pfeilspitzen aus Knochen zur Jagd auf Vögel, deren Pelze verwendet und daher beim Schusse nicht verletzt werden sollen; Geräte zum Herstellen der steinernen Harpunen, Lanzen und Pfeilspitzen (s. die untenstehende Abbildung, Fig. 6), bei deren Herstellung die Eskimos ebenso verfahren, wie es oben von den Feuerländern geschildert wurde. Der Handgriff des unten in Fig. 6 abgebildeten derartigen Instrumentes aus Walroßzahn läuft in eine Brustplatte aus, das untere Ende hat einen Schlitz, in den ein vorn abgerundetes Stück Renntierhorn eingesetzt und mit Sehnenbindfaden

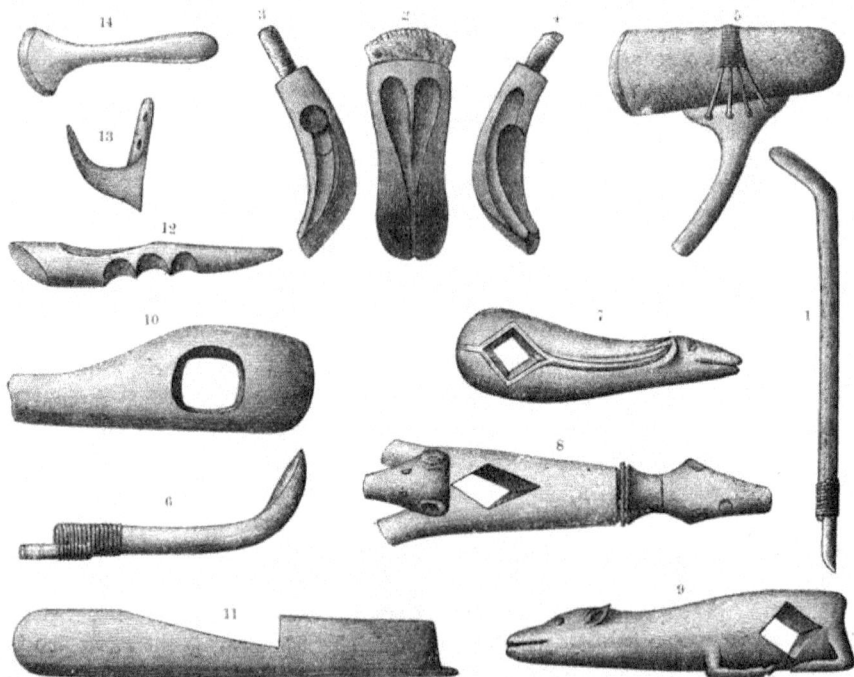

Knochen- und Steingeräte der Alaska-Eskimos. Nach „Kapitän Jacobsens Reise an die Nordwestküste Amerikas 1881 bis 1883", bearbeitet von Ch. Woldt (Leipzig 1884). Vgl. Text S. 497.

festgebunden wird. Dieser vordere Teil wird bei der Arbeit in der oben beschriebenen Weise zum Abdrücken gegen die Steinkante gesetzt. Sehr interessant sind Bogen für einen Fiedelbohrer aus Walroßzahn, reich beschnitzt mit Bilderschrift, die Wasserjagden auf Walrosse auf der Innenseite, außen Jagden auf Renntiere und Eisbären sowie einen Tanz und Festgelage darstellt; Bohrer aus Nephrit mit Knochenfassung; Mundstück für Fiedelbohrer und Feuerzeug, bestehend aus einem mit einer napfförmigen Vertiefung versehenen und in Holz gefaßten Steine, Drauf genannt. Dieser Drauf wird bei der Anwendung teils im Munde, teils, namentlich beim Feuermachen, unter der Kniekehle gehalten. In die näpfchenförmige Vertiefung des Steines wird das obere Ende des Bohrers oder Feuerreibholzes eingesetzt und sodann vermittelst des mit Ledersehne versehenen Bogens in drehende Bewegung gebracht. Das Feuerzeug besteht aus einer hölzernen Bodenplatte, dem drehbaren Feuerreibholz, dem Drauf und dem Bogen. Auch die oben mehrfach erwähnten Steinzeitgeräte zum Richten oder Geradestrecken der Pfeilschäfte, die Pfeilstrecker aus Knochen, Walroßzahn und Renntierhorn (s. die Abbildung S. 498, Fig. 7—10) finden wir bei den Bewohnern Alaskas. Die von Natur krummen oder krumm gewordenen Holzschäfte werden in heißes Wasser getaucht, mit jenem als Hebel benutzten Gerät geradegestreckt und bis zur Erkaltung in dieser Lage gehalten, wonach sie dann gerade bleiben. Das eine dieser Geräte (Fig. 8) endigt nach der Griffseite in einen Renntierkopf, nach der anderen in einen Tierkopf mit zwei Pranken, wohl einen Eisbären oder Hund vorstellend. Ein ähnliches Streckgerät hat die Form eines ruhenden Renntieres und ist an beiden Seiten mit eingravierten Bildern weidender Renntiere, d. h. ebenfalls Bilderschrift, geziert. Erwähnt seien noch Geräte aus Knochen zum Glätten der Nähte und besonders auch zum Zerdrücken des in den Nähten sitzenden Ungeziefers (s. die Abbildung S. 498, Fig. 12 und 14); Lanzensteinspitzen mit kurzer Holzschäftung, die in den eigentlichen Lanzenschaft gesteckt werden; Bootshaken (s. die Abbildung S. 498, Fig. 13), d. h. bergstockähnliche Stäbe von etwa 1,2 m Länge, an deren einem Ende eine Spitze aus Knochen, am anderen ein Haken aus Renntierhorn befestigt ist. Die knöchernen Netznadeln (s. die Abbildung S. 498, Fig. 11) zum Netzstricken finden ihre Analogien in ganz ähnlichen Instrumenten aus der Steinzeit im bayrischen Oberfranken und anderen Höhlengegenden. Mit diesen Resten der Steinzeit treten heute die eiserne Axt, das Eisenmesser, die Jagdflinte und der Revolver in unmittelbare Beziehung, so daß sie von derselben Person nebeneinander geführt werden.

Fast überall auf der Erde waren die Verhältnisse beim Übergang von der Stein- zur Metallkultur ähnlich den eben geschilderten. Früher oder später drang die Kenntnis der Metalle ein, und wir können für Europa schon vielfach aus den zuerst auftretenden, in ihren Formen aus anderen Kulturzentren bekannten Metallgegenständen die chronologisch zum Teil sehr weit auseinander liegenden Perioden feststellen, in denen lokal die Steinzeit in die Metallkultur überging. Schon die primitivsten Metallgeräte oder -waffen Mitteleuropas weisen auf Analogien mit dem fernen Süden und Osten hin, so daß wir nicht annehmen dürfen, daß sich irgendwo in europäischen Landen die Kenntnis der Metallbearbeitung selbständig entwickelt habe. Die Metallkulturen Europas haben ihre Wurzeln zum Teil in Afrika (Ägypten) und Vorderasien und anderteils in der Inselwelt und den Küstenländern des Mittelmeeres. Von den ältesten Kulturzentren der Menschheit ist es bisher nur Ägypten, wo wir die Entwickelung der Kenntnis der Metallbearbeitung verfolgen können. Um den Entwickelungsgang der europäischen vorgeschichtlichen Kultur im allgemeinen genauer zu überblicken, fehlen uns noch sehr wichtige Zwischenglieder. In dem musivischen Gemälde der Kultur der europäischen Vorgeschichte, an dem die Anthropologie arbeitet, erscheinen erst einzelne Partien teils vollkommener, teils erst in Skizze ausgeführt; wie sich die Einzelheiten zum vollen Ganzen gruppieren werden, wissen wir noch nicht.

Die steinzeitlichen Pfahlbauten der Schweiz.

Es ist bei dem gegenwärtigen Stande der prähistorischen Forschung noch nicht möglich, eine zusammenhängende Darstellung der europäischen Vorgeschichte und noch weniger eine solche über unser spezielles Forschungsgebiet hinaus zu geben, wenn sie auf einen anderen Namen als den eines Phantasiegemäldes soll Anspruch machen können. Unter diesen

Umständen scheint es belehrender zu sein, wie wir es für den Diluvialmenschen schon versuchten, so auch für die Bewohner Europas in den späteren vorgeschichtlichen Epochen die spezielleren Mitteilungen auf einzelne besonders wichtige und besonders gründlich erforschte Fundstellen zu beschränken. Die folgenden Beschreibungen machen daher in keiner Weise Anspruch auf Vollständigkeit. Sie wollen nur ein prähistorisches Bilderbuch sein, das an der Hand klassischer Lokaluntersuchungen Skizzen zeichnet aus der prähistorischen Entwickelungsgeschichte. An der Spitze unserer skizzenhaften Zeichnungen soll eine Darstellung der Stein- und Bronzeperiode der schweizerischen Pfahlbauten stehen, da diese zur ersten Orientierung über den Wechsel und das Ineinandergreifen der vorgeschichtlichen Kulturperioden Mitteleuropas ganz besonders geeignet erscheinen.

Ein rekonstruiertes Pfahldorf im Züricher See. Nach R. Hartmann, „Über Pfahlbauten": „Zeitschrift für Ethnologie", Bd. 2 (Berlin 1870).

Die Schwierigkeit der Beurteilung der nordischen prähistorischen Funde ist trotz ihrer Reichhaltigkeit und Pracht darin begründet, daß in jenem Gebiet bis jetzt neben den Grab- und Einzelfunden verhältnismäßig nur wenige Reste von Wohnplätzen der verschiedenen Kulturepochen wieder aufgedeckt worden sind. Der Untersuchung von Wohnplätzen bedürfen wir aber zunächst, da nur sie uns das gesamte Inventar des jeweiligen Kulturbesitzes vor Augen stellen. Für keinen Teil Europas ist dieses Postulat in vollkommenerer Weise erfüllt als für die dem Nordrande der Alpen vorgelagerten Moränenlandschaften, die in ihren Seen und Mooren die Ruinen jener zahlreichen, einst auf eingerammten Pfählen im Wasser oder Sumpfe aufgebauten Dörfer der Pfahlbauten (s. die obenstehende Abbildung) aus allen prähistorischen Epochen, von der neolithischen Periode mit alleiniger Steinbenutzung an bis zur vollen Eisenzeit, bergen. Hier lagerten, wie zu einer Bibliothek geordnet, die Urkunden des Altertums; jetzt gehoben und in Museen geborgen, bilden die dort gemachten Funde einen der wichtigsten bis jetzt fertiggestellten Teile des Codex archaeologicus und anthropologicus für Europa. Wenn der Entwickelungsgang der Geschichte der Kultur, wie er sich in den Pfahldörfern abspielte, in anderen Gegenden Europas auch wichtige Modifikationen erkennen läßt, so haben uns doch, wie sich R. Virchow ausdrückte, „diese Völkerstämme, welche die Pfahlbauten errichteten und bewohnten, durch ihren glücklichen Kampf um das Dasein und durch Aufnahme immer zahlreicherer Elemente der Zivilisation eins der schönsten Beispiele kulturgeschichtlichen Fortschrittes geliefert". Und nirgends anderswo im vorgeschichtlichen Europa sind gleichzeitig diese allmählichen Fortschritte der Kultur von der ältesten nachdiluvialen Epoche an so klar und zweifelsfrei übersichtlich wie in den Pfahlbauanlagen.

Wir beschränken uns hier darauf, an der Hand von F. Keller, dem wissenschaftlichen Entdecker der Pfahlbauten, und von V. Groß, dem verdienstvollen Schüler und Nachfolger Kellers, in kurzen Zügen ein Bild zu entwerfen von der Kulturentwickelung der nachdiluvialen europäischen Menschen, wie sie in einem beschränkten Gebiet und unter besonderen geographischen Verhältnissen in der Schweiz, namentlich in der Westschweiz, wirklich stattgefunden hat. Es muß dabei auf die Beschreibung der Steinzeit der Pfahlbauten ein besonders hoher Wert gelegt werden, da wir in ihr, wie gesagt, einen Kulturkreis vor uns haben, durch den (oder wenigstens durch einen jenem sehr ähnlichen), wie es scheint, alle Völker der Erde zur Erringung einer höheren Kulturstufe hindurchgehen mußten, und der in den Lebensverhältnissen heutiger Naturvölker noch zahlreiche und mannigfaltige Analogien hat.

Es ist von hoher Wichtigkeit, daß die Einteilung der Vorgeschichte in eine Stein-, Bronze- und Eisenzeit, wie sie von den nordischen Archäologen ausgegangen ist, auch in vollkommenem Einklang mit den Ergebnissen der Pfahlbauforschung steht. Es finden sich in den Schweizer Seen Pfahlbauten, in deren archäologischer Fundschicht das sorgfältigste Suchen keine Spur von Metall ans Licht gebracht hat. Dann gibt es andere, in denen das Metall nur in sehr geringem Verhältnis erscheint, und zwar in Form von Schmuckgegenständen, Werkzeugen und Waffen aus reinem Kupfer und nur ausnahmsweise aus Bronze. Darauf folgen jene Pfahlbauten, in denen die klassische Bronze, eine Mischung aus etwa 1 Teil Zinn und 9 Teilen Kupfer, als ausschließliches Werkmetall auftritt. Dann erscheint das Eisen, und zwar nimmt es zuerst nur einen minimalen Platz als Schmuckmetall ein; man fand davon kleine Stückchen an Schmuckgegenständen oder an Luxuswaffen aus Bronze. In dieser Weise tritt das Eisen zuerst in der „schönen Bronzezeit" der Pfahlbauten, wie Desor diese Periode genannt hat, in Spuren auf. Erst in der die jüngste Epoche charakterisierenden Fundstelle, in der Station von La Tène, erscheint plötzlich und für die betreffenden Gegenden scheinbar unvermittelt das Gebrauchseisen als Werkmetall für Waffen und Geräte. Doch besitzt auch diese Periode noch Schmuckgegenstände aus Eisen, die meisten aber aus Bronze; diese ist vom Werkmetall vorwiegend zum Schmuckmetall geworden.

Die ersten nachdiluvialen Besiedler der Schweiz scheinen fast ausschließlich in Seen und Mooren ihre Hütten auf Pfahlroste gebaut zu haben, groß genug, um neben den Familien auch die wertvollsten Haustiere unter Dach zu bringen. Man hatte in der Schweiz lange vergeblich nach gleichzeitigen Wohnungen auf dem Lande geforscht; anfangs wollte man es für eine Anomalie halten, daß die „Protohelvetier" mit so vieler Mühe ihre Wohnungen auf dem Wasser bauten, anstatt sich Zelte oder Hütten auf festem Boden zu errichten. Wenn man sich aber in jene alten Verhältnisse der Alpenvorlande zurückdenkt, das Land bedeckt von Wäldern, von wilden Tieren erfüllt, so versteht man, daß die auf Pfählen im See oder Moor erbauten Hütten ihren Bewohnern eine Sicherheit darboten, wie sie ihnen kaum ein anderer Ort

gewähren konnte. Ähnliche Gründe veranlassen noch heute in verschiedenen Gegenden der
Welt den Bau ähnlicher Ansiedelungen. Übrigens fehlen auch in der Schweiz Landansiedelungen in jener Periode nicht ganz: so fand Nüesch an der Felswand des Schweizersbildes
bei Schaffhausen Reste eines neolithischen Lagers oder einer Wohnstätte auf festem Lande.

Schon die ersten Gründer der Pfahlbauniederlassungen in den Schweizer Seen während der reinen Steinperiode waren, wie uns zuerst F. Keller lehrte, im wesentlichen ein
Hirtenvolk, im Besitze fast aller wichtigen Haustiere, des Rindes, des Pferdes, des Schafes,
der Ziege, des Schweines, des Hundes. Sie kannten und übten aber auch Feldbau, sie
bauten verschiedene Getreidearten, Weizen, Gerste, Flachs (s. die untenstehende Abbildung).
Sie nährten sich von Viehzucht, vom Ackerbau, vom Ertrag der Jagd und Fischerei, von
wildem Obst und allem, was das Pflanzenreich Eßbares darbot. Ihre Kleidung bestand,
in frühester Zeit wenigstens, aus Fellen, aber auch aus Zeugen, die zum Teil aus Flachs
verfertigt waren.

Getreidearten aus den Pfahlbauniederlassungen in den
Schweizer Seen. Nach F. Keller,
„Pfahlbauten“, 6. Bericht (Zürich
1860—76).

Das Bestreben der Ansiedler, in dauerhaften, vor Über-
fällen gesicherten Stätten und in größerer Zahl gemeinschaftlich
beisammen zu wohnen, ist ein untrüglicher Beweis dafür, daß
ihnen die Vorteile einer seßhaften Lebensweise längst bekannt waren, und daß wir uns unter den Pfahlbauern keine
herumziehenden Hirten, noch weniger ein eigentliches Jäger-
und Fischervolk zu denken haben. Eine bleibende Vereinigung
einer großen Menge von Menschen auf demselben Punkte und
von Hunderten von Familien in benachbarten Seebuchten hätte
nicht stattfinden können, wenn nicht ein regelmäßiger Zufluß
von Nahrungsmitteln durch alle Jahreszeiten, wenn nicht die
Anfänge einer gesellschaftlichen Ordnung vorhanden gewesen
wären. F. Keller machte ferner darauf aufmerksam, daß der
Kulturbesitz der Steinzeit der Pfahlbauten einen Zusammenhang mit Asien und den südlichen Mittelmeerländern erkennen läßt: sowohl die
Haustiere als auch die Kulturgewächse stammen überwiegend aus Asien und Ägypten, eine
Lehre, an welcher gegenteilige Ansichten, wie sie z. B. in Frankreich von Joly ausgesprochen
wurden, bis jetzt vergeblich gerüttelt haben. Wir vermuten, daß mit den Haustieren und
Kulturpflanzen auch der Mensch, der jene pflegte und säte, nach Europa eingewandert ist.
Bemerkenswert ist es, daß sich nach Studer und anderen in der Bronzezeit der Pfahlbauten,
wenn nicht ein Wechsel, so doch eine wesentliche Verbesserung in den Rassen der Haustiere
und Kulturpflanzen erkennen läßt.

Offenbar hat die Steinzeit an den Seeufern der Westschweiz, deren Fundergebnisse
wir im folgenden, hauptsächlich nach V. Groß' Originaluntersuchungen, eingehender schildern
werden, eine beträchtliche Zeit gewährt. Nach der großen Anzahl der Stationen, von denen
man Spuren gefunden, nach der großen Menge primitiver Industrieerzeugnisse, die man
dort gesammelt hat, müssen Reihen von Jahrhunderten verflossen sein zwischen dem Augenblick, da die ersten Ansiedler ihre Pfähle einrammten, um darauf Wohnungen zu bauen, und
jenem, wo die Bronze in der Gegend eingeführt und zum Gebrauchsmetall erhoben wurde.
Während in den Seen der Ostschweiz die Pfahlbauten kurz nach Erscheinen des Metalls zu bestehen aufhörten, blühten sie in der Westschweiz noch während der ganzen Bronzezeit und sogar

noch während des ersten Eisenalters. Die Pfahlbaustationen der Steinzeit sind zahlreicher, dafür aber weniger ausgedehnt als die der späteren Epochen, sie nähern sich auch dem Ufer bei weitem mehr als letztere, etwa auf eine Entfernung von 40—90 m. Die Pfähle, durch Zeit und Wellenschlag stark vernutzt und kaum noch mit ihren oberen Enden aus dem Seeboden hervorragend, bestehen im allgemeinen aus ganzen, ungespaltenen Stämmen. Dagegen sind die Stationen der Bronzezeit in einer Entfernung von 200—300 m vom Ufer errichtet und nehmen einen viel ausgedehnteren Raum ein; ihre Pfähle sind besser erhalten, oft von viereckiger Form und überragen noch beträchtlich den Seeboden (s. die untenstehende Abbildung und die Tafel „Ein Pfahlbau der Westschweiz" bei S. 512).

Die ältesten Pfahlbauten vor Entwickelung der vollen Bronzezeit waren nicht alle gleichzeitig bewohnt; sie lassen nach V. Groß drei deutlich charakterisierte Perioden unterscheiden. Die erste und älteste Periode der Steinzeitniederlassungen umfaßt eine Anzahl von Seeansiedelungen, in denen jede Spur des Metalls fehlt. Die Industrieerzeugnisse, die man in ihnen findet, zeugen von einer sehr primitiven Stufe der Kunstfertigkeit. Die Steinäxte sind klein, kaum geglättet und bestehen fast alle aus einem nächst zur Hand liegenden Material, die Häm-

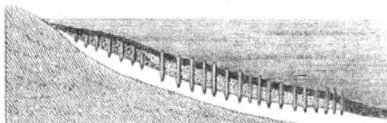

mer sind weniger fein bearbeitet, ebenso die Horn- und Knochenwerkzeuge. Die Tongeschirre sind aus grobem Ton ohne Töpferscheibe in ziemlich primitiven Formen hergestellt, und weder auf Waffen, Werkzeugen noch Geschirren zeigt sich ein eigentliches Ornament.

Durchschnitt eines Pfahlbaues im Züricher See.
Nach F. Keller, „Pfahlbauten", 6. Bericht (Zürich 1860—76).

Die zweite Periode, zu welcher der größte Teil der Steinzeitniederlassungen der Westschweiz gehört, läßt einen merklichen Fortschritt erkennen. Waffen und Werkzeuge sind vervollkommnet, die Steinäxte manchmal zur Aufnahme eines Stieles durchbohrt, sehr gut gearbeitet und mit Sorgfalt geglättet, einige von geradezu kolossalen Dimensionen. Das Material für die Steingeräte bleibt im allgemeinen dasselbe, doch findet sich nun unter ihnen ein erheblicher Prozentsatz, 5—8 Prozent, aus den vielbesprochenen, durch ihre Härte und Zähigkeit ausgezeichneten Mineralien Nephrit, Jadeit und Chloromelanit, die in den Stationen der ersten und der dritten Periode so gut wie ganz fehlen. Das Metall fehlt auch noch in dieser Periode, nur ausnahmsweise findet man hier und da zwischen den Pfählen einige Kupfer- oder seltener Bronzelamellen. Die Töpferkunst zeigt sich wesentlich gehoben, die Geschirre sind aus besserem Ton, besser gemacht, und in Form durchbohrter Erhöhungen und sogenannter Wolfszähne treten die ersten Anfänge einer Ornamentik auf.

Die dritte Periode endlich umfaßt die Übergangszeit vom Stein zum Metall. Nach den Entdeckungen von V. Groß müssen wir diese Übergangsepoche der Schweizer Seen als Kupferzeit bezeichnen, charakterisiert durch Waffen und Werkzeuge aus reinem Kupfer, nur sehr selten aus Bronze. Daneben finden sich geschickt durchbohrte Axthämmer aus Stein und gut geformte Knochen-, Horn- und Holzwerkzeuge. Besonders mannigfaltig gestaltet sind die Tongefäße; einige zeigen wahre Henkel, die Mehrzahl Verzierungen, entweder mit dem Finger oder mit Bindfaden gemacht, den man in den noch weichen Ton eindrückte: Schnur-Ornament.

Aus den Funden der Schweiz hatte man sich bisher noch keine vollkommen genaue Vorstellung von der Form der Steinzeithütte machen können. Da alle diese Pfahldörfer größtenteils durch Feuer zerstört wurden, sind die Hütten meist bis auf den Fußboden, der aus aneinandergelehnten Holzstücken hergestellt war, oder hartgebrannte Bruchstücke von Wandbekleidung aus Ton verschwunden.   Dagegen hat Frank in der Nähe jener berühmten diluvialen Fundstelle von Schussenried bei Untersuchung eines im Moore gelegenen Pfahlbaues die wohlerhaltenen Reste einer Steinzeithütte entdeckt. Die Hütte, von der ein Teil der Wände und die Fußböden noch bestehen, hat die Form eines 10 m langen und 7 m breiten Rechteckes (s. die untenstehende Abbildung). Sie ist in zwei Räume geteilt, die durch eine Türöffnung miteinander in Verbindung stehen. Die Hütte besaß eine einzige,

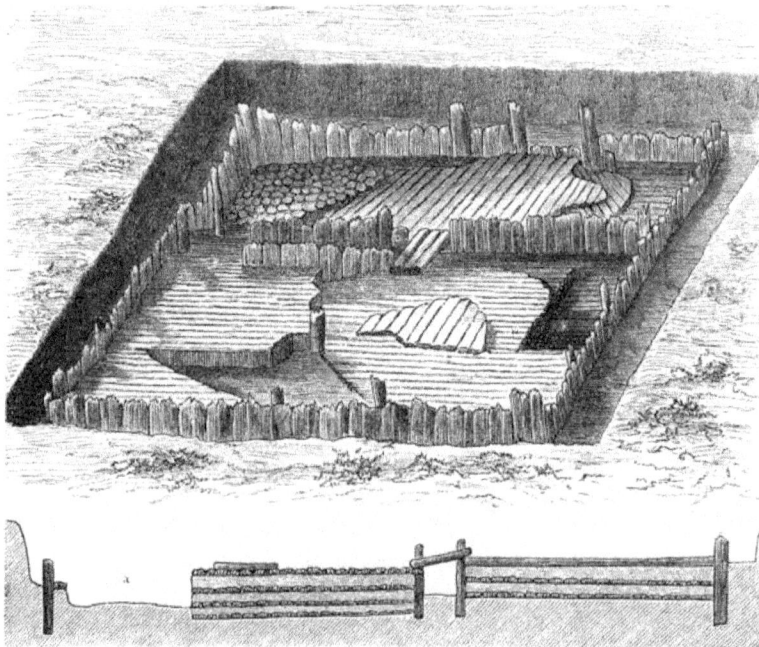

Reste einer steinzeitlichen Pfahlbauhütte in Schussenried. a Querschnitt. Nach Oberförster Frank im „Korrespondenzblatt der deutschen anthropologischen Gesellschaft" (Kongreß in Ulm; Braunschweig 1892).

1 m breite Eingangspforte, die sich nach Süden öffnete. Diese Pforte führte in den ersten Raum, der 6,5 m lang, 4 m breit war. In einer Ecke befindet sich eine Art Pflaster, ein Haufe Steine, der augenscheinlich als Herd diente. Diese erste Stube war also Küche und Haushaltungsraum, vielleicht wurde auch während der kalten Jahreszeit in der Nacht hier das Vieh eingestellt. Die Außentür führte über eine Laufbrücke zum festen Lande. Die zweite Stube ist geräumiger, 6,5 zu 5 m, und hat keine Verbindung mit dem Freien. Sie war wohl der Raum, wohin sich die Familie während der Nacht zurückzog. Der Fußboden der Hütte ruht auf mehreren ziemlich dicken, durch Schichten von Rundhölzern getrennten Lehmlagern; die oberste Fußbodenschicht besteht in beiden Zimmern aus Reihen runder Holzstücke, eins dicht neben das andere gelegt; die Hüttenwände bildeten in zwei Teile gespaltene Eichenpfähle, die Spaltfläche nach innen gerichtet. Die Pfosten, die das Dach zu tragen hatten,

sind bis in den Seeboden eingetrieben. Die Fugen der Wände sind mit feinem Ton dicht verkittet. Die untenstehende Abbildung gibt eine ältere Phantasiedarstellung einer steinzeitlichen Pfahlbauhütte.

Auch das auf den Pfählen ruhende Verdeck, auf das die Seehütten der Steinzeit gebaut waren, stand mit dem Ufer durch eine mehr oder weniger lange, leicht abzubrechende Brücke in Verbindung (s. die Abbildung S. 500), ebenso mit der Oberfläche des Wassers vermittelst einfacher Sprossenleitern, von denen V. Groß in einer der ältesten Stationen ein Exemplar gefunden hat. Die Leiter besteht aus einem langen Pfahl aus Eichenholz, in ziemlich regelmäßigen Abständen mit Löchern versehen, in welche die Sprossen der Leiter eingefügt waren.

Die Steinobjekte, die in großer Anzahl in der archäologischen Schicht zwischen den Pfählen der Steinzeit-Pfahlbauten gefunden wurden, bilden das Hauptcharakteristikum der letzteren. „Der Feuerstein ist derjenige Stoff", sagte F. Keller, „durch welchen mittelbar oder unmittelbar alles Werkzeug seine Form erhält; er tritt aber selbst neben anderen Steinarten, die zu Handwerksgeräten und Waffen geschliffen wurden, in den Hintergrund, sowohl was seine Bearbeitung als seine Zahl anbelangt." Die Beile und Meißel aus Stein (s. die Abbildungen S. 506), die eine Hauptform der Steingeräte darstellen, sind im allgemei-

Rekonstruierte Pfahlbauhütten der Steinzeit. Nach R. Hartmann, „Über Pfahlbauten": „Zeitschrift für Ethnologie", Bd. 2 (Berlin 1870).

nen gut gearbeitet und sorgfältig geschliffen. Ihre Größe schwankt zwischen 2 und 20 cm, ausnahmsweise erreichen sie sogar eine Länge von 30 cm. Derartig große Stücke werden als Insignien oder Prunkwaffen für Häuptlinge oder als religiöse Symbole betrachtet. Als Material zu den Beilen und Meißeln wurden überwiegend Rollsteine benutzt, wie sie überall nahe zur Hand waren (in der Schweiz namentlich Serpentin, Hornblendeschiefer, Diorit, Gabbro und Saussurit), wobei grünen Gesteinen offenbar ein Vorzug gegeben wurde. Die Seebewohner konnten solche Steine am Ufer der Seen oder im Geröllkies der benachbarten Flüsse überall auflesen. Mehr oder weniger fertiggestellte, noch unvollendet gefundene Steinwerkzeuge lehren die Art und Weise ihrer Anfertigung. Die Arbeit war trotz des Mangels metallener Werkzeuge viel weniger langwierig und schwer, als man sich zunächst vorstellen möchte. Man wählte ein in der Form passendes Geröllstück, oft groß genug, um wenigstens zwei Beile daraus zu machen; es wurde dann in geeigneter Weise mittels eines sägeartigen, an ein einfaches Sägegestell aus Holz befestigten Feuersteinmessers unter Anwendung von Sand und Wasser erst auf der einen Seite eine Rinne in den Stein gesägt, dann ebenso eine jener ersten in der Lage vollkommen entsprechende zweite Rinne auf der entgegengesetzten Seite des Steines. Waren die Einschnitte tief genug, so wurden die beiden Hälften durch einen Hieb mit dem Schlagsteine getrennt, d. h. die noch stehende Verbindungsbrücke zwischen den beiden Rinnen durchgebrochen. Die beiden Bruchstücke wurden dann zuerst mit Hilfe eines harten Steines aus dem Gröbsten gearbeitet und schließlich an einem Schleifstein in die gewünschte Form geschliffen und geschärft. T. A. Forel hat auf diese Weise in etwa fünf Stunden aus einem natürlichen Geröll ein Beil gefertigt, das den Pfahlbaubeilen vollkommen ähnlich ist. Man gebrauchte diese Werkzeuge oder Waffen selten aus freier Hand. Meist waren sie in einem Holzgriff befestigt, und zwar oft zunächst in einer Hirschhornklammer, die dann ihrerseits in den Holzstiel eingefügt wurde. Seltener wurde die Axt in einen ganz aus Hirschhorn bestehenden Griff eingesetzt (s. die untenstehenden Abbildungen). Speziell in der Kupferzeit war in den Pfahlbauten noch eine andere Art der

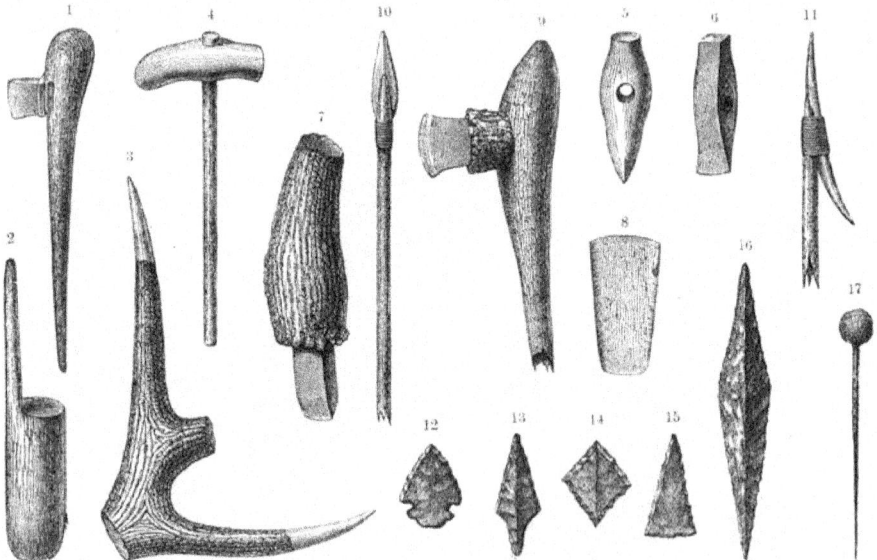

Geräte der Steinzeit aus den Schweizer Pfahlbauten: 1 Axt, 2 Schlägel, 3 Hacke aus Hirschhorn, 4, 5 und 6 Axthämmer, 7 und 8 Steinmeißel, 9 Steinhacke in Hirschhorn und Holz, 10 Speerspitze, 11 Pfeilspitze, 12—15 SteinPfeilspitzen, 16 Lanzenspitze, 17 Beinnadel. Nach F. Keller, „Pfahlbauten", 3.—7. Bericht (Zürich 1860—76), und E. Desor, „Die Pfahlbauten des Neuenburger Sees", deutsch von Fr. Mayer (Frankfurt a. M. 1866). Vgl. Text S. 505.

Einstielung gebräuchlich, bei der die Axt mit ihrer Schneide quer gegen die Längsrichtung des Stieles gestellt wurde. Aus den kostbaren, oft durch eine prächtig grüne Farbe ausgezeichneten Gesteinen Nephrit, Jadeït und Chloromelanit, von deren Vorkommen in den einzelnen Steinzeitepochen schon oben (S. 503) die Rede war, wurden ebenfalls Äxte und Meißel von verschiedenen Dimensionen gefertigt; als seltene Vorkommnisse fanden sich auch Perlen und Pfeilspitzen, häufiger einschneidige Messer aus Nephrit. Die Beile aus Nephrit sind durchschnittlich kleiner als die aus Jadeït; letztere werden in der Westschweiz, erstere in der Ostschweiz und am Bodensee häufiger gefunden.

Es ist hier nicht der Ort, auf die namentlich früher lebhaft geführte, aber noch immer nicht vollkommen geklärte Diskussion über das Herkommen des Rohmaterials dieser kostbaren Steinbeile näher einzugehen. Noch heute wie im Altertum wird Nephrit in Ostasien als ein gesuchter Halbedelstein geschätzt; Desor hat wohl zuerst die Meinung ausgesprochen, die

H. Fischer eifrig zu begründen versuchte, daß auch zu den in Europa gefundenen Beilen aus Nephrit und Jadeit, vielleicht auch Chloromelanit, die Rohmaterialien oder die fertigen Objekte selbst aus Zentralasien eingeführt sein mögen, wo man namentlich für Nephrit einen reichen Fundplatz kennt. Fundorte der betreffenden Rohmaterialien kommen aber auch in Europa vor; der erste ganz sichere wurde am Zobten bei Breslau für Nephrit festgestellt.

Im späteren Verlauf der Steinzeit wurde es Brauch, die Axt selbst zu durchbohren, um den Stiel einzufügen. Diese leichter zerbrechlichen Hammeräxte dienten wohl vorzugsweise als Schmuckwaffen. Meist haben sie an dem einen Ende eine Schneide und sind am anderen stumpf; nur sehr selten tragen sie an beiden Enden Schneiden. Ihre Form ist in der Schweiz wechselnd: einige können durch ihre hübsche Form und ihre Verzierung mit den schönsten im Norden Europas gefundenen Stücken rivalisieren. Am häufigsten besteht ihre Ornamentik aus Rinnen oder erhabenen, nach der Richtung der Hauptachse gezogenen Linien. Die Art und Weise, wie man die harten Steine durchbohrte, hat lange den Scharfsinn der Altertumsforscher beschäftigt. Zuerst war man um so mehr zu der Annahme geneigt, es sei ein metallener Bohrer zu dieser Arbeit erforderlich gewesen, als diese durchbohrten Hämmer häufig mit Metallgegenständen zusammen gefunden wurden. Keller, Forel und andere haben aber gezeigt, daß unter Mitwirkung von Wasser und Sand jeder hohle Knochen oder jeder Horn- oder Hohlzylinder genügt, um den härtesten Stein zu durchbohren. Viele unvollendete Stücke zeigen noch den hierbei entstehenden Bohrzapfen in der Mitte des angebohrten Loches. Manchmal hat man aber auch den Stein von beiden Seiten her einfach mit einem Bohrer oder einer Klinge aus Feuerstein durchgeschabt. Der Stein diente außerdem noch für eine Menge anderer Anwendungen: man fertigte daraus Schlagsteine und Hämmer in allen Formen, Stößel und Mörser, Mühlen, Schleifsteine und Glättsteine für die Geschirrfabrikation, Spinnwirtel und verschiedene Zieranhängsel.

Der Feuerstein, aus dem im feuersteinreichen Norden auch geschliffene Beile und Meißel und vieles andere gearbeitet wurden, diente dazu in den Schweizer Pfahlbauten nicht; Gegenstände aus Feuerstein sind jedoch in allen drei Epochen der Pfahlbauten-Steinzeit gleich häufig. Die gewöhnlichste Form ist die schon aus der Diluvialzeit bekannte: Schaber und Messer. Aus mittelgroßen Feuersteinlamellen stellte man Messer und Sägen her, die man oft in einem zum Zweck des Anhängens durchbohrten Griff befestigte. Sehr selten sind in den Pfahlbauten größere sichelförmige Steinklingen; derartig fein bearbeitete Dolche, bei denen Griff und Klinge aus einem Stück bestehen, wie sie im Norden in so prächtigen Exemplaren vorkommen, wurden in den Pfahlbauten noch nicht entdeckt. Dagegen fanden sich häufig spitzige Feuersteinklingen, zweimal noch in einen Griff eingefügt, um als Dolche zu dienen. Der Stiel ist an dem einen Ende ausgehöhlt, um das Ende der Dolchklinge aufzunehmen, an dem anderen zeigt er eine knopfartige Anschwellung. Die Steinklinge wurde zuerst mit Harz befestigt, dann wurde der ganze Stiel mit gehecheltem Flachs oder mit aus Binsen gedrehten Bändern umwickelt. Eine andere Art, solche Dolchklingen mit Stielen zu versehen, bestand darin, sie in ein Stück eines Augensprosses vom Hirschgeweih einzufügen. Pfeil- und Speerspitzen aus Feuerstein finden sich häufig mit viel Sorgfalt geformt. Sie zeigen verschiedene Typen, die augenscheinlich nach der Art, wie die Spitze an dem Schaft befestigt wurde, oder auch nach der Form des Rohmaterials wechselten. Meist sind sie mit Widerhaken versehen, um das Anpassen des Schaftes zu erleichtern. Selten wurde Bergkristall verwendet. Die Menge von Abfallstücken, die in den Stationen gefunden wurden, beweist, daß der Feuerstein an Ort und Stelle bearbeitet wurde, und daß hier sogar wahre Fabrikationswerkstätten bestanden haben müssen. V. Groß ist der Meinung, daß dazu zum Teil aus dem Ausland, z. B. aus dem Norden, die rohen, nierenförmigen Knollen des Feuersteins eingeführt wurden; einige gefundene Stücke scheinen das wirk-

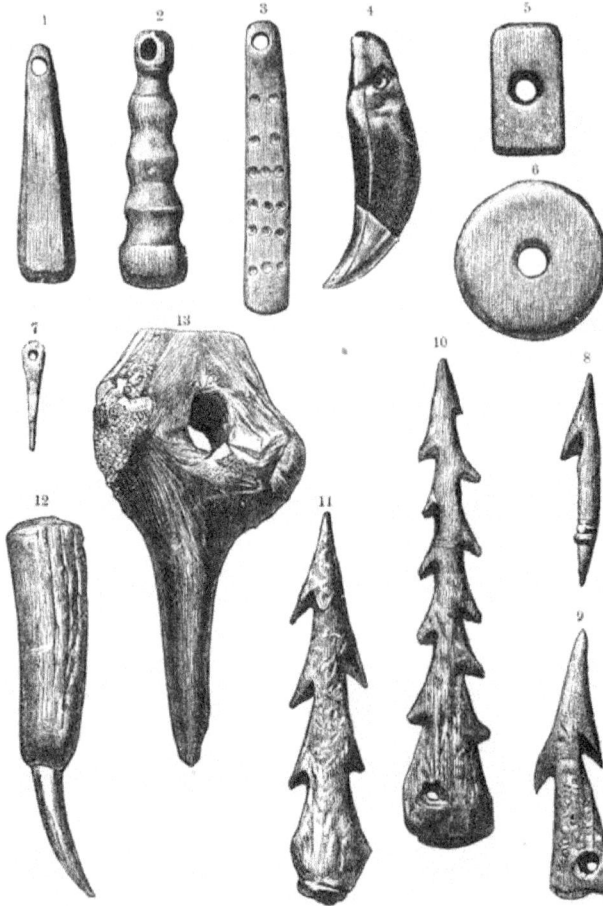

lich zu beweisen. Vor allem wurde aber das in der Umgebung vorkommende Material von Feuerstein bzw. Hornstein und anderen ähnlichen Steinarten, Silikaten, benutzt. Die Methoden der Bearbeitung waren die gleichen, wie wir sie oben als noch bei modernen Wilden gebräuchlich schilderten. Größere, sägeförmige Feuersteinklingen wurden in der Weise zusammengesetzt, daß kleine, scharfe Feuersteinsplitter mit Harz in der Rinne eines Holz- oder Hirschhornstückes befestigt wurden (S. 430).

Gegen Ende der Steinzeit wurde schon Bernstein aus dem Norden in einzelnen Stücken eingeführt, in größerer Menge tritt er jedoch erst während der Bronzezeit auf.

Die Gegenstände aus Hirschhorn und Knochen zeigen eine sehr große Mannigfaltig-

Steinzeitliche Hirschhorn- und Knochenobjekte aus den Schweizer Pfahlbauten. 1—6 Schmuckstücke (4 durchbohrter Raubtierzahn), 7 Nadel, 8—11 Harpunenspitzen, 12 Pfriem mit Handgriff, 13 Spitzhammer. Nach V. Groß, „Les Protohelvètes" (Berlin 1883).

keit; namentlich gilt das für die Anwendung des Hirschhornes (s. die obenstehenden Abbildungen). Dank seinen verschiedenen Eigenschaften eignet sich das Hirschhorn mehr als jedes andere Schnitzmaterial zur Verfertigung von Gegenständen aller Art. Die Masse des in den Pfahlbauten gefundenen Hirschhorns beweist, daß die Wälder zur Steinzeit geradezu mit Hirschen bevölkert waren, und daß die Jagd auf diese Tiere trotz der uns ziemlich ungenügend erscheinenden Mittel, die den Bewohnern der Pfahldörfer zu Gebote standen, keine großen Schwierigkeiten machte. Aus den dicksten Teilen des Geweihes fertigte man für Äxte und Hämmer scheidenartige Zwingen (S. 506), die in den Holzstiel eingesetzt wurden. Eine Art von Hacke oder Keule wurde aus einem Geweihende, an dem der Augensproß noch festsaß, hergestellt; das mehrspitzige Geweihende selbst, quer durchbohrt, gab eine gefährliche Waffe und gleichzeitig eine Art Rechen ab. Andere Geräte mahnen an Schaufeln und Hauen und werden in der Tat zu Ackerbauzwecken gedient haben. Die in der Bronzezeit so häufigen Fischereiwerkzeuge sind während der Steinzeit noch verhältnismäßig selten, doch hat man Angelhaken aus Hirschhorn und mehrere gutgearbeitete Hirschhornharpunen, eine 22 cm lang, mit elf Widerhaken, gefunden. In verschiedenen Stationen hat man auch Reste von Netzen (s. die untenstehende Abbildung), sogar ein fast vollständig erhaltenes Netz entdeckt, dabei eine Anzahl noch mit Bindfaden umwickelter Netzsenker aus Stein, die ohne Zweifel an den Maschen des Netzes befestigt waren, um dieses auf den Grund zu ziehen. Aus Hirschhorn wurden ferner kleine, mit Löchern zum Aufhängen versehene Becher geformt; dann Halsperlen und sehr geschickt geschnitzte Ohrgehänge, große, manchmal verzierte Knöpfe, Nadeln mit Ösen, kleine Kämme, Pfeile und eine große Auswahl von Haarnadeln, einige mit Knöpfen, andere mit seitlichen durchbohrten Erhöhungen, offenbar um einen Faden durchzuziehen.

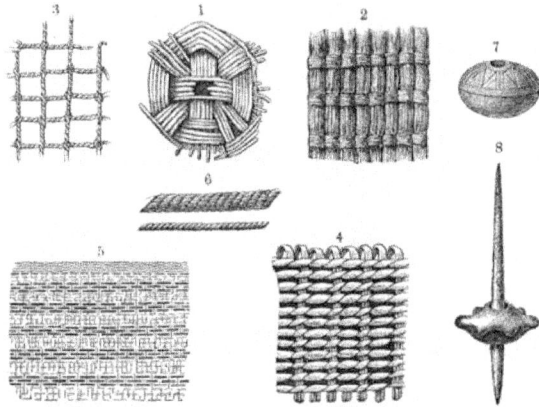

Steinzeitliche Gewebe, Spinnwirtel und Spindel aus den Schweizer Pfahlbauten: 1 Korbgeflecht, 2 Matte, 3 Netz, 4 Gespinst, 5 geköpertes Gewebe, 6 Strick und Schnur, 7 Spinnwirtel, 8 Spindel mit Wirtel. Nach F. Keller, „Pfahlbauten", 2.—5. Bericht (Zürich 1858—63).

Da der Knochen ein viel festerer Stoff ist als Hirschhorn, so benutzte man ihn häufig zur Herstellung von Waffen und Werkzeugen, die einen kräftigeren Widerstand gewährleisten sollten. Aber man verfertigte aus den an einem Ende durchbohrten und zu drei und drei mit Bindfaden zusammengebundenen Rippen der Kuh oder des Hirsches auch Kämme zum Flachshecheln. Der größte Teil der Dolche wurde ebenfalls aus Knochen hergestellt; als Griff diente entweder die natürliche Gelenkfläche, oder man befestigte die Knochenklinge in einem besonderen Hirschhorngriff. Auch Pfeil- und Lanzenspitzen aus Knochen wurden häufig gefunden, und zwar weit häufiger als solche aus Feuerstein, was uns bei der verhältnismäßigen Leichtigkeit, mit welcher sich solche Gegenstände aus Knochen herstellen lassen, nicht wundern kann. Zur Befestigung der Lanzenspitze an dem Holzschaft diente eine Umwickelung mit Bindfaden, der dann noch mit Birkenharz umgeben wurde. Aus Knochen findet man auch eine Menge von Pfriemen und Meißeln in allen Größen; ihr eines Ende ist spitzig oder scharf, das andere in einem Griff von Hirschhorn befestigt (Fig. 12, S. 508). Tierzähne, hauptsächlich die des Wolfes, des Bären, des Hundes, wurden durchbohrt und als Amulette angehängt (Fig. 4, S. 508); man findet sie manchmal an einer Stelle so zahlreich, daß man vermuten darf, sie seien einst, zu Ketten vereinigt, etwa um den Hals getragen worden.

Auch ziemlich viel Holzgegenstände haben sich aus der Steinzeit in den Pfahlbauten erhalten (s. die untenstehenden Abbildungen). Von Stielen und Griffen verschiedener Art haben wir schon gehört. Das wichtigste Stück ist ein Joch, ähnlich denen, wie sie noch heute zum Leiten der Rinder gebraucht werden. Aus Holz, und zwar aus Buchsbaumholz, fertigte man niedliche Kämme. Dieser Toilettengegenstand, dem wir mit Verwunderung bei einem so wenig kultivierten Volk, wie man sich die Steinzeitmenschen zunächst dachte, begegnen, wurde meist aus ein paar kleinen, nebeneinandergesetzten Kämmen gebildet, die mittels zweier darübergelegter, als Griff dienender Holzlamellen zusammengefügt sind. Die Zähne des Kammes sind Buchsbaumstäbchen, an beiden Enden zugespitzt und übereinandergebogen; sie sind durch drei Reihen geschickt durchgezogener Fäden miteinander verbunden. Um dem Ganzen festeren Halt zu verleihen, ist jede dieser Reihen mit einer Holzlamelle umgeben, die selbst wieder mit Bindfaden befestigt ist.

Nicht selten hat man auch aus Steinzeitniederlassungen größere und kleinere Kähne, aus einem Baumstamm gehöhlte Einbäume, aufgefunden. Einer der größten und am besten

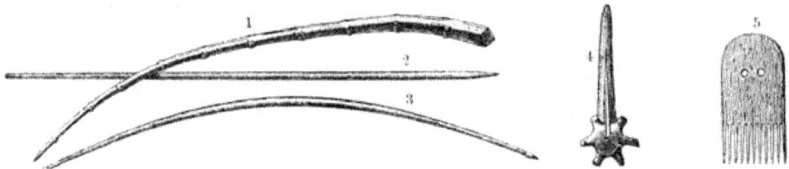

Holzgegenstände aus den steinzeitlichen Pfahlbauten der Schweiz: 1 Dreschflegel, 2 Speerstange, 3 Jagdbogen, 4 Quirl, 5 Kamm. Nach F. Keller, „Pfahlbauten", 3. und 4. Bericht (Zürich 1860—61).

erhaltenen besteht wie die früher gefundenen aus Eichenholz, in der Form weicht er dagegen von jenen etwas ab. Der Hinterteil ist nicht wie gewöhnlich abgerundet, sondern wie an unseren jetzigen Kähnen viereckig; der Vorderteil ist mit einer spornähnlichen Verlängerung geziert. Die Länge des Kahnes beträgt 9,50 m, seine Breite 0,75—0,90 m. Am Rande der Seitenwände sind in Zwischenräumen rundliche Einschnitte ausgespart, wahrscheinlich als Einfügestellen für Ruder.

Besonders wichtig ist es, daß man auch in einigen Exemplaren die notwendige Ergänzung des Pfeiles, den Bogen, gefunden hat (s. die obenstehende Abbildung, Fig. 3). Eins der Exemplare ist vollständig gut erhalten, aus Buchsbaumholz, 1,60 m lang; an den beiden Enden befinden sich noch jederseits die Einschnitte, welche die Bogensehne zu halten hatten. Aus dem gleichen Material hat man auch einen kleineren Bogen gefunden, der offenbar zu einem Drehbohrer gehörte, entweder für die Durchbohrung von Steinäxten oder für den obenerwähnten Feuerbohrer. Aus Holz sind auch Schalen und Tassen, manchmal mit Henkeln versehen, Löffel, Quirle, Hämmer, Schiffchen, die als Kinderspielzeug dienten, und anderes mehr. Im Berner Museum befinden sich sogar Bruchstücke von Tischen, Bänken und Türen aus Pfahlbauten der Steinzeit.

Nach diesen Schilderungen der Reste der Pfahlbauten-Steinzeit bedarf es keiner poetischen Ausschmückungen mehr, um das Leben dieser alten Europäer anschaulich zu machen. Auf dieser verhältnismäßig hochentwickelten Grundlage des Kulturstandes der neolithischen Steinzeit erbaute sich in organischem Fortschreiten die Metallkultur.

Kupfer= und Bronzeperiode der Schweizer Pfahlbauten.

Es ist für die vergleichende vorgeschichtliche Archäologie von großer Bedeutung, daß auch für die Seen der Westschweiz, die uns den Fortschritt der Kulturen in besonders klaren und ununterbrochenen Bilderreihen vorführen, eine Übergangsperiode nachgewiesen worden ist, in der man, neben fortdauernder vorwiegender Benutzung des Steines, anfing, aus Metall hergestellte Waffen und Werkzeuge zu gebrauchen. Das Metall ist anfangs fast ausschließlich Kupfer, daneben nur sehr wenig Bronze und kein Eisen. Diese Kupferperiode, die für Zentraleuropa von Much für den berühmten Pfahlbau im Mondsee in Österreich konstatiert wurde, und deren Reste bis dahin vor allem aus Ungarn, in klassischer Weise durch F. v. Pulßky beschrieben, bekannt waren, zeigt nun an vielen Orten Europas, namentlich auch, wie R. Virchow festgestellt hat, auf der Pyrenäenhalbinsel und in den Steinzeitgräbern Kujaviens in Preußisch=Polen, die interessantesten Parallelen, die um so wichtiger zu werden versprechen, als sie den in den alten Schichten von Hissarlik Troja von Schliemann konstatierten Kulturverhältnissen zunächst stehen und unverkennbare Ana= logien mit sehr altertümlichen Funden der ägäischen Inselwelt, ja auch mit prähistorischen Kulturresten Ägyptens und wohl auch Babyloniens erkennen lassen. Hier erschließen sich höchst wichtige Gesichtspunkte über sehr frühe Kulturströmungen und einstige Kulturverbin= dung weit getrennter Ländergebiete.

Die Metallgegenstände der von V. Groß für die Westschweiz am ausgedehntesten in der Pfahlbaustation von Fenel nachgewiesenen Kupferperiode sind der Mehrzahl nach kleine Dolche, die nach dem Muster der Feuersteindolche gemacht scheinen (s. die Abbildung S. 512, Fig. 1—3). Einige besitzen schon Vernietungen, um die Kupferklinge an dem Holzgriff zu befestigen, der nach einem in St.=Blaise gefundenen Exemplar identisch war mit dem oben für die Feuersteindolche beschriebenen Griff. Auch mehrere Meißel wurden gefunden, deren größter 15 cm Länge hat; dann kleine Pfriemen, manchmal in einen Knochengriff gefaßt; ferner Perlen, die als Halsband gedient haben; ein kleines Schmuck= blättchen aus gehämmertem Kupfer mit Einschnitten, um es als Zierat an irgendeinem Teil der Bekleidung zu befestigen. Besonders wichtig ist ein ganz charakteristisch geformtes Beil mit verbreiterter, gerundeter Schneide (s. die Abbildung S. 512, Fig. 4), vielleicht einer der ersten Versuche der Metallarbeiter der Kupferzeit. Auch die ungarischen Kupfer= objekte schließen sich in der Form häufig den Steinobjekten an.

An diese Übergangsperiode der Kupferzeit schließt sich nun in der Westschweiz, wie es scheint, ohne eine eigentliche Lücke der Entwickelung, die Bronzeperiode an. Es wurden schon oben einige der Merkmale erwähnt, durch die sich die Pfahlbauansiedelungen der Bronzezeit von denen der Steinzeit unterscheiden: ihre größere Entfernung vom Ufer, die Qualität der Pfähle, die weit beträchtlichere Ausdehnung der Niederlassungen, die manchmal mehrere Ar Flächenraum einnehmen. Augenscheinlich haben wir es hier nicht mehr mit kleinen Dörfern zu tun: die Pfahlbauniederlassungen der Bronzezeit erscheinen als wohl= organisierte Marktflecken, blühende Städte, wo selbst ein gewisser Luxus herrschte; die Er= zeugnisse ihrer Industrie ziert jene Schönheit und Eleganz der Formen, wie sie nur eine schon sehr fortgeschrittene Zivilisation hervorzubringen vermag.

Der Stein, das Hirschhorn, der Knochen haben der Bronze Platz gemacht und sind nur noch selten im Gebrauch. Der Bernstein, der in den Pfahlbauten der Steinzeit schon vereinzelt auftrat, findet sich in Menge, Glas und Gold erscheinen in der Komposition der künstlerisch vollendeten Schmuckgegenstände. Auch das Eisen kommt bald dazwischen vor, aber, wie gesagt, zunächst nicht als ordinäres Werkmetall, sondern als kostbares Schmuckmetall, um Kleinodien oder Luxus= und Prunkwaffen reicher auszustatten. Die Erzeugnisse der Töpferei zeigen einen großen Fortschritt gegen die schweren und plumpen Gefäße aller Epochen der Pfahlbau=Steinzeit der Schweiz, und wenn sie auch nicht mit denen der

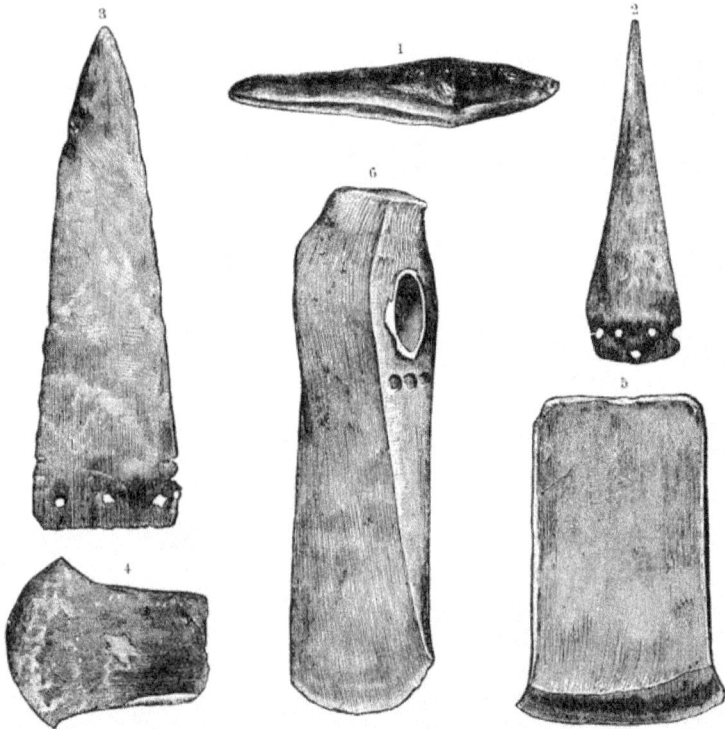

Kupferne Werkzeuge aus den Schweizer Pfahlbauten und Ungarn. 1—3 Dolchklingen, 4 und 5 Beile, 6 Axt mit Schaftloch. Nach V. Groß, „Les Protohelvètes" (Berlin 1883), und F. v. Pulszky, „Die Kupferzeit in Ungarn" (deutsche Ausgabe, Budapest 1884). Vgl. Text S. 511.

klassischen Keramik rivalisieren können, so sind doch die Vasen und Geschirre der Bronzezeit der Schweizer Pfahlbauten ungeachtet ihrer einfachen und noch primitiven Formen darum nicht weniger elegant und graziös (f. die Abbildung S. 512).

Die Behausungen sind nicht mehr die bescheidenen Lehmhütten der Steinzeit, sondern hölzerne Wohnungen, groß und solid gebaut (f. die beigeheftete farbige Tafel „Ein Pfahlbau der Westschweiz"). Ihre Existenz ist sicher bezeugt durch die Menge der zwischen den Pfählen übereinanderliegenden Holz= und Balkenstücke, von denen manche bis zu 10 m Länge erreichen. Diese Wohnungen mußten geräumig sein, um neben den Menschen auch den Haustieren als Obdach zu dienen. Daß das letztere der Fall war, beweisen die zahlreichen Knochen von Rindern, Schweinen, Ziegen, Pferden, Hunden, die in der Fundschicht gesammelt wurden.

Ein Pfahlbau der Westschweiz.

Nach V. Groß, „Les Protohelvètes" (Berlin 1883).

Um die Wohnungen herum erstreckte sich auf dem Pfahlrost ein größerer freier Raum; er diente als öffentlicher Platz und war für gewisse Arbeiten bestimmt, die man aus einer oder der anderen Ursache nicht innerhalb der Wohnungen vornehmen konnte. Die Metallarbeiten, wie Gießen, Härten, Hämmern und andere, wurden ebenfalls auf dem Wasser, auf den Pfahlbauten selbst ausgeführt und nicht auf dem Lande, wie man früher wohl voraus- gesetzt hatte. Als Beweis dafür dienen die zahlreichen Gußformen, die Schmelztiegel, die Schmelzreste der Bronze, die zerbrochenen, zum Umguß bestimmten Gegenstände, die alle in dem Pfahlbau selbst gesammelt wurden, während man auf dem Ufer keine Spuren davon konstatieren konnte. Um jedoch die Gefahr eines Brandes während des Gusses zu vermeiden, hatte man für der- artige Zwecke außerhalb der Hütten jenen obenerwähnten besonderen Platz reserviert. V. Groß konnte eine solche Gußstätte in mehreren Stationen der Bronzezeit konstatieren; hier fanden sich, zusammenliegend auf einem Raume von nur einigen Quadratmetern, alle Werkzeuge der Erzgießerei. Sehr beachtenswert ist es, daß nach der An- sicht von Groß alle Pfahlbauten der Bronzezeit in der Westschweiz, wie es scheint, ungefähr zu gleicher Zeit be- standen haben. Keine der Stationen zeigt in den Überresten ihrer Industrie schärfer hervortretende Besonderheiten. Überall sind die allgemeinen Typen die gleichen, und die kleinen Unterschiede, die da und dort erscheinen, sei es in der Form, sei es in der Ornamentie- rung gewisser Objekte, können immer- hin als Modifikationen eines und des-

Tongefäße der Bronzezeit aus den Pfahlbauten der Schweiz: 1 und 2 Kannen, 3 Tafelplatte, 4 Kochtopf mit Feuerring, 5 Vase, 6 Koch- geschirr, 7 Topf, 8 Trinkgeschirr, 9 „Mondbild", 10 Tierbild, 11 Urne mit Deckel. Nach F. Keller, „Pfahlbauten", 2.—8. Bericht (Zürich 1858—79).

selben Stils betrachtet werden (s. die Abbildung S. 514). Nur zwei Stationen, Mörigen und Corcelettes, in denen man Eisengegenstände gefunden hat, haben vielleicht die anderen einige Zeit überlebt.

G. de Mortillet hat mit Bezug auf das Alter der Pfahlbauten eine Epoche des Metall- gusses (Epoche von Morges) und eine Epoche des Metallschmiedens (Epoche von Larnaud) unterscheiden wollen. Groß konnte eine solche Periodentrennung für die Seeniederlassungen nicht auffinden, ihm erscheint eine solche Trennung überhaupt unzulässig. Seine Unter- suchungsstationen lieferten ohne Unterschied sowohl gehämmerte als gegossene Gegenstände, und seiner Meinung nach stellt keine dieser beiden Arten der Metallbearbeitung gegenüber der anderen einen eigentlichen Fortschritt im technischen Verfahren dar. In der Schweiz hing während der Bronzezeit das angewendete Verfahren vielmehr von der Natur des Gegen- standes ab, den der Metallarbeiter in Aussicht genommen hatte, zum Teil auch mehr oder minder von der individuellen Geschicklichkeit. Gewisse Zieraten und im allgemeinen alle leichten und zerbrechlichen Gegenstände waren mehr für die Herstellung durch Hämmern geeignet, während die schweren und massiven Gebrauchsobjekte leichter durch Guß erhalten werden konnten. Häufig wurden die beiden Verfahren kombiniert: ein zuerst gegossener Gegenstand wurde nachher mit dem Hammer bearbeitet, um z. B. eine Schneide oder sonst

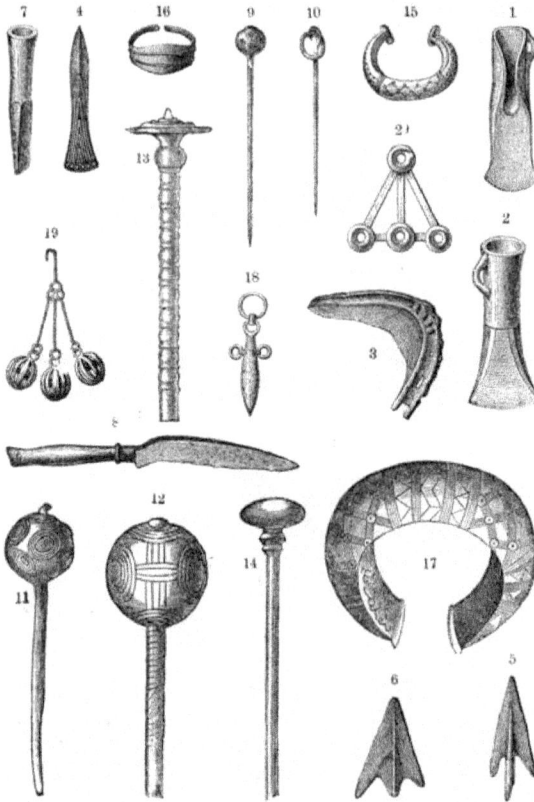

eine Vollendung herzustellen, die der Guß nicht liefern konnte.

Eine nähere Beschreibung erfordern die Bronzeschwerter der Schweizer Pfahlbauten, weil uns an diesen durch Eleganz und Formvollendung ausgezeichneten Prachtstücken der „schönen Bronzezeit" der Pfahlbauten besonders klar trotz der hervorgehobenen allgemeinen Einheitlichkeit des Stils ein Fortschreiten der Bronzekultur bis zur endlichen Benutzung des Eisens als kostbarstes Werkmetall entgegenzutreten scheint (s. die Abbildung S. 515). Das Schwert war, wie seine relative Seltenheit in den Pfahlbauten beweist, während der Bronzezeit offenbar eine Luxuswaffe, mehr als Abzeichen des Oberbefehls als für gewöhnliche Benutzung zum Kampfe getragen, obwohl es, wie durch den Gebrauch abgenutzte und zerstörte Exemplare beweisen, zweifellos auch im Ernstgefecht diente. Die Schwertklinge ist doppelschneidig und hat, abgesehen von wenigen Varietäten, immer die Form eines schmalen

Geräte und Schmucksachen der Bronzezeit aus den Pfahlbauten der Schweiz: 1 Schaftkelt, 2 Hohlkelt, 3 Sichel, 4 Dolch, 5 und 6 Pfeilspitzen, 7 Meißel, 8 Messer, 9 und 10 Nadeln, 11—14 Haarnadeln, 15—17 Armspangen, 18 und 19 Ohrgehänge, 20 Amulett (?). Nach F. Keller, „Pfahlbauten", 1.—3. Bericht (Zürich 1858—62). Vgl. Text S. 513.

Weidenblattes; ihre Länge schwankt meist zwischen 43 und 46 cm. Stets hat sie als Verzierung erhabene Linien, Fäden, die der Richtung der Schneide entlanglaufen. Größtenteils sind die Klingen für sich besonders gegossen und mit Nietnägeln an dem Griffe befestigt. Dagegen zeigt der Griff verschiedenartige Formen, nach denen Groß verschiedene Typen der Schwerter bestimmen konnte (s. die Abbildung S. 516).

Der nach Groß älteste und erste Schwerttypus der Schweizer Pfahlbauten, der sich nur in Niederlassungen aus dem Ende der Steinzeit bzw. der Übergangsepoche und niemals in solchen aus dem „schönen Bronzealter" gefunden hat, zeichnet sich durch einen abgeplatteten, mit der Klinge aus einem Stücke bestehenden Griff, d. h. eine Art von Griffzunge aus, die mit Nietlöchern durchbohrt ist, um eine Griffverschalung aus Holz oder Horn darauf zu befestigen (s. die nebenstehende Abbildung, Fig. 1). Eins der schönsten Exemplare dieser Art stellt die Abbildung S. 516, Fig. 1, dar. Die Klinge von seltener Eleganz hat eine erhabene Mittelrippe, die am Griffende sehr ausgesprochen ist und gegen die Spitze hin sich mehr und mehr verflacht und undeutlicher wird; außerdem ist die Klinge auf beiden Flächen in einer Länge von 6 cm mit einer Reihe punktierter Linien und überdies mit den obenerwähnten charakteristischen Fäden geschmückt. Die Konturen des Griffes sind graziös geschwungen und bilden eine leichte, mit punktierten Linien und Parallelstrichen gezierte Randleiste, welche der Griffverschalung, die mit vier Nieten befestigt war, als äußerer Halt dienen konnte.

Ein zweiter Typus, den B. Groß den von Auvernier genannt hat, bildet seiner Ansicht nach das Mittelglied zwischen dem obengeschilderten Schwert mit platter Griffzunge und der vollendetsten und jüngsten Schwertform, der mit massivem Griff. Die Klingen von zwei hierher gehörenden Schwertern zeigten über dem Anfang der erhabenen Fadenlinien zwei konzentrische punktierte Kreise. Der Griff ist auf beiden Seiten zierlich ausgehöhlt, um eine Hirschhornverschalung aufzunehmen, die durch Bronzeniete befestigt ist (s. die Abbildung S. 516, Fig. 6).

Der dritte und vollendetste Schwerttypus der Pfahlbauten der Westschweiz, der Typus von Mörigen (s. die Abbildung S. 516, Fig. 3, 5 und 7), hat einen vollen Griff, der

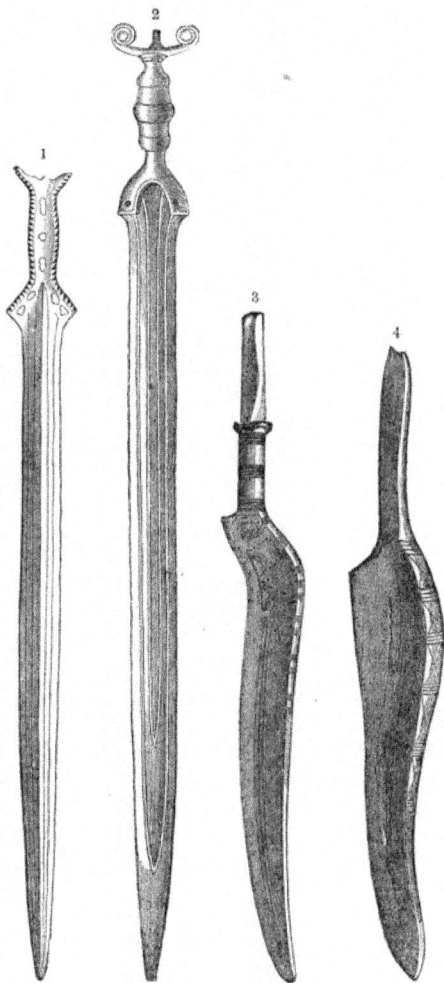

Bronzeschwerter (1, 2) und Bronzemesser (3, 4) der Schweizer Pfahlbauten. Nach J. Lubbock, „Die vorgeschichtliche Zeit", übersetzt von A. Passow (Jena 1874).

in einem ovalen oder rundlichen Knaufe endet. Die Griffdekoration besteht aus Reihen hervortretender dickerer Fadenlinien, die zu je drei und drei den Griff umziehen. In der Mittellinie zeigen sich je zwischen den Linienreihen kleine Wärzchen; sie sollen offenbar die Niete des vorhergehenden Typus nachahmen, während die hervortretenden Fadenlinien an die Schnüre erinnern, die dort die Griffverschalung von Holz oder Hirschhorn umgaben.

33*

Manchmal endet der Knauf in zwei elegant in Spiralen gewundene Arme, ähnlich den Fühlhörnern, Antennen, gewisser Insekten, wonach Desor diese schon der Zeit des ersten

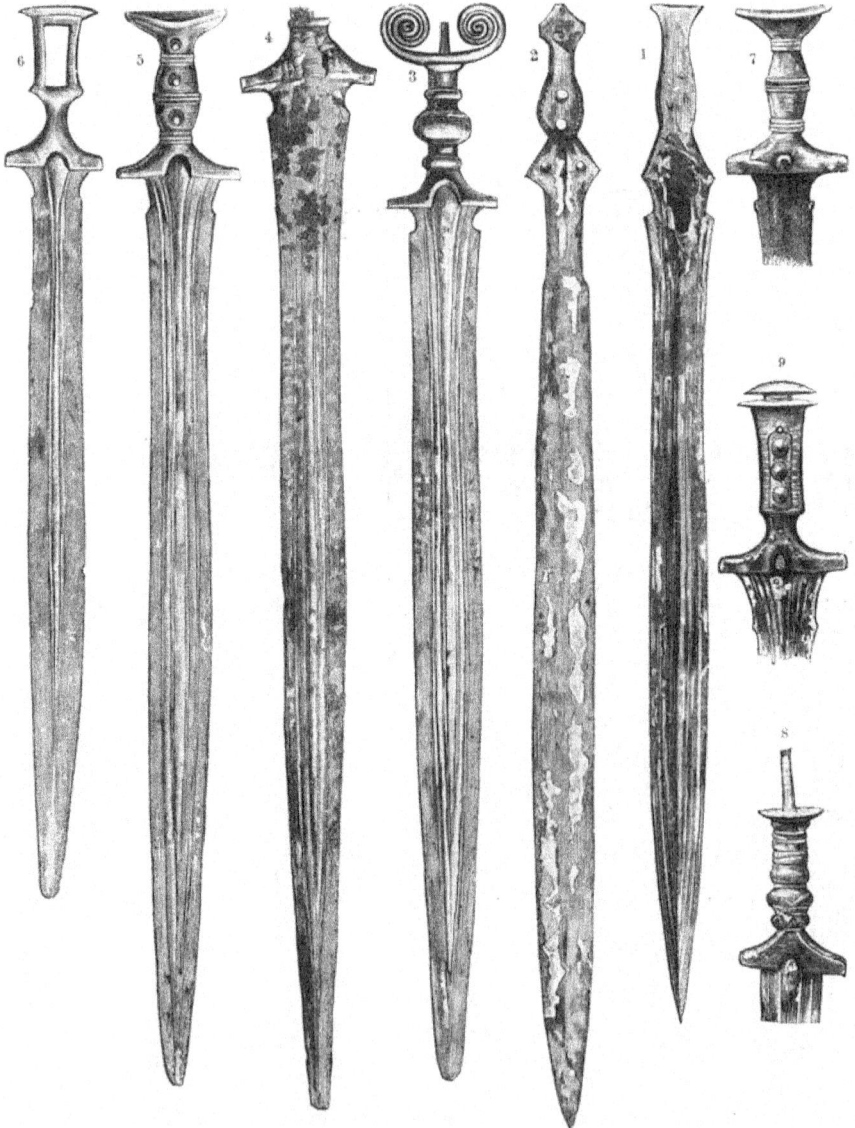

Bronzeschwerter und Schwertgriffe der Schweizer Pfahlbauten. Nach V. Groß, „Les Protohelvètes" (Berlin 1883). Vgl. Text S. 514—517.

Erscheinens des Eisens angehörende Form als Antennenschwerter bezeichnete (f. die Abbildungen S. 515, Fig. 2, und oben, Fig. 3). Das in der obenstehenden Abbildung,

Fig. 3, dargestellte Schwert ist so wohl erhalten, als wäre es soeben aus der Hand des Bronzegießers hervorgegangen. Griff und Klinge sind einzeln gegossen und mit drei Nieten verbunden. Die Klinge ist sehr spitz und trägt das gewöhnliche Ornament. Der etwas abgeplattete Griff zeigt in der Mitte eine ornamentierte Anschwellung und endet mit einem Antennenknauf. Die mit einer sehr geschickt ausgeführten punktierten Zeichnung geschmückte Endplatte des letzteren ist in der Mitte durchbohrt, um der Griffzunge der Klinge, die durch den ganzen Griff geht, Durchgang zu gestatten. Fig. 7 und 8 auf S. 516 sind Modifikationen des Typus mit massivem Griff. Der Griff des in Fig. 8 abgebildeten Stückes ist verhältnismäßig groß und mit mehreren Wülsten geziert; er endigt mit einer runden Endplatte, in deren Mitte ein Stiel von 35 mm Länge eingesetzt ist. Dieser trug einst wohl, wie bei den Schwertern von Hallstatt, eine Garnitur von Holz, mit Bernstein oder Elfenbein verziert. Als Ornament zeigt der Griff eine Reihe von kreisförmigen Furchen und Sparren, mit kleinen Eisenlamellen künstlich eingelegt. Der in Fig. 9 dargestellte Griff hat, abweichend von den bisher beschriebenen, fast geradlinige Ränder und zieht sich erst gegen das Klingenende plötzlich ein. Das ausgehöhlte Mittelstück des Griffes ist mit einer durch drei Nieten befestigten Platte aus Kupfer oder roter Bronze ausgefüllt, was einen sehr hübschen Effekt macht. Die ovale Endplatte des Griffes wird von einem kurzen, viereckigen, in den Griff eingesetzten und mittels eines kleinen Nietnagels befestigten Stiel überragt, der mit einem schiffähnlichen Endstück abschließt.

Das letzte Schwert (s. die Abbildung S. 516, Fig. 4), das noch beschrieben werden soll, schließt sich zwar seiner ganzen Form und Ornamentierung nach vollkommen an den entwickeltsten Typus der Bronzeschwerter der westlichen Schweizer Pfahlbauten an, unterscheidet sich aber von ihm wesentlich durch das Metall, aus dem es hergestellt wurde. Seine Klinge besteht aus Eisen, sein Griff aus Bronze, mit feinen Eisenlamellen eingelegt. Die Analogie mit den Bronzeschwertern ist geradezu frappant, die gleichen erhabenen Fadenlinien schmücken die Klinge, sie zeigt die gleiche Weidenblattform und auch die Ausschnitte am oberen Ende, wo die Klinge an das Griffkreuz stößt, ist aber von etwas größerer Länge, 66 cm. Das Material ist nicht weiches Eisen, sondern Stahl, der, obwohl nicht sehr hart, doch eine haltbare und scharfe Schneide annehmen konnte; mit der Art und Weise der Bearbeitung des Metalls hängt es zusammen, daß die Klinge an mehreren Stellen rissig wurde und übereinanderliegende Schichten bildet. Die in der Richtung der Schneide laufenden Fadenlinien, welche die Klinge schmücken, wurden nach Vollendung der Schmiedearbeit mit dem Grabstichel ausgeführt. Der leider unvollständige Griff ist nicht weniger interessant als die Klinge. Er besteht aus Bronze und wurde unmittelbar auf die Klinge gegossen; dadurch vermied man das Annieten und erhielt eine viel solidere Befestigung der beiden Teile. Der Griff entsprach, soweit das erhaltene Stück ein Urteil gestattet, dem Typus von Mörigen. Er unterscheidet sich nur durch seine Ornamentierung aus eingelegten Eisenlamellen. Diese Lamellen sind in geraden oder Zickzacklinien angeordnet und nach der Methode des Schwalbenschwanzes befestigt, d. h. ihre innere Basis ist breiter als die oberflächlichen Partien, sie müssen also wohl bereits in die Gußform eingelegt worden sein, ehe man die Bronze goß. Neben der Bruchstelle des Griffes zeigt sich ein kleiner, ebenfalls aus Eisen bestehender Reliefkreis.

Dieses Schwert hat, abgesehen von dem Interesse der neu auftretenden metallurgischen Technik, noch eine andere hohe kulturgeschichtliche Bedeutung. Es scheint die Voraussetzung zu bestätigen, daß bei den Pfahlbaubewohnern der Schweiz nicht, wie das oft behauptet wurde, ein plötzlicher, unvermittelter Übergang von der Epoche der Bronze zu der des Eisens stattgefunden hat, sondern daß eine allmählich sich entwickelnde Übergangsperiode zwischen der Bronze- und Eisenzeit ebenso bestanden hat, wie man sie zwischen der Stein- und Metallzeit nachweisen kann. Trotz des Unterschiedes im Stoff, dessen sie sich zur Herstellung von Waffen und Werkzeugen in den Übergangsperioden bedienten, ahmten die Seebewohner doch gleichsam instinktmäßig die von ihren Vorfahren angenommenen alten Formen in dem neuen Material nach. Wie die ersten Metalläxte aus Kupfer als Kopien der Steinäxte erscheinen (s. die Abbildung S. 512, Fig. 4 und 5), so bildete man auch, als das Eisen auftrat, aus diesem neuen Metall Waffen, die in ihrer Form den bis dahin gebrauchten Bronzewaffen entsprachen.

Die Pfahlbauten der Westschweiz geben uns auf geographisch eng begrenztem Raum das Bild einer aus primitiven Anfängen stetig fortschreitenden Kulturentwickelung. B. Groß meint, daß es bei der hohen Vollendung, welche die Bronzetechnik, namentlich sicher der Bronzeguß, bei diesen Seebewohnern erkennen läßt, nicht ausgeschlossen wäre, daß auch das zuletzt geschilderte prächtige Eisenschwert aus einer der Pfahlbauwerkstätten hervorgegangen sei. Dieser Gedanke hat viel Ansprechendes. Aber jedenfalls sind doch Anregungen und auch Muster aus anderen, zum Teil aus südlichen Gegenden in die Alpenländer gedrungen. Diese Übergangsperiode aus der Bronze- in die Eisenzeit der Schweizer Pfahlbauten, für die das Eisenschwert in der Form der Bronzeschwerter als vortrefflicher Typus erscheint, zeigt sich einer weitverbreiteten, in sich geschlossenen Kulturgruppe zugehörig, die wir als die der sogenannten Hallstattperiode kennen lernen werden. Überhaupt offenbaren sich, wie gesagt, je mehr sich unser Blick in die Vorzeit Europas und der mittelländischen Küstenländer vertieft und erweitert, Zusammenhänge der Kulturwirkungen, die den Gedanken an ein eigentlich lokales, autochthones Entstehen der Kulturfortschritte Europas immer mehr zurücktreten lassen, obwohl lokale Sonder- und Weiterentwickelung überall nachzuweisen ist. In ihrer Gesamtheit erscheint die Bronzeperiode der Pfahlbauten der Westschweiz als eine Mischung der älteren nordischen Bronzekultur mit der Hallstattperiode, ja auch die noch spätere La Tène-Kultur fügt schon (namentlich durch einzelne Fibeln) einige Striche zu dem Gesamtbild hinzu. Ehe wir uns aber zur näheren Betrachtung der verschiedenen Metallkulturkreise Mitteleuropas wenden, müssen wir unseren Blick zuerst noch eindringend auf die neolithische, jüngere Steinzeit unseres speziellen Beobachtungsgebietes wenden, von deren lokaler, verhältnismäßig hoher Ausbildung in der Schweiz uns deren steinzeitliche Pfahlbauten eine so anziehende Schilderung gegeben haben. In der jüngeren Steinzeit birgt sich der Kernpunkt der vorgeschichtlichen Ethnographie Mittel- und Nordeuropas.

13. Die jüngere Steinzeit in Nord- und Mitteleuropa, in Griechenland und Ägypten.

Inhalt: Die Küchenabfallhaufen (Kjökkenmöddinger) und Waldmoore in Dänemark. — Die megalithischen Grabbauten und die nordische jüngere Steinzeit. — Die neolithischen Höhlenbewohner in England, im fränkischen Juragebiet, in der Schweiz und in Polen. — Neolithische Gräberfelder bei Worms. — Die Hockergräberfelder bei Worms. — Steinzeitliche Brandgräber in der Wetterau. — Neolithische Keramik, namentlich in Thüringen und Hessen. — Die neolithische Gefäßmalerei. — Die griechische Steinzeit. — Die Steinzeit Ägyptens.

Die Küchenabfallhaufen (Kjökkenmöddinger) und Waldmoore in Dänemark.

Die zuerst im Winter 1854/55 gemachten Pfahlbaufunde in der Schweiz, deren richtige Deutung von vornherein durch die lange vorausgegangenen archäologischen Entdeckungen im deutschen und skandinavischen Norden ermöglicht war, wirkten selbst wieder in der anregendsten Weise auf die nordische Forschung über die vorgeschichtlichen Kulturperioden zurück. Das gilt zunächst von der Entdeckung der steinzeitlichen Pfahlbauten. Sie zeigten ein Volk der Steinperiode mit festen Wohnsitzen, mit Ackerbau, Viehzucht und anderen Zeichen einer weit höheren Kultur, als man sie bis dahin einer so altertümlichen Epoche glaubte zuerkennen zu dürfen. Die Vertiefung der Untersuchungen hat nun gelehrt, daß da, wo wir in Europa die Reste der jüngeren neolithischen Steinzeit antreffen, die Menschen, die uns diese Überbleibsel zurückgelassen haben, keineswegs als rohe Wilde angesprochen werden dürfen. Ihr Kulturbesitz wird um so höher und reicher, je länger die Steinzeit andauert; am längsten scheint sie sich, wie oben mehrfach erwähnt, in ihrer Reinheit in dem skandinavischen Norden, namentlich in Schweden und Norwegen, erhalten zu haben. Nach Oskar Montelius spricht alles dafür, daß das Ende der Steinzeit in Schweden erst etwa um das Jahr 1500 v. Chr. anzusetzen sei. Wir folgen hier namentlich diesem bewährten Führer durch die „Kultur Schwedens" und der anderen skandinavischen Nordlande.

Die Zeit, seit welcher die skandinavischen Länder bewohnt sind, läßt sich nicht nach Jahrhunderten genauer schätzen. Nur so viel ist gewiß, daß, solange Skandinavien während der Eiszeit von einer einzigen ungeheuern Eismasse bedeckt war, wie es noch in unseren Tagen Grönland zum größten Teil ist, es dem Menschen so gut wie unmöglich war, dort zu wohnen. Man hat dort noch keine Spur von der Anwesenheit des Menschen vor dem Schlusse der Eiszeit entdeckt. Auch die Funde von Manglemose (vgl. S. 443 und S. 524) sind nachdiluvial. Dänemark und das südliche Schweden waren von einem Volke der Steinzeit schon besiedelt, als das Klima noch wesentlich rauher war als jetzt und sich dort an Stelle der heute überwiegenden Buchenwaldungen noch Nadelhölzer allgemein verbreitet fanden. Die Beweise für die einstige Existenz dieses alten Volkes des Nordens haben zuerst die berühmten Kjökkenmöddinger, d. h. Küchenabfallhaufen, geliefert, die, zunächst durch Steenstrup, Gegenstand der sorgfältigsten Untersuchung geworden sind. Sie sind insofern von besonders hoher Bedeutung, als wir hier, ähnlich wie in den Pfahlbauten der Schweiz, die Reste von Wohnstätten der primitivsten skandinavischen Bevölkerung vor uns haben, aus denen man ein so reiches Inventar der Gebrauchsgegenstände jener alten Zeit erhoben hat, daß wir dadurch ein Bild fast des gesamten damaligen Lebens und Treibens des Menschen erhalten. Diese Küchenabfallhaufen sind mehr oder weniger, zum Teil außerordentlich große Dämme, 1—3 m hoch, manche von ihnen über 300 m lang und 50—60 m breit. Sie liegen an verschiedenen Punkten der Ostküsten fast aller dänischen Inseln, selten mehr als 3 m über der Oberfläche des Meeres, meist in dessen unmittelbarer Nähe. An den Westküsten hat man sie vermißt: hier spült das Meer langsam das Land fort und hat wahrscheinlich die in grauer Vorzeit auch dort aufgehäuften Dämme schon weggenommen; dagegen fehlen sie an der benachbarten Festlandsküste nicht.

Diese Küchenabfallhaufen sind von Tausenden und aber Tausenden weggeworfener Schalen der Auster, der Herzmuschel und anderer noch heute zur Nahrung dienender Muscheln gebildet, untermischt mit Knochen von Vögeln, z. B. des wilden Schwanes, von Fischen, Wildschweinen, Rehen, Hirschen, Auerochsen, Bibern, Seehunden und anderen Tieren. Das Renntier fehlt oder ist nur in sehr seltenen Resten vorhanden, ebenso fehlen Haustiere mit einziger Ausnahme des Hundes, einer kleinen Rasse, die sich von den größeren Hunden der Bronzeperiode und der Eisenzeit jener Gegenden unterscheidet. Die Knochen der Säugetiere sind, offenbar um das als Nahrung hochgeschätzte Mark zu gewinnen, gewöhnlich gespalten, aufgeschlagen. Zwischen diesen Speiseresten trifft man noch mit Kohle und Asche bedeckte Feuerstätten, eine Menge roh zugeschlagener, ungeschliffener Werkzeuge von Feuerstein sowie Scherben von groben irdenen Gefäßen, Geräte von Knochen und Horn. An den Stellen, wo sich solche Küchenabfallhaufen finden, haben also in weit entlegener Zeit Menschen gewohnt; die Muschelschalen, die Tierknochen und die Feuerstellen sind Zeugen ihrer Mahlzeiten. Die im Wachstum verschieden fortgeschrittenen Rehgeweihe, vielleicht auch die Knochen des wilden Schwanes, der jetzt wenigstens nur im Winter nach Dänemark kommt, beweisen, daß die Menschen in der Zeit der Küchenabfälle diese Ansiedelungen das ganze Jahr hindurch bewohnten. Es war ein roher Stamm von Jägern und Fischern, ohne Viehzucht und Ackerbau. Getreide oder andere Spuren irgendeines Feldbaues hat man bis jetzt unter ihren Überbleibseln nicht gefunden. Außer verbrannten Holzstücken und Resten von Meerpflanzen, die vielleicht zur Salzgewinnung eingeäschert wurden, hat man in den dänischen Küchenabfällen keine anderen Pflanzenreste entdeckt.

Lyell bemerkte schon bei seiner Beschreibung dieser Überbleibsel der Vorzeit, er habe ähnliche Schalenhügel, vermischt mit Steinwerkzeugen, nahe am Seeufer von Massachusetts und Georgia in den Vereinigten Staaten gesehen, welche die eingeborenen Indianer Nordamerikas in der Nähe der Plätze, wo sie ihre Wigwams errichteten, Jahrhunderte vor der Ankunft des weißen Mannes zurückließen. Auch an verschiedenen anderen Stellen der Erde hat man seitdem solche Muschelhügel gefunden, z. B. in Südamerika, Sambaquis genannt, in Japan und auf dem Feuerland, wo, wie wir sahen, die Eingeborenen noch jetzt in ungefähr derselben Weise leben, wie es die ältesten Bewohner Dänemarks vor Jahrtausenden getan. Auch einige andere Fundplätze seien beispielsweise noch erwähnt. An den Ufern der Oka in Rußland wurden ähnliche Funde gemacht, man stieß dort in ziemlicher Tiefe in Sandhügeln auf eine den dänischen Küchenabfällen entsprechend zusammengesetzte Schicht aus Muschelschalen und zerschlagenen Knochen- und Feuersteingeräten. An der französischen Küste fanden sich ähnliche Abfallhaufen. Von St.-Valery nahe an der Mündung der Somme, aus einer Gegend, die durch Reste des diluvialen Menschen so berühmt geworden ist, beschreibt Sauvage einen der Hauptmasse nach aus Muschelschalen bestehenden Hügel mit schwärzlichen Geschirrtrümmern, Feuersteingeräten, aber auch Knochen von Haustieren: Ziege, Schaf, Pferd und einer kleinen Rinderart, die beweisen, daß die ehemaligen Bewohner dieser Gegend in der Kultur den dänischen Küchenabfall-Menschen weit überlegen waren. R. Virchow hat Küchenabfallhaufen auch von der Pyrenäischen Halbinsel beschrieben, die aber, abweichend von den dänischen, oft zugleich als Begräbnisplätze der Muschelesser benutzt worden sind. Noch heute häufen sich wie in der Vorzeit an zahlreichen Küstenpunkten der Erde ähnliche Muschelbänke aus Nahrungsresten an.

Unter den in den Küchenabfällen Dänemarks gefundenen Knochen haben wir oben die des Schwanes genannt; besonders beachtenswert sind aber noch andere Vogelreste: die des jetzt in Europa ausgestorbenen Alks oder Papageitauchers (Alca impennis) und vor allem die des Auerhahns (Tetrao urogallus), der sich gegenwärtig in Dänemark nicht mehr zeigt, und von dessen früherer Existenz im Lande man vor diesen Funden keinerlei Nachricht besaß. Der Vogel nährt sich hauptsächlich von jungen Fichtentrieben, die Fichte (Pinus silvestris, Kiefer) kommt aber jetzt in Dänemark nicht anders als importiert vor. Da machte man nun die Entdeckung, daß sich die Überreste des Auerhahns auch in alten Schichten der dänischen Torfmoore neben den Überbleibseln einer einstigen reichen Vegetation von Fichten finden. Die Moorfunde lehren, daß die Baumvegetation Dänemarks in vorhistorischer Zeit einen auffallenden Wechsel erfahren hat. So bekam man aus den Moorfunden einen gewissen Anhalt zur Bestimmung des Alters der dänischen Küchenabfallhaufen: die Entstehung der Küchenabfallhaufen und die Fichtenzeit in Dänemark sind gleichzeitig.

Welches war nun aber die Zeit, in welcher die Fichte auf den dänischen Inseln zu Hause war? Auch darauf geben die Waldmoore eine Antwort, zwar nicht nach Jahren bestimmt, aber doch bestimmt im Sinne der geologischen Epoche. Schon 1840 hat Steenstrup die Wachstumsverhältnisse der Waldmoore und die aus diesen sich ergebenden klimatischen Veränderungen in Dänemark richtig erkannt. Seine ersten Beobachtungen machte er auf Seeland nördlich von Kopenhagen landeinwärts vom Öresund. Dieser ganze Landstrich trägt den Charakter der Moränenlandschaften. Niedrige Hügel aus glazialem Lehm und Sand, selten vereinzelt, meist zu längeren Zügen oder Rücken zusammentretend, noch jetzt an manchen Stellen von mächtigen Geschiebeblöcken bedeckt und oft davon durchsetzt, bald beackert, bald mit Wald bestanden, wechseln mit ebenen Flächen von geringer Ausdehnung. Zwischen den Hügeln und den Flächen befinden sich zahlreiche kleine Moore, manche mehr gerundet, die meisten in längeren Serpentinen sich hinziehend, zuweilen durch kleine Bäche verbunden, die sich nach kurzem Laufe in den Öresund ergießen. Die Moore liegen in tiefen Einsenkungen des Bodens, deren Ränder bis auf 30 m und darüber sehr steil abfallen, als wären sie ausgegraben, wie derartige Einsenkungen in ehemaligen glazialen Gebieten häufig vorkommen. Oft sind sie mit Wasser gefüllt, in Seeland häufig mit Vegetation überdeckt. Sie zeigen sich dann bis zu einer beträchtlichen Höhe mit Moorschichten überwachsen, so daß man erst beim Ausgraben ihre Größe und überraschende Tiefe erkennt.

Diejenigen Moore, die Steenstrup die wichtigsten Aufschlüsse erteilten, heißen in Dänemark Waldmoore (Skovmoser), im Gegensatz zu den Sumpf- oder Wiesenmooren (Kjærmoser) und Heidemooren (Lyngmoser). „Die Besonderheit der Waldmoore", sagt nach eigener Anschauung R. Virchow, „besteht darin, daß sie sehr deutlich geschichtet sind, und zwar so, daß die zentralen Schichten eine mehr horizontale, gegen die Mitte etwas eingebogene Lage haben, während die peripherischen schräg abfallen und unter spitzen Winkeln gegen die Seitenwände einsetzen." Von den untenstehenden Abbildungen stellt die erste das Lillemose bei Rudesdal dar, die zweite das Vidnesdammose bei Holtegaard. Im Durchschnitt bezeichnet d den glazialen, mit Geschiebeblöcken durchsetzten Lehm, c den gleichfalls erratische Blöcke enthaltenden Sand, in welchen die Einsenkungen eingetieft sind. In diesen Schichten sind zuweilen Mammutreste gefunden worden. Offenbar sind die Einsenkungen seit der glazialen Zeit vorhanden: Steenstrup bemerkt, daß die Oberfläche des Landes seit der glazialen Periode nennenswerte Hebungen oder Senkungen nicht erfahren hat. Von den

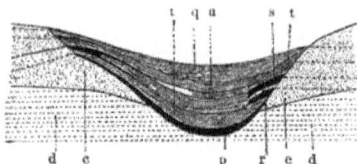

zentralen Schichten besteht die oberste t aus Torf mit Überresten gegenwärtig in derselben Gegend wachsender Waldbäume: Erle, Birke, Weide; die folgenden: u, q, p, m, enthalten gleichfalls Torf, hauptsächlich Torfmoos (Sphagnum) und Astmoos (Hypnum), durchsetzt mit Blättern der verschiedenen aufeinanderfolgenden Waldbäume. Darunter liegen Schichten von Süßwasserkalk mit Schalen noch lebender Konchylien, Kugelmuscheln (Cyclas planorbis), Schlammschnecken (Lymnaeus), denen sich

Waldmoor Lillemose bei Rudesdal in Dänemark. Nach R. Virchow, „Pflanzenreste aus dänischen Waldmooren" in der „Zeitschrift für Ethnologie", Bd. 16, S. 458 (Berlin 1884). Beschreibung siehe im Text.

eine Schicht von Laichkraut (Potamogeton) und anderen Sumpfgewächsen anschließt. In den untersten Moorschichten sind gelegentlich Renntierreste gefunden worden. In einer m entsprechenden Schicht wurde auf der Insel Moen ein Skelett von einem Auerochsen (Bos primigenius) ausgegraben. Ganz verschieden von den eben beschriebenen zentralen sind

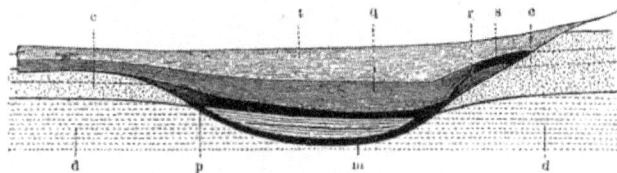

die seitlichen Schichten. In der Abteilung der Durchschnitte bei r trifft man zu unterst nur Reste der Zitterpappel (Populus tremula), etwas höher an dem größten Teil der Seitenflächen Reste der Fichte (Kiefer, Pinus silves-

Waldmoor Vidnesdammose bei Holtegaard in Dänemark. Nach R. Virchow, „Pflanzenreste aus dänischen Waldmooren" in der „Zeitschrift für Ethnologie", Bd. 16, S. 458 (Berlin 1884). Beschreibung siehe im Text.

tris). Erst weit nach oben folgen Schichten (s) mit der Eiche (Quercus sessiliflora) und endlich solche mit der Erle (Alnus glutinosa). Daran schließen sich nur am Rande der Einsenkung Buchen (Fagus silvatica), aus denen sich jetzt vorherrschend die herrlichen Wälder Seelands zusammensetzen. Aus dieser Übersicht folgt unzweifelhaft, daß in Dänemark die Nadelholzbäume durch die Laubhölzer allmählich verdrängt und schließlich ganz und gar vernichtet worden sind.

„Wie wir sehen", fährt Virchow fort, „fällt das größte anthropologische Interesse auf die Fichtenschicht. Sie bezeichnet nicht bloß die Zeit der Küchenabfälle, sondern allem Anschein nach auch die Zeit des ersten Erscheinens des Menschen im Lande. Aber sie nimmt auch quantitativ den größten Raum unter den seitlichen Schichten ein, sie muß also die verhältnismäßig längste Dauer gehabt haben. In dem Rudesdaler Moor war fast die ganze Ostseite des Abhanges in einer Höhe von mindestens 20 m mit einer dicken Lage von Fichtenresten bedeckt, hauptsächlich abgefallenen Nadeln, die zu einem dichten Filze zusammengedrückt

waren. Davon eingehüllt lagen in ganzen Haufen die zum großen Teil noch vortrefflich ge=
haltenen Zapfen, aber auch nicht wenig Stämme, sämtlich sehr stark, noch von ihrer Borke
eingehüllt, in der man sogar noch die Bohrlöcher und Gänge der Insekten erkennen kann.
Die Wurzelenden liegen oben, die Stämme schräg nach abwärts, in einer Stellung, die
deutlich erkennen läßt, daß die Bäume umgestürzt und die Wurzeln aus dem Boden aus=
gerissen sind. Auch das Holz ist vortrefflich erhalten." Vereinzelt traf Virchow, der persön=
lich mit Steenstrup die Waldmoore untersuchte, in der Fichtenschicht angebranntes und stark
verkohltes Holz. Steenstrup schloß daraus, daß die damaligen Bewohner die Bäume mit
Feuer angegriffen haben, um sie zu fällen. Er
berichtete außerdem, daß im Inneren des oben=
erwähnten Skeletts des Auerochsen von Moen
in der Gegend des Magens große Ballen von
Fichtennadeln gefunden wurden, die man als
Nahrungsreste des Tieres anzusehen hat.

Auch die Frage, wann sich nach dem
Zurückweichen des Eises die Baumvegetation
in Dänemark eingestellt habe, wird durch die
Waldmoore bestimmt gelöst. Nicht nur in dem
Ton unter den Wiesenmooren finden sich die
Reste arktischer Pflanzen, sondern auch im
Grunde der seeländischen Waldmoore. Hier
liegt ein fetter, blauer, sandiger Ton, in dem
sich beim Auseinanderbrechen Blätter und
Zweige und zuweilen Blüten hochnordischer
Pflanzen zeigen, insbesondere Weidenarten
(Salix herbacea, Salix polaris und Salix reti=
culata), aber auch Zwergbirke (Betula nana),
Silberwurz (Dryas octopetala) und Steinbrech
(Saxifraga oppositifolia). Bei der Bildung der
Waldmoore folgte auf diese arktische Flora die
Fichtenzeit, und wir können aus der oben an=
gegebenen Schichtung, freilich nicht nach be=

Ungeschliffene Feuersteinäxte der älteren Stein=
zeit aus den Küchenabfallhaufen Dänemarks.
Nach O. Montelius, „Die Kultur Schwedens in vor=ge=
schichtlicher Zeit", übersetzt von C. Appel (2. Aufl., Berlin 1885).
Vgl. Text S. 524.

stimmten Jahreszahlen, aber mit der Sicherheit geologischer Zeitrechnung, die Reihenfolge
der verschiedenen Vegetationen, die sich mit der fortschreitenden Milderung des Klimas an=
siedelten, feststellen und den Zeitpunkt des Erscheinens des Menschen angeben.

„Nehmen wir", so schließt Virchow seinen Bericht, „die Küchenabfallhaufen hinzu,
so erfahren wir auch, wie diese Menschen lebten, sich ernährten und beschäftigten. Freilich
wissen wir nicht, wer sie waren, und von wo sie kamen; denn die Vermutung Steenstrups,
daß die megalithischen, d. h. aus großen Steinen erbauten Gräber von ihnen oder ihren
nächsten Verwandten herrühren, ist vorläufig so wenig gestützt, daß sie nicht wohl in das Bild
der kulturgeschichtlichen Entwickelung des Nordens aufgenommen werden kann." Damit
stimmt auch O. Montelius überein. Nach ihm müssen die dänischen Küchenabfallhaufen
einer früheren Periode der Steinzeit angehören als die zum Teil unter dem Namen Gang=
gräber bekannten megalithischen Grabmäler, die wir unten näher betrachten werden. In

den Küchenabfällen findet man, wie gesagt, keine Spur von einem anderen Haustier als dem Hunde, während das Volk der megalithischen Grabbauten fast sämtliche der heutzutage wichtigsten Haustiere besaß. Überdies sind die in den dänischen Küchenresten gefundenen Gegenstände aus Feuerstein im allgemeinen viel roher als diejenigen, die sich in den Gräbern vorfinden, haben auch andere, einfachere Formen und sind ungeschliffen (s. die Abbildung S. 523). Auf die allseitig schön geschliffenen Äxte, Meißel usw., die in den Gräbern so zahlreich sind, sowie auf die schön zugehauenen Lanzen- und Pfeilspitzen aus Feuerstein stößt man in den Küchenabfällen nicht. Man hat manchmal die Meinung ausgesprochen, jene Menschen, welche die dänischen Küchenabfälle aufgehäuft haben, seien nur als rohe Fischer- und Jägerstämme der Küste anzusehen, bei denen, etwa so wie in den heutigen Fischerdörfern, viele Kulturmomente fehlten, die gleichzeitig in besser situierten Wohnplätzen des Binnenlandes schon bekannt sein mochten. Die eben mitgeteilten Beobachtungen scheinen aber doch zu zeigen, daß jene höher entwickelte, wenn auch noch immer vollkommen steinzeitliche Kulturperiode nicht nur lokal, sondern auch zeitlich von der Steinzeit der Küchenabfälle zu trennen ist. In diesem Sinne unterscheiden die skandinavischen Forscher ihr vollentwickeltes Steinzeitalter als das „jüngere" von dem „älteren", das uns die Küchenabfallhaufen kennen gelehrt haben. Es braucht kaum erwähnt zu werden, daß das „ältere skandinavische Steinzeitalter" in unserem bisher festgehaltenen Sinne ebenfalls der neolithischen, nachdiluvialen oder alluvialen und in dieser Hinsicht „jüngeren" Steinzeit als Altneolithikum zugeteilt werden muß.

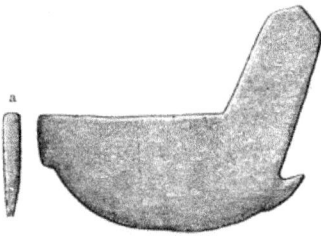

„Arktisches" Steinmesser aus Ostschweden. a Querschnitt. Nach O. Montelius, „Die Kultur Schwedens in vorgeschichtlicher Zeit", übersetzt von C. Appel (2. Aufl., Berlin 1885).

Zu dieser altneolithischen Kulturstufe gehört auch der schon oben (S. 443 und S. 519) erwähnte Fund von Manglemose bei Mullerap am Westufer der dänischen Insel Seeland, der als zeitlich älter als die Küchenabfälle angesprochen wird. Es handelt sich um eine Art von Packwerkbau in einem großen Moor, in dessen feuchtem Boden sich, wie in ähnlichen Fundstellen in der Schweiz, die aus organischem Material bestehenden Geräte vortrefflich erhalten haben, weit besser als in jenen Landansiedelungen. Die Fauna bestand aus Elch, Ur, Edelhirsch, Reh, Wildschwein; alle Haustiere fehlen, und zwar wurde auch vom Haushund der Küchenabfälle keine Spur gefunden. Aus Hirschhorn und aus Knochen gefertigt, finden sich Harpunen, Angelhaken, Dolche, falzbeinähnliche Glättinstrumente, Pfriemen, Nähnadeln, Nadeln zum Netzstricken, vor allem aber zum Teil durchlochte Äxte, aus Eberzahn Messer; Zähne von Elch und Ur waren als Schmuckgegenstände durchbohrt. Außer der Abwesenheit des Hundes spricht für ein höheres Alter auch das Fehlen aller keramischen Reste. Die Ansiedelung fällt übrigens ebenfalls in die Fichtenzeit; Eiche wurde nicht gefunden, dagegen Birke, Hasel, Ulme, Zitterpappel. Im ganzen Gebiete des europäischen Neolithikums, vor allem auch unter dem Inventar der steinzeitlichen Pfahlbauten, lassen sich, wie schon erwähnt, Reste dieser altneolithischen Periode erkennen, deren scharfe archäologische Trennung von der jüngeren Stufe freilich noch kaum ausführbar erscheint.

Eine andere Gruppe von Steinaltertümern, die namentlich im Norden Schwedens gefunden werden, hat man als arktische bezeichnet. Ihr Material ist meist Schiefer, man hält sie für Überreste der Steinzeit der Lappen und schließt aus den Fundorten, daß die Lappen einst weiter nach dem Süden Schwedens zu gewohnt haben als jetzt. Die Abbildung S. 524 zeigt ein eigentümlich geformtes „Messer aus Schiefer", das, aber aus Knochen bestehend, auch unter den neolithischen Höhlenfunden im bayrischen Franken auftritt.

Die megalithischen Grabbauten und die nordische jüngere Steinzeit.

In dem „jüngeren Steinzeitalter" der skandinavischen Länder, also in der Periode der vollentwickelten Steinzeitkultur, sehen wir die Bewohner des germanischen Nordens weit über den Standpunkt der heutigen rohesten Naturvölker erhoben. Es ergibt sich das schon daraus, daß sie nicht nur solche Arbeiten herstellten, wie sie zur notdürftigen Unterhaltung des Lebens unentbehrlich sind, sondern daß sie auch nicht geringe Mühe darauf verwandten, ihre Geräte so zierlich wie möglich anzufertigen. Von ihrem Geschmack in dieser Beziehung und ihrer außerordentlichen Geschicklichkeit in der Bearbeitung des Feuersteins geben ihre Geräte und Waffen schöne Proben. Ohne Zweifel wurden diese Steinkunstwerke im Lande selbst hergestellt; mehrfach ist man auf Fundplätze gestoßen, wo die Anfertigung von Feuersteingegenständen während dieser Periode offenbar fabrikmäßig betrieben wurde. Man findet in solchen Feuersteinwerkstätten eine Menge von Feuersteinsplittern, von halbfertigen und mißglückten Arbeiten, von Schlagsteinen usw. zusammenlagernd.

Leider besitzen wir aus den skandinavischen Gegenden ebensowenig wie

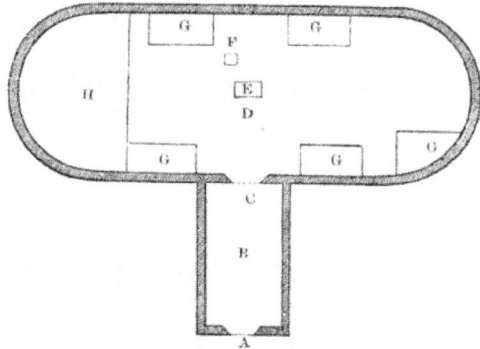

Grundriß einer Lappen-Gamme am Komag-Fjord bei Hammerfest. Nach O. Montelius, „Die Kultur Schwedens in vorgeschichtlicher Zeit", übersetzt von C. Appel (2. Aufl., Berlin 1885). Beschreibung siehe im Text.

aus den mit ihnen in der Steinzeit und der darauffolgenden Bronzeperiode sehr nahe übereinstimmenden Küstengegenden Norddeutschlands Überreste von Wohnstätten der vollentwickelten Steinzeitkultur. Die Hütten mögen aus Holz, Steinen, Torf und anderem gebaut gewesen sein. Nilsson hat aber aufmerksam gemacht auf die unleugbare Ähnlichkeit, die zwischen den Formen der skandinavischen Ganggräber und den Wohnungen der amerikanischen, asiatischen und europäischen Polarvölker besteht. Die obenstehende Abbildung gibt den Plan einer Lappenwohnung, Gamme, am Komag-Fjord im norwegischen Finnmarken, nahe bei Hammerfest. Die größte Höhe dieser Hütte war 1,5 m (bei F), die Breite 4,15 m und die ganze Länge 9 m. A ist die Außentür, B ein niedriger, zum eigentlichen Eingang in die Hütte führender Gang, 90 cm hoch, 1,75 m breit und 3,5 m lang; C die Innentür, die nach dem Raume D führt; E die Feuerstätte, mit ein paar großen, auf den Boden gelegten Steinen gepflastert; F eine Öffnung im Dache, die den Rauch hinauslassen soll; G Schlafplätze und H ein für die Ziegen abgetrennter Teil des Hauses. Dieses enthält sonach im wesentlichen nur einen niedrigen, ovalen, manchmal aber auch runden oder viereckigen Hauptraum, zu dem, wie bei den meisten Wohnungen arktischer Völker, von Süden oder Osten her ein noch niedrigerer, langer und schmaler Gang führt, durch den man nur

kriechend ins Innere gelangen kann. Wir werden nachher sehen, daß die Ganggräber tatsächlich in ihrer Bauanlage eine auffallende Ähnlichkeit mit der eben geschilderten Gamme
zeigen. Die beschriebene Hütte war aus Rasen erbaut, gestützt von einem kunstlosen Gerüst,
dessen Zwischenräume mit Moos ausgestopft waren. Die von Cook beschriebene Winterwohnung einer Tschuktschenfamilie war ähnlich gebaut. Sie besaß ovale Form, war etwa
6 m lang und etwas über 1 m hoch. Über ihrem ziemlich kunstreich aus Walfischrippen und
Holz gezimmerten Gerüst, das mit kleinen Stäben gedichtet war, lag eine einfache Grasdecke,
die wieder mit Erde beschüttet war, wodurch das Haus das Ansehen eines kleinen Hügels

Sommer- und Winterhütten der Kamtschadalen. Nach J. Cook in J. Lubbock, „Die vorgeschichtliche Zeit", übersetzt
von A. Passow (Jena 1874).

erhielt. Auf der Rückseite und den beiden Querseiten war das Bauwerk mit einer etwa
1 m hohen, mauerartigen Steinschichtung geschützt. Die obenstehende Abbildung zeigt eine
solche Winterwohnung aus Kamtschatka und hinter ihr die auf Pfählen errichteten Sommerwohnungen, so daß wir hier zwei Hauptwohnungsbauten der neolithischen Steinzeit:
Ganggrabform und Pfahlbau, nebeneinander im Gebrauch sehen.

Die Werkzeuge der damaligen Bewohner des Nordens, mit denen sie ihre Arbeiten
in Holz ausführten, waren besonders Messer, Sägen, Meißel und Äxte oder Beile. Wir
haben alle diese Formen der steinzeitlichen Instrumente schon geschildert (S. 375 ff.) und geben
auf der beigehefteten Tafel „Werkzeuge der nordischen jüngeren Steinzeit" noch einige
charakteristische Objekte in Abbildung. Man verstand mit diesen scheinbar so rohen Hilfsmitteln
zum Teil vorzüglich ausgeführte Gegenstände aus Knochen, Horn, Bernstein und anderem
herzustellen. Die zahlreich gefundenen Feuersteinschaber oder Schabmesser haben zur Bearbeitung der Häute gedient, die man zu Kleidern und Zelten brauchte. Zur Anfertigung

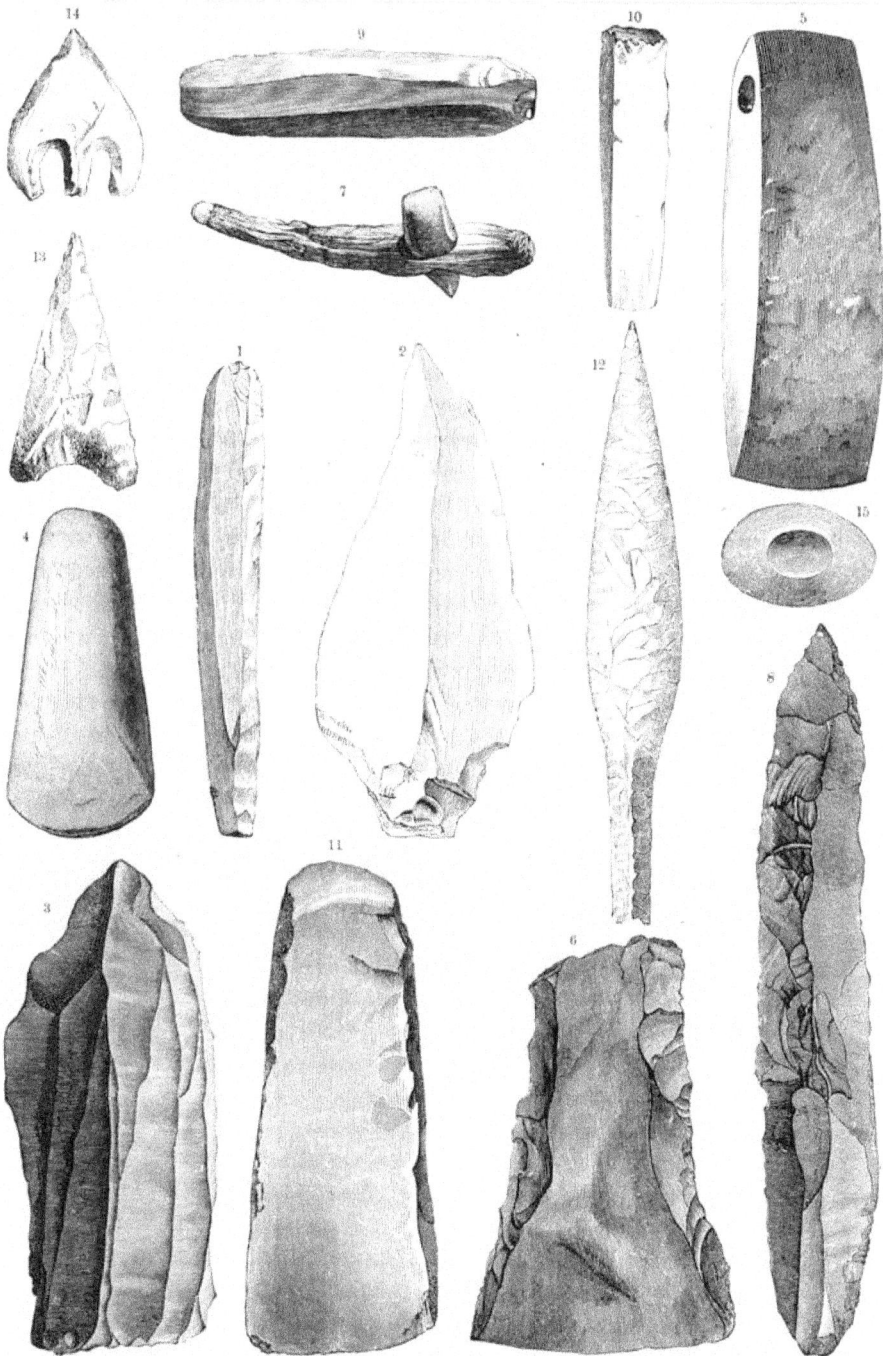

1—3. Nucleus (Steinkern). — 4. Steinaxt. — 5. Steinaxt mit Schaftloch. — 6. Dänische Axt. — 7. Axt mit Schaftung. —
8 u. 9. Feuersteinblätter. — 10. Meißel. — 11. Hohlmeißel. — 12. Lanzenspitze, Steindolch. — 13 u. 14. Pfeilspitzen
aus Irland. — 15. Behaustein.

Werkzeuge der nordischen jüngeren Steinzeit.

Nach J. Lubbock, „Die vorgeschichtliche Zeit", übersetzt von A. Passow (Jena 1874).

von Kleidungsstücken besaß man noch weiter Pfriemen, Nadeln und ein kammartiges Gerät von Knochen, dem ähnlich, welches die Eskimos gebrauchen, um die Sehnen, mit denen sie nähen wollen, zu zerteilen. Die Kleider mögen hauptsächlich oder ausschließlich aus Fellen und Häuten gefertigt worden sein, wie noch heute bei den nördlichsten Stämmen Asiens und Amerikas. Da wir in der Höhe der Kulturentwickelung des Steinzeitalters das Schaf als Haustier antreffen, so mag auch die Wolle schon in jener Zeit für Gewebe Verwendung gefunden haben. Jedoch sind Funde von Kleidungsstücken aus der nordischen Steinzeit, wie es scheint, bis jetzt noch nicht gemacht worden.

Unter den Schmucksachen stehen die aus Bernstein obenan; häufig kommen Perlen, zu Halsbändern vereinigt, vor. Die nebenstehende Abbildung gibt eine charakteristische Form einer steinzeitlichen Bernstein-perle. Zweifellos war schon damals der Bernstein Gegenstand des Handels-verkehrs. Er findet sich an den Ostküsten von Jütland reichlich, spärlich auch an der Küste von Schonen. Man hat ihn aber nicht nur dort, son-dern auch in schwedischen Gräbern in Vestergötland angetroffen, wohin der Bernstein also die ganze weite Strecke, wohl von Dänemark oder Schonen her, gebracht worden sein muß. Andere Perlen waren aus Knochen ver-fertigt; häufig wurden durchbohrte Zähne von Bären, Wölfen, Hunden, Ebern und anderen Tieren als Schmuck getragen, wie das noch heutigestages bei unseren Gebirgsjägern üblich ist.

Bernsteinperle von Südschweden. Nach O. Montelius, „Die Kultur Schwedens in vorgeschichtlicher Zeit", übersetzt von C. Appel (2. Aufl., Berlin 1885).

Die Steinärte dienten nicht nur zu technischen Zwecken, sondern auch als Jagd- und Kriegswaffen, neben Dolchen aus Feuerstein und mit Feuersteinspitzen bewehrten Lanzen und Pfeilen, deren Spitzen sich zu Tausenden erhalten haben. Eine Art der Feuersteinpfeilspitzen war mit einer dem Schafte quer vorliegenden Schneide an Stelle einer Spitze versehen. In einem dänischen Torfmoor fand sich eine solche Schneide noch in ihrem Schafte sitzend. Wahrscheinlich dienten diese Pfeile, wie noch jetzt die stumpfen Pfeile in Alaska, besonders zum Vogelschießen. Einen Beweis, daß Pfeile auch im Ernstkampf benutzt worden sind, scheint der Fund in dem Ganggrab von Borreby auf Seeland zu liefern, wo man eine kleine Pfeil-spitze aus Feuerstein in der Augenhöhle eines Schädels steckend gefunden hat. In Dänemark fand sich das Skelett eines Hirsches, in dessen Kiefer-knochen eine Pfeilspitze aus Feuerstein festsaß. Die zum Fischfang ver-wendeten Angelhaken waren entweder ganz aus Knochen verfertigt (s. die nebenstehende Abbildung) oder aus Knochen mit einem Widerhaken aus Feuerstein an der Spitze. Auch Harpunen und knöcherne Stechgabeln dienten zum Fischfang, der, wie die Reste solcher Fische, die nur im

Steinzeitlicher knö-cherner Angelhaken von Südschweden. Nach O. Montelius, „Die Kultur Schwedens in vorgeschichtlicher Zeit", übersetzt von C. Appel (2. Aufl., Berlin 1885).

offenen Meere gefangen werden konnten, in den Küchenabfällen beweisen, wahrscheinlich in einer Art von Boot, vielleicht Einbaum, wie in den steinzeitlichen Pfahlbauten der Schweiz, betrieben wurde.

Aus den in den Ganggräbern Schwedens gefundenen Knochen ergibt sich für die spätere Steinzeit folgender Bestand an Haustieren: Rind, Pferd, Schaf, Ziege (?), Schwein. Auf Ackerbau deuten namentlich die Funde steinerner Handmühlen hin (s. die obere Abbildung S. 528, Fig. 1). Daß die Steinzeitmenschen des Nordens das Kochen verstanden, ergab sich schon aus den Küchenabfallhaufen. Bestimmt haben auch manche in den nordischen Steinzeitgräbern gefundene Gefäße aus gebranntem Ton einst zum Kochen gedient; viele haben am Rande kleine Löcher zum Aufhängen über dem Feuer. Wir werden unten bei der Beschreibung der Gräberfunde in Deutschland näher auf die Keramik des Steinzeit-

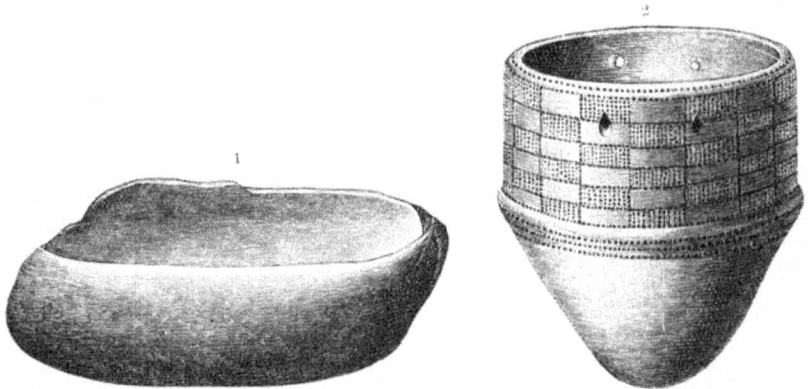

Steinzeitliche Handmühle (1) und Tongefäß (2) aus Südschweden. Nach O. Montelius, „Die Kultur Schwedens in vorgeschichtlicher Zeit", übersetzt von C. Appel (2. Aufl., Berlin 1885).

alters eingehen, hier sei nur bemerkt, daß die Tongefäße der skandinavischen Steinzeit oft auffallend hübsch gearbeitet sind, obwohl sie nur mit der Hand ohne Hilfe der Drehscheibe hergestellt wurden (s. die obenstehende Abbildung, Fig. 2); eingegrabene, mit einem weißen Stoff ausgefüllte Linien sind für ihre Ornamentierung besonders charakteristisch. Allgemein verbreitet finden sich als keramische Ornamente in der nordischen Steinzeit gerade Linien und Kompositionen von solchen. Daß übrigens nicht nur die Menschen der diluvialen Steinzeit lebende Naturobjekte zu zeichnen verstanden, beweisen rohe Tierbilder,

Dolmen in Südschweden. Nach N. Joly, „Der Mensch vor der Zeit der Metalle" (Leipzig 1880).

z. B. ein Reh, in eine Knochenaxt eingeritzt, aus der neolithischen Steinzeit des Nordens.

Die großartigsten Reste der nordischen Steinzeit, und zwar, wie wir oben hörten, der „jüngeren" Periode derselben, sind die bereits mehrfach genannten megalithischen Grabbauten. Wir können sie uns nur als die gemeinsamen Arbeiten in wesentlich geordneten gesellschaftlichen Verbänden lebender Stammes- oder Geschlechtsverwandten erklären, da ihre Errichtung das Zusammenwirken zahlreicher Menschenkräfte voraussetzt.

Damit stimmt auch überein, daß wir in ihnen, wie gesagt, die Reste zahlreicher Haustiere neben Beweisen fortgeschrittener Technik in der Bearbeitung des Steines und in der Herstellung der Tongeschirre, sogar unverkennbare Anzeichen von Handelsverkehr, wenigstens mit Bernstein, fin-

den. Man bezeich-
net diese aus Stei-
nen erbauten Grab-
denkmäler der Vor-
zeit mit den aus
dem Volksmund
übernommenen
Namen Dolmen,
Ganggräber und
Steinkisten.

O. Montelius
definiert die Dol-
men als frei-
stehende Grabkam-
mern, deren Wände
von großen, dicken,
auf die Kante ge-

Schwedischer Tumulus mit zwei Gang-Grabkammern. Nach N. Joly, „Der Mensch
vor der Zeit der Metalle" (Leipzig 1880).

stellten unbehauenen Steinen gebildet werden, die vom Boden bis an die Decke reichen und auf der inneren Seite eben, auf der äußeren aber meist uneben sind. Der Boden

besteht oft aus Sand
oder kleinen Stei-
nen, das Dach ge-
wöhnlich aus einem
sehr großen, nur in-
nen flachen Stein-
block oder mehreren
solchen Blöcken.
Die die Kammer
bildenden Steine
umschließen einen
verschieden, vier-
oder fünfeckig, rund
oder oval gestalte-
ten Grundriß (s. die
untere Abbildung

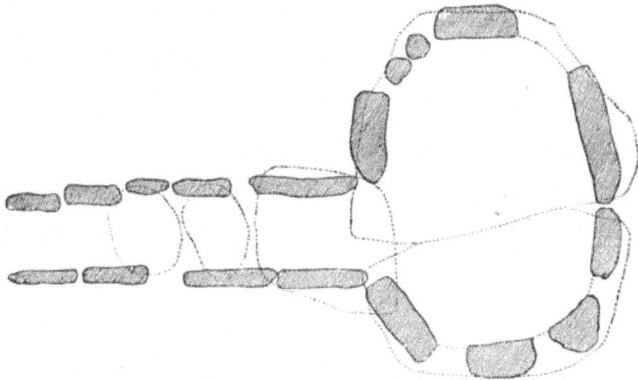

Grundriß eines Ganggrabes bei Falköping in Südschweden. Nach O. Montelius,
„Die Kultur Schwedens in vorgeschichtlicher Zeit", übersetzt von C. Appel (2. Aufl., Berlin 1885).
Vgl. Text S. 530.

S. 528). Die Ganggräber oder Riesenhäuser (schwedisch Jättestugor) sind jene oben mit den Wohnungen arktischer Völker verglichenen Grabbauten. Ihr Bau ist im ganzen der-selbe wie der der Dolmen, aber sie sind größer und äußerlich von einem Grabhügel umgeben, stehen also nicht frei wie die Dolmen; doch waren ursprünglich die Decksteine der Kammer über der Grabhügeloberfläche sichtbar (s. die obere Abbildung dieser Seite). Sie sind durch einen langen, bedeckten, nach Osten oder Süden führenden, auch aus Steinen gebauten Gang charakterisiert. Die Kammer ist nicht selten 7 m lang, so hoch, daß ein Mann darin aufrecht stehen kann, und zwischen 2 und 3 m breit (s. die untere Abbildung S. 529). In Schweden sind Dolmen und Ganggräber namentlich in den südlichen Küstengegenden verbreitet, noch häufiger sind sie in Dänemark. Auch außerhalb Skandinaviens sind solche Grabbauten

Stein-Grabkiste bei Skottened in Südschweden. Nach O. Montelius, „Die Kultur Schwedens in vorgeschichtlicher Zeit", übersetzt von E. Appel (2. Aufl., Berlin 1885).

vielenorts bekannt: sie finden sich auf den großbritannischen Inseln, an den germanischen Nordküsten, von der Weichsel an bis nach Frankreich und Portugal; außerdem in Italien, Griechenland und in der Krim, im nördlichen Afrika, in Palästina und Indien. Doch gehören keineswegs alle diese Bauten dem Steinzeitalter an. Die dritte der obengenannten Grabformen, die Steinkiste (s. die obenstehende Abbildung), ist eine kleinere, längliche, viereckige Grabkammer ohne Gang und meist aus dünneren Steinplatten als die Ganggräber gebaut. Entweder sind diese Steinkisten ganz in einem Grabhügel verborgen, oder der obere Teil liegt frei. Chronologisch erscheinen nach Montelius die Dolmen älter als die Ganggräber, noch jünger sind die Steinkisten, von denen die mit einem Hügel bedeckten der Übergangsepoche von der Stein- zur Bronzezeit angehören.

Schalenstein von Südschweden. Nach O. Montelius, „Die Kultur Schwedens in vorgeschichtlicher Zeit", übersetzt von E. Appel (2. Aufl., Berlin 1885).

Unter den dänischen Grabbauten unterscheiden H. Petersen und J. Mestorf neben den als erste Form bezeichneten Ganggräbern Rundsteinbetten und Langsteinbetten, welch letztere den Riesen- oder Hünenbetten Norddeutschlands entsprechen. Die Rundsteinbetten sowie die Langsteinbetten sind charakterisiert durch die entweder runde oder gestreckt-viereckige Form des monumentalen Steinringes, der den Hügel, in dem die Grabkammer verborgen liegt, an der Basis umzieht. In den Rundbetten findet sich eine, in den Langbetten öfters zwei oder sogar mehrere, bis fünf, Einzelkammern, deren Decksteine frei liegen. Als vierte Form beschreibt H. Petersen eckige Grabkammern und niedrige, aus Steinen erbaute Grabkisten unter einem runden Hügel ohne Steinring. Petersen verkennt bei dieser Einteilung nicht, daß verschiedene Formen, namentlich die der Steinkammern, häufig ineinander übergehen. Meist fehlt den Hügeln mit großen Gangbauten ein äußerer Steinkreis, der dagegen bei solchen Hügeln, die kleinere, polygonale Ganggräber enthalten, oft so mächtig wie bei den eigentlichen Rundsteinbetten erscheint. Die Zahl der megalithischen Gräber schätzt Petersen allein für Seeland auf 3—4000.

Die großen Gangbauten waren dazu bestimmt, mehrere Leichen in sich aufzunehmen. Die Leichen wurden in Skandinavien während des ganzen Verlaufes der Steinzeit unverbrannt bestattet, und zwar in liegender oder sitzender Stellung. Neben den Verstorbenen

Menhir von Croisic (Loire-Inférieure). Nach R. Joly, „Der Mensch vor der Zeit der Metalle" (Leipzig 1880). Vgl. Text S. 532.

pflegte man eine Waffe, ein Werkzeug oder ein paar Schmuckgegenstände beizusetzen, oft auch Tongefäße, die einst Speisen und Getränke enthalten haben mögen, was, wie die anderen erwähnten Grabbeigaben, für einen Glauben der nordischen Steinzeitmenschen an ein zukünftiges Leben nach dem Tode spricht. In Dänemark hat man in Ganggräbern die Reste von 10—20 Leichen gefunden, ja in dem berühmten Grabe bei Borreby zählte man die Skelette von etwa 70 Personen verschiedenen Alters und Geschlechts, die nicht nur in der Kammer, sondern auch in dem Gange beigesetzt waren. In Schweden enthielten einige der untersuchten Ganggräber sogar 50—100 Leichen. Im Jahre 1830 wurde z. B. bei Goldhaven ein Ganggrab geöffnet, in dem rings an den Wänden „zahllose" derartige Skelette sitzend bestattet waren; neben jedem lagen Waffen oder Schmucksachen.

Im Norden gehören die sogenannten Schalensteine oder Näpfchensteine (s. die untere Abbildung S. 530) schon dem Steinzeitalter an. Öfters zeigen sich auf der Oberfläche

34*

der Decksteine der steinzeitlichen Gräber derartige kleine, runde, seltener ovale, napfähnliche Vertiefungen, die vielleicht für Totenopfer gebraucht wurden. In Schweden nennt das Volk diese kleinen, schüsselförmigen Vertiefungen Elfenmühlen, man hält sie an vielen Orten noch für heilig und opfert sogar heimlich in ihnen. Kleinere Steine mit eingetieften Schalen, Opfersteine, werden auch in dem Inneren der Gräberbauten gefunden, z. B. stammt der S. 530, unten, abgebildete Stein aus dem Gange eines schwedischen Ganggrabes. In Mitteldeutschland, bei Nürnberg und München, fanden sich ganz ähnliche Schalensteine in Grabhügeln einer viel entwickelteren prähistorischen Epoche, der Hallstatt-Zeit. Die Funde aus der nordischen Steinzeit ergänzen das Bild, das wir von den steinzeitlichen Pfahlbauten der Schweizer Seen entworfen haben, in mannigfacher Weise und sind um so bedeutsamer, als sie sich wesentlich als Grabfunde neben die dortigen Wohnstättenfunde stellen.

Megalithische Steinbauten finden sich nicht nur häufig, sondern auch in besonderer Größe und Schönheit in Großbritannien und vielen Gegenden Frankreichs. Dort spielen sie eine besonders wichtige Rolle in dem Sagenschatz des Volkes und haben früh die Aufmerksamkeit der Altertumsforscher auf sich gezogen. Von dort stammt auch eine Anzahl wissenschaftlich allgemein angenommener Benennungen für verschie-

Steinkreis aus der jüngeren Steinzeit Englands. Nach J. Lubbock. „Die vorgeschichtliche Zeit", übersetzt von A. Passow (Jena 1874).

dene Steindenkmäler dieser Art. So haben z. B. auch jene merkwürdigen steinzeitlichen Bauten des Nordens, die man als Dolmen bezeichnet, ihren Namen aus dem niederbretonischen oder gälischen Patois erhalten; v. Bonstätten erklärte das Wort für eine Zusammensetzung aus den beiden bretonischen Worten Daul oder Dol (Tisch) und Men oder Maen (Stein), Dolmen bedeutet daher Steintisch. „Wer", sagt Joly, „durch die Ebenen der Bretagne und Mittelfrankreichs und durch die Pyrenäentäler wandert, sieht fast bei jedem Schritt seltsame Denkmale, die in der Regel aus einem oder mehreren unbehauenen Steinkolossen bestehen, die horizontal auf zwei, drei oder vier Felsblöcken oder auf einem Steinhaufen liegen." Diese den oben geschilderten nordischen ganz entsprechenden rohen Bauten sind es, die man dort in der Volkssprache Dolmen nennt. Auch die Bezeichnungen „Menhir" und „Cromlech" stammen aus jenen gälischen Gegenden. Dort finden sich, oft in der Nähe der Dolmen, einzeln aufgerichtete Steine, Steinsetzungen, die unter dem Namen Menhir bekannt sind (s. die Abbildung S. 531). Das Wort ist gebildet aus Maen (Stein) und hir (lang). Diese Steine sind große, dreieckige, viereckige oder spindelförmige Blöcke, die als unbehauene oder grob behauene Obelisken erscheinen; bald stehen sie vereinzelt, bald gruppenweise oder in mehreren Reihen angeordnet. Auf dem 1500 m umfassenden berühmten Felde von Carnac im Departement Morbihan stehen nicht weniger als 11 000 Menhirs in elf Reihen. Manche solche Menhirs sind Blöcke von wahrhaft kolossalen Dimensionen: der spindelförmige Menhir von Lock-Maria-Ker in Morbihan ist 19 m hoch und in der Mitte 5 m breit, der Menhir auf dem Champ-Dolent bei Dol im Bezirk von St.-Malo mißt etwa 9 m über und halb soviel unter dem Erdboden. Auch solche Steinsetzungen sind weit verbreitet. Im Alten Testament wird die Errichtung sowohl von Einzelsteinen als auch von Gruppen solcher Steine erwähnt; hierher gehören z. B. die von Moses am Sinai und von Josua zu Gilgal errichteten zwölf säulenartigen Steine.

Von diesen Steinsetzungen unterscheidet man den Steinkreis, Cromlech (von Crom, d. h. Kreis, und Lech, d. h. Stein). Es sind Ringe, gebildet aus aufrechtgestellten unbehauenen Steinen (s. die Abbildung S. 532). In Großbritannien fand Lubbock als

Stonehenge bei Salisbury in England. Nach Marquis de Nadaillac, „Die ersten Menschen usw.", herausgegeben von W. Schlösser und E. Seler (Stuttgart 1884).

gewöhnlichen Durchmesser solcher Steinringe 100 Fuß, zuweilen ist ihr Durchmesser aber viel größer. Der Steinkreis von Amesbury wird von drei ineinanderliegenden Kreisen ge-bildet; der Hauptkreis mißt 1200 Fuß und setzt sich aus 30 Steinen zusammen, die beiden inneren Kreise je aus 12 durch gleichmäßige Zwischenräume getrennten Steinen. Diese Zahlen wiederholen sich bei anderen großbritannischen Steinkreisen; so zeigt z. B. der groß-artigste unter diesen Bauten, der Stonehenge, in seinem äußeren, aus Haupt- und Quer-steinen bestehenden Ringe ebenfalls dreißig. Übrigens weicht der Stonehenge in manchen Beziehungen von dem gewöhnlichen Typus der Steinkreise ab: eine Anzahl seiner Haupt-steine ist grob behauen und mit Quersteinen gedeckt (s. die obenstehende Abbildung). Wie gesagt, gehören überhaupt nicht alle solche megalithischen Bauten, nicht einmal alle euro-päischen, dem Steinzeitalter an, und zweifellos ist auch der Stonehenge jünger. Er bestand einst aus einem kreisförmigen Säulengang von 88 m Durchmesser, der einen zweiten Kreis hoher, aufrechtgestellter Steine, Menhirs, umschloß. Innerhalb dieses zweiten Kreises findet sich ein ovaler Ring aus Trilithen, je zwei Steinpfosten, etwa 4 m hoch und 2 m breit, die von einem Querstein bedeckt sind. Namentlich diese Quersteine zeigen deutlich Bearbeitung; es finden sich sogar Löcher zur Verzapfung der Steine. Innerhalb der Trilithen lag ein vierter Ring, wieder oval und aus Menhirs bestehend. Die Steine des Stonehenge sind gewaltige Granitblöcke. Um den ganzen Bau scheint ein Ringgraben angelegt gewesen zu sein.

Die neolithischen Höhlenbewohner in England, im fränkischen Juragebiet, in der Schweiz und in Polen.

Die megalithischen Bauten der jüngeren, neolithischen Steinzeit, zweifellos in ihrer Mehrzahl Grabdenkmäler von Häuptlingen und Vornehmen, sind unbestritten die großartigsten Zeugen aus jener uralten Kulturperiode Europas. Sie bedurften zu ihrer Errichtung des planmäßigen Zusammenarbeitens einer größeren Anzahl von Menschen, denen die Ehrung des Verstorbenen Gefühlsbedürfnis oder heilige Pflicht war. Durch gemeinsame Tätigkeit, wohl von Stammesgenossen, erbaut, beweisen sie uns sonach für die Gegenden, in denen wir sie finden, dasselbe, was uns die steinzeitlichen Pfahlbauten für die Schweiz und für die übrigen Alpenvorländer gelehrt haben: daß ihre Erbauer in geschlossenen Gemeinde- oder Stammesverbänden vereinigt waren. Die Ausbildung der gesellschaftlichen Zustände der jüngeren Steinzeit steht also keineswegs mehr auf einer niedrigen Stufe, wie wir das vielleicht vermuten könnten, wenn uns von dem Leben der neolithischen Europäer nichts weiter bekannt wäre als das Ergebnis der Höhlenforschung. Die Untersuchung der Höhlen zeigt dem ersten Blicke die Bewohner unseres Erdteils in den Gegenden, in denen sich zahlreiche Höhlen finden, als in wesentlichen Sitten und Lebensgewohnheiten noch scheinbar den diluvialen Höhlenmenschen ähnliche Troglodyten. Betrachten wir aber die Verhältnisse etwas eingehender, so erkennen wir in dem Höhlenbewohner unserer jüngeren Steinzeit doch schon einen Menschen von vergleichsweise höherer Kultur, im Besitz jener Kulturmittel, welche die entwickelte Steinzeit des germanischen Nordens sowie der ältesten Pfahlbauten der Alpenländer charakterisieren. An sich ist ja, wie wir wissen, die Sitte, Höhlen und Grotten als Wohnungen zu benutzen, keineswegs ein Beweis für eine besonders niedrige Stufe der Gesittung. Namentlich in den Höhlengegenden Englands wurden natürliche Höhlen in allen Perioden der Vorgeschichte teils dauernd, teils vorübergehend bewohnt, und wir dürfen nicht vergessen, daß auch noch in historischer, ja neuester Zeit Höhlen als Zufluchts- und gelegentliche Wohnorte dienten, wo Jäger, Hirten, Holzfäller und andere ihr Feuer zu zünden und zu nächtigen pflegten.

Es ist ein besonderes Verdienst von Boyd Dawkins, für Großbritannien die jüngere Steinzeit in bezug auf ihre Überreste in Höhlen genau erforscht zu haben. Wir dürfen seine Resultate als für diesen Untersuchungskreis typisch an die Spitze der nächstfolgenden Betrachtungen stellen. Die Menschen der jüngeren Steinzeit benutzten in den Höhlengegenden Europas die Höhlen, Grotten und Felsvorsprünge ebenso zu Wohnungen, wie das so lange vor ihnen der diluviale Mensch getan hatte. Aus den Beobachtungen von Boyd Dawkins ergibt sich, daß die Höhlen auch noch in der jüngeren Steinzeit häufig als Begräbnisorte verwendet worden sind. Aus den Höhlenwohnungen erhalten wir, ähnlich wie aus den Pfahlbauten der Schweiz, ein zusammengehöriges Inventar des Lebens in jener entfernten Periode.

In England ist durch die Untersuchungen von Boyd Dawkins und Busk besonders eine Gruppe von Höhlen berühmt geworden, die um einen halbzerstörten Küchenabfalls= haufen herumliegen, der sich in seiner Zusammensetzung freilich sehr wesentlich von den oben beschriebenen nordischen unterscheidet: bei Perthi=Chwareu, einem Landgut hoch oben in den Bergen von Wales. Die Küchenabfälle bestanden dort nicht aus Muscheln, sondern fast ausschließlich aus Knochen von Säugetieren. „Fast alle Knochen", sagt Boyd Dawkins, „waren zerbrochen und stammten meist von jungen Tieren. Sehr zahlreich fanden sich die Knochen von dem keltischen Hausrind der Shorthornrasse (Bos longifrons), von Schaf oder Ziege und von jungen Schweinen; die Knochen von Reh, Hirsch, Hase und Pferd dagegen waren verhältnismäßig selten. Vereinzelt kamen Knochen von Dachs, Fuchs, Kaninchen und Adler vor; das Renntier fehlt. Ziemlich zahlreich erschienen auch Hundeknochen, und aus dem Überwiegen der Reste von jungen Individuen scheint hervorzugehen, daß der Hund, wie die anderen Tiere, als Nahrungsmittel gedient habe; möglicherweise wurde auch der Hase verspeist, doch sind seine Überreste nur spärlich. Einige von den Knochen waren von Hunden benagt. Die einzig denkbare Annahme, wie diese Anhäufung von Tierresten ent= standen sein kann, ist die, daß dort einst ein Hirtenstamm, der jedoch noch zum Teil auf Jagd angewiesen war, gewohnt habe; aus den weggeworfenen Überresten seiner Speisen bildete sich schließlich der Küchenabfallhaufen."

In der Nähe des Abfallhaufens untersuchte Boyd Dawkins eine kleine Felsennische, die an der steilen Wand des Südabhangs durch eine Art von Felsendach geschützt war. Der Platz schien wohlgeeignet, eine Schutzstätte für Menschen abzugeben. Die Nachgrabungen brachten Knochenüberreste von Hund, Marder, Fuchs, Dachs, Ziege, Shorthornrind, Reh, Hirsch, Pferd und großen Vögeln zutage. Beim Weitergraben stieß man zwischen und unter Fels= massen, die ganz mit Erde bedeckt waren, auf menschliche Knochen. Nach Forträumung des Felsens sah sich der Forscher an der Schwelle einer Grabhöhle. Das Felsendach ver= jüngte sich zu einer Tunnelhöhle, die parallel dem Streichen des Gesteines und annähernd in rechtem Winkel zum Tal in den Felsen hineinzog, in einer Weite von 1—1,67 m und einer Höhe von 1—1,37 m. Der Eingang war vollständig mit losen Steinen und Erde versperrt; erstere waren, wie es schien, absichtlich zum Verschluß des Eingangs dorthin gelegt wor= den. Im Inneren war die Höhle bis etwa 0,3 m von der Decke mit Erde und Sand aus= gefüllt. Hier fanden sich viele menschliche Skelettreste neben kleinen Kohlenstückchen, dabei ein Feuersteinmesser, Pferde= und Eberzähne, Knochen vom Shorthornrind und anderes. Die menschlichen Überreste gehören meistens ganz jungen oder jugendlichen Individuen an, kleinen Kindern und Jünglingen bis zu 21 Jahren. Einige jedoch sind von Männern in der Blüte des Lebens. Die Zähne der nur etwas älteren Individuen sind flach abgekaut; einige von den Schienbeinen zeigen die eigentümliche Abplattung parallel zur Mittellinie, die als Platyknemie (Band I, S. 484) beschrieben wurde; bei mehreren der Schenkel= beine ist die linea aspera stark entwickelt und vorspringend. Allein diese Eigentümlichkeiten finden sich nicht bei allen Schenkeln und Schienbeinen und können demnach nicht wohl als Rassencharaktere bezeichnet werden, wahrscheinlich jedoch als Geschlechtscharaktere; sie fehlen an den jüngeren Knochen. Alle diese menschlichen Überreste waren unzweifelhaft in der Höhle begraben worden, da die Knochen im wesentlichen vollkommen erhalten oder nur zum Teil durch die großen, später von der Decke gefallenen Steine zerbrochen waren. Aus der Tatsache, daß ein Schädel neben einem Becken lag, aus der senkrechten Stellung eines Schenkelbeines sowie daraus, daß die Knochen in regellosen Haufen beisammenlagen, geht hervor, daß die Leichen in kauernder oder sitzender Stellung bestattet wurden, wie wir das schon von paläolithischen Begräbnissen und dann oben (S. 531) von den megalithischen Gräbern beschrieben haben. Da der Raum nicht groß genug erscheint, um so viele Leichen auf einmal unterzubringen, so wurde die Höhle gewiß zu verschiedenen Zeiten als Begräbnisstätte gebraucht. Die den Eingang versperrenden Steine wurden wahrscheinlich davorgelegt, um das Eindringen der wilden Tiere zu verhindern.

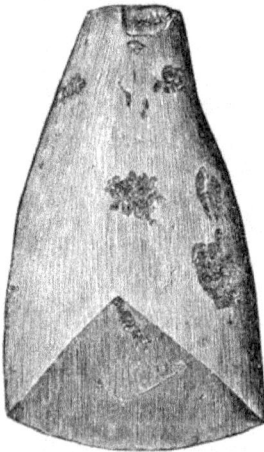

Grünsteinart aus dem Gräber- fund von Rhosdigre in England. Nach B. Dawkins, „Die Höhlen und die Ureinwohner Europas", übersetzt von J. W. Spengel (Leipzig 1876).

Die bei den Menschenknochen liegenden Tierreste gehören zu denselben Arten, die oben aus den Küchenabfallhaufen aufgeführt sind, und befinden sich in ähnlich zerbrochenem und zerspaltenem Zustande. Sie können zu derselben Zeit wie die menschlichen Skelette dorthin gekommen sein, allein da sie zum Teil von Hunden zernagt sind, ist es wahrscheinlicher, daß sie vor der Zeit der Begräbnisse dort angehäuft wurden, zu einer Zeit, als die Höhle als Wohnstätte diente. Wenn die Leichen in einem früher bewohnten Boden beigesetzt und ihre Reste später durch Kaninchen und Dachse durcheinandergewühlt wurden, so mußten die Überreste notwendig so untereinandergemengt werden, wie man sie tatsächlich antraf.

„Später fanden wir", fährt Boyd Dawkins in seiner Schilderung fort, „innerhalb weniger hundert Meter von dem Küchenabfallhaufen noch vier andere Grabhöhlen, in denen die Leichen in derselben kauernden Stellung begraben waren. Aus einer derselben auf dem Landgute Rhosdigre erhielten wir einen vollständigen Kelt aus geschliffenem Grünstein, der sichtlich noch nie gebraucht war, sowie mehrere Feuersteinmesser und zahlreiche Topfscherben, roh gearbeitet, innen schwarz, aus freier Hand gemacht und mit kleinen Kalksteinstücken darin. Der Kelt war wahrscheinlich, nach seinem Erhaltungszustand zu urteilen, neben den Toten als Beigabe gelegt; er charakterisiert die Gräber dieser ganzen Gruppe als neolithisch." (S. die obenstehende Abbildung.)

Unter den Knochentrümmern aus diesen Höhlen befanden sich Zähne vom braunen Bären und der Unterkiefer eines Wolfes. Die zerbrochenen Hundeknochen deuten, wie gesagt, an, daß dieses Tier den neolithischen Bewohnern sowohl als Nahrung wie als Haustier gedient hat. Ähnliche Beweise für den Genuß des Hundefleisches haben die zerbrochenen Knochen aus den neolithischen Grabhügeln der Yorkshirer Wälder geliefert. Anderseits geht aus den Spuren von Hunde- oder Wolfszähnen an einigen der menschlichen Schenkelbeine hervor, daß diese Tiere in die Höhle eingedrungen sind und von den Leichen gefressen haben. Die Zahl der Skelette von allen Altersstufen und beiden Geschlechtern, die in diesen Höhlen begraben sind, war, wie gesagt, sehr beträchtlich. Sie sind zu verschiedenen Zeiten in dem Boden der früher bewohnten Höhle beigesetzt worden. Die Höhle von Rhosdigre ist, wie aus

den unter einigen der Skelette gefundenen Kohlenstücken, zerbrochenen Knochen und Topf=
scherben zweifellos hervorgeht, bewohnt gewesen, ehe sie als Begräbnisstätte gedient hat.
Wahrscheinlich wurde ursprünglich das Haupt einer Familie oder eines Stammes in seiner
eigenen Höhlenwohnung begraben und diese dann später von seinen Verwandten und Nach=
folgern als Familiengrabstätte benutzt.

Δ In einigen anderen englischen Höhlen wurden ähnliche Entdeckungen gemacht. In
der Nähe von Perthi-Chwareu lagen auch Kammergräber, aus großen Steinen zusammen=
gesetzt, im Bau den oben beschriebenen nordischen Ganggräbern ähnlich. Boyd Dawkins
schließt aus den Untersuchungen dieser Steingräber, daß sie von demselben Volke gebaut und
benutzt worden sind, dessen Überreste in den natürlichen Grabhöhlen beigesetzt waren.

Δ Ganz entsprechend die=
sen Funden in Großbritan=
nien, jedoch viel reicher, sind
die, welche ich aus zahlreichen
F e l s w o h n u n g e n d e r
F r ä n k i s c h e n S c h w e i z i n
B a y e r n beschrieben habe (s.
die nebenstehende Abbildung
sowie die auf S. 538 bis 543).
Die romantischen Talgründe
der Fränkischen Schweiz,
welche die Wisent und ihre
Seitengewässer in das frän=
kische Juraplateau zwischen
Baireuth und Bamberg ein=
schneiden, veranlaßten schon
zur Zeit der ältesten Besetzung
dieser Gegenden durch Men=
schen eine dauernde Besiede=
lung. Die dortigen Höhlen=

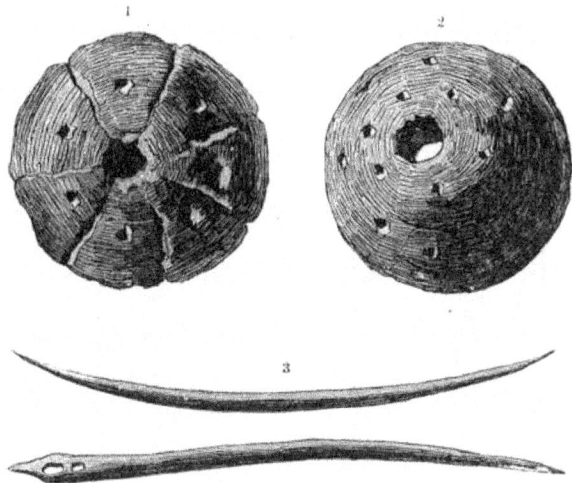

Thönerne und knöcherne Geräte aus der jüngeren Steinzeit der Frän=
kischen Schweiz: 1 und 2 Sp.nnw.rtel aus Ton, 3 Nade'n aus Knoche1. Nach
den Originalen in der anthropologisch=prähistorischen Staatssammlung zu München.
Vgl. auch Text S. 543.

funde lassen uns zwischen den Resten der diluvialen Fauna nur ärmliche Spuren der
Höhlenbewohner erkennen, gerüstet mit rohen Flußkieseln und gespitzten Feuersteinsplit=
tern zum Kampf mit der Höhlenhyäne und dem Höhlenbären, die mit ihnen das Jagd=
gebiet teilten. Dagegen fanden sich zahlreiche Beweise, daß diese Höhlengebiete während
der neolithischen Periode bewohnt gewesen sind. Aus dem Boden kleiner wohnlicher
Grotten und unter überhängenden, vor den Unbilden des Wetters schützenden Felsendächern
wurden die Zeugen einer primitiven Kultur gehoben, welche die alten Höhlenbewohner
des fränkischen Jura auf einer ähnlichen Bildungsstufe erscheinen läßt wie die Bewohner
der Pfahlbauten, der Steinzeitstationen in den Seen der Alpenländer; auch an den Ufern süd=
deutscher Flüsse wohnte also einst ein Volk, das, noch wesentlich auf Jagd und Fischfang an=
gewiesen, bei ausschließlicher Benutzung von Stein= und Knochenwerkzeugen o h n e M e t a l l
doch schon zu den Anfängen des Ackerbaues, wenigstens zum Leinbau, fortgeschritten war und
es verstand, die ihm von der Natur frei gewährten Hilfsmittel der Existenz durch die ersten
technischen Künste: Zuschlagen und Schleifen von Steininstrumenten, Knochenschnitzerei,

vor allem aber durch Gerberei, die Kunst, zu nähen, Weberei, Flechtkunst und Töpferei, zu vermehren. Die Fränkische Schweiz bietet neben natürlichen Felswohnungen auch die übrigen Bedingungen eines primitiven Lebens dar. Die wiesengrünen Täler, anmutig von Waldhöhen und grottenreichen Felsen umsäumt, der kristallhelle Fluß mit seinen Quellbächen, dessen eiliger Lauf auch im Winter die Bildung einer Eisdecke verhindert, reich an wohlschmeckenden Fischen, namentlich Forellen, der Wald mit den Heiden und Sümpfen der angrenzenden Hochebene, bevölkert von Hochwild: alles das mußte den Menschen jener frühen Kulturperiode zur Ansiedelung locken, dem Jagd und Fischfang Hauptnahrungserwerb und Lebensgenuß zugleich waren.

Die Knochen von Tieren, die hier in den während der jüngeren Steinzeit bewohnten Höhlen gefunden worden sind, gehören in großer Zahl dem Edelhirsch, dem Reh, dem Eber, dem Biber, zwei Rinderarten, dem Pferde und dem Hunde an. Die Knochen der Mehrzahl

Schmuckplatten aus der jüngeren Steinzeit der Fränkischen Schweiz. Nach den Originalen in der anthropologisch-prähistorischen Staatssammlung zu München. Vgl. Text S. 544.

dieser Tiere wurden zu Waffen, Geräten und Schmuckgegenständen verarbeitet. Die festen Geweihsprossen des Edelhirsches dienten zur Herstellung von Pfriemen, Nadeln, Pfeilspitzen und gröberen Werkzeugen; manche dieser letzteren sind auch aus Hirschknochen geschnitzt, die sich durch ihre feste Struktur und hohe Politurfähigkeit zu diesem Zwecke besonders geeignet erwiesen. Gewaltige Hauer deuten auf riesige Eber, andere Knochenreste auf kleinere, jüngere und weibliche Tiere derselben Art. Aus dem unteren Hauzahn eines Ebers gearbeitet fand sich ein Messer mit scharfer Schneide, auch auf der flachen Seite gut geschliffen. Neben dem Hirsche lieferte aber vor allem die größere der beiden obenerwähnten Rinderarten in ihren Röhrenknochen und Rippen Material zur Herstellung von Knochenwerkzeugen. Die Substanz dieser aus Rinderknochen geschnitzten Werkzeuge ist so kompakt und zum Teil noch heute von so elfenbeinartiger Politur, daß man auf ein wildes Rind, vielleicht den Wisent (Bison europaeus), den litauischen Auerochsen, raten möchte. Er hat dem Wisenttal und seinem Flusse den Namen gegeben, und noch um das Jahr 1000 wird sein Vorkommen für Bayern erwähnt: um diese Zeit wurde auf der Jagd Aribo, der Stifter des Klosters Seeon am Chiemsee, von einem Bison getötet. Eine Pferdeart von mittelgroßem Schlage ist unter den Funden nicht nur durch Knochen und Zähne, sondern auch durch mehrere aus Knochen gefertigte Werkzeuge und Waffen vertreten. Die auf dem Durchschnitt nahezu viereckigen falschen Rippen des Pferdes gaben handliche, etwas gekrümmte, scharfspitzige Knochendolche und große Nadeln. Eine gut geglättete, dreimal, und zwar in der mittleren Biegung und an den beiden Enden, durchbohrte Pferderippe mag, mit einer zweiten, gleichgestalteten verbunden, als Kufe eines Schneeschuhes gedient haben. Aus den Knochenwerkzeugen der Felsenwohnungen würde sich die Zähmung des Rindes und seine Benutzung als Haustier von seiten der Bewohner nicht sicher beweisen lassen. Dagegen fanden sich im Zwergloch im Weyerntal bei Pottenstein auch Knochen, Zähne und Hornzapfen von offenbar zur langhörnigen Rasse gehörigen zahmen Rindern. Auch für das Pferd machen die Funde eine Zähmung wahrscheinlich. Wäre das Pferd nur als Jagdbeute erlegt worden, so würden die Knochenüberreste nicht, wie es in der Tat der Fall ist, von alten, sondern gewiß von jungen, wohlschmeckenden Tieren stammen. Die durchbohrten Schneidezähne vom Pferde wurden als Schmuck getragen. Eine große, jagdhundähnliche Hunderasse lieferte in ziemlich beträchtlicher Menge durchbohrte Eckzähne, die als Perlen oder Amulette gedient haben. Vom Schweine finden sich Reste kleiner, junger Tiere, die offenbar nicht dem Wildschwein zugehören; auch Schaf- oder Ziegenknochen (?) wurden gefunden, teilweise von ganz jungen Individuen. Das waren also zweifellos alles Haustiere.

Wer die ebenso zweckentsprechenden wie groß und prächtig ausgeführten Steininstrumente und Steinwaffen der neolithischen Periode als Grundlage einer wahren Steinkultur in den Feuersteindistrikten Europas kennt, wird es kaum glaublich finden, auf welch geringfügiges und ärmliches Feuersteinmaterial im fränkischen Jura sich die primitiven Kulturfortschritte der Felsenbewohner gründen mußten. Denn unzweifelhaft haben auch in unserer feuersteinarmen Gegend in den vormetallischen Perioden die Feuersteine bzw. scharf splitternde analoge Gesteinsarten, Hornstein und andere, die Basis jeder Kulturentwickelung gebildet.

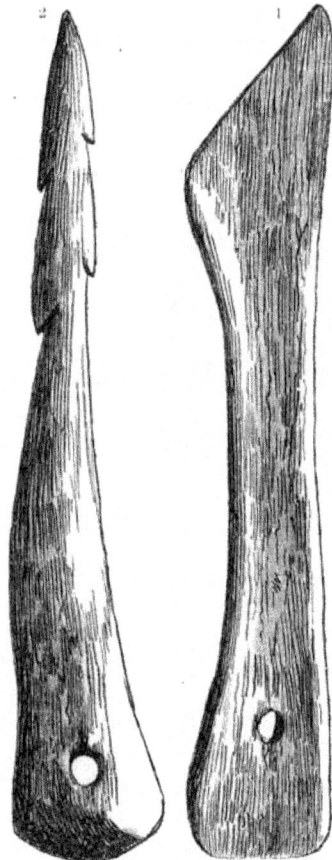

Lederschneidemesser (1) und Harpune (2) aus der jüngeren Steinzeit der Fränkischen Schweiz. Nach den Originalen in der anthropologisch-prähistorischen Staatssammlung zu München. Vgl. Text S. 537 und 541.

Soviel wir bis jetzt wissen, benutzten unsere Höhlenbewohner nur Feuersteinmaterial aus der nächsten Nachbarschaft ihrer Wohnungen. Es sind kleine und kleinste, meist aus Frankenjura-Hornstein roh geschlagene Messerchen, Schaber, Bohrer und Splitter. Irgendeine feinere Bearbeitung ist außerordentlich selten und nur an einzelnen Exemplaren beobachtet worden. Die Schnitt- und Schabspuren dieser kleinen Hornsteinmesserchen zeigen sich auf der Oberfläche der meisten Knocheninstrumente sehr deutlich. Letztere sind zweifellos lediglich mit diesen uns höchst mangelhaft erscheinenden Schneidewerkzeugen hergestellt worden. Ein Verkehr mit den Feuersteindistrikten, z. B. des germanischen Nordens, hat sich für unsere Höhlen in der neolithischen Periode bisher nicht nachweisen lassen. Der Winzigkeit der Mehrzahl der geschlagenen Hornsteininstrumente entspricht die Kleinheit der gefundenen Steinkerne (nuclei), von denen sie einst abgesplittert wurden.

Neben dem Feuerstein bzw. Hornstein wurden zur Herstellung von Instrumenten und Waffen von den Bewohnern unserer Felsenwohnungen auch andere, möglichst harte Gesteine benutzt, wie sie sich namentlich als Gerölle in der näheren und weiteren Umgegend, meist aus dem Fichtelgebirge stammend, finden. Diese größeren Steininstrumente sind geschliffen und zeigen der Mehrzahl nach Formen, die uns aus den vorhergegangenen Schilderungen der jüngeren Steinzeit anderer Gegenden schon bekannt sind. Engelhardt hat die gleichen Steingeräte in Gräbern derselben Gegend gefunden. Die Gräber sind nach Engelhardts Beschreibung einfache Erdgräber, über die nach der Beisetzung der Leichen und ihrer Mitgaben ein oft gewaltiger, unbehauener Stein oder mehrere solche Steine gewälzt wurden.

Flache Steinhaue aus den Funden der Fränkischen Schweiz. Nach dem Original in der anthropologisch-prähistorischen Staatssammlung zu München.

Die fränkischen Steininstrumente sind meist von der überall vorkommenden Gestalt der Keile, Kelte und Meißel. Außerdem fanden sich von der Flachseite her mit einem Stielloch durchbohrte, breite und flache, unten mit einer Schneide versehene Hauen, zur Bodenbearbeitung geeignet (s. die nebenstehende Abbildung). Auch Steingeräte von der Gestalt der im Norden so häufigen Feuersteinschaber fanden sich aus anderem Steinmaterial als Feuerstein. Neben diesen allbekannten Formen tritt unter anderem noch ein eigentümliches flaches Schneide-Instrument aus Stein auf. Ein ziemlich schmaler, in einem Fall mit einem engen, runden Loch durchbohrter Handgriff verbreitert sich zu einer schiefen, scharfen, beiderseits spitzigen Schneide. Dieses Steininstrument entspricht in seiner Gestalt den modernen Messern mit schiefer Schneide, welche die Lederarbeiter zum Schneiden des Leders verwenden: dem Schustermeif. Wahrscheinlich diente dieses Steinmesser einem ähnlichen Zweck, so daß wir es als steinernes Lederschneidemesser bezeichnen dürfen (s. die Abbildung S. 541, Fig. 1). Es gleicht in hohem Grade den oben beschriebenen Messern aus Schiefer, die man in Schweden der arktischen oder lappischen Steinzeit zuschreibt (s. die Abbildung S. 524); merkwürdigerweise ist auch in der Fränkischen Schweiz das Material dieser Messer Schiefer. Aus diesem Material werden im nördlichen Bayern nicht ganz selten Steininstrumente gefunden.

Sehr zahlreich sind Knochen- und Hirschhorngeräte. Pfriemen, Dolche und Griffel, meißel- und falzbeinähnliche Geräte sind, wie gesagt, vorwiegend aus Geweihsprossen vom Edelhirsch, aber zum Teil auch aus Rippen, namentlich vom Pferd, und aus Röhrenknochen von Hirsch und Rind gearbeitet. Gebogene, schneidende Knochenmesser, zum Teil in der Form vollkommen jenen oben beschriebenen Messern aus Schiefer entsprechend, finden sich aus Rinderrippen geschnitzt (s. die Abbildungen S. 539, Fig. 1, und S. 541, Fig. 2).

Als wichtigste Waffen aus Hirschgeweih und Knochen erscheinen die Pfeilspitzen, Lanzenspitzen und Harpunen. Alle drei Formen sind vorwiegend aus Geweihsprossen des Edelhirsches, manche aber auch aus Knochen geschnitzt. Die Formen und namentlich die Befestigungsweisen der Pfeil- und Lanzenspitzen an dem Schaft sind in den einzelnen Höhlen auffallenderweise verschieden (s. die Abbildung S. 542). Fast jede der Felsenwohnungen zeigt in dieser Beziehung Eigentümlichkeiten, die sie charakteristisch von den anderen unterscheiden. Die Verschiedenheit in der Befestigung und Form der Pfeilspitzen könnte wohl jenen bekannten Eigentumszeichen entsprochen haben, durch welche moderne Wilde ihre Waffen zu unterscheiden und kenntlich zu machen pflegen. Ein angeschossenes Wild kann damit der Jäger nach seinem Pfeil, wenn es auch auf fremdem Jagdgrund verendet ist, als von ihm erlegt, als sein Eigentum ansprechen. Die Form der Spitze ist bei Pfeilen und Speeren meist eine einfach rund-konische, wie sie dem vorwiegend gebrauchten Material, dem spitzen Ende der Geweihzinke, entspricht (s. die Abbildung S. 542). Doch kommt auch die eigentliche Speerspitzenform vor. In bezug auf die Befestigung der Pfeilspitzen an dem Schaft können wir mehrere verschiedene Methoden unterscheiden, die sich aus der Abbildung S. 542 ohne Beschreibung ergeben.

Die Harpunen (s. die Abbildung S. 539, Fig. 2) eigneten sich zum Stechen unter Wasser für größere Lachsforellen, Fischottern und Biber, die damals im Wisenttal einheimisch waren. Diese Jagdwaffen sind in den fränkischen Felsenwohnungen teils mit einfachen, teils mit mehrfachen und verschiedenartig gestellten Widerhaken versehen.

Am wichtigsten erscheinen für die Beurteilung des Kulturzustandes unserer Felsenbewohner die zahlreichen aus Knochen geschnitzten Objekte, die wir als Instrumente für Weberei und zum Netzstricken erkennen. Es fanden sich große, feingeglättete knöcherne Häkelnadeln zum Netzstricken, zum Teil aus

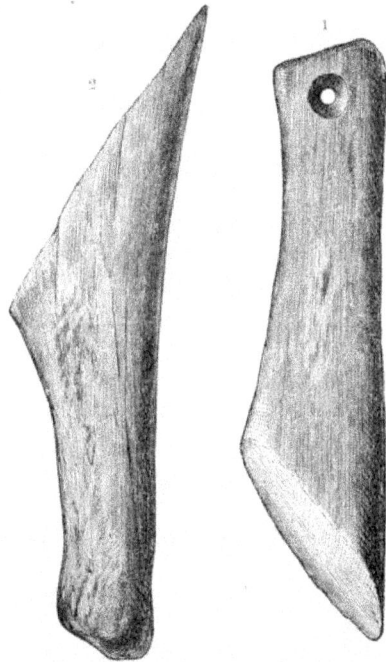

Neolithische Lederschneidemesser: 1 aus Schiefer, 2 aus Knochen. Fundort: Fränkische Schweiz. Nach den Originalen in der anthropologisch-prähistorischen Staatssammlung zu München.

der Rippe eines großen Wiederkäuers geschnitzt (s. die Abbildung S. 543, Fig. 1). Das Handgriffende ist vom Gebrauch geglättet, die Spitze mit dem Haken aus der gleichen Ursache gerundet. Offenbar wurden sie aus freier Hand gebraucht; außer der Abreibung durch die Benutzung spricht dafür, daß eine solche „Häkelnadel" in der Mitte des oberen, breiten Endes durchbohrt ist, um sie zur sofortigen Benutzung angehängt bei sich zu tragen. Der Jäger und Fischer hatte seine Habseligkeiten zum Gebrauch und als primitiven Schmuck stets zur Hand. Doch waren auch in den von dem Felsendach gebildeten oder geschützten einfachen Wohnungen (wie in denen der Eskimos) Vorrichtungen zum Aufhängen von Jagdzeug und Kleidern vorhanden. Mehrfach wurden kleinere und größere nagelförmige Haken aus Knochen gefunden, die kaum einem anderen Zwecke dienen konnten.

Noch zahlreicher als die oben geschilderten Häkelnadeln, für die wir aus Alaska oben

(f. die Abbildung S. 498, Fig. 11) ein modernes Seitenstück abgebildet haben, fanden sich Weberschiffe (f. die Abbildung S. 543, Fig. 2). Sie sind aus Knochen in verschiedenen zweckentsprechenden Formen geschnitzt, ähnlich denen, die bis vor kurzem in manchen Gegenden Altbayerns von den Landleuten zur Hausindustrie des Bandwebens verwendet wurden. Der Webstuhl mag, wie die Ausgrabungen von Messikomer und Jentsch und die Untersuchungen Heierlis und anderer sehr wahrscheinlich machen, dem in abgelegenen Gegenden Schwedens noch heute gebräuchlichen (f. die Abbildung S. 544) ähnlich gewesen sein. Mehrfach ist unter unseren Funden die Form des gewöhnlichen Weberschiffes in verschiedener Größe vertreten; einige sind undurchbohrt, die meisten besitzen aber im Zentrum der Flachseiten zum Anbinden des umgewickelten Fadens eine oder zwei runde oder ovale Öffnungen nebst rinnenförmig um die Breite herumlaufenden Einschnitten; manche haben noch senkrecht zur Längsachse zahlreiche sehr seichte, parallele Einkerbungen, die dafür sprechen, daß hier einst oftmals ein Faden herumgewickelt wurde. Das Weberschiffchen erfährt aber auch noch manche Abänderungen in der Form, die vermutlich ganz speziellen Zwecken der alten Web- und Flechttechnik angepaßt wurde. Am häufigsten tritt an Stelle des doppelspitzigen Schiffchens eine entweder flache oder runde, ziemlich lange, an dem einen Ende stumpf-spitzige, an dem entgegengesetzten Ende abgerundete und nahe dem runden Ende durchbohrte Flecht- oder Webnadel. Einige dieser Flechtnadeln zeigen ebenfalls jene Paralleleintiefungen senkrecht zu ihrer Längsachse, die, wie bei dem Weberschiffchen, auf das Umwickeln des Fadens zu beziehen sind. Es fanden sich auch flache, pfeilspitzenähnliche Weberschiffchen mit einer Durchbohrung des flachen, sich

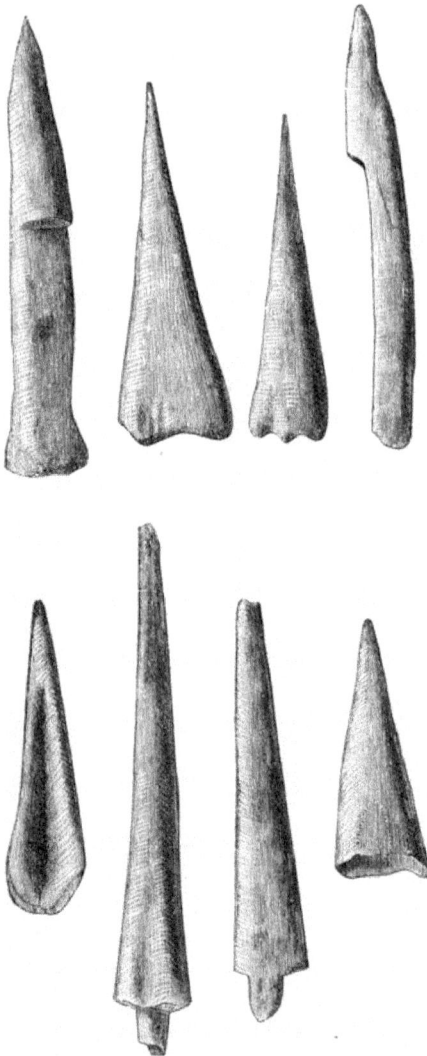

Neolithische Pfeilspitzen aus Horn und Knochen. Fundort: Fränkische Schweiz. Nach den Originalen in der anthropologisch-prähistorischen Staatssammlung zu München. Vgl. Text S. 541.

wie ein Schaftansatz verschmälernden Endstückes (f. die obere Abbildung S. 545). Diese letzteren eigentümlichen Formen sind es, auf deren Ähnlichkeit mit dem Webergerät der alten Hausindustrie der altbayerischen Bauern ich von Franz Mittermaier hingewiesen wurde.

Als weitere Beweise der Flecht- und Webindustrie wurden auch zahlreiche Spinnwirtel entdeckt, von verschiedener Form, teils flache, zentral durchbohrte, runde Knochenscheiben, teils dicke Knochenringe oder große Knochen- und Hornperlen; auch das Rosenstück eines Geweihes vom Edelhirsch ist durch zentrale Durchbohrung in einen guten Spinnwirtel umgewandelt worden. Die charakteristischen Formen der aus den Pfahlbauten bekannten, aus Ton gebrannten Spinnwirtel (s. die Abbildung S. 537, Fig. 1 und 2, sowie die untere Abbildung S. 545, Fig. 1) und der tönernen, durchbohrten Webgewichte treten in den Felsenwohnungen des Wisenttales häufig auf. Unter die in weiterem Sinne der Weberei

dienenden Knocheninstrumente mag vielleicht auch ein säge- oder kammartiges Instrument gehören, das mehrfach gefunden wurde (s. die untere Abbildung S. 545, Fig. 2). Zahlreiche Riesen und Streifen auf einem guterhaltenen, aber sichtlich vielbenutzten Exemplar deuten auf Einwirkungen von Faden hin. Das Instrument hat vielleicht zum Schlichten des Fadens bei der Weberei gedient oder, wie die ähnlichen obenerwähnten Geräte der Eskimos, um Sehnen, mit denen man nähen wollte, zu zerteilen.

Zahlreich sind die Nähnadeln aus Knochen (s. die Abbildung S. 537, Fig. 3). Sie sind sehr viel kleiner und schmäler als die Flechtnadeln, zum Teil drehrund, sehr gut gespitzt und geöhrt. Einige haben dagegen am oberen, breiteren Ende nur zwei seitliche Einschnitte zum Anbinden des Nähfadens. Ohne Zweifel mußten die Löcher zum Durchgang der immerhin dicken Nähnadeln, wenigstens durch Leder und Felle, erst mittels der kleinen, oft gefundenen spitzen Feuersteinahlen vorgestochen werden.

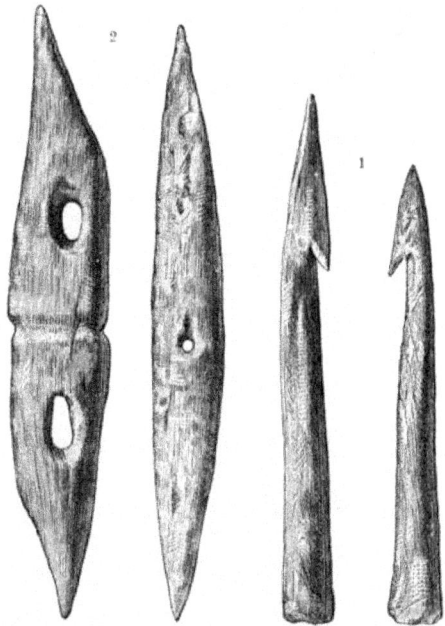

Knöcherne Häkelnadeln zum Netzstricken (1) und knöcherne Webschiffchen (2) aus der jüngeren Steinzeit der Fränkischen Schweiz. Nach den Originalen in der anthropologisch-prähistorischen Staatssammlung zu München. Vgl. Text S. 541 und 542.

Zu den obenerwähnten Knochenmessern fand sich auch die doppelzinkige Knochengabel. Zwei an Schuhlöffel erinnernde Knocheninstrumente mögen wirklich als Löffel Verwendung gefunden haben. Große, wohldurchbohrte Knochenhämmer sind aus dem unteren Gelenk des Vorderarmknochens eines großen Rindes geschnitzt. Die Pfanne des Oberschenkelgelenkes eines großen Hirsches ist zu einer niedlichen Handlampe zugerichtet. Auch knöcherne Angelhaken kommen vor.

Sehr zahlreich sind die Schmuckgegenstände aus Knochen und Hirschhorn: Zierplatten und kugelige oder viereckige, auch weberschiffartige oder meißelförmige Perlen. Durchbohrte Zähne von Hunden und Pferden wurden, wie erwähnt, ebenfalls als Schmuckperlen oder Amulette getragen. In einer der Felsenwohnungen lagen eine Anzahl kugeliger Knochenperlen nachbarlich beisammen und gehörten daher wohl sicher mit einem körbchenförmigen Zieranhang zu einer Halskette. Andere perlenartige Stücke mögen zu anderen Zwecken, z. B. als Knöpfe oder zum Auseinanderhalten des Webfadens, gedient haben. Neben den Knochenperlen ergab eine Fundstelle große, schwarze Perlen aus schwach gebranntem Ton, einige von der typischen Form der Spinnwirtel. In anderen Felsenwohnungen fanden sich auch Zierplatten (s. die Abbildung S. 538) und andere Zierstücke aus Stein, zum Teil hübsch ornamentiert. Form und Ornamentierung dieser steinernen Zierplatten entsprechen jenen aus den von Wolff entdeckten Wohngruben und Brandgräbern in der Gegend von Hanau und den zum Teil etwas größeren aus Portugal und Nordfrank-

reich (s. die Abbildung S. 556). Die Ornamentation auf den Knochen und den letztgenannten Steinen ist sehr einfach (s. die Abbildung S. 538). Sie besteht in regelmäßig gestellten, punktförmigen Ziervertiefungen und rinnenförmig eingetieften Strichen, meist von parallelem, sowohl horizontalem als senkrechtem Verlauf. Kreuzen sich diese Zierstriche, so erhalten wir das aus der Ornamentierung der Tongefäße bekannte Flechtmotiv. An runden, flachen

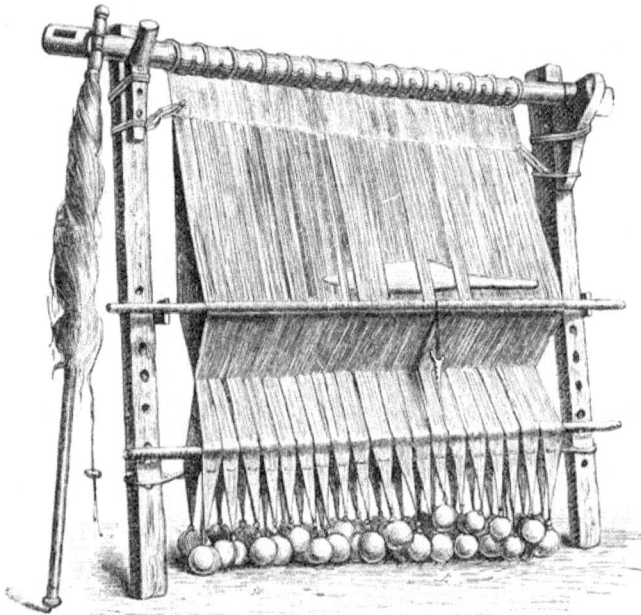

Altertümlicher Webstuhl von den Färöer-Inseln. Nach O. Montelius, „Die Kultur Schwedens in vorgeschichtlicher Zeit", übersetzt von C. Appel (2. Aufl., Berlin 1885). Vgl. Text S. 542.

Zierknöpfen findet sich, aber nur selten, eine konzentrische Ringvertiefung um das Mittelloch. Aus einer der reichsten Fundstellen besitzen wir auch ein größeres Stück Rötel, tonigen Hämatit, der den neolithischen Höhlenbewohnern wie dem Diluvialmenschen zur Hautmalerei und anderem gedient haben mag.

Reste von Geweben und Netzen, die uns die konservierende Kraft des Schlammes und der Torfsäuren aus der Steinzeit der Pfahlbauten aufbewahrt hat, haben sich in unseren Felsenwohnungen nicht erhalten. Von der Kunst der Weberei und des Netzstrickens des Wisenttales geben uns unmittelbar nur die diesen Zwecken dienenden Instrumente Zeugnis, die in so überraschender Anzahl gefunden wurden. Doch haben sich Geflechte aus jener alten Zeit wenigstens in Abbildung bis auf unsere Tage erhalten. Zahlreiche Scherben von Tongeschirren lassen auf ihrer Außenseite Abdrücke eines Gewebes oder Flechtwerkes aus Binsen und Carex-Stengeln erkennen. Sie gestatten kaum einen Zweifel daran, daß die Felsenbewohner des fränkischen Jura zur Verfertigung ihrer Töpfe zum Teil zuerst eine aus Binsen und ähnlichem Material geflochtene Form herstellten, die sie innen mit Lehm ausstrichen. Der auf solche Weise geformte Topf trocknete in der Flechtform und wurde in ihr gebrannt. So erklärt es sich auch, daß die Geschirre beim Brennen im Schmauchfeuer nur auf ihrer Innenfläche eine schwarze Farbe annahmen, während sie auf ihrer roten Außenseite die Eindrücke des Geflechtes als gleichsam versteinerte und fast unverwüstliche Abbildungen zur uralten Flechttechnik tragen. Auch jene Tonscherben, welche die Flechtformabdrücke nicht zeigen, sind ziemlich roh aus freier Hand ohne Verwendung eines der Töpferscheibe entsprechenden Apparates gemacht. Der Form nach können wir Töpfe und flache Schalen

Webnadeln in Pfeilform aus der jüngeren Steinzeit der Fränkischen Schweiz. Nach den Originalen in der anthropologisch-prähistorischen Staatssammlung zu München. Vgl. Text S. 542.

oder Schüsseln unterscheiden. Der Ton der Geschirre ist teils feiner, teils roher bearbeitet. Im letzteren Falle ist er von jenen bekannten charakteristischen kleinen Steinfragmenten durchsetzt, die als Schamotten dazu dienten, namentlich große Geschirre weniger zerbrechlich zu machen (s. die Tafel bei S. 557, Fig. 14 und 16).

Im allgemeinen zeigen sonach diese Funde aus der jüngeren Steinzeit der Fränkischen

Tönerne Spinnwirtel (1) und kammartiges Webgerät (?) zum Fadenschlichten (2) aus der jüngeren Steinzeit der Fränkischen Schweiz. Nach den Originalen in der anthropologisch-prähistorischen Staatssammlung zu München. Vgl. Text S. 543.

Schweiz sehr nahe Analogien sowohl mit der nordischen Steinzeit als auch mit der Steinperiode der schweizerischen Pfahlbauten. Ein wesentlicher Unterschied besteht aber darin, daß als Material der häufigsten Geräte in der neolithischen Periode unserer verhältnismäßig feuersteinarmen Gegenden vorwiegend nicht Stein, sondern Knochen und Hirschhorn zur Verwendung kamen, aus denen die anderwärts meist aus Feuerstein angefertigten Waffen und Werkzeuge mittels winziger Feuersteinsplitter geschnitzt wurden. Wenn wir in gebräuchlicher Weise die Bezeichnung der Kulturperiode von dem zur Herstellung von Waffen und Werkzeugen benutzten Hauptmaterial ableiten, so müssen wir die der jüngeren Steinzeit des Nordens und den steinzeitlichen südlichen Pfahlbauten entsprechende Epoche primitiver Kultur, die uns die Felsenwohnungen des fränkischen Jura kennen gelehrt haben, als Knochenperiode bezeichnen.

Wie die einer entsprechenden Periode Großbritanniens zuzurechnenden oben (S. 534) beschriebenen Felsenwohnungen haben auch zahlreiche Höhlen in Frankreich und ebenso die

Grotten des fränkischen Jura sowohl als Wohnstätten wie als Gräber gedient. In einer der reichsten Fundstätten, am Jockenstein, eine Viertelstunde nordwestlich von Pottenstein, lag dicht an der Felswand in einer kleinen Nische das Grab eines steinzeitlichen Kriegers, dessen dolichokephales Schädeldach noch ziemlich wohl erhalten ist. Als Beigaben (s. die untenstehende Abbildung) fanden sich eine Speerspitze aus Hirschhorn und zwei platte Zierstücke aus Knochen; die eine ist eine knopfförmige Knochenplatte mit zentraler, enger Durchbohrung und einer unregelmäßig geschnittenen Ringvertiefung um das Loch herum, die andere eine viereckige Knochenplatte, unter dem oberen konvexen Rande durchbohrt und durch ziemlich breite Strichverzierungen ornamentiert. Auch in mehreren anderen Höhlen des fränkisch-bayrischen Jura wurden Menschenknochen, die den Fundumständen und Beigaben nach von Begräbnissen der jüngeren Steinzeit, und zwar von einer ausgesprochen dolichokephalen Bevölkerung stammen, aufgefunden; so enthielt z. B. die Begräbnishöhle bei Neukirchen-Amberg nach den Angaben des Entdeckers Appel sehr zahlreiche Skelette

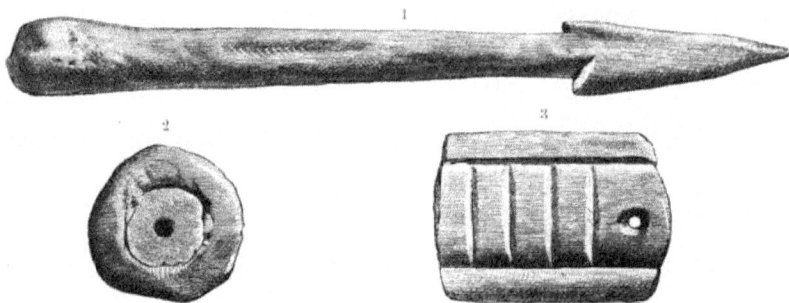

Grabbeigaben aus der jüngeren Steinzeit der Fränkischen Schweiz: 1 Lanzenspitze, 2 und 3 Schmuckstücke aus Hirschhorn. Nach den Originalen in der anthropologisch-prähistorischen Staatssammlung zu München.

jeden Alters und Geschlechts in einer kaum 2 m breiten Felsspalte der Höhle horizontal übereinandergeschichtet, von denen ich eine Anzahl Schädel untersuchen konnte. Auch die von Max Schlosser, Ferdinand Birkner und Hugo Obermaier untersuchte Tischofer Höhle im Kaisertal bei Kufstein, aus welcher die Reste von 200 erwachsenen und beinahe ebenso vielen jugendlichen Höhlenbären erhoben wurden, erwies sich als eine neolithische Begräbnishöhle. Es fanden sich die Reste von mehreren Erwachsenen, meist Frauen, und von Kindern. Die Leichen scheinen nur auf den Höhlenboden niedergelegt worden zu sein, ohne eigentliche Eingrabung, doch fand bei der Beisetzung wahrscheinlich ein Leichenschmaus in der Höhle statt. Die Beigaben bestanden der Hauptsache nach in Geschirren, gefüllt mit Getreide, einer Weizenart, die Julius Schuster als Triticum vulgare compactum bestimmte. Unter dem typischen steinzeitlichen Grabfundinventar: polierte Steinbeile, Keulenknopf, Feuersteinsägen, Knochenwerkzeuge, Pfriemen, Schaber aus Rinderknochen, durchlochte Knochenscheibchen, Zähne von Schwein, Wolf und Bär sowie anderes, fanden sich auch das angebrannte Gehäuse einer Mittelmeerschnecke, Cerithium vulgatum, und ein Stück Lapislazuli. „Wegen des Vorkommens der Mittelmeerschnecke, ferner wegen der vielleicht aus Norditalien stammenden Feuersteinsägen und wegen der Größe der Rinderrasse möchte ich", sagt Max Schlosser, „fast glauben, daß diese Neolithiker nicht von Norden im Inntal aufwärts, sondern von Süden über den Brenner, das Inntal abwärts gekommen sind."

Nüesch fand auch neolithische Gräber unter dem Felsvorsprung des Schweizersbildes bei Schaffhausen, dessen paläolithische Funde und allgemeine Fundverhältnisse schon oben geschildert wurden. In der dort beschriebenen, der neolithischen Epoche der Bewohnung dieses Schutzortes angehörenden „grauen Kulturschicht" (vgl. S. 402) fand Nüesch auch die Knochen von 20 verschiedenen menschlichen Individuen, namentlich kamen viele Überreste von zwerghaften erwachsenen Individuen, die man anfänglich für Kinder hielt, zum Vorschein; die meisten trugen Halsketten aus Ringstücken des Röhrenwurmes und hatten noch sonstige Beigaben. „Eine der Leichen war in ein trocken gemauertes Grab gelegt und hatte eine Kette solcher Serpula-Ringe um den Hals, außerdem lag im Grabe eine rote Lanzen-

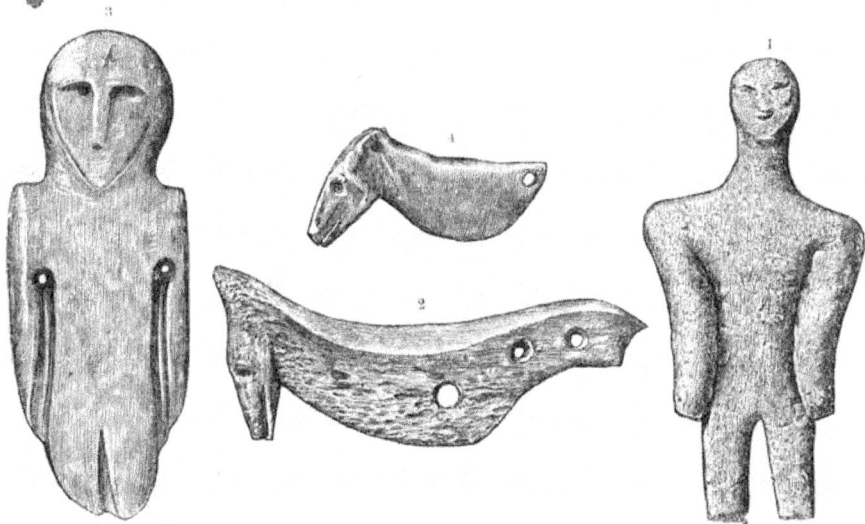

Steinzeitliche Schnitzereien: 1 aus Tropfstein, 2 aus Knochen. Fundort: Höhlen des Jurazuges zwischen Krakau und Czenstochau. 3 und 4 aus Bernstein. Fundort: Kurisches Haff bei Schwarzort. Nach O. Tischler, „Beiträge zur Kenntnis der Steinzeit in Ostpreußen" (Königsberg 1883), und R. Forrer, „Urgeschichte des Europäers" (Stuttgart 1908). Vgl. Text S. 548.

spitze aus Stein mit abgebrochener Spitze, größere und kleinere verschiedenfarbige Feuerstein-messer, ein feines, sehr scharfes, dolchartiges, weißes Feuersteinmesserchen sowie eine Kralle eines Raubtieres. So ausgerüstet trat der Tote die große Reise ins Jenseits an."

Bis vor nicht langer Zeit waren diese neolithischen steinzeitlichen Funde des fränkischen Jura die reichsten in bezug auf Knochengeräte; in der Folge wurden aber auch ganz entsprechende, überraschend reiche Funde, offenbar wenigstens größtenteils aus derselben Kulturperiode, in den Höhlen des Jurazuges, der zwischen Krakau und Czenstochau sich erstreckt, gehoben und durch Ossowski, Zawisza, Römer und O. Tischler untersucht. Man fand hier wahrhaft verblüffende Mengen von Knochen- und Horngeräten: Messer, Pfriemen, durchbohrte Nadeln, Weberschiffchen, Schmucksachen. Besonders interessant erscheinen Nachbildungen von Tier- und Menschengestalten. Die letzteren, in Knochen oder Kalksinter ausgeführt, sind höchst primitiv: die Arme durch eine Furche vom Hauptkörper getrennt, die Beine meist in Stümpfen endigend, das Gesicht roh geformt, bei anderen die Arme abgelöst oder abstehend. Die Tierfiguren sind noch primitiver und lassen die Tiere schwer erkennen;

nur bei den Vögeln erscheint eine vollendetere Technik. Man war zunächst mehrfach geneigt, an der Echtheit dieser Darstellung von Naturobjekten zu zweifeln; aber O. Tischler machte darauf aufmerksam, daß in bezug auf Ausführung und Darstellung sich zwischen ihnen und den unzweifelhaft steinzeitlichen Bernsteinschnitzereien aus Ostpreußen, deren Echtheit vollständig gesichert ist, die größte Ähnlichkeit, ja geradezu Verwandtschaft zu erkennen gibt (s. die Abbildung S. 547). So ist ein ostpreußischer Pferdekopf aus Bernstein (Fig. 4) einer jener galizischen Schnitzereien (Fig. 2) ganz außerordentlich ähnlich. Besonders aber wurden analoge Menschenfiguren aus Bernstein (Fig. 3) bei Schwarzort am Kurischen Haff ausgebaggert: dieselben anliegenden Arme, dieselben Beinstümpfe, dasselbe spitze Kinn. Die Herstellung dieser Bernsteinschnitzereien geschah nachweislich mittels des Feuersteines. Ganz entsprechende Stücke sind auf Wohnplätzen der Steinzeit in Ostpreußen gefunden worden, und zwar in steinzeitlichen Gräbern, die uns die volle Sicherheit der Periodenbestimmung gewähren. Inostranzew hat am Ladogasee bei einem Kanalbau ausgedehnte steinzeitliche Wohnplätze mit dem charakteristischen Inventar gefunden. Auch dort kommen unter den Knochenartefakten plastische Werke vor: eines stellt ein Tier, wahrscheinlich einen Seehund, dar, ein anderes zeigt einen primitiven Versuch, die Menschengestalt nachzubilden; das Gesicht ist wenig charakterisiert, aber doch deutlich erkennbar, und es reiht sich den Bernsteinartefakten und galizischen Funden vollkommen an. Solche figürliche Darstellungen von Menschen, seltener von Tieren, sind seitdem aus anderen Fundstellen der gleichen Periode in großer Zahl erhoben worden. Wir lernen daraus, daß wir von primitiven Versuchen plastischer Kunst während der jüngeren Steinzeit reden dürfen, die sich der berühmten, der Diluvialzeit zugehörenden Höhlenkunst in Frankreich und in der Schweiz (vgl. S. 418 ff.) zur Seite stellt.

Eine andere Gruppe steinzeitlicher Fundplätze kommt in Deutschland sehr zahlreich auf Berghöhen vor, die sich durch Lage und Formverhältnisse von der Umgebung auszeichnen. Es sind das teils alte Kultstätten, teils wahre Wohnplätze, durch zahllose Scherben und zerschlagene Knochen von Jagd- und Haustieren in einer durch Kohle und Asche schwarz gefärbten Kulturschicht gekennzeichnet und zum Teil mehr oder weniger regelrecht umwallt. Oft reicht freilich diese Benützung der Höhen auch in spätere Kulturepochen der Vorgeschichte herab: eine Anzahl ist ganz hallstatt- oder La Tène-zeitlich. Einige sind aber ebenso ganz oder wenigstens fast ganz steinzeitlich, so der von Franz Weber bei Reichenhall untersuchte, durch seine Funde und durch die Schönheit seiner Lage ausgezeichnete Felsenburghügel, der Auhögel bei Hammerau; hier sind die Steingeräte und Steinwaffen so zahlreich und so schön gearbeitet, daß ein Zweifel an der Periodenbestimmung ausgeschlossen ist. Noch an einigen anderen Orten finden sich in Südbayern derartige „Scherbenplätze", auch auf weniger isolierten Höhen, am Rande von niedrigen Höhenzügen. Ein Unterschied besteht insofern, als an einer Fundstelle die Knochen, an der anderen die Gefäßscherben, an der dritten die Trümmer und Scherben von Steinhämmern und Feuersteinen überwiegen, letzteres z. B. bei dem von Franz Mittermaier auf seinem Gute Inzkofen bei Moosburg untersuchten, reichen Fundplatz der neolithischen Periode.

Durch die glücklichen Untersuchungen von A. Schliz haben wir nun in Deutschland auch eine wahre steinzeitliche Dorfanlage, Großgartach bei Heilbronn am Neckar, kennen gelernt. Der Ort liegt in einer fruchtbaren, gutbewässerten Lößgegend, die für die Steinzeitleute sehr anziehend gewesen sein muß: in der näheren und weiteren Nachbarschaft sind bis jetzt etwa 90 neolithische Ansiedelungsplätze festgestellt worden. Auf einem den Mittelpunkt der südlichen Dorfhälfte einnehmenden, eine weite Rundsicht gestattenden Hügel stand die vornehmste und reichste Anlage des Dorfes, ein großes, aus Wohn= und Wirtschaftsgebäude bestehendes Gehöft (s. die untenstehende Abbildung). Das Wohngebäude, von 5:6 m Innen= raum mit breitem, durch eine absteigende Rampe nach innen führendem Eingang, teilt sich, wie, da alle Holzteile zerstört sind, nur die Pfostenlöcher noch erkennen lassen, in einen tiefer liegenden Küchen= oder Wirtschaftsraum und einen erhöhten Schlafraum, die möglicherweise durch eine Wand getrennt waren. Ersterer ist 1,20, letzterer 0,8 m in den Boden eingeschnitten. Beide Räume sind mit Lehmbänken ausgestattet. Die Außenwände sind rechtwinkelig ge= stellt und besitzen größere Pfosten, durch doppelte Reiserwerkwände verbunden, denen der mit Lehm ausgefüllte Zwischenraum eine mauerähnliche Festigkeit verlieh. Alle Lücken der senkrechten Stangen und queren Ruten, aus denen die Reiserwände bestehen, sind dicht mit Lehm ausgestrichen, und außerdem war auf beiden Außenflächen der Wand ein starker Bewurf, gemischt aus Lehm und Getreidespelzen, auf=

getragen. Dieser Wandbewurf blieb außen rauh, innen war er mit einem Glattstrich aus Kalkmörtel versehen und mit Wasserfarbe freundlich hell gestrichen. Im „Wohnzimmer" fand sich eine Art von Wandmalerei in Wasserfarben in Form einer in gelben, roten und weißen Streifen ausgeführten Zickzackverzierung. Den= ken wir uns die Lehmbänke mit Holz verschalt, wofür ihre scharfen Konturen sprechen, und mit Fellen be= deckt, so mag das Innere des Wohnzimmers einen recht freundlichen und wohnlichen Eindruck geboten haben. Die Mitte des Küchenraumes nimmt, neben einer Lehmbank, die geräumige, 1 m tiefe Herdgrube ein. Sie ist mit großen Steinen, meist zersprungenen Mahl=

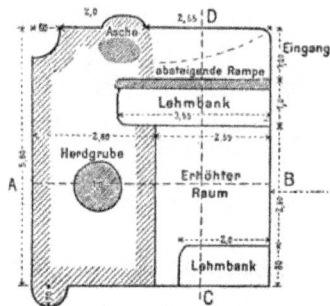

Das steinzeitliche Gehöft von Groß= gartach bei Heilbronn am Neckar. Nach A. Schliz, „Das steinzeitliche Dorf Großgartach" (Stuttgart 1901).

steinen, ausgelegt. In einem anderen Hause fand sich in einer solchen Grube in der Tiefe ein ganzer Rinderkopf. In der Nähe des Eingangs lag an einer Innenwand die Abfallgrube. Eigentliche Kelleranlagen haben sich nicht gefunden, wohl aber ein großes Tonfaß, eine acht= henkelige, in den Boden eingegrabene Amphora von 65 cm Höhe. Das Wirtschafts= gebäude von 6:9 m Innenraum zeigt keine Grundrißeinteilung: es wird wohl vorwiegend als Stall benutzt worden sein. Diese Form des geschilderten Gebäudegrundrisses erscheint als die vorbildliche für sämtliche, auch die kleineren, Wohnstätten des Dorfes. Neben dem Wohnhaus steht immer der Stall oder die Scheuer und bildet mit ihm einen zusammen= gehörigen Gebäudekomplex. Zahlreiche Fundstücke aus Stein, noch mehr aus Hirschhorn und Knochen, sowie namentlich die massenhaft vertretenen keramischen Reste gestatten uns einen erfreulichen Blick in das steinzeitliche Bauernleben.

An anderen neolithischen Wohnplätzen finden sich kleinere runde Herdgruben oder größere meist ebenfalls runde „Trichtergruben", die als die kellerartigen Untergeschosse aus Holz hergestellter Rundhütten aufgefaßt werden. Auch diese Hüttenreste sind zu dorf= artigen Anlagen, meist auf Höhen, gruppiert, manchmal umwallt.

Prähistorische Fundstellen auf Bergen und Hügeln sind außer in Deutschland auch sonst überall in Europa, aber namentlich in den Mittelmeerländern bekannt. In Ungarn ist un= streitig die großartigste und am besten beobachtete Stelle das Schanzwerk von Lengyel im

Tolnaer Komitat, vom Grafen Alexander Apponyi und vom Pfarrer Moritz Wosinsky untersucht. Hier hat eine zahlreiche steinzeitliche Bevölkerung im vollen Kulturbesitz dieser frühen Periode gelebt und ihre Toten bestattet, so daß wir nun ihren ganzen Kulturkreis überblicken können. Auch hier sind die Schädel dolichokephal und ohne Zeichen von „Wildheit", so daß R. Virchow geneigt war, daraus auf einen Zusammenhang mit den arischen Stämmen zu schließen. Auch dieses Schanzwerk war von der Steinzeit bis in die Metallzeit- alter bewohnt.

Spiralmäander-Keramik aus der neolithischen Ansiede- lung bei Butmir in Bosnien. Nach F. Fiala und M. Hoernes, „Die neolithische Station Butmir bei Sarajevo in Bosnien" (Wien 1898). Bei a ist das Ornament eingeritzt, bei b plastisch ausgearbeitet.

Für die Herstellung der neo- lithischen Feuersteingeräte hat man in den Feuersteingebieten häufig wahre „Bergwerke" und Werkstätten ge- funden, wo zum Teil nur für den „Haus- gebrauch", zum Teil aber sicher auch für Massenproduktion gearbeitet wurde. Besonders reich an solchen Fundplätzen ist die Insel Rügen. Kein Platz, den man als Werkstätte für Feuersteingeräte bezeichnen kann, läßt sich, sagt R. Virchow, mit den Rügenschen vergleichen, in bezug auf die Massen- haftigkeit der Splitter und Scherben sowie auf die Formen der unfertigen und verworfenen

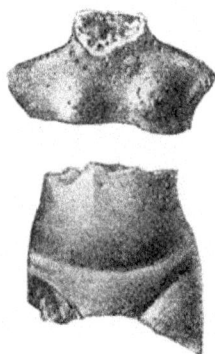

Idol aus der neolithischen Ansiedelung bei Butmir in Bosnien. Nach M. Hoernes, „Natur- und Urgeschichte des Menschen", Bd. 2 (Wien und Leipzig 1909).

Stücke. Wenn man diesen Reichtum übersieht, so kann sich wohl niemand dem Gedanken entziehen, daß an diesen Stellen nicht allein für den Ortsgebrauch, sondern auch für den Handel gearbeitet worden ist. R. Virchow und Fellenberg haben in der Tat fest- gestellt, daß mehrere in den Schweizer Pfahlbauten gefundene rohe Feuersteinblöcke aus Nordwestfrankreich oder von den dänischen Inseln stammen und von dorther eingeführt sein müssen.

„Eine der großartigsten Werkstätten neolithischer Artefakte war", sagt M. Hoernes, „die Fundstelle von Butmir bei Jlidze in Bosnien. Knapp an einem das mannigfachste Gesteinsmaterial in Geschiebeform reichlich führenden Gebirgsbach erhebt sich eine Terrainwelle mit mannstiefer, von Kohle und anderen Abfällen geschwärzter Fundschicht, aus welcher Tausende und Abertausende von Steinsachen und Topfscherben, aber kein einziges Stückchen Metall gezogen wurde. Lehmhütten standen da, deren runde Bodenvertiefungen noch erkennbar sind, und deren Wandbewurf aus Tonerde bestand. Die Steinsachen sind teils fertig, teils halb- fertig, in verschiedenen Stadien der Bearbeitung, teils zerschlagen, in der Umarbeitung be- griffen oder mißglückt; teils sind es Abfälle oder Utensilien zur Steinbearbeitung. Durch- bohrte Hämmer sind selten und stets gebrochen, zuweilen aber trotzdem noch als Schlägel benutzt. Am häufigsten sind Messer und Sägen, Schaber, Bohrer, Lanzen- und Pfeilspitzen, hobelförmige, ‚schuhleistenförmige' Meißel und Keile und Flachbeile." Die feingemuschel- ten nordischen Dolche und Lanzenspitzen fehlen. Topfscherben sind reich und mannigfach ornamentiert, meist mit vertieften Zickzack-, Rauten-, Schachbrett- und ähnlichen geradlinigen Mustern, aber auch mit mehrreihigen Spiralschlingen und allerlei kombinierten Motiven (s. die

obere Abbildung S. 550). Übrigens fanden sich hier zahlreiche „Idole", tönerne Menschen-
figürchen meist von roher Arbeit, zum Teil den Tongefäßen ähnlich ornamentiert, nackte
oder bekleidete, vielleicht tätowierte Frauen darstellend (s. die untere Abbildung S. 550).
Seltener sind tönerne Tierfiguren. Solche Idole, meist nackte weibliche Ton- oder Steinfigürchen, sind in neolithischen und frühmetallischen Fundstellen im ganzen Mittelmeergebiet, in Ägypten, auch häufig auf dem europäischen Kontinent, z. B. in thrakischen Gräbern, in Rumänien, in Thessalien und anderswo, entdeckt worden. Aus Troja kennen wir
zahlreiche solche plastische Darstellungen, zum Teil in außerordentlich roher Form, die
Menschengestalt nur andeutend. Andere entsprechen den bekannten Bildern einer weiblichen
nackten asiatischen Naturgottheit mit den charakteristisch unter die Brüste gelegten Händen.

Neolithische Gräberfelder bei Worms.

Während im Norden die Hünengräber und Hünenbetten, die Dolmen und Steinkisten-
gräber die charakteristischen Gräberformen der neolithischen Periode sind, finden wir in
Deutschland, wie fast in allen Gegenden, in denen die jüngere Steinzeit nachgewiesen ist,
zahlreiche dieser Periode angehörige Gräberfelder ohne jeglichen Steinbau. In der altberühmten, schon 1866 entdeckten Nekropole bei Monsheim am Hinkelstein waren die
Gräber reihenweise, wie die unserer heutigen Kirchhöfe, in den Boden eingeschnitten. Die
steinzeitlichen Gräberfelder unterscheiden sich voneinander durch die Beigaben, namentlich
aber durch die Einbettung der Leichen. In einigen lagern diese auf dem Rücken entweder in
gestreckter Haltung oder mit mehr oder weniger angezogenen Beinen, gewissermaßen sitzend;
vor allem charakteristisch ist jedoch die Bestattung als liegende Hocker: die Leichen ruhen
hier, wie wir das oben, S. 442, von paläolithischen Gräbern geschildert haben, auf der Seite
mit aufgezogenen Knieen, die Arme und Hände gegen den Kopf erhoben, in der Stellung
von Schlafenden. Die Hünengräber, d. h. jene oben beschriebenen megalithischen Steinbauten, reichen, wie gesagt, in Deutschland von der Nordsee nur bis nach Schlesien und
Thüringen; weiter südlich sind sie nicht, wenigstens nicht mehr in völlig zutreffendem
Charakter, nachzuweisen, dagegen finden wir, wie gesagt, die nämlichen Steinbaugräber
in Frankreich, England usw. Die gewaltigen Grabanlagen aus rohen Steinblöcken oder
gespaltenen Platten scheinen vor allem als Grabkammern für vornehme, angesehene Geschlechter gebaut worden zu sein. Sie repräsentieren demnach die Gräberform nur eines
Teiles des gesamten Volkes, während der andere in Höhlen oder Flachgräberfeldern beigesetzt wurde. Als Typus der letzteren mag das am längsten bekannte Gräberfeld am Hinkelstein, das L. Lindenschmit beschrieben hat, gelten.

Die Gräber zogen sich bei dem Dorfe Monsheim in der Nähe von Worms den sonni-
gen Abhang nach der Höhe hinauf, auf der ein mächtiger, pfeilerartiger Kalksteinblock, ein
Menhir, weithin sichtbar emporragte, ein altheidnisches Symbol, dessen Bedeutung längst
in Vergessenheit gefallen war, wie das Gräberfeld selbst. Der Name des Denkmals wurde,
als man ihn nicht mehr verstand, aus Hünenstein in Hünerstein und gemäß der Mundart des
Landes in Hinkelstein verwandelt. Die Höhe des Menhirs betrug fast 3 m, seine Stärke
1⅓ m. Die Nekropole wurde erst nach der Entfernung des Steines beim Roden des Feldes
behufs Anlage eines Weinberges entdeckt. Die Zahl der Gräber war sehr bedeutend,
zwischen 200 und 300. Leider wurde aber erst den letzten 60—70 Gräbern von zuverlässigen

Beobachtern größere Aufmerksamkeit zugewendet. Bis dahin waren Gräber dieser Art nur vereinzelt oder gruppenweise, niemals jedoch in solcher Anzahl an einem Orte vereinigt, im Rheinland sowohl als im übrigen Deutschland zutage gekommen. In neuerer Zeit sind aber in großer Anzahl Flachgräberfelder der Steinzeit bei Worms und in Thüringen (Rössen), in Nord- und Süddeutschland, neuerdings auch bei München, aufgefunden worden.

Die Mehrzahl der Grabstätten war von Osten nach Westen gerichtet, jedoch nicht völlig genau, mehr von Südosten nach Nordwesten. Sie lagen in ziemlich regelmäßigen Zwischenräumen von 1,5—2 m nebeneinander in einer Art von Reihen. Den Gräbern fehlt jeder Steinbau, sie waren als einfache, der Körpergröße entsprechende Gruben in den Boden versenkt, von der jetzigen Bodenoberfläche ungefähr 1 m tief entfernt. Lindenschmit glaubte, daß die Leichen, deren vollkommen verwitterte Skelette ihre Lage nicht genau erkennen ließen, in aufrecht sitzender oder hockender Stellung beigesetzt waren, also nicht als „liegende Hocker"; nach Köhls unten erwähnten Ergebnissen erscheint es aber wahrscheinlicher, daß ihre Lage eine gestreckte war. Nur zwei Schädelfragmente konnten gerettet werden, von denen nach den Untersuchungen von A. Ecker das eine dolichokephal ist, das andere mesokephal mit Hinneigung zur Dolichokephalie, Schädelindex 71,8 und 76,2. Seitdem ist die überwiegende Dolichokephalie der mitteleuropäischen Neolithiker vielfach bestätigt worden.

Alle Grabfunde sind rein steinzeitlich. Die Handwerksgeräte und auch die als Waffen nutzbaren Äxte sind aus den verschiedenen für ihre Zwecke geeigneten Steinarten gebildet, unter denen nur der Feuerstein nicht im Überfluß zur Verfügung gewesen zu sein scheint, da er nur zu kleineren Schneideinstrumenten und Messern (s. die beigeheftete Tafel „Funde aus dem steinzeitlichen Gräberfeld am Hinkelstein usw.", Fig. 4 und 5) verarbeitet ist. Für Beile und verschiedene Arten beilartiger Meißel sind Kieselschiefer, Syenit und Diorit verwendet, Sandstein zu den Handmühlen und Schleifsteinen. Eigentliche, nur zu Zwecken der Jagd und des Krieges benutzbare Waffen, Lanzen und größere Messer, wie sie die steinzeitlichen Gräber, namentlich in jenen Ländern, die reichlich Feuerstein besitzen, in so großer Zahl aufweisen, fehlen hier vollständig, und selbst die Werkzeuge, obschon im ganzen sorgfältig gearbeitet, zeigen nur wenige Formen.

Von Äxten und Beilen finden sich die zur Aufnahme eines Schaftes durchbohrte Hammeraxt (s. die Tafel, Fig. 1, 3 und 11) und noch häufiger das flache Steinbeil (Fig. 14 und 15). Von den durchbohrten Steinäxten konnten offenbar nur die kleineren und leichteren Stücke, deren Gewicht mit der Stärke des eingeschobenen Schaftes im richtigen Verhältnis stand, eine praktischere Waffe bilden. Die schweren Arten dieser Axt, zu denen die unseres Friedhofes gehören, sind bei ihrem Gewicht von 750—1250 g dazu wenig geeignet. Auf ihren Gebrauch als Werkzeuge deutet ferner die Eigentümlichkeit, die auch viele andere durchbohrte Steinäxte des Rheinlandes zeigen, daß eine ihrer Seitenflächen eine völlig gerade, glattgeschliffene Fläche hat, während die andere mehr oder minder stark gewölbt erscheint, was man als „Schuhleistenform" bezeichnet (Fig. 12 und 13; s. auch die Abbildung S. 559). Alle Äxte dieser Art haben an ihrem der Schneide entgegengesetzten Ende einen breiten, hammerförmigen Abschluß und an demselben sogar häufig Spuren von Absplitterung, offenbar von ihrem Gebrauch als schwere Schlagwerkzeuge oder als Setzhämmer, die mit gewichtigen Holzschlägeln angetrieben wurden. Manche von ihnen werden jetzt als Geräte zur Bodenbearbeitung angesprochen. Bei weitem geschickter für den Gebrauch als Waffe erscheint das ebenfalls in sehr verschiedener Größe sich findende flache Steinbeil, die eine weit

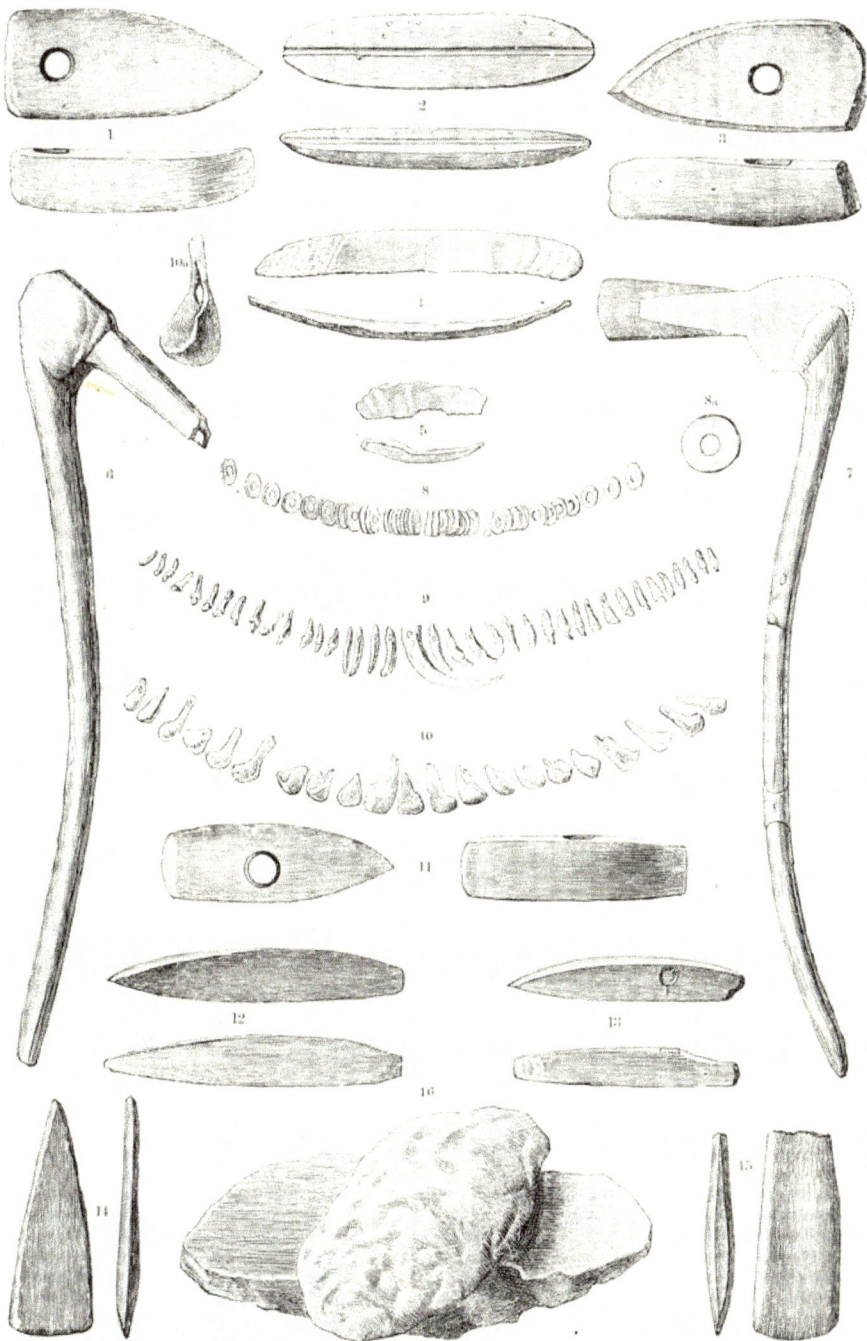

Funde aus dem steinzeitlichen Gräberfeld am Hinkelstein bei Monsheim
und von Langen-Eichstätt in Sachsen.

1–7 und 11–16 steinerne Geräte, 9 Zähne, 8, 10 und 10a Muschelschmucksachen. — Nach L. Lindenschmit, „Das
Gräberfeld am Hinkelstein bei Monsheim (Rheinhessen)“; „Archiv für Anthropologie“, Bd. 3 (Braunschweig 1868).

Typische Formen der Tongeschirre und ihrer Ornamente aus dem steinzeitlichen Gräberfeld am Hinkelstein bei Monsheim.

Köhls ältere Winkelband-Keramik (vgl. Text S. 559).

Nach L. Lindenschmit, „Das Gräberfeld am Hinkelstein bei Monsheim (Rheinhessen)": „Archiv für Anthropologie", Bd. 3 (Braunschweig 1868).

schärfere Schneide erhalten konnten als jene Hammeräxte, zu denen gerade ihrer Durchbohrung wegen nur stärkere und breitere Steine benutzt werden konnten. Ein solches flaches, meißelförmiges Beil mit seinem beinahe völlig erhaltenen Holzschaft (Fig. 7) wurde mit den Resten eines Holzschildes in einem großen, in einem Grabhügel geborgenen Plattengrabe bei einem Skelett von dolichokephaler Kopfbildung unweit Langen=Eichstätt in Sachsen gefunden. Dieselbe Schäftung zeigen auch wirkliche Werkzeuge, wie die Steinhacken der Bergleute in den alten Salzwerken der Alpen; Figur 6 stellt einen solchen Axtstiel aus dem Bergwerk von Reichenhall dar.

Andere Werkzeuge von der Form der Figuren 12 und 13, schlanke Meißel, mit schmaler, scharfer Schneide, von allen Größen, die teilweise wie Stemmeisen oder eine Art von Hobeln in der Hand liegen und jedenfalls zur Bearbeitung von Holz dienten, fanden sich in großer Anzahl in den Gräbern. Eines der Werkzeuge (Fig. 13) zeigt den Versuch einer Durchbohrung durch eine kreisförmige, eingedrehte Vertiefung, innerhalb welcher der Bohrzapfen, das runde Stück, das bei Vollendung der Bohrung herausfallen mußte, noch an dem Steine festsitzt. Wenig zahlreich erschienen die Messerchen aus Feuerstein. Dagegen fehlte kaum in einem Frauengrabe eine Handmühle der einfachsten Art aus Sandstein, ein größeres, etwas konkaves Stück und ein kleiner Läufer, meist von ovaler Form (Fig. 16). Aus Sandstein bestehen auch die Schleifsteine (Fig. 2), die in der Mitte eine scharfeingeschnittene Vertiefung besitzen, in der sich kleine Geräte von Knochen und Horn schnell zuspitzen und anschleifen lassen.

Von Schmuckgeräten wurden Halsbänder aus durchbohrten Muschelstücken von dem Glanze der Perlmutter gefunden. Ein Teil davon ist in der Form von kleinen Ringen zugeschliffen (s. Fig. 8 und 8a), ein anderer besteht aus größeren Stücken in Form roher Berlocken (Fig. 10 und 10a). In solcher Menge fanden sich diese einfachen Schmuckperlen, daß, obwohl die meisten infolge ihrer starken Verwitterung bei der Berührung in Staub zerfielen, doch sechs Schnüre mit 136 Stück gesammelt werden konnten. Ihr schöner, wohlerhaltener Perlglanz unterscheidet sie vorteilhaft von dem Halsschmuck aus durchbohrten, durch die Zeit braun gefärbten Tierzähnen, der sich in den alten Grabhügeln und Plattenhäusern fand, jener der Figur 9 z. B. in dem schon erwähnten Steindenkmal bei Langen=Eichstätt.

Einen wesentlichen Teil der Ausstattung unserer Gräber bilden die Gefäße, Krüge, Näpfe und Becher (s. die Rückseite der Tafel bei S. 552). Alle sind mit der Hand geformt und bestehen aus ziemlich schwach gebranntem, mit Quarzsand gemischtem Ton. Einzelne sind mit drei bis vier vorspringenden Knöpfen versehen, die meist zum Durchziehen einer Schnur durchbohrt sind. Die Gefäßformen sind großenteils ansprechend, und die wenigsten entbehren einer eingeritzten, mit weißer Masse ausgestrichenen Verzierung. Sämtliche Gefäße haben keinen flachen Boden, sondern sind unten abgerundet, so daß sie nur auf Ringen von Ton oder Flechtwerk festgestellt werden konnten.

Daß Werkzeuge aus Knochen und Horn hier fehlen, erklärt sich aus der weitgehenden Zerstörung der animalischen Reste, da selbst die, wie schon Lindenschmit festgestellt hat, bereits als Petrefakten bearbeiteten Muschelstücke der Mehrzahl nach zerfallen und verwittert waren.

C. Köhl hat seit dem Jahre 1895 in der Umgebung von Worms, in dessen Nähe auch Monsheim liegt, eine größere Anzahl von Gräberfeldern und Wohnstätten aus der jüngeren Steinzeit aufgefunden und in vortrefflicher Weise untersucht. Einige dieser Gräberfelder, wie die auf der Rheingewann, bei Rheindürkheim und Alzey, entsprechen dem Hinkelsteiner Felde in jeder Beziehung. Der Bau der Gräber war der gleiche, die Leichen ruhten, mit verschwindenden Ausnahmen, in der Richtung von Südosten nach Nordwesten, auf dem Rücken ausgestreckt. Auch die Beigaben, speziell die keramischen, waren die gleichen. Die Zahl der Feuersteingeräte war etwas bedeutender: größere und kleinere Messer, Schaber, einfache und querschneidende Pfeilspitzen; auch die Kerngesteine, von denen diese Geräte abgeschlagen waren, wurden, wenn ihre Form gerundet war und sie gut in der Hand lagen, den Toten als vielbenutzte „Klopfsteine" mitgegeben. Charakteristisch sind die Schmucksachen aus einheimischen, aus dem Mainzer Tertiärbecken stammenden fossilen Muscheln und Schneckengehäusen: Unio-, Pectunculus-und Cerithium-Arten. Aus ersteren wurden die von Lindenschmit als Berlocken bezeichneten Anhänger und die durchlochten runden Scheibchen geschnitzt, welche beide Formen, zu Hals- und Armketten verbunden, von Frauen und Männern getragen wurden. Außer diesem fossilen Material heimischen Ursprungs kamen aber auch rezente, aus südlichen Meeren herstammende Muscheln vor: es fanden sich Austern-Schalen aus dem Mittelländischen und Spontylus-Schalen aus dem Roten Meer. Auch rezente Unio-Schalen aus der nächsten Nachbarschaft wurden verarbeitet. Als Schmuckbeigaben erscheinen daneben durchbohrte Eberzähne und Hirschgrandeln, letztere wohl die Vorbilder der Berlocken. Die Keramik wird unten im Zusammenhang Darstellung finden, sie gehört dem Hinkelsteiner- oder Köhls älterem Winkelbandtypus an, an den sich, als jünger, der jüngere Winkelbandtypus Köhls anreiht. Beide Gruppen der Gefäße sind mit mehr oder weniger eingetieften, mit weißer Masse ausgefüllten linearen Mustern verziert (vgl. S. 559).

Die Hockergräberfelder bei Worms.

In den Gräbern des älteren und jüngeren Winkelbandtypus bei Worms begegnen uns unter den Beigaben einzelne Stücke, die unmittelbar eine Beziehung zu den Küsten des Mittelmeeres, ja des Roten Meeres erkennen lassen. Es sind, wie in anderen neolithischen Fundplätzen, z. B. der Tischofer Bärenhöhle bei Kufstein, Schalen von Muscheln und Schnecken, die im ganzen oder verarbeitet den Leichen als kostbarer Besitz mitgegeben wurden, eine Begräbnissitte, die uns schon aus dem Diluvium bekannt geworden ist. Diese Beziehungen zu weit entlegenen südlichen Gegenden werden noch reicher in den von Köhl entdeckten und in ihrer typischen Besonderheit erkannten Gräberfeldern mit liegenden Hockern.

Diese zweite Hauptgruppe steinzeitlicher Gräberanlagen: Flomborn, Wachenheim, Mölsheim und andere, zu denen auch die gleichzeitigen Wohnstätten aufgefunden wurden, unterscheiden sich von der ersten Hauptgruppe sowohl durch die Art und Weise der Bestattung als auch durch die Beigaben. Die Gräber erscheinen als verhältnismäßig kleine Gruben ohne Steinsetzung, in denen die Leichen mit aufgezogenen Knieen, die Arme und Hände gegen den Kopf erhoben, fast ausnahmslos auf der linken Seite in der Stellung von Schlafenden gebettet waren (s. die Abbildung S. 555). Die Richtung der Gräber ist unregelmäßig, oft derjenigen der ersten Hauptgruppe entgegengesetzt. Die keramischen Reste bestehen aus hartgebrannter, meist graublauer Ware mit Spiral- und Mäanderverzierungen sowie Wellenbändern, künstlerisch-sorglos leicht eingeritzt, fast niemals mit weißer Einlage: Spiralmäander-Keramik (s. Fig. 17, 18 und 19 der Tafel bei S. 557). Die Steingeräte sind im allgemeinen breiter und niedriger, teilweise wahre Flachbeile; Handmühlen und Klopfsteine sind seltener, ebenso die Feuersteingeräte: Messer, Schaber, dreieckige Pfeilspitzen. An Stelle der Berlocken und Scheibchen aus fossilen Unio-Schalen treten Schmucksachen aus rezenten,

aus füdlichen Meeren stammenden Spondylus-Schalen auf, neben ganzen, mit Durchbohrung zum Anhängen versehenen Schalen hauptsächlich aus solchen gearbeitete größere
und kleinere röhren- und mandelförmige Perlen, geschlossene Armringe und stumpfwinkelig
gebogene Anhänger. In einem Grabe fanden sich drei aus rezentem Elfenbein geschnitzte „Nägel" mit dicken Knöpfen, rechtwinkelig abgebogen; sie waren offenbar zur
Befestigung der Kleider bestimmt. Häufiger als in der ersten Gräbergruppe fand sich
zur Schmuckmalerei des Körpers und der Geräte Rötel, zum Teil in Gefäßen aufbewahrt.

In den mit diesen Gräber-
feldern der Spiralmäander-Keramik
Köhls gleichzeitigen ausgedehnten
Wohnplätzen fanden sich nur die
gleichen Scherben wie in den Gräbern neben Stein- und Knochengeräten, Tierknochen, Muschelschalen.
Die Hütten waren aus Flechtwerk,
mit Lehm beworfen und über viereckigen oder unregelmäßigen Gruben
errichtet. Hier fand sich der einzige
Scherben des gleichen Typus mit
weißer Inkrustation; zwei andere
zeigen rote, einer weiße und rote
Färbung. Es erinnert das wenigstens einigermaßen an die bemalten steinzeitlichen Gefäße, die
unten geschildert werden sollen.
Schliz hat in Großgartach auf derartigen Scherben auch Anstrich mit
weißer, gelber, roter oder schwarzer Farbe beobachtet, meist nur
einfarbig ohne Rücksicht auf das
eingeritzte Ornament aufgetragen;

Hockergrab. Nach dem „Bericht über die 31. allgemeine Versammlung
der deutschen Gesellschaft für Anthropologie, Ethnologie und Urgeschichte in
Halle a. S. vom 25. bis 27. September 1900" (München 1901).

manchmal sind die Henkel gelb gefärbt, während das übrige Gefäß mit weißlichem Ton überzogen ist. Die gelbe Farbe ist Ocker, das leuchtende Rot wahrscheinlich Bolus, das Weiß
eine Mischung aus kohlensaurem Kalk und Ton, die schwarze Farbe zum Teil Kienruß, mit
Harz versetzt (vgl. S. 549).

Die Hockergräber der Wolfratshauser Straße bei München, die F. Birkner beschrieben hat, zeigen einen anderen Typus der Beigefäße und sind durch steinerne Armschutz-
platten und flache, einfache Kupferdolche charakterisiert. Die Gefäße sind von der Gestalt der
Zonenbecher, haben aber große, senkrechtstehende Henkel (f. Fig. 22 der Tafel bei S. 557).

Steinzeitliche Brandgräber in der Wetterau.

Einen ganz abweichenden Typus zeigen die von Georg Wolff in der Gegend von
Hanau entdeckten steinzeitlichen Gräber, in denen sich die Reste verbrannter Leichen

beigesetzt fanden; unter den Beigaben sind durchbohrte, zu Ketten vereinigte kleine, flache, regelmäßig oval gestaltete, mit eingegrabenen Pünktchen verzierte grau-weißliche Natur-

kiesel besonders charakteristisch. Die Leichenbrandreste liegen in einer wenig eingetieften runden oder ovalen Grube; ziemlich auf deren Grund befinden sich die 30—40 Steinchen meist noch in kreisförmiger Anordnung, die größeren in der Mitte. Die Durchbohrung ist verschieden. In einem der Gräber fanden sich 30 solche kleine ovale Steinchen, alle nur je an einem Ende durch-bohrt; sie wurden also an einer Schnur hängend getragen. In anderen Gräbern sind die Steinchen an beiden Schmalenden durchlocht, so daß sie horizontal aneinandergereiht werden konn-ten; manche zeigten in der Mitte eines Seitenrandes noch eine dritte Öffnung und trugen hier noch einen Anhänger meist von der gleichen oval-flachen Form wie die übrigen Steinchen und nur an einem Ende durchbohrt (s. die untenstehende Abbildung). Es kommen aber auch anders gestaltete Anhänger vor: viereckige und dreieckige Schiefertäfelchen, 2—4 cm lang; sie waren zu einem Doppelanhänger vereinigt, das dreieckige Täfelchen unten, mit der Spitze nach abwärts gekehrt (s. die nebenstehende Abbildung). Die napfförmigen Pünktchen, mit denen die Steinchen verziert sind, wurden offenbar mit einem Feuersteinbohrer hergestellt; in sel-tenen Fällen sind die Steinchen auf beiden Seiten ornamentiert: es kommen zu den Pünktchen noch Rillen, die, in wechselnder Weise sich kreuzend, konvergierend und parallellaufend, zu mannigfachen Figuren verbun-den sind. Wolff möchte der Verzierung eine symbolische Bedeutung zuschreiben; die größe-ren Doppelanhänger er-scheinen als Amulette.

Ähnlich wie in nach-barlich gelegenen Grä-berfeldern bei Worms, zeigten sich auch in den einzelnen von Wolff entdeckten Brandgräber-feldern die keramischen Reste typisch verschieden; in den einen fanden sich Gefäße von Köhls jünge-rem Winkelband- (Rös-sener-) Typus, in an-deren solche von Spiral-mäander-Typus. Die

Eine Wetterau-Kette. Nach Photographie von G. Wolff.

Gräberfelder mit Leichenbestattung und diese mit Leichenbrand sind also gleichzeitig. Auch die Reste aus den zu jenen Gräberfeldern gehörigen Wohnstätten entsprechen, trotz der so vollständig verschiedenen Begräbnisriten, den Wormser steinzeitlichen Ansiedelungen.

Neolithische Tongefäße.

1. Amphorenform mit Schnurverzierung. — 2. Becherform mit Stichverzierung. — 3. Mit Schnittverzierung. — 4–6. Mit Tupfenverzierung. — 7. Henkelkrug mit Bandverzierung. — 8. Schwarze Scherbe mit weißer Einlage. — 9 u. 10. Henkellose Becher. — 11 u. 12. Vasen mit doppelten, bei 12 senkrecht durchbohrten Henkelansätzen. — 13. Vase mit horizontal durchbohrtem u. gerieftem Henkel. — 1–6 u. 8–10 aus Thüringen, 7 vom Pfahlbau im Mondsee, Österreich, 11–13 aus Tangermünde.

Nach F. Klopfleisch, „Vorgeschichtliche Altertümer der Provinz Sachsen: die Grabhügel in Leubingen usw." (Halle 1883).

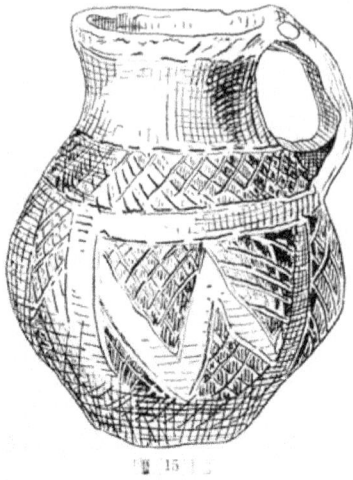
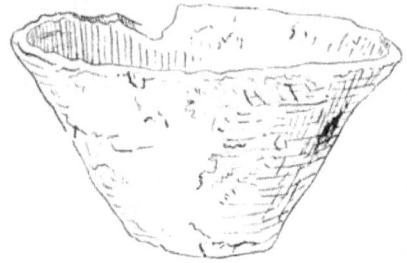
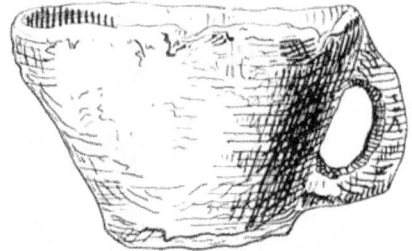

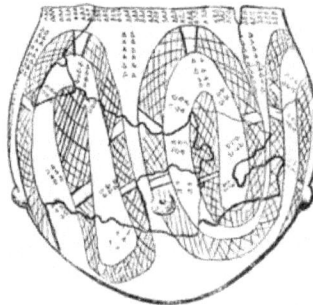

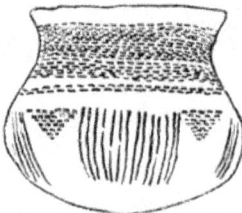
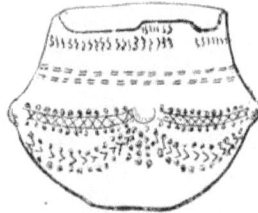

14–16. Zur Steinzeitkeramik der Pfahlbauten; 14. Henkellose Schale, unornamentiert; 15. Reich ornamentierter
Henkelkrug; 16. Henkelschale, unornamentiert. — 17–19. Zur Spiralmäander-Keramik; 17. Reich ornamentierte
Flasche; 18. Bombengefäß; 19. Bombengefäß, Kumpf. — 20 u. 21. Zur jüngeren Winkelbandkeramik, Großgartacher
Typus: Reich dekorierte Gefäße. — 22. Zur Glockenzonenbecher-Keramik, Übergang der Stein- zur Bronzezeit:
Gehenkelter Glockenbecher ohne Ornament.

Nach F. Birkner, „Die älteste Besiedelung Bayerns": „Bayerland" 1910, Nr. 39   C. Koehl, „Die Bandkeramik der steinzeitlichen
Gräberfelder und Wohnplätze in der Umgebung von Worms": „Festschrift zur 34. allgemeinen Versammlung der Deutschen
anthropologischen Gesellschaft" (Worms 1933); P. Reinecke, „Zur neolithischen Keramik von Eichelsbach im Spessart": „Beiträge
zur Anthropologie und Urgeschichte Bayerns" (München 1899); A. Schliz, „Das steinzeitliche Dorf Großgartach" (Stuttgart 1901);
E. v. Tröltsch, „Die Pfahlbauten des Bodenseegebietes" (Stuttgart 1902).

Von den Hausanlagen haben sich runde oder mehr unregelmäßige Wohngruben von etwa 5 m Umfang und 1 m Tiefe erhalten, über denen einst die Hütten mit ihren durch Lehmbewurf gedichteten Reiserwänden standen; die hartgebrannten Wandreste lagen mit Scherben rohgearbeiteter Gefäße im Umkreis zerstreut, außerdem fanden sich ganze und zerbrochene, meist kleine Steinbeile, Mahlsteine, Rötelstückchen und zahlreiche, oft angebrannte Knochen von Rind und Hirsch. Die Brandgräber scheinen zum Teil innerhalb verlassener Wohngruben angelegt worden zu sein.

Neolithische Keramik, namentlich in Thüringen und Hessen.

Besonders charakteristisch für die Kulturverhältnisse der jüngeren Steinzeit sind die in großer Anzahl aus ihr erhaltenen Tongeschirre, sowohl in der Form als in der Ornamentierung. Von der Steinzeit-Keramik der Pfahlbauten geben die Figuren 14, 15 und 16 der beigehefteten Tafel „Neolithische Tongefäße" eine Vorstellung. Als die zwei Hauptformen für die Keramik der neolithischen Periode Thüringens und der Nachbargebiete führte Friedrich Klopfleisch die Amphoren- und die Becherform an. Die beigeheftete Tafel gibt von diesen beiden Formen einen Begriff. Die Amphorenform (Fig. 1) findet sich bei größeren Gefäßen und geht durch Verlängerung des Halses in die Flaschenform über. Der Boden ist abgeflacht. Die engen Gefäßhenkel sitzen meist zu zweien oder vieren an der mittleren Umbiegung des Gefäßbauches, sie sind fast ohne Ausnahme horizontal durchbohrt und zum Durchziehen von Stricken und Schnüren, nicht zum Hineinlegen der Finger bestimmt. Die Becherform (Fig. 2) besitzt einen mehr oder weniger kugeligen, unten abgeflachten Gefäßbauch und einen hohen Hals; zuweilen befinden sich am Halse enge Henkel, immer nur mit einem runden Loch zum Durchziehen von Schnüren. Es kommen auch einfache, oft unverzierte Becher vor mit vom oberen Rand bis zur Standfläche annähernd geraden Seiten.

Der Grad der Brennung des Tones dieser Gefäße ist ein mittlerer; öfters scheint eine absichtliche Sandbeimischung stattgefunden zu haben. Häufig zeigt die Oberfläche der Gefäße dieses Stiles einen dünnen Überzug einer feineren, gleichmäßig gefärbten Tonart, in den die Ornamente eingedrückt wurden. Die ältesten Gefäße solcher Art scheinen diesen Überzug noch nicht zu haben, während bei jüngeren Gefäßen der feine Überzug der Oberfläche geglättet, oft wie poliert aussieht. Von selteneren Gefäßformen unterscheiden Klopfleisch und A. Götze noch Krug, Kanne, Topf, Eimer, Näpfe, Schalen und Büchsen. Nach Götze finden sich manchmal griffähnliche, meist horizontale, mehr oder weniger erhabene Leisten und später auch Verzierung durch warzenförmige Ansätze.

Von Klopfleisch stammt die Einteilung nach der Ornamentierungsweise der Gefäße: er unterschied Schnur- oder Bandverzierung und danach Schnurkeramik und Bandkeramik. Die Verzierung, die man als Schnurverzierung (s. die Tafel, Fig. 1) bezeichnet, ist wirklich dadurch hervorgebracht, daß man eine Schnur in die noch weiche Tonoberfläche mehrfach eindrückte. Dadurch entstanden meist parallele, horizontallaufende Ringe oder Ringsysteme. Manchmal stehen diese Eindrücke senkrecht, oder es sind durch sie Zickzacklinien und andere Linienverbindungen hervorgebracht, so daß das Schnurornament eine ziemliche Reichhaltigkeit der Motive zeigt (s. die Tafel, Fig. 8). Eine typisch verschiedene Verzierungsweise ist die Stich-, Schnitt- und Reifenverzierung sowie die Quadrat- und Tupfenverzierung. Bei der Stichverzierung (s. die Tafel, Fig. 2) wird ein fein zugespitztes, dünnes Knocheninſtrument, etwa ein Knochenpfriem oder ein ähnlich bearbeiteter Holzſplitter, in der Weiſe in die weiche Fläche des Tongefäßes eingedrückt, daß man das Inſtrument faſt wagerecht hält und ſeine Spitze nur wenig nach unten neigt, ſo daß es leicht in die Tonmaſſe einſticht und zugleich der der äußerſten Spitze zunächſt liegende Schaftteil des Inſtruments ſich etwas mit abdrückt; dann wird das Inſtrument ein wenig rückwärts gezogen, und das gleiche Verfahren wiederholt ſich immer von neuem. Natürlich kann man die Lage der einſtechenden Spitze beliebig ändern, ſo daß ſenkrechte und wagerechte und im Zickzack geführte Stichſtreifen miteinander abwechſeln. Durch Eindrücken eines Hölzchens oder Knochenſtückes mit quer abgeſetztem Ende wurden Ornamentſtreifen mit ſenkrecht gerichteten abwechſelnden Erhöhungen und Vertiefungen erzeugt; durch unten abgerundete Hölzchen oder Knochen entſtanden Syſteme rundlicher, kleiner oder großer Vertiefungen, die gewiſſermaßen eine Perlenkette nachahmen. Solche Tupfenverzierungen (ſ. die Tafel, Fig. 4, 5 und 6) wurden aber meiſt einfach dadurch hervorgebracht, daß man mit den Fingerſpitzen in gewiſſen Diſtanzen ſich wiederholende Eindrücke, Tupfen, in die noch weiche Oberfläche des Gefäßes machte. Häufig zeigt ſich dabei der Fingernagel mit abgedrückt. Dieſe Tupfeneindrücke wurden bald unmittelbar auf die ebenen Stellen der Gefäßwände, bald aber auch auf plaſtiſch hervortretende Tonbänder eingedrückt. Nicht immer wurde die Rundform der Eindrücke gewählt, es treten öfters auch längliche Einkerbungen oder mondſichelartige Eindrücke auf.

Die Technik der Schnittverzierung beſchreibt Klopfleiſch in der Weiſe, daß mit der Schneide eines Feuerſteinmeſſers oder mit der Spitze eines Knochenpfriemens, eines ſcharfkantig zugeſchnittenen Hölzchens und dergleichen in linearer Anordnung mehr oder minder tiefe Einſchnitte oder Ritze erzeugt wurden (ſ. die Tafel, Fig. 3). Die Ornamentfiguren ſind hier, bedingt durch die Art der Technik, meiſt ganz andere als bei der Schnur- und Stichverzierung. Fiſchgräten- und federn- oder tannenzweig- und palmenblattartige Muſter herrſchen vor, bei denen man gern die Richtung der ſchräggeſtellten Einſchnittſtriche wechſelt, indem man ſie zuerſt nach rechts, dann nach links oder zuerſt nach oben, dann nach unten verlaufen läßt und fortlaufende Reihen oder Kränze derartiger eingeſchnittener Striche liebt, die in ihren Wiederholungen meiſt einen gewiſſen Parallelismus zeigen. Nicht ſelten finden ſich mit dieſen Schnittverzierungen auch kleine eingedrückte Dreiecke verwendet, deren Spitze meiſt nach unten gerichtet iſt (ſ. die Tafel, Fig. 8). War das Inſtrument, das zur Herſtellung dieſer Ornamente diente, mit einer ſtumpfen Schneide verſehen, ſo erſcheinen die Einſchnitte mehr furchenartig. Die Reifen- oder Zonenverzierung (ſ. die Tafel, Fig. 9) beſteht aus in kurzen Abſtänden wiederholten, horizontal verlaufenden, flachen, eingedrückten Kehlungen, d. h. vertieften Linien, die eine verhältnismäßig bedeutendere Breitendimenſion beſitzen.

Seltener als die Ornamentmotive der Schnurverzierung wurden in der neolithiſchen Periode Thüringens, und zwar nach Götze ausſchließlich in Anſiedelungsplätzen, nicht in Gräbern, wo ſich dagegen die Schnurverzierung findet, die Motive der Bandkeramik verwendet. Klopfleiſch unterſchied Winkelband-, Bogenband- und Kreisbandverzierung. Von letzterer gibt Fig. 7 der Tafel bei S. 557 eine Vorſtellung. Das Motiv ſetzt ſich zuſammen aus der obengeſchilderten Reifenverzierung, Kreisbändern und konzentriſchen, aus freier Hand um einen vertieften Mittelpunkt gezogenen einfachen Kreiſen.

Ein weſentliches Charakteriſtikum für viele Ornamente der neolithiſchen Periode iſt nach R. Virchow nicht ſowohl die Zeichnung des Ornamentes ſelbſt, die ſich zum Teil auch in ſpäteren Epochen wiederholt, ſondern die Tiefe, in welche die Ornamente zum Zweck der Aufnahme der weißen Inkrustation eingeritzt und eingedrückt worden sind. Durch die Ausfüllung der geschilderten Vertiefungen mit einer weißen Masse, meist Kalk, wird in Verbindung mit der schwarzen Farbe des übrigen Gefäßbauches eine geschmackvolle, gewissermaßen polychrome, schwarz und weiße Wirkung des Ornamentes erzielt (s. Fig. 8 der Tafel bei S. 557).

Zur „Kultur der Bandkeramik" gehören nach A. Voß und A. Götze kleinere, meist nur 8 bis 10 cm lange, auf einer Seite flache Steinbeilchen (s. die untenstehende Abbildung, Fig. 1), oft zierlich gearbeitet, sowie auch die etwas größeren, aber ebenfalls einseitig flachen, „schuh= leistenförmigen oder hobelartigen Steinkeile" (Fig. 2). Für die Steinzeit Skandinaviens unterscheidet Oskar Montelius nach der Form der Steinbeile drei Hauptperioden: 1) Feuer= steinäxte mit spitz=ovalem Durchschnitt (s. die Abbil= dung S. 560, Fig. 3), 2) Feuersteinäxte mit Schmal= seiten und dünnem Nacken (Fig. 1) und 3) Feuerstein= äxte mit Schmalseiten und breitem Nacken (Fig. 2).

Durch die Untersuchungen Köhls sind wir über verschiedene Typen der Bandkeramik der mittleren Rheingegend bei Worms vortrefflich unterrichtet worden. Es konnten, wie wir schon angeführt haben, drei durch ihre keramischen Beigaben scharf getrennte Gruppen von Gräberfeldern unterschieden wer= den. Die einen zeigten nur Gefäße vom Hinkel= steintypus, die Köhl als ältere Winkelband= keramik bezeichnet, deren Ähnlichkeit mit Scherben aus Wohngruben in Thüringen, Sachsen, Böhmen und Mähren er speziell hervorhebt. Die Gefäß= formen entsprechen jenen des Hinkelsteinerfeldes, allen fehlt der Henkel, an dessen Stelle entweder un= durchbohrte Griffstollen oder mit enger, meist hori=

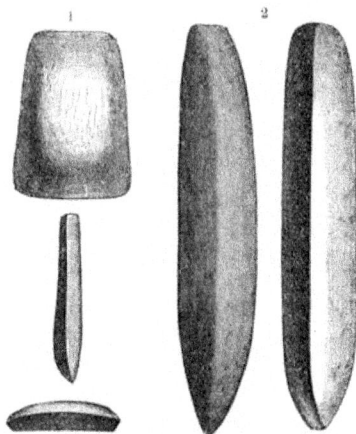

Steinbeilchen, auf einer Seite flach (1), und hobel= artiger Steinkeil (2). Nach A. Götze, „Die Gefäß= formen und Ornamente der neolithischen schnurver= zierten Keramik im Flußgebiet der Saale" (Jena 1891).

zontaler Durchbohrung versehene Schnurösen treten. Man unterscheidet: Kochtopf, Schüssel, Amphora, Flasche und besonders charakteristisch das „Bombengefäß", das Köhl als „Kumpf" bezeichnet. Der Gefäßboden ist rund. Die einst gewiß meist weiß inkrustierten eingetieften Or= namente bestehen aus einem System von Linien und Punkten, die so angeordnet sind, daß sie meist in Form von Bändern die Gefäße umziehen. Durchaus herrscht die gerade Linie vor; wenn auch einzelne Linien oder Punktreihen etwas geschweift erscheinen und manchmal bis zu einem Viertel Kreisbogen gekrümmt sind, so kommt doch nie der Halbkreis oder der ge= schlossene Kreis vor, ebenso fehlen Spiralen und Mäander (s. die Tafel bei S. 552, Rückseite).

Die jüngere Winkelbandkeramik, die zuerst von dem Rössener Gräberfelde be= kannt und danach Rössenerkeramik, neuerdings auch Großgartacher Typus benannt wurde (s. Fig. 20 und 21 der Tafel bei S. 557), zeigt wesentlich reichere Ornament= motive und durch Politur der dunkeln Gefäßwand und breitere weiße Inkrustation ein noch gefälligeres Aussehen. Auch die Form der Gefäße ist mehr gegliedert, das einfache Bombengefäß findet sich nicht mehr. Der Gefäßboden wird meist verbreitert und bildet sich zu einem wulstartig vom Gefäßbauch abgesetzten „Standring" aus. Schnurösen, Warzen und Stollen ragen öfters zungenartig aus der Gefäßwand vor, auch der horizontale Henkel ist völlig ausgebildet. Die Ornamente ähneln denen des Hinkelsteiner Typus, sie sind in Form von stärker vertieften und etwas breiteren Linien in den Ton eingezogen, außerdem finden sich eingestochene Punkte, Tupfen, Eindrücke von Rollenstempeln. Die Farbe der Gefäße wechselt vom tiefsten Schwarz bis zum schönsten Schokoladenbraun. Die Ornamentmuster sind meist Zickzackbänder, Dreiecke und Rhomben, aus einfachen oder mehrfachen parallelen Linien gebildet. Das Muster ist manchmal durch glänzend polierte Leisten der glatten Gefäßwand unterbrochen. Von den unteren Linien des Ornamentes gehen häufig „kommaähnliche" Striche aus, herabhängenden Fransen ähnelnd. Aber auch ausgebildetere Ornamente, von denen Dreiecke, Fischgräten- und Tannenzweigmuster und anderes vorkommen,

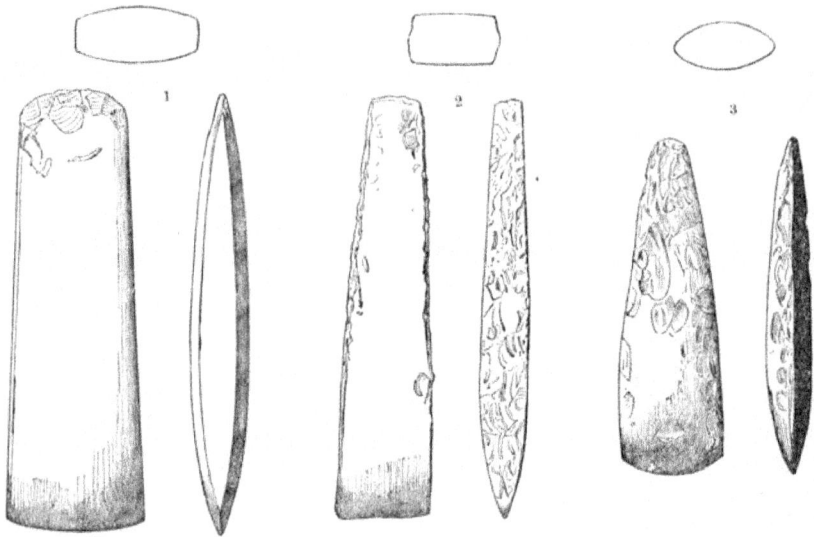

Feuersteinäxte der Steinzeit: 1 mit Schmalseiten und dünnem Nacken, 2 mit Schmalseiten und breitem Nacken, 3 mit spitzovalem Durchschnitt. Nach O. Montelius, „Die Kultur Schwedens in vorgeschichtlicher Zeit", übersetzt von C. Appel (2. Aufl., Berlin 1885). Vgl. Text S. 559.

können diese herabhängenden Fransen als unteren Abschluß tragen; sie sind eine für diese Keramik ganz charakteristische Erscheinung, ein Motiv, das jedenfalls Hängezieraten der Bekleidung entnommen ist. Sehr ansprechend ist das Ornament in Form von Girlanden, wie es für Großgartach charakteristisch ist. Von den Girlanden hängen dann Linien wie Fransen und Troddeln herunter, was bei anderen keramischen Gruppen nicht vorkommt. Manche Gefäße waren mit unzähligen kleinen, durch kreuzende Linien oder Rollenstempel erzeugten Quadraten oder Rechtecken bedeckt. Auch der umgelegte Gefäßrand zeigt auf der Innenfläche Ornamente (s. Fig. 20 und 21 der Tafel bei S. 557).

Das wichtigste Ergebnis der Köhlschen Untersuchungen ist die von ihm zuerst und am entschiedensten erkannte typisch verschiedene bandkeramische Gruppe: die SpiralmäanderKeramik (vgl. S. 550) der Hockergräberfelder in der Umgebung von Worms. Die häufigste Gefäßform ist hier das größere oder kleinere verzierte Bombengefäß mit einem schwach abgeflachten runden Boden, die Gefäßwände verjüngen sich meist nach der Mündung zu etwas und schneiden mit geradem Rande ab, meist ragen 3—4 „Warzen" aus der Wand hervor.

Schnurösen sind immer in senkrechter Richtung durchbohrt. An anderen Gefäßformen — es finden sich Kochtopf, Schüssel, Krug, Flasche — erscheinen wahre Henkel. Manche Griffstollen sind an der Spitze durch Eintiefung geteilt, so daß hornartige Vorsprünge entstehen. Die Farbe der Gefäße ist selten braun oder schwarz, in den meisten Fällen graubräunlich oder gelblich. Der Ton ist fein geschlemmt, mit Zusatz von kieselsäurereichem Sand, manchmal klingend-hart gebrannt.

Die Ornamente bestehen hauptsächlich aus zwei Motiven: Spirale und Mäander; daneben kommen Wellenlinien, gerade Linien, winkel- und halbkreisförmige Verzierungen, letztere meist zur Ausfüllung der Zwickel, sowie Doppelspiralen vor (s. die Tafel bei S. 557, Fig. 17—19). Der Mäander ist in seine einzelnen Teile zerlegt, so daß jede in sich abgeschlossene Mäanderfigur, ziemlich willkürlich, als einzelnes Ornament verwendet ist, ohne Verbindung. Die Spiralen wie auch die übrigen Ornamente sind flüchtig in einer eigentümlich saloppen Art gezeichnet. Weiße Inkrustation kommt nur ganz ausnahmsweise vor, plastische Spiralen, wie sie in Butmir, einem klassischen Platze dieses keramischen Typus, gefunden wurden (s. die obere Abbildung S. 550, Fig. b), fehlen, ebenso eine eigentliche farbige Bemalung.

Die Spiralmäander-Keramik zeigt sich weit über das neolithische Gebiet verbreitet. Auch in den zahlreichen von v. Haxthausen entdeckten und untersuchten „Kochgruben" im bayerischen Spessart ist sie die herrschende.

R. Virchow hat die neolithischen Tongefäßformen und ihre Ornamentmotive aus Thüringen mit denen der neolithischen Zeit aus Kujavien und der Provinz Posen verglichen. Im allgemeinen decken sich die Formen und Ornamente fast vollkommen. Klopfleisch hob schon Analogien hervor, die zwischen den thüringischen Gefäßen und denen der alten Kulturländer Mesopotamien und Ägypten bestehen. R. Virchow hat darauf hingewiesen, daß sich manche Ähnlichkeiten, ja geradezu Übereinstimmungen mit dem ältesten trojanischen Topfgerät zeigen, wie es Schliemann und er beschrieben haben. Und nun hat durch die Entdeckung der prähistorischen Steinzeit in Ägypten und Griechenland der Fortschritt der Untersuchungen ergeben, daß während der neolithischen Periode ganz Europa, einschließlich Italien, das griechische Festland, die griechische Inselwelt und die kleinasiatische Küste mit Ägypten zu einer im wesentlichen gleichartigen Kulturgemeinschaft vereinigt waren. Und schon eröffnen sich Blicke über dieses weite Gebiet hinaus.

Die neolithische Gefäßmalerei.

Die engeren Beziehungen zwischen der steinzeitlichen Kultur Mitteleuropas und der Küsten und Inseln des Mittelmeers sprechen sich besonders deutlich in der neolithischen Gefäßmalerei aus: sie gehört mit zu den immer klarer nachzuweisenden Fäden, welche die Kultur Mitteleuropas mit der ägäischen Kultur, mit Kreta und weiterhin mit Ägypten verbinden.

In den Spuren von Wand- und Gefäßmalerei in Großgartach und den Köhlschen steinzeitlichen Gräbern (vgl. S. 549 und 555) erkennen wir Andeutungen davon, daß eine unverkennbare Farbenfreudigkeit nicht mehr allein den menschlichen Körper bemalte, sondern auch die Gegenstände der nächsten Umgebung. Eine Liebe zu Farbengegensätzen spricht sich ja in entschiedener Weise schon in der weißen Inkrustation der in dunkler Gefäßoberfläche eingeritzten Ornamente aus. Sie erzeugt eine Abwechselung von braunrötlich oder braun und weiß oder schwarz und weiß; an den Gefäßen des „jüngeren Winkelbandtypus" sind die weißeingelegten Ornamentvertiefungen schon so breit, daß sie unmittelbar an Weißmalerei erinnern.

Aufmalung weißer Ornamente auf dunkeln Gefäßgrund erscheint als ein einfacherer Ersatz der Inkrustation. Anderseits konnte sich aus malerischen Versuchen wie den oben erwähnten auch wahre Buntmalerei ausbilden, wie sie sich in den reichen neolithischen Fundplätzen in Ostpreußen (vgl. S. 566), Ungarn und Siebenbürgen gefunden hat. In Lengyel, Komitat Tolna, Ungarn (vgl. S. 550), auf der rechten Donauseite, südlich von Budapest, hat Wosinsky aus rein steinzeitlichen Hockergräbern und Wohngruben rot und gelb bemalte Gefäße erhoben. Es ist Mattmalerei auf monochromem Malgrund. Ebenso wurden in Tordos bei Broos am südlichen Ufer des Maros, Komitat Hunyad, Siebenbürgen, von Fräulein v. Torma buntgemalte Gefäße entdeckt. Die Farben sind rot, violettrot und violettbraun. An beiden Fundplätzen sind die Ornamentmuster aus geraden Linien und Spiralen zusammengesetzt. Zum Teil geht, wie Hubert Schmidt bemerkt, der eine vortreffliche Zusammenstellung der betreffenden Funde gegeben hat, die Malerei noch mit Tiefenornamentik einher, aufgemalte Farbstreifen können durch eingeritzte Furchen begrenzt sein, oder die Zonen mit eingetieften Ornamenten bleiben tongründig, die übrige Fläche wird mit rotem Überzug versehen und geglättet. Die Funde stammen aus Ansiedelungsplätzen.

Ebenfalls in Siebenbürgen, am Altfluß bei Kronstadt und bei Erösd, hat Julius Teutsch reiche Fundstätten aufgedeckt. Er konnte verschiedene Gefäßgruppen unterscheiden. Zunächst monochrome Gefäße ohne Bemalung, teils rohe, unpolierte, graue oder rötliche Ware, mehrfach in Tiefenornamentik verziert, teils fein monochrome, schwarz und braun überzogen und gut poliert. Bei einigen ist der äußere Rand und die innere Seite geschwärzt, während die untere Hälfte der Außenseite braun oder gelb ist. Der Brand ist unvollkommen. Bei den eigentlich bemalten Gefäßen zeigt sich eine Verbindung der Malerei mit monochromer Technik: dieselben Gefäße, die ohne Ornamente monochrom sind, werden mit Mustern bemalt, die Malerei vertritt auch hier also die Tiefornamentik. Die monochrome, polierte Oberfläche hat als Grundtöne: grau, schwarz, hellbraun, darauf werden schmale weiße oder gelbliche Streifen oder Zickzack- und Spiralmuster aufgemalt. Bei einer fortgeschritteneren Gruppe polychromer Malerei sind auf den gelben oder braunen Überzug als Malgrund weiß und mattschwarz, letzteres als Einfassung, aufgesetzt; oder der Überzug des Gefäßes fehlt, und es werden die drei Farben nebeneinander oder sich zum Teil deckend aufgetragen. Öfters kommt auch ein weißer Überzug des Gefäßes als Malgrund vor, auf den schmale, mattschwarze Streifen oder Linien, die das Ornament abgeben, aufgetragen sind. In Elatea (vgl. S. 566) fand Sotiriades auf gutpoliertem weißen Grund das Muster ziegelrot aufgetragen.

Von Rumänien erwähnt weiter Hubert Schmidt Ansiedelungsplätze von Cucuteni und Radoseni bei Jassy mit eingeritzten und aufgemalten geradlinigen und Spiralmustern; in Galizien, im Kreis Husiatin, Ansiedelungen und Gräber mit Leichenbrand; in der Bukowina Funde von Schipenitz im Pruthtal. In Südrußland ergaben sich im Gebiete des Dnjepr und Dnjestr zahlreiche Funde; in Bessarabien im Distrikt von Bieltzy hat E. v. Stern eine neolithische Station ausgegraben mit viel bemalter Keramik, darunter Gefäße aus rotem Ton mit schwarzer Bemalung, in zwei Fällen Darstellungen von Mensch und Tier. Zu den am ersten bekannt gewordenen und wichtigsten Fundstellen bemalter neolithischer Keramik gehören die von Palliardi erforschten Wohngruben mit ihren zahlreichen Kulturresten in Mähren und Niederösterreich. Alle bisher aufgezählten Stationen liegen in dem Gebiet nördlich des Balkans. Der erste Fund, der südlich des Balkans gemacht wurde (1900), ist der zu Tell-Rocheff, nordöstlich der Stadt Jamboli, wo die französische Schule zu

Athen graben ließ. Häufig fand sich dort Weiß als Untergrund für die Malerei, die aus geradlinigen oder Spiralmustern besteht. Auch Ritztechnik kommt vor.

Der „technische Grundgedanke" ist bei allen Gruppen die Verwendung der weißen Farbe auf der monochromen polierten Gefäßfläche. Solche Weißmalerei auf poliertem monochromen Gefäßgrund spielt auch, sagt Hubert Schmidt, in der Ornamentik der ägäischen Keramik eine nicht unbedeutende Rolle; schon in der ältesten Keramik in Troja sei sie bekannt gewesen: in seiner Publikation der Schliemann-Sammlung in Berlin beschreibt er aus der ersten ältesten Schicht Trojas Scherben mit Spuren weißer Bemalung auf glattem dunkeln Grund, ineinandergezeichnete Dreiecke, mit dicker, grauweißer Farbe aufgetragen.

Die neolithische Schicht von Knosos in Kreta beträgt nach S. Reinach im Mittel 5 m. Die keramischen Reste bestehen aus schwarzer, mit der Hand geformter Tonware mit punktierten oder eingeschnittenen weißeingelegten Ornamenten, Winkeldekoration, an Gewebetechnik erinnernd; Spiralen fehlen. Dabei finden sich viele Geräte aus Stein, Serpentin, Diorit, Hämatit, Jadeït, ebenso Keulen, ähnlich den aus Babylonien und Ägypten bekannten. Der Handel brachte nach Kreta Obsidian von Melos. Metall ist unbekannt. Als Kunsterzeugnisse finden sich rohe Figurinen aus Ton, gewissermaßen Vorläufer der Idole „en violon" des ägäischen Kupferalters. Die Schichten sind lediglich Überreste eingestürzter kleiner Hütten aus Stroh und Lehm. Weißmalerei scheint bisher noch nicht nachgewiesen zu sein. Dagegen werden wir unter den steinzeitlichen prähistorischen Funden in Ägypten nicht nur Weißinkrustation, sondern auch Weißmalerei kennen lernen.

Auf der neolithischen Gefäßmalerei beruht die Entwickelung der ägäisch-mykenischen bemalten Keramik.

Die griechische Steinzeit.

Die tiefsten Schichten des Stadthügels von Troja, welche die Ausgrabungen Schliemanns aufgedeckt haben, führten bis an die Grenze der typisch neolithischen Kulturperiode, aber erst durch die von Chr. Tsuntas geleiteten Ausgrabungen der archäologischen Gesellschaft in Athen bei Dimini und Sesklo in Thessalien wurde, durch die Entdeckung zahlreicher Siedelungen, die jüngere Steinzeit des griechischen Festlandes erschlossen und damit die griechische Frühgeschichte um eine ganze Periode bereichert. Das vortrefflich ausgestattete Werk, in dem Tsuntas die Ergebnisse seiner Forschung niedergelegt hat, erschien 1908, von Anthes in einem ausführlichen Referat „als fester Grundstein für alle weiteren Forschungen der Art" begrüßt; „durch die Grabungen von Dimini und Sesklo wurde tatsächlich eine neue Welt aufgedeckt", die bisher als „prähistorischer Schutt" unter den freilich schon durch Schliemann erweiterten und vertieften archäologisch-klassischen Schichten meist unbeachtet lagerte. Es ist sehr erfreulich, daß die in den „Barbarenländern" ausgebildeten prähistorischen Forschungsmethoden nun auch in immer steigendem Maße im Lande der typischen Klassizität Erfolge zu verzeichnen haben.

Tsuntas zählt 63 rein steinzeitliche Fundstätten, meist Siedelungen, auf als Zeugen einer blühenden Kultur Thessaliens in der neolithischen Periode, die sich gleichzeitig auch auf Böotien und Phokis erstreckte. Für die Anlage der Siedelungen war, sagt Anthes, meist die Festigkeit des Ortes und das Vorhandensein von Wasser maßgebend; sie liegen ziemlich dicht in der Ebene und auf den Vorhöhen des Gebirges an solchen Orten, die für den Ackerbau geeignet waren. Meist erscheinen die Ansiedelungen als wallumgebene Anlagen auf weithin sichtbaren Bodenerhöhungen.

Dimini war von Natur jedoch nicht fest, so daß es eines besonders wirksamen Schutzes bedurfte: es war mit einem sechsfachen konzentrischen Ring von aus Feldsteinen errichteten Mauern umgeben, von denen die innersten Ringe noch gut erhalten sind. Die innerste Mauer besaß zwei Tore. Alle Haupttore der Ringmauern liegen in der gleichen Flucht, so daß der Mittelpunkt der befestigten Siedelung auf einem Weg zu erreichen war. Die ganze Festungsanlage zeugt von ausgebildeter fortifikatorischer Erfahrung. So enden die Mauern an den Haupteingängen nicht in einfache Parastaten, sondern setzen sich schenkelförmig nach innen fort. Die dadurch entstehenden ziemlich langen Gänge sind so eng, daß kaum zwei Männer nebeneinander gleichzeitig sie passieren konnten. Durch die Schenkelmauern führen schmale, im Notfall leicht verschließbare Seiteneingänge in die Zwischenräume zwischen den Mauern. Im Fall einer Erstürmung mußte somit jeder Wall einzeln genommen werden. Die Höhe der Mauer betrug etwa 3 m, die Verteidiger standen hinter ihr auf einer niedrigeren Erdanschüttung. Türme fehlten ganz. Die ältesten Teile der Anlage sind die drei innersten Ringe; zwischen dem ersten und zweiten wurden noch Spuren einer ältesten Mauer festgestellt. Tsuntas unterschied danach drei deutlich gesonderte Schichten, von denen die beiden untersten der Steinzeit, die oberste der ältesten Bronzezeit angehörte. In späterer Zeit war der Burghügel nicht mehr bewohnt.

Nur der innerste Raum und die Zwischenräume zwischen erster und zweiter, zweiter und dritter Mauer waren mit Wohngebäuden besetzt; die Zwischenräume zwischen den äußeren Mauerringen mögen für Flüchtlinge und ihre Habe sowie für das Vieh gedient haben. Der Stadtplatz lag vom innersten Ring umgeben; hier war allein Raum für Versammlungen; hier fanden sich auch die Reste des ansehnlichsten Hauses, der Wohnung des Stadthauptes, mit dem Rücken an die Mauer gelehnt. Dieses Haus gehört durchaus der neolithischen Zeit an. Es ist wie alle anderen gleichzeitigen Steinhäuser der Anlage ohne Anwendung des rechten Winkels erbaut, zeigt aber trotzdem schon vollkommen ausgebildet den Typus des „schmalstirnigen Megarons" von Troja II, der sonach bis in die älteste Zeit der bisher auf griechischem Boden nachweisbaren Kultur zurückreicht und mindestens gleichzeitig ist mit den von Bulle in Orchomenos entdeckten Rundhütten. Das Fürstenhaus (s. die beigeheftete Tafel „Griechische Steinzeit", Fig. 1) bestand aus Vorhalle, pródomos, πρόδομος, Wohnraum, dóma. δῶμα, und Schlafzimmer, thálamos, θάλαμος. Die Vorhalle hatte zwischen den antenförmig vorspringenden Seitenwänden zwei Holzsäulen, ohne Basen, nur, wie überall in Thessalien, in den Boden eingelassen. In der Mitte des Wohnraumes stand der Herd, hinter dem wieder zwei Pfostenlöcher für Dachstützen nachgewiesen wurden. Im Schlafzimmer fanden sich ein halbkreisförmiger Backofen und Reste einer anderen kleineren Aufmauerung, die vielleicht einst als Aufbewahrungsort für Vorräte diente. Noch zwei ähnliche Steinhäuser wurden nachgewiesen. In Sesklo, das wenig befestigt war, zeigten sich Reste von Flechtwerkhütten mit Lehmbewurf, von rechteckigem Grundriß mit Pult- oder Satteldach.

Obwohl diese Funde rein steinzeitlich sind, treffen wir in ihnen, auch abgesehen von den fortifikatorischen und architektonischen Leistungen, auf eine Fülle von Einzelheiten, die uns das Bild einer verhältnismäßig hohen Kulturentwickelung der neolithischen Bewohner Thessaliens geben. Es finden sich Herde, Backöfen, Wasserleitungen. Die Verwendung von „Luftziegeln" beginnt erst in der Bronzezeit. Annähernd runde Wohngruben, wie wir solche von den

1. Grundriß eines steinzeitlichen Hauses aus Dimini. — 2 u. 4–8. Gefäßscherben mit Ornamenten von bemalten steinzeitlichen Gefäßen der 1. Periode, 2. Typus (*A3β* nach Tsuntas). — 3. Gefäß von Typus *A1* nach Tsuntas (1. Periode, monochromes Gefäß). — 9. Kopf eines Ton-Idols. — 10. Gefäß vom Typus *B3α* nach Tsuntas (2. Periode, bemaltes Gefäß des 1. Typus). — 11a u. b und 12a u. b. Undurchlochte Steinbeile.

Griechische Steinzeit. Nach Chr. Tsuntas, „Dimini-Seskio" (Athen 1908).

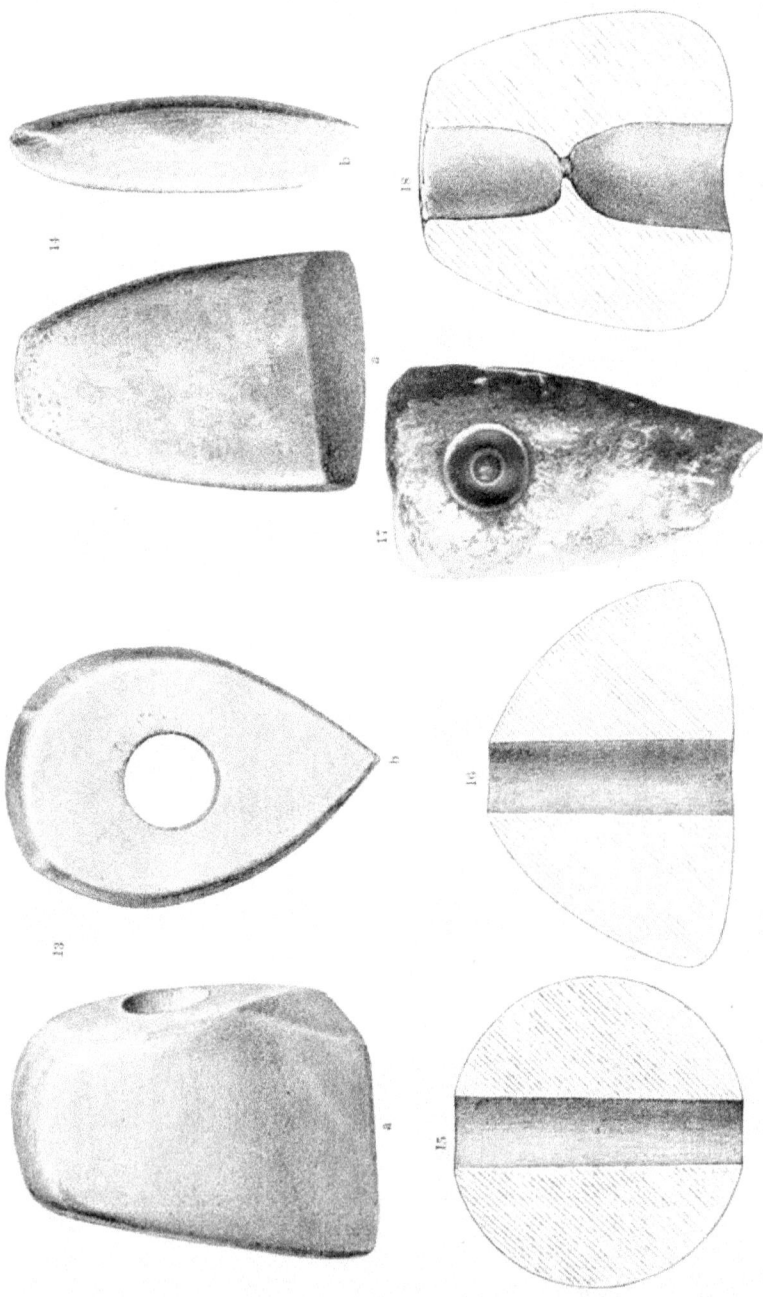

13a u. b. Durchbohrte Steinhämmer. — 14a u. b. Undurchbohrte Steinbeile. — 15 u. 16. Durchbohrte Keulenköpfe aus Stein. — 17. Angefangene Durchbohrung eines Steinhammers. — 18. Keulenkopf mit unvollendeter Durchbohrung.

steinzeitlichen Wohnplätzen Zentraleuropas kennen gelernt haben, und wie sie den Funden in Orchomenos entsprechen, fanden sich nur vereinzelt und nur außerhalb der eigentlichen Ansiedelung. Die Auffindung der zu den Ansiedelungen gehörenden Gräberfelder steht noch aus.

Das reiche Material an Topfwaren konnte Tsuntas durch sorgfältige Schichtenbeobachtung in zwei neolithische und in eine bronzezeitliche Gruppe trennen. Besonders wichtig sind die bemalten Gefäße (s. die farbige Tafel „Griechische Steinzeit=Gefäße" bei S. 566).

Von den Geräten und Waffen aus Stein geben die Abbildungen eine Vorstellung; es fanden sich Steinbeile verschiedener Form und Größe (s. die Tafel bei S. 564, Fig. 11, 12, 13, 14, 17), Keulenknäufe in allen Stadien der Durchbohrung (Fig. 15, 16, 18), ähnlich den ägyptischen und dem in der Tischofer Höhle bei Kufstein gefundenen Exemplar, Schleudersteine, Mühlsteine mit Reiber, erstere zum Teil aus Trachyt. Beachtenswert sind Objekte aus Pyrit und Obsidian, auch Stempel, wohl zur Hautbemalung, und zahlreiche Idole, von denen hier ein roher Kopf aus Ton mit hervorstehender Nase (Fig. 9) und ein weiblicher Kopf mit Büste (s. die nebenstehende Abbildung) als Beispiele wiedergegeben sind.

In der ersten neolithischen Schicht traf Tsuntas monochrome Gefäße (s. die Tafel, Fig. 3). In der zweiten, jüngeren, fanden sich die bemalten Gefäße, die sich technisch an die osteuropäischen Gruppen bemalter neolithischer Gefäße anschließen; auch die Ornamentik zeigt in den Spiralmäander=Mustern und anderen Motiven entschiedene Verwandtschaft mit jenen. Es sind zum Teil außen und innen bemalte konische Schalen mit nach innen umgebogenem Rand; sie haben teils einen flachen Boden, teils stehen sie auf hohen Hohlfüßen u. s. f. Die verwendeten

Weibliches Idol. Nach Ch. Tsuntas, „Die prähistorischen Städte Dimini und Sestlo" (griechisch; Athen 1908).

Farben sind, in verschiedener Schattierung, braunrot, gelb und schwarz. Die Farbe der ungemalten Gefäßteile ist grau=gelblich, hellgelb, hellrötlich. Auf ihr werden dann die Dekorationsfarben aufgetragen, so daß schon mit Verwendung einer solchen eine doppelte Farbenwirkung erzielt wird. Eine prächtige Vase zeigt gelblichen Tongrund, darauf schwarze lineare Ornamente, Spiralen, rote Eckfelder mit durch den ausgesparten Grund gebildeten gelblichen Zackenlinien. (Vgl. die Tafel bei S. 566, Fig. 1.) Bei anderen Gefäßen ist die Wandung monochrom rot bemalt und der hellgelbliche Tongrund nur in Streifen erhalten, oder die rote Farbe überzieht die Wandung vollkommen, und es sind auf ihr weiße oder schwarze lineare Muster aufgemalt; oder es ist ein weißer Grund hergestellt, auf den das Ornament als rote Striche und schwarze breite lineare Ornamente aufgetragen wurde (s. die Tafel bei S. 566, Fig. 2 und 3, und die Tafel bei S. 564, Fig. 2—8 und 10). Eine interessante Schale zeigt auf dem graugelben Tongrund schwarze, sehr komplizierte Muster: Linien, Kreise, Spiralen, Treppen, eine Art Mäander, Schachbrettmuster. Die Verzierungsweise entspricht in ihren Motiven der Bandkeramik.

Nicht weniger reich sind die Ergebnisse der Untersuchungen von G. Sotiriades in Böotien und Phokis, wo viele Reste neolithischer Dorfanlagen eine dichte Bevölkerung erkennen lassen, die sich, in jeder Beziehung der thessalischen ähnlich, auf das innigste mit dieser verwandt zeigt.

Die eine der von Sotiriades untersuchten Fundstellen ist eine prähistorische künstliche Erdaufschüttung am Kephisos bei Chaironeia. Ihre Höhe war etwa 3,5 m, ihre Länge und

Breite etwa 120 m. Sie ist im Laufe der Zeit mehrfach erhöht worden, wie die etwa sechs durch Aschenschichten voneinander getrennten Lehmlagen beweisen. Unter der vierten Aschenschicht fanden sich zwei menschliche Skelette in der Stellung „liegender Hocker" ohne Beigaben. In allen Schichten lagen sehr zahlreiche neolithische Vasenscherben, einige Steinbeile, Obsidianmesser und viele durch Feuer geschwärzte Tierknochen sowie mehrere Stein- und Ton-Idole. Nur eines der Stein-Idole stellt einen Mann dar, andere Frauen mit starken Hüften; bei einem sind die Arme und Beine nur als stummelförmige Auswüchse gebildet. Zwei weibliche Ton-Idole hocken auf den Knieen. Das interessanteste Stück ist ein weiblicher Rumpf mit übermäßig entwickelten Brüsten, unter denen die Hände an den Leib angepreßt sind. Auf dem Rücken zeigt sich ein Rest der hinten herabfallenden Haarmasse, der Körper ist mit kleinen gelben Winkeln auf hellgelbem Überzug mit der glänzenden roten Farbe bemalt, wie sie auch auf einigen der steinzeitlichen Gefäße angetroffen wird. Es soll wohl Körperbemalung oder Tätowierung dargestellt werden, für deren Zwecke wir die von Tsuntas in Dimini gefundenen „Stempel" in Anspruch genommen haben. Die Mitte der Erdaufschüttung nahm ein Feuerherd ein, wie eine Grube voll weißer, feiner Asche beweist. Hier hat sich auch die einzige vollständige Vase sowie eine steinerne Schüssel gefunden. Alles deutet darauf hin, daß wir eine sakrale Anlage, eine Opferstätte, vor uns haben, die während langer Jahre benutzt und, wohl aus Anlaß von Überschwemmungen, nach und nach erhöht wurde: „an der einzigen Stelle, wo eine Überbrückung des Kephisos möglich ist, an dem einzigen Knotenpunkt der Wege, die von verschiedenen Seiten her zusammenlaufen, um durch den einzigen Bergpaß in die Gegend der uralten Völkerschaften der Abanten und Hyanten zu führen, haben vielleicht die Ureinwohner der chaironeiischen Ebene eine Stätte ihres gemeinsamen Kultus errichtet".

Bei Elatea hat Sotiriades eine steinzeitliche Siedelungsstätte erforscht (vgl. S. 562). Im Nordosten am Fuß der Berge, welche die phokische Ebene begrenzen, unweit eines Baches lag auf einer gegen 200 m langen Bodenerhebung eine größere Ansiedelung. Von Geräten fanden sich nur solche aus Stein: man steht mitten in der Steinzeit. Die zahlreichen keramischen Reste, für die eine Schichtentrennung nicht möglich war, zeigten die gleichen Typen wie die chaironeiische Anschüttung. Am häufigsten fand sich in beiden Fundplätzen monochrome, mechanisch polierte Ware, außerdem in großer Menge Scherben einer zweiten Gattung mit weißgelblichem polierten Überzug, auf denen die Muster mit ziegelroter, dickflüssiger, glänzender Farbe aufgemalt sind. Auch Scherben mit eingeritzten, mit Weiß ausgelegten Ornamenten erscheinen nicht selten. Außerdem konnten noch zwei andere, vielleicht jüngere Typen unterschieden werden. Der eine zeichnet sich durch feinere Bearbeitung des Tons und flüchtige Bemalung mit matter Farbe aus, die strengen feinen Dreiecksmuster weichen flüchtig gemalten, schraubenartig sich kräuselnden Linien. Der zweite Typus entspricht teils den Gefäßen, wie sie in Ägina, in Orchomenos und sonst an vielen griechischen Fundorten vorkommen und als vormykenisch-geometrischer mattfarbiger Stil bezeichnet werden. Bei einem anderen Teil der Gefäße sind zwei Mattfarben, schwärzlich und braunrot, angewendet oder ein glänzend blutroter Überzug mit matter Bemalung. Sotiriades hebt hervor, daß sich die Anwendung der dunkeln und braunroten Farbe in demselben Ornament, bei sonst völlig verschiedenem Dekorationssystem, an einigen Vasen von Phylakopi auf Melos wie an mykenischen Schnabelkannen des ersten Stiles findet, der braunrote feine Überzug ebenfalls an den letztgenannten Vasen.

Griechische Steinzeit-Gefäße. Nach Chr. Tsuntas, „Dimini-Seskio" (Athen 1908).

1 und 2: Gemaltes Gefäß der 2. Periode (3 Typus: *Bίγ*γ) und Scherbe eines solchen Gefäßes. — 3: Scherbe eines gemalten Gefäßes der 2. Periode (2. Typus: *Bίβ*).

Die Untersuchungen von Tsuntas geben für die neolithischen Schichten von Sesklo und Dimini einige chronologische Anhaltspunkte. Die beiden Orte erlebten nur die älteste Bronzezeit, dann veröbeten sie, und bis zur mykenischen Periode, die der entwickeltesten Bronzezeit angehört, verstrich so viel Zeit, daß sich eine Schuttschicht von mehreren Metern Höhe bilden konnte. Die älteste Bronzezeit Thessaliens entspricht nach Anthes' Referat Troja I, das von Dörpfeld in die erste Hälfte des 3. Jahrtausends v. Chr., von anderen wenigstens an dessen Ende gesetzt wird. Die thessalische Steinzeit ist nun durchaus älter als die Kykladenkultur, deren Anfänge höchstens mit dem Ende jener zusammenfallen; die ältesten Gräber auf den Kykladen gehen bis in die ersten Jahrhunderte des 3. Jahrtausends zurück, und nicht viel später ist der Beginn der Bronzezeit in Thessalien anzusetzen; mit der Steinzeit rückt Thessalien demnach bis in die erste Hälfte des 4. Jahrtausends.

Wir stehen mit den Ergebnissen von Tsuntas und Sotiriades, an die sich noch die Höhlenuntersuchungen bei Nidri durch Fr. Pfister und R. Pagenstecher anschließen — sie haben massenhaft im wesentlichen, wie es scheint, neolithische Funde ergeben —, für die griechische Kulturwelt erst im Beginn der exakten steinzeitlichen Forschung. Gewiß werden uns die nächsten Jahre schon die von dort zu erwartenden Aufschlüsse bringen, die uns so manches Rätsel, so manche bisher unlöslich scheinende Frage der europäischen Steinzeit erhellen werden. Es sind gewaltige Aufgaben, die in Angriff genommen werden müssen: Perier hat bei Erforschung der tiefsten Schichten des Palastes von Phaistos in Kreta eine mächtige neolithische Unterschicht gefunden, und in Knosos beträgt diese Unterschicht 5 m (vgl. S. 563).

Die Steinzeit Ägyptens.

Nach naturwissenschaftlich=paläontologischer Methode, unter scharfer Zurückweisung verfrühter Versuche der Angliederung der Resultate der Spatenforschung an die durch schriftliche Dokumente beglaubigte Geschichte, hat die anthropologisch=prähistorische Wissenschaft für die mittel= und nordeuropäischen Länder die Folge und Entwickelung der vorgeschichtlichen Kulturperioden festgestellt. Sie war damit der Forschung für die Landgebiete der antik=klassischen Kultur vorausgeeilt, bei der sich erst in neuester Zeit das Verständnis der „klassischen" Archäologie für die „prähistorische" Archäologie Bahn gebrochen hat. Nun ist es aber schon, zunächst für das wichtigste Gebiet menschlicher Kulturentwickelung, für Ägypten, gelungen, was von Anfang an die anthropologisch=urgeschichtliche Forschung als letztes Ziel angestrebt hat, zunächst die älteste nachdiluviale Kulturepoche, die jüngere Steinzeit, mit der Chronologie der beglaubigten Geschichte zu verbinden. In Ägypten ist jetzt die neolithische Periode in das helle Licht der Geschichte gerückt, und schon fallen von hier aus Strahlen auf die gleichartigen Entwickelungsepochen der vorderasiatischen uralten Kulturländer sowie auf das Gebiet des ägäischen und des griechisch=italischen Kulturkreises und reflektieren von da aus zurück auf unsere mittel= und nordeuropäischen Länder, von denen die wissenschaftliche Kenntnis der Steinzeit ausgegangen ist.

Noch vor kaum mehr als einem Jahrzehnt war es möglich, daß sich berühmte Ägyptologen gegen die Anerkennung einer Steinzeit als älteste Form, als Grundlage der Kultur des Nillandes, ablehnend verhalten konnten. Das war ja längst bekannt, daß in Ägypten zu allen Zeiten vielfach Stein im Gebrauch war. Nach Herodot wurden bei der Einbalsamierung der Leichen Steinmesser verwendet. Noch in historischer Spätzeit waren die

Spitzen der Pfeile häufig aus Feuerstein, in die hölzerne Sichel wurde eine aus Feuersteinsplittern zusammengesetzte Klinge eingefügt (s. die untenstehende Abbildung). In den Kupfer- und Edelsteinminen des Sinai waren noch unter Ramses II. im „neuen Reich" Feuersteinwerkzeuge im Gebrauch (E. Bracht). Flinders Petrie hat an mehreren Stellen des Fayum, namentlich bei seinen Ausgrabungen der in der Zeit der XII. und XIII. Dynastie (bis etwa 1680 v. Chr.) bewohnten Stadt Kahun, eine Menge geschlagener Feuersteingeräte im Inneren der Häuser, zum Teil in Haufen beieinanderliegend, angetroffen, so daß nicht daran gezweifelt werden kann, daß Feuersteingeräte noch in historischer Zeit im Gebrauch waren. Ganz ähnlich waren die Feuersteinfunde in den Ruinen der Stadt Gurob, die während der XVIII. und XIX. Dynastie, also im neuen Reiche (1580—1110 v. Chr.), blühte. Zum Gebrauch für Kultzwecke blieb der Feuerstein unentbehrlich, noch in Gräbern mit römischen Resten finden sich Feuersteinmesser.

Die wissenschaftlichen Anschauungen änderten sich vollkommen durch die Entdeckung der Gräber der so lange als mythisch angesehenen Könige der beiden ersten Dynastien. Menes, der die bis dahin getrennten Länder Ober- und Unterägypten der Überlieferung nach unter seinem Zepter zum erstenmal vereinigte, sowie seine Nachfolger bis zur III. Dynastie gehören der „Steinzeit" an, und auch die Periode der Pyramidenbauer lag der Glanzperiode der neolithischen Zeit noch

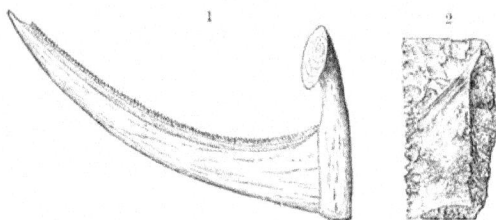

Altägyptische hölzerne Sichel mit zusammengesetzter Feuersteinklinge (1) und Stück einer ägyptischen Sichelklinge (2). Nach J. de Morgan, „Recherches sur les Origines de l'Égypte: L'âge de la pierre et les métaux" (Paris 1896).

nahe. Die von Manetho nach dem bei Abydos gelegenen This benannten beiden ersten Dynastien gehören, wie gesagt, noch ganz der neolithischen Kultur. Von der III. Dynastie an, die den Königssitz nach Memphis verlegte, gewinnt das schon früher bekannte Kupfer und dann bald die Bronze dem Stein gegenüber langsam mehr und mehr an Bedeutung, ohne übrigens den Stein zu verdrängen.

Nach dem heutigen, namentlich durch Eduard Meyer begründeten Standpunkt der althistorischen Forschung dürfen wir die Steinzeit Ägyptens nicht mehr als prähistorische Periode bezeichnen. Wenn für andere Länder bisher noch die Steinzeit urkundenlos ist, im Niltal gehört sie der Geschichte an. Aus ihr sind zahlreiche Inschriften auf uns gekommen, in denen uns nicht nur die Namen der Herrscher, sondern so manche historische und kulturgeschichtliche Tatsachen berichtet werden, die uns Einblicke gestatten in ein reichgegliedertes Staatswesen und in feststehende Lehren eines religiösen Glaubens. Dazu kommt aus den alten Kulturstätten ein Reichtum an technischen und künstlerischen Gebrauchsgegenständen aller Art, der den Beweis erbringt, daß der Bildungsstand damals schon ein sehr hoher war. Aber die Kultur war trotzdem unstreitig eine steinzeitliche. Zwar waren Schmucksachen und Geräte aus Metall, Gold und Kupfer nicht unbekannt, aber sie treten in ihrer praktischen Bedeutung und Anzahl vollkommen hinter den Stein zurück, dieser gibt der Kulturepoche die Signatur; von einem Versuch, ihn durch Kupfer zu ersetzen, ist noch keine Rede. Neben dem Stein spielen Tonwaren, Knochen und namentlich Elfenbein die Hauptrollen.

Das Grab des Menes in Negadah (s. die obere Abbildung S. 569) war ein freistehender

Bau aus ungebrannten Ziegeln, der mit einem massiven Wall von solchen mit Nilschlamm als Mörtel verbundenen Rohziegeln umschlossen war. Die Außenfläche war durch Nachbildungen der zu den Wappen, Kartuschen (s. die untere Abbildung dieser Seite), der Könige gehörenden „Königportale" geschmückt. Hier lag der König, von seinen Getreuen, seinen Frauen und Hunden umgeben. Schon war es Brauch, den Namen des bestatteten Königs auf eine Steintafel, Grabstele, zu schreiben, wodurch uns Beispiele vortrefflicher alter Bildhauerarbeit und Hieroglyphenzeichnung erhalten geblieben sind. In den Volksgräbern finden sich keine Inschriften, und auch die um ihren König gelagerten Vornehmen erhalten meist nur flüchtig ausgeführte Grabschriften. Auch in den späteren Epochen der ägyptischen Geschichte zeigt sich dieser charakteristische Zug, daß für die Masse des Volkes billige Durchschnittsware und Nachbildungen genügten, während den Großen des Reiches, namentlich den Königen und Königinnen und ihren Angehörigen, die vollendetsten

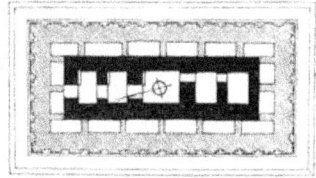

Das Grab des Königs Menes in Negadah. Nach A. Springer, „Handbuch der Kunstgeschichte", Bd. 1: Das Altertum, 8. Aufl., bearbeitet von A. Michaelis (Leipzig 1907).

Arbeiten des fortgeschrittenen Kunsthandwerks in die ewige Wohnung mitgegeben wurden.

Schon erweitert sich das historisch faßbare Gebiet noch weit hinaus über die Zeit des Menes, der um 3300 v. Chr. als der erste Herrscher des geeinigten Reiches die lange Reihe der Pharaonen eröffnet. Nach den altägyptischen Überlieferungen haben die Götter, wie die Welt und ihre gesetzmäßige Ordnung, so den ägyptischen Staat geschaffen und ihn im Anfang regiert. Auf die Götter folgen zunächst mehrere Dynastien menschlicher Könige, die nach Manethos Liste etwa 4000 Jahre regiert haben. Ihnen folgen die Horusverehrer, die bei Manetho als „Totengeister" bezeichnet werden, mit etwa 6000 Jahren. Sethe findet in letzteren, mit Eduard Meyer, die geschichtlich noch erkennbaren Könige der beiden Reiche von Hierakonpolis und Buto, die unmittelbaren Vorgänger des Menes. Es ist sogar gelungen, eine Reihenfolge der Urkönige des noch geteilten Reiches festzustellen, und Quibell hat in dem Tempel von Hierakonpolis Elfenbeinskulpturen aus der Zeit des geteilten Reiches gefunden. So dürfen wir mit Ed. Meyer in jenen Überlieferungen eine zwar verblaßte, aber in ihrem Kern richtige Erinnerung an die Vorgeschichte Ägyptens erkennen, die weit über die Zeit des Menes, ja über die Zeit der beiden Reiche hinausführt. Die Ägypter waren

Die Kartusche des Schlangenkönigs. Nach J. de Morgan, „Recherches sur les Origines de l'Egypte: Ethnographie préhistorique et Tombeau royal de Négadah" (Paris 1897).

bereits ein Kulturvolk zu einer Zeit, wo sonst überall auf der Erde geschichtslose Zustände die Entwickelung der Völker verhüllen. Für den hohen Stand der ägyptischen Kultur in jener Urzeit gibt das Datum 4241 (—4238) den staunenswerten Beweis: es ist das Datum der damals erfolgten Einführung des ägyptischen Kalenders mit seinen 12 Monaten von 30 Tagen und der am Ende der 360 Tage beigefügten heiligen Periode der fünf Festtage, Epagomenen, der Geburtstage der fünf großen Götter Osiris, Horus, Set, Isis und Nephthys. Dieses ägyptische heilige Jahr ist ein Wandeljahr, das sich alle vier Jahre gegen das julianische Jahr von 365¼ Tagen um einen Tag verschiebt. Als Anfangstag des wahren Sonnenjahres, „Anfang des Jahres", galt der Frühaufgang der Sothis, des Siriussternes, der Tag, an dem sich nach Mitternacht in der Morgendämmerung der Sirius, nach längerer Unsichtbarkeit, wieder zeigt. Im Laufe von 1461 bürgerlichen = 1460 Siriusjahren (Sothisperiode) durchlaufen daher der Neujahrstag und die Monate des nach den Jahreszeiten regulierten „bürgerlichen" ägyptischen Kalenders den ganzen Kreis der Jahreszeiten, bis nach Ablauf der Periode das bürgerliche „Neujahr" wieder vier Jahre lang auf den Tag des Siriusaufganges in Unterägypten, den 19. Juli nach julianischer Rechnung, fällt. Als der ägyptische Kalender geschaffen wurde, muß sein Neujahrstag natürlich auf den 19. Juli gefallen sein. Da der Kalender zur Zeit des alten Reiches längst im Gebrauch war, so kann nur das Jahr 4241 v. Chr. das Jahr der Einführung dieses Kalenders gewesen sein, auf dem unser heutiger Kalender noch gegründet ist.

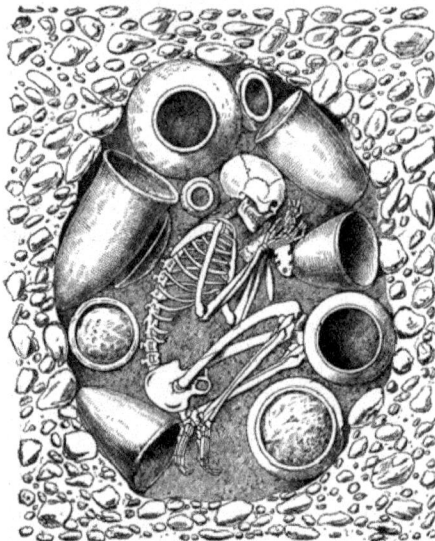

Prähistorisches ägyptisches Hockergrab. Nach J. de Morgan, „Recherches sur les Origines de l'Egypte: Ethnographie préhistorique et Tombeau royal de Négadah" (Paris 1897).

Diese großartige Entdeckung Ed. Meyers beweist, daß ein Jahrtausend vor dem Beginn der Pharaonenreihe im Niltal eine hohe Geisteskultur zur Herrschaft gekommen war, und schon treten uns aus den ebenfalls bis weit vor Menes hinaufreichenden „vorhistorischen" Gräbern die Reste jener Generationen wieder entgegen, deren Werk die Erschließung und Urbarmachung des Niltales und die Ausbildung des Geistes gewesen ist, auf denen die ägyptische Kultur und der ägyptische Staat beruhen.

Seit dem Jahre 1895, in dem die ersten Entdeckungen der Gräberfelder in der Ebene von Negadah durch Flinders Petrie und Quibell gemacht wurden, sind in Oberägypten Tausende von Gräbern aus der vordynastischen Urzeit Ägyptens geöffnet worden. Auch zahlreiche Ansiedelungen aus dieser Periode wurden entdeckt, namentlich dort, wo der Nil am weitesten nach Osten ausbeugt, bei Negadah und Koptos, von wo die Wüstenstraßen nach dem Roten Meer ausgehen. Ed. Meyer beschreibt die Wohnungen der vorhistorischen Ägypter als Hütten aus Flechtwerk von Palmzweigen und Schilf, deren Wände durch gestampften Lehm befestigt und mit Matten und Fellen behängt waren. Bessere Häuser wurden aus viereckigen, aus Nilschlamm geschnittenen und an der Luft getrockneten, ungebrannten Ziegeln erbaut, die Dächer, aus Holzbalken, durch einen Holzpfeiler in der Mitte des Wohnraumes gestützt; bald wurden sie auf das geschmackvollste dekoriert. Wohl immer waren die zu Ortschaften vereinigten Wohngebäude mit einem massiven Lehmwall umgeben.

Neben den alten Ansiedelungen liegen die Friedhöfe. Die Begräbnissitten der „vorhistorischen" Bevölkerung weichen vollkommen von denen der „historischen" Zeit ab. Die Leichen sind nicht balsamiert und liegen nicht gestreckt auf dem Rücken; sie sind in runden oder viereckigen Gruben in zusammengekauerter Stellung, wie Schlafende auf der Seite liegend, als „liegende Hocker" beigesetzt (s. die obenstehende Abbildung), oft in eine Tierhaut,

Leder oder Matten, auch Leinwand, eingenäht oder auch mit einem großen Tongefäß bedeckt (s. die untenstehende Abbildung sowie die obere auf S. 572). Besser ausgestattete Gräber bestehen aus einem im Felsboden unter dem Sand ausgehauenen Raum mit einem Dach von Reisig, Flechtwerk und Balken. Manche Gräber sind mit Ton ausgeschlagen, auch Luftziegel wurden schon verwendet; bei anderen fand sich auf der Ostseite eine Nische, in welcher der Leichnam gebettet war. Die Haltung der Leiche war stets eine stark zusammengekrümmte, die Fersen nahe den Hüften, die Kniee erhoben, die Hände vor dem Gesicht, auf die linke Seite gelagert, selten auf den Rücken. Um den Toten sind Gefäße mit Lebensmitteln gestellt und Salbenbüchsen aus Alabaster, in der Hand hält er die sehr mannigfaltig gestaltete Schiefertafel, Schminkpalette, auf der die Schminke gerieben wird (s. die untere Abbildung auf S. 572), und einen Lederbeutel. In den sonstigen Beigaben spiegelt sich das Leben der Zeit in fast allen seinen Einzelheiten wider. Nicht nur Lebensmittel zum Essen und Trinken, vor allem Bier (s. die obere Abbildung auf S. 573), sondern alle Bedürfnisse des irdischen Lebens werden ins Grab gelegt. Der Glaube, daß die Seele, wenn sie den Leib verlassen hat, im Geisterreich fortlebt, war sonach schon damals entwickelt, aber dieses Dasein ist doch nur gespenstischer Natur, und so genügen als Grabbeigaben dürftige Nachbildungen des Handwerkszeuges, des Hausrates, der Häuser, der Kähne und Schiffe, ferner steinerne oder tönerne Puppen von Dienern und Frauen. Der persönliche Schmuck des Körpers, die Feuersteingeräte sowie Messer, Nadeln, Harpunen und Brettspiele kommen aber meist als Originalstücke in das Grab. In jüngeren prähistorischen Begräbnisstätten finden sich verkleinerte Nachbildungen kupferner Geräte (s. die untere Abbildung auf S. 573). Nicht selten sind mehrere Leichen in einem Grabe bestattet, bei Wiederbenutzung alter Gräber wurden die Knochen der älteren zerfallenen Leichen geordnet wieder ins Grab gelegt, wie das in Babylonien

Prähistorische (neolithische) ägyptische Leiche. Nach R. Forrer, „Reallexikon der prähistorischen, klassischen und frühchristlichen Altertümer" (Berlin und Stuttgart 1907).

und nach meinen Beobachtungen in Mitteleuropa noch in Plattengräbern aus frühmittelalterlicher Zeit geschah; es handelt sich hier keineswegs um „Zerstückelung" von Leichen.

Unter den in kaum übersehbarer Fülle aus den Gräbern wieder ans Tageslicht tretenden Gebrauchsgegenständen fesseln zunächst die Steingeräte das Interesse. Die rohen Formen, Schlager, Hämmer, namentlich Messer, Schaber und Stichel, entsprechen den aus Mittel- und Nordeuropa bekannten Stücken. Dagegen zeigt sich bei der Ausarbeitung der besten Geräte und Werkzeuge eine Sorgsamkeit, ein technisches Können und Streben nach Schönheit wie man sie auch an den besten nordeuropäischen Stücken kaum wiederfindet. Die obere Abbildung S. 574 zeigt die alte Technik. In der weit überwiegenden Mehrzahl bestehen die Steingeräte aus gelblichem oder hellbräunlichem Feuerstein (s. die untere Abbildung S. 574). Nur für die recht seltenen, vollkommen geschliffenen Steinbeile, die im allgemeinen in der Form europäischen Steinbeilen entsprechen, wurde Serpentin, Diorit und Hämatit benutzt (s. die obere Abbildung S. 575). Im ganzen geschliffene Beile aus

Feuerstein, wie sie in Nordeuropa so häufig vorkommen, fehlen, es finden sich nur solche mit geschliffener Schneide (s. die untere Abbildung S. 575). Dagegen wurden Feuersteinmesser beiderseitig oder einseitig geschliffen. Schweinfurth macht auf einige für die neolithische Zeit Ägyptens besonders charakteristische Typen aufmerksam, die sich in gleicher Vollendung anderswo nicht finden. Ganz besonders fein ausgeführt sind große, flache, sehr dünne, gebogene Messerklingen mit feinster gezackter Schneide, auf das sorgfältigste durch kleine Querabsplisse auf der einen Flachseite (a) bearbeitet, auf der anderen Flachseite (b) glattgeschliffen. Das Museum in Kairo besitzt ein solches Messer, auf das geschmackvollste an dem Griffende mit fein ornamentiertem Goldblech gedeckt (s. die Abbildung S. 576).

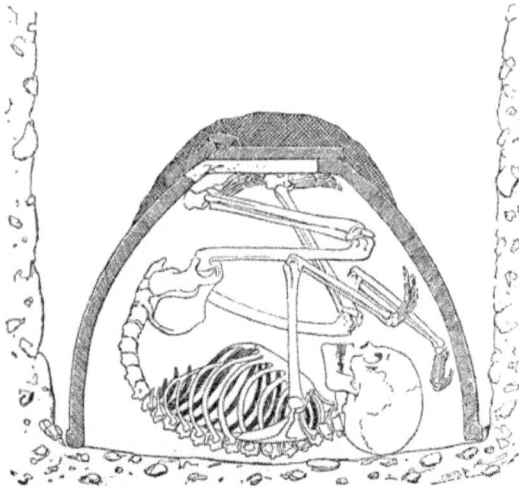

steinzeitliche Form sind gestielte, aus einem Stück gefertigte, mit Holz- oder Elfenbeingriff versehene Messerklingen mit geradlinig verlaufendem stumpfen Rücken (s. die obere linke Abbildung S. 577); Lanzenspitzen (s. die obere rechte Abbildung S. 577) oder Dolche mit feiner Zähnelung; schöngearbeitete Pfeilspitzen (s. die untere Abbildung S. 577), zum Teil mit langem Schaft, auch halbkreisförmig gebogene, doppelspitzige Pfeilspitzen. In allen Formen zeigt sich eine hohe, künstlerisch fühlende Kultur, wie sie mit der sonstigen Kulturhöhe dieser Periode übereinstimmt. Zu den beachtenswertesten Stücken entwickelter Steintechnik gehören Armringe aus Feuerstein, andere Armringe sind aus Alabaster. Flinders Petrie gliedert die Benutzung von Feuersteingeräten in drei Perioden: in die prädynastische, primitive und historische, und ordnet die Geräte in der auf S. 578 gegebenen Übersicht (s. die obere Abbildung S. 578). Aus Alabaster oder anderen harten

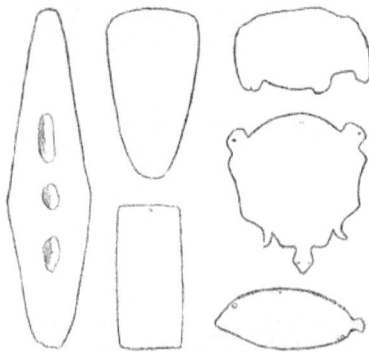

„Steinarten" war die Kriegskeule (s. die untere Abbildung S. 578, Fig. a) angefertigt, die für diese Epoche charakteristische Hauptkriegswaffe, welche die Pharaonen auf späteren Darstellungen noch bis zur Ptolemäer-Zeit führen, und die auch in Babylonien vorkommt. Der Kopf ist entweder birnförmig oder breit-konisch mit scheibenförmiger oberer Endplatte,

1. Die mittlere Vertiefung, von langhalsigen leopardenähnlichen Tiergestalten umrahmt, diente zur Aufnahme der Schminke. Darüber der siegreiche Pharao, mit dem Löwenschwanz geschmückt; er trägt als Waffe die Kriegskeule, ist begleitet von seinen Großen und Standartenträgern und betrachtet die in Reihen liegenden geköpften Feindesleichen. Darunter der Pharao, als Stier den Feind niederwerfend.

2. Jagd auf Löwen und anderes Wild. Die Jäger sind mit dem Wolfsschwanz geschmückt und mit Lanze, Kriegsbeil oder Kriegskeule, Bogen und Lasso bewaffnet.

Ägyptische Schminkpaletten.

Nach J. E. Quibell, „Hierakonpolis", Teil I (London 1900; 1), und Jean Capart, „Les Débuts de l'Art en Égypte" (Brüssel 1904; 2).

seltener finden sich eiförmige Keulenköpfe, die gewissen Formen der neolithischen Periode
Europas entsprechen (vgl. S. 565).

Für die älteste Vorzeit Ägyptens sind besonders wichtig die schon erwähnten, aus
Schiefer gefertigten Schminkpaletten (s.
die untere Abbildung S. 572 und die beigeheftete Tafel „Ägyptische Schminkpaletten"), die dem Toten mit ins Grab gelegt
wurden. Es sind Schiefertafeln von sehr
verschiedener Gestalt, teils mit Tierköpfen
verziert, teils im Umriß Tiergestalten darstellend oder von rhombischer oder sonst einfach linear begrenzter Form. In der Mitte
der einen Flachseite befindet sich eine seichte
Vertiefung zur Aufnahme der Schminke,
für die auch das S. 571 erwähnte Leder-
beutelchen gedient haben mag; man verwendete grüne Schminke aus Malachit
und schwarze, im wesentlichen aus Anti-
mon bestehend. Vor allem sollten die
Augen durch die Schminke groß und leuch-
tend hervorgehoben werden, dazu wurden
Brauen und Augenlider mit schwarzer
Farbe bestrichen und, in den Bildwerken
vom Ende des alten Reiches, unter den
Augen ein grüner Strich gezogen (v. Bissing). Die Paletten zeigen zum Teil flüchtig eingeritzte Zeichnungen, zum Teil sind sie in Fürstengräbern auf das sorgfältigste reliefartig
graviert und werden dadurch zu historischen
Dokumenten. Gegen Ende der Periode
sterben diese Formen ab.

Zu den vielbewunderten Leistungen
der Steinbearbeitung der neolithischen Periode gehören aus Stein hergestellte
Schalen und Gefäße: aus durchschim-
merndem Alabaster (s. die mittlere Abbildung S. 578) oder aus Schiefer, aber auch
aus den härtesten, meist bunten Gesteinen
(s. die Abbildungen S. 579 und S. 580,
unten). Schweinfurth zählt folgende
Materialien auf: schwarzen Diorit mit
großen weißen Einschlüssen, porphyr-
artige Masse, echten roten Porphyr, bunt-
gefärbten Quarzporphyr und Diabasporphyr, Serpentin und verschiedene Hornblende-
breccien, schwarzweiß gesprenkelten Hornblendegranit, schneeweißen Quarz, reinen Bergkristall und Obsidian. Man verstand es, den Stein in der vollendetsten Weise gleichmäßig

Prähistorischer ägyptischer Bierkrug mit Tonverschluß.
Nach J. de Morgan, „Recherches sur les Origines de l'Egypte:
Ethnographie préhistorique et Tombeau royal de Négadah"
(Paris 1897). Vgl. Text S. 571.

Miniatur-Nachbildungen prähistorischer ägyptischer
Kupferwerkzeuge als Grabbeigaben. Nach J. de Morgan,
„Recherches sur les Origines de l'Egypte: Ethnographie préhisto-
rique et Tombeau royal de Négadah" (Paris 1897). Vgl. Text S. 571.

zu runden und zu polieren und durch eine oft nur enge Öffnung lediglich mit Hilfe von Steinwerkzeugen und Sand oder Schmirgel (Flinders Petrie) so gleichmäßig auszubohren, daß die dünnen Wandungen meist überall gleiche Dicke zeigen (f. die obere Abbildung S. 580). Die Henkelansätze, Ausgüsse, Ösen sind von tadelloser Arbeit. Manche der Gefäße ahmen

Tiergestalten nach, andere sind auf der Oberfläche verziert, seltener mit Tierfiguren, meist mit Flechtwerk oder Strickmuster (f. die Abbildungen S. 580, unten, und S. 581, Mitte). Schweinfurth unterscheidet mit F. Petrie die henkellosen Gefäße als aufstellbare von den Hängevasen mit zwei eigentümlichen Henkeln, die als horizontalgerichtete, der Länge nach durchbohrte Zylinder erscheinen (f. die obere Abbildung S. 579, Fig. 2). Die Tongefäße der

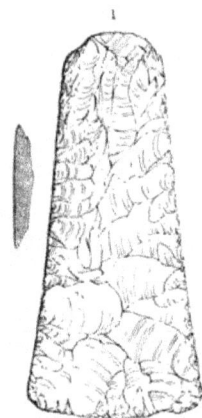

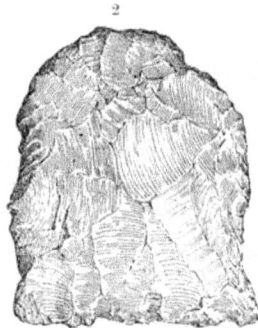

Das Abfplittern der Feuersteinmesser. Wandgemälde in Beni Hasan. Nach F. Al. Griffith, „Beni Hasan" in „Archaeological Survey of Egypt" V (London 1896). Vgl. Text S. 571.

Gräber sind zum Teil billigere Nachahmungen der Steingefäße, möglichst genau den Originalen in Form und Farbe angepaßt (f. die obere Abbildung S. 579, Fig. 4—6).

Die Tongefäße (f. die untere Abbildung S. 580 und die beigeheftete Tafel „Ägyptische Steinzeitgefäße aus Ton") sind meist mit rotem Hämatit überzogen, der bei dem Brennen in der Asche zum Teil in schwarzes „magnetisches Eisenoxyd" umgewandelt worden ist. So zeigen die sonst roten Gefäße meist einen mehr oder weniger breiten, etwas unregelmäßig begrenzten glänzend schwarzen Rand unter der Mündung (f. die untere Abbildung S. 580). Die Formen sind auch bei roher Ware geschmackvoll und verschieden, einige sind Tierformen; nicht selten finden sich Doppelgefäße.

Steinzeitliche ägyptische Feuersteinbeile aus gelbem Feuerstein. Nach J. de Morgan, „Recherches sur les Origines de l'Egypte: L'âge de la pierre et les métaux" (Paris 1896). Vgl. Text S. 571.

Schon in der ältesten Zeit zeigen die Ägypter in der Formung der Gefäße aus Ton und Stein eine staunenswerte Geschicklichkeit von Auge und Hand; ohne Drehbank oder Töpferscheibe hergestellt, erscheinen die Formen vollendet, ohne Verzerrung. In den Gräbern stehen um den Leichnam (f. die Abbildung S. 570) große grobe Urnen, dann jene roten Gefäße mit schwarzem oder schwarzbraunem Oberrand. Die Flächen werden häufig mit eingeritzten oder in schwarzer oder weißer Farbe aufgetragenen

Ägyptische Steinzeitgefäße aus Ton.

Nach J. de Morgan, „Recherches sur les Origines de l'Égypt: L'âge de la pierre et les métaux" (Par. 1896).

Ornamenten, bei ungefärbten Gefäßen auch mit roten Linien verziert. Die Muster ent=
stammen zum Teil der Flecht= und Webetechnik und imitieren netz= oder korbartige Umfassung
des Gefäßes, Strickmuster. Die linearen Muster sind Dreiecke, Spiralen, Zickzacke, Band=
streifen und Netzwerk, dazwischen Tierzeichnungen, Krokodile, Skorpione, Schlangen, von
Pflanzenmotiven namentlich Palmzweige. Daneben findet sich schöne schwarze Ware mit

eingeritzten und weißausgefüll=
ten Strichmustern, namentlich
eckigen Bandmustern, die an
europäische steinzeitliche Keramik
anklingen.

Außer dieser „geometrischen
Dekoration" erscheint auf vielen
Tongefäßen eigentliche „Vasen=
malerei", „braunrote Bemalung
auf hellem Grunde". An die Mo=
tive aus der Pflanzen= und Tier=
welt, vor allem Rosetten, Palm=
zweige, Sträucher, Züge zum
Teil stilisierter Wasservögel, Kro=
kodile, Nilpferde, Elefanten, Gi=

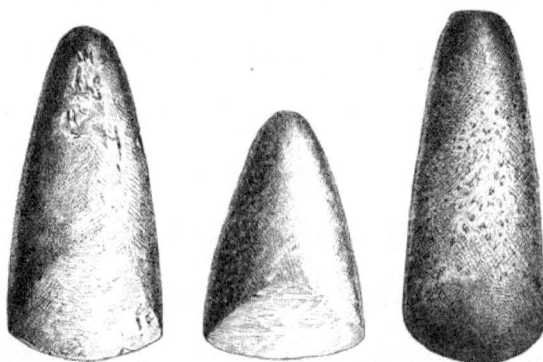

Ägyptische Steinbeile. Nach J. de Morgan, „Recherches sur les Origines
de l'Égypte: L'âge de la pierre et les métaux" (Paris 1896). Vgl. Text S. 571.

raffen, Antilopen, Strauße, reihen sich solche, die uns einen Blick auf das Verkehrsleben auf
dem Nil gestatten. Namentlich tritt uns der Schiffsverkehr auf dem Nil entgegen. Die Dar=
stellungen zeigen größere und kleinere Nachen und Schiffe mit zahlreichen kleinen Rudern und
meist zwei größeren Steuerrudern. In der Mitte des Schiffes befinden sich
zwei voneinander durch einen oft überbrückten Zwischenraum getrennte
Kajüten, die eine für den Schiffspatron, die andere für die Ladung. Am
mit Palmwedeln geschmückten Schnabel des Schiffes hängt der Ankerstein
am Seil. Hinter der zweiten Kajüte erhebt sich eine Signalstange oder ein
segelloser Mast, an dessen Spitze Wimpel mit den verschiedenen „Wappen"
der Ausfuhrhäfen (s. die obere Abbildung S. 582) befestigt sind. An der
Küste stehen Tänzerinnen und laufen Antilopen. Unter den Pflanzen=
dekorationen (s. die untere Abbildung S. 580) hat Schweinfurth eine zum
Teil schon in ein konventionelles Ornament umgebildete Wiedergabe der
rotblühenden Aloe, Aloe abyssinica, erkannt. Die Pflanze wurzelt in
einem Gefäß, kann sonach nicht zur wildwachsenden Flora des damaligen
Ägypten gehören; aus einer verkürzten Achse wachsen beiderseits je 6—10
in Halbbogen zurückgeschlagene Blätter, während ein gipfelständiger, mit
vielen kleinen Blättern besetzter Schaft mit einer Blüte oder mit einem

Ägyptisches Feuer=
steinbeil. Nach J. de
Morgan, „Recherches
sur les Origines de
l'Égypte: L'âge de la
pierre et les métaux"
(Paris 1896). Vgl. Text
S. 572.

Knäuel von Blüten endigt. Die Aloe erscheint damit als zu jenen Pflanzen gehörig, „die wie
die heiligen Bäume der Hathor oder Isis, Sykomore und Mimusops, die Persea der Alten,
gleichfalls im Niltal nicht wild vorkommen, hier als überlebende Zeugen von Wanderungen
gelten können, die in frühester Vorgeschichte die Vorfahren des alten Kulturvolkes aus dem
fernen Südosten — Südarabien und Nubien — an die Gestade des Nils geführt haben".
Andere Pflanzenbilder schematisieren „Bäume, die hier bereits in einer Weise wiedergegeben

sind, welche der spätere Stil der Wandbilder an Tempeln wiederholt; es wird die Gestalt der Laubkrone durch eine Umrißlinie gekennzeichnet, mit eingefügten parallelgestellten Ästen".

Unter den Motiven des „geometrischen Stils" steht, wie überall in der Welt, das Dreieck obenan, in einfacher oder mehrfacher Reihe angeordnet, dann einfache und parallele Zickzacklinien. Als eine aufgelöste Form der letzteren erscheinen Z-, N- oder S-Motive. Wellenlinien unter oder über den Schiffen, entweder in horizontalen oder senkrechten Parallelreihen angeordnet, charakterisieren Wasser, und auch diese Wellenlinien erscheinen in kurzen Stücken für sich als Ausfüllungsornament. Die häufig vorkommenden engen Spiralen, die vor allem auf Tonnachbildungen von Steingefäßen auftreten, entsprechen Nummuliten der echten Steingefäße. Die eckigen Figuren, in der Mitte durch einen Stab gestützt, der ein Wappensymbol trägt, sind Schilde (s. die untere Abbildung S. 581), wahrscheinlich ausgespannte Tierhäute. Den Übergang auch der Tier- und Menschengestalten (s. die mittlere Abbildung S. 581) in schematische Ornamente erkennt man zum Beispiel an den in Spiralen auslaufenden Köpfen der Strauße und den spiralig endigenden Armen der Tänzerinnen. Diese wie die Krokodile und eidechsenähnlichen Tiere zeigen, im Gegensatz zu der Methode des klassischen Ägyptens, oft Horizontalprojektion: das Tier wird meist vom Rücken aus gesehen mit ausgebreiteten Beinen. Unter den Wappentieren der Masten oder Flaggenstöcke ist der geschirrte, also gezähmte Elefant das uralte Symbol der Insel Elephantine. Schwein-

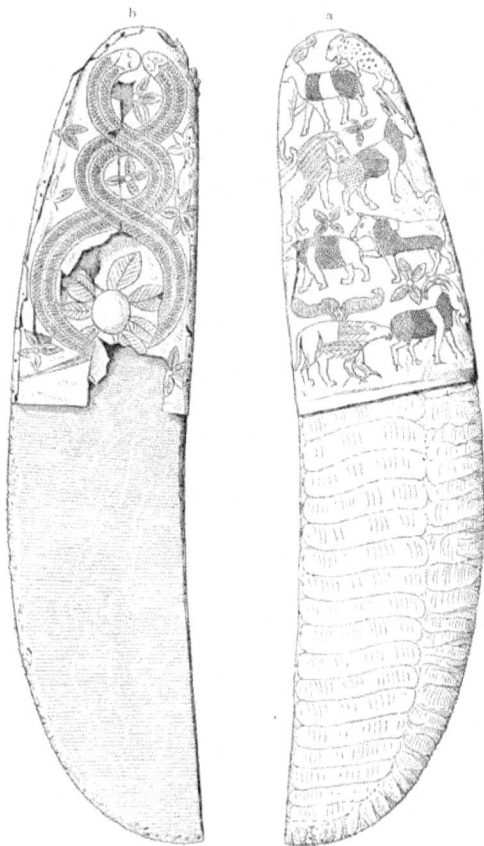

Großes ägyptisches Feuersteinmesser mit vergoldetem Griff. Nach J. de Morgan, „Recherches sur les Origines de l'Egypte: L'âge de la pierre et les métaux" (Paris 1896). Vgl. Text S. 572.

furth vermutete in einigen dieser bereits zu konventionellen Ornamenten umgebildeten Darstellungen eine symbolisierende Tendenz, die Prototypen einer Reihe von Zeichen, die später in der Hieroglyphik eine Rolle spielen; speziell denkt er dabei an die schematischen Bilder der Aloe und die Totenbarke. Auch nach Ed. Meyer sind die späteren Stadien der „vorgeschichtlichen Funde" echt ägyptisch, und die Zeichnungen auf den Tongefäßen und den verwandten Denkmälern enthalten die so lange gesuchte Vorstufe der Hieroglyphenschrift und der späteren Kunst.

Die Bilder auf den Tongefäßen sind wirkliche Malereien; gegen Ende der Epoche werden sie seltener, dafür tritt aber nach der Entdeckung Quibells in einer Grabkammer zu Hierakonpolis Wandmalerei auf, welche die auf den Tongefäßen dargestellten Vorgänge auf dem Nil und an seinen Ufern in größerem Maßstabe wiedergibt (s. die Abbildungen S. 582).

Zu dieser alten Zeit bestand zweifellos schon ein überseeischer Verkehr mit den Nachbarküsten, ebenso auf dem Nil mit dem unteren Nubien. Die Beweise für überseeischen Verkehr liefert vor allem die Keramik.

Manche der prähistorischen Gefäße gleichen vollständig denen, die gleichzeitig in der Welt des Ägäischen Meeres im Gebrauch waren und uns durch die reichen Funde der ältesten neolithischen Schichten Kretas bekannt geworden sind, so vor allem die kleinen Gefäße mit einem durch eingeritzte Striche auf schwarzem Grunde hergestellten eckigen Bandmuster, vielleicht auch die rotgrundigen Näpfe und Schalen mit weißer Linear- und Pflanzendekoration (s. die Abbildungen S. 583, Fig. 1 und 2). Doch ist es Eduard Meyer fraglich, ob hier

Gestieltes Feuersteinmesser aus der ägyptischen Steinzeit. Nach J. de Morgan, „Recherches sur les Origines de l'Egypte: L'âge de la pierre et les métaux" (Paris 1896). Vgl. Text S. 572.

Ägyptische Lanzenspitzen aus Feuerstein. Nach J. de Morgan, „Recherches sur les Origines de l'Egypte: L'âge de la pierre et les métaux" (Paris 1896). Vgl. Text S. 572.

ein Import aus Kreta angenommen werden darf; soweit nicht lediglich parallele Entwickelung vorliegt, scheint vielmehr die Beeinflussung vom Niltal ausgegangen zu sein, und jedenfalls haben sich zweifellos ägyptische Steingefäße auf Kreta gefunden. Ein ziemlich lebhafter überseeischer Verkehr hat somit offenbar schon in diesen ältesten Zeiten bestanden. Wie die aus Arabien stammenden Kulturpflanzen der prähistorischen Zeit lehren, kreuzte der Seeverkehr auch das Rote Meer. Wie primitiv die Verbindungen zwischen der „ägyptischen" und der arabischen Küste waren, berichtet noch Plinius. Der Verkehr (XII, 42, 1) mit den Weihrauchländern geschah mittels Flößen, die man während des Winters durch den dann wehenden Südostwind direkt an die gegenüberliegende Küste treiben ließ. Manche von den auf den Tongefäßen abgebildeten Schiffen sind aber so groß und haben so zahlreiche Ruder, daß sie wohl für Seeschiffe gelten können. Flinders

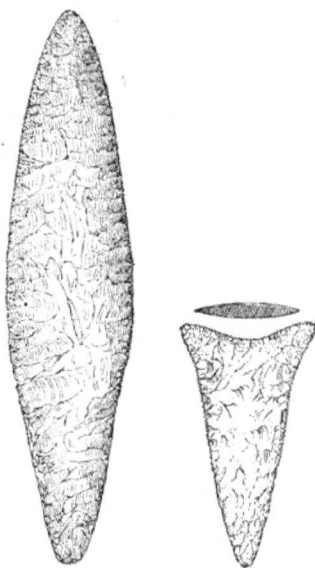

Ägyptische Pfeilspitzen aus Feuerstein. Nach J. de Morgan, „Recherches sur les Origines de l'Egypte: L'âge de la pierre et les métaux" (Paris 1896). Vgl. Text S. 572.

Petrie zeigt die weitgehenden Analogien zwischen der keramischen Dekoration und Gefäßform des neolithischen Ägyptens mit weitabliegenden steinzeitlichen Gebieten (s. die Abbildung S. 583, Fig. 3).

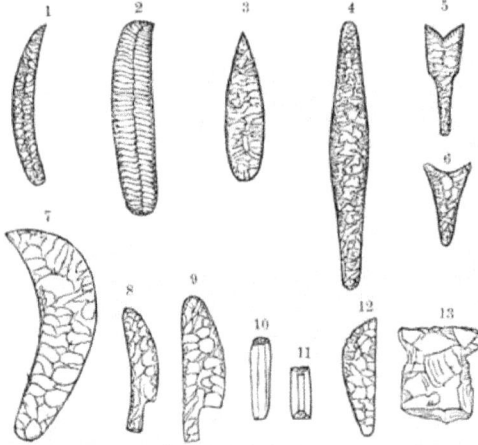

Ägyptische Feuersteingeräte aus Ägypten: 1—6 prädynastische, 7 I. Dynastie, 8—11 IV. Dynastie, 12 und 13 XII. Dynastie. Nach W. M. Flinders Petrie, „A History of Egypt from the earliest times to the XVI. Dynasty", 4. Aufl. (London 1899). Vgl. Text S. 572.

Jedenfalls reichte der Verkehr über See in die Mittelmeerwelt hinaus. Auf der Sinaihalbinsel wurden die Kupfer- und Türkisminen ausgebeutet, und es bestand wohl auch schon ein Landverkehr mit Syrien, vielleicht durch Beduinenkarawanen vermittelt. Sicher war zu allen Zeiten kriegerischer und Handelsverkehr mit dem unteren Nubien. Die Umgebung von Syene am ersten Katarakt war schon in alter Zeit von Ägyptern besiedelt, und die Grenzstadt Jeb auf Elephantine, deren Elefantenbanner wir auf den Schiffen der Tongefäße erkennen, war Stapelplatz für den Handel mit den Negern, die damals noch Grenznachbarn waren. Vor allem waren die Felle der wilden Tiere, Löwen und Leoparden, sowie Elfenbein viel begehrt, ferner das vom Süden eingeführte Ebenholz und das nubische Gold. Kriegerische Raubzüge galten der Gewinnung von Menschen als Sklaven. Die Leopardenfelle erhielten sich bis in spätere Zeiten als Amtstracht der Priester und der Löwenschwanz als auszeichnender Schmuck des obersten Herrschers; die Krieger trugen Wolfsschwänze. Abbildungen der prähistorischen männlichen Tracht geben die großen Schminkpaletten (s. die Tafel „Ägyptische Schminkpaletten" bei S. 573). In der ältesten Zeit mögen die Männer im wesentlichen nackt gegangen sein; als Festschmuck wurde ein Tierfell um die Schultern geworfen. Später wurde ein Schurz, zunächst wohl aus Schilf, getragen, und ein Lendentuch aus weißem Linnen; in der Pharaonentracht haben sich diese ältesten Bekleidungssitten erhalten. Die Frauen waren

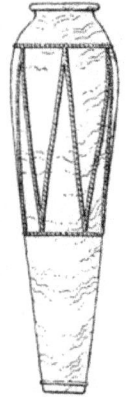

Ägyptisches Alabastergefäß. Nach J. de Morgan, „Recherches sur les Origines de l'Égypte: Ethnographie préhistorique et Tombeau royal de Negadah" (Paris 1897). Vgl. Text S. 573.

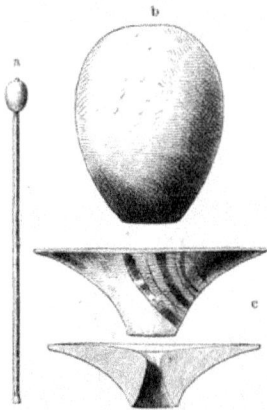

Ägyptische Keule (a) und Keulenköpfe (b und c). Nach J. de Morgan, „Recherches sur les Origines de l'Égypte: L'âge de la pierre et les métaux" (Paris 1896). Vgl. Text S. 572 und 580.

mit einem langen, enganliegenden hemdartigen Linnengewand bekleidet, das von den Schultern bis zu den Knöcheln herabreichte; aber unbekleidete Statuetten von Frauen und Männern sind nicht selten. Vereinzelt zeigt sich die Sitte der Tätowierung (s. die Abbildung

S. 583, Fig. 4) oder Körperbemalung an Figuren von Sklavinnen, die dem Toten ins Grab mitgegeben wurden; Sandalen waren bekannt, wurden aber selten getragen, dagegen besaßen Männer wie Frauen mancherlei Schmuckstücke, Ketten, Finger= und Armringe, allerlei An= hängsel und Amulette (s. die Abbildung S. 584, Fig. 1) aus Stein, Elfenbein und Knochen,

Ägyptische Steinvasen (1—3) und Tongefäße (Nachbildungen von Steinvasen; 4—6). 1—3 nach J. E. Quibell, „Hiera= konpolis", Teil 1 und 2 (London 1900 und 1902), 4—6 nach J. Capart, „Les Débuts de l'Art en Egypte" (Brüssel 1904). Vgl. Text S. 573 und 574.

Perlenketten aus Feuerstein, Quarz, Karneol, Achat. Die Frauen schmückten ihre künstlichen Frisuren mit verzierten Elfenbeinkämmen (s. die Abbildung S. 584, Fig. 2) und Haarnadeln. Wie die Schminke, so war auch die wohlriechende Salbe unentbehrlich; zum Salben benutzte man Elfenbeinlöffel, deren Griff öfters mit geschnitzten Menschen= und Tier= figuren ornamentiert war (s. die Ab= bildung S. 584, Fig. 3). Man verstand es noch nicht, Gegenstände aus Glas herzustellen, dagegen wurden Perlen und anderes aus Ton mit einem blauen Glasfluß überzogen. Das Haupthaar trugen die Frauen (s. die Abbildung S. 584, Fig. 4, a und b)

Ägyptische Steingefäße. Nach J. de Morgan, „Recherches sur les Origines de l'Egypte: L'âge de la pierre et les métaux" (Paris 1896). Vgl. Text S. 573.

lang, reichlich mit Fett und Salbe durchtränkt; wenigstens in späteren Perioden trugen sie künstliche Haartouren, was wohl auch schon für die Frühzeit zutrifft. Petrie hat in dem Grabe des Königs Zer von der ersten Dynastie ein Band mit falschen Stirnlöckchen gefunden; für ganze Perücken wurden später auch bei Frauen die eigenen Haare rasiert oder wenigstens kurz abgeschnitten. Nach Ed. Meyer trugen die Männer bis zur ersten Dynastie, wo die

Sitte auskam, den Kopf glatt zu rasieren und eine Allongeperücke zu benutzen, die Haare ziemlich kurz geschoren und zu Locken gebrannt; Knaben und junge Männer trugen eine geflochtene Locke (s. die Abbildung S. 584, Fig. 4c). Die Lippen wurden fast ausnahmslos

Das Bohren der Steingefäße. Nach J. de Morgan, „Recherches sur les Origines de l'Égypte: L'âge de la pierre et les métaux" (Paris 1896). Vgl. Text S. 574.

rasiert, Backen- und Kinnbart meist, im Gegensatz zu dem oft wallenden Bart der Semiten, kurz und spitz zugeschnitten (s. die Abbildung S. 584, Fig. 5a und b); von der ersten Dynastie an wurde er mit Ausnahme eines kleinen platten Zipfels am Kinn abrasiert. Die Abbildungen zeigen, daß dieser Kinnbart meist falsch war und als Bestandteil der Pharaonentracht vorgebunden wurde; daher trägt auch die Königin Kamare-Hatschepsowet, wo sie als regierender Pharao dargestellt wird, einen solchen Bart. Zur Pharaonentracht, und von dieser auf die der Götter übertragen, gehört auch eine an der Stirn getragene Nachbildung einer vertrockneten, sich aufbäumenden und den Hals aufblähenden Giftschlange, Uraeus.

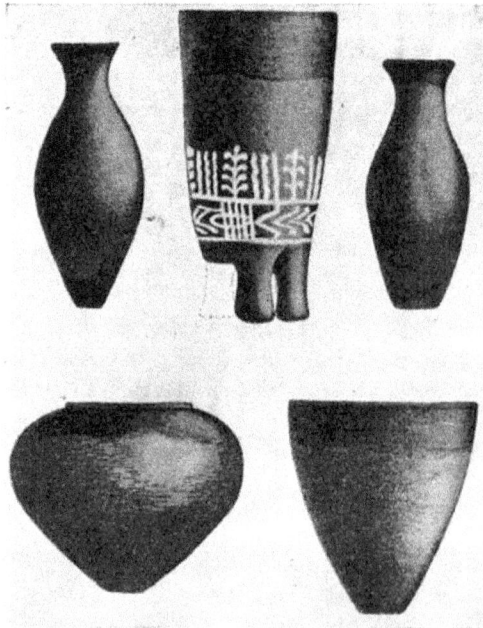

Ägyptische Steinzeitgefäße aus Ton. Nach J. de Morgan, „Recherches sur les Origines de l'Égypte: L'âge de la pierre et les métaux" (Paris 1896). Vgl. Text S. 573—575.

Die Hauptwaffe war die S. 572 beschriebene Keule mit schwerem Steinknauf, die, zum Zepter umgestaltet, Königssymbol geblieben ist (s. die untere Abbildung S. 578). Wie die Schminkplatten, so trug auch der Keulenkopf gelegentlich historische Darstellungen. Die Streitkeule war die Hauptwaffe der Truppen, vor allem aber die Königswaffe, mit welcher der Pharao die Köpfe der Feinde zerschmetterte; auch der Kriegsgott Oberägyptens, der in Wolfsgestalt erschien, trug sie. Eine zweite Hauptwaffe war das krumme Wurfholz, das als Jagdwaffe zur Vogeljagd noch in späthistorischer Zeit gebräuchlich blieb. Von Bogen war sowohl der einfache Holzbogen wie der zusammengesetzte Bogen gebräuchlich; geschossen wurde mit feuersteingespitzten Rohrpfeilen, zum Teil mit querer Schneide. Die Form der mit Leopardenhaut überzogenen Schilde ist auf den gemalten Tongefäßen zu sehen; in dem ältesten Wandgemälde, das aus der Urzeit erhalten ist, in dem Grab von Hierakonpolis, hält der eine Krieger den Schild, während der zweite einen Panzer aus Leopardenfell zu tragen scheint (s. die Abbildungen S. 581, unten, und S. 582). Mit dem Streitkolben zusammen bildete ein rechteckiger, am Oberrand abgerundeter Schild das hieroglyphische Zeichen für kämpfen; eine dritte Schildform war

Bronzekelte und Bronzeschwerter.

Nach J. Lubbock, „Die vorgeschichtliche Zeit", übersetzt von A. Passow (Jena 1874).

Bronzekelte und Bronzeschwerter.

1—3. Bronzekelte ohne Schaftlappen: 1) aus England, 2) und 3) aus Dänemark.

4—6 und 12. Die beiden Haupttypen der Bronzekelte: 4) Hohlkelt aus Dänemark, 5) Schaftkelt (Paalstab) aus Irland, 6) Hohlkelt aus Irland, 12) Schaftkelt aus Dänemark.

11, 13 und 14. Schaftung der verschiedenen Keltformen: 11) einfacher Bronzekelt mit Handgriff, 13) Hohlkelt mit Schaftung, 14) Schaftkelt mit Schaftung.

7—10. Bronzeschwerter: 7) und 10) aus Schweden, 8) aus Dänemark, 9) Bronzedolch aus Irland.

lang und schmal, in der Mitte noch etwas verschmälert, oben und unten abgerundet,
ähnlich den mykenischen Schilden. Zu den Waffen gehörte noch eine etwa mannshohe
Lanze mit einer Spitze von Stein oder Knochen, später von Metall, und, viel seltener,
eine Streitaxt mit einfacher oder dop-
pelter Schneide. Den ausziehenden
Kriegern, mochte es einer Löwenjagd
oder einer Schlacht gelten, schritten
Standartenträger voran. Auf der Jagd
wurde auch der Lasso benutzt. Das
Bündel Pfeile wurde ohne Köcher in
der Hand getragen (s. die Tafel „Ägyptische Schminkpaletten" bei S. 573).

Wappenzeichen auf ägyptischen Schiffswimpeln. Nach
J. Capart, „Les Débuts de l'Art en Egypte" (Brüssel 1904).
Vgl. Text S. 575.

Die Ägypter der Urzeit treten uns schon als ein Bauernvolk, das Viehzucht und Ackerbau betrieb, entgegen. Die Brotfrüchte waren Weizen, und zwar vor allem Emmer, ferner

Stilisierte Ornamentik auf einem in Abydos gefundenen Tongefäß der Steinzeit Ägyptens. Nach J. de
Morgan, „Recherches sur les Origines de l'Egypte: L'âge de la pierre et les métaux" (Paris 1896). Vgl. Text S. 574 und 576.

Gerste, Spelt und Durra. Der Boden wurde mit der Hacke bearbeitet oder mit dem einfachen Pflug ohne Räder, an dessen Deichsel zwei Rinder zogen, während der Landmann den
Handgriff lenkte. In den so gelocker-
ten Boden wurde nach der Über-
schwemmung der ausgestreute Same
durch Schweine oder Widder eingetreten, das reife Korn wurde mit
der Sichel geschnitten, auf der Tenne
von Rindern ausgestampft, dann ge-
worfelt und in kegelförmigen Spei-
chern aus Lehm oder in großen Ton-
trügen aufbewahrt. Auf Handmühlen (s. die Abbildung S. 584, Fig. 6)
wurde es zu Mehl zerrieben. Aus

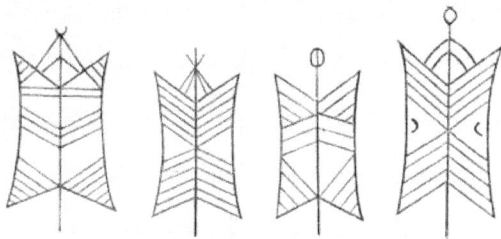

Schilde auf gemalten ägyptischen Tongefäßen der neolithischen Zeit. Nach der „Zeitschrift für Ethnologie", 29. Jahrgang (Berlin
1897). Vgl. Text S. 576.

Gerste wurde eine Art Bier gebraut, das zu den notwendigsten Bedürfnissen im Leben wie
nach dem Tode gehörte (s. die obere Abbildung S. 573). Auch der Weinbau fand sich schon
in der Urzeit, ebenso die Zucht der Dattelpalme und verschiedener Gemüse. Der Flachsbau
war ebenfalls früh verbreitet; es wurde linnenes und wollenes Gewebe hergestellt; Matten
und Stricke, auch leichte Kähne wurden aus Papyrusschilf angefertigt. Neben dem Ackerbau

stand vor allem die Viehzucht in Ehren. Man hatte große Herden von Ziegen, Schafen und Gänsen; als Last- und Reittier dienten die Esel, da Kamel und Pferd noch unbekannt waren.

Das wichtigste Kulturtier war das Rind von einer noch heute im Niltal vorhandenen Rasse. Aus alten Abbildungen ist ersichtlich, daß sich die Ägypter auch um die Domestikation anderer Tiere bemühten, Kraniche und Antilopen wurden gepflegt, und die Reichen scheinen auch wilde Tiere, Hyänen, Schakale und andere, halbgezähmt in ihren Tierparken gehalten zu haben (s. die Abbildung S. 585, Fig. 1). Daneben war die Jagd in der damals noch sehr wildreichen Wüste und in den Schilfdickichten des Flusses eine Hauptbeschäftigung:

Kämpfende. Von der unten wiedergegebenen Wandmalerei in einer Grabkammer von Hierakonpolis. Nach J. Capart, „Les Débuts de l'Art en Egypte" (Brüssel 1904). Vgl. Text S. 577 und 580.

gegen die noch häufigen Löwen zog man wie zum Kriege aus.

Die Leistungen der Handwerker wurden schon oben zum Teil besprochen. Es ist

Wandmalerei in einer Grabkammer von Hierakonpolis. Nach J. E. Quibell, „Hierakonpolis", Teil 2 (London 1902). Vgl. Text S. 577 und 580.

merkwürdig, mit wie einfachen Instrumenten, vorwiegend aus Stein als Hartmaterial, gearbeitet wurde. Die Höhe der kunstgewerblichen Leistungen in Stein-, Ton-, aber namentlich in Elfenbeinbearbeitung erregt lebhafte Bewunderung. „Die Kunst blühte", sagen Breasted-Hermann Ranke, „wie nirgends sonst in der Alten Welt. Die Ägypter liebten die

Schönheit; wie sie diese in der Natur fanden, solche Schönheit brauchten sie in ihrem Hause und in ihrer Umgebung. Lotosblumen blühten auf dem Griff ihrer Löffel; die muskulösen Beine eines Ochsen, aus Elfenbein geschnitzt, trugen das Bett (s. die Abbildung S. 585, Fig. 2a und b), auf dem sie schliefen; die Decke über ihrem Haupt war ein auf Palmen

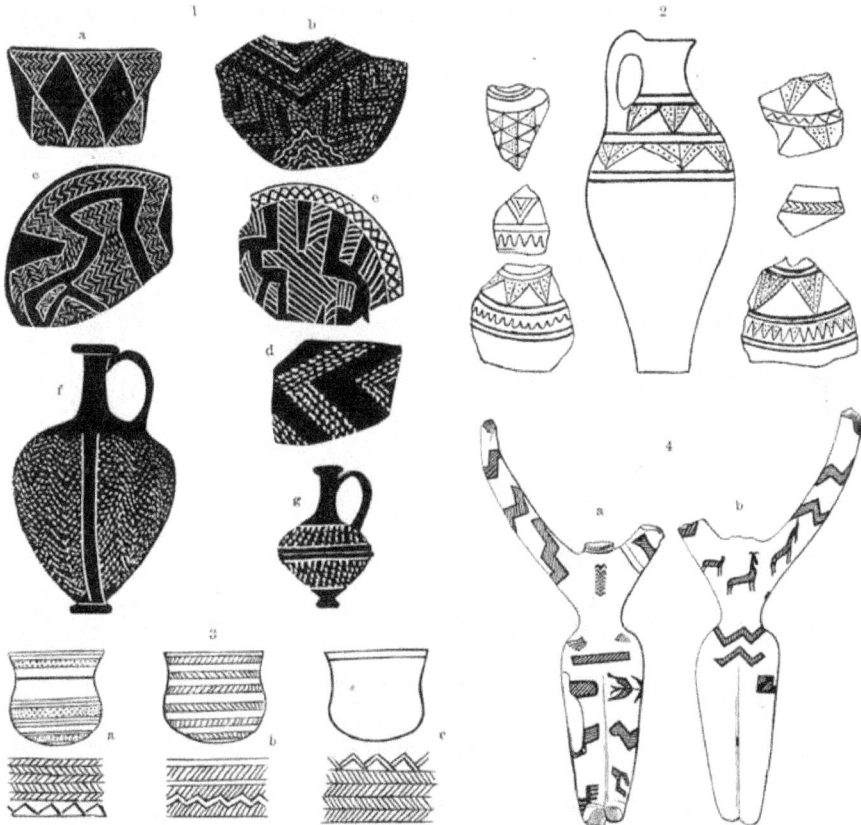

Ägyptische Steinzeit I: 1 Schwarze Tongefäße mit eingeschnittenen Ornamenten mit weißer Füllung: a bis c prähistorisch, d I. Dynastie, e III. Dynastie, f und g XII. Dynastie; 2 Tongefäß und Scherben des frühesten ägäischen Stils, gefunden in ägyptischen Königsgräbern der I. Dynastie; 3 prähistorische Tongefäße aus Europa und Ägypten: a aus Yorkshire, b aus Südspanien, c aus Diospolis in Ägypten; 4 ägyptische Statuette einer tätowierten Frau: a Vorder-, b Rückansicht. Nach W. M. Flinders Petrie, „Methods and Aims in Archaeology" (London 1904; Fig. 1—3), und J. Capart, „Les Débuts de l'Art en Égypte" (Brüssel 1904; Fig. 4). Vgl. Text S. 577—579.

mit graziösem Blätterschmuck ruhender Sternenhimmel. Die gewöhnlichsten Gegenstände zeigten eine unbewußte Schönheit der Linien und eine wundervolle Harmonie in den Verhältnissen, die selbst den alltäglichsten Dingen einen eigenen Glanz verliehen." Flinders Petrie wundert sich darüber, daß sich in der Mehrzahl der Nachahmungen lebender Formen, im Gegensatz zu jener hohen Geschicklichkeit und Gestaltungskraft, eine seltsame Unfähigkeit ausspreche. In der Tat sind die als Beigaben den Leichen ins Grab mitgegebenen Ton-, Stein- und Elfenbeinfiguren von Frauen und Dienern größtenteils nur roh gestaltet, so daß sie an die entsprechenden Figürchen aus dem mitteleuropäischen Diluvium erinnern. Anderseits sind sie aber nicht roher als zahlreiche Statuetten aus der viel späteren griechischen

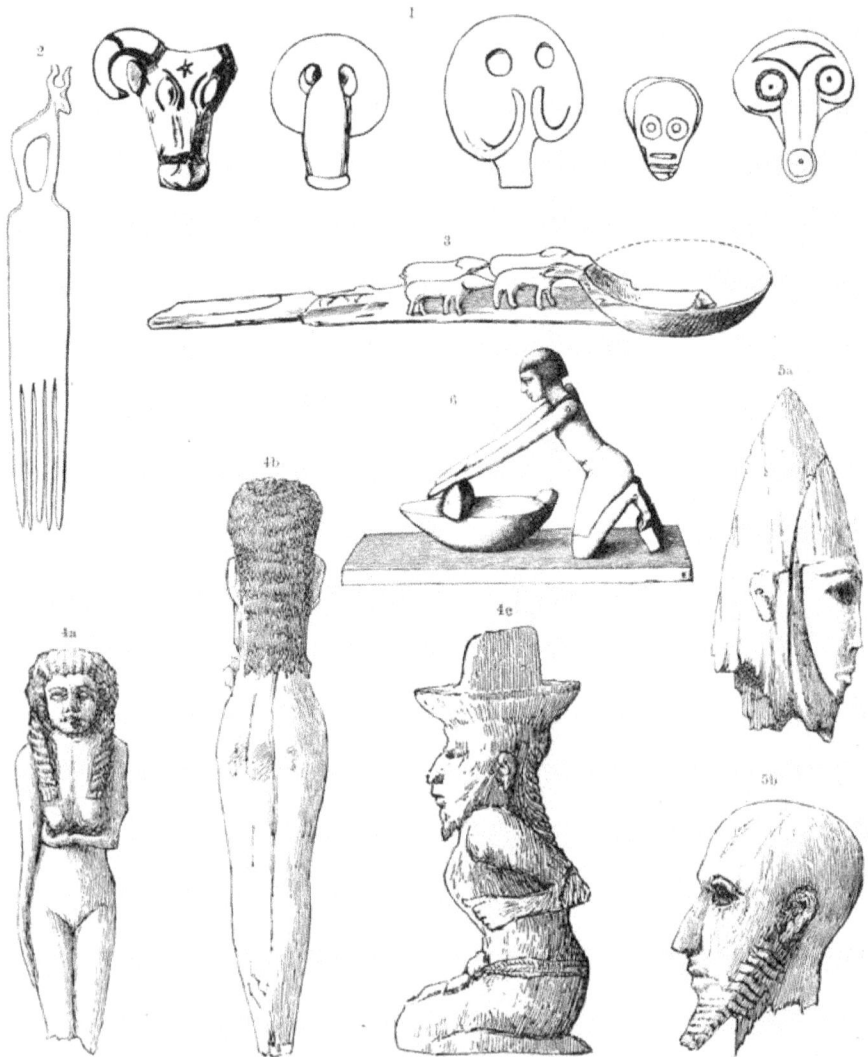

Ägyptische Steinzeit II: 1 Amulette; 2 Kamm; 3 Löffel mit Tierfiguren; 4 Statuetten aus Hierakonpolis: a und b weiblich, c männlich; 5a und b Köpfe aus Hierakonpolis; 6 Handmühle (Holzstatuette). Nach J. Capart, „Les Débuts de l'Art en Egypte" (Brüssel 1904; Fig. 1 und 2), J. de Morgan, „Recherches sur les Origines de l'Egypte: Ethnographie préhistorique et Tombeau royal de Négadah" (Paris 1897; Fig. 3), J. E. Quibell, „Hierakonpolis", Teil I (London 1900; Fig. 4 und 5) und J. de Morgan, „Recherches sur les Origines de l'Egypte: L'âge de la pierre et les métaux" (Paris 1896; Fig. 6). Vgl. Text S. 579—581.

Inselkultur, bei denen ebenfalls die sekundären weiblichen Geschlechtscharaktere in gesteigertem Maße betont sind. Neben diesen geringen Erzeugnissen der Plastik steht überdies eine

Anzahl prächtig ausgeführter Köpfe und Figuren, die als charakteristische Vorläufer der bewunderungswürdigen Entwickelung der darstellenden Künste, die im alten Reich ihre erste
hohe, in den späteren Epochen niemals wieder voll erreichte Blüte erlebten, gelten müssen.
Aus wenig späterer Zeit fanden sich schematische Proportionsvorzeichnungen für die Ausführung von Wandreliefs (s. die untenstehende Abbildung, Fig. 3). Besonders gut sind

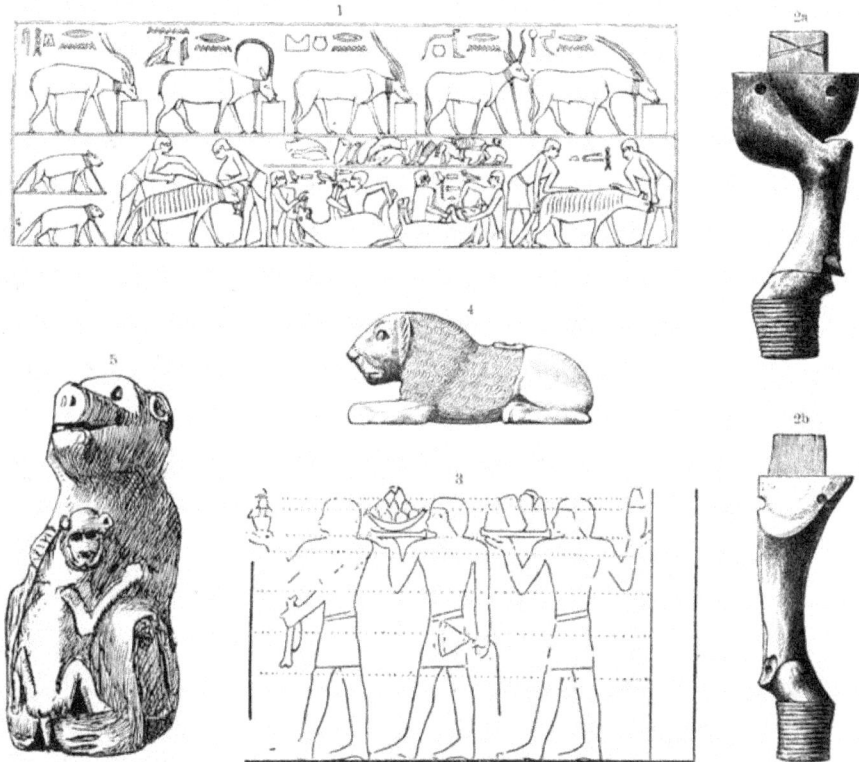

Ägyptische Steinzeit III: 1 Zahmes Vieh der alten Ägypter, Wandrelief; 2 Möbelfüße in Gestalt von Stierfüßen; 3 die
Proportionen des menschlichen Körpers auf einer Steinplatte aus der Frühzeit Ägyptens; 4 Löwe (Steinfigur); 5 Affen (Stein-
gruppe). Nach J. de Morgan, „Recherches sur les Origines de l'Egypte: L'âge de la pierre et les métaux" (Paris 1896; Fig. 1),
J. de Morgan, „Recherches sur les Origines de l'Egypte: Ethnographie préhistorique et Tombeau royal de Négadah (Paris
1897; Fig. 2 und 4), N. G. de Davies, „The Mastaba of Ptahhetep and Akhethetep at Saqqareh", Teil 2 („Archaeological
Survey of Egypt" IX; London 1901; Fig. 3), und J. Capart, „Les Débuts de l'Art en Egypte" (Brüssel 1904; Fig. 5). Vgl.
Text S. 582—585.

Tierfiguren, namentlich Löwen, Hunde und Affen, ausgeführt (s. die obenstehende Ab-
bildung, Fig. 4 und 5). Und was man schon damals ohne Metall, nur mit Stein in der
Plastik zu leisten verstand, beweisen die gigantischen, freilich grotesken Statuen des Gottes
Min, die Petrie selbst mit Quibell in Koptos entdeckte.

14. Prähistorische Metallkulturen.

Inhalt: Das nordische Bronzezeitalter. — Das Heroenzeitalter Homers. Die höchste Blüte der Bronze-
kultur. — Zur Geschichte des Eisens. — Die älteste Eisenzeit in Oberitalien. — Das Gräberfeld von
Hallstatt. — Die schwäbischen Fürstenhügel der Hallstattperiode. — Reste der alten Metallurgie der
Hallstattperiode. — Leben und Treiben der Hallstattleute. — La Tène und die La Tène-Periode. —
Die Formentwickelung der Gewandnadel oder Fibel. — Rückblick auf die vorgeschichtlichen Epochen.

Das nordische Bronzezeitalter.

In dem weiten Gebiete der neolithischen Kultur sehen wir, wie das oben für die Pfahlbauten geschildert wurde, in den jüngeren Perioden an Stelle der einseitigen Benutzung
des Steines als Hartmaterial für Herstellung von Geräten und Waffen, Metall, und zwar
fast überall zunächst Kupfer, in Verwendung treten. Das Metall spielt anfänglich nur eine
untergeordnete Rolle, da das Kupfer an Härte und Verwendbarkeit weit hinter dem Stein
zurücksteht. Erst nachdem der große technische Fortschritt — wir wissen noch immer nicht,
wo — gelungen war, das Kupfer durch Zusatz von Zinn zur Bronze zu härten, konnte das
Metall mehr und mehr an die Stelle des Steines treten, um ihn endlich für viele Zwecke
zu verdrängen. Es bildete sich eine neue bronzezeitliche Kulturgemeinschaft aus, die
sich endlich wieder über das gesamte Gebiet der neolithischen Kulturgemeinschaft erstreckte. Ein geschlossenes Bild der Bronzekultur haben zuerst die nordgermanischen Länder,
speziell Skandinavien, gegeben und es verständlich gemacht, wie die höchste Entwickelung
des Pharaonenreiches, ohne Kenntnis des gehärteten Eisens, eine rein bronzezeitliche sein
konnte. Von den Küsten des Mittelmeeres aus breitete sich die Bronze nach dem Norden
aus, wo ihre Benutzung am längsten festgehalten wurde.

In den mittleren und südlichen Teilen Mitteleuropas kam das Bronzealter nicht zu
gleich großartiger Entwickelung wie im Norden, da, je weiter nach Süden, im allgemeinen
um so früher das Eisen bekannt wurde und die Bronze verdrängte. In derselben Zeit, in
welcher in der unten zu beschreibenden Hallstattkulturperiode in den südlichen und mittleren
Teilen Mitteleuropas das Eisen die Bronze schon vielfach zu ersetzen begann, bestand im
germanischen Norden noch reine Bronzezeit. Es ist das um so merkwürdiger, als schon damals, wie früher, unverkennbare Beziehungen der Nordländer zu den Sitzen der Hallstattkultur bestanden, wie in den Gräbern und in Einzelfunden auftretende Bronzesachen beweisen, die sich nicht nur ihrem Stil, sondern ihrer ganzen Form und Technik nach als Im-
portartikel aus den Hallstattkulturländern zu erkennen geben. Worauf es beruhen mag, daß
der gleiche Import nicht auch Eisen in die nordgermanischen Länder gebracht hat, ist bis jetzt
ganz unverständlich, um so mehr, als nach Undset in benachbarten nordischen Ländern die
Bekanntschaft mit dem Eisen oder dessen Verwendung in verschiedener Zeit eingetreten ist.
Bei dem Festhalten an der Bronze für Waffen und Werkzeuge scheint sich also wesentlich
die Wirkung einer verschiedenen Geschmacksrichtung geltend gemacht zu haben. Die Abbildung S. 587 gibt Typen aus der älteren süddeutschen Bronzezeit.

Montelius, dem wir uns im folgenden vornehmlich anschließen, ist, indem er sich auf
die Gleichheit der Grabstätten aus dem letzten Teil des Steinzeitalters und aus dem ersten
des Bronzezeitalters stützt, der Ansicht, daß der Beginn der Bronzezeit nicht durch die

Waffen, Geräte und Schmucksachen der nordischen Bronzezeit.

1. Schild aus Bronze.
2. Steinaxt mit Schaftloch, aus schwärzlichem Steine.
3. 4. Schaftkelte mit entwickelten Schaftlappen.
5. 6. Schaftkelte mit aufstehenden Kanten.
7. Kelt ohne aufstehende Kanten.
8. Hohlkelt ohne Öse.
9, 10. Hohlkelte mit Öse.
11, 12 Massive Bronzeäxte mit Schaftloch.
13, 14. Bronzeschwerter mit Bronzegriffen.
15. Dolch mit Bronzegriff.
16, 17. Lanzenspitzen aus Bronze mit Schafthöhlung.
18. Diadem aus Bronze.
19, 20. Nordische Formen der Gewandnadeln oder Fibeln.
21. Gedrehter Halsring.
22. 23. Armringe.

Fundort aller Stücke: Schweden. Museum vaterländischer Altertümer, Stockholm.

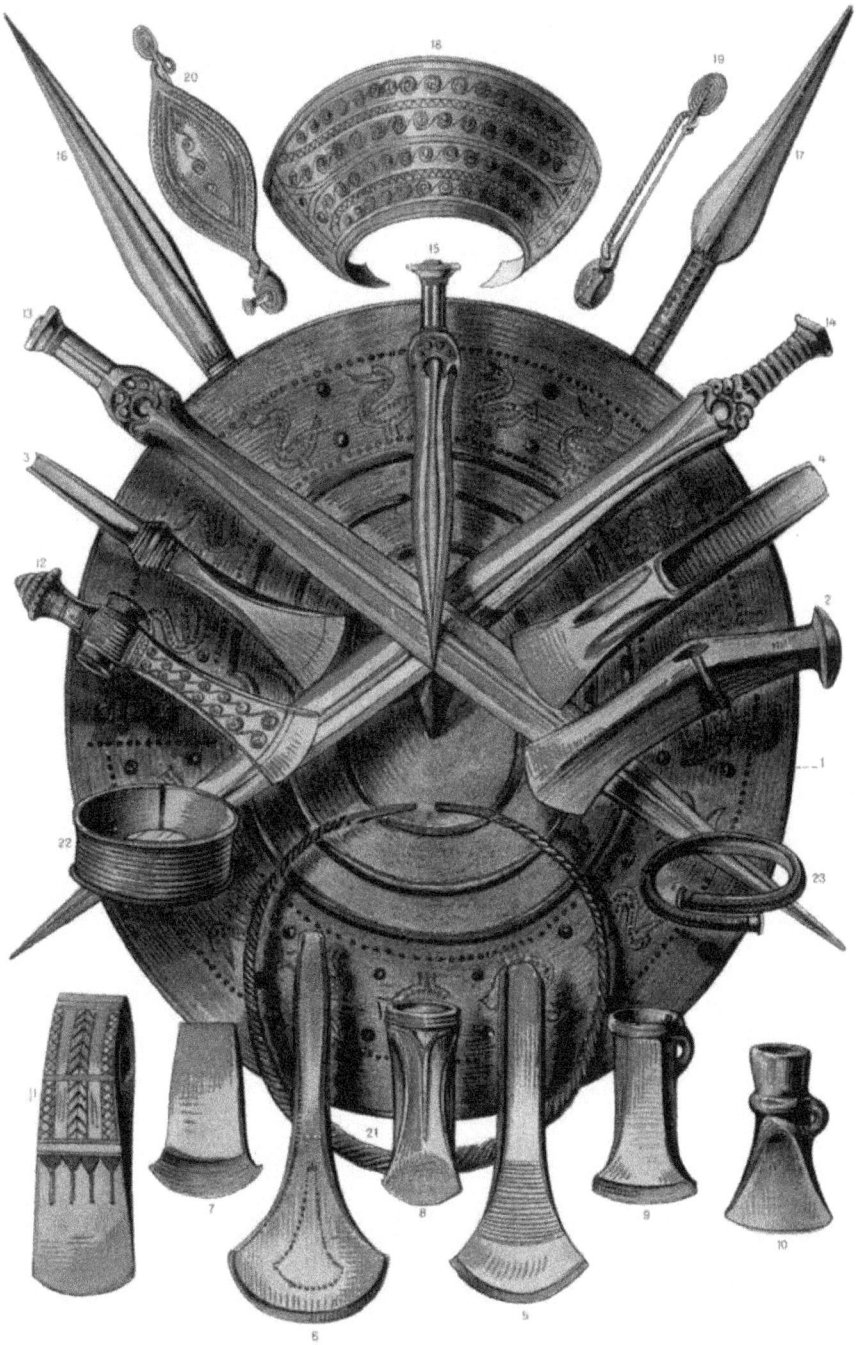

WAFFEN, GERÄTE UND SCHMUCKE DER NORDISCHEN BRONZEZEIT.

Einwanderung eines neuen Volkes in den Norden, speziell Schweden, hervorgerufen worden sei, sondern daß die Bewohner des Nordens durch friedliche Beziehungen zu anderen Völkern nach und nach gelernt haben, die Bronze zu bearbeiten. In Schweden ist nach ihm der Schluß der Steinzeit und mithin der Beginn der Bronzezeit auf etwa 1500 Jahre vor Christo anzusetzen, und das schwedische Bronzezeitalter hat sein Ende erst ungefähr 500 Jahre vor Christo gefunden, so daß die Periode rund ein Jahrtausend umfaßte. Montelius unterscheidet innerhalb dieses langen Zeitalters sechs aufeinanderfolgende Perioden, die er in zwei Hauptgruppen trennt und als ältere und jüngere Bronzezeit bezeichnet. In der älteren Bronzezeit tragen die Bronzearbeiten als Verzierungen feine Spiralornamente und Zickzacklinien, wie sie auf der beigehefteten Tafel „Waffen, Geräte und Schmucksachen der nordischen Bronzezeit" zur Darstellung kommen. Die Gräber enthalten gewöhnlich Reste unverbrannter Leichen. Die Gegenstände aus dieser Zeit erscheinen meist als einheimische Fabrikate und zeichnen sich durch geschmackvolle Formen aus, die von einer hochentwickelten Geschicklichkeit in der Bearbeitung der Bronze zeugen. Ein ganz anderer Geschmack und ganz andere Ornamente charakterisieren die Arbeiten aus dem jüngeren Bronzezeitalter. Die mit dem Stempel eingeschlagenen Spiralornamente der älteren Periode sind verschwunden, dagegen sind die Enden der Ringe, der Messer und Schwertgriffe und anderes oft spiralig aufgerollt. In dieser Periode wurden die Leichen stets verbrannt.

Fast alle Bronzesachen Schwedens sind gegossen, erst gegen das Ende der Bronzezeit finden sich häufiger Spuren von der Anwendung des Hammers bei der Bearbeitung der Bronze. Dafür, daß ein großer Teil der in den germanischen Nordländern, speziell in Schweden, gefundenen Altertümer der Bronzezeit im Lande selbst angefertigt wurde, spricht nicht nur die zum Teil abweichende Herstellungsmethode, der Guß, sondern auch die spezifische Ornamentation und zum Teil auch die Form der betreffenden Objekte. Manche Formen und Ornamente sind ganz lokal beschränkt. Für

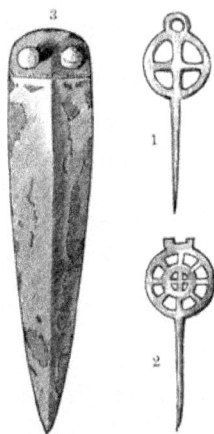

Radnadeln (1 und 2) und Dolch (3) aus Bronze. Nach den Originalen in der anthropologisch-prähistorischen Staatssammlung in München.

solche Objekte hat man auch Gußformen aufgefunden: für Äxte, sogenannte Kelte, Schwerter, Messer, Sägen (s. die Abbildung S. 588), Armbänder; außerdem fanden sich sogenannte Gußzapfen, d. h. Bronzestücke, die als Verbindungsstücke, wie bei der S. 588 abgebildeten Gußform für die Sägen, nach dem Gusse, um die Objekte für den Gebrauch tauglich zu machen, abgeschlagen werden mußten. Man hat in Schweden in einem Tongefäß den Metallvorrat eines Bronzearbeiters gesammelt gefunden: Gußzapfen, rohe Bronzeklumpen, eine Menge Stücke von zerbrochenen Schwertern, Ringen, Nadeln, Sägen und anderes, alles aus Bronze, offenbar zum Einschmelzen bestimmt. Das Material für Bronze wurde wohl während der Bronzezeit nach dem Norden eingeführt, da die skandinavischen Zinn- und Kupfergruben wahrscheinlich erst anderthalb Jahrtausende nach dem Ende der Bronzezeit ausgebeutet wurden. Nach dem Norden scheint die Bronze schon in fertiger Mischung, in Barren verarbeitet, gebracht worden zu sein, denn reines Kupfer wie reines Zinn finden sich in der Bronzeperiode des Nordens fast niemals; dagegen hat Viktor Groß in den schweizerischen Pfahlbauten kleine Zinnbarren in verschiedenen Formen gefunden.

Es ist sehr merkwürdig, daß bei der hohen Entwickelung der Kunst des Bronzegusses in Skandinavien die Kunst des Lötens ganz unbekannt war. Sollten zwei Stücke Bronze neu zusammengefügt oder repariert werden, so machte man das entweder mit kleinen Nietnägeln, oder man goß, oft in ganz ungeschickter Weise, Bronze über die Bruchstelle.

Man findet Bronzen, z. B. Knöpfe und Schwertgriffe, durch Bernsteineinlagen verziert, häufiger aber durch Einlage einer schwärzlichbraunen harzähnlichen Masse, wodurch, da dieses Schwarz von dem Gold der Bronze sehr lebhaft absticht, eine hübsche koloristische Wirkung hervorgebracht werden mußte. Manche solche Bronzegegenstände sind auch mit dünnen Goldplatten belegt.

Über die Lebensverhältnisse der Bewohner der germanischen Nordlande während der Bronzezeit geben uns die Gräberfunde manche Aufschlüsse. Die gefundenen Werkzeuge lehren uns, daß man damals Messer von sehr charakteristischen Formen (s. die Abbildung S. 589), Sägen, Meißel, Arte und Hämmer aus Bronze besaß, die geeignet waren zum Fällen der Bäume, zum Zimmern des Hauses und zu anderen Holzarbeiten. Für gröbere derartige Verrichtungen blieben übrigens in der Bronzezeit auch noch vielfach Steininstrumente im Gebrauch (s. die Tafel bei S. 587).

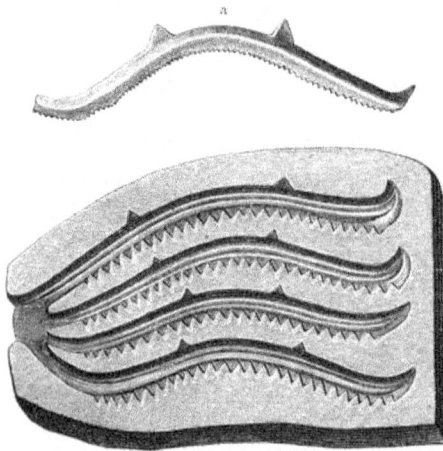

Steinerne Gußform für Bronzesägen aus Südschweden.
a Gegossene Bronzesäge. Nach O. Montelius, „Die Kultur Schwedens in vorgeschichtlicher Zeit", übersetzt von C. Appel (2. Aufl. Berlin 1885). Vgl. Text S. 587.

Das wichtigste Werkzeug der Bronzezeit war die in verschiedenen Formen vorkommende Axt, der Kelt. Man unterscheidet (s. die beigeheftete Tafel „Bronzekelte und Bronzeschwerter") außer den Beilen ohne Schaftlappen, die einfachen Steinäxten nachgebildet und wie diese geschäftet waren, zwei Haupttypen: Schaftkelte und Hohlkelte. Bei den Hohlkelten wurde der in einem Knie gebogene Schaft in die Höhlung des Keltes gesteckt und mittels einer kleinen Öse, die sich an dem Kelte selbst befand, festgebunden. Bei den Schaftkelten, die an ihren Seiten mehr oder weniger hoch aufstehende oder rinnenförmig von beiden Seiten umgebogene Kanten, Schaftlappen, besaßen, wurde das knieförmig abgebogene obere Schaftende zur Aufnahme des Keltes in der Mitte ausgeschnitten, so daß eine Art zweizinkiger Gabelform entstand; Kelt und Griff wurden dann mit Lederriemen oder anderem Bindematerial befestigt.

Die eigentlichen Waffen der Bronzezeit für Krieg und Jagd waren Schwerter, Dolche, Äxte (Kelte), Spieße, Bogen und Pfeile, vermutlich auch Keulen und Schleudern; die vornehmste Schutzwaffe war der Schild; man hat prächtige Exemplare von solchen, offenbar aber schon dem Hallstattkulturkreis angehörig, im Norden gefunden (s. die beigeheftete Tafel „Bronzekelte und Bronzeschwerter" und die bei S. 587) und in seltenen Fällen auch schon den Bronzehelm. Panzer und andere Schutzwaffen hat man nicht angetroffen. Die Bronzeschwerter der eigentlichen Bronzezeit erweisen sich vielfach mehr zum Stich als

zum Hieb geeignet. Wahrscheinlich wurden sie wie Dolche gefaßt, woraus sich die ungewöhn=
liche Kleinheit des Griffes, die an vielen auffällt, erklären mag. Die Klingen waren zwei=
schneidig und spitz, dem Griffe fehlte die Parierstange; er war entweder ganz aus Bronze
oder von Holz, Knochen und Horn, durch welche meist die bronzene Griffangel durchging.
Die Schwertscheiden bestanden aus Holz mit einem Überzug aus gegerbtem Leder und

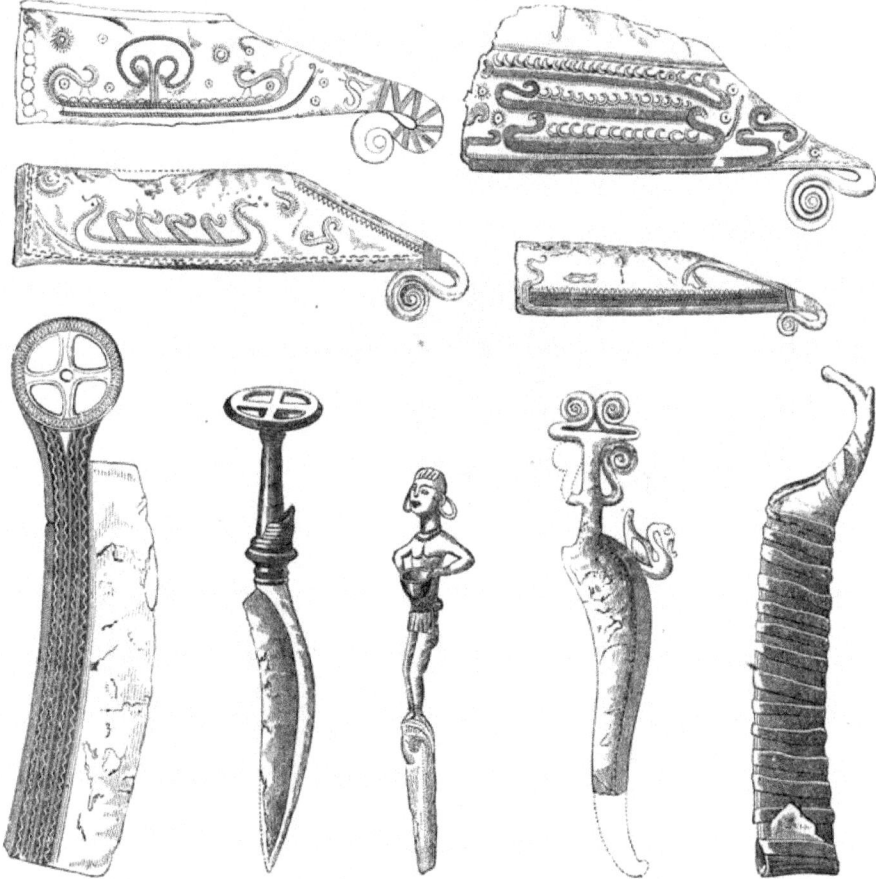

Bronzemesser aus der dänischen Bronzezeit. Nach J. Lubbock, „Die vorgeschichtliche Zeit", überfetzt von A. Paffow
(Jena 1874).

einem Futter aus feinem Pelz; unten trugen sie ein Ortband von Bronze. Pfeilspitzen
aus Bronze sind selten, wahrscheinlich weil man noch Feuerstein für diesen Zweck verwendete.
Dagegen sind bronzene Lanzenspitzen ziemlich häufig. Große und prächtige Kriegs=
hörner aus Bronze wurden mehrfach in Skandinavien gefunden. Als Fischereigerät hatte
man Angelhaken aus Bronze, die den heutzutage gebrauchten fast vollkommen glichen.
Für Viehzucht während der Bronzeperiode spricht die Menge der Knochen von Haustieren,
die in den Funden aus dieser Zeit vorkommen, für Ackerbau Sicheln aus Bronze und

Handmühlen aus Stein. Das Geschirr der Pferde war reich mit Bronzebeschlägen geziert. Manche der jüngeren prachtvollen Bronze- und Goldgefäße, zum Teil wohl aus den Ländern des Hallstattkulturkreises stammend, mögen zu Kultuszwecken gedient haben. Die im Norden so häufig vorkommenden gegossenen Hängegefäße aus Bronze deutet man als Lampen (s. die nebenstehende Abbildung). Die charakteristische Form der Fibel der nordischen Bronzezeit zeigt die Tafel bei S. 634 in zwei Exemplaren, die untenstehende Abbildung und die auf S. 587 und 591 geben andere Schmucksachen aus Gold und Bronze wieder.

Über die religiösen Vorstellungen dieser Periode wissen wir, abgesehen von dem Totenkult, wenig. Aus Schwerin kennt man einen Grabhügel, der nicht nur ein Begräbnis mit gebrannten Knochen, sondern auch einen viereckigen, von Erde und Stein gebauten, etwa 1,5 m hohen Altar barg, in den ein großer, runder Kessel aus gebranntem Ton eingemauert war, wohl ein Beweis, daß der Gottesdienst mit Opfern verknüpft gewesen ist.

Bronzenes Hängegefäß mit Deckelverschluß aus Südschweden. Nach O. Montelius, „Die Kultur Schwedens in vorgeschichtlicher Zeit", übersetzt von C. Appel (2. Aufl., Berlin 1885).

Auch Amulette wurden getragen, und manches deutet auf eine Art Fetischglauben. In

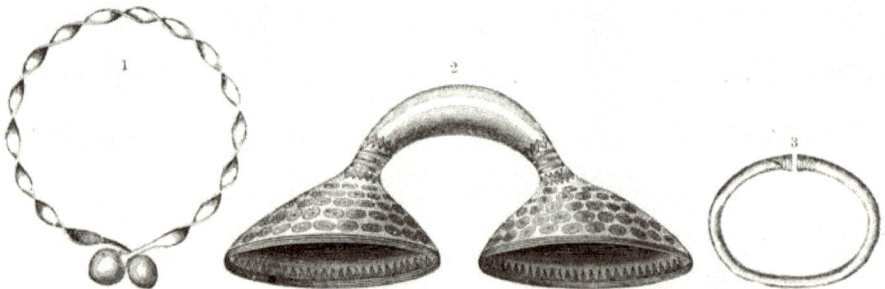

Schmuckgegenstände aus der irischen Bronzezeit: 1 goldenes Armband, 2 Goldschmuck, 3 bronzene Armspange. Nach J. Lubbock, „Die vorgeschichtliche Zeit", übersetzt von A. Passow (Jena 1874).

einem Grabe nahe bei Kopenhagen fand man in einer Steinkiste von voller Manneslänge einen kleinen Haufen verbrannter menschlicher Knochen auf eine Tierhaut gelegt und mit einem Mantel von Wollenstoff bedeckt, daneben ein Bronzeschwert in seiner Scheide und eine kleine Bronzefibel. Unser größtes Interesse erregt aber ein dabeiliegendes Lederbesteck, das folgende Gegenstände enthielt: ein Stück einer Bernsteinperle, eine kleine Mittelmeerschnecke, einen Würfel aus Tannenholz, das hintere Ende einer Schlange, eine Vogelklaue, den Unterkiefer eines jungen Eichhorns, ein paar Steinchen, eine kleine Zange und zwei Messer aus Bronze sowie eine Lanzenspitze aus Feuerstein, alles ganz eingenäht in ein Stück Darm; die zwei Bronzemesser waren mit Leder umwickelt. Montelius glaubt in dem Bestatteten einen Arzt oder Zauberer, einen Medizinmann des Bronzealters erkennen zu dürfen.

In der älteren Bronzezeit wurden die unverbrannten Leichen gewöhnlich in einer aus Steinplatten gebauten Grabkiste beigesetzt (s. die obere Abbildung S. 592). Montelius hält die großen, mehrere Skelette enthaltenden

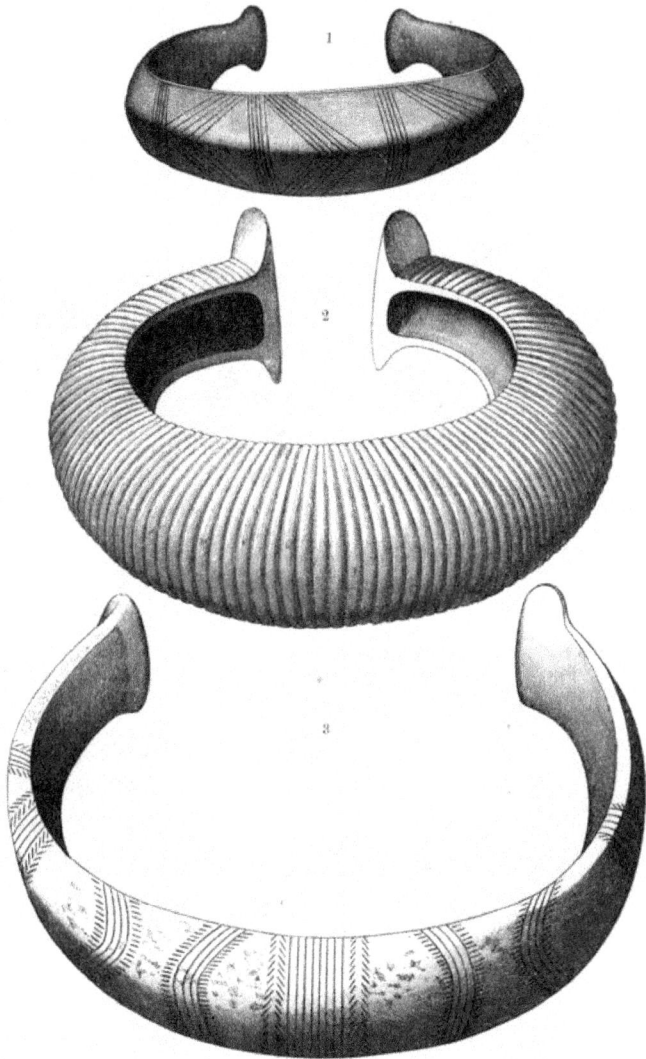

Bronzearmbänder. Nach F. Keller und E. v. Sacken, „Das Grabfeld von Hallstatt" (Wien 1868).

Steinkisten für älter als die kleineren, von denen viele nur 1,75 m lang sind. Einige solcher Steinkisten von voller Manneslänge enthalten, wie eben erwähnt, keine Überreste unverbrannter Leichen, sondern verbrannte Knochen. Solche Begräbnisse mögen in die Übergangsperiode zu setzen sein, in der die Leichenverbrennung ihren Anfang nahm. In der jüngeren Bronzezeit wurden die Steinkisten, in denen man die Reste der Leichenverbrennung begrub, immer kleiner, schließlich nur etwa einen Fuß lang. In diesen lagen die verbrannten Knochen oft nicht unmittelbar, sondern in Tongefäßen, oder die Steinkiste fehlt ganz, und das Ossuarium ist nur eine Tonurne. Hin und wieder findet man die gebrannten Knochen nur in eine Erdgrube gelegt und mit einem flachen Steine bedeckt. In der angegebenen

Dänischer Grabhügel der Bronzezeit mit Grabkiste und Aschenurne. Nach J. J. A. Worsaae, „Nordiske Old-sager" (Kopenhagen 1859). Vgl. Text S. 591.

Reihenfolge, die wir wahrscheinlich als eine zeitliche Auseinanderfolge betrachten dürfen, bilden diese Begräbnisarten einen allmählichen Übergang von den großen Grabkammern und den Steinkisten des Steinzeitalters mit ihren zahlreichen Skeletten bis zu den letzt-

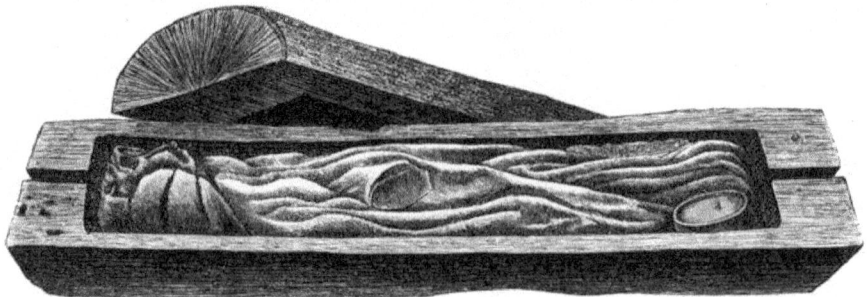

Aus einem Eichenstamm gezimmerter Sarg mit einer von einem Wollmantel bedeckten Männerleiche der Bronzezeit Jütlands. Nach O. Montelius, „Die Kultur Schwedens in vorgeschichtlicher Zeit", übersetzt von C. Appel (2. Aufl. Berlin 1885).

erwähnten unansehnlichen Erdgräbern. Die Gräber der nordischen Bronzezeit sind gewöhnlich mit entweder aus Erde und Sand oder aus zusammengehäuften Feldsteinen gebildeten Grabhügeln bedeckt. Meist liegen sie auf einer Anhöhe mit freier Aussicht über das Meer oder über einen anderen größeren Wasserspiegel. Unter den Leichenbeigaben finden sich nicht nur Gefäße aus Ton, die einst zum Teil wohl Nahrungsmittel als Mitgabe für den Toten enthalten haben mögen, sondern auch Gefäße aus Holz hat man gefunden, Schachteln, und in Dänemark ein paar gedrechselte, mit eingeschlagenen kleinen Zinnstiften verzierte

Holzschalen. Die den Leichenbrand bergenden Tonurnen sind oft mit einem schalenartigen Deckel geschlossen. Ihre Form ist einfach; Ornamente fehlen, so daß sie hinter den prächtigen Gefäßen der jüngeren Steinzeit weit zurückstehen.

Namentlich in Jütland hat man eine Art Särge aus gespaltenen und ausgehöhlten Baumstämmen gefunden, die überraschende Aufschlüsse über die Kleidung während der Bronzezeit gegeben haben. In einem Grabhügel, Treenhoi bei Havdrup im Amte Ribe in Dänemark, fand man im Jahre 1861 einen solchen rohen Eichensarg, in dem ein Krieger der Bronzezeit in voller Gewandung und Rüstung beigesetzt worden war (s. die untere Abbildung S. 592). Merkwürdigerweise waren die Körperüberreste des Toten fast vollkommen zerstört, dagegen war die Kleidung, durch die Gerbsäure des Eichenholzes konserviert, noch erhalten. Ihr Material war ein Wollenstoff, und sie bestand aus einer hohen Mütze, einem weiten, rund geschnittenen Mantel, einer Art Rock, der von der Hüfte herabhing, und ein paar kleinen wollenen Stücken, die wahrscheinlich die Beine umhüllten. Unbedeutende Lederreste an den Füßen mögen einst Schuhe gewesen sein. Die runde, schirmlose Mütze war aus dicker Wolle gewebt und an der äußeren Seite mit vorstehenden Wollfäden bedeckt, von denen jeder in einem Knoten endet. Die Innenseite des Mantels wies ähnliche Fäden auf. Der Rock war durch einen langen, zweimal um die Hüfte geschlungenen, vorn zusammengeknüpften wollenen Gürtel gehalten, dessen lange, niederhängende Enden mit Fransen geschmückt waren. Außerdem lagen in dem Grabe noch eine zweite wollene Mütze und ein mit Fransen versehener wollener Schal, der, zur Hälfte zusammengerollt, ein Kissen unter dem Kopfe des Toten bildete. Eine Haut, wahrscheinlich die eines Ochsen, umschloß den ganzen Inhalt des Sarges. An der linken Seite der Leiche lag ein Bronzeschwert in seiner mit Fell ausgefütterten Holzscheide. Zu den Füßen des Toten stand eine größere runde Holzschachtel und in ihr eine kleinere ähnliche, in der sich ebenfalls eine Wollmütze sowie ein Hornkamm und ein Rasiermesser aus Bronze befanden. Mehrfach hat man in

Wollenes Frauenkleid der Bronzezeit Jütlands. Nach O. Montelius, „Die Kultur Schwedens in vorgeschichtlicher Zeit", übersetzt von C. Appel (2. Aufl., Berlin 1885).

Gräbern der Bronzeperiode diese Einhüllung der in Wollenstoffe gekleideten Leiche in eine Art Mantel, und zwar aus zwei gegerbten Tierhäuten, konstatiert, von denen die innere Haut die Haare nach außen, die äußere die Haare nach innen kehrte.

Zehn Jahre später (1871) hat man in einem anderen dänischen Grabhügel, BorumEshöi bei Aarhus in Jütland, ebenfalls in einer Art Sarg aus einem gespaltenen und ausgehöhlten Eichenstamm die vollständige Kleidung einer weiblichen Leiche aus derselben Periode entdeckt (s. die obenstehende Abbildung). Auch hier war der ganze Sarginhalt mit der ungegerbten Haut eines Rindes umhüllt. Die Kleidung bestand aus einem großen Mantel, der aus Wolle mit eingemengten Tierhaaren gewebt war. Das lange Haar war vermutlich mit einem Hornkamm, den man im Grabe fand, aufgesteckt gewesen. Den Kopf selbst bedeckte ein aus Wollfäden geschickt geknüpftes Netz, die übrige Kleidung, alles aus

Wollenstoff, bestand aus einer Jacke mit Armeln und einem langen Rock. Die Nähte der Jacke verliefen unter den Armeln und in der Mitte des Rückens, vorn hatte die Jacke einen Schlitz, der wahrscheinlich mit einer kleinen, im Grabe gefundenen Bronzespange geschlossen war. Um die Taille wurde der Rock von einem gröberen wollenen Bande zusammengehalten, darüber lag noch ein eigentlicher Gürtel, der ebenfalls aus Wolle mit eingemischten Tierhaaren in drei Streifen gewebt war und in schöne dicke Quasten endigte. Der Mittelstreifen des Gürtels scheint eine andere Farbe gehabt zu haben als die beiden seitlichen. Außer der erwähnten kleinen Bronzespange fanden sich von Schmucksachen noch

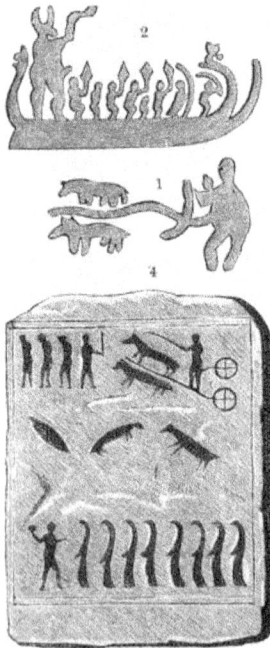

Felsenbilder aus der schwedischen Bronzezeit: 1 Pflug, 2 Boot, 3 Schwert, 4 Bilderschrift. Nach O. Montelius, „Die Kultur Schwedens in vorgeschichtlicher Zeit", übersetzt von C. Appel (2. Aufl., Berlin 1885).

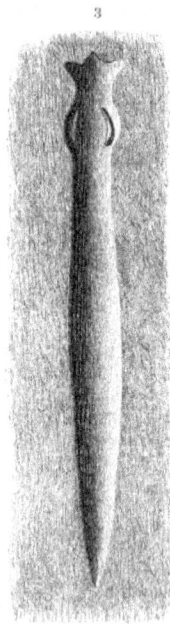

ein Spiral-Fingerring, zwei Armbänder und ein großer gewundener Ring, der als Diadem oder als Halsschmuck gedient hatte. Zwei kleinere und eine größere runde Bronzeplatte, schön gearbeitet, mit aufrechtstehender Spitze in der Mitte, waren Zierden des Gürtels. Zur Seite lag noch ein Bronzedolch mit Horngriff.

Diese Kleidung, wie sie uns die dänischen Grabhügel so vollständig erhalten haben, entspricht jener, die Strabo von den Bewohnern der vielbesprochenen Kassiteriden, der Zinninseln, beschreibt. Strabo schildert diese Leute als schwarz gekleidet mit Gewändern, die bis auf den Boden reichen, einen Gürtel um die Brust, mit Stäben in den Händen „wie die Furien im Trauerspiel". J. Mestorf bemerkte, daß bei den Geweben der Bronzezeit die Fäden des Aufzuges nach der entgegengesetzten Seite gedreht sind wie die des Einschusses.

Die Felsenbilder in Schweden und Norwegen müssen nach B. E. Hildebrand zum Teil dem Bronzezeitalter zugeschrieben werden. Solche Felsenbilder finden sich besonders im nördlichen Bohuslän und den angrenzenden Teilen Norwegens sowie in Öster-Götland (s. die obenstehende Abbildung). Einer der Hauptbeweise dafür, daß sie dem Bronzezeitalter angehören, ist die Ähnlichkeit der auf den Felsen abgebildeten Schwerter (s. oben, Fig. 3) und Äxte mit denen der Bronzeperiode. Eine eigentliche Schrift war damals in Skandinavien noch unbekannt, die Felsenzeichnungen geben uns als Bilderschriften aus jener fernen Periode die einzige schriftliche Kunde (Fig. 4), deren spezielle Deutung heute freilich nicht mehr gelingt. Manche Felsenbilder zeigen uns Vorgänge aus dem täglichen Leben, wir sehen z. B. einen Pflüger mit dem Pfluge und den vorgespannten Tieren (Fig. 1), dann einen Mann, der auf einem zweiräderigen, mit zwei Pferden bespannten Wagen steht (Fig. 4).

Auch zum Reiten wurde damals das Pferd schon benutzt, wie andere Bilder beweisen. Besonders zahlreich sind die Abbildungen von bemannten Schiffen (Fig. 2), ja es finden sich ganze Seeschlachten dargestellt. Offenbar waren die Schiffe der Bronzezeit nur zum Rudern eingerichtet, ähnlich wie das der älteren Eisenperiode zugehörige Schiff, das im Nydamsmoor in Jütland gefunden worden ist.

Die folgenden Mitteilungen sollen uns noch einen Einblick gewähren in die höchste Entwickelung der Bronzekultur im Mittelmeergebiet und in die beiden Hauptperioden der vorrömischen ersten Eisenzeit in Mitteleuropa: die Hallstatt- und die La Tène-Periode. Von diesen gibt die erstere ihre Einwirkungen auf den Norden schon während des jüngeren Bronzealters zu erkennen, aber, wie oben bemerkt, ohne das Eisen dorthin zu bringen; erst unter dem Einfluß der zweiten Periode geht das nordische Bronzealter in die nordische erste Eisenzeit über.

Das Heroenzeitalter Homers. Die höchste Blüte der Bronzekultur.

In engem Anschluß an die Kulturelemente der jüngeren Steinzeit, in langsamer Durchdringung von Süden nach Norden vorschreitend, hat sich trotz zeitlicher und örtlicher Verschiedenheiten aus dem neolithischen Stil ein dem Wesen nach ebenfalls einheitlicher Bronzestil in Leben und Kunst von den Küsten des Mittelmeeres bis zum hohen Norden ausgebildet. So deutlich die lokalen Sonderentwickelungen hervortreten, so entschieden gibt sich ein Anschluß der gesamten europäischen Bronzekultur an die Kultur der Mittelmeerländer, speziell an die ägäischen und ägyptischen Gebiete, zu erkennen. Montelius hat die Beziehungen festgestellt, die zwischen den Donauländern und dem östlichen Mittelmeergebiet einschließlich Zypern bestehen. Die Forschungen von Hubert Schmidt haben diese Ergebnisse wesentlich erweitert; H. Schmidt zeigte, daß in der Bronzeperiode ein lebhafter Austausch, eine lebhafte Wechselbeziehung zwischen Mittel- und Nordeuropa und den südgriechischen und ägyptischen Gebieten bestand, wobei der Norden keineswegs nur nehmend, sondern auch gebend war. Schließlich sehen wir sogar für die griechische Welt den Norden nach Vernichtung der mykenischen Kultur zeitweise dominierend werden.

Die Einheitlichkeit des Bronzekulturkreises spricht sich deutlich in der Ornamentik aus, die ein festes System ausgebildet hatte. Die Hauptbestandteile desselben sind, wie Adolf Michaelis sagt, „erhabene Buckel, gern in Reihen zusammengestellt und mehr oder weniger künstlerisch verbundene Spiralen, während Schnüre, Zickzacke, Kreise und andere ältere Formen sich diesem System einfügen. Diese einfachen Grundformen, mit denen die ganze Fläche überzogen wird, schließen sich zu dem geometrischen Stil zusammen, der ohne Verwendung figürlicher oder pflanzlicher Elemente, oft in hoher Vollendung durchgeführt, bei aller Beschränkung auf lineare Zierformen doch in seiner Art vollendet ist und einen hohen Grad ornamentaler Schönheit erreicht. Es ist der Stil, der etwa ein Jahrtausend Mitteleuropa ausschließlich beherrschte, aber auch noch darüber hinaus zeitlich wie örtlich seine Wirkungen erstreckte." Es ist das in der Tat der gesamteuropäische Bronzestil, der auch dessen höchster Entwickelung zugrunde liegt. In den orientalischen Kulturländern ist der Bronzestil insofern ein anderer, als das Ornament seine Motive auch häufig organischen Wesen, Pflanzen, Tieren, Menschen, entnimmt: „der Natur werden Bewegungen und Stellungen abgeschaut, in der Kunst die elementaren Zustände des Lebens wiedergegeben". Im Wechselverkehr bei gegenseitigem Geben und Nehmen hat sich im ägäischen Inselgebiet

und im Süden des griechischen Festlandes die höchste Blüte der Bronzekunst und Bronzekultur entwickeln können, die als ägäisch=mykenische Periode bezeichnet wird.

In Ägypten, dessen höchste Kulturentfaltung dem Bronzealter angehört, hat sich auch
die Kunst im alten Reich zu einer bewunderungswürdig hohen Stufe realistischer Schönheit erhoben, die unter Amenophis III. (1411—1375) und vor allem charakteristisch unter
Amenophis IV. (1375—58) zum Teil unter ägäisch=mykenischen Einflüssen noch eine
Nachblüte erleben durfte.

Die Griechenwelt erreichte in der Bronzezeit das goldene Zeitalter hochentwickelter
Kultur der Heroenzeit, deren Glanz sich in den Liedern Homers widerspiegelt. Minos hat
damals auf Kreta die erste Seeherrschaft begründet; die archäischen Fürsten saßen nicht still
auf ihren festen zyklopischen Burgen. Ihr Goldreichtum und die Kunstwerke, die das Leben
schmückten, stammten zum nicht unwesentlichen Teil aus Ägypten, und in gemeinsamem
Heereszug haben sie weit überm Meer an der asiatischen Küste Troja bekämpft und besiegt.

Der Bereich der ägäisch=mykenischen Kultur erstreckt sich über das ganze ägäische Insel-
meer und die west-
lich angrenzenden Ge-
biete des griechischen
Festlandes, sie läßt
sich aber noch viel wei-
ter westlich und östlich
nachweisen: nament-
lich ergeben sich, wie
gesagt, innige Be-
ziehungen zu Ägypten.

Goldblech=Blättchen aus Mykenä. Nach A. Springer, „Handbuch der Kunstgeschichte".
Bd. 1: Das Altertum, 8. Auflage, bearbeitet von A. Michaelis (Leipzig 1907).

Mykenä, Tiryns und die sechste (zweitoberste) Schicht von Troja sind von Schliemann und
Dörpfeld erschlossen worden, daran schließen sich Vafio in Lakonien und Fundplätze in
Attika und Böotien, vor allem aber die Entdeckungen in Kreta, welche die Entwickelung der
ganzen Periode vor Augen führen.

A. Michaelis benannte die Anfänge dieser großen Zeit als früh=ägäische Periode;
ihre Bauwerke waren rund oder oval aus rohen Blöcken ohne Mörtel aufgeschichtet. Solchen
Hütten entsprechen runde Kuppelgräber, Nachbildung der Wohnhäuser. Auf Beziehungen
zu den Ägyptern des alten Reiches deuten Gefäßformen, Idole und mannigfache Siegel.
Die sich zunächst anschließende altkretische Periode wird zeitlich durch eine in Knosos
auf Kreta gefundene ägyptische Statuette aus der Zeit der 12. Dynastie (2000—1788) bestimmt. Die Bauwerke haben rechtwinklig=viereckigen Grundriß, die Grundmauern bestehen aus wohlgefügten behauenen Quadern, der Oberbau aus Bruchsteinen, Holz und Lehm.
So sind die großen, säulengeschmückten Paläste auf Kreta: Knosos, Phästos und andere, gebaut. Gleichzeitig, der ersten Hälfte des 2. Jahrtausends angehörig, sind auch die ältesten von
Schliemann entdeckten Schachtgräber in Mykenä. Die in Mykenä, Tiryns und Troja erhaltenen Baureste werden der Mitte des 2. Jahrtausends zugerechnet. Für den Mauerbau
verwendete man damals möglichst große unbehauene Blöcke, deren Zwischenräume mit
kleinen Steinen und Lehm ausgefüllt wurden. An Stelle dieser rohen „Zyklopenmauern"
treten bald „Polygonmauern", bei denen die vieleckigen Blöcke, sorgfältig behauen und
vorn geglättet, zu einem kunstvollen und schönen Gefüge aneinandergepaßt werden; an

den Ecken und Enden der Mauern tritt Quaderbau auf, und die gewaltigen Mauern, die das „mykenische" Troja umschlossen, zeigen sich gebößt. Im Inneren der dicken Burgmauern von Mykenä und Tiryns finden sich lange, kasemattenartige Gänge, aus großen Blöcken erbaut, deren oben stufenweise vortretende Schichten sich zu einer Art von Spitzbogen zusammenneigen. Innerhalb des Mauerringes, durch welchen der von Homer geschilderte hallende überdachte Torweg in den Burghof führte, stand, von Nebengebäuden umgeben, der von Säulen gestützte Hauptraum, der Männersaal, Megaron, mit dem Herde und neben ihm, nach außen ziemlich abgeschlossen, die Frauenabteilung mit Badezimmer und zahlreichen Nebenräumen und Gängen. Weit großartiger waren die Palastanlagen auf Kreta. Die Ruinen, ihre zahlreichen, relativ kleinen, untereinander und mit langen Gängen verbundenen Räume scheinen einer späteren Epigonenzeit zur Sage vom Labyrinth des Minotaurus Veranlassung gegeben zu haben. Großartig sind die Magazinanlagen: „Gang an Gang, bald mit gewaltigen Tongefäßen gefüllt, bald im Fußboden mit verborgenen Behältern versehen."

Dolch aus Mykenä. Nach A. Springer, „Handbuch der Kunstgeschichte", Bd. 1: Das Altertum, 8. Auflage, bearbeitet von A. Michaelis (Leipzig 1907).

Teils in Gräbern, teils in den Ruinen der Burgen und Paläste sind die Zeugen einer Kultur- und Kunsthöhe aufgedeckt worden, die, abgesehen von Ägypten, im Gebiete der Bronzezeit ganz einzig dasteht. Die ägäisch-mykenische Periode ist eine frühe prächtige Blüte des griechischen Lebens, die aber fast plötzlich, ohne nachweisbare Spuren in der Entwickelung der folgenden Zeiten zu hinterlassen, wieder verschwunden ist.

Aus den Schachtgräbern in Mykenä hat Schliemann die Goldschätze gehoben, welche die mit Goldmasken bedeckten Leichen der Fürsten einst geschmückt haben. Besonders bewundert werden runde, dünne Goldblech-Blättchen mit eingedrückten Spiralornamenten und Abbildungen von Tieren: Schmetterling, Tintenfisch und anderen, nach Formen aus kretischem Speckstein geprägt (s. die Abbildung S. 596). In einer jüngeren Gruppe dieser Gräber fanden sich mit Silber und verschieden gefärbtem Gold eingelegte Dolchklingen von Bronze. Auf der einen (s. die obenstehende Abbildung) ist eine Löwenjagd abgebildet. Die fliehenden und der angreifende Löwe, die bewaffneten Jäger sind in lebhaftester Bewegung ohne jede konventionelle Gebundenheit geschildert. Die Löwen deuten auf ägyptische Kunstbeziehungen hin, ebenso ein noch ansprechenderes Motiv: Wildkatzen, die im Rohrgebüsch eines fischreichen Flusses Vögel beschleichen. Am meisten bewundert werden aber die von Tsuntas in einem Kuppelgrabe bei Vafio südlich von Sparta gefundenen beiden Goldschalen, Meisterstücke des getriebenen Reliefs (s. die Abbildung S. 598). In lebendiger Wiedergabe erblickt man auf dem einen Becher den Fang wilder Stiere in Netzen. Mit unübertrefflicher

Kühnheit und Naturauffassung ist die zusammengekrümmte Stellung des im Netz ge=
fangenen Tieres wiedergegeben sowie der im Sprung flüchtende und der mit seinen
Hörnern die Jäger niederstoßende Stier. Der zweite Becher führt eine friedliche Szene
zwischen einem zahmen Stier und einer Kuh vor und als Seitenstücke je einen Stier, von
denen der eine von dem Hirten durch einen Strick am Fuß geleitet wird. A. Riegel sagt:
„Was die optisch=materielle Erscheinung der Dinge betrifft, hätte hierin selbst der moderne
Bildhauer nicht viel hinzuzufügen. Was die Italiker im ersten Jahrhundert der römischen
Kaiserzeit vollbracht haben, das ist in den Bechern von Vafio im Prinzip schon Jahrtausende
früher erreicht worden, und nochmals sollte es ein Jahrtausend währen, bis man neuerdings
an die Kunststufe der Becher von Vafio herangekommen." An unmittelbarer Naturbeobach=

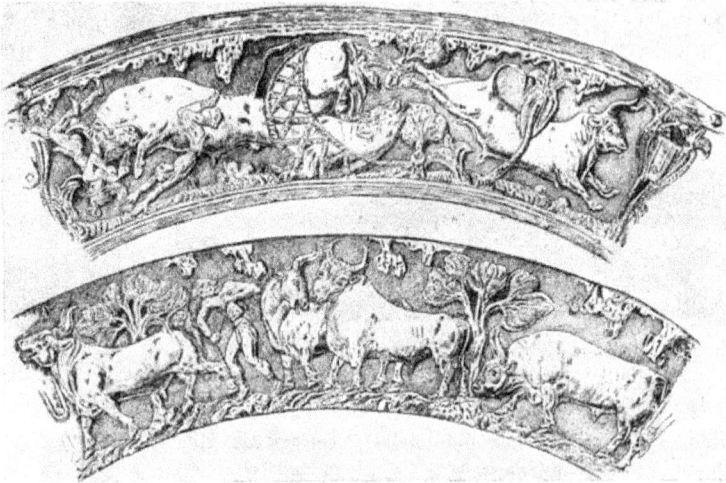

Skulpturen von einem Becher aus Vafio. Nach Ch. Tsuntas und J. Manatt, „The Mycenaean Age" (London 1897).
Vgl. Text S. 597.

tung und Kunst der Darstellung auch der lebhaftesten Bewegungen und Körperhaltungen
können unter den prähistorischen Kunstleistungen nur die diluvialen Höhlenmalereien mit den
Bechern von Vafio in Parallele gebracht werden.

Und nicht weniger staunenerweckend sind die Leistungen der Wandmalerei in den
Palästen der mykenischen Periode. In Tiryns fand sich, neben rein ornamentalem Wand=
schmuck in weiß, blau, gelb und rot, Spiralbändern, Rosetten und anderem, in Freskotechnik
die Abbildung eines rennenden Stieres, über dessen Rücken ein Mann springt, um das Horn
zu ergreifen, eine Szene, die ich in dem fast zwei Jahrtausende später in den „Äthiopischen
Geschichten" geschilderten waffenlosen Zirkuskampf des Stierbändigers mit dem wilden Stier
wiederfinden möchte. „In dem Haupteingange zum Palast von Knosos begleiten", sagt
Michaelis, „den Eintretenden an den Wänden feierliche Züge lebensgroßer Gestalten, braune
Männer und weiße Weiber in bunten gemusterten Gewändern, zum Teil mit Goldschmuck,
mit erstaunlicher Treue der Beobachtung geschildert. Das feine Profil eines krugtragenden
Jünglings (s. die obere Abbildung S. 599) aus diesem Zuge zeigt eine Frische und Voll=
endung, wie sie die griechische Kunst erst um die Zeit der Perserkriege wiedergewonnen hat.

Ein andermal verfügt die Wandmalerei über eine andeutungsweise Miniaturdarstellung: eine dichtgedrängte Menge von Zuschauern, Männern und Weibern, wird mit ein paar Farben, in knappen, aber sicheren Strichen, so keck auf den weißen Verputz der Wand gezeichnet, daß alles zu leben scheint. Die Gesichtszüge der Frauen (f. die untere Abbildung dieser Seite) sind ohne Schmeichelei in voller Naivität wiedergegeben. Oder der Maler führt uns (in Phästos) in ein Gebüsch mit naturgetreuen Blättern, wo eine gierige Wildkatze auf einen ruhig dasitzenden Fasan Jagd macht. Ein Interesse anderer Art bietet eine Wandmalerei in Knosos, die ein Heiligtum darstellt." Entzückend sind die Pflanzenabbildungen von Haghia Triada (f. die obere Abbildung S. 600).

Gefäßträger. Wandgemälde in Knosos. Nach A. Springer, „Handbuch der Kunstgeschichte", Bd. 1: Das Altertum, 8. Auflage, bearbeitet von A. Michaelis (Leipzig 1907).

Die reichen Gewänder der Frauen, die an moderne Moden erinnern, lernen wir außer von den Fresken, z. B. in Haghia Triada, und von Gravierungen, wie auf dem Schliemannschen Goldring von Mykenä, auch von Terrakotten (Fayencen) kennen, die, wie die „Schlangengöttin" (f. die untere Abbildung S. 600), in den kretischen Palastruinen gefunden worden sind.

In dem Wettkampf auf allen Gebieten der Kultur und Kunst steht auch die Keramik nicht zurück. Die mykenische Vasentechnik mußte zunächst als etwas ganz Neues, Originelles erscheinen, ebenso die Ornamentmotive, die in realistischer Pflanzendarstellung gipfeln, von einer Naturwahrheit, von der sich auch in der entwickeltsten hellenischen Kunst nichts ähnlich Vollendetes findet.

Was die Technik betrifft, so hat Hubert Schmidt festgestellt, daß auf der im ägäischen Kulturgebiet weitverbreiteten Grundlage einer steinzeitlichen monochromen Keramik die sogenannte mykenische Vasenmalerei fußt, denn der „erste mykenische Firnisstil" ist nichts anderes als Weißmalerei auf monochromem Grunde (vgl. S. 563). Die keramische Neuerung beschränkt sich, abgesehen von der in Ägypten schon in der Steinzeit bekannten Töpferscheibe, zunächst auf eine technische Erfindung, durch welche die Farben im Brand glänzend werden; so wurde die Politur überflüssig, aber der Dekor änderte sich noch nicht. „Man imitiert die Art der monochromen Gefäße, überzieht wie früher das ganze Gefäß mit der dunkelglänzenden Farbe und setzt darauf das weiße Ornament." „Auf derartiger anspruchsloser Dekoration beruht in Kreta auch die sogenannte Kamáres-

Weibliche Gestalt. Wandgemälde in Knosos. Nach der „Anthropologie", Bd. 15 (Paris 1904).

vase (f. die obere Abbildung S. 601), die dem ersten mykenischen Firnisstil entspricht, aber doch nur eine Vorstufe der eigentlichen kretischen Firnismalerei ist. Nach ihrem Vorkommen in Knosos auf Kreta ist ihre Stellung in der keramischen Entwickelung gesichert; sie findet sich unmittelbar über der neolithischen Schicht unmittelbar unter dem Palaste."

S. Reinach gibt folgendes Schema der Entwickelung „Kretas vor der Geschichte":

1) 4500 (im Minimum) bis 2800 v. Chr. Neolithische Epoche.

2) 2800—2200 Kamáresepoche oder nach Evans Minoische Epoche I. Um 2800 erster sicherer Kontakt mit Ägypten (12. Dynastie), Einführung von Kupfer und Bronze in Kreta.

Pflanzendarstellungen. Minoisches Wandgemälde in Haghia Triada.
Nach der „Anthropologie", Bd. 15 (Paris 1904). Vgl. Text S. 599.

3) 2200—1900 Übergangsepoche, Minoische Epoche II. Erbauung des ersten Palastes, Fortsetzung der Beziehungen zu Ägypten und Handelsbeziehungen mit den Inseln des Archipels, besonders mit Melos.

4) 1900—1500 höchste Blüte der Kamáresepoche, Minoische Epoche III. Erbauung des zweiten Palastes. Großer Aufschwung der Keramik, der Steinschneidekunst, der Malerei. Ein kretischer Künstler führt in Melos die Fresken mit fliegenden Fischen aus. Auf der Keramik von Melos erscheint lineare kretische Schrift.

5) 1500—1200 Mykenische Epoche. Zoomorphe und krummlinige Dekoration der Gefäße (s. die untere Abbildung S. 601), Bügelvasen. Das Zentrum der Zivilisation geht nach dem Peloponnes über. Verfall und Zerstörung des Palastes. Der letzte König der Minoischen Dynastie verläßt etwa 1200 Kreta und gründet in Italien „Salente". Kurz nachher erobern die Dorier Kreta, und die Insel verfällt wie das griechische Festland wieder vollkommen in Barbarei. An Stelle der hohen Kunstblüte tritt noch einmal der von den erobernden Nordstämmen festgehaltene geometrische Stil, auf dem sich ganz neu die klassisch-hellenische Kunst aufbaut.

Schlangengöttin. Kretische Fayencestatuette. Nach der „Anthropologie", Bd. 15 (Paris 1904). Vgl. Text S. 599.

Zur Geschichte des Eisens.

Nach der Tradition des klassischen Altertums hat sich Kreta noch einmal in wesentlichster Weise an den Kulturfortschritten des Mittelmeergebietes und seiner Hinterländer beteiligt. Plinius hat die Überlieferung des Hesiod erhalten, nach welcher Eisen zuerst von den Bewohnern Kretas, den „idäischen Daktylen", gegraben worden sei. Diese Meinung war allgemein bei Griechen und Römern, von denen die letzteren auch die Erinnerungen der Etrusker verwerten konnten, die zur Zeit der Gründung Roms sich noch in einer Übergangsepoche von der Bronze- zur Eisenzeit befanden; der Gebrauch des Eisens war noch gewissermaßen etwas Neues. Für die Einbürgerung desselben spielt Ägypten nicht die führende Rolle. Schweinfurth erklärt alle angeblich uralten ägyptischen

Eisenfunde bis auf drei der 21. Dynastie angehörende eiserne Sarkophagnägel für zweifelhaft. In Ägypten treten erst seit der griechischen Zeit, insbesondere mit den Ptolemäern, plötzlich Eisenwaffen und -geräte in sehr großer Zahl in den Gräbern und an sonstigen Fundorten auf, wie Schweinfurth konstatiert hat. Er sagt, daß erst in späthistorischer, in der griechischen Zeit das Eisen ein allgemeiner Gebrauchsgegenstand in Ägypten geworden sei, so daß wir auch für dieses alte Kulturland die älteste Eisenzeit nur bis etwa 1000 v. Chr. hinaufrücken dürfen. Obwohl genügend Eisenerzgänge auf der Sinaihalbinsel wie in der östlichen Wüste vorhanden sind, hat man doch, nach Schweinfurths Forschungen, im ägyptischen Altertum in vorrömischer Zeit von einem Abbau von Eisenerzen in Ägypten bisher keine Spur entdeckt.

Ähnlich steht es für Assyrien. Nach Hilprecht sind bei den Ausgrabungen in Nippur Eisengegenstände erst in Schichten entdeckt worden, die dem 8. bis 7. vorchristlichen Jahrhundert angehören. Inschriftlich wird Eisen erwähnt von Asurnasirapal im Jahre 875 v. Chr. bei Aufzählung der von ihm in nordsyrischen Städten gemachten Kriegsbeute. Bis dahin verwendet man, z. B. Tiglatpileser I. wie alle Könige vor

Kamáresvase. Nach A. Springer, „Handbuch der Kunstgeschichte", Bd. 1: Das Altertum, 8. Auflage, bearbeitet von A. Michaelis (Leipzig 1907). Vgl. Text S. 599.

ihm und nach ihm bis auf Asurnasirapal herab, Geräte, Waffen und Werkzeuge aus Bronze. Erst unter des letzteren Sohn Salmanassar II. (860—825) kommen so große Mengen von Eisen, und zwar stets und ausschließlich aus den nordsyrischen Städten, als Kriegsbeute nach Ninive, daß von da an die volle Eisenzeit der Assyrer zu datieren ist.

Nach W. Belck, dem wir die vorstehenden historischen Notizen zum Teil entnehmen, sind „von allen Völkern, die dem Kulturkreis des Altertums angehören, um die Zeit 1100—1000 v. Chr. lediglich die Philister nachweislich im Besitz einer eigenen tatsächlichen Eisenindustrie gewesen"; der Riese Goliath wird uns in schwerer eiserner Rüstung geschildert. Da die Philister aus Kreta in Palästina eingewandert sind, weist auch danach die Technik der Eisen- bzw. Stahlgewinnung auf Kreta.

Mykenischer Vasenstil. Nach A. Springer, „Handbuch der Kunstgeschichte", Bd. 1: Das Altertum, 8. Auflage, bearbeitet von A. Michaelis (Leipzig 1907).

Der Grund, warum sich das Eisen so schwer an Stelle der Bronze einführen ließ, ist der gleiche, warum das Metall anfänglich so schwer gegen den Stein aufkommen konnte. Wie das erst nach der gelungenen Härtung des Kupfers zur Bronze eintrat, so mußte auch das weiche Schmiedeeisen erst zu Stahl gehärtet sein, ehe es technische Vorteile der Bronze gegenüber zeigen konnte.

Die älteste Eisenzeit in Oberitalien.

Die Weiterbildung und Vertiefung der Kenntnisse über die prähistorischen Fundgruppen in Mitteleuropa, namentlich die Anbahnung einer vorgeschichtlichen Chronologie auf diesem

Gebiete, ging von zwei berühmten Fundplätzen am Nordabhang der Alpen aus, von Hallſtatt am Hallſtätter See und von La Tène am Neuenburger See. Die an den beiden Orten gemachten Funderhebungen lieferten die Typen zur Aufſtellung zweier prähiſtoriſcher Kulturperioden, die man nach den ebengenannten erſten exakt beſchriebenen Fundplätzen benannte.

Die erſte, die Hallſtattperiode, ſchließt ſich auf das innigſte an die Bronzeperiode an, ihre Bronzen entſprechen, wie erwähnt, vielen von denen, die man im ſkandinaviſchen Norden der jüngeren Bronzeperiode zurechnet; aber da, wo die Hallſtattkultur zu typiſcher Entwickelung kam, kannte ſie neben der Bronze auch das Eiſen als Werkmetall, wobei ſie beide Metalle ziemlich gleichwertig behandelte. Die Hallſtattperiode iſt, ſoweit wir jetzt erkennen, die erſte, älteſte Eiſenzeit Mitteleuropas. Die zweite, die La Tène-Periode, gibt ſich dagegen ſchon als vollentwickelte Eiſenzeit zu erkennen: die Bronze iſt zum Schmuckmetall geworden, Waffen und Werkzeuge beſtehen ausſchließlich aus Eiſen.

Wir werden unten die beiden typiſchen Fundplätze und die dort erhobenen Funde eingehender betrachten, zunächſt wenden wir aber unſeren Blick nach Oberitalien, von woher namentlich für die Hallſtattperiode die wichtigſten Aufſchlüſſe gekommen ſind, freilich ohne daß wir hier eine nur irgendwie erſchöpfende Beſchreibung der dortigen prähiſtoriſchen Verhältniſſe für die betreffende Periode geben wollen.

In Pfahlbauten in den Seen, denen der Schweiz entſprechend, und in ähnlichen auf Pfählen errichteten Wohnſtätten auf trockenem Lande, den ſogenannten Terramaren, tritt uns in Oberitalien eine reine Bronzeperiode entgegen, die zahlreiche Anknüpfungspunkte mit der älteſten Bronzezeit Nordeuropas nicht verkennen läßt.

Die beginnende Eiſenzeit Oberitaliens lehren uns nicht ſowohl Reſte alter Wohnſtätten als vielmehr Gräberfelder kennen, in denen ſich die Aſche der meiſt verbrannten Leichen je in einer großen Urne beigeſetzt findet. Die Kultur, die uns hier entgegentritt, ſteht dem eigentlichen Bronzealter noch ſehr nahe: die Bronze zeigt die klaſſiſche Legierung der alten Bronze, zehn Teile Kupfer auf einen Teil Zinn; die ſchneidenden Werkzeuge und Waffen ſind noch häufig von Bronze, die Formen ſind oft die aus der nordiſchen Bronzezeit beſchriebenen. Aber das Eiſen war bekannt, und man hatte angefangen, es zu Geräten und Waffen zu verwenden, und zwar ſchon in einer größeren Ausdehnung, als wir es oben aus der ſpäteren Bronzezeit der Pfahlbauten der Weſtſchweiz kennen gelernt haben. Allgemein werden die altitaliſchen Gräberfunde aus der beginnenden Eiſenzeit durch die erwähnten Urnenbegräbniſſe, neben denen aber auch Leichenbeſtattungen vorkommen, charakteriſiert. Die große Urne, welche die verbrannten Gebeine einſchließt, wurde mit einer umgeſtürzten Schale zugedeckt und in flacher Erde in geringer Tiefe beigeſetzt, entweder in einer kleinen Steinkiſte oder in einer Steinſetzung von Geröll, die durch eine Steinplatte verſchloſſen war. Der Haupturne, dem Oſſuarium, welche die Aſche der Gebeine enthielt, waren bisweilen mehrere kleinere Gefäße beigegeben. Auf die Knochenreſte in dieſem Oſſuarium legte man Schmuck und kleines Gerät von Bronze, ſeltener größere Werkzeuge oder gar Waffen von Bronze und Eiſen. Die Abbildung S. 603 veranſchaulicht die Form der Haupturne mit ihren eingedrückten geometriſchen Ornamenten, unter denen Mäander und Hakenkreuz häufig vorkommen.

Die bedeutendſten Funde aus dieſer für das Verſtändnis der frühgeſchichtlichen Kulturentwickelung des kontinentalen Europa ſo wichtigen Gruppe wurden bei und zum Teil in Bologna ſelbſt gemacht. Den altertümlichſten Charakter trägt das vom Grafen Gozzadini

erforschte Gräberfeld von Villanova; es wurden dort über 200 Gräber (193 Urnen-
gräber und 17 Skelettgräber) aufgedeckt. Neben der großen die Gebeine bergenden Urne
(s. die untenstehende Abbildung) standen stets mehrere Beigefäße, 8—40 Stück; in einigen
fand man Speisereste. Die großen Graburnen waren meist von gleicher Form, von rotem
oder schwarzem Ton. An der größten Ausbauchung der Urne sitzt ein Henkel; hatte das Gefäß ursprünglich zwei, so war der eine ausnahmslos vor der Beisetzung abgeschlagen worden.
Als Ornamente finden sich Linien, Kreise, Punkte in den noch feuchten Ton eingeritzt oder
eingedrückt. Bei den oft zierlichen Beigefäßen ist das Ornament zum Teil das gleiche, auf
einigen ziehen reihenweise geordnete Menschen- und Vogelfiguren rings um das Gefäß.
Bemalte Gefäße fehlen. Die Grabbeigaben bestehen aus Kleingerät von Metall, Ton
und Glas. Außer Spindelsteinen und anderen kleinen Tonsachen fanden sich besonders

Urnen vom Villanova-Typus und ein bronzenes Rasiermesser aus der ältesten Eisenzeit Oberitaliens.
Nach J. Undset, „Das erste Auftreten des Eisens in Nordeuropa“, deutsche Ausgabe von J. Mestorf (Hamburg 1882).

zahlreich charakteristisch gestaltete bronzene Fibeln (675 Stück), einige mit Bernstein- oder mit
Glasperlen geschmückt (s. die Tafel bei S. 634); dann Arm- und Fingerringe von Bronze,
einzelne auch von Eisen, Schmucknadeln mit verziertem Knopf, kleine Bronzekugeln, eigentümliche Bronzeplatten, vielleicht Klangplatten. Ferner Waffen und schneidende Werkzeuge aus Bronze und Eisen, Messer mit nach innen und nach außen geschweifter Schneide,
jene kleinen, als besonders charakteristisch zu erwähnenden eleganten, halbmondförmigen,
mit einem kurzen Griff versehenen Rasiermesser (s. die obenstehende Abbildung), stets aus
Bronze, Schaftkelte (8 aus Bronze, 21 aus Eisen), zwei Speerspitzen aus Eisen und schließlich
regelmäßig geformte Bronzeklumpen, die als aes rude, Wertmetall an Stelle von Geld,
erklärt werden. Die Legierung der Bronze ist, wie gesagt, Kupfer und Zinn.

Graf Gozzadini fand in dem Gräberfeld bei Marzobotto, das im ganzen einen
etwas jüngeren Charakter trägt, Urnenbegräbnisse und Skelettgräber gemischt, und zwar letztere
ungleich häufiger als in Villanova; ein chronologischer oder ethnischer Unterschied zwischen
den beiden Bestattungsweisen war hier wie da jedoch nicht zu konstatieren. Die verbrannten
Gebeine sind bisweilen in zylinderförmigen, gerippten Bronzezisten (s. die Abbildung

S. 608) beigesetzt; Vasen, zum Teil schön bemalt, sind zahlreich vertreten, ebenso bemalte
Statuetten, einfache Spiegel von Bronze, Grabsteine (Grabstelen) mit Figuren, hübsch
geschnittene Schmucksteine, etruskische Inschriften; ferner eiserne Schwerter, Dolche und
Lanzenspitzen, Werkzeuge von Eisen und Bronze, Fibeln aus Gold, Silber und Bronze von
verschiedener Form, Halsketten von Glas- und Bernsteinperlen, schöne Filigranarbeiten,
kleine Glasfläschchen usw.; ziemlich häufig auch Stücke von aes rude. Manche dieser Beigaben gleichen solchen, die aus etruskischen Gräbern bekannt sind, ebenso weist die Bronze-
legierung, die einen starken Gehalt an Blei zeigt, bestimmt nach Etrurien. Auch der Bau
der Gräber rechtfertigt es, daß man diesen Begräbnisplatz im Gegensatz zu jenem in Villanova im allgemeinen schon als etruskisch bezeichnet hat. Eine Anzahl gesonderter Gräber
enthält anders geartete Beigaben, die den La Tène-Funden entsprechen; diese letzterwähnten
Gräber werden von den etruskischen Gräbern als gallische unterschieden. Die Berührung
der beiden Völker ist für die Zeitbestimmung des Gräberfeldes von hoher Bedeutung.

Bei der Anlage des neuen Friedhofes la Certosa außerhalb Bologna wurde ein
drittes, außerordentlich reiches, einer ähnlichen Kulturperiode angehöriges Gräberfeld aufgedeckt, das der alten Stadt Felsina. Die etwa 200 Gräber zeigen vorherrschend Leichenbestattung und einen noch jüngeren Charakter als die von Marzobotto, indem die bemalten
Vasen, Metallspiegel und getriebenen Bronzegefäße häufiger vorkommen. In größerer
Nähe der Stadt und in der Stadt selbst wurden aber auch altertümlichere Gräber entdeckt,
die denen von Villanova gleichstehen; zur Villanovaperiode ist auch der große Fund von
San Francesco zu rechnen, wo in einem großen Tongefäß über 14000 Bronzen gefunden wurden. An die Villanovagruppe schließen sich in Oberitalien noch eine Anzahl von
anderen Fundstellen an, die beweisen, daß wir es hier mit einer weitverbreiteten altertümlichen, voretruskischen Kulturperiode zu tun haben, die wir mit Undset als altitalische
bezeichnen wollen, ohne dabei der Beziehungen zu vergessen, die sich schon jetzt weiter nach
Griechenland und an die Küstenländer Kleinasiens verfolgen lassen. Zu diesem Kulturkreis
gehört, sich zunächst anschließend, der Fund von Ronzano, der einige Pferdetrensen, ein
Bronzeschwert, Fibeln vom Villanovatypus usw. enthielt. Nördlich vom Po liegt die
Euganeische Gruppe, deren Hauptfundorte sich auf den Euganeischen Hügeln befinden,
Padua, Belluno, Oppeano. Dazu ist dann noch Este getreten, eine der bedeutendsten Sta-
tionen, deren großartige Ergebnisse mit denen des berühmten Gräberfeldes von Hallstatt am
nächsten übereinstimmen. Alessandro Prosdocimi hat dieses an Wichtigkeit den Bologneser
Gräberfeldern nicht nachstehende reiche Gräbergebiet ausgebeutet, das uns auch den Übergang älterer zu jüngeren Kulturformen für einen bestimmten Platz zu zeigen beginnt. Dieser
Fund beweist wie kein anderer, daß die nördlich der Alpen zuerst entdeckte und hier weitverbreitete Eisen-Bronze-Kulturgruppe, die man nach ihrem ersten Hauptfundplatz als Hallstattgruppe bezeichnet, zweifellos vom Süden und Osten in jene nördlicheren Verbreitungsgebiete vorgedrungen ist.

Conestabile setzt die altitalischen Gräber der Villanovagruppe in das 9. bis 10. Jahrhundert vor Christo, und die meisten Forscher stimmen ihm bei; für die etruskischen Gräber
von Marzobotto findet man, dank den neueren Entdeckungen, einen sicheren chronologischen
Anhalt in den dort gefundenen bemalten Vasen. Man hat unter ihnen Arbeiten des Vasen-
malers Chachrylion festgestellt, dessen Tätigkeit in die Zeit um 450 vor Christo fällt. Die
erwähnten etruskischen Gräber in Marzobotto, Certosa und anderen Orten werden noch

als nordetruskisch von den rein etruskischen unterschieden. Die nordetruskische Gruppe hat verschiedene Kulturelemente aus der altitalischen Gruppe aufgenommen, die, wie gesagt, manche Anknüpfungspunkte mit Griechenland erkennen läßt; so sind z. B. nach Helbig die charakteristischen gerippten, zylindrischen Bronzezisten griechischen Ursprungs. Die deutschen Ausgrabungen in Olympia haben uns diese alte griechische Eisenzeit erschlossen.

Das Gräberfeld von Hallstatt.

Das Gräberfeld bei Hallstatt im Salzkammergut, dessen Ausbeute (zwischen 1846 und 1864 wurden 1000 Gräber geöffnet) und erste klassische Beschreibung wir E. v. Sacken verdanken, erscheint als eine der großartigsten archäologischen Entdeckungen im mittleren Europa. An dem von hohen Felsen eingeschlossenen Hallstätter See befindet sich hoch oben an der Berglehne der Eingang zu einem kleinen Tal, das schon seit Jahrtausenden der Sitz eines lebhaften, auf den dortigen Salzbergwerken beruhenden geschäftlichen Betriebes und der Mittelpunkt ausgebreiteter Handelsverbindungen einer wohlhabenden Bevölkerung war. Wie in den eben beschriebenen altitalischen und nordetruskischen Begräbnisplätzen, so fand sich auch in Hallstatt als gleichzeitig geübter Brauch Leichenbrand und Leichenbestattung nebeneinander. M. Hoernes unterscheidet zwei Hauptperioden, von denen die nebenstehende Abbildung sowie die auf S. 606 typische Beispiele geben. Von 993 Gräbern enthielten 455

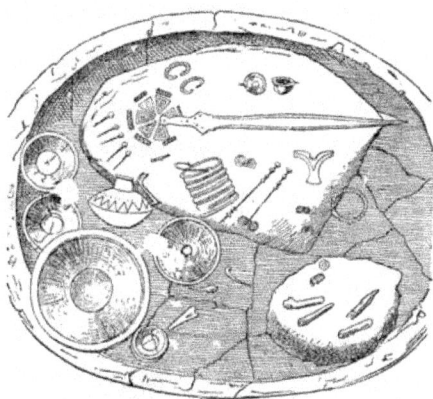

Leichenbrand von Hallstatt in einer Tonschüssel. Nach M. Hoernes, „Congrès international d'anthropologie et d'archéologie préhistoriques. Compte rendu de la treizième session Monaco 1906" (Monaco 1908).

verbrannte Gebeine, in 13 Gräbern schien eine partielle Verbrennung stattgefunden zu haben, 525 enthielten unverbrannte Leichenreste. Die verbrannten Gebeine waren sichtlich mit großer Sorgfalt aufgesammelt, von Kohlen und anderen fremden Stoffen gereinigt und als Häuflein zusammengescharrt, bald auf dem natürlichen Boden, bald auf einigen Steinen oder auf einer Platte oder in einem kunstlosen Troge von schwachgebranntem Ton; in vereinzelten Fällen waren sie in einen Holzsarg eingeschlossen, zweimal in ein Bronzegefäß, ein einziges Mal in ein Tongefäß, das zu Füßen eines anderen Skeletts beigesetzt war. Ringsum lagen Asche und Kohlen, die gleichfalls vom Brandplatz hergetragen waren; kleinere Beigaben, halbgeschmolzene Bronzeringe, zu formlosen Klumpen geschmolzene Glasperlen, denen man es ansieht, daß sie auf dem Holzstoß mit im Feuer gewesen sind, fanden sich auf den Knochen; größere Gegenstände, wie Waffen, Gefäße, waren danebengelegt. Die meisten Bronzegefäße wurden neben verbrannten Gebeinen gefunden, die Mehrzahl war leer, in einigen lagen Tierknochen. In sämtlichen Gräbern standen mehrere meist leere Tongefäße, einige enthielten Tierknochen, Muschelschalen oder bronzenes Kleingerät. Häufig war das Grab mit einer Steinreihe eingefaßt und gewöhnlich auch mit einer Lage von Steinen bedeckt und so von der Umgebung abgegrenzt.

Die Grabbeigaben (f. die beigeheftete farbige Tafel „Waffen, Geräte und Schmucksachen der Hallstattperiode") waren in hohem Grade reichlich; aus den erwähnten 993 Gräbern
wurden über 6000 Gegenstände erhoben. Steingeräte kommen nur noch vereinzelt vor. Die
in Hallstatt gefundenen Waffen sind zum Teil aus Bronze, zum Teil aus Eisen, und zwar
sind die eisernen der Zahl nach vorherrschend, doch zeigen sie oft, namentlich die Schwerter, in
höchst charakteristischer Weise jene Formen, die für die Bronzewaffen älterer Perioden typisch
sind. Die Schwerter (f. die Tafel und die Abbildung S. 607) zeichnen sich durch schwere,
breite Klingen mit schräg abgeschnittener Spitze aus. Die Handgriffe schließen in großen
Knäufen ab, und unterhalb des Griffansatzes bemerkt man an der Klinge seitliche Einschnitte.
Auch Dolche sind häufig; die Klinge ist fast immer von Eisen, die Griffe sind vielfach von Bronze

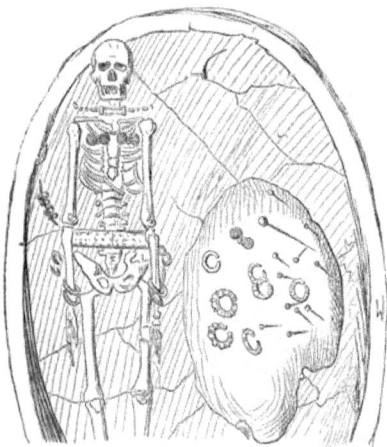

Bestattung und Leichenbrand von Hallstatt in
einer Tonschüssel. Nach M. Hoernes, „Congrès international d'anthropologie et d'archéologie préhistoriques.
Compte rendu de la treizième session Monaco 1906"
(Monaco 1908). Vgl. Text S. 605.

und gleichen oft jenem Bronzeschwertertypus,
bei dem der Griff in zwei gegeneinandergeroll-
ten Spiralen abschließt (Antennenschwerter; vgl.
S. 515, Fig. 2, und S. 516, Fig. 3); einige stecken
in Scheiden von getriebenem Bronzeblech;
charakteristisch sind flügelförmige Ortbänder
der Scheiden. Auch einschneidige Dolche kommen vor. Ferner bemerkt man kleine Bronzeäxte, die kaum als Waffe oder Werkzeug gedient
haben dürften. Sehr zahlreich sind die Schaftkelte, namentlich eine flache Form von Eisen,
ohne Schafträder, aber mit zwei seitlich vorspringenden Zapfen da, wo der Schaft in das
Blatt übergeht. Hohlmeißel sind minder häufig, die meisten von Eisen. Auch die Lanzenspitzen sind bis auf wenige Exemplare von Eisen;
sie zeigen zwei Hauptformen, eine breitere, die an
die Bronzelanzenspitzen erinnert, und eine schmä-
lere, lang und kräftig, mit scharfem Mittelgrat.
Sehr zahlreich sind auch die Messer, hauptsäch-
lich eiserne, aber mit dem bei den Bronzemessern üblichen geschweiften Blatte. Eigentümlich
ist eine Art großer eiserner Hackmesser mit einem breiten, etwas gebogenen, einschneidigen
Blatte und charakteristischem, meist eisernem Griffe. Sie sind von ansehnlicher Größe, kleinen
Schwertern zu vergleichen. (Siehe für die hier und im folgenden genannten Gegenstände
die beigeheftete farbige Tafel „Waffen, Geräte und Schmucksachen der Hallstattperiode".)
Unter den Schmucksachen zeichnen sich vor allem die prächtigen, mit getriebenen
Ornamenten reich ausgestatteten Gürtelbleche von Bronze aus. Sie scheinen auf
Leder oder Zeug befestigt gewesen zu sein. Oftmals war der Leder-, Zeug- oder Bastgürtel
nur mit einzelnen Beschlägen verziert oder mit bronzenen Kopfnieten besetzt. Den Verschluß
bildete ein Haken; Riemenschnallen kannte man nicht. Die Bronzebleche mit getriebenen
Ornamenten spielten überhaupt in den Schmucksachen eine große Rolle, desgleichen hängende
Ketten mit Klapperblechen. Zahlreich sind die Armringe, teils hohl, aus zusammen-
gebogenem Bronzeblech gebildet, teils von massivem Gusse. Das zugrunde liegende Motiv ist
oft eine Schnur mit aufgereihten Perlen oder Kugeln. Aus den Kugeln werden häufig

Waffen, Geräte und Schmucksachen der Hallstatt-Periode.

1—5. *Schwerter* von Hallstatt:

1. Schwert, ganz aus Bronze.
2. Schwert; die Klinge Eisen, der Griff Bronze.
3. Sehr großes Schwert; Klinge Eisen, Griff Elfenbein, mit Bernstein eingelegt.
4. Bronzeschwert mit flacher Griffzunge.
5. Bronzeschwert mit einem „Antennengriff" aus Bronze.

6, 7. *Dolche* von Hallstatt:

6. Dolch mit Eisenklinge; Griff aus Bronze.
7. Dolch mit Eisenklinge; Griff und Scheide aus Bronze.

8—13. *Lanzenspitzen* von Hallstatt:

8—10. Lanzenspitzen aus Bronze.
11—13. Lanzenspitzen aus Eisen.

14. *Bronzene Pfeilspitze* von Hallstatt.

15—18. *Beile (Kelte)* von Hallstatt:

15. Kelt aus Bronze.
16—18. Kelte aus Eisen.

19, 20. *Messer* von Hallstatt:

19. Bronzemesser.
20. Großes Hackmesser; Griff und Klinge aus Eisen.

21—23. *Bronzene Helme:*

21, 22. Bronzehelme; Fundort: Watsch in Krain.
23. Helm aus lederbezogenem Holzgeflecht, mit Bronzeplatten belegt; Fundort: St. Margarethen in Krain.

24—29. *Schmucksachen* von Hallstatt:

24. Bronzenadel mit spiralig gewundener Kopfplatte.
25. Bronzenadel mit Doppelspirale.
26. Scheibenfibula, Gewandnadel, aus Gold; der Dorn aus Bronze.
27. Fibula, Gewandnadel, aus Bronze, mit Vogelfiguren und Klapperblechen verziert.
28, 29. Zwei innen hohle Armringe aus Bronze.

30. *Gefäß*, aus dünnem Bronzeblech genietet. Hallstatt.

31. *Gerippter Bronze-Eimer*, aus dünnem Bronzeblech genietet. Hallstatt.

32. *Bronzeschale*. Hallstatt.

33. *Bronzenes Gürtelblech*. Hallstatt.

Waffen, Geräte und Schmucksachen der Hallstatt-Periode.

Halbkugeln, die bisweilen so klein sind und so dicht zusammenliegen, daß sie in Querrippen übergehen. Am häufigsten sind aber auch hier die Gewandspangen oder Fibeln vertreten. Man unterscheidet zwei Hauptformen. Am zahlreichsten sind nach Undset die Spiralfibeln. Sie sind aus einem Bronzedraht gebildet, der in zwei Scheiben aufgerollt ist, an deren einer der Nadelhalter liegt, an der anderen das obere Nadelende. Auf 400 Exemplare von Bronze kommt eins von Eisen. Die zweite Form ist die altertümliche Bügelfibula in mannigfaltigen Variationen, die größtenteils auch aus den norditalischen Nekropolen bekannt sind; doch haben die italischen Typen hier manche Umbildung und Entwickelung erfahren. (Über Fibeln s. die Tafel „Typische Formen der Gewandnadeln oder Fibeln" bei S. 634.) Bemerkenswert ist es, daß unter den Hallstatter Funden kein Silber vorkommt.

Bronzegefäße wurden in großer Anzahl und von mannigfacher Form ausgehoben. Zunächst Eimer (situlae), mit einem oder mehreren Henkeln, wie sie aus den norditalischen Funden bekannt sind; ferner zylindrische quergerippte Zisten (s. die Abbildung S. 608), gleichfalls den norditalischen ähnlich, endlich Vasen, Flaschen und tassenförmige Gefäße, Schalen, flache Schüsseln usw. Diese Gefäße sind sämtlich aus gehämmertem Bronzeblech; kein einziges ist gegossen. Manche bestehen aus mehreren Blechplatten, die mit großem Geschick zusammengenietet sind. Die Tongefäße: Vasen, Tassen, Schalen, oft von hübscher Form, sind stets aus freier Hand gearbeitet; einige sind mit Graphit überzogen, einzelne farbig (bemalt). Die Ornamente, Linien und Kreise sind eingedrückt oder mit Farbe aufgesetzt.

Das Gesamtbild, das uns aus den Funden bei Hallstatt entgegentritt, zeigt eine hochstehende Kultur mit sehr ausgesprochener Vorliebe für Pracht und äußeren Glanz, aber zugleich eine nicht geringe technische Geschicklichkeit und eine entwickelte Industrie. Auf den ersten Blick macht sich bemerkbar, daß diese Kultur keine einheitliche, sondern eine gemischte ist, ein Resultat verschiedenartiger Einwirkungen, ein Gewächs, dem verschiedenartige Reiser aufgepfropft sind. Die Beziehungen zu Norditalien sind bereits angedeutet worden, und zwar zeugen die Formen der Bronzegefäße und Bügelfibeln von einem Verkehr, der nicht erst in den jüngsten norditalischen Kulturperioden angeknüpft zu sein scheint. Eine Situla zeigt auf ihrem Deckel orientalische Motive, eine Reihe schön gezeichneter geflügelter Tiere, auf einer anderen bei Watsch in Österreich unter „Hallstattsachen" gefundenen Situla sind Aufzüge von Menschenfiguren dargestellt, wozu wir aus Este prächtige Seitenstücke kennen (s. die Tafel „Die bronzene Situla von der Certosa usw." bei S. 617). Auch ein im Stil auf Italien hindeutendes La Tène-Schwert wurde gefunden, auf dessen reichverzierter bronzener Scheide ein Zug bewaffneter Männer zu Fuße und zu Rosse eingraviert ist. Nach Süden, zum Teil über das Mittelmeer, weisen auch das vorkommende

---

[1] Nach E. v. Sacken, „Das Grabfeld von Hallstatt" (Wien 1868).

Hallstattschwert.[1]

Elfenbein, etliche Glasgefäße und mehrere Muscheln aus dem Adriatischen Meere. Der im Gräberfeld von Hallstatt gefundene Bernstein scheint zum Teil von den Bernsteinküsten des Nordens zu stammen.

Zweifellos findet sich aber neben diesen fremden Elementen manches der einheimischen Industrie Angehörige. Man erkennt das besonders deutlich an den Fibeln. Ein Teil von diesen ist in der Form mit norditalischen identisch; daneben erscheinen aber auch Formen, die sich zwar aus ersteren entwickelt haben, aber in Italien nicht vorkommen, sondern für Hallstatt charakteristisch, sonach also wahrscheinlich einheimisches Fabrikat sind.

Funde von Gegenständen, die dem Hallstatt-Kulturkreis zugehören, wurden in weiter Verbreitung im mittleren Europa gemacht. Sie scheinen hier nirgends zu fehlen;

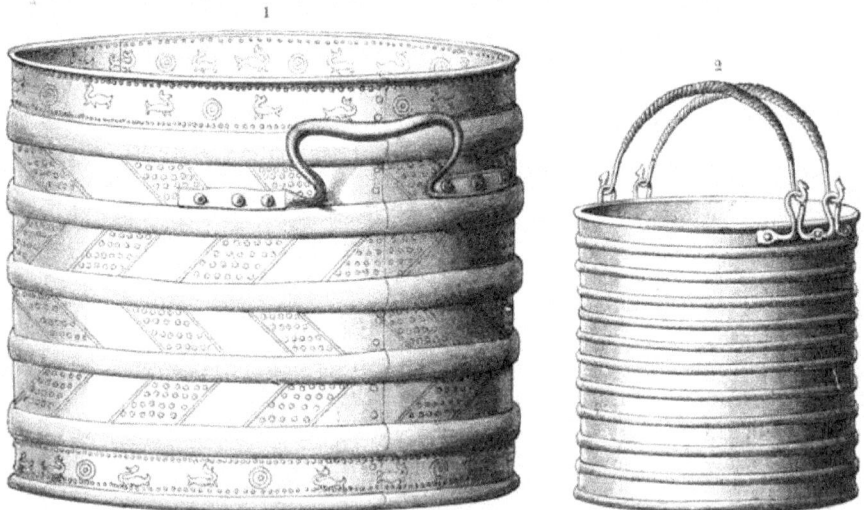

Weitgerippte (1) und enggerippte (2) Ziste. Nach E. v. Sacken, „Das Grabfeld von Hallstatt" (Wien 1868). Vgl. Text S. 607.

besonders reich sind sie in den österreichischen Ländern, namentlich in Krain, Mähren, Ungarn; in der Schweiz; in Süddeutschland nördlich bis zur Rhön, dem Thüringer Wald und dem Harz, im Elsaß; in Frankreich vor allem in der Côte-d'Or. Als charakteristisch für diese Funde der Hallstattgruppe außerhalb Hallstatts bezeichnete Hans Hildebrand folgende Formen: Gürtelbeschläge oder ganze Gürtel von dünnem Bronzeblech; zylindrische Armringe von dünnem Bronzeblech, öfters in der Mitte wulstartig ausgetrieben; Schwerter und Dolche von der oben beschriebenen Form, das Ortband der Schwertscheide aus Bronze mit flügelartigen Auslagen zu beiden Seiten; die obenerwähnten großen eisernen Hackmesser oder einschneidige, kurze Schwerter mit gekrümmter Griffzunge, die oft mit Eisen belegt ist, so daß der ganze Griff aus Eisen besteht; dann die verschiedenen erwähnten Fibelformen, namentlich die Spiralfibel. Besonders charakteristisch sind die Tongefäße. Sie sind stets ohne Töpferscheibe hergestellt. Die Verzierungen sind teils eingedrückt, teils eingeritzt; bei den flacheren Gefäßen bemerkt man bisweilen inwendig am Boden mit Graphit gezeichnete sternförmige Ornamente. Besonders häufig in Süddeutschland, z. B. in den Grabhügeln des bayrischen Mittelfranken bei Ansbach-Bamberg sowie im südöstlichen Bayern, dann in Baden, im Elsaß, in der Schweiz, im Posenschen und noch eine kleine Strecke über die Oder hinaus sind die Gefäße zum Teil mit schwarzer, firnisähnlicher, sowie roter und weißer Farbe bemalt. Der Ornamentenstil der Hallstattperiode besteht hauptsächlich aus geometrischen Mustern. Von organischen Gegenständen findet man als Ornamente stilisierte Menschen- und Tierfiguren, roh gezeichnet und stets als Ornamentenstreifen in Reihen geordnet; es kommen aber auch z. B. auf der Situla von Watsch (Krain) lebensvollere Aufzüge von Menschen, z. B. Kriegern, Priestern und anderen, vor, die wir unten noch näher beschreiben werden. Unter den Tierfiguren erkennt man Pferde und namentlich Vögel; eigentliche Pflanzenmotive fehlen fast ganz. Sehr bezeichnend für die Hallstattgruppe sind auch die häufig gefundenen kleinen Tierfiguren aus Bronze oder Ton, Ochsen und Kühe mit geschweiften Hörnern, Pferde und Reiter, besonders aber Vögel mit breitem Schnabel, die wohl Enten oder Schwäne darstellen sollen. Während in Hallstatt selbst die Gräber flach und ohne jegliches äußere Kennzeichen waren, finden sich, namentlich in dem westlichen Verbreitungsgebiet dieser Kulturgruppe, die Hallstattsachen in Hügelgräbern.

In bezug auf die chronologische Fixierung der Hallstattperiode nördlich von den Alpen haben wir vor allem die Angaben v. Sackens zu erwähnen, der das Grabfeld von Hallstatt selbst in die zweite Hälfte des letzten Jahrtausends vor Christus setzt; nach Undsets allgemein geteilter Annahme dürfte der Höhepunkt in der Mitte des Jahrtausends liegen; die mehr westlichen Funde der Hallstattgruppe erscheinen durchschnittlich etwas jünger. Als die eigentlichen Träger der Hallstattkultur diesseits der Alpen werden fast allgemein keltische Völkerstämme angesprochen, wobei man sich zu erinnern hat, daß die Kelten die nächsten Stammverwandten der Germanen und Slawen waren.

Aus der entwickelten Hallstattperiode kennen wir in Mitteleuropa, abgesehen von jenen oben beschriebenen Scherbenplätzen im Freien oder in Ringwällen, bis jetzt kaum eigentliche Wohnstätten, die uns einen vollen Einblick in die damaligen Kulturverhältnisse gewähren könnten. Dafür treten aber, wie erwähnt, in einer höchst überraschenden Weise zahlreiche bildliche Darstellungen aus dem Leben und Treiben jener Zeit auf (vgl. S. 616).

Wir haben oben (S. 514) bei der Beschreibung der Bronzezeit der Pfahlbauten der West-schweiz nach V. Groß schon darauf hingedeutet, daß die Ausläufer der „schönen Bronzezeit" eine Kulturentwickelung zeigen, die der Hallstattkultur sehr nahe steht; die schöne Bronzezeit selbst erscheint sogar in gewissem Sinne als eine in einzelnen Zügen spezifisch ausgebildete „ältere Hallstattperiode", wir haben in ihr die Grundlage vor uns, auf welcher sich die voll-entwickelte Hallstattkultur im Norden der Alpen erbaute. Auch auf die Anklänge der nordi-schen jüngeren Bronzezeit an die Hallstattperiode haben wir oben mehrfach hingewiesen. Speziell machen wir auf die Wasservögel auf dem Bronzeschilde der Tafel bei S. 587 auf-merksam. Unter den oberitalischen Fundstätten schließt sich das von A. Prosdocimi (1876) untersuchte Gräberfeld bei Este seinem ganzen Charakter nach auf das nächste an das Gräberfeld von Hallstatt an. Prosdocimi hält es durch die Anordnung und Ausstattung der Gräber für bewiesen, daß seit der Steinzeit bis zur Herrschaft der Römer ein und dasselbe Volk die Gegend bewohnt habe. Gestützt auf die Berichte der alten Schriftsteller, nennt er diese Völkerschaft die Euganeer. Er unterscheidet vier Perioden, von denen die letzte in eine La Tène-Gruppe und in eine dieser folgende provinzial-römische Gruppe zerfällt.

Die Prosdocimi gelungene Periodenteilung der Gräberfelder bei Este war für die archäologische Erkenntnis der Hallstatt-Kulturgruppe, namentlich in ihrem Verhältnis zur

La Tène-Kulturgruppe, von besonderer Wichtigkeit. Die letztere, deren Spuren wir auch in Hallstatt selbst begegneten, tritt erst in der jüngsten Gräbergruppe auf, und wir sehen sie bald in die römische Provinzialkultur dieser Gegenden übergehen. Hallstatt- und La Tène-Kultur bestehen sonach auch hier nicht etwa nebeneinander, sondern die Hallstattkultur erscheint als eine ältere, die La Tène-Kultur als eine jüngere vorgeschichtliche Periode.

Die schwäbischen Fürstenhügel der Hallstattperiode.

Die nach vielen Tausenden zählenden größeren und kleineren Grabhügel Süddeutschlands bergen zum geringen Teil Funde, die dem Typus der Bronzezeit zugehören; weitaus die größte Anzahl der Hügelgräber gehören der Hallstatt-Kulturgruppe zu. Die letztere hat in den von O. Fraas als Fürstenhügel oder Heroenhügel bezeichneten gewaltigen Grabmonumenten Belremise und Kleinasperg prachtvolle Schätze der Vorzeit niedergelegt, geeignet, uns einen hohen Begriff zu geben von der damaligen Kultur jener Gegenden, von der Pracht ihrer Fürsten, von den weitverzweigten Handelsbeziehungen, ja von der Feinheit der Empfindung, wie sie sich in den Begräbnissitten ausspricht.

In der Mitte des Totenhügels Belremise lag noch die Leiche des Fürsten mit goldener Krone, Goldspange, Bronzedolch usw. neben einem vierräderigen Streitwagen, dessen Achsen und Radnaben kunstvoll mit Kupfer beschlagen waren. Das Grab war einst von 3,5 m langen Holzdielen umrahmt gewesen, die auf der früheren Erdfläche aufgesetzt, zunächst mit großen, rohen Feldsteinen zugedeckt und dann 6 m hoch mit Erde überschüttet worden waren. Ein zweites, seitliches Grab innerhalb des Hügels war 1,2 m in den natürlichen Boden eingelassen und enthielt gleich dem Hauptgrabe die Reste von Waffen und Schmucksachen.

Im Kleinasperg (s. die Abbildung S. 611) fand sich ein seitlich gelegenes Grab auf der natürlichen Erdfläche. Es zeigte sich sorgfältig mit einem Zeltteppich zugedeckt. Zeltstangen, die das Tuch trugen, waren noch in den Seitenwänden sichtbar, das Zelttuch selbst war natürlich längst vergangen, aber der weiche Lehm hatte das Gewebe abgedrückt. An der ganzen Behandlung des Grabes und der Anordnung der Grabgegenstände unter dem Zeltdach war die wahrhaft rührende Sorgfalt zu erkennen, mit welcher das Grab hergestellt war. An der Ostwand der Grabkammer standen nebeneinander vier prachtvolle große Bronze- und Kupfergefäße bzw. eine aus Kupfer getriebene Wanne, 1 m im Durchmesser haltend. Es war das Mischgefäß für den Wein, in ihm lag noch ein hölzerner Schöpflöffel, leider sehr vergangen, wohl aus Birnbaumholz. Das zweite Gefäß ist ein gleichsam aus Kupferringen aufgebauter Schöpfeimer, eine sogenannte gerippte Ziste. Neben diesem Eimer stand ein zweihenkeliges Bronzegefäß mit massiven Henkeln, verziert mit etruskischen Ornamenten. Das vierte Gefäß war ein rein etruskisches einhenkeliges Gefäß (eine sogenannte nasiterna), die Schnauze der Kanne sowie der Unterteil des Henkels war mit phantastischen Tierköpfen verziert, wie wir sie sonst nur an etruskischen Arbeiten kennen. Während dies alles an der Ostseite des Grabes war, lagen an der Westseite die eigentlichen Reste der Leiche, d. h. ein Häufchen Asche und weiße, gebrannte Knochen, mit einem goldverbrämten Tuche einst sorgfältig zugedeckt; die runden Goldplättchen und die länglichen Besatzstreifen lagen auf dem Häufchen Knochen und Asche. Abseits von ihnen, in der eigentlichen Mitte des Grabes, waren die Kostbarkeiten beigesetzt: zwei Schalen von vollendeter attischer Form, aus lemnischer Erde gearbeitet (s. die

ZWEI GRIECHISCHE SCHALEN, AUS THON, MIT GOLD VERZIERT.

Grabhügelfund im Klein Aspergle. (Nach Lindenschmit.)

beigeheftete farbige Tafel „Zwei griechische Schalen"). Die Malerei in der einen stellt rot auf schwarz eine Priesterin dar, die mit einem brennenden Holzscheit den Opferbrand entzündet. Der Rand der Schale ist mit einem Efeukranz bemalt, und die Unterseite zeigte sich mit goldener Draperie versehen. Ebenso mit Goldblech auf der Unterseite drapiert war auch die zweite Schale, in welcher mit gelbgrüner Farbe ein Kranz aus Mohn-und Binsen gemalt ist. Zwischen den Knochenhäuschen und den Schalen lag ein Holzring aus „Ebenholz", mit goldenem Knopfe verziert, der, nach seiner Stärke zu urteilen, an einen Frauenarm paßte.

Der Gräberhügel Kleinaspberg bei der Feste Hohenaspberg in Württemberg Nach einer Zeichnung von v. Tröltsch in O. Fraas, „Der Grabfund vom Kleinaspberg" bei L. Lindenschmit, „Die Altertümer unserer heidnischen Vorzeit" (Mainz 1851).

Auch der weitere Schmuck neben den Schalen, bestehend in einem goldenen Armschmuck und silberner Kette, deutet auf eine Frau als einstige Trägerin hin. Keinerlei Waffen, kein Dolch, kein Schwert oder Schild, die den Männergräbern nicht fehlen, sondern nur Schmuckgegenstände, aufs sorgfältigste gearbeitet, von außerordentlicher Schönheit. Das Merkwürdigste aber, das noch weiter in des Grabes Mitte lag, sind zwei goldene Hörner, nenne man sie Füllhörner, oder wie man will. Jedes der Hörner hat die Gestalt eines Stierhornes, an dem unteren Ende ist je ein Widderkopf angebracht. Das Horn selbst ist wie das der Kuh oder des Stieres doppelt gekrümmt, ein eiserner Dorn bildet das Gerüst, um welches Holz gelegt ist, das Holz aber ist mit Goldblech belegt, das seinerseits wieder auf Kupferblech aufgelegt war. Die Ornamente auf dem Golde sind von großer Schönheit. Welchem Zwecke mochten die Goldhörner gedient haben? Fraas stellt sich vor, daß es Griffe von Libationsschalen gewesen seien; oder waren es Instrumente, um Weihrauch aus dem Gefäß zu nehmen und auf das Opferfeuer aufzustreuen? Waren doch die beiden Gefäße aus Bronze bis an den Rand mit einer mehligen Masse gefüllt, fand Fraas doch beim Erhitzen derselben auf dem Platinablech an dem Weihrauchduft, der sich entwickelte, daß die Gefäße einst mit wohlriechenden Harzen gefüllt waren. Ob Myrrhen, ob Olibanon, war freilich nicht mehr zu ergründen. So viel aber steht fest, daß dieses wohlriechende Harz im Schwabenland nicht gewachsen, sondern ebenso sicher weither importiert war wie die Schalen von Athen. Das im Zentrum des Hügels gelegene Grab war schon vor alters ausgeraubt und zerstört worden.

Reste der alten Metallurgie der Hallstattperiode.

Für den Mangel an eigentlichen Wohnplätzen aus der Hallstattperiode Mitteleuropas entschädigen uns zum Teil die Überbleibsel des alten Bergbaues auf Salz und Kupfer, die alten Eisenschmelzen, Schmiede- und Gußstätten für Eisen und Bronze, die aus jener Periode namentlich in den österreichischen Ländern aufgedeckt wurden. Aus den Funden am Salzberg bei Hallstatt geht hervor, daß der Salzbergbau schon von der prähistorischen Bevölkerung jener Gegend betrieben wurde und offenbar zum Teil die Quelle jenes Reichtums war, der uns aus den dortigen Gräberfunden entgegentritt. Die Beweise für den uralten Betrieb des Salzbergbaues wurden in Stollen des Heidengebirges entdeckt, die Objekte geliefert haben, die mit den im Hallstätter Gräberfeld gefundenen übereinstimmen und dadurch chronologisch fixiert sind. Der alte Bergbau wurde auf Stein- salz durch senkrecht vom Tage abgebaute Salzgruben, Taggruben, betrieben, von denen man im Salzberg, in einer Tiefe von mehr als 480 Fuß, fünf nachgewiesen hat, die noch Leuchtspäne, Scheite, bearbeitetes Rüstholz, Arbeitsgerät, zum Teil aus Stein, und anderes enthielten. Diese Gruben unterscheiden sich von den jüngeren dadurch, daß man in späterer Zeit Stollen anlegte und das Salzflöz, wie noch heute, vorzüglich nur durch Auslaugen mit Wasser benutzte. Auch tief im Salzstock eingewachsene Gegenstände aus der Hallstatt- periode hat man gefunden.

Besondere Beachtung verdienen die zahlreichen Überreste prähistorischer Ger- berei und Weberei, Felle, Pelzwerk, gewebte Wollenstoffe, die im Heidengebirge im Salzton eingeschlossen entdeckt wurden. Sie geben uns über die Stoffe der Kleider, welche die Hallstattleute auf den mehrfach erwähnten Abbildungen tragen, die erwünschtesten Auf- schlüsse. Neben vielen Stücken von schwarzem Lammpelz, Ziegen- und Kalbsfellen, Reh- und Gemsdecken, alle noch mit Haaren, erregen Stücke wohlgegerbten Leders die Aufmerksam- keit, namentlich ein ungefähr einen Quadratfuß großes Stück Kalbleder, das aus mehreren mittels ganz feiner Lederstreifchen zusammengenähten Teilen besteht. Es ist ohne Zweifel eine Tasche oder ein Beutel und war durch einen Zug zu verschließen; das hierzu dienende Riemchen ist noch vorhanden und durch die Säume gezogen. Das Oberteil eines anderen Beutels ist zusammengefaßt und mit einem fünfmal herumgewundenen, zuletzt verknüpften Bindfaden aus Pflanzenfaser fest verschlossen.

Die gewebten Stoffe bestehen sämtlich aus Schafwolle, sind aber in Feinheit, Technik und Färbung verschieden. Man kann zehn Muster unterscheiden, von ganz groben bis zur Feinheit eines Merinos oder Orléans gröberer Sorte unserer Zeit. Sie sind teils von ein- facher, glatter Weberei, teils diagonal in einfachen oder doppelten Croisés gearbeitet, einige zeigen noch ein in anderem Muster als Bordüre gewebtes Ende. Die Stoffe sind teils braun, teils — meist die feineren — lichtgrün; einer erscheint dunkel blaugrün, bei mehreren braunen sind Kette und Einschlag von verschiedenen Tinten, wodurch eine Melierung entsteht. Ein Streifen aus schwarzer, mittelfeiner Schafwolle hat in der Mitte der ganzen Länge nach ein schachbrettartiges Muster aus braunen Fäden, außerdem sind der Quere nach starke Pferdehaare eingewebt. Ferner fanden sich Stücke einer aus Binsen geflochtenen Matte.

Die metallurgische Technik, die von den Hallstattleuten geübt wurde, gibt sich, wie gesagt, schon in den Funden des Gräberfeldes selbst zu erkennen. In zwei Gräbern fanden sich auch Reste von Metallguß und Schlacken, welche die Bestatteten als Metallarbeiter kennzeichnen. Eines dieser Gräber enthielt neben anderen Beigaben einen Metallkuchen aus Bronze, eine ringförmige, weiße, geschmolzene Masse von 3½ Lot Gewicht, aus Kupfer und Wismut zu etwa gleichen Teilen bestehend, und einige faustgroße Schlackenstücke. In dem zweiten dieser Gräber fanden sich ein Stück Roteisenstein, eine Eisenschlacke und eine aufgeblähte, blasige Schlackenmasse, ebenfalls das Produkt eines hüttenmännischen Prozesses; dies beweist, daß Metallguß, Eisenhütten- und Bergwesen von den hier Begrabenen selbst geübt wurden.

M. Much hat den unmittelbaren Beweis geliefert, daß schon lange vor Ankunft der Römer in den Norischen Bergen unter Anwendung von Geräten und Werkzeugen aus Stein, Holz und Kupfer bzw. Bronze auf Kupfererze gegraben und Kupfer ausgeschmolzen wurde. Auf dem Mitterberg bei Bischofshofen, auf der Kelchalpe und dem Schattberg bei Kitzbühel wurden prähistorische Kupferbergwerke gefunden, deren Bestand zum Teil bis in die Kupferepoche der oberösterreichischen Pfahlbauten, zum Teil bis in die Zeit des Hallstätter Gräberfeldes zurückreicht.

Wie bei dem Salzberg bei Hallstatt, so fällt auch bei der Lage des alten Kupferbergwerkes auf dem Mitterberg bei Bischofshofen vor allem die vollkommene Abgeschlossenheit von der Außenwelt auf; einerseits ist der Ort begrenzt durch ungeheure, bis etwa 3000 m ansteigende Felsschroffen, anderseits durch ein großes, pfadloses Waldgebirge, das sich bis nahezu 2000 m erhebt. Die Spuren des alten Bergbaues sind ausgedehnte Gruben, wahrscheinlich zum Teil Orte, wo der Bergbau, wie am Salzberg, über Tage betrieben wurde, zum Teil aber auch vom Einsinken unterirdischer Gänge herrührend. Auf dem Mitterberg sind noch jetzt solche ziemlich unregelmäßig gebaute unterirdische Stollen, Verhaue des „alten Mannes" unter Tage, zum großen Teil erhalten; ja sie sind, da sie bei ihrer Auffindung durch die neuen fortschreitenden Bergwerksarbeiten mit Wasser angefüllt angetroffen wurden, heute noch, nachdem der Mensch sie seit einer so langen Zeit nicht mehr berührt hat, in dem Zustand erhalten, in dem sie sich befanden, als sie plötzlich aufgegeben werden mußten. Man merkt an diesen Stollen nirgends Spuren der Arbeit mit Metallgeräten. Die Wände sind uneben, teilweise die Höhe eines hohen Saales weit überragend. Das Losbrechen des Gesteins und das Eindringen in den Berg mittels Stollen geschah durch Feuersetzung. Man findet noch eine große Menge halbverbrannten und verkohlten Holzes, daneben auch Rinnen, in denen Wasser auf die oberen Bühnen geleitet wurde, um das Feuer zu dämpfen; außerdem lagen noch Leuchtspäne in sehr großer Anzahl und Balken von den Bühnen herum; daneben Wasserrinnen, Blockleitern, kupferne und bronzene Pickel. Diese letzteren haben ohne Zweifel dazu gedient, das durch Feuersetzung teilweise schon zerklüftete Gestein vollends zu lösen und loszubrechen. M. Much fand auch hölzerne Eimer, Schöpfgefäße und sogenannte

Setztröge, d. h. kleine, im ganzen aus einem Baumstamm gefertigte Tröge, mit denen Erze aus den Gruben geschafft wurden. Das Holzwerk konnte sich ähnlich gut wie in den Pfahlbauten erhalten, denn sämtliche Gruben waren, wie bemerkt, vollständig ersäuft: das Wasser ging bis an das Mundloch der Gruben, so daß diese von der Einwirkung von Luft, Licht und Wärme gänzlich abgeschlossen waren.

Unter den zutage gebrachten Funden sind zuerst die großen Schlegel aus Stein zu erwähnen, die dazu dienten, die größeren, aus den Stollen geschafften Gesteins- und Erzstücke zu zertrümmern; sie haben entweder Einkerbungen an den Kanten oder herumlaufende Rinnen zur Aufnahme des Strickes oder der Wiede, mit denen sie an dem Stiele befestigt wurden. Zu solchen Schlegeln wurden in Mitterberg Serpentingeschiebe verwendet, die sich die Leute von den Schuttbänken der Salzach heraufgeholt haben; auf der Kelchalpe dienten dazu Gneis- und Granitfindlinge.

Waren die Erze so weit zertrümmert, daß das derbe Erz ausgeschieden werden konnte, so kamen die kleinen, mit taubem Gestein durchsetzten Erzstücke auf die Scheideplatten, wo man sie vermittelst der Klopfsteine weiter verkleinerte. Die Platten erweisen sich als größere plattenförmige Stücke von Grauwacke, wie sie in den Stollen eben herausgebrochen wurden; sie zeigen alle tiefere oder flachere Grübchen, die durch den häufigen Gebrauch allmählich entstanden sind. Auf anderen Steinplatten mit einer etwas konkaven Fläche wurden mittels eines anderen, konvexen Steines die so verkleinerten Erze zu Schlick zerrieben. Die Reibsteine zeigen auf den konkaven wie auf den konvexen Flächen feine parallele Riefungen zur besseren Zermalmung der Erzstücke. Diese Steine haben mit den Mühlsteinen der Pfahlbauten die größte Ähnlichkeit. Der obere Reibstein, der Läufer, zeigt obenauf eine Furche, um darin eine auf beiden Seiten vorstehende und faßbare Handhabe aufzunehmen, die mittels eines Strickes befestigt werden konnte, wozu wieder eine um den Stein herumlaufende Rinne diente. Man fand in den Gruben auch einen Waschtrog zur Reinigung des Schlickes vom tauben Gestein, der sich von denen, die heute noch bei den Goldwäschereien der Zigeuner in Siebenbürgen üblich sind, in nichts unterscheidet.

Die größeren Stücke derben Erzes kamen auf den Röstplatz; ein solcher war 5 m lang, 1 m breit, sorgfältig mit aufgestellten Steinen umschichtet. Hier wurde das Erz aufgehäuft, angezündet und dann der eigenen Verbrennung überlassen. Endlich kam das Erz in die Schmelzöfen, von denen, wie an den zahlreichen Schlackenhaufen zu erkennen ist, viele in Betrieb waren. Much hat einen Kupferschmelzofen vollständig ausgegraben. Dieser hatte ½ m Breite und Tiefe und bestand auf drei Seiten aus einer ungefähr ebenso hohen, aus rohen Steinen aufgeführten Mauerung, deren Fugen mit Lehm verstrichen waren. Die vierte, vordere Seite wurde nicht vermauert, sondern mit Erde und Lehm ausgestampft. Die Lage der Schmelzöfen ist durch eine große Menge von Schlacken gekennzeichnet. Einige Male glückte es, vollständige Schlackenstücke zu erlangen, welche die ganze auf einmal aus dem Ofen abgeflossene Schlackenmasse darstellen. In diesen Stücken befindet sich ein Loch, das davon herrührt, daß sie der Arbeiter, ehe sie erstarrt waren, mit einer Stange anstieß und weiterzog.

In den Sudeten und dem Böhmisch-Mährischen Scheidegebirge, der Luna silva der Römer, von der Ptolemäos sagt, daß die alten Quaden Eisen in den eisenreichen Gegenden der Luna schmolzen, lassen, wie H. Wankel berichtet, Schlackenhaufen auf eine uralte Eisenindustrie schließen. Ebenso sind die jetzt betriebenen Eisensteingruben von sehr alten

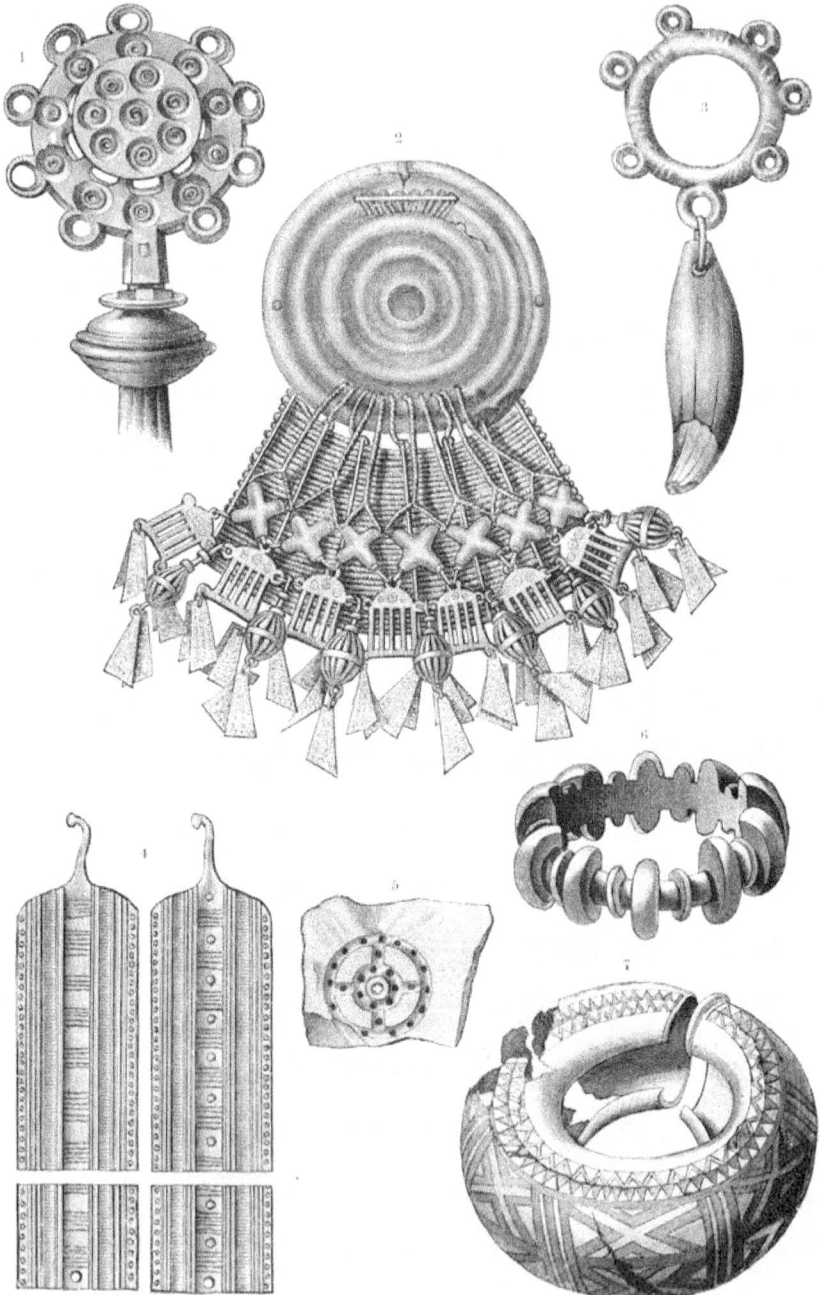

1. Zepter aus Bronze. ²⁄₃ wirkl. Größe. — 2. Lendengehänge aus Bronze. ¹⁄₄ wirkl. Größe. — 3. Bronzener Ring mit einem Bärenzahn. ¹⁄₂ wirkl. Größe. — 4. Goldene Haarspangen. ²⁄₃ wirkl. Größe. — 5. Steinerne Gußform für ein vierspeichiges Rad. ²⁄₃ wirkl. Größe. — 6. Gegossenes Buckelarmband aus Bronze. ¹⁄₂ wirkl. Größe. — 7. Große bronzene Hohlspange. ¹⁄₃ wirkl. Größe.

Funde aus der Byčiskála-Höhle.

Nach H. Wankel im „Korrespondenzblatt der deutschen anthropologischen Gesellschaft" (Braunschweig 1882).

Strecken durchzogen, die von den Bergleuten „der alte Mann" genannt werden. In einem solchen „alten Manne" der Grube bei Kirstein fand man eiserne Werkzeuge, Spitzhauen von absonderlicher Gestalt, in einem anderen einen zerbrochenen Steinhammer.

Auch uralte Eisenschmelzen hat man entdeckt. Graf Wurmbrandt fand in Hüttenberg vorrömische Eisenschmelzstätten, die von jeder Einrichtung eines Ofens absehen und nur aus Erdgruben bestehen, die mit Kohlenlösche und einer zehnzölligen Lehmschicht ausgestampft sind. Wankel fand eine prähistorische Eisenschmelze bei den drei Stunden nördlich von Brünn im Gebirge liegenden, mit Wald umgebenen Ortschaften Rudic und Habruvka. Das Eisenerz ist in dieser Gegend in mehr oder weniger großen Putzen und Lagern, die mitunter bis zu Tage reichen, eingebettet; es ist ein toniger Brauneisenstein, der leicht zu verhütten ist. Mit diesen Eisenlagern kommen auch große Bänke weißer, feuerfester Tone vor, die ebenfalls mitunter, wie der Bergmann sagt, bis zu Tage anbeißen und daher leicht gefunden werden konnten. Das älteste dort angewandte Verfahren bestand darin, daß die Eisenschmelzer mehrere Tiegel, zu einer Gruppe vereint, auf die Erde stellten, sie mit dem Schmelzgut füllten, über ihnen und um sie herum ein starkes Feuer anmachten, in das sie wahrscheinlich durch eine einfache Gebläsevorrichtung so lange bliesen, bis sich das Eisen am Grunde des Tiegels angesammelt hatte, worauf es herausgenommen und, als Eisenluppe zusammengehämmert, direkt verwendet oder in den Handel gebracht wurde.

Wankel deckte in der unter dem Namen „Josephstal" bekannten Schlucht in der Býčiskála-Höhle, neben der Begräbnisstätte eines vorhistorischen Herrschers der Hallstattperiode, die größte bis jetzt gekannte Schmiedewerkstätte der Vorzeit auf, und zwar in der nächsten Nachbarschaft der oben beschriebenen alten Eisenschmelzen (s. die beigeheftete Tafel „Funde aus der Býčiskála-Höhle"). Die Vorhalle der Höhle bildet einen großen, imposanten Dom. In der Mitte lag die Begräbnisstätte des Häuptlings, im fernsten Hintergrunde der Vorhalle ein über 20 qm großer Platz, eine der Hallstattperiode zugehörige Werkstätte für Metallwaren: aufeinandergehäuftes, vielfach zerschnittenes und zerbrochenes Bronzeblech, zusammengenietete große Bronzeplatten, bronzene Kesselhandhaben, Haufen von unförmlichen Stücken halbgeschmiedeten Eisens, riesige Hämmer, Eisenbarren, schwere eiserne Stemmeisen und Keile, Feuerzangen, Amboße, eiserne Sicheln, Haken, Nägel und Messer, ferner geschmiedete Bronzestäbe und Gußformen. Hier wurde zweifellos längere Zeit hindurch nicht nur Eisen, sondern auch Bronze geschmiedet und anderweitig verarbeitet. Für die Übung der Gußtechnik sprechen zwei Gußformen, die eine aus Bronze, die andere aus Tonschiefer, beide zum Guß von Schmuckgegenständen bestimmt. Das Rohmaterial für die Eisenschmiede bestand aus 6—8 kg schweren, unregelmäßigen Bruchstücken sehr harten und zähen, an den Bruchflächen schwarzmetallisch glänzenden Luppeisens, das sich als solches durch ungleiches Gefüge und einzelne Schlackenpartikelchen zu erkennen gibt und nur die erste Hämmerung durchgemacht hat. Dieses harte und zähe Rohmaterial gab ein vorzügliches Schmiedeeisen, das in Form der mehrfach gefundenen Eisenbarren als Handelsware in die Welt geschickt wurde. Unter den Beigaben der Leichenbestattung fand sich ein kleiner bronzener Stier, der an der Stirn eine kleine, dreieckige Eisenplatte als Schmuck trägt und in dieser Beziehung mit einer bei Hallstatt gefundenen Bronzekuh übereinstimmt, deren Stirn ebenfalls mit einem dreieckigen Eisenplättchen geziert ist.

Leben und Treiben der Hallstattleute.

Die Hallstattkultur gehört, obwohl sie sich in den spätzeitlichen Fundgruppen mit der spezifisch etruskischen Kultur berührt, nicht zu dieser, ebensowenig zu der klassisch-griechischen oder römischen. Diesen jüngeren und weiter fortgeschrittenen Kulturkreisen gegenüber zeigt sie einen viel altertümlicheren, archaistischen Charakter. Ihre Verbreitung ist, worauf wir schon hingewiesen haben, eine außerordentlich weite. Sie erstreckt sich, wie Hochstetter bemerkt, durch die Alpenländer und ganz Oberitalien, in einzelnen Ausläufern selbst bis nach Mittelitalien. Anderseits beherrschte sie das Donaugebiet, das südliche und südwestliche Böhmen, Teile von Mähren und Schlesien, Südwestdeutschland mit Württemberg, Baden und Bayern, die Schweiz und große Gebiete von Frankreich bis zu den Pyrenäen. Im höchsten Norden fanden wir ihren Einfluß. Im Osten aber geht sie bis in die Balkanländer und nach Griechenland, und auch die von R. Virchow untersuchten Gräberfelder bei Koban im Kaukasus zeigen unverkennbare Parallelen zur Hallstattkultur. Gewiß ist, daß einst, wenn auch vielleicht zu verschiedener Zeit, auf diesem großen Gebiet eine annähernd gleichartige Kultur herrschte. Schon diese weite Verbreitung der Hallstattkultur macht es unwahrscheinlich, daß die Träger derselben ein einheitliches Volk gewesen seien. Offenbar ging der Strom der Hallstattkultur über ethnisch verschiedene Völker und Stämme hin, etwa in der gleichen Weise, wie das bei der Steinkultur und der Kultur der nordischen Bronze der Fall war, und wie das auch für die nachher zu besprechende La Tène-Kultur nachgewiesen ist.

Zweifellos war der Kulturzustand der in den Hallstattkulturkreis hereingezogenen Völker und Stämme ein verhältnismäßig hoher. Die Bewohner unserer Alpen waren ebensowenig wie die der anderen Hallstattgegenden oder die Bronze- und Steinzeitleute halbnackte Barbaren. Geradezu wunderbar ist ihre Metalltechnik, die nach den oben beschriebenen Funden alten einheimischen Kupferbergbaues gewiß auch in den Alpenländern geübt wurde. Unmittelbare Beweise liefern uns dafür die beschriebenen Werkstättenfunde in der Býčiskála-Höhle. In Kärnten war damals auch schon eine Blei-Industrie einheimisch: in den Grabhügeln bei Rosegg wurden, wie in den Gräbern von Este, zahlreiche aus Blei gegossene Reiter und andere Figuren und auch ein vierräderiger Wagen aus Blei gefunden, wohl Kinderspielzeuge, deren Metall die für das Jungfernblei von Bleiberg in Kärnten charakteristische chemische Reinheit aufweist. Aber nichts spricht deutlicher für die Höhe des Kulturstandes der damaligen Zeit als jene aus ihr erhaltenen ziemlich zahlreichen Abbildungen, die uns das Leben und Treiben der damaligen Menschen zu unmittelbarer Anschauung bringen. Diese Abbildungen fanden sich teils auf Gürtelblechen, teils auf Bronzegefäßen und sind vorwiegend von getriebener Arbeit; sie stellen uns Vorgänge aus dem Privatleben dar: Jagd, Ackerbau, Feste mit Gesang und Saitenspiel, Ringkämpfe, Kultusprozessionen, kriegerische Aufzüge und Kampfszenen, so daß wir einen vollständigen Einblick in das Leben dieser vorgeschichtlichen Zeit erhalten, der sein Gegenstück findet in den nordischen Felsenbildern der jüngeren Bronzezeit, die sich, wie wir sahen, zeitlich und kulturell mit der Hallstattperiode aufs innigste berührt. Der Eindruck vollkommen geordneter staatlicher Verhältnisse wird durch diese Abbildungen noch insofern ganz besonders gesteigert, als die kriegerischen Aufzüge uns die aufmarschierenden Bataillone in für jedes derselben gleichmäßiger Uniform und Bewaffnung zeigen. Das ist doch nur in großen, staatlich ganz

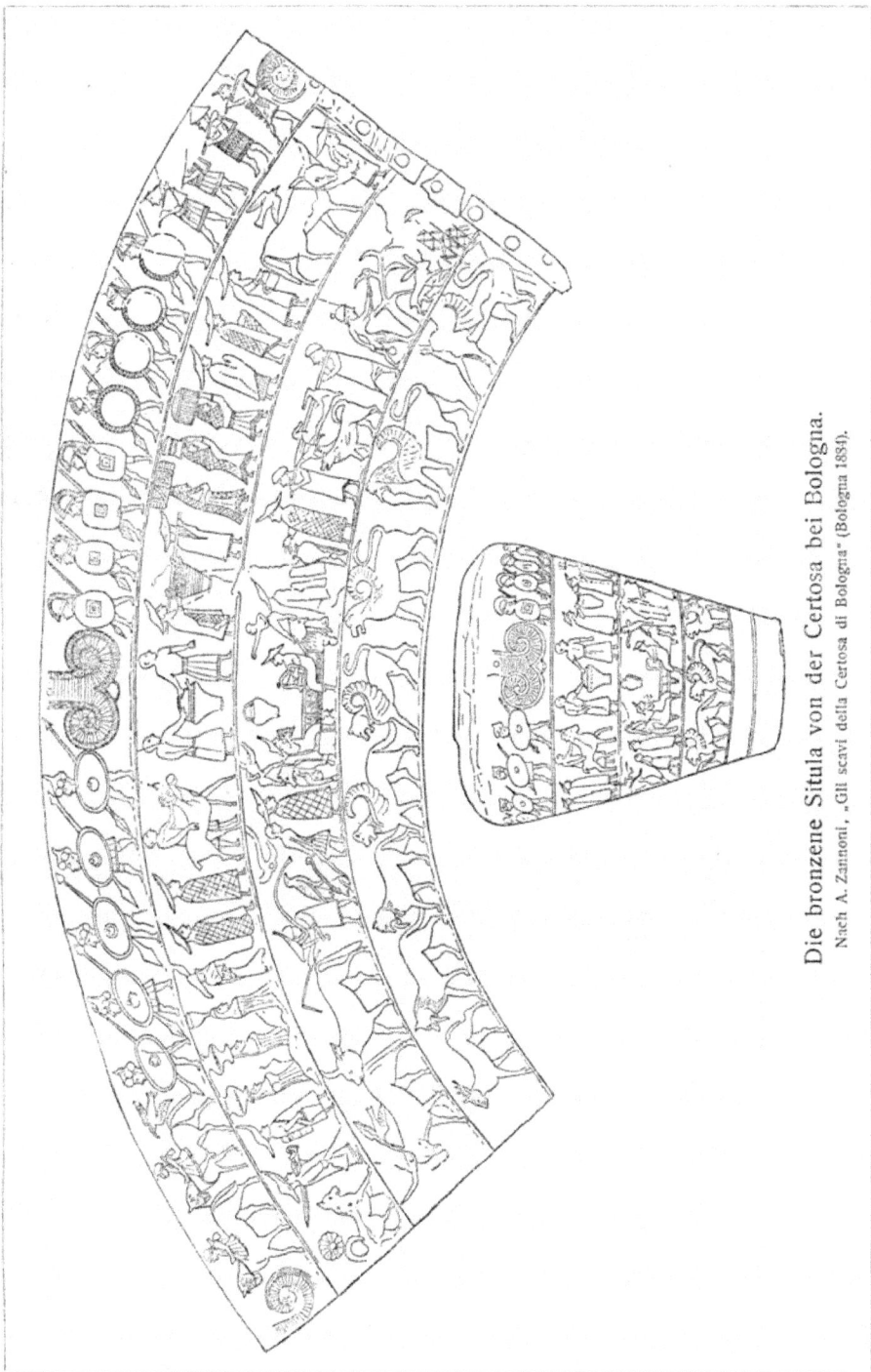

Die bronzene Situla von der Certosa bei Bologna.

Nach A. Zannoni, „Gli scavi della Certosa di Bologna" (Bologna 1884).

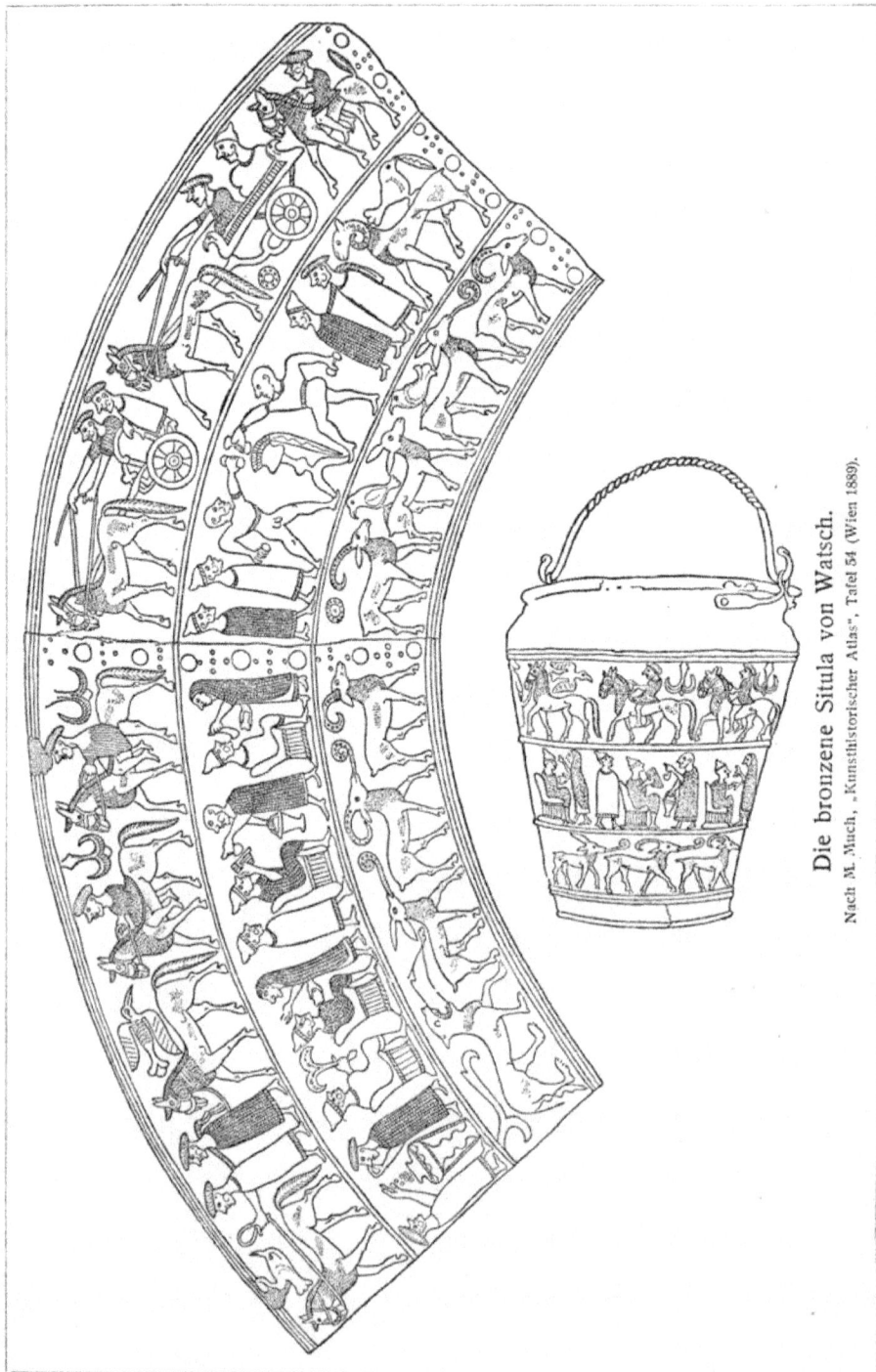

Die bronzene Situla von Watsch.

Nach M. Much, „Kunsthistorischer Atlas", Tafel 54 (Wien 1889).

ausgebildeten Gemeinwesen mit selbstherrschenden Fürsten möglich, von deren Glanz und barbarischer Macht uns auch die Fürstengräber in Schwaben so anschauliche Beispiele geliefert haben.

Eins der wichtigsten Objekte in dieser Beziehung ist die im Frühjahr 1882 in Watsch gefundene einhenkelige Situla aus Bronze (s. die beigeheftete Tafel „Die bronzene Situla von der Certosa usw.") mit figuralen Darstellungen in getriebener Arbeit. Ihr Mantel ist aus zwei Bronzeblechstücken von 0,2 mm Dicke zusammengenietet, bildet einen geraden Kegelstutz von 245 mm Höhe, 200 mm oberem und 130 mm unterem Durchmesser und ist durch schmale, horizontale Wülste in drei Zonen geteilt, die vollständig mit Figuren bedeckt sind. Das Bewunderungswürdige an dem Stück liegt, wie v. Hochstetter bemerkt, in der weit vorgeschrittenen Metalltechnik, in der Erzeugung des dünnen, biegsamen und geschmeidigen Bronzebleches, in der mühevollen Ausführung der Figuren durch Herausschlagen von der inneren Seite mit eigens dazu gefertigten Stempeln und in der Punzierung oder Ziselierung von der äußeren Seite mittels des Meißels oder der Graviernadel, also in der vollendeten Metallarbeit, welche die Kunsthistoriker als Toreutik oder toreutische Kunst bezeichnen (œuvre repoussé der Franzosen). In den vollkommen naturalistischen Darstellungen selbst sah v. Hochstetter nur volkstümliche Szenen und Bilder aus der Kultur- und Naturgeschichte, denen man keine tiefere hieratische oder gar mythische und symbolische Bedeutung unterlegen dürfe. Die obere Zone zeigt einen festlichen Aufzug: voraus zwei von je einem Manne geleitete, gezäumte Pferde, dann weiter nach rechts zwei Reiter auf ungesattelten Pferden, hierauf ein paar zweiräderige, einspännige Wagen, auf denen vorn je ein Wagenlenker sitzt, während hinter diesem auf dem ersten Wagen ein Mann steht und auf dem zweiten eine hochbusige Frau fährt. Den Schluß des Zuges bildet wieder ein Reiter. Das Ganze dürfte einen Hochzeitszug darstellen. Die zweite Zone zeigt ein üppiges Festgelage, von dem für uns die Gruppe der Faustkämpfer am wichtigsten ist. Zwei vollkommen haarlose, nackte Männer, mit Lendengürteln und Armringen geschmückt und mit dem Cestus bewaffnet, stehen einander im Faustkampf gegenüber. Zwischen ihnen befindet sich auf einem dreifüßigen Stativ ein Helm mit nach hinten lang auslaufender Helmquaste; hinter jedem sehen wir zwei Zuschauer. Die dritte Zone enthält zehn Tierfiguren: ein reißendes Tier, charakterisiert durch einen aus dem Rachen herausragenden Schenkel, sieben teils gehörnte, teils ungehörnte Pflanzenfresser, mit Blättern im Maule, und zwei kleine Vögel.

Andere dieser Situla sehr nahe stehende Funde wurden gleichfalls in den österreichischen Alpenländern gemacht. Hierher gehören in erster Linie die Fragmente mehrerer solcher in Tirol gefundener, durch v. Wieser restaurierter und beschriebener Gefäße. Sehr interessant ist eine Bronze-Situla, die 1845 auf dem Urnengräberfeld von Matrei am nördlichen Abhang des Brenners in Tirol gefunden wurde. Diese Situla war etwas größer als jene von Watsch und ebenfalls mit figuralen Darstellungen in drei Zonen verziert. Die völlige Gleichheit in der technischen Ausführung, im Stil, in der Zeichnung bis in die kleinsten Details und in den Kompositionsmotiven ist so frappant, daß man annehmen möchte, es seien beide Objekte aus ein und derselben Hand hervorgegangen. Die nackten, bart- und haarlosen Zweikämpfer der mittleren Zone mit ihren Cesten, die um einen auf einem Dreifuß stehenden Helm mit nach hinten lang auslaufender Helmquaste kämpfen, und auch einige der übrigen Figuren und Ornamente auf den Fragmenten von Matrei und auf der Situla von Watsch scheinen beinahe nach ein und derselben Schablone gearbeitet, wenn auch in der Ausführung der Maßstab nicht ganz der gleiche ist. Nur der Helm zwischen den beiden Faustkämpfern ist auf den beiden Darstellungen etwas verschieden, indem der auf dem Fragment von Matrei einen halbmondähnlichen Aufsatz mit einer lanzenähnlichen Spitze in der Mitte zeigt. Die große Helmkammquaste ist auf den beiden Objekten dieselbe.

Ein anderes, nahe verwandtes Stück ist die 1868 am Fuße des Tscheggelberges bei Bozen in Südtirol, allerdings auch nur in Bruchstücken, gefundene Ziste von Moritzing. Die figuralen Darstellungen auf diesen Fragmenten sind zwar einförmiger als die eben beschriebenen, zeigen aber wieder denselben Stil und Charakter. Von den in Hallstatt selbst gemachten Funden gehört eine Situla aus Bronze hierher, deren Deckel vier getriebene Tiergestalten zeigt; und ein neuer Fund, der sich hier anschließt, ist ein Bronzeblechfragment aus einem Hügelgrab am St. Magdalenenberg bei St. Marein, südöstlich von Laibach. Die auf ihm in getriebener Arbeit abgebildeten Krieger sind mit Schild und Lanze bewehrt und tragen schüsselförmige, mit runden Scheiben verzierte Helme auf dem Kopfe.

Von den zu derselben Gruppe gehörigen italienischen Funden ist der berühmteste die Situla von der Certosa bei Bologna (s. die Tafel bei S. 617), die Zannoni für ein altitalisches, d. h. umbrisches Erzeugnis hält. Sie wurde im Grab 68 am westlichen Rande der ersten Gruppe der Certosagräber gefunden, war mit einem Steine bedeckt und enthielt Leichenbrand; zwischen den Knochenresten lagen zwei schlechterhaltene Fibeln, wohl vom Certosa-Typus (s. die Tafel „Typische Formen der Gewandnadeln oder Fibeln" bei S. 634, Fig. 13 und 14), über diesen eine Schale und ein Henkelkrug mit Mäanderverzierung. Diese Situla hat die auffallendste Familienähnlichkeit mit derjenigen von Watsch, nur daß sie etwas größer ist (Höhe 320 mm, oberer Durchmesser 23 mm, unterer Durchmesser 13 mm) und 4 Figurenzonen trägt. Die in diesen Zonen dargestellten Szenen sind allerdings andere als jene auf der Watscher Situla, aber beide Gefäße stimmen darin überein, daß die untere Zone nur Tierfiguren zeigt. Auch in den Details finden sich zahlreiche Ähnlichkeiten, und unverkennbar ist derselbe konventionelle archaistische Stil auf beiden Situlen.

Besonders wichtig ist der in der obersten Zone der Situla der Certosa dargestellte militärische Aufzug. An der Spitze des Zuges befinden sich zwei Reiter. Jeder hat einen Helm auf dem Haupte und trägt einen mit Streifen und Zickzackverzierungen reich geschmückten Leibrock sowie über die linke Schulter, an eine Epaulette angelegt, einen zurückgekrümmten Schaft, an dem ein Schaftkelt, Palstab, befestigt ist. Nun folgen fünf Fußsoldaten. Jeder trägt am linken Arm und beinahe horizontal einen elliptischen Schild. Die Rechte hält eine Lanze von außerordentlicher Länge zu Boden geneigt. Die Helme, die sie auf dem Kopfe tragen, sind halbkugelig, am größten Durchmesser mit vier Blechen in der Form von Kugelabschnitten geziert und von einer Spitze überragt. Dahinter kommen vier andere Fußsoldaten; ihr Schild ist ebenfalls elliptisch; der Helm ist groß, mit einer Krempe versehen und mit einem hohen und rückwärts herabwallenden Helmbusch geschmückt. Die Lanze ist ebenfalls nach abwärts geneigt. Die vier folgenden Fußsoldaten haben ganz gleiche Helme und Lanzen, nur tragen sie am linken Arm einen runden, am Umfang mit einem Zickzackband verzierten Schild. Den Schluß des Zuges bilden vier Fußsoldaten, deren Leibrock sehr reichlich mit Streifen und Zickzacklinien geziert ist. Jeder trägt über die linke Schulter wieder einen Schaft, an dem ein Palstab befestigt ist. Ihre Kopfbedeckung ist der Form nach nicht deutlich zu erkennen, scheint aber eine kegelförmige, an die Hüte der Chinesen erinnernde Gestalt zu haben. „Wir haben also", sagt Hochstetter, dem wir im vorstehenden zum Teil gefolgt sind,

Das Gürtelblech von Watsch.

Nach dem Original, im Besitz Seiner Exzellenz des Fürsten Ernst zu Windischgrätz in Wien.

„in diesen Darstellungen der Krieger vier verschiedene Formen von Helmen oder Kopfbedeckungen, und es ist gewiß im höchsten Grade merkwürdig, daß alle diese Formen aus den Gräbern von Watsch und St. Margarethen in Krain durch die Ausgrabungen der letzten Jahre wieder auferstanden sind, und daß einzelne dieser Formen bereits in einer größeren Anzahl von Exemplaren aus dem nordalpinen Hallstattgebiet bekannt sind."

Außer der Situla von Bologna kommen vor allem noch die Situla von Este bei Padua, die Situlae von Sesto Calende und Trezzo am Lago Maggiore und endlich der Spiegel von Castelvetro in der Emilia, also durchaus Funde von zisapenninischen Lokalitäten, in Betracht.

Ein höchst merkwürdiger nordalpiner Fund, der für die Beurteilung dieser Situla-Abbildungen von Bedeutung ist, wurde im Sommer 1883 in Watsch während der von der Anthropologischen Gesellschaft veranstalteten Ausgrabungen gemacht. Es ist dies ein Gürtelblech, auf dem in derselben Art der Arbeit, wie wir sie an den Situlen von Watsch, Matrei und Bologna sehen, die Figuren von zwei kämpfenden Kriegern zu Pferde dargestellt sind, die von je einem Fußsoldaten als Schildträger begleitet werden, während eine fünfte, von der Szene abgewandte Figur in langem Mantel mit einem großen, zweigespitzten „Jesuitenhut" erscheint. Die Krieger sowohl als die Figur im Mantel stimmen vollkommen mit den entsprechenden Figuren auf der Situla von Bologna überein. Das merkwürdige Stück befindet sich im Besitz des Fürsten E. zu Windischgrätz (s. die beigeheftete farbige Tafel „Das Gürtelblech von Watsch"). Zur Vervollständigung des Überblicks wären hier noch die Gürtelbleche und Gefäßfragmente von Klein-Glein in Steiermark anzuführen, die mit ähnlichen, in derselben Methode ausgeführten Figuren verziert sind wie die Situlen von Trezzo und Sesto Calende. Die tönerne Graburne aus Ödenburg zeigt in geometrisch-figuraler Darstellung eine Opferszene, einen Reiter und anderes.

Zannoni, der in seinem Werke alle mit der Situla der Certosa verwandten Funde aufs eingehendste bespricht, teilt diese in zwei Gruppen: in solche, die keinerlei orientalischen Einfluß zeigen, und die er für älter erklärt (Matrei, Trezzo, Sesto Calende und Castelvetro), und in solche, die mehr oder weniger einen orientalischen Einfluß verraten und jünger sein sollen (Situla der Certosa, Moritzing, Este). Aber wichtig ist, daß er die Situla der Certosa selbst durchaus nicht für ein etruskisches Erzeugnis, sondern vielmehr für ein altes Erbstück aus voretruskischer, umbrischer Zeit hält.

Die Helmfunde von Watsch und St. Margarethen beweisen, wie gesagt, daß solche Krieger, wie wir sie abgebildet fanden, mit denselben Helmen und Waffen, in Krain begraben liegen. Der erste Helm, der im Jahre 1878 bei Watsch gefunden wurde, ist ein Helmhut mit einfacher Schneide nach der Länge des Kopfes (s. die Tafel bei S. 606, Fig. 21). Das Watscher Exemplar stimmt fast vollkommen mit den 1812 bei Negau in Untersteiermark gefundenen 20 Helmen mit ihren nicht etruskischen Inschriften, mit einem vor etwa 50 Jahren bei Ternawa in Krain gefundenen Helmbruchstück und mit dem von Sacken beschriebenen Helm von Hallstatt und anderen überein. Der zweite Helmhut (s. die Tafel bei S. 606, Fig. 22) wurde im Jahre 1880 von Hochstetter gefunden, ebenfalls in Watsch. Er ist aus Bronzeblech getrieben, trägt einen doppelten Kamm und gleicht in seiner ganzen Form sehr nahe dem zweiten in Hallstatt gefundenen Helme. Er lag zu Füßen eines Skeletts, dessen Schädel erhalten ist. Daneben fanden sich zwei eiserne Lanzenspitzen, bei der linken Hand eine eiserne Axt, auf den Lenden ein Gürtelblech aus Bronze, zur Seite ein tönerner Spinnwirtel und ein kleiner geschnitzter Zylinder aus Hirschgeweih. Merkwürdig ist, daß bei dem

Hallſtatter Helme faſt genau dieſelben Gegenſtände gefunden wurden. Beide Gräber ſind durch die Beigaben als Kriegergräber charakteriſiert. Der dritte Helmhut wurde in Watſch im Winter 1882/83 von einem Arbeiter entdeckt. Er hat einen kuppelförmigen Oberteil und iſt aus fünf getriebenen Bronzeblechſtücken zuſammengeſetzt, von denen eins die Krempe und den unteren Teil des Kopfes, drei den Oberteil und eins die untere Ausfütterung der Krempe bilden. Auf dem Scheitel waren links und rechts kleine Helmzierden angebracht, die eine Figur mit Menſchengeſicht und mit halbkreisförmig nach oben gebogenen Flügeln darſtellen. Der zweite und dritte Helm waren mit einer Helmraupe verziert. Hierauf deuten die zur Befeſtigung derſelben geeigneten Anſätze an der Vorder- und Rückſeite der beiden Helme. Eine vierte und zwar die eigentümlichſte Form iſt der ſchüſſelförmige Helm von St. Margarethen (ſ. die Tafel bei S. 606, Fig. 23). Er beſteht aus einem feinen und feſten, mit Leder überzogenen Holzgeflecht. Am Umfang trägt er ſechs konvexe Bronzeſcheiben, am Gipfel aber eine doppelt gewölbte Bronzeſcheibe, über der ſich eine eiſerne Spitze erhob. Der Zwiſchenraum zwiſchen den Bronzeſcheiben iſt mit kleinen Bronzenägeln ausgefüllt. Außer zwei vollkommenen Exemplaren wurden in den Tumulis von St. Margarethen noch mehrere ſchlechter erhaltene Stücke dieſer Art gefunden. Auch in Hallſtatt fanden ſich in 18 Gräbern derartige Scheiben, die man früher für Schildbuckel hielt.

Es unterliegt, wie Hochſtetter mit Recht betont, keinem Zweifel, daß dieſe Helme zu den älteſten Helmformen gehören, die wir kennen, verſchieden von den etruſkiſchen und griechiſchen Helmen der klaſſiſchen Zeit. Wie geſagt, begegnen wir allen dieſen Helmformen, die innerhalb der Alpen in einer zum Teil großen Anzahl von Exemplaren gefunden wurden, in den oben beſprochenen bildlichen Darſtellungen wieder. Die erſte Helmform iſt jene, welche die beiden Reiter auf der Situla von Bologna tragen. Die zweite Form mit der Helmquaſte finden wir bei der dritten Gruppe von Fußſoldaten auf der Situla von Bologna und als Kampfpreis zwiſchen den beiden Fauſtkämpfern auf der Situla von Watſch. Die dritte Form iſt jene, die unter allen bis jetzt bekannten Helmen der Darſtellung des Helmes auf den Fragmenten von Matrei am nächſten kommt. Die vierte Form endlich iſt die von Zannoni beſonders hervorgehobene, welche die fünf auf der Situla von Bologna als zweite Gruppe dargeſtellten Fußſoldaten auszeichnet. Aber auch von jenen kegelförmigen Kopfbedeckungen, wie ſie die vier letzten, mit Palſtäben bewaffneten Fußſoldaten der Situla von Bologna tragen, und von den Tellermützen, wie ſie auf der Situla von Bologna, bei den Hirſchträgern der dritten Zone, dann auf der Situla von Watſch, auf den Bronzefragmenten von Moritzing und Matrei in Tirol und endlich auf dem Spiegel von Caſtelvetro dargeſtellt ſind, wurden in Watſch und St. Margarethen Exemplare, die leider nicht ganz zu erhalten waren, gefunden. Auch die Häufchen von Bronzenägeln, die ſo oftmals in Hallſtatt mit vermoderten organiſchen Reſten durchmengt vorkamen, mögen zum Teil urſprünglich ſolchen Helmen oder Mützen angehört haben.

Wir ſtehen alſo vor der wichtigen Tatſache, daß die Funde in Krain vollkommen auf die Darſtellungen der Situlen von Bologna und von Watſch paſſen, und daß, auch wenn wir annehmen, daß jene Gefäße dorthin zum Teil wohl aus Italien importiert worden ſind, jene Darſtellungen doch der unmittelbaren Anſchauung eines Volkslebens entſprungen ſein müſſen, das dem in jenen Alpenländern üblichen in der äußeren Erſcheinung der Leute ſehr vollkommen entſprach. Hochſtetter hat gewiß recht, wenn er ſagt: „Nach dieſen Auseinanderſetzungen über die bei Watſch und St. Margarethen gefundenen Helme und Kopfbedeckungen dürfte wohl kaum jemand noch zweifeln können, daß Krieger, wie sie auf der Situla der Certosa dargestellt sind, und Menschen, wie sie auf der Situla von Watsch gekleidet erscheinen, auf krainischem Boden tatsächlich gelebt haben und dort in den prähistorischen Gräbern wirklich begraben liegen".

La Tène und die La Tène-Periode.

In den wunderbar reichen Funden des Hallstatt-Kulturkreises haben wir die erste Eisenzeit der mitteleuropäischen Alpengebiete und ihrer nördlichen Vorlande kennen gelernt. Ihre Wurzeln sehen wir zunächst nach Oberitalien und nach den südlichen Donauländern zurückgehen, und sie lassen sich schon jetzt von da aus weiter, zuerst nach Griechenland, verfolgen, von wo sie sich, wie es scheint, namentlich von der Westküste aus und zum Teil auf dem Landweg über die Nordküste des Adriatischen Meeres verbreiteten, um sich lokal in etwas verschiedener Weise auszubilden.

Während die Pfahlbauuntersuchungen in der Schweiz am lebhaftesten betrieben wurden, stieß man in der Westschweiz, bei La Tène, auf einen Fundplatz, dessen wissenschaftliche Ausbeute nicht weniger wichtig und weittragend für die vorgeschichtliche Chronologie geworden ist als der berühmte Hallstatter Friedhof. Man fand die Reste einer anderen vorhistorischen Kulturgruppe, die sich als eine vollentwickelte Eisenzeit zu erkennen gibt, in der Waffen und Werkzeuge aus Eisen, dagegen die Schmuckgegenstände meist aus Bronze hergestellt wurden; wie hoch aber auch damals noch das Eisen als stoffliches Material geschätzt wurde, zeigt sich darin, daß noch häufig auch Schmuckgegenstände, Fibeln und anderes, aus Eisen angefertigt worden sind. Man war anfänglich der Ansicht, daß diese Gruppe von Altertümern als eine Weiterentwickelung der Hallstattkultur aufgefaßt werden dürfe; aber wenn wir auch manche Berührungspunkte konstatieren können, so hat sich doch, zuerst durch die wichtigen Untersuchungen des berühmten schwedischen Archäologen Hans Hildebrand, immer entschiedener eine Trennung der beiden Kulturkreise erkennen lassen, und es unterliegt jetzt keinem Zweifel mehr, daß wir die La Tène-Altertümer als die Reste eines von dem Hallstattkulturkreise typisch verschiedenen Kulturkreises anerkennen müssen. Die Träger der La Tène-Kultur in La Tène selbst waren helvetische Gallier. Seit Hans Hildebrands Untersuchungen wird diese Eisenkulturgruppe als La Tène-Gruppe bezeichnet. F. Keller hat sie zuerst in klassischer Weise beschrieben. In der Folge sind die in La Tène selbst gemachten Funde von Vouga und V. Groß zusammenfassend geschildert worden; letzterem schließen wir uns im folgenden hauptsächlich an.

Am Ende des Neuenburger Sees, etwa 7 km von der Stadt Neuchâtel entfernt, befindet sich die malerische, den ganzen See beherrschende Stelle, welche die Fischer der Umgegend mit dem Namen La Tène, der in ihrem Dialekte soviel wie Untiefe bedeutet, bezeichnen. Die ersten Untersuchungen an diesem berühmten Fundplatz wurden, wie gesagt, bald nach der ersten Entdeckung der Pfahlbauten begonnen, und man hielt auch die Ansiedelungen von La Tène selbst für einen eigentlichen Pfahlbau. Die späteren Nachgrabungen, die durch die künstliche Senkung des Neuenburger Sees, dessen Gewässer früher La Tène 70—80 cm hoch bedeckten, sehr erleichtert wurden, da sie nun auf trockenem Lande angestellt werden konnten, ergaben aber, daß man hier die Reste mehrerer blockhausähnlicher Wohnungen vor sich habe, die einst auf einer kleinen Insel gestanden hatten, die mit dem Ufer durch

drei Stege verbunden war. Letztere bestanden aus zwei langen, hier und da durch Querbalken gestützten Balken, zwischen denen ein Geflecht von Zweigen eine Art Gitter bildete,
auf das dann, um einen Weg zu bilden, Lehm und Geröll gelegt wurden. Die Balken
der ehemaligen Blockhäuser bestehen aus Fichtenholz von etwa 5,7 m Länge; sie sind grob
bearbeitet und liegen öfters parallel nebeneinander. Das Fundament der Häuser wurde
dagegen durch vertikale, in Zwischenräumen von etwa 1 m in den Boden eingetriebene
Pfähle hergestellt. Zur Aufnahme von Querbalken zeigen sich in letztere dreieckige Löcher
eingeschnitten, um als Stütze der Seitenwände zu dienen. Eine wirklich geschlossene Fundschicht mit all den Dingen aus Stein, Horn, Holz, Topfscherben, Bronzegegenständen,
Kohlen usw., wie sie sich in den eigentlichen Pfahlbauten findet, fehlt bei La Tène, dessen
altertümliche Reste, namentlich die Eisensachen, in einer Tiefe von 40 cm bis 3 m von Kies
und Schlamm bedeckt liegen. Seitdem in La Tène die ersten archäologischen Funde gemacht
worden sind, d. h. seit dem Ende der fünfziger Jahre des vorigen Jahrhunderts, wurde die
Untersuchung dort eigentlich nie unterbrochen. Schwab, Desor, die Gebrüder Kopp, Bouga
und B. Groß sind unter den Forschern besonders zu nennen.

Die Gegenstände, die in der Fundstelle La Tène gefunden wurden, tragen der Hauptsache nach einen militärischen Charakter. Die Eisensachen sind im Gegensatz zu der Zerstörung durch Rost, die sie gewöhnlich in den Gräbern zeigen, in La Tène meist außerordentlich wohl erhalten, so daß man sie noch heute fast so gut gebrauchen könnte wie vor
2000 Jahren. Es scheint dies daher zu rühren, daß alle diese Objekte durch Wasser und
durch beträchtliche Sand- und Kieslagen vor der Einwirkung der Atmosphäre und dadurch
vor dem Rosten geschützt waren.

Die in La Tène entdeckten Waffen sind mit der größten Sorgfalt gearbeitet. Alles
beweist, daß die Schmiede, welche die Eisenwaffen den Kriegern von La Tène lieferten,
auf Grund einer langen Erfahrung mit der Bearbeitung des Eisens vertraut waren. Es
wurden etwa 100 Schwerter (s. die Tafel bei S. 623) erhoben, merkwürdigerweise aber keine
Dolche, die in den früheren Epochen doch so häufig sind. Die Schwerter gleichen sich in
ihrer Form auffallend. Ihre Länge schwankt etwa zwischen 80 und 95 cm. Häufig haben
sich die Scheiden erhalten. Die Klinge ist zweischneidig, nur einige Millimeter dick, gerade
und gleichmäßig zwischen 40 und 55 mm breit vom Griffansatz bis nahe zur Spitze, gegen
die sie von da an nach und nach etwas schmäler wird. Einige besonders sorgfältig geschmiedete
Schwerter zeigen auf der Klinge nahe unter dem Griffansatz kleine Eindrücke von verschiedener
Form, die augenscheinlich als Fabrikzeichen betrachtet werden müssen. Mehrere Schwerter,
die man noch in ihren Scheiden stecken gefunden hat, sind vollkommen unversehrt und wurden, wie es scheint, niemals benutzt; andere zeigen dagegen die Spuren wiederholten Ge-
brauchs. Ihre Schneiden sind schartig, oder sie sind im ganzen krumm gebogen oder zerbrochen.
Die Klinge wird vom Griff durch ein ziemlich dünnes Eisenstäbchen abgesetzt, dessen anmutige
Biegung etwa an den Umriß einer Glocke erinnert; die Scheide schließt in derselben Form
nach oben ab. Es gehört das zu den charakteristischen Eigenschaften der meisten La Tène-
Schwerter. Die Griffangel, die einst den eigentlich wohl aus Holz oder Horn bestehenden
Griff durchsetzte und ihm zum Halt diente, ist mit der Klinge aus einem Stück geschmiedet
und 13—15 cm lang. Ungefähr die Hälfte der in La Tène gefundenen Schwerter steckten
noch in ihrer Scheide; diese paßt genau auf die Klinge und besteht aus zwei Blättern von

Waffen, Geräte und Schmucksachen der La Tène-Periode.

1—4. *Eisenschwerter* von La Tène:
1. Schwert in Eisenscheide.
2. Schwertklinge mit Fabrikmarke.
3. Schwertklinge ohne Fabrikmarke.
4. Schwert in Eisenscheide.
  5—11. *Eiserne Lanzenspitzen* von La Tène.
  12, 13. *Eiserne Pfeilspitzen* von La Tène.
  14, 15. *Eiserne Schildgespänge* von La Tène:
14. Schildbuckel.
15. Schildhandhabe.
  16—18. *Eiserne Äxte* von La Tène.
19. *Beschlag* eines unteren Speerstangenendes: Eisenspitze mit eisernem Fassungsringe.
20. *Eisenbarren*, zum Ausschmieden eines Schwertes vorbereitet; der Handgriff schon ausgeschmiedet.
  21—31. *Eiserne Geräte* von La Tène:
21. Eisenmesser mit Hirschhorngriff.
22. Eisenmesser von eigentümlicher Form.
23. Eisernes Rasiermesser.
24. Eiserne Schere.

25, 26. Eiserne Keile.
27. Eiserne Säge mit Hirschhorngriff.
28. Eiserne Hippe.
29. Eiserne Sense.
30. Eiserne Pferdetrense.
31. Eiserne Kesselhaken.

  32, 33. *Bronzene Geräte* von La Tène:
32. Pferdeschmuck aus Bronze.
33. Kessel mit Boden aus Bronzeblech und breitem eisernen Seitenrande; aus den Trümmern rekonstruiert.

34. *Eiserne Sichel* von Niedau.

  35—39. *Schmucksachen* von La Tène:
35, 36. Eiserne Gewandnadeln, Fibeln, von der für die La Tène-Periode typischen Form.
37. Kleine Pinzette aus Bronze.
38. Gürtelschließe aus Eisen.
39. Goldring aus dünnem Goldblech; aus der Hälfte rekonstruiert.

40. *Bronzering* mit petschaftförmigen Enden; mit Korallen und kleinen Goldrosetten ornamentiert. Fundort: Leimersheim, bayrische Pfalz.

1, 2, 6—8, 10, 15, 16, 19, 23, 33 Sammlung in Biel. — 3, 24, 35, 36 Sammlung des Herrn Dardel. — 4, 18, 34 Museum in Bern. — 5, 12—14, 22, 28, 30, 31, 37, 38 Sammlungen der Herren Viktor Groß und Vouga. — 9, 11, 17, 20, 21, 25—27, 29, 39 Sammlung in Neuchâtel. — 32 Museum in Genf. 40 Museum in Speier.

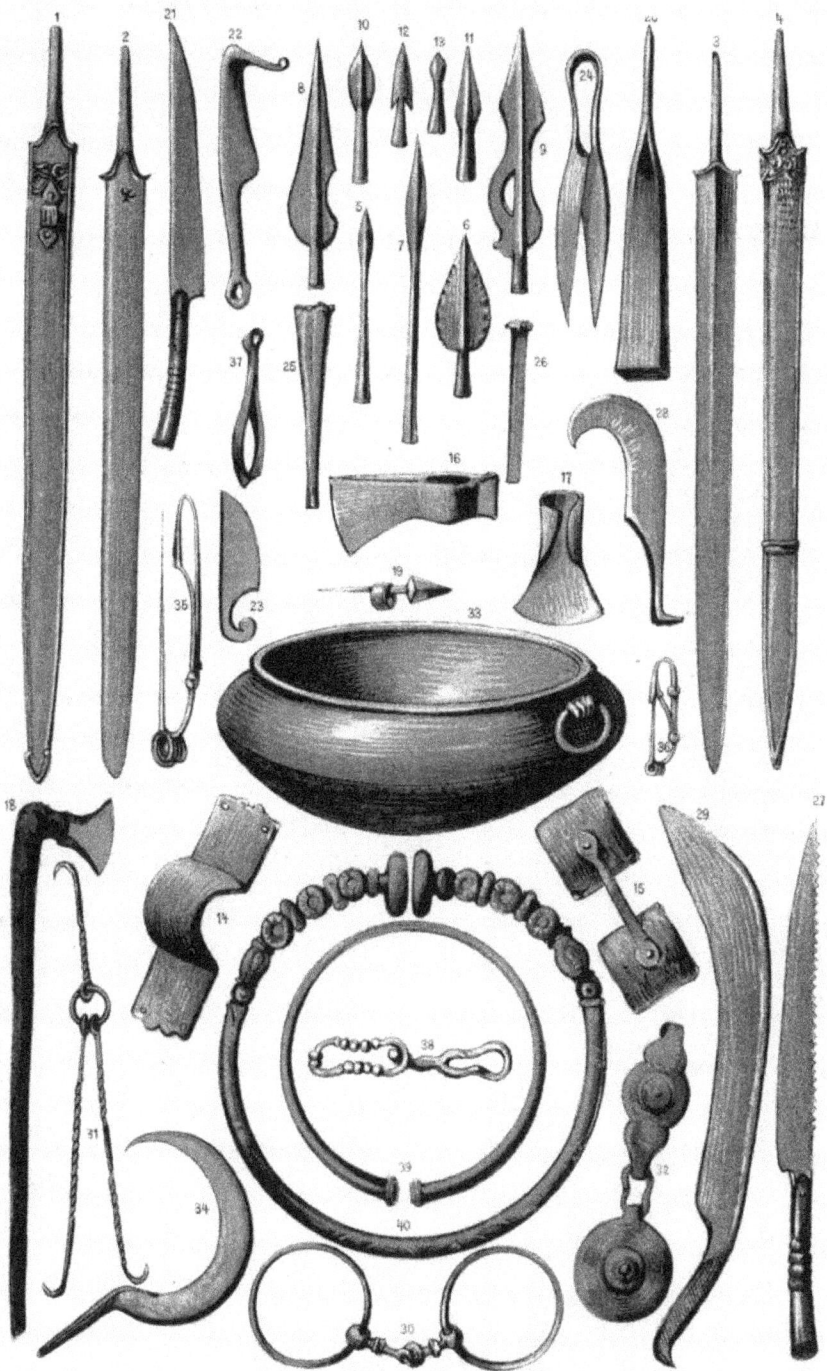

Waffen, Geräte und Schmucksachen der La Tène-Periode.

gehämmertem Eisenblech, deren Ränder sich übereinanderbiegen. Die Scheidenöffnung wird oft durch quer verlaufende Stäbchen zusammengehalten und ist häufig in verschiedener Weise verziert. Auch das untere Ende der Scheide ist mit kleinen Schmiedeeisenbändern befestigt, welche die Ränder zusammendrücken, um sie in solider Weise festzuhalten; in ihrer Vereinigung bilden sie eine Spitze von eigentümlich eleganter Form. Fast alle in La Tène gefundenen Schwertscheiden bestehen, wie gesagt, aus Eisen; nur bei einem oder einigen wenigen Exemplaren ist das äußere Blatt aus einem geschmiedeten Bronzeblech gebildet. An der dem Krieger zugekehrten Seite besitzt die Scheide eine Art Ringhalter von verschiedener Form, um sie an dem Gurtgehenke anzuhaken. Die äußere, beim Tragen sichtbare Seite der Scheide ist oft besonders sorgfältig mit Arabesken und verschlungenen Wellenlinien verziert, meist in hohlen Strichen ziseliert oder graviert. Eine Scheide trägt an dieser Stelle drei phantastische, in Relief ausgeführte Tiere, die an Tierdarstellungen auf gallischen Münzen erinnern. Einige Scheiden sind auf ihrer ganzen Außenseite durch Einschlagen von Punkten, kleinen Ringen und anderem ornamentiert.

Man hat in La Tène etwa zwölf Eisenstücke gefunden, die offenbar nichts anderes sind als noch nicht vollkommen geschmiedete, erst roh angelegte Schwerter. Der Griff ist schon ausgehämmert, während die Klinge noch als ein massives Eisenstück erscheint. Für alle hier und im folgenden genannten Gegenstände siehe die beigeheftete farbige Tafel „Waffen, Geräte und Schmucksachen der La Tène-Periode".

Sehr mannigfaltig in ihrer Gestalt sind die Lanzenspitzen. Fast jede ist von der anderen verschieden, sowohl in der Form des eigentlichen Lanzeneisens als auch des mit diesem verbundenen Schaftstückes. Das letztere setzt sich oft als Mittelrippe bis zur Spitze fort, wodurch die Klinge einen rippenförmigen, an die modernen Bajonette erinnernden Querschnitt erhält. Die Verwundung mit solchen Waffen wurde dadurch gefährlicher. Dasselbe scheinen auch die mehrfach sich findenden seitlichen Ausschnitte an dem Rande des Speereisens zu bezwecken. Einige Speerklingen sind offenbar zu dekorativen Zwecken mit einer halbkreisförmigen Öffnung versehen oder sonst ornamentiert. Die Zahl der Pfeilspitzen, die man gefunden hat, ist sehr gering; alle haben einen hohlen Schaftansatz. Am unteren Ende war der hölzerne Schaft der Lanzen und Wurfspeere mit einem nagelförmigen Eisen versehen, das unten in einen massiven, ovalen, entweder platten oder mit Rauten verzierten Knopf ausging. Die Spitze dieses Endknopfes war in den Holzschaft geschlagen und mittels eines Ringes festgehalten.

Die Krieger von La Tène schützten sich mit hölzernen Schilden. Man hat eigentümliche Schildbuckel gefunden, gebogene, ungefähr 30 cm lange und 10 cm breite Eisenplatten, die offenbar mit Nägeln in der Mitte des Schildes befestigt waren. In der Mitte sind diese Platten gewölbt, so daß zwischen den beiden horizontalen Seitenteilen eine Öffnung von 10 cm Breite bleibt, in die man leicht die vier Finger einschieben kann. Auf der Hinterseite des Schildes befand sich ein eisernes Schildgespänge zum Ergreifen des Schildes mit der Hand (s. die Tafel, Fig. 15). Metallene Helme hat man in La Tène nicht entdeckt, doch finden sich zahlreiche Bronzescheiben, die in ähnlicher Weise wie bei dem oben aus dem Watscher Grabfeld nach v. Hochstetter beschriebenen Helme vielleicht ebenfalls auf Lederhelme aufgesetzt waren.

Zahlreiche Teile von Pferdegeschirren beweisen, daß das Pferd in La Tène benutzt wurde. Man hat etwa zehn Exemplare von Trensen (Pferdegebissen) gefunden, die zum Teil eine große Geschicklichkeit in der Bearbeitung des Eisens beweisen; außerdem eine

Anzahl anderer aus Bronze gefertigter großer Zierstücke, die als Geschirrschmuck der Pferde gedeutet werden.

Nach den Angaben der Geschichte waren die 12 Städte und 40 Dörfer der Helvetier durch ein wohlgeordnetes Netz von Straßen miteinander verbunden. Cäsar berichtet von zwei Heerstraßen oder vielmehr zwei Pässen, die sie für ihre Auswanderung benutzten, und von denen er ausdrücklich erzählt, daß sie mit Wagen befahren wurden. Die Gefährte konnten dort nur mühselig eins hinter dem anderen passieren. Der Wagen diente den Helvetiern nicht nur als Transportmittel, sondern während der Nacht auch als Obdach und während des Kampfes zur Errichtung einer Wagenburg, von der herab und hinter welcher gekämpft wurde. Man kennt zahlreiche Trümmer von Wagen, Reifen von Rädern und andere Überbleibsel von Gefährten aus den gallischen Schlachtfeldern und Gräberfunden. In La Tène hat Vouga ein vollkommen erhaltenes Rad gefunden; es ist aus Holz, mit einem eisernen Reifen umfaßt, und die aus einem einzigen Stück bestehende Felge ist an einer Stelle zerbrochen und geschickt ausgebessert. Der Umfang des Rades ist 92 cm, der eiserne Reifen ist 1 cm dick und 5 cm breit, die zehn eichenen, ziemlich roh gearbeiteten Speichen messen 30 cm in der Länge. Die Nabe steht nach beiden Seiten gleichweit vor, 30 cm, und ist aus zwei symmetrischen, mit einem eisernen Ringe zusammengehaltenen Langstücken gearbeitet; am Ende hat sie einen Durchmesser von 17 cm, ihre Höhlung mißt 11 cm. In derselben Tiefe von 1 m wurden im Kiese noch andere Bruchstücke von Rädern und Reste einer Deichsel gefunden, daneben mehrere Holznäpfe und anderes.

Schmuckgegenstände sind außer Fibeln, die auch zur männlichen Kleidung nötig waren, in der Ansiedelung von La Tène auffallend selten. Hier herrschen Gegenstände zum Kriegsgebrauch vor, und neben den Waffen verschwinden die seltenen Luxusgeräte. Offenbar war La Tène im wesentlichen nur mit einer kriegerischen Besatzung versehen. Die Fibeln, von denen man mehrere hundert Exemplare gefunden hat, sind alle nach dem gleichen Typus geformt, den man vorzugsweise als den La Tène-Typus bezeichnet (vgl. S. 634). Die Fibel besitzt einen runden Bogen, um die Gewandfalte aufzunehmen, und besteht aus einem einzigen Eisenstab, der in einem gewissen Abstand von der Spitze mehrmals um sich selbst gerollt ist, um die Feder zu bilden, dann den Bogen darstellt und, nachdem er wieder rückwärts verlaufend aufgebogen ist, in eine Art Rinne zur Aufnahme der Nadel ausgeht. Die Fibeln unterscheiden sich voneinander durch eine größere oder geringere Zahl der Windungen und die verschiedene Art der Verzierung der gebogenen Teile. Der Mehrzahl nach schwankt ihre Größe zwischen 4 und 15 cm, das Maximum der Größe betrug 27 cm.

Von Armreifen und Beinringen hat man nur einige Exemplare gefunden, alle aus Eisen, mit Ausnahme eines einzigen kleinen Exemplars, das aus einem Bronzefaden besteht. Die Halsringe oder Torques, die von den gallischen Kriegern als Abzeichen der Tapferkeit und des Ranges getragen wurden, sind zahlreicher. Einige sind aus Bronze, andere aus Eisen, alle sehr einfach ornamentiert. Ein prächtiger Goldreif, die Hälfte eines Halsringes, hat 14 cm im Durchmesser und besteht aus einem zylindrischen, hohlen Stabe von 729 deg Gewicht; am Ende ist er mit einem hervortretenden kleinen, mit Querstrichen verzierten Wulste geschmückt. Zahlreich wurden Eisenringe von verschiedenen Dimensionen ausgegraben, teils einfach und glatt, teils mit Anschwellungen und Querstrichen verziert. Ein Eisenring besitzt ein bewegliches Anhängsel und ist wohl das älteste Muster der Schnalle mit einer Zunge. Die Gürtelhaken bestehen aus länglichen, mit einem Rahmen zum Durchziehen des Riemens versehenen Ringen. Ein entsprechendes Stück ist mit einer knopfartigen Verlängerung besetzt, die in eine Öffnung des korrespondierenden Stückes eingreift. Die wenigen Exemplare von Haarnadeln, die in La Tène gefunden wurden, sind alle aus Bronze und den aus den Pfahlbauten gewonnenen ziemlich ähnlich. Auch mit Öhr gegossene Knöpfe aus Bronze, einige Halsperlen, teils aus farbigem Glase, teils aus emailliertem Ton, sowie einige kleine, gutgerundete Steinkugeln, mit einem Öhr zum Anhängen versehen, verdienen unter den für die La Tène-Periode charakteristischen Schmucksachen Erwähnung. (Siehe für dieses und das Folgende die beigeheftete farbige Tafel „Waffen, Geräte und Schmucksachen der La Tène-Periode".)

Kaum weniger selten als eigentliche Schmucksachen sind Werkzeuge und Instrumente; sie beschränken sich in der Tat auf das absolut Notwendige. Es wurden etwa 15 Stück Beile gesammelt; ihre Schneide ist breit, sie sind schwer und ziemlich roh, meist aus Eisen geschmiedet. Statt der vier Schaftlappen der Schaftkelte der Bronzezeit besitzt das La Tène-Beil nur zwei Schaftlappen, die meist so gegeneinander gebogen sind, daß sie eine vollständige, etwa viereckige Röhre bilden, die zur Aufnahme des knieförmig gebogenen Stieles dient. Andere, vielleicht als Streitaxt benutzte Exemplare sind von der Form unserer modernen Beile, mit einer queren, ovalen Öffnung zum Einschieben des Holzstieles.

Die eisernen Sicheln unterscheiden sich nicht wesentlich von den noch heute gebrauchten. Man hat nur zwei oder drei Exemplare gefunden, daneben aber auch mehrere große Sensenklingen, die offenbar wie das von unseren jetzigen Mähern gebrauchte Instrument mittels eines langen Griffes gehandhabt wurden. Das größte gefundene Exemplar hat eine Länge von 75 cm. Im allgemeinen ist die Klinge der Messer solid, dick und der Rücken gerade, ohne Verzierung. Nur einige erinnern in ihrer Biegung noch etwas an die elegante Form der Bronzemesser. Der Griff ist oft eine Art vorspringender Knopf. Ein Exemplar zeigt noch eine Reihe von Nägeln, um einen Holz- und Horngriff auf der Griffzunge zu befestigen. Von zweiarmigen, unserer Schafschere in der Form entsprechenden Scheren wurden etwa zwölf Exemplare in La Tène ausgegraben. War die Feder zerbrochen, so verwendete man jeden der beiden Arme einzeln als Messerklinge. Rasiermesser von derselben Form wie jene der Bronzezeit fanden sich auch in La Tène. Einige besitzen einen kurzen Stiel, der oft in einem Ringe zum Anhängen endigt; bei anderen ist der Griff voll und gerade oder elegant und spiralig gewunden. V. Groß hält es für wahrscheinlich, daß sie eher zum Lederschneiden als zum Bartscheren benutzt worden sind; in der Tat erinnert ihre Form etwas an die heutigen Schusterkneise. Die zwei gefundenen Sägen ähneln in ihrer Form den heutigen Gärtnersägen. Die Zähne stehen regelmäßig und sind noch ziemlich scharf, der Griff war aus Hirschhorn, mit Strichen und querlaufenden Rinnen geziert und durch zwei Nietnägel an der Klinge befestigt. Die Meißel ähneln noch auffallend den entsprechenden Instrumenten aus der Bronzezeit; sie unterscheiden sich von ihnen nur durch das verschiedene Metall und den Mangel an Verzierungen. Einige besitzen eine Höhlung zur Aufnahme eines Stieles, bei anderen zeigt sich der solide Kopf durch häufigen Gebrauch abgeplattet. Von Fischereiwerkzeugen hat man Angeln aus Eisen gefunden, die meist mit einem Widerhaken versehen sind; eine hing noch an einem Metalldraht. Auch größere Doppelhaken und Dreizacke scheinen zum Fischfang gedient zu haben.

Sehr zahlreich, in mehr als 50 Exemplaren, fanden sich kleine Zangen, Pinzetten, aus Eisen oder Bronze, dagegen nur einzelne gröbere oder feinere eiserne Nadeln mit Öhsen;

eine ſtak noch in einem kleinen, eleganten, aus Bronze gegoſſenen Nadelbüchſchen. Die Ausgrabungen in La Tène haben auch einige Keſſelhaken zutage gefördert, die ſich nicht weſentlich von den heute benutzten unterſcheiden. Der eine von ihnen beſteht aus einem 40 cm langen Eiſenſtab, der an einem Ende zum Haken gebogen iſt und am anderen eine Kette von zehn Gliedern trägt, an der die beiden zweigliederigen Arme zum Tragen der Henkel des Keſſels hängen. Die Arme ſind wie der obere einſache Teil gedrehte Eiſenſtäbe. Die Keſſel ſelbſt, deren man etwa zehn gefunden hat, ſind im weſentlichen nach einem gleichförmigen Typus geformt. Der Boden des Gefäßes beſtand aus einer dünnen gehämmerten Bronzeplatte, während die obere Partie, an der die beiden Ringe zum Aufhängen angebracht ſind, aus einem ſoliden, 60 oder 70 cm breiten Eiſenblechband beſteht, das am oberen Rande etwas umgebogen iſt. Die beiden Teile ſind geſchickt und ſolid durch ziemlich nahe aneinanderſtehende Nietnägel miteinander vereinigt.

Der faſt vollſtändige Mangel an Schmiedewerkzeugen läßt glauben, daß die Bewohner des militäriſchen Poſtens in La Tène ihre Waffen von anderswoher bezogen und ſich darauf beſchränkten, nur die dringendſten Reparaturen ſelbſt vorzunehmen. Es wurden nur zwei kleine Hämmer gefunden, der eine maſſiv und ſchwer, der andere leichter und mit einem Querſtielloch verſehen. Als Mühlſteine haben in La Tène Granitblöcke gedient. Es ſind große, konkave Scheiben, genau im Mittelpunkt durchbohrt und durch den Gebrauch etwas ausgehöhlt; ihr Durchmeſſer beträgt 38, ihre Höhe 16 cm. Die in La Tène gefundenen Tongeſchirre beſchränken ſich auf einige grauſarbige Scherben aus ziemlich feinem, hartgebranntem Ton; wie es ſcheint, ſind alle auf der ſchnell rotierenden Drehſcheibe gemacht. Im allgemeinen ſind ſie nicht ornamentiert und ſtimmen mit den Gefäßreſten aus den galliſchen Gräbern der Marne überein.

Auch Spielwürfel wurden in La Tène ausgegraben, einer aus Knochen, der andere aus Bronze. Sie ſehen unſeren heutigen Würfeln ſehr ähnlich und haben offenbar zu demſelben Zwecke gedient. Der Knochenwürfel iſt viereckig und zeigt Felder von gleicher Größe mit 3, 4, 5 und 6 Augen. Der bronzene iſt länglich und trägt auf ſeiner Oberfläche die Punkte 1, 2, zweimal 3, 4 und 5. Nach den Schriftſtellern des Altertums reicht der Gebrauch des Spielwürfels bis zu einer ſehr frühen Epoche hinauf, und unter den etruskiſchen und römiſchen Antiquitäten ſind Würfel nicht ſelten.

Die Zeitbeſtimmung des Fundes geſtatten die in großer Anzahl gefundenen Münzen. Sie beſtehen aus Bronze, Silber und zwei aus weißem Gold; die letzteren ſind die älteſten Stücke und entartete Exemplare der Nachbildungen von Stateren von Philipp von Mazedonien. Die übrigen Stücke ſind faſt ausſchließlich um die Mitte des 1. Jahrhunderts vor Chriſti Geburt geprägt. Sie entſprechen zum Teil den auch in Deutſchland vielfach gefundenen galliſchen Münzen, die man ihrer konkaven Form wegen als Regenbogenſchüſſelein bezeichnet. Man fand außer den Münzen von Auguſtus, Tiberius, Claudius auch eine ſolche von Hadrian, ein Beweis, daß die La Tène-Station noch im 2. Jahrhundert, unter der Regierung dieſes Fürſten, beſtand.

Menſchliche Reſte, Schädel und Knochen, hat man in verhältnismäßig beträchtlicher Anzahl aus verſchiedenen Tiefen der Kiesſchichten von La Tène ausgegraben. Es ſpricht das dafür, daß heftige Kämpfe um dieſen Ort ſtattgefunden haben, wovon auch die Anhäufung von zahlreichen ganzen und zerbrochenen Waffen ſowie die konſtatierten Spuren von

Verletzungen an einigen menschlichen Schädeln zeugen; drei tragen besonders tiefe Spalten, alle nach der gleichen Richtung und offenbar mit dem Schwerte geschlagen. Man hat elf ziemlich wohlerhaltene Schädel und andere Skelettfragmente gehoben, die mehr als 30 Individuen angehört haben müssen. Der größte Teil der Schädel schließt sich nach R. Virchow dem brachykephalen Typus an. Die (fünf) brachykephalen Schädel sind gleichzeitig relativ hoch, die (drei) mesokephalen Schädel nähern sich in der Form dem brachykephalen Typus an. In ihrem Aussehen unterscheiden sich die zwei dolichokephalen Schädel so merklich, daß man wohl annehmen darf, daß sie durch das Wasser aus einer anderen Lokalität hierher verschleppt wurden, und daß die beiden Schädelkategorien nicht gleichzeitig sind. Nach Virchows Untersuchungen waren die ältesten steinzeitlichen Bewohner der Pfahlbauten der Westschweiz brachykephal, und dann folgt eine ausgesprochen dolichokephale Bevölkerung vom Ende der Steinzeit durch die ganze Bronzeperiode, wonach sich erst in der Epoche von La Tène wieder die noch heute in jenen Gegenden überwiegenden Brachykephalen zeigen.

Die Resultate der Ausgrabungen und die Gestalt des Ufers lehren, daß zur helvetischen Zeit, in welche die La Tène-Niederlassung gesetzt werden muß, der Platz nicht etwa mit einer mehr oder weniger tiefen Wasserschicht bedeckt gewesen ist, wie man sie beim Beginn der Untersuchungen angetroffen hat. Sie war vielmehr über die Wellenbewegung erhaben und gegen die Verheerungen des Sees und die Versandung geschützt. Desor hat in unmittelbarer Nähe der Pfähle, in dem Torfe ringsumher die Gegenwart von Fichtenbaumstümpfen konstatiert, die auf dem Platze selbst gewachsen waren und im damaligen Boden wurzelten.

Nach der Meinung von V. Groß beweist das fast ausschließliche Vorkommen von Kriegsgerätschaften und der fast gänzliche Mangel an Werkzeugen für den Ackerbau und den Haushalt, daß La Tène nicht ein eigentlicher Pfahlbau, sondern ein militärischer Beobachtungsposten war, ein kleines „oppidum", leicht zugänglich für die Herren des Landes und schon durch seine Lage verteidigt, mit einem guten Ausblick auf die alte gallische Straße von Genf nach Konstanz. Dieser Posten, der vielleicht nach einem unglücklichen Kampfe verlassen war, wurde unter Augustus neu besetzt und bis Trajan von einer Abteilung der in Vindonissa liegenden Legion verteidigt, wie die Ziegeltrümmer mit den Zeichen der 21. Legion beweisen.

Das Alter der La Tène-Station bestimmt schon F. Keller nach den, wie gesagt, unter dem Eisengerät vorkommenden gallischen Münzen als „vorrömisch". Aus dem Vergleich dieses Fundes mit gleichartigen von anderen Orten in der Schweiz, Frankreich und England stellte F. Keller fest, daß die Sachen gallischen Ursprungs seien, und zwar aus den letzten Jahrhunderten vor dem Erscheinen der Römer diesseit der Alpen.

Der Fund von La Tène hat, wie der von Hallstatt, einer großen und weitverbreiteten Kulturgruppe den Namen gegeben. Diese ist charakterisiert durch Schwerter und Dolche von den oben beschriebenen eigentümlichen Formen mit eisernen und bronzenen Scheiden; bandförmige Schildbuckel; Ringe mit Buckeln oder mit petschaftförmigen oder schalenförmigen Endknöpfen und sich daran anschließenden reichen Ornamenten in eigenartigem Stile; Armringe von Glas, meistens gelb oder blau; feingearbeitete Bronzeketten, deren Ringe durch besondere Zwischenglieder verbunden sind; häufig enden diese Ketten in einem tierkopfförmigen Haken und mögen zum Teil Schwerthalter gewesen sein. Der Ornamentstil besteht in eigentümlich geschlängelten Linien, in denen zwei Motive, das Triquetrum und die Spirale, vorherrschen, und zwar in einer Weise behandelt, die man in den Hauptzügen in den irischen

40*

Miniaturen und auf den erwähnten Münzen, den „Regenbogenschüsselchen", wiederfindet. Namentlich gilt das für die auf einer Schwertscheide auf einem punktierten Grunde in schwachem Relief dargestellten drei phantastischen, rehartigen, im Laufe begriffenen Tiere, deren Extremitäten, Hörner, Maul, Schwanz und Füße, in Pflanzenranken auslaufen. Charakteristischer als alles andere ist jedoch die oben beschriebene Fibelform. Vielfach sind unter den Ornamenten Schmelzinkrustierungen. Oft findet man, wie in La Tène selbst, in Begleitung der La Tène-Altertümer auch verschiedene Münzen, meist von Gold, barbarische Nachbildungen griechischer und massiliotischer Silbermünzen, mazedonischer Goldstatere und Trachmen von Philipp, dem Vater Alexanders des Großen. Sie wurden später mehr und mehr barbarisiert, bis sie die Gestalt der „Regenbogenschüsselchen" annahmen. Etwas später sind Münzen aus Potin, einer eigentümlichen Mischung von Kupfer und Zinn. Es ist mit Sicherheit nachgewiesen, daß diese Münzen von keltischen Völkern in Gallien, Britannien und den Alpenländern geprägt worden sind.

„Die älteste Eisenzeit", sagt Undset, „ist demnach im mittleren Europa durch zwei große Altertümergruppen repräsentiert, die beide ziemlich scharf ausgeprägt sind und sich jedenfalls dadurch unterscheiden, daß sie verschiedene Gebiete beherrschen. Die Gruppe Hallstatt liegt in Deutschland hauptsächlich im Donautal, wohingegen die Funde im Rheintal sich der Gruppe La Tène anschließen. Letztgenannte Gruppe scheint sich in einem Gürtel durch das mittlere Deutschland bis nach Böhmen zu erstrecken und abwärts durch das westliche Ungarn nach Norditalien und dort ein Gebiet zu umspannen, auf dem die andere Gruppe besonders stark auftritt. Durch das östliche und nördliche Frankreich zieht die La Tène-Kultur alsdann in einem zweiten Gürtel bis an die Nordsee und hinüber nach den britischen Inseln. Es finden sich übrigens auch Gebiete, wo beide Gruppen auftreten, dem Anschein nach hauptsächlich in der Schweiz und im südöstlichen Frankreich. Doch pflegen die denselben angehörenden Gegenstände scharf getrennt zu sein. Gemischte Funde sind selten und kommen nur in den Gräberfeldern des südöstlichen Frankreich vor." Hans Hildebrand schildert die beiden in Rede stehenden Kulturgruppen mit folgenden Worten: „Das Dünne, flach Ausgetriebene, was die Gruppe Hallstatt charakterisiert, fehlt der Gruppe La Tène gänzlich, die sich im Gegenteil durch Abrundung, Konzentrierung und kräftige Profilierung auszeichnet."

Darüber existiert keine Meinungsverschiedenheit, daß in der Schweiz Gallier und andere gallisch-keltische Völker die Träger der La Tène-Kultur gewesen sind. Aber es wäre gewiß unrichtig, wenn wir annehmen wollten, daß überall da, wo La Tène-Altertümer gefunden werden, auch gallisch-keltische Völker gesessen hätten. Immer deutlicher stellt es sich heraus, daß sich doch in einem großen Teil der Gebiete der ehemaligen Hallstatt-Kultur als jüngere Schichten über die Reste dieser Kultur die Überbleibsel der La Tène-Kulturgruppe breiten. Als die Römer in Gallien und Germanien eindrangen, befanden sich die Völker beider Ländergebiete in der La Tène-Periode, und die Krieger der Germanen haben vielleicht die gleichen langen Eisenschwerter mit dem römischen Kurzschwert gekreuzt wie jene der keltischen Völkerschaften. Die Menschenreste in den La Tène-Gräbern des Rheingebiets zeigen sich nach R. Virchow von denen, die La Tène selbst geliefert hat, vollkommen verschieden; das war nicht ein Volk. „La Tène" bezeichnet die über weite Länderstrecken und verschiedene Völkerschaften hingehende Kulturperiode noch in jener Zeit, in welcher die Römer mit Kelten und Germanen in kriegerische Berührung traten. In bezug auf das chronologische Alter der beiden Kulturkreise erscheint die Hallstatt-Gruppe entschieden und zweifellos als die ältere. Wir finden in ihr unverkennbare Ausläufer einer Bronzezeit, und die zahlreichen Industrie-artikel, die auf Norditalien hinweisen, gehen dort auf eine uralte Zeit zurück. Dagegen stehen wir, wie oft erwähnt, in der La Tène-Gruppe schon in der vollentwickelten Eisenzeit, die zu keiner der bisher bekannten Bronzealtergruppen ein direktes Abstammungsverhältnis erkennen läßt. Montelius hat darauf hingewiesen, daß die charakteristische Form der La Tène-Fibula sich vielleicht aus der Fibula entwickelt haben könne, die in den Gräbern der Certosa vorherrscht; das würde vielleicht auf eine Ausbildung der La Tène-Kultur auf italischem Boden hindeuten.

Ein Zweig der La Tène-Gruppe, namentlich der am Mittelrhein, in der Maingegend und im Saar- und Nahetal, ist stark mit italischen Industrie-Erzeugnissen durchsetzt: es finden sich schöne Kannen und Vasen von Bronze, kostbare Goldsachen und anderer Schmuck, zum Teil auch gemalte Tongefäße; aber dabei ist wohl zu bemerken, daß die Bezugsquelle dieser Prachtstücke das Gebiet der vollentwickelten etruskischen Kultur ist. Dies zeugt mit Entschiedenheit für eine spätere Periode als Hallstatt. Durchschnittlich mögen die Altertümer der La Tène-Gruppe den Jahrhunderten angehören, die dem Erscheinen der Römer auf diesen Gebieten am nächsten liegen; manche sind jedoch entschieden älter, so namentlich einige auf italischem Boden gemachte La Tène-Funde. Aber auch bis in die römische Zeit ragen sie herein und erscheinen namentlich auf den britischen Inseln, vielleicht auch in Böhmen, jünger als an anderen Orten. Erwähnt sei noch, daß sich in der La Tène-Kultur gewöhnlich die Leichenbestattung findet.

Noch einmal soll darauf hingewiesen werden, welchen entscheidenden Einfluß wir den vorrömischen italischen Kulturen im Norden der Alpen zusprechen müssen. Hauptsächlich kommt hier die hochentwickelte Kultur Norditaliens in Betracht. Die alten Schriftsteller wie die Altertumsfunde zeugen für ausgedehnte Handelsverbindungen, die von Oberitalien im Norden der Alpen nach allen Richtungen bis tief in die Barbarenwelt hinein unterhalten wurden. Aus den Alpenländern und aus nördlicheren Gegenden kennt man eine Menge Funde zum Teil norditalischer Abkunft. Die ältesten dürften auf die nordetruskische Kultur-gruppe zurückzuführen sein; später ergibt sich das eigentliche Etrurien als die Bezugsquelle. Der Handelsweg über die Alpen scheint früher über die östlichen niedrigsten Pässe in die österreichischen Lande gegangen zu sein, erst später mehr westlich in die Rheingaue.

Die La Tène-Periode umfaßt die letzten vier Jahrhunderte vor Christi Geburt; Tischler teilte sie in mehrere scharf durch das Gesamtinventar getrennte Gruppen. Wenn wir von der ersten Übergangsperiode zu Hallstatt absehen, so sind es drei Abschnitte, die als Früh-, Mittel- und Spät-La Tène bezeichnet werden. Die Früh-La Tène-Periode findet sich in den großen Kirchhöfen der Champagne, zeigt sich in den glänzenden Grabhügeln des Rhein-Saargebietes und durchzieht die Schweiz, Süddeutschland, Böhmen nach Ungarn hinein mit solcher Gleichmäßigkeit der Gebräuche und des Inventars, daß wir nach Tischlers Ansicht wohl auf Gleichmäßigkeit des Volkes (Kelten) schließen dürfen, obwohl gleicher Schmuck und gleiche Waffen im allgemeinen durchaus noch nicht allein berechtigen, eine ethnographische Gleichheit anzunehmen. Die Mittel-La Tène-Periode ist ganz be-sonders reich und, hier ausschließlich, vertreten in der Station La Tène bei Marin, die dieser Periode den Namen gegeben hat. Sie findet sich in dem oben skizzierten Gebiet und im Norden bis zur Weichsel. Die Spät-La Tène-Periode ist vertreten durch die Ausgrabungen in Bibracte, einem der bedeutendsten Marktplätze Galliens vor der Gründung von Augusto-dunum, und durch die Waffenfunde von Alesia, wo man in den Schanzgräben die Waffen

der in diesem Kriege endgültig besiegten Gallier fand. Von besonderer Bedeutung sind die
Funde des Nauheimer Gräberfeldes, das dem letzten halben Jahrhundert vor Christus
angehört. Diese Periode findet sich auch auf dem Hradischt von Stradonic in Böhmen mit
wenigen Funden aus älterer Zeit und spärlichen aus der römischen Periode. In wesentlich verschiedener Weise ist die ganze La Tène-Zeit in Norddeutschland vertreten.
Während die ältere Phase der La Tène-Zeit sich durch die südliche Zone nach Osten mit

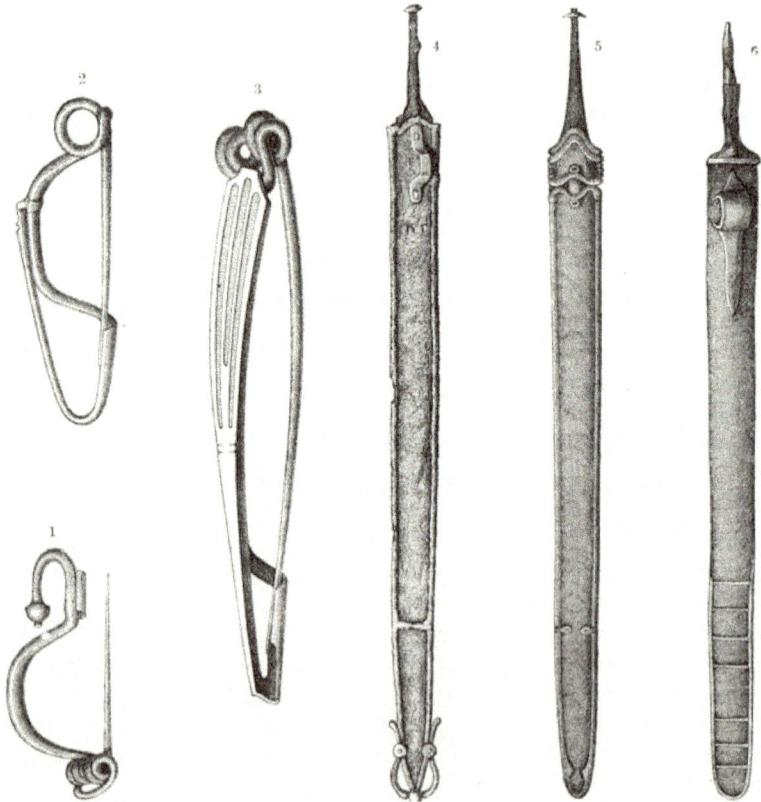

Fibeln (1—3) und Schwerter (4—6) der La Tène-Zeit. Nach O. Tischler im „Korrespondenzblatt der deutschen anthropologischen Gesellschaft" (1885). Beschreibung im Text, S. 631.

Leichenbestattung hindurchzieht, ist in Norddeutschland der Leichenbrand allein üblich, der in
Gallien und Süddeutschland erst in der späteren La Tène-Zeit auftritt. Es ist schon eine große
Menge Gräberfelder dieser Periode im Norden und im Osten Deutschlands bis zur Weichsel,
und diese noch etwas überschreitend, aufgefunden worden. Besonders die Waffen, die
Schwerter, sind den westländischen frappant ähnlich, ja mit ihnen identisch, so daß wir zu
dem Schlusse kommen, daß die Stämme, die diese östlichen Gebiete Pommern, Westpreußen
und Schlesien zu Cäsars Zeit bewohnt haben, und die wir nicht als gallische ansehen dürfen,
sondern als Germanen, dieselbe Bewaffnung gehabt haben wie die Gallier.

O. Tischler griff für die Beschreibung der charakteristischen Hauptunterschiede des Inventars der von ihm statuierten drei Abschnitte die Fibel und das Schwert heraus.

Die La Tène-Fibel zeichnet sich, wie wir sahen, dadurch aus, daß das Schlußstück schräg in die Höhe zurückgebogen ist, während es bei den zum Teil etwas verwandten Armbrustfibeln vom Ende der Hallstatt-Periode gerade zurücktritt. Bei den Früh-La Tène-Fibeln (s. die Abbildung S. 630, Fig. 1) ist dieses Stück frei, mit dem Bügel nicht verbunden: „Fibeln mit freiem Schlußstück". Es ist ein Knopf, oft eine Scheibe, welch letztere vielfach mit Edelkoralle belegt ist. Diese Koralleneinlage tritt schon zahlreich am Ende der Hallstatt-Periode auf, erreicht ihren Höhepunkt zur Früh-La Tène-Zeit und wird dann schon in dieser Periode durch Blutemail, das echte gallische Email, imitiert. Im mittleren Westdeutschland, bis Berlin, in Bayern, vereinzelt in Hallstatt, tritt gleichzeitig eine Fibel auf, die in Frankreich fast ganz zu fehlen scheint, die Vogel- oder Tierkopffibel. Bei der Mittel-La Tène-Fibel (S. 630, Fig. 2) ist das Schlußstück mit dem Bügel durch eine Hülse oder ein anderes Glied verbunden: „Fibeln mit verbundenem Schlußstück" wie sämtliche Fibeln der Station La Tène. Die Spät-La Tène-Fibel (S. 630, Fig. 3) zeigt die weitere Umwandlung, daß der Fuß einen geschlossenen Rahmen bildet, also das frühere Schlußstück nun in den eigentlichen Fuß übergeht: „Fibeln mit geschlossenem Fuß". Zu dieser letzteren Formenreihe gehört auch eine Fibelform mit breitem, bandförmigem, geripptem Bügel, bei der das schmale Schlußstück oben in eine breite, glatte, viereckige Hülse endigt; sie gehört der spätesten La Tène-Zeit an; ein in Chur befindliches Exemplar trägt eine römische Inschrift, wie ja überhaupt die Spät-La Tène-Fibel das Vorbild war, aus der sich eine große Reihe der römischen Provinzialfibeln entwickelte, bei denen als neues Moment der Haken, der die Sehne festhält, hinzukam.

Nicht weniger charakteristisch sind die Schwerter. Das Früh-La Tène-Schwert (S. 630, Fig. 4) findet sich sehr zahlreich in den großen Gräberfeldern der Champagne. Es sind Schwerter mit schmaler Angel, mit scharfer Spitze, denen meist die kurze, geschweifte Parierstange fehlt, die für die Schwerter der Station La Tène so charakteristisch ist. Besonders bedeutsam ist aber die Scheide mit ihrem Beschlag. Sie wird, wie oben beschrieben, aus zwei Metallblättern von Bronze oder Eisen gebildet, die durch Beschläge verbunden sind. Bei diesen Früh-La Tène-Schwertern rundet sich der Endbeschlag meist stark aus, so daß er manchmal von der Scheide à jour absteht, und endet dann nach oben vielfach in zwei anliegenden stilisierten Tierköpfen. Manchmal hat der Endbeschlag auch Kleeblattform. Bei den Mittel-La Tène-Schwertern (Station La Tène, S. 630, Fig. 5) endet die Klinge ziemlich stumpf, spitzbogig, und die Scheide schließt sich dieser Form an. Der Endbeschlag liegt dicht an, und kleine Vorsprünge erinnern an die Tierköpfe der älteren Schwerter. Nie fehlt dem Schwerte die kleine stark geschweifte Parierstange. Die Scheiden sind auf ihrer Fläche oft schön verziert (s. die Abbildung S. 632, Fig. 2). Die Spät-La Tène-Schwerter (S. 630, Fig. 6), von denen manche in Alesia, Nauheim, viele in Pommern, Westpreußen, Schlesien, einige bei der Korrektion der Thielle am Neuenburger See und anderswo gefunden worden sind, haben eine unten meist breite, in einem flachen Bogen oder Knopf endigende Scheide. Sehr oft endet die Scheide aber gerade, und das Schwert hat eine kurze gerade Parierstange, doch kommen auch geschweifte noch vor. Besonders charakteristisch sind eine Menge von Metallstegen, welche die beiden Seitenbeschläge der Scheide verbinden, meist am unteren Ende, so daß die Scheide auf der einen Seite leiterartig aussieht.

Mit der La Tène-Periode stehen wir an der Grenze der historischen Zeit Mitteleuropas; wie gesagt, ragt sie in Böhmen, wo man mit solchen Altertümern neben Steingeräten auch römische Münzen, eine von Augustus, gefunden hat, wohl bis ins 2. Jahrhundert nach Christus. Die Wohnplätze, die wir in Böhmen aus dem La Tène-Kulturkreis kennen, stammen aus römischer Zeit oder reichen doch bis in diese hinein. Obschon wir damit eigentlich die Grenze unserer jetzigen Aufgabe überschreiten, sei hier noch nach Undset einer der interessantesten und reichsten Funde in La Tène-Wohnplätzen, der auf dem Hradischt bei Stradonic, etwas eingehender geschildert. Dort, auf der Stätte eines alten befestigten Wohnortes, wurden viele Tausende von Altertümern (man schätzt die Gesamtzahl auf etwa 20000) und sonstige Überreste aller Art ans Licht gebracht. Der Fundort war mit einer Aschenlage bedeckt, unter der man Massen von Tierknochen und Speiseüberresten fand, die sich im Laufe der Jahre, während deren der Platz bewohnt war, angesammelt hatten. Unter den dort ent-

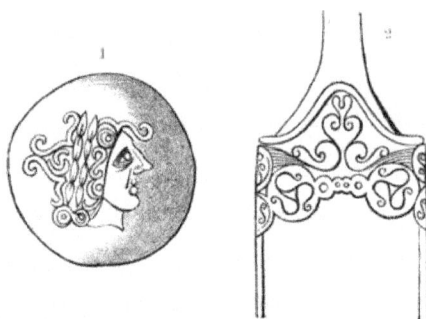

Münzstempel und Schwertscheide der La Tène-Zeit.
Nach O. Tischler im „Korrespondenzblatt der deutschen anthropologischen Gesellschaft" (1885). Vgl. Text S. 631 und 632.

deckten Sachen fallen zunächst als sehr altertümlich eine Anzahl von Steingeräten auf: Hämmer mit Schaftloch und einige Äxte und Keile von alter Form. Sie zeugen aber nicht für eine Ansiedelung in der Steinzeit, sondern finden sich hier wie an vielen anderen Orten Böhmens als Begleiter einer schon mit zahlreichen römischen Elementen durchsetzten La Tène-Kultur. Waffen sind spärlich vertreten; derartige Dinge gehen an einem Wohnort ja seltener verloren. Einige Speerspitzen von Eisen und ein eiserner Endbeschlag einer Schwertscheide gehören zur La Tène-Gruppe. Ferner wurden gefunden: Gürtelhaken mit den dazu gehörigen Ringen, Gürtelbeschläge, mit Tierköpfen verziert, Armbänder und Perlen aus Glas, unzählige Fibeln aus Bronze, Eisen, Gold und Silber, vorwiegend von der rückwärts gebogenen Form, aber in einer jüngeren Varietät mit zusammengeschmiedeter unterer Partie, und viele Gegenstände aus Bein, z. B. Würfel, Kämme, und Schleifsteine in der Form von Weberschiffchen. Besonderes Interesse erweckten eine Anzahl unvollendeter Fibeln sowie halbfertige oder kaum begonnene Schmiedearbeiten von Bronze und Eisen; ferner mehrere Bronzeketten aus Ringen, die durch Mittelglieder vereinigt sind, und zahlreiche keltische Münzen von Silber, Gold und Potin (s. die obenstehende Abbildung, Fig. 1); dann die Figur eines Wildschweins von Bronze und eines von Ton. Der Eber hatte bei den Kelten eine besondere Bedeutung: auf gallischen Münzen erscheint eine Eberfigur auf einer Stange als Feldzeichen. Aber neben diesen der La Tène-Periode angehörenden Altertümern findet sich eine Menge von Gegenständen, die das Gepräge römischer Kultur tragen. Die meist auf der Drehscheibe gemachten Tongefäße zeigen in der Form und den gemalten Ornamenten große Ähnlichkeit mit den provinzial-römischen Tongefäßen am Rhein; auf einigen Bruchstücken stehen sogar lateinische Buchstaben. Daneben finden sich aber auch Scherben von roheren, rot gebrannten oder schwarzen Urnen aus einem mit Graphit gemengten Ton. Es fanden sich: Stücke von römischen Gefäßen aus Glas oder Bronze und von Metallspiegeln; Rahmen von Wachstafeln und Schreibgriffel aus Bein; Armringe, die sich zusammenschieben laffen. Römisch sind ferner Fingerringe mit Intaglio in Karneol, Siegelringe mit Kameen und Glaspasten, Gürtelschnallen aus Bronze und Eisen; manche Formen von Eisengeräten stimmen mit römischen vollkommen überein, auch zwei römische Münzen aus der Zeit der Republik wurden gefunden.

„Das Gesamtbild, welches uns aus diesen Funden entgegentritt, zeigt einen Wohnort mit einer Kultur, die man gewissermaßen als provinzial-römisch bezeichnen kann, obwohl die einheimischen keltischen Elemente ungleich stärker vertreten sind als die eingeführten römischen. Wir erkennen darin die Hinterlassenschaft einer friedlichen Bevölkerung, die Ackerbau und bedeutende Metallindustrie trieb. Die Massen rohen Bernsteins, die man gefunden hat, lassen vermuten, daß man diese kostbare Ware aus dem Norden bezog und nach Süden ausführte, und der auffallende Mangel an römischen Münzen gegenüber dem vielen keltischen Gelde läßt darauf schließen, daß man im Handel das einheimische Zahlungsmittel dem fremden vorzog. Von speziellem Interesse sind die Zeugnisse einer lokalen Metallindustrie. Neben Schmelztiegeln und Schlacken von Eisen und Bronze liegen, wie gesagt, unzählige kaum begonnene oder halbfertig geschmiedete Fibeln aus Eisen und Bronze, ein unwiderlegbarer Beweis, daß dort Metalle geschmiedet und gegossen sind, ein sicherer Beleg dafür, daß man nicht genötigt ist, jedes in Mittel- oder Nordeuropa gefundene gut gearbeitete Metallobjekt aus der Zeit des Anfangs unserer Zeitrechnung als ein Produkt italischer Fabriken zu betrachten." Wir haben hier wohl die Hinterlassenschaft der keltischen Bojer vor uns.

An anderen befestigten Wohnplätzen, so namentlich an einem in der nächsten Nähe von Prag, gehen die Funde in eine noch spätere, in die slawische Zeit zurück. Hier treffen wir auf die zuerst im nordöstlichen Deutschland von R. Virchow als slawisch erkannte merkwürdige Kulturgruppe, deren altertümliches Aussehen durch eine große Menge von Dingen aus Stein, Bein, Horn, Bronze und Eisen kaum zu der vortrefflichen Töpferware, die oft auf der Drehscheibe gemacht, hartgebrannt und vielfach mit dem Wellenornament verziert ist, und auf den ersten Blick noch weniger mit dem absolut sicheren Ergebnis zu stimmen scheint, daß diese noch wesentlich auf die Benutzung des Steines, des Knochens und Hornes als Material für Werkzeuge und Waffen neben Bronze und Eisen gegründete Kultur im einst slawischen Nordosten Deutschlands bis an das zweite Jahrtausend unserer Zeitrechnung grenzt. Inzwischen war in den Donau- und Rheinlanden die La Tène-Kultur lange schon von der römischen durchdrungen und durchsetzt, und es hatte sich aus beiden ein spezifischer provinzial-römischer Formenstil entwickelt, unter dessen Einfluß sich namentlich in den germanischen Ländern jener originelle Eisenstil herausbildete, der die Gräber der Völkerwanderungsgermanen bis zur Merowingerzeit charakterisiert und unter Karl dem Großen in die alte romanische Renaissance übergeht. Doch damit haben wir schon weit über die hier gesteckten Grenzen der Betrachtung hinausgeblickt.

Die Formentwickelung der Gewandnadel oder Fibel.

„Die Fibel oder die Sicherheitsnadel, welche das Gewand zusammenhielt, ist", wie O. Tischler sagt, „eins der wichtigsten vorgeschichtlichen Geräte des menschlichen Schmuckes, welches zwar nicht in den ältesten metallischen Zeiten, aber bereits in sehr alter Zeit bei den Völkern Europas im Gebrauch war. Im Laufe von zwei Jahrtausenden hat sich an ihr die künstlerische Laune in überschwenglicher Fülle kundgetan, und man ist anfangs verblüfft und fast ratlos, wenn man diesem Chaos von Varietäten gegenübersteht. Aber auch die scheinbar willkürliche Mode folgt bestimmten Gesetzen, welche sich von Jahrhundert zu Jahrhundert und von Volk zu Volk ändern, und die auf induktivem Wege zu erforschen unsere Aufgabe ist." Gerade die Erforschung der Fibeln hat für die Erkenntnis der vorgeschichtlichen Periodenteilung die größte Bedeutung gewonnen durch die Untersuchungen so ausgezeichneter Gelehrten wie Hans Hildebrand, Oskar Montelius, Otto Tischler und anderer. Das Studium der Fibeln und namentlich der italischen hat sich auch für die spezielle Chronologie der prähistorischen Zeiten von der hervorragendsten Wichtigkeit gezeigt, sowohl für Italien selbst als auch für die Länder im Norden der Alpen. In diesen Ländern hat man sehr häufig italische Fibeln gefunden, die dann, vom archäologischen Gesichtspunkt aus betrachtet, dieselbe Rolle spielen wie die griechischen und römischen Münzen für die späteren Epochen. Dabei sind überall die verschiedenen vorgeschichtlichen Perioden ebensogut wie durch die Waffen und Werkzeuge auch durch die Fibeln charakterisiert, die überall zur Befestigung der Kleider beider Geschlechter sowie zum Schmucke gedient haben. (Vgl. die Tafeln „Waffen, Geräte und Schmucksachen der Bronze-, Hallstatt- und La Tène-Periode" bei S. 587, 606 und 625.)

Die Grundform der Fibel ist die unserer heutigen Sicherheitsnadel (s. die beigeheftete Tafel „Typische Formen der Gewandnadeln oder Fibeln", Fig. 1): ein Draht, in der Mitte, mehr oder weniger an eine Armbrust erinnernd, in eine oder mehrere Spiralen (a) gebogen und von da aus als eigentliche Nadel (b) wieder gerade verlaufend; die Spitze der Nadel greift in einen durch Umbiegung des anderen Drahtendes gebildeten Haken, Nadelhalter (c) ein. Das Stück (d) der Nadel zwischen dem Nadelhalter und der Spirale, die meist, um eine Gewandfalte in sich zu fassen, im Bogen aufwärts gekrümmt erscheint, wird als Bogen der Fibel bezeichnet.

Im Bronzealter wurde, wenn auch selten, die Fibel in Skandinavien, Norddeutschland, Ungarn und einigen Nachbarländern sowie in Italien gebraucht. Unsere Tafel „Waffen, Geräte und Schmucksachen der nordischen Bronzezeit" bei S. 587 gibt die hauptsächlichste nordische, skandinavische Fibelform. Die in den Terramaren von Undset nachgewiesenen Fibeln entsprechen nahe der auf der Tafel in Fig. 1 abgebildeten Form vom Gardasee. Es ist zu beachten, daß während der Bronzezeit in der Iberischen Halbinsel, in Frankreich, Belgien und Großbritannien und auch in der Schweiz und im südlichen Deutschland keine Fibeln gebraucht worden sind. Nach den Funden der mykenischen Kultur fehlt die Fibel auch in der betreffenden Periode in Griechenland und im ganzen ägäischen Kulturkreis. Über die übrigen Teile der Balkanhalbinsel sind wir noch nicht genügend unterrichtet. Dagegen ist festgestellt, daß auch unter den berühmten Funden aus dem Bronzealter in Westsibirien und im Nordosten von Rußland die Fibel fehlt.

Nach Montelius zerfallen die europäischen Fibeln in drei Gruppen: in die ungarisch-skandinavische, die griechische und die italische Gruppe.

Die ungarische Fibel, aus welcher der skandinavische Typus hervorging, bestand ursprünglich aus einem sehr dünnen Bogen, dessen eines Ende sich nach einer kurzen Spiralwindung in die Nadel fortsetzte. Das andere Ende des Bogens war in eine flache, horizontale Spirale gedreht, gegen die man die Spitze der Nadel lehnte (s. die Tafel, Fig. 2).

Die griechischen Fibeln (s. die Tafel, Fig. 3), die schon in ein hohes prähistorisches, der Hallstattperiode entsprechendes Alter zurückreichen, bestehen zum Teil aus zwei oder manchmal vier symmetrischen, spiralförmigen, durch einen ziemlich kurzen Körper verbundenen

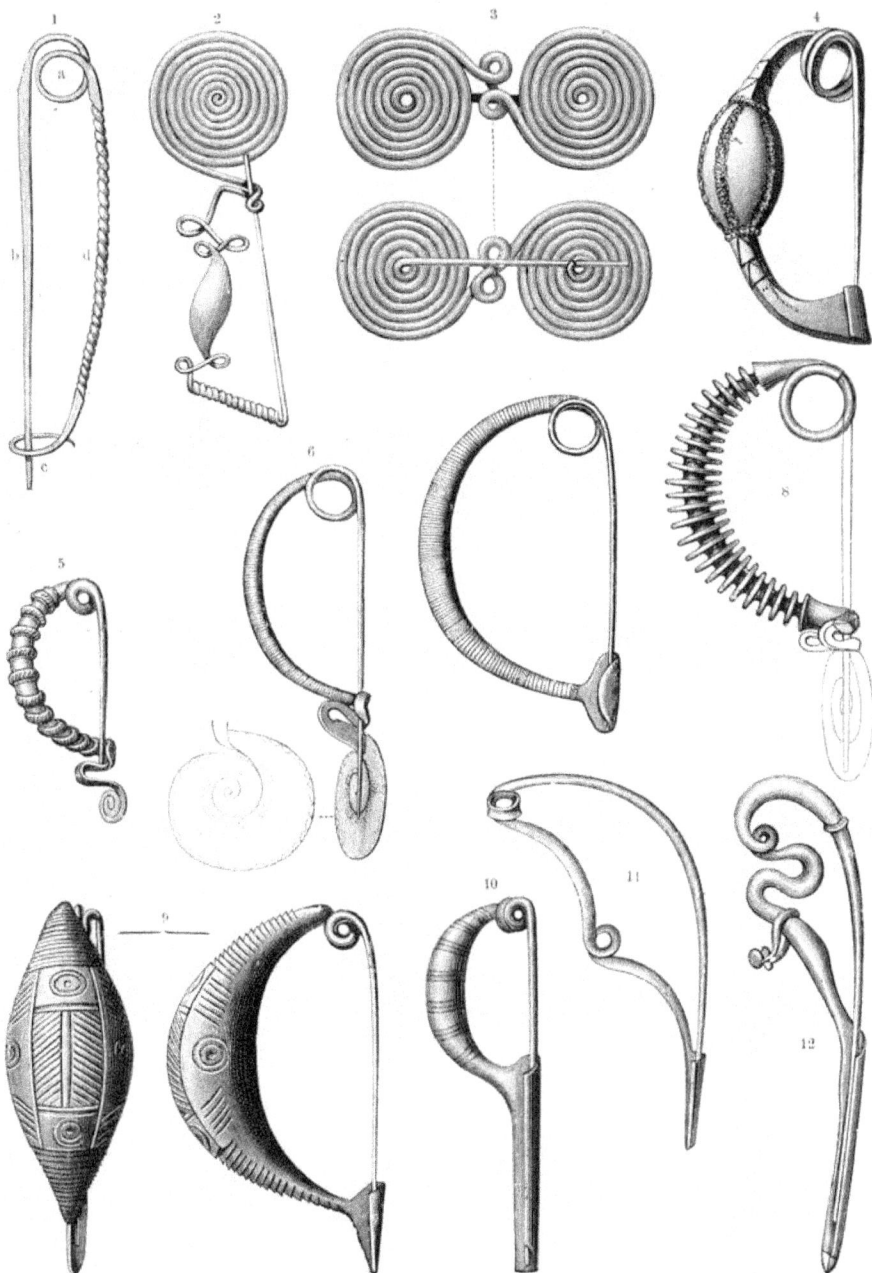

1. Einfachste Fibelform (Fundort: Gardasee). — 2. Ungarischer Typus. — 3. Griechischer Typus. — 4—12. Altitalische Typen: 4—8. Bogenfibeln; 9 u. 10. Kahnfibeln; 11 u. 12. Schlangenfibeln.

Typische Formen der Gewandnadeln oder Fibeln.

Nach I. Undset, „Das erste Auftreten des Eisens in Nordeuropa", deutsch von J. Mestorf (Hamburg 1882); O. Montelius, „Die Kultur Schwedens in vorchristlicher Zeit", übersetzt von C. Appel (2. Aufl., Berlin 1885); O. Tischler, „Über die Formen der Gewandnadeln" in J. Ranke, „Beiträge zur Anthropologie und Urgeschichte Bayerns", Bd. 4 (München 1881).

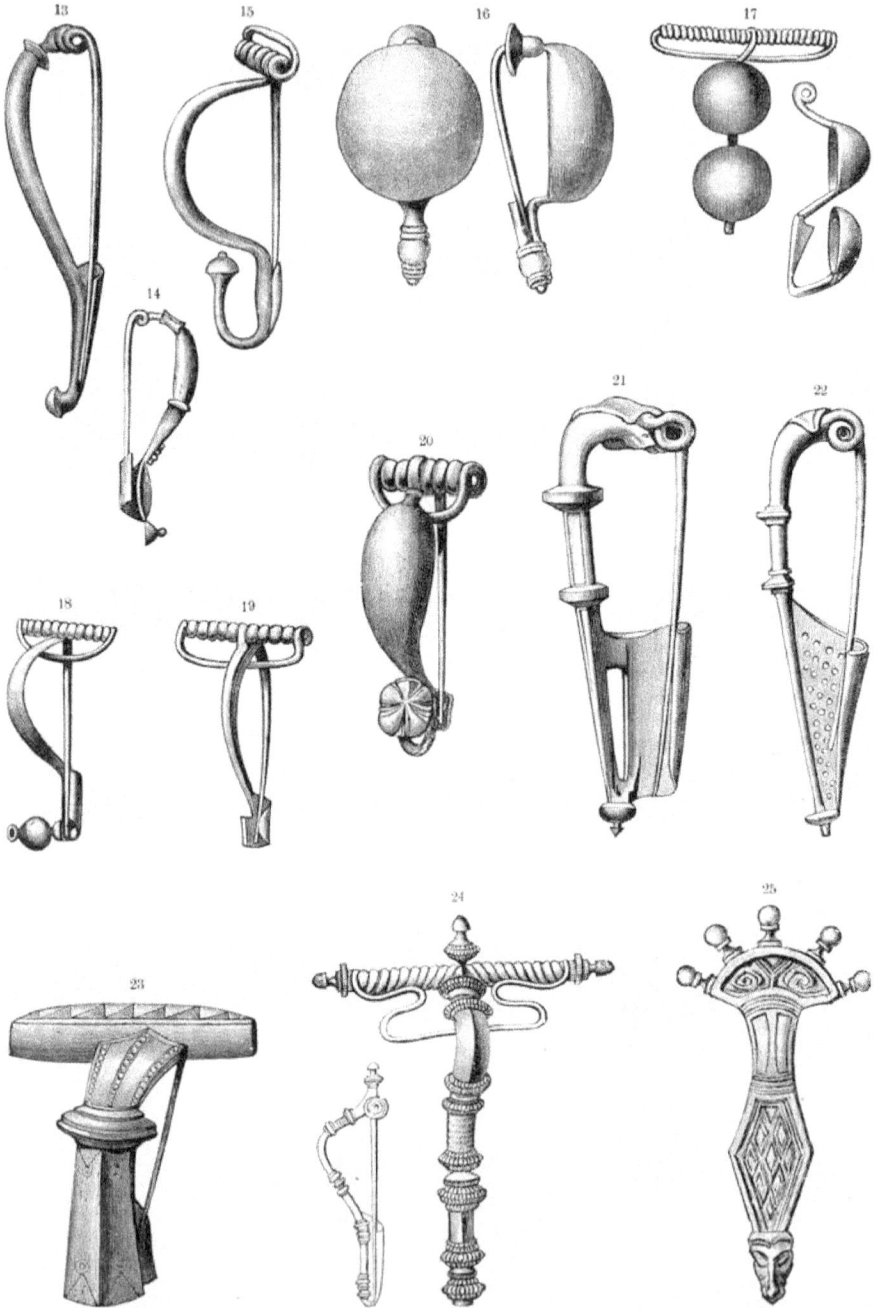

13 u. 14. Fibel von der Certosa bei Bologna. — 15. Fibel von Marzobotto bei Bologna. — 16. Paukenfibel mit einfacher Pauke, Hallstatt. — 17. Pauken - Armbrustfibel, Hallstatt. — 18. Armbrustfibel von der Certosa bei Bologna. — 19. Armbrustfibel von Hallstatt. — 20. Armbrustfibel mit einem tierkopfähnlichen Schlußstück des Bogens, Hallstatt. — 21—24. Formen römischer Provinzialfibeln, in Deutschland gefunden. — 25. Spätgermanische Fibel aus der Merowinger - Periode.

Scheiben. Die Nadel geht von der einen Scheibe aus und wird an der anderen befestigt. So verschieden die ungarische Form von dieser griechischen auch scheinen mag, so darf man doch an stattgehabte Umbildung der einen in die andere denken. Solche Fibeln wurden in Griechenland und in den süditalischen Gegenden gefunden, die früh von Griechen bewohnt waren. Auch nach Mitteleuropa wurden sie importiert und sind sehr wichtig für die Funde in Hallstatt, wo sie ziemlich häufig vorkommen. Eine andere Gruppe von griechischen Fibelformen schließt sich an die älteren italischen Fibeltypen an.

Die altitalischen Fibelformen (s. die Tafel, Fig. 4—12) zeigen trotz ihrer Verschiedenheit immerhin einige Anknüpfungspunkte an die ungarischen und griechischen Fibelformen. Auch hier liegt die Nadel bei den ältesten (Fig. 5) gegen eine Spirale am Nadelhalter gelehnt. Freilich geht diese Spirale bald in eine runde, platte Scheibe über (Fig. 6 und 8), die man dann oft von beiden Seiten her zur Bildung eines einfachen Nadelhalters aufbog (Fig. 4, 7, 9, 10). Bei diesen ältesten italischen Fibeln ist der Bogen halbkreisförmig; sie werden als halbkreisförmige Fibeln bezeichnet. Der Bogen, der sich in der Mitte ein wenig verdickt, wird durch parallele umlaufende Linien, die oft durch quere Strichreihen getrennt sind, in einer Menge von Variationen ornamentiert. In einzelnen Fällen geht der Halbkreis in andere Formen über, z. B. wird der Bogen durch regelmäßige Scheiben oder knopfförmige Anschwellungen gegliedert (Fig. 8). Diese Form schließt sich unmittelbar an diejenigen an, die man als Fibeln mit stark geripptem Bogen bezeichnet. Eine weitere Entwickelung dieser Fibel, die in Italien eine große Rolle spielt, besteht darin, daß sich der Bogen in der Mitte sehr stark verdickt; er ist entweder massiv oder, wenn er noch breiter wird, hohl; im letzteren Falle ist er teils auf der Rückseite geschlossen, teils mit einem kleinen Loch versehen oder unten ganz offen. Man nennt diese Form Fibeln mit kahnförmigem Bogen (Fig. 9 und 10) und unterscheidet solche mit kurzem Nadelhalter (Fig. 9) und andere mit langem Nadelhalter (Fig. 10). Gleichzeitig mit den kahnförmigen Fibeln treten in den alten Fundplätzen der ersten Eisenzeit in Oberitalien die sogenannten Schlangenfibeln auf, die ihren Namen von der schlangenförmigen Biegung des Bogens erhielten; Fig. 11 gibt davon einen Begriff. Die Form des Bogens wechselt in mannigfacher Weise. Die beiden Windungen oder Schlangen rücken einander meist ganz nahe, so daß zwischen ihnen eine stark gebogene Öse liegt; oft sind sie gar nicht geschlossen, sondern bilden offene Ösen. So entsteht eine ungemeine Mannigfaltigkeit zum Teil recht barocker Formen. Dazu kommen noch an den höchsten und tiefsten Stellen der Ösen oder Biegungen paarweise seitliche Ansätze in Form von gestielten Knöpfchen wie die Fühlhörner der Insekten (Fig. 12). Der Nadelhalter besteht meist aus einer langen Scheide und ist manchmal, wohl in den spätesten Formen, auch durch einen Knopf geschlossen.

In dem Begräbnisplatz der Certosa bei Bologna tritt eine neue, scharf charakterisierte Fibelform auf, die als Certosa-Fibel bezeichnet wird. Die beiden Figuren 13 und 14 der Tafel geben einen Begriff ihrer Form. Der Nadelhalter schließt mit einem nach vorn zurücktretenden Knopfe.

In Hallstatt fanden sich, abgesehen von der obenerwähnten griechischen Form, alle bisher genannten italischen Fibelformen: die halbkreisförmigen, die kahnförmigen, die Schlangenfibeln und die Certosa-Fibeln. Als Varietät der halbkreisförmigen ist eine Art für Hallstatt besonders wichtig, bei der sich an den Bogen ein halbmondförmiges Blech anlehnt; oft finden sich kleine Spiralen, rohe Tierfiguren stehen innerhalb des Bogens, und an

dem Bogen selbst hängen Ketten mit kleinen Klapperblechen (s. die Tafel bei S. 606). Man
hat solche Fibeln auch in Bologna gefunden und in süddeutschen Grabhügeln der Hallstatt-
Periode. Außerdem finden sich in Hallstatt sogenannte Paukenfibeln. Anstatt des kahnförmigen Bogens haben sie eine hohle Halbkugel in Form einer Pauke, manchmal auch zwei.
Der Nadelhalter ist mehr oder weniger lang und schließt mit einem Knopfe. An der oberen
Seite ist die Nadel angesetzt und in der Regel durch eine kleine Knopfscheibe von der Pauke
getrennt (s. die Tafel bei S. 634, Fig. 16 und 17). Diese Form ist besonders für die süddeutschen Grabhügel der Hallstatt-Periode charakteristisch.

In diesen Hügeln, wie zu Hallstatt selbst, tritt noch eine Reihe von anderen Fibeln
auf, die sich bisher in Italien nur ganz vereinzelt fanden. Während die bisher betrachteten
Fibeln nur eine ganz kurze, aus einer oder zwei Windungen auf einer Seite des Bogens
bestehende Spirale, oder gar keine besaßen, zeigt die sogenannte Armbrustfibel auf
beiden Seiten zahlreiche Spiralwindungen in gleicher oder fast gleicher Anzahl. Dadurch
wird die Spirale, die der Nadel eine stärkere Federkraft verleiht, ein hervorragendes Form-
element der Fibel. Schon die ältesten Armbrustfibeln gehen in der Umbildung noch einen
Schritt weiter, indem sich der Federmechanismus mit der Nadel vollständig von dem Bogen
loslöst. O. Tischler nannte die bisher beschriebenen, aus einem einzigen Stück bestehenden
Fibeln eingliedrig, die aus zwei Hauptstücken bestehenden zweigliedrig. Die Spirale ist bei
letzteren um eine Achse gewickelt, die durch ein Loch des Bogenendes hindurchläuft; die Feder
geht von der linken Seite des Bogens aus, rollt sich um die Achse, geht dann in einem Draht-
bogen, der Sehne heißt, unterhalb des Bogens auf die rechte Seite, rollt sich wieder auf bis
zur Mitte und geht dann in die Nadel über, die durch den mehr oder weniger langen Nadelhalter festgehalten wird. O. Tischler betrachtete diesen Mechanismus als einen technischen
Fortschritt. Die Nadel kann sich, da sie sich mit der ganzen Spiralrolle dreht, viel weiter aus
der Ruhelage entfernen; nähert man sie dem Bogen, so liegt die Sehne federnd an, und
es tritt die Elastizität der beiden Spiralen in Tätigkeit. Der Bogen und der Nadelhalter der
Armbrustfibeln sind von sehr verschiedener Gestalt (s. die Tafel bei S. 634, Fig. 18 und 19).

Einige der Armbrustfibeln gehen in Tier- oder Menschenköpfe aus, die sich nach vorwärts, d. h. in der Richtung nach der Spirale, gegen den Bügel aufwärts biegen (ähnlich wie
Fig. 20). Diese Form bildet schon einen Übergang zu dem Typus der La Tène-Fibeln
(s. die Abbildung S. 630). Diese schließen sich in bezug auf das Ende des Nadelhalters am
nächsten an die Certosa-Fibeln an, und Montelius ist, wie gesagt, der Meinung, daß die
La Tène-Fibel sich aus der Certosa-Fibel entwickelt habe. Die La Tène-Fibel, die in den
italischen Gräbern von Arnoaldi und Marzobotto vereinzelt auftritt, ist eine eingliedrige Armbrustfibel mit ziemlich kurzer Spirale. Der unmittelbar aus dem vorderen Ende des Bogens
hervorgehende Draht macht links eine Anzahl von Windungen, geht dann nach rechts hinüber,
wo er annähernd dieselbe Zahl von Windungen bildet, und verläuft schließlich in die Nadel.
Besonders charakteristisch ist es, daß am unteren Ende des Nadelhalters ein Schlußstück sich
mehr oder minder in der Richtung gegen die Spirale zurückbiegt (s. die Tafel bei S. 634,
Fig. 15). Anstatt des Knopfes findet sich auch eine Scheibe oder ein gestielter, höher hinauf-
reichender Knopf, und in der vollen Entwickelung der La Tène-Fibel verbindet sich das
Schlußstück des Nadelhalters vollkommen mit dem Bogen, entweder durch eine oder zwei
Kugeln oder Ringe oder durch einfache Umwickelung. (Vgl. die beiden Fibeln auf der Tafel
„Waffen, Geräte und Schmucksachen der La Tène-Periode" bei S. 625.)

Die römischen Provinzialfibeln, die im allgemeinen schon außerhalb des Ge-
sichtskreises dieser Betrachtungen liegen, bilden sich, wie wir gehört haben, aus den La Tène-
Fibeln heraus. Der Bogen ist kein Draht, sondern meist mit dem Nadelhalter aus einem
Stück gegossen. Der Nadelhalter erinnert in seiner Form jedoch noch deutlich an den La
Tène-Typus. Die Figuren 21—24 der Tafel bei S. 634 geben anschauliche Beispiele
einiger für die römische Provinzialkultur in Deutschland charakteristischer Fibelformen. Die
Spirale zeigt sich bei ihnen mehrfach in verschiedener Weise in einer Art Hülse verborgen.

Ein Beispiel einer der Haupt-Fibelformen aus der Völkerwanderungszeit
der Germanen, der sogenannten Merowinger-Periode, gibt die letzte Abbildung, Fig. 25,
der Tafel bei S. 634.

Rückblick auf die vorgeschichtlichen Epochen.

Der Anschluß der Prähistorie an die durch schriftliche Dokumente beglaubigte Geschichte,
der prähistorischen an die historische und klassische Altertumswissenschaft, ist durch gemeinsame
zielbewußte Arbeit erreicht worden. Keines der beiden Forschungsgebiete kann nunmehr
ohne das andere voll erfaßt werden. Die moderne Darstellung der Geschichte des Altertums beweist, wie innig und untrennbar die Verknüpfungen geworden sind.

So erscheint es gewissermaßen willkürlich, wenn die Prähistorie mit der La Tène-
Epoche abschließt, ohne die etruskische Kultur, die römischen und früh-mittelalterlichen
Perioden in ihren Bereich zu ziehen, deren Verbindungen mit den vorgeschichtlichen Epochen
Mitteleuropas so eng sind. In der Tat ist es zuerst gelungen, die Beziehungen des vorgeschichtlichen Mitteleuropas, des typischen Gebietes der Prähistorie, zu den beiden letztgenannten Perioden festzustellen und damit die Ergebnisse der vorgeschichtlichen Forschung
der „geschriebenen" Geschichte anzugliedern. Indem man weiter in die Vergangenheit
zurückschritt, wurden auch die La Tène-Epoche und die Hallstatt-Epoche historisch festgelegt.
Durch die Entdeckung der ägäisch-mykenischen Kultur und ihrer weitausgebreiteten Beziehungen, vor allem jener zu Ägypten, gelang das auch für die Bronzezeit. Seit der Auffindung der ältesten Pharaonen-Dynastien, die noch der neolithischen Periode angehören,
ist auch diese für die Geschichte gewonnen worden. Und schon rückt sogar die diluviale
paläolithische Zeit unserem historischen Verständnis näher. Der so fest behauptete, angeblich unermeßlich lange dauernde Hiatus, die Unterbrechung der Menschheitsentwickelung
zwischen paläolithischer und neolithischer Periode, existiert nicht; die Grenzen beider Perioden
sind durch die neuen Entdeckungen für Mitteleuropa, speziell auch für Deutschland, überbrückt, ihr Zusammenhang nachgewiesen worden, und für Ägypten und Syrien tritt uns
neolithische Kultur schon in den letzten Stadien des Diluviums entgegen.

Die Menschheitsgeschichte, soweit wir ihre ungeschriebenen und geschriebenen Dokumente schon besitzen, beginnt sich zu einem einheitlichen Gesamtbild zusammenzuschließen.

In ethnischer Beziehung geben uns die bisherigen Forschungen für die europäischen
Länder bereits einigen Aufschluß. Wenn wir den Angaben anerkannter Linguisten trotz der
jetzt häufig hervortretenden abweichenden Meinungen Glauben schenken, so verbreitete sich
wohl von den Gebirgen Vorderasiens durch die gebirgigen Südländer Europas einst eine
einheitliche vorarische Bevölkerung, die in den Georgiern, den schönsten Menschen der Welt,
vielleicht auch in den Ligurern und in den Basken ihre letzten Ausläufer hat. Eine zweite

gewaltige vorarische Völkerwoge hat von Afrika her die gesamten Küstenländer des Mittelmeeres, bis weit hinein in den europäischen Kontinent, überflutet und bildet den Grund-
stock der „mittelländischen Rasse". In Mittel- und Nordeuropa erkennen wir wohl noch die
Nachkommen der beiden miteinander verschmolzenen diluvialen Urrassen. Von der arischen
Einwanderung haben sich voran als erster Schwarm die Kelten, dann die Germanen, zuletzt die Slawen, alle wahrscheinlich nördlich vom Kaukasus, zum Teil durch die sibirischen
Steppen, die Kelten auf südlicheren, die Germanen und Slawen auf nördlicheren Wegen
vordringend, in die Heimsitze gezogen, in denen sie die beginnende Geschichte findet. Die
südlichen arischen Stämme, die Griechenland und Italien einnahmen, scheinen dagegen
direkt von Vorderasien nach Europa gelangt zu sein. Die arischen Stämme haben sich
schon im Inneren Asiens in verschiedene Zweige getrennt, von denen sich die einen zunächst
nach Norden, die anderen nach Süden wendeten; die dritten drangen im allgemeinen west-
wärts bis an das Gestade des Mittelmeeres vor, um Griechenland und Unteritalien zu be-
siedeln. Diese Völkerzüge geschahen wahrscheinlich, als sich die betreffenden Völker noch
auf der Stufe der Steinkultur befanden.

Daß derartige große Völkerzüge wirklich stattgefunden haben, lehrt uns die Geschichte,
und A. Penck hat in seiner älteren Theorie der Eiszeit auf gewisse geographische Momente
aufmerksam gemacht, die in größtem Maßstabe den Menschen zum Aufgeben seiner alten
und zum Aufsuchen neuer Wohnsitze veranlassen müssen. Dieser Ansicht nach liegt in der Ver-
änderlichkeit des Klimas ein Hauptgrund jener rätselhaften mächtigen Völkerbewegungen
und Verschiebungen. Die mit den Glazialzeiten der Erde regelmäßig auftretenden Klima-
änderungen müssen mit einer gewissen Regelmäßigkeit Völkerwanderungen hervorrufen.
Alles deutet darauf, daß die Klimagürtel der Erde keine feste Lage besitzen, sondern innerhalb
gewisser Grenzen verschiebbar sind. Wo heute lachende Gefilde in mildem Klima sich befinden, dehnten sich einst nordische Eisfelder aus, und zweifellos war dort, wo heute die
trockene Sahara liegt, einst ein regenreiches, fruchtbares Gebiet. Kaum von einem Punkte der
Erde kann gesagt werden, daß er seit der Diluvialzeit dasselbe Klima behalten hat. Sind nun
aber die Klimagürtel ihrer Lage nach variabel, so ergibt sich daraus für alle Zonen der Erde
die Möglichkeit klimatischer Veränderungen. Nehmen wir an, daß heute der Kalmengürtel
südwärts wandere, so würden die Passatzone, die subtropische Regenzone und das Gebiet
der vorherrschend westlichen Winde dasselbe tun. Es würde dadurch bewirkt werden, daß die
höheren Breiten in Europa gewissermaßen in das arktische Gebiet einbezogen würden. Eine
Vergletscherung des Nordens wäre die Folge dieser Klimaverschiebung. Würden sich hingegen, so wie es heute wirklich der Fall zu sein scheint, die Kalmengürtel nordwärts verschieben, so würden die Länder am Südsaume der subtropischen Zone mehr und mehr in
die trockene Region der Passate hineingezogen werden, es würde das Gebiet der Winterregen
nordwärts wandern und das Gebiet der arktischen Gletscher in seinem Umfange beschränkt
werden. Durch den Nachweis sehr beträchtlicher Klimaverschiebungen wird aber ein in anthropologischer Beziehung sehr nutzbares Ergebnis gewonnen. Gleichzeitig mit der Vereisung
des Nordens erfolgte eine Verschiebung der Wüstengrenze nach Süden, und waren im Norden
die Länder vereist, so waren im Süden andere Gebiete, die heute zu trocken sind, bewohnbar;
gleichzeitig mit dem Schwinden der nordischen Vereisung aber wären südliche Länder wieder
trocken und unbewohnbar geworden. Derselbe klimatische Wechsel, der im Süden dem
Menschen seine Wohnstätten ungastlich machte, schuf ihm im Norden ein neues Wohngebiet.

Bei dieser Betrachtungsweise würde es nicht wundernehmen können, daß in Europa mit dem Schluß der Eiszeit das neolithische Zeitalter beginnt. Damals wurde Europa nach und nach wieder in ein mildes Klima gerückt, andere Länder hingegen wurden nach und nach dem Menschen unbewohnbar. Der klimatische Wechsel erzeugte eine Völkerwoge, die Völker höherer Kultur nach Europa führte. Dieser Gedankengang erinnert sehr an die Anschauungen, die vor längerer Zeit O. Fraas bei Besprechung der paläolithischen Funde an der Schussenquelle geäußert hat. „Von allen Seiten her", sagte damals Fraas, „drängen die Tatsachen zu der Ansicht, daß die Mittelmeergegenden und ein großer Teil von Europa früher sowohl in der historischen als in der geologischen Zeit eine gleichmäßigere Temperatur gehabt, weil das Klima ein feuchteres war. Zu derselben Zeit, da in Zentraleuropa infolgedessen Erscheinungen sich beobachten ließen, die jetzt nur noch dem hohen Norden eigen sind, zu derselben Zeit, da die Gletscher der Alpen zur Donau sich erstreckten, da Donau und Rhein aus gemeinsamer Eisquelle sich speisten, zu derselben Zeit waren auch noch Wälder am Parnaß und Helikon, darin die Unsterblichen wohnten, und fette Weideplätze an den Ufern des Euphrat. Einer Grundursache ist es zuzuschreiben, daß im Laufe der Zeit das Gleichmaß der Atmosphäre auf unserer Hemisphäre sich änderte. Mag sie nun heißen, wie sie wolle, infolge dieser Ursache schmolzen allmählich die Gletscher in Frankreich und Deutschland ab; es machte aber auch in Griechenland die Pinie der Strandföhre und der Knoppereiche Platz, und ebendarum weht jetzt über die Trümmer Babylons der heiße Wüstenwind."

Die Theorie der Kalmenverschiebung, nach welcher Perioden größerer und geringerer Erwärmung zwischen der südlichen und der nördlichen Hemisphäre alle 10500 Jahre wechseln, genügt heute, nach der Feststellung der Gleichzeitigkeit der Eisperiode auf beiden Hemisphären, für die Erklärung des Eiszeitphänomens nicht mehr. Aber ähnliche Anschauungen wie die vorgetragenen über den Einfluß des Klimawechsels auf den Menschen fanden wir auch der neuesten Forschung nicht fremd: Während ein großer Teil Europas in Eis erstarrt und für Lebewesen so gut wie unbewohnbar war, konnten die jetzt wasserlosen, lebensfeindlichen Wüsten der südlichen Mittelmeerländer, speziell der Nilgegenden, unter der befruchtenden Wirkung diluvialer Regenzeiten, der Pluvialperioden, üppiges pflanzliches und tierisches Leben entfalten und für eine frühe Kulturentwickelung der Menschheit Heimstätten und Ausgangsgebiete werden.

Sachregister.

Hauptstellen in längeren Zahlenreihen sind fett gedruckt.

Autorenregister.

Druck vom Bibliographischen Institut in Leipzig.

www.ingramcontent.com/pod-product-compliance
Lightning Source LLC
Chambersburg PA
CBHW031428180326
41458CB00002B/485